Pro/ENGINEER 野火版 5.0 工程应用技术大全

（配全程视频教程）

狄栋梁 编著

電子工業出版社
Publishing House of Electronics Industry
北京·BEIJING

内 容 简 介

本书是Pro/ENGINEER野火版5.0技术大全书籍，内容全面，全书共18章，从Pro/ENGINEER野火版5.0基础入门讲起，以循序渐进的方式详细讲解了二维草图的设计、零件设计、曲面设计、钣金设计、装配设计、模型的测量与分析、TOP-DOWN自顶向下设计、工程图设计、高级渲染、机构运动仿真、动画设计、模具设计、有限元分析、数控加工和管道布线设计。本书讲解所使用的模型和应用案例均来自各行各业真实的产品。

本书附带1张多媒体DVD教学光盘，制作了与本书全程同步的语音视频文件，包括456个Pro/ENGINEER应用技巧和具有针对性的教学视频（全部提供教学视频），时长达22.3小时（1340分钟）。光盘中还包含了本书所有的素材文件、练习文件和范例的源文件。

在内容安排上，本书结合大量的实例对Pro/ENGINEER野火版5.0各个模块中一些抽象的概念、命令、功能和应用技巧进行讲解，通俗易懂，化深奥为简易；另外，本书所举范例均为一线实际产品，这样的安排能使读者较快地进入实战状态；在写作方式上，本书紧贴Pro/ENGINEER野火版5.0软件的真实界面进行讲解，使读者能够准确地操作软件，提高学习效率。读者在系统学习本书后，能够迅速地运用Pro/ENGINEER软件来完成复杂产品的设计、运动与结构分析和制造等工作。本书可作为工程技术人员的Pro/ENGINEER完全自学教程和参考书籍，也可供大专院校机械类专业的师生教与学参考使用。

图书在版编目（CIP）数据

Pro/ENGINEER野火版5.0工程应用技术大全 / 狄栋梁编著.—北京：电子工业出版社，2016.8
配全程视频教程
ISBN 978-7-121-28956-9

Ⅰ. ①P… Ⅱ. ①狄… Ⅲ. ①机械设计—计算机辅助设计—应用软件 Ⅳ. ①TH122

中国版本图书馆CIP数据核字（2016）第120312号

策划编辑：管晓伟
责任编辑：管晓伟　　特约编辑：李兴 等
印　　刷：北京七彩京通数码快印有限公司
装　　订：北京七彩京通数码快印有限公司
出版发行：电子工业出版社
　　　　　北京市海淀区万寿路173信箱　　邮编：100036
开　　本：787×1092　1/16　印张：45.5　字数：1092千字
版　　次：2016年8月第1版
印　　次：2023年9月第3次印刷
定　　价：99.80元（含多媒体DVD光盘1张）

凡所购买电子工业出版社图书有缺损问题，请向购买书店调换。若书店售缺，请与本社发行部联系，联系及邮购电话：（010）88254888，88258888。

质量投诉请发邮件至zlts@phei.com.cn，盗版侵权举报请发邮件至dbqq@phei.com.cn。

本书咨询联系方式：（010）88254460，guanphei@163.com。

前　言

Pro/ENGINEER（简称 Pro/E）是由美国 PTC 公司推出的一套博大精深的三维 CAD/CAM 参数化软件系统，其内容涵盖了产品从概念设计、工业造型设计、三维模型设计、分析计算、动态模拟与仿真、工程图输出，到生产加工成产品的全过程，应用范围涉及航空航天、汽车、机械、数控（NC）加工和电子等诸多领域。

本书是一本 Pro/ENGINEER 野火版 5.0 工程应用技术教程，其主要特点是“全”。

- **内容全**：包括二维草图的设计、零件设计、曲面设计、钣金设计、装配设计、模型的测量与分析、TOP-DOWN 自顶向下设计、工程图设计、高级渲染、机构运动仿真、动画设计、模具设计、有限元分析、数控加工和管道布线设计等模块。
- **实例、案例全**：对软件中的复杂命令和功能，先结合简单的实例进行讲解，然后安排一些较复杂的综合范例或案例，帮助读者深入理解和灵活应用。另外，由于书的纸质容量有限（增加纸张页数势必增加书的定价），随书光盘中存放了大量的应用案例视频（含语音讲解），这样的安排可以迅速提高读者的软件使用能力和技巧，同时提高了本书的性价比。
- **配套教学视频全**：本书附带 1 张多媒体 DVD 教学光盘，制作了全程配套的教学视频并进行了详细的语音讲解，时长达 22.3 小时（1340 分钟），可以帮助读者轻松、高效地学习。
- **配套素材全**：光盘中提供了本书所有的素材文件、练习文件和案例的源文件。

本书的另一个特点是全书内容前后呼应，浑然一体，书中后面的运动仿真、模具设计、数控编程与加工和有限元结构分析等高级章节中的实例或案例，都在前面的零件设计、曲面设计、钣金设计等基础章节中详细讲述了它们的三维建模的方法和过程，这样的安排有利于迅速提升读者综合应用软件的能力，使读者更快地进入产品开发的实战状态，将学到的 Pro/ENGINEER 技能较快地应用到自己的实际工作中去，这样无疑会迅速提高读者的软件设计应用能力。

本书由狄栋梁编著，参加编写的人员还有刘青、赵楠、王留刚、仝蕊蕊、崔广雷、付元灯、曹旭、吴立荣、姚阿普、李海峰、邵玉霞、石磊、吕广凤、石真真、刘华腾、张连伟、邵欠欠、邵丹丹、王展、赖明江、刘义武、刘晨。本书已经过多次审校，但仍不免有疏漏之处，恳请广大读者予以指正。

电子邮箱：bookwellok @163.com。　　咨询电话：010-82176248，010-82176249。

编　者

本书导读

为了能更好地学习本书的知识，请读者仔细阅读下面的内容。

【写作软件蓝本】

本书采用的写作蓝本是Pro/ENGINEER野火版5.0版。

【写作计算机操作系统】

本书使用的操作系统为Windows XP，对于Windows 2000 /Server或Windows7操作系统，本书的内容和范例也同样适用。

【光盘使用说明】

为了使读者方便、高效地学习本书，特将本书中所有的练习文件、素材文件、已完成的实例、范例或案例文件、软件的相关配置文件和视频语音讲解文件等按章节顺序放入随书附带的光盘中，读者在学习过程中可以打开相应的文件进行操作、练习和查看视频。

本书附带多媒体DVD助学光盘1张，建议读者在学习本书前，先将DVD光盘中的所有内容复制到计算机硬盘的D盘中。在光盘的proedq5目录下共有3个子目录。

（1）proewf5_system_file 子目录：包含一些系统文件。

（2）work 子目录：包含本书讲解中所用到的文件。

（3）video 子目录：包含本书讲解中的视频文件（含语音讲解）。读者学习时，可在该子目录中按顺序查找所需的视频文件。

光盘中带有“ok”扩展名的文件或文件夹表示已完成的实例、范例或案例。

【本书约定】

◆ 本书中有关鼠标操作的简略表述说明如下。
  - 单击：将鼠标指针移至某位置处，然后按一下鼠标的左键。
  - 双击：将鼠标指针移至某位置处，然后连续快速地按两次鼠标的左键。
  - 右击：将鼠标指针移至某位置处，然后按一下鼠标的右键。
  - 单击中键：将鼠标指针移至某位置处，然后按一下鼠标的中键。
  - 滚动中键：只是滚动鼠标的中键，而不是按中键。
  - 选择（选取）某对象：将鼠标指针光标移至某对象上，单击以选取该对象。

- 拖移某对象：将鼠标指针移至某对象上，然后按下鼠标的左键不放，同时移动鼠标，将该对象移动到指定的位置后再松开鼠标的左键。
- 本书所有涉及的参数，限于软件的特殊性，一律与对应软件一致，均用正体表述。

◆ 本书中的操作步骤分为“任务”和“步骤”两个级别，说明如下。

- 对于一般的软件操作，每个操作步骤以步骤 01开始。例如，下面是草绘环境中绘制矩形操作步骤的表述。
  - ☑ 步骤 01 单击“矩形”命令按钮□。
  - ☑ 步骤 02 在绘图区的某位置单击，放置矩形的一个角点，然后将该矩形拖至所需大小。
  - ☑ 步骤 03 再次单击，放置矩形的另一个角点。此时，系统即在两个角点间绘制一个矩形。
- 每个“步骤”操作视其复杂程度，其下面可含有多级子操作。例如，步骤 01下可能包含（1）、（2）、（3）等子操作，（1）子操作下可能包含①、②、③等子操作，①子操作下可能包含（a）、（b）、（c）等子操作。
- 对于多个任务的操作，则每个“任务”冠以任务 01、任务 02、任务 03等，每个“任务”操作下则包含“步骤”级别的操作。
- 由于已建议读者将随书光盘中的所有文件复制到计算机硬盘的 D 盘中，所以书中在要求设置工作目录或打开光盘文件时，所述的路径均以“D:”开始。

目　录

第 1 章 Pro/ENGINEER 基础入门

1.1 Pro/ENGINEER 简介

Pro/Engineer 操作软件是美国参数技术公司（PTC）旗下的 CAD/CAM/CAE 一体化的三维软件。Pro/Engineer 软件以参数化著称，是参数化技术的最早应用者，在目前的三维造型软件领域中占有着重要地位，是现今主流的 CAD/CAM/CAE 软件之一，在国内产品设计领域占据重要位置。

Pro/Engineer 采用了模块方式，可以分别进行草图绘制、零件制作、装配设计、钣金设计和加工处理等，保证用户可以按照自己的需要选择使用。

Pro/Engineer 操作软件具有如下特性。

1. 参数化设计

任何产品都可以看作是几何模型，而无论多么复杂的几何模型，都可以分解成有限数量的构成特征，而每一种构成特征，都可以用有限的参数完全约束，这就是参数化的基本概念。

2. 基于特征建模

Pro/Engineer 是基于特征的实体模型化系统，设计人员采用基于特征的功能去生成模型，如腔、壳、倒角及圆角，并可以随意勾画草图，轻易修改模型，设计上的简易性和灵活性大大增强。

3. 单一数据库（全相关）

Pro/Engineer 是建立在统一基层的数据库上，不像一些传统的 CAD/CAM 系统建立在多个数据库上。所谓单一数据库，就是工程中的资料全部来自一个库，使得每一个独立用户在为同一件产品造型而工作。因此，在整个设计过程的任何一处发生改动，亦可以前后反映在整个设计过程的相关环节上。例如，一旦工程图有改变，NC（数控）工具路径也会自动更新；装配工程图如有任何变动，也完全同样反映在整个三维模型上。这一优点，使得设计更优化，设计成本更低，成品质量更高，产品能更好更快地推向市场。

1.2 Pro/ENGINEER 应用程序的安装要求与安装过程

1.2.1 Pro/ENGINEER 的安装要求

1. 安装的硬件要求

Pro/ENGINEER 野火版 5.0 软件系统可在工作站（Work station）或个人计算机（PC）上运行。如果在个人计算机上安装，为了保证软件安全和正常使用，计算机硬件要求如下。

◆ CPU 芯片：一般要求主频 1GHz 以上，推荐使用 Intel 公司生产的 Pentium4/1.3GHz 以上的芯片。

◆ 内存：一般要求 1GB 以上。如果要装配大型部件或产品，进行结构、运动仿真分析或产生数控加工程序，则建议使用 2GB 以上的内存。

◆ 显卡：一般要求显存 256MB 以上，推荐使用 Geforce 4 以上的显卡。如果显卡性能太低，打开软件后，软件会自动退出。

◆ 网卡：使用 Pro/ENGINEER 软件，必须安装网卡。

◆ 硬盘：安装 Pro/ENGINEER 野火版 5.0 软件系统的基本模块，需要 4.6GB 左右的硬盘空间，考虑到软件启动后虚拟内存及获取联机帮助的需要，建议在硬盘上准备 5.0GB 以上的空间。

◆ 鼠标：强烈建议使用三键（带滚轮）鼠标，如果使用二键鼠标或不带滚轮的三键鼠标，会极大地影响工作效率。

◆ 显示器：一般要求使用 15in 以上显示器。

◆ 键盘：标准键盘。

2. 操作系统软件的要求

如果在工作站上运行 Pro/ENGINEER 野火版 5.0 软件，操作系统可以为 UNIX 或 Windows NT；如果在个人计算机上运行，操作系统可以为 Windows NT、Windows 98/ME /2000 /XP，推荐使用 Windows 2000 Professional。

3. 安装前的计算机设置

为了更好地使用 Pro/ENGINEER，在软件安装前应对计算机系统进行设置，主要包括操作系统的环境变量设置和虚拟内存设置。设置环境变量的目的是使软件的安装和使用能够在中文状态下进行，这将有利于中文用户的使用；设置虚拟内存的目的是为软件系统进行几何运算预留临时存储数据的空间。各类操作系统的设置方法基本相同，下面以 Windows XP Professional 操作系统为例说明设置过程。

4. 环境变量设置

下面的操作是创建 Windows 环境变量 lang，并将该变量的值设为 chs，这样可保证在安装 Pro/ENGINEER 中文野火版 5.0 时，其安装界面是中文的。

步骤 01 选择 Windows 的 开始 → 设置(S) → 控制面板(C) 命令，如图 1.2.1 所示。

步骤 02 在图 1.2.2 所示的控制面板中，双击图标 系统 。

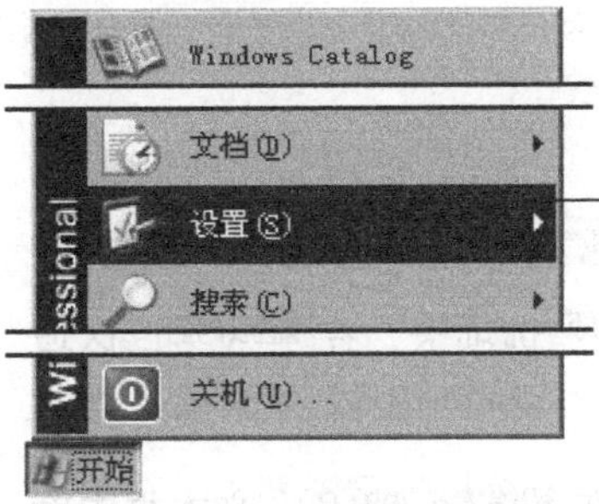

图 1.2.1 Windows“开始”菜单

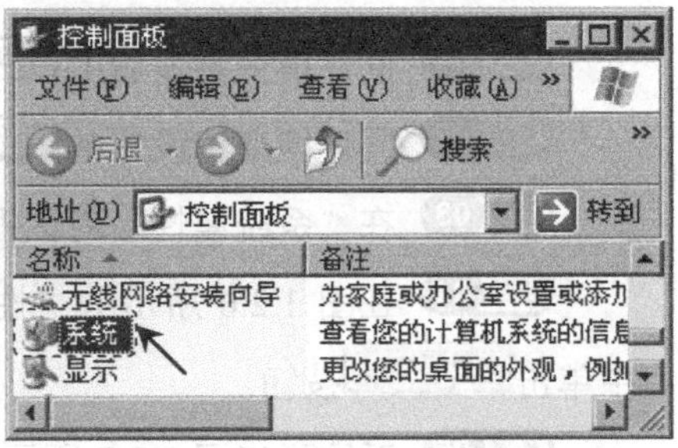

图 1.2.2 Windows 控制面板

步骤 03 在图 1.2.3 所示的“系统属性”对话框中单击 高级 选项卡，在 启动和故障恢复 区域中单击 环境变量(N) 按钮。

步骤 04 在图 1.2.4 所示的“环境变量”对话框中，单击 新建(W) 按钮。

步骤 05 在图 1.2.5 所示的“新建系统变量”对话框中，创建 变量名(N): 为 lang、变量值(V): 为 chs 的系统变量。

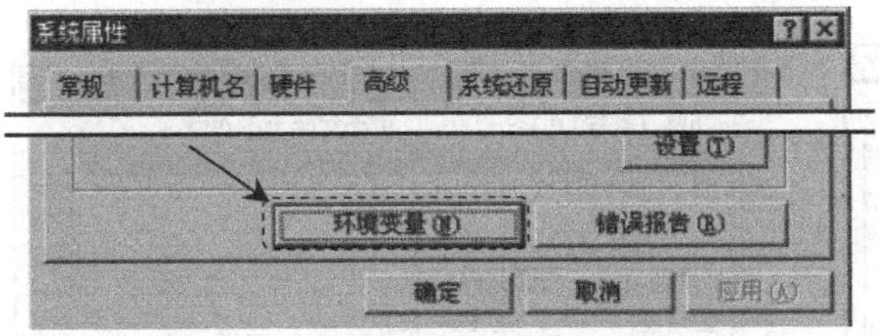

图 1.2.3 “系统属性”对话框

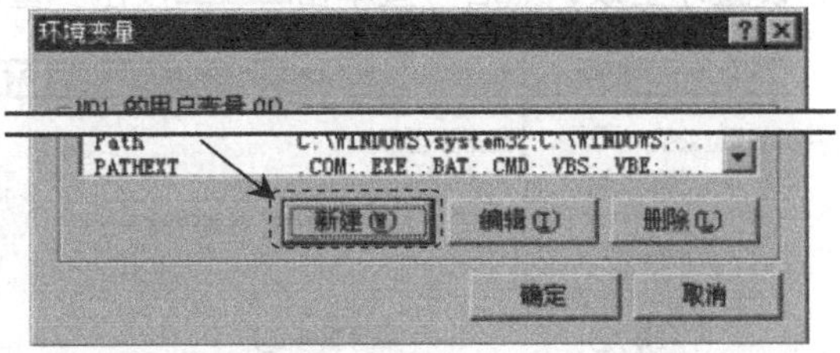

图 1.2.4 “环境变量”对话框

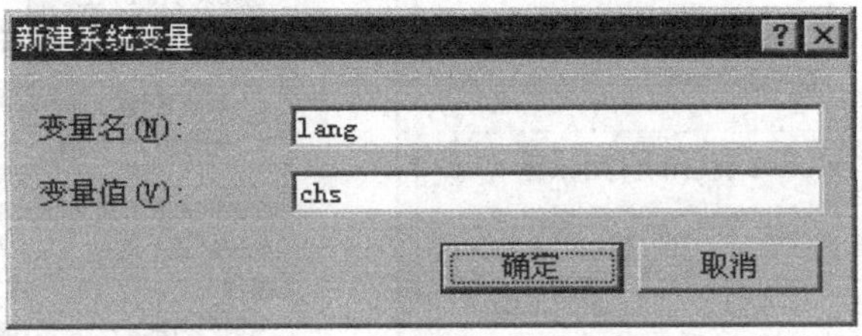

图 1.2.5 “新建系统变量”对话框

步骤 06 依次单击确定 → 确定 → 确定按钮。

说明

（1）使用 Pro/ENGINEER 中文野火版 5.0 时，系统可自动显示中文界面，因而可以不用设置环境变量 lang。

（2）如果在“系统特性”对话框的高级选项卡中创建环境变量 lang，并将其值设为 eng，则 Pro/ENGINEER 中文野火版 5.0 的软件界面将变成英文的。

5. 虚拟内存设置

步骤 01 同环境变量设置的步骤 01。

步骤 02 同环境变量设置的步骤 02。

步骤 03 在“系统属性”对话框中单击高级选项卡，在性能区域中单击设置(S)按钮。

步骤 04 在图 1.2.6 所示的“性能选项”对话框中，单击高级选项卡，在虚拟内存区域中单击更改(C)按钮。

步骤 05 系统弹出图 1.2.7 所示的“虚拟内存”对话框，可在初始大小(MB)(I):文本框中输入虚拟内存的最小值，在最大值(MB)(X):文本框中输入虚拟内存的最大值。虚拟内存的大小可根据计算机硬盘空间的大小进行设置，但初始大小至少要达到物理内存的 2 倍，最大值可达到物理内存的 4 倍以上。例如，用户计算机的物理内存为 256MB，初始值一般设置为 512MB，最大值可设置为 1024MB；如果装配大型部件或产品，建议将初始值设置为 1024MB，最大值设置为 2048MB。单击设置(S)和确定按钮后，计算机会提示用户在重新启动计算机后设置才生效，然后一直单击确定按钮。重新启动计算机后，完成设置。

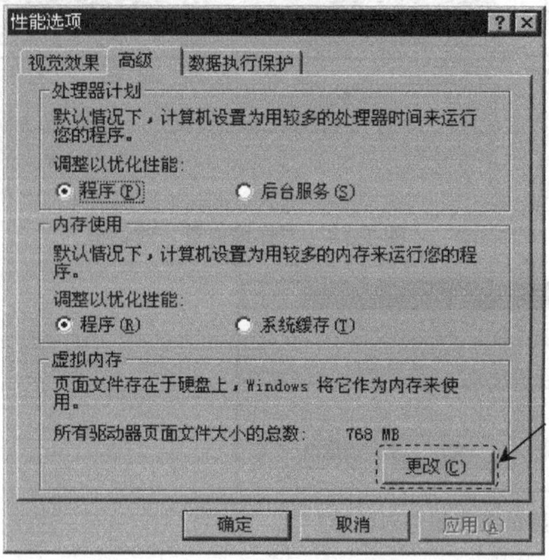

图 1.2.6 “性能选项”对话框

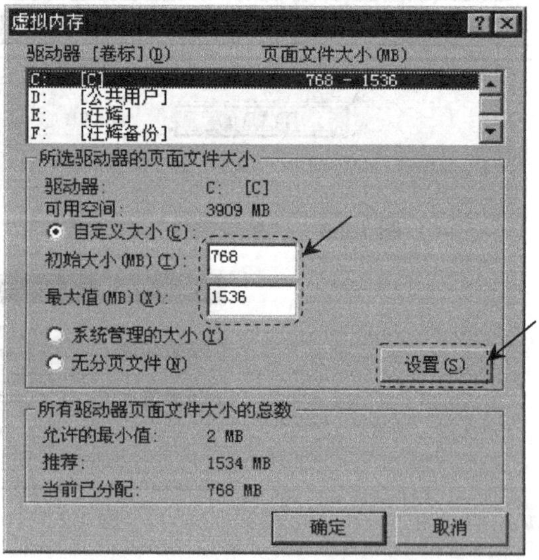

图 1.2.7 “虚拟内存”对话框

1.2.2 Pro/ENGINEER的安装过程

1. 查找计算机（服务器）的网卡号

在安装 Pro/E 5.0 之前，必须合法地获得 PTC 公司的软件使用许可证，这是一个文本文件，该文件是根据用户计算机（或服务器，也称为主机）上的网卡号赋予的，具有唯一性。下面以 Windows XP Professional 操作系统为例，说明如何查找计算机的网卡号。

步骤 01 选择 Windows 的 开始 → 程序(P) → 附件 → 命令提示符 命令。

步骤 02 在 C:\>提示符下，输入 ipconfig /all 命令并按回车键，即可获得计算机网卡号。图 1.2.8 中的 00-24-1D-52-27-78 即为网卡号。

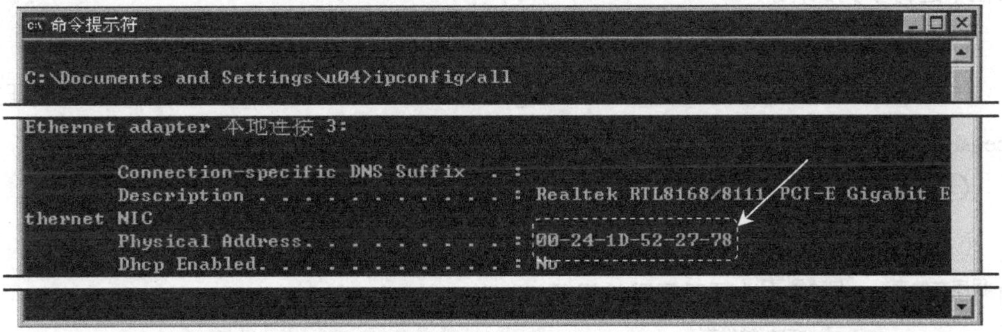

图 1.2.8 获得网卡号

2. 软件的安装

单机版的 Pro/E5.0（中文版）在各种操作系统下的安装过程基本相同，下面仅以 Windows XP Professional 为例，说明其安装过程。

步骤 01 首先将合法获得的 Pro/E 的许可证文件 license.dat 复制到计算机中的某个位置，例如，C:\Program Files\Proewildfire5_license\license.dat。

步骤 02 Pro/E5.0 软件有一张安装光盘，先将安装光盘放入光驱内（如果已将系统安装文件复制到硬盘上，可双击系统安装目录下的 setup.exe 文件），等待片刻后，会出现系统安装提示。

步骤 03 数秒钟后，在系统弹出的对话框中单击 下一步 > 按钮。

步骤 04 在系统弹出的对话框中选中 ☑ 我接受(A) 复选框，单击 下一步 > 按钮。

步骤 05 在系统弹出的对话框中单击图中的“Pro/E”项。

步骤 06 在系统弹出的对话框中进行下列操作。

（1）确定安装目录 C:\Program Files\ProeWildfire 5.0（此安装目录在当前目录中必须不存

在）。

（2）选择要安装的功能。

① 在要安装的功能区域单击 X Pro/ENGINEER Mechanica中的按钮，然后在弹出的下拉菜单中选择 安装所有子功能(A)命令。

②在要安装的功能区域单击 X 界面 中的按钮，然后在弹出的下拉菜单中选择 安装所有子功能(A)命令。

（3）单击下一步>按钮。

步骤 07 在标准区域中选择公制单选项，然后单击下一步>按钮。

步骤 08 单击添加按钮，系统弹出“指定许可证服务器”对话框，在该对话框中进行下列操作。

（1）选择锁定的许可证文件(服务器未运行)选项。

（2）单击按钮，按照路径 C:\Program Files\Proewildfire5_license 检索许可证文件 license.dat，然后单击打开 → 确定(O)按钮。

步骤 09 单击下一步>按钮，在该对话框中配置 Windows 各选项。

（1）在Windows快捷方式首选项区域中选中桌面、开始菜单和程序文件夹复选框，下面的程序文件夹、启动目录选项采用默认设置。

（2）在Windows环境首选项区域中，确保选中修改所有用户的系统环境单选项，然后单击下一步>按钮。

步骤 10 此时提示用户选择 Pro/E 软件的可选配置项目，建议选中OLE设置复选框，然后单击下一步>按钮。

步骤 11 配置 OLE 服务器的相关信息，建议在语言下拉列表中选择简体中文选项，然后单击下一步>按钮。

步骤 12 在系统弹出的对话框中单击下一步>按钮。

步骤 13 在系统弹出的对话框中单击安装按钮，此时系统开始安装 Pro/E 软件主体，并显示安装进度。

步骤 14 当 Pro/E 软件主体安装完成，系统提示“安装完成”信息，单击下一步>按钮。

步骤 15 在系统弹出的对话框中单击退出按钮，再在“退出 PTC.setup”对话框中单击是(Y)按钮，退出安装程序，完成安装。

1.3 Pro/ENGINEER 的启动与退出

一般来说，有两种方法可启动并进入 Pro/ENGINEER 软件环境。

方法一：双击 Windows 桌面上的 Pro/ENGINEER 软件快捷图标。

方法二：从 Windows 系统的“开始”菜单进入 Pro/ENGINEER，操作方法如下。

步骤 01 单击 Windows 桌面左下角的 开始 按钮。

说明 只要是正常安装，Windows 桌面上都会显示 Pro/ENGINEER 软件快捷图标。对于快捷图标的名称，可根据需要进行修改。

步骤 02 选择 程序(P) → PTC → Pro ENGINEER → Pro ENGINEER 命令，系统便进入 Pro/ENGINEER 软件环境。

退出软件环境的方法与其他软件相似，单击软件界面右上角的 ☒ 按钮，即可退出软件环境。

1.4 Pro/ENGINEER 操作界面与定制

1.4.1 操作界面介绍

在学习本节时，请先打开目录 D:\proedq5\work\ch01 的 change-dir.prt 文件。

Pro/ENGINEER 中文野火版 5.0 用户界面包括下拉菜单区、菜单管理器区、顶部工具栏按钮区、右工具栏按钮区、消息区、图形区及导航选项卡区，如图 1.4.1 所示。

1. 导航选项卡区

导航选项卡包括三个页面选项：“模型树或层树”“文件夹浏览器”和“收藏夹”。

- “模型树”中列出了活动文件中的所有零件及特征，并以树的形式显示模型结构，根对象（活动零件或组件）显示在模型树的顶部，其从属对象（零件或特征）位于根对象之下。例如，在活动装配文件中，“模型树”列表的顶部是组件，组件下方是每个零件的名称；在活动零件文件中，“模型树”列表的顶部是零件，零件下方是每个特征的名称。若打开多个 Pro/ENGINEER 模型，则“模型树”只反映活动模型的内容。
- “层树”可以有效组织和管理模型中的层。
- “文件夹浏览器”类似于 Windows 的“资源管理器”，用于浏览文件。
- “收藏夹”用于有效组织和管理个人资源。

2. 下拉菜单区

下拉菜单中包含创建、保存、修改模型和设置 Pro/ENGINEER 环境的一些命令。

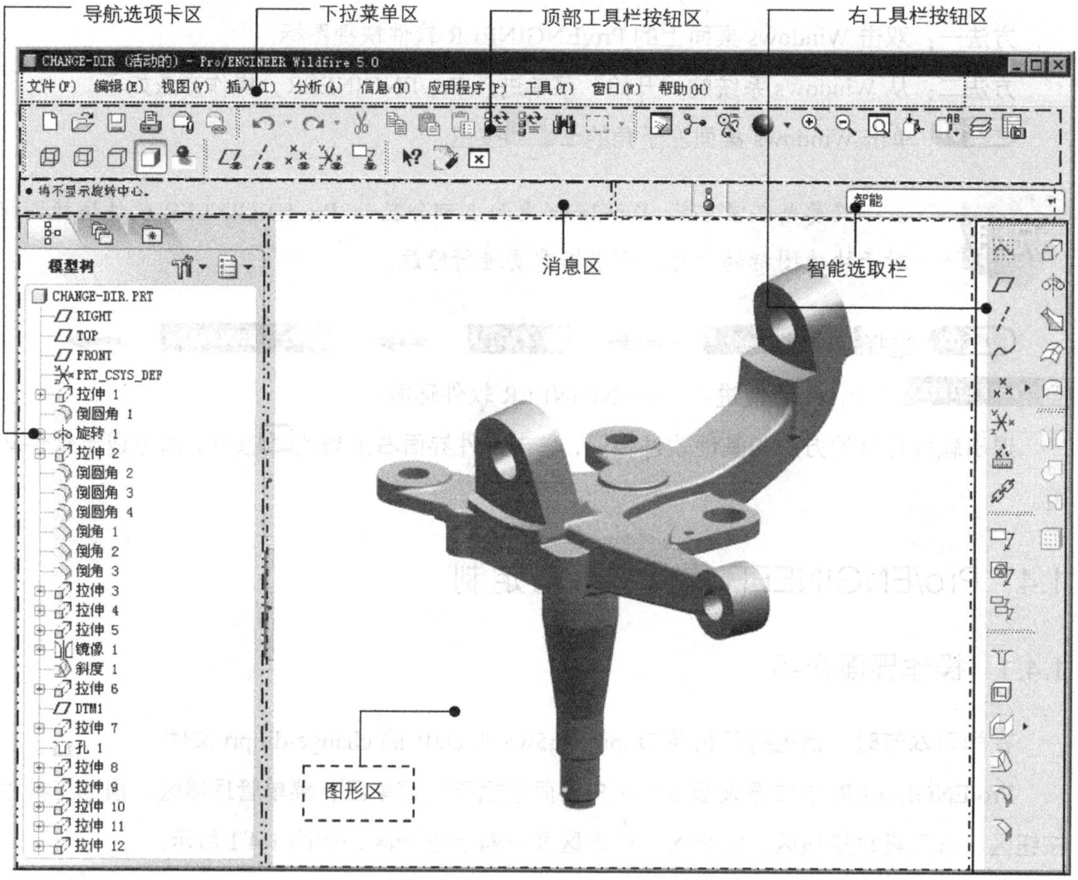

图 1.4.1 Pro/ENGINEER 中文野火版 5.0 界面

3. 工具栏按钮区

工具栏中的命令按钮为快速进入命令及设置工作环境提供了极大的方便，用户可以根据具体情况定制工具栏。

> 注意
>
> 用户会看到有些菜单命令和按钮处于非激活状态（呈灰色，即暗色），这是因为它们目前还没有处在发挥功能的环境中，一旦它们进入有关的环境，便会自动激活。

下面是工具栏中各快捷按钮的含义和作用（参见图 1.4.2 ~ 图 1.4.12），请务必将其记牢。

图 1.4.2 中各命令按钮的说明如下。

A1：创建新对象（创建新文件）。 B1：打开文件。

C1：保存激活对象（保存当前文件）。 D1：设置工作目录。

E1：保存一个活动对象的副本（另存为）。 F1：更改对象名称。

图 1.4.3 中各命令按钮的说明如下。

A2：撤销。 B2：重做。

C2：将绘制图元、注释或表剪切到剪贴板。 D2：复制。

E2：粘贴。 F2：选择性粘贴。

G2：再生模型。 H2：再生管理器。

I2：在模型树中按规则搜索、过滤及选择项目。

J2：选取框内部的项目。

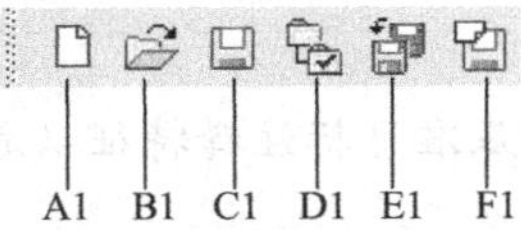

图 1.4.2 命令按钮（一）

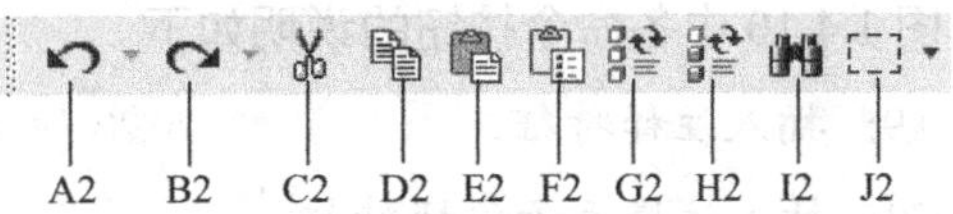

图 1.4.3 命令按钮（二）

图 1.4.4 中各命令按钮的说明如下。

A3：旋转中心显示开/关。 B3：定向模式开/关。

C3：外观库。 D3：设置层、层项目和显示状态。

E3：启动视图管理器。 F3：重画当前视图。

G3：放大模型或草图区。 H3：。重新调整对象，使其完全显示在屏幕上。

I3：重定位视图方向。 J3：已保存的模型视图列表。

图 1.4.5 中各命令按钮的说明如下。

A4：增强的真实感开/关。 B4：模型以线框方式显示。

C4：模型以隐藏线方式显示。 D4：模型以无隐藏线方式显示。

E4：模型以着色方式显示。

图 1.4.6 中各命令按钮的说明如下。

A5：打开或关闭 3D 注释及注释元素。 B5：基准平面显示开/关。

C5：基准轴显示开/关。 D5：基准点显示开/关。

E5：坐标系显示开/关。

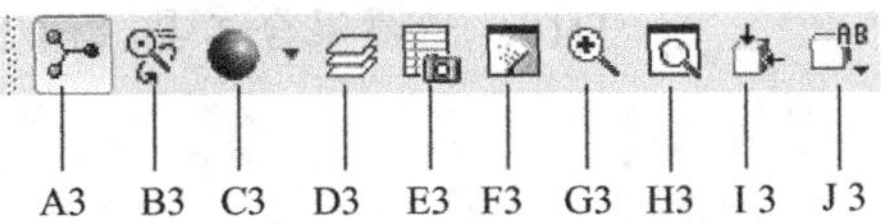

图 1.4.4 命令按钮（三）

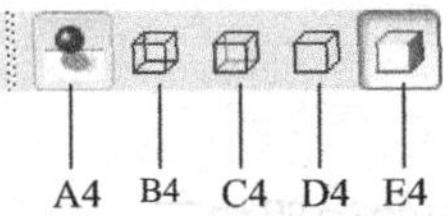

图 1.4.5 命令按钮（四）

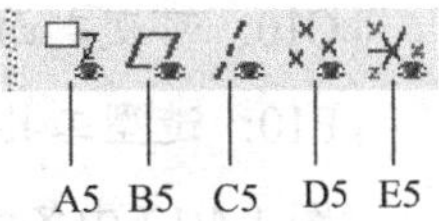

图 1.4.6 命令按钮（五）

图 1.4.7 中各命令按钮的说明如下。

A6：从会话中移除所有不在窗口中的对象。 B6：关闭窗口并保持对象在会话中。

C6：激活窗口。 D6：上下文相关帮助。

图 1.4.8 中各命令按钮的说明如下。

A7：模型树。 B7：文件夹浏览器。

C7：收藏夹。

图 1.4.9 中各命令按钮的说明如下。

A8：草绘基准曲线工具。 B8：基准点工具。

C8：创建一个参照特征。 D8：基准平面工具。

E8：基准轴工具。 F8：创建基准曲线。

G8：基准坐标系工具。 H8：创建一个分析特征。

图 1.4.10 中各命令按钮的说明如下。

A9：插入注释特征。 B9：创建基准目标注释特征以定义基准框

C9：插入注释元素传播特征。 D9：孔工具。

E9：抽壳工具。 F9：筋（肋）工具。

G9：拔模工具。 H9：倒圆角工具。

I9：倒角工具。

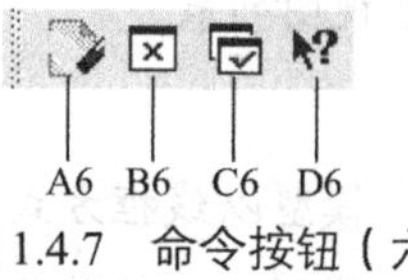

图 1.4.7 命令按钮（六）

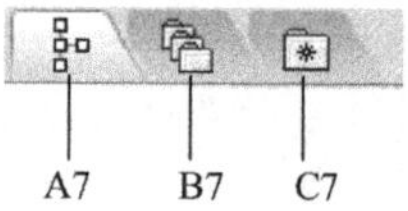

图 1.4.8 命令按钮（七）

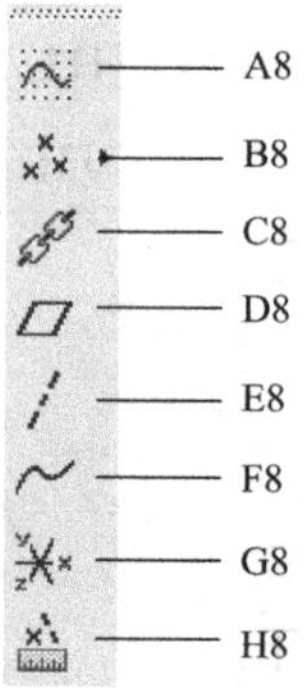

图 1.4.9 命令按钮（八）

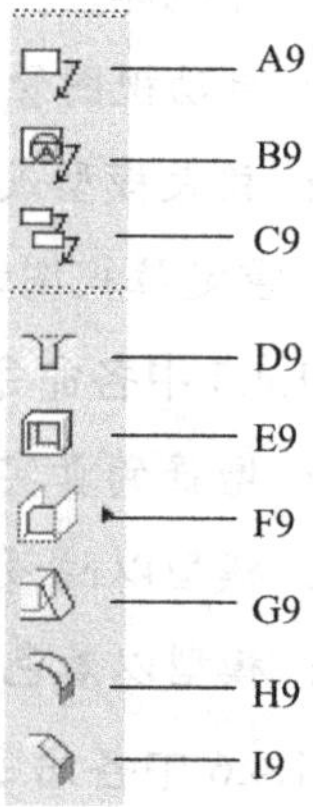

图 1.4.10 命令按钮（九）

图 1.4.11 中各命令按钮的说明如下。

A10：拉伸工具。 B10：旋转工具。

C10：可变剖面扫描工具。 D10：边界混合工具。

E10：造型工具。

图 1.4.12 中各命令按钮的说明如下。

A11：镜像工具。 B11：合并工具。

C11：修剪工具。　　　　D11：阵列工具。

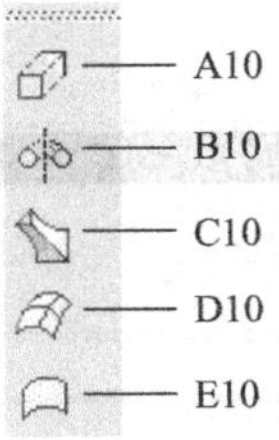

图 1.4.11　命令按钮（十）

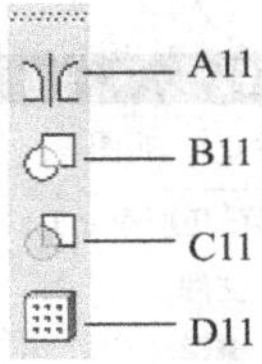

图 1.4.12　命令按钮（十一）

4. 消息区

在用户操作软件的过程中，消息区会实时地显示与当前操作相关的提示信息等，以引导用户的操作。消息区有一个可见的边线，将其与图形区分开，若要增加或减少可见消息行的数量，可将鼠标指针置于边线上，按住鼠标左键，将鼠标指针移动到所期望的位置。

消息分五类，分别以不同的图标提醒：

提示　**信息**　**警告**　**出错**　**危险**

5. 图形区

Pro/ENGINEER 各种模型图像的显示区。

6. 智能选取栏

智能选取栏也称过滤器，主要用于快速选取某种所需要的要素（如几何、基准等）。

7. 菜单管理器区

菜单管理器区位于屏幕的右侧，在进行某些操作时，系统会弹出此菜单，如创建混合特征时，系统会弹出“混合选项”菜单管理器（图 1.4.13）。

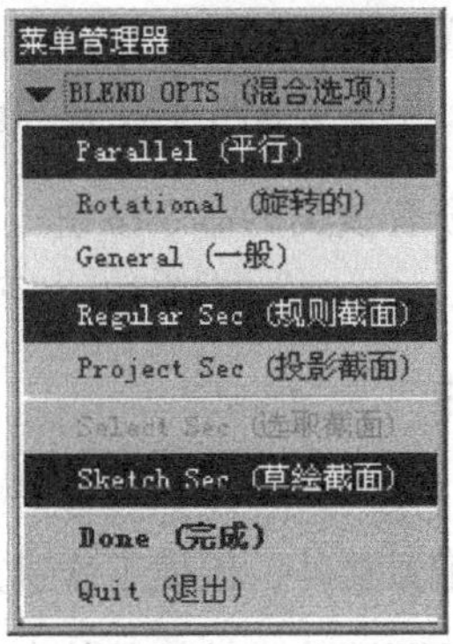

图 1.4.13 “混合选项”菜单管理器

1.4.2 定制操作界面

界面的定制步骤如下。

步骤 01 进入定制工作对话框。选择下拉菜单区的 工具(T) → 定制屏幕(C)... 命令，即可进入“定制”对话框，如图 1.4.14 所示。

步骤 02 定制工具栏布局。在图 1.4.14 所示的“定制”对话框中单击 工具栏(B) 选项卡，即可打开工具栏定制选项卡。通过此选项卡可改变工具栏的布局，可以将各类工具栏按钮放在屏幕的顶部、左侧或右侧。

下面以图 1.4.14 中的文件选项（这是控制文件类工具按钮的选项）为例，说明定制过程。

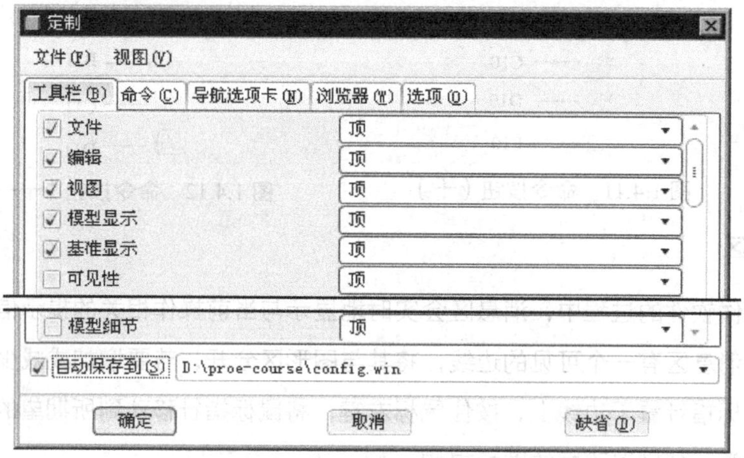

图 1.4.14 “定制”对话框

（1）单击文件中的□，出现√号，此时可看到文件类的命令按钮出现在屏幕顶侧。

（2）单击顶▼中的▼按钮，然后在弹出的下拉列表中选择“左”。

（3）单击自动保存到(S) D:\proe-course\config.win 中的□，出现√号，表示此项定制将存入配置文件，以便下次进入 Pro/E 系统不用重新配置此项。

步骤 03 在工具栏中添加新按钮。通过“定制”对话框的命令(C)选项卡，可以在工具栏中添加新按钮。下面以图 1.4.15 中的按钮（这是从进程中删除不在当前窗口中所有对象的命令）为例，说明定制过程。

（1）先在图 1.4.15 的目录(G)列表框中选取按钮的类别“文件”，此时在命令(D)列表框中显示出所有该类的命令按钮。

（2）单击拭除(E) ▸ 不显示(D)...选项，并按住鼠标左键不放，将鼠标指针拖到屏幕的工具栏中。

（3）单击自动保存到(S) D:\proe-course\config.win 中的□，出现√号，表示此项定制将存入配置文件，以便下次进入 Pro/E 软件时不用重新配置此项。

下面请读者按相同的方法，建立图 1.4.1 中工具栏区的所有按钮，这些按钮在以后的操作中会被频繁使用。

步骤 04 其他配置。

（1）在“定制”对话框中单击导航选项卡(N)选项卡，可以对导航选项卡放置的位置、导航窗口的宽度，以及“模型树”的放置进行设置，如图 1.4.16 所示。

（2）在“定制”对话框中单击浏览器(W)选项卡，对浏览器窗口宽度和启动状态等进行设置，如图 1.4.17 所示。

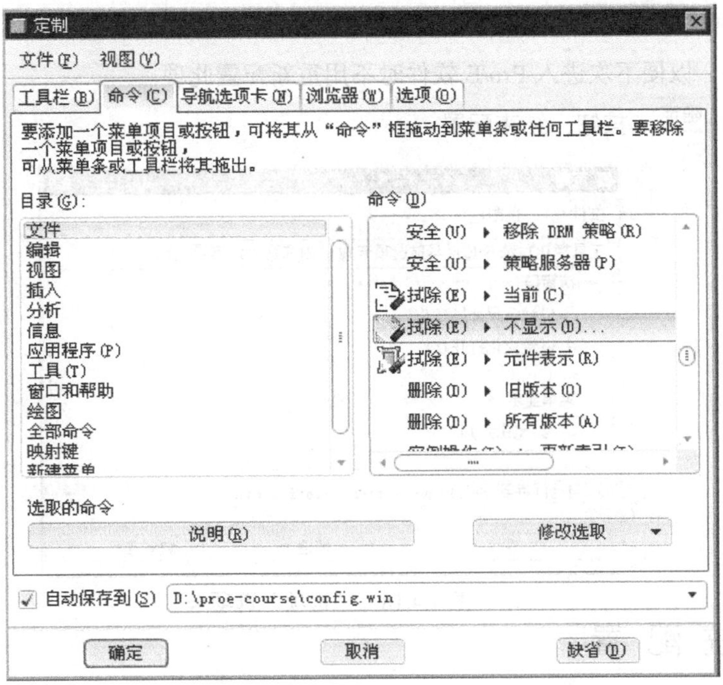

图 1.4.15 “命令”选项卡

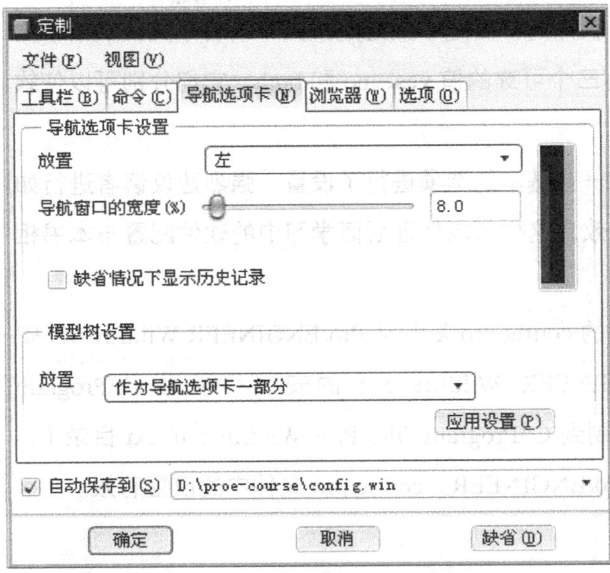

图 1.4.16 “导航选项卡”选项卡

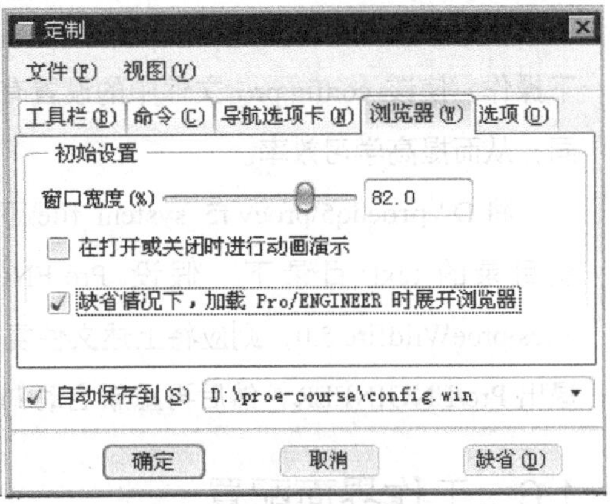

图 1.4.17 “浏览器”选项卡

（3）在“定制”对话框中单击选项(O)选项卡，可以对用户界面进行其他配置，如消息区域的位置控制、次窗口的打开方式、图标显示控制的设置，如图 1.4.18 所示。

（4）在完成前面的定制后，都要进行如下操作。

① 单击 ☑自动保存到(S) D:\proe-course\config.win ▾ 中的□，出现√号，表示此项定制将存入配置文件，以便下次进入 Pro/E 软件时不用重新配置此项。

② 单击 确定 按钮，结束配置。

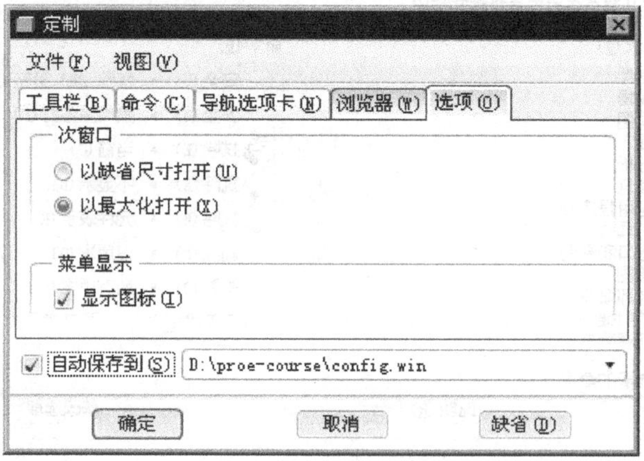

图 1.4.18　“选项”选项卡

1.5　系 统 配 置

用户可以利用一个名为 config.pro 的系统配置文件预设 Pro/ENGINEER 软件的工作环境和进行全局设置。例如，Pro/ENGINEER 软件的界面是中文还是英文（或者中英文双语）由 menu_translation 选项来控制，这个选项有三个可选的值 yes、no 和 both，它们分别可以使软件界面为中文、英文和中英文双语。

本书附赠光盘的 config.pro 文件中对一些基本的选项进行了设置，强烈建议读者进行如下操作，使该 config.pro 文件中的设置有效，这样可以保证后面学习中的软件配置与本书相同，从而提高学习效率。

将 D:\ proedq5\proewf5_system_file\下的 config.pro 复制至 Pro/ENGINEER Wildfire 5.0 安装目录的\text 目录下。假设 Pro/ENGINEER Wildfire 5.0 的安装目录为 C:\Program Files\proeWildfire 5.0，则应将上述文件复制到 C:\Program Files\Proe Wildfire 5.0\text 目录下。退出 Pro/ENGINEER，然后再重新启动 Pro/ENGINEER，config.pro 文件中的设置有效。

1.6　工作界面配置

用户可以利用一个名为 config.win 的系统配置文件预设 Pro/ENGINEER 软件工作环境的

工作界面（包括工具栏中按钮的位置）。

本书附赠光盘中的 config.win 对软件界面进行了一定设置，建议读者进行如下操作，使 config.win 文件中的设置有效，这样可以保证后面学习中的软件界面与本书相同，从而提高学习效率。

步骤01 复制系统文件。将目录 D:\ proedq5\ proewf5_system_file\下的文件 config.win 文件复制到 Pro/ENGINEER Wildfire 5.0 安装目录的\text 目录下。例如，Pro/ENGINEER Wildfire 5.0 的安装目录为 C:\Program Files\ProeWildfire 5.0，则应将上述文件复制到 C:\Program Files\Proe Wildfire 5.0\text 目录下。

步骤02 退出 Pro/ENGINEER，重新启动 Pro/ENGINEER，config.win 文件中的设置有效。

说明 如果 Pro/ENGINEER 的启动目录中存在 config.win 文件，应将其删除。

1.7 Pro/ENGINEER 鼠标和键盘操作

用鼠标可以控制图形区中的模型显示状态。

- 滚动鼠标中键滚轮，可以缩放模型：向前滚，模型缩小；向后滚，模型变大。
- 按住鼠标中键，移动鼠标，可旋转模型。
- 先按住键盘上的 Shift 键，然后按住鼠标中键，移动鼠标可移动模型。

1.8 Pro/ENGINEER 的文件操作

1.8.1 创建工作文件目录

由于 Pro/ENGINEER 软件在运行过程中将大量的文件保存在当前目录中，并且也常常从当前目录中自动打开文件，为了更好地管理 Pro/ENGINEER5.0 软件的大量有关联的文件，应特别注意，在进入 Pro/ENGINEER 后，开始工作前最要紧的事情是“设置工作目录”。其操作过程如下。

步骤01 选择下拉菜单 文件(F) ➡ 设置工作目录(W)... 命令。

步骤02 在弹出的图 1.8.1 所示的“选取工作目录”对话框中选择“D:”。

步骤03 查找并选取目录 Proe-course。

步骤04 单击对话框中的 确定 按钮。

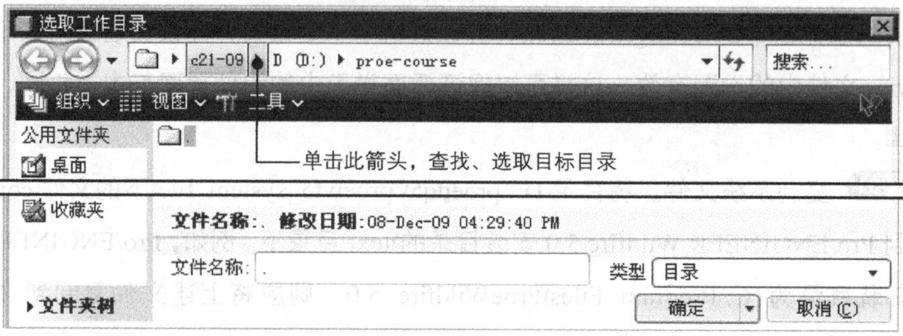

图 1.8.1 “选取工作目录”对话框

完成这样的操作后，目录 D:\Proe-course 即变成工作目录，而且目录 D:\Proe-course 也变成当前目录，将来文件的创建、保存、自动打开、删除等操作都将在该目录中进行。

在本书中，如果未加说明，所指的“工作目录”均为 D:\Proe-course 目录。

说明

进行下列操作后，双击桌面上的 Pro/ENGINEER 图标进入 Pro/ENGINEER 软件系统，即可自动切换到指定的工作目录。

(1) 右击桌面上的 Pro ENGINEER 图标，在弹出的快捷菜单中选择 属性(R) 命令。

(2) 图 1.8.2 所示的“Pro ENGINEER 属性”对话框被打开，单击该对话框的 快捷方式 选项卡，然后在 起始位置(S): 文本栏中输入 D:\Proe-course，并单击 确定 按钮。

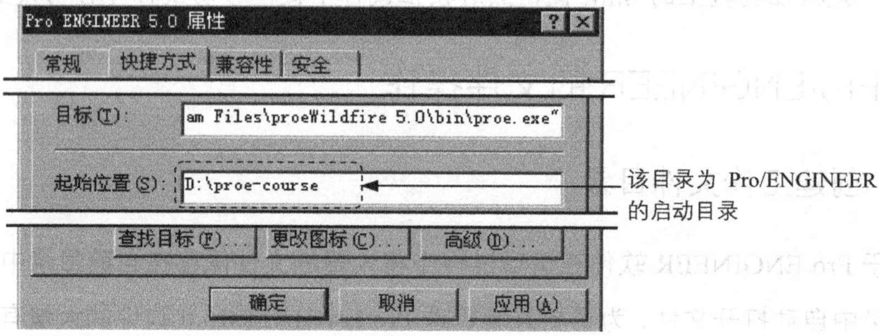

图 1.8.2 “Pro ENGINEER5.0 属性”对话框

注意

设置好启动目录后，每次启动 Pro/ENGINEER 软件，系统自动在启动目录中生成一个名为“trail.txt”的文件。该文件是一个后台记录文件，它记录了用户从打开软件到关闭期间的所有操作记录。读者应注意保护好当前启动目录的文件夹，如果启动目录文件夹丢失，系统会将生成的后台记录文件放在桌面上。

1.8.2 文件的新建

每次新建或打开一个模型文件（包括零件、装配件等）之前，都应先设置正确的工作目录。下面以新建一个零件模型文件为例，来说明新建文件的一般操作步骤。

步骤 01 在工具栏中单击“新建文件”按钮（或选择下拉菜单 文件(F) → 新建(N)... 命令），此时系统弹出图 1.8.3 所示的文件“新建”对话框。

步骤 02 选择文件类型和子类型。在对话框中选中 类型 选项组中的 ◉ 零件，选中 子类型 选项组中的 ◉ 实体 单选项。

步骤 03 输入文件名。在 名称 文本框中输入文件名 change-dir。

> 说明
>
> ◆ 每次新建一个文件时，Pro/E 会显示一个默认名。如果要创建的是零件，默认名的格式是 prt 后跟一个序号（如 prt0001），以后再新建一个零件，序号自动加 1。

步骤 04 取消 ☐ 使用缺省模板 复选框并选取适当的模板。通过单击 ☑ 使用缺省模板 复选框来取消使用默认模板，然后单击对话框中的 确定 按钮，系统弹出图 1.8.4 所示的“新文件选项”对话框，在“模板”选项组中选取 PTC 公司提供的米制实体零件模型模板 mmns_part_solid（如果用户所在公司创建了专用模板，可用 浏览... 按钮找到该模板），然后单击 确定 按钮，系统立即进入零件的创建环境。

> 说明
>
> 关于模板及默认模板。
>
> Pro/E 的模板分为两种类型：模型模板和工程图模板。模型模板分零件模型模板、装配模型模板和模具模型模板等，这些模板其实都是一个标准 Pro/E 模型，它们都包含预定义的特征、层、参数、命名的视图、默认单位及其他属性，Pro/E 为其中各类模型分别提供了两种模板：一种是米制模板，以 mmns 开始，使用米制度量单位；一种是英制模板，以 inlbs 开始，使用英制单位（参见图 1.8.4，图中有系统提供的零件模型的两种模板）。
>
> 工程图模板是一个包含创建工程图项目说明的特殊工程图文件，这些工程图项目包括视图、表、格式、符号、捕捉线、注释、参数注释及尺寸，另外 PTC 标准绘图模板还包含三个正交视图。

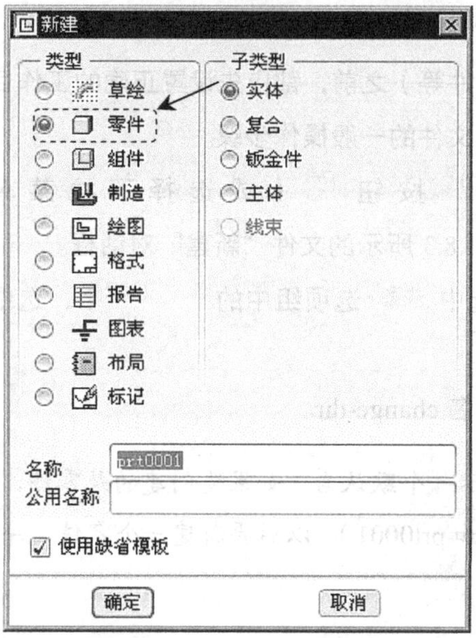

图 1.8.3 “新建”对话框

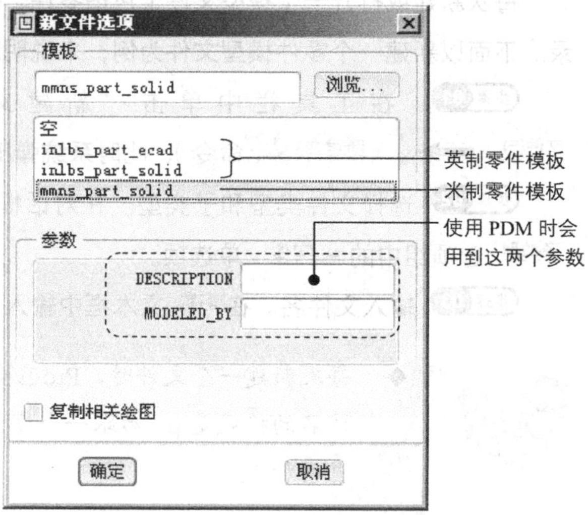

图 1.8.4 “新文件选项”对话框

注意

为了使本书的通用性更强，在后面各个 Pro/E 模块（包括零件、装配件、工程制图、钣金件和模具设计）的介绍中，无论是范例介绍还是章节练习，当新建一个模型时（包括零件模型、装配体模型和模具制造模型），如未加注明，都是取消选中 ☑ 使用缺省模板 复选框，而且都是使用 PTC 公司提供的以 mmns 开始的米制模板。

1.8.3 文件的打开

进入 Pro/E 软件后，假设要打开名称为 change-dir 的模型文件，其操作过程如下。

步骤 01 设置工作目录。选择下拉菜单 文件(F) ➡ 设置工作目录(W)... 命令，在弹出的“选取工作目录”对话框中将工作目录设置到 D:\proedq5\work\ch01。

步骤 02 单击工具栏中的按钮（或选择下拉菜单 文件(F) ➡ 打开(O)... 命令），系统会弹出图 1.8.5 所示的“文件打开”对话框。

步骤 03 在文件列表中选择要打开的文件名 change-dir.prt，然后单击 打开 按钮，即可打开文件，或者双击文件名也可打开文件。

“文件打开”对话框中有关按钮的说明如下。

- 如果要列出当前进程中（内存中）的文件，单击按钮 在会话中。

◆ 如果要列出“桌面”中的文件，单击按钮 桌面。

◆ 如果要列出“我的文档”中的文件，单击按钮 我的文档。

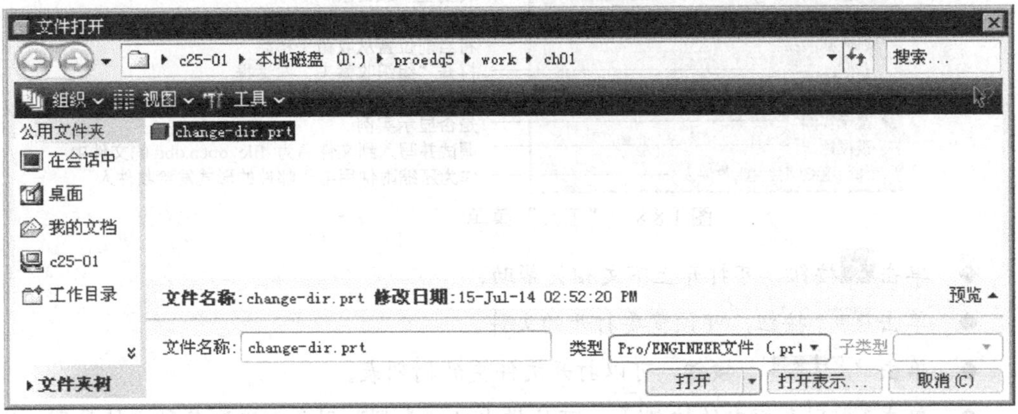

图 1.8.5 “文件打开”对话框

◆ 如果要列出当前工作目录中的文件，单击按钮 工作目录。

◆ 如果要列出“网上邻居”中的文件，单击按钮 网上邻居。

◆ 如果要列出“系统格式”中的文件，单击按钮 系统格式。

◆ 如果要列出“用户格式”中的文件，单击按钮 用户格式。

◆ 如果要列出收藏夹中的文件，单击“收藏夹”按钮 收藏夹。

◆ 单击“后退”按钮，可以返回到刚才打开的目录。

◆ 单击“前进”按钮，与单击“后退”按钮的结果相反。

◆ 单击“刷新”按钮，刷新当前目录中的内容。

◆ 在 搜索... 框中输入文件的名称，系统可以根据输入文件的名称，快速从当前目录中过滤当前目录中的文件。

◆ 单击 组织 按钮，出现图 1.8.6 所示的选项菜单，可选取相应命令。

◆ 单击 视图 按钮，出现图 1.8.7 所示的选项菜单，文件可按简单列表或详细列表显示。

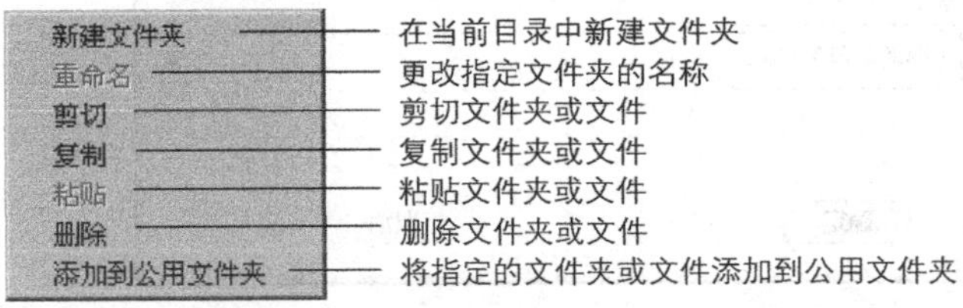

图 1.8.6 “组织”菜单

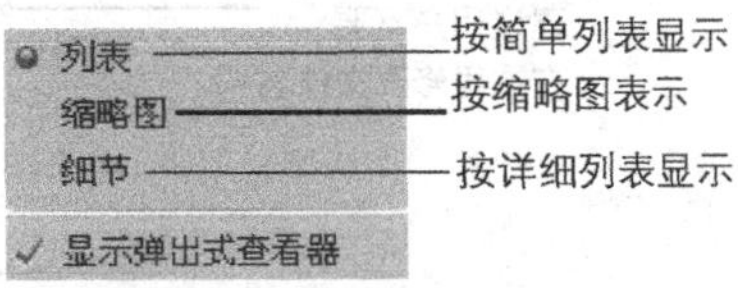

图 1.8.7 “视图”菜单

◆ 单击 工具 按钮，出现图 1.8.8 所示的选项菜单，可选取相应命令。

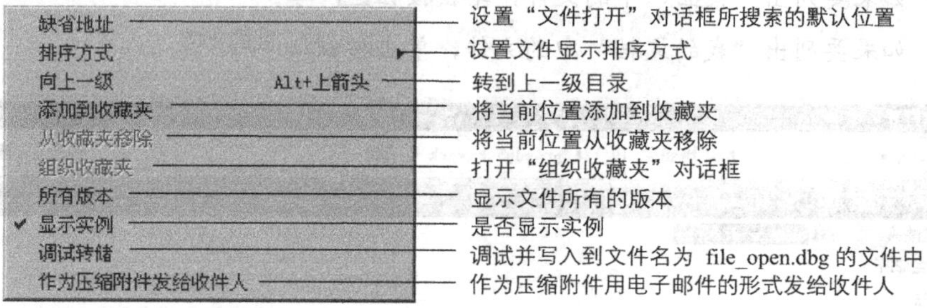

图 1.8.8 “工具”菜单

- 单击按钮，可打开上下文相关帮助。
- 单击 预览▲ 按钮，可预览要打开的文件。
- 单击 ▸文件夹树 按钮，可以打开文件夹的树列表。
- 单击 类型 列表框中的按钮▾，可从弹出的“类型”列表中选取某种文件类型，这样“文件列表”中将只显示该种文件类型的文件。
- 单击 打开表示... 按钮，可打开模型的简化表示。
- 单击 取消(C) 按钮，放弃打开文件操作。

1.8.4 文件的保存

步骤 01 单击工具栏中的按钮（或选择下拉菜单 文件(F) ➡ 保存(S) 命令），系统弹出图 1.8.9 所示的对话框，文件名出现在 模型名称 文本框中。

步骤 02 单击 确定 按钮。如果不进行保存操作，单击 取消 按钮。

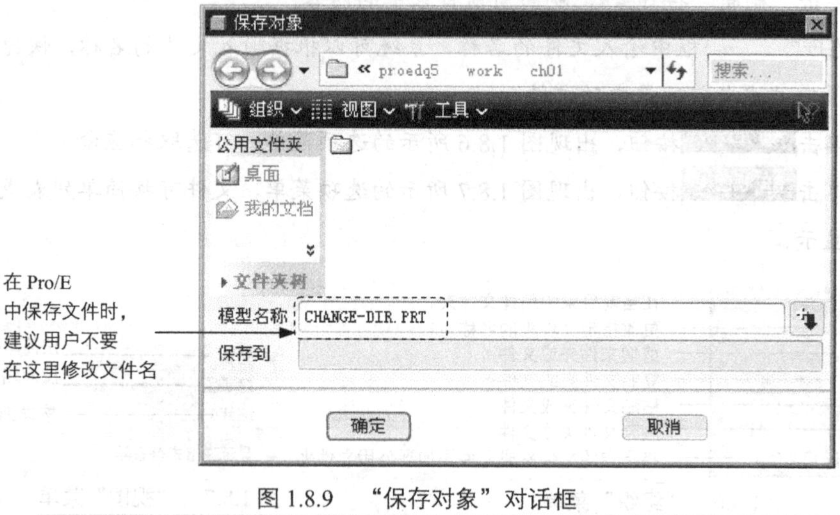

图 1.8.9 “保存对象”对话框

注意 如图 1.8.9 所示，保存模型文件时，建议用户使用现有名称，如果要修改文件的名称，可选择下拉菜单 文件(F) ➡ 重命名(R) 命令来实现。

文件保存操作的几条命令的说明如下。

1. “保存”

关于“保存”文件的几点说明。

◆ 如果从进程中（内存）删除对象或退出 Pro/E 而不保存，则会丢失当前进程中的所有更改。

◆ Pro/E 在磁盘上保存模型对象时，其文件名格式为“对象名.对象类型.版本号”。例如，创建模型 change-dir，第一次保存时的文件名为 change-dir.prt.1 ，再次保存时版本号自动加 1，这样在磁盘中保存对象时，不会覆盖原有的对象文件。

2. “保存副本”

选择下拉菜单 文件(F) ➡ 保存副本(A)... 命令，系统弹出图 1.8.10 所示的“保存副本”对话框，可保存一个文件的副本。

关于保存文件副本的几点说明。

◆ “保存副本”的作用是保存指定对象文件的副本，可将副本保存到同一目录或不同的目录中，无论哪种情况都要给副本命名一个新的（唯一）名称，即使在不同的目录中保存副本文件，也不能使用与原始文件名相同的文件名。

◆ “保存副本”对话框允许 Pro/E 将文件输出为不同格式，以及将文件另存为图像（图 1.8.10），这也许是 Pro/E 设置 保存副本(A)... 命令的一个很重要的原因，也是与文件“备份”命令的主要区别所在。

◆ 在图 1.8.10 所示的对话框中单击按钮 后，显示可用对象菜单，也可选择 选取... 命令以显示“选取”对话框，并在对象上选取装配元件作为“源模型”。

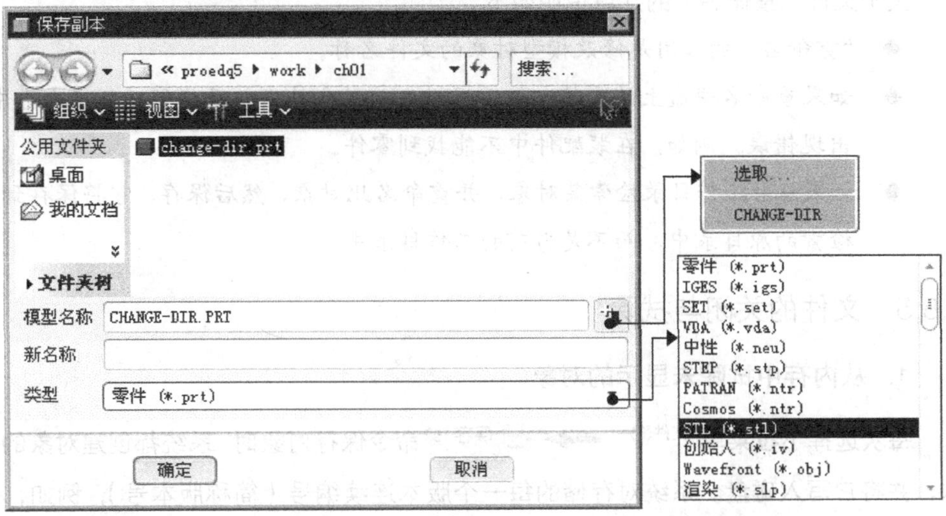

图 1.8.10　“保存副本”对话框

3. “备份”

选择下拉菜单 文件(F) ➡ 备份(B)... 命令，可对一个文件进行备份。

关于文件备份的几点说明。

- ◆ 可将文件备份到不同的目录。
- ◆ 在备份目录中备份对象的修正版，重新设置为 1。
- ◆ 必须有备份目录的写入许可，才能进行文件的备份。
- ◆ 如果要备份装配件、工程图或制造模型，Pro/E 在指定目录中保存其所有从属文件。
- ◆ 如果装配件有相关的交换组，备份该装配件时，交换组不保存在备份目录中。
- ◆ 如果备份模型后对其模型进行更改，然后再保存此模型，则变更将被保存在备份目录中。

4. 文件“重命名”

选择下拉菜单 文件(F) ➡ 重命名(R) 命令，可对一个文件进行重命名，如图 1.8.11 所示。

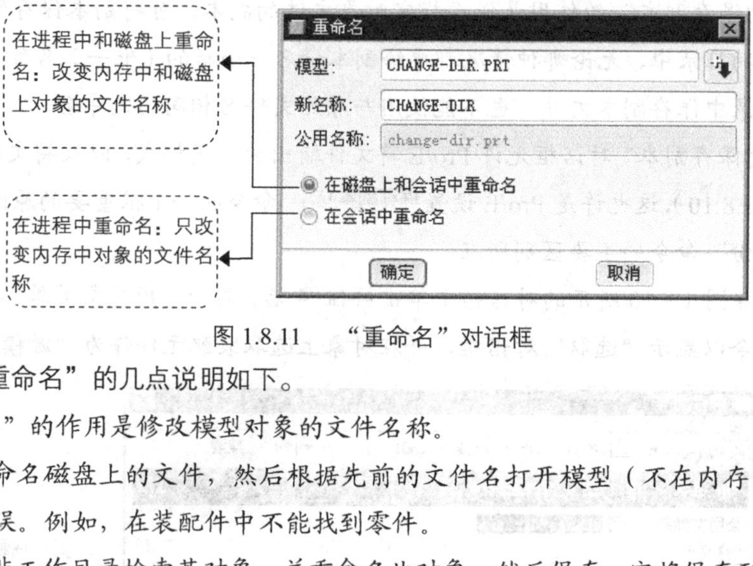

图 1.8.11 “重命名”对话框

关于文件“重命名”的几点说明如下。

- ◆ “重命名”的作用是修改模型对象的文件名称。
- ◆ 如果重命名磁盘上的文件，然后根据先前的文件名打开模型（不在内存中），则会出现错误。例如，在装配件中不能找到零件。
- ◆ 如果从非工作目录检索某对象，并重命名此对象，然后保存，它将保存到对其进行检索的原目录中，而不是当前的工作目录中。

1.8.5 文件的关闭与拭除

1. 从内存中拭除未显示的对象

每次选择下拉菜单 文件(F) ➡ 保存(S) 命令保存对象时，系统都创建对象的一个新版本，并将它写入磁盘。系统对存储的每一个版本连续编号（简称版本号），例如，对于零件模型文件，其格式为 change-dir.prt1、change-dir.prt2 和 change-dir.prt3 等。

注意

- 这些文件名中的版本号（1、2、3 等），只有通过 Windows 操作系统的窗口才能看到，在 Pro/E 中打开文件时，在文件列表中则看不到这些版本号。
- 如果在 Windows 操作系统的窗口中还是看不到版本号，可进行这样的操作：在 Windows 窗口中选择下拉菜单 工具(T) → 文件夹选项(O)... 命令（图 1.8.12），在“文件夹选项”对话框的 查看 选项卡中，取消 □ 隐藏已知文件类型的扩展名（图 1.8.13）。

如果选择下拉菜单 窗口(W) → ☒ 关闭(C) 命令关闭一个窗口，窗口中的对象便不在图形区显示，但只要工作区处于活动状态，对象仍保留在内存中，我们称这些对象为“未显示的对象”。

选择下拉菜单 文件(F) → 拭除(E) ▸ → 不显示(D)... 命令后，系统弹出图 1.8.14 所示的“拭除未显示的”对话框，在该对话框中列出未显示对象，单击 确定 按钮，所有的未显示对象将从内存中被拭除，但它们不会从磁盘中被删除。当参考未显示对象的装配件或工程图仍处于活动状态时，系统则不能拭除该未显示对象。

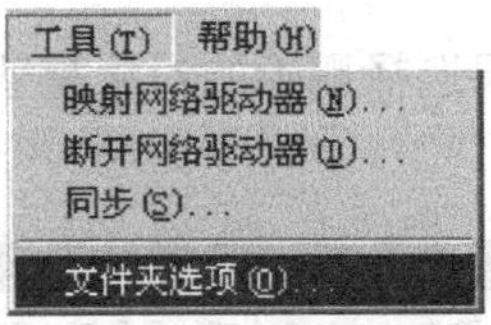

图 1.8.12 “工具”下拉菜单

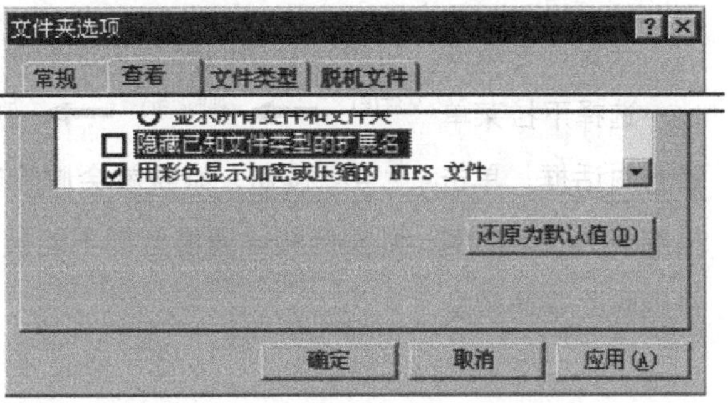

图 1.8.13 “文件夹选项”对话框

2. 从内存中拭除当前对象

第一种情况：如果当前对象为零件、格式和布局等类型时，选择下拉菜单 文件(F) → 拭除(E) ▸ → 当前(C) 命令后，系统弹出图 1.8.15 所示的“拭除确认”对话框，单击 是 按钮，当前对象将从内存中被拭除，但它们不会从磁盘中被删除。

第二种情况：如果当前对象为装配、工程图和模具等类型，选择下拉菜单 文件(F) → 拭除(E) ▸ → 当前(C) 命令后，系统弹出“拭除”对话框，选取要拭除的关联对象后，再单击 是 按钮，则当前对象及选取的关联对象将从内存中被拭除。

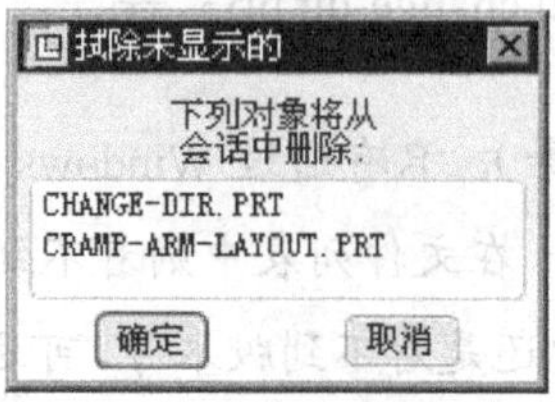

图 1.8.14 “拭除未显示的”对话框

图 1.8.15 “拭除确认”对话框

1.8.6 删除文件

1. 删除文件的旧版本

使用 Pro/E 软件创建模型文件时（包括零件模型、装配模型和制造模型等），在最终完成模型的创建后，可将模型文件的所有旧版本删除。

选择下拉菜单 文件(F) → 删除(D) → 旧版本(O) 命令后，系统弹出图 1.8.16 所示的对话框，单击 ✔ 按钮（或按回车键），系统就会将对象的除最新版本外的所有版本删除。

例如：假设零件（文件名为 readjust.prt）已经完成，选择下拉菜单 文件(F) → 删除(D) → 旧版本(O) 命令，即可删除其旧版本文件。

2. 删除文件的所有版本

在设计完成后，可将没有用的模型文件的所有版本删除。

选择下拉菜单 文件(F) → 删除(D) → 所有版本(A) 命令后，系统弹出图 1.8.17 所示的警告对话框，单击 是(Y) 按钮，系统就会删除当前对象的所有版本。如果选择删除的对象是族表的一个实例，则实例和普通模型都不能被删除；如果选择删除的对象是普通模型，则将删除此普通模型。

图 1.8.16 “删除文件的旧版本”对话框

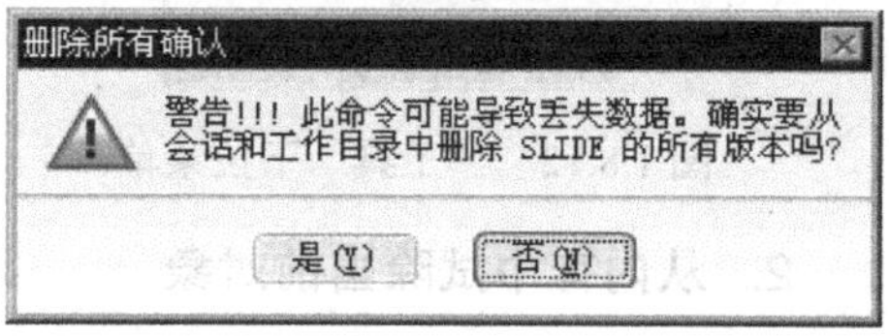

图 1.8.17 “删除所有确认”对话框

第 2 章　二维草图设计

2.1　草图设计基础

草图设计环境是用户创建二维草图的工作环境，通过草图设计环境中建立的二维草图，并在草图中各个图元之间添加约束来限制它们的位置和尺寸，就可以生成具有准确大小的三维实体或曲面。因此，建立二维草图是建立三维实体或曲面的基础。

要进入草图设计环境，必须选择一个草图基准面，也就是要确定新草图在三维空间的放置位置。它可以是系统默认的三个基准面，也可以选择模型表面作为草图基准面，还可以创建一个新的基准面作为草图基准面。

在介绍二维草绘设计之前，先介绍一下 Pro/ENGINEER 软件草图中经常使用的术语。

图元：指截面几何的任意元素（如直线、中心线、圆弧、圆、椭圆、样条曲线、点或坐标系等）。

参照：指创建特征截面或轨迹时，所参考的图元。

尺寸：图元大小、图元间位置的量度。

约束：定义图元间的位置关系。约束定义后，其约束符号会出现在被约束的图元旁边。例如，可以约束两条直线垂直，完成约束后，垂直的直线旁边会出现一个垂直约束符号。约束符号显示为橙色。

2.1.1　进入与退出草图设计环境

进入模型截面草绘环境的操作方法如下。

步骤 01 单击“新建文件”按钮。

步骤 02 系统弹出图 2.1.1 所示的“新建”对话框，在该对话框中选中 草绘 单选项；在 名称 后的文本框中输入草图名（如 s1）；单击 确定 按钮，即进入草绘环境。

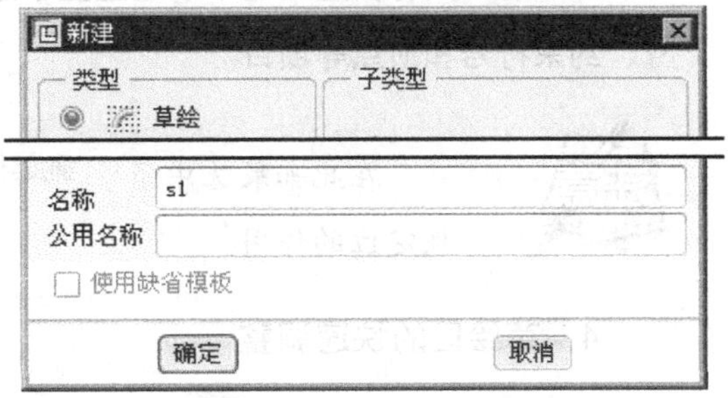

图 2.1.1　“新建”对话框

注意　还有一种进入草绘环境的途径，就是在创建某些特征（如拉伸、旋转、扫描等）时，以这些特征命令为入口，进入草绘环境，详见第 3 章的有关内容。

2.1.2 草图参数的预设置

1. 设置网格间距

根据模型的大小，可设置草绘环境中的网格大小，其操作流程如下。

步骤 01 选择下拉菜单 草绘(S) ➡ 选项... 命令。

步骤 02 此时系统弹出图 2.1.2 所示的“草绘器首选项”对话框，在 参数(P) 选项卡的 栅格间距 选项组中选取 手动，然后在 值 选项组的 X 和 Y 文本框中输入间距值；单击 ✔ 按钮，结束网格设置。

说明

◆ Pro/ENGINEER 软件支持笛卡儿坐标和极坐标网格。当第一次进入草绘环境时，系统显示笛卡儿坐标网格。

◆ 通过“草绘器首选项”对话框，可以修改网格间距和角度。其中，X 间距仅设置 X 方向的间距，Y 间距仅设置 Y 方向的间距，角度设置相对于 X 轴的网格线的角度。当刚开始草绘时（创建任何几何形状之前），使用网格可以控制截面的近似尺寸。

2. 设置优先约束项目

在“草绘器首选项”对话框的 约束(C) 选项卡中，可以设置草绘环境中的优先约束项目（图 2.1.3）。只有在这里选中了一些约束选项，在绘制草图时，系统才会自动地添加相应的约束，否则不会自动添加。

3. 设置优先显示

在“草绘器首选项”对话框的 其它(M) 选项卡中，可以设置草绘环境中的优先显示项目等（图 2.1.4）。只有在这里选中了这些显示选项，在绘制草图时，系统才会自动显示草图的尺寸、约束符号和顶点等项目。

注意

在此如果选中了 □ 捕捉到栅格(S) 复选框，则前面已设置好的网格就会起到捕捉定位的作用。

4. 草绘区的快速调整

单击“网格显示”按钮，如果看不到网格，或者网格太密，可以缩放草绘区；如果想调整图形在草绘区的上下左右的位置，可以移动草绘区。

鼠标操作方法说明。

◆ 中键滚轮（缩放草绘区）：滚动鼠标中键滚轮，向前滚可看到图形在缩小，向后滚可看到图形在变大。

◆ 中键（移动草绘区）：按住鼠标中键，移动鼠标，可看到图形跟着鼠标移动。

> **注意** 草绘区这样的调整不会改变图形的实际大小和实际空间位置，它的作用是便于用户查看和操作图形。

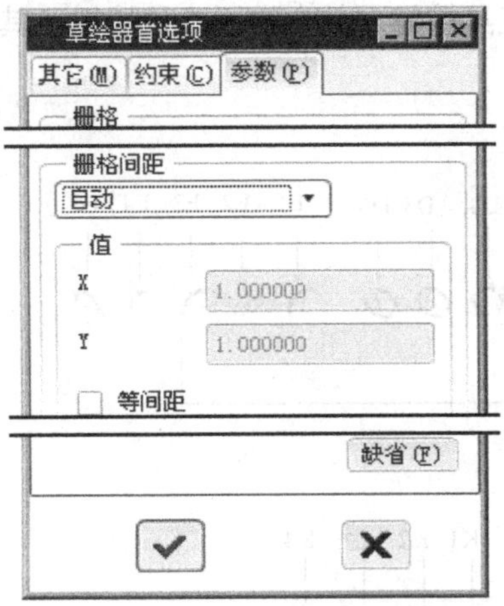

图 2.1.2 “参数”选项卡

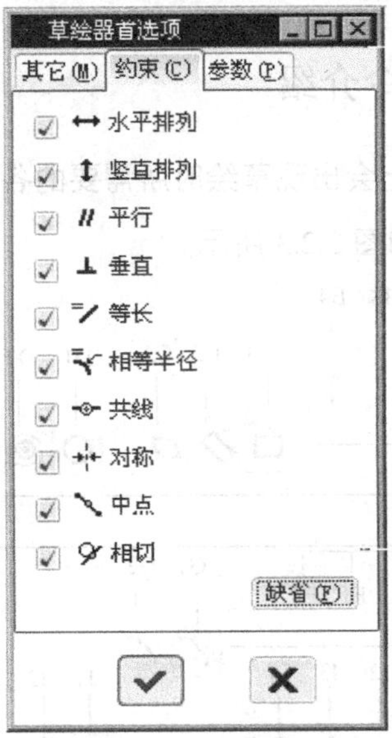

图 2.1.3 “约束”选项卡

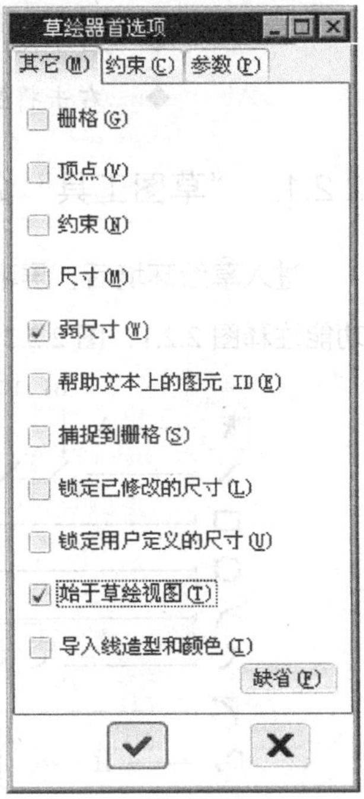

图 2.1.4 “其他”选项卡

2.2 二维草图的绘制（基础）

要进行草绘，应先从草绘环境的工具栏按钮区或 草绘(S) 下拉菜单中选取一个绘图命令（由于工具栏的命令按钮简明而快捷，因此推荐优先使用），然后可通过在屏幕图形区中单击选择位置来创建图元。

在绘制图元的过程中，当移动鼠标指针时，Pro/ENGINEER 系统会自动确定可添加的约束并将其显示。当同时出现多个约束时，系统以红色显示活动约束。

草绘图元后，用户还可通过“约束”工具栏继续添加约束。

在绘制截面草图的过程中，Pro/ENGINEER 系统会自动标注几何，这样产生的尺寸称为“弱”尺寸，系统可以自动地删除或改变它们。用户可以把有用的“弱”尺寸转换为“强”

尺寸。

说明

草绘环境中鼠标的使用。

- 草绘时，可单击鼠标左键在绘图区选择位置，单击鼠标中键中止当前操作或退出当前命令。
- 草绘时，可以通过单击鼠标右键来禁用当前约束（显示为红色），也可以按 Shift 键和鼠标右键来锁定约束。
- 当不处于绘制图元状态时，按 Ctrl 键并单击，可选取多个项目。
- 右击将显示带有最常用草绘命令的快捷菜单（当不处于绘制模式时）。

2.2.1　“草图工具”命令介绍

进入草绘环境后，屏幕上会出现草绘时所需要的各种工具按钮，其中常用工具按钮及其功能注释图 2.2.1、图 2.2.2 和图 2.2.3 所示。

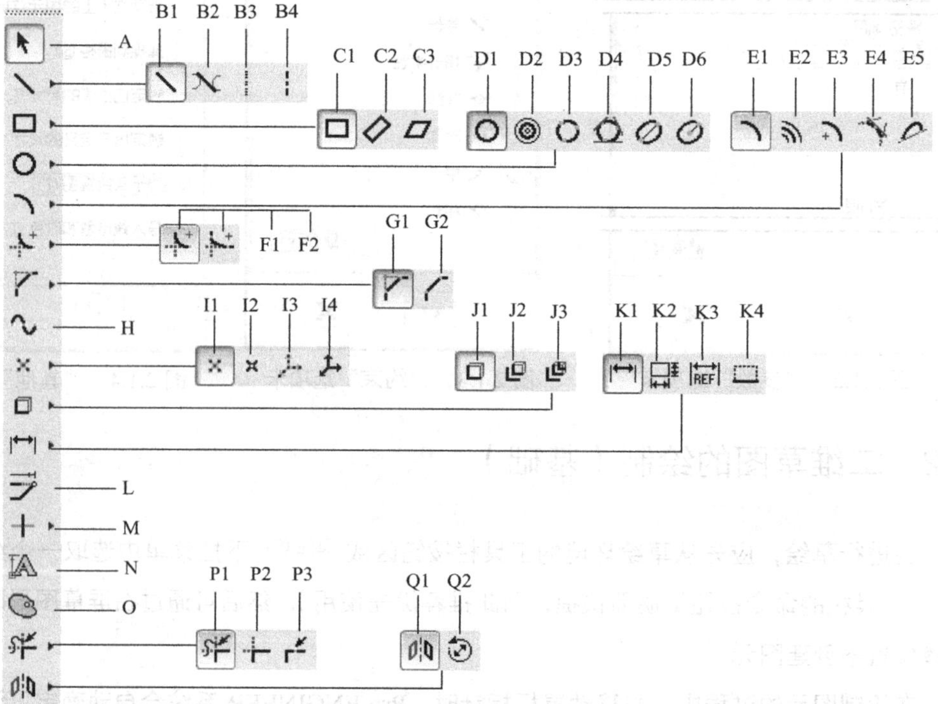

图 2.2.1　草绘工具按钮（一）

图 2.2.1 中各工具按钮的说明如下。

A：一次选取一个项目，按住 Ctrl 键可一次选取多个项目。

B1：创建两点直线。

B2：创建与两个图元相切的直线。

B3：创建 2 点中心线。

B4：创建 2 点几何中心线。

C1：创建矩形。

C2：创建斜矩形。

C3：创建平行四边形。

D1：通过确定圆心和圆上一点来创建圆。

D2：创建同心圆。

D3：通过确定圆上三个点来创建圆。

D4：创建与三个图元相切的圆。

D5：根据椭圆长轴端点创建椭圆。

D6：根据椭圆中心和长轴端点创建椭圆。

E1：由三个点创建一个圆弧或创建一个在其端点相切于图元的圆弧。

E2：创建同心圆弧。

E3：通过选取圆弧中心点和端点来创建圆弧。

E4：创建与三个图元相切的圆弧。

E5：创建一个锥形弧。

F1：在两个图元间创建一个圆形圆角。

F2：在两个图元间创建一个椭圆圆角。

G1：在两个图元间创建倒角并创建构造线延伸。

G2：在两个图元间创建一个倒角。

H：通过若干点创建样条曲线。

I1：创建点。

I2：创建几何点。

I3：创建坐标系。

I4：创建几何坐标系。

J1：利用其他特征的边来创建草图。

J2：对其他特征的边进行偏移来创建草图。

J3：对其他特征的边进行两侧偏移来创建草图。

K1：创建定义尺寸。

K2：创建周长尺寸。

K3：创建参照尺寸。

K4：创建一条纵坐标尺寸基线。

L：修改尺寸值、样条几何或文本图元。

M：在截面中添加草绘约束。

N：创建文本，作为截面的一部分。

O：将外部数据插入到活动对象。

P1：修剪图元，去掉选取的部分。

P2：修剪图元，保留选取的部分。

P3：在选取点处分割图元。

Q1：镜像选定的图元。

Q2：缩放并旋转选定图元。

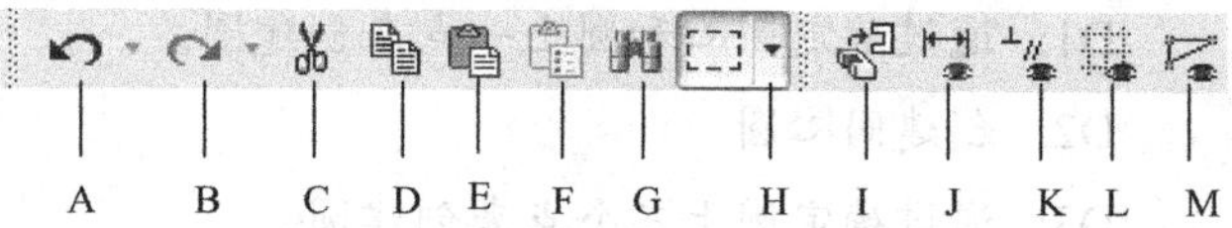

图 2.2.2　草绘工具按钮（二）

图 2.2.2 中各工具按钮的说明如下。

A：撤销前面的操作。

B：重新执行被撤销的操作。

C：将绘制图元、注释或表剪切到剪贴板。

D：复制。

E：粘贴。

F：选择性（高级）粘贴。

G：在模型树中按规则搜索、过滤及选取项目。

H：选取框内部的项目。

I：定向草绘平面，使其与显示器屏幕平行。

J：控制草绘尺寸的显示/关闭。

K：控制约束符号的显示/关闭。

L：控制草绘网格的显示/关闭。

M：控制草绘截面顶点的显示/关闭。

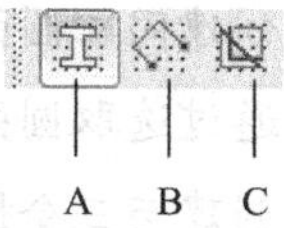

图 2.2.3　草绘工具按钮（三）

图 2.2.3 中各工具按钮的说明如下。

A：对草绘图元的封闭链内部着色。

B：加亮不为多个图元共有的草绘图元的顶点。

C：加亮重叠几何图元的显示。

2.2.2　直线

方法一：按两点——通过两点来创建直线，其一般操作步骤如下。

步骤 01　单击工具栏“直线”命令按钮中的，再单击按钮。

> 注意
>
> 还有下列两种方法进入直线绘制命令。
>
> ◆ 选择下拉菜单 草绘(S) → 线(L) → 线(L) 命令。
>
> ◆ 在绘图区右击，从弹出的快捷菜单中选择 线(L) 命令。

步骤 02　单击直线的起始位置点，此时可看到一条“橡皮筋”线附着在鼠标指针上。

步骤 03 单击直线的终止位置点，系统便在两点间创建一条直线，并且在直线的终点处出现另一条“橡皮筋”线。

步骤 04 重复步骤 步骤 03，可创建一系列连续的线段。

步骤 05 单击鼠标中键，结束直线的创建。

注意

- 在草绘环境中，单击“撤销”按钮可撤销上一个操作，单击“重做”按钮可重新执行被撤销的操作。这两个按钮在草绘环境中十分有用。
- Pro/ENGINEER 具有尺寸驱动功能，即图形的大小随着图形尺寸的改变而改变。

用 Pro/ENGINEER 进行设计，一般是先绘制大致的草图，然后再修改其尺寸，在修改尺寸时输入准确的尺寸值，即可获得最终所需要大小的图形。

方法二：直线相切——通过与两图元相切来创建直线，其一般操作步骤如下。

步骤 01 单击“直线”按钮中的，再单击按钮。

步骤 02 在第一个圆或弧上单击一点，此时可观察到一条始终与该圆或弧相切的“橡皮筋”线附着在鼠标指针上。

步骤 03 在第二个圆或弧上单击与直线相切的位置点，此时便产生一条与两个圆（弧）相切的直线段。

步骤 04 单击鼠标中键，结束相切直线的创建。

2.2.3 中心线

Pro/ENGINEER 5.0 提供两种中心线创建方法，分别是创建 2 点中心线和创建 2 点几何中心线。一般 2 点中心线是用来作为做图辅助中心线使用的；2 点几何中心是作为一个旋转特征的中心轴，或作为截面内的对称中心线来使用的。下面介绍创建方法。

方法一：创建 2 点中心线。

步骤 01 单击“直线”按钮中的。

步骤 02 在绘图区的某位置单击，一条中心线附着在鼠标指针上。

步骤 03 在另一位置点单击，系统即绘制一条通过此两点的“中心线”。

方法二：创建 2 点几何中心线。

创建 2 点几何中心线的方法和创建 2 点中心线的方法完全一样，此处不再介绍。

2.2.4 矩形

方法一：创建 2 点矩形。

步骤 01 单击“矩形”命令按钮□。

步骤 02 在绘图区的某位置单击，放置矩形的一个角点，然后将该矩形拖至所需大小。

步骤 03 再次单击，放置矩形的另一个角点。此时，系统即在两个角点间绘制一个矩形。

方法二：创建斜矩形。

步骤 01 单击“斜矩形”命令按钮◇。

步骤 02 在绘图区的某位置单击，放置斜矩形的一个角点，然后拖动鼠标确定斜矩形的倾斜角度，并单击左键定义斜矩形的长度，最后拖动鼠标并单击左键定义斜矩形的高度。

步骤 03 此时，完成斜矩形的创建。

方法三：创建平行四边形。

步骤 01 单击“平行四边形”命令按钮▱。

步骤 02 在绘图区的某位置单击，放置平行四边形的一个角点，然后拖动鼠标确定平行四边形其中一个边的长度，并单击左键，最后拖动鼠标并单击左键定义平行四边形的另外一个边的长度及斜度。

步骤 03 此时，完成平行四边形的创建。

2.2.5 圆

方法一：中心/点——通过选取中心点和圆上一点来创建圆。

步骤 01 单击“圆”命令按钮○▸中的○。

步骤 02 在某位置单击，放置圆的中心点，然后将该圆拖至所需大小并单击左键，完成该圆的创建。

方法二：同心圆。

步骤 01 单击“圆”命令按钮○▸中的◎。

步骤 02 选取一个参照圆或一条圆弧边来定义圆心。

步骤 03 移动鼠标指针，将圆拖至所需大小并单击左键，然后单击中键。

方法三：三点圆。

步骤 01 单击“圆”命令按钮○▸中的○。

步骤 02 在绘图区任意位置单击选取三个点，然后单击鼠标中键，完成该圆的创建。

2.2.6 圆弧

共有四种绘制圆弧的方法。

方法一：点/终点圆弧——确定圆弧的两个端点和弧上的一个附加点来创建一个三点圆弧。

步骤 01 单击“圆弧”命令按钮中的。

步骤 02 在绘图区某位置单击，放置圆弧一个端点；在另一位置单击，放置另一端点。

步骤 03 此时移动鼠标指针，圆弧呈“橡皮筋”样变化，单击确定圆弧上的一点。

方法二：同心圆弧。

步骤 01 单击“圆弧”命令按钮中的。

步骤 02 选取一个参照圆或一条圆弧边来定义圆心。

步骤 03 将圆拉至所需大小，然后在圆上单击两点以确定圆弧的两个端点。

方法三：圆心/端点圆弧。

步骤 01 单击“圆弧”命令按钮中的。

步骤 02 在某位置单击，确定圆弧中心点，然后将圆拉至所需大小，并在圆上单击两点以确定圆弧的两个端点。

方法四：创建与三个图元相切的圆弧。

步骤 01 单击“圆弧”命令按钮中的。

步骤 02 分别选取三个图元，系统便自动创建与这三个图元相切的圆弧。

注意：在第三个图元上选取不同的位置点，则可创建不同的相切圆弧。

2.2.7 圆角

步骤 01 单击“圆角”命令按钮。

步骤 02 分别选取两个图元（两条边），系统便在这两个图元间创建圆角，并将两个图元裁剪至交点。

注意：倒圆角对象中有圆弧时，系统不会自动裁剪图元。

2.2.8 椭圆

Pro/ENGINEER 5.0 提供两种创建椭圆的方法，并且可以创建斜椭圆。下面介绍椭圆的两种创建方法。

方法一：根据椭圆长轴端点来创建椭圆。

步骤 01 单击“圆”命令按钮 中的 。

步骤 02 在绘图区的某位置单击，放置椭圆的长轴起始端点，移动鼠标指针，在绘图区的某位置单击，放置椭圆的长轴结束端点。

步骤 03 移动鼠标指针，将椭圆拉至所需形状并单击左键，完成椭圆的创建。

方法二：根据椭圆中心和长轴端点来创建椭圆。

步骤 01 单击“圆”命令按钮 中的 。

步骤 02 在绘图区的某位置单击，放置椭圆的圆心，移动鼠标指针，在绘图区的某位置单击，放置椭圆的长轴端点。

步骤 03 移动鼠标指针，将椭圆拉至所需形状并单击左键，完成椭圆的创建。

说明

椭圆有如下特性。

- 椭圆的中心点相当于圆心，可以作为尺寸和约束的参照。
- 椭圆由两个半径定义：X 半径和 Y 半径。从椭圆中心到椭圆的水平半轴长度称为 X 半径，竖直半轴长度称为 Y 半径。
- 当指定椭圆的中心和椭圆半径时，可用的约束有“相切”“图元上的点”和“相等半径”等。

2.2.9 样条曲线

样条曲线是通过任意多个中间点的平滑曲线。

步骤 01 单击“样条曲线”按钮 。

步骤 02 单击一系列点，可观察到一条“橡皮筋”样条附着在鼠标指针上。

步骤 03 单击鼠标中键，结束样条线的绘制。

2.2.10 绘制文字

步骤 01 单击按钮 或选择下拉菜单 草绘(S) ➡ 文本(T)... 命令。

步骤 02 在系统 ➡ 选择行的起点，确定文本高度和方向。 的提示下，单击一点作为起始点。

步骤 03 在系统 ➜选取行的第二点，确定文本高度和方向。 的提示下，单击另一点。此时在两点之间会显示一条构建线，该线的长度决定文本的高度，该线的角度决定文本的方向。

步骤 04 系统弹出图 2.2.4 所示的“文本”对话框，在 文本行 文本框中输入文本（一般应少于 79 个字符）。

步骤 05 可设置下列文本选项（图 2.2.5）。

- 字体 下拉列表：从系统提供的字体和 TrueType 字体列表中选取一类。
- 位置: 下拉列表。
  - 水平：水平方向上，起始点可位于文本行的左边、中心或右边。
  - 垂直：垂直方向上，起始点可位于文本行的底部、中间或顶部。
- 长宽比 文本框：拖动滑动条增大或减小文本的长宽比。
- 斜角 文本框：拖动滑动条增大或减小文本的倾斜角度。
- 沿曲线放置 复选框：选中此复选框，可沿着一条曲线放置文本。然后，需选择希望在其上放置文本的弧或圆（图 2.2.5）。
- 字符间距处理：启用文本字符串的字符间距处理。这样可控制某些字符对之间的空格，改善文本字符串的外观。

步骤 06 单击 确定 按钮，完成文本创建。

说明：在绘图区中，可以拖动图 2.2.5 所示的操纵手柄来调整文本的位置和角度。

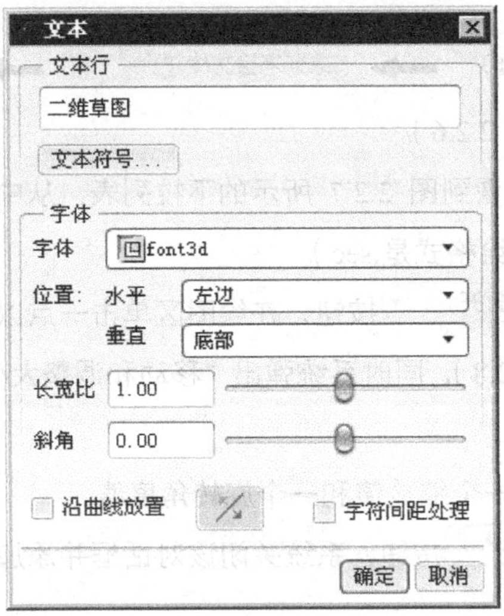

图 2.2.4 “文本”对话框

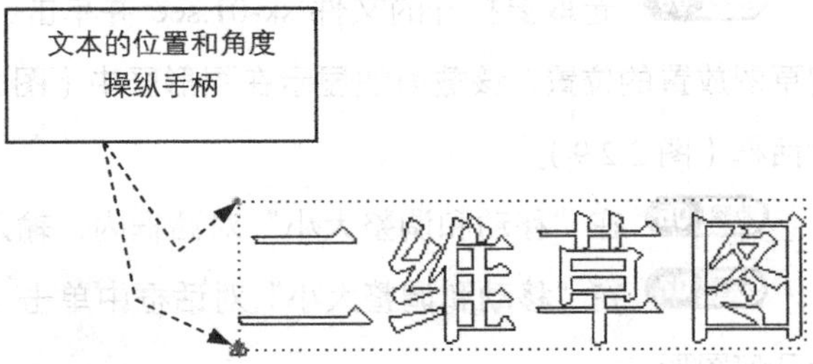

图 2.2.5 文本操纵手柄

2.2.11 创建点

在设计管路和电缆布线时，创建点对工作十分有帮助。

步骤 01 选择下拉菜单 草绘(S) → 点(P) 命令。

步骤 02 在绘图区的某位置单击以放置该点。

说明 点和几何点的区别：点是指用于草图环境中的参考点；几何点是基准点。

2.2.12 调色板的使用

利用前面介绍的基本绘图功能，用户可以从头绘制各种要求的截面；另外，还可以继承和使用以前在 Pro/ENGINEER 软件或别的软件（如 AutoCAD）中保存过的截面图形。

1. 保存 Pro/ENGINEER 草图的操作方法

选择草绘环境中的下拉菜单 文件(F) → 保存(S)（或 保存副本(A)...）命令。

2. 使用以前保存过的草图的操作方法

步骤 01 选择下拉菜单 文件(F) → 设置工作目录(W)... 命令，将工作目录设置至 D:\proedq5\work\ch02.02.12。

步骤 02 单击“新建”按钮，系统弹出“新建”对话框，在该对话框中选中 草绘 单选项；在 名称 后的文本框中接受系统默认的草图名称 s2d0001；单击 确定 按钮，即进入草绘环境。

步骤 03 选择草绘环境中的下拉菜单 草绘(S) → 数据来自文件(F)... → 文件系统... 命令，此时系统弹出“打开”对话框（图 2.2.6）。

步骤 04 单击“类型”下拉列表的按钮后，可看到图 2.2.7 所示的下拉列表，从中选择要打开文件的类型（Pro/ENGINEER 的模型截面草绘格式是.sec）。

步骤 05 选取要打开的文件 sk-01.sec 并单击 打开 按钮，在绘图区单击一点以确定草图放置的位置，该截面便显示在图形区中（图 2.2.8），同时系统弹出“移动和调整大小”对话框（图 2.2.9）。

步骤 06 在“移动和调整大小”对话框内，输入一个缩放值和一个旋转角度值。

步骤 07 在“移动和调整大小”对话框中单击 ✔ 按钮，系统关闭该对话框并添加此新几何图形。

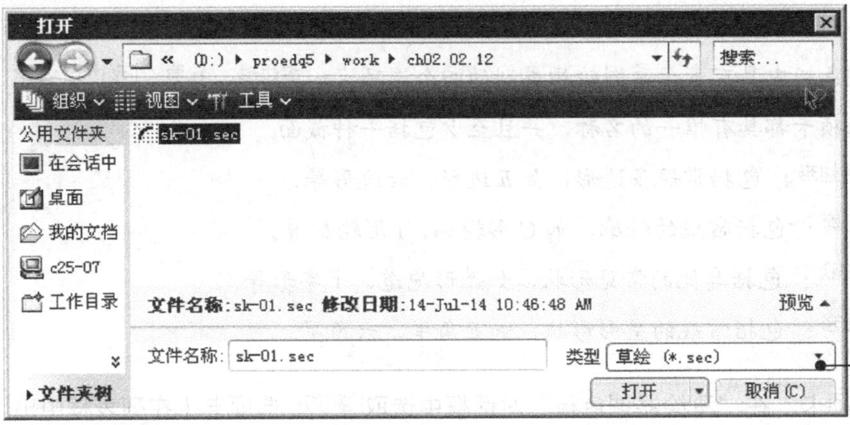

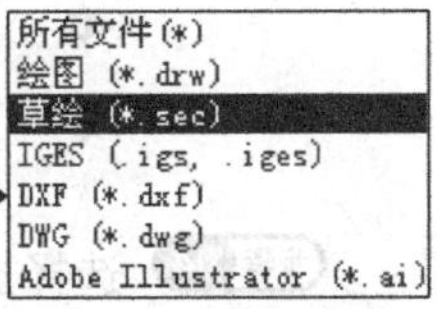

图 2.2.6 “打开”对话框　　图 2.2.7 “类型”选项

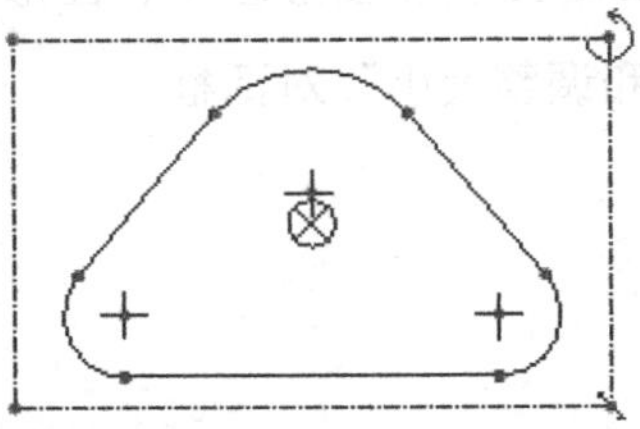

图 2.2.8 图元操作图

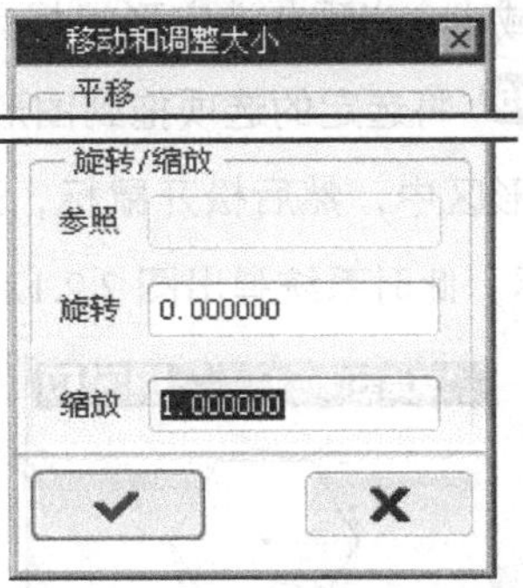

图 2.2.9 “移动和调整大小”对话框

2.2.13 使用以前保存过的图形创建当前草图

草绘器调色板相当于一个预定义形状的定制库，用户可以将调色板中所存储的草图轮廓方便地调用到当前的草绘图形中，也可以将自定义的轮廓草图保存到调色板中备用。

1. 调用调色板中的草图轮廓

在正确安装 Pro/ENGINEER 野火版 5.0 后，草绘器调色板中就已存储了一些常用的草图轮廓，下面以实例讲解调用调色板中草图轮廓的方法。

步骤 01 单击“新建文件”按钮。

步骤 02 系统弹出“新建”对话框，在该对话框中选中 草绘 单选项；在 名称 后的文本框中接受系统默认的草图名称 s2d0001；单击 确定 按钮，即进入草绘环境。

步骤 03 选择命令。选择下拉菜单 草绘(S) → 数据来自文件(F)... ▸ → 调色板... 命令（或在工具栏中单击“调色板”按钮），系统自动弹出图 2.2.10 所示的“草绘器调色板”对话框。

说明

调色板中具有表示草图轮廓类别的四个选项卡：多边形、轮廓、形状、星形。每个选项卡都具有惟一的名称，并且至少包括一种截面。

◆ 多边形：包括常规多边形，如五边形、六边形等。
◆ 轮廓：包括常规的轮廓，如C形轮廓、I形轮廓等。
◆ 形状：包括其他的常见形状，如弧形跑道、十字形等。
◆ 星形：包括常规的星形形状，如五角星、六角星。

步骤 04 选择选项卡。在“草绘器调色板”对话框中选取多边形选项卡（在列表框中出现与选定的选项卡中的形状相应的缩略图和标签），在列表框中选取 六边形选项，此时在预览区域中会出现与选定形状相应的截面。

步骤 05 将选定的选项拖到图形区。选中 六边形选项后，按住鼠标左键不放，把光标移到图形区中，然后松开鼠标，选定的图形就自动出现在图形区中，图形区中的图形图2.2.11 所示。此时系统弹出图 2.2.12 所示的“移动和调整大小”对话框。

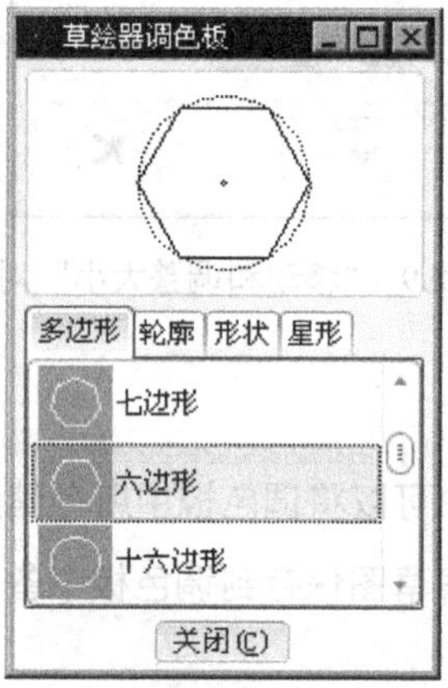

图 2.2.10 “草绘器调色板”对话框

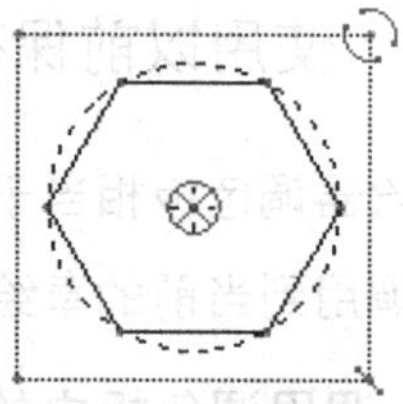

图 2.2.11 六边形

说明

选中 六边形选项后，双击 六边形选项，把光标移到图形区中合适的位置，单击鼠标左键，选定的图形也会自动出现在图形区中。

步骤 06 在“移动和调整大小”对话框的缩放文本框中输入值 5.0。

注意

输入的尺寸和约束被创建为强尺寸和约束。

步骤 07 单击 ✓ 按钮，完成图 2.2.13 所示的“六边形”的调用。

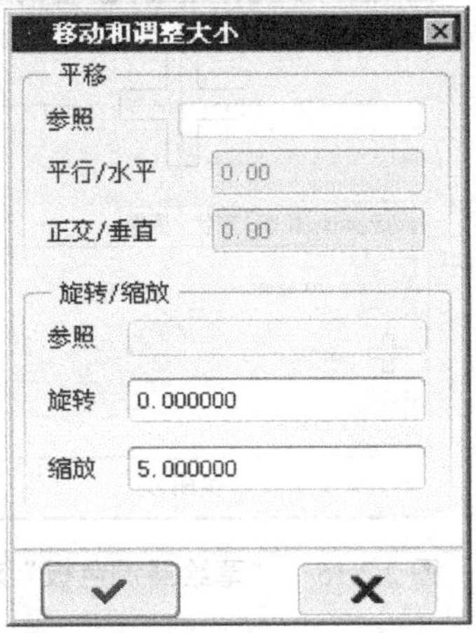

图 2.2.12 “移动和调整大小”对话框

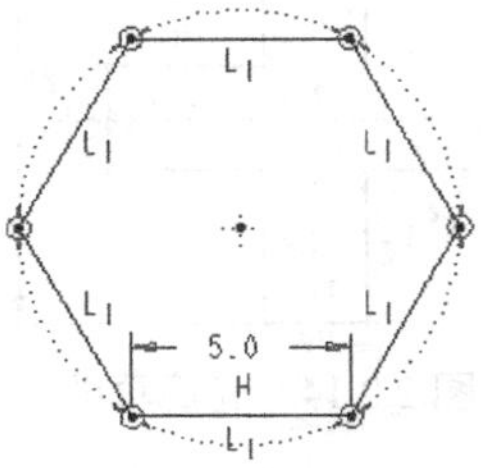

图 2.2.13 定义后的“六边形”

2. 将草图轮廓存储到调色板中

当调色板中的草图轮廓不能满足绘图的需要时，用户可以把所自定义的草图轮廓添加到调色板中。下面以范例讲解将自定义草图轮廓添加到调色板中的方法。

步骤 01 选择下拉菜单 文件(F) → 设置工作目录(W)... 命令，将工作目录设置至 Pro/ENGI-NEER 野火版 5.0 的安装目录\text\sketcher_palette\polygons。

步骤 02 单击“新建文件”按钮。

步骤 03 系统弹出“新建”对话框，在该对话框中选中 草绘 单选项；在 名称 后的文本框中输入草图名称 sk-02，单击 确定 按钮，即进入草绘环境。

步骤 04 编辑轮廓草图，绘制图 2.2.14 所示的图形。

步骤 05 将轮廓草图保存至工作目录下，即调色板存储库中。选择草绘环境中的下拉菜单 文件(F) → 保存(S) 命令，系统弹出“保存”对话框，文件名出现在 模型名称 文本框中；单击 确定 按钮，完成轮廓草图的创建。

说明 保存的轮廓草图文件必须是扩展名为.sec 的文件。

步骤 06 在调色板中查看保存后的轮廓。选择下拉菜单 草绘(S) → 数据来自文件(F)... → 调色板... 命令（或在工具栏中单击“调色板”按钮），系统自动弹出图 2.2.15 所示的“草绘器调色板”对话框；在“草绘器调色板”中选取 polygons 选项卡，此时在列表框中就能找到图 2.2.15 所示的 sk-02 选项。

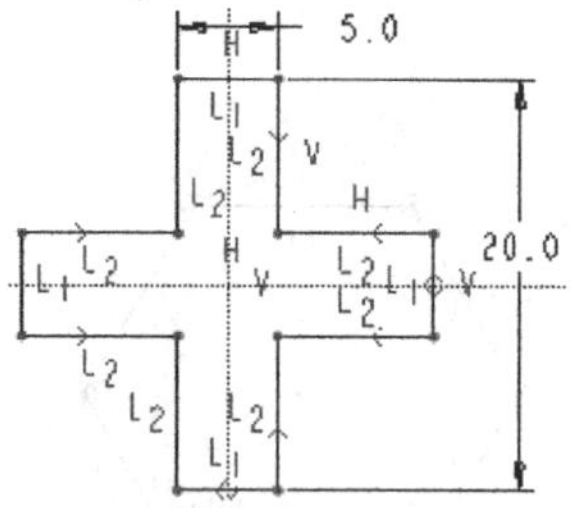

图 2.2.14 轮廓草图

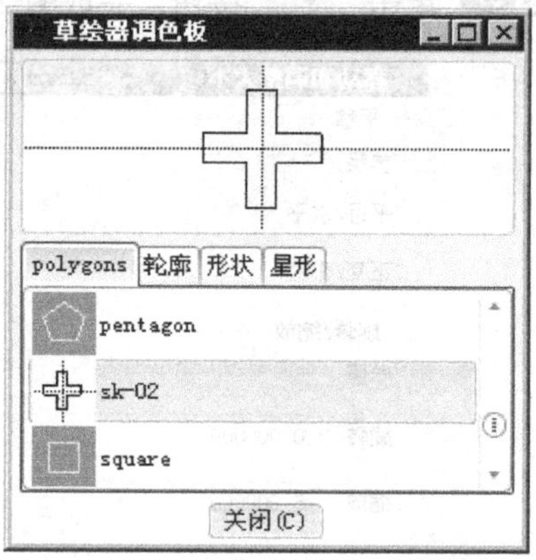

图 2.2.15 “草绘器调色板”对话框

2.3 二维草图的绘制（高级）

2.3.1 复制草图

步骤 01 选择下拉菜单 文件(F) → 设置工作目录(W)... 命令，将工作目录设置至 D:\proedq5\work\ch02.03.01。

步骤 02 选择下拉菜单 文件(F) → 打开(O)... 命令，打开文件 sk-04.sec。

步骤 03 在绘图区单击或框选（框选时要框住整个图元）要复制的图元，图 2.3.1 所示。

步骤 04 先选择下拉菜单 编辑(E) → 复制(C) 命令，然后选择下拉菜单 编辑(E) → 粘贴(P) 命令；再在绘图区单击一点以确定草图放置的位置，图形区出现图 2.3.2 所示的图元操作图和图 2.3.3 所示的“移动和调整大小”对话框。Pro/ENGINEER 在复制截面的同时，还可对其进行比例缩放和旋转。

步骤 05 单击按钮 ✔，确认变化并退出。

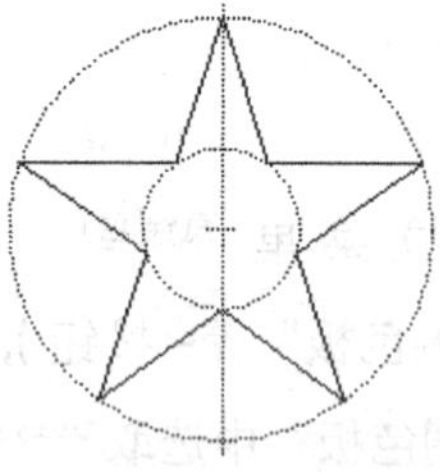
图 2.3.1 复制图元

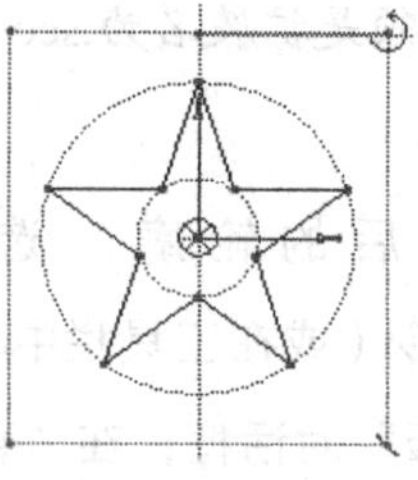
图 2.3.2 操作图

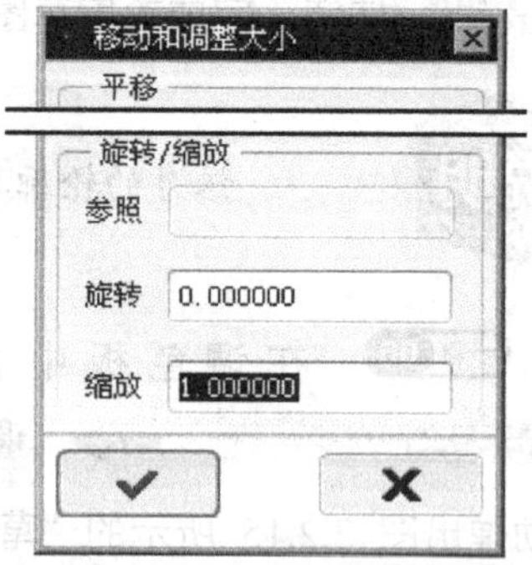

图 2.3.3 “移动和调整大小”对话框

2.3.2 镜像草图

步骤 01 在绘图区单击或框选要镜像的图元。

步骤 02 单击工具栏按钮中的，或选择下拉菜单 编辑(E) ➡ 镜像(M) 命令。

步骤 03 系统提示选取一条镜像中心线，选择图 2.3.4 所示的中心线（如果没有可用的中心线，可用绘制中心线的命令绘制一条中心线。这里要特别注意：基准面的投影线看上去像中心线，但它并不是中心线）。

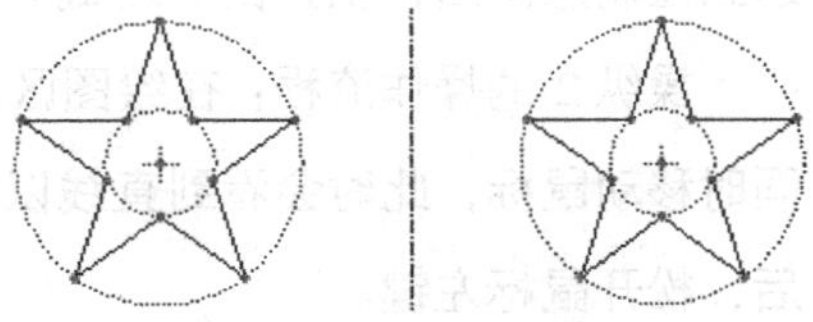

图 2.3.4 图元的镜像

2.3.3 变换草图

步骤 01 在绘图区单击或框选（框选时要框住整个图元）要比例缩放的图元（可看到选中的图元变红）。

步骤 02 单击工具栏按钮中的，或选择下拉菜单 编辑(E) ➡ 移动和调整大小(O) 命令，图形区出现图 2.3.5 所示的图元操作图和图 2.3.6 所示的“移动和调整大小”对话框。

（1）单击选取不同的操纵手柄，可以进行移动、缩放和旋转操纵（为了精确，也可以在图 2.3.6 所示的文本框内输入相应的缩放比例和旋转角度值）。

（2）单击“移动和调整大小”对话框中的 ✔ 按钮，确认变化并退出。

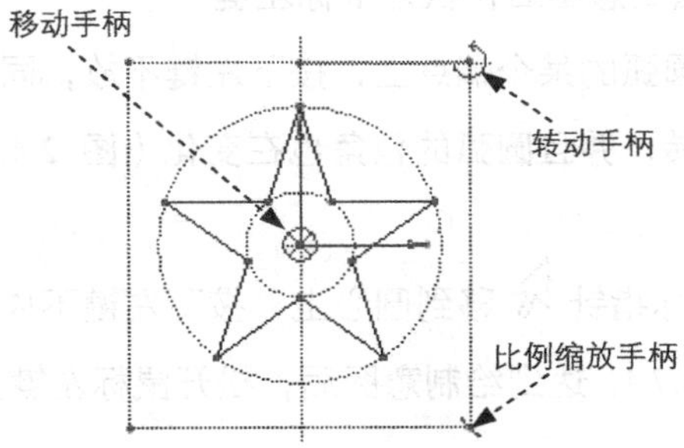

图 2.3.5 图元操作图

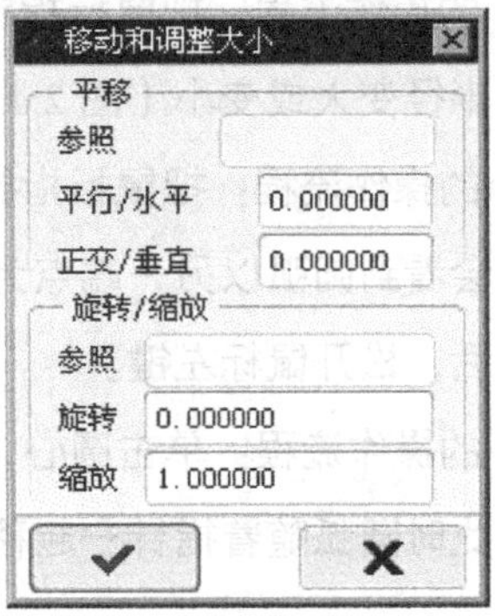

图 2.3.6 “移动和调整大小”对话框

2.4 二维草图的编辑

2.4.1 操纵草图

1. 直线的操纵

Pro/ENGINEER 提供了图元操纵功能，可方便地旋转、拉伸和移动图元。

操纵 1 的操作流程：在绘图区，把鼠标指针移到直线上，按下左键不放，同时移动鼠标（此时鼠标指针变为），此时直线以远离鼠标指针的那个端点为圆心转动（图 2.4.1）。达到绘制意图后，松开鼠标左键。

操纵 2 的操作流程：在绘图区，把鼠标指针移到直线的某个端点上，按下左键不放，同时移动鼠标，此时会看到直线以另一端点为固定点伸缩或转动（图 2.4.2）。达到绘制意图后，松开鼠标左键。

2. 圆的操纵

操纵 1 的操作流程：把鼠标指针移到圆的边线上，按下左键不放，同时移动鼠标，此时会看到圆在变大或缩小（图 2.4.3）。达到绘制意图后，松开鼠标左键。

操纵 2 的操作流程：把鼠标指针移到圆心上，按下左键不放，同时移动鼠标，此时会看到圆随着指针一起移动（图 2.4.4）。达到绘制意图后，松开鼠标左键。

图 2.4.1　直线的操纵 1

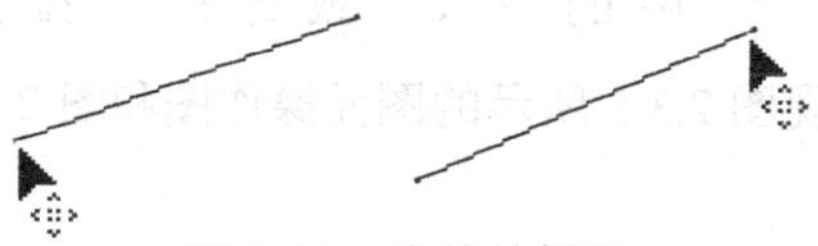

图 2.4.2　直线的操纵 2

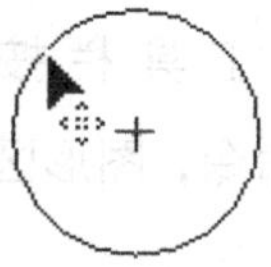

图 2.4.3　圆的操纵 1

图 2.4.4　圆的操纵 2

3. 圆弧的操纵

操纵 1 的操作流程：把鼠标指针移到圆弧上，按下左键不放，同时移动鼠标，此时会看到圆弧半径变大或变小（图 2.4.5）。达到绘制意图后，松开鼠标左键。

操纵 2 的操作流程：把鼠标指针移到圆弧的某个端点上，按下左键不放，同时移动鼠标，此时会看到圆弧以另一端点为固定点旋转，并且圆弧的包角也在变化（图 2.4.6）。达到绘制意图后，松开鼠标左键。

操纵 3 的操作流程：单击圆心，然后把鼠标指针移到圆心上，按下左键不放，同时移动鼠标，此时圆弧随着指针一起移动（图 2.4.7）。达到绘制意图后，松开鼠标左键。

图 2.4.5　圆弧的操纵 1

图 2.4.6　圆弧的操纵 2

图 2.4.7　圆弧的操纵 3

4. 样条曲线的操纵

操纵 1 的操作流程（图 2.4.8）：把鼠标指针移到样条曲线的某个端点上，按下左键不放，同时移动鼠标，此时样条曲线以另一端点为固定点旋转，同时大小也在变化。达到绘制意图后，松开鼠标左键。

操纵 2 的操作流程（图 2.4.9）：把鼠标指针移到样条曲线的中间点上，按下左键不放，同时移动鼠标，此时样条曲线的拓扑形状（曲率）不断变化。达到绘制意图后，松开鼠标左键。

图 2.4.8 样条曲线的操纵 1

图 2.4.9 样条曲线的操纵 2

如果样条曲线绘制得不满足要求可对其进行编辑。样条曲线的编辑包括增加插入点、创建控制多边形、显示曲线曲率、创建关联坐标系和修改各点坐标值等。下面说明其操作步骤。

步骤 01 选择下拉菜单 编辑(E) → 修改(O)... 命令。

步骤 02 系统弹出“选取”对话框（图 2.4.10），选取图 2.4.11 所示的样条曲线，此时在屏幕下方出现图 2.4.12 所示的“样条修改”操控板。修改方法有以下几种。

图 2.4.10 “选取”对话框

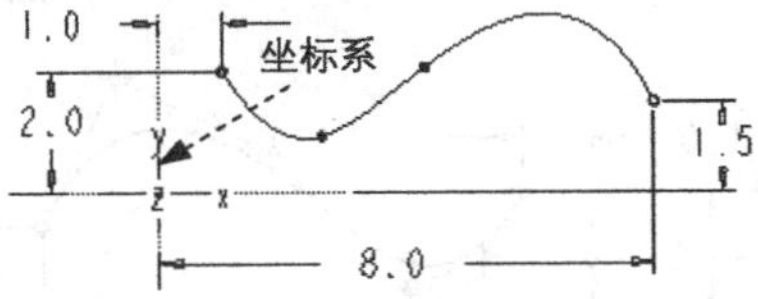

图 2.4.11 样条曲线

- 在“样条修改”操控板中按下 点 按钮，然后单击样条曲线上的相应点，可以显示并修改该点的坐标值（相对坐标或绝对坐标），图 2.4.12 所示。
- 在操控板中按下 拟合 按钮，可以对样条曲线的拟合情况进行设置，图 2.4.12 所示。
- 在操控板中按下 文件 按钮，并选取相关联的坐标系（图 2.4.11 所示的坐标系），就可形成相对于此坐标系的该样条曲线上所有点的坐标数据文件。
- 在操控板中按下按钮，可创建控制多边形，图 2.4.13 所示。如果已经创建了控制多边形，单击此按钮则可删除创建的控制多边形。
- 在操控板中按下或，用于显示内插点（图 2.4.11）或控制点（图 2.4.13）。
- 在操控板中按下按钮，可显示样条曲线的曲率分析图（图 2.4.14），同时操控板上会出现图 2.4.15 所示的调整曲率界面，通过滚动 比例 滚轮可调整曲率线的长度，

通过滚动 密度 滚轮可调整曲率线的数量。

◆ 在样条曲线上需要增加点的位置右击，选择 添加点 命令，便可在该位置增加一个点。

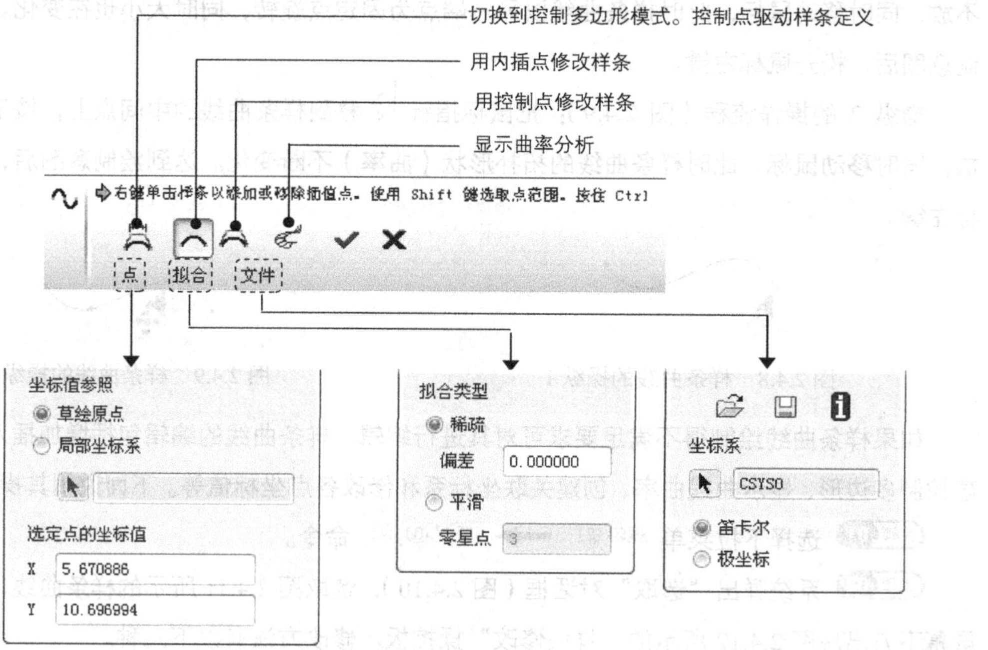

图 2.4.12 “样条修改”操控板

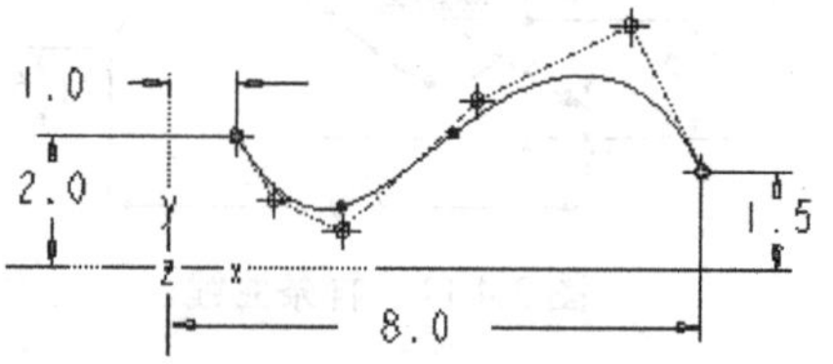

图 2.4.13 创建控制多边形

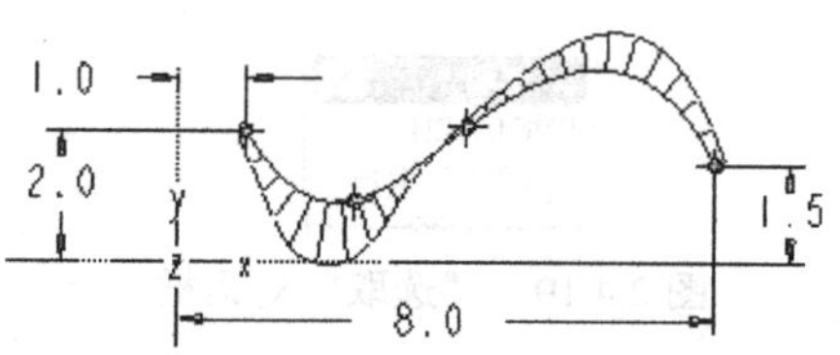

图 2.4.14 显示曲率分析图

说明

当样条曲线以内插点的形式显示时，在样条曲线上需要增加点的位置右击，才能弹出 添加点 命令；当样条曲线以控制点的形式显示时，需在控制点连成的直线上右击，才能弹出 添加点 命令。

◆ 在样条曲线上右击需要删除的点，选择 删除点 命令，便可将该点从样条曲线中删除。

步骤 03 单击 ✓ 按钮，完成编辑。

图 2.4.15 调整曲率界面

2.4.2 删除草图

步骤01 在绘图区单击或框选图 2.4.16 所示的两个圆为要删除的元素。

步骤02 按一下键盘上的 Delete 键，所选图元即被删除。也可采用下面两种方法删除图元。

- 右击，在弹出的快捷菜单中选择 删除(D) 命令。
- 在 编辑(E) 下拉菜单中选择 删除(D) 命令。

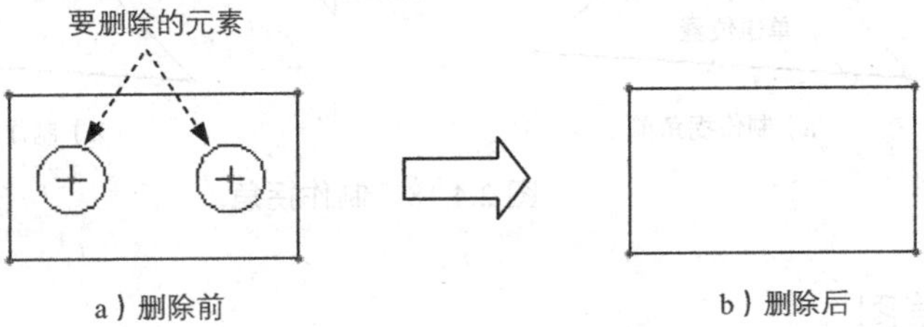

图 2.4.16 删除草图

2.4.3 修剪草图

步骤01 在工具栏中单击按钮 。

步骤02 单击图 2.4.17a 所示草图上侧部分为要去掉的图元，草图修剪结果图 2.4.17b 所示。

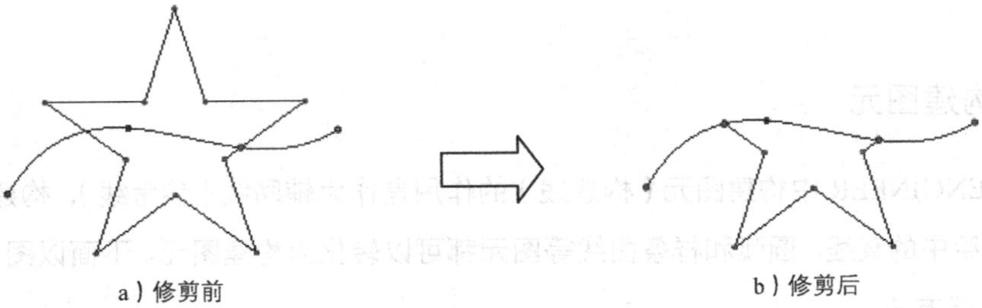

图 2.4.17 修剪草图

2.4.4 制作拐角

步骤01 在工具栏中单击按钮 中的 。

步骤02 依次单击图 2.4.18a 所示相交图元上要保留的一侧，制作拐角操作结果如图

2.4.18b 所示。

> **说明** 如果所选两图元不相交，则系统将对其进行延伸，并将线段修剪至交点。

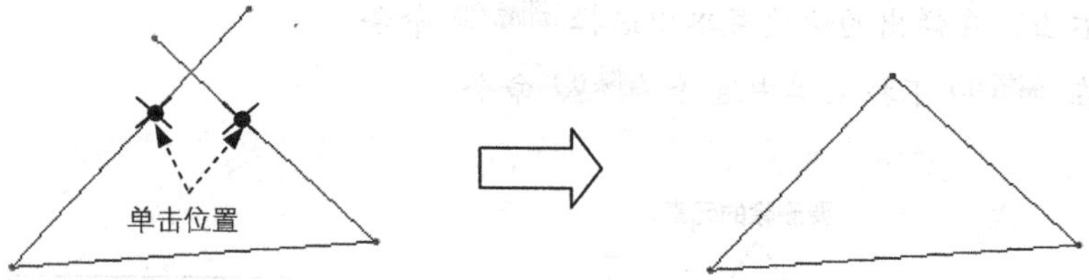

a）制作拐角前　　b）制作拐角后

图 2.4.18　制作拐角

2.4.5　分割草图

步骤 01　单击按钮中的。

步骤 02　单击一个要分割的图元，如图 2.4.19 所示。系统在单击处断开了图元。

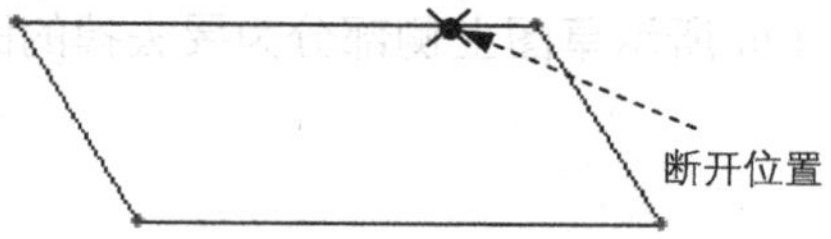

图 2.4.19　分割草图

2.4.6 构建图元

Pro/ENGINEER 中构建图元（构建线）的作用是作为辅助线（参考线），构建图元以虚线显示。草绘中的直线、圆弧和样条曲线等图元都可以转化为构建图元。下面以图 2.4.20 为例，说明其创建方法。

步骤 01　将工作目录设置至 D:\ proedq5\work\ch02.04.06，打开文件 sk-05.sce。

步骤 02　框选图 2.4.20a 中的所有图元。

步骤 03　右击，在弹出的图 2.4.21 所示的快捷菜单中选择 构建 命令，被选取的图元就转换成构建图元。结果图 2.4.20b 所示。

2.5 二维草图的几何约束

"草绘的约束"主要包括"几何约束"和"尺寸约束"两种类型。

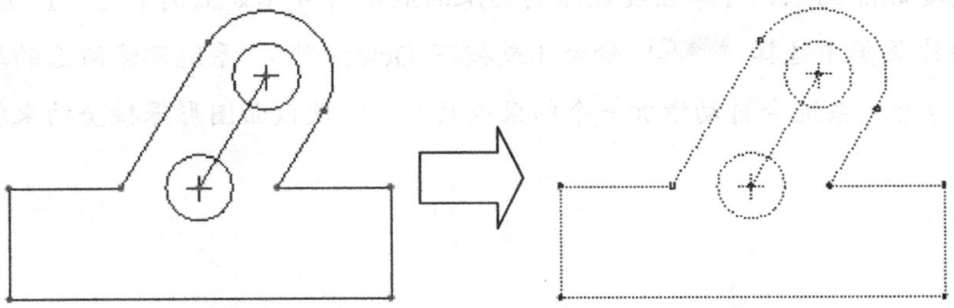

a） 一般图元　　b） 构建图元

图 2.4.20 将图元转换为构建图元

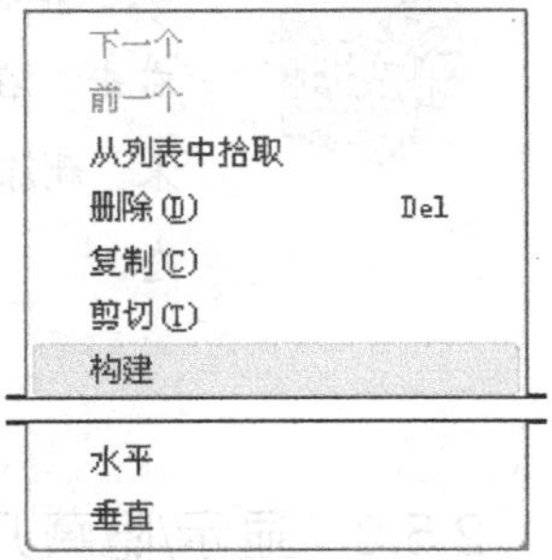

图 2.4.21 快捷菜单

按照工程技术人员的设计习惯，在草绘时或草绘后，希望对绘制的草图增加一些平行、相切、相等和共线等约束来帮助定位几何，Pro/ENGINEER 系统可以很容易地做到这一点。下面对几何约束进行详细的介绍。

2.5.1 添加几何约束

下面以图 2.5.1 所示的相切约束为例，说明添加约束的步骤。

步骤 01 单击工具栏按钮 中的 （或选择下拉菜单 草绘(S) → 约束(C) → 相切 命令），系统弹出图 2.5.2 所示的"约束"工具栏。

步骤 02 在"约束"工具栏中选择一个约束，如单击对话框中的按钮 。

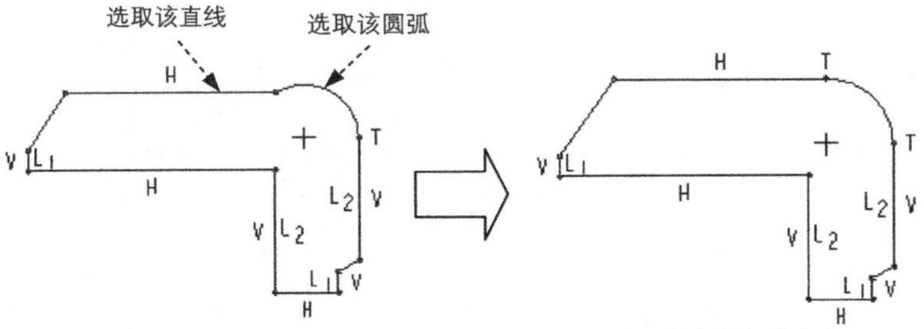

a） 添加相切约束前　　b） 添加相切约束后

图 2.5.1 图元的相切约束

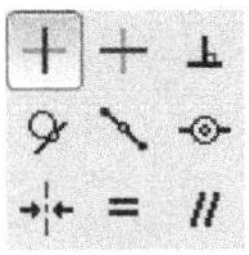

图 2.5.2 "约束"工具栏

步骤 03 系统在信息区提示 选取两图元使它们相切 ，分别选取图 2.5.1a 所示的直线和圆弧。此时系统按创建的约束更新截面，若要显示约束符号"T"可单击"约束显示"命令按钮 。

添加相切约束的结果如图 2.5.1b 所示

步骤 04 重复步骤 02 和步骤 03，可创建其他的约束。

说明

如果想要删除约束，可单击要删除的约束的显示符号（如上例中的“T”）。右击，在快捷菜单中选择 删除(D) 命令（或按下 Delete 键），系统删除所选的约束。删除约束后，系统会自动增加一个约束或尺寸，以使截面图形保持全约束状态。

2.5.2 显示/隐藏几何约束

1. 约束的屏幕显示控制

在工具栏中单击按钮，即可控制约束符号在屏幕中的显示/关闭。

2. 约束符号颜色含义

- 约束：显示为橙色。
- 鼠标指针所在的约束：显示为天蓝色。
- 选定的约束（或活动约束）：显示为红色。
- 锁定约束：放在一个圆中。
- 禁用约束：用一条直线穿过约束符号。

3. 各种约束符号列表

各种约束的显示符号见表 2.5.1。

表 2.5.1　约束符号列表

约 束 名 称	约束显示符号
中点	Ж
相同点	O
水平图元	H
竖直图元	V
图元上的点	-O- - -
相切图元	T
垂直图元	⊥
平行线	$//_1$
相等半径	在半径相等的图元旁，显示一个下标的 R（如 R1、R2 等）
具有相等长度的线段	在等长的线段旁，显示一个下标的 L（如 L1、L2 等）
对称	→←
图元水平或竖直排列	- - ¦
共线	═
“使用边” / “偏移使用边”	~

2.5.3　解决约束冲突

当增加的约束或尺寸与现有的约束或“强”尺寸相互冲突或多余时，例如，在图 2.5.3 所示的草绘截面中添加尺寸 3.8 时（图 2.5.4），系统就会加亮冲突尺寸或约束，并告诉用户删除加亮的尺寸或约束之一；同时系统弹出图 2.5.5 所示的“解决草绘”对话框，利用此对话框可以解决冲突。其中各选项说明如下。

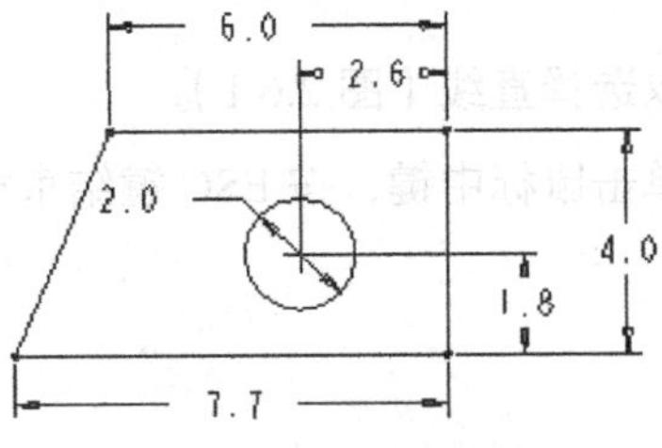

图 2.5.3　草绘图形

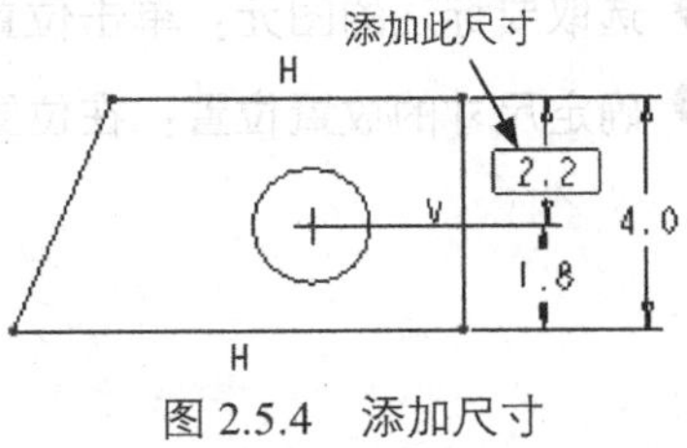

图 2.5.4　添加尺寸

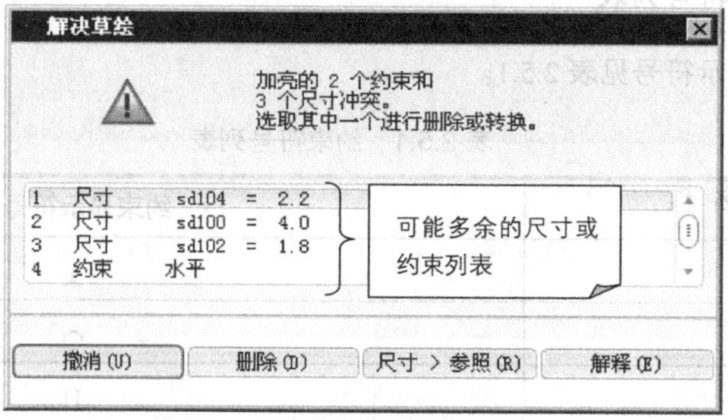

图 2.5.5 “解决草绘”对话框

- 撤消 (U) 按钮：撤销刚刚导致截面的尺寸或约束冲突的操作。
- 删除 (D) 按钮：从列表框中选择某个多余的尺寸或约束，将其删除。
- 尺寸 > 参照 (R) 按钮：选取一个多余的尺寸，将其转换为一个参照尺寸。
- 解释 (E) 按钮：选择一个约束，获取约束说明。

2.6 二维草图的尺寸标注

2.6.1 添加尺寸标注

在绘制截面的几何图元时，系统会及时自动地产生尺寸，这些尺寸被称为“弱”尺寸，系统在创建和删除它们时并不给予警告，但用户不能手动删除，“弱”尺寸显示为灰色。用户还可以按设计意图增加尺寸以创建所需的标注布置，这些尺寸称为“强”尺寸。增加“强”尺寸时，系统自动删除多余的“弱”尺寸和约束，以保证截面的完全约束。

1. 标注线段长度

步骤 01 单击“标注”命令按钮 中的 。

说明 也可选择下拉菜单 草绘(S) → 尺寸(D) ▸ → 法向(N) 中的子命令；或者在绘图区右击，从弹出的快捷菜单中选择 尺寸 命令。

步骤 02 选取要标注的图元：单击位置 1 以选择直线（图 2.6.1）。

步骤 03 确定尺寸的放置位置：在位置 2 单击鼠标中键，按 ESC 键结束标注。

2. 标注两条平行线间的距离

步骤 01　单击"标注"命令按钮 中的 。

步骤 02　分别单击位置 1 和位置 2 以选择两条平行线，中键单击位置 3 以放置尺寸（图 2.6.2），按 ESC 键结束标注。

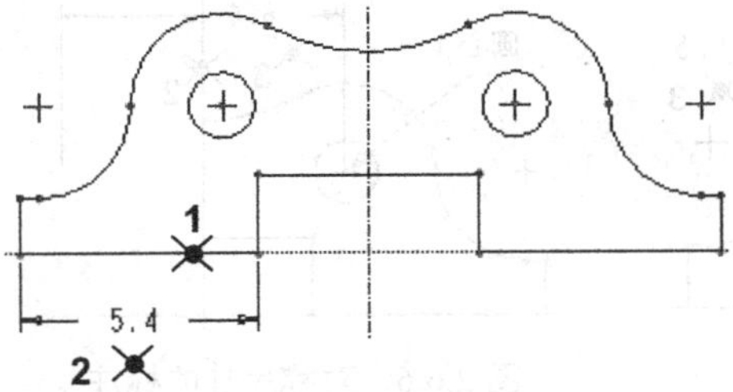

图 2.6.1　线段长度尺寸的标注

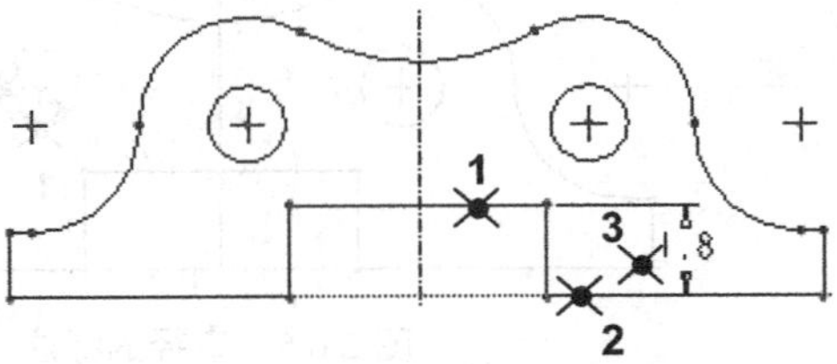

图 2.6.2　平行线距离的标注

3. 标注一点和一条直线之间的距离

步骤 01　单击"标注"命令按钮 中的 。

步骤 02　单击图 2.6.3 所示的圆心 1 以选取一点，再单击位置 2 以选择直线；中键单击位置 3 以放置尺寸（图 2.6.3），按 ESC 键结束标注。

4. 标注两点间的距离

步骤 01　单击"标注"命令按钮 中的 。

步骤 02　分别单击圆心 1 和点 2 以选择两点，中键单击位置 3 以放置尺寸（图 2.6.4），按 ESC 键结束标注。

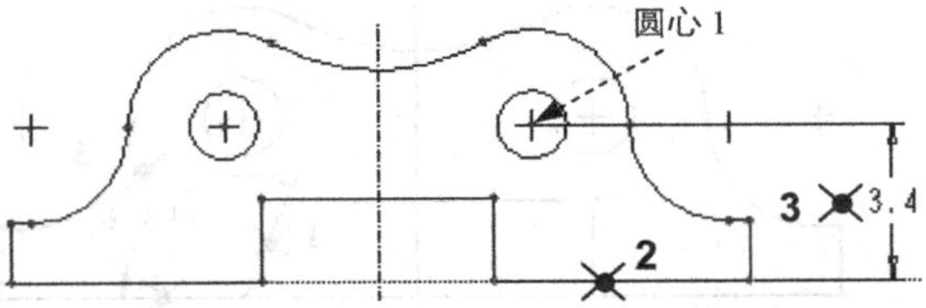

图 2.6.3　点、线间距离的标注

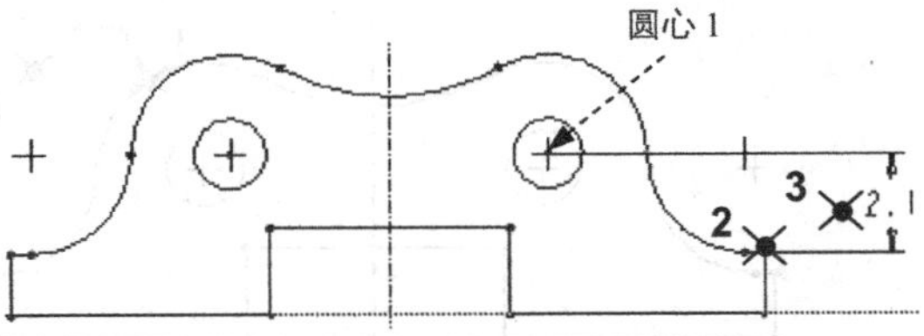

图 2.6.4　两点间距离的标注

5. 标注直径

步骤 01　单击"标注"命令按钮 中的 。

步骤 02　分别单击位置 1 和位置 2 以选择圆上两点，中键单击位置 3 放置尺寸（图 2.6.5），或者双击圆上的某一点，如位置 1 或位置 2，然后中键单击位置 3 以放置尺寸，按 ESC 键结束标注。

注意　在草绘环境下不显示直径 Φ 符号。

6. 标注对称尺寸

步骤 01 单击“标注”命令按钮中的。

步骤 02 选择图 2.6.6 所示的圆心 1，再选择对称中心线上的任意一点 2，再次选择圆心 1；中键单击位置 3 以放置尺寸，按 ESC 键结束标注。

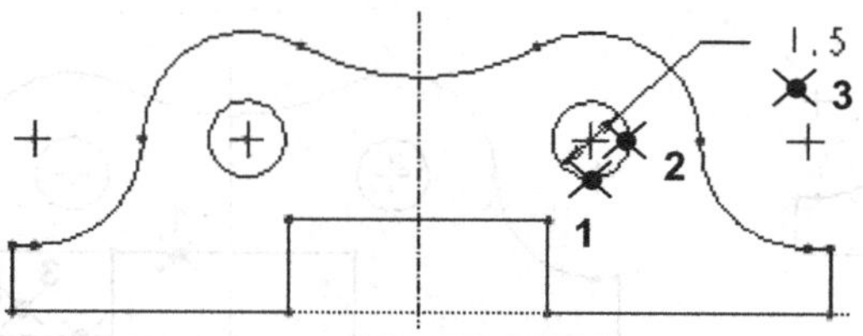

图 2.6.5　直径的标注

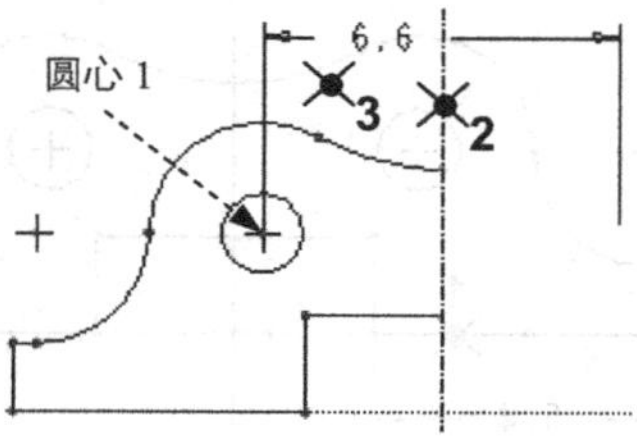

图 2.6.6　对称尺寸的标注

7. 标注半径

步骤 01 单击“标注”命令按钮中的。

步骤 02 单击位置 1 选择圆弧上一点，中键单击位置 2 以放置尺寸（图 2.6.7），按 ESC 键结束标注。

8. 标注两条直线间的角度

步骤 01 单击“标注”命令按钮中的。

步骤 02 分别在两条直线上选择点 1 和点 2；中键单击位置 3 以放置尺寸，如图 2.6.8 所示，按 ESC 键结束标注。

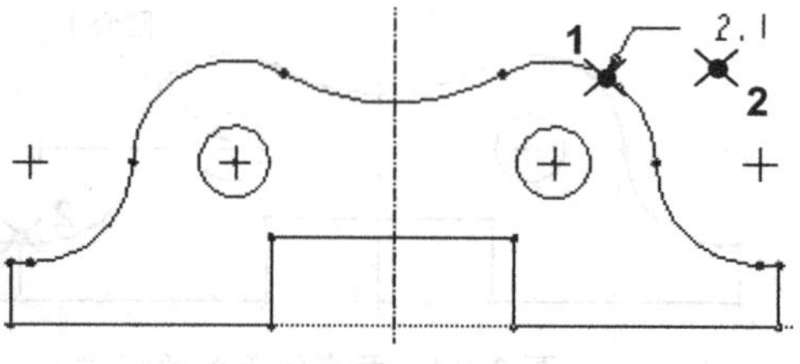

图 2.6.7　半径的标注

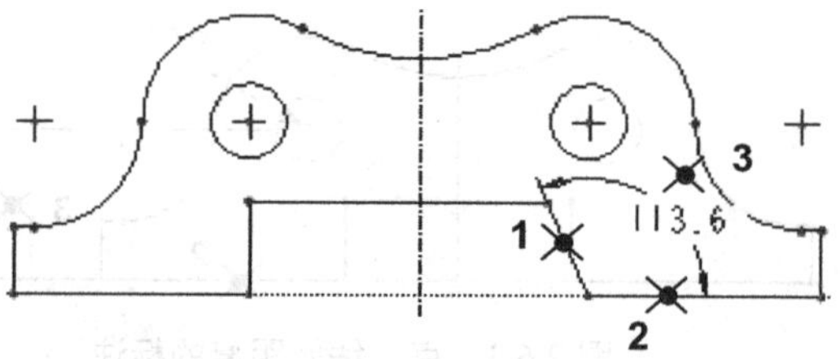

图 2.6.8　锐角标注

9. 标注圆弧角度

步骤 01 单击“标注”命令按钮中的。

步骤 02 分别选择弧的端点 1、端点 2 及弧上一点 3；中键单击位置 4 以放置尺寸，如图 2.6.9 所示，按 ESC 键结束标注。

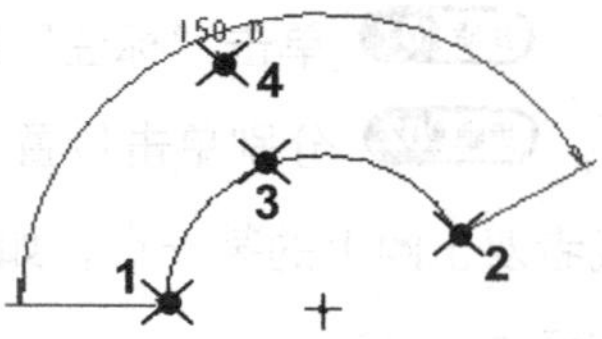

图 2.6.9　标注圆弧角度

10. 标注周长

下面以圆和矩形为例，介绍标注周长的一般方法。

类型 1：标注圆的周长。

步骤 01 单击“标注”命令按钮中的。

步骤 02 此时系统弹出“选取”对话框，选择图 2.6.10a 所示的轮廓，单击“选取”对话框中的 确定 按钮；再选择图 2.6.10a 所示的尺寸，此时系统在图形中显示出周长尺寸。结果如图 2.6.10b 所示。

说明 当添加上周长尺寸后，系统将直径尺寸转变为一个变量尺寸，此时的变量尺寸是不能进行修改的。

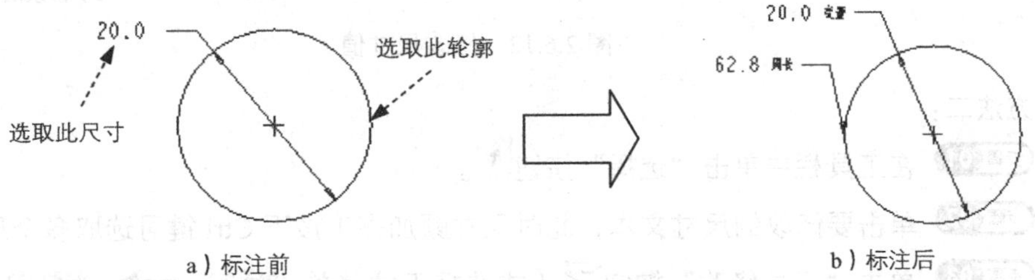

图 2.6.10 圆周长标注

类型 2：标注矩形的周长。

步骤 01 单击“标注”命令按钮中的。

步骤 02 此时系统弹出“选取”对话框，按住 Ctrl 键，选择图 2.6.11a 所示的轮廓，单击“选取”对话框中的 确定 按钮；再选择图 2.6.11a 所示的尺寸，此时系统在图形中显示出周长尺寸。结果图 2.6.11b 所示。

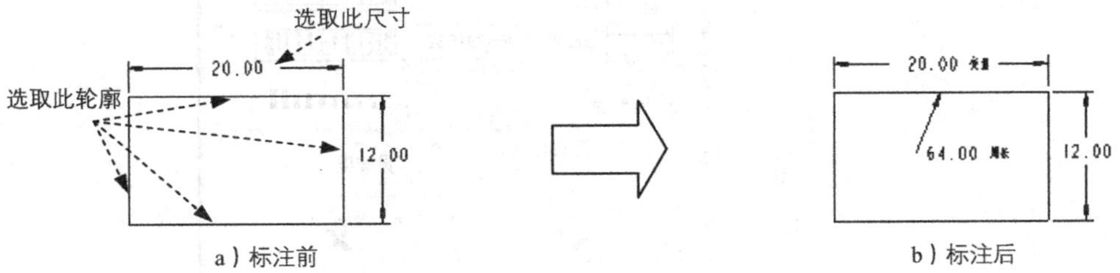

图 2.6.11 矩形周长标注

2.6.2 编辑尺寸值

1. 修改尺寸值

有两种方法可修改标注的尺寸值。

方法一：

步骤 01 单击中键，退出当前正在使用的草绘或标注命令。

步骤 02 在要修改的尺寸文本上双击，此时出现图 2.6.12b 所示的尺寸修正框 7.00 。

步骤 03 在尺寸修正框 7.00 中输入新的尺寸值（如 8）后，按回车键完成修改，图 2.6.12c 所示。

步骤 04 重复步骤 步骤 02 和 步骤 03，修改其他尺寸值。

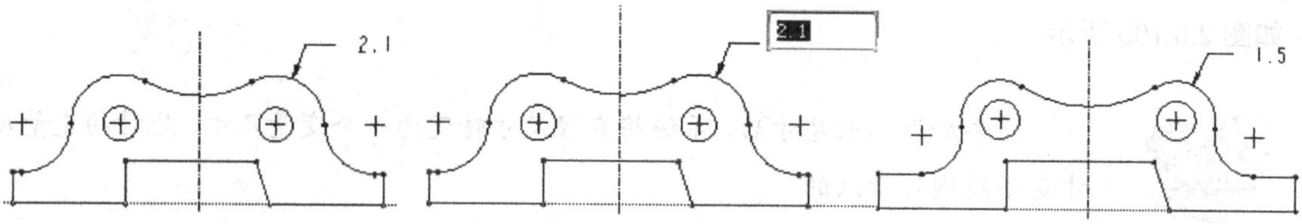

a）修改前　　b）修改中　　c）修改后

图 2.6.12　修改尺寸值

方法二：

步骤 01 在工具栏中单击“选择”按钮。

步骤 02 单击要修改的尺寸文本，此时尺寸颜加亮（按下 Ctrl 键可选取多个尺寸目标）。

步骤 03 单击“尺寸修改”按钮（或选择下拉菜单 编辑(E) ➡ 修改(O)... 命令；或右击，选择 修改(O)... 命令），此时出现图 2.6.13 所示的“修改尺寸”对话框，所选取的每一个目标的尺寸值和尺寸参数（如 sd1、sd2 等 sd # 系列的尺寸参数）都出现在“尺寸”列表中。

步骤 04 在尺寸列表中输入新的尺寸值。

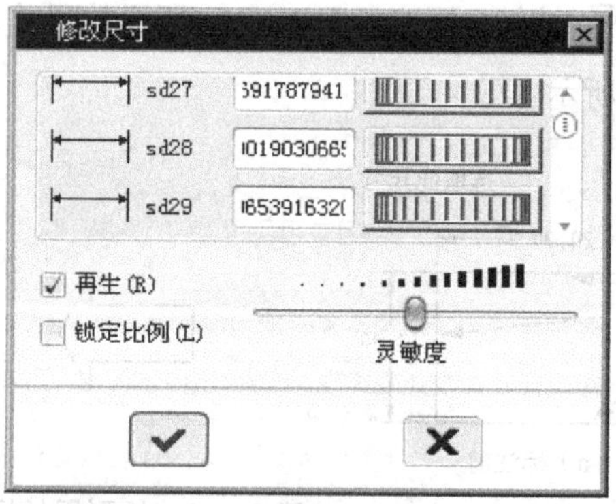

图 2.6.13　“修改尺寸”对话框

注意

也可以单击并拖移尺寸值旁边的旋转轮盘。要增加尺寸值，向右拖移；要减少尺寸值，则向左拖移。在拖移该轮盘时，系统会自动更新图形。

步骤 05 修改完毕后，单击✓按钮。系统再生截面并关闭对话框。

2. 输入负尺寸

在修改线性尺寸时，可以输入一个负尺寸值，它会使几何改变方向。在草绘环境中，负号总是出现在尺寸旁边，但在“零件”模式中，尺寸值总以正值出现。

可以使用“草绘器首选项”对话框来指定尺寸值的默认小数位数。

步骤 01 选择下拉菜单 草绘(S) → 选项... 命令。

步骤 02 在 参数(P) 选项卡的 小数位数 微调框中输入一个新值，或单击 小数位数 微调框中的上、下三角按钮来增加或减少小数位数；单击✓按钮，系统接受该变化并关闭对话框。

> **注意** 增加尺寸时，系统将数值四舍五入到指定的小数位数。

3. 替换尺寸

可以用新的尺寸替换草绘环境中现有的尺寸，以便使新尺寸保持原始的尺寸参数（sd#）。当要保留与原始尺寸相关的其他数据时（例如：在“草图”模式中添加了几何公差符号或额外文本），替换尺寸非常有用。

其操作方法如下。

步骤 01 选择下拉菜单 编辑(E) → 替换(P) 命令。

步骤 02 单击一个要替换的尺寸，选取的尺寸即被删除。

步骤 03 创建一个新的相应尺寸。

4. 控制尺寸的显示

可以用下列方法之一打开或关闭尺寸显示：

- 选择下拉菜单 草绘(S) → 选项... 命令，然后选中或取消选中 □尺寸(M) 和 □弱尺寸(W) 复选框，从而打开或关闭尺寸和弱尺寸的显示。
- 单击工具栏中的“尺寸显示”按钮。
- 要禁用默认尺寸显示，需将配置文件 config.pro 中的变量 sketcher_disp_dimensions 设置为 no。

5. 将“弱”尺寸转换为“强”尺寸

退出草绘环境之前，将截面中的“弱”尺寸加强是一个很好的习惯，那么如何将“弱”尺寸变成“强”尺寸呢?

操作方法如下。

步骤 01 在绘图区选取要加强的“弱”尺寸（呈灰色）。

步骤 02 右击，在快捷菜单中选择 强(S) 命令（或者选择下拉菜单 编辑(E) ➡ 转换到(N) ▸ ➡ 强(S) 命令），此时可看到所选的尺寸由灰色变为橙色，说明已经完成转换。

注意

◆ 在整个 Pro/ENGINEER 软件中，每当修改一个“弱”尺寸值，或在一个关系中使用它时，该尺寸就自动变为“强”尺寸。

◆ 加强一个尺寸时，系统按四舍五入原则对其取整到系统设置的小数位数。

6. 移动尺寸

步骤 01 在工具栏中单击“选择”按钮。

步骤 02 单击要移动的尺寸文本。选中后，可看到尺寸变红。

步骤 03 按下左键并移动鼠标，将尺寸文本拖至所需位置。

2.6.3 修改整个截面和锁定尺寸

1. 缩放和旋转一个截面

在草绘环境中，选择下拉菜单 编辑(E) ➡ 移动和调整大小(O) 命令，可缩放或旋转整个截面，其操作步骤如下。

步骤 01 选择下拉菜单 编辑(E) ➡ 选取(S) ▸ ➡ 全部(A) 命令，系统将选取整个草绘截面。

步骤 02 选择下拉菜单 编辑(E) ➡ 移动和调整大小(O) 命令，系统弹出“移动和调整大小”对话框，同时“缩放”“旋转”和“平移”手柄出现在截面图上。

步骤 03 在“移动和调整大小”对话框内输入一个缩放值和一个旋转值，或者分别操纵手柄↘、⟲、⊗进行缩放、旋转、移动操作（参见 2.3.3 节内容）。

步骤 04 单击“移动和调整大小”对话框中的 ✔ 按钮。

2. 锁定或解锁截面尺寸

在草绘截面中，选择一个尺寸（例如：在图 2.6.14 所示的草绘截面中，单击尺寸 3.4），再选择下拉菜单 编辑(E) ➡ 切换锁定(L) 命令，可以将尺寸锁定。

注意：被锁定的尺寸将以橘黄色显示。当编辑、修改草绘截面时（包括增加、修改截面尺寸），非锁定的尺寸有可能被系统自动删除或修改其大小，而锁定后的尺寸则不会被系统自动删除或修改（但用户可以手动修改锁定的尺寸）。这种功能在创建和修改复杂的草绘截面时非常有用，作为一个操作技巧会经常被用到。

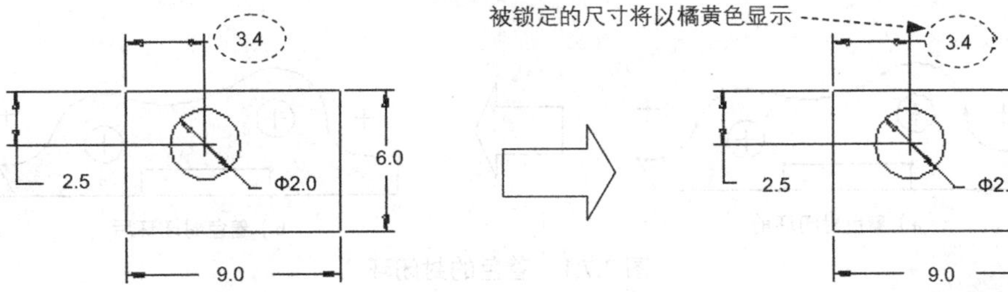

图 2.6.14　尺寸的锁定

注意

- 当选取被锁定的尺寸并再次选择 编辑(E) ➡ 切换锁定(L) 命令后，该尺寸即被解锁，此时该尺寸的颜色恢复到以前未锁定的状态。
- 通过设置草绘器优先选项，可以控制尺寸的锁定。操作方法是：选择下拉菜单 草绘(S) ➡ 选项... 命令，系统弹出“草绘器首选项”对话框，在 其它(M) 选项卡中，选中 ☐锁定已修改的尺寸(L) 或 ☐锁定用户定义的尺寸(U) 复选框。

对 ☐锁定已修改的尺寸(L) 和 ☐锁定用户定义的尺寸(U) 两者之间的区别说明如下。

- ☐锁定已修改的尺寸(L)：锁定已修改的尺寸。
- ☐锁定用户定义的尺寸(U)：锁定用户定义的尺寸（即用户自己标注的尺寸）。

2.7　草图的检查

Pro/ENGINEER 野火版 5.0 提供了诊断草图的功能，包括诊断图元的封闭区域、开放区域、重叠区域及诊断图元是否满足相应的特征要求。

2.7.1　封闭图形检查

“着色的封闭环”命令用预定义的颜色将图元中封闭的区域进行填充，非封闭的区域图元无变化。

下面举例说明“着色的封闭环”命令的使用方法。

步骤 01 将工作目录设置至 D:\ proedq5\work\ch02.07.01，打开文件 sk-08.sec。

步骤 02 选择命令。选择下拉菜单 草绘(S) → 诊断 → 着色封闭环 命令(或在工具栏中单击“着色封闭环”按钮)，系统自动在图 2.7.1 所示的封闭区域填充颜色。

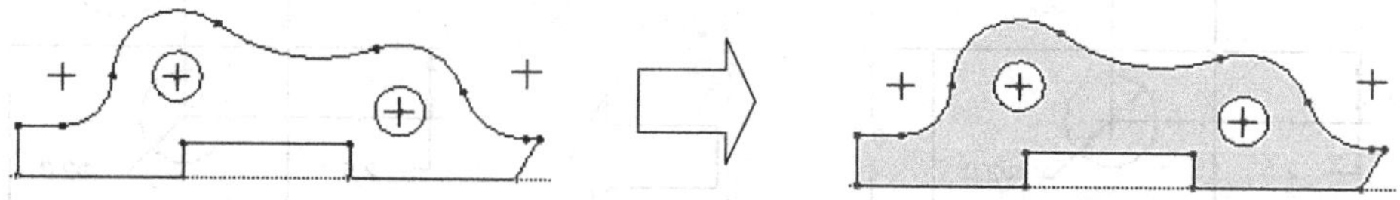

图 2.7.1　着色的封闭环

说明

- 当绘制的图形不封闭时，草图将无任何变化；若草图中有多个封闭环时，系统将在所有封闭的图形中填充颜色；如果用封闭环创建新图元，则新图元将自动着色显示；如果草图中存在几个彼此包含的封闭环，则最外的封闭环被着色，而内部的封闭环将不着色。
- 对于具有多个草绘器组的草绘，识别封闭环的标准可独立适用于各个组。所有草绘器组的封闭环的着色颜色都相同。
- 如果想设置系统默认的填充颜色，可以选取下拉菜单 视图(V) → 显示设置(Y) → 系统颜色(S)... 命令后，在弹出的“系统颜色”对话框中单击 草绘器 选项卡，在 着色封闭环 选项的按钮上单击，就可以在弹出的列表中选取各种系统设置的颜色。

步骤 03 单击工具栏中的“着色的封闭环”按钮，使其处于弹起状态，退出对封闭环的着色。

2.7.2　开放端点加亮检查

“加亮开放端点”命令用于检查图元中所有开放的端点，并将其加亮。

下面举例说明“加亮开放端点”命令的使用方法。

步骤 01 将工作目录设置至 D:\proedq5\work\ch02.07.02，打开文件 sk-09.sec。

步骤 02 选择命令。选择下拉菜单 草绘(S) → 诊断 → 加亮开放端点 命令(或在工具栏中单击“加亮开放端点”按钮)，系统自动加亮图 2.7.2 所示的各个开放端点。

步骤 03 单击工具栏中的“加亮开放端点”按钮，使其处于弹起状态，退出对开放端点的加亮。

说明

- 构造几何的开放端不会被加亮。
- 在“加亮开放端点”诊断模式中，所有现有的开放端均加亮显示。
- 如果用开放端创建新图元，则新图元的开放端自动着色显示。

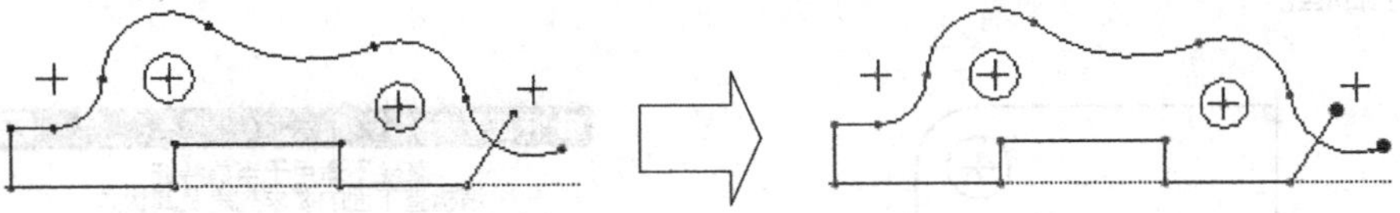
a）加亮开放端前
b）加亮开放端后

图 2.7.2 加亮开放端

2.7.3 几何重叠检查

“重叠几何”命令用于检查图元中所有相互重叠的几何（端点重合除外），并将其加亮。

下面举例说明“重叠几何”命令的使用方法。

步骤 01 将工作目录设置至 D:\proedq5\work\ch02.07.03，打开文件 sk-10.sec。

步骤 02 选择命令。选择下拉菜单 草绘(S) → 诊断 ▸ → 重叠几何 命令（或在工具栏中单击“重叠几何”按钮），系统自动加亮图 2.7.3 所示的重叠的图元。

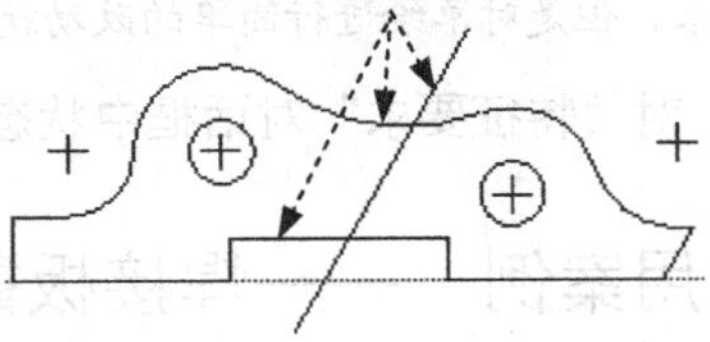

图 2.7.3 加亮重叠部分

说明

- 加亮重叠几何按钮不保持活动状态。
- 若系统默认的填充颜色不符合要求，可以选取下拉菜单 视图(V) → 显示设置(Y) ▸ → 系统颜色(S)... 命令后，在弹出的“系统颜色”对话框中单击 图形 选项卡，在 加亮 - 边 选项的按钮上单击，就可以在弹出的列表中选取各种系统设置的颜色。

2.7.4 特征要求检查

“特征要求”命令用于检查图元是否满足当前特征的设计要求。需要注意的是，该命令只能在零件模块的草绘环境中才可用。

下面举例说明“特征要求”命令的使用方法。

步骤 01 在零件模块的拉伸草绘环境中绘制图 2.7.4 所示的图形组。

步骤 02 选择命令。选择下拉菜单 草绘(S) ➡ 诊断 ▸ ➡ 特征要求... 命令（或在工具栏中单击图 2.7.5 所示的“特征要求”按钮），系统弹出图 2.7.6 所示的“特征要求”对话框。

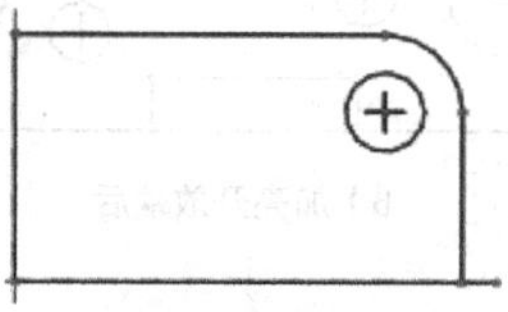

图 2.7.4　绘制的图形组

图 2.7.5　草绘工具按钮

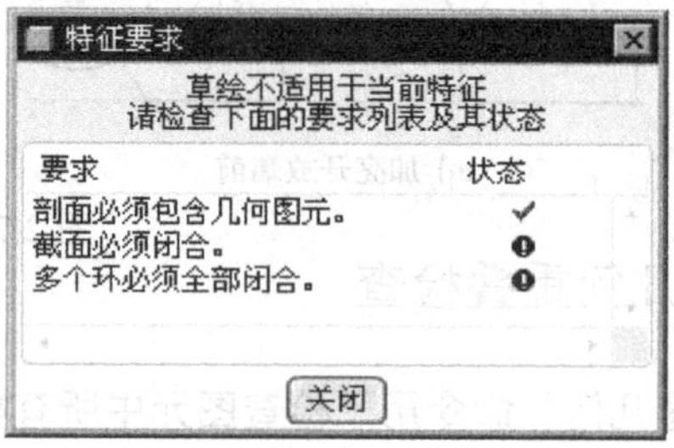

图 2.7.6　“特征要求”对话框

图 2.7.6 所示的“特征要求”对话框的“状态”列中各符号的说明如下。

✔ ——表示满足零件设计要求。

❶ ——表示不满足零件设计要求。

△ ——表示满足零件设计要求，但是对草绘进行简单的改动就有可能不满足零件设计要求。

步骤 03 单击 关闭 按钮，对“特征要求”对话框中状态列表中带 ❶ 的选项进行修改。

2.8　草图设计综合应用案例一——焊接板截面草图

案例概述：

本案例主要介绍图 2.8.1 所示的焊接板截面草图（图 2.8.2）的绘制过程，重点讲解了二维截面草图绘制的一般过程。下面具体介绍其绘制过程。

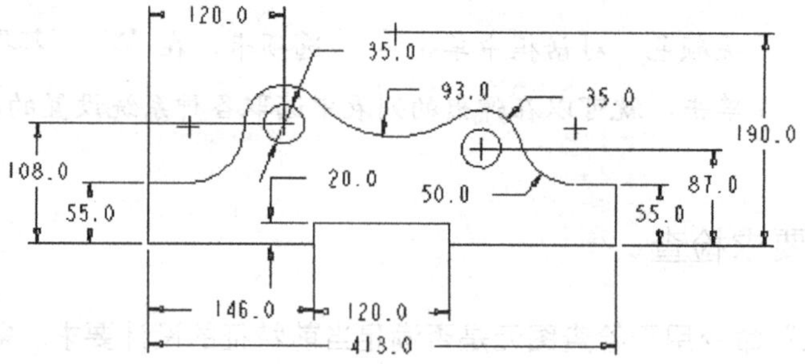

图 2.8.1　草图设计综合应用案例一

步骤 01 单击“新建文件”按钮。

步骤 02 系统弹出“新建”对话框，在该对话框中选中 草绘 单选项；在 名称 后的文本框中输入草图名称 yingyong01；单击 确定 按钮，即进入草绘环境。

步骤 03 绘制轮廓。粗略地绘制草图的大概轮廓，绘制的结果图 2.8.2 所示，确认“切换尺寸显示的开/关”按钮在弹起状态（即不显示尺寸）。

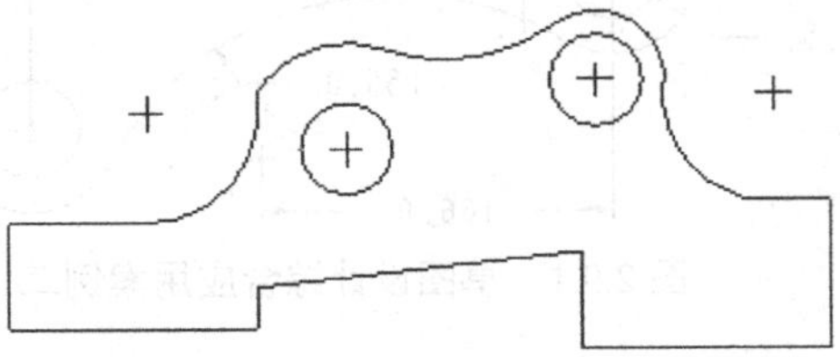

图 2.8.2 绘制草图轮廓

步骤 04 添加约束。添加“相切”“重合”等约束，结果图 2.8.3 所示。

步骤 05 标注尺寸。单击“标注”按钮，依次标注图 2.8.4 所示的尺寸。

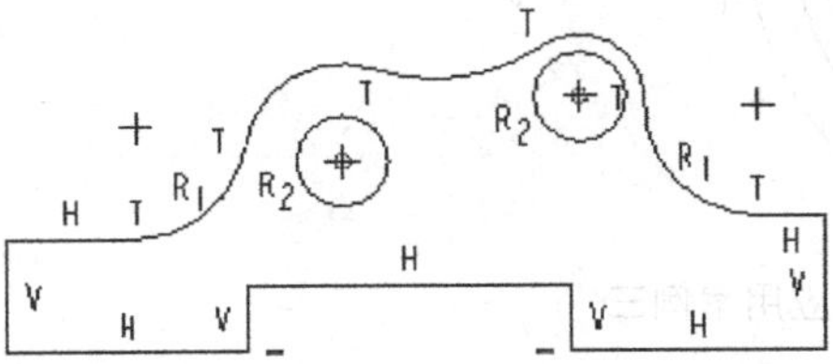

图 2.8.3 添加约束

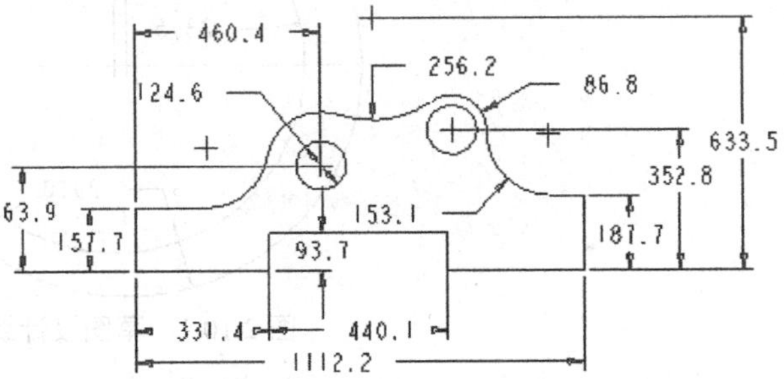

图 2.8.4 标注尺寸

步骤 06 修改尺寸。将标注后的尺寸修改至图 2.8.1 所示的尺寸。

2.9 草图设计综合应用案例二——连杆截面草图

案例概述：

本案例主要介绍图 2.9.1 所示的连杆截面草图的绘制过程，其中对该截面草图的绘制以及圆弧之间相切约束的添加是学习的重点和难点，本例绘制过程中应注意让草图尽可能较少地变形。

2.10 草图设计综合应用案例三——轴用挡圈截面草图

案例概述：

本案例主要介绍图 2.10.1 所示的轴用挡圈截面草图的绘制过程，其中在该截面草图的绘制过程中要注意镜像草图的用法是学习的重点。

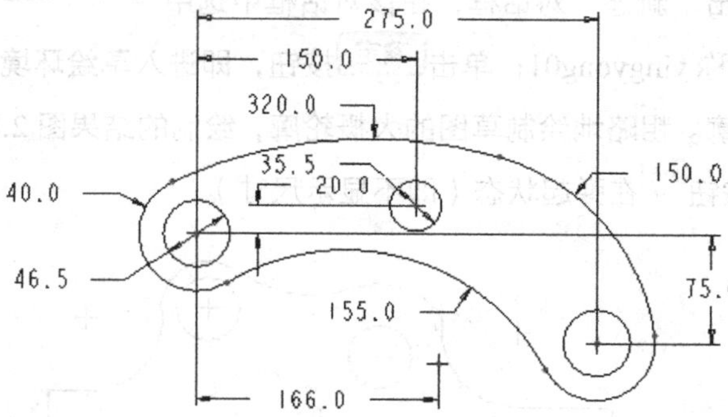

图 2.9.1 草图设计综合应用案例二

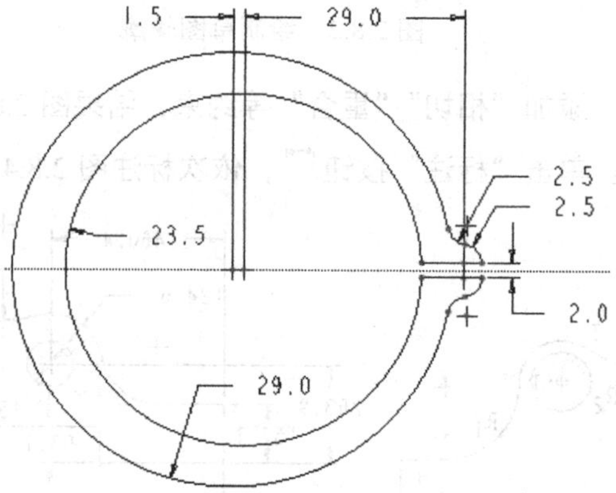

图 2.10.1 草图设计综合应用案例三

第3章 零件设计（基础）

3.1 零件设计概述

用 Pro/ENGINEER 系统创建零件模型，其方法十分灵活，按大的方法分类，有以下几种。

1. “积木”式的方法

这是大部分机械零件的实体三维模型的创建方法。这种方法是先创建一个反映零件主要形状的基础特征，然后在这个基础特征上添加其他的一些特征，如凸台、切槽（口）、倒角和圆角等。

2. 由曲面生成零件的实体三维模型的方法

这种方法是先创建零件的曲面特征，然后把曲面转换成实体模型。

3. 从装配中生成零件的实体三维模型的方法

这种方法是先创建装配体，然后在装配体中创建零件。

本章将主要介绍用第一种方法创建零件模型的一般过程，其他的方法将在后面的章节中陆续介绍。

3.2 拉　伸

3.2.1 概述

拉伸特征是将截面草图沿着草绘平面的垂直方向拉伸而形成的，它是最基本且经常使用的零件建模工具选项，选取特征命令的一般方法有以下两种。

方法一：从下拉菜单中获取命令。本例可以选择下拉菜单 插入(I) ➡ 拉伸(E)... 命令。

方法二：从工具栏中获取命令。本例可以单击“拉伸”工具按钮。

在选择 拉伸(E)... 命令后，屏幕上方出现图 3.2.1 所示的“拉伸”特征操控板。在操控板中按下“实体特征类型”按钮（默认情况下，此按钮为按下状态）。

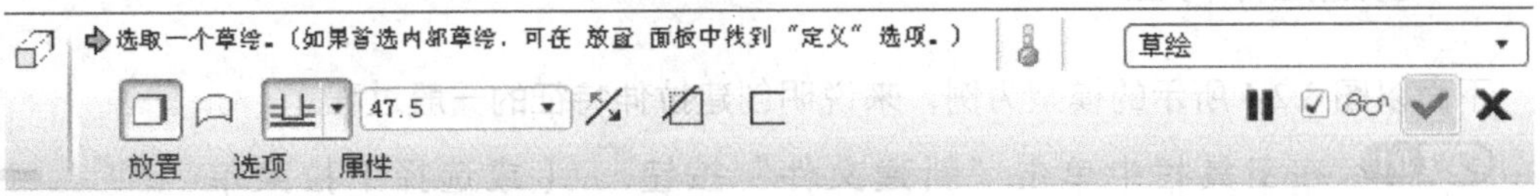

图 3.2.1 “拉伸”特征操控板

说明

利用拉伸工具，可以创建如下几种类型的特征。

- ◆ 实体类型：按下操控板中的“实体特征类型”按钮，可以创建实体类型的特征。在由截面草图生成实体时，实体特征的截面草图完全由材料填充，如图 3.2.2 所示。
- ◆ 曲面类型：按下操控板中的“曲面特征类型”按钮，可以创建一个拉伸曲面。在 Pro/ENGINEER 中，曲面是一种没有厚度和重量的面，但通过相关命令操作可变成带厚度的实体。
- ◆ 薄壁类型：按下“薄壁特征类型”按钮，可以创建薄壁类型特征。在由截面草图生成实体时，薄壁特征的截面草图则由材料填充成均厚的环，环的内侧或外侧或中心轮廓线是截面草图，如图 3.2.3 所示。
- ◆ 切削类型：操控板中的“字体”按钮被按下时，可以创建切削特征。

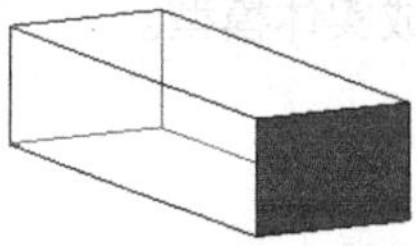

图 3.2.2 “实体”特征

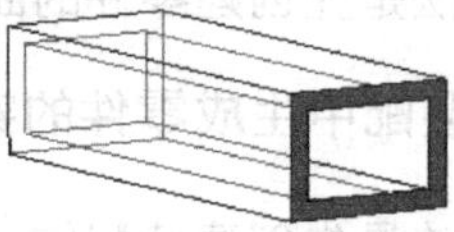

图 3.2.3 “薄壁”特征

一般来说，创建的特征可分为“正空间”特征和“负空间”特征。“正空间”特征是指在现有零件模型上添加材料，“负空间”特征是指在现有零件模型上去除材料，即切削。

如果“移除材料”按钮被按下，同时“实体特征”按钮也被按下，则用于创建“负空间”实体，即从零件模型中去除材料。当创建零件模型的第一个（基础）特征时，零件模型中没有任何材料，所以零件模型的第一个（基础）特征不可能是切削类型的特征，因而移除材料按钮是灰色的，不能选取。

如果“移除材料”按钮被按下，同时“曲面特征”按钮也被按下，则用于曲面的裁剪，即在现有曲面上裁剪掉正在创建的曲面特征。

如果“移除材料”按钮被按下，同时“薄壁特征”按钮及“实体特征”按钮也被按下，则用于创建薄壁切削实体特征。

3.2.2 创建拉伸特征

下面以图 3.2.4 所示的模型为例，来说明创建拉伸特征的一般过程。

步骤 01 在工具栏中单击“新建文件”按钮（或选择下拉菜单 文件(E) ➡

新建(N)... 命令），此时系统弹出“新建”对话框。

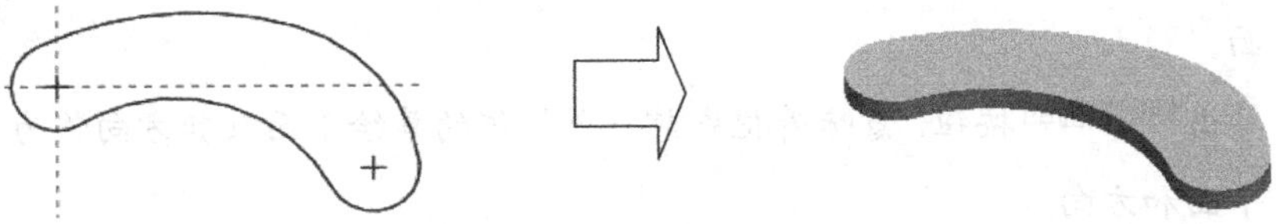

图 3.2.4 “拉伸”特征

步骤 02 选择文件类型。在对话框中选中 类型 选项组中的 ◉ 零件，选中 子类型 选项组中的 ◉ 实体 单选项；在 名称 文本框中输入文件名 connector-side-plate01；单击 确定 按钮，进入零件设计环境。

说明：进入 Pro/ENGINEER 的零件设计环境后，屏幕的绘图区中应该显示图 3.2.5 所示的三个相互垂直的默认基准平面，如果没有显示，可单击工具栏中的按钮，将其显现出来。如果还是没有看到，就需要通过单击按钮来创建三个基准平面（请注意按钮和的区别，它们是不同的命令按钮）。

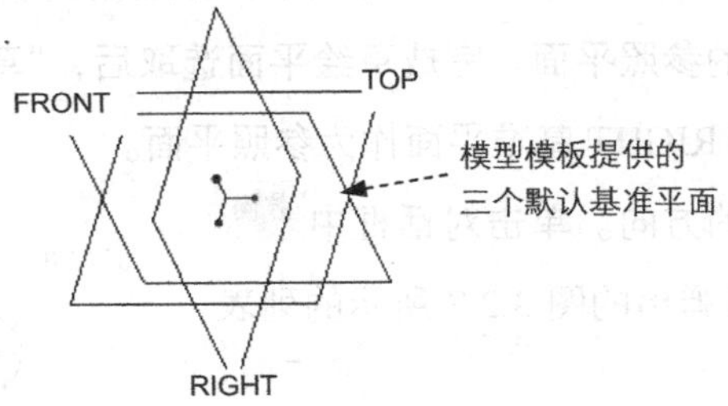

图 3.2.5 三个默认基准平面

步骤 03 选择命令。选择下拉菜单 插入(I) → 拉伸(E)... 命令，系统弹出“拉伸”特征操控板。

步骤 04 创建截面草图。定义特征截面草图的方法有两种：第一是选择已有草图作为特征的截面草图，第二是创建新的草图作为特征的截面草图。本例中，介绍定义截面草图的第二种方法，操作过程如下。

（1）选取命令。单击“拉伸”特征操控板中的 放置 按钮，再在弹出的界面中单击 定义... 按钮（也可在绘图区中按下鼠标右键，直至系统弹出图 3.2.6 所示的快捷菜单时，松开鼠标右键，选择 定义内部草绘... 命令），系统弹出图 3.2.7 所示的“草绘”对话框。

（2）定义截面草图的放置属性。

① 定义草绘平面。选取 TOP 基准平面为草绘平面。

对草绘平面的概念和有关选项介绍如下。

◆ 草绘平面是特征截面或轨迹的绘制平面，可以是基准平面，也可以是实体的某个表面。

◆ 单击 使用先前的 按钮，意味着把先前一个特征的草绘平面及其方向作为本特征的草绘平面和方向。

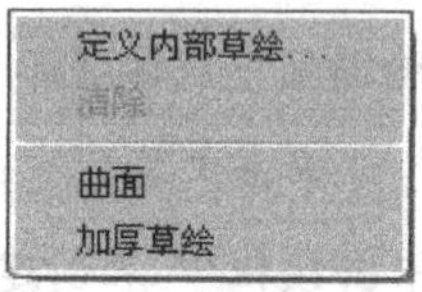

图 3.2.6　快捷菜单

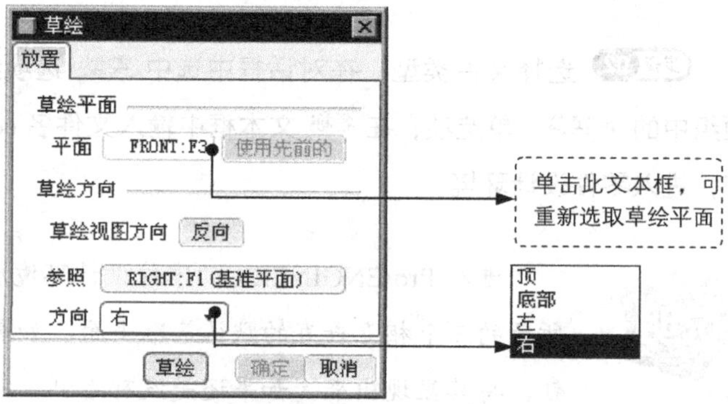

图 3.2.7　“草绘”对话框

② 定义草绘视图方向。采用模型中默认的草绘视图方向。

③ 定义草绘平面的参照平面。完成草绘平面选取后，“草绘”对话框的参照文本框自动加亮，选取图形区中的 RIGHT 基准平面作为参照平面。

④ 指定参照平面的方向。单击对话框中方向文本框后的▾按钮，在弹出的图 3.2.7 所示的列表中选择右选项。

（3）单击对话框中的草绘按钮，系统进入草绘环境。

（4）绘制图 3.2.8 所示的截面草图。

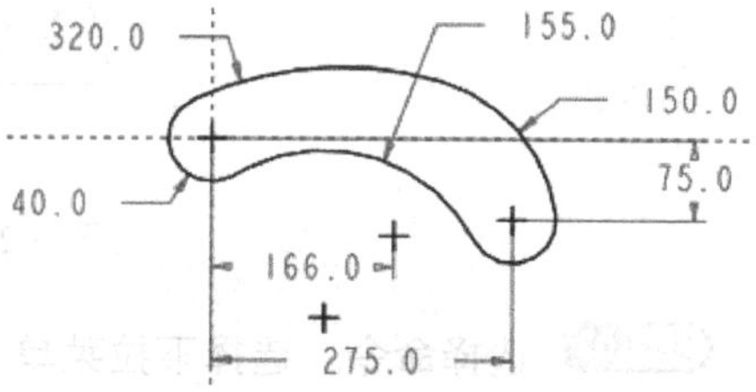

图 3.2.8　截面草图

步骤 05　定义拉伸深度属性。

（1）定义深度方向。采用模型中默认的深度方向。

> **说明**　按住鼠标的中键并移动鼠标，可将草图从图 3.2.9 所示的状态旋转到图 3.2.10 所示的状态，此时在模型中可看到一个黄色的箭头，该箭头表示特征拉伸的方向；如果选取的深度类型为 ⊟（对称深度），该箭头的方向没有太大的意义；当为单侧拉伸时，应注意箭头的方向是否为将要拉伸的深度方向。

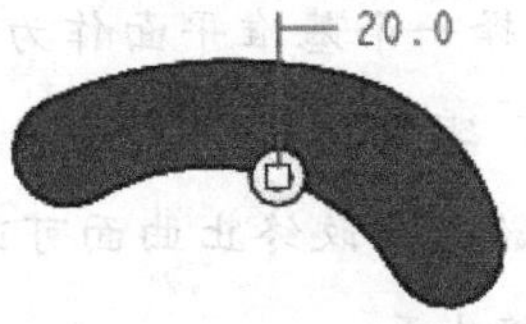

图 3.2.9　草绘平面与屏幕平行

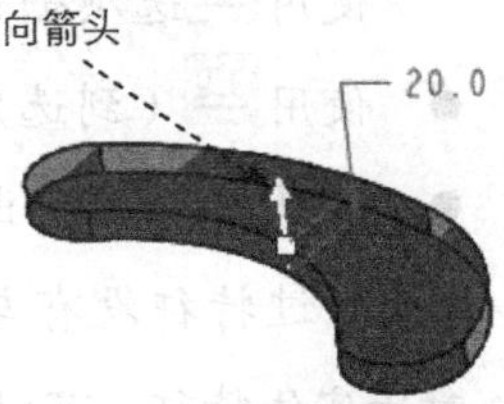

图 3.2.10　草绘平面与屏幕不平行

（2）选取深度类型并输入其深度值。在图 3.2.11 所示的操控板中，选取深度类型（即“定值”）。

说明：如图 3.2.11 所示，单击操控板中按钮后的按钮，可以选取特征的拉伸深度类型，各选项说明如下。

◆ 单击按钮（盲孔），可以创建“定值”深度类型的特征，此时特征将从草绘平面开始，按照所输入的数值（即拉伸深度值）向特征创建的方向一侧进行拉伸。

◆ 单击按钮（对称），可以创建“对称”深度类型的特征，此时特征将在草绘平面两侧进行拉伸，输入的深度值被草绘平面平均分割，草绘平面两边的深度值相等。

◆ 单击按钮（到选定的），可以创建“到选定的”深度类型的特征，此时特征将从草绘平面开始拉伸至选定的点、曲线、平面或曲面。

图 3.2.11　操控板

对其他几种深度选项的相关说明如下。

◆ 当在基础特征上添加其他某些特征时，还会出现下列深度选项。
- （到下一个）：深度在零件的下一个曲面处终止。
- （穿透）：特征在拉伸方向上延伸，直至与所有曲面相交。
- （穿至）：特征在拉伸方向上延伸，直到与指定的曲面（或平面）相交。

◆ 使用“穿过”类选项时，要考虑下列规则。
- 如果特征要拉伸至某个终止曲面，则特征的截面草图的大小不能超出终止曲面（或面组）的范围。
- 如果特征应终止于其到达的第一个曲面，需使用（到下一个）选项，使用选项创建的伸出项不能终止于基准平面。

- 使用（到选定的）选项时，可以选择一个基准平面作为终止面。
- 如果特征应终止于其到达的最后曲面，需使用（穿透）选项。
- 穿过特征没有与伸出项深度有关的参数，修改终止曲面可改变特征深度。

◆ 对于实体特征，可以选择以下类型的曲面为终止面。

- 零件的某个表面，它不必是平面。
- 基准面，它不必平行于草绘平面。
- 一个或多个曲面组成的面组。
- 在以“装配”模式创建特征时，可以选择另一个元件的几何作为选项的参照。
- 用面组作为终止曲面，可以创建与多个曲面相交的特征，这对创建包含多个终止曲面的阵列非常有用。

◆ 图 3.2.12 显示了拉伸的有效深度选项。

（3）定义深度值。在操控板的深度文本框 216.5 中输入深度值 20，并按回车键。

步骤 06 单击操控板中的“完成”按钮，完成特征的创建。

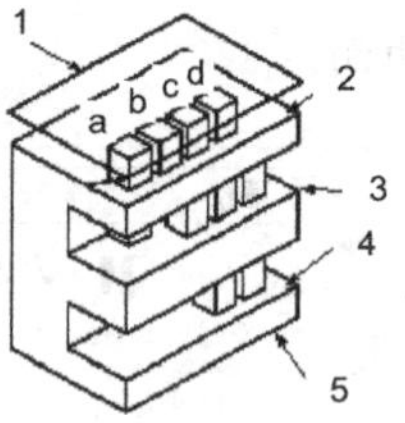

A—定值　　1—草绘平面
b—到下一个　　2—下一个曲面
c—穿至　　3、4、5—模型的其他曲面
d—穿透

图 3.2.12　拉伸深度选项示意图

3.3 旋转

3.3.1 概述

如图 3.3.1 所示，旋转（Revolve）特征是将截面绕着一条中心轴线旋转而形成的形状特征。注意旋转特征必须有一条绕其旋转的中心线。

要创建或重新定义一个旋转特征，可按下列操作顺序给定特征要素。

定义特征属性（包括草绘平面、参照平面和参照平面的方位）→绘制旋转中心线→绘制特征截面→确定旋转方向→输入旋转角。

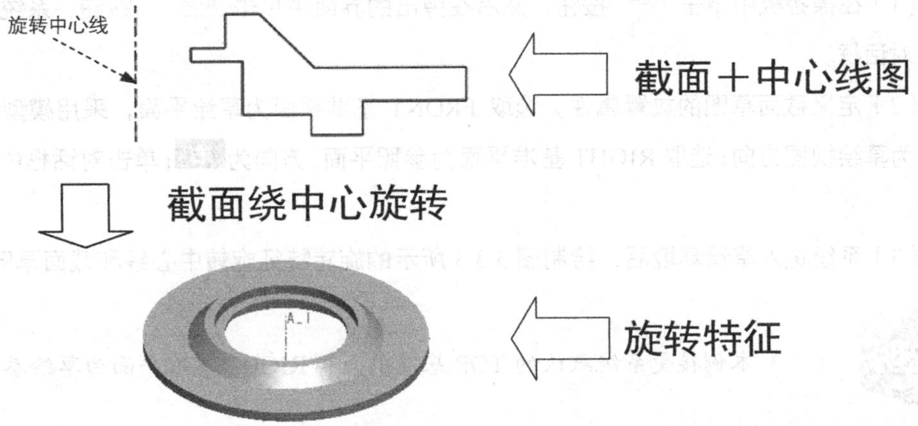

图 3.3.1 旋转特征示意图

3.3.2 创建旋转特征

下面以一轴承盖为例，说明在新建一个以旋转特征为基础特征的零件模型时，创建旋转特征的详细过程。

1. 新建文件

步骤 01 将工作目录设置至 D:\proedq5\work\ch03.03。

步骤 02 选择下拉菜单 文件(F) ➡ 新建(N)... 命令，新建一个零件模型，模型名为 rotation，使用零件模板 mmns_part_solid。

2. 创建图 3.3.1 所示的实体旋转特征

步骤 01 选取特征命令。选择下拉菜单 插入(I) ➡ 旋转(R)... 命令（或者直接单击工具栏中的“旋转”命令按钮）。

步骤 02 定义旋转类型。完成上步操作后，弹出图 3.3.2 所示的操控板，该操控板反映了创建旋转特征的过程及状态。在操控板中按下“实体类型”按钮（默认选项）。

步骤 03 定义特征的截面草图。

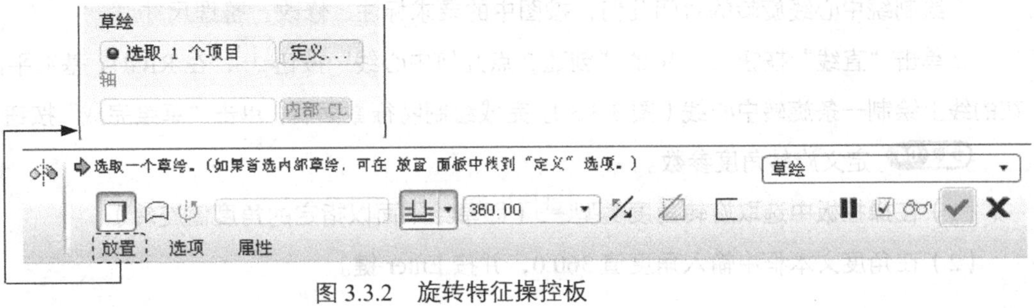

图 3.3.2 旋转特征操控板

（1）在操控板中单击 放置 按钮，然后在弹出的界面中单击 定义... 按钮，系统弹出“草绘”对话框。

（2）定义截面草图的放置属性。选取 FRONT 基准平面为草绘平面，采用模型中默认的方向为草绘视图方向；选取 RIGHT 基准平面为参照平面，方向为 右；单击对话框中的 草绘 按钮。

（3）系统进入草绘环境后，绘制图 3.3.3 所示的旋转特征旋转中心线和截面草图。

说明 本例接受系统默认的 TOP 基准平面和 RIGHT 基准平面为草绘参照。

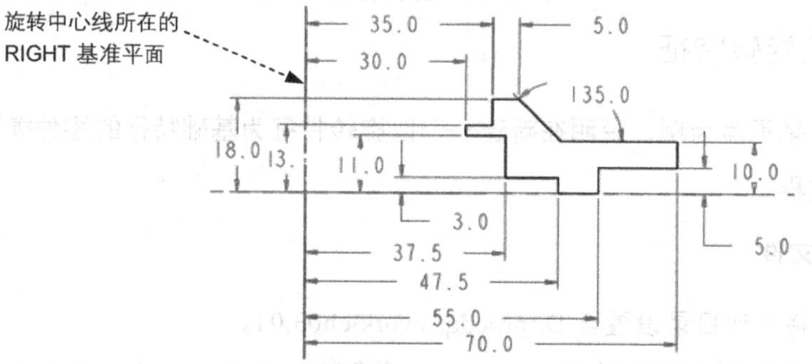

图 3.3.3　截面草图

草绘旋转特征的规则如下。

- 旋转截面必须有一条几何中心线，围绕几何中心线旋转的草图只能绘制在该几何中心线的一侧。
- 若草绘中使用的几何中心线多于一条，Pro/ENGINEER 将自动选取草绘的第一条几何中心线作为旋转轴，除非用户另外选取。
- 实体特征的截面必须是封闭的，而曲面特征的截面则可以不封闭。

①绘制绕中心线旋转的封闭几何，按图中的要求标注、修改、整理尺寸。

②单击“直线”按钮 中的“创建 2 点几何中心线”按钮，在 RIGHT 基准平面所在的线上绘制一条旋转中心线（图 3.3.3）。完成绘制特征截面后，单击“草绘完成”按钮。

步骤 04　定义旋转角度参数。

（1）在操控板中选取旋转角度类型（即草绘平面以指定的角度值旋转）。

（2）在角度文本框中输入角度值 360.0，并按 Enter 键。

步骤 05 在操控板中单击“完成”按钮，完成创建图 3.3.1 所示的旋转特征。

说明

如图 3.3.2 所示，单击操控板中的按钮后的按钮，可以选取特征的旋转角度类型，对各选项说明如下。

- 单击按钮，特征将从草绘平面开始按照所输入的角度值进行旋转。
- 单击按钮，特征将在草绘平面两侧分别从两个方向以输入角度值的一半进行旋转。
- 单击按钮，特征将从草绘平面开始旋转至选定的点、曲线、平面或曲面。

3.4 倒角

倒角（Chamfer）特征属于构建类特征。构建特征不能单独生成，而只能在其他特征之上生成，构建特征包括倒角特征、圆角特征、孔特征和修饰特征等。

在 Pro/ENGINEER 中，倒角分为以下两种类型（图 3.4.1）。

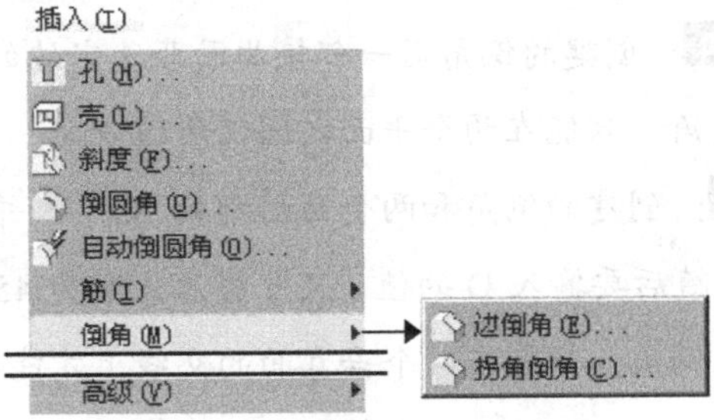

图 3.4.1　“插入”下拉菜单

- 边倒角(E)...：边倒角是在选定边处截掉一块平直剖面的材料，以在共有该选定边的两个原始曲面之间创建斜角曲面（图 3.4.2）。
- 拐角倒角(C)...：拐角倒角是在零件的拐角处去除材料（图 3.4.3）。

下面以图 3.4.4 所示的一个零件为例，说明在一个模型上添加倒角特征的详细过程。

1. 打开一个已有的零件三维模型

图 3.4.2　边倒角

图 3.4.3　拐角倒角

图 3.4.4　倒角特征

将工作目录设置至 D:\proedq5\work\ch03.04，打开文件 bevel-angle.prt。

2. 添加倒角（边倒角）

步骤 01 选择下拉菜单 插入(I) ➡ 倒角(M) ▸ ➡ 边倒角(E)... 命令，系统弹出图 3.4.5 所示的倒角特征操控板。

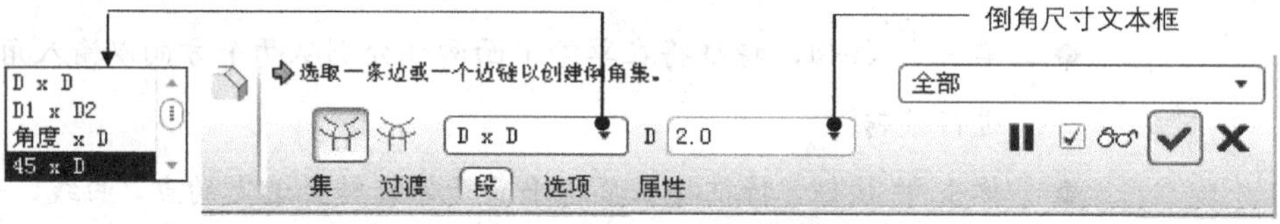

图 3.4.5 倒角特征操控板

说明

如图 3.4.5 所示，倒角有如下几种方案。

- **D x D**：创建的倒角沿两个邻接曲面距选定边的距离都为 D，随后要输入 D 的值。
- **D1 x D2**：创建的倒角沿第一个曲面距选定边的距离为 D1，沿第二个曲面距选定边的距离为 D2，随后要输入 D1 和 D2 的值。
- **角度x D**：创建的倒角沿一邻接曲面距选定边的距离为 D，并且与该面成一指定夹角。只能在两个平面之间使用该命令，随后要输入角度和 D 的值。
- **45 x D**：创建的倒角和两个曲面都成 45°，并且每个曲面边的倒角距离都为 D，随后要输入 D 的值。尺寸标注方案为 45× D，将来可以通过修改 D 来修改倒角。只有在两个垂直面的交线上才能创建 45×D 倒角。

步骤 02 选取模型中要倒角的边线，如图 3.4.6 所示。

步骤 03 选择边倒角方案。本例选取 **D x D** 方案。

步骤 04 设置倒角尺寸。在操控板的倒角尺寸文本框中输入值 3.0，并按回车键。

说明

在一般零件的倒角设计中，通过移动图 3.4.7 中的两个小方框来动态设置倒角尺寸是一种比较好的设计操作习惯。

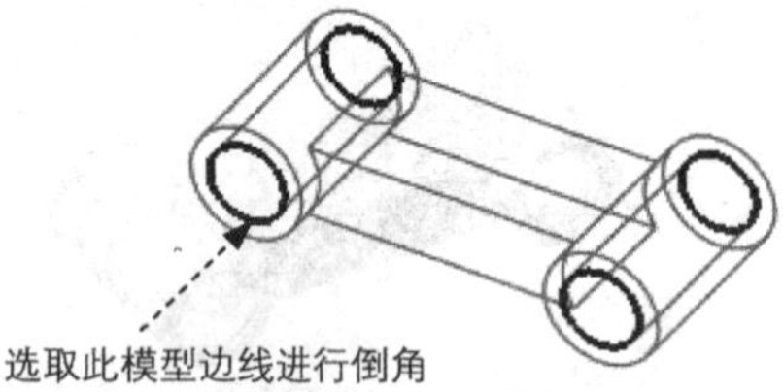

图 3.4.6 选取要倒角的边线

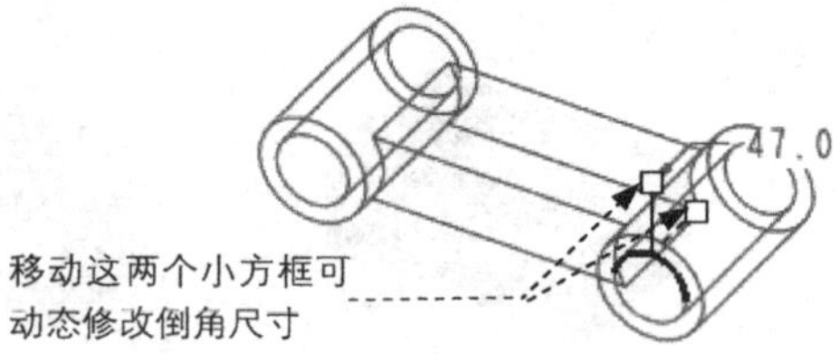

图 3.4.7 调整倒角大小

步骤 05 在操控板中单击按钮✓，完成倒角特征的构建。

3.5 倒圆角

使用圆角（Round）命令可创建曲面间的圆角或中间曲面位置的圆角。曲面可以是实体模型的曲面，也可以是曲面特征。在 Pro/ENGINEER 中，可以创建两种不同类型的圆角：简单圆角和高级圆角。创建简单的圆角时，只能指定单个参照组，并且不能修改过渡类型；当创建高级圆角时，可以定义多个“圆角组”，即圆角特征的段。

创建圆角时，应注意下面几点。

- 在设计中尽可能晚些添加圆角特征。
- 可以将所有圆角放置到一个层上，然后隐含该层，以便加快工作进程。
- 为避免创建从属于圆角特征的子项，标注时，不要以圆角创建的边或相切边为参照。

1．一般倒圆角

下面以图 3.5.1 所示的模型为例，说明创建一般倒圆角的过程。

步骤 01 将工作目录设置至 D:\proedq5\work\ch03.05.01，打开文件 equal-round.prt.1。

步骤 02 选择 插入(I) ➡ 倒圆角(O)... 命令，系统弹出图 3.5.2 所示的操控板。

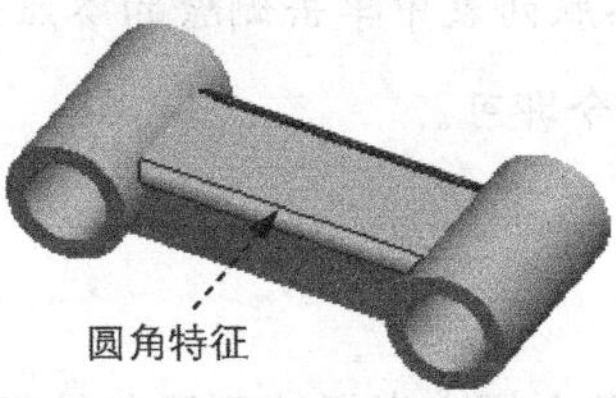

图 3.5.1 创建一般简单圆角

图 3.5.2 圆角特征操控板

步骤 03 选取圆角放置参照。在图 3.5.3 中的模型上选取要倒圆角的边线，此时模型的显示状态如图 3.5.4 所示。

步骤 04 在操控板中输入圆角半径值 8，然后单击“完成”按钮✓，完成圆角特征的创建。

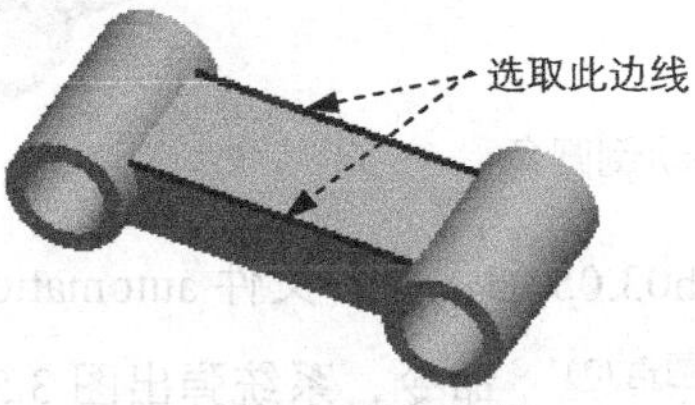

图 3.5.3 选取圆角边线

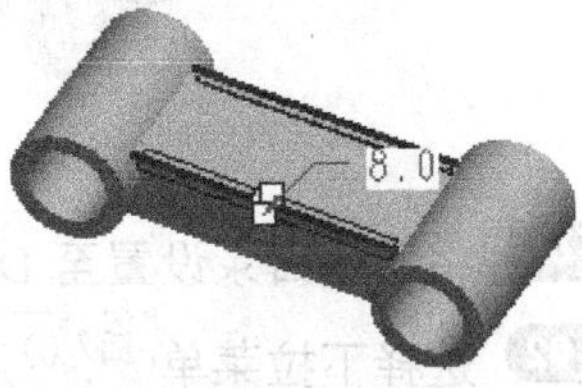

图 3.5.4 调整圆角的大小

2. 完全圆角

如图 3.5.5 所示，通过指定一对边可创建完全圆角，此时这一对边所构成的曲面会被删除，圆角的大小被该曲面限制。下面说明创建一般完全圆角的过程。

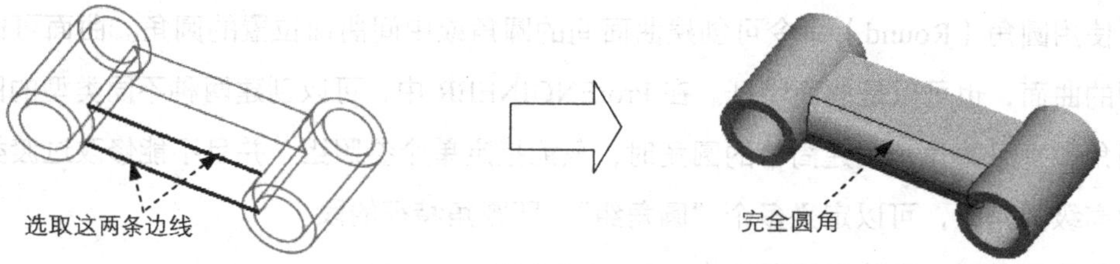

图 3.5.5　创建完全圆角

步骤 01 将工作目录设置至 D:\proedq5\work\ch03.05.02，打开文件 all-round.prt。

步骤 02 选择下拉菜单 插入(I) → 倒圆角(O)... 命令。

步骤 03 选取圆角的放置参照。在模型上选取图 3.5.5 所示的两条边线，操作方法为：先选取一条边线，然后按住键盘上的 Ctrl 键，再选取另一条边线。

步骤 04 在操控板中单击 集 按钮，在系统弹出的设置界面中单击 完全倒圆角 按钮。

步骤 05 在操控板中单击“完成”按钮✓，完成特征的创建。

说明 如果要删除倒圆的参照边线，可在设置界面参照列表中单击删除的参照边，然后右击，从系统弹出的快捷菜单中选择 移除 命令即可。

3. 自动倒圆角

通过使用“自动倒圆角”命令可以同时在零件的面组上创建多个恒定半径的倒圆角特征。下面通过图 3.5.6 所示的模型来说明创建自动倒圆角的一般过程。

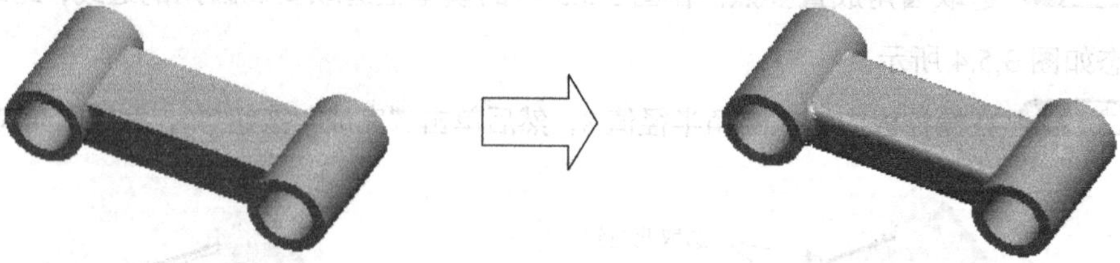

图 3.5.6　创建自动倒圆角

步骤 01 将工作目录设置至 D:\proedq5\work\ch03.05.03，打开文件 automatic-round.prt。

步骤 02 选择下拉菜单 插入(I) → 自动倒圆角(O)... 命令，系统弹出图 3.5.7 所示的操控板。

步骤 03 设置自动倒圆角的范围。在操控板中单击 范围 按钮，在弹出的图 3.5.7 所示的“范围”界面上选中 ◉ 实体几何 单选项、☑ 凸边 和 ☑ 凹边 复选框。

步骤 04 定义圆角大小。在凸边文本框中输入凸边的半径值 8.0，在凹边文本框中输入凹边的半径值 5.0。

说明 当只在凸边文本框中输入半径值时，系统会默认凹边的半径值与凸边的相同。

步骤 05 在操控板中单击“完成”按钮，系统自动弹出图 3.5.8 所示的“自动倒圆角播放器”窗口，完成“自动倒圆角”特征的创建。

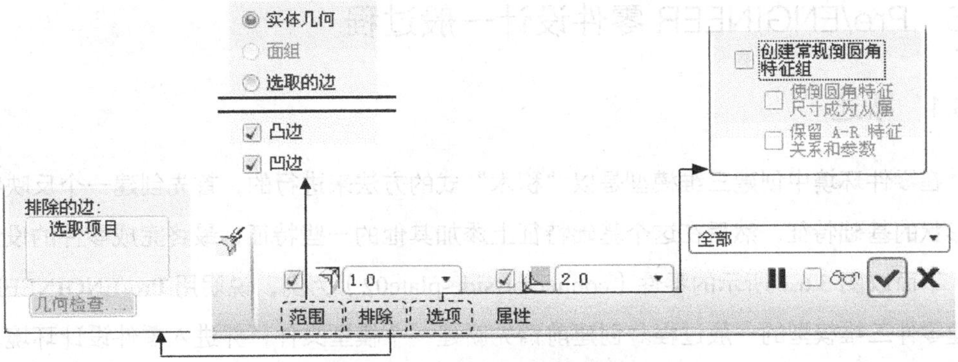

图 3.5.7 自动倒圆角特征操控板

图 3.5.7 所示的自动倒圆角特征操控板中各选项的说明如下。

◆ 范围 按钮

- ◉ 实体几何 单选项：可以在模型的实体几何上创建“自动倒圆角”特征。
- ◉ 面组 单选项：一般用于曲面，可为每个面组创建一个单独的“自动倒圆角”特征。
- ◉ 选取的边 单选项：系统只对选取的边或目的链上添加自动倒圆角特征。
- ☑ 凸边 复选框：可选取模型中所有的凸边，所谓的凸边如图 3.5.9 所示。
- ☑ 凹边 复选框：可选取模型中所有的凹边，所谓的凹边如图 3.5.9 所示。

◆ 排除 按钮.

- ◉ 选取的边 列表框：如果添加边线到 ◉ 选取的边 列表框中，系统将自动给 ◉ 选取的边 列表框中的边以外的边创建自动倒圆角特征。

◆ 选项 按钮。

- 创建常规倒圆角特征组 复选框：可以创建一组常规倒圆角特征，而不是创建“自动倒圆角”特征。

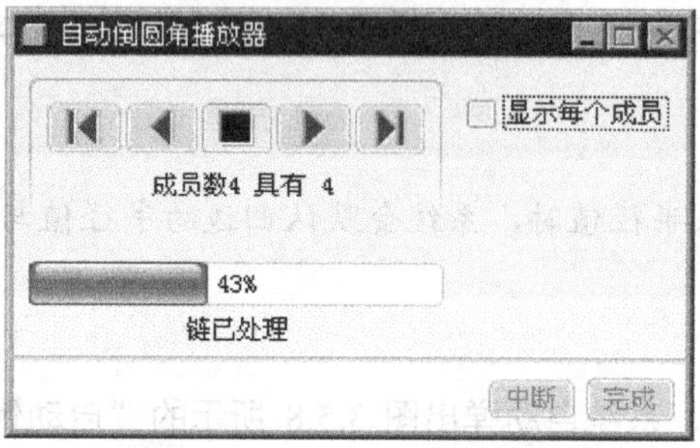

图 3.5.8　自动倒圆角播放器

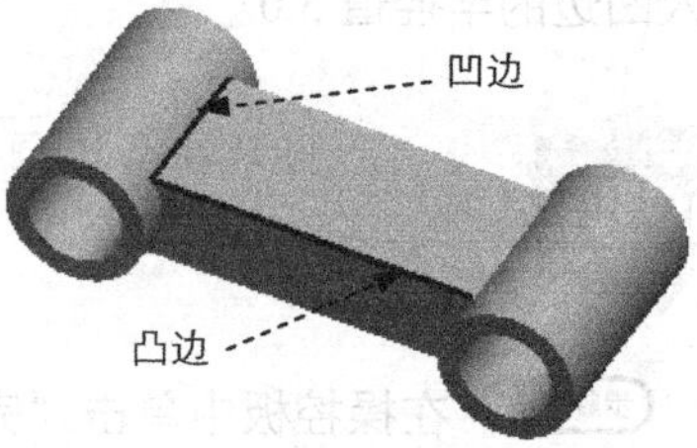

图 3.5.9　凹边和凸边

3.6　Pro/ENGINEER 零件设计一般过程

3.6.1　概述

在零件环境中创建三维模型是以“积木”式的方法来进行的，首先创建一个反映零件主要形状的基础特征，然后在这个基础特征上添加其他的一些特征，最终完成零件的设计。

下面以图 3.6.1 所示的零件（connector-side-plate02）为例，说明用 Pro/ENGINEER 软件创建零件三维模型的一般过程。创建前请先新建一个模型文件，并进入零件设计环境。

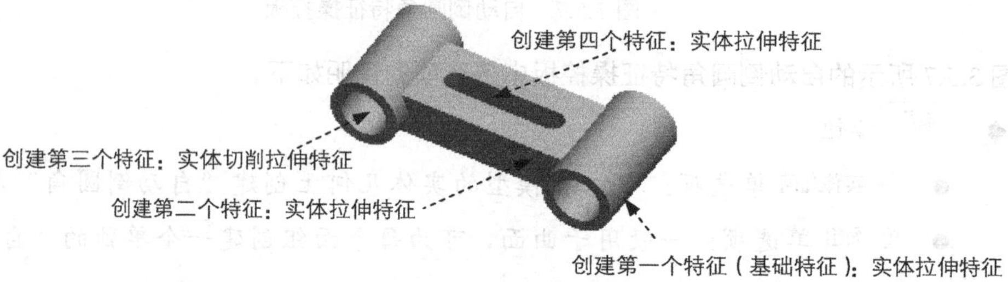

图 3.6.1　零件三维模型

3.6.2　创建基础特征

基础特征是一个零件的主要轮廓特征，创建什么样的特征作为零件的基础特征比较重要，一般由设计者根据产品的设计意图和零件的特点灵活掌握。本例中，零件的基础特征是一个拉伸（Extrude）特征（图 3.6.2），具体操作步骤如下。

步骤 01　在工具栏中单击“新建文件”按钮，在 名称 文本框中输入文件名 connector-side-plate02。

步骤 02　选择命令。单击“拉伸”命令按钮；在操控板中按下“实体类型”按钮。

步骤 03 定义截面草图。在绘图区中右击，从弹出的快捷菜单中选择 定义内部草绘... 命令，选取 FRONT 基准平面为草绘平面，选取 RIGHT 基准平面为参照平面，方向为 右；绘制图 3.6.3 所示的截面草图。

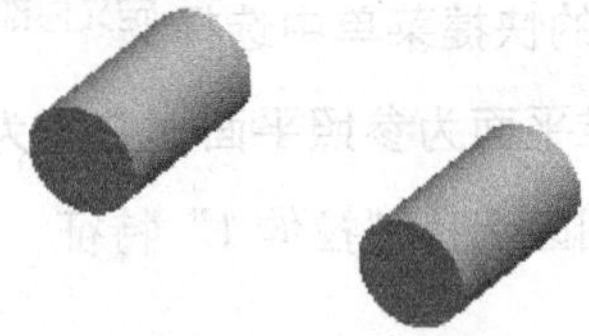

图 3.6.2 创建基础特征

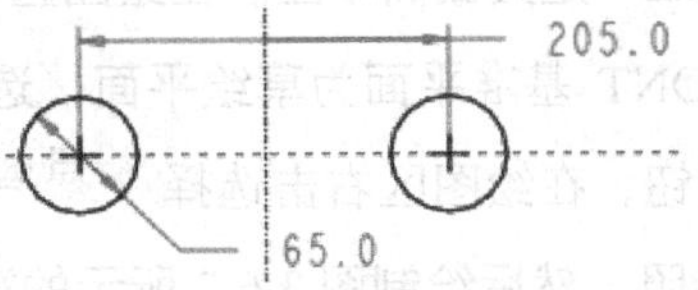

图 3.6.3 截面图形

步骤 04 定义拉伸深度属性。在操控板中选取深度类型，输入深度值 117。

步骤 05 在操控板中单击“完成”按钮，完成特征的创建。

3.6.3 创建其余特征

1. 创建第二个特征

在创建零件的基础特征后，可以添加其他特征。现在要添加图 3.6.4 所示的实体拉伸特征，操作步骤如下。

步骤 01 单击“拉伸”命令按钮。

步骤 02 定义拉伸类型。在操控板中按下“实体类型”按钮。

步骤 03 定义截面草图。在绘图区中右击，从弹出的快捷菜单中选择 定义内部草绘... 命令，选取 RIGHT 基准平面为草绘平面，选取 TOP 基准平面为参照平面，方向为 顶；绘制图 3.6.5 所示的截面草图。

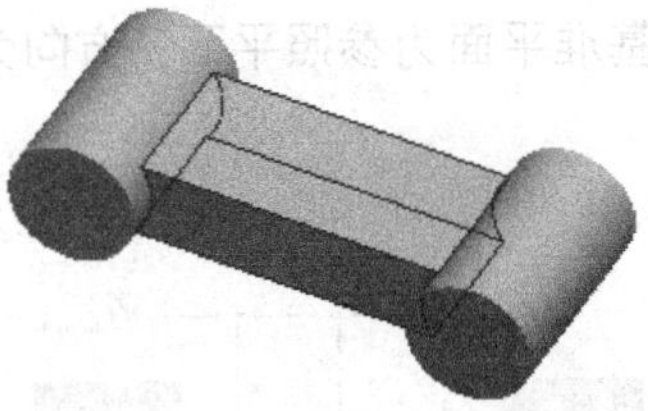

图 3.6.4 创建第二个特征

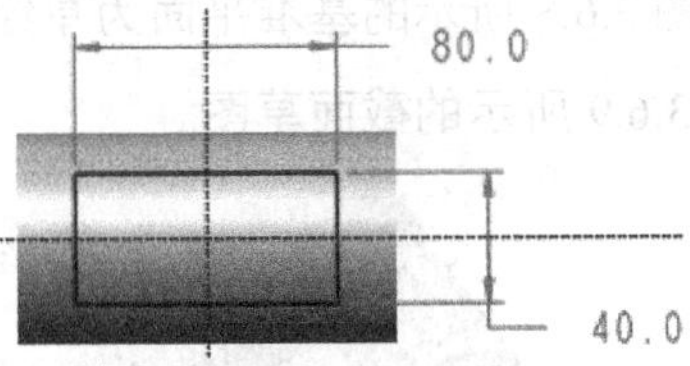

图 3.6.5 截面图形

步骤 04 定义拉伸深度属性。在操控板中单击 选项 按钮，在 侧 1 和 侧 2 下拉列表中均选择 到下一个 选项。

步骤 05 在操控板中单击“完成”按钮，完成特征的创建。

2. 创建第三个特征

现在继续添加图 3.6.6 所示的实体切削拉伸特征，操作步骤如下。

步骤 01 单击“拉伸”命令按钮。

步骤 02 定义拉伸类型。在操控板中按下“实体类型”按钮和“移除材料”按钮。

步骤 03 定义截面草图。在绘图区中右击，从弹出的快捷菜单中选择 定义内部草绘... 命令，选取 FRONT 基准平面为草绘平面，选取 RIGHT 基准平面为参照平面，方向为 右；单击 草绘 按钮，在绘图区右击选择 参照(R)... 选项，在绘图区选择“拉伸 1”特征，创建图 3.6.7 所示的参照，然后绘制图 3.6.7 所示的截面草图。

图 3.6.6　创建第三个特征

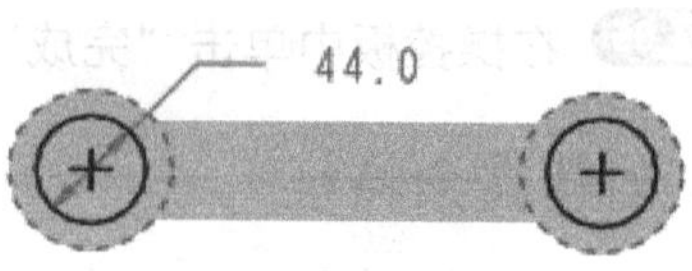

图 3.6.7　截面图形

步骤 04 定义拉伸深度属性。在操控板中选取深度类型，输入深度值 120.0。

步骤 05 在操控板中单击“完成”按钮，完成特征的创建。

3. 创建第四个特征

最后添加图 3.6.8 所示的实体切削拉伸特征，操作步骤如下。

步骤 01 单击“拉伸”命令按钮。

步骤 02 定义拉伸类型。在操控板中按下“实体类型”按钮和“移除材料”按钮。

步骤 03 定义截面草图。在绘图区中右击，从弹出的快捷菜单中选择 定义内部草绘... 命令，选取图 3.6.8 所示的基准平面为草绘平面，选取拉伸 2 基准平面为参照平面，方向为 左；绘制图 3.6.9 所示的截面草图。

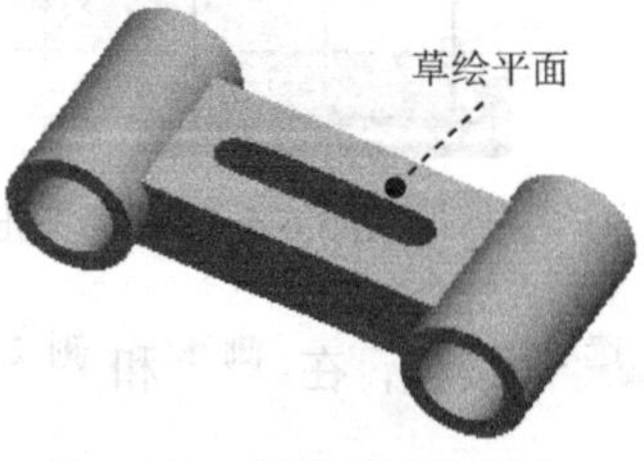

图 3.6.8　创建第四个特征

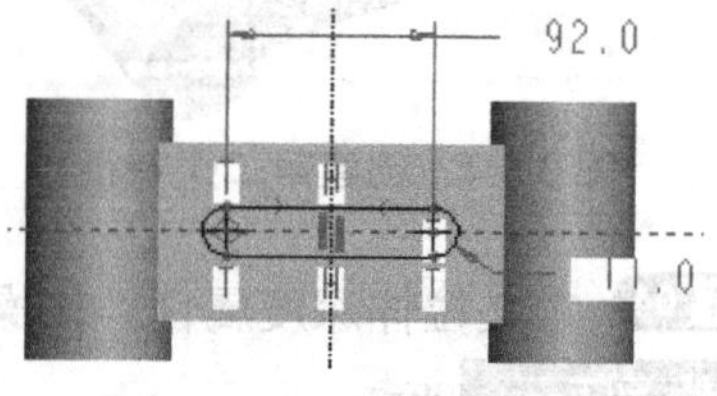

图 3.6.9　截面图形

步骤 04 定义拉伸深度属性。在操控板中选取深度类型。

步骤 05 在操控板中单击“完成”按钮，完成特征的创建。

第 4 章　零件设计（高级）

4.1　模型树

4.1.1　概述

在学习本节前，请先打开文件 D:\proedq5\ch04.01\connector-side-plate03.prt。

图 4.4.1 所示为 Pro/ENGINEER 的模型树，打开文件后，它一般会出现在屏幕的左侧，如果看不见这个模型树，可在导航选项卡中单击“模型树”标签；如果此时显示的是“层树”，可选择导航选项卡中的 → 模型树(M) 命令。

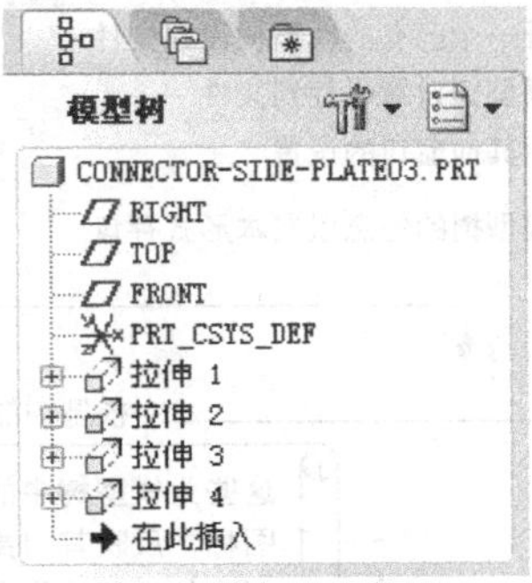

图 4.1.1　模型树

模型树以树的形式显示当前活动模型中的所有特征或零件，在树的顶部显示根（主）对象，并将从属对象（零件或特征）置于其下。在零件模型中，模型树列表的顶部是零件名称，零件名称下方是每个特征的名称；在装配体模型中，模型树列表的顶部是总装配，总装配下是各子装配和零件，每个子装配下方则是该子装配中的每个零件的名称，每个零件名的下方是零件的各个特征的名称。模型树只列出当前活动的零件或装配模型的特征级与零件级对象，不列出组成特征的截面几何要素（如边、曲面和曲线等）。例如，如果一个基准点特征包含多个基准点图元，模型树中只列出基准点特征标识。

如果打开了多个 Pro/ENGINEER 窗口，则模型树内容只反映当前活动文件（即活动窗口中的模型文件）。

4.1.2　模型树界面

模型树的操作界面及各下拉菜单命令功能如图 4.1.2 所示。

4.1.3 模型树的功能与操作

1. 控制模型树中项目的显示

在模型树操作界面中，选择 → 树过滤器(F)...命令，系统弹出图 4.1.3 所示的“模型树项目”对话框，通过该对话框可控制模型中各类项目是否在模型树中显示。

2. 模型树的功能

（1）在模型树中选取对象。可以从模型树中选取要编辑的特征或零件对象。当要选取的特征或零件在图形区的模型中不可见时，此方法尤为有用。当要选取的特征和零件在模型中禁用选取时，仍可在模型树中进行选取操作。

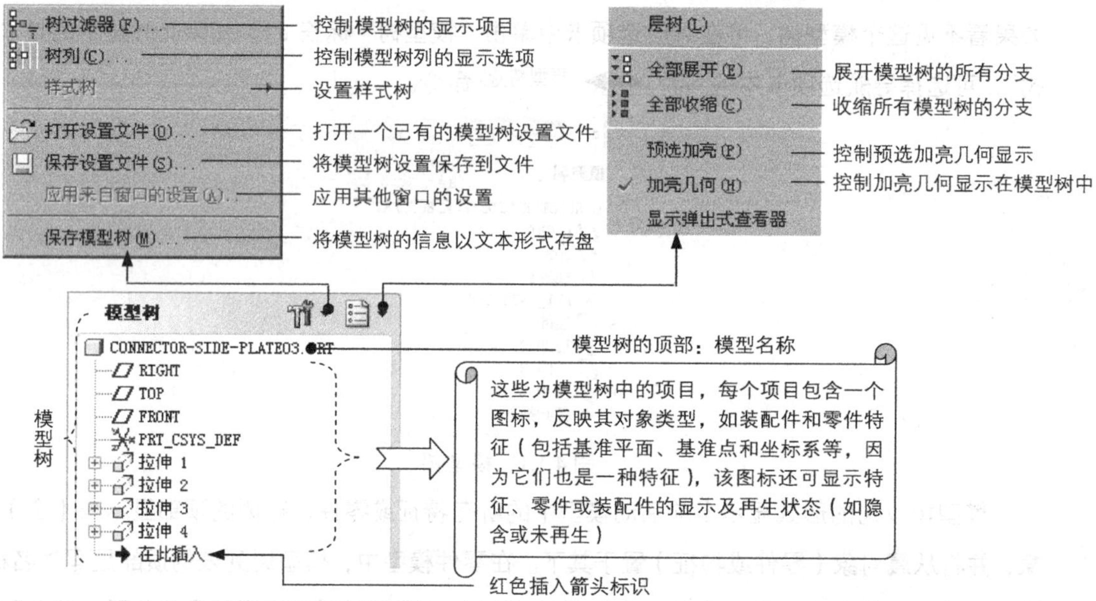

图 4.1.2 模型树操作界面及各下拉菜单命令功能

Pro/ENGINEER 野火版的模型树中不列出特征的草绘几何（图元），所以不能在模型树中选取特征的草绘几何。

（2）在模型树中使用快捷命令。右击模型树中的特征名或零件名，可打开一个快捷菜单，从中可选择相对于选定对象的特定操作命令。

（3）在模型树中插入定位符。“模型树”中有一个带红色箭头的标识，该标识指明在创建特征时特征的插入位置。默认情况下，它的位置总是在模型树列出的所有项目的最后。可以在模型树中将其上下拖动，将特征插入到模型中的其他特征之间。将插入符移动到新位置时，插入符后面的项目将被隐含，这些项目将不在图形区的模型上显示。

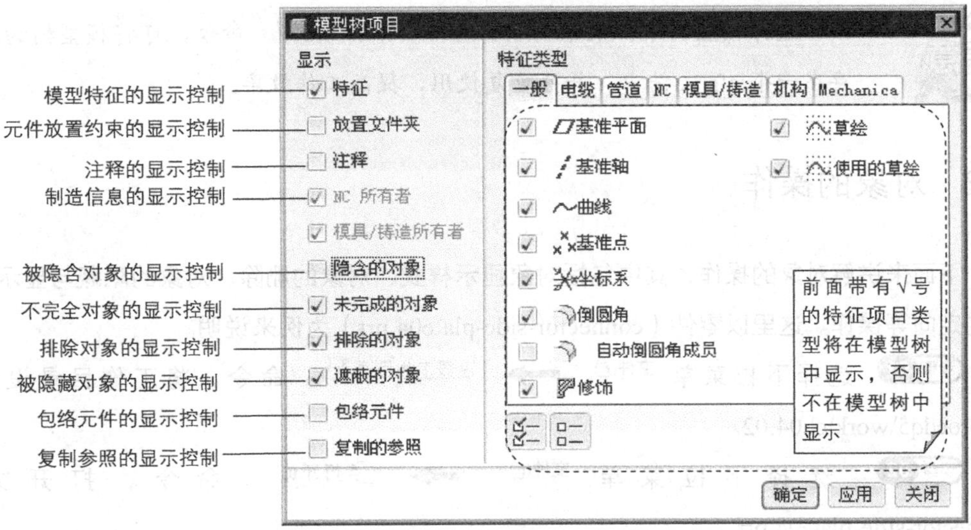

图 4.1.3 “模型树项目”对话框

4.1.4 模型搜索

利用“模型搜索”功能可以在模型中按照一定的规则搜索、过滤和选取项目，这对于较复杂的模型尤为重要。选择下拉菜单 编辑(E) → 查找(F)... 命令（或在工具栏中单击按钮），系统弹出图 4.1.4 所示的“搜索工具”对话框，通过该对话框可以设定某些规则来搜索模型。执行搜索后，满足搜索条件的项目将会在“模型树”窗口中加亮。如果选中了 ✓ 加亮几何(H) 命令，对象也会在图形区中加亮显示。

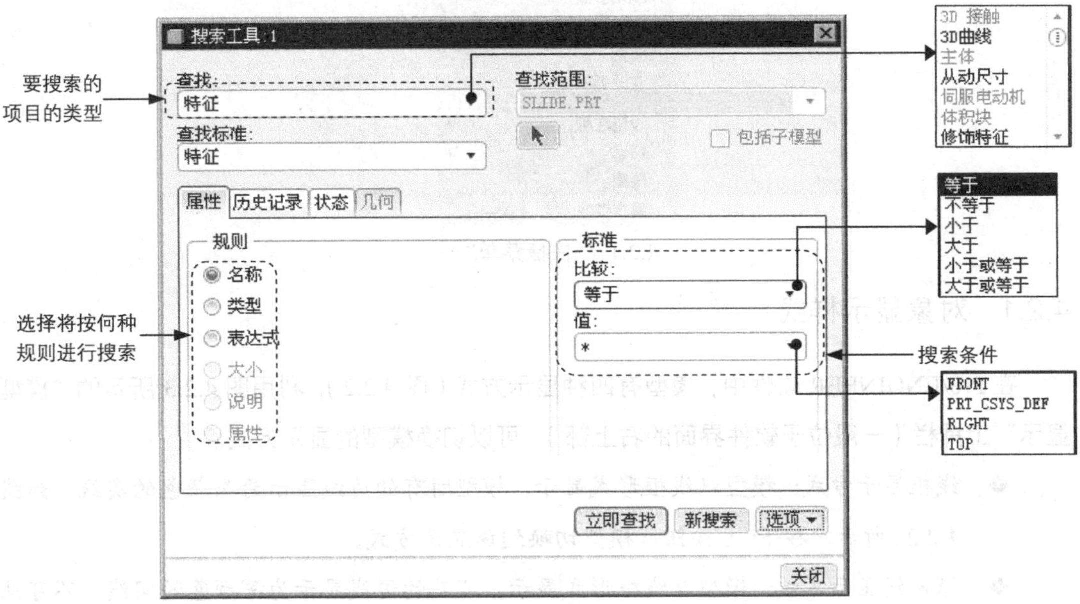

图 4.1.4 “搜索工具”对话框

注意

选择模型树下拉菜单 中的 保存设置文件(S)... 命令，可将模型树的设置保存在一个.cfg 文件中，并可重复使用，提高工作效率。

4.2 对象的操作

下面来讲解对象的操作，其中包括对象显示样式、对象的删除、对象的隐藏与显示和视图的定向等操作。这里以零件（connector-side-plate04.prt）为例来说明。

步骤 01 选择下拉菜单 文件(F) ➡ 设置工作目录(W)... 命令，将工作目录设置为 D:\proedq5\work\ch04.02。

步骤 02 选择下拉菜单 文件(F) ➡ 打开(O)... 命令，打开文件 connector-side-plate04.prt。

步骤 03 在零件模型树中（如果看不到模型树，选择导航区中的 ➡ 模型树(M) 命令），单击要编辑的特征，然后右击，系统弹出图 4.2.1 所示的快捷菜单。

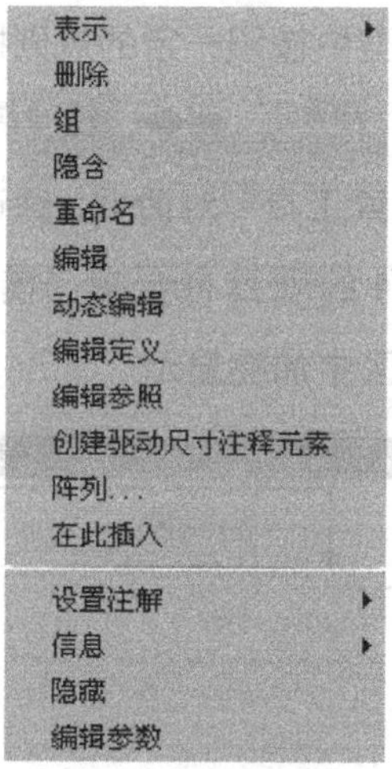

4.2.1 “快捷菜单”

4.2.1 对象显示样式

在 Pro/ENGINEER 软件中，模型有四种显示方式（图 4.2.2），利用图 4.2.3 所示的“模型显示”工具栏（一般位于软件界面的右上部），可以切换模型的显示方式。

- 线框显示方式：模型以线框形式显示，模型所有的边线显示为深颜色的实线，如图 4.2.2a 所示。按下 按钮，模型切换到该显示方式。
- 隐藏线显示方式：模型以线框形式显示，可见的边线显示为深颜色的实线，不可见的边线显示为虚线（在软件中显示为灰色的实线），如图 4.2.2b 所示。按下按钮，模型切换到该显示方式。

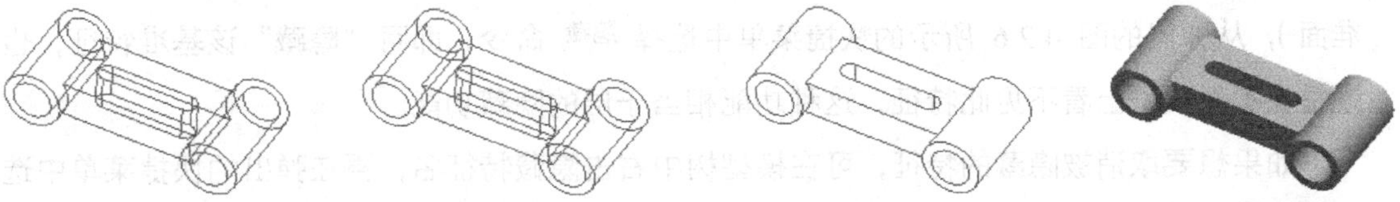

a）线框显示方式　b）隐藏线显示方式　c）消隐显示方式　d）着色显示方式

图 4.2.2　模型的四种显示方式

图 4.2.3　“模型显示”工具栏的位置

- 消隐显示方式：模型以线框形式显示，可见的边线显示为深颜色的实线，不可见的边线被隐藏起来（即不显示），如图 4.2.2c 所示。按下按钮，模型切换到该显示方式。
- 着色显示方式：模型表面为灰色，部分表面有阴影感，所有边线均不可见，如图 4.2.2d 所示。按下按钮，模型切换到该显示方式。

4.2.2. 对象的删除操作

在图 4.2.1 所示的菜单中选择 删除 命令，可删除所选的特征。如果要删除的特征有子特征，例如，要删除模型中的基础拉伸特征（图 4.2.4），系统将弹出图 4.2.5 所示的“删除”对话框，同时系统在模型树上加亮该拉伸特征的所有子特征。如果单击“删除”对话框中的 确定 按钮，则系统删除该拉伸特征及其所有子特征。

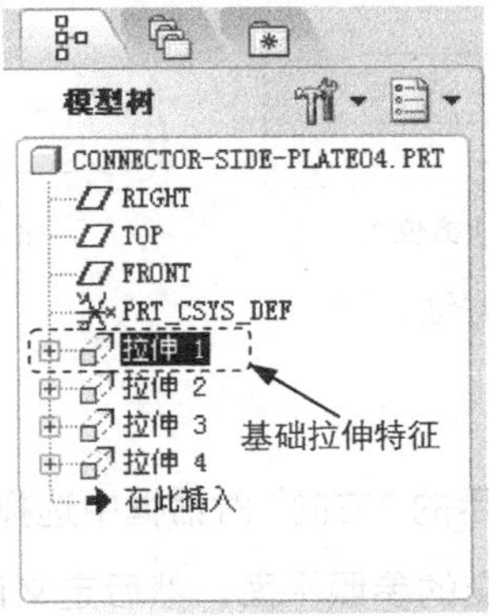

图 4.2.4　模型树

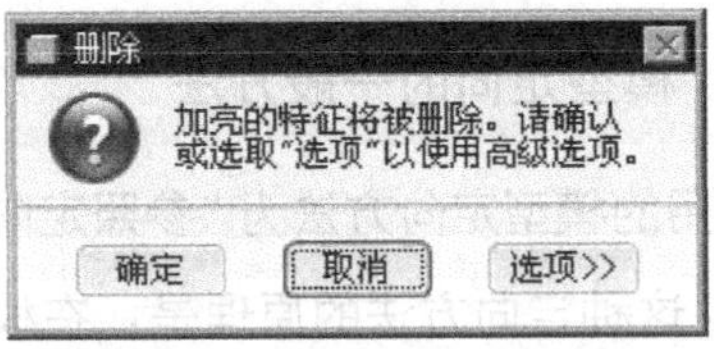

图 4.2.5　“删除”对话框

4.2.3 对象的隐藏与显示操作

在零件模型（connector-side-plate04.prt）的模型树中，右击某些基准特征名（如 TOP 基准面），从弹出的图 4.2.6 所示的快捷菜单中选择 隐藏 命令，即可“隐藏”该基准特征，也就是在零件模型上看不见此特征，这种功能相当于层的隐藏功能。

如果想要取消被隐藏的特征，可在模型树中右击隐藏特征名，再在弹出的快捷菜单中选择 取消隐藏 命令，如图 4.2.7 所示。

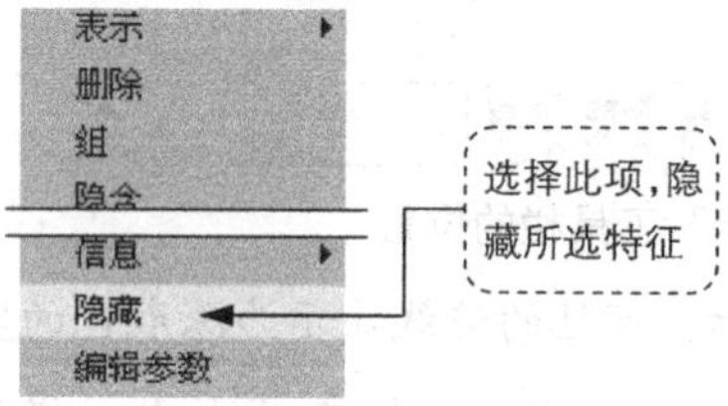

图 4.2.6 “隐藏”命令

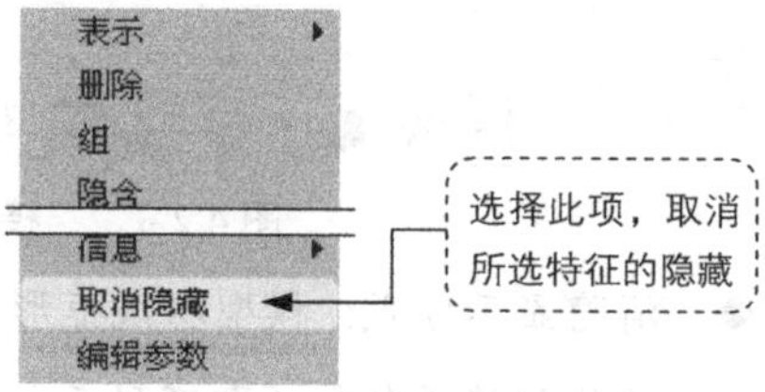

图 4.2.7 “取消隐藏”命令

4.2.4 对象的视图定向

1. 关于模型的定向

利用模型“定向”功能可以将绘图区中的模型定向在所需的方位以便查看。例如，在图 4.2.8 中，方位 1 是模型的默认方位（默认方向），方位 2 是在方位 1 基础上将模型旋转一定的角度而得到的方位，方位 3、4 属于正交方位（这些正交方位常用于模型工程图中的视图）。可选择下拉菜单 视图(V) ➡ 方向(O) ▸ ➡ 重定向(O)... 命令（图 4.2.9）或单击工具栏按钮，打开“方向”对话框，通过该对话框对模型进行定向。

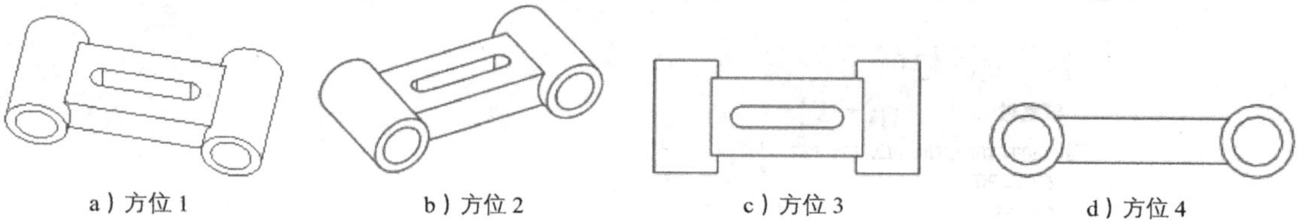

a）方位 1　　b）方位 2　　c）方位 3　　d）方位 4

图 4.2.8 模型的几种方位

2. 模型定向的一般方法

常用的模型定向方法为“参照定向”（在图 4.2.10 所示的“方向”对话框中选择 按参照定向 类型）。这种定向方法的原理是：在模型上选取两个正交的参照平面，然后定义两个参照平面的放置方位。以图 4.2.11 所示的模型为例，如果能够确定模型上表面 1 和表面 2 的放置方位，则该模型的空间方位就能完全确定。参照的放置方位有如下几种（图 4.2.10）。

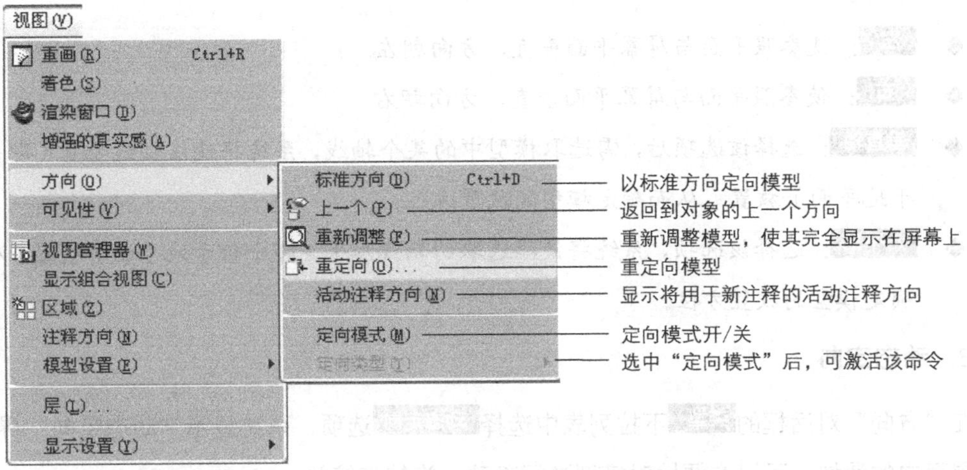

图 4.2.9　“视图”下拉菜单

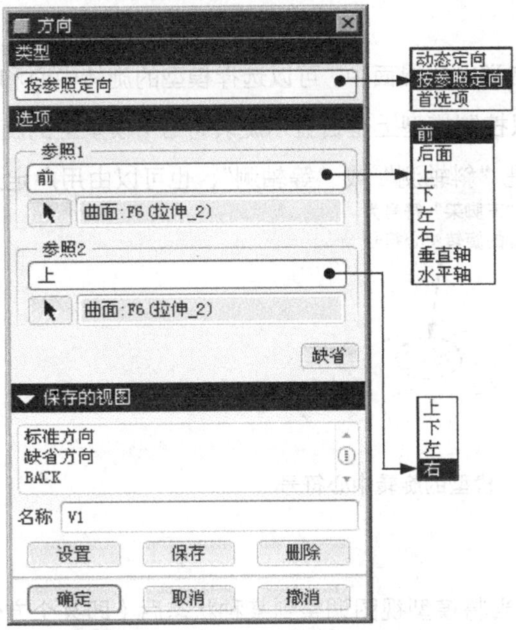

图 4.2.10　“方向”对话框

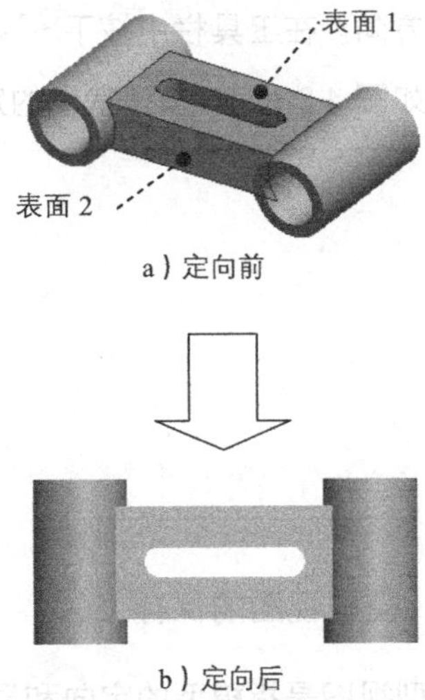

图 4.2.11　模型的定向

◆ 前：使所选取的参照平面与显示器的屏幕平面平行，方向朝向屏幕前方，即面对操作者。

◆ 后面：使参照平面与屏幕平行且朝向屏幕后方，即背对操作者。

◆ 上：使参照平面与显示器屏幕平面垂直，方向朝向显示器的上方，即位于显示器上部。

◆ 下：使参照平面与显示器屏幕平面垂直，方向朝向显示器的下方，即位于显示器下部。

◆ 左：使参照平面与屏幕平面垂直，方向朝左。

◆ 右：使参照平面与屏幕平面垂直，方向朝右。

◆ 垂直轴：选择该选项后，需选取模型中的某个轴线，系统将使该轴线竖直（即垂直于地平面）放置，从而确定模型的放置方位。

◆ 水平轴：选择该选项，系统将使所选取的轴线水平（即平行于地平面）放置，从而确定模型的放置方位。

3. 动态定向

在“方向”对话框的类型下拉列表中选择动态定向选项，系统显示“动态定向”界面，移动界面中的滑块，可以方便地对模型进行移动、旋转与缩放。

4. 定向的优先选项

选择类型下拉列表中的首选项选项，在弹出的界面中，可以选择模型的旋转中心和模型默认的方向。在工具栏中按下按钮，可以控制模型上是否显示旋转符号（模型上的旋转中心符号如图 4.2.12）。模型默认的定向可以是“斜轴测”或“等轴测”，也可以由用户定义。

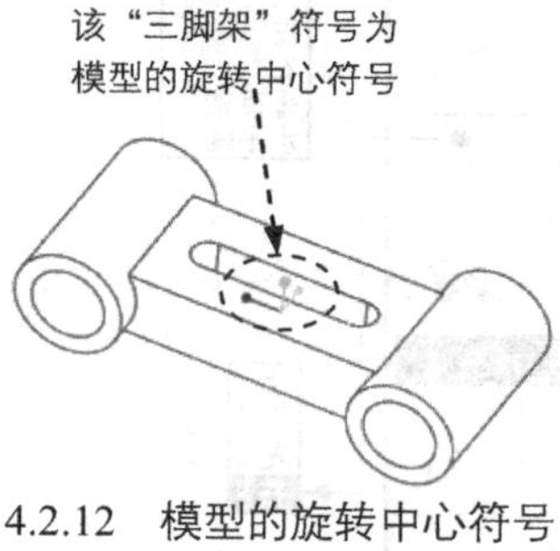

图 4.2.12　模型的旋转中心符号

5. 模型视图的保存

模型视图是指模型的定向和显示大小。当将模型视图调整到某种状态后（即某个方位和显示大小），可以将这种视图状态保存起来，以便以后直接调用。

在“方向”对话框中单击▶ 已保存的视图标签，将弹出图 4.2.13 所示的“保存的视图”界面。

◆ 在上部的列表框中列出了所有已保存视图的名称，其中标准方向、缺省方向、BACK、BOTTOM等为系统自动创建的视图。

◆ 如果要保存当前视图，可先在名称文本框中输入视图名称，然后单击保存按钮，新创建的视图名称立即出现在名称列表中。

- 如果要删除某个视图，可在视图名称列表中选取该视图名称，然后单击 删除 按钮。

如果要显示某个视图，可在视图名称列表中选取该视图名称，然后单击 设置 按钮。还有一种快速设置视图的方法，就是单击工具栏中的按钮，从弹出的视图列表中选取某个视图即可，如图 4.2.14 所示。

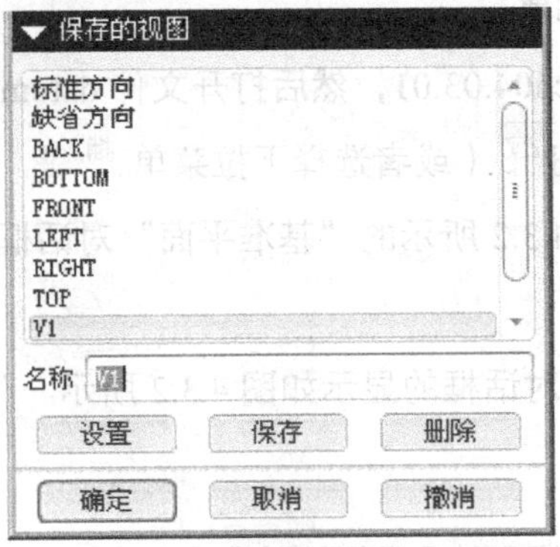

图 4.2.13 “保存的视图”界面

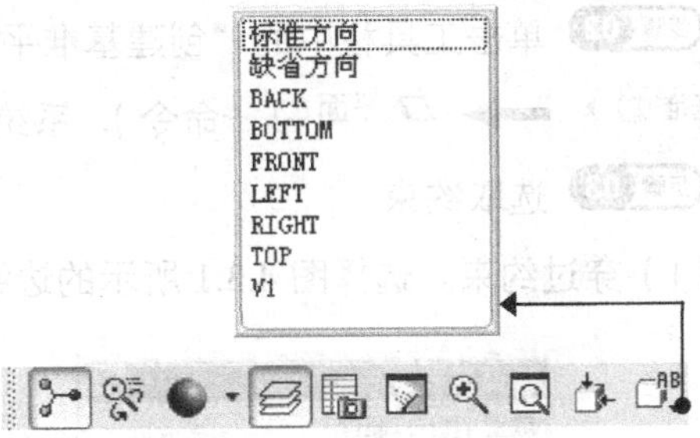

图 4.2.14 工具栏的位置

4.3 基准

Pro/ENGINEER 中的基准包括基准平面、基准轴、基准曲线、基准点和坐标系。这些基准在创建零件一般特征、曲面、零件的剖切面，以及装配中都十分有用。

4.3.1 基准平面

基准平面也称基准面。在创建一般特征时，如果模型上没有合适的平面，用户可以创建基准平面作为特征截面的草绘平面及其参照平面。要选择一个基准平面，可以选择其名称，或选择它的一条边界。

基准平面有两侧：橙黄色侧和灰色侧。法向方向箭头指向橙黄色侧。基准平面在屏幕中显示为橙黄色或灰色取决于模型的方向。当装配元件、定向视图和选择草绘参照时，应注意基准平面的颜色。

1. 创建基准平面的一般过程

下面以一个范例来说明创建基准平面的一般过程。如图 4.3.1 所示，现在要创建一个基准平面 DTM1，使其穿过图中模型的一个边线，并与模型上的一个表面成 60° 的夹角。

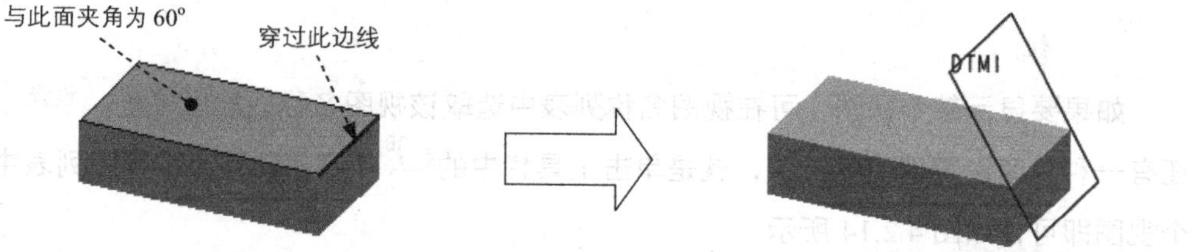

图 4.3.1　基准面的创建

步骤 01 先将工作目录设置至 D:\proedq5\work\ch04.03.01，然后打开文件 datum.prt。

步骤 02 单击工具栏中的“创建基准平面”按钮（或者选择下拉菜单 插入(I) ➡ 模型基准(D) ▸ ➡ 平面(L)... 命令），系统弹出图 4.3.2 所示的“基准平面”对话框。

步骤 03 选取约束。

（1）穿过约束。选择图 4.3.1 所示的边线，此时对话框的显示如图 4.3.2 所示。

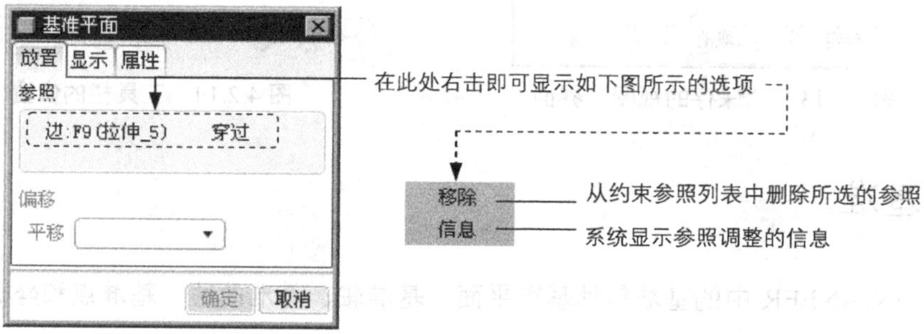

图 4.3.2　“基准平面”对话框

（2）角度约束。按住 Ctrl 键，选择图 4.3.1 所示的参照平面。

（3）给出夹角。在图 4.3.3 所示的对话框下部的文本框中键入夹角值 60.0，并按回车键。

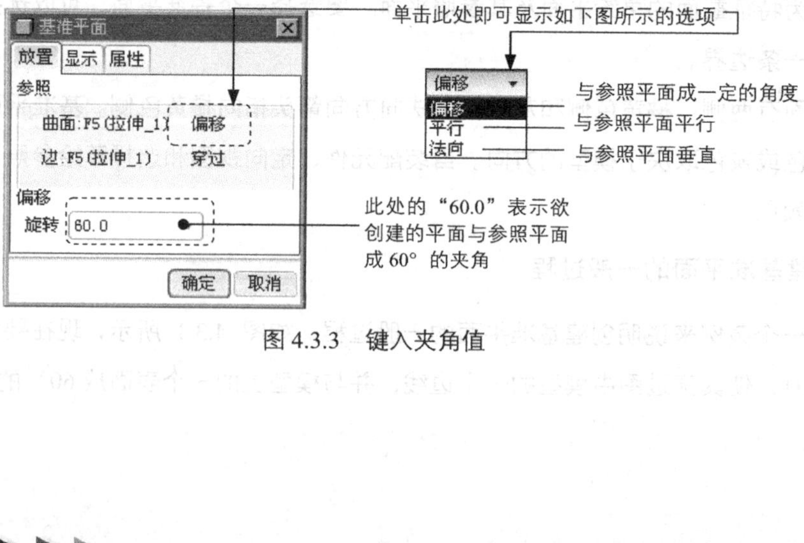

图 4.3.3　键入夹角值

说明

创建基准平面可使用如下一些约束。

- 通过轴/边线/基准曲线：要创建的基准平面通过一个基准轴，或模型上的某个边线，或基准曲线。
- 垂直轴/边线/基准曲线：要创建的基准平面垂直于一个基准轴，或模型上的某个边线，或基准曲线。
- 垂直平面：要创建的基准平面垂直于另一个平面。
- 平行平面：要创建的基准平面平行于另一个平面。
- 与圆柱面相切：要创建的基准平面相切于一个圆柱面。
- 通过基准点/顶点：要创建的基准平面通过一个基准点，或模型上的某顶点。
- 角度平面：要创建的基准平面与另一个平面成一定角度。

步骤 04 修改基准平面的名称。如图 4.3.4 所示，可在 属性 选项卡的 名称 文本框中输入新的名称。

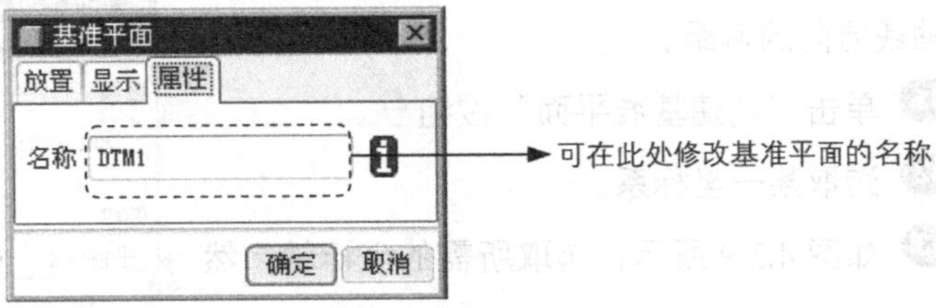

图 4.3.4 修改基准平面的名称

2. 创建基准平面的其他约束方法：通过平面

要创建的基准平面通过另一个平面，即与这个平面完全一致，该约束方法能单独确定一个平面。

步骤 01 单击“创建基准平面”按钮。

步骤 02 选取某一参照平面，再在对话框中选择 穿过 选项，如图 4.3.5 和图 4.3.6 所示。

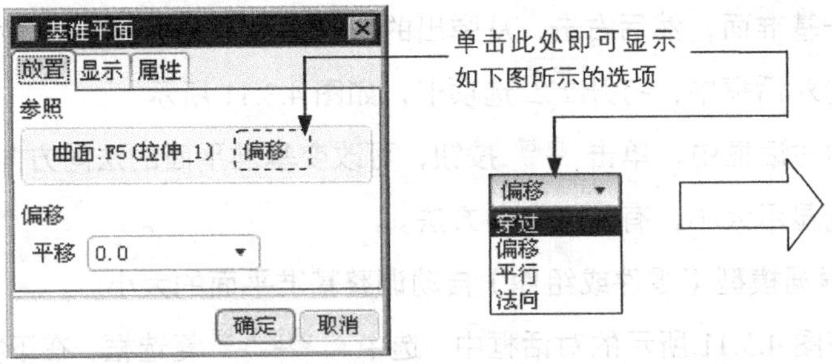

图 4.3.5 “基准平面”对话框（一）

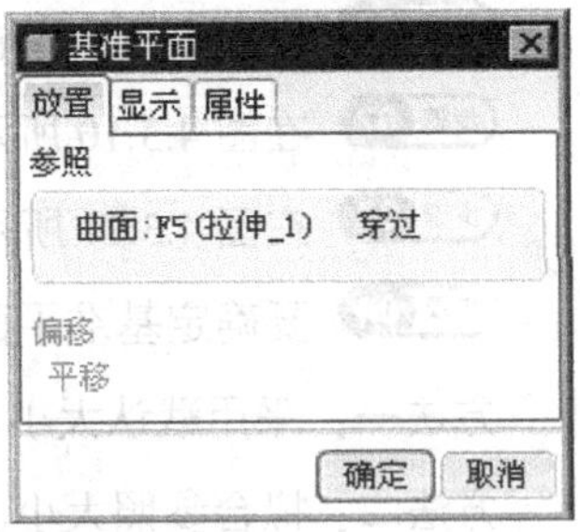

图 4.3.6 “基准平面”对话框（二）

3. 创建基准平面的其他约束方法：偏距平面

步骤 01 单击“创建基准平面”按钮 。

步骤 02 选取某一参照平面，然后输入偏距的距离值 20.0，如图 4.3.7 和图 4.3.8 所示。

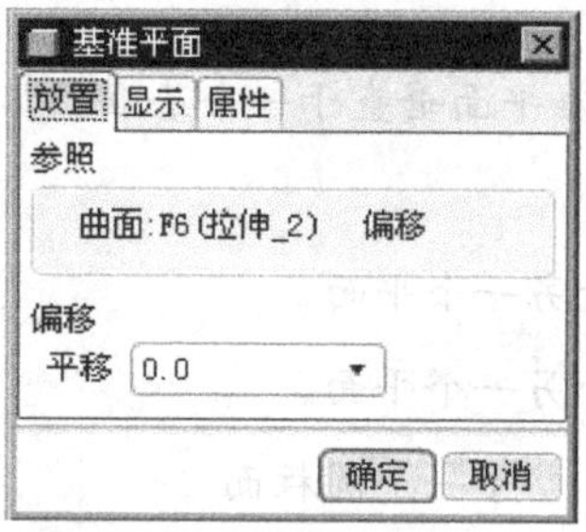

图 4.3.7 “基准平面”对话框（三）

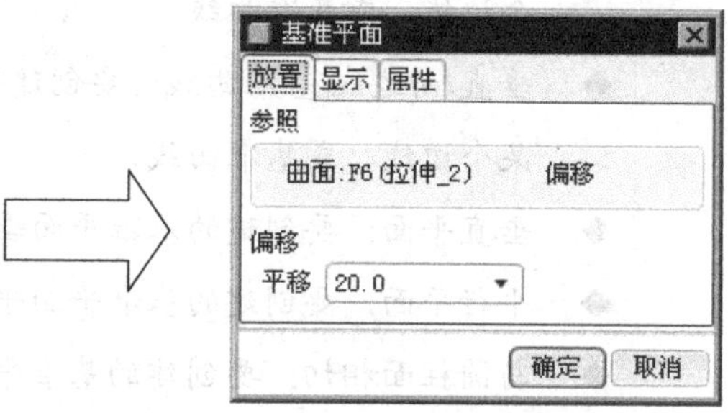

图 4.3.8 “基准平面”对话框（四）

4. 创建基准平面的其他约束方法：偏距坐标系

用此约束方法可以创建一个基准平面，使其垂直于一个坐标轴并偏离坐标原点。当使用该约束方法时，需要选择与该平面垂直的坐标轴，并给出沿该轴线方向的偏距。

步骤 01 单击“创建基准平面”按钮 。

步骤 02 选取某一坐标系。

步骤 03 如图 4.3.9 所示，选取所需的坐标轴，然后输入偏距的距离值 20.0。

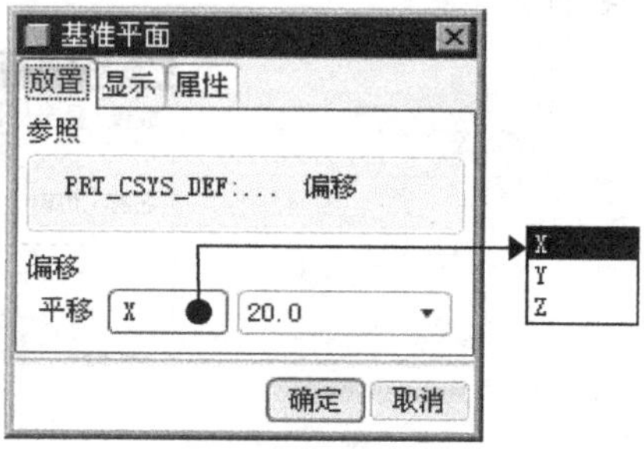

图 4.3.9 “基准平面”对话框（五）

5. 控制基准平面的法向方向和显示大小

尽管基准平面实际上是一个无穷大的平面，但在默认情况下，系统根据模型大小对其进行缩放显示。显示的基准平面的大小随零件尺寸而改变。除了那些即时生成的平面以外，其他所有基准平面的大小都可以加以调整，以适应零件、特征、曲面、边、轴或半径。操作步骤如下。

步骤 01 在模型树上单击一基准面，然后右击，从弹出的快捷菜单中选择 编辑定义 命令。

步骤 02 在图 4.3.10 所示的对话框中，打开 显示 选项卡，如图 4.3.11 所示。

步骤 03 在图 4.3.11 所示的对话框中，单击 反向 按钮，可改变基准平面的法向方向。

步骤 04 要确定基准平面的显示大小，有如下三种方法。

方法一：采用默认大小，根据模型（零件或组件）自动调整基准平面的大小。

方法二：拟合参照大小。在图 4.3.11 所示的对话框中，选中 ☑ 调整轮廓 复选框，在下拉列表中选择参照，再通过选取特征/曲面/边/轴线/零件等参照元素，使基准平面的显示大小拟合所选参照元素的大小。

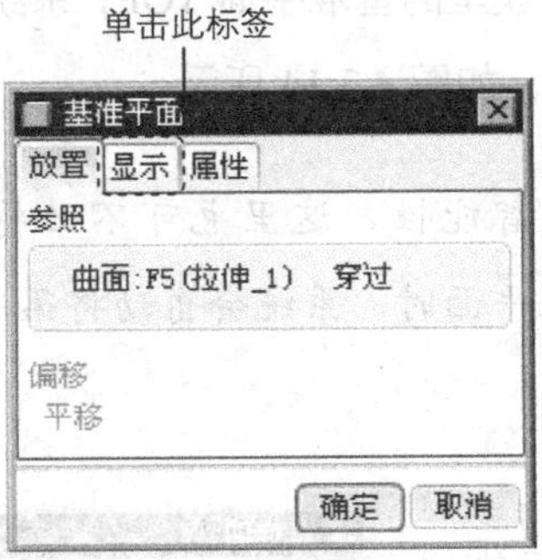

图 4.3.10 “放置”选项卡

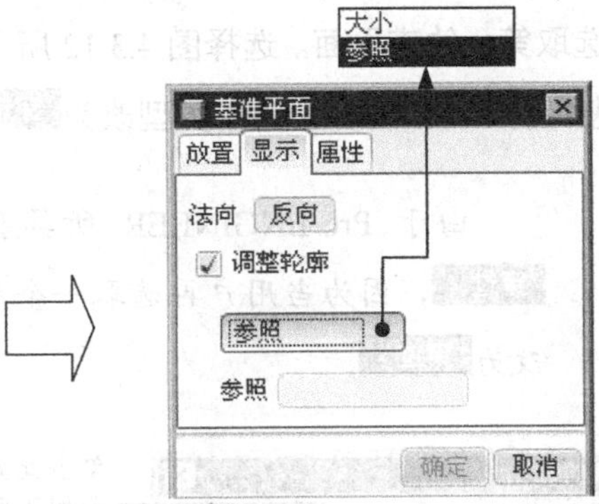

图 4.3.11 “显示” 选项卡

方法三：给出拟合半径。根据指定的半径来调整基准平面大小，半径中心定在模型的轮廓内。

4.3.2 基准轴

如同基准平面，基准轴也可以用于创建特征时的参照。基准轴对创建基准平面、同轴放置项目和径向阵列特别有用。

基准轴的产生也分两种情况：一是基准轴作为一个单独的特征来创建；二是在创建带有圆弧的特征期间，系统会自动产生一个基准轴，但此时必须将配置文件选项 show_axes_for_extr_arcs 设置为 yes。

创建基准轴后，系统用 A_1、A_2 等依次自动分配其名称。要选取一个基准轴，可选择基准轴线自身或其名称。

下面以一个范例来说明创建基准轴的一般过程。在图 4.3.12 所示的零件模型中，创建与基准平面 TOP 重合，并且位于 RIGHT 基准平面内的基准轴特征。

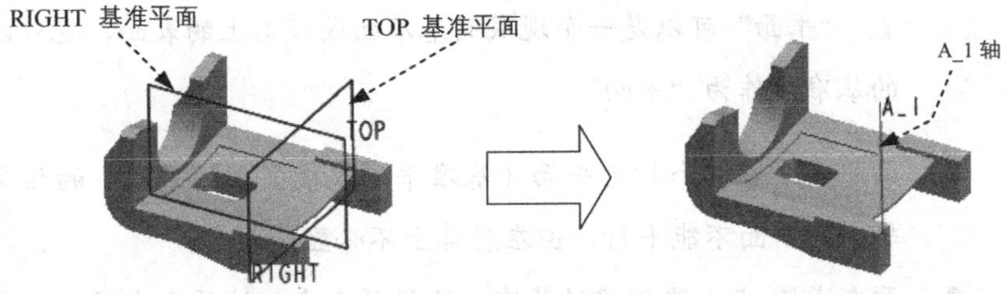

图 4.3.12 基准轴的创建

步骤 01 将工作目录设置至 D:\proedq5\work\ch04.03.02，然后打开文件 axis01.prt.1。

步骤 02 单击工具栏上的“基准轴”按钮。

步骤 03 由于所要创建的基准轴通过基准平面 TOP 和 RIGHT 的相交线，为此应该选取这两个基准平面为约束参照。

（1）选取第一约束平面。选择图 4.3.12 所示的模型的基准平面 TOP，系统弹出图 4.3.13 所示的“基准轴”对话框，将约束类型改为 穿过 ，如图 4.3.14 所示。

注意

由于 Pro/ENGINEER 所具有的智能性，这里也可不必将约束类型改为 穿过 ，因为当用户再选取一个约束平面时，系统会自动将第一个平面的约束改为 穿过 。

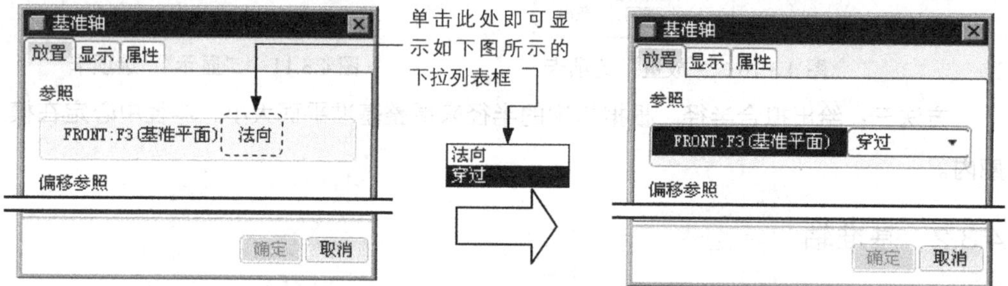

图 4.3.13 “基准轴”对话框（一）　　图 4.3.14 “基准轴”对话框（二）

（2）选取第二约束平面。按住 Ctrl 键，选择 RIGHT 基准平面，此时对话框如图 4.3.15 所示。

说明

创建基准轴有如下一些约束方法。

- 过边界：要创建的基准轴通过模型上的一个直边。
- 垂直平面：要创建的基准轴垂直于某个“平面”。使用此方法，应先选取要与其垂直的参照平面，然后分别选取两条定位的参照边，并定义基准轴到参照边的距离。
- 过点且垂直于平面：要创建的基准轴通过一个基准点并与一个“平面”垂直，“平面”可以是一个现成的基准面或模型上的表面，也可以创建一个新的基准面作为“平面”。
- 两平面：在两个指定平面（基准平面或模型上的平面）的相交处创建基准轴。两平面不能平行，但在屏幕上不必显示相交。
- 两个点/顶点：要创建的基准轴通过两个点，这两个点既可以是基准点，也可以是模型上的顶点。

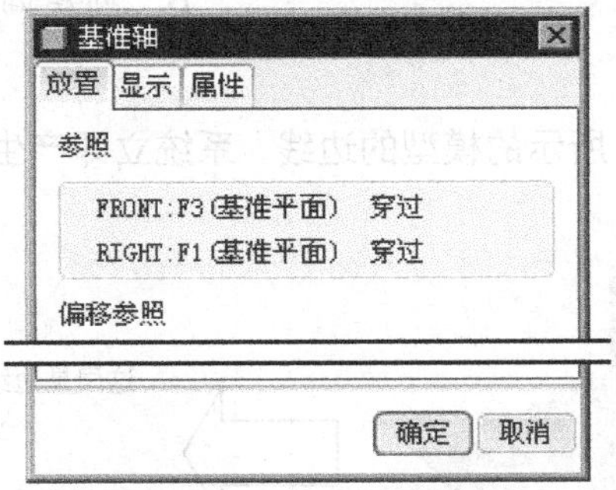

图 4.3.15 “放置”选项卡

4.3.3 基准点

基准点可以用来为网格生成加载点、在绘图中连接基准目标和注释、创建坐标系及管道特征轨迹，也可以在基准点处放置轴、基准平面和孔。

默认情况下，Pro/ENGINEER 将一个基准点显示为叉号（×），其名称显示为 PNTn，其中 n 是基准点的编号。要选取一个基准点，可选择基准点自身或其名称。

1. 创建基准点的方法一：在曲线/边线上

用位置的参数值在曲线或边上创建基准点，该位置参数值确定从一个顶点开始沿曲线的长度。

如图 4.3.16 所示，现需要在模型边线上创建基准点 PNT0，操作步骤如下。

步骤 01 先将工作目录设置至 D:\proedq5\work\ch04.03.03，然后打开文件 coordinate-point02.prt。

步骤 02 单击“创建基准点”按钮 → （或选择下拉菜单 插入(I) → 模型基准(D) → 点(P) → 点(P)... 命令）。

说明 单击“创建基准点”按钮，会出现图 4.3.17 所示的工具按钮栏。

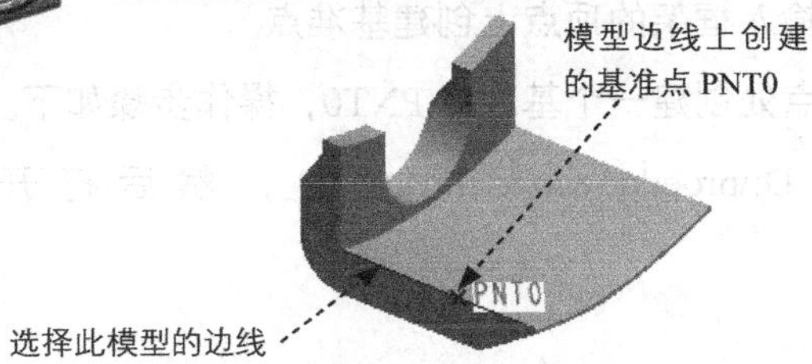

图 4.3.16 线上基准点的创建

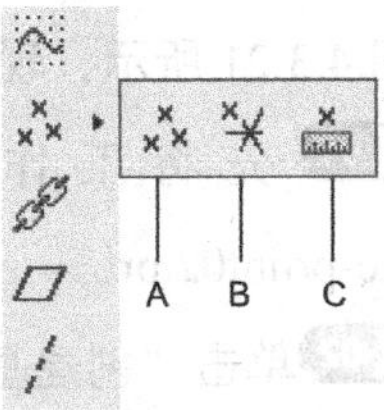

图 4.3.17 工具按钮栏

对图 4.3.17 中各按钮说明如下。

A：创建基准点。　　　　　　　　B：创建偏移坐标系基准点。

C：创建域基准点。

步骤 03 选择图 4.3.18 所示的模型的边线，系统立即产生一个基准点 PNT0，如图 4.3.19 所示。

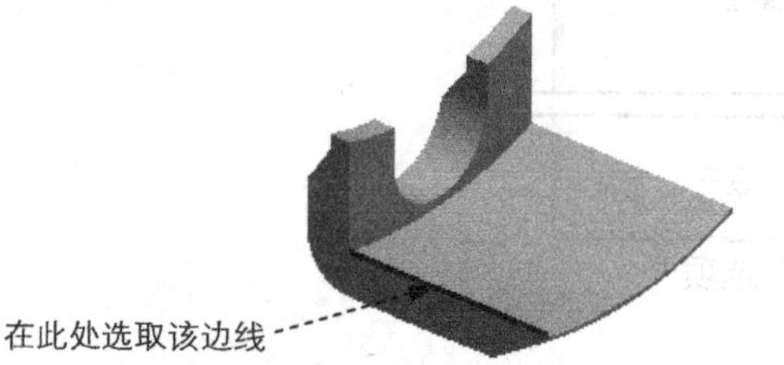

图 4.3.18　选取边线

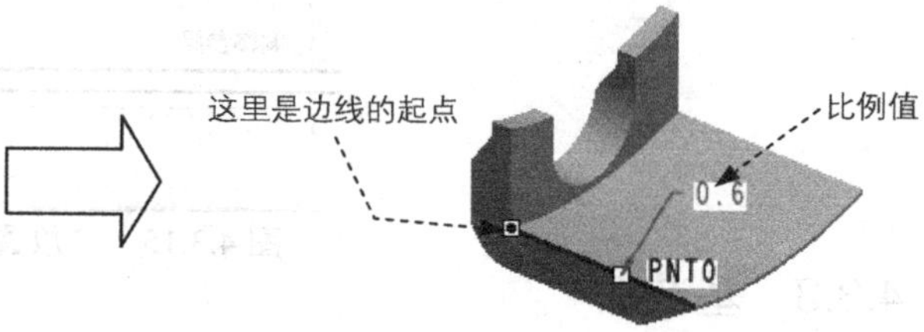

图 4.3.19　产生基准点

步骤 04 在图 4.3.20 所示的“基准点”对话框中，先选择基准点的定位方式（比率或实数），再键入基准点的定位数值（比率系数或实际长度值）。

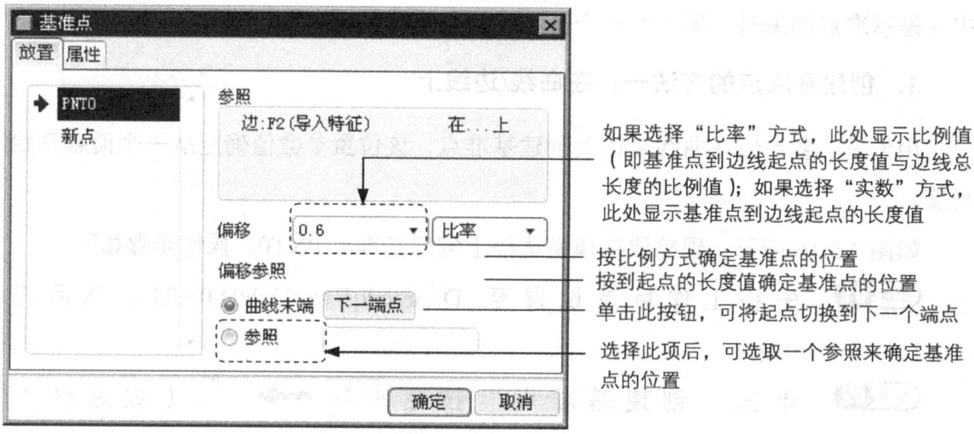

图 4.3.20　“基准点”对话框

2. 创建基准点的方法二：顶点

在零件边、曲面特征边、基准曲线或输入框架的顶点上创建基准点。

如图 4.3.21 所示，现需要在模型的顶点处创建一个基准点 PNT0，操作步骤如下。

步骤 01 先将工作目录设置至 D:\proedq5\work\ch04.03.03，然后打开文件 coordinate-point02.prt。

步骤 02 单击“创建基准点”按钮。

步骤 03 如图 4.3..21 所示，选取模型的顶点，系统立即在此顶点处产生一个基准点 PNT0。此时“基准点”对话框如图 4.3.22 所示。

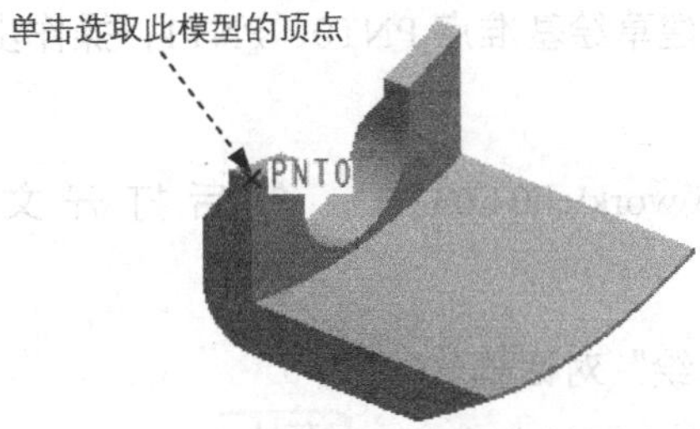

图 4.3.21　顶点基准点的创建

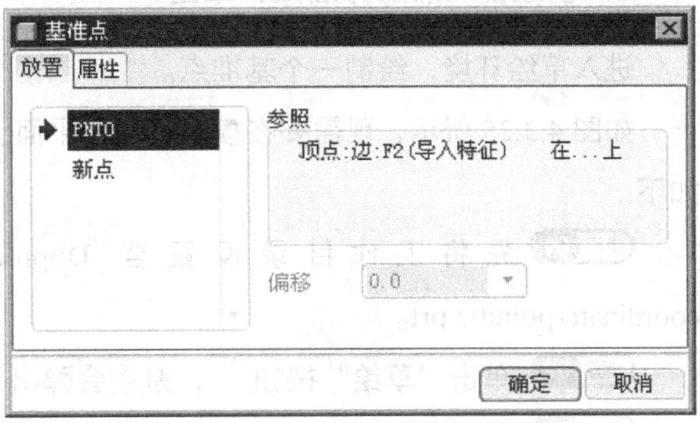

图 4.3.22　“基准点”对话框

3. 创建基准点的方法三：过中心点

在一条弧、一个圆或一个椭圆图元的中心处创建基准点。如图 4.3.23 所示，现需要在模型上表面的孔的圆心处创建一个基准点 PNT0，操作步骤如下。

步骤 01 先将工作目录设置至 D:\proedq5\work\ch04.03.03，然后打开文件 coordinate-point02.prt。

步骤 02 单击“创建基准点”按钮 。

步骤 03 如图 4.3.23 所示，选取模型上表面的孔边线。

步骤 04 在图 4.3.24 所示的“基准点”对话框的下拉列表中选取 居中 选项。

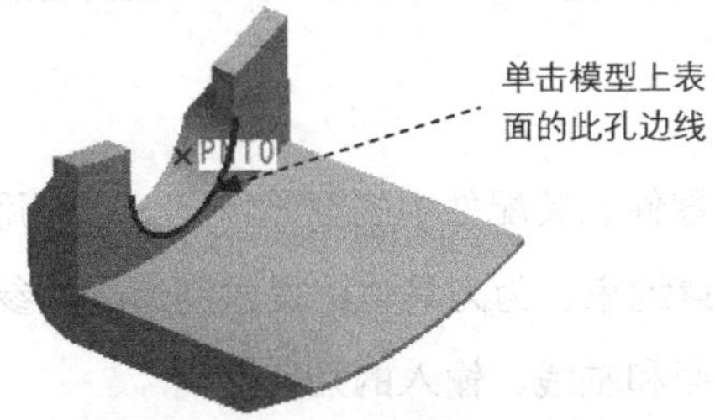

图 4.3.23　过中心点创建基准点

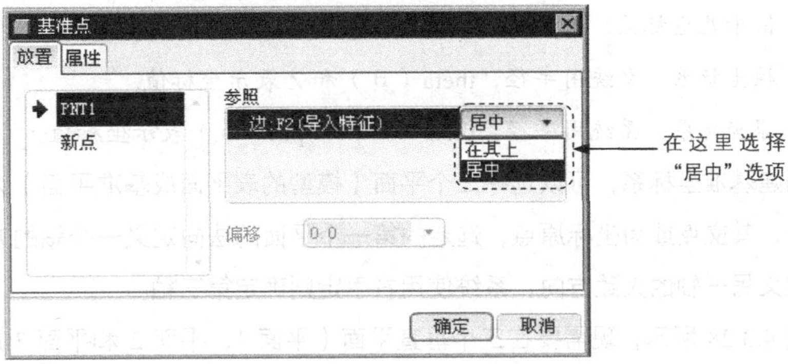

图 4.3.24　“基准点”对话框

4. 创建基准点的方法四：草绘

进入草绘环境，绘制一个基准点。

如图 4.3.25 所示，现需要在模型的基准平面上创建草绘基准点 PNT0、PNT1，操作步骤如下。

步骤 01 先将工作目录设置至 D:\proedq5\work\ch04.03.03，然后打开文件 coordinate-point02.prt。

步骤 02 单击“草绘”按钮，系统会弹出“草绘”对话框。

步骤 03 选取图 4.3.25 所示的两平面为草绘平面和参照平面，单击 草绘 按钮。

步骤 04 进入草绘环境后，接受系统默认选取的的草图参考；然后单击“点”按钮中的（图 4.3.26），尺寸标注如图 4.3.27 所示，绘制一点，并标注尺寸。

步骤 05 单击按钮，退出草绘环境。

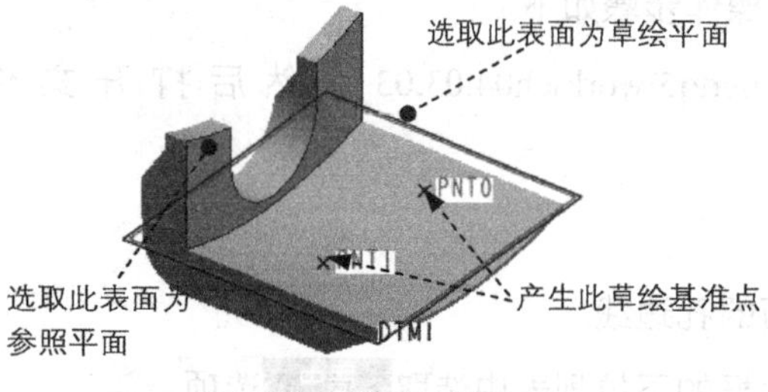

图 4.3.25　草绘基准点的创建

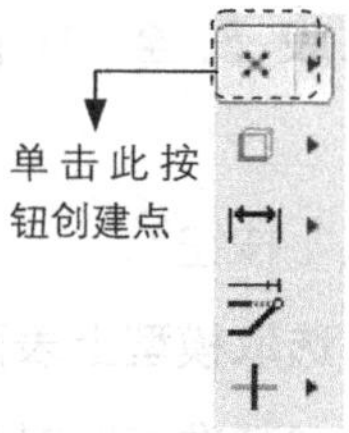

图 4.3.26　工具按钮位置

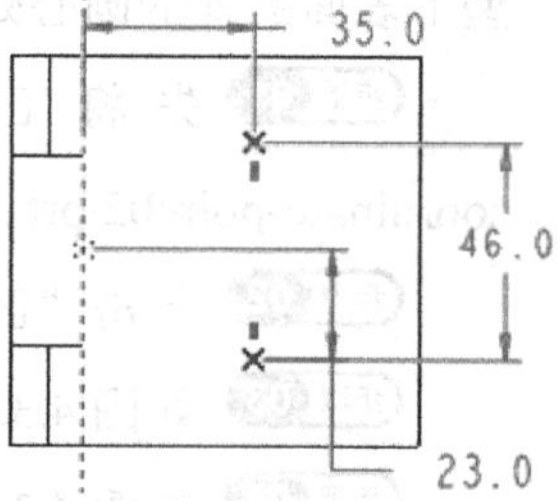

图 4.3.27　截面图形

4.3.4　基准坐标系

坐标系是可以增加到零件和装配件中的参照特征，它可用于计算质量属性、装配元件、为有限元分析（FEA）放置约束、为刀具轨迹提供制造操作参照以及用于定位其他特征的参照（坐标系、基准点、平面和轴线、输入的几何等）。

在 Pro/ENGINEER 系统中，可以使用下列三种形式的坐标系。

- 笛卡儿坐标系。系统用 X、Y 和 Z 表示坐标值。
- 柱坐标系。系统用半径、theta（θ）和 Z 表示坐标值。
- 球坐标系。系统用半径、theta（θ）和 phi（ψ）表示坐标值。

要创建基准坐标系，可以选择三个平面（模型的表平面或基准平面）为参考，这些平面不必正交，其交点成为坐标原点，选定的第一个平面的法向定义一个轴的方向，第二个平面的法向定义另一轴的大致方向，系统使用右手定则确定第三轴。

如图 4.3.28 所示，现需要在三个垂直平面（平面 1、平面 2 和平面 3）的交点上创建一个坐标系 CSO，操作步骤如下。

步骤 01 将工作目录设置至 D:\Proedq5\work\ch04.03.04，打开文件 change-dir.prt。

步骤 02 单击“创建坐标系”按钮（另一种方法是选择下拉菜单 插入(I) → 模型基准(D) → 坐标系(C)... 命令）。

步骤 03 选择三个垂直平面。如图 4.3.28 所示，选择平面 1；按住键盘的 Ctrl 键，选择平面 2；按住键盘的 Ctrl 键，选择平面 3。此时系统就创建了图 4.3.29 所示的坐标系，注意字符 X、Y、Z 所在的方向正是相应坐标轴的正方向。

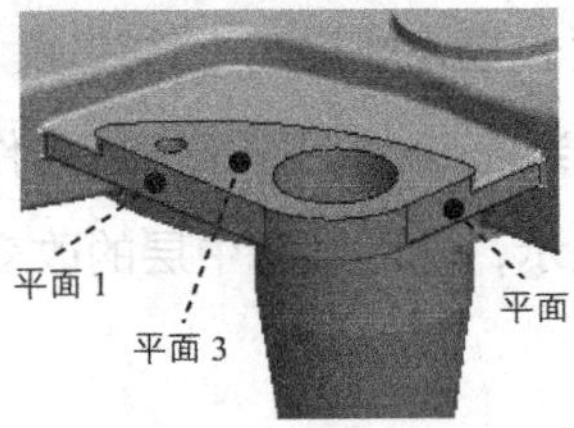

图 4.3.28 由三个平面创建坐标系

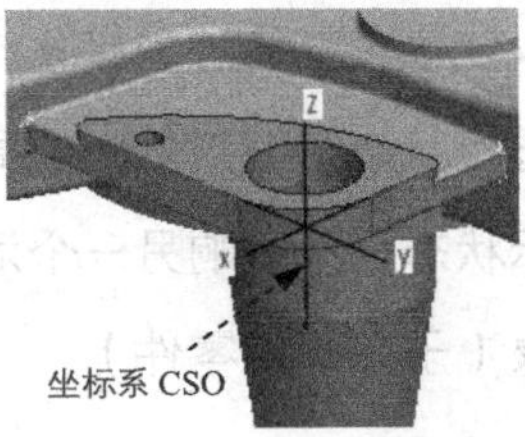

图 4.3.29 产生坐标系

步骤 04 修改坐标轴的位置和方向。在图 4.3.30 所示的“坐标系”对话框中，打开方向选项卡，在该选项卡的界面中可以修改坐标轴的位置和方向。

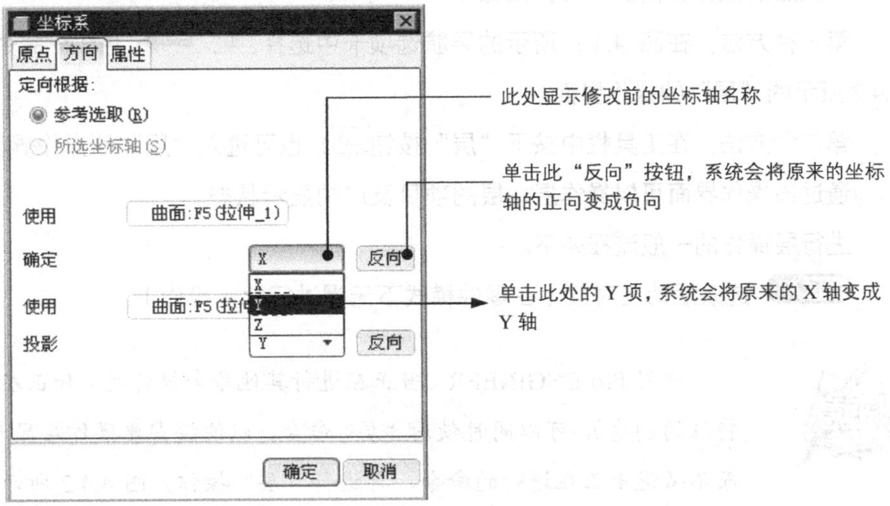

图 4.3.30 “坐标系”对话框的“方向”选项卡

说明：创建基准坐标系还可以采用定义原点和坐标轴方向参考的方法。

4.4 Pro/ENGINEER 中的层

4.4.1 概述

Pro/ENGINEER 提供了一种有效组织模型和管理诸如基准线、基准面、特征和装配中的零件等要素的手段，这就是“层（Layer）”。通过层，可以对同一个层中的所有共同的要素进行显示、隐藏和选择等操作。在模型中，想要多少层就可以有多少层。层中还可以有层，也就是说，一个层还可以组织和管理其他许多的层。通过组织层中的模型要素并用层来简化显示，可以使很多任务流水线化，并可提高可视化程度，极大地提高工作效率。

层显示状态与其对象一起局部存储，这意味着在当前 Pro/ENGINEER 工作区改变一个对象的显示状态，不影响另一个活动对象的相同层的显示，然而装配中层的改变或许会影响到底层对象（子装配或零件）。

4.4.2 图层的设置

1. 进入层的操作界面

进入层的操作界面的两种方法如下。

第一种方法：在图 4.4.1 所示的导航选项卡中选择 → 层树(L) 命令，即可进入图 4.4.2 所示的“层”的操作界面。

第二种方法：在工具栏中按下“层”按钮，也可进入“层”的操作界面。

通过该操作界面可以操作层、层的项目及层的显示状态。

进行层操作的一般流程如下。

步骤 01 选取活动层对象（在零件模式下无需进行此步操作）。

> 注意
>
> 使用 Pro/ENGINEER，当正在进行其他命令操作时（如正在进行伸出项拉伸特征的创建），可以同时使用“层”命令，以便按需要操作层显示状态或层关系，而不必退出正在进行的命令，再进行“层”操作。图 4.4.2 所示的“层”的操作界面反映了零件模型（pad）中层的状态，由于创建该零件时使用 PTC 公司提供的零件模板 mmns_part_solid，该模板提供了图 4.4.2 所示的这些预设的层。

步骤 02 进行“层”操作，比如创建新层、向层中增加项目、设置层的显示状态等。

步骤 03 保存状态文件（可选）。

步骤 04 保存当前层的显示状态。

步骤 05 关闭“层”操作界面。

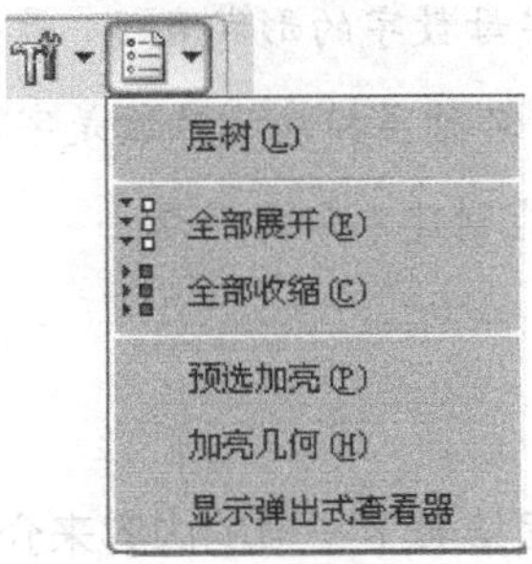

图 4.4.1 导航选项卡

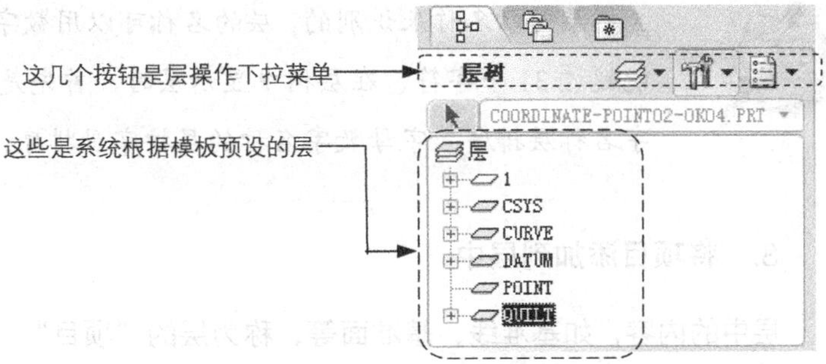

图 4.4.2 “层”操作界面

2. 创建新层

下面接着上面的内容来介绍创建新层的一般过程。

步骤 01 在层的操作界面中，选择图 4.4.3 所示的 → 新建层(N)... 命令。

步骤 02 完成上步操作后，系统弹出图 4.4.4 所示的“层属性”对话框。

（1）在名称后面的文本框内输入新层的名称（也可以接受默认名）。

（2）在层Id:后面的文本框内输入“层标识”号。层的“标识”的作用是当将文件输出到不同格式（如 IGES）时，利用其标识，可以识别一个层。一般情况下可以不输入标识号。

（3）单击确定按钮。

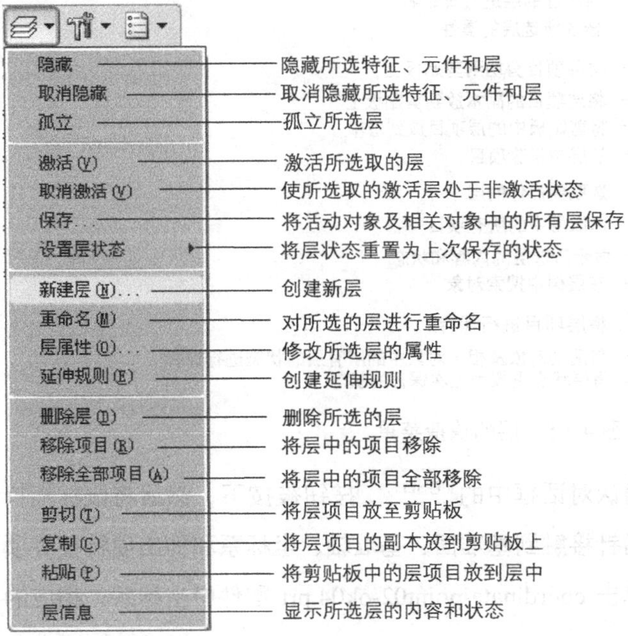

图 4.4.3 层的下拉菜单

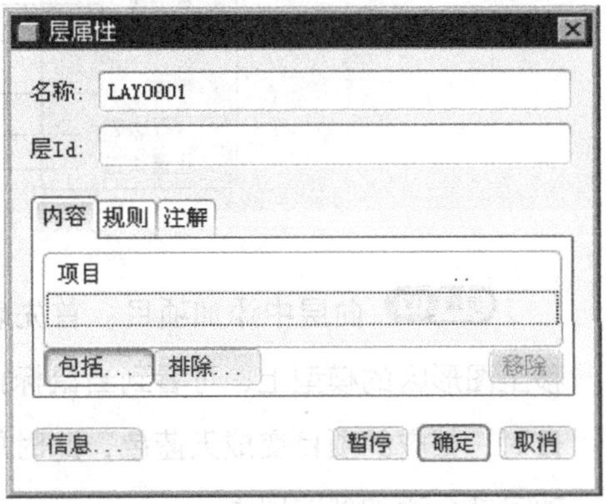

图 4.4.4 “层属性”对话框

注意　层是以名称来识别的，层的名称可以用数字或字母数字的形式表示，最多不能超过31个字符。在层树中显示层时，首先是数字名称层排序，然后是字母数字名称层排序。字母数字名称的层按字母排序。不能创建未命名的层。

3. 将项目添加到层中

层中的内容，如基准线、基准面等，称为层的“项目”。下面接着上一节的内容来介绍向一个层中添加项目的方法。

步骤 01 在“层树”中，单击 coordinate-point02-ok04 零件中的 AXIS 层，然后右击，系统弹出图 4.4.5 所示的快捷菜单，选取该菜单中的 层属性... 命令，此时系统弹出图 4.4.6 所示的“层属性”对话框。

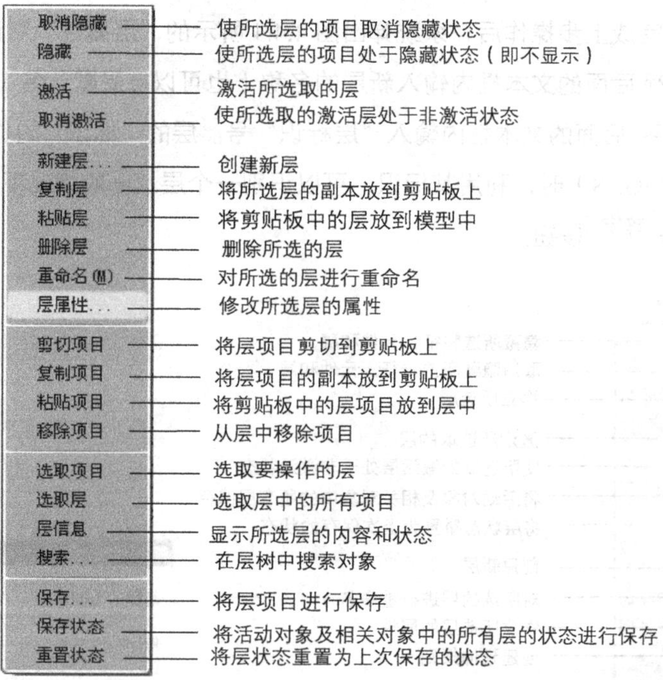

图 4.4.5　层的快捷菜单

步骤 02 向层中添加项目。首先确认对话框中的 包括... 按钮被按下，然后将鼠标指针移至图形区的模型上，可看到当鼠标指针接触到基准面、基准轴、坐标系和伸出项特征等项目时，相应的项目变成天蓝色，此时单击 coordinate-point02-ok04.prt 零件中坐标系，相应的项目就会添加到该层中。

步骤 03 如果要将项目从层中排除，可单击对话框中的 排除... 按钮，再选取项目列表中的相应项目。

步骤 04 如果要将项目从层中完全删除，先选取项目列表中的相应项目，再单击 移除 按钮。

步骤 05 单击 确定 按钮，关闭“层属性”对话框。

注意：如果在装配模式下选取的项目不属于活动模型，则系统弹出图 4.4.7 所示的“放置外部项目”对话框，在该对话框的 放置外部项目 区域中，显示出外部项目所在模型的层的列表。选取一个或多个层名，然后选择对话框下部的选项之一，即可处理外部项目的放置。

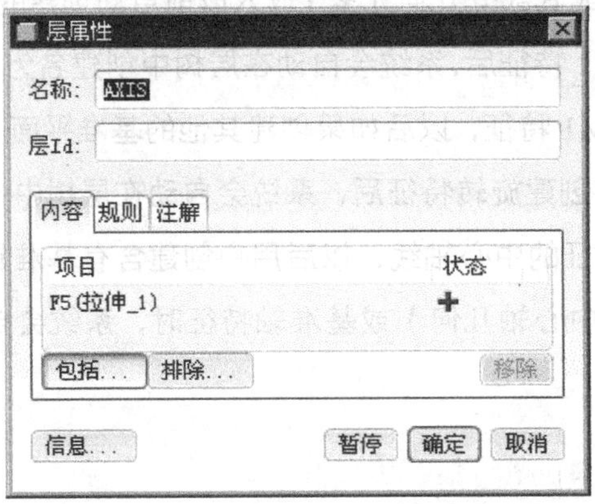

图 4.4.6 “层属性”对话框

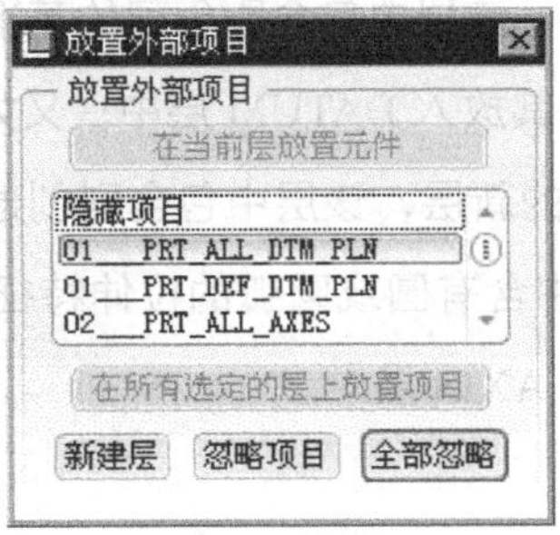

图 4.4.7 “放置外部项目”对话框

4.4.3 设置图层可视性

将模型中的各层设为所需要的显示状态后，只有将层的显示状态先保存起来，模型中层的显示状态才能随模型的保存而与模型文件一起保存，否则下次打开模型文件后，以前所设置的层的显示状态会丢失。保存层的显示状态的操作方法是，选择层树中的任意一个层，右击，从弹出的图 4.4.8 所示的快捷菜单中选择 保存状态 命令。

注意：

- 在没有改变模型中的层的显示状态时，保存状态 命令是灰色的。
- 如果没有对层的显示状态进行保存，则在保存模型文件时，系统会在屏幕下部的信息区提示 ⚠警告: 层显示状态未保存.，如图 4.4.9 所示。

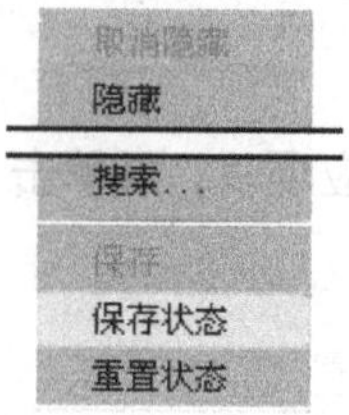

图 4.4.8　快捷菜单

图 4.4.9　信息区的提示

4.4.4　系统自动创建层

在 Pro/ENGINEER 中，当创建某些类型的特征（如曲面特征、基准特征等）时，系统会自动创建新层（图 4.4.10），新层中包含所创建的特征或该特征的部分几何元素，以后如果创建相同类型的特征，系统会自动将该特征（或其部分几何元素）放入以前自动创建的新层中。

例如，在用户创建了一个基准平面 DTM1 特征后，系统会自动在层树中创建名为 DATUM 的新层，该层中包含刚创建的基准平面 DTM1 特征，以后如果创建其他的基准平面，系统会自动将其放入 DATUM 层中；又如，在用户创建旋转特征后，系统会自动在层树中创建名为 AXIS 的新层，该层中包含刚创建的旋转特征的中心轴线，以后用户创建含有基准轴的特征（截面中含有圆或圆弧的拉伸特征中均包含中心轴几何）或基准轴特征时，系统会自动将它们放入 AXIS 层中。

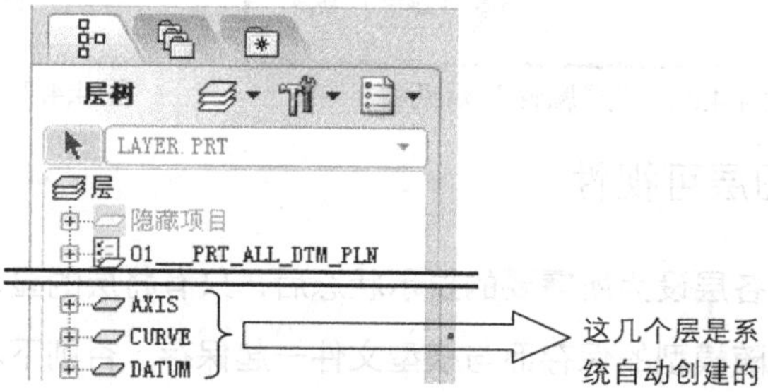

图 4.4.10　“层”树

4.5　孔

Pro/ENGINEER 中提供了专门的孔特征（Hole）命令，用户可以方便而快速地创建各种要求的孔。

在 Pro/ENGINEER 中，可以创建三种类型的孔特征。

◆ 直孔：具有圆截面的切口，它始于放置曲面并延伸到指定的终止曲面或用户定义的深度。

- ◆ 草绘孔：由草绘截面定义的旋转特征。锥形孔可作为草绘孔进行创建。
- ◆ 标准孔：具有基本形状的螺孔。它是基于相关的工业标准的，可带有不同的末端形状、标准沉孔和埋头孔。对选定的紧固件，既可计算攻螺纹所需参数，也可计算间隙直径；用户既可利用系统提供的标准查找表，也可创建自己的查找表来查找这些直径。

1. 创建直孔

下面以图 4.5.1 所示的模型为例，说明在一个模型上添加孔特征（直孔）的详细操作过程。

图 4.5.1 创建孔特征

步骤 01 将工作目录设置至 D:\proedq5\work\ch04.05，打开文件 threaded-hole.prt。

步骤 02 选择下拉菜单 插入(I) ➡ 孔(H)... 命令或单击命令按钮。

步骤 03 选取孔的类型。完成上步操作后，系统弹出孔特征操控板。本例是添加直孔，由于直孔为系统默认，这一步可省略。如果创建标准孔或草绘孔，可单击创建标准孔的按钮，或“草绘定义钻孔轮廓”按钮，如图 4.5.2 所示。

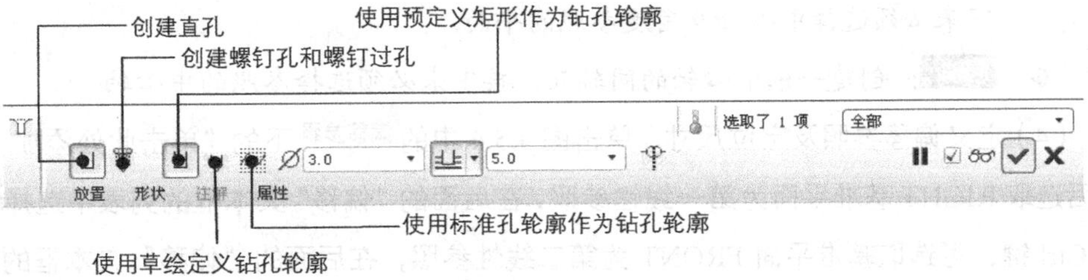

图 4.5.2 孔特征操控板

步骤 04 定义孔的放置。

（1）定义孔的放置参照。选取图 4.5.3 所示的端面为放置参照，此时系统以当前默认值自动生成孔的轮廓。可按照图中说明进行相应动态操作。

注意

孔的放置参照可以是基准平面或零件模型上的平面或曲面（如柱面、锥面等），也可以是基准轴。为了直接在曲面上创建孔，该孔必须是径向孔，且该曲面必须是凸起状。

（2）定义孔放置的方向。单击图 4.5.2 所示的操控板中的放置按钮，系统弹出图 4.5.4 所示的界面，单击该界面中的反向按钮，可改变孔的放置方向（即孔放置在放置参照的那一边）。本例采用系统默认的方向，即孔在实体这一侧。

（3）定义孔的放置类型。单击“放置类型”下拉列表后的按钮，选取线性选项。

对孔的放置类型介绍如下。

- ◆ 线性：参照两边或两平面放置孔（标注两线性尺寸）。如果选择此放置类型，接下来必须选择参照边（平面）并输入距参照的距离。
- ◆ 径向：绕一中心轴及参照一个面放置孔（需输入半径距离）。如果选择此放置类型，接下来必须选择中心轴及角度参照的平面。

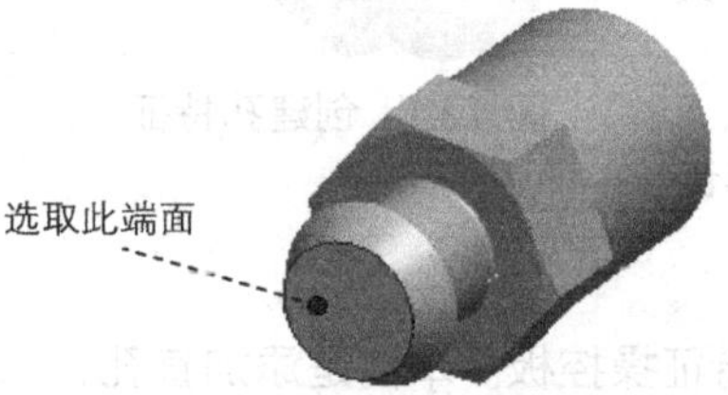

图 4.5.3 选取放置参照

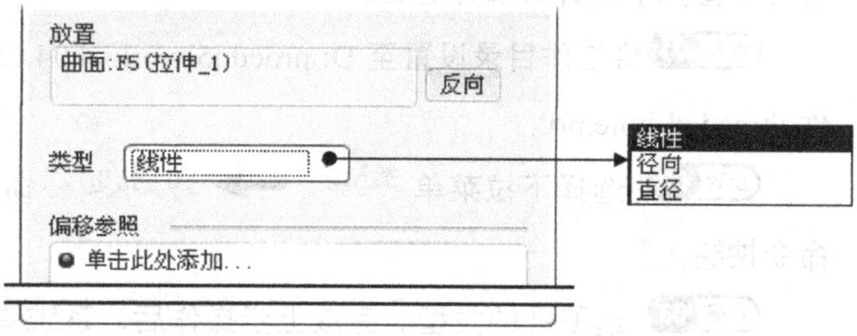

图 4.5.4 “放置”界面

- ◆ 直径：绕一中心轴及参照一个面放置孔（需输入直径）。如果选择此放置类型，接下来必须选择中心轴及角度参照的平面。
- ◆ 同轴：创建一根中心轴的同轴孔。接下来必须选择参照的中心轴。

（4）定义偏移参照及定位尺寸。单击图 4.5.4 中的偏移参照下的“单击此处添加 ”字符，然后选取 RIGHT 基准平面为第一线性参照，在后面的“偏移”文本框的列表中选择对齐；按住 Ctrl 键，可选取基准平面 FRONT 为第二线性参照，在后面的“偏移”文本框的列表中选择对齐。

步骤 05 定义孔的直径及深度。在操控板中输入直径值 3.0，选取深度类型，在文本框中输值 5.0.

步骤 06 在操控板中单击“完成”按钮，完成特征的创建。

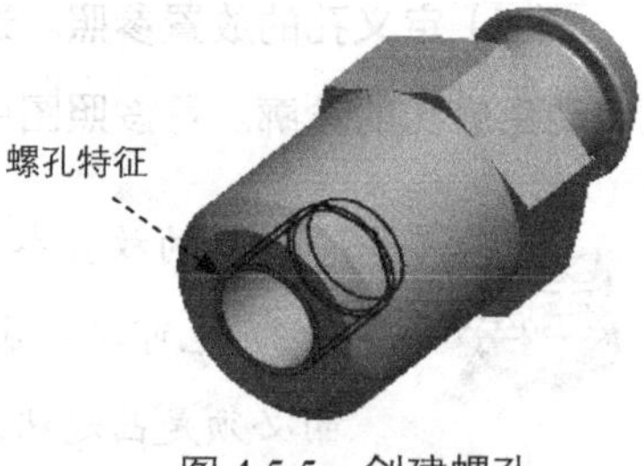

图 4.5.5 创建螺孔

2. 创建螺孔（标准孔）

下面继续以图 4.5.5 所示模型为例，说明创建螺孔的一般过程。

步骤 01 选择下拉菜单 插入(I) → 孔(H)... 命令，特征的操控板如图 4.5.6 所示。

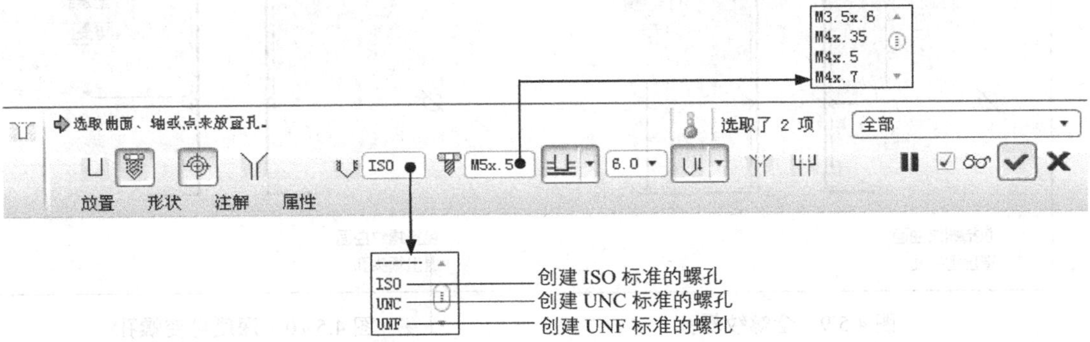

图 4.5.6　螺孔操控板界面

步骤 02 定义孔的放置。

（1）定义孔的放置参照。单击操控板中的 放置 按钮，系统弹出图 4.5.7 所示的界面，按住 Ctrl 键，选取图 4.5.8 所示的 A_1 轴和模型表面为放置参照。

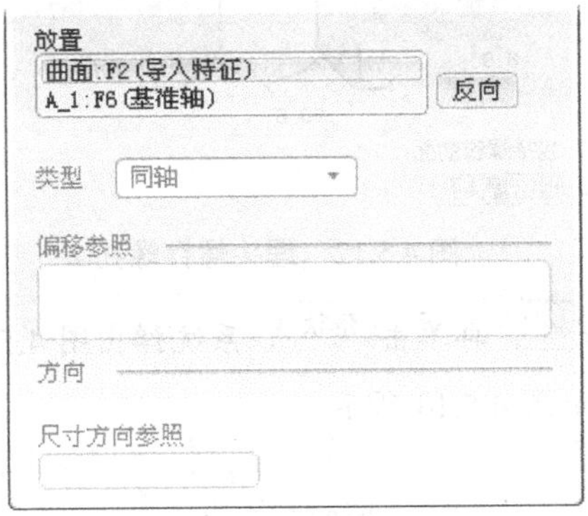

图 4.5.7　放置界面

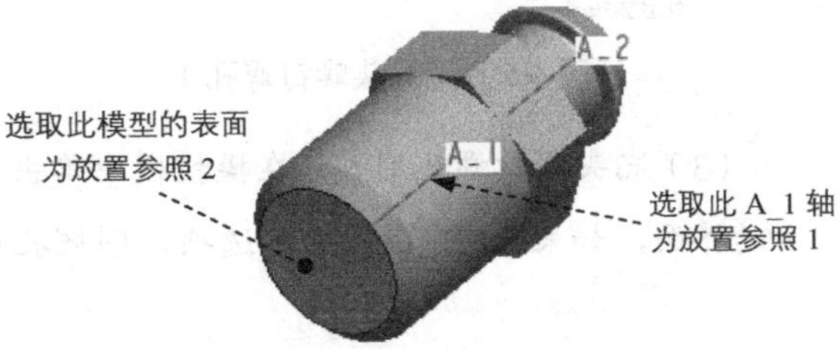

图 4.5.8　孔的放置

（2）定义孔放置的方向。采用系统默认的放置方向。

步骤 03 在操控板中按下“创建标准孔”按钮；选择 ISO 螺孔标准，螺孔大小为 M5×0.5，深度类型为，在文本框中输入值 6.0。

步骤 04 在操控板中单击“完成”按钮，完成特征的创建。

说明：螺孔有以下四种结构形式。

（1）一般螺孔形式。在操控板中单击，再单击 形状，系统弹出图 4.5.9 所示的界面，如果选中 可变 单选项，则螺孔形式如图 4.5.10 所示。

（2）埋头螺钉螺孔形式。在操控板中单击和，再单击 形状，系统弹出图 4.5.11 所示的界面，如果选中 退出埋头孔 复选框，则螺孔形式如图 4.5.12 所示。注意：如果不选中 包括螺纹曲面 复选框，则在将来生成工程图时，就不会有螺纹细实线。

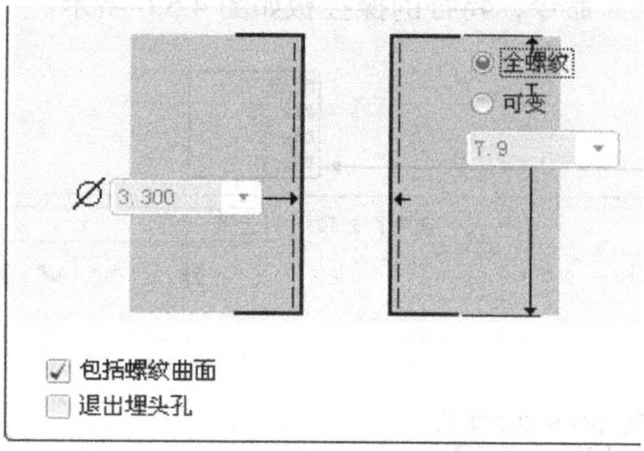

图 4.5.9　全螺纹螺孔

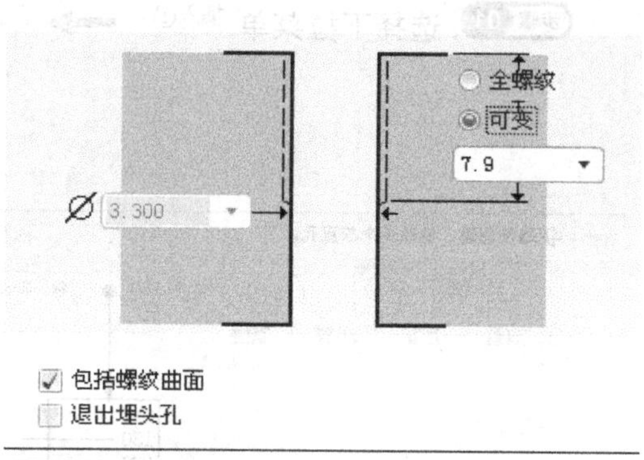

图 4.5.10　深度可变螺孔

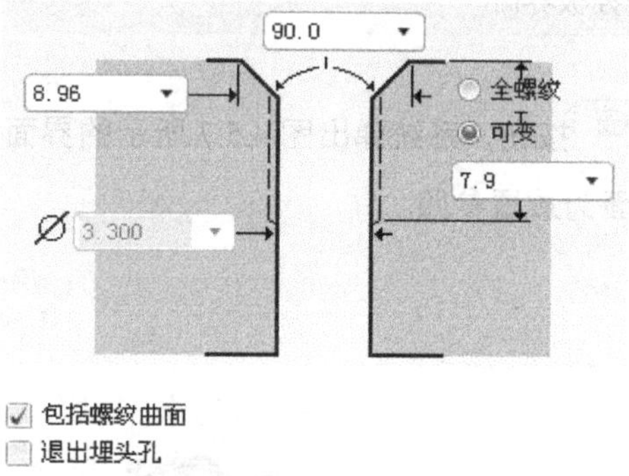

图 4.5.11　埋头螺钉螺孔 1

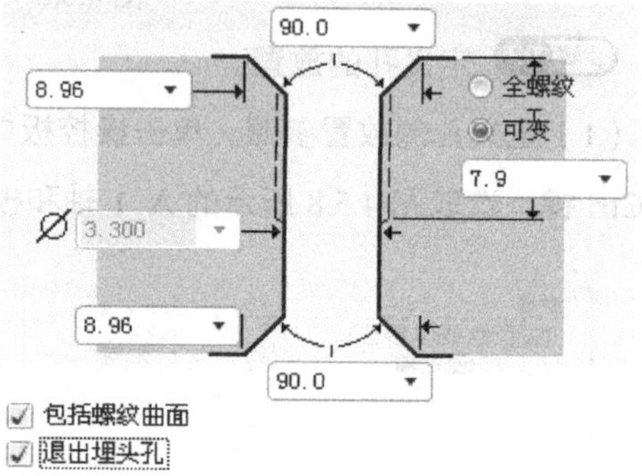

图 4.5.12　埋头螺钉螺孔 2

（3）沉头螺钉螺孔形式。在操控板中单击和，再单击形状，系统弹出图 4.5.13 所示的界面，如果选中全螺纹单选项，则螺孔形式如图 4.5.14 所示。

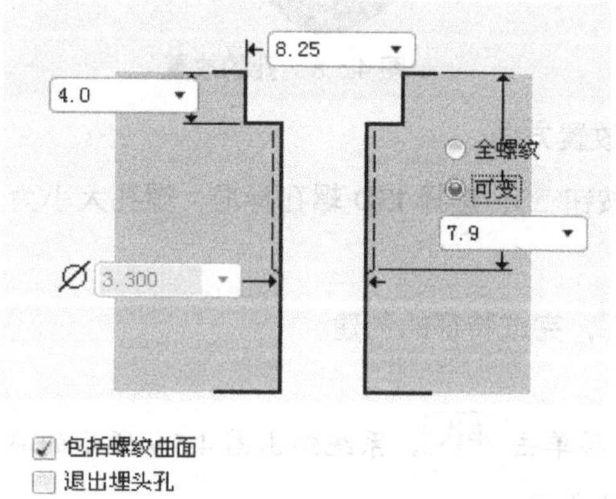

图 4.5.13　沉头螺钉螺孔（可变）

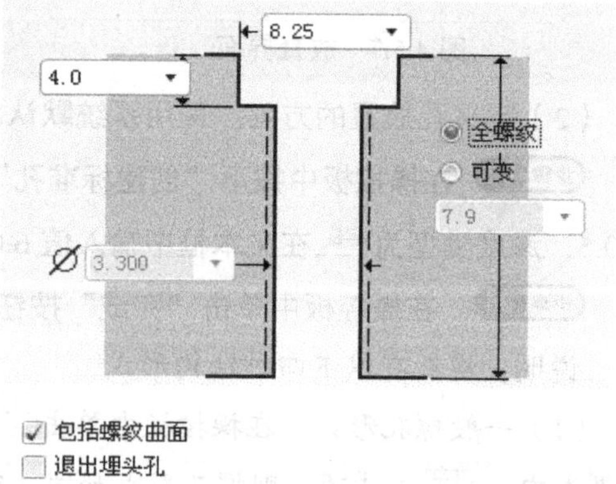

图 4.5.14　沉头螺钉螺孔（全螺纹）

（4）螺钉过孔形式分为三种。

◆ 在操控板中取消选择、和，选择"间隙孔"，再单击形状，则螺孔形式如图 4.5.15 所示。

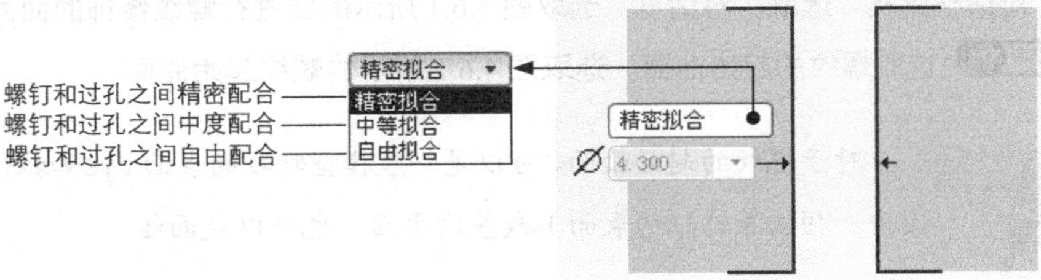

图 4.5.15　螺钉过孔

◆ 在操控板中单击 ，再单击 形状 ，则螺孔形式如图 4.5.16 所示。

◆ 在操控板中单击 ，再单击 形状 ，则螺孔形式如图 4.5.17 所示。

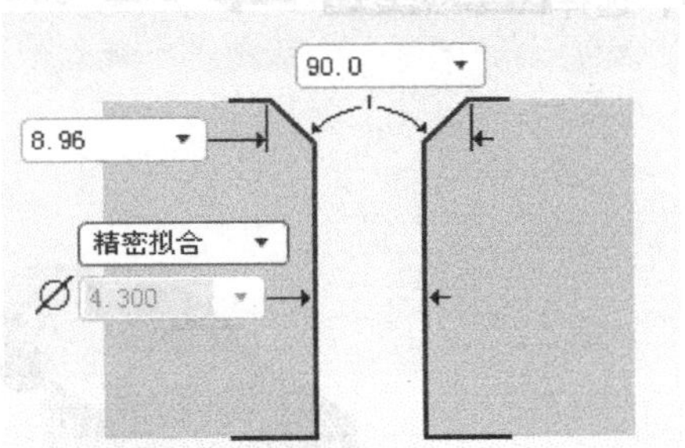

图 4.5.16　埋头螺钉过孔

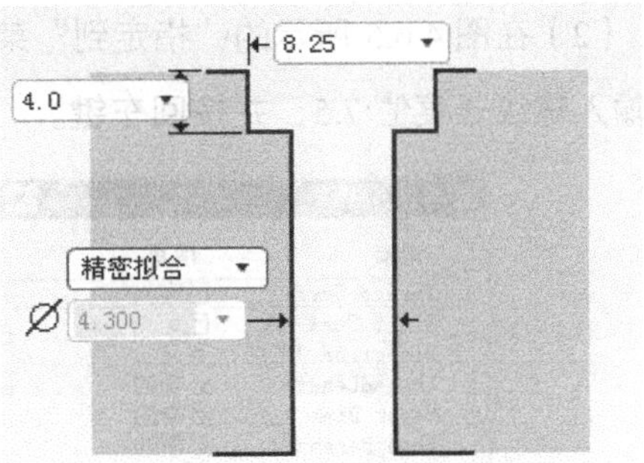

图 4.5.17　沉头螺钉过孔

4.6　螺纹

螺纹是表示螺纹直径的修饰特征。与其他修饰特征不同，不能修改修饰螺纹的线型，并且螺纹也不会受到“环境”菜单中隐藏线显示设置的影响。螺纹以默认极限公差设置来创建。

修饰螺纹可以是外螺纹或内螺纹，也可以是不通的或贯通的。可通过指定螺纹小径或螺纹大径（分别对于外螺纹和内螺纹）、起始曲面和螺纹长度或终止边，来创建修饰螺纹。

这里以前面创建的 thread.prt 零件模型为例，说明如何在模型的圆柱面上创建图 4.6.1 所示的（外）螺纹修饰。

步骤 01　先将工作目录设置至 D:\proedq5\work\ch04.06，然后打开文件 screw-thread.prt.2。

步骤 02　选择下拉菜单 插入(I) ➡ 修饰(E) ▸ ➡ 螺纹(T)... 命令（图 4.6.2）。

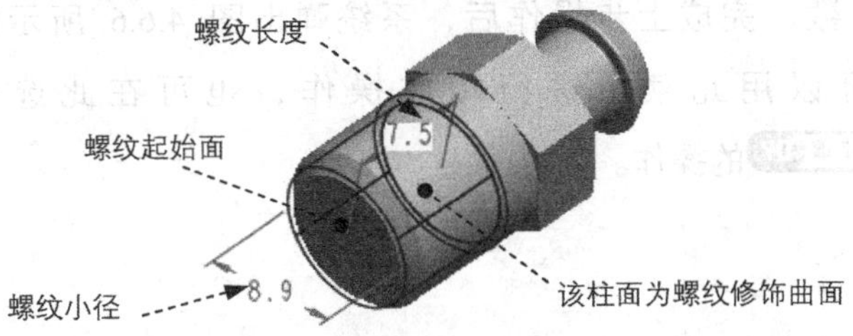

图 4.6.1　创建螺纹修饰特征

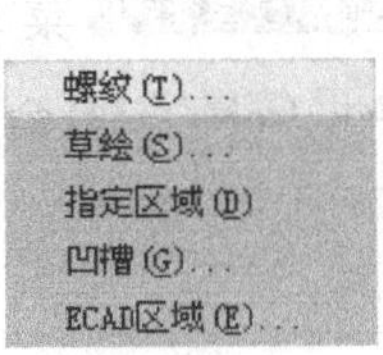

图 4.6.2　“修饰”子菜单

步骤 03 选取要进行螺纹修饰的曲面。完成上步操作后，系统弹出图 4.6.3 所示的“修饰：螺纹”对话框以及“选取”对话框。选取图 4.6.1 所示的要进行螺纹修饰的曲面。

步骤 04 选取螺纹的起始曲面。选取图 4.6.1 所示的螺纹起始曲面。

注意 对于螺纹的起始曲面，可以是一般模型特征的表面（比如拉伸、旋转、倒角、圆角和扫描等特征的表面）或基准平面，也可以是面组。

步骤 05 定义螺纹的长度方向和长度以及螺纹小径。完成上步操作后，模型上显示图 4.6.4 所示的螺纹深度方向箭头和 ▼ DIRECTION（方向）菜单。

（1）在 ▼ DIRECTION（方向）菜单中选择 Okay（确定）命令。

（2）在图 4.6.5 所示的“指定到”菜单中，选择 Blind（盲孔） ⟶ Done（完成）命令，然后输入螺纹长度值 7.5，并按回车键。

图 4.6.3 “修饰：螺纹”对话框

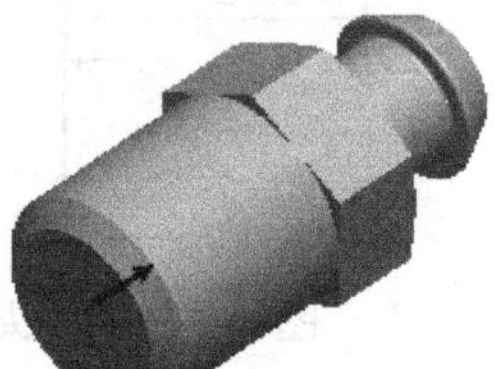

图 4.6.4 螺纹深度方向

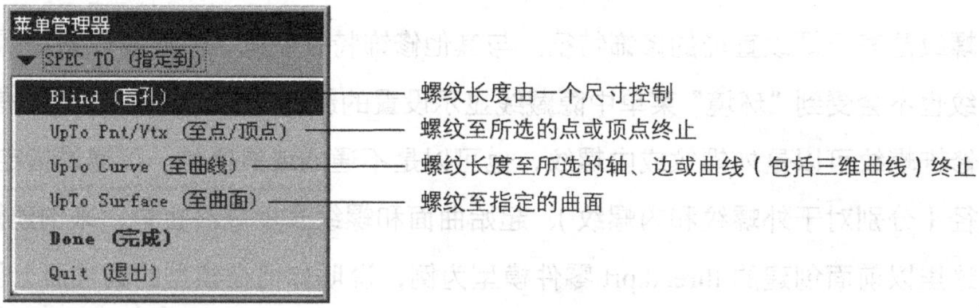

图 4.6.5 “指定到”菜单

（3）在系统的提示下输入螺纹小径值 8.9，并按回车键。

步骤 06 检索、修改螺纹注释参数。完成上步操作后，系统弹出图 4.6.6 所示的 ▼ FEAT PARAM（特征参数）菜单，用户可以用此菜单进行相应操作，也可在此选择 Done/Return（完成/返回）命令直接转到步骤 07 的操作。

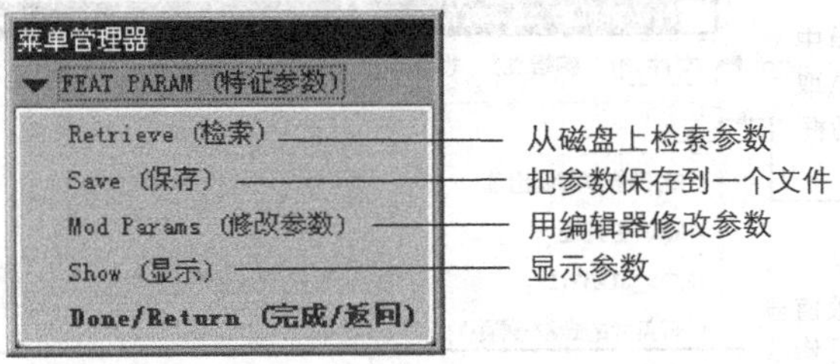

图 4.6.6 “特征参数”菜单

对图 4.6.6 所示的“特征参数”菜单中各命令的说明如下。

- Retrieve（检索）：用户可从硬盘（磁盘）上打开一个包含螺纹注释参数的文件，并把它们应用到当前的螺纹中。
- Save（保存）：保存螺纹注释参数，以便以后可以“检索”而再利用。
- Mod Params（修改参数）：如果不满意“检索”出来的螺纹参数，可进行修改。选取此命令，系统弹出图 4.6.7 所示的对话框。通过该对话框可以对螺纹的各参数（表 4.6.1）进行修改，修改方法见图中的说明。
- Show（显示）：显示螺纹参数。

表 4.6.1 螺纹参数列表

参 数 名 称	参 数 值	参 数 描 述
MAJOR_DIAMETER	数字	螺纹的公称直径
THREADS_PER_INCH	数字	每英寸的螺纹数（1/螺距）
THREAD FORM	字符串	螺纹形式
CLASS	数字	螺纹等级
PLACEMENT	字符	螺纹放置（A—轴螺纹，B—孔螺纹）
METRIC	TRUE/FALSE	螺纹为米制

表 4.6.1 中列出了螺纹的所有参数的信息，用户可根据需要编辑这些参数。注意：系统会两次提示有关直径的信息，这一重复操作的好处是，用户可将米制螺纹放置到以英制为单位的零件上，反之亦然。

步骤 07 单击“修饰：螺纹”对话框中的 预览 按钮，预览所创建的螺纹修饰特征（将模型显示切换到线框状态，可看到螺纹示意线），如果定义的螺纹修饰特征符合设计意图，可单击对话框中的 确定 按钮。

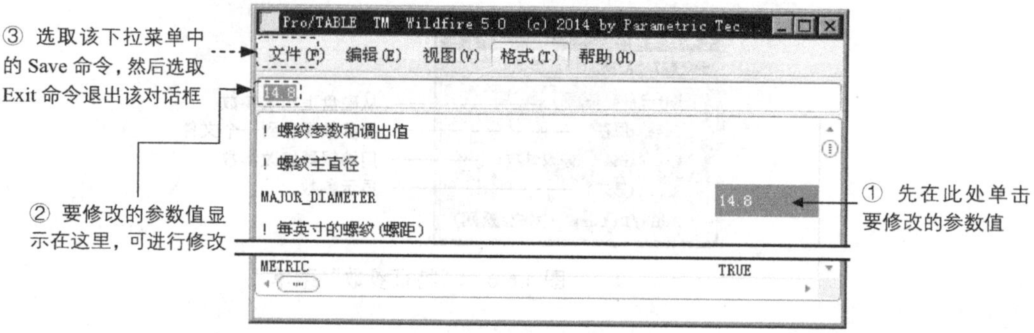

图 4.6.7 “螺纹参数编辑器”对话框

4.7 三角形加强筋

加强筋（肋）是设计用来加固零件的，特征的创建过程与拉伸特征基本相似，不同的是加强筋（肋）特征的截面草图是不封闭的。

Pro/ENGINEER 5.0 提供了两种加强筋（肋）特征的创建方法，分别是轨迹筋和轮廓筋。这里仅以图 4.7.1 所示的轮廓筋特征为例，说明加强筋特征创建的一般过程：

步骤 01 将工作目录设置至 D:\proedq5\work\ch04.07，打开文件 triangle.prt。

步骤 02 选择下拉菜单 插入(I) → 筋(I) ▸ → 轮廓筋(P)... 命令（或者单击“筋”按钮 → ），系统弹出图 4.7.2 所示的操控板。

步骤 03 定义草绘截面放置属性。

（1）在图 4.7.2 所示的操控板的 参照 界面中单击 定义... 按钮，选取基准平面 TOP 为草绘平面。

（2）选取 FRONT 基准平面为参照面，方向为 右。

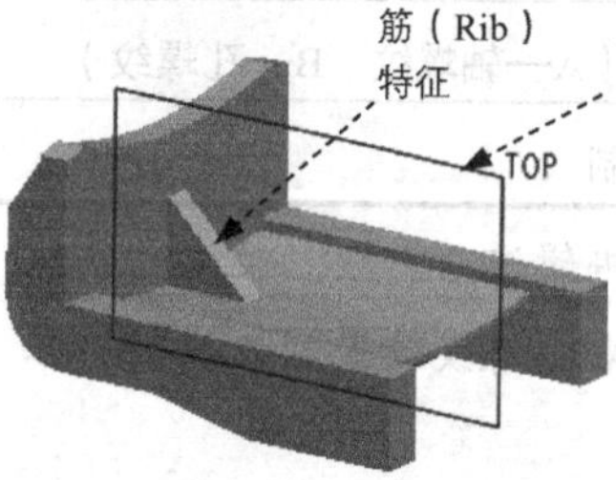

图 4.7.1 筋特征

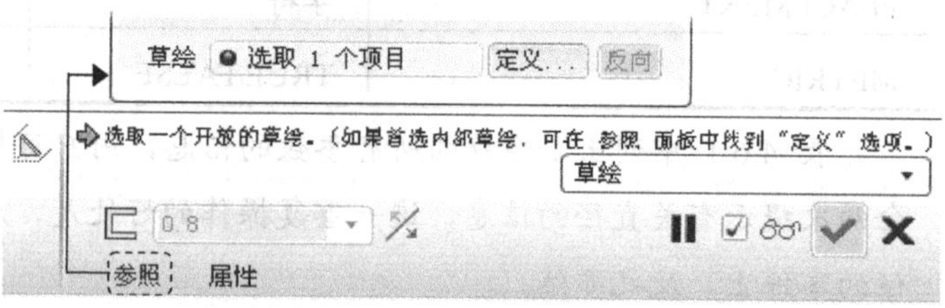

图 4.7.2 轮廓筋特征操控板

步骤 04 定义草绘参照。单击 草绘 按钮，系统弹出“参照”对话框，选取图 4.7.3 所示的两条边线为草绘参照，单击 关闭(C) 按钮。

步骤 05 绘制图 4.7.3 所示的筋特征截面图形。完成绘制后，单击“草绘完成”按钮✔。

步骤 06 定义加材料的方向。在模型中单击“方向”箭头，直至箭头的方向如图 4.7.4 所示。

步骤 07 定义筋的厚度值 6.0。

步骤 08 在操控板中单击“完成”按钮✔，完成筋特征的创建。

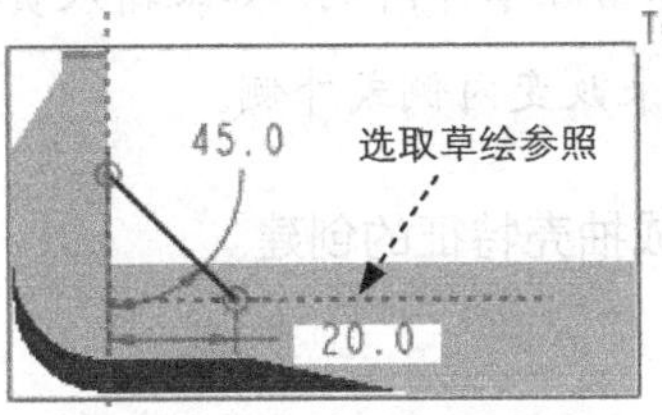

图 4.7.3 截面图形

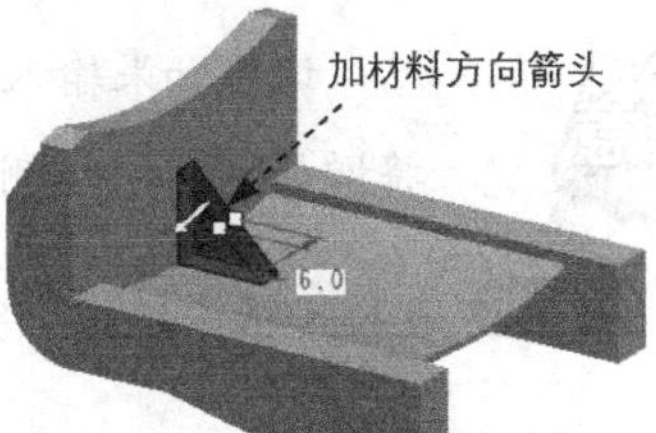

图 4.7.4 定义加材料的方向

4.8 抽壳

“(抽)壳”特征是将实体的一个或几个表面去除，然后掏空实体的内部，留下一定壁厚的壳。

下面以图 4.8.1 所示的模型为例，说明抽壳操作的一般过程。

步骤 01 将工作目录设置至 D:\proedq5\work\ch04.08，打开文件 box01.prt。

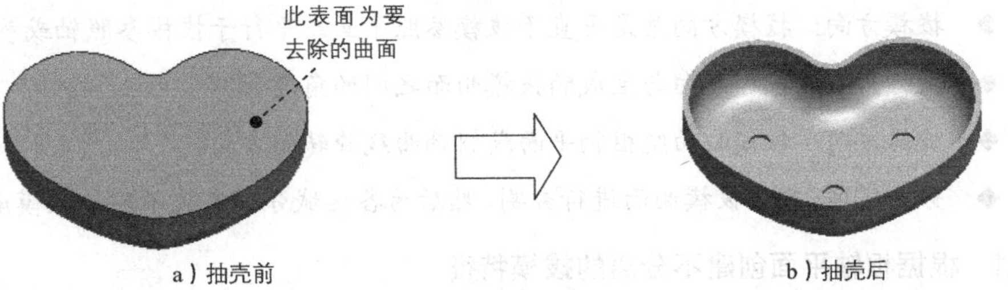

图 4.8.1 抽壳特征

步骤 02 选择下拉菜单 插入(I) → 壳(L)... 命令。

步骤 03 选取抽壳时要去除的实体表面。此时，系统弹出图 4.8.2 所示的“壳”特征操控板，并且在信息区提示 ◆选取要从零件删除的曲面。，选取图 4.8.1a 中的要去除的曲面。

注意：这里可按住 Ctrl 键，再选取其他曲面来添加实体上要去除的表面。

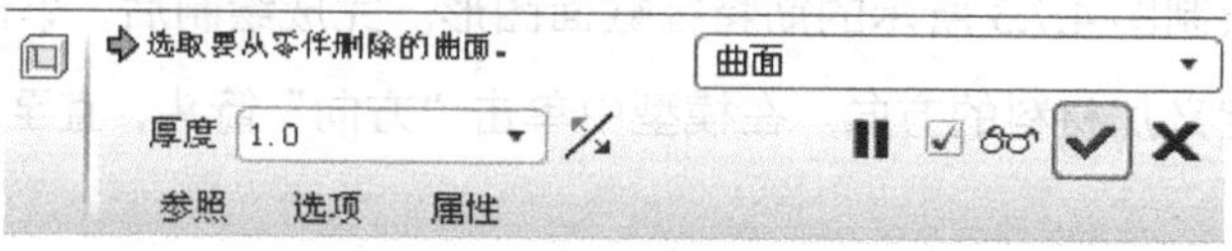

图 4.8.2 “壳”特征操控板

步骤 04 定义壁厚。在操控板的“厚度”文本框中，输入抽壳的壁厚值 2.0。

注意：这里如果输入正值，则壳的厚度保留在零件内侧；如果输入负值，壳的厚度将增加到零件外侧。也可单击按钮来改变内侧或外侧。

步骤 05 在操控板中单击“完成”按钮，完成抽壳特征的创建。

4.9 拔模

注射件和铸件往往需要一个拔摸斜面才能顺利脱模，Pro/ENGINEER 的拔摸（斜度）特征就是用来创建模型的拔摸斜面。下面先介绍有关拔模的几个关键术语。

- 拔模曲面：要进行拔模的模型曲面。
- 拔模枢轴：拔模曲面可绕着拔模枢轴与拔模曲面的交线旋转而形成拔模斜面。
- 枢轴曲线：拔模曲面可绕着一条曲线旋转而形成拔模斜面。这条曲线就是枢轴曲线，它必须在要拔模的曲面上。
- 拔模参照：用于确定拔模方向的平面、轴和模型的边。
- 拔模方向：拔模方向总是垂直于拔模参照平面或平行于拔模参照轴或参照边。
- 拔模角度：拔模方向与生成的拔模曲面之间的角度。
- 旋转方向：拔模曲面绕枢轴平面或枢轴曲线旋转的方向。
- 分割区域：可对拔模曲面进行分割，然后为各区域分别定义不同的拔模角度和方向。

1. 根据枢轴平面创建不分离的拔模特征

下面讲述如何根据枢轴平面创建一个不分离的拔模特征。

步骤 01 将工作目录设置至 D:\proedq5\work\ch04.09，打开文件 withdrawing-pattern01.prt。

步骤 02 选择下拉菜单 插入(I) ➡ 斜度(F)... 命令，此时出现图 4.9.1 所示的“拔模”操控板。

图 4.9.1 “拔模”操控板

步骤 03 选取要拔模的曲面。在图 4.9.1 所示的操控板中单击 参照 按钮，在弹出的列表中单击 拔模曲面 区域的 ● 选取项目 字符，然后按 Ctrl 键，依次选取图 4.9.2 所示的拔模面。

步骤 04 选取拔模枢轴平面。

在 参照 的下拉列表中单击 拔模枢轴 区域的 ● 单击此处添加项目 字符，然后选取图 4.9.3 所示的模型表面。完成此步操作后，模型如图 4.9.3 所示。

说明

拔模枢轴既可以是一个平面，也可以是一条曲线。当选取一个平面作为拔模枢轴时，该平面称为枢轴平面；当选取一条曲线作为拔模枢轴时，该曲线称为枢轴曲线。

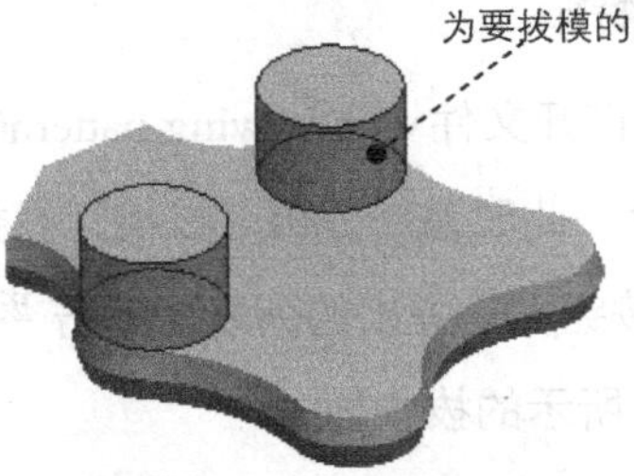

图 4.9.2 选取要拔模的曲面

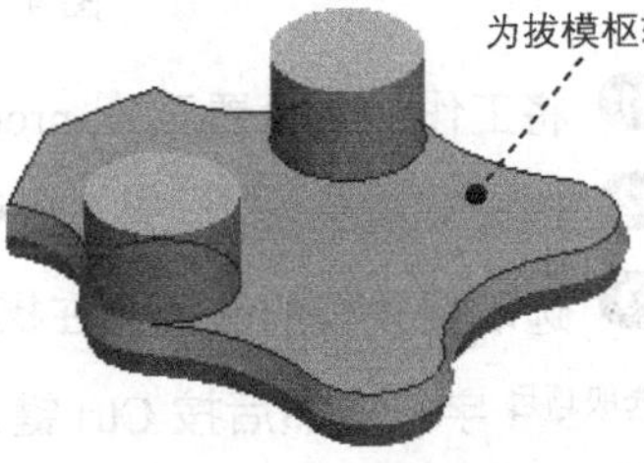

图 4.9.3 选取拔模枢轴平面

步骤 05 选取拔模方向参照及改变拔模方向。一般情况下不进行此步操作，因为在用户选取拔模枢轴平面后，系统通常默认以枢轴平面为拔模参照平面（图 4.9.4）。

步骤 06 定义拔模角度及方向。在操控板的 文本框中输入值 15，并单击 按钮调整拔模角的方向，如图 4.9.5 所示。

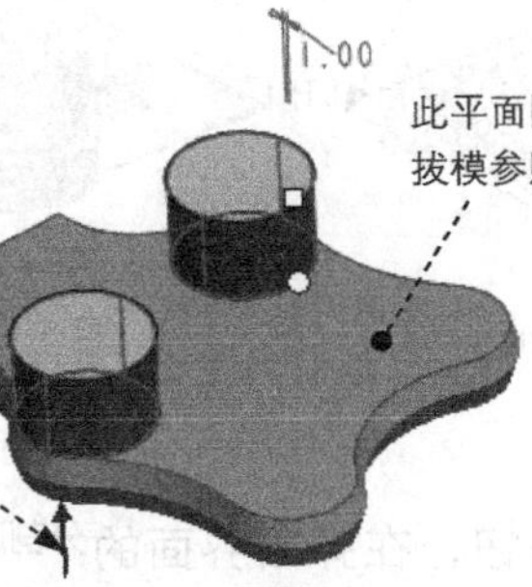

图 4.9.4 拔模参照平面

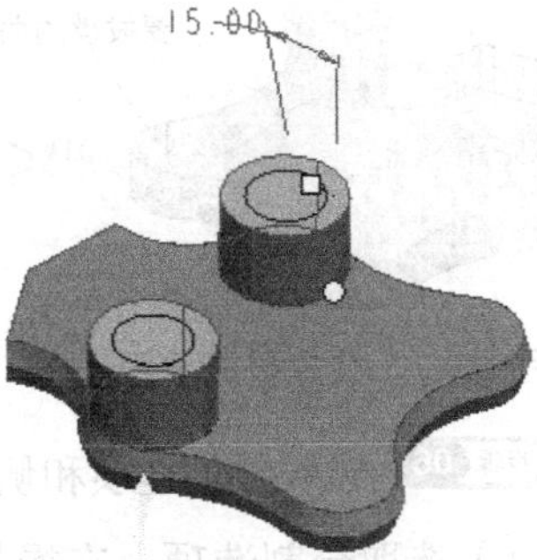

图 4.9.5 拔模角方向

步骤 07 在操控板中单击按钮 ✓，完成拔模特征的创建。

2. 根据枢轴平面创建分离的拔模特征

图 4. 9.6a 所示为拔模前的模型，图 4.9.6b 所示为拔模后的模型。由该图可看出，拔模面被枢轴平面分离成两个拔模侧面（拔模 1 和拔模 2），这两个拔模侧面可以有独立的拔模角度和方向。下面以此模型为例，介绍如何根据枢轴平面创建一个分离的拔模特征。

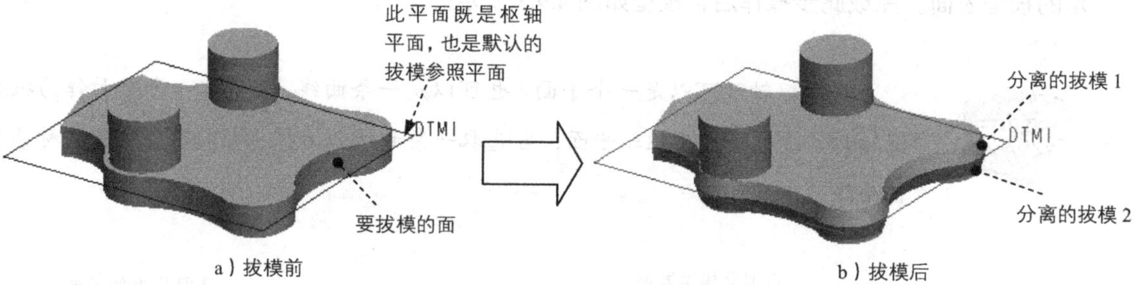

图 4.9.6　创建分离的拔模特征

步骤 01 将工作目录设置至 D:\proedq5\work\ch04.09，打开文件 withdrawing-pattern02.prt。

步骤 02 选择下拉菜单 插入(I) ➡ 斜度(F)... 命令，此时系统弹出“拔模”操控板。

步骤 03 选取要拔模的曲面。在操控板中单击 参照 按钮，在弹出的列表中单击 拔模曲面 区域的 ● 选取项目 字符，然后按 Ctrl 键，依次选取图 4.9.7 所示的拔模面。

步骤 04 选取拔模枢轴平面。在 参照 的下拉列表中，单击 拔模枢轴 区域的 ● 单击此处添加项目 字符，然后选取图 4.9.8 所示的 DTM1 基准平面。

步骤 05 采用默认的拔模方向参照（枢轴平面），如图 4.9.9 所示。

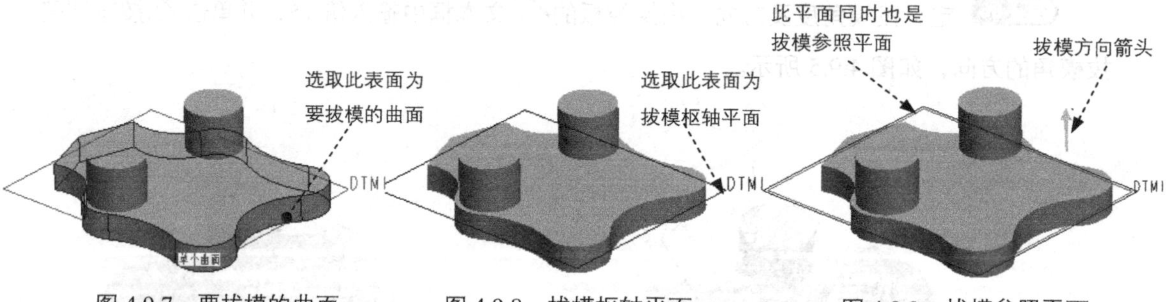

图 4.9.7　要拔模的曲面　　图 4.9.8　拔模枢轴平面　　图 4.9.9　拔模参照平面

步骤 06 选取分割选项和侧选项。

（1）选取分割选项：在操控板中单击 分割 按钮，在弹出界面的 分割选项 列表框中选取 根据拔模枢轴分割 方式。

（2）选取侧选项：在该界面的 侧选项 列表框中选取 独立拔模侧面，如图 4.9.10 所示。

步骤 07 在操控板中“角度 1” 文本框中输入值 20，并单击 按钮定义拔模方向和拔模角方向，在“角度 2”文本框中输入值 15。

步骤 08 单击操控板中的按钮，完成拔模特征的创建。

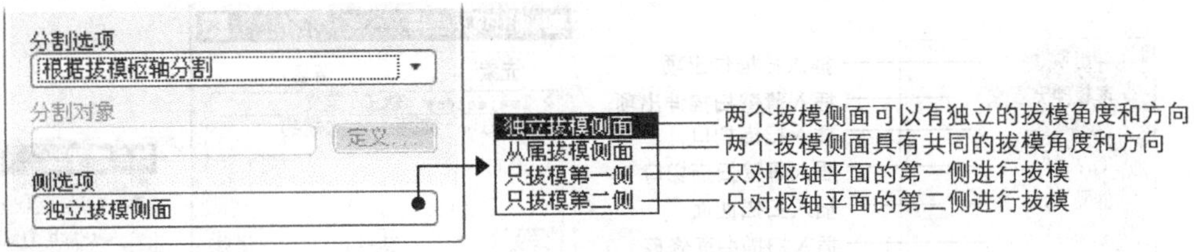

图 4.9.10 “分割”界面

4.10 扫描

扫描特征是将一个截面沿着给定的轨迹“掠过”而生成的，所以也叫“扫掠”特征，如图 4.10.1 所示。要创建或重新定义一个扫描特征，必须给定两大特征要素，即扫描轨迹和扫描截面。同时创建扫描轨迹时应注意下面几点，否则扫描可能失败：对于“切口”（切削材料）类的扫描特征，其扫描轨迹不能自身相交；相对于扫描截面的大小，扫描轨迹中的弧或样条半径不能太小，否则扫描特征在经过该弧时会由于自身相交而出现特征生成失败。

下面以图 4.10.1 为例，说明创建扫描特征的一般过程。

步骤 01 新建一个零件模型，将其命名为 scanning.prt。

步骤 02 选择下拉菜单 插入(I) → 扫描(S) ▸ → 伸出项(P)... 命令（图 4.10.2）。此时系统弹出图 4.10.3 所示的特征创建信息对话框，同时还弹出图 4.10.4 所示的 SWEEP TRAJ（扫描轨迹）菜单。

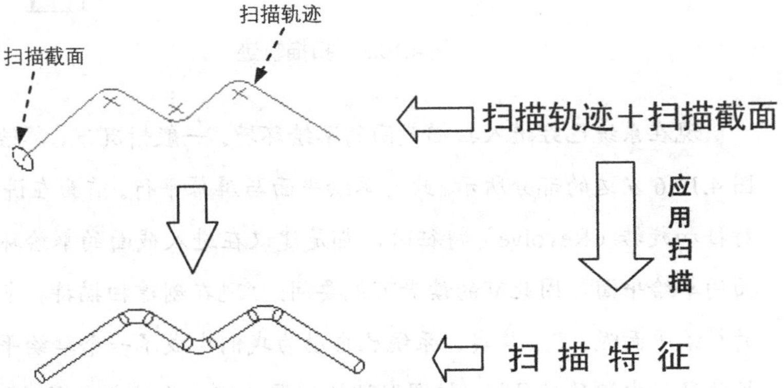

图 4.10.1 扫描特征

步骤 03 定义扫描轨迹。

图 4.10.4 所示 SWEEP TRAJ（扫描轨迹）菜单中各命令的说明如下。

- Sketch Traj（草绘轨迹）：在草绘环境中草绘扫描轨迹。
- Select Traj（选取轨迹）：选取现有曲线或边作为扫描轨迹。

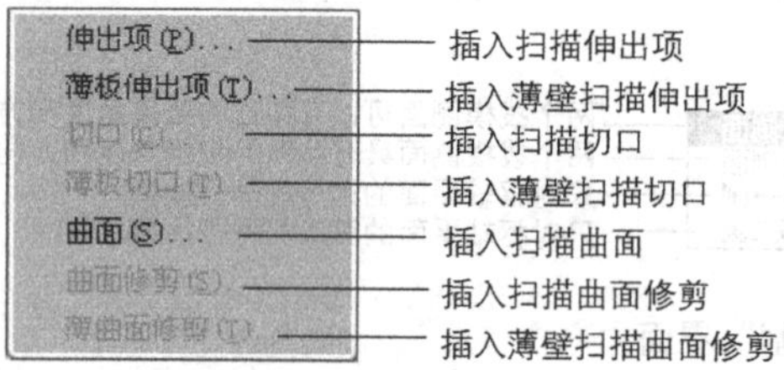

图 4.10.2 “扫描”子菜单

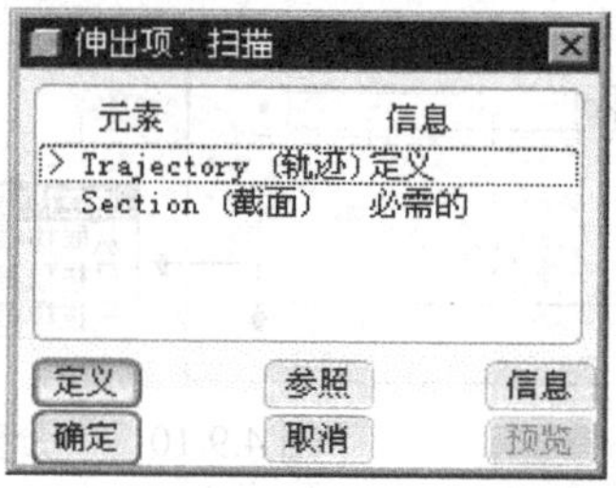

图 4.10.3 信息对话框

图 4.10.4 菜单管理器

（1）选择 SWEEP TRAJ（扫描轨迹）菜单中的 Sketch Traj（草绘轨迹）命令。

（2）定义扫描轨迹的草绘平面及其参照面：选择 Plane（平面）命令，选取 TOP 基准平面作为草绘面；选择 Okay（确定）→ Right（右）→ Plane（平面）命令，选取 RIGHT 基准平面作为参照面。系统进入草绘环境。

（3）定义扫描轨迹的参照：接受系统给出的默认参照 RIGHT 和 FRONT。

（4）绘制并标注扫描轨迹，如图 4.10.5 所示。

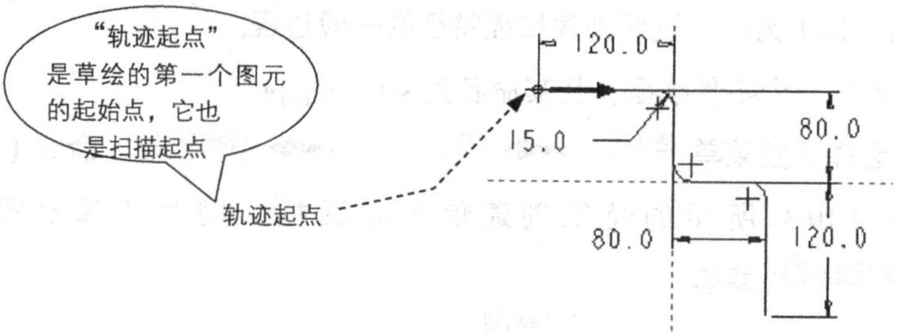

图 4.10.5 扫描轨迹

说明

现在系统已经进入扫描截面的草绘环境。一般情况下，草绘区显示的情况如图 4.10.6 左边的部分所示。此时草绘平面与屏幕平行。前面在讲述拉伸（Extrude）特征和旋转（Revolve）特征时，都是建议在进入截面的草绘环境之前要定义截面的草绘平面，因此有的读者可能要问：“现在创建扫描特征怎么没有定义截面的草绘平面呢？”。其实，系统已自动为我们生成了一个草绘平面。现在请读者按住鼠标中键移动鼠标，把图形调整到图 4.10.6 右边部分所示的方位，此时草绘平面与屏幕不平行。请仔细阅读图 4.10.6 中的注释，便可明白系统是如何生成草绘平面的。如果想返回到草绘平面与屏幕平行的状态，请单击工具栏中的按钮 。

（5）完成轨迹的绘制和标注后，单击“草绘完成”按钮✓。完成以上操作后，系统自动进入扫描截面的草绘环境。

步骤 04 创建扫描特征的截面。

（1）定义截面的参照：此时系统自动以 L1 和 L2 为参照，使截面完全放置。

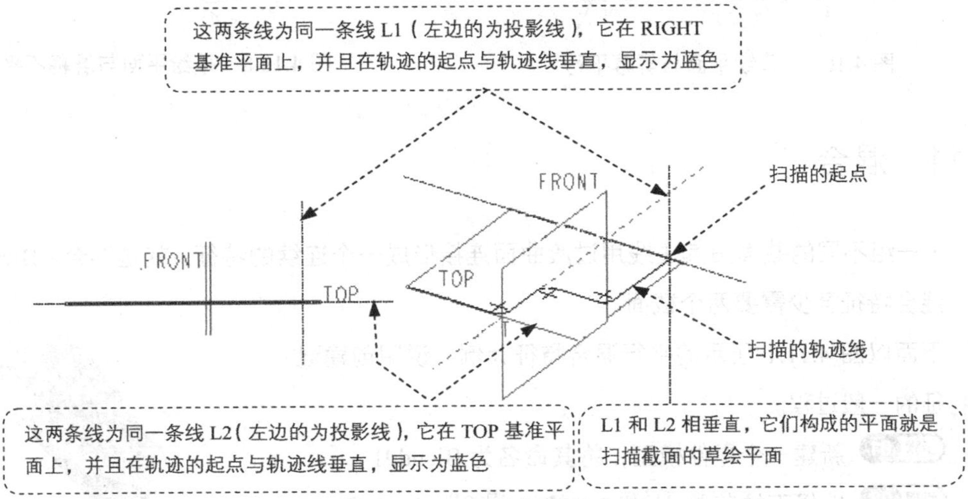

图 4.10.6 查看不同的方位

注意

L1 和 L2 虽然不在对话框中的“参照”列表区显示，但它们实际上是截面的参照。

（2）绘制并标注扫描截面的草图。

（3）完成截面的绘制和标注后，单击“草绘完成”按钮✓。

步骤 05 预览所创建的扫描特征。单击图 4.10.3 所示的信息对话框下部的 预览 按钮。

步骤 06 完成扫描特征的创建。单击图 4.10.3 中特征信息对话框下部的 确定 按钮，完成扫描特征的创建。

说明

在草绘平面与屏幕平行和不平行这两种视角状态下，都可创建截面草图，它们各有利弊。在图 4.10.7 所示的草绘平面与屏幕平行的状态下创建草图，符合用户在平面上进行绘图的习惯；在图 4.10.8 所示的草绘平面与屏幕不平行的状态下创建草图，一些用户虽不习惯，但可清楚地看到截面草图与轨迹间的相对位置关系。建议读者在创建扫描特征（也包括其他特征）的二维截面草图时，交替使用这两种视角显示状态，在非平行状态下进行草图的定位；在平行的状态下进行草图形状的绘制和大部分标注。但在绘制三维草图时，草图的定位、形状的绘制和相当一部分标注需在非平行状态下进行。

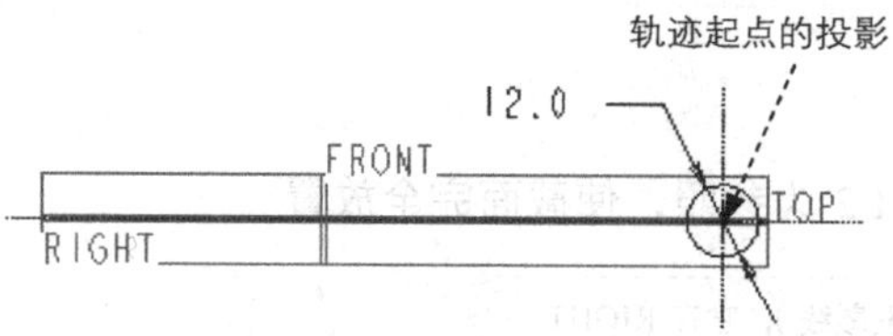

图 4.10.7 草绘平面与屏幕平行

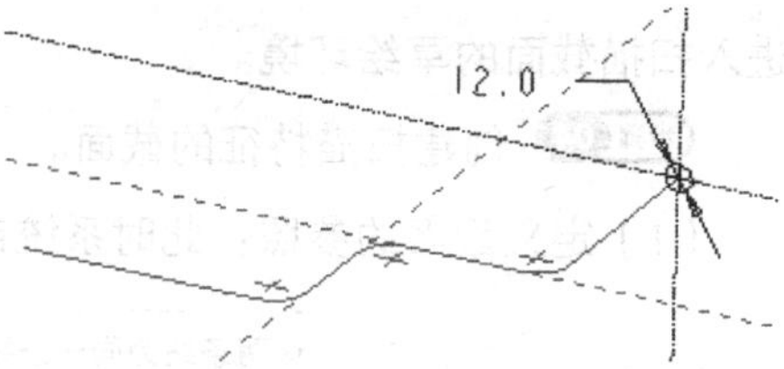

图 4.10.8 草绘平面与屏幕不平行

4.11 混合

将一组不同的截面沿其边线用过渡曲面连接形成一个连续的特征，就是混合（Blend）特征。混合特征至少需要两个截面。

下面以图 4.11.1 所示的平行混合特征为例，说明创建混合特征的一般过程。

图 4.11.1 平行混合特征

步骤 01 新建一个零件模型，将其命名为 Blend01。

步骤 02 选择下拉菜单 插入(I) ➡ 混合(B) ▸ ➡ 伸出项(P)... 命令。

说明　完成此步操作后，系统弹出图 4.11.2 所示的 ▼ BLEND OPTS（混合选项） 菜单，该菜单分为 A、B、C 三个部分，对各部分的基本功能介绍如下。

◆ A 部分

A 部分的作用是用于确定混合类型。

- Parallel（平行）：所有混合截面在相互平行的多个平行平面上。
- Rotational（旋转的）：混合截面绕 Y 轴旋转，最大角度可达 120°。每个截面都单独草绘并用截面坐标系对齐。
- General（一般）：一般混合截面可以绕 X 轴、Y 轴和 Z 轴旋转，也可以沿这三个轴平移。每个截面都单独草绘，并用截面坐标系对齐。

◆ B 部分

B 部分的作用是用于定义混合特征截面的类型。

- Regular Sec（规则截面）：特征截面使用截面草图。
- Project Sec（投影截面）：特征截面使用截面草图在选定曲面上的投影。该命令只用于平行混合。

◆ C 部分

C 部分的作用是用于定义截面的来源。

● Select Sec (选取截面)：选择截面图元。该命令对平行混合无效。

● Sketch Sec (草绘截面)：草绘截面图元。

步骤 03 定义混合类型、截面类型。选择 A 部分中的 Parallel (平行) 命令、B 部分中的 Regular Sec (规则截面) 命令、C 部分中的 Sketch Sec (草绘截面) 命令，然后选择 Done (完成) 命令。

说明

完成此步操作后，系统弹出图 4.11.3 所示的特征信息对话框，还弹出图 4.11.4 所示的 ▼ATTRIBUTES (属性) 菜单。该菜单下面有如下两个命令。

◆ Straight (直)：用直线段连接各截面的顶点，截面的边用平面连接。

◆ Smooth (光滑)：用光滑曲线连接各截面的顶点，截面的边用样条曲面光滑连接。

步骤 04 定义混合属性。选择 ▼ATTRIBUTES (属性) 菜单中的 Smooth (光滑) → Done (完成) 命令。

步骤 05 创建混合特征的第一个截面。

（1）定义混合截面的草绘平面及其垂直参照面：选择 Plane (平面) 命令，选择 TOP 基准平面作为草绘平面；选择 Okay (确定) → Right (右) 命令，选择 RIGHT 基准平面作为参照平面。

（2）定义草绘截面的参照：进入草绘环境后，接受系统给出的默认参照 FRONT 和 RIGHT。

（3）绘制并标注草绘截面，如图 4.11.5 所示。

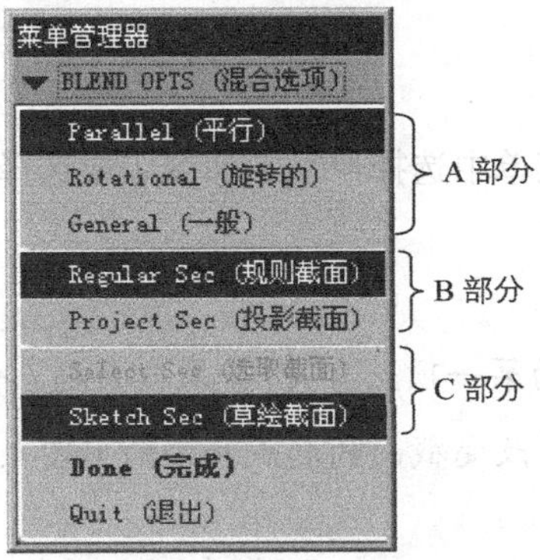

图 4.11.2 “混合选项”菜单

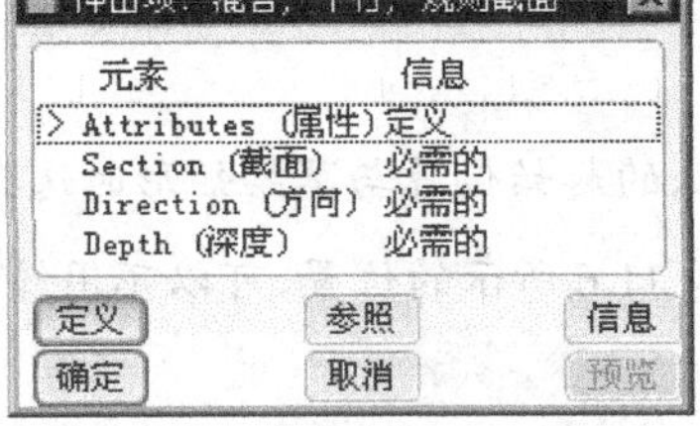

图 4.11.3 特征信息对话框

图 4.11.4 “属性”菜单

注意

先绘制一个圆，右击将其转换为 构建 ，然后绘制多边形，进行相等约束，修改、调整尺寸。

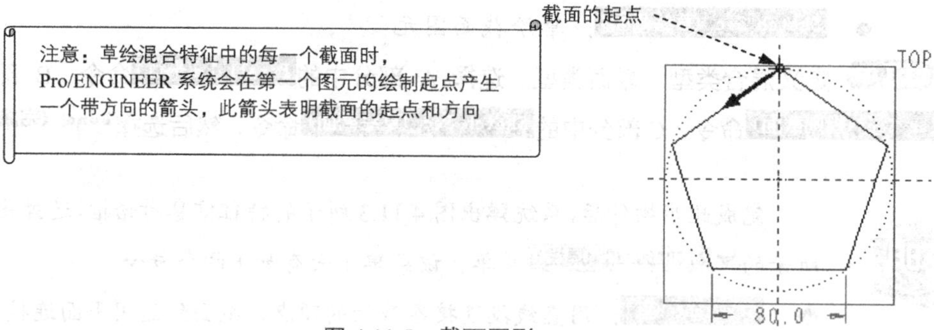

图 4.11.5　截面图形

步骤 06 创建混合特征的第二个截面。

（1）在绘图区右击，从弹出的快捷菜单中选择 切换截面(T) 命令（或选择下拉菜单 草绘(S) ➡ 特征工具(U) ▸ ➡ 切换截面(T) 命令）。

（2）绘制并标注草绘截面，如图 4.11.6 所示。

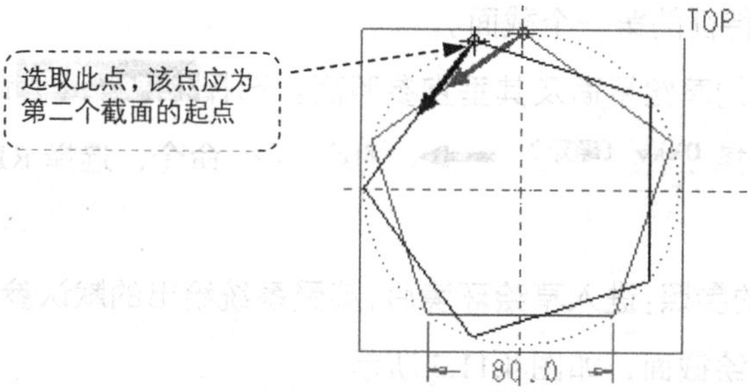

图 4.11.6　定义截面起点

步骤 07 改变第二个截面的起点和起点的方向。

（1）选择图 4.11.6 所示的点，再右击，从弹出的快捷菜单中选择 起点(S) 命令（或选择下拉菜单 草绘(S) ➡ 特征工具(U) ▸ ➡ 起点(S) 命令）。

说明

系统默认的起始位置与草绘矩形时选择的第一顶点有关，如果截面起点位置已经处于图 4.11.6 所示的位置，可以不用修改。改变截面的起点和方向如图 4.11.6 所示。

（2）如果想改变箭头的方向，再右击，从弹出的快捷菜单中选择 起点(S) 命令。

步骤 08 创建混合特征的第三个截面。

（1）在空白处右击，从弹出的快捷菜单中选择 切换截面(T) 命令。

（2）绘制并标注草绘截面，如图 4.11.7 所示。

步骤 09 改变第三个截面的起点和起点的方向。

（1）选择图 4.11.7 所示的点，再右击，从弹出的快捷菜单中选择 起点(S) 命令（或选择下拉菜单 草绘(S) → 特征工具(U) → 起点(S) 命令）。

说明：系统默认的起始位置与草绘矩形时选择的第一顶点有关，如果截面起点位置已经处于图 4.11.7 所示的位置，可以不用修改。

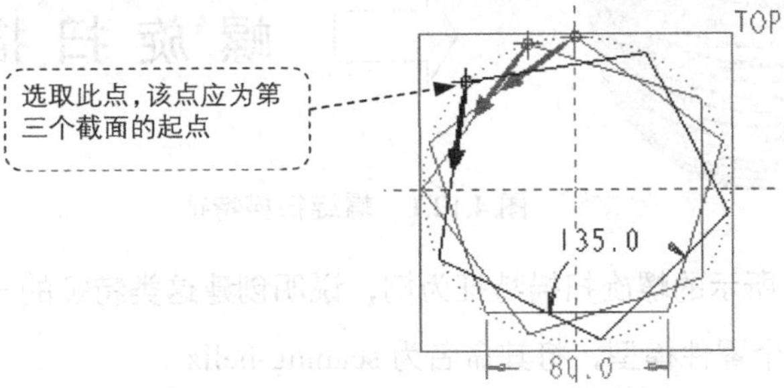

图 4.11.7 定义截面起点

（2）如果想改变箭头的方向，再右击，从弹出的快捷菜单中选择 起点(S) 命令。

步骤 10 完成前面的所有截面后，单击草绘工具栏中的“完成”按钮✓。

步骤 11 输入截面间的距离。

（1）在系统 输入截面2的深度 的提示下，输入第二截面到第一截面的距离值 200.0，并按 Enter 键。

（2）在系统 输入截面3的深度 的提示下，输入第三截面到第二截面的距离值 100.0，并按 Enter 键。

步骤 12 单击混合特征信息对话框中的 预览 按钮，预览所创建的混合特征。

步骤 13 单击特征信息对话框中的 确定 按钮。至此，完成混合特征的创建。

4.12 螺旋扫描

如图 4.12.1 所示，将一个截面沿着螺旋轨迹线进行扫描，可形成螺旋扫描（Helical Sweep）特征。

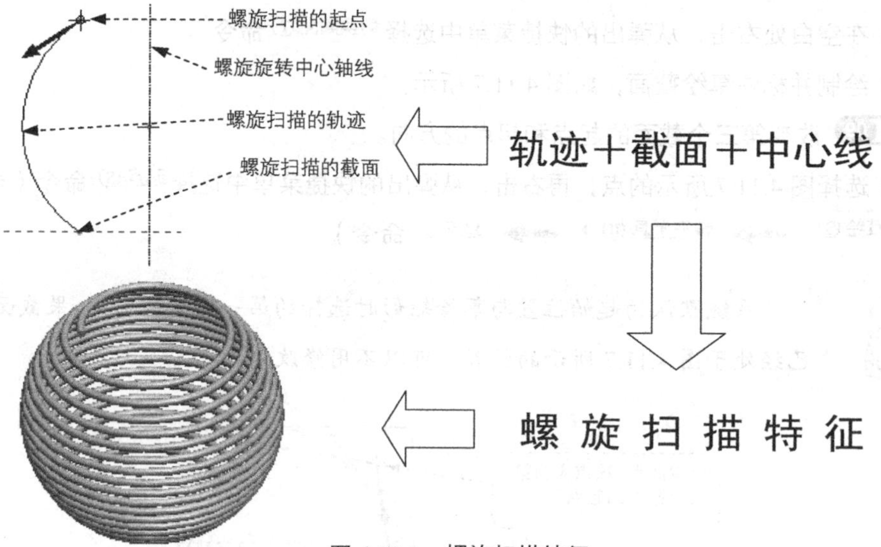

图 4.12.1　螺旋扫描特征

这里以图 4.12.1 所示的螺旋扫描特征为例，说明创建这类特征的一般过程。

步骤 01　新建一个零件模型，将其命名为 scaning-helix。

步骤 02　选择下拉菜单 插入(I) ➡ 螺旋扫描(H) ▸ ➡ 伸出项(P)... 命令。完成此步操作后，系统弹出图 4.12.2 所示的螺旋扫描特征信息对话框和图 4.12.3 所示的 ▼ ATTRIBUTES (属性) 菜单，该菜单分为 A、B、C 三个部分。

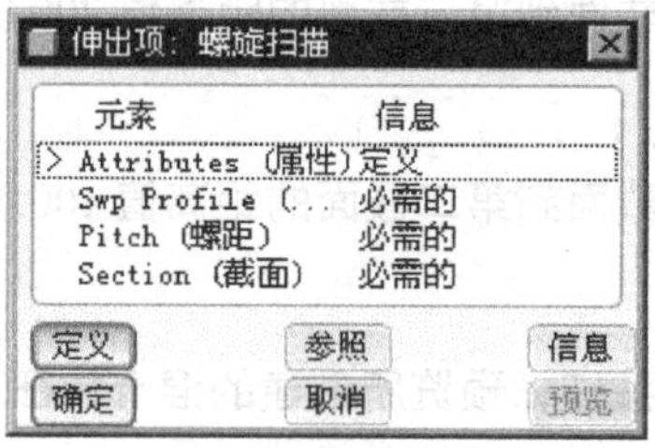

图 4.12.2　螺旋扫描特征信息对话框

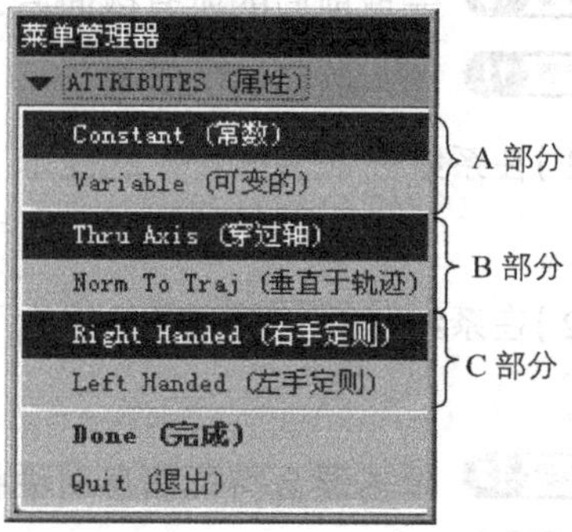

图 4.12.3　“属性”菜单

对图 4.12.3 中的 ▼ ATTRIBUTES (属性) 菜单的说明如下。

◆ A 部分

- Constant (常数)：螺距为常数。
- Variable (可变的)：螺距是可变的，并可由一个图形来定义。

◆ B 部分

- Thru Axis（穿过轴）：截面位于穿过旋转轴的平面内。
- Norm To Traj（垂直于轨迹）：横截面方向垂直于轨迹（或旋转面）。

◆ C 部分

- Right Handed（右手定则）：使用右手定则定义轨迹。
- Left Handed（左手定则）：使用左手定则定义轨迹。

步骤 03 定义螺旋扫描的属性。依次在图 4.12.3 所示的菜单中，选择 A 部分中的 Constant（常数）命令、B 部分中的 Thru Axis（穿过轴）命令、C 部分中的 Right Handed（右手定则）命令，然后选择 Done（完成）命令。

步骤 04 定义螺旋的扫描线。

（1）定义螺旋扫描轨迹的草绘平面及其垂直参照平面：选择 Plane（平面）命令，选取 FRONT 基准平面作为草绘平面；选择 Okay（确定） ➡ Right（右）命令，选取 RIHGT 基准平面作为参照平面。系统进入草绘环境。

（2）定义扫描轨迹的草绘参照：进入草绘环境后，接受系统给出的默认参照 RIGHT 和 TOP 基准平面。

（3）绘制和标注图 4.12.4 所示的轨迹线，然后单击草绘工具栏中的“完成”按钮✓。

步骤 05 定义螺旋节距。在系统提示下输入节距值 12，并按回车键。

步骤 06 创建螺旋扫描特征的截面。进入草绘环境后，绘制和标注图 4.12.5 所示的截面图形，然后单击草绘工具栏中的“完成”按钮✓。

注意　系统自动选取草绘平面并进行定向。在三维场景中绘制截面比较直观。

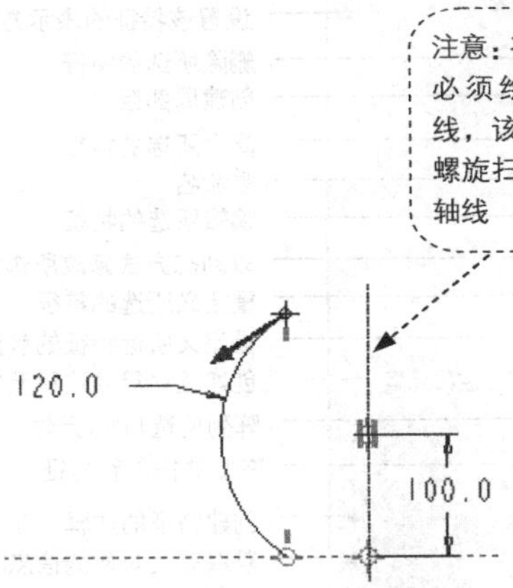

图 4.12.4　螺旋扫描轨迹线

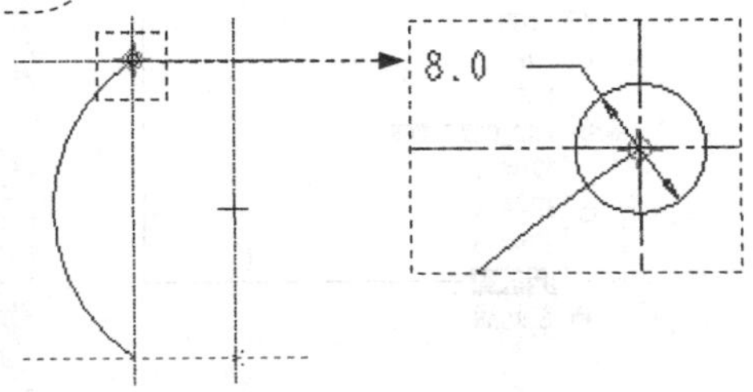

图 4.12.5　截面图形

步骤 07 预览所创建的螺旋扫描特征。单击螺旋扫描特征信息对话框中的 预览 按钮，预览所创建的螺旋扫描特征。

步骤 08 完成螺旋扫描特征的创建。单击特征信息对话框中的 确定 按钮，至此完成螺旋扫描特征的创建。

4.13 特征的编辑

4.13.1 编辑特征

特征尺寸的编辑是指对特征的尺寸和相关修饰元素进行修改，其操作方法有两种，下面分别举例说明。

1. 进入尺寸编辑状态的两种方法

方法一：从模型树中选择编辑命令，然后进行尺寸的编辑。

举例说明如下。

步骤 01 选择下拉菜单 文件(F) ➡ 设置工作目录(W)... 命令，将工作目录设置为 D:\proedq5\work\ch04.13.01。

步骤 02 选择下拉菜单 文件(F) ➡ 打开(O)... 命令，打开文件 connector-side-plate05.prt..prt。

步骤 03 在图 4.13.1 所示的零件模型树中（如果看不到模型树，选择导航区中的 ➡ 模型树(M) 命令），单击要编辑的特征，然后右击，在图 4.13.2 所示的快捷菜单中选择 编辑 命令，此时该特征的所有尺寸都显示出来，以便进行编辑。

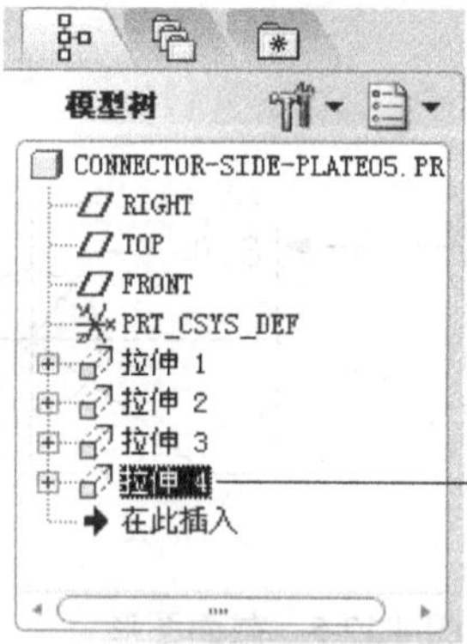

图 4.13.1 模型树

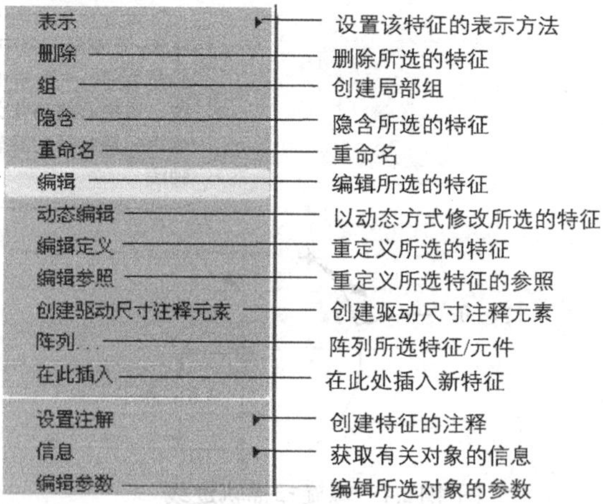

图 4.13.2 快捷菜单

方法二：双击模型中的特征，然后进行尺寸的编辑。

这种方法是直接在图形区的模型上双击要编辑的特征，此时该特征的所有尺寸都会显示出来。对于简单的模型，这是修改尺寸的一种常用方法。

2. 修改特征尺寸值

通过上述方法进入尺寸的编辑状态后，如果要修改特征的某个尺寸值，方法如下。

步骤 01 在模型中双击要修改的某个尺寸。

步骤 02 在弹出的图 4.13.3 所示的文本框中，输入新的尺寸，并按回车键。

步骤 03 编辑特征的尺寸后，必须进行“再生”操作，重新生成模型，这样修改后的尺寸才会重新驱动模型。方法是单击命令按钮 或选择下拉菜单 编辑(E) → 再生(G) 命令。

3. 修改特征尺寸的修饰

进入特征的编辑状态后，如果要修改特征的某个尺寸的修饰，其一般操作过程如下。

步骤 01 在模型中单击要修改其修饰的某个尺寸。

步骤 02 右击，在弹出的图 4.13.4 所示的快捷菜单中选择 属性... 命令，此时系统弹出“尺寸属性”对话框。

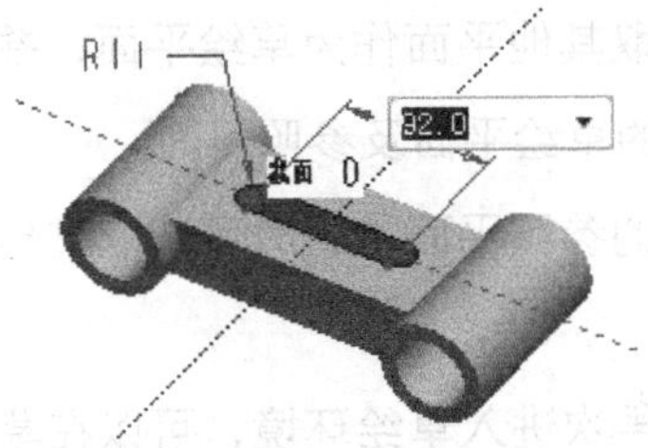

图 4.13.3 修改尺寸

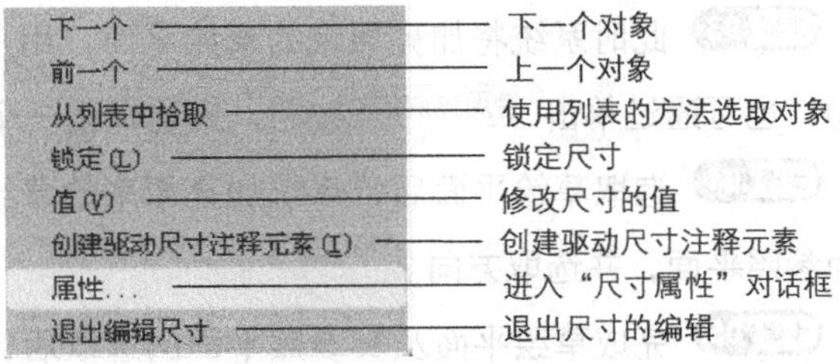

图 4.13.4 快捷菜单

步骤 03 在“尺寸属性”对话框中，可以在 属性 选项卡、显示 选项卡，以及 文本样式 选项卡中进行相应修饰项的设置修改。

4.13.2 特征编辑定义

当特征创建完毕后，如果需要重新定义特征的属性、截面的形状或特征的深度选项，就必须对特征进行“编辑定义”，也叫“重定义”。下面以零件模型（connector-side-plate06.prt）的圆孔拉伸特征为例，说明其操作方法。

在零件（connector-side-plate06.prt）的模型树中，右击实体拉伸特征（特征名为“拉伸 3”），再在弹出的快捷菜单中选择 编辑定义 命令，此时系统弹出图 4.13.5 所示的操控板界面，按照图中所示的操作方法，可重新定义该特征的所有元素。

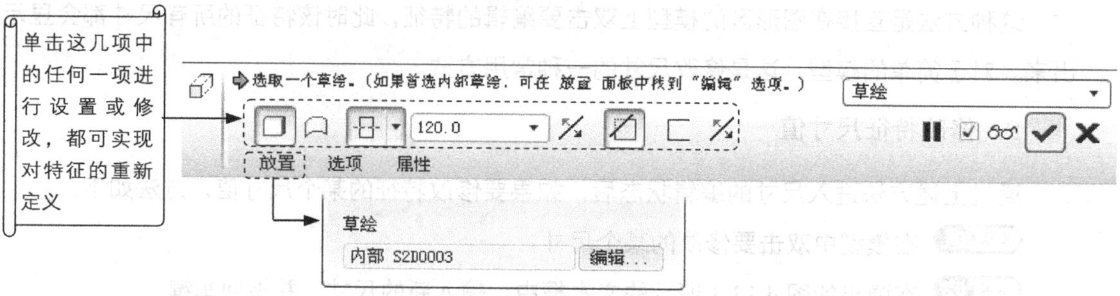

图 4.13.5　特征的操控板

1. 重定义特征的属性

在操控板中重新选定特征的深度类型和深度值及拉伸方向等属性。

2. 重定义特征的截面

步骤 01 在操控板中单击 放置 按钮，然后在弹出的界面中单击 编辑... 按钮（或者在绘图区中右击，从弹出的快捷菜单中选择 编辑内部草绘... 命令，如图 4.13.6）。

步骤 02 此时系统进入草绘环境，选择下拉菜单 草绘(S) ➡ 草绘设置... 命令，系统会弹出"草绘"对话框，对各选项的说明如图 4.13.7 所示。

步骤 03 此时系统将加亮原来的草绘平面，用户可选取其他平面作为草绘平面，并选取方向。也可通过单击 使用先前的 按钮，来选择前一个特征的草绘平面及参照平面。

步骤 04 选取草绘平面后，系统加亮原来的草绘平面的参照平面，此时可选取其他平面作为参照平面，并选取方向。

步骤 05 完成草绘平面及其参照平面的选取后，系统再次进入草绘环境，可以在草绘环境中修改特征草绘截面的尺寸、约束关系和形状等。修改完成后，单击"完成"按钮✔。

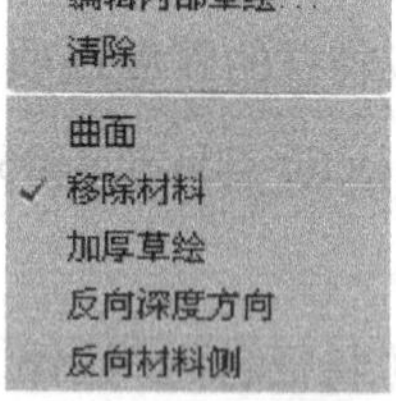

图 4.13.6　快捷菜单

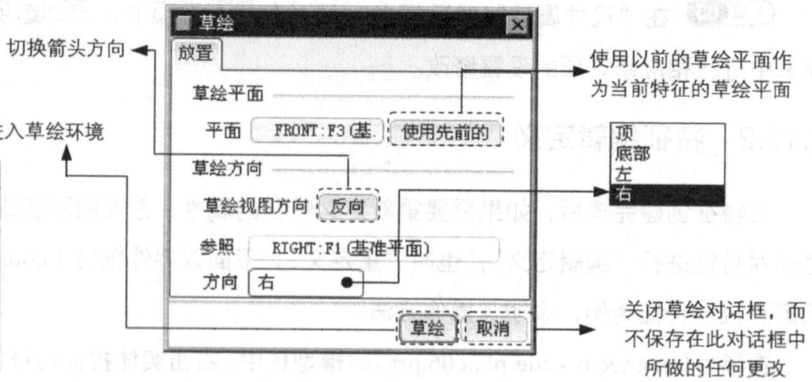

图 4.13.7　"草绘"对话框

4.13.3 解决特征生成失败

在特征创建或重定义时，由于给定的数据不当或参照的丢失，会出现特征生成失败。下面就特征失败的情况进行讲解。

1. 特征生成失败的出现

这里以一个零件模型为例进行说明。如果进行下列“编辑定义”操作（图 4.13.8），将会产生特征生成失败。

步骤 01 将工作目录设置至 D:\proedq5\work\ch04.13.03，打开文件 Resolve-feature.prt。

步骤 02 在打开的零件模型树中，右击倒圆角标识 倒圆角 2，从弹出的快捷菜单中选择 编辑定义 命令。

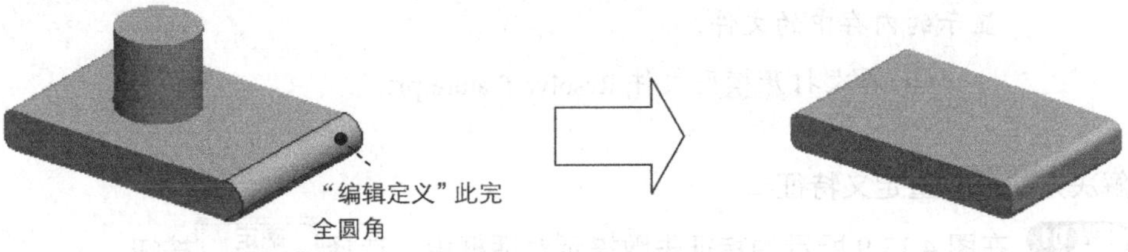

图 4.13.8 “编辑定义”圆角

步骤 03 重新选取圆角选项。在系统弹出的操控板中，单击 集 按钮；在“集”界面中单击 完全倒圆角 按钮；并在半径栏中输入圆角半径值 8，按回车键。

步骤 04 在操控板中，单击“完成”按钮 后，系统弹出图 4.13.9 所示的“特征失败”提示对话框，此时模型树中“拉伸 2”以红色高亮显示出来。

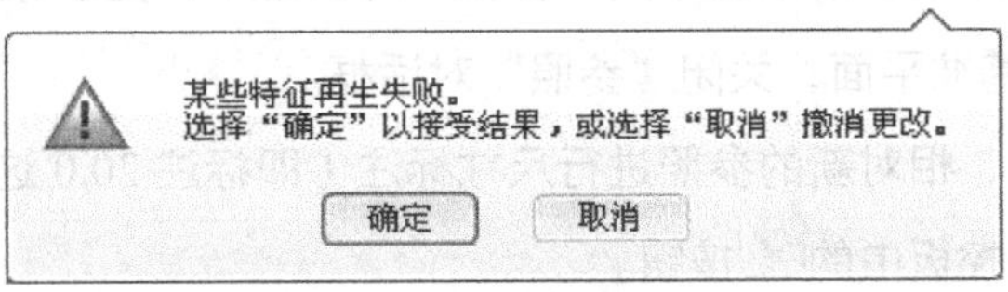

图 4.13.9 特征失败提示

2. 特征生成失败的解决方法

解决方法一：取消

在图 4.13.9 所示的特征失败提示对话框中，选择 取消 按钮。

解决方法二：删除特征

步骤 01 在图 4.13.9 所示的特征失败提示对话框中，选择 确定 按钮。

步骤 02 从模型树中单击 拉伸 2，右击，在弹出的图 4.13.10 所示的快捷菜单中选择删除命令，在弹出的删除对话框中选择 确定 命令，删除后的模型如图 4.13.11 所示。

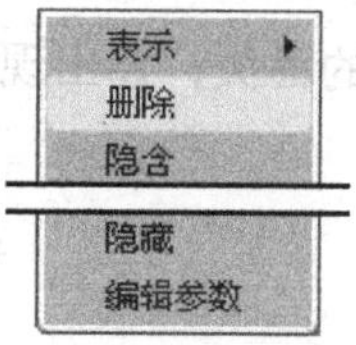

图 4.13.10　快捷菜单

图 4.13.11　删除操作后的模型

注意

◆ 从模型树和模型上可看到拉伸特征被删除。

◆ 如果想找回以前的模型文件，请按如下方法操作。

① 选择下拉菜单 窗口(W) → 关闭(C) 命令，关闭当前对话框。

② 选择下拉菜单 文件(F) → 拭除(E) ▸ → 不显示(D) 命令，拭除不显示的内存中的文件。

③ 再次打开模型文件 Resolve-feature.prt。

解决方法三：重定义特征

步骤 01 在图 4.13.9 所示的特征失败提示对话框中，选择 确定 按钮。

步骤 02 从模型树中单击 拉伸 2，右击，在弹出的快捷菜单中选择 编辑定义 命令，然后会弹出拉伸命令操控板。

步骤 03 重定义草绘参照并进行标注。

（1）在操控板中单击 放置 按钮，然后在弹出的菜单区域中单击 编辑... 按钮。

（2）在弹出的图 4.13.12 所示的草图“参照”对话框中，先删除过期和丢失的参照，再选取新的参照 RIGHT 基准平面，关闭“参照”对话框。

（3）在草绘环境中，相对新的参照进行尺寸标注（即标注 20.0 这个尺寸），如图 4.13.13 所示。完成后，单击操控板中的 ✓ 按钮。

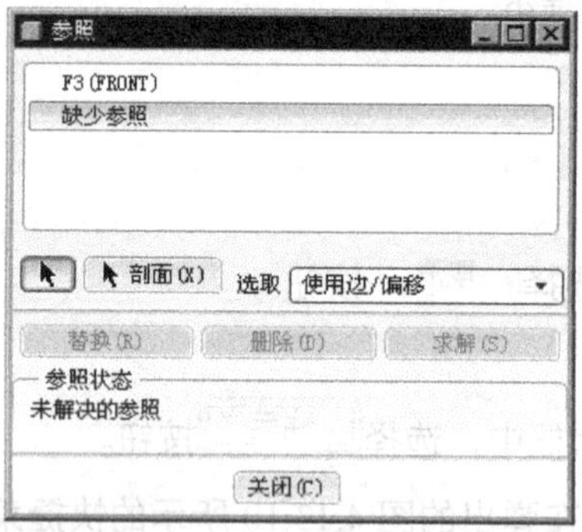

图 4.13.12　“参照”对话框

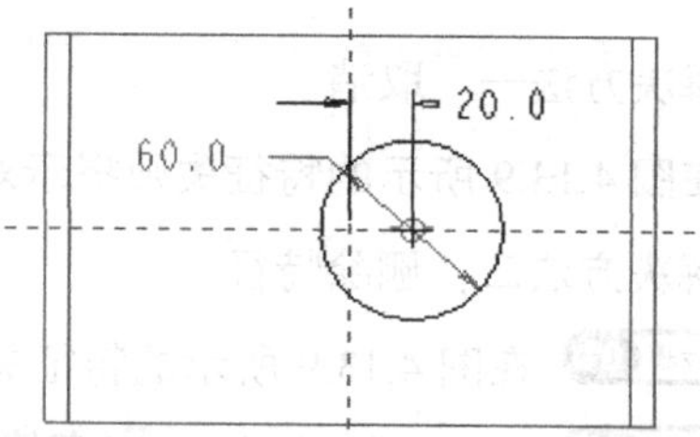

图 4.13.13　重定义特征

解决方法四：隐含特征

步骤01 在图 4.13.9 所示的特征失败提示对话框中，选择 确定 按钮。

步骤02 从模型树中单击 拉伸 2，右击，在弹出的图 4.13.14 所示的快捷菜单中选择 隐含 命令，然后在弹出的图 4.13.15 所示的“隐含”对话框中选择 确定 按钮。

至此，特征失败已经解决，如果想进一步解决被隐含的旋转特征，请继续下面的操作。

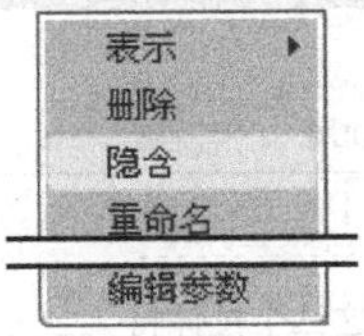

图 4.13.14 快捷菜单

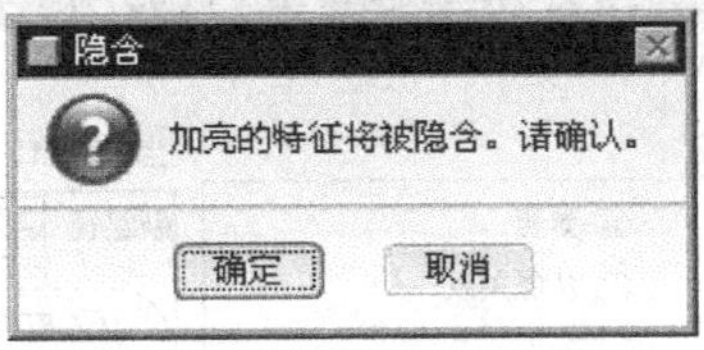

图 4.13.15 “隐含”对话框

注意

（1）如图 4.13.16 所示，从模型树上看不到隐含的特征。

（2）如果想在模型树上看到该特征，可进行下列的操作：

① 选取导航选项卡中的 → 树过滤器(F)... 命令。

② 在弹出的模型树项目对话框中，选中 ☑ 隐含的对象 复选框，然后单击该对话框中的 确定 按钮，此时隐含的特征又会在模型树中显示，如图 4.13.17 所示。

步骤03 如果右击该隐含的旋转特征，然后从弹出的快捷菜单中选择 恢复 命令，那么系统再次进入特征“失败模式”，可参照本节介绍的方法进行重定义即可。

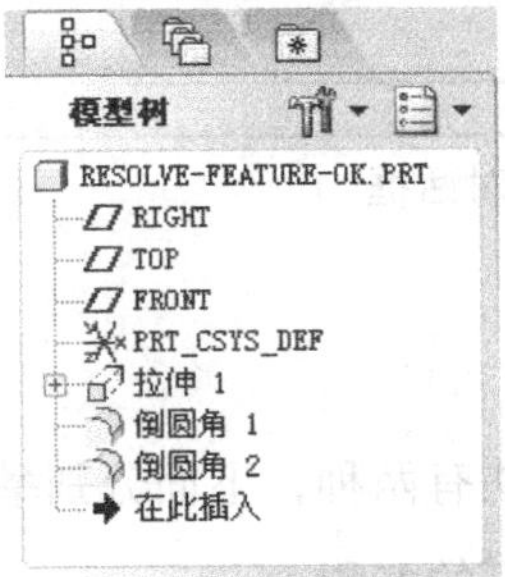

图 4.13.16 模型树（一）

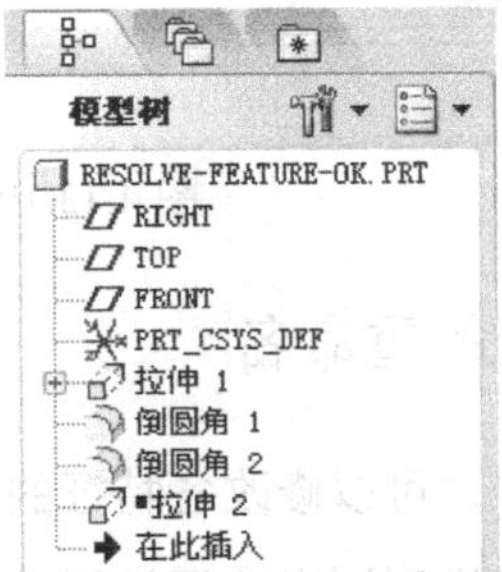

图 4.13.17 模型树（二）

4.13.4 查看模型信息及特征父子关系

选择图 4.13.2 所示的菜单中的 信息 命令，系统将显示图 4.13.18 所示的子菜单，通过该菜单可查看所选特征的信息、零件模型的信息和所选特征与其他特征间的父子关系。图 4.13.19 所示为零件模型（Resolve-feature）中基础拉伸特征 1 与其他特征的父子关系信息对话框。

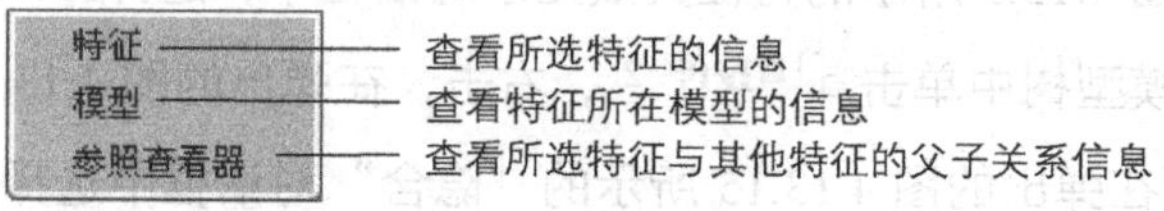

图 4.13.18　信息子菜单

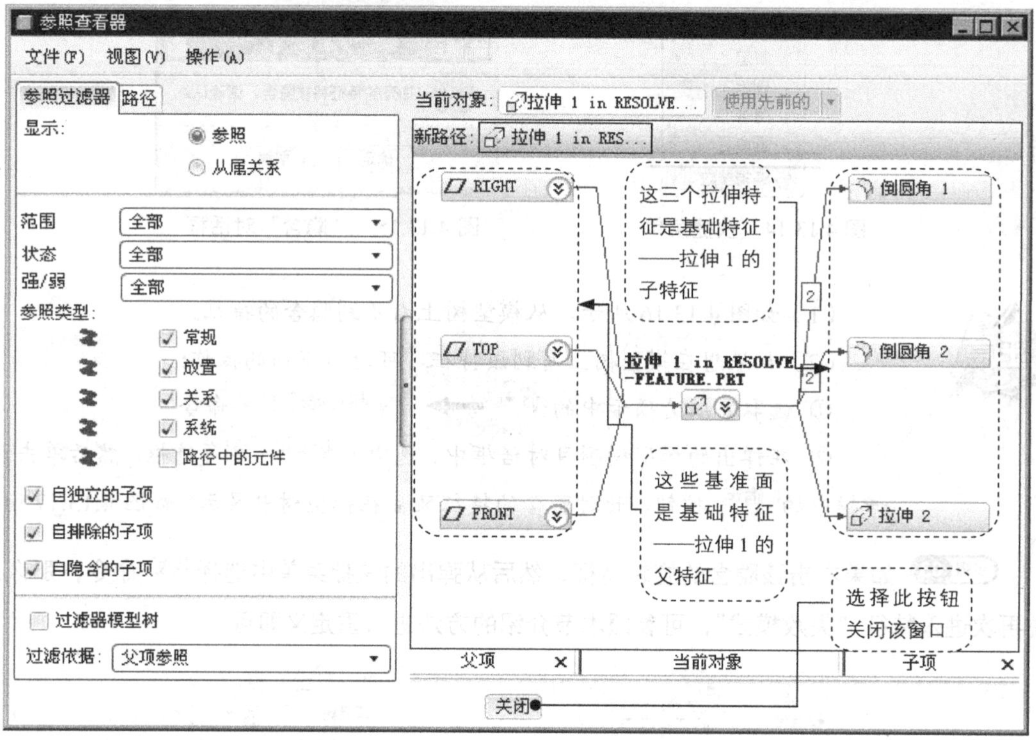

图 4.13.19　“参照查看器”对话框

4.13.5　特征的重命名

在模型树中，可以修改各特征的名称，其操作方法有两种，下面分别举例说明。

方法一：从模型树中选择编辑命令，然后修改特征的名称。

举例说明如下。

步骤 01　选择下拉菜单 文件(F) → 设置工作目录(W)... 命令，将工作目录设置为 D:\proedq5\work\ch04.13.05。

步骤 02　选择下拉菜单 文件(F) → 打开(O)... 命令，打开文件 rename.prt.1。

步骤 03　右击图 4.13.20 所示的 拉伸 4，在弹出的快捷菜单中选择 重命名 命令，然后在弹出的文本框中输入：“安装孔”，并按回车键。

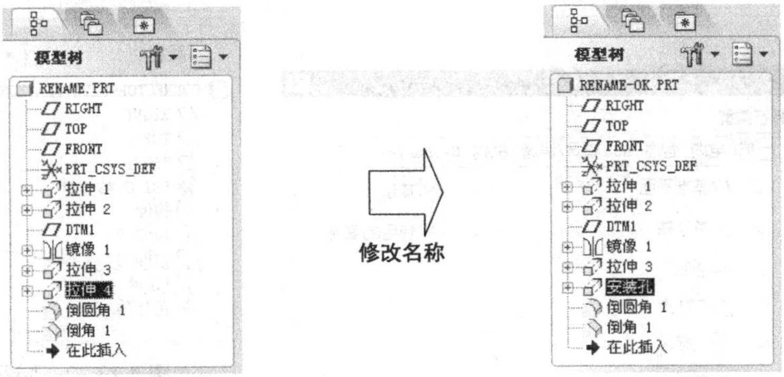

a）修改名称前　　b）修改名称后

图 4.13.20　修改特征的名称

方法二：缓慢双击模型树中要重命名的特征，然后修改特征的名称。

这种方法是直接在模型树上缓慢双击要重命名的特征，然后在弹出的文本框中输入名称，并按回车键。

4.13.6　特征的隐含与取消隐含

在图 4.13.2 所示的菜单中选择 隐含 命令，即可“隐含”所选取的特征。“隐含”特征就是将特征从模型中暂时删除。如果要“隐含”的特征有子特征，子特征也会一同被“隐含”。类似的，在装配模块中可以“隐含”装配体中的元件。隐含特征的作用如下。

- ◆ 隐含某些特征后，用户可更专注于当前工作区域。
- ◆ 隐含零件上的特征或装配体中的元件可以简化零件或装配模型，减少再生时间，加速修改过程和模型显示。
- ◆ 暂时删除特征（或元件）可尝试不同的设计迭代。

一般情况下，特征被“隐含”后，系统不在模型树上显示该特征名。如果希望在模型树上显示该特征名，可以在导航选项卡中选择 → 树过滤器(F)... 命令，系统弹出图 4.13.21 所示的“模型树项目”对话框，选中该对话框中的 ☑ 隐含的对象 复选框，然后单击 确定 按钮，这样被隐含的特征名就会显示在模型树中。注意被隐含的特征名前有一个填黑的小正方形标记，如图 4.13.22 所示。

如果想要恢复被隐含的特征，可在模型树中右击隐含特征名，再在弹出的快捷菜单中选择 恢复 命令，如图 4.13.23 所示。

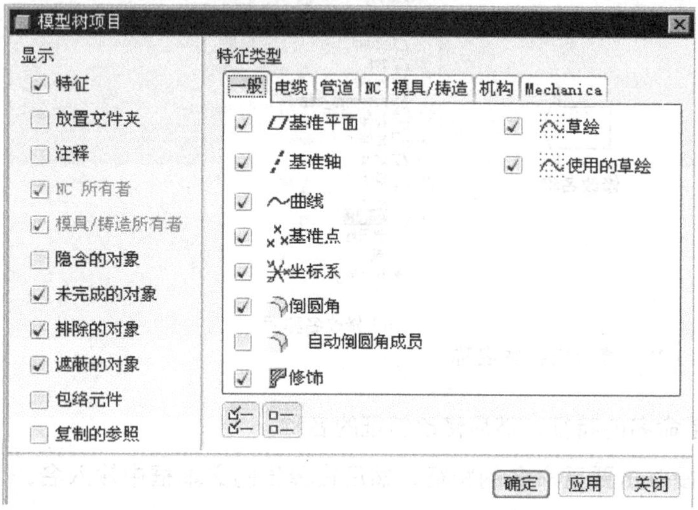

图 4.13.21 “模型树项目”对话框

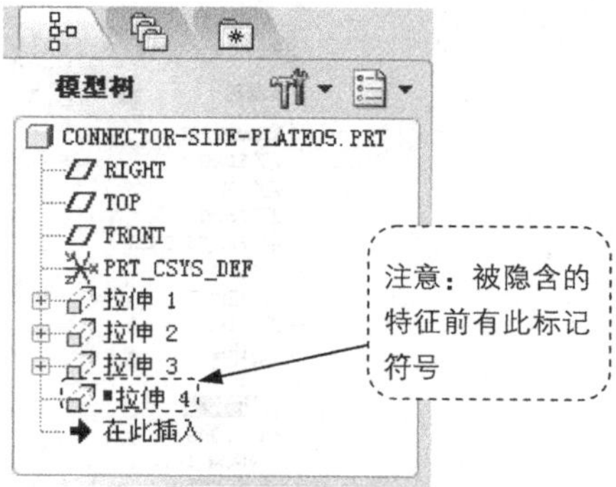

图 4.13.22 特征的隐含

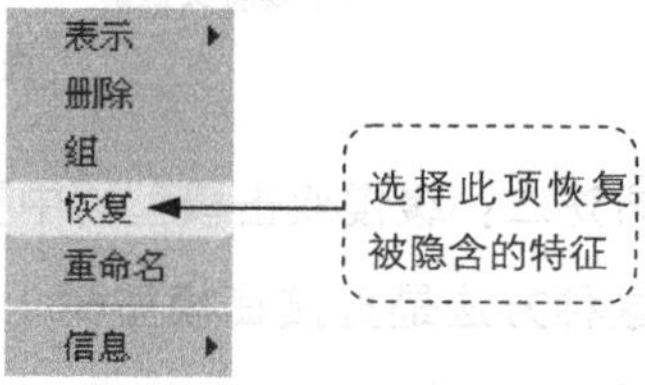

图 4.13.23 快捷菜单

4.14 特征的操作

4.14.1 特征的重排序

当对一个零件进行抽壳时，零件中特征的创建顺序非常重要，如果各特征的顺序安排不当，抽壳特征创建效果就不好。下面用抽壳和倒圆角的顺序问题，来讲解特征重排序。

可按下面的操作方法进行验证。

步骤 01 将工作目录设置至 D:\proedq5\work\ch04.14，打开文件 Reorder01.prt。

步骤 02 模型设计结果如图 4.14.1 所示，该模型内部没有倒圆角，如果重新倒圆角，则难以保证壁厚均匀，且步骤增加。我们想要在不增加步骤的情况下，不仅内外都倒角了，而且保证壁厚均匀。图 4.14.1 所示的设计显然不符合设计意图。之所以会产生这样的问题，是因为圆角特征和抽壳特征的顺序安排不当，解决办法是将圆角特征调整到抽壳特征的前面，这种特征顺序的调整就是特征的重排顺序（Reorder）。

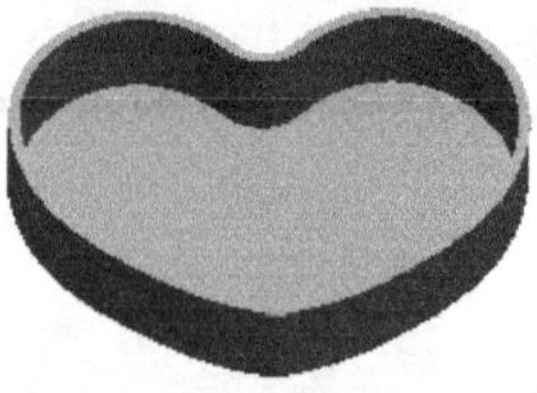

图 4.14.1 注意抽壳特征的顺序

步骤 03 特征重新排序。如图 4.14.2 所示，在零件的模型树中单击“壳”特征，按住左键不放并拖动鼠标，拖至“倒圆角 1”特征的下面，然后松开左键，这样倒圆角特征就调整到抽壳特征的前面了。

注意 特征的重新排序（Reorder）是有条件的，条件是不能将一个子特征拖至其父特征的前面，因为它们存在父子关系。

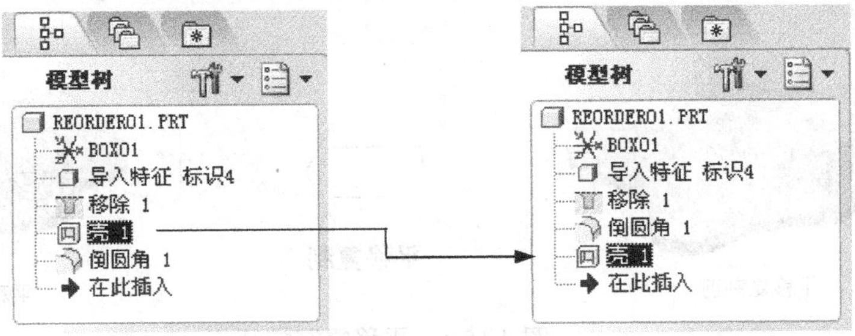

图 4.14.2 特征的重新排序

4.14.2 特征的的插入操作

在 4.14.1 节的过程中，当重新排序完成以后，假如还要添加一个圆角特征，并要求该特征添加在模型的圆角 1 特征的前面（图 4.14.3），利用“特征的插入”功能可以满足这一要求。下面说明其操作过程。

步骤 01 在模型树中将特征插入符号 在此插入 从末尾拖至倒圆角 1 特征的前面，如图 4.14.4 所示。

步骤 02 选择 插入(I) → 倒圆角 (O)... 命令，创建圆角特征，定义图 4.14.5 所示的边线为要倒圆角的对象，输入半径值 12.0。

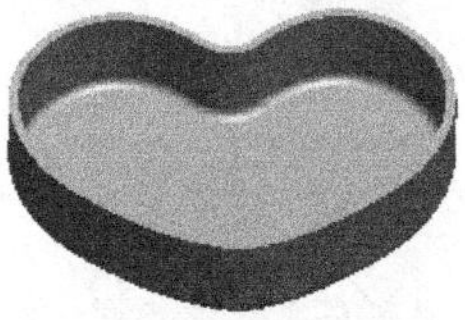
图 4.14.3 倒圆角特征

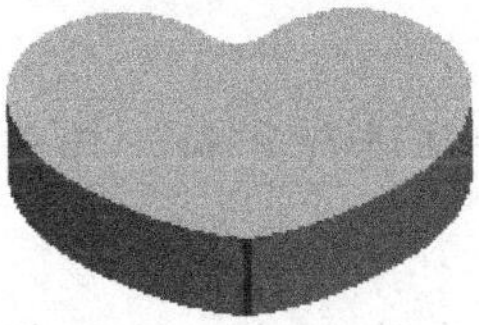
图 4.14.5 倒圆角对象

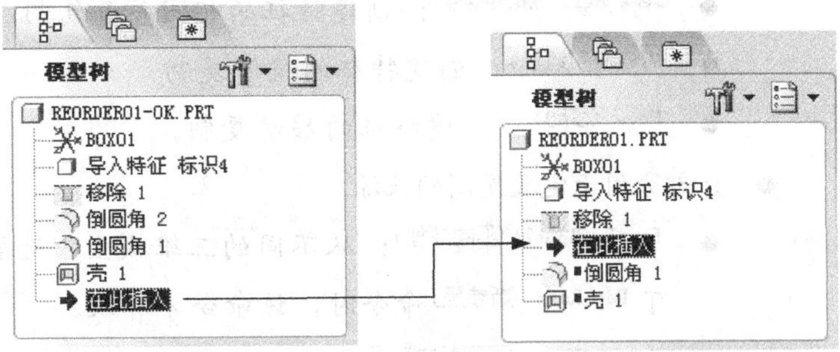

图 4.14.4 特征的插入操作

步骤 03 完成圆角的特征创建后，再将插入符号➡ 在此插入 拖至模型树的底部。

4.15 特征的复制

4.15.1 特征的平移复制

下面对图 4.15.1 中的源特征进行平移（Translate）复制，操作步骤如下。

图 4.15.1 平移复制特征

步骤 01 将工作目录设置至 D:\proedq5\work\ch04.15.01，打开文件 translate.prt.prt。

步骤 02 选择下拉菜单 编辑(E) ➡ 特征操作(O) 命令，在系统弹出的菜单管理器中选择 Copy (复制) 命令，完成此步操作后，系统弹出图 4.15.2 所示的 ▼ COPY FEATURE (复制特征) 菜单，该菜单分为 A、B、C 三个部分。

说明 图 4.15.2 所示的 ▼ COPY FEATURE (复制特征) 菜单分为 A、B、C 三个部分，下面对各部分的功能分别进行介绍。

图 4.15.2 所示“复制特征”菜单的说明如下。

◆ A 部分的作用是用于定义复制的类型。
  - New Refs (新参照)：创建特征的新参考复制。
  - Same Refs (相同参考)：创建特征的相同参考复制。
  - Mirror (镜像)：创建特征的镜像复制。
  - Move (移动)：创建特征的移动复制。

◆ B 部分用于定义复制的来源。
  - FromDifModel (不同模型)：从不同的三维模型中选取特征进行复制。只有选择了 New Refs (新参照) 命令时，该命令才有效。
  - FromDifVers (不同版本)：从同一三维模型的不同版本中选取特征进行复制。该命令对 New Refs (新参照) 或 Same Refs (相同参考) 有效。

◆ C部分用于定义复制的特性。

- Independent（独立）：复制特征的尺寸独立于源特征的尺寸。从不同模型或版本中复制的特征自动独立。
- Dependent（从属）：复制特征的尺寸从属于源特征尺寸。当重定义从属复制特征的截面时，所有的尺寸都显示在源特征上。当修改源特征的截面时，系统同时更新从属复制。该命令只涉及截面和尺寸，所有其他参照和属性都不是从属的。

步骤 03 在 ▼ COPY FEATURE（复制特征）菜单中，选择A部分中的 Move（移动）命令、B部分中的 Select（选取）命令、C部分中的 Independent（独立）命令、D部分中的 Done（完成）命令。

步骤 04 选取要“移动”复制的源特征。在图 4.15.3 所示的“选取特征”菜单中，选择 Select（选取）命令，再选取要“移动”复制的圆柱体拉伸特征，然后选择 Done（完成）命令。

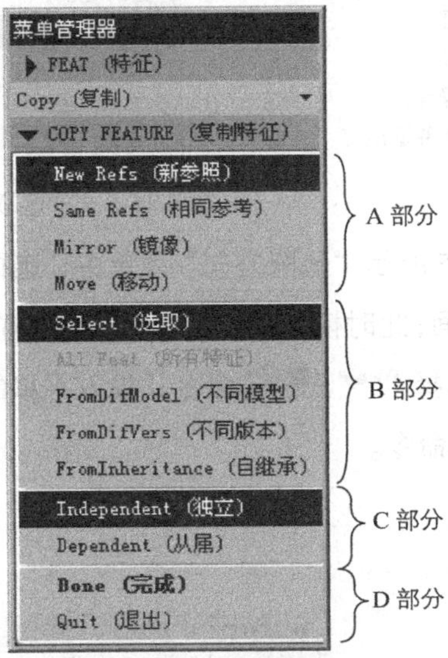

图 4.15.2 “属性”菜单

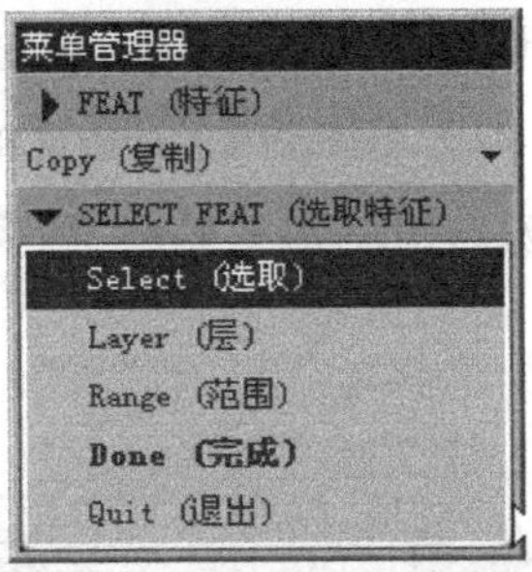

图 4.15.3 “选取特征”菜单

说明

图 4.15.3 所示的“选取特征”菜单中的各命令介绍如下。

◆ Select（选取）：在模型中选取要镜像的特征。

◆ Layer（层）：按层选取要镜像的特征。

◆ Range（范围）：按特征序号的范围选取要镜像的特征。

步骤 05 选取“平移”复制子命令。在图 4.15.4 所示的“移动特征”菜单中，选择 Translate（平移）命令。

说明

完成本步操作后，系统弹出图 4.15.5 所示的“选取方向”菜单，其中各命令介绍如下。

- Plane（平面）：选择一个平面，或创建一个新基准平面为平移方向参考面，平移方向为该平面或基准平面的垂直方向。
- Crv/Edg/Axis（曲线/边/轴）：选取边、曲线或轴作为其平移方向。如果选择非线性边或曲线，则系统提示选择该边或曲线上的一个现有基准点来指定方向。
- Csys（坐标系）：选择坐标系的一个轴作为其平移方向。

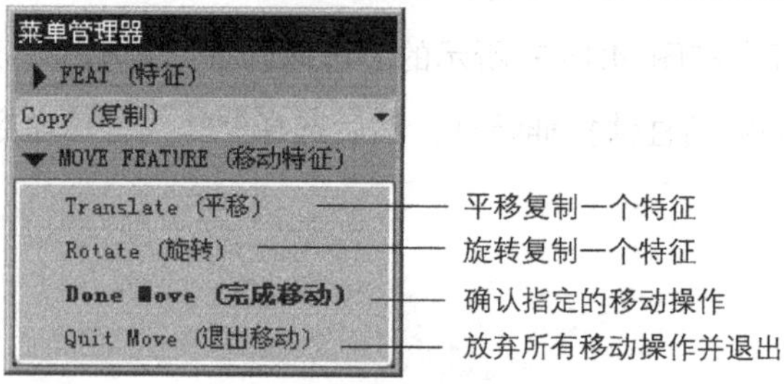

图 4.15.4 “移动特征”菜单

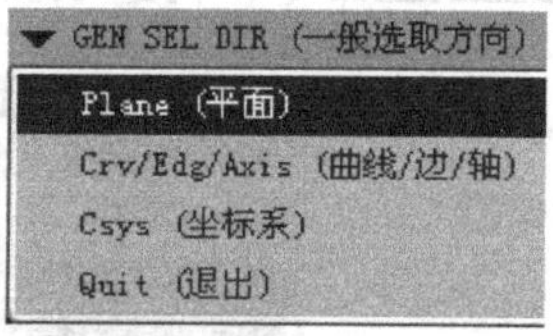

图 4.15.5 “选取方向”菜单

步骤 06 选取“平移”的方向。在图 4.15.5 所示“选取方向”菜单中，选择 Plane（平面）命令，再选取 RIGHT 基准平面为平移方向参考面；此时模型中出现平移方向的箭头（图 4.15.6），在图 4.15.7 所示的 DIRECTION（方向）菜单中选择 Okay（确定）命令；输入平移的距离值 42.0，并按 Enter 键，然后选择 Done Move（完成移动）命令。

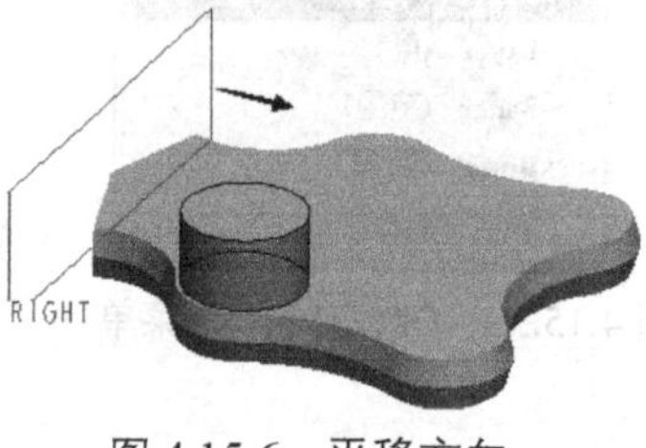

图 4.15.6 平移方向

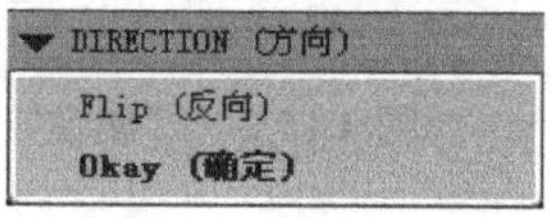

图 4.15.7 “方向”菜单

说明

完成本步操作后，系统弹出“组元素”对话框（图 4.15.8）和 组可变尺寸 菜单（图 4.15.9），并且模型上显示源特征的所有尺寸（图 4.15.10），当把鼠标指针移至 Dim1 或 Dim2 时，系统就加亮模型上的相应尺寸。如果在移动复制的同时要改变特征的某个尺寸，可从屏幕选取该尺寸或在 组可变尺寸 菜单的尺寸前面放置选中标记，然后选择 Done（完成）命令，此时系统会提示输入新值，输入新值并按 Enter 键。

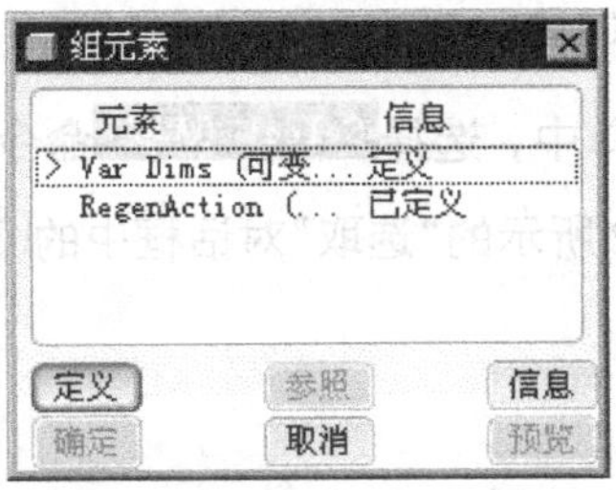

图 4.15.8 “组元素”对话框

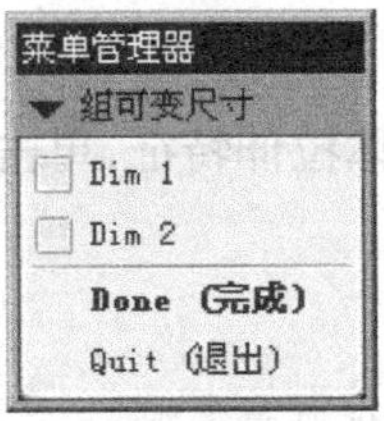

图 4.15.9 “组可变尺寸”菜单

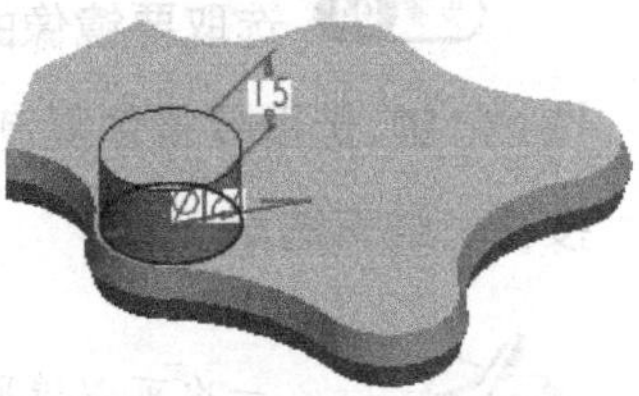

图 4.15.10 源特征尺寸

注意

如果在复制时不想改变特征的尺寸，可直接选择Done (完成)命令。

步骤 07 选取要改变的尺寸Φ24.0，选择Done (完成)命令，输入新值 18.0；单击“组元素”对话框中的确定按钮，完成“平移”复制。

步骤 08 保存模型文件。

4.15.2 特征的旋转复制

下面对图 4.15.10 中的源特征进行旋转（Rotate）复制，操作提示如下。

请参考上一节的“平移”复制的操作方法，注意在“移动特征”菜单中选择Rotate (旋转)命令。选取合适的旋转中心轴，然后输入旋转角度即可完成特征的旋转复制。

4.15.3 特征的镜像复制

特征的镜像复制就是将源特征相对一个平面（这个平面称为镜像中心平面）进行镜像，从而得到源特征的一个副本。如图 4.15.11 所示，对这个圆柱体拉伸特征进行镜像复制的操作过程如下。

步骤 01 将工作目录设置至 D:\proedq5\work\ch04.15.03，打开文件 mirror.prt。

步骤 02 选择下拉菜单 编辑(E) ➡ 特征操作(O) 命令，在系统弹出的菜单管理器中选择Copy (复制)命令。

图 4.15.11 镜像复制特征

步骤 03 在“复制特征”菜单中，选择A部分中的 Mirror (镜像) 命令、B部分中的 Select (选取) 命令、C部分中的 Independent (独立) 命令、D部分中的 Done (完成) 命令。

步骤 04 选取要镜像的特征。在弹出的“选取特征”菜单中，选择 Select (选取) 命令，再按Ctrl键，选取要镜像复制的圆柱体拉伸特征，单击图4.15.12所示的“选取”对话框中的 确定 按钮，结束选取。

注意

一次可以选取多个特征进行复制。

步骤 05 定义镜像中心平面。在图4.15.13所示的“设置平面”菜单中，选择 Plane (平面) 命令，再选取FRONT基准平面为镜像中心平面。单击 Done (完成) 按钮。

步骤 06 保存模型文件。

说明

镜像还有一种快捷方式，选取镜像的特征后，可以直接单击工具栏中的 按钮。

图 4.15.12 “选取”对话框

图 4.15.13 “设置平面”菜单

4.15.4 特征的新参照复制

下面对图4.15.14中的源特征进行新参照（New Refs）复制，操作步骤如下。

步骤 01 将工作目录设置至D:\proedq5\work\ch04.15.04，打开文件Newreference .prt。

步骤 02 选择下拉菜单 编辑(E) ➡ 特征操作(O) 命令，在弹出的菜单管理器中选择 Copy (复制) 命令。

步骤 03 在“复制特征”菜单中，选择A部分中的 New Refs (新参考) 命令、B部分中的 Select (选取) 命令、C部分中的 Independent (独立) 命令和D部分中的 Done (完成) 命令。

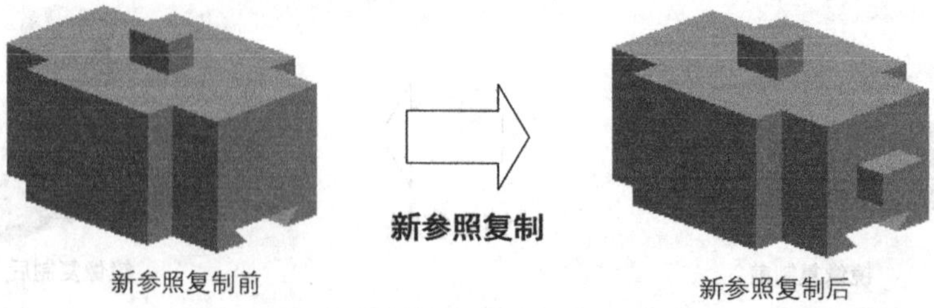

图 4.15.14 新参照复制特征

步骤 04 选取要“新参照”复制的源特征。在弹出的菜单中选择 Select（选取） 命令，再选取要进行新参照（New Refs）复制的拉伸 3 特征，然后选择 Done（完成） 命令。

步骤 05 系统弹出“组元素”对话框和 ▼ 组可变尺寸 菜单，如不想改变特征的尺寸，可直接选择 ▼ 组可变尺寸 菜单中的 Done（完成） 命令。

步骤 06 替换参照。在图 4.15.15 所示的 ▼ WHICH REF（参考） 菜单中选择 Alternate（替换） 命令，分别选取图 4.15.16 中的模型表平面或基准平面为新的参照，详见图 4.15.15 中的注释和说明。

步骤 07 在图 4.15.17 所示的“组放置”菜单中，选择 Show Result（显示结果） 命令，可预览复制的特征。

步骤 08 在图 4.15.17 所示的“组放置”菜单中，选择 Done（完成） 命令，完成特征的复制。

步骤 09 保存模型文件。

图 4.15.15 “参考”菜单

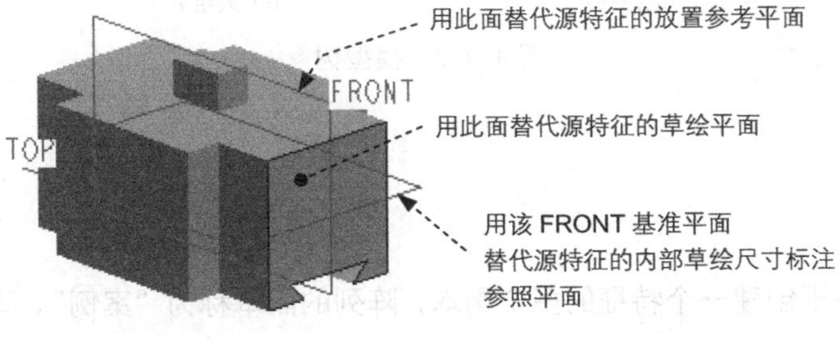

图 4.15.16 操作过程

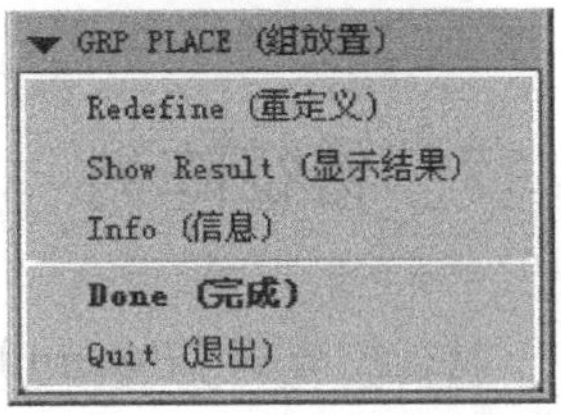

图 4.15.17 “组放置”菜单

图 4.15.15 所示的“参考”菜单中各命令的说明如下。

- Alternate（替换）：用新参照替换原来的参照。
- Same（相同）：副本特征的参照与源特征的参照相同。
- Skip（跳过）：跳过当前参照，以后可重定义参照。
- Ref Info（参照信息）：提供解释放置参照的信息。

4.16 特征成组

图 4.16.1 所示的模型中加亮的特征由四个特征组成：拉伸特征、拔模特征、孔特征以及倒圆角特征，如果要对这四个特征进行阵列，必须将它们归成一组，这就是 Pro/ENGINEER

中特征成组（Group）的概念（注意：欲成为一组的数个特征在模型树中必须是连续的）。下面以此为例说明创建“组”的一般过程。

步骤 01 将工作目录设置至 D:\proedq5\work\ch04.16，打开文件 make-group.prt。

步骤 02 按住 Ctrl 键，在图 4.16.2a 所示的模型树中选取拉伸 1~倒圆角 1 特征。

步骤 03 选择下拉菜单 编辑(E) ➡ 组 命令，此时拉伸 1~倒圆角 1 的特征合并为 组LOCAL_GROUP，如图 4.16.2b 所示，至此完成组的创建。

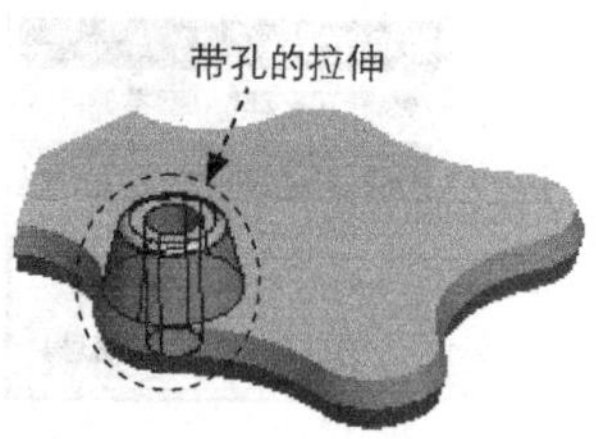

图 4.16.1　特征的成组

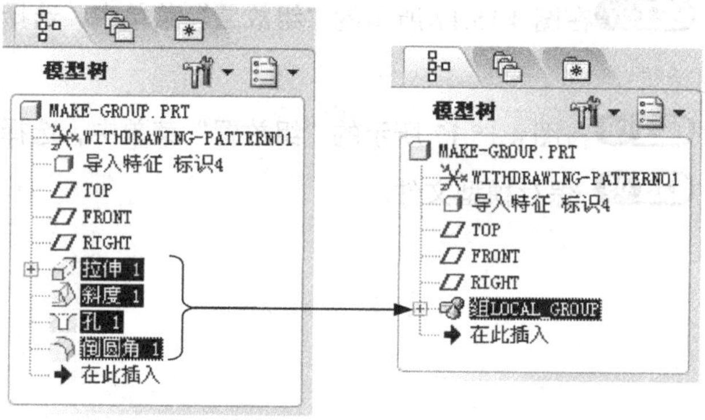

a）成组前　　b）成组后

图 4.16.2　模型树

4.17　特征阵列

特征的阵列（Pattern）命令用于创建一个特征的多个副本，阵列的副本称为“案例”。阵列可以是矩形阵列，也可以是环形阵列。在阵列时，各个案例的大小也可以递增变化。下面分别介绍其操作过程。

4.17.1　矩形阵列

下面介绍图 4.17.1 中拉伸特征的矩形阵列的操作过程。

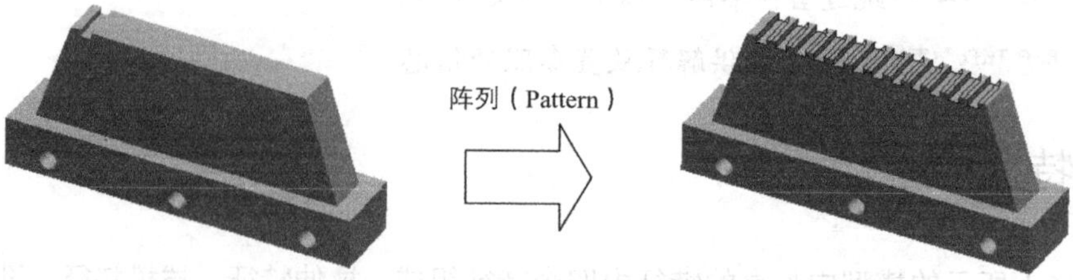

图 4.17.1　创建矩形阵列

步骤 01 将工作目录设置至 D:\proedq5\work\ch04.17.01，打开文件 pattern01.prt。

步骤 02 在模型树中选取要阵列的特征 拉伸 1 右击，选择 阵列... 命令（另一种方法是先选取要阵列的特征，然后选择下拉菜单 编辑(E) → 阵列(P)... 命令）。

注意：一次只能选取一个特征进行阵列，如果要同时阵列多个特征，应预先把这些特征组成一个“组（Group）”。

步骤 03 选取阵列类型。在图 4.17.2 所示的阵列操控板的 选项 界面中单击 ▼ 选中 一般。

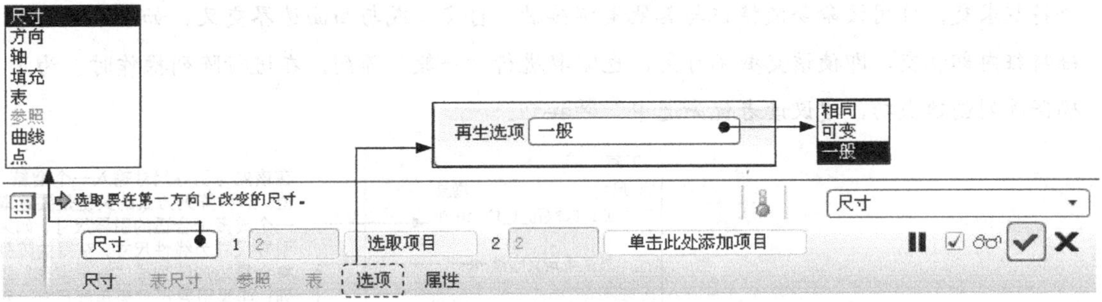

图 4.17.2 阵列操控板

说明：在图 4.17.2 所示的阵列操控板的 选项 界面中，有下面三个阵列类型选项。

- 相同 阵列的特点和要求如下。
  - 所有阵列的案例大小相同。
  - 所有阵列的案例放置在同一曲面上。
  - 阵列的案例不与放置曲面边、任何其他案例边或放置曲面以外任何特征的边相交。

例如，在图 4.17.3 所示的阵列中，虽然孔的直径大小相同，但其深度不同，所以不能用 相同 阵列，可用 可变 或 一般 进行阵列。

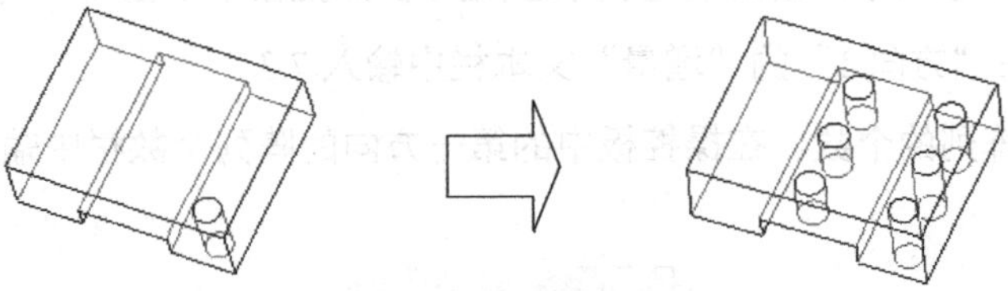
图 4.17.3 矩形阵列

- 可变 阵列的特点和要求如下。
  - 案例大小可变化。

- 案例可放置在不同曲面上。
- 没有案例与其他案例相交。

注意

对于“可变”阵列，Pro/ENGINEER 分别为每个案例特征生成几何，然后一次生成所有交截。

◆ 一般 阵列的特点如下。

系统对“一般”特征的案例不做什么要求。系统计算每个单独案例的几何，并分别对每个特征求交。可用该命令使特征与其他案例接触、自交，或与曲面边界交叉。如果案例与基础特征内部相交，即使该交截不可见，也需要进行“一般”阵列。在进行阵列操作时，为了确保阵列创建成功，建议读者优先选中 一般 按钮。

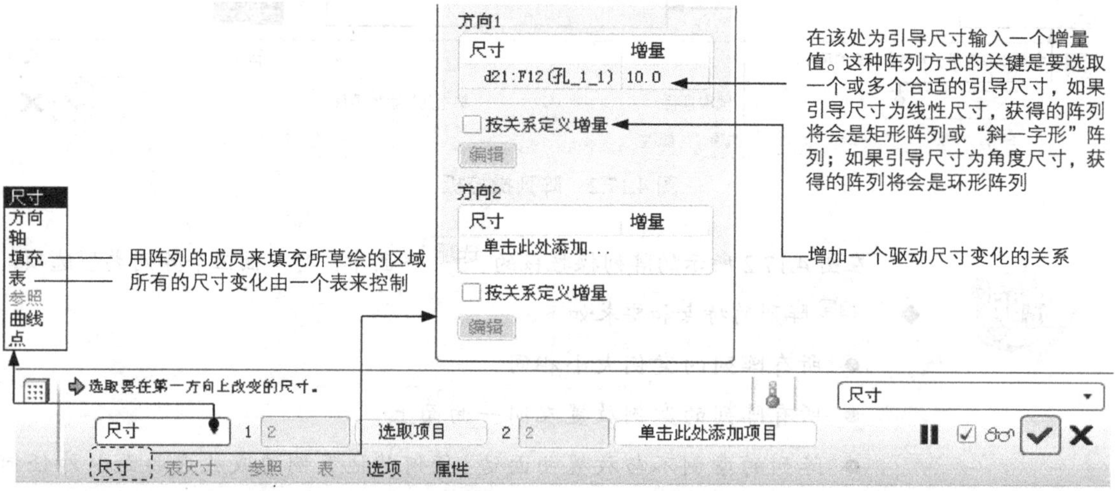

图 4.17.4　阵列操控板

步骤 04 选择阵列控制方式。在操控板中选择以“尺寸”方式控制阵列。操控板中控制阵列的各命令说明如图 4.17.4 所示。

步骤 05 选取引导尺寸并给出增量(间距)值。在操控板中单击 尺寸 按钮，选取图 4.17.5 所示尺寸 3.5，再在“方向 1”的“增量”文本栏中输入 7.3。

步骤 06 给出阵列的个数。在操控板中的第一方向的阵列个数栏中输入 12。

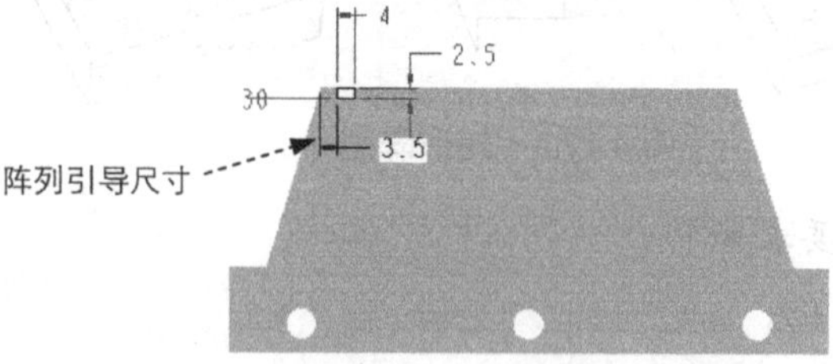

图 4.17.5　阵列引导尺寸

步骤 07 在操控板中单击“完成”按钮✓，完成阵列的创建。

4.17.2 特征尺寸变化的阵列

下面要创建图 4.17.6 所示的拉伸特征的“变化”阵列，操作过程如下。

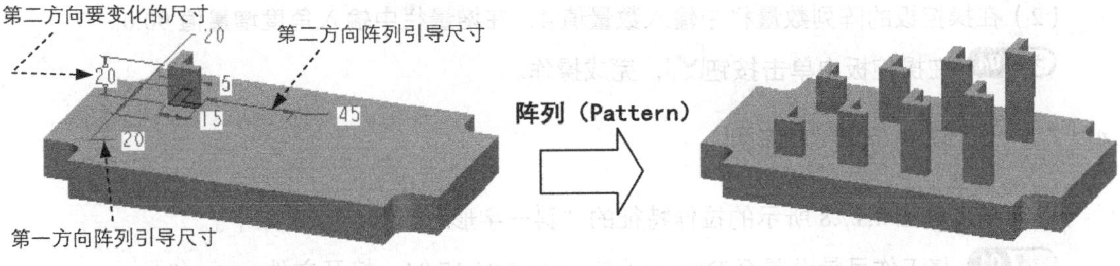

图 4.17.6 阵列引导尺寸

步骤 01 将工作目录设置至 D:\proedq5\work\ch04.17.02，打开文件 pattern02.prt。

步骤 02 在模型树中右击 拉伸 2，选择 阵列... 命令。

步骤 03 选取阵列类型。在操控板的 选项 界面中选中 一般 按钮。

步骤 04 选取第一方向、第二方向引导尺寸，给出增量。

（1）在操控板中单击 尺寸 按钮，选取图 4.17.6 中第一方向的阵列引导尺寸 20，输入增量值-60.0。

（2）在“尺寸”界面中，单击“方向 2”的 单击此处添加... 字符，然后选取图 4.17.6 中第二方向的阵列引导尺寸 45，输入相应增量-35.0；按住 Ctrl 键，再选取第二方向要变化的尺寸 20（拉伸的宽度），输入相应增量 10.0。

步骤 05 在操控板第一方向的阵列个数栏中输入 2，在第二方向的阵列个数栏中输入 4。

步骤 06 在操控板中单击按钮✓，完成操作。

4.17.3 环形阵列

下面要创建图 4.17.7 所示的拉伸特征的环形阵列，操作过程如下。

步骤 01 将工作目录设置至 D:\proedq5\work\ch04.17.03，打开文件 pattern03.prt。

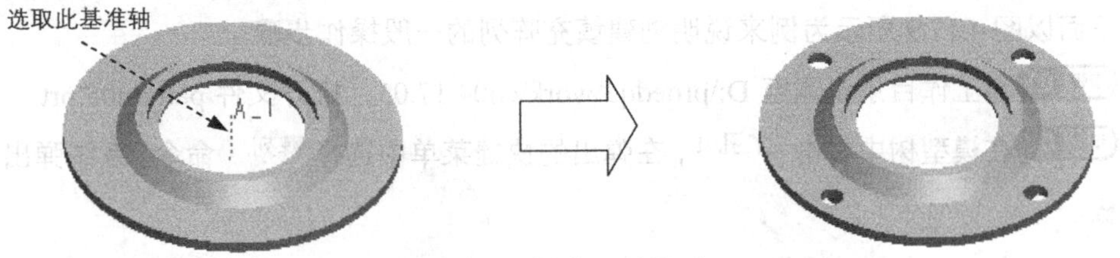

图 4.17.7 创建环形阵列

步骤 02 在模型树中单击 拉伸 1 特征，再右击，从弹出的快捷菜单中选择 阵列... 命令。

步骤 03 选取阵列中心轴和阵列数目。

（1）在阵列操控板的阵列类型下拉列表中，选择 轴 选项，再选取绘图区中模型的基准轴 A_1。

（2）在操控板的阵列数量栏中输入数量值 4，在增量栏中输入角度增量值 90.0。

步骤 04 在操控板中单击按钮 ✔，完成操作。

4.17.4 “斜一字形”阵列

下面要创建图 4.17.8 所示的拉伸特征的“斜一字形”阵列，步骤如下。

步骤 01 将工作目录设置至 D:\proedq5\work\ch04.17.04，打开文件 pattern04.prt。

步骤 02 在模型树中右击 拉伸 2，选择 阵列... 命令。

步骤 03 选取阵列类型。在操控板中单击 选项 按钮，选中 一般 按钮。

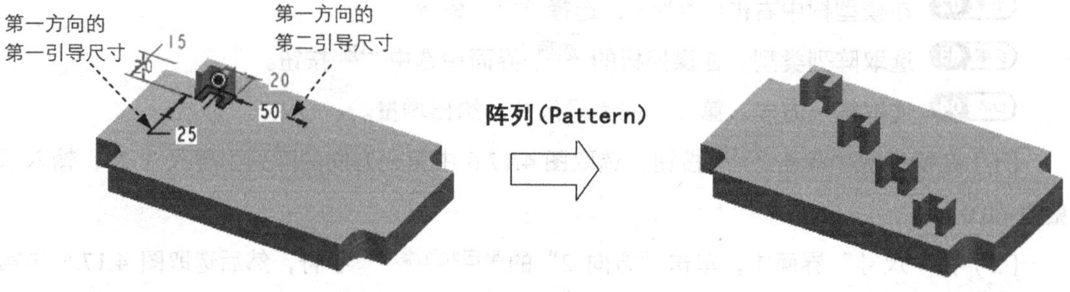

图 4.17.8 创建“斜一字形”阵列

步骤 04 选取引导尺寸，给出增量。

（1）在操控板中单击 尺寸 按钮，系统弹出“尺寸”界面。

（2）选取图 4.17.8 中第一方向的第一引导尺寸 25，按住 Ctrl 键，再选取第一方向的第二引导尺寸 50；在“方向 1”的“增量”栏中输入第一个增量值为-25.0，第二个增量值为-40.0。

步骤 05 在操控板的第一方向的阵列个数栏中输入 4，然后单击按钮 ✔，完成操作。

4.17.5 填充阵列

下面以图 4.17.9 所示为例来说明创建填充阵列的一般操作步骤。

步骤 01 将工作目录设置至 D:\proedq5\work\ch04.17.05，打开文件 pattern05.prt。

步骤 02 在模型树中右击 孔 1，在弹出的快捷菜单中选择 阵列... 命令，系统弹出“阵列”操控板。

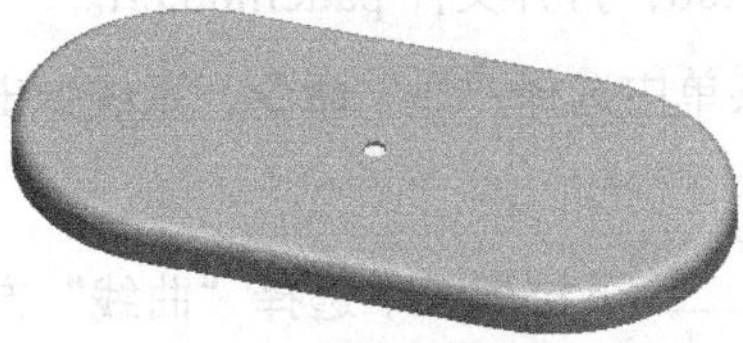
a）阵列前

b）阵列后

图 4.17.9 填充阵列

步骤 03 选择阵列控制方式。在操控板的 尺寸 下拉列表中选择“填充”方式控制阵列。

步骤 04 定义参照草图。

（1）在操控板中单击 参照 按钮，系统弹出“参照”界面。

（2）在“参照”界面中单击 定义... 按钮，系统弹出“草绘”对话框；选取图 4.17.10 所示的模型平面作为草绘基准面，采用默认的 RIGHT 基准平面为参照平面，方向为 右，进入草绘环境。

（3）绘制图 4.17.11 所示的截面草图，完成后退出草绘环境。

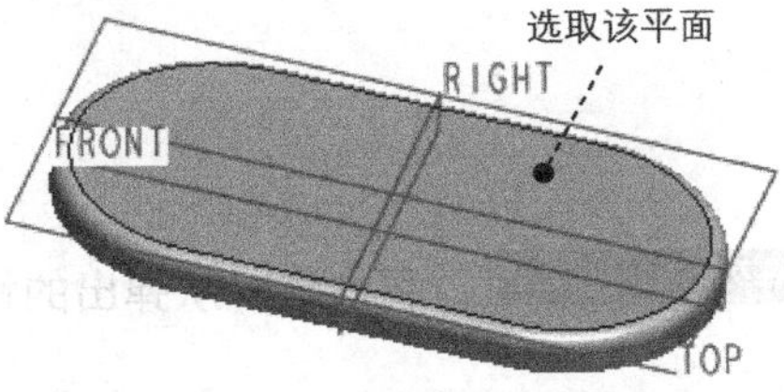

图 4.17.10 选取草绘平面

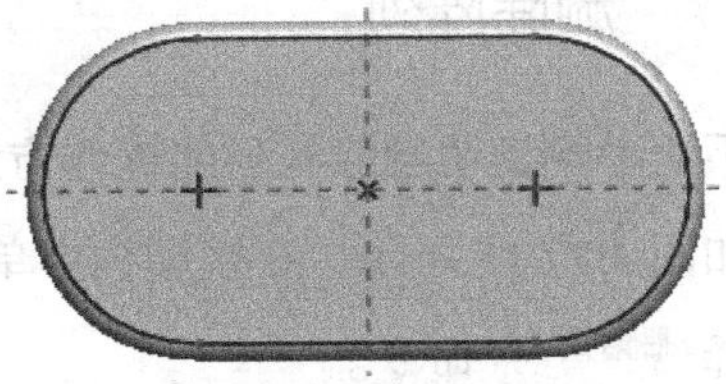
图 4.17.11 截面草图

步骤 05 定义阵列图样和参数。在操控板的下拉列表中选择选项，在文本框中输入数值 15.0，在文本框中输入数值 5.0，在文本框中输入数值 0.0。

步骤 06 在操控板中单击按钮，完成阵列操作。

4.17.6 曲线阵列

下面以图 4.17.12 所示为例来说明创建曲线阵列的一般操作步骤。

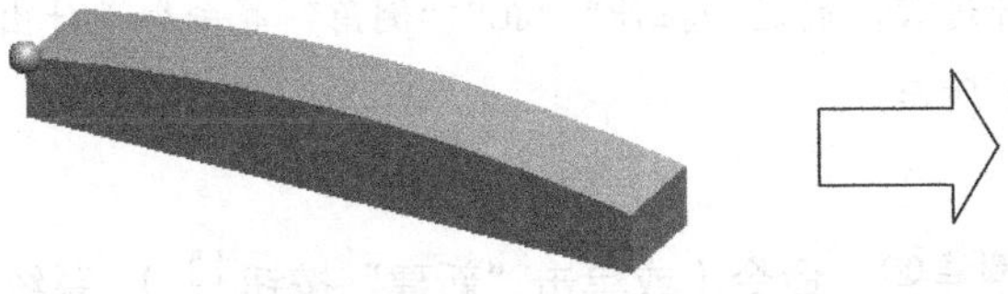
a）阵列前

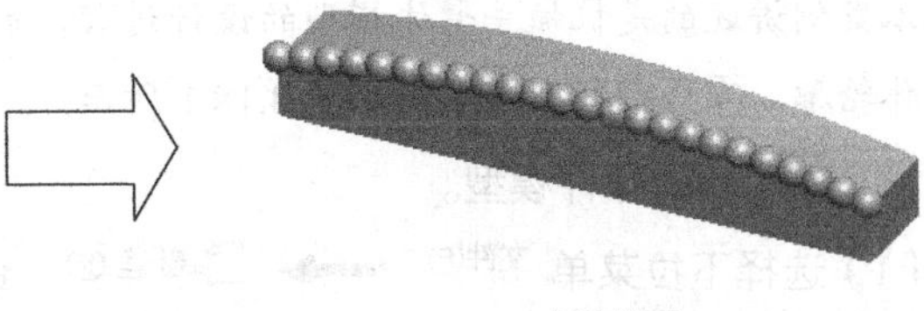
b）阵列后

图 4.17.12 曲线阵列

步骤 01 将工作目录设置至 D:\proedq5\work\ch04.17.06，打开文件 pattern06.prt。

步骤 02 在模型树中右击 旋转 1，在弹出的快捷菜单中选择 阵列... 命令，系统弹出“阵列” 操控板。

步骤 03 选择阵列控制方式。在操控板的 尺寸 下拉列表中选择“曲线”方式控制阵列。

步骤 04 定义参照草图。在图形区选取图 4.17.13 所示的草绘曲线作为参照。

步骤 05 定义阵列参数。在操控板中单击 按钮，然后在其后的文本框中输入数值 13.0，此时图形区显示如图 4.17.14 所示。

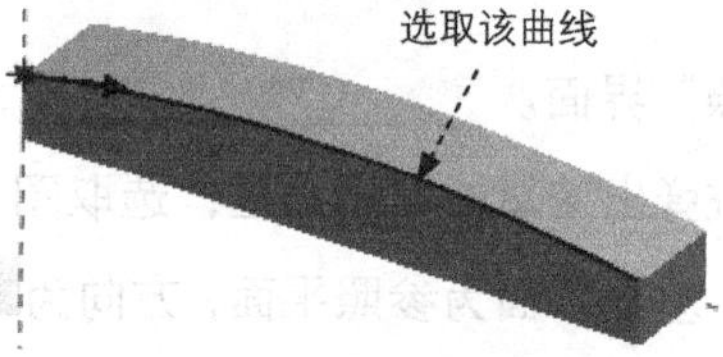

图 4.17.13　选取草绘曲线

图 4.17.14　定义阵列点

步骤 06 在操控板中单击按钮 ，完成阵列操作。

4.17.7　删除阵列

下面举例说明删除阵列的操作方法。

如图 4.17.15 所示，在模型树中单击“阵列 1 / 拉伸 2”，再右击，从弹出的快捷菜单中选择 删除阵列 命令。

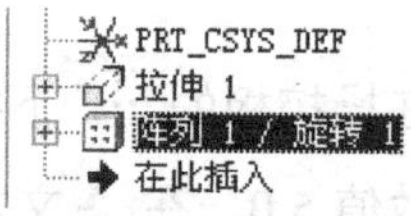

图 4.17.15　模型树

4.18　零件设计综合应用案例——机械手臂体

案例概述:

本案例讲述的是机械手臂体模型的设计过程，通过“拉伸”“孔”“倒角”等命令设计出模型的整体轮廓。零件模型及模型树如图 4.18.1 所示。

步骤 01 新建零件模型。

（1）选择下拉菜单 文件(F) ➡ 新建(N)... 命令（或单击“新建”按钮 ），系统弹出文件“新建”对话框。

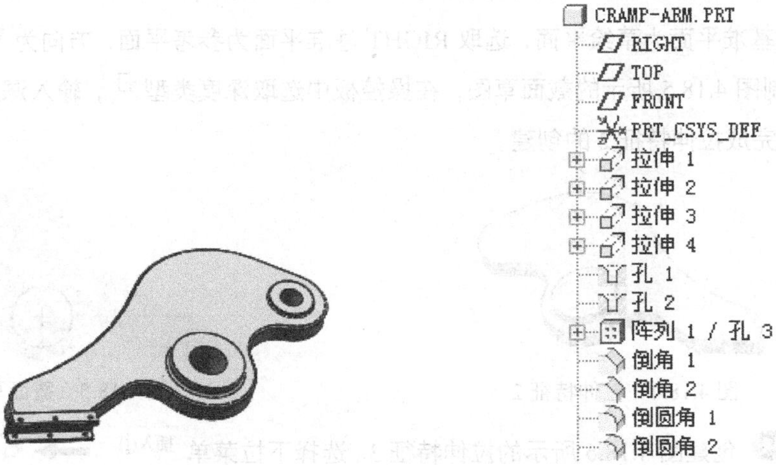

图 4.18.1 零件模型及模型树

（2）在此对话框的类型选项组中选择 零件 单选项。

（3）在名称文本框中输入文件名 cramp-arm。

（4）取消使用缺省模板复选框中的“√”号，单击该对话框中的确定按钮。

（5）在系统弹出的“新文件选项”对话框的模板选项组中，选择 mmns_part_solid 模板，单击该对话框中的确定按钮。

步骤 02 创建图 4.18.2 所示的拉伸特征 1。选择下拉菜单 插入(I) → 拉伸(E)... 命令。选取 TOP 基准平面为草绘平面，选取 RIGHT 基准平面为参考平面，方向为右；单击草绘按钮，绘制图 4.18.3 所示的截面草图，单击操控板中的选项按钮，在“深度”界面中将深度类型设置为，输入深度值 30.0。单击✓按钮，完成拉伸特征 1 的创建。

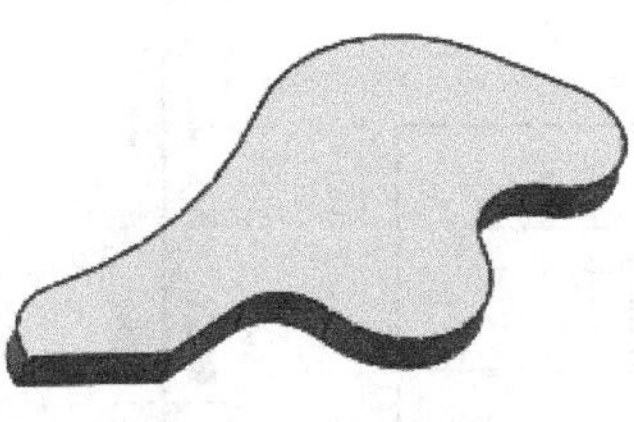

图 4.18.2 拉伸特征 1

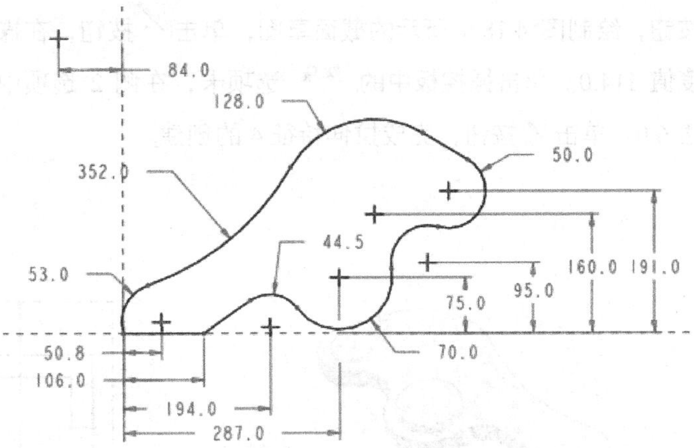

图 4.18.3 截面草图

步骤 03 创建图 4.18.4 所示的拉伸特征 2。选择下拉菜单 插入(I) → 拉伸(E)... 命令。选取 TOP 基准平面为草绘平面，选取 RIGHT 基准平面为参考平面，方向为 右；单击 草绘 按钮，绘制图 4.18.5 所示的截面草图，在操控板中选取深度类型，输入深度值 60.0；单击 ✓ 按钮，完成拉伸特征 2 的创建。

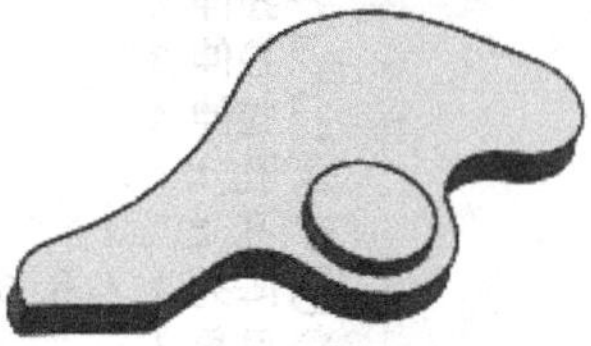

图 4.18.4　拉伸特征 2

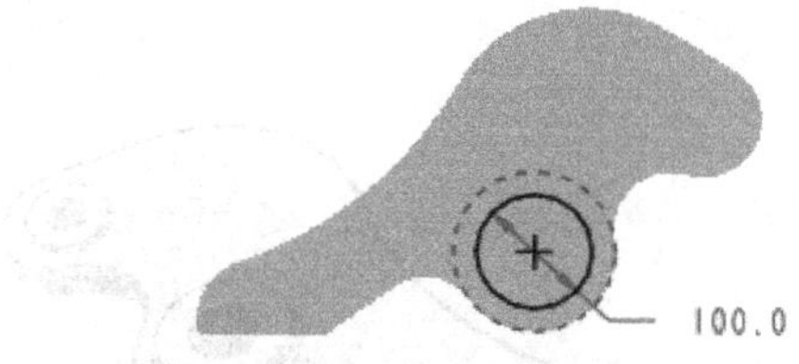

图 4.18.5　截面草图

步骤 04 创建图 4.18.6 所示的拉伸特征 3。选择下拉菜单 插入(I) → 拉伸(E)... 命令。选取 TOP 基准平面为草绘平面，选取 RIGHT 基准平面为参考平面，方向为 右；单击 草绘 按钮，绘制图 4.18.7 所示的截面草图，在操控板中选取深度类型，输入深度值 40.0；单击 ✓ 按钮，完成拉伸特征 3 的创建。

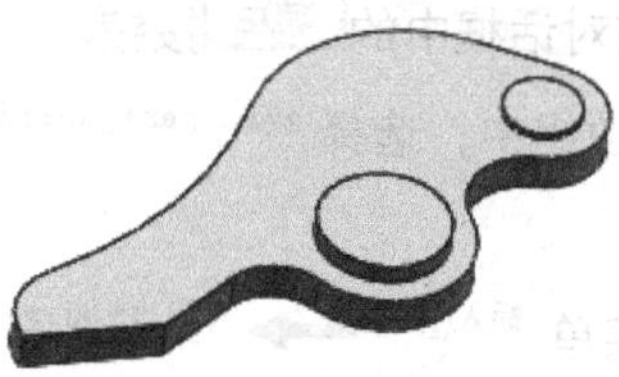

图 4.18.6　拉伸特征 3

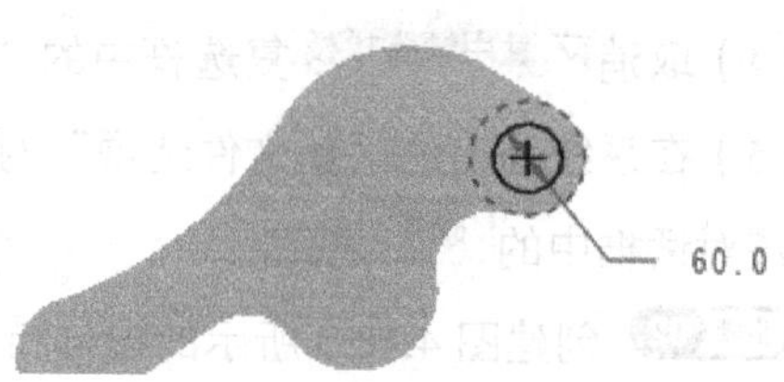

图 4.18.7　截面草图

步骤 05 创建图 4.18.8 所示的拉伸特征 4。选择下拉菜单 插入(I) → 拉伸(E)... 命令。选取 RIGHT 基准平面为草绘平面，选取 TOP 基准平面为参考平面，方向为 右；单击 草绘 按钮，绘制图 4.18.9 所示的截面草图，单击按钮，在操控板中选取深度类型，输入深度值 114.0。单击操控板中的 选项 选项卡，在侧 2 选项中将深度类型设置为，输入深度值 6.0。单击 ✓ 按钮，完成拉伸特征 4 的创建。

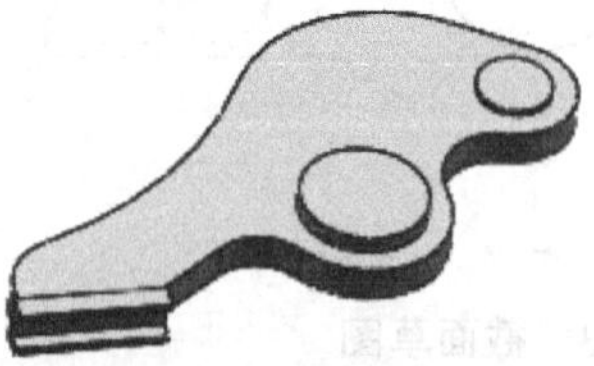

图 4.18.8　拉伸特征 4

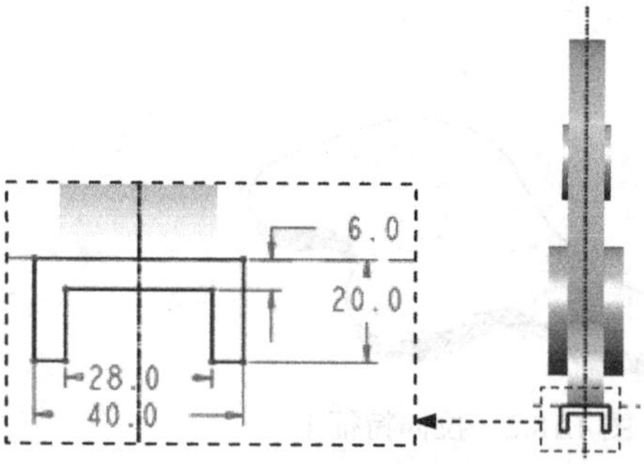

图 4.18.9　截面草图

步骤 06 创建图 4.18.10 所示的孔特征 1。选择下拉菜单 插入(I) → 孔(H)... 命令。选取图 4.18.10 所示的模型表面为主参考；按住 CTRL 键，选取图 4.18.11 所示的轴线为次参考。在操控板中单击“创建简单孔”按钮，将孔的直径设置为 50，孔的深度类型为。在操控板中单击按钮，完成孔特征 1 的创建。

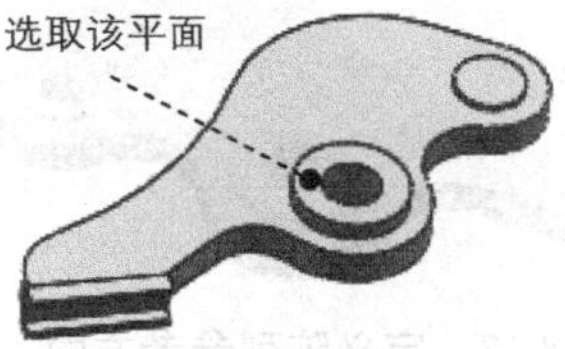

图 4.18.10 孔特征 1

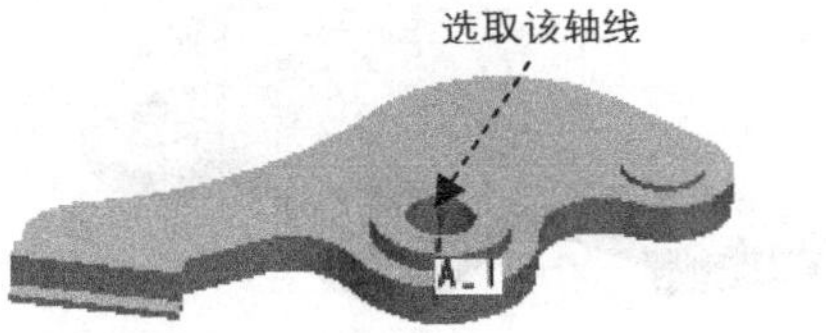

图 4.18.11 约束孔的定位

步骤 07 创建图 4.18.12 所示的孔特征 2。选择下拉菜单 插入(I) → 孔(H)... 命令。选取图 4.18.12 所示的模型表面为主参考；按住 CTRL 键，选取图 4.18.13 所示的轴线为次参考。在操控板中单击“创建简单孔”按钮，将孔的直径设置为 30，孔的深度类型为。在操控板中单击按钮，完成孔特征 2 的创建。

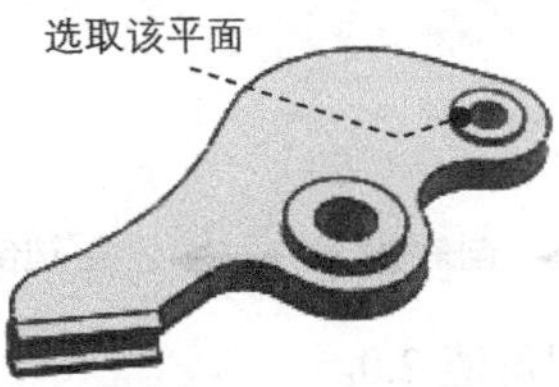

图 4.18.12 孔特征 2

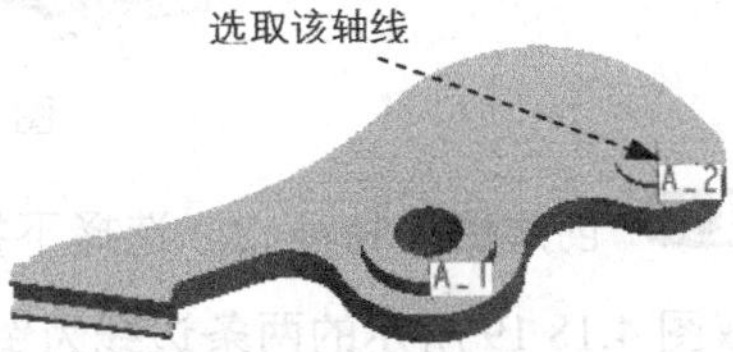

图 4.18.13 约束孔的定位

步骤 08 添加图 4.18.14 所示的孔特征——孔特征 3。

选择下拉菜单 插入(I) → 孔(H)... 命令，在操控板中确认按钮处于按下状态；然后选取图 4.18.14 所示的模型表面为孔的放置面，在“放置类型”下拉列表中选取 线性 选项。单击 偏移参照 下的“单击此处添加 ”字符，选取图 4.18.15 所示的面 1 为偏移参照，然后在后面的“偏移”文本框中输入距离值 7.8，再按回车键；按住 Ctrl 键，选取图 4.18.15 所示的面 2 为偏移参照，在后面的“偏移”文本框中输入距离值 10.0，再按回车键。确认孔的直径为 6.6，孔的深度类型为。在操控板中单击“完成”按钮，完成特征的创建。

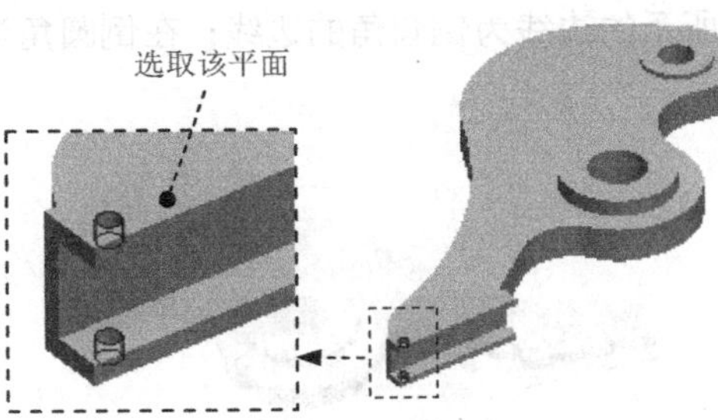

图 4.18.14 孔特征 3

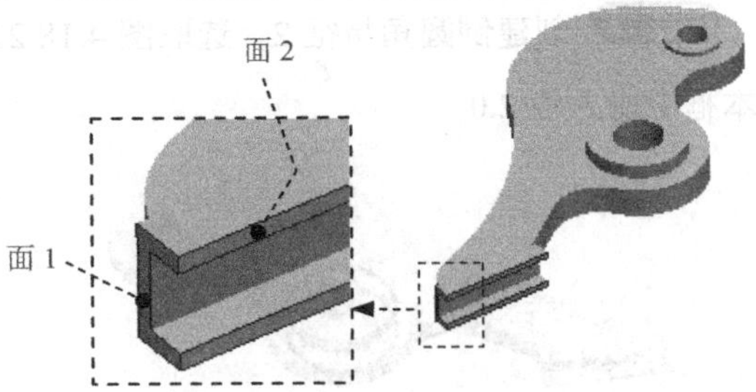

图 4.18.15 约束孔的定位

步骤 09 创建图 4.18.16 所示的阵列特征。在模型树中选取“孔 3”特征后右击，选择 阵列... 命令。在“阵列”操控板中选取 方向 选项；在 选项 选项卡的下拉列表中选择 一般 选项。选取图 4.18.17 所示边线为参照方向。输入第一方向的成员数 3 个，输入第一方向的整列成员之间的间距为 50。单击 ✓ 按钮，完成阵列特征的创建。

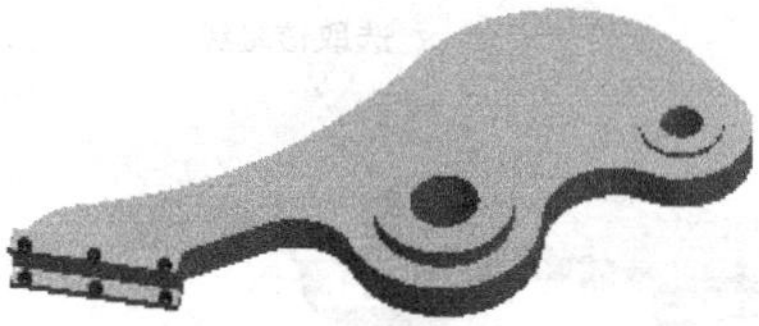
图 4.18.16 阵列特征

图 4.18.17 定义阵列参考方向

步骤 10 创建倒角特征 1。选择下拉菜单 插入(I) → 倒角(M) ▸ → 边倒角(E)... 命令，选取图 4.18.18 所示的两条边线为倒角的边线；输入倒角值 3.0。

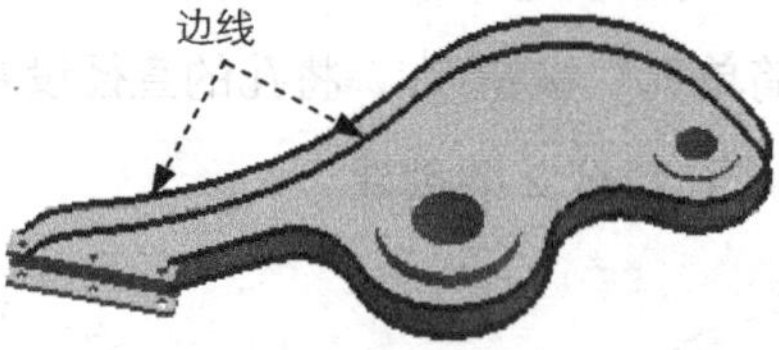

图 4.18.18 倒角的参考

步骤 11 创建倒角特征 2。选择下拉菜单 插入(I) → 倒角(M) ▸ → 边倒角(E)... 命令，选取图 4.18.19 所示的两条边线为倒角的边线；输入倒角值 2.0。

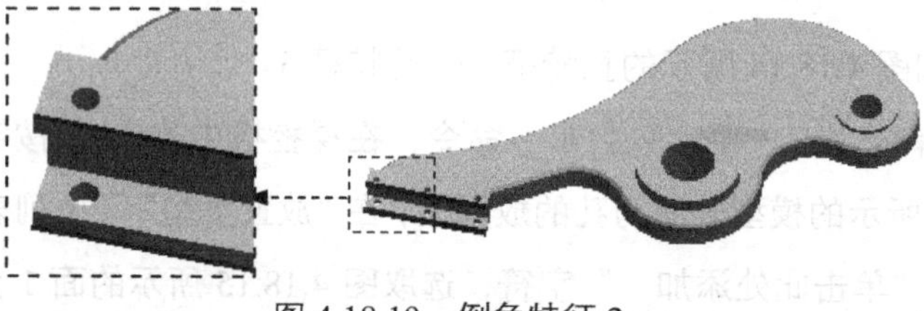
图 4.18.19 倒角特征 2

步骤 12 创建倒圆角特征 1。选择下拉菜单 插入(I) → 倒圆角(O)... 命令，选取图 4.18.20 所示的边线为倒圆角的边线；在倒圆角半径文本框中输入值 4.0。

步骤 13 创建倒圆角特征 2，选取图 4.18.21 所示的边线为倒圆角的边线；在倒圆角半径文本框中输入值 2.0。

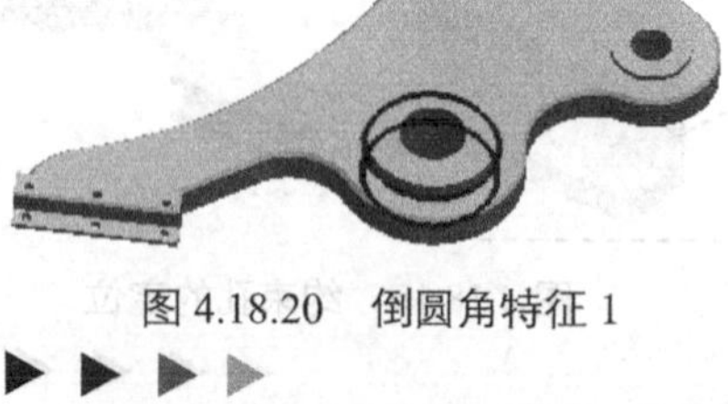
图 4.18.20 倒圆角特征 1

图 4.18.21 倒圆角特征 2

步骤 14 保存零件模型文件。

4.19 零件设计综合应用案例二——机械手回转缸体

案例概述:

本案例介绍了一个机械手回转缸体的设计过程。主要讲述回转、拉伸、镜像体、阵列和边倒圆等特征命令的应用。在创建特征的过程中，需要注意所用到的技巧和注意事项。零件模型如图 4.19.1 所示。

说明 本案例的详细操作过程请参见随书光盘中 video\ch04\文件下的语音视频讲解文件。模型文件为 D:\proedq5\work\ch04.19\hydraulic-body-lower.prt。

4.20 零件设计综合应用案例三——机械手固定颚板

案例概述:

本案例介绍了一个机械手固定颚板的设计过程。主要讲述拉伸、阵列、抽壳和边倒圆等特征命令的应用。在创建特征的过程中，需要注意所用到的技巧和注意事项。零件模型如图 4.20.1 所示。

图 4.19.1 机械手回转缸体

图 4.20.1 机械手固定颚板

说明 本案例的详细操作过程请参见随书光盘中 video\ch04\文件下的语音视频讲解文件。模型文件为 D:\proedq5\work\ch04.20\cramp-arm-layout.prt。

4.21 零件设计综合应用案例四——机械手固定架零件

案例概述:

本案例介绍了一个机械手固定架零件的设计过程。主要讲述拉伸、孔和凸台和边倒圆等特征命令的应用。在创建特征的过程中，需要注意所用到的技巧和注意事项。零件模型如图 4.21.1 所示。

说明 本案例的详细操作过程请参见随书光盘中 video\ch04\文件下的语音视频讲解文件。模型文件为 D:\proedq5\work\ch04.21\crusher-base.prt。

4.22 零件设计综合应用案例五——ABS 控制器盖

案例概述:

本案例介绍了一个 ABS 控制器盖的设计过程。主要讲述拉伸、阵列、扫掠、拔模和边倒圆等特征命令的应用。在创建特征的过程中，需要注意所用到的技巧和注意事项。零件模型如图 4.22.1 所示。

说明 本案例的详细操作过程请参见随书光盘中 video\ch04\文件下的语音视频讲解文件。模型文件为 D:\ proedq5\work\ch04.22\abs-control-cover.prt。

图 4.21.1　机械手固定架

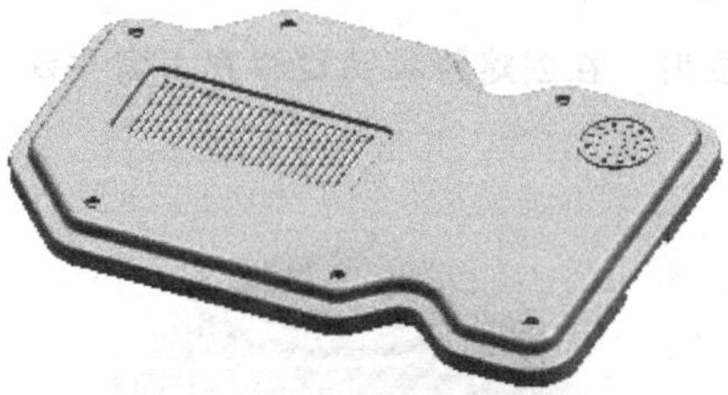

图 4.22.1　ABS 控制器盖

4.23 零件设计综合应用案例六——下控制臂零件

案例概述:

本案例介绍了一个下控制臂零件的设计过程。主要讲述拉伸、拔模体、孔、边倒圆等特征命令的应用。在创建特征的过程中，需要注意所用到的技巧和注意事项。零件模型如图 4.23.1 所示。

说明 本案例的详细操作过程请参见随书光盘中 video\ch04\文件下的语音视频讲解文件。模型文件为 D:\ proedq5\work\ch04.23\footrest-connector.prt。

4.24　零件设计综合应用案例七——汽车转向节零件

案例概述：

本案例介绍了一个汽车转向节零件的设计过程。主要讲述拉伸、拔模、孔和边倒圆等特征命令的应用。在创建特征的过程中，需要注意所用到的技巧和注意事项。零件模型如图 4.24.1 所示。

说明　本案例的详细操作过程请参见随书光盘中 video\ch04\文件下的语音视频讲解文件。模型文件为 D:\ proedq5\work\ch04.24\change-dir.prt。

图 4.23.1　下控制臂零件

图 4.24.1　汽车转向节零件

第 5 章 曲面设计

5.1 曲面设计概述

5.1.1 曲面设计基础

Pro/ENGINEER 中的曲面（Surface）设计模块主要用于创建形状复杂的零件。曲面是没有厚度的几何特征，不要将曲面与实体里的薄壁特征相混淆，薄壁特征有一个壁的厚度值，薄壁特征本质上是实体。

在 Pro/ENGINEER 中，通常将一个曲面或几个曲面的组合称为面组（Quilt）。

用曲面创建形状复杂的零件的主要过程如下。

（1）创建数个单独的曲面。

（2）对曲面进行修剪（Trim）、切削（Cut）、偏移（Offset）等操作。

（3）将各个单独的曲面合并（Merge）为一个整体的面组。

（4）将曲面（面组）转化为实体零件。

5.1.2 显示曲面网格

曲面网格显示是一种有效表达和显示曲面的方式，适当地使用这种显示方式，可以在曲面的设计过程中使曲面的表达更为直观和清晰。所以在这里首先介绍曲面网格显示的操作过程。

步骤 01 将工作目录设置至 D:\proedq5\work\ch05.01.02，打开文件 surface-network-display。

步骤 02 选择下拉菜单 视图(V) → 模型设置(E) ▸ → 网格曲面(S)... 命令，系统弹出图 5.1.1 所示的"网格"对话框，利用该对话框可对曲面进行网格显示设置，如图 5.1.2 所示。

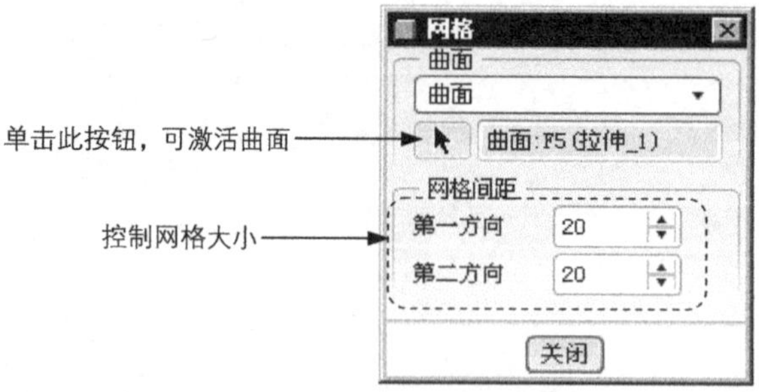

图 5.1.1 "网格"对话框

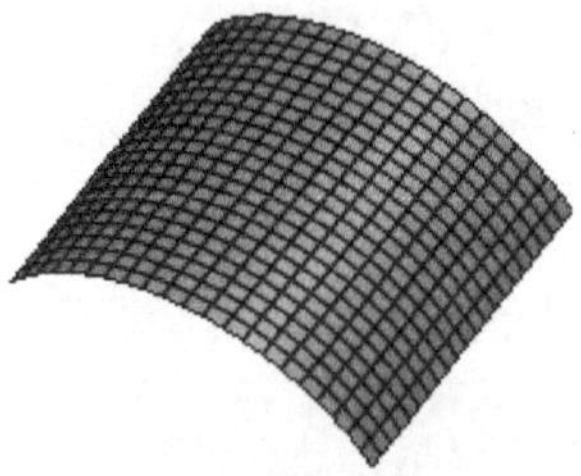

图 5.1.2 曲面网格显示

5.2 曲线线框设计

5.2.1 草绘曲线

草绘基准曲线的方法与草绘其他特征相同。草绘曲线可以由一个或多个草绘段以及一个或多个开放或封闭的环组成。但是将基准曲线用于其他特征，通常是单个开放或封闭的曲线。

如图 5.2.1 所示，现需要在模型的表面上创建一个草绘基准曲线，操作步骤如下。

步骤 01 将工作目录设置至 D:\proedq5\work\ch05.02.01，打开文件 sketch-line.prt。

步骤 02 单击工具栏上的“草绘”按钮（图 5.2.2）。

步骤 03 选取图 5.2.1 所示的模型表面为草绘平面，参照平面为 FRONT，采用系统默认的参照方向，单击 草绘 按钮进入草绘环境。

步骤 04 进入草绘环境后，接受默认的平面为草绘环境的参照，然后单击“样条曲线”按钮，草绘一条样条曲线。

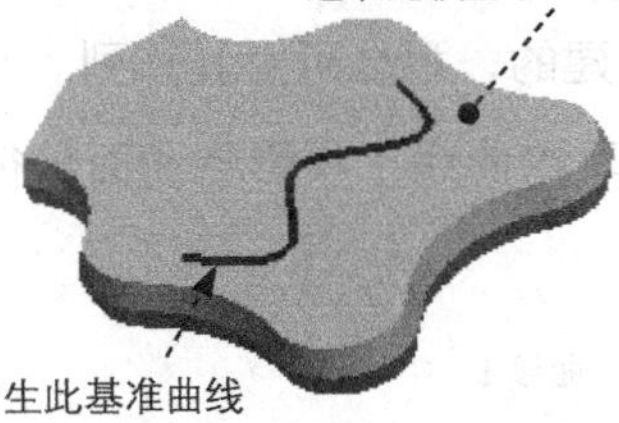

图 5.2.1 创建草绘基准曲线

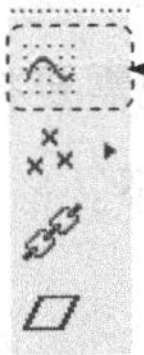

图 5.2.2 工具按钮的位置

步骤 05 单击按钮，退出草绘环境。

5.2.2 复制曲线

用户可以通过已经存在的曲线或曲面的边界，用复制粘贴的方法来创建曲线。

下面以图 5.2.3 所示的模型为例，说明创建复制曲线的一般过程。

步骤 01 将工作目录设置至 D:\proedq5\work\ch05.02.02，打开文件 copy-line.prt。

步骤 02 在屏幕上方的“智能选取”栏中选择“几何”选项，然后在模型中选取图 5.2.3 所示的边线。

步骤 03 选择下拉菜单 编辑(E) → 复制(C) 命令。

步骤 04 选择下拉菜单 编辑(E) → 粘贴(P) 命令，系统弹出图 5.2.4 所示的操控板。

步骤 05 在操控板中单击“完成”按钮，则完成复制曲线操作。

步骤 06 隐藏曲面。

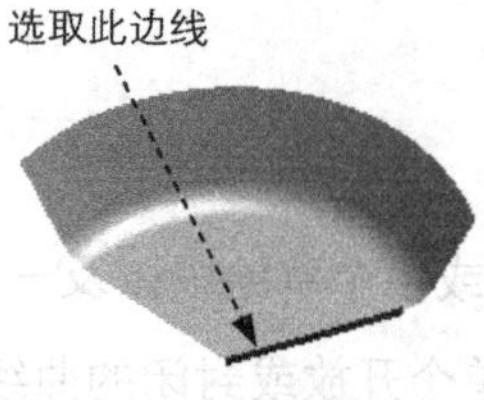

图 5.2.3　选取边线

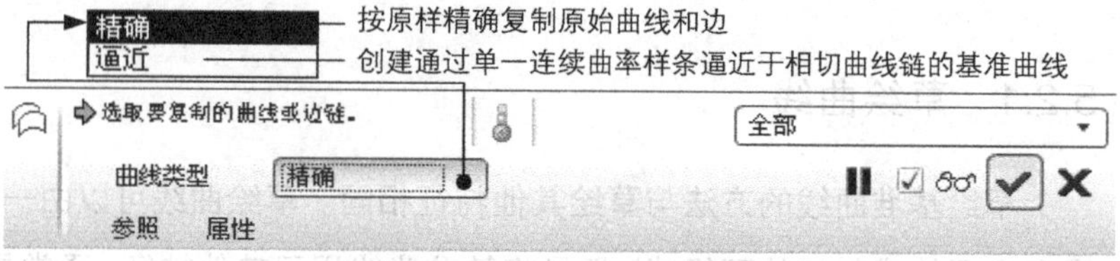

图 5.2.4　操控板

（1）选择导航选项卡中的 ➡ 层树(L) 命令（或单击按钮）。

（2）在层树中选取模型曲面层 QUILT，右击，从弹出的快捷菜单中选择 隐藏 命令；单击“重画”按钮，这样模型的曲面将不显示。

5.2.3　投影曲线

通过草绘一个截面或选取已存在的基准曲线，然后将其投影到一个或多个曲面上，可创建投影基准曲线。可把基准曲线投影到实体表面、曲面、面组或基准平面上。投影的曲面或面组不必是平面。如果曲线是通过在平面上草绘来创建的，那么可对其阵列。

如图 5.2.5 所示，现需要将 DTM1 基准平面上的草绘曲线 1 投影到曲面特征 2 上，产生投影曲线，操作步骤如下。

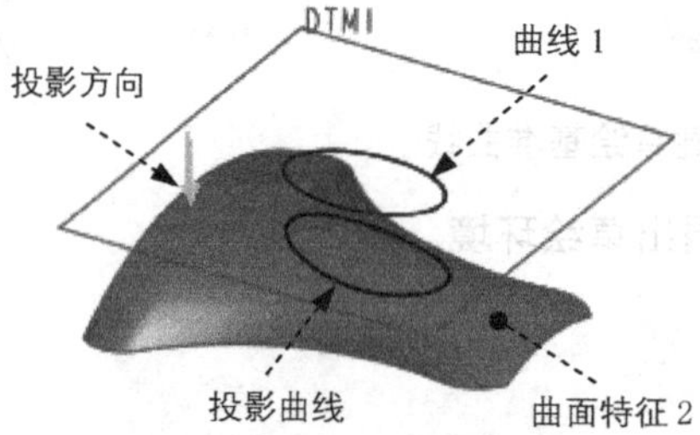

图 5.2.5　通过投影创建基准曲线

步骤 01 将工作目录设置至 D:\proedq5\work\ch05.02.03，打开文件 project-line.prt。

步骤 02 在图 5.2.5 所示的模型中，选择草绘曲线 1。

步骤 03 选择下拉菜单 编辑(E) ➡ 投影(T)... 命令，此时系统显示图 5.2.6 所示的“投影”操控板。

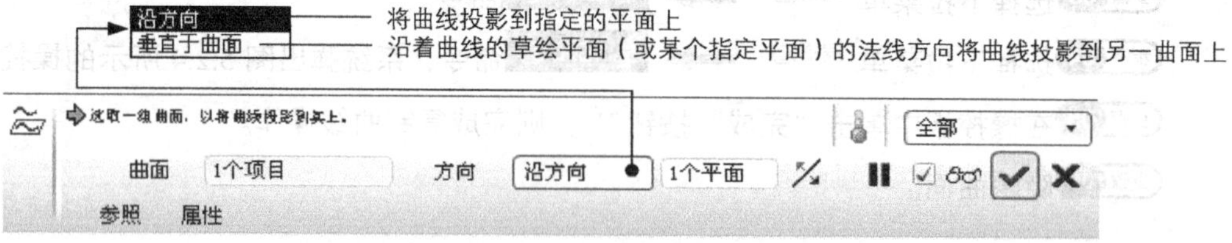

图 5.2.6　“投影”操控板

步骤 04 选择曲面特征 2，系统立即产生图 5.2.5 所示的投影曲线。

步骤 05 在操控板中单击“完成”按钮✓。

5.2.4 相交曲线

这种方法可在零件模型的表面、基准平面与曲面特征的交截处及任意两个曲面特征的交截处创建曲线。每对交截曲面产生一个独立的曲线段，Pro/ENGINEER 将每个相连的段环合成为一条复合曲线。

如图 5.2.7 所示，现需要在曲面 1 和曲面 2 的相交处创建一条曲线，操作步骤如下。

步骤 01 将工作目录设置至 D:\proedq5\work\ch05.02.04，打开文件 intersect-line.prt。

步骤 02 在模型中选择曲面 1，如图 5.2.7 所示。

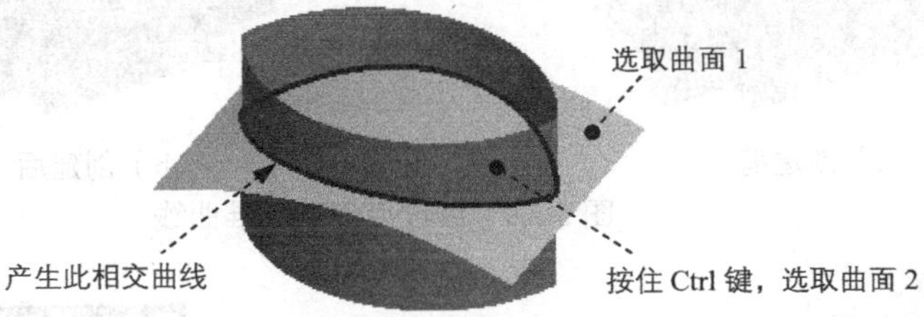

图 5.2.7 用曲面求交的方法创建曲线

步骤 03 选择下拉菜单 编辑(E) → 相交(I)... 命令，此时系统显示图 5.2.8 所示的“相交”操控板。

图 5.2.8 “相交”操控板

步骤 04 按住 Ctrl 键，选择图 5.2.7 中的模型表面 2，系统立即产生图 5.2.7 所示的相交曲线，然后单击操控板中的“完成”按钮✓。

注意

- 如果选定的第一个曲面是实体的表面，则第二个曲面不能是实体的表面。
- 不能在两基准平面的交截处创建相交曲线。

5.2.5 通过点的曲线

可以通过空间中的一系列点创建基准曲线，经过的点可以是基准点、模型的顶点、曲线的端点。如图 5.2.9 所示，现需要经过顶点 1、顶点 2 和顶点 3 创建一条基准曲线，操作步骤如下。

步骤 01 将工作目录设置至 D:\proedq5\work\ch05.02.05，打开文件 point-line.prt。

步骤 02 单击工具栏中的“插入基准曲线”按钮。

步骤 03 在图 5.2.10 中，选择 Thru Points（通过点） ➡ Done（完成）命令。

步骤 04 完成上步操作后，系统弹出图 5.2.11 所示的“曲线通过点”对话框，该对话框显示创建曲线将要定义的元素。

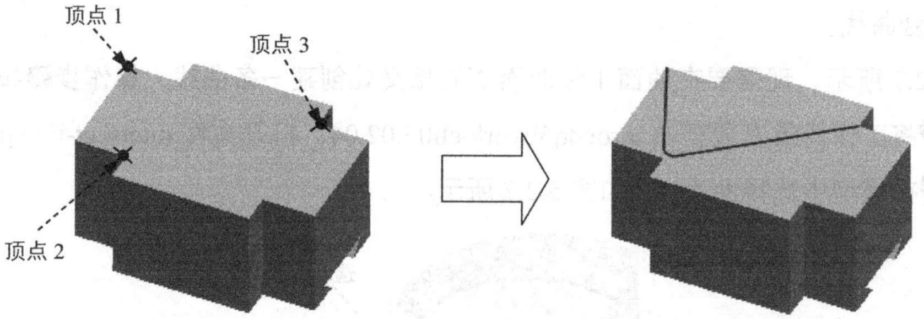

a）创建前　　b）创建后

图 5.2.9　经过点创建基准曲线

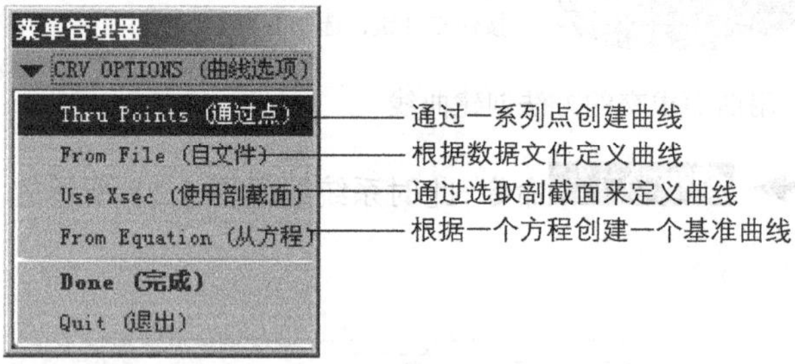

图 5.2.10　“曲线选项”菜单

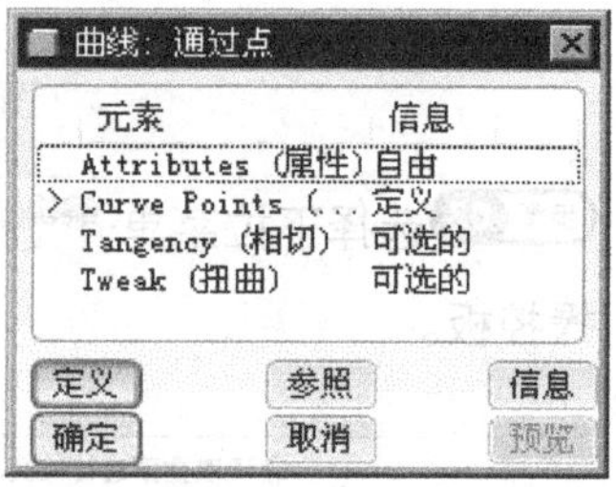

图 5.2.11　“曲线通过点”对话框

（1）在图 5.2.12 所示的“连结类型”菜单中，依次选择 Single Rad（单一半径） ➡ Single Point（单个点） ➡ Add Point（添加点）命令。

（2）选取图 5.2.9a 中的顶点 1、顶点 2 和顶点 3。

（3）在系统 输入折弯半径 的提示下，输入折弯半径值 8，并按回车键。

步骤 05 在图 5.2.12 所示的菜单管理器中单击

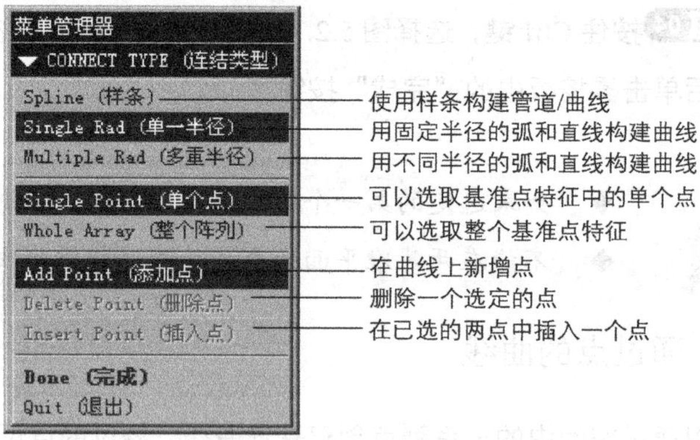

图 5.2.12　“连结类型”菜单

Done (完成)命令，然后单击图 5.2.11 所示的“曲线通过点”对话框中的确定按钮，完成通过点的曲线的创建。

5.2.6 沿曲面偏移曲线

沿曲面创建偏移基准曲线就是将已有的曲线沿曲面进行偏移而得到新的曲线，新曲线的方向（位置）可以通过输入正、负尺寸值来实现。如图 5.2.13a 所示，曲线 1 是曲面上的一条投影曲线，现需要产生图 5.2.13b 所示的偏距曲线，操作步骤如下。

步骤 01 将工作目录设置至 D:\proedq5\work\ch05.02.06，打开文件 curve-offset-surface01.prt。

步骤 02 在图 5.2.13a 所示的模型中，选择曲线 1。

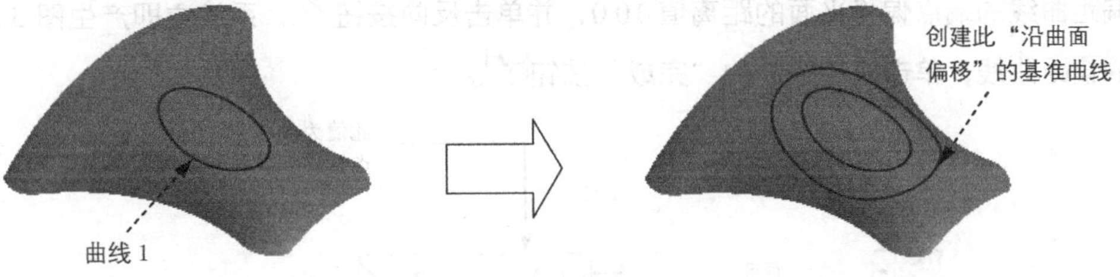

a） 偏移前　　b） 偏移后

图 5.2.13 沿曲面偏移的方法

步骤 03 选择下拉菜单 编辑(E) → 偏移(O)... 命令，系统显示图 5.2.14 所示的“偏移”操控板。

步骤 04 在“偏移”文本框中输入值 6.0，即产生图 5.2.13b 所示的曲线；单击“完成”按钮✓。

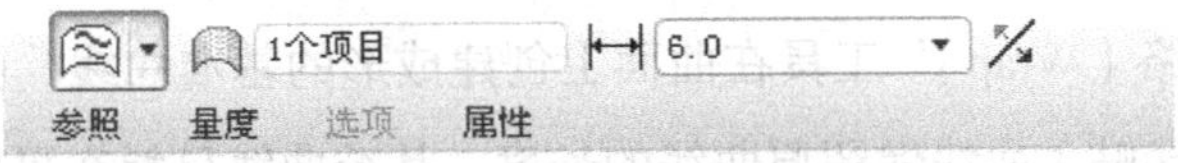

图 5.2.14 “偏移”操控板

5.2.7 垂直于曲面偏移曲线

可以将曲线以某一个偏距同时垂直于某一个曲面为参照来创建基准曲线。

如图 5.2.15a 所示，曲线 1 是曲面上的一条投影曲线，现需要垂直于曲面偏移产生一条偏距曲线，如图 5.2.15b 所示。操作步骤如下。

步骤 01 将工作目录设置至 D:\proedq5\work\ch05.02.07，打开文件 curve-offset-surface02.prt。

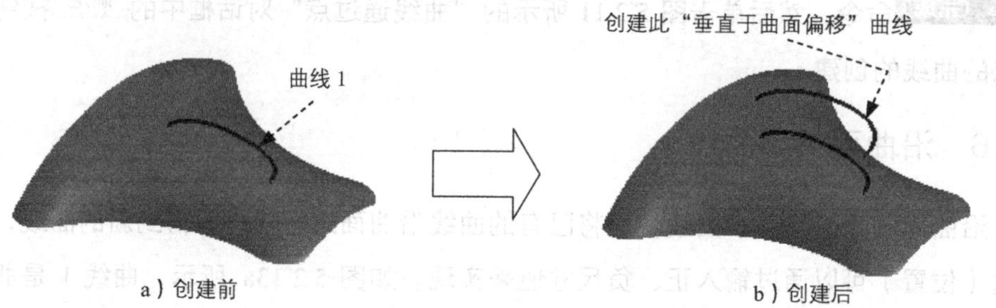

图 5.2.15　垂直于曲面偏移创建基准曲线

步骤 02 在图 5.2.15a 所示的模型中，选择曲线 1。

步骤 03 选择下拉菜单 编辑(E) → 偏移(O)... 命令。

步骤 04 在图 5.2.16 所示的“偏移”操控板中，选择按钮，并在操控板的文本框中输入偏距曲线的端点偏移平面的距离值 10.0，并单击反向按钮，系统立即产生图 5.2.15b 所示的偏距曲线；单击操控板中的“完成”按钮。

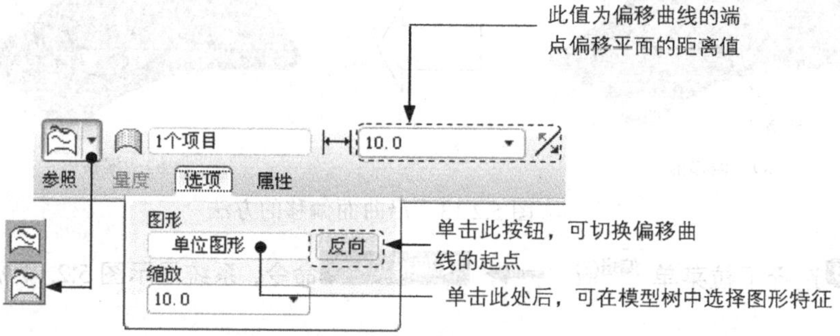

图 5.2.16　“偏移”操控板

5.2.8　包络曲线

可使用“包络（Wrap）”工具在曲面上创建成形的基准曲线，就像将曲线粘贴到曲面上一样。该包络（印贴）曲线保留原曲线的长度。基准曲线只能在可展开的曲面上印贴，比如圆锥面、平面和圆柱面。

如图 5.2.17 所示，现需要将 DTM1 基准平面上的草绘曲线 1 印贴到圆柱面 2 上，产生图中所示的包络曲线，操作步骤如下。

步骤 01 将工作目录设置至 D: \proedq5\work\ch05.02.08，打开文件 wrap-line.prt。

步骤 02 在图 5.2.17 所示的模型中，选择草绘曲线 1。

步骤 03 选择下拉菜单 编辑(E) → 包络(W)... 命令。

步骤 04 此时出现图 5.2.18 所示的“包络”操控板，系统自动选取了圆柱面 2 作为包络曲面，因而也产生了图 5.2.17 所示的包络曲线。

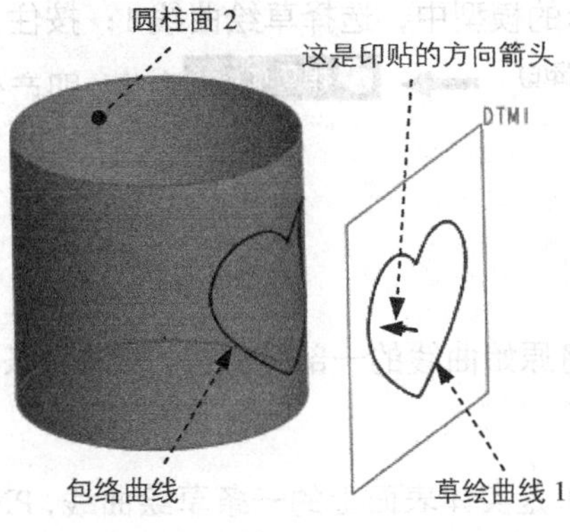

图 5.2.17　创建包络曲线

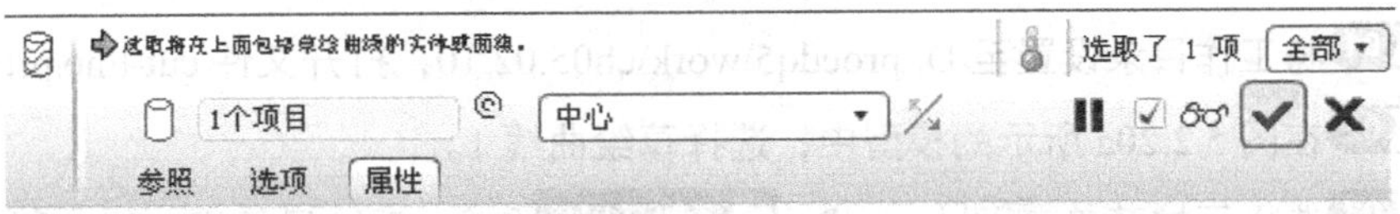

图 5.2.18　“包络”操控板

步骤 05 在操控板中单击“完成”按钮✓。

5.2.9　二次投影曲线

Pro/ENGINEER 可以使用不平行的草绘平面上的两条草绘曲线来创建一条基准曲线。系统沿各自的草绘平面投影两个草绘曲线直到它们相交，并在交截处创建基准曲线，完成的曲线称为二次投影曲线。或者说，系统用两条草绘曲线在各自的草绘平面上创建拉伸曲面，两个拉伸曲面在空间的交线就是二次投影曲线。

如图 5.2.19a 所示，草绘曲线 1 是 TOP 基准平面上的一条草绘曲线，草绘曲线 2 是 RIGHT 基准平面上的一条草绘曲线，现需要创建这两条曲线的二次投影曲线（图 5.2.19b），操作步骤如下。

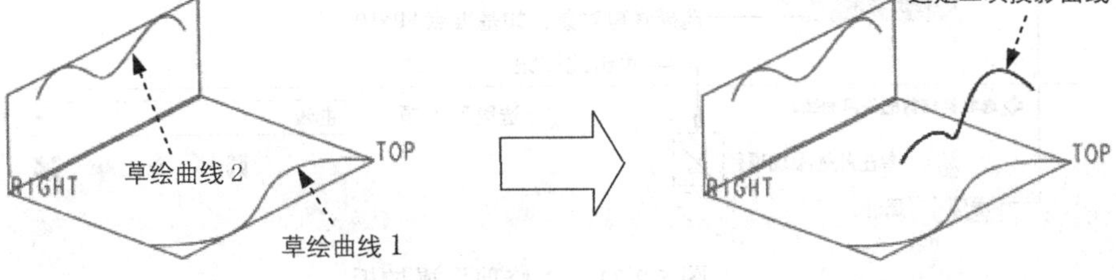

a）投影前　　b）投影后

图 5.2.19　用二次投影创建基准曲线

步骤 01 将工作目录设置至 D:\proedq5\work\ch05.02.09，打开文件 project-line2.prt。

步骤 02 在图 5.2.19a 所示的模型中，选择草绘曲线 1；按住 Ctrl 键，选择草绘曲线 2。

步骤 03 选择下拉菜单 编辑(E) → 相交(I)... 命令，即产生图 5.2.19b 所示的二次投影曲线。

5.2.10 修剪曲线

用修剪创建基准曲线是将原始曲线的一部分截去，变成一条新的曲线；创建修剪曲线后，原始曲线将不可见。

如图 5.2.20a 所示，曲线 1 是实体表面上的一条草绘曲线，PNT0 是曲线 1 上的一基准点，现需要利用 PNT0 将曲线 1 进行修剪，操作步骤如下。

步骤 01 将工作目录设置至 D:\proedq5\work\ch05.02.10，打开文件 cut-line.prt。

步骤 02 在图 5.2.20a 所示的模型中，选择草绘曲线 1。

步骤 03 选择下拉菜单 编辑(E) → 修剪(T)... 命令，系统显示图 5.2.21 所示的"修剪"操控板。

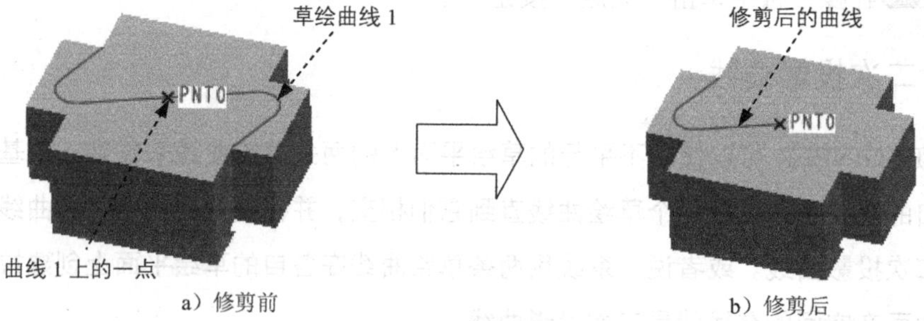

图 5.2.20 用修剪创建基准曲线

步骤 04 选择基准点 PNT0。此时基准点 PNT0 处出现一方向箭头，如图 5.2.22 所示，该箭头指向的一侧为修剪后的保留侧。

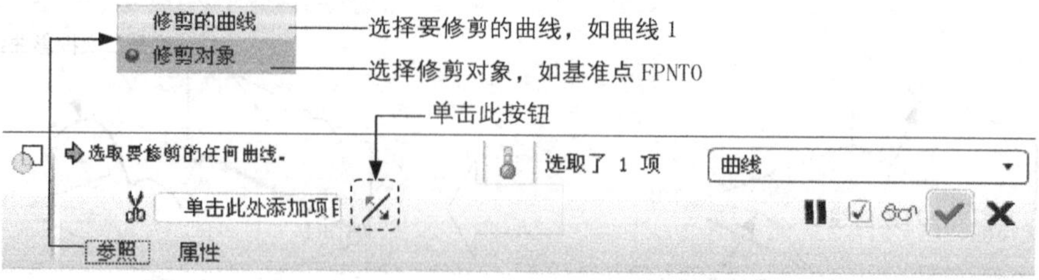

图 5.2.21 "修剪"操控板

说明

- 单击操控板中的按钮，可切换箭头的方向，如图 5.2.23 所示
- 再次单击按钮，出现两个箭头，如图 5.2.24 所示，这意味着将保留整条曲线。

步骤 05 在操控板中单击“完成”按钮，系统立即产生图 5.2.20b 所示的修剪曲线。

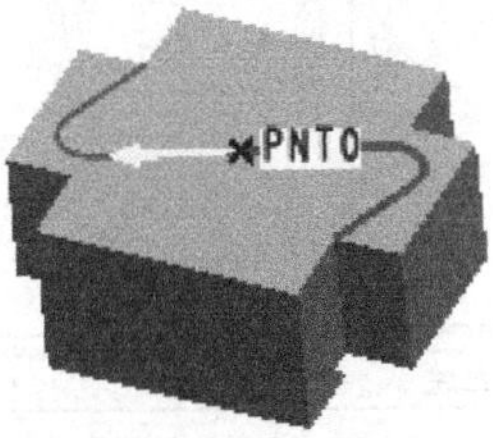

图 5.2.22　系统默认的修剪方向

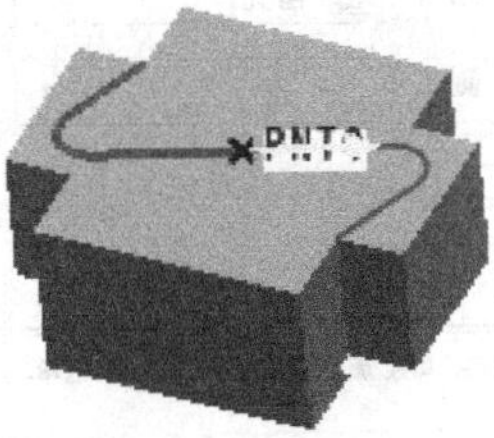

图 5.2.23　切换方向 1

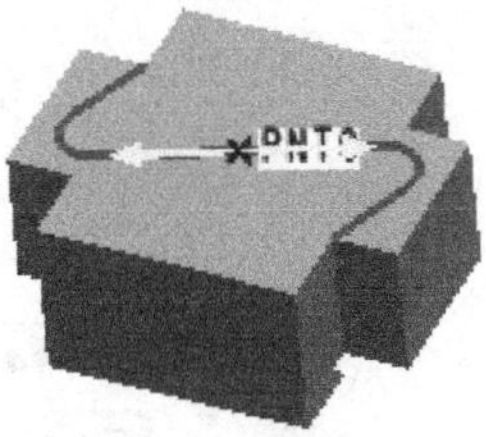

图 5.2.24　切换方向 2

5.3　一般曲面设计

5.3.1　拉伸曲面

拉伸、旋转、扫描和混合等曲面的创建与实体基本相同。下面仅举例说明拉伸曲面的创建过程。图 5.3.1 所示的曲面特征为拉伸曲面，创建过程如下。

步骤 01 新建一个零件模型，将其命名为 extrude-surface。

步骤 02 选择 插入(I) → 拉伸(E)... 命令，此时系统弹出图 5.3.2 所示的拉伸操控板。

图 5.3.1　拉伸曲面

步骤 03 按下操控板中的“曲面类型”按钮。

步骤 04 定义草绘截面放置属性：右击，从弹出的菜单中选择 定义内部草绘... 命令；指定 TOP 基准平面为草绘面，采用模型中默认的黄色箭头的方向为草绘视图方向，指定 RIGHT 基准平面为参照面，方向为 右 。

步骤 05 创建特征截面。进入草绘环境后，首先接受默认参照，然后绘制图 5.3.3 所示的截面草图，完成后单击按钮。

步骤 06 定义曲面特征的"开放"或"闭合"。单击操控板中的 选项，在其界面中进行如下操作。

◆ 选中☑封闭端复选框，使曲面特征的两端部封闭。注意：对于封闭的截面草图，才可选择该项（图 5.3.4）。

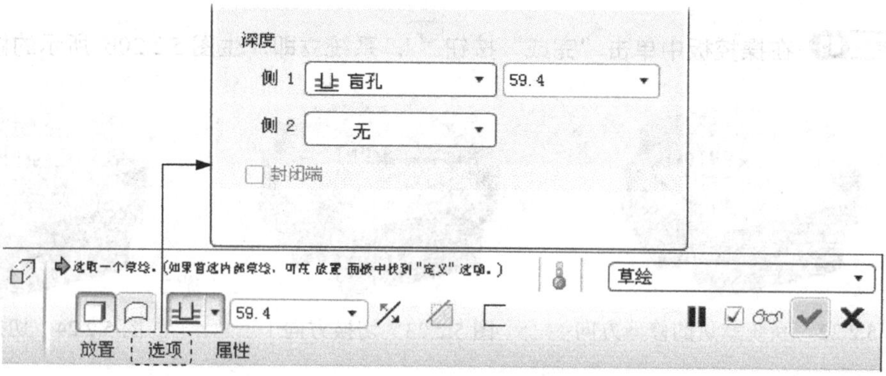

图 5.3.2 拉伸操控板

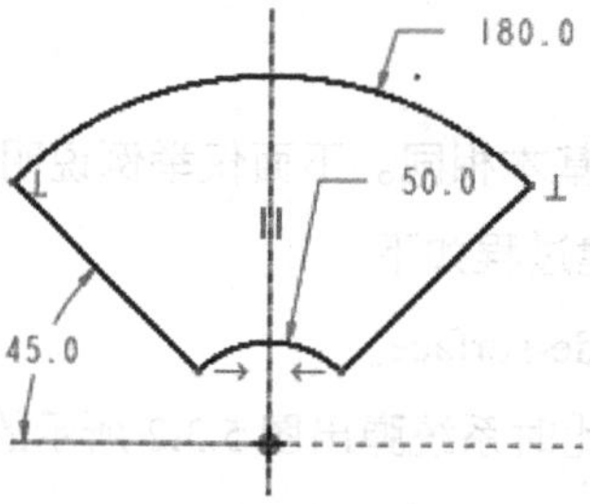

图 5.3.3 截面草图

图 5.3.4 封闭曲面

◆ 取消选中□封闭端复选框，可以使曲面特征的两端部开放（即不封闭）（图 5.3.1）。

步骤 07 选取深度类型及其深度：选取深度类型⊥⊥，输入深度值 120.0 并按回车键。

步骤 08 在操控板中单击"完成"按钮✔，完成曲面特征的创建。

5.3.2 旋转曲面

下面仅举例说明旋转曲面的创建过程。图 5.3.5 所示的曲面特征为旋转曲面，创建的操作步骤如下。

步骤 01 新建一个零件模型，将其命名为 revolve-surface。

步骤 02 选择下拉菜单 插入(I) ➡ 旋转(R)... 命令，按下操控板中的"曲面类型"按钮。

步骤 03 定义草绘截面放置属性。指定 FRONT 基准平面为草绘面；RIGHT 基准平面为参照面，方向为右。

步骤04 创建特征截面：接受默认参照；绘制图 5.3.6 所示的特征截面（截面可以不封闭），注意必须有一条中心线作为旋转轴，完成后单击按钮✓。

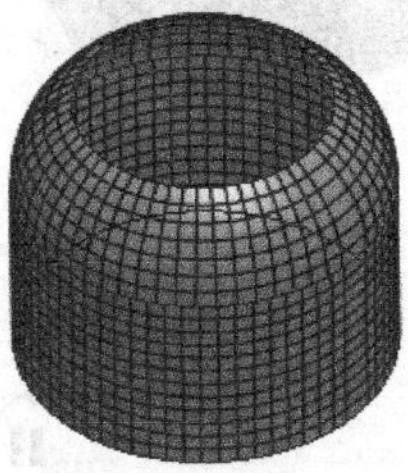

图 5.3.5 旋转曲面

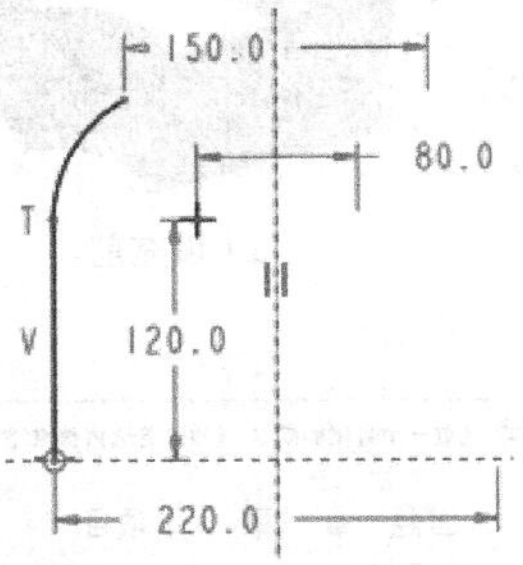

图 5.3.6 截面图形

说明

用户在创建旋转曲面截面草图的时候，必须利用“几何中心线”命令手动绘制旋转轴；如果用户在绘制截面草图的时候绘制一条几何中心线，系统会默认此几何中心线就是所创建的旋转曲面的旋转轴；如果用户在绘制截面草图的时候绘制两条及两条以上的几何中心线，这时系统会将用户绘制的第一条几何中心线作为旋转轴，用户也可以用手动来指定（右击要指定为旋转轴的几何中心线，然后选择“旋转轴”命令）所创建曲面的旋转轴。

步骤05 定义旋转类型及角度：选取旋转类型（即草绘平面以指定角度值旋转），角度值为 360.0。

步骤06 在操控板中单击“完成”按钮✓，完成曲面特征的创建。

5.3.3 填充曲面

编辑(E) 下拉菜单中的 填充(L)... 命令是用于创建平整曲面——填充特征，它创建的是一个二维平面特征。利用 拉伸(E)... 命令也可创建某些平整曲面，不过 拉伸(E)... 有深度参数而 填充(L)... 无深度参数（图 5.3.7）。

注意

填充特征的截面草图必须是封闭的。

创建填充曲面的一般操作步骤如下。

步骤01 将工作目录设置至 D:\proedq5\work\ch05.03.03，打开文件 fill-surface.prt。

步骤02 选择下拉菜单 编辑(E) → 填充(L)... 命令，此时屏幕上方出现图 5.3.8 所示的填充操控板。

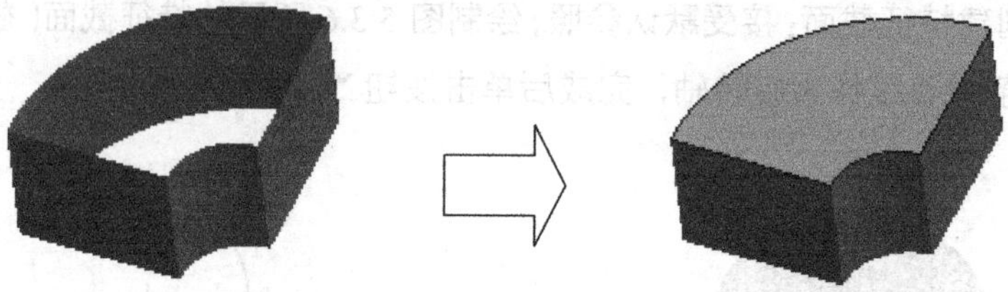

a（填充前　　　　　　b（填充后

图 5.3.7　填充曲面

图 5.3.8　填充操控板

步骤 03 在绘图区中右击，从弹出的快捷菜单中选择 定义内部草绘... 命令；选取 TOP 基准平面为草绘面；采用系统默认的参照平面和方向；进入草绘环境后，利用“使用边”命令创建图 5.3.9 所示的截面草图，完成后单击按钮✓。

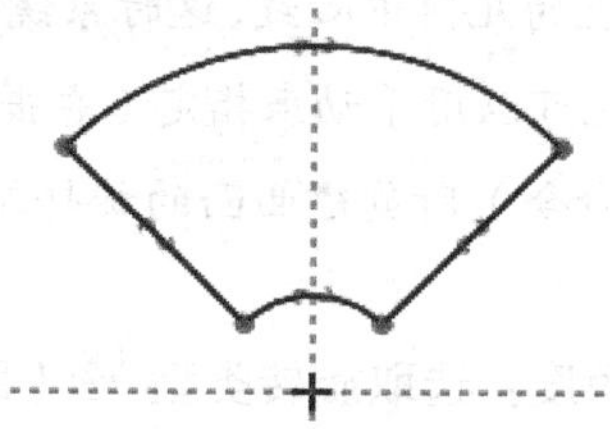

图 5.3.9　截面草图

步骤 04 在操控板中单击“完成”按钮✓，完成填充曲面特征的创建。

5.4　高级曲面设计

5.4.1　边界混合曲面

边界混合曲面即是由若干参照图元（它们在一个或两个方向上定义曲面）所确定的混合曲面。在每个方向上选定的第一个和最后一个图元定义曲面的边界。如果添加更多的参照图元（如控制点和边界），则能更精确、更完整地定义曲面形状。

选取参照图元的规则如下。

- 曲线、模型边、基准点、曲线或边的端点可作为参照图元使用。
- 在每个方向上，都必须按连续的顺序选择参照图元。
- 对于在两个方向上定义的混合曲面来说，其外部边界必须形成一个封闭的环，这意味着外部边界必须相交。

1. 创建边界混合曲面的一般过程

下面以图 5.4.1 为例介绍创建边界混合曲面的一般过程。

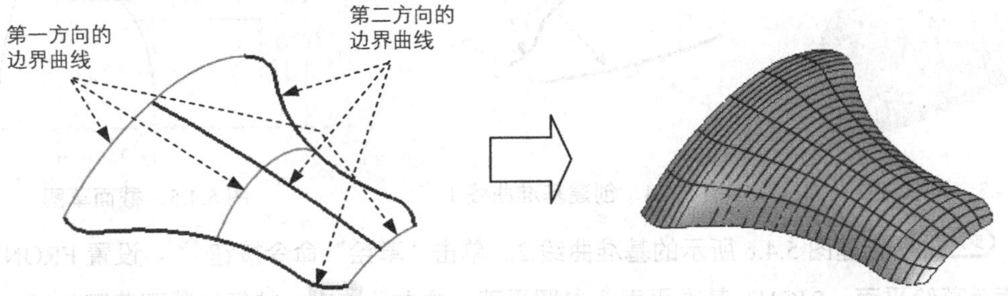

图 5.4.1 创建边界曲面

步骤 01 将工作目录设置至 D:\proedq5\work\ch05.04.01，打开文件 boundary-surface.prt。

步骤 02 选择 插入(I) → 边界混合(B)... 命令，屏幕上方出现图 5.4.2 所示的操控板。

步骤 03 定义第一方向的边界曲线。按住 Ctrl 键，分别选取图 5.4.1 所示的第一方向的两条边界曲线。

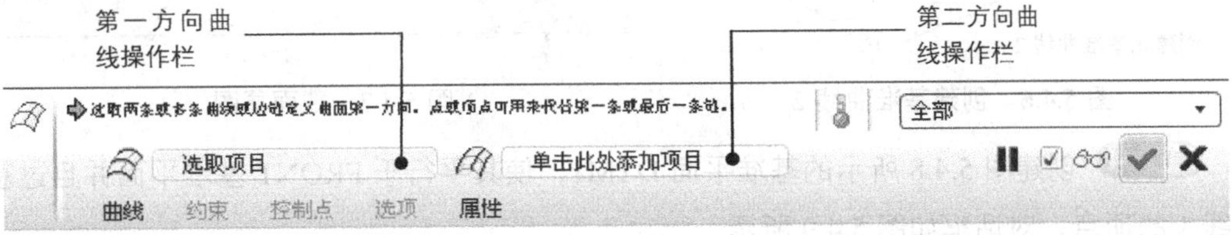

图 5.4.2 操控板

步骤 04 定义第二方向的边界曲线。在操控板中单击图标后面的第二方向曲线操作栏中的“单击此处添加项目”字符，按住 Ctrl 键，分别选取第二方向的两条边界曲线。

步骤 05 在操控板中单击“完成”按钮，完成边界曲面的创建。

2. 边界曲面的练习

本练习介绍用“边界混合曲面”的方法，创建图 5.4.3 所示的洗衣液瓶的曲面的详细操作过程。

任务 01 创建基准曲线

步骤 01 新建一个零件的三维模型，将其命名为 bottle。

步骤 02 创建图 5.4.4 所示的基准曲线 1，相关操作如下。

（1）单击“草绘”按钮。

（2）设置 TOP 基准平面为草绘平面，RIGHT 基准平面为参照平面，方向为 右；接受系统默认参照 FRONT 和 RIGHT 基准平面；特征的截面草图如图 5.4.5 所示。

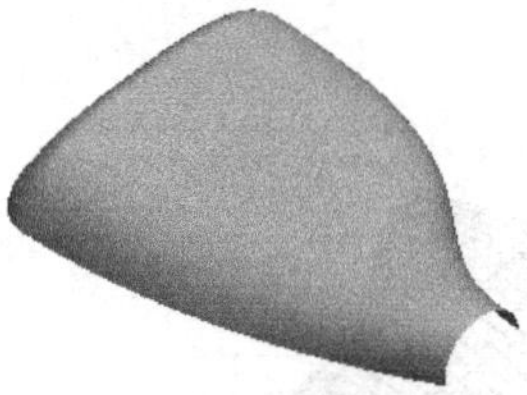

图 5.4.3 洗衣液瓶曲面

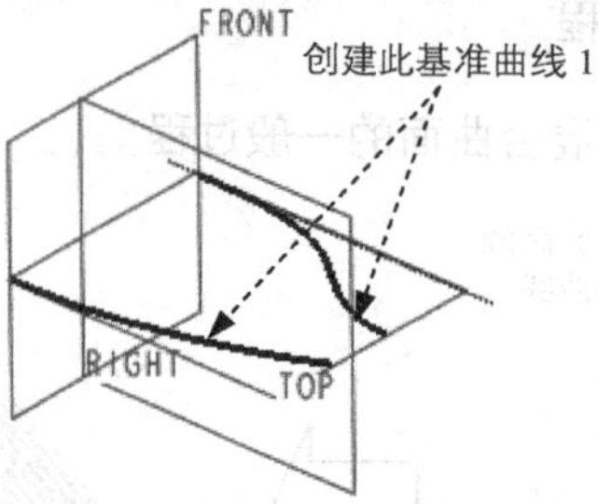

图 5.4.4 创建基准曲线 1

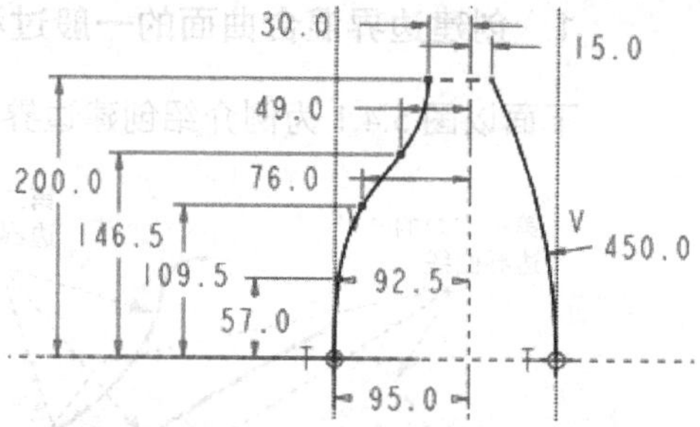

图 5.4.5 截面草图

步骤 03 创建图 5.4.6 所示的基准曲线 2。单击“草绘”命令按钮 。设置 FRONT 基准平面为草绘平面，RIGHT 基准平面为参照平面，方向为 右；特征的截面草图如图 5.4.7 所示。

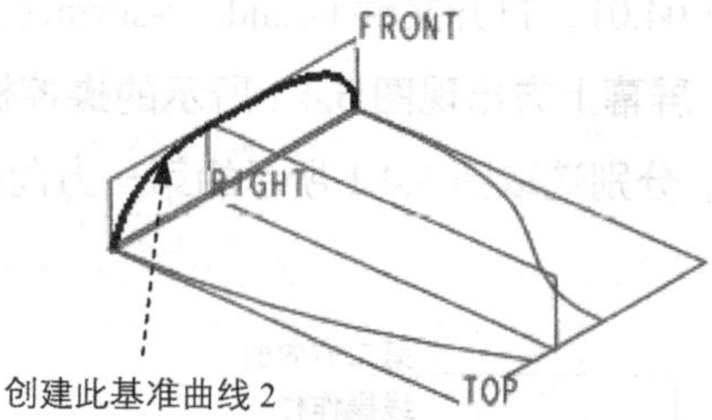

图 5.4.6 创建基准曲线 2

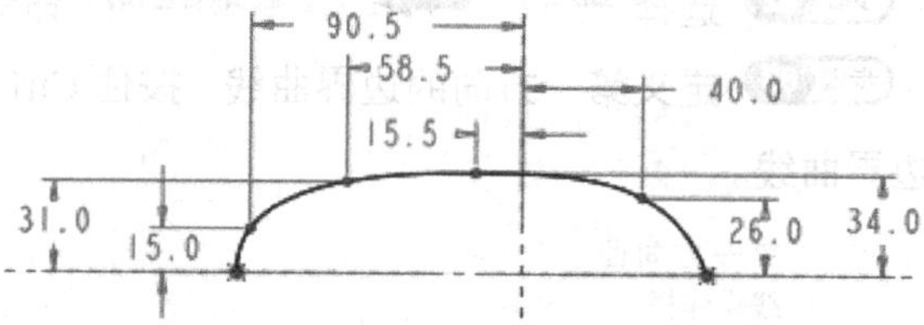

图 5.4.7 截面草图

步骤 04 创建图 5.4.8 所示的基准平面 DTM1，使其平行于 FRONT 基准平面并且过基准曲线 1 的顶点，对话框如图 5.4.9 所示。

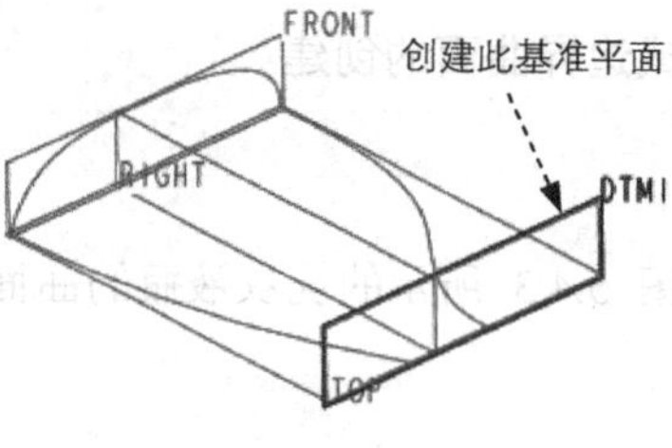

图 5.4.8 创建基准平面 1

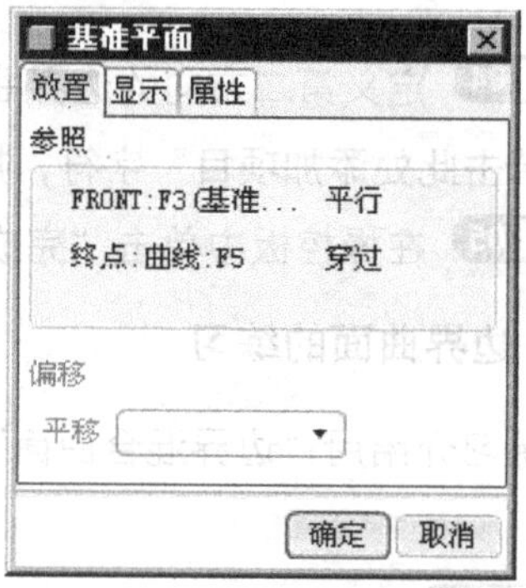

图 5.4.9 “基准平面”对话框

步骤 05 创建图 5.4.10 所示的基准曲线 3。单击“草绘”命令按钮 ；设置 DTM1 基准平面为草绘平面，RIGHT 基准平面为参照平面，方向为 左；特征的截面草图（草图为半圆）如图 5.4.11 所示（选取基准曲线 1 的两个顶点为草绘参照）。

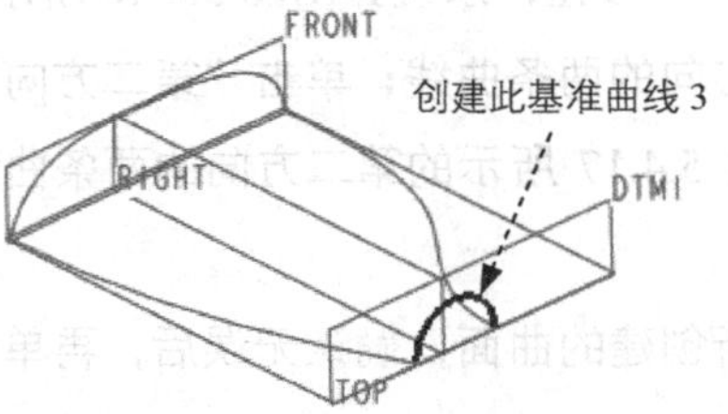

图 5.4.10 创建基准曲线 3

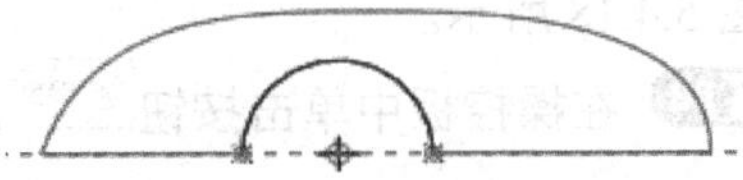

图 5.4.11 截面草图

步骤 06 创建图 5.4.12 所示的基准曲线 4。单击“草绘”命令按钮；设置 TOP 基准平面为草绘平面，RIGHT 基准平面为参照平面，方向为底部；特征的截面草图如图 5.4.13 所示（选取基准曲线 1 的两个顶点为草绘参照）。

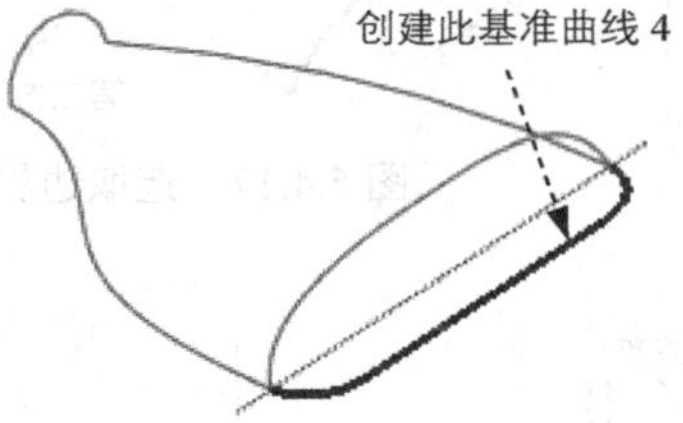

图 5.4.12 创建基准曲线 4

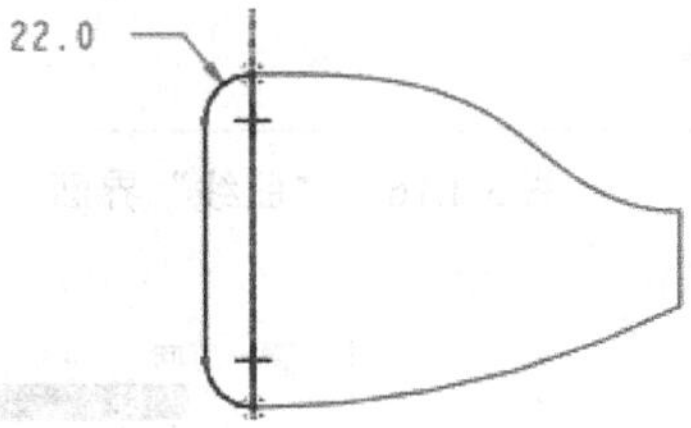

图 5.4.13 截面草图

任务 02 创建边界曲面 1

如图 5.4.14 所示，该洗衣液瓶零件模型包括两个边界曲面，下面是创建边界曲面 1 的操作步骤：

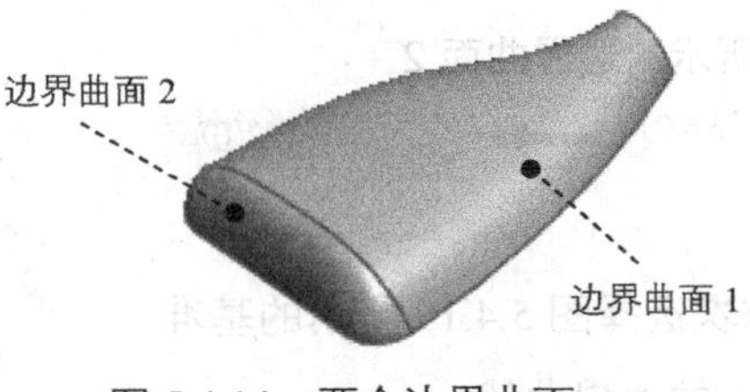

图 5.4.14 两个边界曲面

步骤 01 选择下拉菜单 插入(I) → 边界混合(B)... 命令，此时在屏幕上方出现图 5.4.15 所示的操控板。

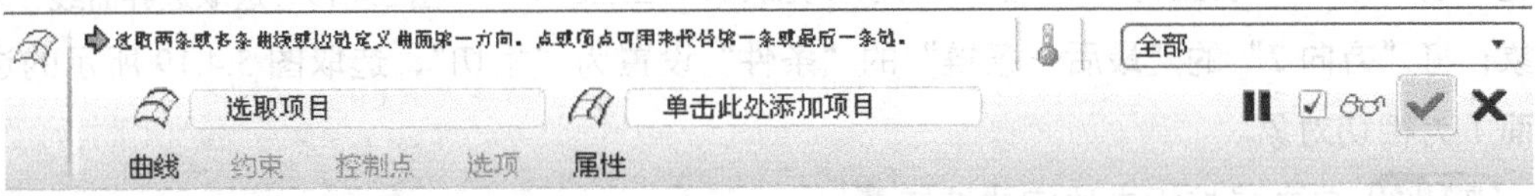

图 5.4.15 操控板

步骤 02 选取边界曲线。在操控板中单击 曲线 按钮，系统弹出图 5.4.16 所示的“曲线”界面，按住 Ctrl 键，选择图 5.4.17 所示的第一方向的两条曲线；单击“第二方向”区域中的“单击此处...”字符，然后按住 Ctrl 键，选择图 5.4.17 所示的第二方向的两条曲线，此时的界面如图 5.4.18 所示。

步骤 03 在操控板中单击按钮 ☑ 👓，预览所创建的曲面，确认无误后，再单击“完成”按钮 ✓。

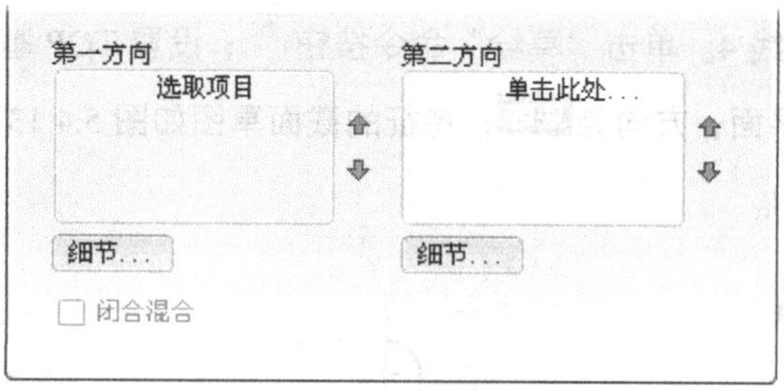

图 5.4.16 “曲线”界面

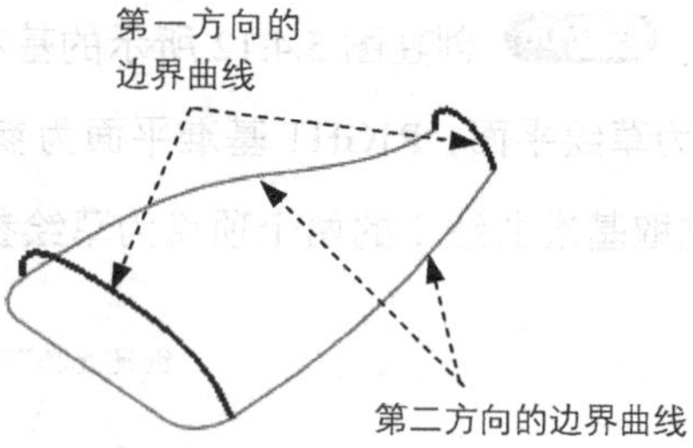

图 5.4.17 选取边界曲线

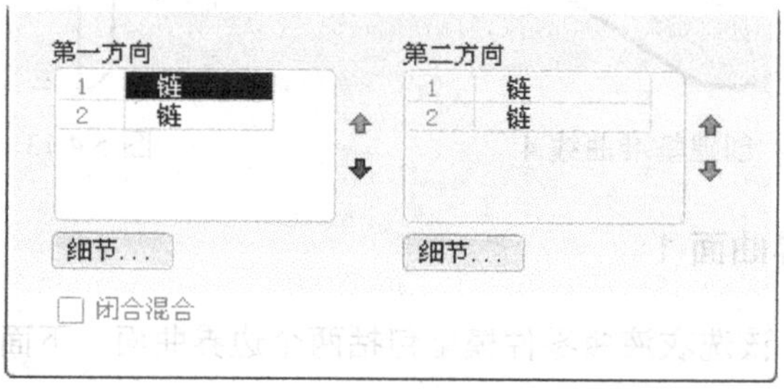

图 5.4.18 “曲线”界面

任务 03 创建图 5.4.19 所示的边界曲面 2

步骤 01 选择下拉菜单 插入(I) → 边界混合(B)... 命令。

步骤 02 按住 Ctrl 键，依次选择图 5.4.19 所示的基准曲线 4 和基准曲线 2 为方向 1 的边界曲线。

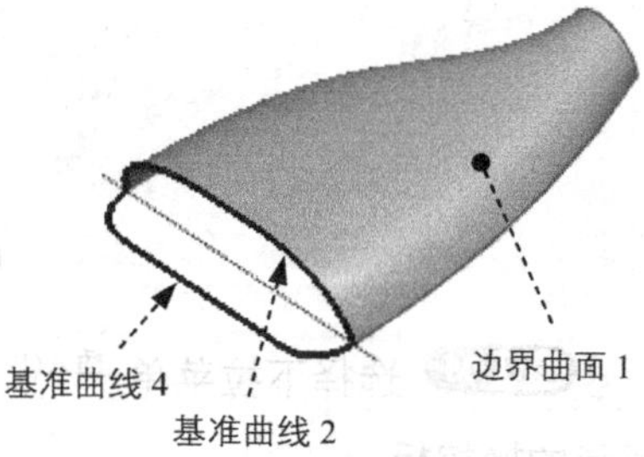

图 5.4.19 选取边界曲线

步骤 03 设置边界条件。在操控板中单击 约束 按钮，在图 5.4.20 所示的“约束”界面中将“方向 1”的“第一条链”的“条件”设置为“垂直”，采用系统默认的垂直对象；将“方向 2”的“最后一条链”的“条件”设置为“相切”，选取图 5.4.19 所示的边界曲面 1 为相切对象。

步骤 04 单击操控板中的完成按钮 ✓。

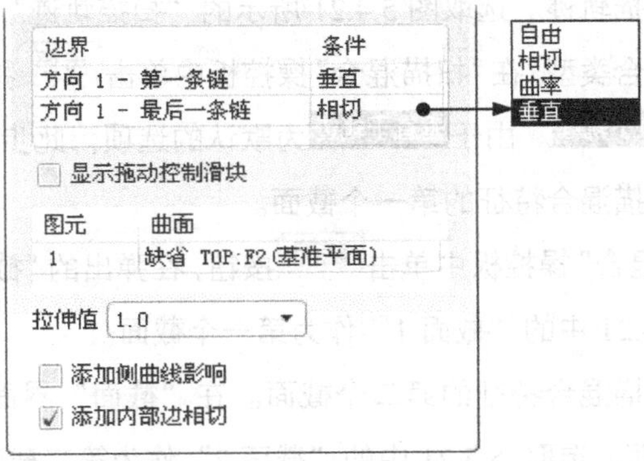

图 5.4.20 “约束”界面

5.4.2 扫描混合曲面

将一组截面在其边处用过渡曲面沿某一条轨迹线“扫掠”形成一个连续特征，这就是扫描混合（Swept Blend）特征，它集合了扫描特征和混合特征的优点，提供了一种更好的特征创建方法。扫描混合特征需要一条扫描轨迹和至少两个截面。

下面说明图 5.4.21 中创建扫描混合特征的一般过程。

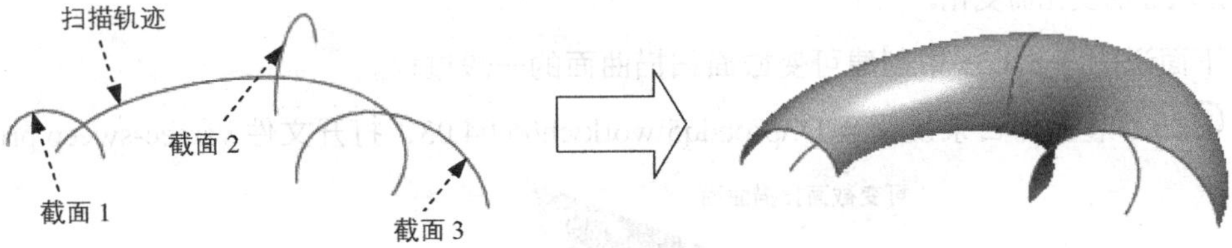

图 5.4.21 扫描混合特征

步骤 01 将工作目录设置至 D:\proedq5\work\ch05.04.02，打开文件 sweep-boundary.prt。

步骤 02 选择下拉菜单 插入(I) → 扫描混合(S)... 命令，系统弹出图 5.4.22 所示的“扫描混合”操控板，在操控板中按下“曲面”类型按钮。

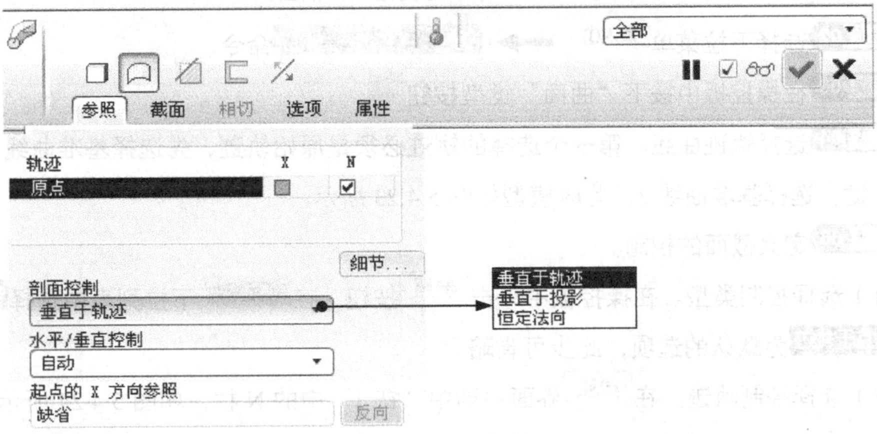

图 5.4.22 “扫描混合”操控板

步骤 03 定义扫描轨迹。选取图 5.4.21 所示的“扫描轨迹”曲线。

步骤 04 定义混合类型。在“扫描混合”操控板中单击 参照 按钮，在“参照”界面的 剖面控制 下拉列表中选择 垂直于轨迹。由于 垂直于轨迹 为默认的选项，此步可省略。

步骤 05 创建扫描混合特征的第一个截面。

（1）在“扫描混合”操控板中单击 截面 按钮，在弹出的“截面”界面中选择 ◉ 所选截面。

（2）选取图 5.4.21 中的“截面 1”作为第一个截面。

步骤 06 创建扫描混合特征的第二个截面。在“截面”界面中单击 插入 按钮，此时可以选取第二个截面。选取 5.5.21 中的“截面 2”作为第二截面；单击截面 2 的箭头，更改箭头的起始点。

步骤 07 参照 步骤 06 选取图 5.4.21 中的“截面 3”作为第三截面。

步骤 08 单击操控板中的完成按钮 ☑ 完成扫描混合特征的创建（图 5.4.21）。

5.4.3 可变截面扫描曲面

可变截面扫描（Var Sec Sweep）特征是将一个截面与多个扫描轨迹结合起来，并可以使截面随着扫描轨迹的变化而变化。

下面说明图 5.4.23 中创建可变截面扫描曲面的一般过程。

步骤 01 将工作目录设置至 D:\proedq5\work\ch05.04.03，打开文件 varsec-sweep.prt。

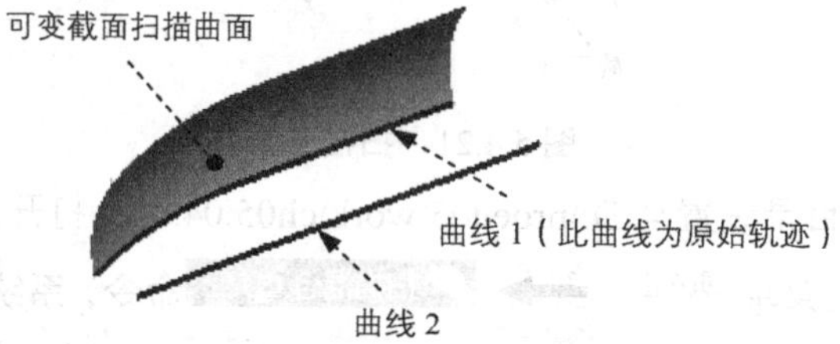

图 5.4.23 可变截面扫描曲面

步骤 02 选择下拉菜单 插入(I) ➡ 可变截面扫描(V)... 命令。

步骤 03 在操控板中按下“曲面”类型按钮。

步骤 04 选择轨迹曲线。第一个选择的轨迹必须是原始轨迹，先选择基准曲线 1，然后按住 Ctrl 键，选择基准曲线 2，此时模型如图 5.4.23 所示。

步骤 05 定义截面的控制。

（1）选择控制类型。在操控板中单击 参照 按钮，在 剖面控制 下拉列表中选择 垂直于轨迹。由于 垂直于轨迹 为默认的选项，此步可省略。

（2）选择控制轨迹。在 参照 界面中选中“链 1”中的 N 栏，如图 5.4.24 所示。

步骤 06 创建可变截面扫描特征的截面。在操控板中单击“草绘”按钮，进入草绘环境后，创建图 5.4.25 所示的可变截面扫描特征的截面，然后单击“草绘完成”按钮。

步骤 07 单击“完成”按钮，完成特征的创建。

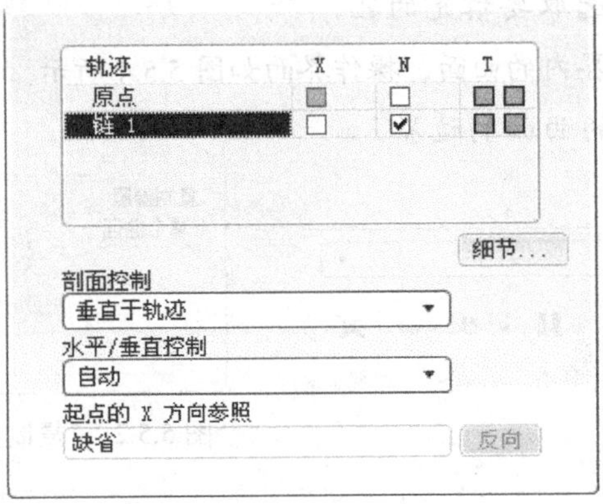

图 5.4.24 “参照”界面

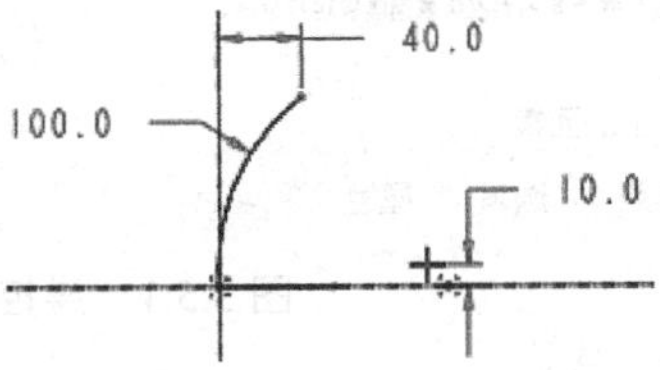

图 5.4.25 截面草图

5.5 曲面的编辑

5.5.1 复制曲面

编辑(E) 下拉菜单中的 复制(C) 命令用于曲面的复制，复制的曲面与源曲面形状和大小相同。曲面的复制功能在模具设计中定义分型面时特别有用。注意要激活 复制(C) 工具，首先必须选取一个曲面。

1. 曲面复制的一般过程

在 Pro/ENGINNER 野火版 5.0 中，曲面复制的操作过程如下。

步骤 01 在屏幕上方的“智能选取”栏中选择“几何”或“面组”选项，然后在模型中选取某个要复制的曲面。

步骤 02 选择下拉菜单 编辑(E) → 复制(C) 命令。

步骤 03 选择下拉菜单 编辑(E) → 粘贴(P) 命令，系统弹出图 5.5.1 所示的操控板，在该操控板中选择合适的选项（按住 Ctrl 键，可选取其他要复制的曲面）。

步骤 04 在操控板中单击“完成”按钮，则完成曲面的复制操作。

对图 5.5.1 所示操控板的说明如下。

参照 按钮：设定复制参照。操作界面如图 5.5.2 所示。

选项 按钮。

◆ 按原样复制所有曲面 单选项：按照原来样子复制所有曲面。

◆ 排除曲面并填充孔单选项：复制某些曲面，可以选择填充曲面内的孔。操作界面如图 5.5.3 所示。

- 排除轮廓：选取要从当前复制特征中排除的曲面。
- 填充孔/曲面：在选定曲面上选取要填充的孔。

◆ 复制内部边界单选项：仅复制边界内的曲面。操作界面如图 5.5.4 所示。

- 边界曲线：定义包含要复制的曲面的边界。

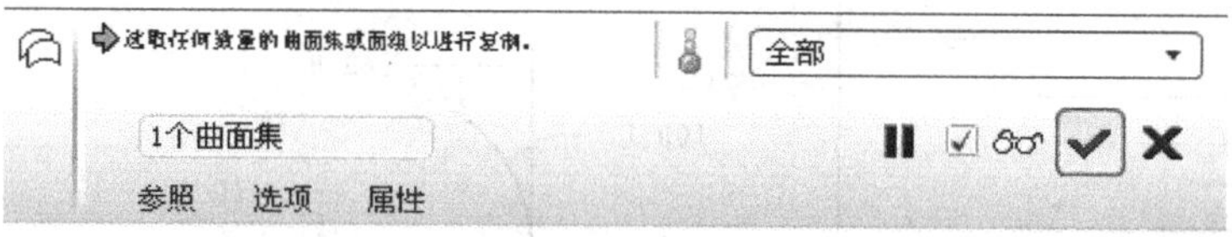

图 5.5.1 操控板

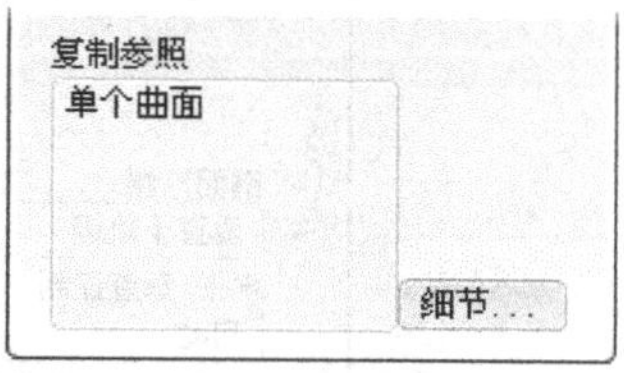

图 5.5.2 “复制参照”界面

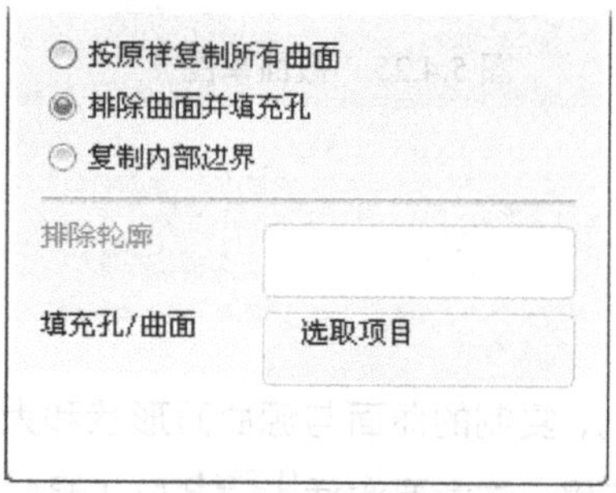

图 5.5.3 排除曲面并填充孔

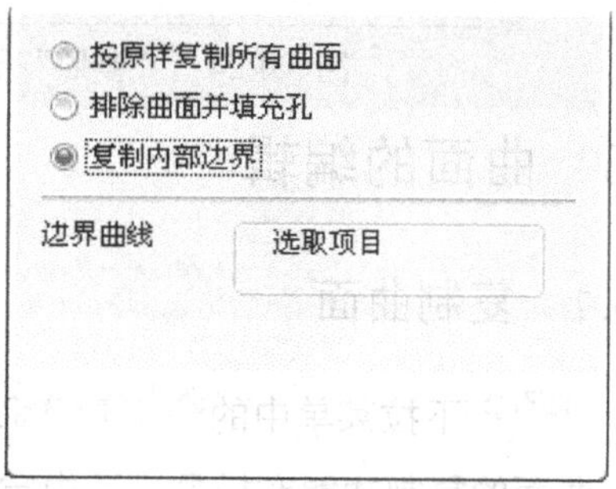

图 5.5.4 复制内部边界

2. 曲面选取的方法介绍

读者可打开文件 D:\proedq5\work\ch05.05.01\copy-surface.prt 进行练习。

◆ 选取独立曲面：在曲面复制状态下，选取图 5.5.5 所示的“智能选取”栏中的曲面，再选取要复制的曲面。选取多个独立曲面需按 Ctrl 键；要去除已选的曲面，只需单击此面即可，如图 5.5.6 所示。

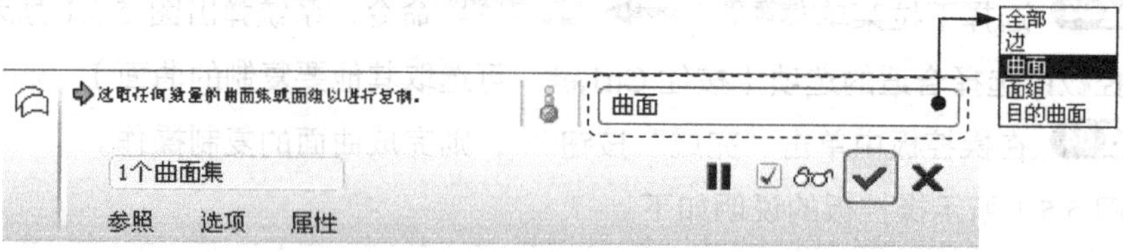

图 5.5.5 “智能选取”栏

◆ 通过定义种子曲面和边界曲面来选择曲面：这种方法将选取从种子曲面开始向四周延伸直到边界曲面的所有曲面（其中包括种子曲面，但不包括边界曲面）。如图 5.5.7

所示，左键单击选取模型的顶部平面，使该曲面成为种子曲面，然后按住键盘上的Shift键，同时左键单击模型的圆角面，使该曲面成为边界曲面，完成这两个操作后，则从种子曲面到边界曲面间的所有曲面都将被选取（不包括模型的圆角面），如图5.5.8所示。

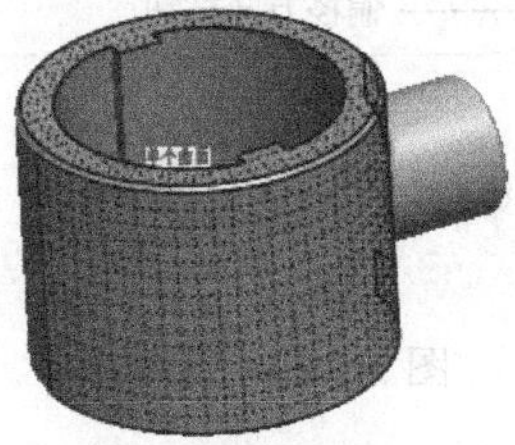

图 5.5.6 选取要复制的曲面

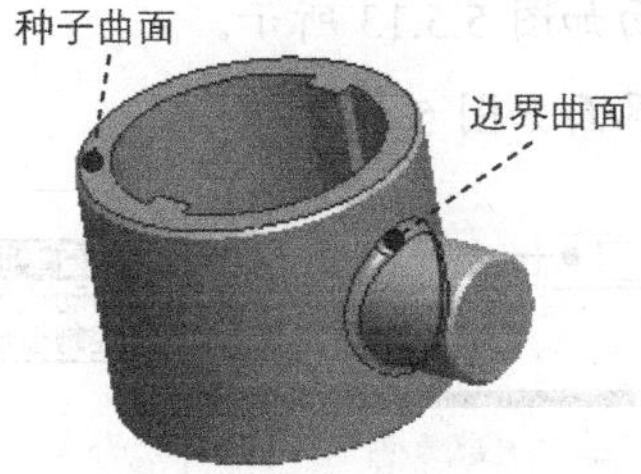

图 5.5.7 定义“种子”面和“边界”面

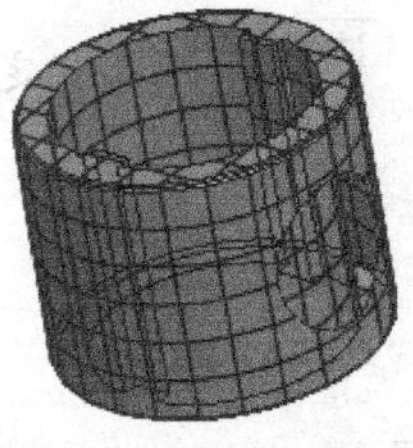

图 5.5.8 完成曲面的复制

- 选取面组曲面：在图 5.5.5 所示的“智能选取”栏中，选择“面组”选项，再在模型上选择一个面组，面组中的所有曲面都将被选取。
- 选取实体曲面：在图形区右击，系统弹出图 5.5.9 所示的快捷菜单，选择 实体曲面 命令，实体中的所有曲面都将被选取。
- 选取目的曲面：在模型中的多个相关联的曲面组成目的曲面。

首先选取图 5.5.5 所示的“智能选取栏”中的“目的曲面”，然后再选取某一曲面。如选取图 5.5.10 所示的曲面，可形成图 5.5.11 所示的目的曲面。

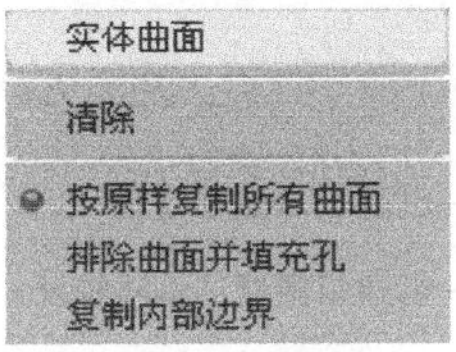

图 5.5.9 快捷菜单

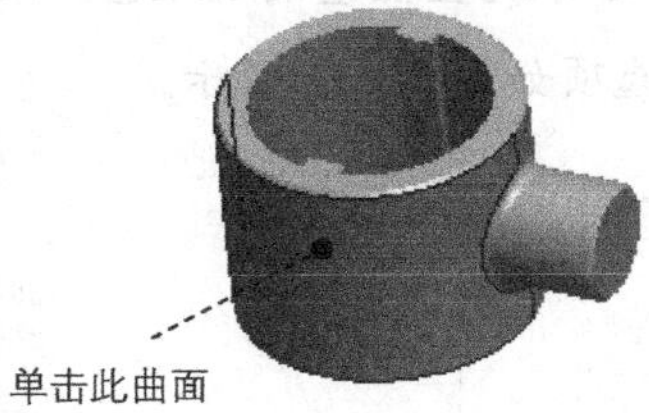

图 5.5.10 操作过程 1

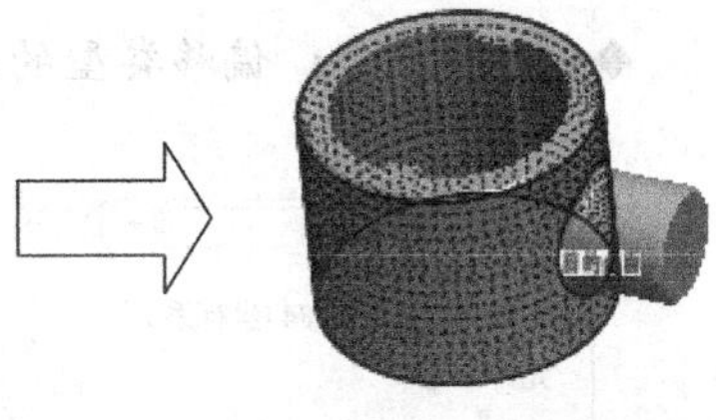

图 5.5.11 操作过程 2

5.5.2 偏移曲面

编辑(E) 下拉菜单中的 偏移(O)... 命令用于创建偏移的曲面。注意要激活 偏移(O)... 工具，首先必须选取一个曲面。偏移操作由图 5.5.12 所示的操控板完成。

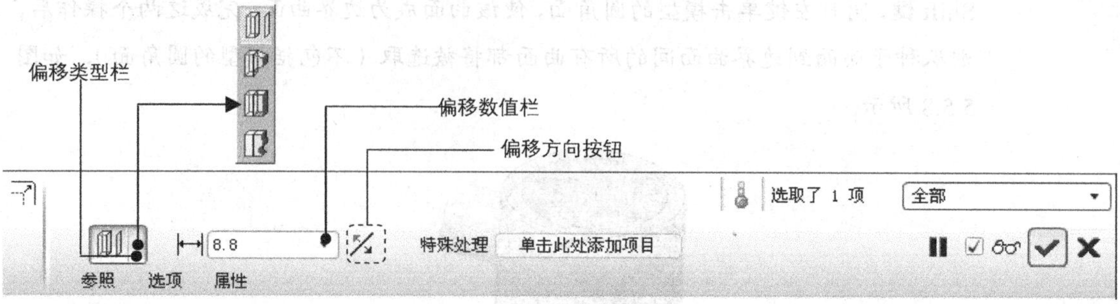

图 5.5.12　操控板

对曲面“偏距”操控板的说明如下。

◆ 参照：用于指定要偏移的曲面，操作界面如图 5.5.13 所示。
◆ 选项：用于指定要排除的曲面等，操作界面如图 5.5.14 所示。

图 5.5.13　“参照”界面

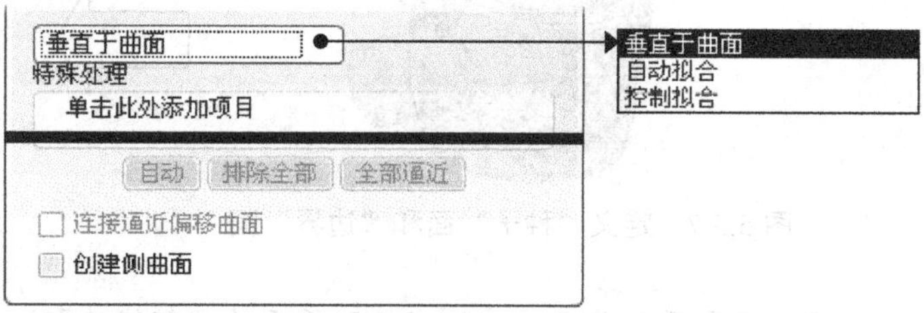

图 5.5.14　“选项”界面

- 垂直于曲面：偏距方向将垂直于原始曲面（默认项）。
- 自动拟合：系统自动将原始曲面进行缩放，并在需要时平移它们。不需要其他的用户输入。
- 控制拟合：在指定坐标系下将原始曲面进行缩放并沿指定轴移动，以创建“最佳拟合”偏距。要定义该元素，选择一个坐标系，并通过在“X 轴”、“Y 轴”和“Z 轴”选项之前放置检查标记，选择缩放的允许方向(图 5.5.15)。

◆ 偏移类型：偏移类型的各选项如图 5.5.16 所示。

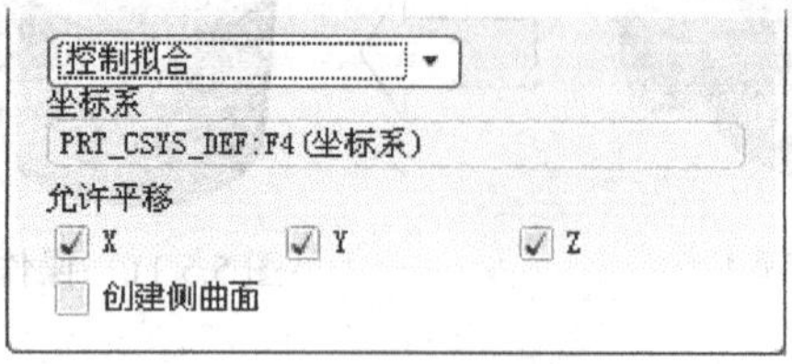

图 5.5.15　选择“控制拟合”

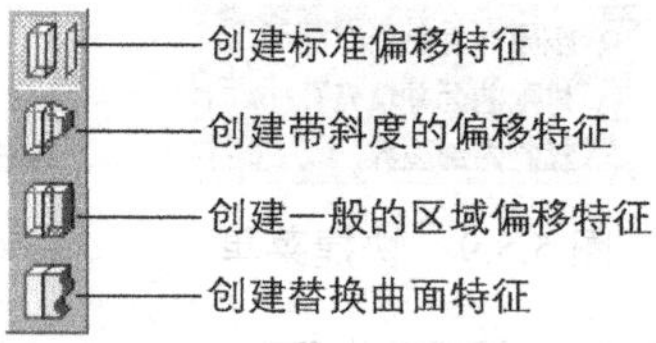

图 5.5.16　偏移类型

1. 标准偏移

标准偏移是从一个实体表面创建偏移的曲面，或者从一个曲面表面创建偏移的曲面（图 5.5.17）。操作步骤如下。

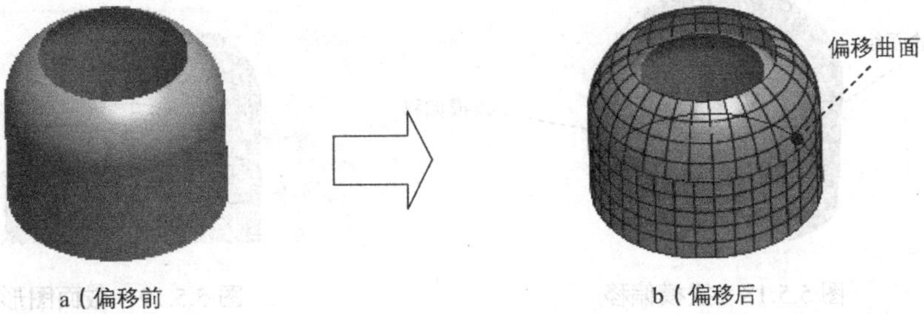

图 5.5.17　曲面标准偏移

步骤 01 将工作目录设置至 D:\proedq5\work\ch05.05.02，打开文件 offset-surface.prt。

步骤 02 选取要偏移的对象。选取图 5.5.17 所示的旋转曲面作为要偏移的曲面。

步骤 03 选择下拉菜单 编辑(E) → 偏移(O)... 命令。

步骤 04 定义偏移类型。在操控板的偏移类型栏中选取（标准）。

步骤 05 定义偏移值。在操控板的偏移数值栏中输入偏移距离值 30.0。

步骤 06 在操控板中单击按钮，预览所创建的偏移曲面，然后单击按钮，完成操作。

2. 拔模偏移

曲面的拔模偏移就是在曲面上创建带斜度侧面的区域偏移。拔模偏移特征可用于实体表面或面组。下面介绍在图 5.5.18 所示的面组上创建拔模偏移的操作过程。

步骤 01 将工作目录设置至 D:\proedq5\work\ch05.05.02，打开文件 draft-surface.prt。

步骤 02 选取图 5.5.18 所示的要拔模偏移的面组。

步骤 03 选择下拉菜单 编辑(E) → 偏移(O)... 命令。

步骤 04 定义偏移类型：在操控板的偏移类型栏中选取（即带有斜度的偏移）。

步骤 05 定义偏移控制属性：单击操控板中的 选项，选取 垂直于曲面。

步骤 06 定义偏移选项属性：在操控板中选取 侧曲面垂直于 为 ◉ 曲面，选取 侧面轮廓 为 ◉ 直。

步骤 07 草绘拔模区域。在绘图区右击，选择 定义内部草绘... 命令；设置 DTM1 基准平面为草绘平面，TOP 基准平面为参照平面，方向为 顶；接受系统给出的默认参照；创建图 5.5.19 所示的封闭草绘几何（可以绘制多个封闭草绘几何）。

步骤 08 输入偏移值 6.0；输入侧面的拔模角度值 10.0，并单击按钮，系统使用该角度相对于它们的默认位置对所有侧面进行拔模。此时的操控板界面如图 5.5.20 所示。

步骤 09 在操控板中单击按钮☑ 👓，预览所创建的偏移曲面，然后单击按钮✔，至此完成操作。

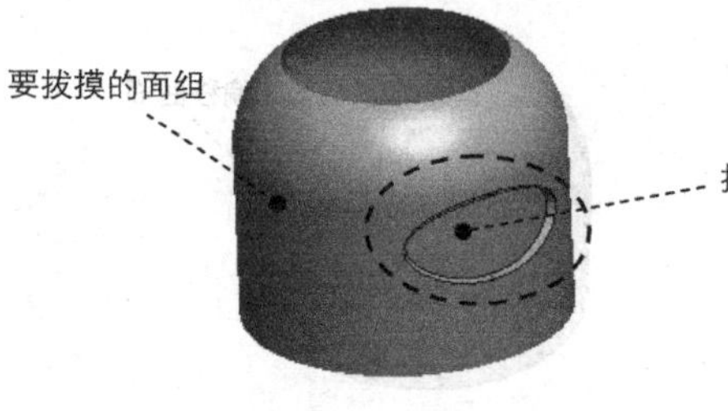

图 5.5.18 拔模偏移

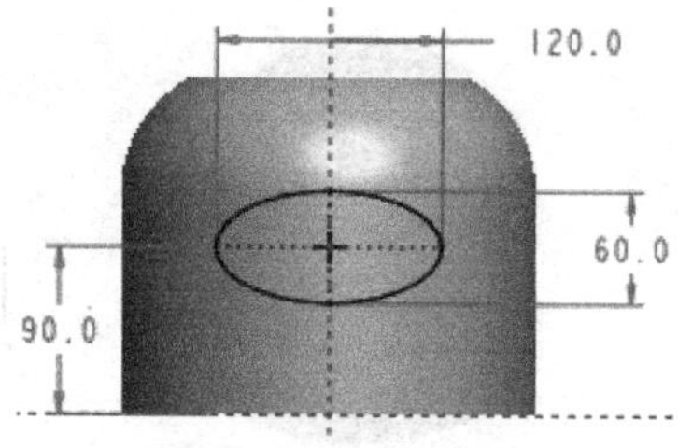

图 5.5.19 截面图形

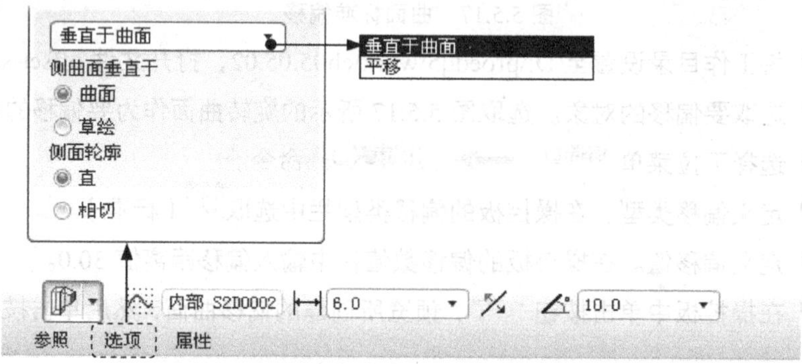

图 5.5.20 操控板界面

5.5.3 延伸曲面

曲面的延伸（Extend）就是将曲面延长某一距离或延伸到某一平面，延伸部分曲面与原始曲面类型可以相同，也可以不同。下面以图 5.5.21 为例，说明曲面延伸的一般操作过程。

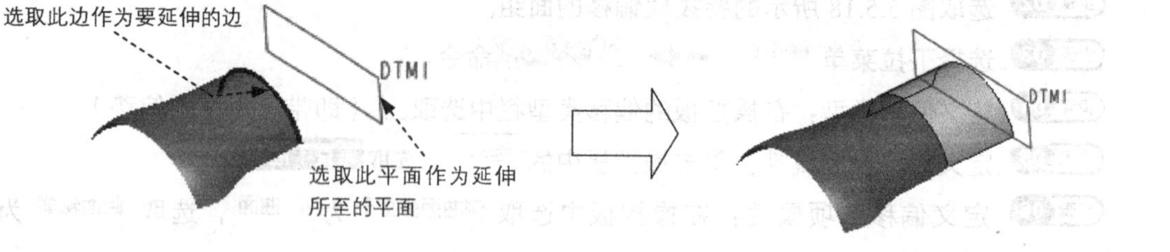

a）延伸前 b）延伸后

图 5.5.21 曲面延伸

步骤 01 将工作目录设置至 D：\proedq5\work\ch05.05.03，打开文件 extend-surface.prt。

步骤 02 在“智能选取”栏中选取 几何 选项（图 5.5.22），然后选取图 5.5.21a 中的边作为要延伸的边。

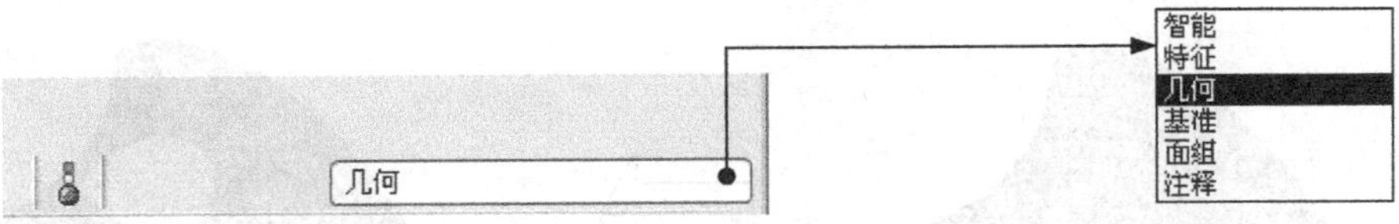

图 5.5.22 “智能选取”栏

步骤 03 选择下拉菜单 编辑(E) → 延伸(X)... 命令，此时出现图 5.5.23 所示的操控板。

步骤 04 在操控板中按下按钮（延伸类型为“至平面”）。

步骤 05 选取延伸中止面，如图 5.5.21b 所示。

对延伸类型说明如下。

◆ ：沿原始曲面延伸曲面，包括下列三种方式，如图 5.5.24 所示。

- 相同：创建与原始曲面相同类型的延伸曲面（如平面、圆柱、圆锥或样条曲面）。将按指定距离并经过其选定的原始边界延伸原始曲面。
- 相切：创建与原始曲面相切的延伸曲面。
- 逼近：延伸曲面与原始曲面形状逼近。

◆ ：将曲面边延伸到一个指定的终止平面。

步骤 06 单击按钮，预览延伸后的面组，确认无误后，单击“完成”按钮。

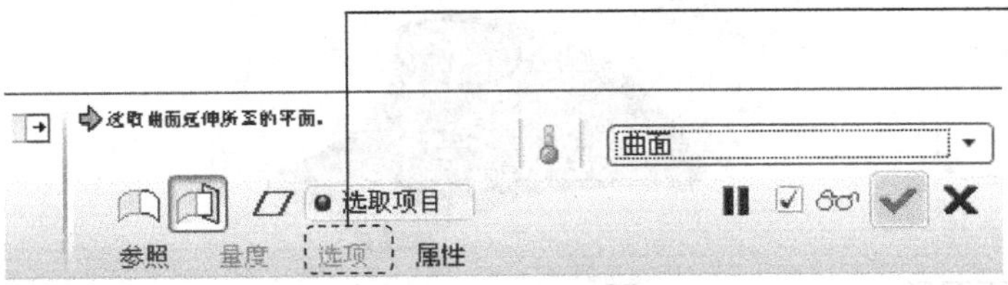

图 5.5.23 操控板

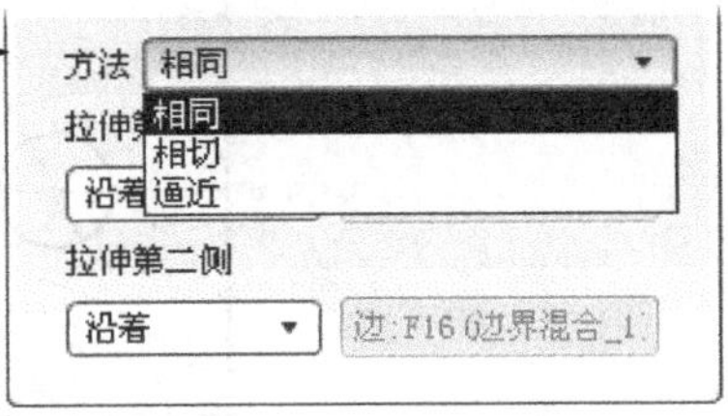

图 5.5.24 “选项”界面

5.5.4 修剪曲面

曲面的修剪（Trim）就是将选定曲面上的某一部分剪除掉，它类似于实体的切削（Cut）功能。曲面的修剪有许多方法，下面将分别介绍。

1. 一般的曲面修剪

在 拉伸(E)...、旋转(R)...、扫描混合(S)... 和 可变截面扫描(V)... 命令操控板中按下“曲面类型”按钮及“移除材料”按钮，或选择 扫描(S)、混合(B)、螺旋扫描(H) 命令下的 曲面修剪(S)... 命令，可产生一个“修剪”曲面，用这个“修剪”曲面可将选定曲面上的某一部分剪除掉。注意：产生的“修剪”曲面只用于修剪，而不会出现在模型中。

下面以对图 5.5.25 中的曲面模型进行修剪为例，说明基本形式的曲面修剪的一般操作过程。

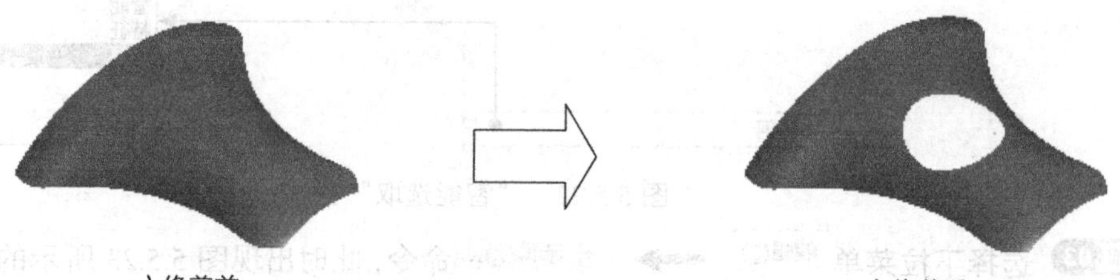

a）修剪前　　　　b）修剪后

图 5.5.25　曲面的修剪

步骤 01 将工作目录设置至 D:\proedq5\work\ch05.05.04，打开文件 cut-surface01.prt。

步骤 02 单击“拉伸”命令按钮，此时系统弹出拉伸特征操控板。

步骤 03 按下操控板中的“曲面类型”按钮及“移除材料”按钮。

步骤 04 选择图 5.5.25a 所示的面组为要修剪的曲面。

步骤 05 定义修剪曲面特征的截面要素：在操控板中单击 放置 选项卡，然后单击 定义... 按钮，设置 DTM1 基准平面为草绘平面，RIGHT 基准平面为参照平面，方向为 右；特征截面如图 5.5.26 所示。

步骤 06 在操控板中选取深度类型均为（穿过所有）；切削方向如图 5.5.27 所示。

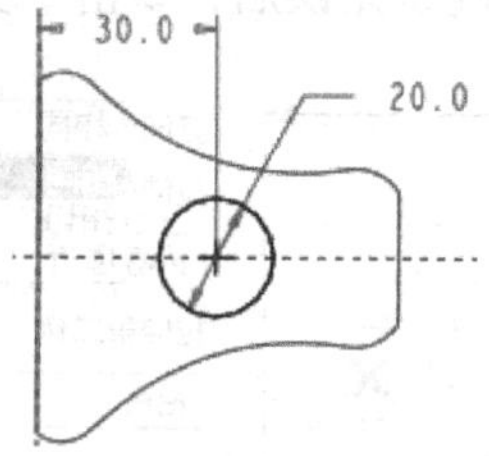

图 5.5.26　截面图形

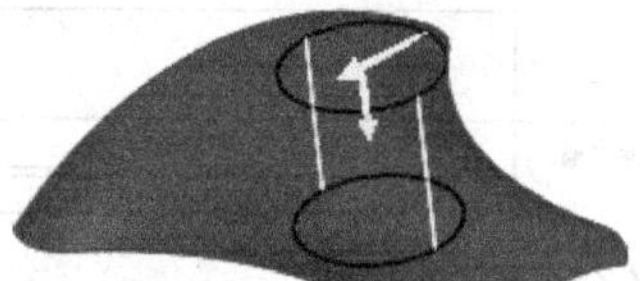

图 5.5.27　切削方向

步骤 07 在操控板中单击“预览”按钮，查看所创建的特征，然后单击按钮，完成操作。

2. 用面组或曲线修剪面组

通过选择下拉菜单 编辑(E) → 修剪(T)... 命令，可以用另一个面组、基准平面或沿一个选定的曲线链来修剪面组。其操控板界面如图 5.5.28 所示。

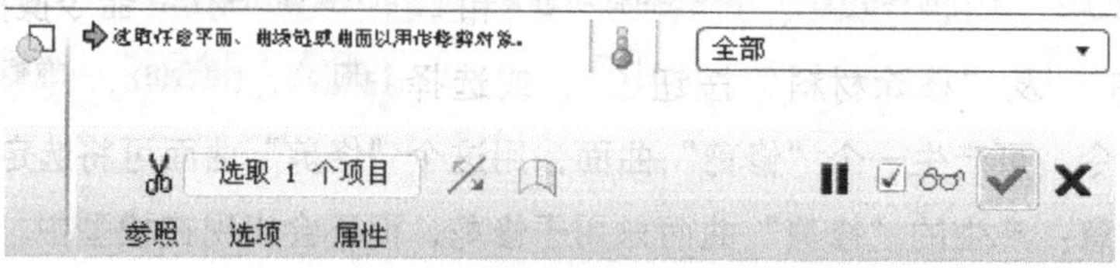

图 5.5.28　操控板

下面以图 5.5.29 为例，说明其操作过程。

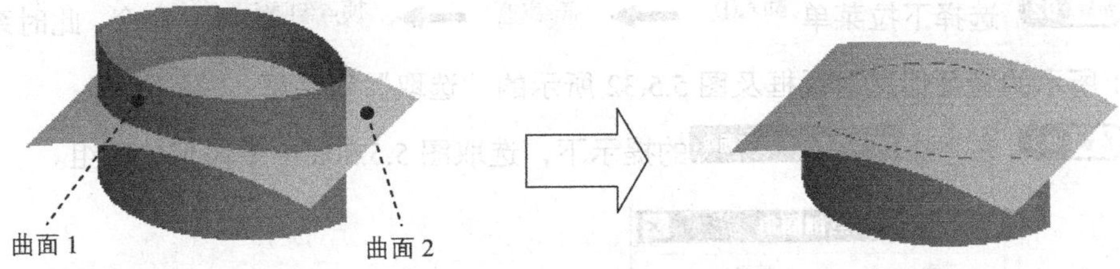

a）修剪前　　b）修剪后

图 5.5.29　修剪面组

步骤 01 将工作目录设置至 D：\proedq5\work\ch05.05.04，打开文件 cut-surface02.prt。

步骤 02 选取图 5.5.29a 所示的曲面 1 为要修剪的曲面。

步骤 03 选择下拉菜单 编辑(E) → 修剪(T)... 命令，系统弹出修剪操控板。

步骤 04 在系统 ➡选取任意平面、曲线链或曲面以用作修剪对象。的提示下，选取图 5.5.29a 所示的曲面 2 为修剪对象。

步骤 05 确定要保留的部分。在操控板中单击反向按钮，更改曲面修剪的方向。

步骤 06 在操控板中单击按钮 ☑ 👓，预览修剪的结果；单击按钮 ✔，则完成修剪。

如果用曲线进行曲面的修剪，要注意如下几点。

- ◆ 修剪面组的曲线可以是基准曲线，或者是模型内部曲面的边线，或者是实体模型边的连续链。
- ◆ 用于修剪的基准曲线应该位于要修剪的面组上。
- ◆ 如果曲线未延伸到面组的边界，系统将计算其到面组边界的最短距离，并在该最短距离方向继续修剪。

3. 用“顶点倒圆角”选项修剪面组

选择下拉菜单 插入(I) → 高级(V) → 顶点倒圆角(X)... 命令，可以创建一个圆角来修剪面组，如图 5.5.30 所示。

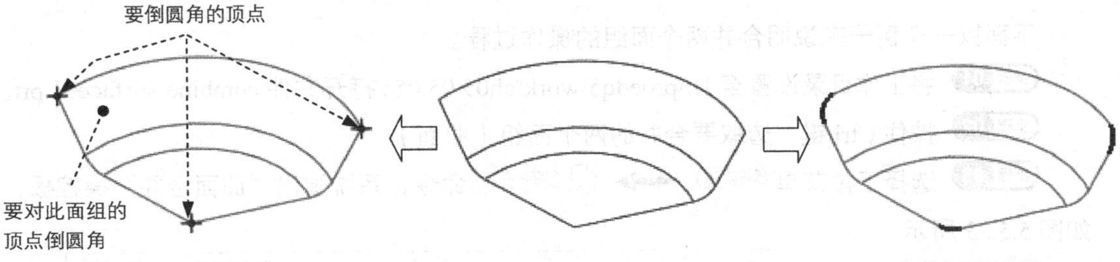

a）顶点倒圆角前　　b）顶点倒圆角后

图 5.5.30　用“顶点倒圆角”选项修剪面组

操作步骤如下。

步骤 01 将工作目录设置至 D：\proedq5\work\ch05.05.04，打开文件 cut-surface03.prt。

步骤 02 选择下拉菜单 插入(I) ➡ 高级(V) ➡ 顶点倒圆角(X)... 命令，此时系统弹出图 5.5.31 所示的特征信息对话框及图 5.5.32 所示的“选取”对话框。

步骤 03 在系统 ➡选取求交的基准面组. 的提示下，选取图 5.5.30a 中要修剪的面组。

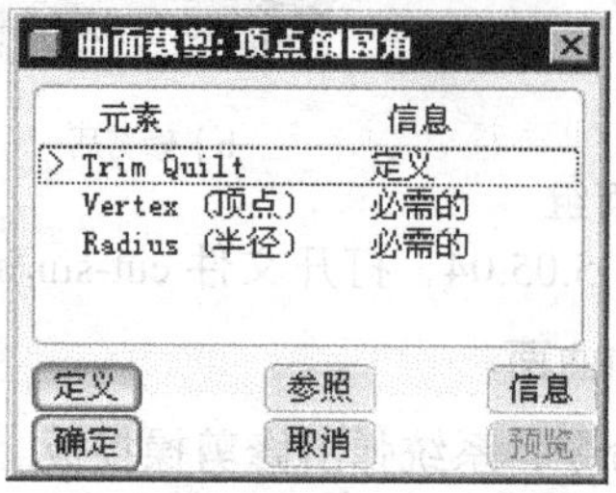

图 5.5.31　特征信息对话框

图 5.5.32　“选取”对话框

步骤 04 此时系统提示 ➡选取要倒圆角/圆角的拐角顶点. ，按住 Ctrl 键不放，选取图 5.5.30a 中的三个顶点并单击“选取”对话框中的 确定 按钮。

步骤 05 在系统 输入修整半径 的提示下，输入半径值 20.0，并按回车键。

步骤 06 单击对话框的 预览 按钮，预览所创建的顶点圆角，然后单击 确定 按钮完成操作。

5.5.5　合并曲面

选择下拉菜单 编辑(E) ➡ 合并(G)... 命令，可以对两个相邻或相交的曲面（或者面组）进行合并（Merge）。

合并后的面组是一个单独的特征，“主面组”将变成“合并”特征的父项。如果删除“合并”特征，原始面组仍保留。在“组件”模式中，只有属于相同元件的曲面，才可用曲面合并。

1. 合并两个面组

下面以一个例子来说明合并两个面组的操作过程。

步骤 01 将工作目录设置至 D:\proedq5\work\ch05.05.05，打开文件 combine-surface01.prt。

步骤 02 按住 Ctrl 键，选取要合并的两个面组（曲面）。

步骤 03 选择下拉菜单 编辑(E) ➡ 合并(G)... 命令，系统弹出“曲面合并”操控板，如图 5.5.33 所示。

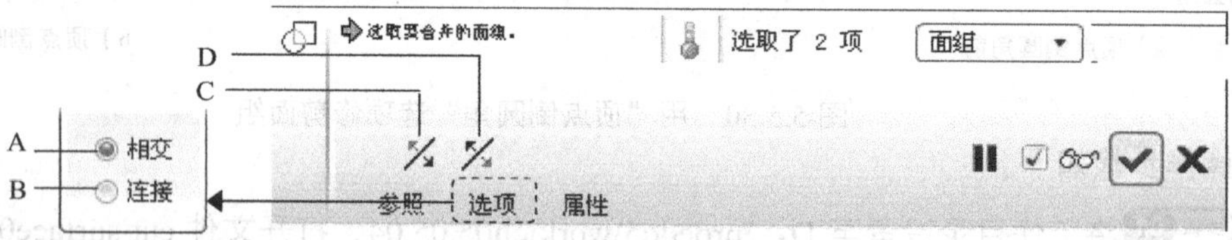

图 5.5.33　操控板

对图 5.5.33 中操控板各命令按钮的说明如下。

A：合并两个相交的面组，可有选择性地保留原始面组的各部分。

B：合并两个相邻的面组，一个面组的一侧边必须在另一个面组上。

C：改变要保留的第一面组的侧。

D：改变要保留的第二面组的侧。

步骤 04 选择合适的按钮，定义合并类型。默认时，系统使用 ◉ 相交 合并类型。

◆ ◉ 相交 单选项：即交截类型，合并两个相交的面组。通过单击图 5.5.33 中的 C 按钮或 D 按钮，可指定面组的相应的部分包括在合并特征中，如图 5.5.34 所示。

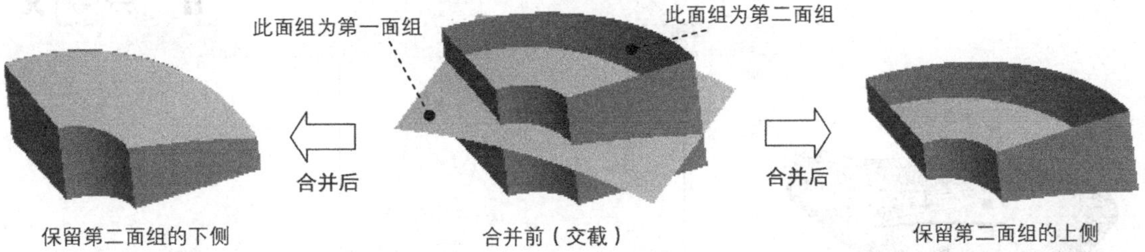

图 5.5.34 “相交”类型

◆ ◉ 连接 单选项：即连接类型，合并两个相邻面组，其中一个面组的边完全落在另一个面组上。如果一个面组超出另一个，通过单击图 5.5.33 中的 C 按钮或 D 按钮，可指定面组的哪一部分包括在合并特征中，如图 5.5.35 所示。

步骤 05 单击 ☑ 👓 按钮，预览合并后的面组，确认无误后，单击“完成”按钮 ✓。

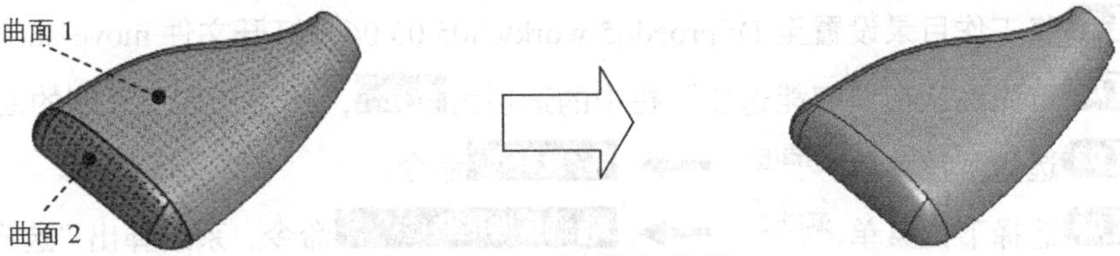

图 5.5.35 “连接”类型

2. 合并多个面组

下面以图 5.5.36 所示的模型为例，说明合并多个面组的操作过程。

步骤 01 将工作目录设置至 D:\proedq5\work\ch05.05.05，打开文件 combine-surface02.prt。

步骤 02 按住 Ctrl 键，依次选取图 5.5.36 所示的曲面 1、曲面 2、曲面 3 和曲面 4。

步骤 03 选择下拉菜单 编辑(E) → 合并(G)... 命令，系统弹出“曲面合并”操控板，如图 5.5.37 所示。

步骤 04 单击 ☑ 👓 按钮，预览合并后的面组，确认无误后，单击“完成”按钮 ✓。

注意

- 如果多个面组相交，将无法合并。
- 所选面组的所有边不得重叠，而且必须彼此邻接。
- 面组会以选取时的顺序放在面组列表框中。不过，如果使用区域选取，面组列表框中的面组会根据它们在模型树上的特征编号加以排序。

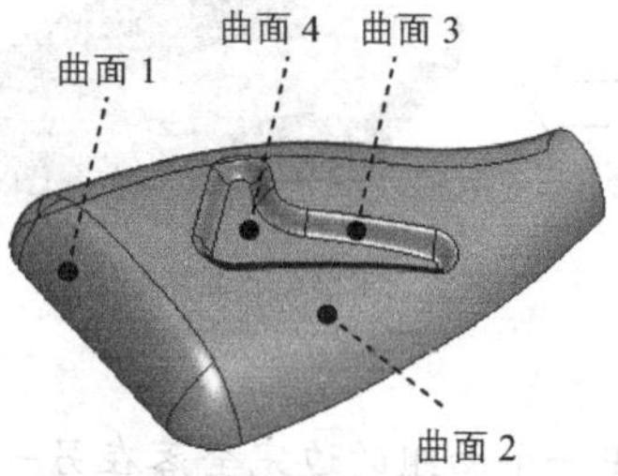

图 5.5.36　合并多个面组

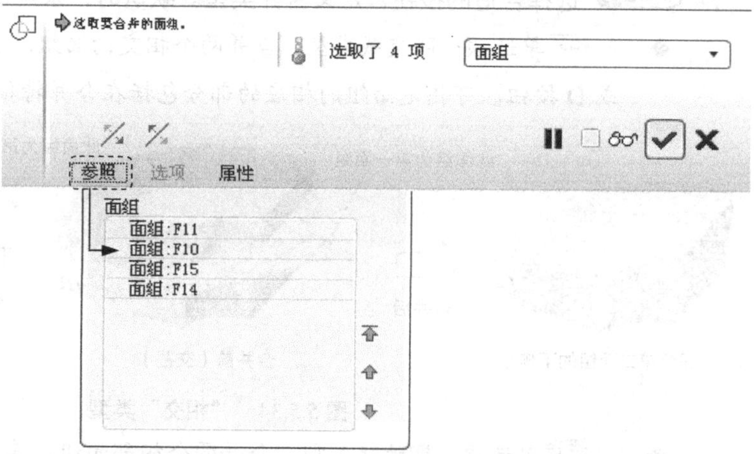

图 5.5.37　操控板

5.5.6　曲面的移动

下面以图 5.5.38 所示的模型为例，说明“曲面移动”的一般过程。

步骤 01 将工作目录设置至 D:\proedq5\work\ch05.05.06，打开文件 move-surface.prt。

步骤 02 首先确认在“智能选取”栏中的选项为智能，然后选取要复制的曲面。

步骤 03 选择下拉菜单 编辑(E) ➡ 复制(C) 命令。

步骤 04 选择下拉菜单 编辑(E) ➡ 选择性粘贴(S)... 命令，系统弹出“选择性粘贴”对话框。

步骤 05 在“选择性粘贴”对话框中选中 ☑ 对副本应用移动/旋转变换(A) 复选框，然后单击 确定 按钮。

步骤 06 此时系统弹出“曲面移动和旋转”操控板，选取图 5.5.39 所示的边线为参照，在操控板中接受系统默认的选项，并输入移动值 80。

说明

如果移动的方向相反，可通过在移动的距离文本框中输入负值来进行调整。

步骤07 在操控板中单击“完成”按钮✓。

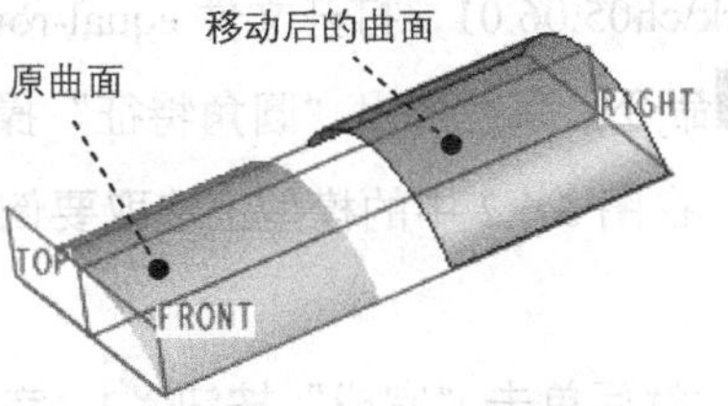

图 5.5.38 曲面的移动

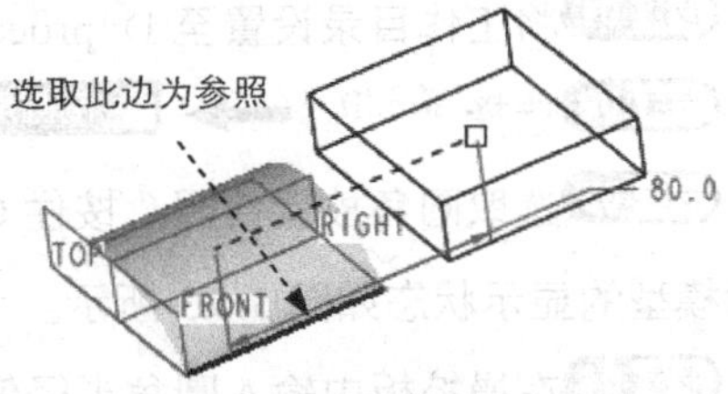

图 5.5.39 选取参照

说明：使用“移动”工具是创建和移动现有曲面或曲线的副本，并不是移动原曲面或曲线。

5.5.7 曲面的旋转

下面以图 5.5.40 所示的模型为例，说明“曲面旋转”的一般过程。

步骤01 将工作目录设置至 D:\proedq5\work\ch05.05.07，打开文件 rot-surface.prt。

步骤02 在“智能选取”栏中选取 面组 ，再选取要复制的曲面。

步骤03 选择下拉菜单 编辑(E) → 复制(C) 命令。

步骤04 选择下拉菜单 编辑(E) → 选择性粘贴(S)... 命令，系统显示“曲面移动和旋转”操控板。

步骤05 在操控板中按下“旋转”按钮，然后选取图 5.5.40b 所示的边线为参照，并输入旋转值 30。

步骤06 在操控板中单击“完成”按钮✓。

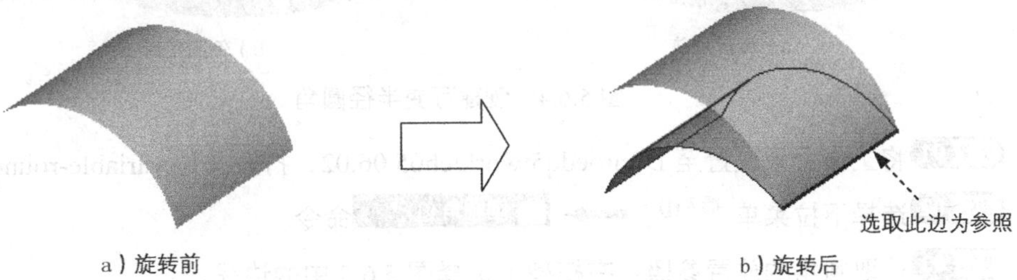

a）旋转前　　b）旋转后

图 5.5.40 曲面的旋转

5.6 曲面倒圆角

5.6.1 等半径倒圆

等半径倒圆是指在当前活动的倒圆角集中由一个半径值来驱动而形成的圆角。下面以图

5.6.1 所示的模型为例，说明创建等半径倒圆角的过程。

步骤 01 将工作目录设置至 D:\proedq5\work\ch05.06.01，打开文件 equal-round.prt。

步骤 02 选择 插入(I) ➡ 倒圆角(O)... 命令，系统弹出“圆角特征”操控板。

步骤 03 选取圆角放置参照。按住 Ctrl 键，在图 5.6.2 中的模型上选取要倒圆角的边线，此时模型的显示状态如图 5.6.3 所示。

步骤 04 在操控板中输入圆角半径值 20.0，然后单击“完成”按钮 ✔，完成圆角特征的创建。

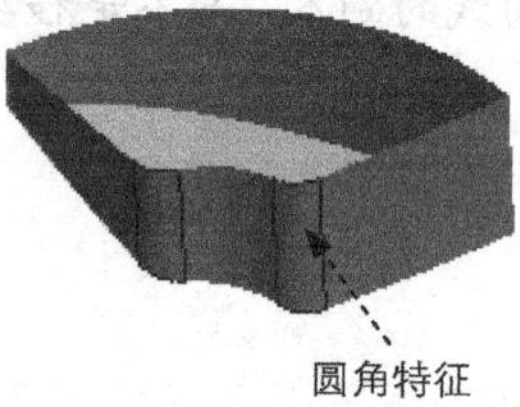

图 5.6.1　等半径倒圆

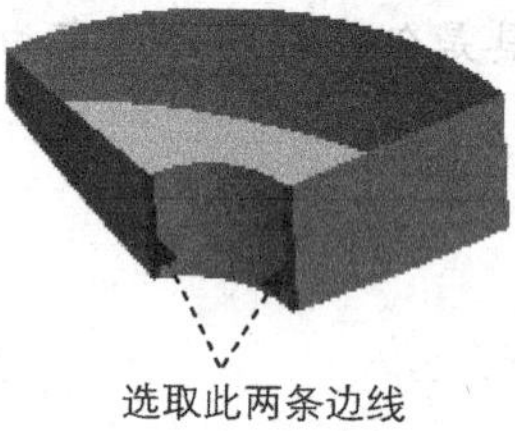

图 5.6.2　选取圆角边线

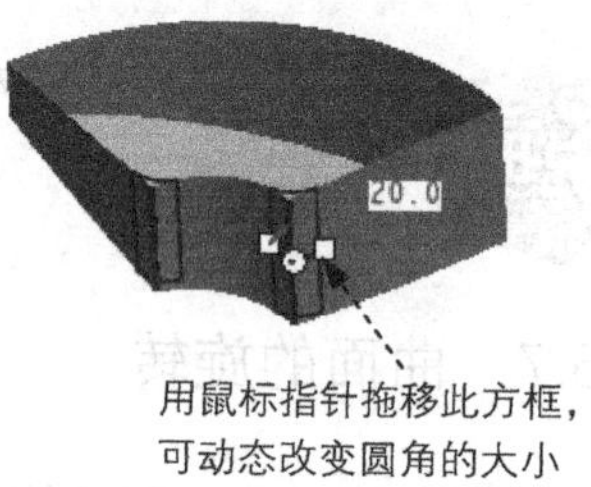

图 5.6.3　调整圆角的大小

5.6.2　可变半径倒圆

可变半径倒圆是指在当前活动的倒圆角集中添加多个不同的半径值来生成圆角。下面以图 5.6.4 所示的模型为例，说明创建可变半径圆角的过程。

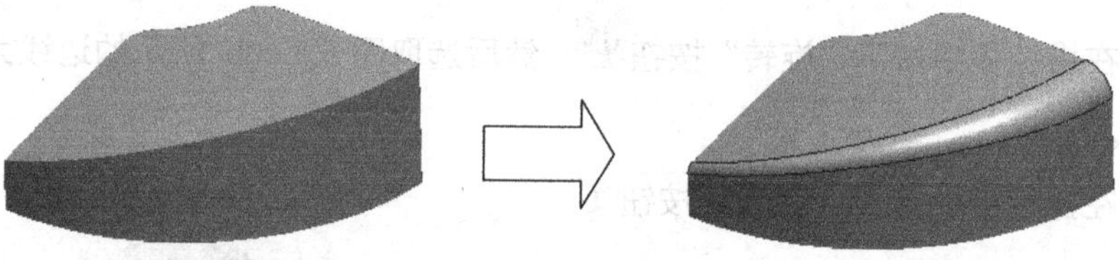

a）倒圆角前　　b）倒圆角后

图 5.6.4　创建可变半径圆角

步骤 01 将工作目录设置至 D:\proedq5\work\ch05.06.02，打开文件 variable-round.prt。

步骤 02 选择下拉菜单 插入(I) ➡ 倒圆角(O)... 命令。

步骤 03 选取圆角的放置参照：在模型上选择图 5.6.5 中的边线。

步骤 04 在操控板中单击 集 按钮，在定义半径的栏中右击，选择 添加半径 命令。

步骤 05 如图 5.6.6 所示，修改各处的半径值。完成后，“设置”界面如图 5.6.7 所示。

步骤 06 浏览所创建的圆角特征；单击“完成”按钮 ✔，则完成特征的创建。

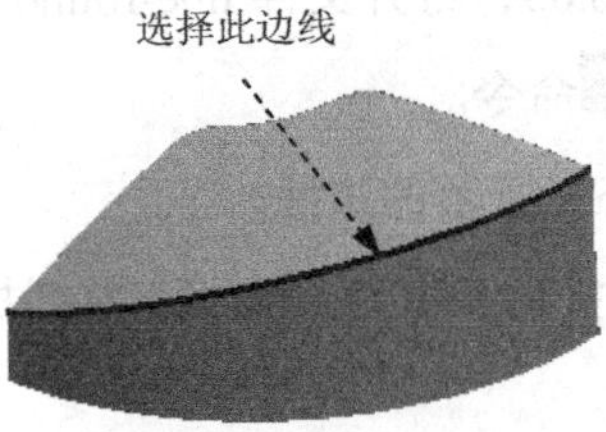

图 5.6.5 选择边线

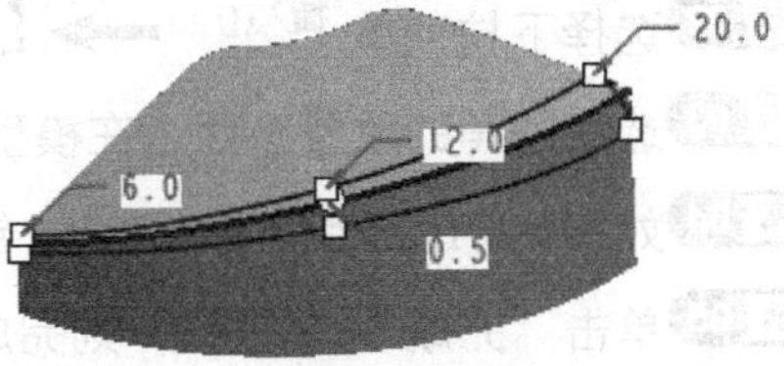

图 5.6.6 设置各位置的半径值

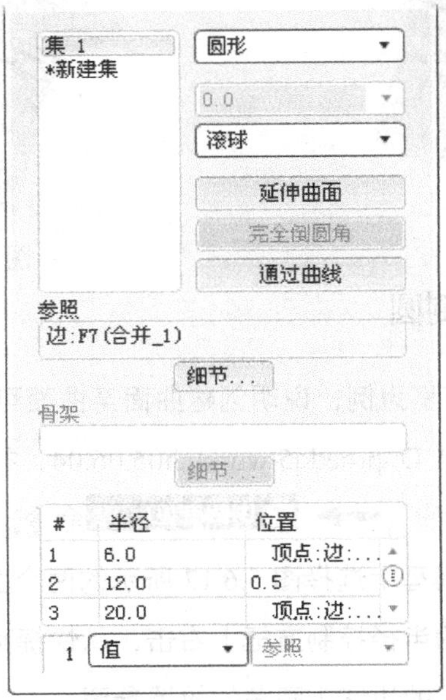

图 5.6.7 “设置”界面

5.6.3 曲线驱动倒圆

由曲线驱动的倒圆角是指在创建倒圆角的过程中，以指定的曲线为驱动对象，来驱动活动的倒圆角半径值所形成的圆角。下面以图 5.6.8 所示的模型为例，说明创建由曲线驱动的倒圆角的过程。

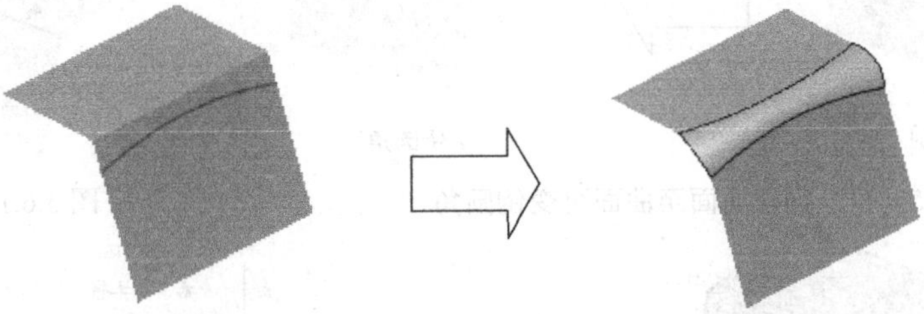

a）倒圆角前　　b）倒圆角后

图 5.6.8 创建由曲线驱动的倒圆角

步骤 01 将工作目录设置至 D:\proedq5\work\ch05.06.03，打开文件 line-round.prt。

步骤 02 选择下拉菜单 插入(I) ➡ 倒圆角(O)... 命令。

步骤 03 选取圆角的放置参照：在模型上选择图 5.6.9 所示的边线。

步骤 04 如图 5.6.10 所示，按住 Shift 键，在模型中拖动半径控制方框，并捕捉至曲线链。

步骤 05 单击“完成”按钮✔，则完成特征的创建。

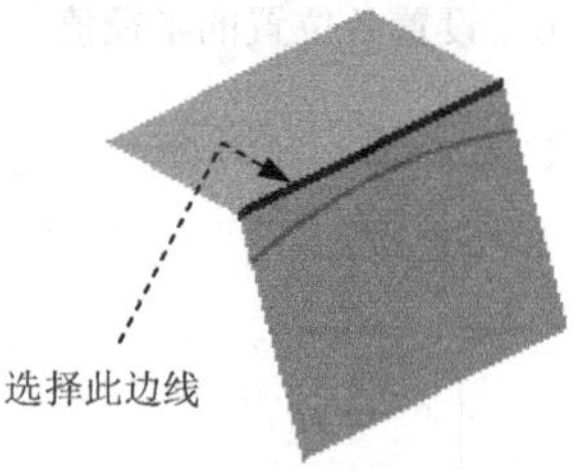

5.6.9 选择边线

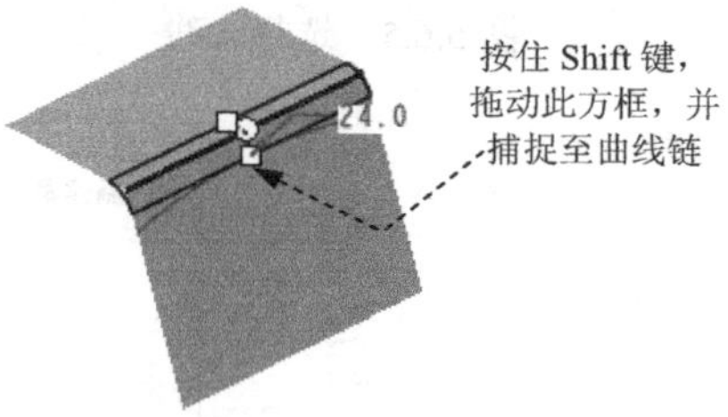

图 5.6.10 操作过程

5.6.4 曲面至曲面可变倒圆

下面以图 5.6.11 所示的模型为例，说明创建曲面至曲面可变倒圆角的过程。

步骤 01 将工作目录设置至 D:\proedq5\work\ch05.06.04，打开文件 surf-round.prt。

步骤 02 选择下拉菜单 插入(I) ➡ 倒圆角(O)... 命令。

步骤 03 按住 Ctrl 键，在模型上选择图 5.6.12 所示的两个曲面。

步骤 04 在图 5.6.13 所示的半径控制方框上右击，从快捷菜单中选择 添加半径 命令。

步骤 05 选择图 5.6.12 所示的边线为圆角的放置参照。

步骤 06 在“设置”界面中的定义半径的栏中右击，选择 添加半径 命令，并添加各处的半径值，如图 5.6.14 所示。

步骤 07 浏览所创建的圆角特征；单击“完成”按钮✔，则完成特征的创建。

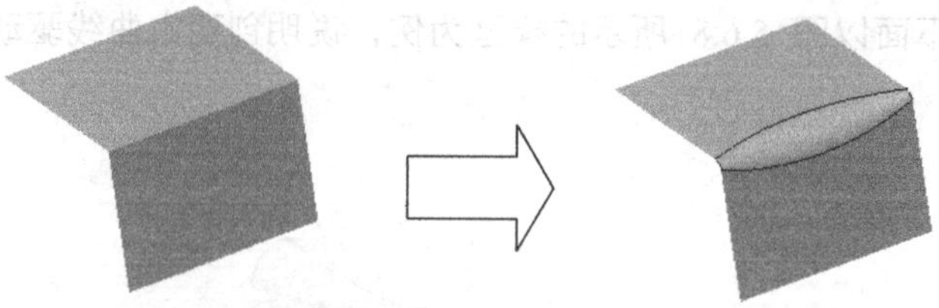

a）倒圆角前　　b）倒圆角后

图 5.6.11 创建曲面至曲面可变倒圆角

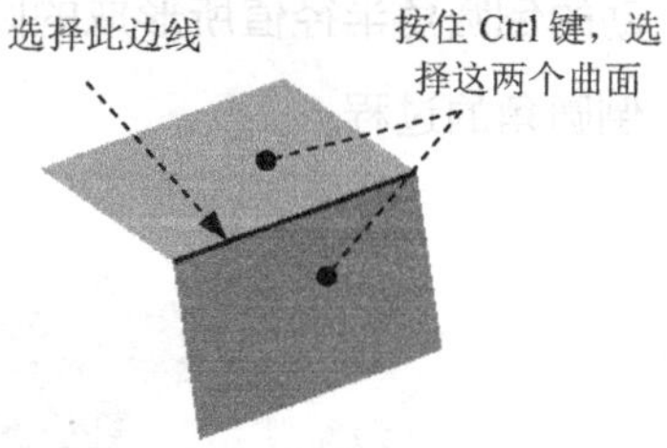

图 5.6.12 选择对象

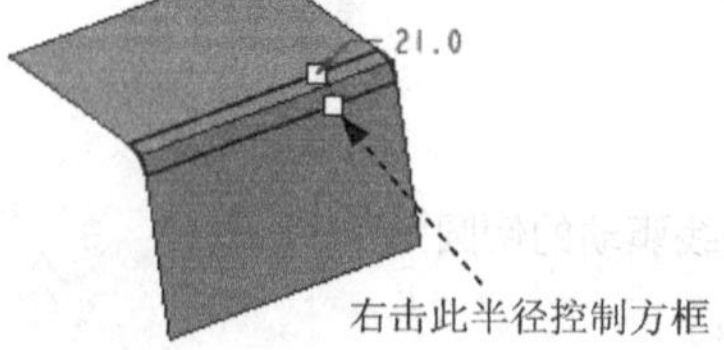

图 5.6.13 右击半径控制方框

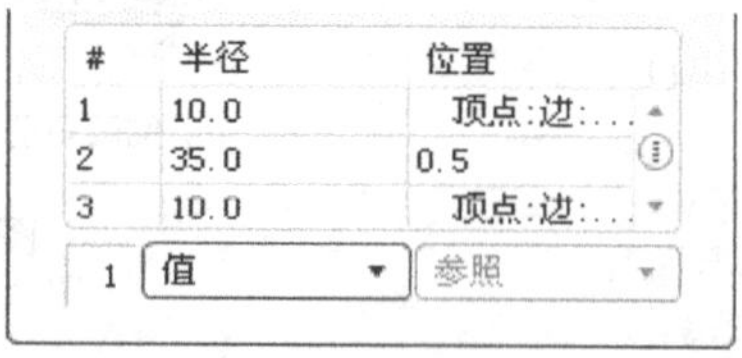

图 5.6.14 “添加半径”对话框

5.6.5 完全圆角

如图 5.6.15 所示，通过指定一对边可创建完全倒圆角，此时这一对边所构成的曲面会被删除，圆角的大小由该曲面的大小所控制。下面说明创建完全倒圆角的过程。

步骤 01 将工作目录设置至 D:\proedq5\work\ch05.06.05，打开文件 all-round.prt。

步骤 02 选择下拉菜单 插入(I) → 倒圆角(O)... 命令。

步骤 03 选取圆角的放置参照。在模型上选取图 5.6.15a 所示的两条边线，操作方法为：先选取一条边线，然后按住 Ctrl 键，再选取另一条边线。

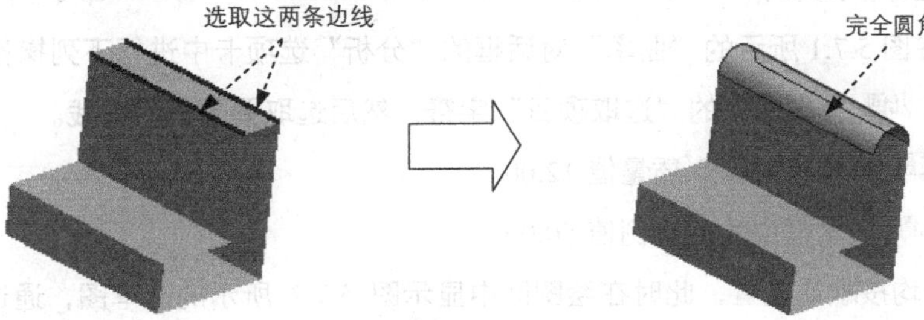

图 5.6.15 创建完全圆角

步骤 04 在操控板中单击 集 按钮，系统弹出图 5.6.16 所示的“圆角”设置界面，在该界面中单击 完全倒圆角 按钮。

步骤 05 在操控板中单击“完成”按钮✓，完成特征的创建。

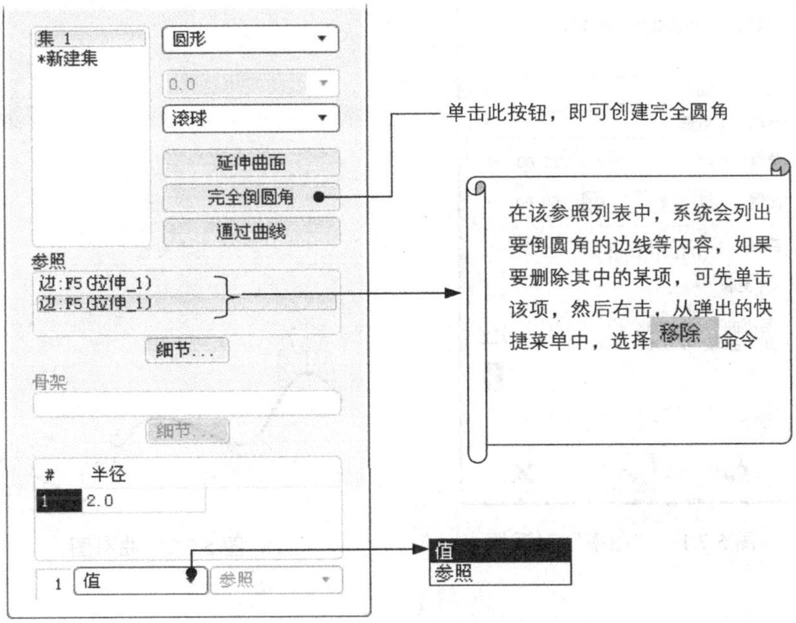

图 5.6.16 “圆角”设置界面

5.7 曲面分析

5.7.1 曲线曲率分析

曲线的曲率分析是指在使用曲线创建曲面之前，先检查曲线的质量，从曲率图中观察是否有不规则的“回折”和“尖峰”现象，因此对以后创建高质量的曲面有很大的帮助；同时也有助于验证曲线间的连续性。下面简要说明曲线的曲率分析的操作过程。

步骤 01 将工作目录设置至 D:\proedq5\work\ch05.07.01，打开文件 curve-analysis.prt。

步骤 02 选择下拉菜单 分析(A) → 几何(G) ▸ → 曲率(C) 命令。

步骤 03 在图 5.7.1 所示的“曲率”对话框的“分析”选项卡中进行下列操作。

（1）单击 几何 文本框中的“选取项目”字符，然后选取要分析的曲线。

（2）在 质量 文本框中输入质量值 12.00。

（3）在 比例 文本框中输入比例值 50.00。

（4）其余均按默认设置，此时在绘图区中显示图 5.7.2 所示的曲率图，通过显示的曲率图可以查看该曲线的曲率走向。

步骤 04 在 分析 选项卡中，可查看曲线的最大曲率和最小曲率，如图 5.7.1 所示。

图 5.7.1 “曲率”对话框

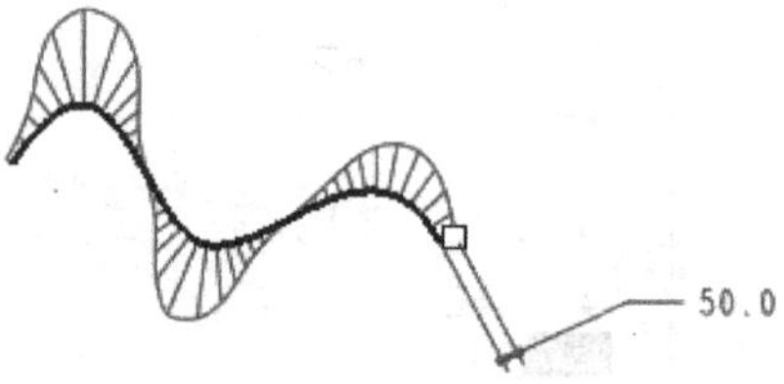

图 5.7.2 曲率图

5.7.2 曲面曲率分析

曲面的曲率分析是从分析的曲率图中观察曲线是否光滑，有没有不规则的“回折”和“尖峰”现象，从而帮助用户得到高质量的曲面，以符合产品的设计意图。下面简要说明曲面的曲率分析的操作过程。

步骤 01 将工作目录设置至 D:\proedq5\work\ch05.07.02，打开文件 surf-analysis.prt。

步骤 02 选择下拉菜单 分析(A) → 几何(G) ▸ → 曲率(C) 命令，系统弹出“曲率”对话框。

步骤 03 在“曲率”对话框中打开 分析 选项卡，并在 几何 文本框中单击“选取项目”字符，然后选取图 5.7.3 所示的曲面为要分析的曲面，在“曲率”对话框中设置图 5.7.4 所示的参数，此时曲面的曲率如图 5.7.5 所示；从曲率图上可以观察到此分析曲线内部曲率连续情况良好，曲线比较光滑，没有不规则的“回折”和“尖峰”现象，符合产品的设计意图。最大曲率值与最小曲率值可以在“分析”选项卡中查看（图 5.7.4）。

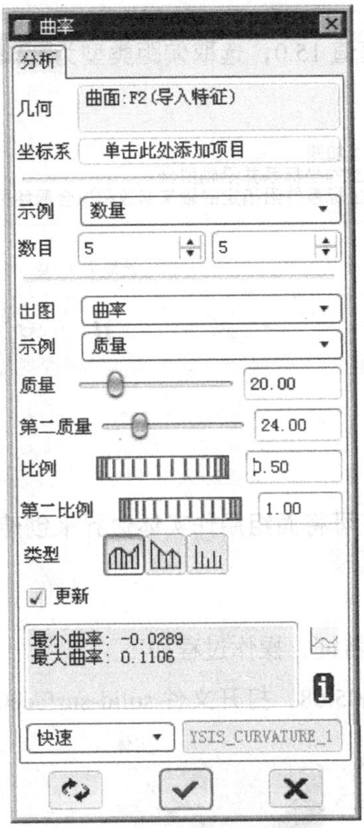

图 5.7.4 “曲率”对话框

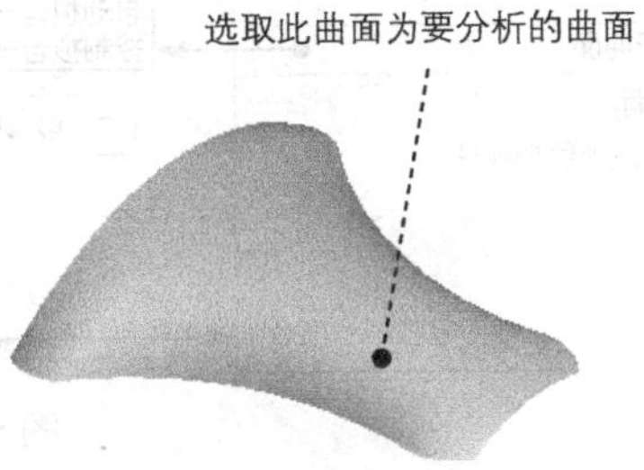

图 5.7.3 要分析的曲面

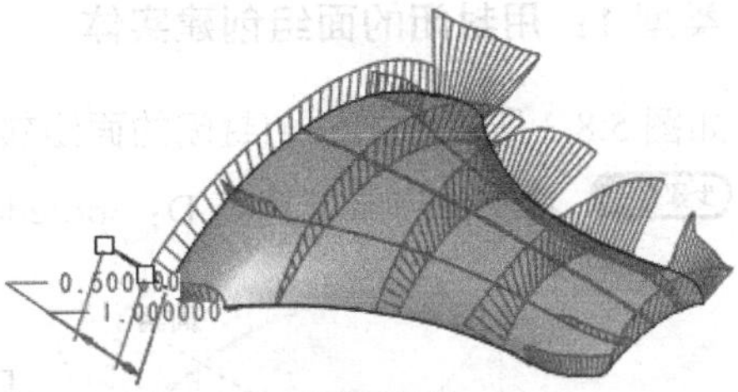

图 5.7.5 曲面的曲率图

5.8 曲面的实体化操作

1. 加厚

Pro/ENGINEER 软件可以将开放的曲面（或面组）转化为薄板实体特征，图 5.8.1 所示即为一个转化的例子，其操作过程如下。

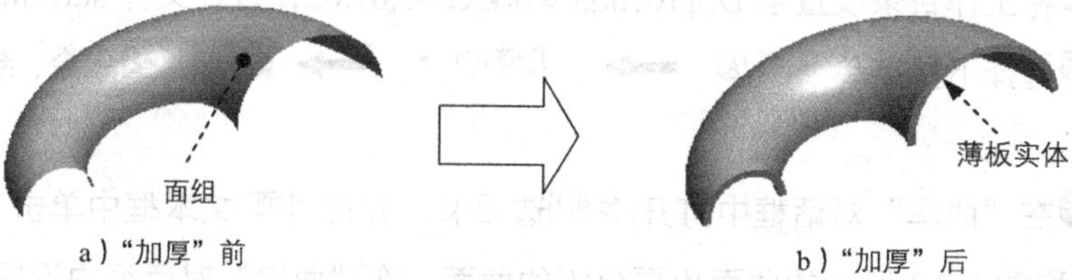

图 5.8.1 用“加厚”创建实体

步骤 01 将工作目录设置至 D:\proedq5\work\ch05.08，打开文件 thickening-surface.prt。

步骤 02 选取要将其变成实体的面组。

步骤 03 选择下拉菜单 编辑(E) ➡ 加厚(K)... 命令，系统弹出图 5.8.2 所示的特征操控板。

步骤 04 选取加材料的侧，输入薄板实体的厚度值 15.0，选取偏距类型为 垂直于曲面。

步骤 05 单击按钮 ✓，完成加厚操作。

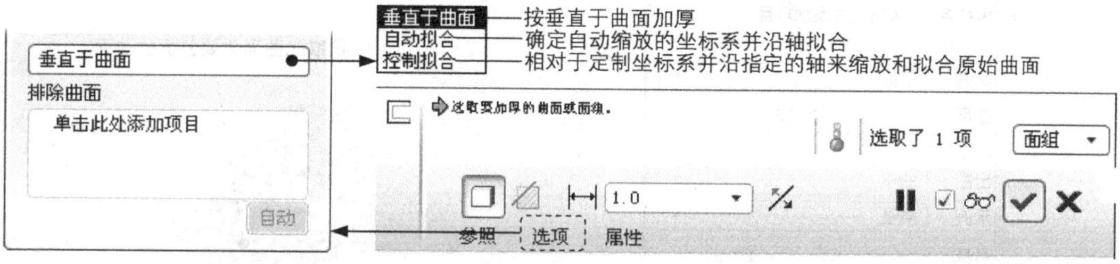

图 5.8.2 操控板

2. 实体化

选择下拉菜单 编辑(E) ➡ 实体化(Y)... 命令，可将面组用作实体边界来创建实体。

类型 1：用封闭的面组创建实体

如图 5.8.3 所示，把一个封闭的面组转化为实体特征，操作过程如下。

步骤 01 将工作目录设置至 D：\proedq5\work\ch05.08，打开文件 solid-surface01.prt。

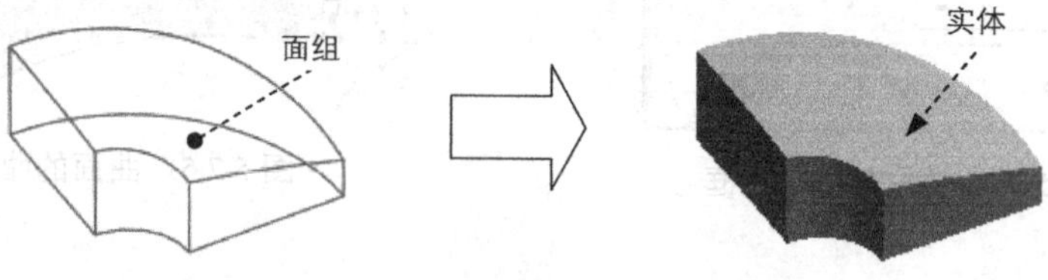

图 5.8.3 用封闭的面组创建实体

步骤 02 选取要将其变成实体的面组。

步骤 03 选择下拉菜单 编辑(E) → 实体化(Y)... 命令，出现图 5.8.4 所示的操控板。

步骤 04 单击按钮✓，完成实体化操作。

注意 使用该命令前，需将模型中所有分离的曲面"合并"成一个封闭的整体面组。

图 5.8.4 操控板

类型 2：用"曲面"创建实体表面

如图 5.8.5 所示，可以用一个面组替代实体表面的一部分，替换面组的所有边界都必须位于实体表面上，操作过程如下。

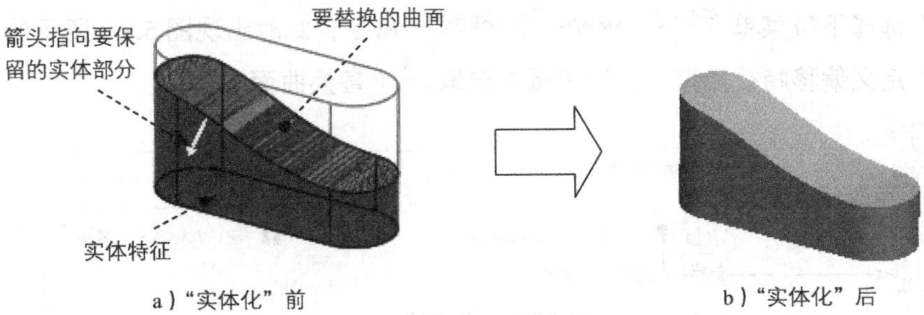

图 5.8.5 用"曲面"创建实体表面

步骤 01 将工作目录设置至 D：\proedq5\work\ch05.08，打开文件 solid-surface02.prt。

步骤 02 选取要将其变成实体的曲面。

步骤 03 选择下拉菜单 编辑(E) → 实体化(Y)... 命令，此时出现图 5.8.6 所示的操控板。

步骤 04 在操控板中按下按钮，调整方向至图 5.8.5a 所示的方向。

图 5.8.6 操控板

步骤 05 单击"完成"按钮✓，完成实体化操作。

3. 替换面

在 Pro/ENGINEER 中，可以用一个面组替换实体零件的某一整个表面，如图 5.8.7 所示。其操作过程如下。

步骤 01 将工作目录设置至 D：\proedq5\work\ch05.08，打开文件 replace-surface.prt。

步骤 02 选取要被替换的一个实体表面，如图 5.8.7a 所示。

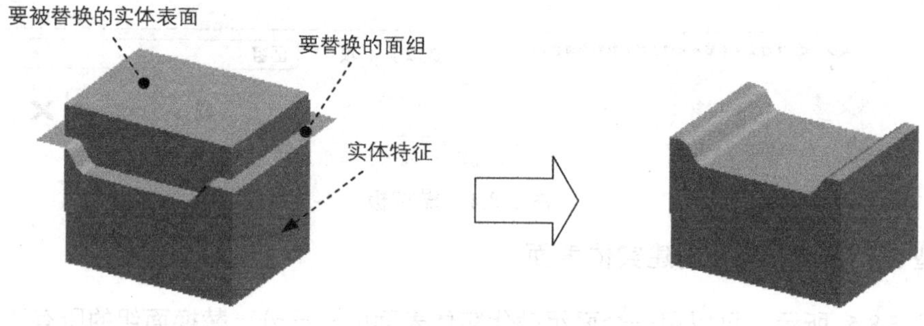

a）“偏移”前　　b）“偏移”后

图 5.8.7　用“偏移”命令创建实体

步骤 03 选择下拉菜单 编辑(E) ➡ 偏移(O)... 命令，此时出现图 5.8.8 所示的操控板。

步骤 04 定义偏移特征类型。在操控板中选取（替换曲面）类型。

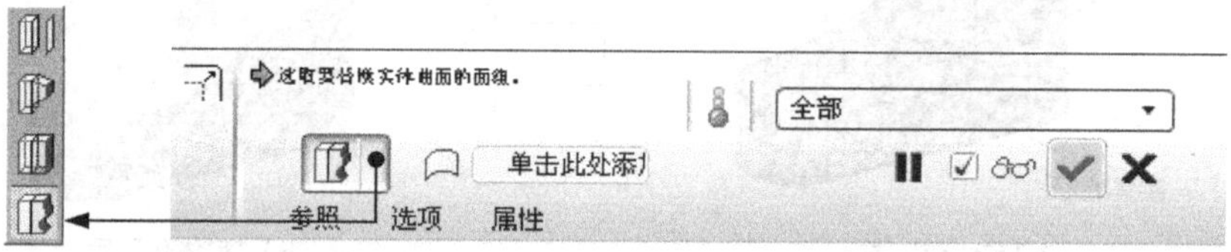

图 5.8.8　操控板

步骤 05 在系统 选取要偏移的面组或曲面。 的提示下，选取要替换的面组，如图 5.8.7a 所示。

步骤 06 单击按钮 ✓，完成替换操作，如图 5.8.7b 所示。

5.9　曲面设计综合应用案例——异型环装饰曲面造型

案例概述：

本案例详细讲解了一个异型环装饰曲面造型的整个设计过程，通过练习本例，读者可以了解拉伸特征、边界曲面特征、镜像特征等的应用及其模型的设计技巧。该曲面模型如图 5.9.1 所示。

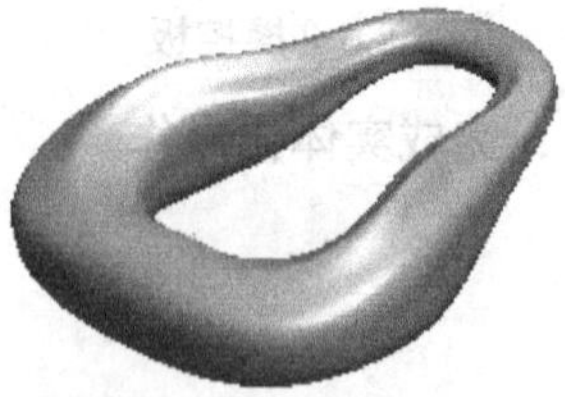

图 5.9.1　曲面模型

步骤 01 新建零件模型（图 5.9.2）。新建一个零件模型，命名为 allotype-adornment-surf。

步骤 02 创建图 5.9.3 所示的草绘特征——草绘 1。单击工具栏上的“草绘”按钮，系统弹出“草绘”对话框；选取 TOP 基准平面为草绘平面，选取 RIGHT 基准平面为参照平面，方向为 右；单击对话框中的 草绘 按钮；绘制图 5.9.3 所示的草绘 1，单击“完成”按钮。

步骤 03 创建图 5.9.4 所示的草绘特征——草绘 2。选取 TOP 基准平面为草绘平面，选取 RIGHT 基准平面为参照平面，方向为 右；绘制图 5.9.4 所示的草绘 2。

步骤 04 创建图 5.9.5 所示的草绘特征——草绘 3。选取 RIGHT 基准平面为草绘平面，选取 TOP 基准平面为参照平面，方向为 顶 ；绘制图 5.9.6 所示的草绘 3。

图 5.9.2 零件模型

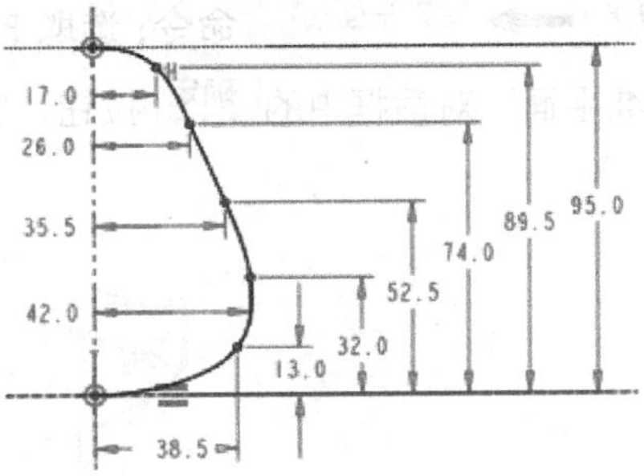

图 5.9.3 草绘 1（草绘环境）

图 5.9.4 草绘 2（草绘环境）

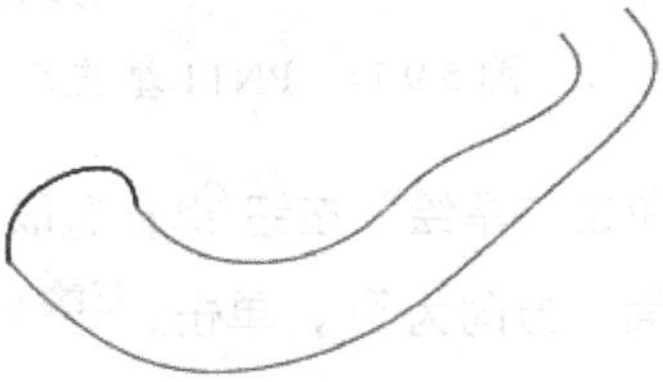

图 5.9.5 草绘 3（建模环境）

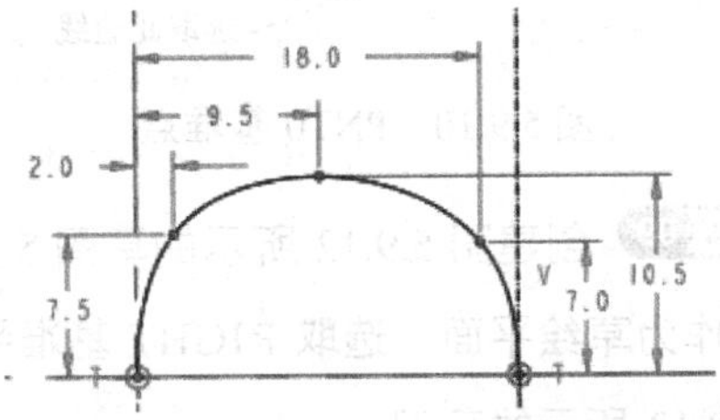

图 5.9.6 草绘 3（草绘环境）

步骤 05 创建图 5.9.7 所示的草绘特征——草绘 4。选取 RIGHT 基准平面为草绘平面，选取 TOP 基准平面为参照平面，方向为顶；绘制图 5.9.8 所示的草绘 4。

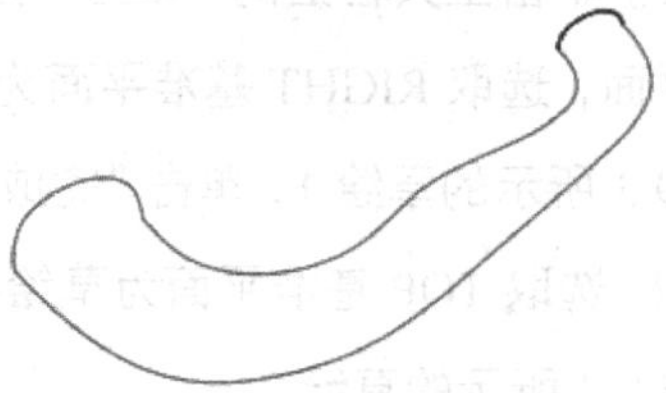

图 5.9.7　草绘 4（建模环境）

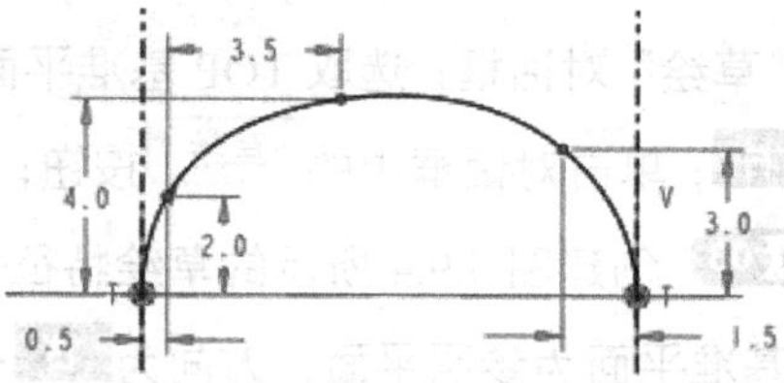

图 5.9.8　草绘 4（草绘环境）

步骤 06 创建图 5.9.9 所示的基准平面——DTM1。选择下拉菜单 插入(I) ➡ 模型基准(D) ▸ ➡ 平面(L)... 命令；选取 FRONT 基准平面为参照，输入平移距离值为 -56，单击“基准平面”对话框中的 确定 按钮，完成 DTM1 基准平面的创建。

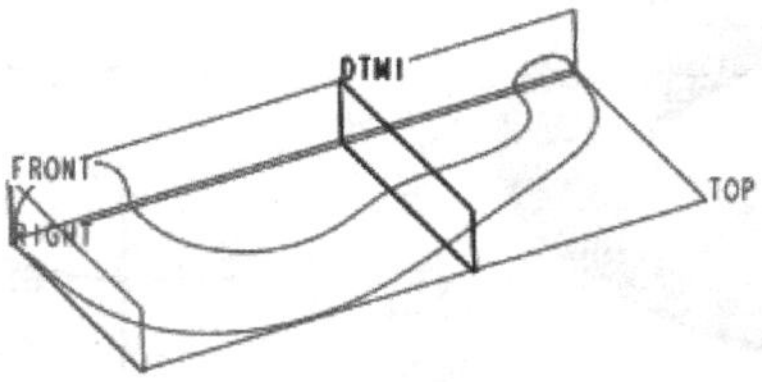

图 5.9.9　基准平面 1

步骤 07 创建图 5.9.10 所示的基准点——PNT0。选择下拉菜单 插入(I) ➡ 模型基准(D) ▸ ➡ 点(P) ▸ ➡ 点(P)... 命令；按住 Ctrl 键，选取图 5.9.10 所示的模型上的边线和 DTMI 基准平面为基准点的放置参照；单击对话框中的 确定 按钮，完成 PNT0 基准点的创建。

步骤 08 创建图 5.9.11 所示的基准点 PNT1。按住 Ctrl 键，选取图 5.9.11 所示的模型上的边线和基准平面 DTM1 为参考，完成后单击 确定 按钮。

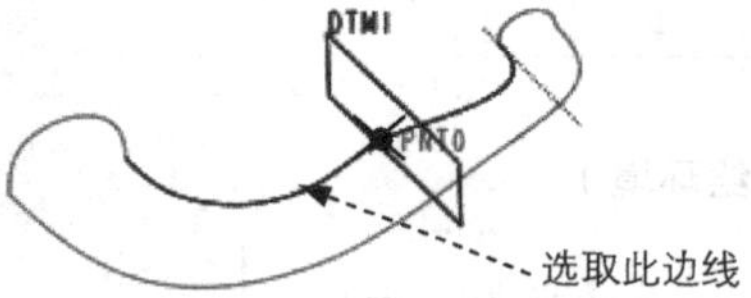

图 5.9.10　PNT0 基准点

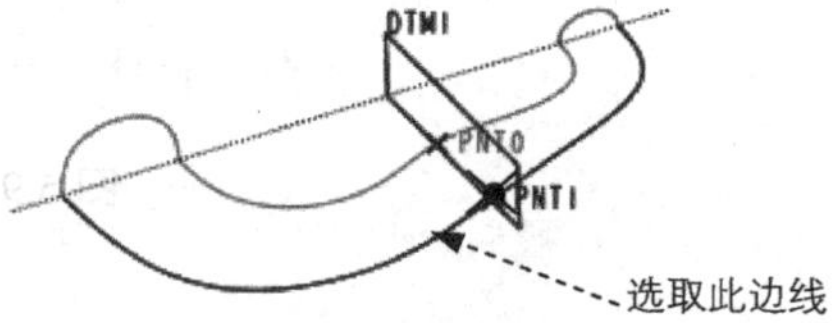

图 5.9.11　PNT1 基准点

步骤 09 创建图 5.9.12 所示的草图 5。在操控板中单击“草绘”按钮；选取 DTMI 基准平面作为草绘平面，选取 RIGHT 基准平面为参考平面，方向为右，单击 草绘 按钮，绘制图 5.9.13 所示的草图。

步骤 10 创建图 5.9.14 所示的基准点 PNT2。单击“创建基准点”按钮 点 ▾，选择图 5.9.14 所示的基准曲线为参考，在“基准点”对话框中先选择基准点的定位方式为“比率”，再输入基准点的定位数值为 0.5，完成后单击 确定 按钮。

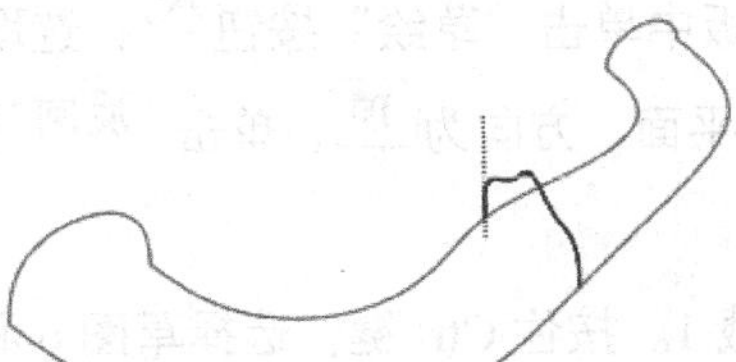

图 5.9.12 草绘 5（建模环境）

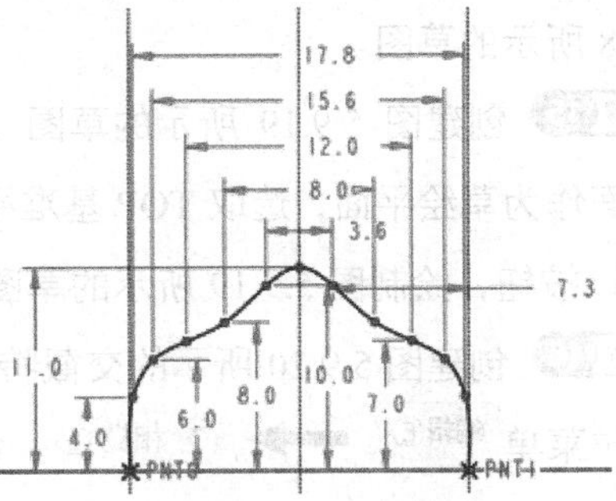

图 5.9.13 草绘 5（草绘环境）

步骤 11 创建图 5.9.15 所示的基准点 PNT3。单击“创建基准点”按钮 点，选择图 5.9.15 所示的基准曲线为参考，在“基准点”对话框中先选择基准点的定位方式为“比率”，再输入基准点的定位数值为 0.5，完成后单击 确定 按钮。

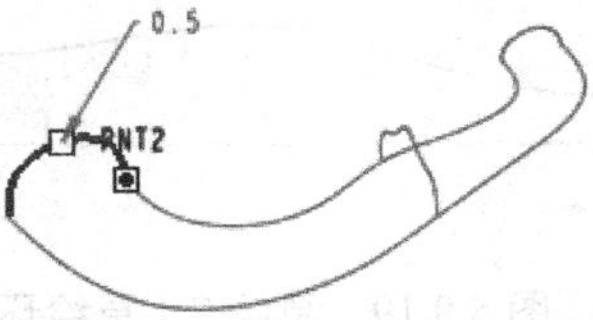

图 5.9.14 PNT2 基准点

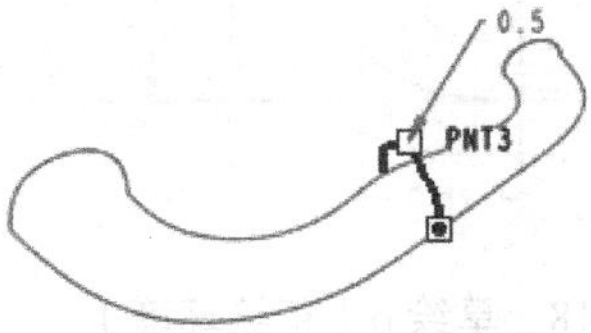

图 5.9.15 PNT3 基准点

步骤 12 创建图 5.9.16 所示的基准点 PNT4。单击“创建基准点”按钮 点，选择图 5.9.16 所示的基准曲线为参考，在“基准点”对话框中先选择基准点的定位方式为“比率”，再输入基准点的定位数值为 0.5，完成后单击 确定 按钮。

步骤 13 创建图 5.9.17 所示的基准平面——DTM2。选择下拉菜单 插入(I) → 模型基准(D) ▸ → 平面(L)... 命令；选取图 5.9.17 所示的点作为参照，定义约束类型为 穿过，按住 Ctrl 键，再选取 TOP 基准平面为参照平面，定义约束类型为 平行，单击“基准平面”对话框中的 确定 按钮，完成 DTM2 基准平面的创建。

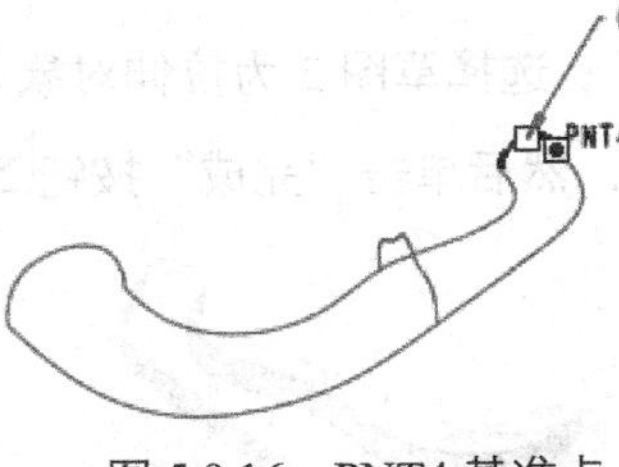

图 5.9.16 PNT4 基准点

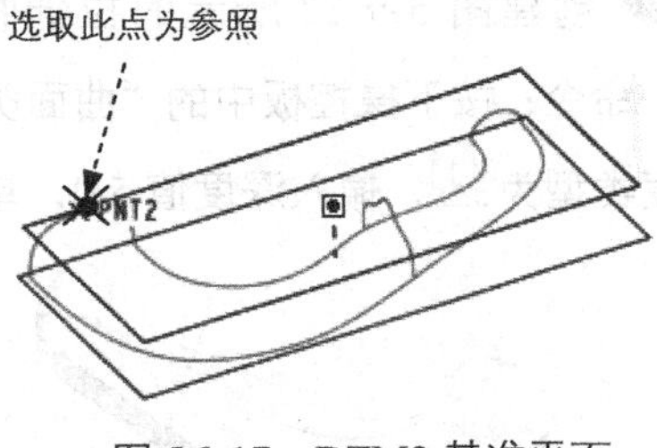

图 5.9.17 DTM2 基准平面

步骤 14 创建图 5.9.18 所示的草图 6。在操控板中单击“草绘”按钮 ；选取 TOP 基准平面作为草绘平面，选取 RIGHT 基准平面为参考平面，方向为 右，单击 草绘 按钮，绘制图 5.9.18 所示的草图。

步骤 15 创建图 5.9.19 所示的草图 7。在操控板中单击“草绘”按钮；选取 RIGHT 基准平面作为草绘平面，选取 TOP 基准平面为参考平面，方向为 顶，单击 反向 按钮，单击 草绘 按钮，绘制图 5.9.19 所示的草图。

步骤 16 创建图 5.9.20 所示的交截特征——交截 1。按住 Ctrl 键，选择草图 6 和草图 7，选择下拉菜单 编辑(E) ➡ 相交(I)... 命令，系统立即产生图 5.9.20 所示的交截曲线。

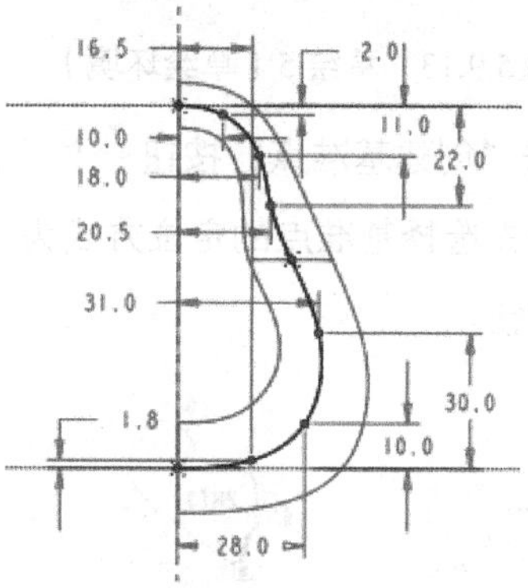

图 5.9.18 草绘 6（草绘环境）

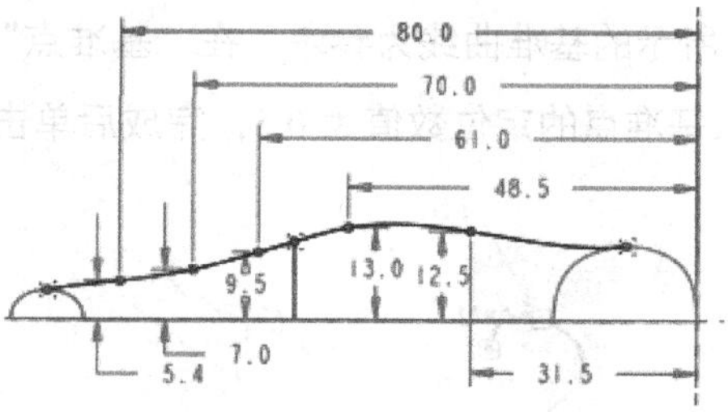

图 5.9.19 草绘 7（草绘环境）

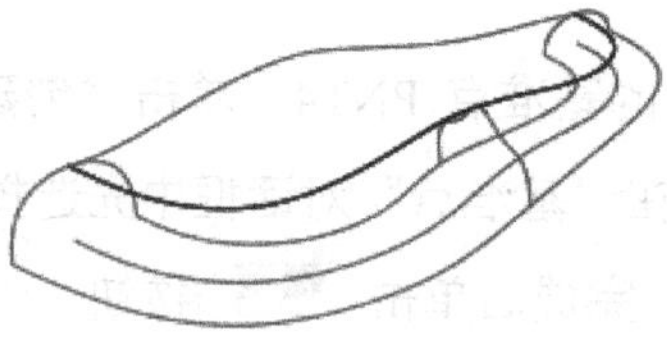

图 5.9.20 交截 1

步骤 17 创建图 5.9.21 所示的拉伸特征——拉伸 1。选择下拉菜单 插入(I) ➡ 拉伸(E)... 命令；按下操控板中的“曲面类型”按钮；选择草图 1 为拉伸对象；在操控板中选取深度类型为，输入深度值 5.0，单击按钮，然后单击“完成”按钮。

步骤 18 创建图 5.9.22 所示的拉伸特征——拉伸 2。选择下拉菜单 插入(I) ➡ 拉伸(E)... 命令；按下操控板中的“曲面类型”按钮；选择草图 2 为拉伸对象；在操控板中选取深度类型为，输入深度值 5.0，单击按钮，然后单击“完成”按钮。

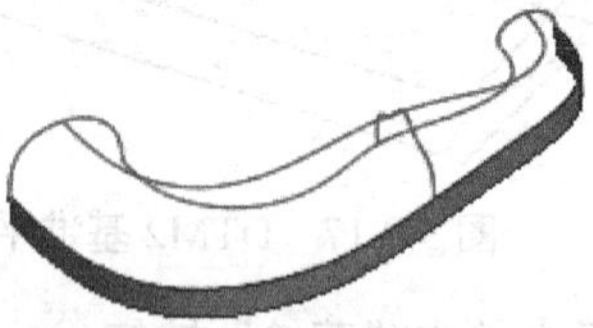

图 5.9.21 曲面拉伸 1

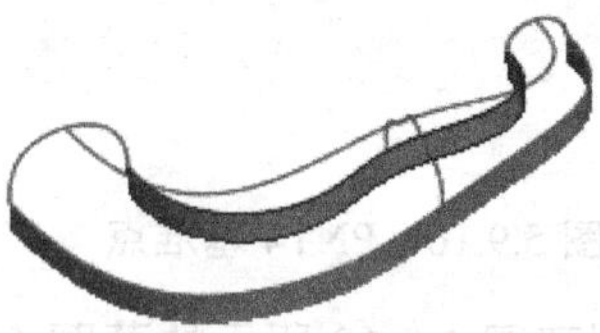

图 5.9.22 曲面拉伸 2

步骤19 创建图 5.9.23 所示的拉伸特征——拉伸 3。选择下拉菜单 插入(I) → 拉伸(E)... 命令；按下操控板中的“曲面类型”按钮；选择草图 3 为拉伸对象；在操控板中选取深度类型为，输入深度值 5.0，单击按钮，然后单击“完成”按钮。

步骤20 创建图 5.9.24 所示的拉伸特征——拉伸 4。选择下拉菜单 插入(I) → 拉伸(E)... 命令；按下操控板中的“曲面类型”按钮；选择草图 4 为拉伸对象；在操控板中选取深度类型为，输入深度值 5.0，单击按钮，然后单击“完成”按钮。

图 5.9.23 曲面拉伸 3

图 5.9.24 曲面拉伸 4

步骤21 创建图 5.9.25a 所示的边界曲面——边界混合 1。选择下拉菜单 插入(I) → 边界混合(B)... 命令；按住 Ctrl 键，依次选取图 5.9.25b 所示的曲线 1、曲线 2、曲线 3 为边界曲线，选取完成后，单击操控板中的第二方向曲线操作栏，然后在图形区选取图 5.9.25b 所示的曲线 4、曲线 5、曲线 6。在操控板中单击 约束 按钮，在系统弹出的界面中将第一方向上的第一条链和最后一条链以及第二方向上的第一条连和最后一条链的边界约束类型设置为 相切。选取完成后，单击“边界混合”操控板中的“完成”按钮。

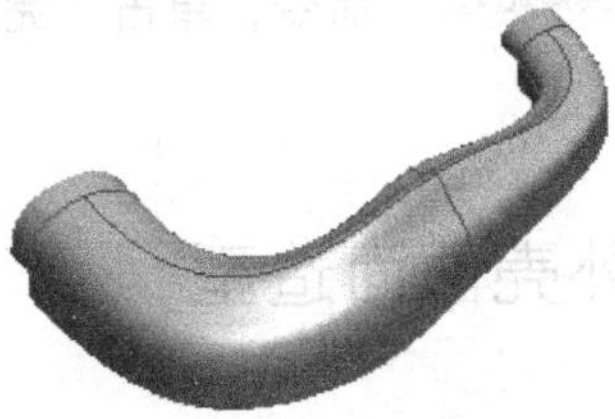
a）边界混合 1

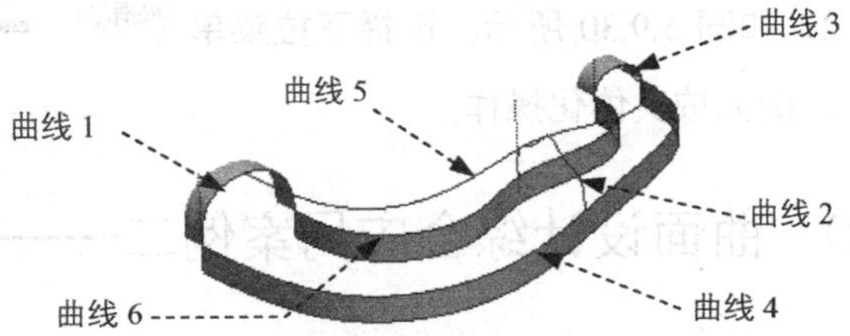

b）选取边界曲线

图 5.9.25 边界混合 1

步骤22 创建图 5.9.26 所示的镜像复制特征——镜像 1。选取步骤21中创建的边界混合 1 为镜像源，然后选择下拉菜单 编辑(E) → 镜像(I)... 命令；选取 RIGHT 基准平面为镜像平面，选取完成后，单击操控板中的“完成”按钮，完成镜像复制特征。

步骤23 创建图 5.9.27 所示的曲面合并特征——合并 1。按住 Ctrl 键，选取图 5.9.27 所示的边界混合 1 和镜像 1 为要合并的面组；选择下拉菜单 编辑(E) → 合并(G)... 命令；单击“完成”按钮。

步骤24 创建图 5.9.28 所示的镜像复制特征——镜像 2。选取步骤23中创建的合并 1 为镜像源，然后选择下拉菜单 编辑(E) → 镜像(I)... 命令；选取 TOP 基准平面为镜像平面，选取完成后，单击操控板中的“完成”按钮，完成镜像复制特征。

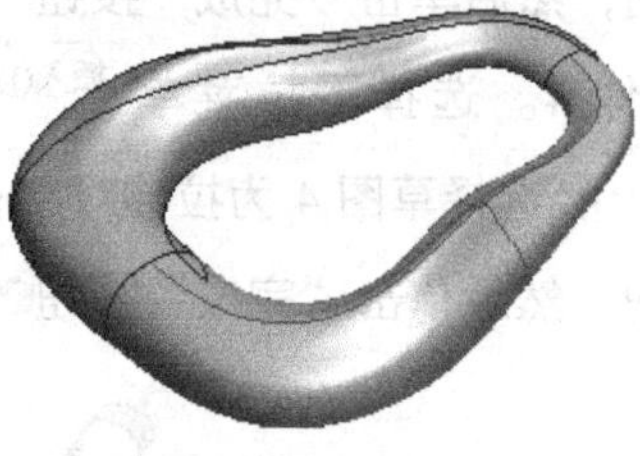

图 5.9.26　镜像 1

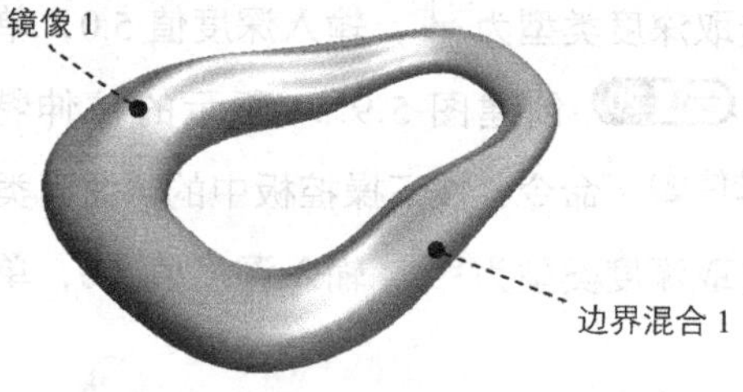

图 5.9.27　合并 1

步骤 25 创建图 5.9.29 所示的曲面合并特征——合并 2。按住 Ctrl 键，选取合并 1 和镜像 2 为要合并的面组；选择下拉菜单 编辑(E) → 合并(G)... 命令；单击“完成”按钮。

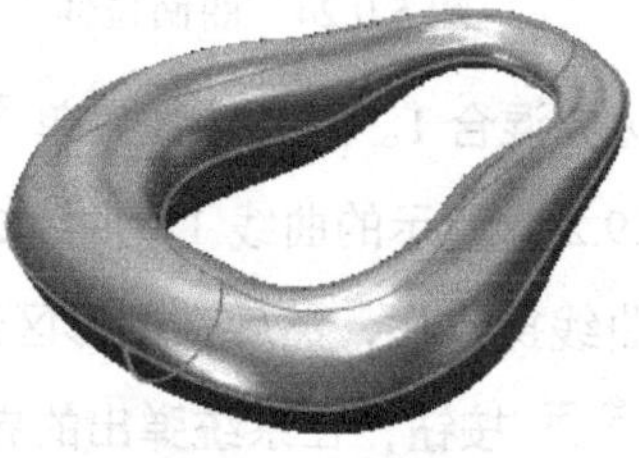

图 5.9.28　镜像 2

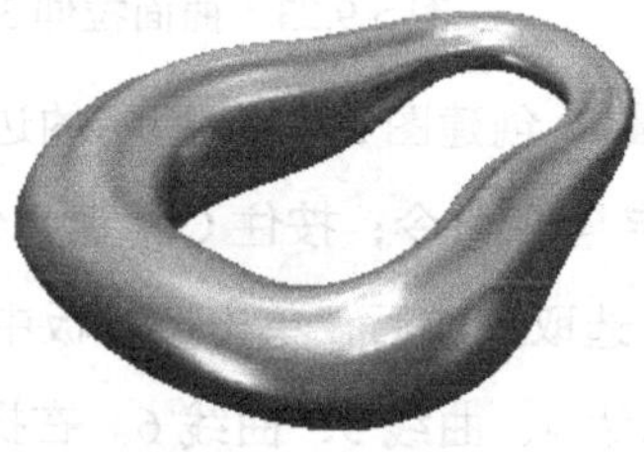

图 5.9.28　合并 2

步骤 26 实体化曲面——实体化 1。选取要将其变成实体的面组，即选择上步中合并的合并 2，如图 5.9.30 所示。选择下拉菜单 编辑(E) → 实体化(Y)... 命令，单击“完成”按钮，则完成实体化操作。

5.10　曲面设计综合应用案例二——塑料外壳曲面造型

案例概述：

本案例介绍了塑料外壳曲面造型的设计思路。通过练习本例，读者可以了解拉伸特征、修剪与延伸、基准平面特征的应用，其中还运用了边倒圆、修剪的片体、偏置曲面、通过曲线网格以及片体缝合等命令。零件模型如图 5.10.1 所示。

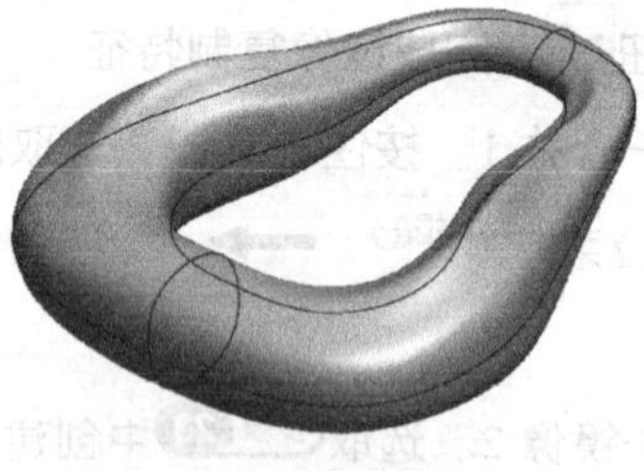

图 5.9.30　实体化 1

图 5.10.1　塑料外壳曲面造型

说明 本案例的详细操作过程请参见随书光盘中 video\ch05\文件下的语音视频讲解文件。模型文件为 D:\proedq5\work\ch05.10\plastic-cover-surf.prt。

5.11 曲面设计综合应用案例三——吸尘器外壳曲面造型

案例概述：

本案例介绍了吸尘器外壳曲面造型的设计思路。通过练习本例，读者可以了解拉伸特征、扫掠特征、镜像特征的应用，其中还运用了边倒圆、通过曲线组、偏置曲面以及片体的缝合和加厚等命令。零件模型如图 5.11.1 所示。

说明 本案例的详细操作过程请参见随书光盘中 video\ch05\文件下的语音视频讲解文件。模型文件为 D:\proedq5\work\ch05.11\fluke.prt。

5.12 曲面设计综合应用案例四——电钻外壳曲面造型

案例概述：

本案例介绍了电钻外壳曲面造型的设计思路。通过练习本例，读者可以了解草绘特征、基准特征、拉伸特征的应用，其中还运用了边倒圆、有界平面、通过曲线网格以及片体加厚等命令。零件模型如图 5.12.1 所示。

说明 本案例的详细操作过程请参见随书光盘中 video\ch05\文件下的语音视频讲解文件。模型文件为 D:\proedq5\work\ch05.12\ele-drill-cover.prt。

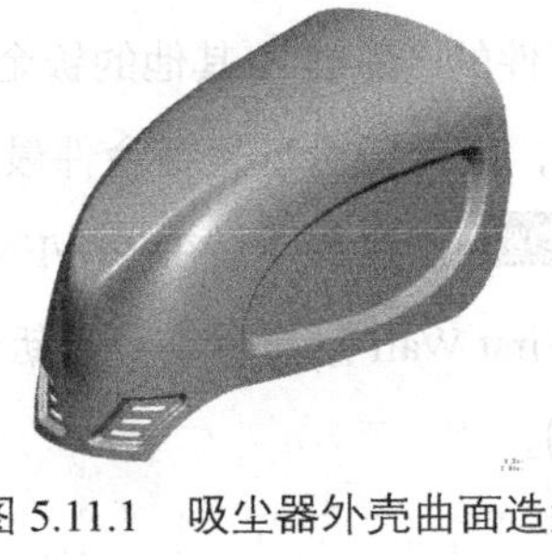

图 5.11.1 吸尘器外壳曲面造型

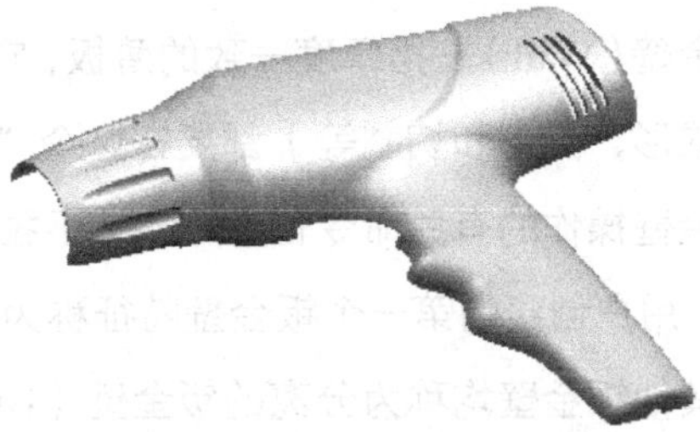

图 5.12.1 电钻外壳曲面造型

第6章 钣金设计

6.1 Pro/ENGINEER钣金设计基础

钣金件一般是指具有均一厚度的金属薄板零件，机电设备的支撑结构（如电器控制柜）、护盖（如机床的外围护罩）等一般都是钣金件。与实体零件模型一样，钣金件模型的各种结构也是以特征的形式创建的，但钣金件的设计也有自己独特的规律。使用 Pro/ENGINEER 软件创建钣金件的过程大致如下。

步骤 01 通过新建一个钣金件模型，进入钣金设计环境。

步骤 02 以钣金件所支持或保护的内部零部件大小和形状为基础，创建第一钣金壁（主要钣金壁）。例如，设计机床床身护罩时，先要按床身的形状和尺寸创建第一钣金壁。

步骤 03 添加附加钣金壁。在第一钣金壁创建之后，往往需要在其基础上添加另外的钣金壁，即附加钣金壁。

步骤 04 在钣金模型中，还可以随时添加一些实体特征，如实体切削特征、孔特征、圆角特征和倒角特征等。

步骤 05 创建钣金冲孔（Punch）和切口（Notch）特征，为钣金的折弯做准备。

步骤 06 进行钣金的折弯（Bend）。

步骤 07 进行钣金的展平（Unbend）。

步骤 08 创建钣金件的工程图。

6.2 基础钣金特征设计

钣金壁（Wall）是指厚度一致的薄板，它是一个钣金零件的“基础”，其他的钣金特征（如冲孔、成形、折弯和切割等）都要在这个“基础”上构建，因而钣金壁是钣金件最重要的部分。钣金壁操作的有关命令位于 插入(I) 下拉菜单的 钣金件壁(W) 子菜单中。在 Pro/ENGINEER 系统中，用户创建的第一个钣金壁特征称为第一钣金壁（First Wall），之后在第一钣金壁外部创建的其他钣金壁均称为分离的钣金壁（Unattached Wall）。

6.2.1 创建拉伸钣金壁

在以拉伸的方式创建第一钣金壁时，需要先绘制钣金壁的侧面轮廓草图，然后给定钣金厚度值和拉伸深度值，如图 6.2.1 所示。其详细操作步骤如下。

步骤 01 新建一个钣金件模型。单击新建文件按钮；选取文件的类型为 零件，子类型为 钣金件；文件名为 wall01；通过单击 使用缺省模板 复选框来取消使用默认模板，选用mmns_part_sheetmetal模板。

步骤 02 选取命令。选择下拉菜单 插入(I) ➡ 拉伸(E)... 命令。

步骤 03 定义拉伸特征的类型。在选择 拉伸(E)... 命令后，屏幕上方会出现拉伸操控板。在操控板中，按下实体特征类型按钮（默认情况下，此按钮为按下状态）。

步骤 04 绘制截面草图。在绘图区域中右击，选择 定义内部草绘... 命令；选取 FRONT 基准平面作为草绘平面，选取 RIGHT 基准平面为参照平面，方向为 底部；单击 草绘 按钮；绘制图 6.2.2 所示的截面草图，单击“完成”按钮。

步骤 05 定义拉伸深度及厚度。

（1）定义深度类型及深度值。在操控板中，选取深度类型（即“按指定的深度值拉伸”），再在深度文本框 216.5 中输入深度值 50，并按回车键。

（2）定义加厚方向（钣金材料侧）及厚度值。接受图 6.2.3 中的箭头方向为钣金加厚的方向。在薄壁特征类型图标后面的文本框中输入钣金壁的厚度值 2.0，并按回车键。

图 6.2.1 第一钣金壁

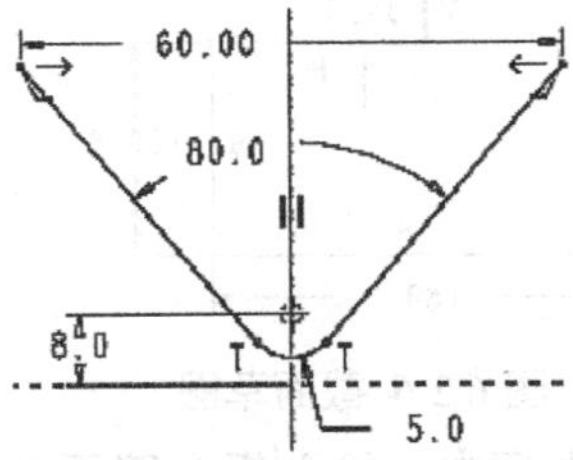

图 6.2.2 截面草图

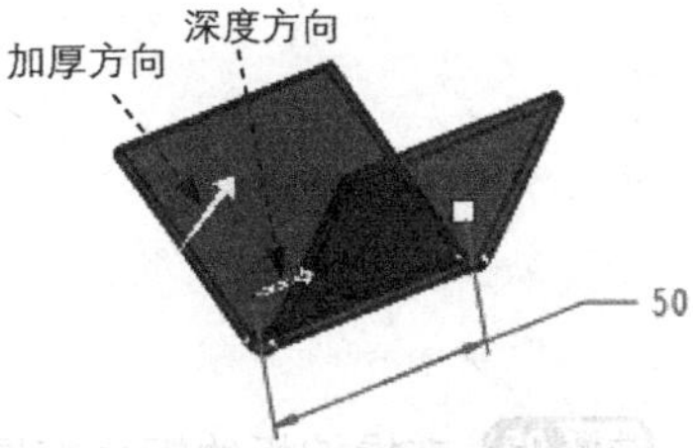

图 6.2.3 深度和加厚方向

步骤 06 单击操控板中的预览按钮，预览所创建的特征，单击“完成”按钮，完成特征的创建。

6.2.2 创建平整钣金壁

平整钣金壁是一个平整的薄板（图 6.2.4），在创建这类钣金壁时，需要先绘制钣金壁的正面轮廓草图（必须为封闭的线条），然后给定钣金厚度值即可。

图 6.2.4　平整钣金壁

步骤 01 新建一个钣金件模型，将其命名为 wall02。

步骤 02 选择下拉菜单 插入(I) → 钣金件壁(W) ▸ → 分离的(U) ▸ → 平整(A)... 命令，系统弹出图 6.2.5 所示的“平整”操控板。

图 6.2.5　“平整”操控板

步骤 03 定义草绘平面。在绘图区域中右击，选择 定义内部草绘... 命令；选择 TOP 基准面作为草绘面；选取 RIGHT 基准面作为参照平面；方向为 右；单击 草绘 按钮。

步骤 04 绘制截面草图。绘制图 6.2.6 所示的截面草图，单击“完成”按钮✓。

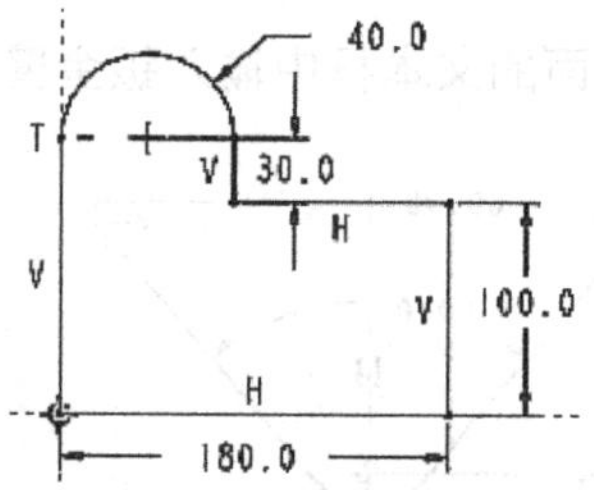

图 6.2.6 截面草图

步骤 05 在操控板的钣金壁厚文本框中，输入钣金壁厚值 2.0，并按回车键。

步骤 06 单击操控板中的预览按钮，预览所创建的平整钣金壁特征，然后单击“完成”按钮✓，完成创建。

6.2.3　创建平整附加壁

平整附加壁是一种正面平整的钣金薄壁，其壁厚与主钣金壁相同。在创建平整类型的附加钣金壁时，需先在现有的钣金壁（主钣金壁）上选取某条边线作为附加钣金壁的附着边，其次需要定义平整壁的正面形状和尺寸，给出平整壁与主钣金壁间的夹角。下面以图 6.2.7

为例，说明平整附加钣金壁的一般创建过程。

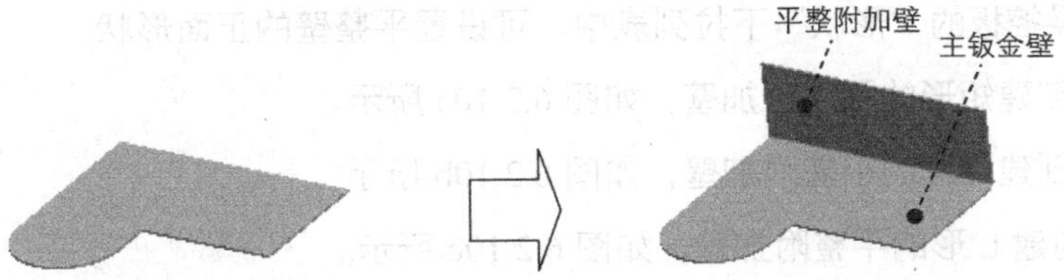

图 6.2.7 带圆角的“平整”附加钣金壁

步骤 01 将工作目录设置为 D:\proedq5\work\ch06.02.03，打开文件 wall03.prt。

步骤 02 选择下拉菜单 插入(I) → 钣金件壁(W) ▸ → 平整(L)... 命令，系统弹出图 6.2.8 所示的操控板。

步骤 03 选取附着边。在系统的 ⇨选择一个边连到侧壁上。提示下，选取图 6.2.9 所示的模型边线为附着边。

步骤 04 定义平整壁的形状。在图 6.2.8 所示的操控板中，选取形状类型为 矩形。

步骤 05 定义平整壁与主钣金壁间的夹角。在操控板的图标后面的文本框中输入角度值 90。

步骤 06 定义折弯半径。确认按钮（在附着边上使用或取消折弯圆角）被按下，然后在后面的文本框中输入折弯半径值 2；折弯半径所在侧为（内侧，即标注折弯的内侧曲面的半径）。

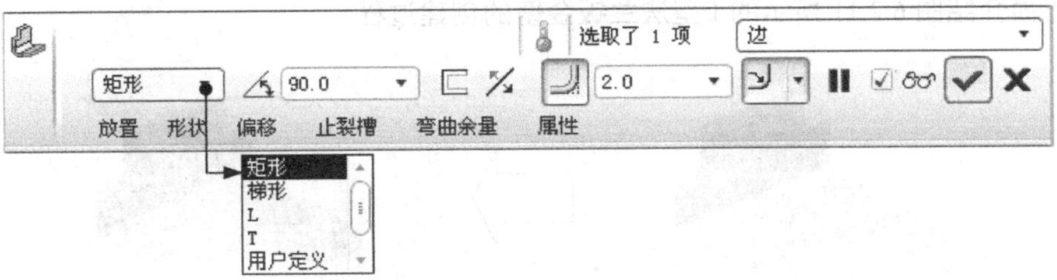

图 6.2.8 操控板

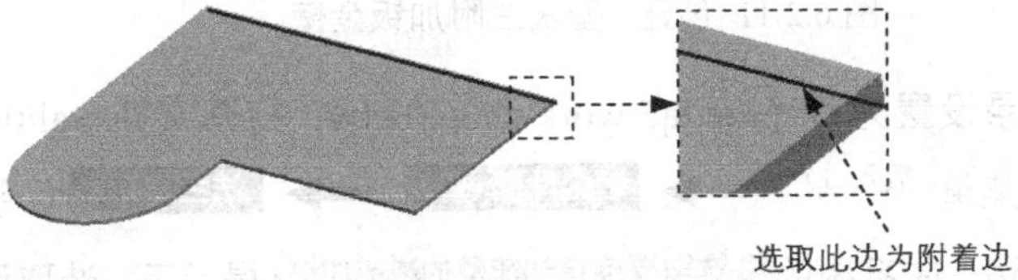

图 6.2.9 定义附着边

步骤 07 定义平整壁正面形状的尺寸。单击操控板中的 形状 按钮，在弹出的界面中，双击平整壁高度尺寸，然后将其改为 60.0，其他尺寸均为系统默认设置的 0.0、0.0。

步骤 08 在操控板中单击按钮，预览所创建的特征；确认无误后，单击“完成”按钮。

平整操控板各项说明如下。

在平整操控板的“形状”下拉列表中，可设置平整壁的正面形状。

矩形：创建矩形的平整附加壁，如图 6.2.10a 所示。

梯形：创建梯形的平整附加壁，如图 6.2.10b 所示。

L：创建 L 形的平整附加壁，如图 6.2.10c 所示。

T：创建 T 形的平整附加壁，如图 6.2.10d 所示。

用户定义：创建自定义形状的平整附加壁，如图 6.2.10e 所示。

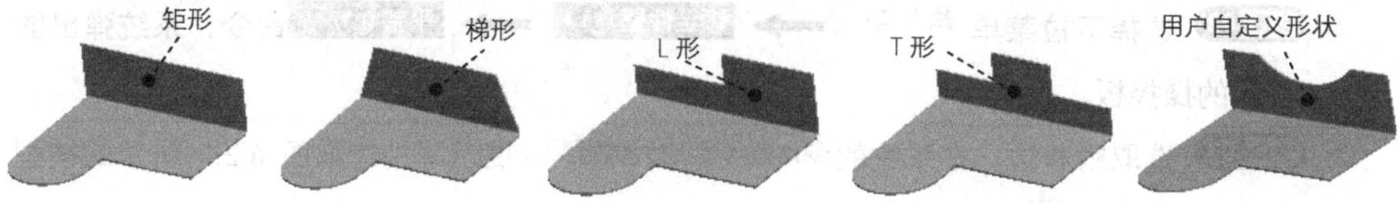

a）矩形的平整附加壁 b）梯形的平整附加壁 c）L 形的平整附加壁 d）T 形的平整附加壁 e）用户自定义形状的平整附加壁

图 6.2.10 平整附加壁的正面形状

6.2.4 创建法兰附加壁

法兰附加壁是一种可以定义其侧面形状的钣金薄壁，其壁厚与主钣金壁相同。在创建法兰附加钣金壁时，须先在现有的钣金壁（主钣金壁）上选取某条边线作为附加钣金壁的附着边，其次需要定义其侧面形状和尺寸等参数。

下面介绍图 6.2.11 所示的 I 型法兰钣金壁的创建过程。

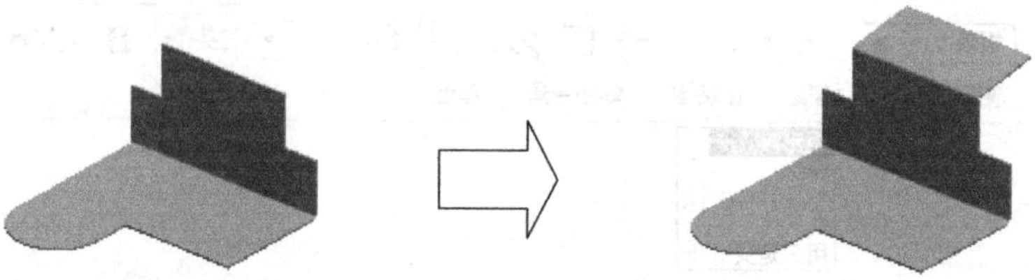

a）操作前 b）操作后

图 6.2.11 创建 I 型法兰附加钣金壁

步骤 01 将工作目录设置为 D:\proedq5\work\ch06.02.04，打开文件 wall04.prt。

步骤 02 选择下拉菜单 插入(I) → 钣金件壁(W) ▸ → 法兰(F)... 命令。

步骤 03 选取附着边。在系统的 ⇨选取要连接到薄壁的边或边链。提示下，选取图 6.2.12 所示的模型边线为附着边。

步骤 04 选取法兰壁的侧面形状类型 I。

步骤 05 定义折弯半径。确认按钮（在附着边上添加折弯）被按下，然后在后面的文本框中输入折弯半径值 1.0；折弯半径所在侧为 ↘（内侧）。

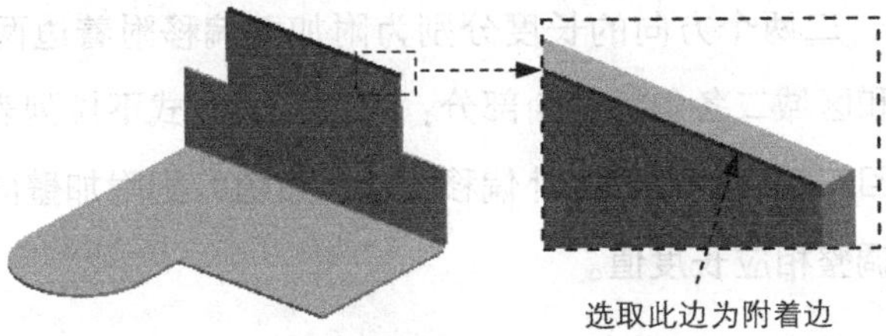

图 6.2.12　定义附着边

步骤 06 定义法兰壁的轮廓尺寸。单击 形状 按钮，在系统弹出的界面中，分别输入值 60.0、80.0（角度值），并分别按回车键。

步骤 07 在操控板中，单击按钮 ☑ 👓 预览所创建的特征；确认无误后，单击“完成”按钮 ✔。

法兰操控板选项说明如下。

在法兰操控板的“形状”下拉列表中（图 6.2.13），可设置法兰壁的侧面形状，具体效果如图 6.2.14 所示。

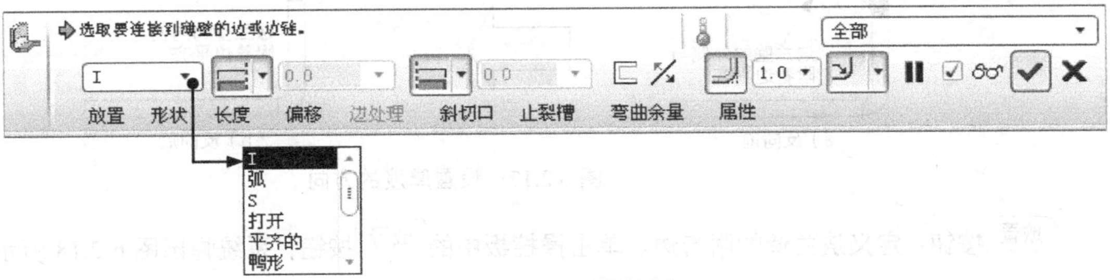

图 6.2.13 法兰操控板

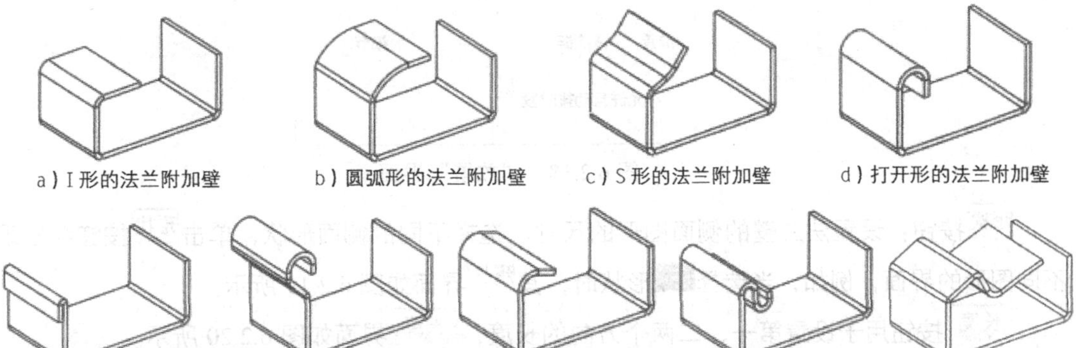

a）I 形的法兰附加壁　b）圆弧形的法兰附加壁　c）S 形的法兰附加壁　d）打开形的法兰附加壁

e）平齐的法兰附加壁　f）鸭形的法兰附加壁　g）C 形的法兰附加壁　h）Z 形的法兰附加壁　i）自定义形状的法兰附加壁

图 6.2.14　法兰附加壁的侧面形状

在操控板中，图 6.2.15 所示的区域一用于设置第一个方向的长度，区域二用于设置第二个方向的长度。第一、二两个方向的长度分别为附加壁偏移附着边两个端点的尺寸，如图 6.2.16 所示。区域一和区域二各包括两个部分：长度定义方式下拉列表和长度文本框。在文本框中输入正值并按回车键，附加壁向外偏移；输入负值，则附加壁向里偏移。也可拖动附着边上的两个滑块来调整相应长度值。

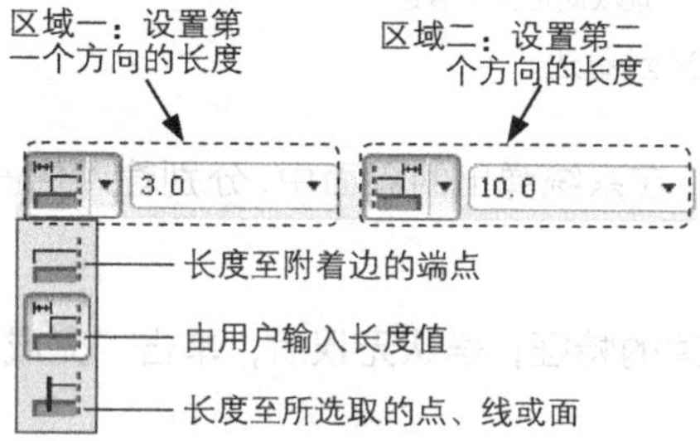

图 6.2.15　在操控板中设置两个方向的长度

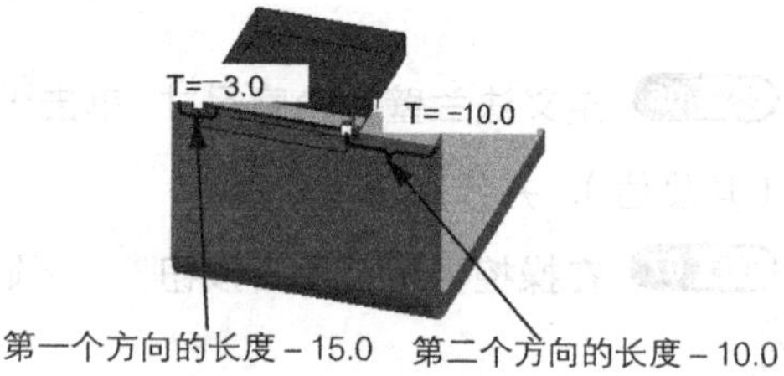

图 6.2.16　设置两个方向的长度

单击操控板中的按钮，可切换薄壁厚度的方向（图 6.2.17）。

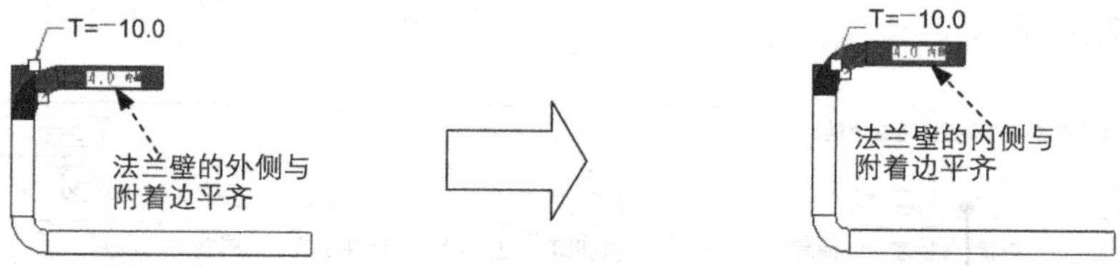

a）反向前　b）反向后

图 6.2.17　设置厚度的方向

放置按钮：定义法兰壁的附着边。单击操控板中的放置按钮，系统弹出图 6.2.18 所示的界面，通过该界面可重新定义法兰壁的附着边。

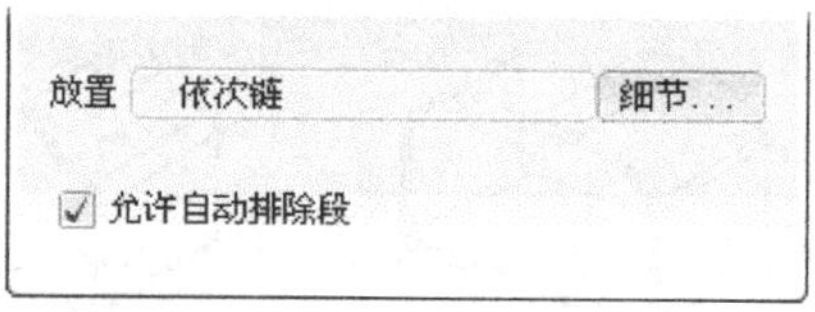

图 6.2.18　“放置”界面

形状按钮：设置法兰壁的侧面图形的尺寸。选择不同的侧面形状，单击形状按钮会出现不同图形的界面，例如，当选择I形状时，其形状界面如图 6.2.19 所示。

长度按钮用于设置第一、二两个方向的长度，长度界面如图 6.2.20 所示。

斜切口按钮用于设置斜切口的各项参数，斜切口界面如图 6.2.21 所示。

边处理按钮用于设置两个相邻的法兰附加钣金壁连接处的形状，边处理界面如图 6.2. 22

所示。边处理的类型有开放的、间隙、盲孔和重叠（图 6.2.23）。

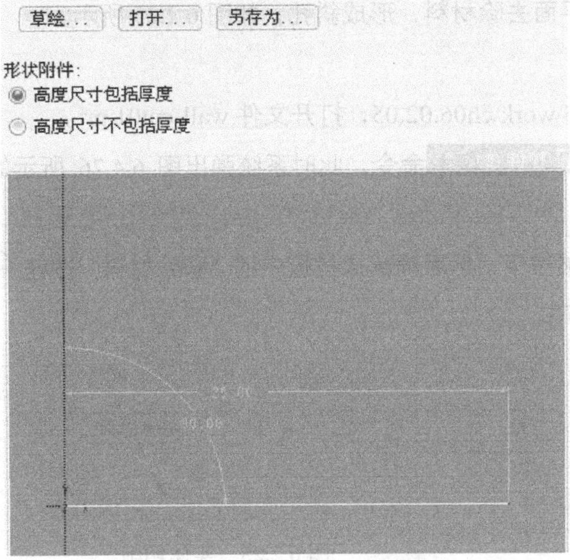

图 6.2.19 “形状”界面

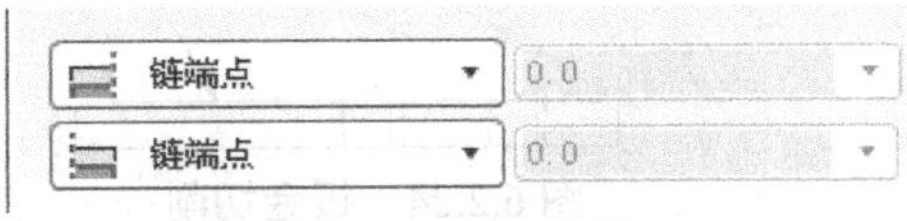

图 6.2.20 “长度”界面

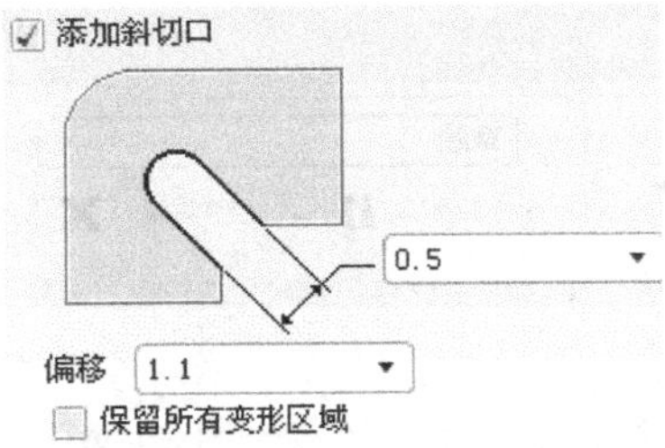

图 6.2.21 “斜切口”界面

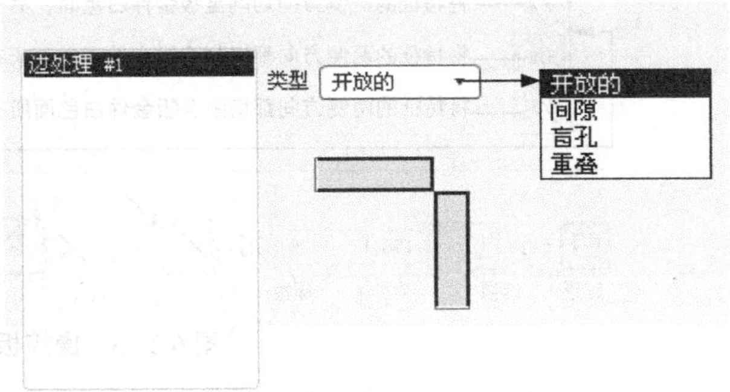

图 6.2.22 “边处理”界面

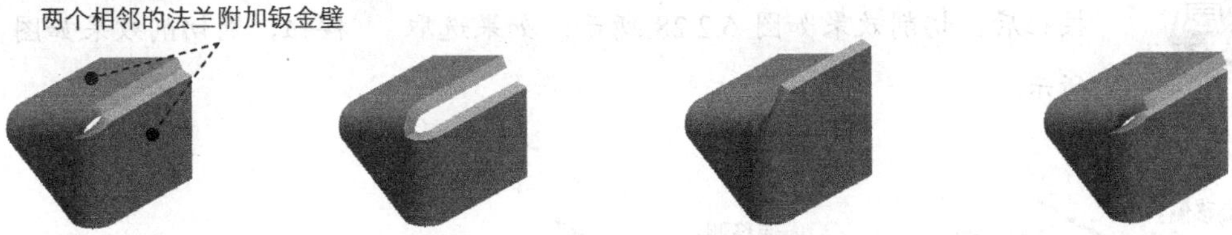

a）开放的 b）间隙 c）盲孔（不通孔） d）重叠

图 6.2.23 “边处理”的类型

6.2.5 创建钣金拉伸切除

钣金切削与实体切削都是在钣金件上切除材料，它们之间的区别如下。当草绘平面与钣金面平行时，二者没有区别；当草绘平面与钣金面不平行时，二者有很大的不同。钣金切削是将截面草图投影至模型的绿色或白色面，然后垂直于该表面去除材料，形成垂直孔，如图 6.2.24 所示；实体切削的孔是垂直于草绘平面去除材料，形成斜孔，如图 6.2.25 所示。

下面说明钣金切削的一般创建过程。

步骤 01 将工作目录设置为 D:\proedq5\work\ch06.02.05，打开文件 wall-cut01.prt。

步骤 02 选择下拉菜单 插入(I) ➡ 拉伸(E)... 命令，此时系统弹出图 6.4.26 所示的操控板。

步骤 03 先确认“实体”类型按钮被按下，然后确认操控板中的“移除材料”按钮和“移除与曲面垂直的材料”按钮被按下。

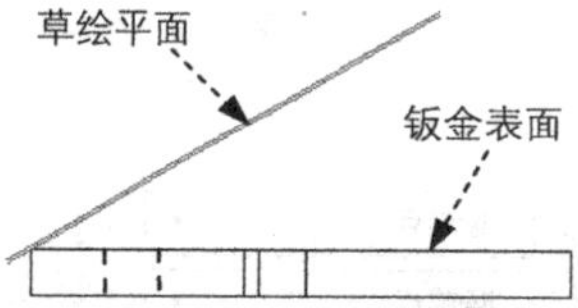

图 6.2.24 钣金切削

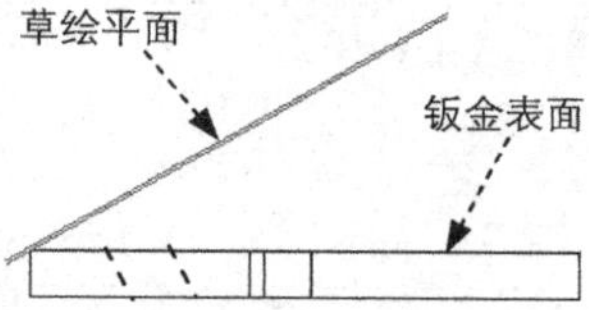

图 6.2.25 实体切削

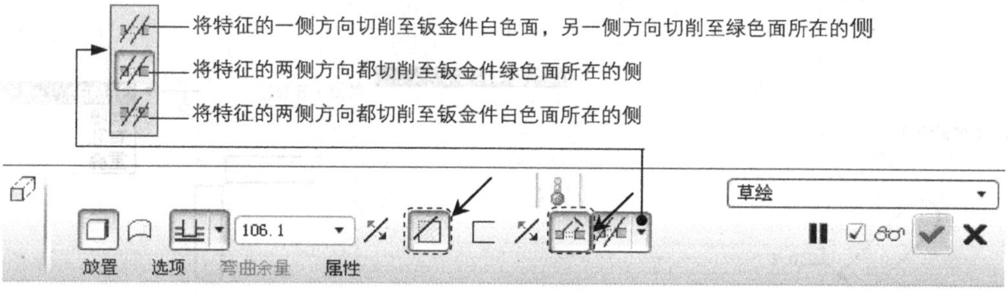

图 6.2.26 操控板

注意

在操控板中，如果选取按钮，则切削效果如图 6.2.27 所示；如果选取按钮后，切削效果如图 6.2.28 所示；如果选取按钮，则切削效果如图 6.2.29 所示。

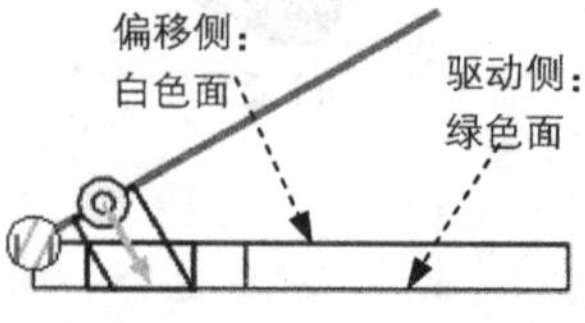

图 6.2.27 切削到驱动侧（绿色面）和偏移侧（白色面）

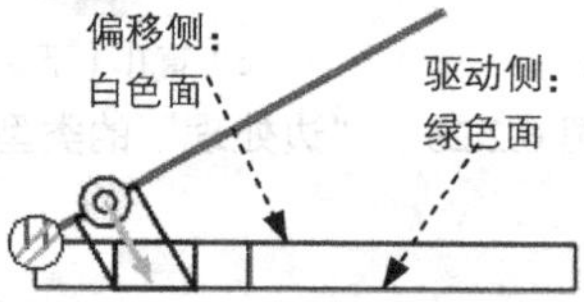

图 6.2.28 切削到驱动侧（绿色面）

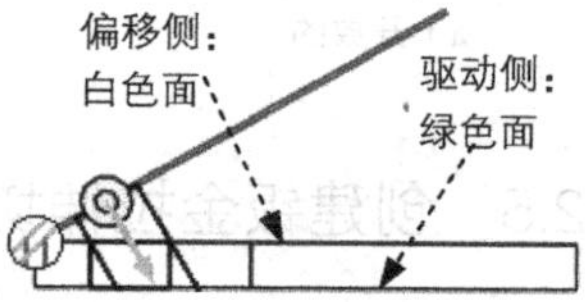

图 6.2.29 切削到偏移侧（白色面）

步骤 04 定义截面草图。在绘图区域中右击，选择 定义内部草绘... 命令；选取图 6.2.30 所示的面为草绘平面，确认图中箭头指向为特征的创建方向；然后选取 RIGHT 基准平面为参照平面，方向为右；绘制图 6.2.31 所示的截面草图。

步骤 05 选择去材料的方向。确认去材料的方向如图 6.2.32 所示。

步骤 06 定义切削深度。在操控板中，选择深度类型 （穿过所有），并选择材料移除的方向类型 （将特征切削至钣金件绿色面所在的侧），如图 6.2.32 所示。

步骤 07 单击操控板中的 按钮，预览所创建的特征，确认无误后单击 按钮。

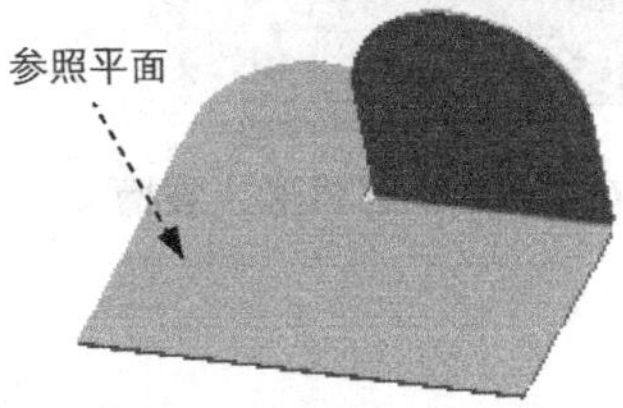

图 6.2.30 设置草绘平面

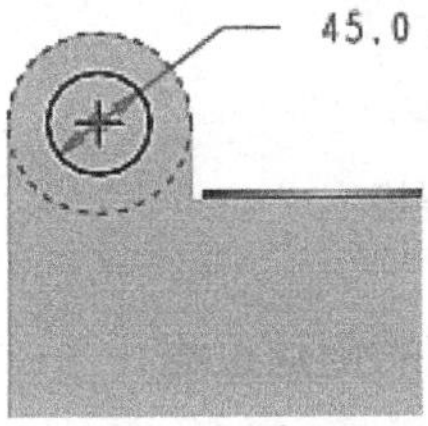

图 6.2.31 截面图形

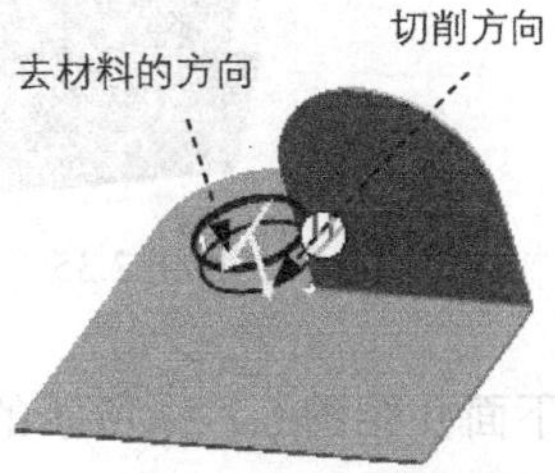

图 6.2.32 确定去材料的方向

6.2.6 创建钣金止裂槽

当附加钣金壁部分地与附着边相连，并且弯曲角度不为 0 时，需要在连接处的两端创建止裂槽（Relief）。

PRO/ENGINEER 系统提供的止裂槽分为 4 种，下面分别介绍。

第一种止裂槽——拉伸止裂槽。

在附加钣金壁的连接处用材料拉伸折弯构建止裂槽，如图 6.2.33 所示。当创建该类止裂槽时，需要定义止裂槽的宽度及角度。

第二种止裂槽——扯裂止裂槽。

在附加钣金壁的连接处，通过垂直切割主壁材料至折弯线处来构建止裂槽，如图 6.2.34 所示。当创建该类止裂槽时，无须定义止裂槽的尺寸。

图 6.2.33 拉伸止裂槽

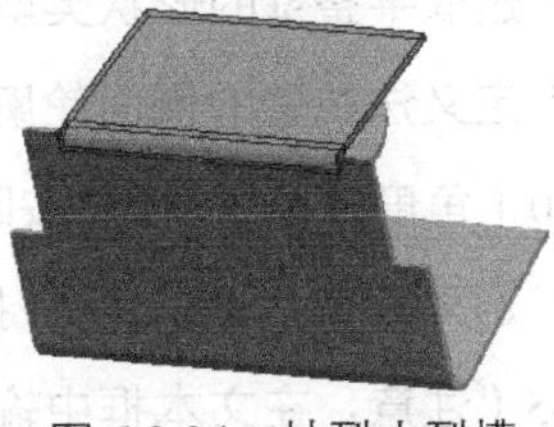

图 6.2.34 扯裂止裂槽

第三种止裂槽——矩形止裂槽。

在附加钣金壁的连接处，将主壁材料切割成矩形缺口来构建止裂槽，如图 6.2.35 所示。

当创建该类止裂槽时，需要定义矩形的宽度及深度。

第四种止裂槽——长圆弧形止裂槽。

在附加钣金壁的连接处，将主壁材料切割成长圆弧形缺口来构建止裂槽，如图 6.2.36 所示。当创建该类止裂槽时，需要定义圆弧的直径及深度。

图 6.2.35　矩形止裂槽

图 6.2.36　长圆弧形止裂槽

下面介绍图 6.2.37 所示的止裂槽的创建过程。

步骤 01　将工作目录设置为 D:\proedq5\work\ch06.02.06，打开文件 wall-cut02.prt。

步骤 02　选择下拉菜单 插入(I) ➡ 钣金件壁(W) ▸ ➡ 法兰(F)... 命令，系统弹出操控板。

步骤 03　选取附着边。在系统 ◇选取要连接到薄壁的边或边链。的提示下，选取图 6.2.38 所示的模型边线。

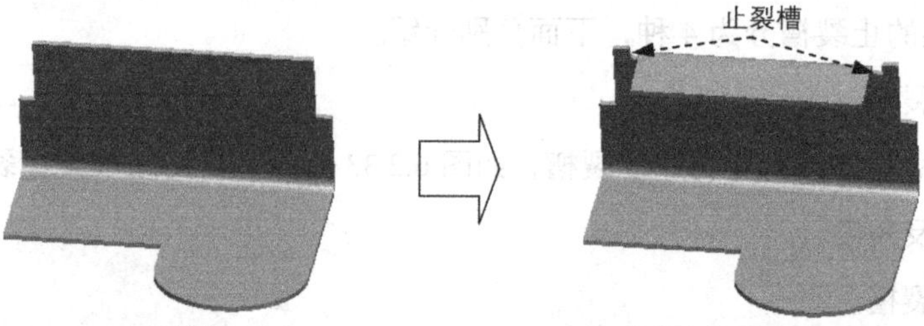

a）源模型　　b）添加部分附着钣金壁

图 6.2.37　止裂槽创建范例

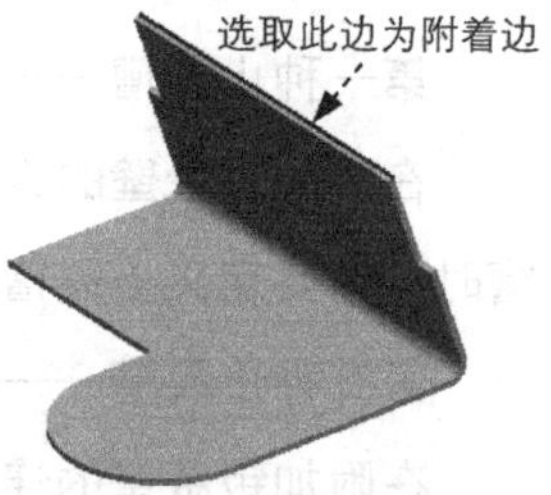

图 6.2.38　定义附着边

步骤 04　选取平整壁的形状类型 I 。

步骤 05　定义法兰壁的侧面轮廓尺寸。单击 形状 按钮，在系统弹出的界面中，分别输入值 15.0、80.0（角度值），并分别按回车键。

步骤 06　定义长度。单击 长度 按钮，在下拉列表中均选择 盲 选项，然后在文本框中均输入值-5（注意：在文本框中输入负值，回车后，则显示为正值）。

步骤 07　定义折弯半径。确认按钮 （在连接边上添加折弯）被按下，然后在后面的文本框中输入折弯半径值 2.0；折弯半径所在侧为 （内侧）。

步骤08 定义止裂槽。

（1）在操控板中单击 止裂槽 按钮，在系统弹出的界面中，接受系统默认的 止裂槽类别 为 折弯止裂槽，选中 ☑ 单独定义每侧 复选框。

（2）定义侧 1 止裂槽。选中 ◉ 侧 1 单选项，在 类型 下拉列表中选择 矩形 选项，止裂槽的深度及宽度尺寸采用默认值。

（3）定义侧 2 止裂槽。选中 ◉ 侧 2 单选项，在 类型 下拉列表中选择 长圆形 选项，止裂槽尺寸采用默认值。

步骤09 在操控板中单击 ☑ ∞ 按钮，预览所创建的特征；确认无误后，单击“完成”按钮 ✔。

6.3 高级钣金特征设计

6.3.1 成形特征

把一个实体零件（冲模）上的某个形状印贴在钣金件上，这就是钣金成形特征，成形特征也称之为印贴特征。例如：图 6.3.1a 所示的实体零件为成形冲模，该冲模中的凸起形状可以印贴在一个钣金件上而产生成形特征，如图 6.3.1b 所示。

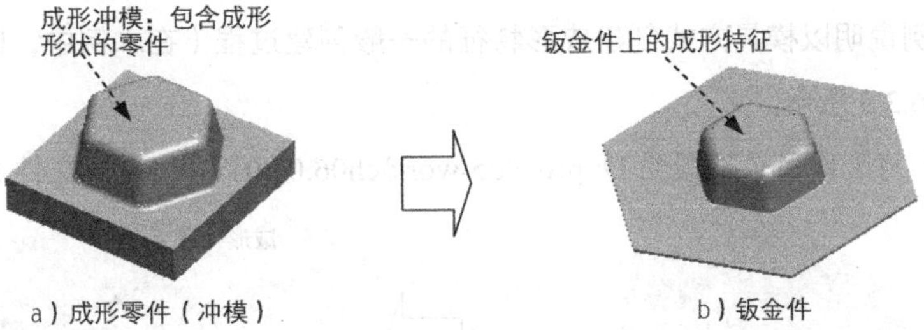

图 6.3.1 钣金成形特征

钣金成形分为凹模（Die）成形和凸模工具成形。在创建成形特征之前，必须先创建一个参照零件（即冲模零件），该参照零件中应包含成形几何形状的特征，参照零件可在零件模式下建立。

模具成形和冲压成形的区别主要在于这两种成形所使用的冲模不同，在模具成形冲模零件中，必须有一个基础平面作为边界面（图 6.3.2），而在冲压成形的冲模零件中，则没有此基础平面（图 6.3.3）。

选择下拉菜单 插入(I) ➡ 形状(S) ➡ 凹模(D)... 命令，系统弹出图 6.3.4 所示的“选项”信息对话框，对该对话框中各元素的说明如下。

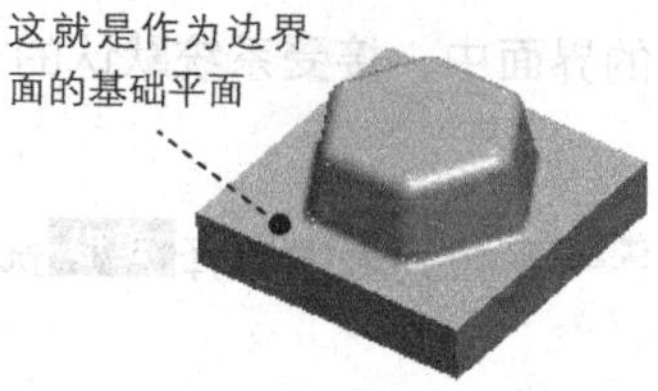

图 6.3.2　模具成形的冲模

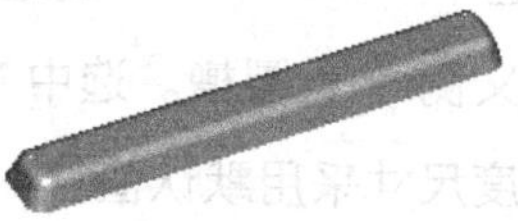

图 6.3.3　冲压成形的冲模

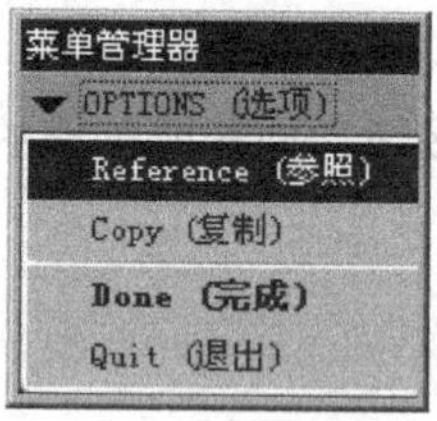

图 6.3.4　“选项”菜单

◆ Reference（参照）：钣金件上的成形形状是参照冲模零件的几何形状而得到的，因此如果冲模零件有任何几何设计变更，则由冲模生成的成形特征也会随之改变。

◆ Copy（复制）：将冲模的几何形状复制到钣金件上，冲模的变更不会影响到钣金上成形特征的几何形状。

1. 模具成形

下面举例说明以模具方式创建成形特征的一般创建过程（在本例中，Die 冲模零件已被创建）如图 6.3.5 所示。

步骤 01　将工作目录设置为 D:\proedq5\work\ch06.03.01\01，打开文件 form01.prt。

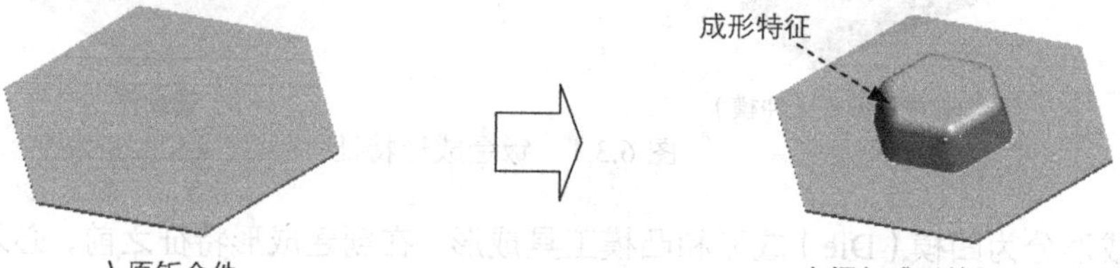

a）原钣金件　　b）添加成形特征

图 6.3.5　创建成形

步骤 02　选择下拉菜单 插入(I) ➡ 形状(S) ▸ ➡ 凹模(D)... 命令。

步骤 03　在系统弹出的 ▼ OPTIONS（选项）菜单中选择 Reference（参照） ➡ Done（完成）命令。

步骤 04　在系统弹出的文件“打开”对话框中，选择 form-die01.prt 文件，并将其打开。此时系统弹出图 6.3.6 所示的“模板”信息对话框和图 6.3.7 所示的“模板”窗口。

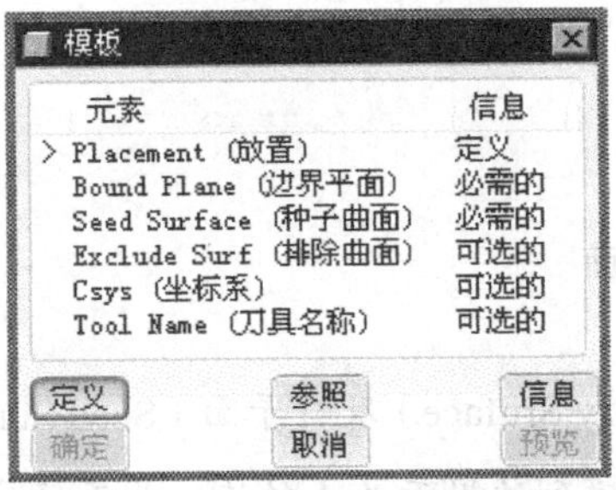

图 6.3.6 “模板”信息对话框

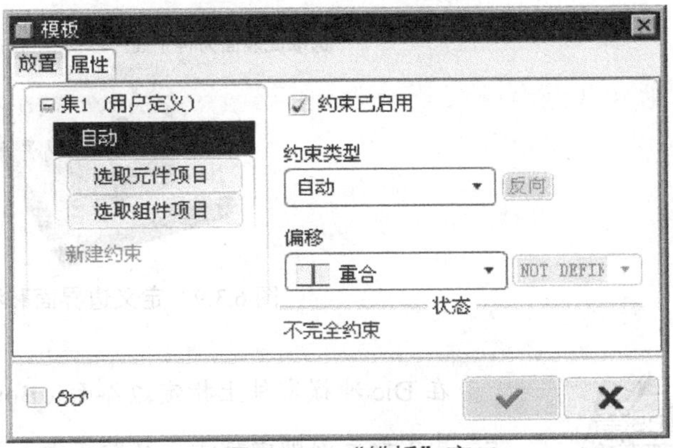

图 6.3.7 “模板”窗口

步骤 05 定义成形模具的放置。如果成形模具显示为整屏，可调整其窗口大小。

(1) 定义对齐约束。在图 6.3.7 所示的“模板”窗口中，选择约束类型 对齐，然后分别在钣金件和模具模型中选取图 6.3.8 所示的对齐面（钣金件上的 RIGHT 基准面与模具上的 RIGHT 基准面）。

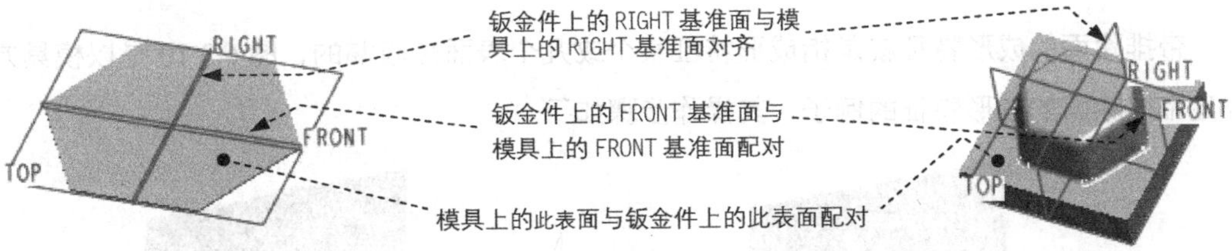

图 6.3.8 操作过程

(2) 定义配对约束。在“模板”窗口中，单击 ➜新建约束 字符，选择新增加的约束类型 配对，分别选取图 6.3.8 所示的配对面（钣金件上的 FRONT 基准面与模具上的 FRONT 基准面）。

(3) 定义配对约束。在“模板”窗口中，单击 ➜新建约束 字符，选择新增加的约束类型 配对，分别选取图 6.3.8 所示的配对面（钣金件上的一个模型表面与模具上的一个模型表面），此时“模板”窗口显示“完全约束”。

(4) 在 “模板”窗口中单击“完成”按钮 ✔。

步骤 06 定义边界面。在系统 ➪从参照零件选取边界平面。 的提示下，在模型中选取图 6.3.9 所示的面为边界面。

步骤 07 定义种子面。在系统 ➪从参照零件选取种子曲面。 的提示下，在模型中选取图 6.3.9 所示的面为种子面。

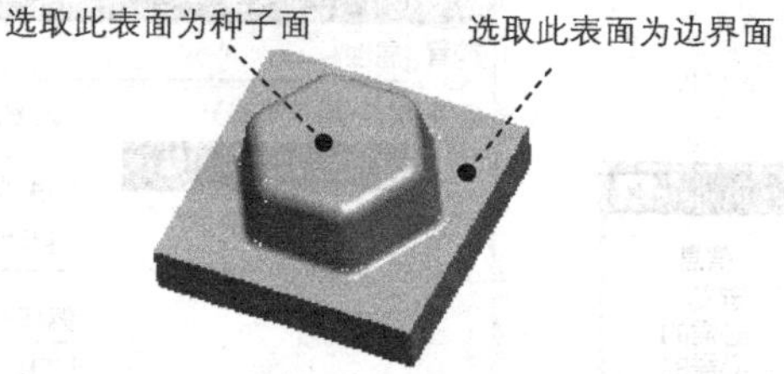

图 6.3.9　定义边界面和种子面

在 Die 冲模零件上指定边界面（Boundary Sruface）及种子面（Seed Surface）后，其成形范围则由种子面往外扩张，直到碰到边界面为止的连续曲面区域（不包含边界面）。

步骤 08 单击“模板”特征信息对话框下部的 预览 按钮，可浏览所创建的成形特征，然后单击 确定 按钮。

2. 模具带排除面成形

带排除面的成形特征就是指成形特征某个或几个表面是破漏的，图 6.3.10 是以模具方式创建带排除面的成形特征的例子，其操作步骤如下。

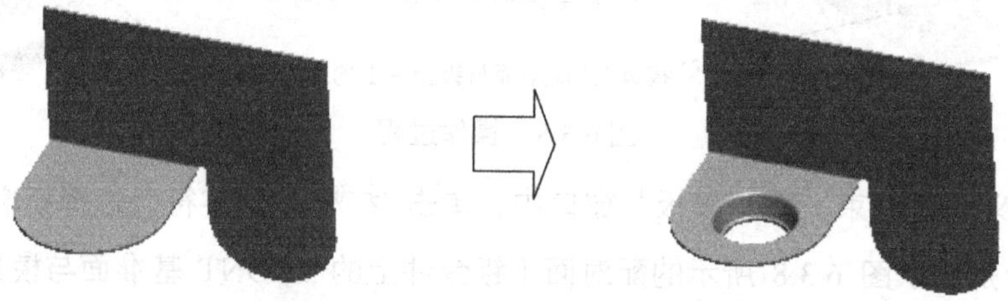

图 6.3.10　成形特征

步骤 01 将工作目录设置为 D:\proedq5\work\ch06.03.01\02，打开文件 form02.prt。

步骤 02 选择下拉菜单 插入(I) ➡ 形状(S)▸ ➡ 凹模(D)... 命令。

步骤 03 在系统弹出的 ▼ OPTIONS (选项) 菜单中，选择 Reference (参照) ➡ Done (完成) 命令。

步骤 04 在系统弹出的文件“打开”对话框中，选择 form-die02.prt 文件，并将其打开。此时系统弹出“模板”信息对话框和“模板”窗口。

步骤 05 定义成形模具的放置。如果成形模具显示为整屏，可调整其窗口大小。

（1）定义对齐约束。在“模板”窗口中，选择约束类型 对齐，然后分别在钣金件和模具模型中选取图 6.3.11 所示的对齐面（钣金件上的 DTM2 基准面与模具上的 FRONT 基准面）。

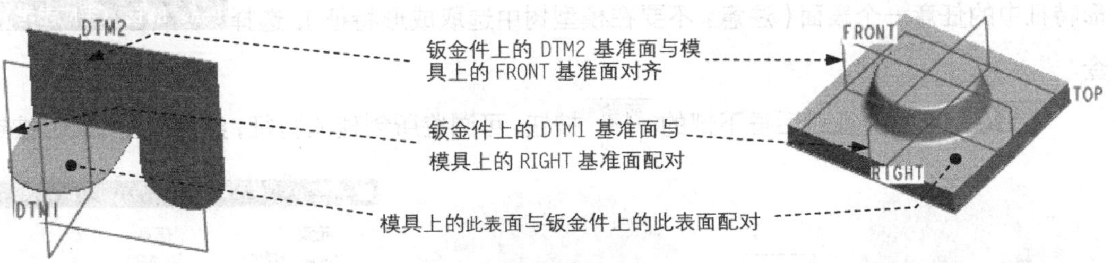

图 6.3.11 操作过程

（2）定义配对约束。在“模板”窗口中，单击 ➔新建约束 字符，选择新增加的约束类型 配对，分别选取图 6.3.11 所示的配对面（钣金件上的 DTM1 基准面与模具上的 RIGHT 基准面）。

（3）定义配对约束。在“模板”窗口中，单击 ➔新建约束 字符，选择新增加的约束类型 配对，分别选取图 6.3.11 所示的配对面（钣金件上的一个模型表面与模具上的一个模型表面），此时“模板”窗口显示“完全约束”。

（4）在“模板”窗口中单击“完成”按钮 ✔。

步骤 06 选取边界面和种子面，如图 6.3.12 所示。

步骤 07 定义排除面。双击“模板”对话框中的 Exclude Surf (排除曲面)，然后选取图 6.3.13 所示的表面为排除面，在 ▼ FEATURE REFS (特征参考) 菜单中选择 Done Refs (完成参考) 命令。

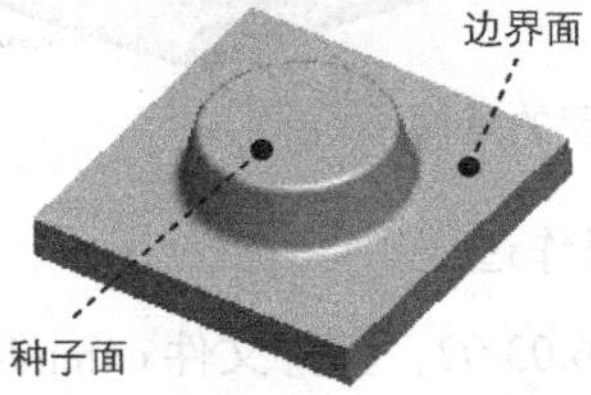

图 6.3.12 定义边界面和种子面

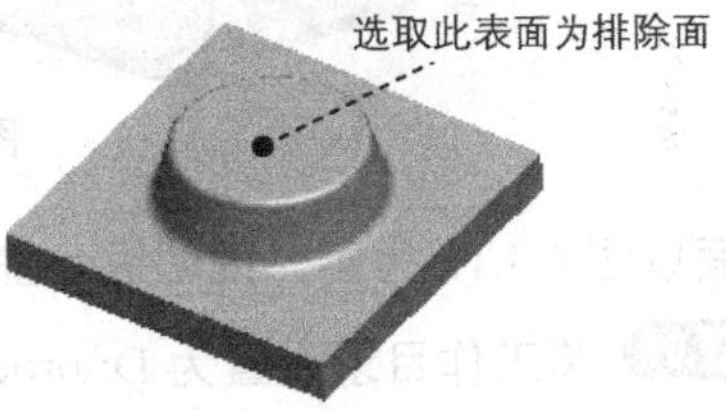

图 6.3.13 选取排除面

步骤 08 单击特征对话框下部的 预览 按钮，可浏览所创建的成形特征，单击 确定 按钮。

3. 平整成形

平整成形（Flatten Form）用于将钣金成形特征展平，如图 6.3.14 所示。

下面说明平整成形特征的一般操作过程。

步骤 01 将工作目录设置为 D:\proedq5\work\ch06.03.01\03，打开文件 form03.prt。

步骤 02 选择下拉菜单 插入(I) ➔ 形状(S) ➔ 平整成形(L)... 命令，此时系统弹出图 6.3.15 所示的“平整”对话框。

步骤 03 选取成形表面。双击“平整”对话框中的 Form (印贴) 元素，然后在模型中选取成形特征中的任意一个表面（注意：不要在模型树中选取成形特征），选择 Done Refs（完成参考）命令。

步骤 04 单击特征对话框下部的 预览 按钮，可浏览所创建的特征，然后单击 确定 按钮。

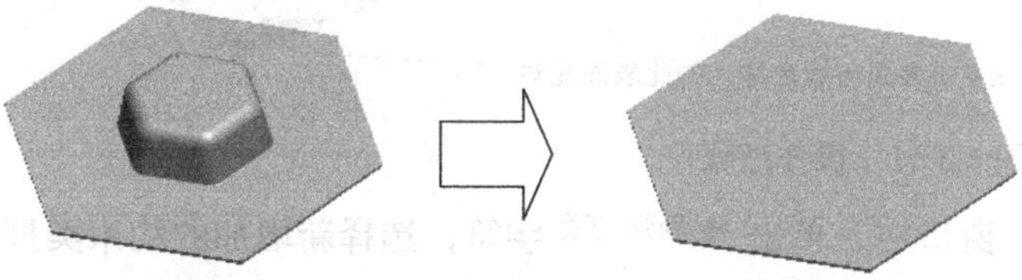

a）平整前　　b）平整后

图 6.3.14　平整成形

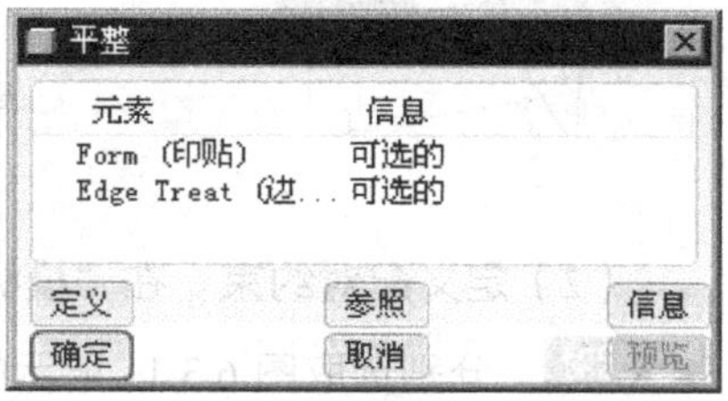

图 6.3.15　“平整”对话框

6.3.2　钣金壁延伸

在创建钣金壁时，可使用延伸（Extend）命令将现有的钣金壁延伸至一个平面或延伸一定的距离，如图 6.3.16 所示。

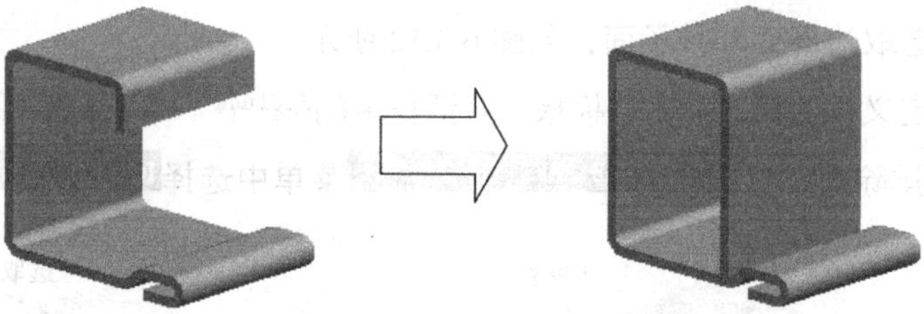

图 6.3.16　钣金壁的延伸

下面以图 6.3.16 为例，说明钣金壁延伸的一般操作过程。

步骤 01 将工作目录设置为 D:\proedq5\work\ch06.03.02，打开文件 extend-wall.prt。

步骤 02 选择下拉菜单 插入(I) ➡ 钣金件壁(W) ▸ ➡ 延伸(X)... 命令。

步骤 03 选取要延伸的边。在系统 ◆选取要延拓的直边。的提示下，选取图 6.3.17 所示的模型边线作为要延伸的边。

步骤 04 定义延伸距离。

（1）在 ▼ EXT DIST（延拓距离）菜单中选择 Up To Plane（向上至平面）命令。

（2）在 ◆选取要延拓的参照平面。提示下，选取图 6.3.18 所示的钣金表面为延伸的终止平面。

步骤 05 单击“壁选项：延伸”对话框中的 预览 按钮，再单击“重画”命令按钮，预览所创建的特征，然后单击 确定 按钮完成操作。

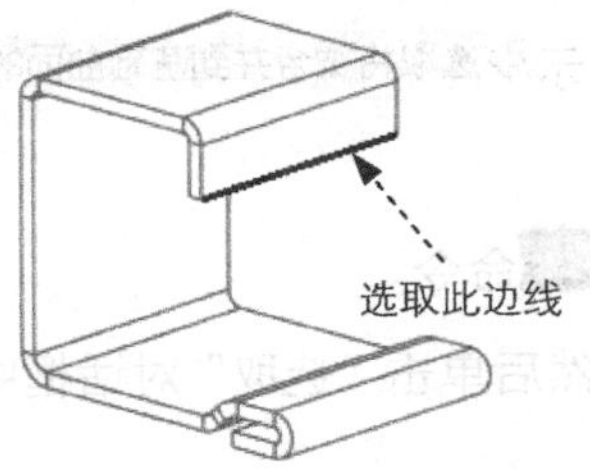

图 6.3.17　定义要延伸的边

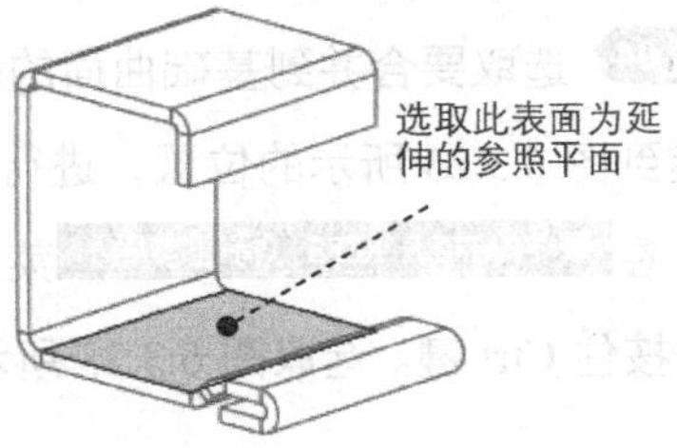

图 6.3.18　定义延伸的参照平面

6.3.3　钣金壁合并

在复杂的钣金设计过程中，往往有许多局部的钣金壁需要设计，用户可以先创建分离的局部钣金壁，待这些局部结构完成后，再创建分离的钣金壁来连接各个局部钣金壁，最后将所有分离的钣金壁进行合并。下面以图 6.3.19 为例，说明合并钣金壁的一般操作过程。

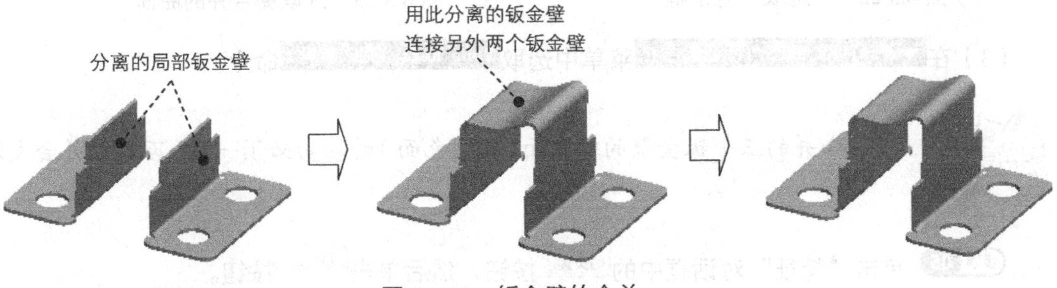

图 6.3.19　钣金壁的合并

步骤 01　将工作目录设置为 D:\proedq5\work\ch06.03.03，打开文件 merge-wall.prt。

步骤 02　选择下拉菜单 插入(I) ➡ 合并壁(G)... 命令。

步骤 03　选取基础曲面。此时系统提示 ◇选取分离的壁将合并到的曲面。，进行如下操作。

(1) 在图 6.3.20 所示的 ▼ FEATURE REFS (特征参考) 菜单中选取 Add (添加) 命令。

(2) 按住 Ctrl 键，选取图 6.3.21 所示的绿色面 1 和绿色面 2。

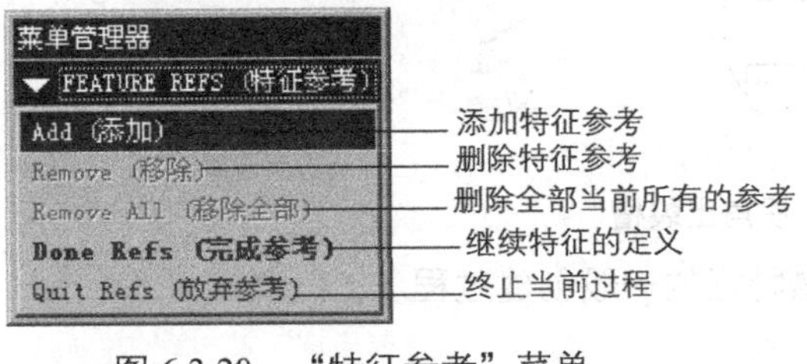

图 6.3.20　“特征参考”菜单

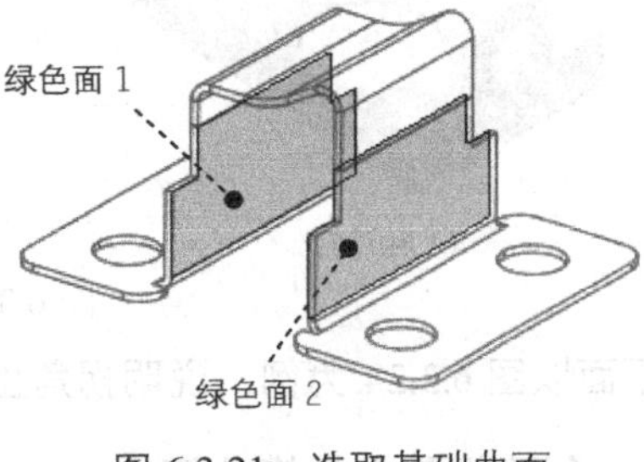

图 6.3.21　选取基础曲面

(3) 在图 6.3.22 所示的“选取”对话框中，单击 确定 按钮。

（4）在 FEATURE REFS（特征参考）菜单中选择 Done Refs（完成参考）命令。

步骤 04 选取要合并到基础曲面的曲面。此时系统提示 ➩选取将被合并到基础曲面的曲面。，将模型旋转到图 6.3.23 所示的位置，进行如下操作。

（1）在 FEATURE REFS（特征参考）菜单中选取 Add（添加）命令。

（2）按住 Ctrl 键。选取图 6.3.23 所示的两个绿色面，然后单击“选取”对话框中的 确定 按钮。

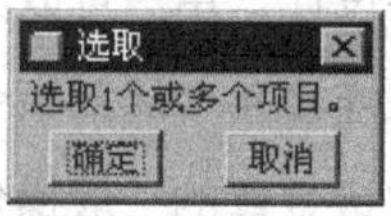

图 6.3.22 “选取”对话框

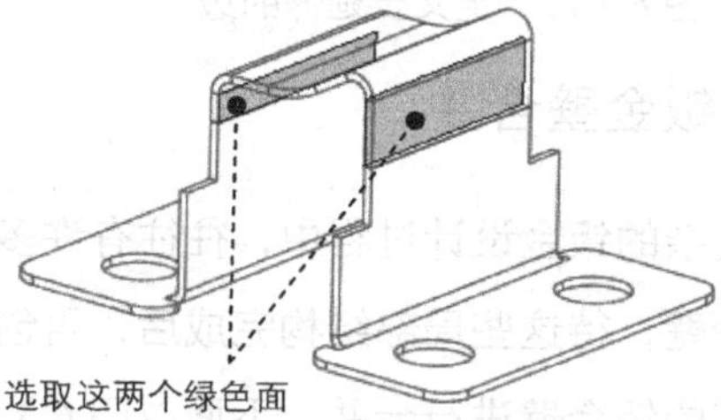

图 6.3.23 选取要合并的曲面

（3）在 FEATURE REFS（特征参考）菜单中选取 Done Refs（完成参考）命令。

注意：合并的三个钣金壁的绿色面（或白色面）的朝向必须一致，否则合并会失败。

步骤 05 单击“特征”对话框中的 预览 按钮，然后单击 确定 按钮。

6.3.4 钣金工艺孔

钣金工艺孔即为拐角止裂槽特征（Corner Relief），可以在钣金件的顶角上建立圆形或斜圆形拐角止裂槽，如图 6.3.24 所示。

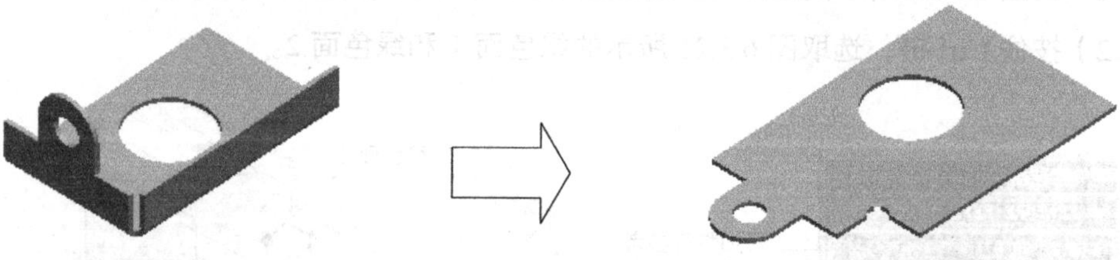

a）展开前　　b）展开后

图 6.3.24 拐角止裂槽

下面以图 6.3.24 为例，说明拐角止裂槽特征的一般创建过程。

1. 创建拐角止裂槽特征

步骤 01 将工作目录设置至 D:\proedq5\work\ch06.03.04，打开文件 auxiliary-hole.prt。

步骤 02 选择下拉菜单 插入(I) → 拐角止裂槽(R)... 命令，此时系统弹出“拐角止裂槽”对话框。

步骤 03 在 ▼ CORNER RELIEF (顶角止裂槽) 菜单中，选择 Add All (增加所有) 命令。

步骤 04 在弹出的 ▼ CRNR TYPE (拐角类型) 菜单中（图 6.3.25），选择 Circular (圆形) 命令，在 ▼ RELIEF DIM (止裂槽尺寸) 菜单中，选择 Enter Value (输入值) 命令，然后在系统提示下输入尺寸值 4.0，并按回车键。

步骤 05 在 ▼ CORNER RELIEF (顶角止裂槽) 菜单中，选择 Done Sets (完成集合) 命令。

步骤 06 单击信息对话框中的 确定 按钮，完成拐角止裂槽的创建。

2. 查看拐角止裂槽

创建完拐角止裂槽特征后，从三维的钣金件上并不能看到圆形或斜圆形拐角止裂槽，只有将三维的钣金件展平后才能看到，下面说明其展平操作过程。

步骤 01 选择下拉菜单 插入(I) → 折弯操作(B) ▸ → 展平(U)... 命令。

步骤 02 定义钣金的展平选项。在 ▼ UNBEND OPT (展平选项) 菜单中，选择 Regular (常规) → Done (完成) 命令，此时系统弹出“规则类型”信息对话框。

步骤 03 选取固定面（边）。在 ◇选取当展平/折弯回去时保持固定的平面或边。的提示下，选取图 6.3.26 所示的表面为固定面。

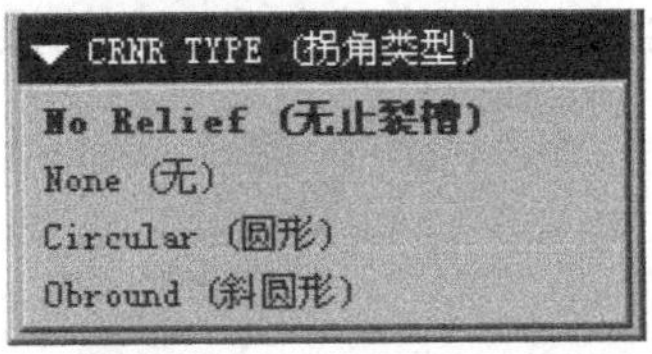

图 6.3.25 “拐角类型”菜单

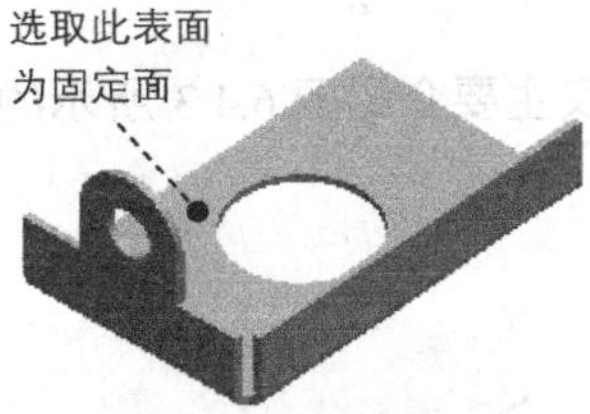

图 6.3.26 选取固定面

步骤 04 选取要展平的折弯特征。在 ▼ UNBENDSEL (展平选取) 菜单中，选择 Unbend All (展平全部) → Done (完成) 命令。

步骤 05 单击信息对话框中的 确定 按钮，可查看到前面创建的圆形拐角止裂槽，如图 6.3.24 所示。

6.4 钣金的折弯与展开

6.4.1 钣金的折弯

1. 钣金折弯概述

钣金折弯是将钣金的平面区域弯曲某个角度或弯成圆弧状，图 6.4.1 所示为一个典型的折弯特征。在进行折弯操作时，应注意折弯特征仅能在钣金的平面区域建立，不能跨越另一个折弯特征。

钣金折弯特征包括三个要素（图 6.4.1）。

◆ 折弯线（Bend Line）：确定折弯位置和折弯形状的几何线。

◆ 折弯角度（Bend Angle）：控制折弯的弯曲程度。

◆ 折弯半径（Bend Radius）：折弯处的内侧或外侧半径。

2. 钣金折弯的类型

在图 6.4.2 所示的菜单管理器中，可以选择折弯类型。

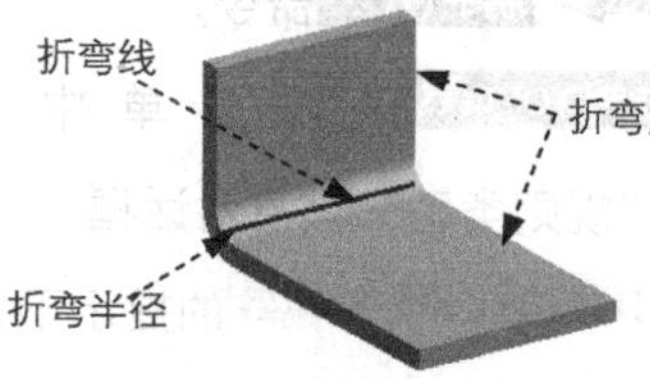

图 6.4.1　折弯特征的三个要素

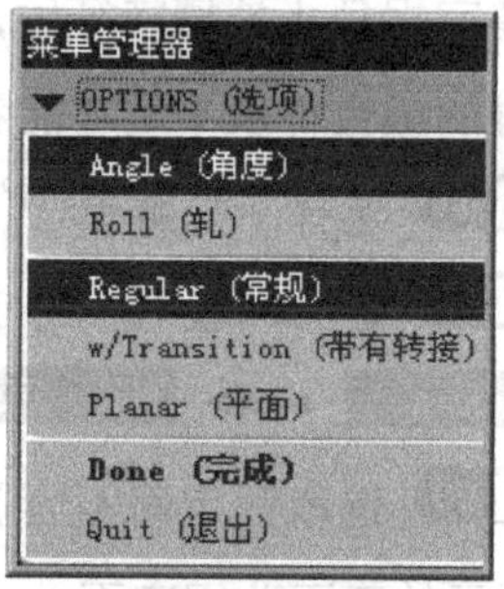

图 6.4.2　菜单管理器

这里仅主要介绍图 6.4.3 所示的常用钣金折弯类型（即“角度”类型）的操作方法。

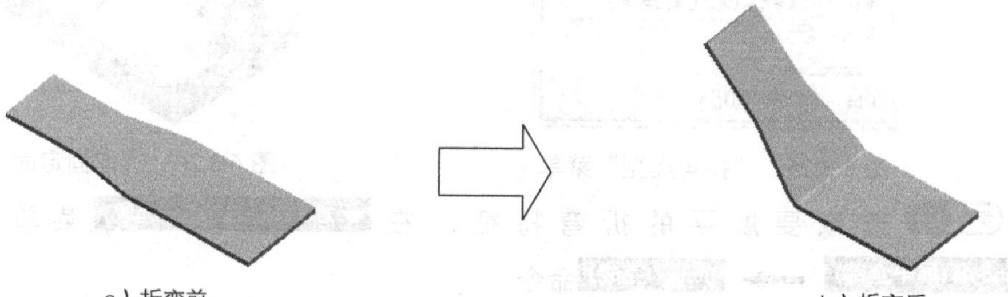

a）折弯前　　　　b）折弯后

图 6.4.3　钣金折弯

步骤 01 将工作目录设置为 D:\proedq5\work\ch06.04.01，打开文件 bend-wall.prt。

步骤 02 选择下拉菜单 插入(I) → 折弯操作(B) ▸ → 折弯(B)... 命令。

步骤 03 选择折弯方式。在 ▼ OPTIONS (选项) 菜单中，选择 Angle (角度) → Regular (常规) → Done (完成) 命令。

步骤 04 在系统弹出的 ▼ USE TABLE (使用表) 菜单中，选择 Part Bend Tbl (零件折弯表)

➡ Done/Return (完成/返回) 命令（表明使用默认的折弯表来计算此特征的展开长度）。

步骤 05 在系统弹出的 ▼ RADIUS SIDE (半径所在的侧) 菜单中，选择 Inside Rad (内侧半径) ➡ Done/Return (完成/返回) 命令。

步骤 06 定义草绘平面。选取图 6.4.4 所示的模型表面为草绘平面，再选择 Okay (确定) 命令，接受默认的特征创建方向；选择 Right (右) 命令，然后选取 RIGHT 基准平面为参照平面。

步骤 07 绘制折弯线。进入草绘环境后，先选取适当的边线为参照，然后绘制图 6.4.5 所示的折弯线。完成绘制后，单击“完成”按钮 ✓。

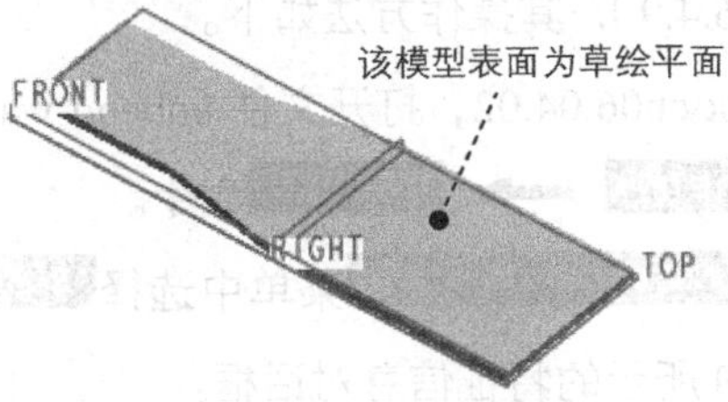

图 6.4.4 定义草绘平面

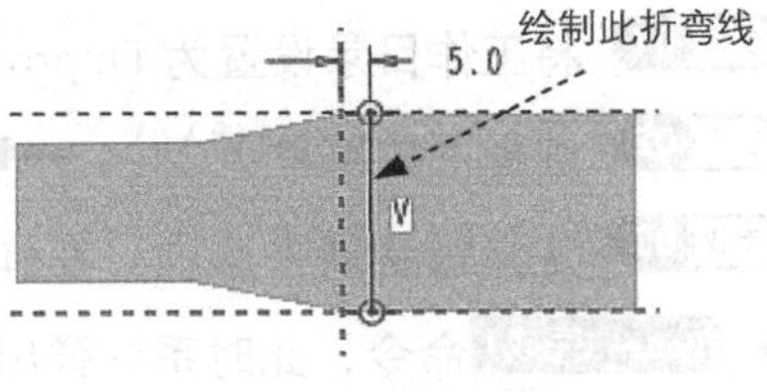

图 6.4.5 截面图形

步骤 08 选择折弯侧。此时系统提示 ⇨指明在图元的哪一侧创建特征。，先在 ▼ BEND SIDE (折弯侧) 菜单中选择 Flip (反向) 命令，此时箭头指向如图 6.4.6 所示，选择 Okay (确定) 命令。

步骤 09 选择固定侧。此时系统提示 ⇨箭头指示着要固定的区域。拾取反向或确定。，接受系统默认的固定侧方向，如图 6.4.7 所示，选择 Okay (确定) 命令。

步骤 10 在 ▼ RELIEF (止裂槽) 菜单中，选择 No Relief (无止裂槽) ➡ Done (完成) 命令。

步骤 11 在 ▼ DEF BEND ANGLE 菜单中，选取折弯角度为 45.000，再选择该菜单中的 ☑ Flip (反向) 命令，将折弯的创建方向反向（图 6.4.8），然后选择 Done (完成) 命令。

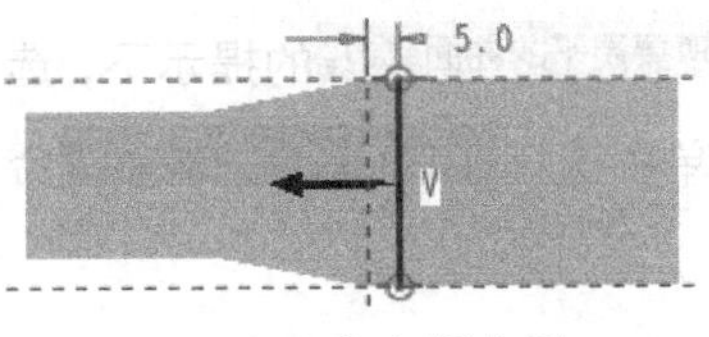

图 6.4.6 定义折弯侧

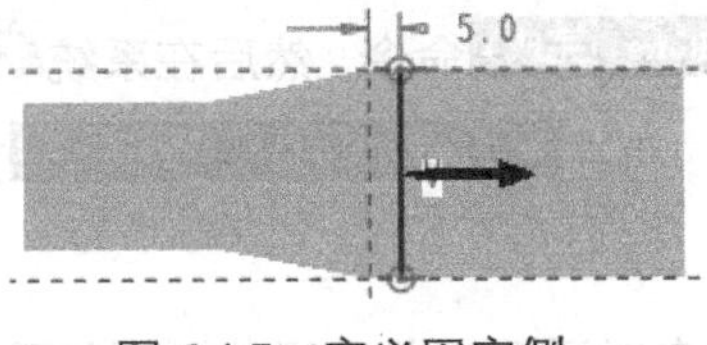

图 6.4.7 定义固定侧

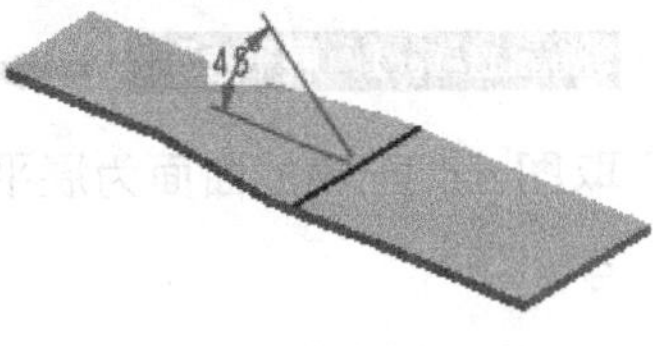

图 6.4.8 将折弯反向

步骤 12 在 ▼ SEL RADIUS (选取半径) 菜单中，选择 Thickness (厚度) 命令。

步骤 13 单击信息对话框中的 预览 按钮，预览所创建的折弯特征，然后单击 确定 按钮，完成创建。

6.4.2 钣金的展开

在钣金设计中，可以用展平命令将三维的折弯钣金件展平为二维的平面薄板。在 ▼ UNBEND OPT (展平选项) 菜单中，系统列出了三种展平方式，分别是规则展平方式、过渡展平方式和剖截面驱动展平方式。

规则展平（Regular Unbend）是一种最为常用、限制最少的钣金展平方式。利用这种展平方式可以对一般的弯曲钣金壁进行展平，也可以对由折弯命令创建的钣金折弯进行展平，但它不能展平不规则的曲面。

在本范例中，我们将展平部分钣金壁（图 6.4.9），其操作方法如下。

步骤 01 将工作目录设置为 D:\proedq5\work\ch06.04.02，打开文件 unbend-wall.prt。

步骤 02 选择下拉菜单 插入(I) ➡ 折弯操作(B) ▸ ➡ 展平(U)... 命令。

步骤 03 定义钣金展平选项。在弹出的 ▼ UNBEND OPT (展平选项) 菜单中选择 Regular (常规) ➡ Done (完成) 命令，此时系统弹出图 6.4.10 所示的特征信息对话框。

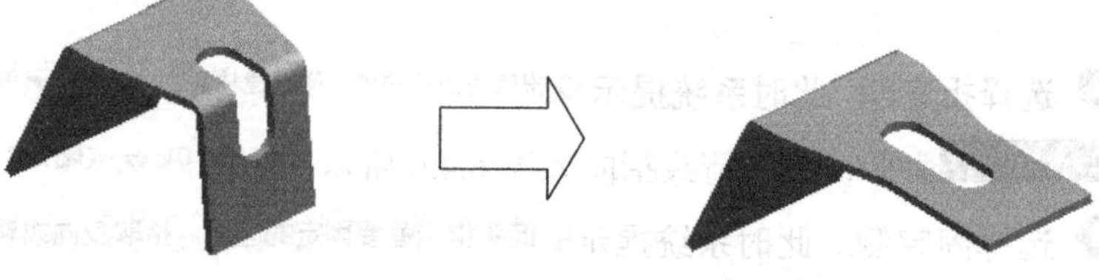

a）展开前　　b）展开后

图 6.4.9 钣金的部分展平

步骤 04 选取固定面（边）。在系统 ➪选取当展平/折弯回去时保持固定的平面或边。的提示下，选取图 6.4.11 所示的表面为固定面。

步骤 05 确定要展平的折弯区域。在 ▼ UNBENDSEL (展平选取) 菜单中，选择 UnbendSelect (展平选取) ➡ Done (完成) 命令，然后在系统 ➪选取要展平的曲面或边。的提示下，选取图 6.4.11 中的曲面为展平面；再在 ▼ FEATURE REFS (特征参考) 菜单中选择 Done Refs (完成参考) 命令。

对图 6.4.10 所示的特征信息对话框中各元素的说明如下。

- Fixed Geom (固定几何形状)：选取模型的一个面或边线为固定几何，此面或边线在展平时仍会固定在原处。
- Unbend Geom (展平几何形状)：选取欲展平的折弯区域。
- Deformation (变形)：若折弯区域有变形区不能延伸至钣金件的边缘时，系统会出现红色光亮提示，这时用户必须再另外选取变形区域使其与零件的边缘连接。

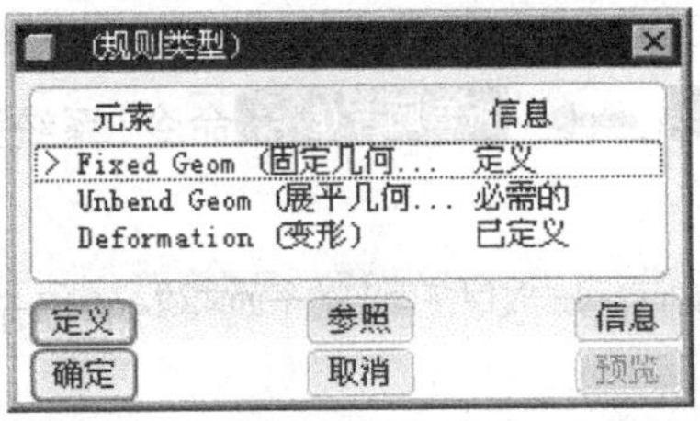

(规则类型)

元素	信息
Fixed Geom (固定几何...	定义
Unbend Geom (展平几何...	必需的
Deformation (变形)	已定义

定义 参照 信息 确定 取消 预览

图 6.4.10 “规则类型”信息对话框

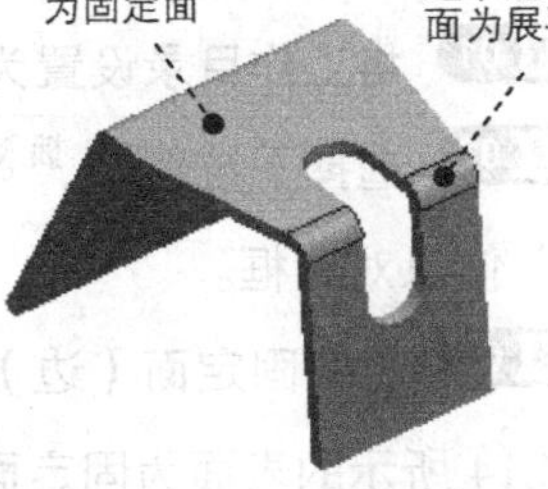

图 6.4.11 选取固定面

步骤 06 单击信息对话框中的 预览 按钮，预览所创建的展平特征，然后单击对话框中的 确定 按钮。

步骤 07 保存零件模型文件。

说明 如果在 ▼ UNBENDSEL (展平选取) 菜单中选取 Unbend All (展平全部) ⇨ Done (完成) 命令，则所有的钣金壁都将展平，如图 6.4.12 所示。

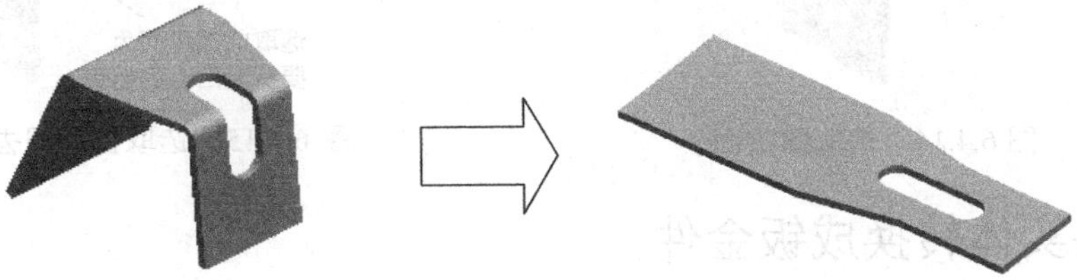

a）展开前 b）展开后

图 6.4.12 钣金的全部展平

6.4.3 钣金的重新折弯

可以将展平后的钣金壁部分或全部地折弯回去（Bend Back），简称为钣金的折回，如图 6.4.13 所示。如果需要在二维平整状态下建立某些特征，则可先增加一个展平特征，再在二维平整状态下进行某些特征的创建，然后增加一个折弯回去特征恢复钣金件原来的三维状态。

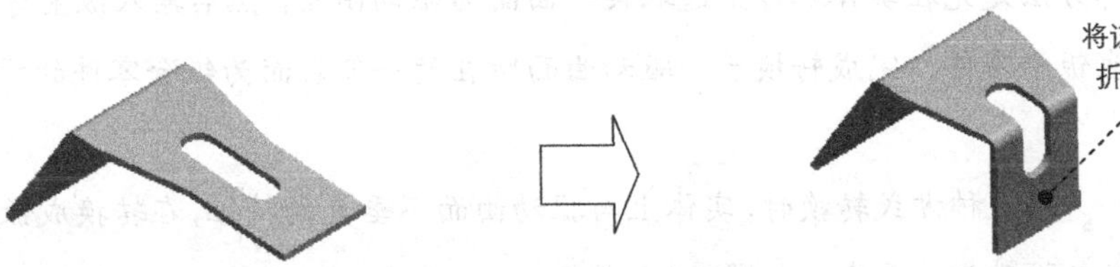

a）展平钣金件 b）钣金的折弯回去

图 6.4.13 钣金的折弯回去

图 6.4.14 所示为一个一般形式的钣金折弯回去，其操作步骤说明如下。

步骤 01 将工作目录设置为 D:\proedq5\work\ch06.04.03，打开文件 rebend-wall.prt。

步骤 02 选择下拉菜单 插入(I) → 折弯操作(B)▶ → 折弯回去(E)... 命令，系统弹出“折弯回去”信息对话框。

步骤 03 选取固定面（边）。在系统 ⇨选取当展平/折弯回去时保持固定的平面或边。的提示下，选取图 6.4.14 所示的表面为固定面。

步骤 04 在 ▼ BENDBACKSEL（折弯回去选取）菜单中选择 BendBack Sel（折弯回去选取）→ Done（完成）命令，则系统提示 ⇨选取要折弯回去的曲面或边。，选取图 6.4.15 中的圆弧面为要折弯回去的曲面，然后选择 Done Refs（完成参考）命令。

步骤 05 单击信息对话框中的 确定 按钮，完成折弯回去特征的创建。

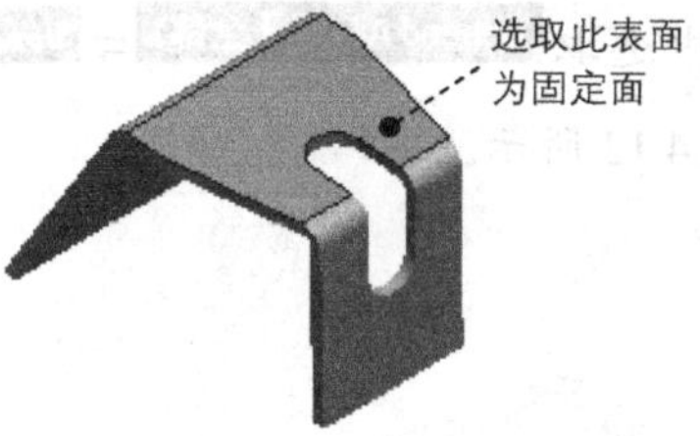

图 6.4.14 选取固定面

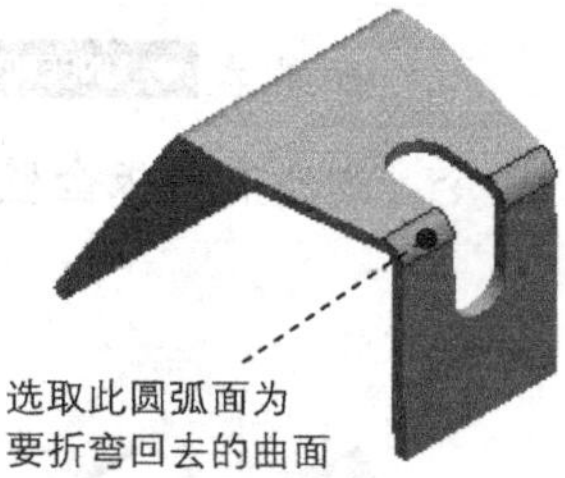

图 6.4.15 选取折弯回去的曲面

6.5 将实体转换成钣金件

创建钣金零件还有另外一种方式，就是先创建实体零件，然后将实体零件转化为钣金件。对于复杂钣金护罩的设计，使用这种方法可简化设计过程。

当打开（或新创建）的零件为实体零件时，打开 应用程序(P) 下拉菜单，可见其当前为 ● 标准(S) 模式。选择 应用程序(P) → 钣金件(H) 命令，然后通过弹出的菜单管理器可将实体零件转换成钣金零件。转换方式有两种，分别介绍如下。

◆ Driving Srf（驱动曲面）：选择该选项，可将材料厚度均一的实体零件转化为钣金零件。其操作方法是先在实体零件上选取某一曲面为驱动曲面，然后输入钣金厚度值，即可产生钣金零件。完成转换后，驱动曲面所在的一侧表面为钣金零件的绿色面。

注意：以这种方式转换时，实体上与驱动曲面不垂直的特征，在转换成钣金零件后，其与驱动曲面垂直，如图 6.5.1 所示。

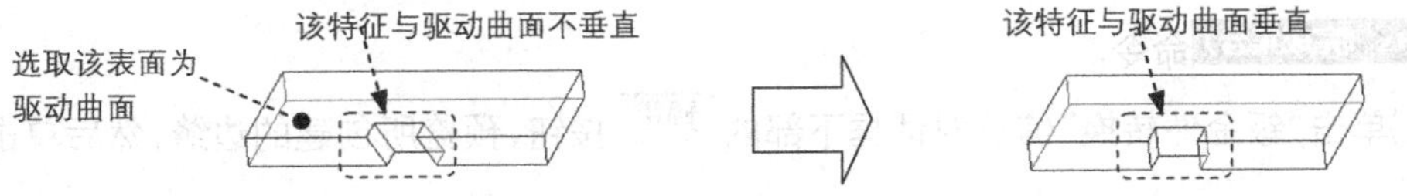

图 6.5.1 “驱动曲面”转换方式举例

◆ Shell（壳）：选择该选项，可将材料厚度为非均一的实体零件转化为“壳”式钣金零件。其操作方法与抽壳特征相同。

在设计一个零部件（或产品）的护盖时，本例所介绍的方法是一个很好的选择。这种方法的原理是：在装配环境中，先根据钣金件将要保护的内部零部件大小和形状，创建一个实体零件，然后将该实体零件转变成第一钣金壁，完成转变后系统便自动进入钣金环境，这样就可以添加其他钣金特征等。

这里介绍以 Shell（壳）的方式将实体零件转化为钣金件的例子，其操作过程如下。

步骤 01 将工作目录设置为 D:\proedq5\work\ch06.05，打开文件 transform-wall.prt。

步骤 02 选择下拉菜单 应用程序(P) ➡ 钣金件(H) 命令。

步骤 03 在系统弹出的 ▼ SMT CONVERT（钣金件转换）菜单中，选择 Shell（壳）命令。此时系统弹出“特征参考”菜单。

步骤 04 在系统 ◇选取一或多个要删除的曲面。的提示下，按住 Ctrl 键，选取图 6.5.2 所示的表面（一个平面及圆柱面）为壳体的删除面，然后选择 Done Refs（完成参考）命令。

步骤 05 输入钣金壁厚值 3，并按回车键。

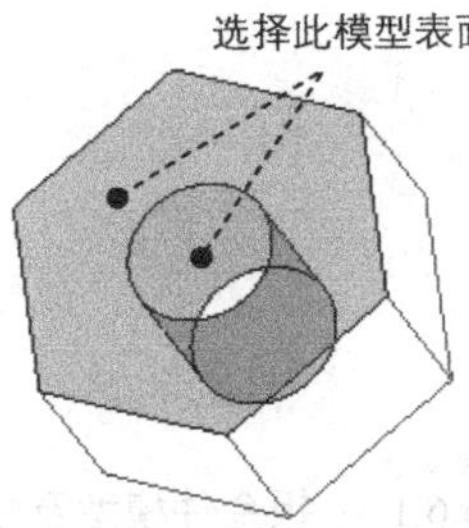

图 6.5.2 选择模型表面

步骤 06 创建边缝。经过前几步的操作，已经将实体零件转换成钣金件，这一步是在转换后的封闭壳体钣金件中创建边缝（图 6.5.3），以便于后面进行钣金展平操作。

（1）选择下拉菜单 插入(I) ➡ 转换(V)... 命令。

（2）在“钣金件转换”信息对话框中，双击 Edge Rip（边缝）元素；此时系统弹出

▼ RIP PIECES (割裂工件) 菜单，选择模型上图 6.5.4 所示的六条边线为边缝，然后选择 Done Sets (完成集合) 命令。

（3）单击“钣金件转换”信息对话框下部的 预览 按钮，预览所创建的边缝，然后单击 确定 按钮。

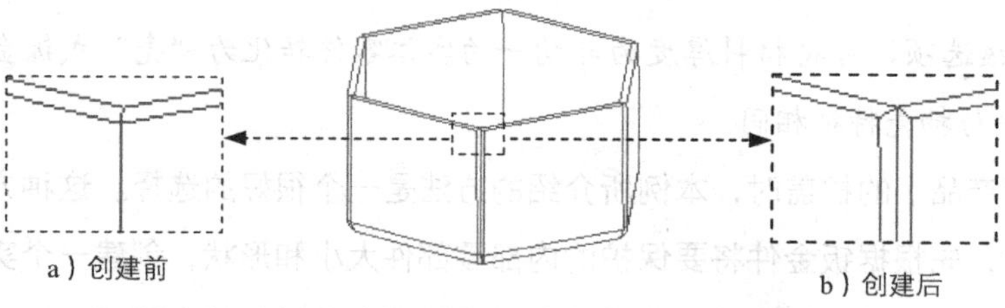

图 6.5.3　创建边缝

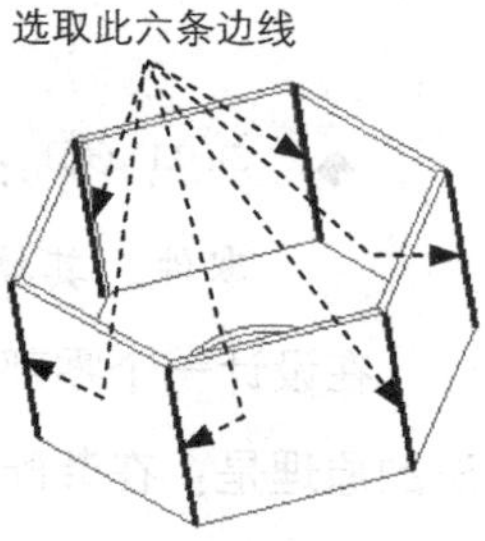

图 6.5.4　选取边线

6.6　钣金设计综合应用案例一

案例概述：

本案例介绍了钣金支架的设计过程：主要应用了平整钣金壁、附加平整壁、折弯、拉伸切削、成形和镜像等特征，需要读者注意的是“附加平整壁”和“成形特征”的操作创建方法及过程。下面介绍其设计过程，钣金件模型如图 6.6.1 所示。

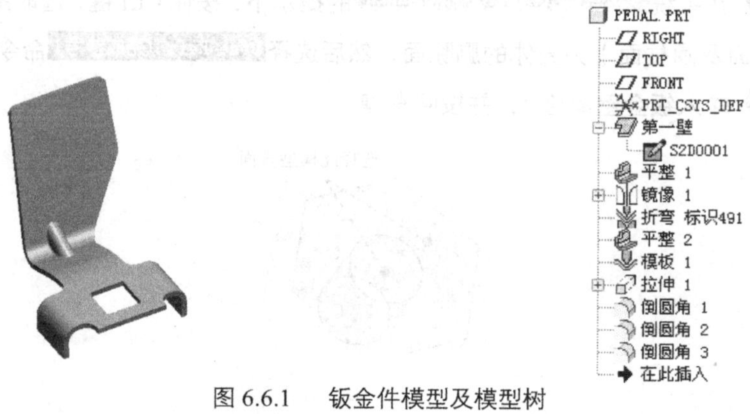

图 6.6.1　钣金件模型及模型树

1. 创建模具

下面首先介绍模具的设计过程，零件模型及设计树如图 6.6.2 所示。

步骤 01　新建一个零件模型，命名为 die.prt。

步骤 02　创建图 6.6.3 所示的拉伸特征 1。选择下拉菜单 插入(I) ➡ 拉伸(E)... 命令，选择 FRONT 基准面作为草绘平面；RIGHT 基准平面为参照平面，方向为 右；特征的截面草图如图 6.6.4 所示，深度类型为 ⊟，深度值为 8.0。

图 6.6.2　零件模型及模型树

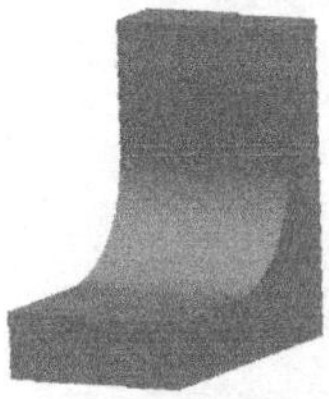

图 6.6.3　拉伸特征 1

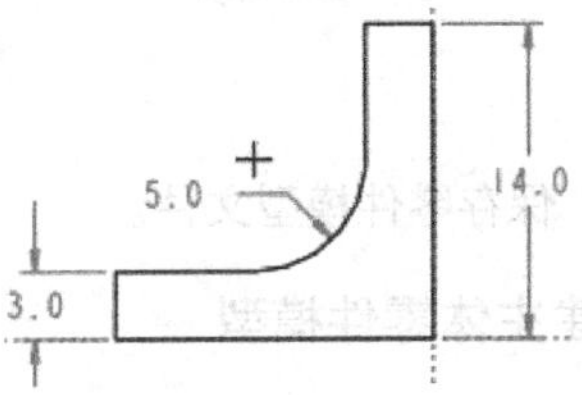

图 6.6.4　截面草图

步骤 03 创建图 6.6.5 所示的拉伸特征 2。选择下拉菜单 插入(I) → 拉伸(E)... 命令，选择 FRONT 基准面作为草绘平面；RIGHT 基准平面为参照平面，方向为 右；特征的截面草图如图 6.6.6 所示，深度类型为 ⊟，深度值为 1.0。

图 6.6.5　拉伸特征 2

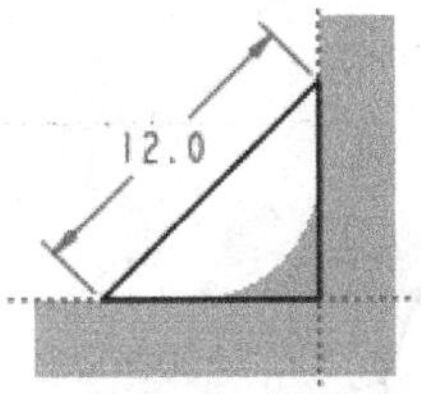

图 6.6.6　截面草图

步骤 04 选择下拉菜单 插入(I) → 倒圆角(O)... 命令。按住 Ctrl 键，在模型上选取图 6.6.7 所示的两条边线，在操控板中单击 集 按钮，在系统弹出设置界面中单击 完全倒圆角 按钮。在操控板中单击“完成”按钮✓，完成特征的创建。

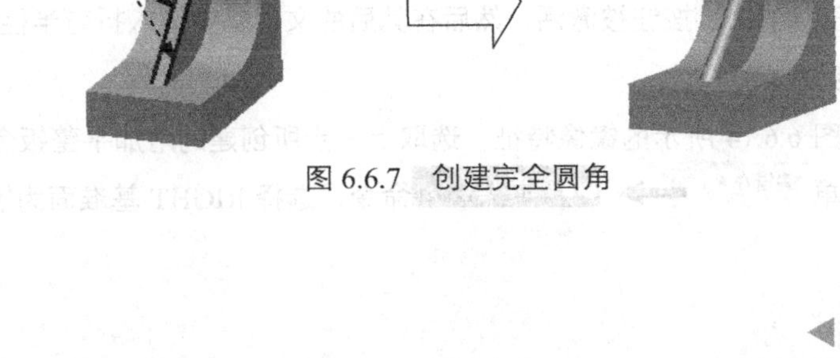

图 6.6.7　创建完全圆角

步骤 05 选择下拉菜单 插入(I) → 倒圆角(O)... 命令。在图 6.6.8 中的模型上选取要倒圆角的边线，在操控板中输入圆角半径值 2，然后单击“完成”按钮 ✓，完成圆角特征的创建。

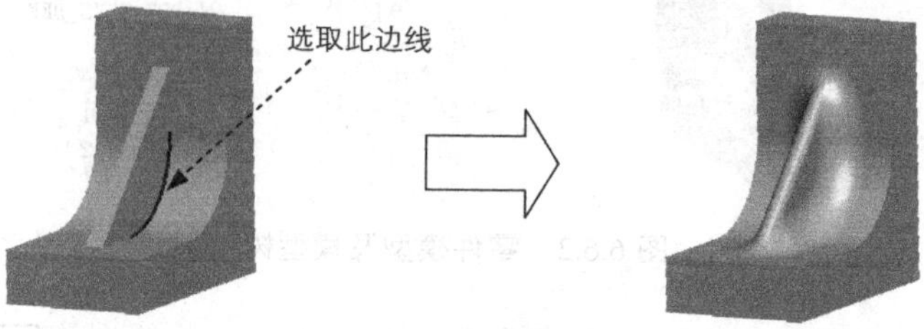

图 6.6.8 创建倒圆角

步骤 06 保存零件模型文件。

2. 创建主体零件模型

步骤 01 新建一个钣金零件模型，命名为 pedal.prt。

步骤 02 创建图 6.6.9 所示的平整钣金壁。选择下拉菜单 插入(I) → 钣金件壁(W) ▸ → 分离的(U) ▸ → 平整(A)... 命令，选取 TOP 基准面为草绘平面，选取 RIGHT 基准面为参照平面，方向为 右；绘制特征的截面草图（图 6.6.10），钣金壁厚度值为 1.5。

图 6.6.9 创建平整钣金壁

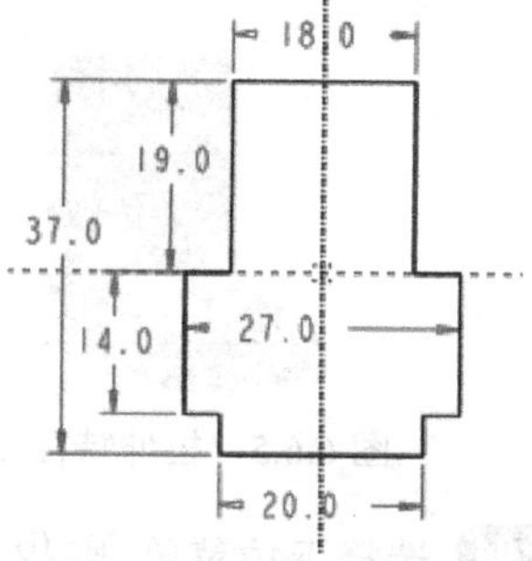

图 6.6.10 截面草图

步骤 03 创建图 6.6.11 所示的附加平整钣金壁 1。选择下拉菜单 插入(I) → 钣金件壁(W) ▸ → 平整(L)... 命令，选取图 6.6.12 所示的模型边线为附着边，平整壁的形状类型为 矩形，折弯角度值为 90.0，单击 止裂槽 按钮，在系统弹出的选项卡 类型 下拉列表中选择 扯裂 选项；在 形状 选项卡内单击 草绘... 按钮进入草绘环境，修改草图内的尺寸值至图 6.6.13 所示；单击 按钮，确认 按钮被激活，然后在其后的文本框中输入折弯半径值 3.0，折弯半径所在侧为 （内侧）。

步骤 04 创建图 6.6.14 所示的镜像特征。选取上一步所创建的附加平整钣金壁特征为镜像源特征，选择下拉菜单 编辑(E) → 镜像(I)... 命令，选择 RIGHT 基准面为镜像平面。

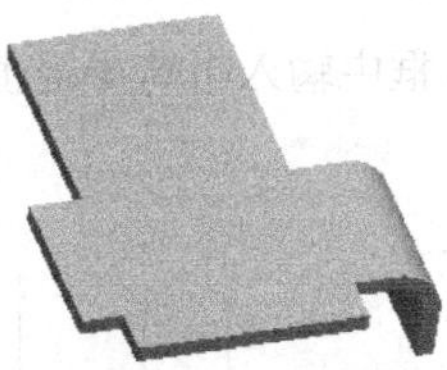

图 6.6.11 创建附加平整钣金壁 1

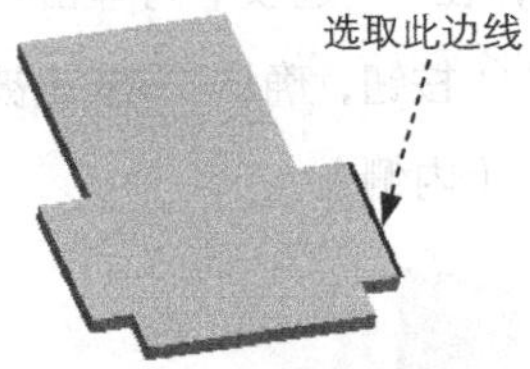

图 6.6.12 定义附着边

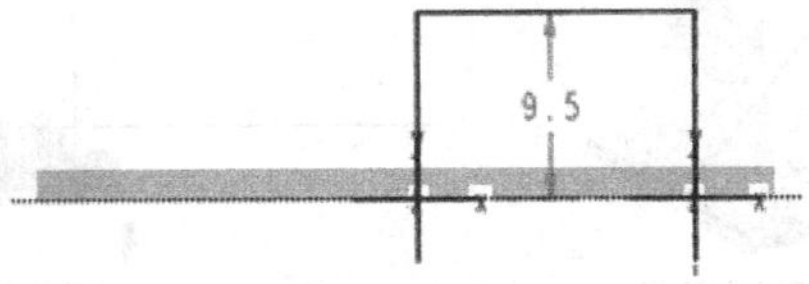

图 6.6.13 截面草图

图 6.6.14 创建镜像特征

步骤 05 创建图 6.6.15 所示的折弯特征 1。选择下拉菜单 插入(I) ➡ 折弯操作(B) ➡ 折弯(B)... 命令，在 ▼ OPTIONS (选项) 菜单中选择 Angle (角度) ➡ Regular (常规) ➡ Done (完成) 命令，在 ▼ USE TABLE (使用表) 菜单中，选择 Part Bend Tbl (零件折弯表) ➡ Done/Return (完成/返回) 命令；在 ▼ RADIUS SIDE (半径所在的侧) 菜单中，选择 Inside Rad (内侧半径) ➡ Done/Return (完成/返回) 命令；选取图 6.6.16 所示的表面为草绘平面，接受系统默认的特征创建方向，参照平面的方向为 Top (顶)，然后选取 RIGHT 基准面为参照平面；绘制折弯线（图 6.6.16），采用默认的折弯侧，另一侧为固定侧，在 ▼ RELIEF (止裂槽) 菜单中，选择 No Relief (无止裂槽) ➡ Done (完成) 命令；在 ▼ DEF BEND ANGLE 菜单中选择 Enter Value 命令，输入折弯角度值 20.0，并按回车键，选择 □ Flip (反向) ➡ Done (完成) 命令；在 ▼ SEL RADIUS (选取半径) 菜单中选择 Enter Value (输入值) 命令，然后键入折弯半径值 25.0，并按回车键；单击 确定 按钮。

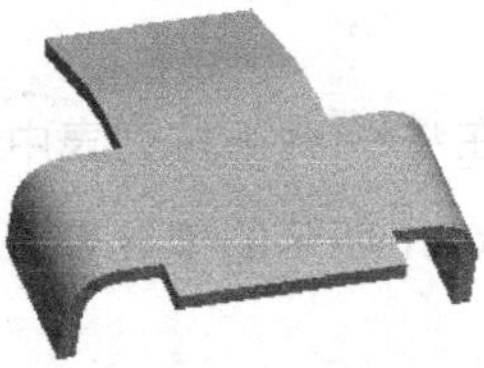

图 6.6.15 创建折弯特征 1

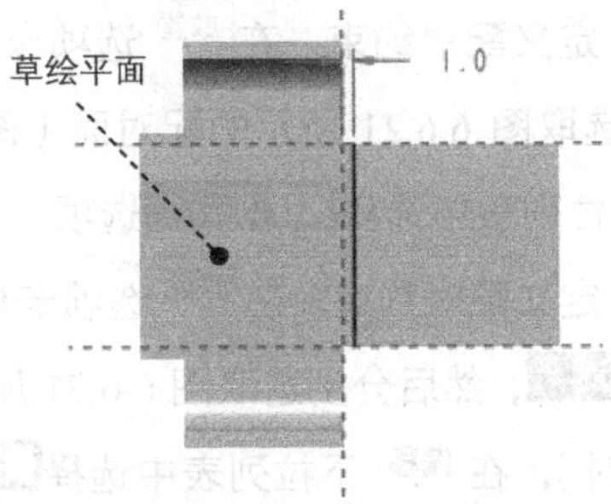

图 6.6.16 截面草图

步骤 06 创建图 6.6.17 所示的附加平整钣金壁 2。选择下拉菜单 插入(I) ➡ 钣金件壁(W) ➡ 平整(L)... 命令，选取图 6.6.18 所示的模型边线为附着边，平整壁的形状类型为 矩形，折弯角度值为 90.0，单击 止裂槽 按钮，在系统弹出的选项卡 类型 下拉列表中选择扯裂选项；在形状选项卡内单击草绘...按钮进入草绘环境，修改草图内的尺寸值至图 6.6.19 所示；单击按钮，确认按钮被激活，然后在其后的文本框中输入折弯半径值 3.5，折弯半径所在侧为（内侧）。

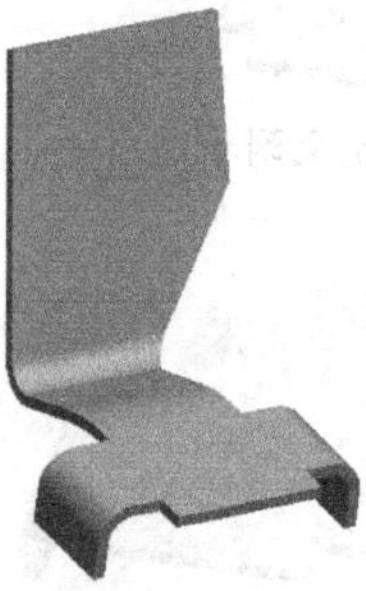

图 6.6.17　创建附加平整钣金壁特征 2

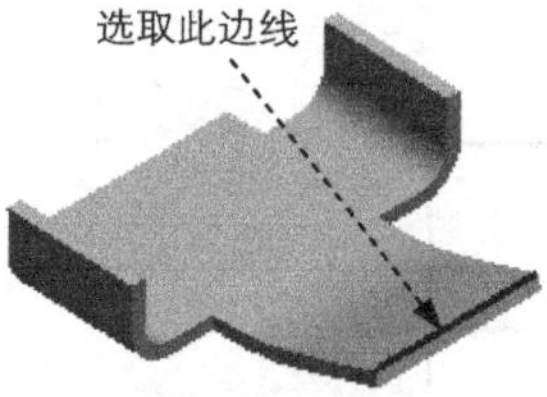

图 6.6.18　选取附着边

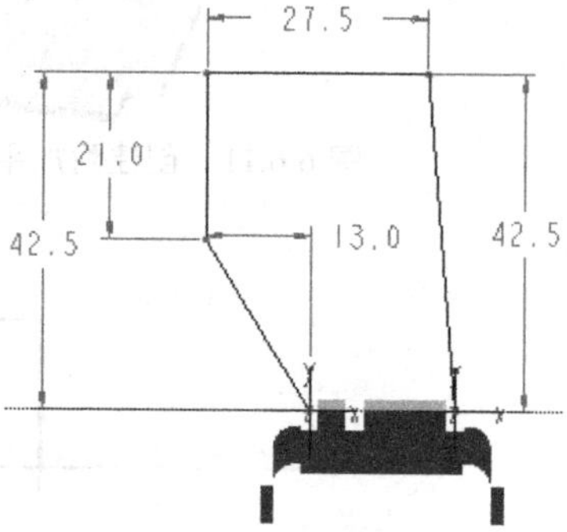

图 6.6.19　截面草图

步骤 07 创建图 6.6.20 所示的凸模成形特征 1。

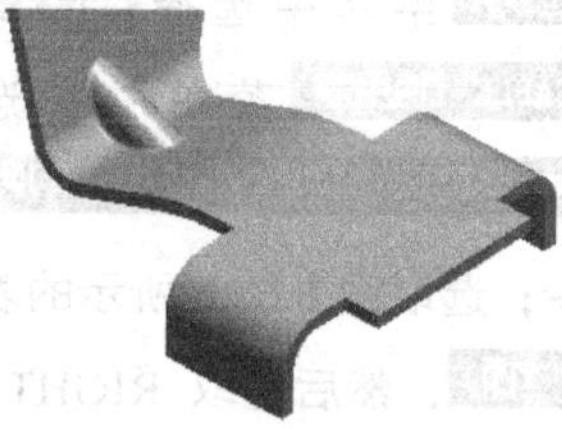

图 6.6.20　创建凸模成形特征 1

（1）选择命令。选择下拉菜单 插入(I) → 形状(S) ▸ → 凸模工具(P)... 命令。

（2）选择模具文件。在弹出的操控板中单击"打开"按钮，系统弹出"打开"对话框，选择 D:\proedq\work\ch06.06\目录下的 die 文件，并将其打开。

（3）定义成形模具的放置。

① 定义配对约束。在放置选项卡的约束类型下拉列表中选择约束类型为配对，然后分别选取图 6.6.21 所示的配对面（图 6.6.21 所示的模具表面与钣金件的侧表面配对），在偏移下拉列表中选择重合选项。

② 定义配对约束。在放置选项卡中单击→新建约束，在约束类型下拉列表中选择约束类型为配对，然后分别选取图 6.6.21 所示的配对面（图 6.6.21 所示的模具表面与钣金件的侧表面配对），在偏移下拉列表中选择重合选项。

③ 定义对齐约束。在操控板的放置选项卡约束类型下拉列表中选择约束类型为对齐，然后分别选取图 6.6.21 所示的配对面（模具的 FRONT 基准面与钣金件的 RIGHT 基准面配对），并在偏移下拉列表中选择重合选项。

（4）在操控板中单击“完成”按钮✓，完成凸模成形特征 1 的创建。

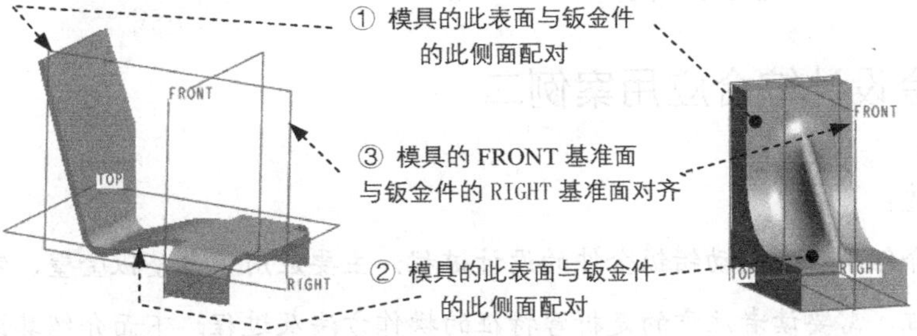

图 6.6.21 定义成形模具的放置

步骤 08 创建图 6.6.22 所示的拉伸特征。选择下拉菜单 插入(I) → 拉伸(E)... 命令，选择 TOP 基准面作为草绘平面；RIGHT 基准平面为参照平面，方向为 右；特征的截面草图如图 6.6.23 所示，深度类型为⊞，单击“反向”按钮✗。单击“移除与曲面垂直的材料”按钮，使其处于激活状态；单击操控板中的“完成”按钮✓，完成特征的创建。

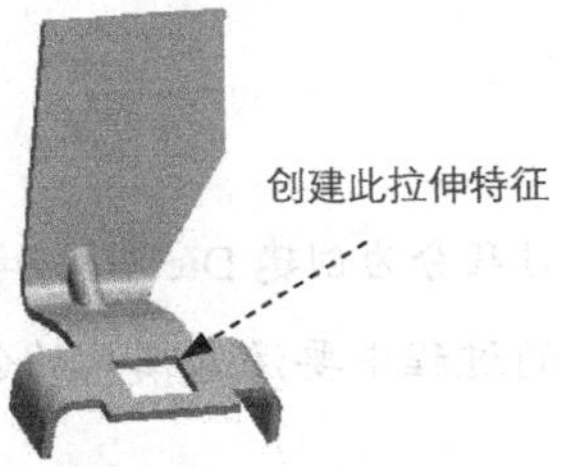

图 6.6.22 创建拉伸特征

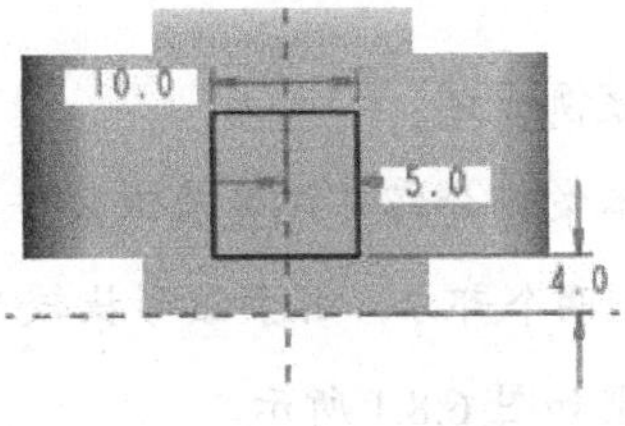

图 6.6.23 截面草图

步骤 09 创建圆角特征 1。在图 6.6.24 中的模型上选取要倒圆角的边线。在操控板中，输入圆角半径值 0.5，然后单击“完成”按钮✓，完成圆角特征的创建。

步骤 10 创建圆角特征 2。在图 6.6.25 中的模型上选取要倒圆角的边线。在操控板中，输入圆角半径值 3，然后单击“完成”按钮✓，完成圆角特征的创建。

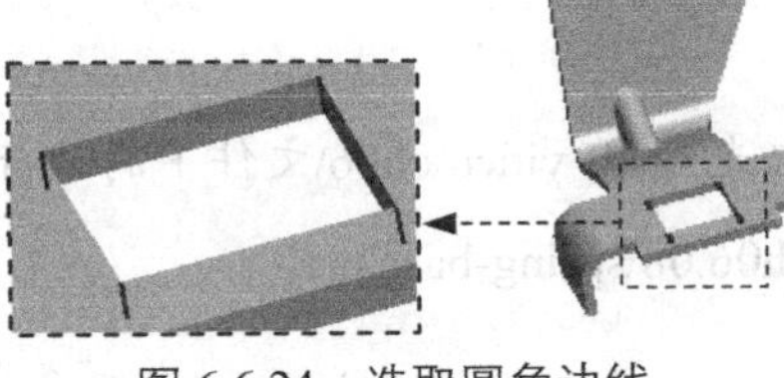

图 6.6.24 选取圆角边线

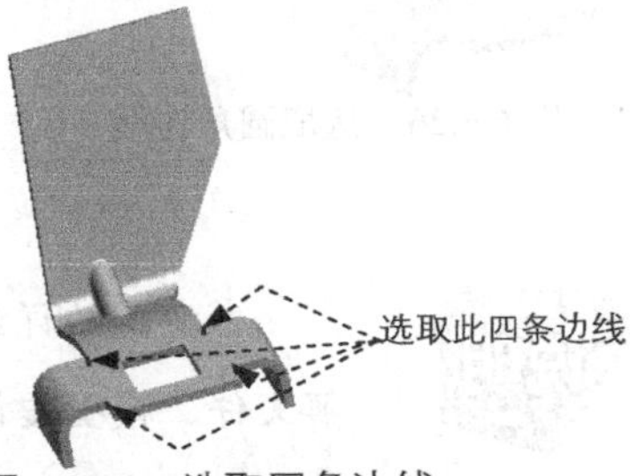

图 6.6.25 选取圆角边线

步骤 11 创建圆角特征 3。在图 6.6.26 中的模型上选取要倒圆角的边线。在操控板中，输入圆角半径值 2，然后单击“完成”按钮☑，完成圆角特征的创建。

步骤 12 保存零件模型文件。

6.7 钣金设计综合应用案例二

案例概述：

本案例介绍了汽车制动钳钣金件的设计过程：主要应用了平整钣金壁、镜像、拉伸切削和折弯等特征，需要读者注意的是折弯特征的操作方法及过程。下面介绍其设计过程，钣金件模型如图 6.7.1 所示。

说明：本案例的详细操作过程请参见随书光盘中 video\ch06\文件下的语音视频讲解文件。模型文件为 D:\ proedq\work\ch06.07\brake-sheet-plate.prt。

6.8 钣金设计综合应用案例三

案例概述：

本案例介绍了弹簧座钣金件的设计过程，该设计过程分为创建 Die 模具和创建主体钣金零件模型两个部分。由于该形状较为特殊，所以在设计的过程中要注意模具的创建过程。钣金件模型如图 6.8.1 所示。

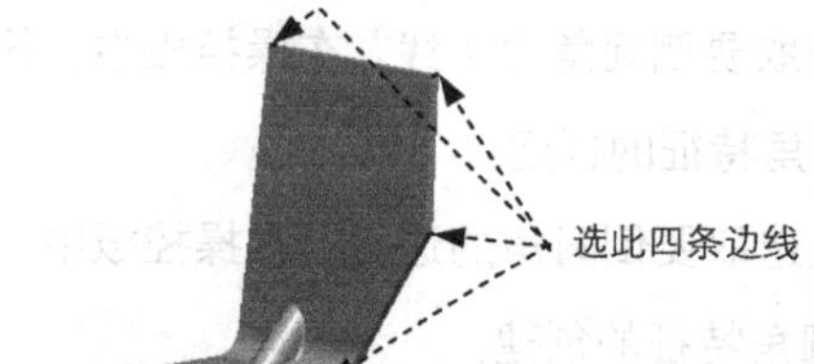

图 6.6.26 选取圆角边线

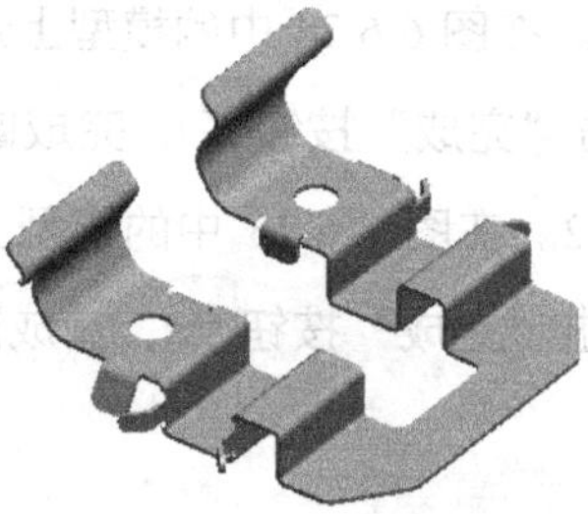

图 6.7.1 钣金件模型

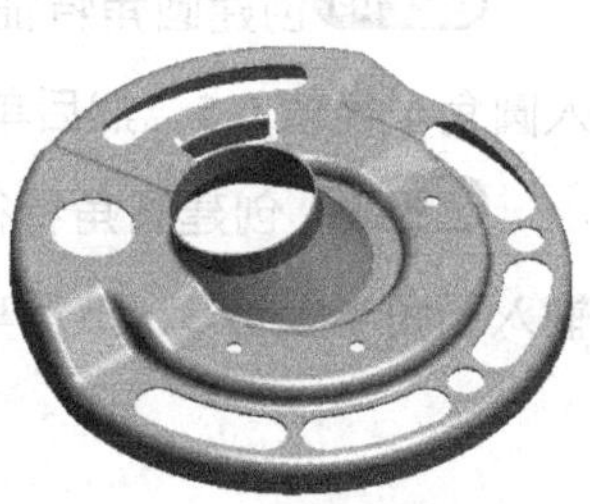

图 6.8.1 钣金件模型

说明：本案例的详细操作过程请参见随书光盘中 video\ch06\文件下的语音视频讲解文件。模型文件为 D:\ proedq\work\ch06.08\spring-base.prt。

第 7 章 ISDX 曲面

7.1 造型曲面基础

7.1.1 造型曲面概述

ISDX 是 Interactive Surface Design Extension 的缩写。ISDX 曲面模块又称自由式交互曲面设计，完全兼容于 Pro / ENGINEER 界面操作，所定义的特征除了可以参考其他特征外，也可以被其他特征参考使用。ISDX 以“自由曲面模型建构”概念作为出发点，主要以具有很高编辑能力的 3D 曲线作为骨架，来建构外观曲面。这些曲线之所以没有尺寸参数，为的是设计时能够直接调整曲线外观，进行高效设计造型。

7.1.2 进入造型曲面模块

进入 ISDX 曲面模块，有下面两种操作方法。

方法一：在零件模块中，选择下拉菜单 插入(I) → 造型(Y)... 命令，如图 7.1.1 所示。

方法二：在零件模块中，单击工具栏区的命令按钮，如图 7.1.2 所示。

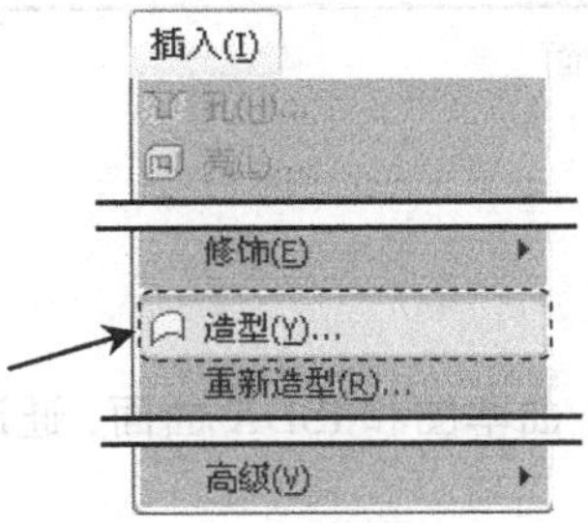

图 7.1.1 “插入”下拉菜单

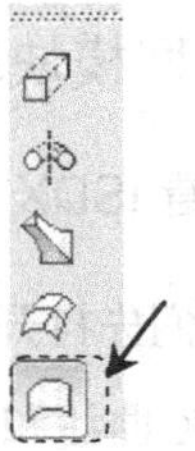

图 7.1.2 工具栏

7.1.3 造型曲面用户界面

要查看到图 7.1.3 所示的 ISDX 曲面模块用户界面，请执行下面的操作：将工作目录设置至 D:\proedq5\work\ch07.01.03，打开模型文件 glass.prt，然后选择下拉菜单 插入(I) → 造型(Y)... 命令。ISDX 曲面模块的用户界面如图 7.1.3 所示，图中用虚线框示意的部分是 ISDX 曲面模块要用到的下拉菜单和命令按钮。

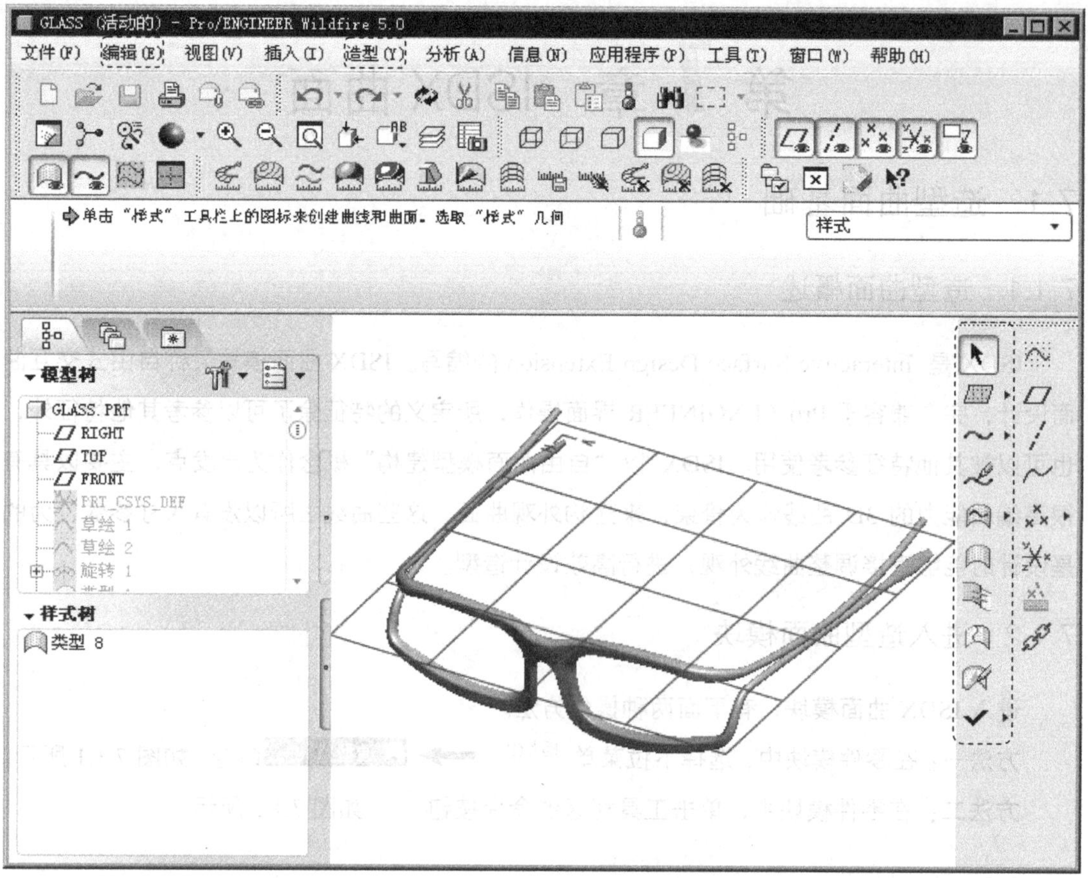

图 7.1.3 ISDX 曲面模块用户界面

7.1.4 造型模块基本操作

1. 查看 ISDX 曲线及曲率图、ISDX 曲面

下面我们先打开图 7.1.4 所示的模型，查看 ISDX 曲线、曲率图和 ISDX 曲面，通过查看，建立对 ISDX 曲线和 ISDX 曲面的初步认识。

步骤 01 将工作目录设置至 D:\proedq5\work\ch07.01.04，打开文件 glass.prt。

步骤 02 设置模型显示状态。

（1）单击按钮，将模型设置为着色显示状态。

（2）单击按钮和，使基准轴、坐标系不显示。

（3）单击按钮，使基准面显示。

（4）单击按钮，然后选择 V1 视图，如图 7.1.5 所示。

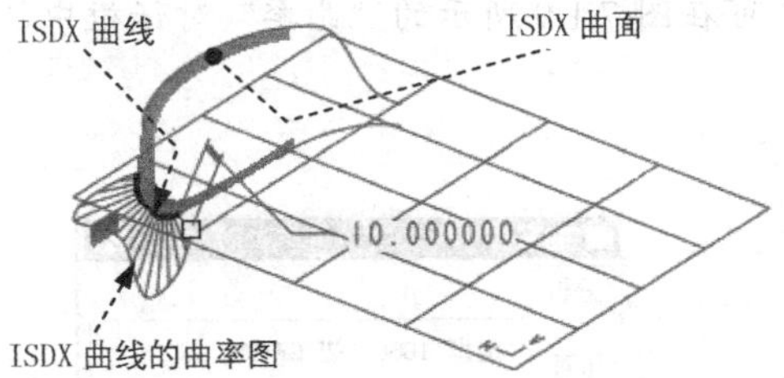

图 7.1.4 查看 ISDX 曲线、曲率图和 ISDX 曲面

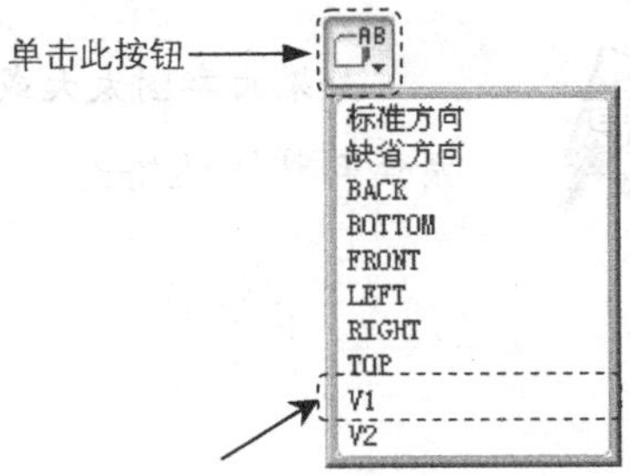

图 7.1.5 选择 V1 视图

步骤 03 设置层的显示状态。

（1）单击图 7.1.6 所示的导航选项卡中的按钮，在弹出的快捷菜单中选择层树(L)命令。

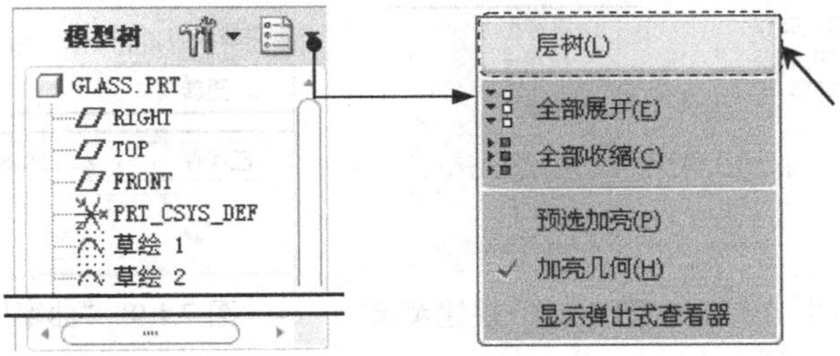

图 7.1.6 导航选项卡

（2）在图 7.1.7 所示的层树中，选取模型曲线层 CURVE，按住 Ctrl 键，再选取 01___PRT_ALL_DTM_PLN 层，右击，然后从系统弹出的图 7.1.8 所示的快捷菜单中选择隐藏命令，单击“重画”按钮，这样模型的基准曲线和基准平面将不显示。

（3）返回到模型树。单击导航选项卡中的按钮，在弹出的快捷菜单中选择模型树(M)命令。

步骤 04 进入 ISDX 环境，查看 ISDX 曲面。在模型树中右击类型 5，从弹出的快捷菜单中选择编辑定义命令。

注意：一个造型（Style）特征中可以包括多个 ISDX 曲面和多条 ISDX 曲线，也可以只含 ISDX 曲线，不含 ISDX 曲面。

步骤 05 查看 ISDX 曲线及曲率图。

（1）单击“显示曲线曲率”按钮，系统弹出图 7.1.9 所示的“曲率”对话框，然后选择图 7.1.4 所示的 ISDX 曲线。

注意

如果曲率图太大或太密，可在图 7.1.9 所示的“曲率”对话框中，调整质量滑块和比例滚轮。

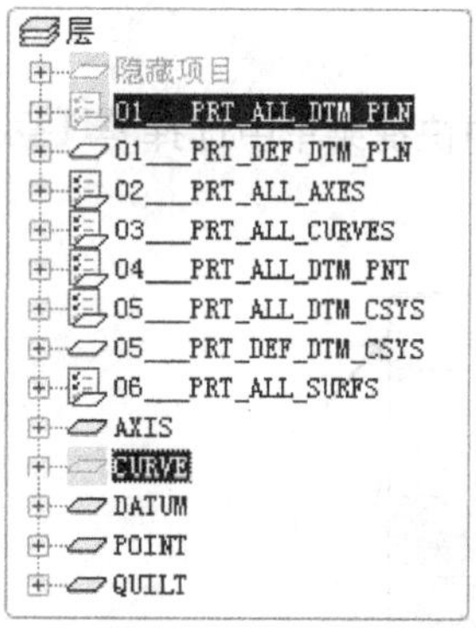

图 7.1.7　层树

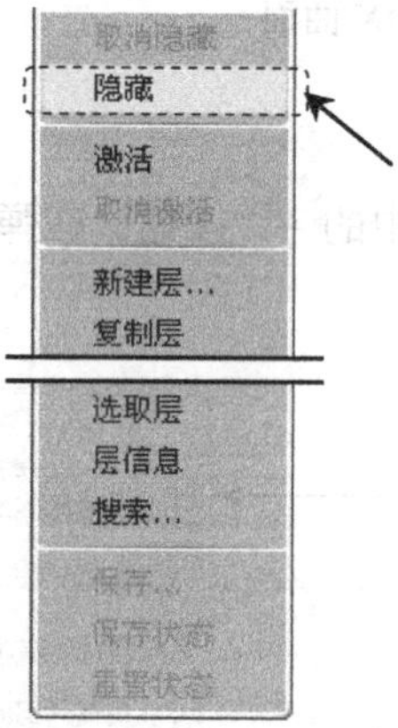

图 7.1.8　快捷菜单

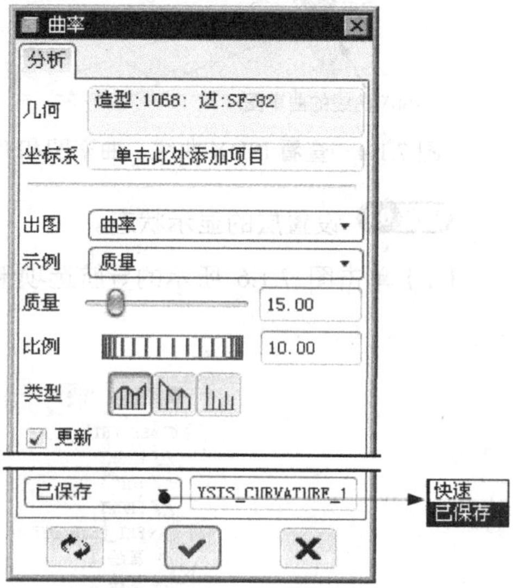

图 7.1.9　“曲率”对话框

(2) 在“曲率”对话框的下拉列表中，选择已保存选项，然后单击“曲率”对话框中的✔按钮，退出“曲率”对话框。

(3) 此时可看到曲线曲率图仍保留在模型上。要关闭曲率图的显示，可单击按钮。

步骤 06　旋转及缩放模型，从各个角度查看 ISDX 曲面。

2. 查看活动平面

“活动平面”(Active Plane) 是 ISDX 中一个非常重要的参考平面，在许多情况下，ISDX 曲线的创建和编辑必须考虑到当前的活动平面。在图 7.1.10 中，TOP 基准平面上布满了“网格”(Grid)，这表示 TOP 基准平面为当前活动平面。如果要重新定义活动平面，可选择下拉菜单 造型(Y) ➡ 设置活动平面(P) 命令 (或单击按钮)，然后选取其他基准平面 (如 RIGHT 基准平面) 为活动平面，如图 7.1.11 所示。另外，选择下拉菜单 造型(Y) ➡ 首选项(F)... 命令，可以控制“活动平面”的网格是否显示以及网格的大小等，这一点在后面还将进一步介绍。

3. 查看 ISDX 环境中的四个视图及设置视图方向

先单击按钮，选择“缺省方向”视图。在 ISDX 环境中，单击按钮，即可看到图 7.1.12 所示的画面，此时整个图形区被分割成独立的四个部分 (四个视图)，其中右上角的视图为三维（3D）视图，其余三个为正投影视图，这样的布局非常有利于复杂曲面的设计，在一些工业设计和动画制作专业软件中，这是相当常见的。注意：每个视图都是独立的，也就是说，我们可以像往常一样随意缩放、旋转和移动每个视图中的模型。

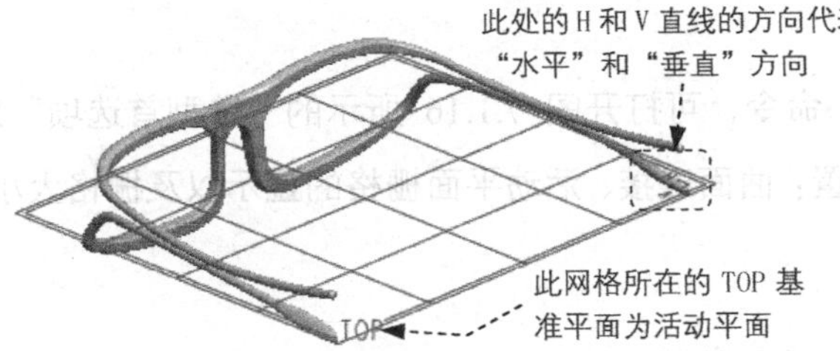

图 7.1.10 查看活动平面

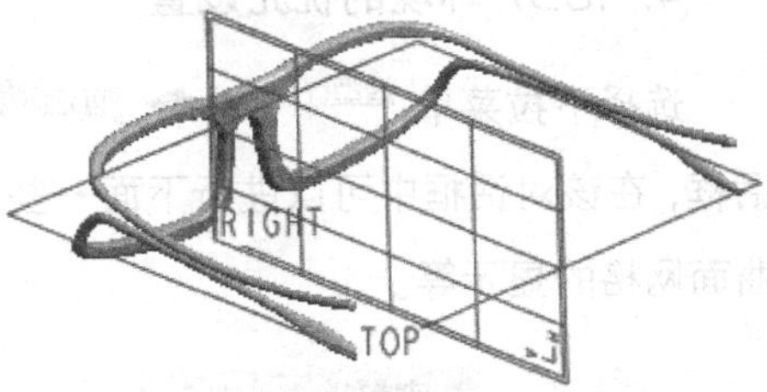

图 7.1.11 重新设置“活动平面”

如果希望回到单一视图状态，只需再次单击按钮。

◆ 将某个视图设置到活动平面方向。

下面以图 7.1.12 中的右下视图为例，说明视图活动平面方向的概念及其设置方法。先单击右下视图，然后右击，在图 7.1.13 所示的快捷菜单中选择 活动平面方向 命令，此时该视图的定向如图 7.1.14 所示，可看到该视图中的活动平面（TOP 基准平面）与屏幕平面平行。由此可见，当设置某个视图为活动平面方向，则该视图中的“活动平面”平行于屏幕平面。

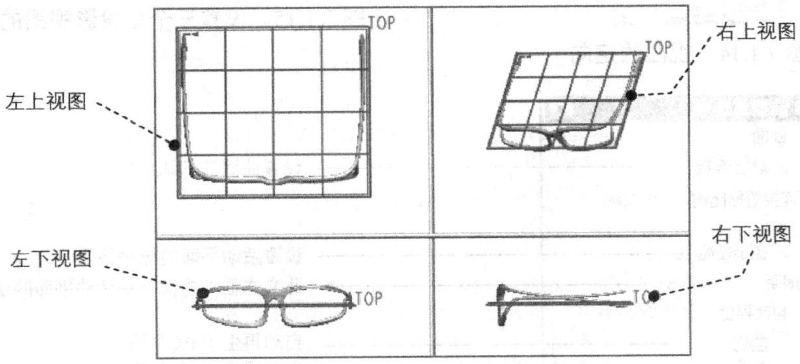

图 7.1.12 ISDX 环境中的四个视图

◆ 设置三个正投影视图的方向。

选择下拉菜单 视图(V) → 方向(O) ▸ → 活动平面方向(C) 命令，可以同时设置三个正投影视图的方向，此时三个正投影视图的方向如图 7.1.15 所示，可看到，此时“左下”视图中的活动平面（TOP 基准平面）与屏幕平面平行，其余两个正投影视图则按“高平齐、左右对齐”的视图投影规则自动定向。

◆ 将某个视图设置到默认方向。

图 7.1.15 中四个视图的方向为系统的“默认方向”，当缩放、旋转和移动某个视图中的模型而导致其方向改变时，可用如下方法恢复到“默认方向”：首先单击该视图，然后右击，从弹出的快捷菜单中选择 缺省方向 命令。

4. ISDX 环境的优先设置

选择下拉菜单 造型(Y) ➡ 首选项(F)... 命令，可打开图 7.1.16 所示的“造型首选项”对话框，在该对话框中可以进行下面一些设置：曲面连接、活动平面栅格的显示以及栅格大小、曲面网格的显示等。

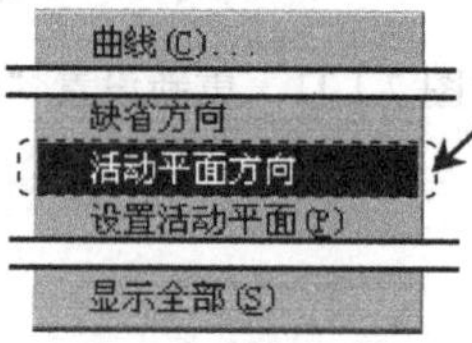

图 7.1.13 快捷菜单

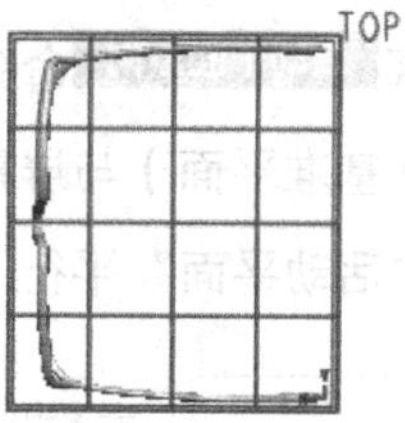

图 7.1.14 视图的定向

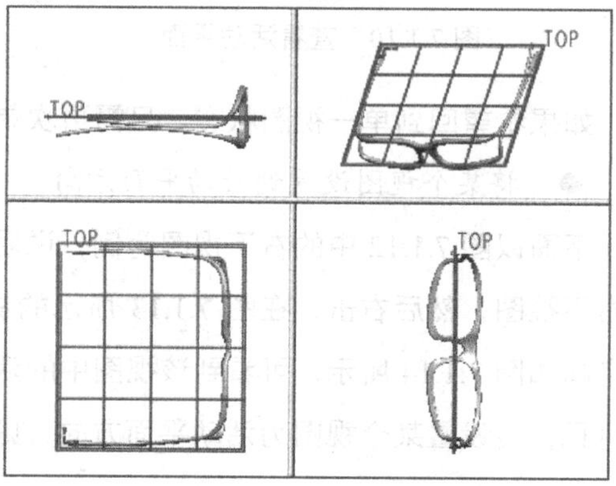

图 7.1.15 设置三个正投影视图的方向

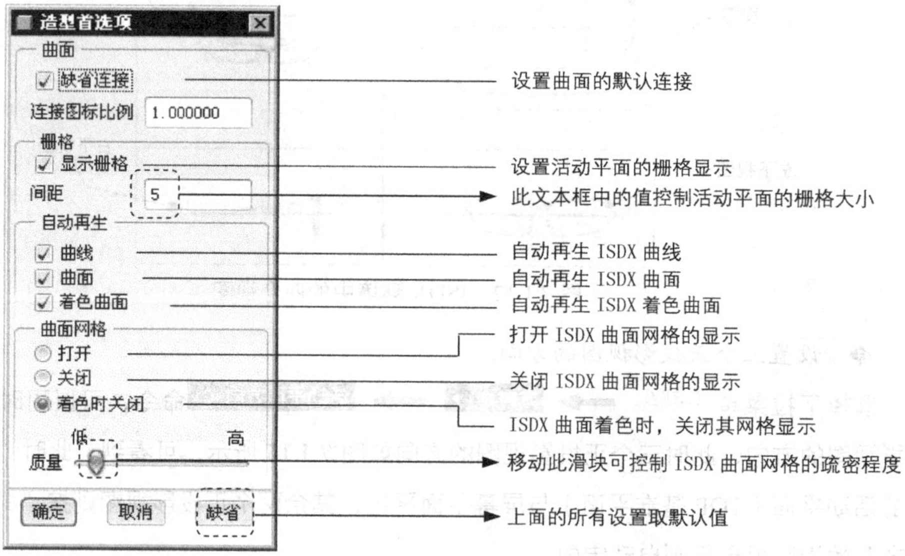

图 7.1.16 “造型首选项”对话框

7.2 ISDX 曲线的创建

7.2.1 ISDX 曲线的类型

在 ISDX 曲面模块中，ISDX 曲线的类型可以分为以下四种：

- 平面（Planar）ISDX 曲线：曲线在某个平面上创建。平面曲线一定是一条 2D 曲线。
- 曲面上的（Cos）曲线：曲线在某个曲面上创建。
- 下落（Drop）曲线：将曲线“投影”到指定的曲面上，便产生了下落曲线。投影方向是某个选定平面的法线方向。
- 自由（Free）ISDX 曲线：曲线在三维空间自由创建。

7.2.2 平面（Planar）曲线

平面（Planar）类型的 ISDX 曲线就是创建后位于指定平面上的曲线，使用“曲线编辑”命令后也不会改变其空间位置。

下面介绍创建一个平面（Planar）类型的 ISDX 曲线的主要过程。

步骤 01 设置工作目录和新建文件。

（1）选择下拉菜单 文件(F) → 设置工作目录(W)... 命令，将工作目录设置至 D:\proedq5\work\ch07.02.02。

（2）选择下拉菜单 文件(F) → 新建(N)... 命令，选择文件类型为 零件，子类型为 实体。文件名为 isdx-planar-curve。

步骤 02 进入 ISDX 环境。选择下拉菜单 插入(I) → 造型(Y)... 命令。

步骤 03 设置活动平面。采用系统默认的 TOP 基准平面为活动平面。

步骤 04 单击“曲线”按钮。

步骤 05 选择曲线类型。在“曲线”操控板中单击“创建平面曲线”按钮，如图 7.2.1 所示。

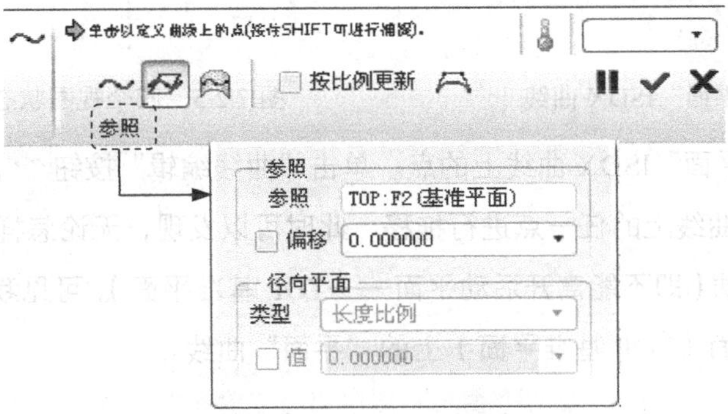

图 7.2.1 “曲线”操控板

注意

在创建自由和平面 ISDX 曲线，操作到这一步时，可在图 7.2.1 所示的“曲线”操控板中单击“参照”按钮，然后改选其他的基准平面为活动平面或输入“偏移”值平移活动平面，如图 7.2.2 和图 7.2.3 所示。

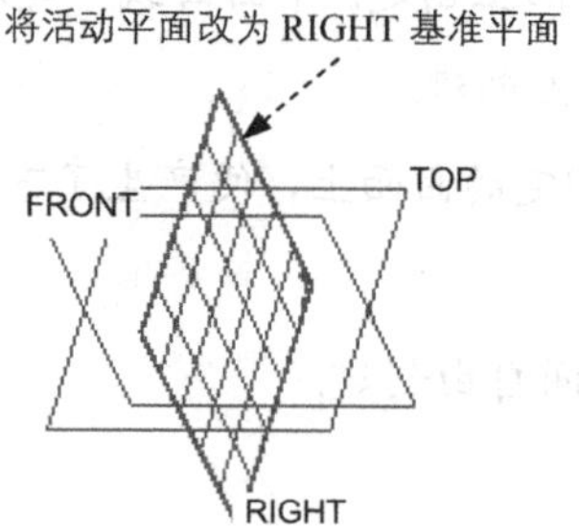

图 7.2.2　改变活动平面

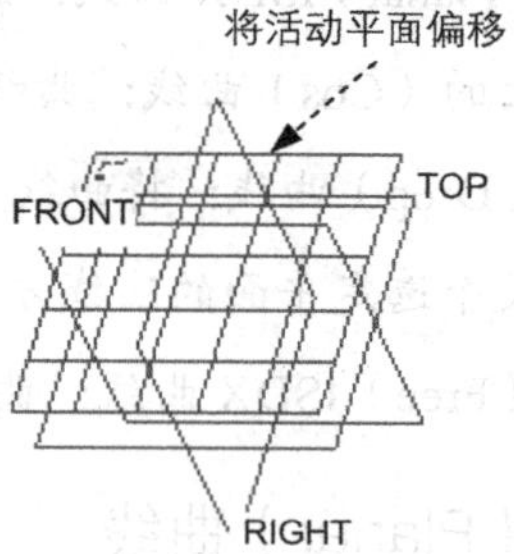

图 7.2.3　将活动平面偏移

步骤 06 在空间单击若干点，即产生一条平面 ISDX 曲线，如图 7.2.4 所示。

步骤 07 单击“工具栏”按钮，切换到四个视图状态，如图 7.2.5 所示，查看所创建的“平面”ISDX 曲线。

步骤 08 单击“曲线”操控板中的按钮✓。

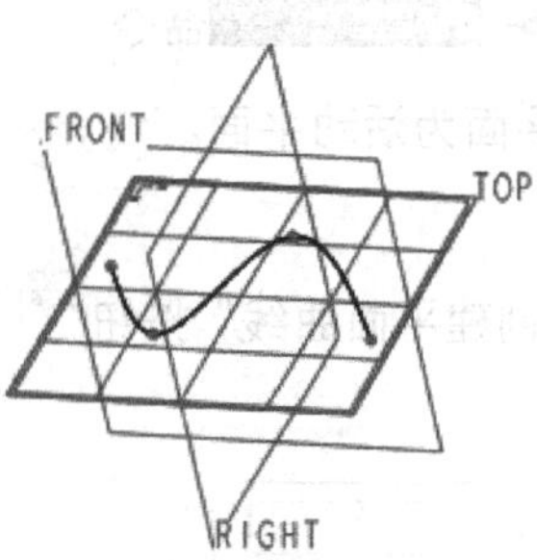

图 7.2.4　“平面”ISDX 曲线

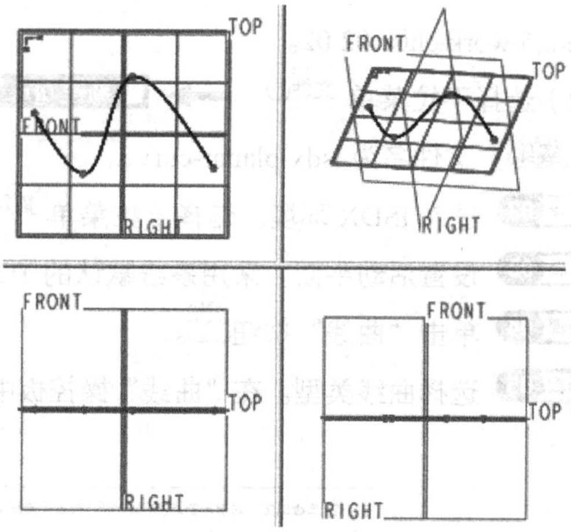

图 7.2.5　四个视图状态

步骤 09 拖移“平面”ISDX 曲线上的点。单击“曲线编辑”按钮，然后在图 7.2.5 所示的左下视图中选取曲线上的任一点进行拖移，此时可以发现，无论怎样拖移，点只能左右移动，而不能上下移动（即不能离开活动平面——TOP 基准平面）。可见我们创建的 ISDX 曲线是一条位于活动平面（TOP 基准平面）上的“平面”曲线。

注意

（1）可以将“平面”曲线转化为“自由”曲线，操作方法为：在“曲线编辑”操控板中单击“更改为自由曲线”按钮，系统弹出“确认”对话框，并提示将平面曲线转换为自由曲线?，单击是(Y)按钮。将“平面”曲线转化成“自由”曲线后，我们便可以将曲线上的点拖离活动平面。

（2）也可将“自由”曲线转化为“平面”曲线，操作方法为：在“曲线编辑”操控板中单击“更改为平面曲线”按钮，在系统➪选取一个基准平面或曲线参照以将自由曲线转换为平面的提示下，单击一个基准平面或曲线作为参照，这样“自由”曲线便会转化为活动平面上的“平面”曲线。

7.2.3 曲面上的（COS）曲线

COS（Curve On Surface）类型的 ISDX 曲线就是在选定的曲面上建立曲线。选定的曲面为父特征，此 COS 曲线为子特征，所以修改作为父特征的曲面，会导致 COS 曲线的改变。作为父特征的曲面可以是模型的表面、一般曲面和 ISDX 曲面。

下面打开一个带有曲面的模型文件，然后在选定的曲面上创建 COS 曲线。

步骤 01 设置工作目录和打开文件。先将工作目录设置至 D:\proedq5\work\ch07.02.03，然后打开文件 isdx-cos-curve.prt。

步骤 02 选择下拉菜单 插入(I) → 造型(Y)... 命令，进入 ISDX 环境。

步骤 03 设置活动平面。接受系统默认的 TOP 基准平面为活动平面。

步骤 04 遮蔽活动平面的栅格显示。选择下拉菜单 造型(Y) → 首选项(F)... 命令；在“造型首选项”对话框的 栅格 区域中，取消选中 显示栅格 复选框；关闭“造型首选项”对话框。

步骤 05 单击“曲线”按钮。

步骤 06 选择曲线类型。在“曲线”操控板中单击“创建曲面上的曲线”按钮，如图 7.2.6 所示。

步骤 07 选择父曲面。

（1）在操控板中单击 参照 按钮，在弹出的“参照”界面中（图 7.2.6），单击“曲面”后的“单击此处添加项目”，然后选取图 7.2.7 所示的曲面。

（2）在操控板中再次单击 参照 按钮，退出“参照”界面。

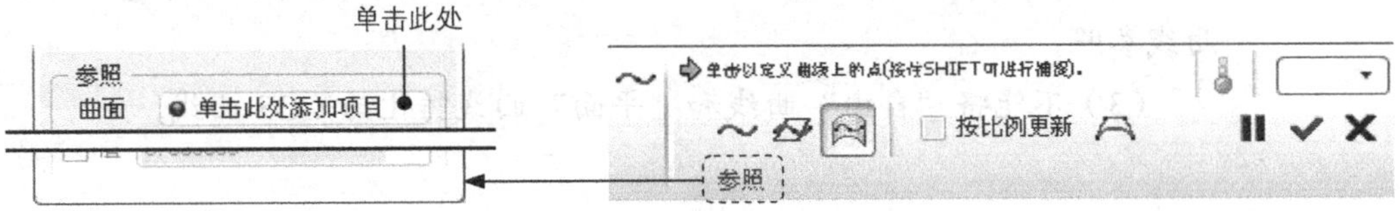

图 7.2.6 “曲线”操控板

步骤 08 在选取的曲面上单击四个点，创建图 7.2.7 所示的 COS 曲线。

注意 此时，曲线上的四个点以小方框（□）形式显示，表明这些点是曲面上的软点。

步骤 09 单击工具栏中的按钮，切换到四个视图状态，查看所创建的 COS 曲线，如图 7.2.8 所示。

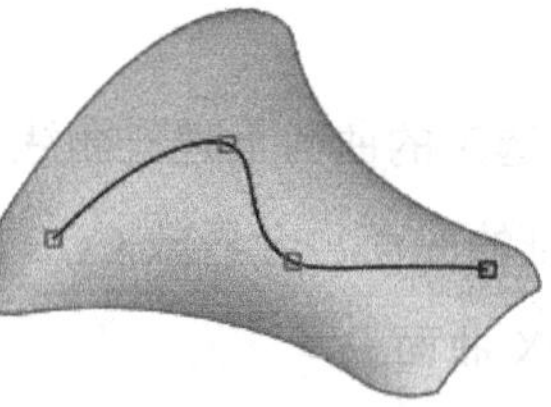

图 7.2.7 创建 COS 曲线

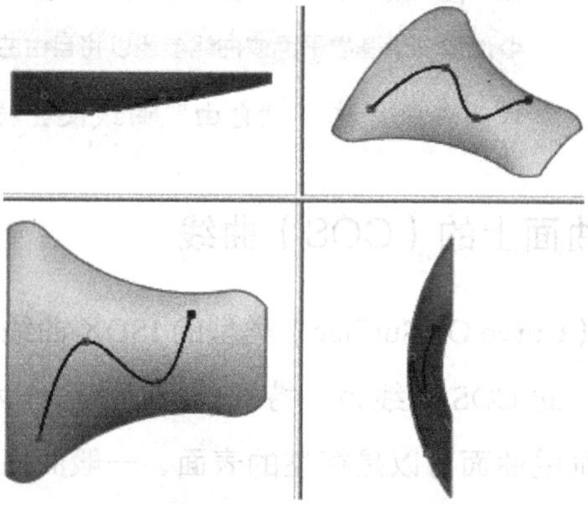

图 7.2.8 在四个视图状态查看 COS 曲线

步骤 10 单击“曲线”操控板中的按钮。

步骤 11 单击“曲线编辑”按钮，然后在图 7.2.8 所示的右上视图中任选曲线上一点进行拖移，此时我们将发现，无论怎样拖移该点，该点在“左下”和“右下”视图中的对应投影点始终不能离开所选的曲面，尝试其他的点，也都如此。由此可见，COS 曲线上的点将始终贴在所选的曲面上，不仅如此，整条 COS 曲线也始终贴在所选的曲面上。

注意

（1）可以将 COS 曲线转化为“自由”曲线，操作方法为：在“曲线编辑”操控板中单击“更改为自由曲线”按钮，系统弹出“确认”对话框，并提示将平面曲线转换为自由曲线?，单击 是(Y) 按钮。COS 曲线转化成“自由”曲线后，我们会注意到，曲线点的形式从小方框（□）变为小圆点（●）。此时，我们便可以将曲线上的点拖离所选的曲面。

（2）可以将 COS 曲线转化为“平面”曲线，操作方法为：在“曲线编辑”操控板中单击“更改为平面曲线”按钮，在系统 ➪选取一个基准平面或曲线参照以将 COS 曲线转换为平面 的提示下，单击一个基准平面或曲线参照。

（3）不能将“自由”曲线和“平面”曲线转化为 COS 曲线。

7.2.4 下落（Drop）曲线

下落（Drop）曲线是将选定的曲线“投影”到选定的曲面上所得到的曲线，投影方向为某个选定平面的法向方向。选定的曲线、曲面以及投影方向的平面都是父特征，最后得到的“下落”曲线为子特征，无论修改哪个父特征，都会导致“下落”曲线的改变。从本质上说，下落（Drop）曲线是一种特殊的 COS 曲线。

作为父特征的曲线可以是一般的曲线，也可以是前面介绍的 ISDX 曲线（可以选择多条曲线为父特征曲线）；作为父特征的曲面可以是模型的表面、一般曲面和 ISDX 曲面（可以选择多个曲面为父特征曲面）。

下面打开一个带有曲线、曲面、平面的模型文件，然后创建“下落”曲线。模型如图 7.2.9 所示。

步骤 01 设置工作目录和打开文件。先将工作目录设置至 D:\proedq5\work\ch07.02.04，然后打开文件 isdx-drop-curve.prt。

步骤 02 选择下拉菜单 插入(I) → 造型(Y)... 命令，进入 ISDX 环境。

步骤 03 设置活动平面。设置 TOP 基准平面为活动平面。

步骤 04 遮蔽活动平面的栅格显示。选择下拉菜单 造型(Y) → 首选项(F)... 命令；在“造型首选项”对话框的 栅格 区域中，取消选中 □ 显示栅格 复选框；关闭“造型首选项”对话框。

步骤 05 单击“下落曲线”创建按钮，系统弹出图 7.2.10 所示的“下落曲线”操控板。

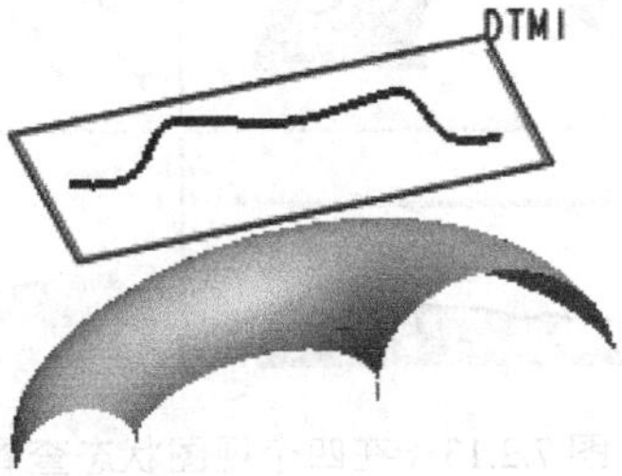

图 7.2.9 模型

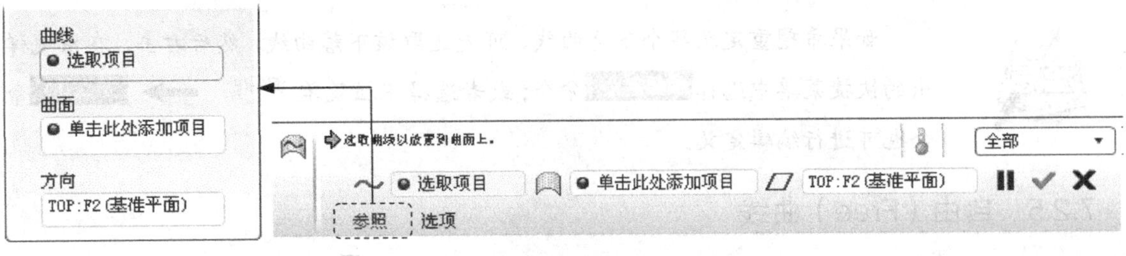

图 7.2.10 “下落曲线”操控板

步骤 06 选择父特征曲线。在系统◆选取曲线以放置到曲面上的提示下，选取图 7.2.11 所示的曲线。

步骤 07 选择父特征曲面。在“下落曲线”操控板中单击 参照 按钮，在弹出界面的 曲面 区域单击 ● 单击此处添加项目 字符，然后在系统◆选取要进行放置曲线的曲面的提示下，选取图 7.2.11 所示的父特征曲面。此时系统以活动平面的法向为投影方向（图 7.2.11）对曲线进行投影，从而在父特征曲面上产生图 7.2.12 所示的“下落”曲线。

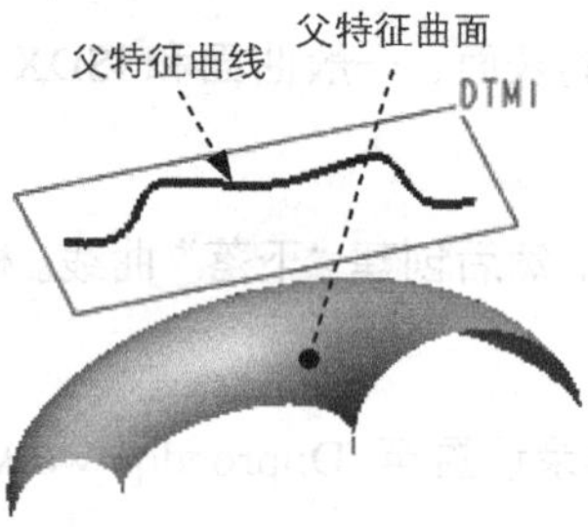

图 7.2.11 选择对象

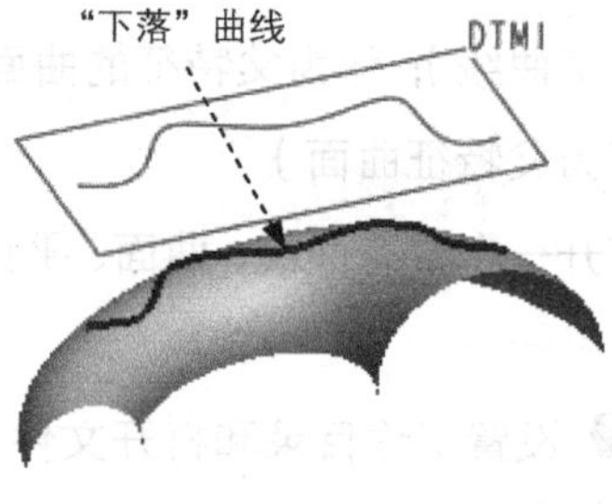

图 7.2.12 得到“下落”曲线

步骤 08 单击工具栏中的按钮，切换到四个视图状态，查看所创建的“下落”曲线，如图 7.2.13 所示。

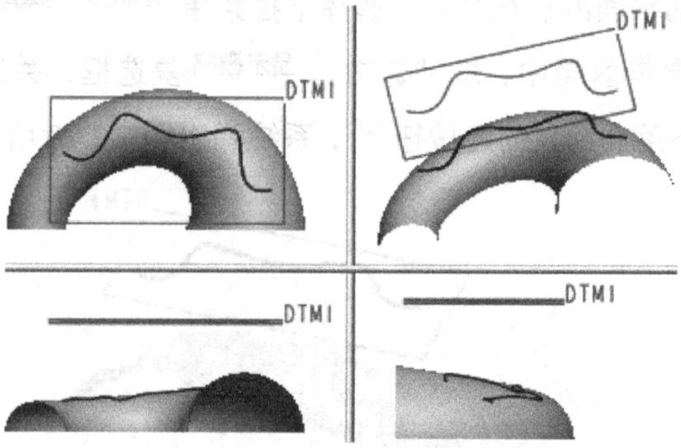

图 7.2.13 在四个视图状态查看下落曲线

步骤 09 在“下落曲线”操控板中单击按钮✔，完成操作。

注意：如果希望重定义某个下落曲线，可先选取该下落曲线，然后右击，在系统弹出的快捷菜单中选择 编辑定义 命令；或者选择下拉菜单 编辑(E) → 定义(N) 命令也可进行编辑定义。

7.2.5 自由（Free）曲线

自由类型的曲线是 ISDX 模块中很常用的曲线，所构建的曲线先以平面曲线的形式出现，但因其属性是“自由”的，所以可以用“曲线编辑”命令对曲线上的点进行拖拽后变成 3D 自由曲线。

下面介绍创建一个自由（Free）类型的 ISDX 曲线的全过程。

步骤 01 设置工作目录和新建文件。

（1）选择下拉菜单 文件(F) → 设置工作目录(W)... 命令，将工作目录设置至 D:\proedq5\work\ch07.02.05。

（2）选择下拉菜单 文件(F) → 新建(N)... 命令，选择文件类型为 零件，子类型为 实体，文件名为 isdx-free-curve。

步骤 02 选择下拉菜单 插入(I) → 造型(Y)... 命令，进入 ISDX 曲面模块。

步骤 03 设置活动平面。进入 ISDX 环境后，系统一般会自动地选取 TOP 基准平面为活动平面，如图 7.2.14 所示。如果没有特殊的要求，常常采用这种默认设置。

步骤 04 创建 ISDX 曲线。

（1）单击“曲线”按钮，系统弹出图 7.2.15 所示的“曲线”操控板。

（2）选择曲线类型。此时在操控板中，确认“创建自由曲线”按钮被激活，这表明系统已经默认地选取了曲线的类型为“自由”。

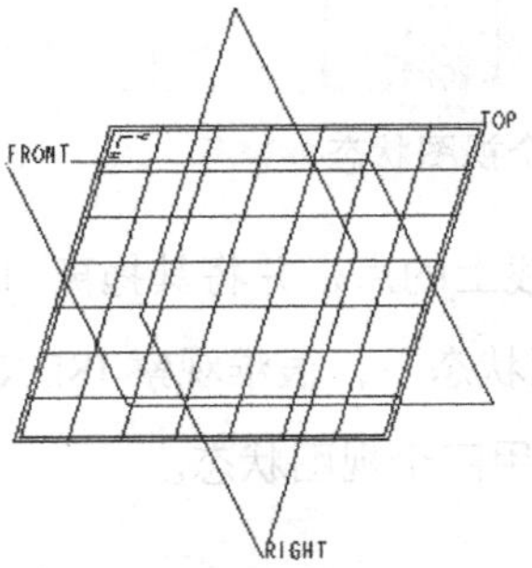

图 7.2.14　设置活动平面

图 7.2.15　“曲线”操控板

（3）在空间单击一系列点，即可产生一条“自由”ISDX 曲线，如图 7.2.16 所示。该曲线包含两个端点（Endpoint）和若干内部点（Internal Point）。此时，曲线上的四个点以小圆点（●）形式显示，表明这些点是自由点。

注意：在拾取点时，如果要“删除”前一个点（也就是要“撤销上一步操作”），可单击工具栏按钮；如果要恢复撤销的操作，可单击按钮。

（4）切换到四个视图状态，查看所创建的“自由”ISDX 曲线。单击工具栏按钮，即可看到图 7.2.17 所示的曲线的四个视图，观察下部的两个视图，可发现曲线上的所有点都在 TOP 基准平面上，但不能就此认为该曲线是“平面”（Planar）曲线，因为我们可以使用“点”的拖拉编辑功能，将曲线上的所有点拖离 TOP 基准平面（请参见后面的操作）。查看完毕后，再次单击按钮，回到一个视图状态。

（5）单击操控板中的按钮，完成曲线的创建。

步骤 05 对“自由”ISDX 曲线进行编辑，将曲线上的点拖离 TOP 基准平面。

（1）单击“曲线编辑”按钮，此时系统显示“曲线编辑”操控板。

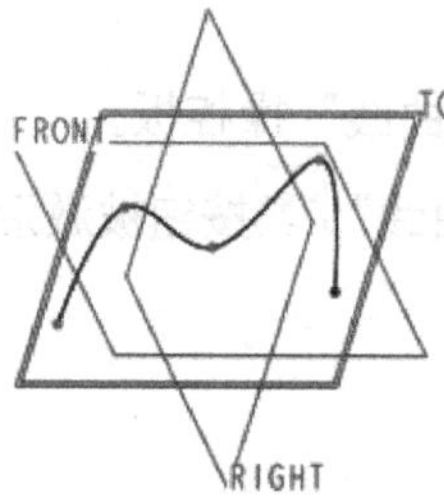

图 7.2.16 “自由”ISDX 曲线

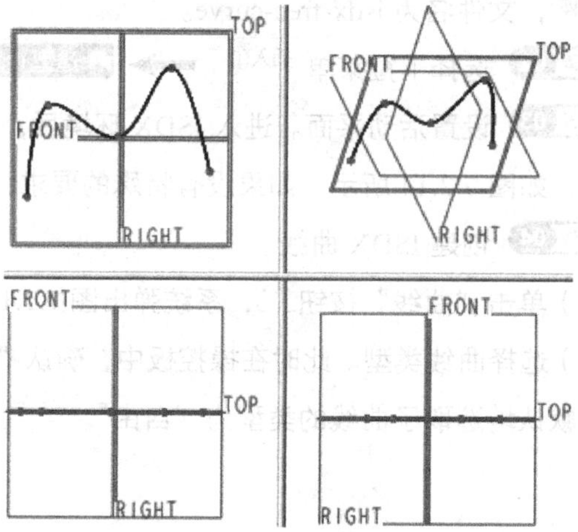

图 7.2.17 四个视图状态

（2）单击按钮；在“左下”视图中，用鼠标左键选取曲线上的点，并将其拖离 TOP 基准平面，如图 7.2.18 所示。现在我们可以认识到：在单个视图状态下，很难观察 ISDX 曲线上点的分布，如果要准确把握 ISDX 曲线上点的分布，应该使用四个视图状态。

（3）单击“曲线编辑”操控板中的按钮。

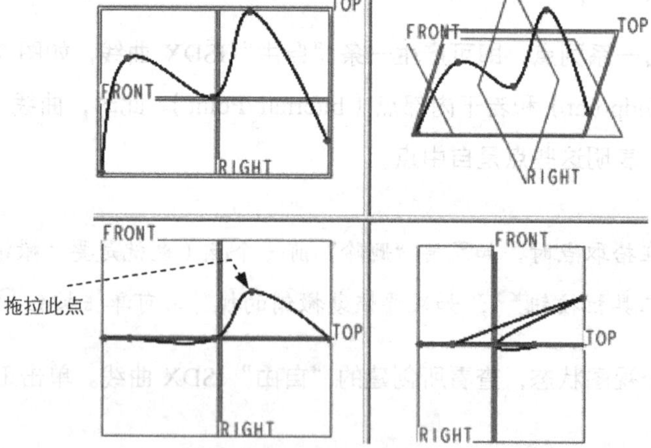

图 7.2.18 四个视图状态

注意 关于 ISDX 曲线的编辑功能，目前先初步掌握到这种程度，后面还将进一步介绍。

步骤 06 退出造型环境。选择下拉菜单 造型(Y) → 完成(D) 命令。

7.3 ISDX 曲线的编辑

要得到高质量的 ISDX 曲线，必须对 ISDX 曲线进行编辑。ISDX 曲线的编辑包括曲线上点的拖移、点的添加或删除、曲线端点切向量的设置以及曲线的分割、组合、延伸、复制和移动等。进行这些编辑操作时，应该使用曲线的“曲率图”(Curvature Plot)，以获得最佳的曲线形状。

7.3.1 编辑曲线上的点

创建一条符合要求的 ISDX 曲线，一般分两步：第一步是拾取数个点形成初步的曲线，第二步是对初步的曲线进行编辑使其符合要求。在曲线的整个创建过程中，编辑往往占据绝大部分工作量，而在曲线的编辑工作中，曲线上的点编辑显得尤为重要。

1. 点的类型

ISDX 曲线上点的类型有以下四种。

- 自由点(Free Point)：可以自由拖动。显示样式为小圆点(●)。
- 软点(Soft Point)：可以在其所在的线或者面上自由拖动。当坐落在曲线、模型的边线上时，其显示样式为小圆圈(○)；当坐落在曲面、模型的表面上时，其显示样式为小方框(□)。
- 固定点(Fixed Point)：与某一点固定的点，不能拖动。显示样式为小叉(×)。
- 相交点(Intersection Point)：既坐落在活动平面上，又坐落在某个曲线或模型边上的点，不能拖动，是特殊的固定点。显示样式为小叉(×)。

2. 点的编辑操作

下面对点编辑方法逐一介绍，在这里我们先打开一个含有 ISDX 曲线的模型文件。

步骤 01 设置工作目录和打开文件。选择下拉菜单 文件(F) → 设置工作目录(W)... 命令，将工作目录设置至 D:\proedq5\work\ch07.03.01，打开文件 01edit-point.prt。

步骤 02 编辑定义模型树中的造型特征，进入 ISDX 环境。在模型树中，右击 类型 1，从弹出的快捷菜单中选择编辑定义命令。

步骤 03 单击“编辑曲线”按钮，单击 ISDX 曲线。此时系统显示图 7.3.1 所示的“曲线编辑”操控板，同时模型如图 7.3.2 所示。

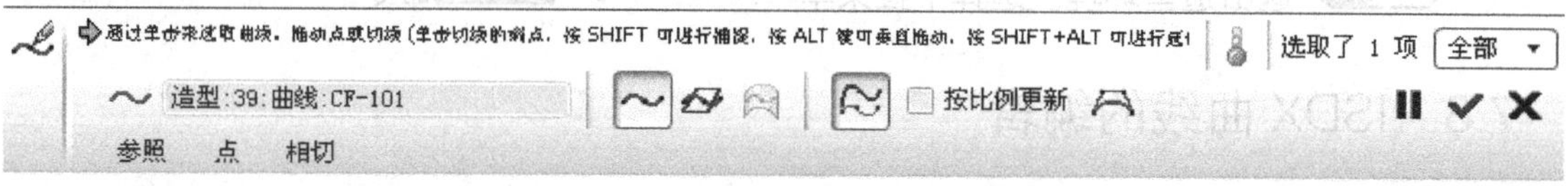

图 7.3.1 “曲线编辑”操控板

步骤 04 针对不同的情况，编辑 ISDX 曲线。完成编辑后，单击“曲线编辑”操控板中的按钮。

在讨论曲线的编辑操作之前，先介绍曲线外形的编辑控制方式。曲线有如下两种控制方式。

方式一：直接的控制方式。

如图 7.3.3 所示，直接拖移图中 ISDX 曲线上的某个端点或者某个内部点，便可直接调整曲线的外形。

方式二：控制点方式。

在“曲线编辑”操控板中，如果激活按钮，ISDX 曲线上会出现图 7.3.4 所示的“控制折线”，控制折线由数个首尾相连的线段组成，每个线段的端部都有一个小圆点，它们是曲线的外形的控制点。拖移这些小圆点，便可间接地调整曲线的外形，这就是“控制点”方式。

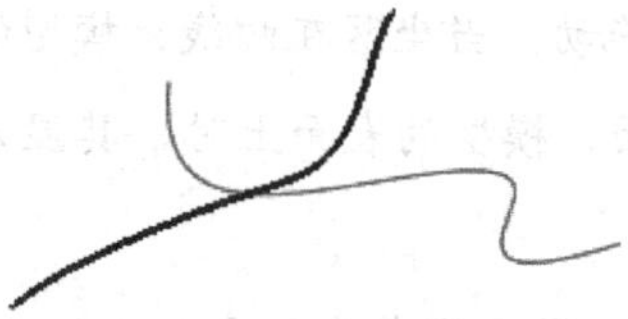

图 7.3.2 编辑曲线

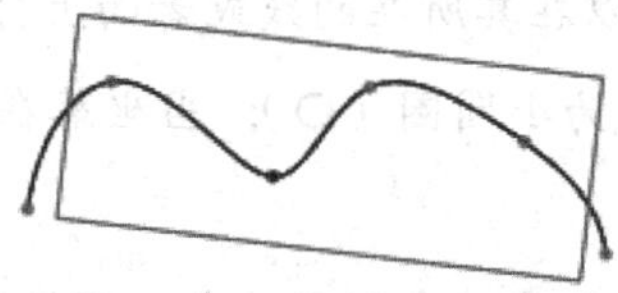

图 7.3.3 直接的控制方式

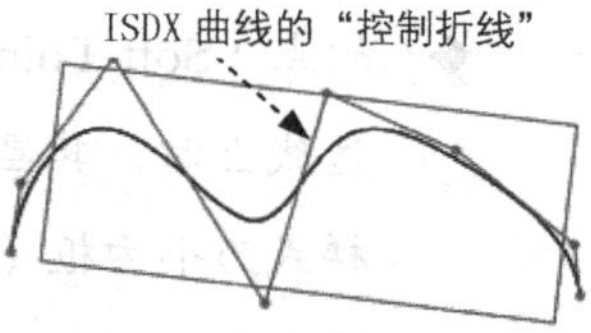

图 7.3.4 控制点方式

注意

在以上两种调整曲线外形的方式过程中，鼠标各键的功能如下。

- 使用左键拾取曲线上的关键点或控制点，按住左键可立刻移动、调整点的位置。
- 单击中键确定曲线编辑的完成。
- 单击右键，弹出快捷菜单。

方法一：移动 ISDX 曲线上的点。

其可分为以下两种情况。

情况 1：移动 ISDX 曲线上的自由点。

如图 7.3.5 所示，将鼠标指针移至某个自由点上，按住左键并移动鼠标，该自由点即自由移动。也可配合键盘的 Ctrl 键和 Alt 键来控制移动的方向；或者单击操控板中的 点 按钮，出现图 7.3.6 所示的界面，在“点”界面中控制拖移的方向。

（1）水平/竖直方向移动：按住键盘 Ctrl 键和 Alt 键，仅可在水平、竖直方向移动自由点；也可以在图 7.3.6 所示的“点”界面中，选择“水平/垂直（Ctrl + Alt）”选项。

（2）垂直方向移动：按住键盘 Alt 键，仅可在垂直于活动平面的方向移动自由点；也可以在图 7.3.6 所示的“点”界面中，选择“法向（Alt）”选项。

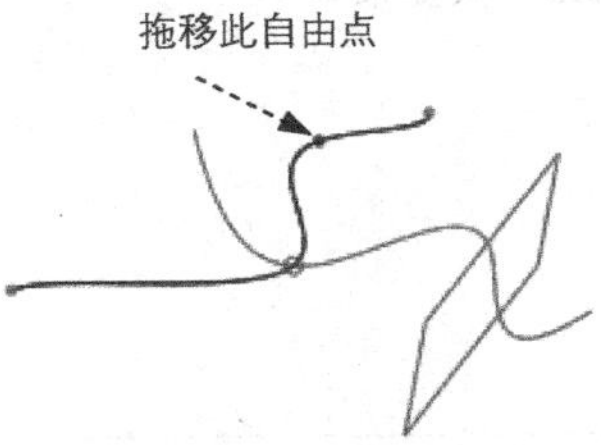

图 7.3.5　拖移 ISDX 曲线上的自由点

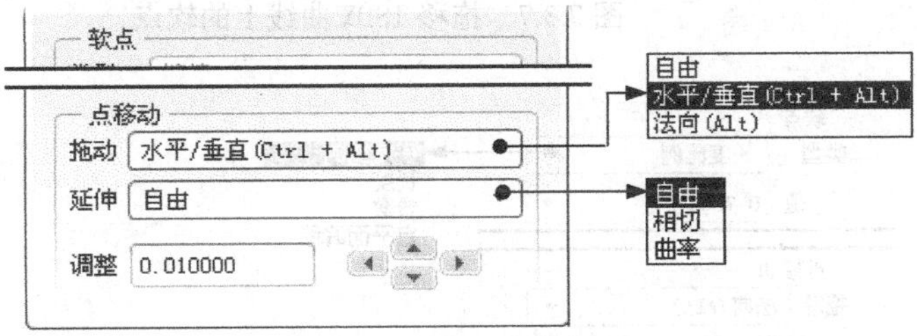

图 7.3.6　“点”界面

注意

◆ 误操作后，可进行“恢复”操作，方法是：选择下拉菜单 编辑(E) → 撤消(U) 命令，或者直接单击按钮 ↶。

◆ 配合键盘的 Shift 键，可改变点的类型。按住 Shift 键，移动 ISDX 曲线上的点，可使点的类型在自由点、软点、固定点和相交点（必须是平面曲线上的点）之间进行任意的切换，当然在将非自由点变成自由点时，有时先要进行“断开链接”操作，其操作方法为：右击要编辑的点，然后选取 断开链接 命令。

情况 2：移动 ISDX 曲线上的软点。

如图 7.3.7 所示，将鼠标指针移至某一软点上，按住左键并移动鼠标，即可在其参照边线（曲面）上移动该点；也可右击该软点，系统弹出图 7.3.8 所示的快捷菜单，选择菜单中的长度比例、长度、参数、距离平面的偏距、锁定到点、链接以及断开链接等选项来定义该点的位置（也可以在图 7.3.9 所示的操控板中获得这些选项）。

（1）长度比例。将参考曲线（线段）长度视为 1，通过输入长度比例值来控制软点位置。

单击操控板中的点按钮，在弹出的操作界面中可输入“长度比例”值，如图 7.3.10 所示。

（2）长度。系统自动指定从参考曲线某一端算起，通过输入长度值来控制软点位置。单击操控板中的点按钮，在弹出的操作界面中可输入“长度”值，如图 7.3.11 所示。

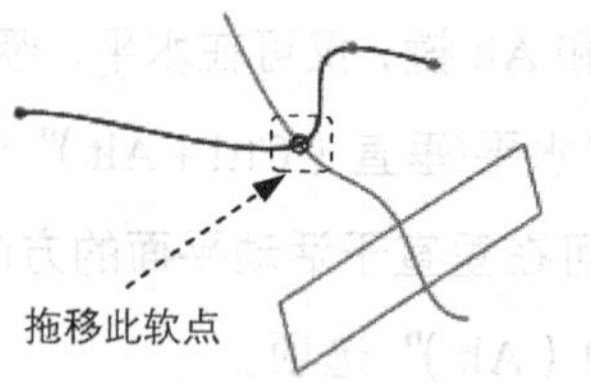

图 7.3.7　拖移 ISDX 曲线上的软点

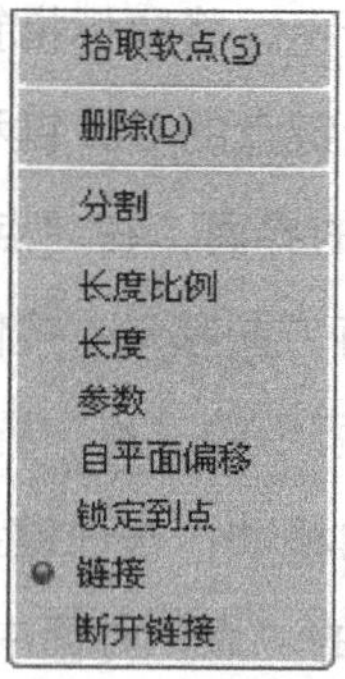

图 7.3.8　快捷菜单

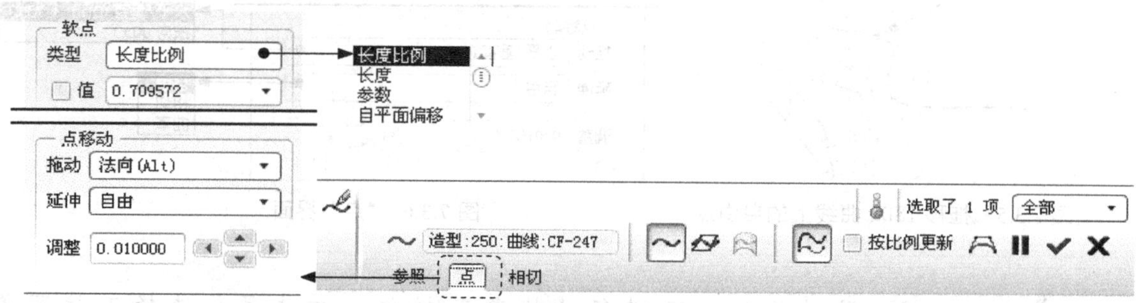

图 7.3.9　操控板

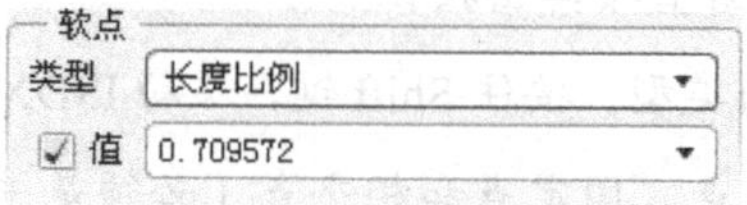

图 7.3.10　设置“长度比例”值

图 7.3.11　设置“长度”值

（3）参数。预设情况类似“长度比例”，但参数值稍有不同。单击操控板中的点按钮，在弹出的操作界面中可输入“参数”值，如图 7.3.12 所示。

（4）自平面的偏移。指定一基准面，通过输入与基准面的距离值来控制软点位置。单击操控板中的点按钮，在弹出的操作界面中可输入“偏移”值，如图 7.3.13 所示。

图 7.3.12　设置“参数”值

图 7.3.13　设置“自平面偏移”值

（5）锁定到点。

首先将工作目录设置至 D:\proedq5\work\ch07.03.01，然后打开文件 02lock-to-point.prt。

选择此项，软点将自动锁定到一个最近的点（有可能是内部点或端点）。如图 7.3.14a 所示，在曲线 A 的右端点处右击，从图 7.3.15 所示的快捷菜单中选择“锁定到点”命令，该点即锁定到一个最近的点，如图 7.3.14b 所示。以此方式锁定的点，将不再具有移动的自由度（也就是无法拖拽），在屏幕上显示为“×”。

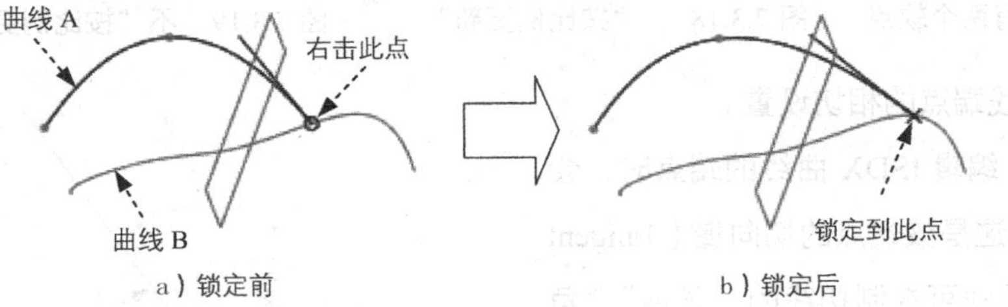

图 7.3.14　锁定到点

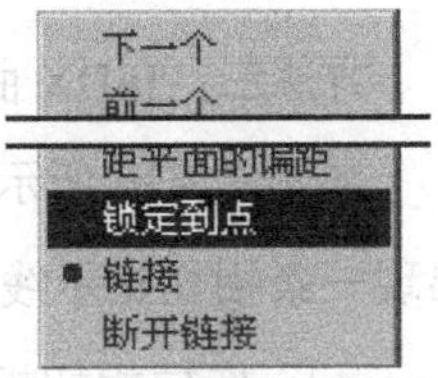

图 7.3.15　快捷菜单

（6）链接与断开链接。

先将工作目录设置至 D:\proedq5\work\ch07.03.01，然后打开文件 03 interlinking.prt。

当 ISDX 曲线上的某一点为软点或固定点时，该点表现为一种“链接”（Link）状态，例如：位于曲面、曲线或基准点上的点。“断开链接”（Unlink）则是使软点或固定点“脱离”参考点、参考曲线或者参考曲面等父项特征的约束而成为自由点的一种状态，故符号会转变为实心圆点（●），如图 7.3.16 所示。

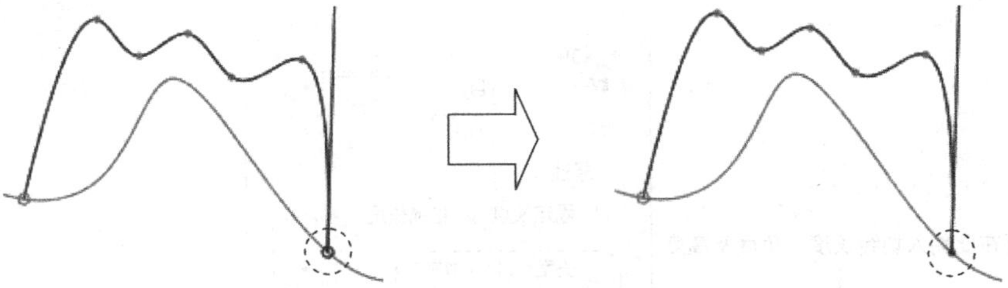

图 7.3.16　链接与断开链接

方法二：比例更新（Proportional Update）。

先将工作目录设置至 D:\proedq5\work\ch07.03.01，然后打开文件 04proportional-update.prt。

如果 ISDX 曲线含有两个或者两个以上软点，可选中操控板上的 ☑ 按比例更新 复选框，进行这样的设置后，如果拖拉其中一个软点，则两软点间的曲线外形会随拖拉而成比例地调整。如图 7.3.17 所示，该 ISDX 曲线含有两个软点，如果选中 ☑ 按比例更新 复选框，当拖拉软点 2

时，软点 1 和软点 2 间的曲线外形将成比例地缩放，如图 7.3.18 所示；如果不选中“按比例更新”复选框，则拖拉软点 2 时，软点 1 和软点 2 间的曲线形状会产生变化，如图 7.3.19 所示。

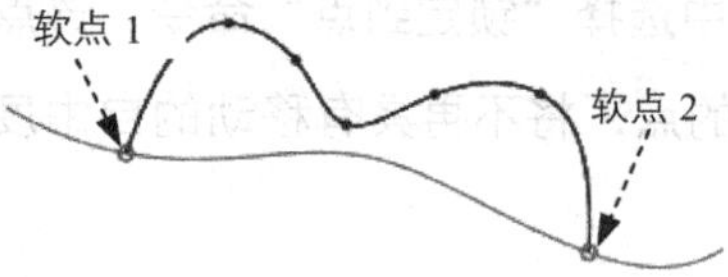

图 7.3.17　ISDX 曲线含有两个软点

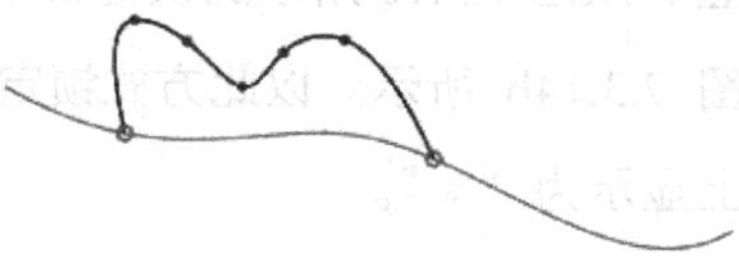

图 7.3.18　“按比例更新”

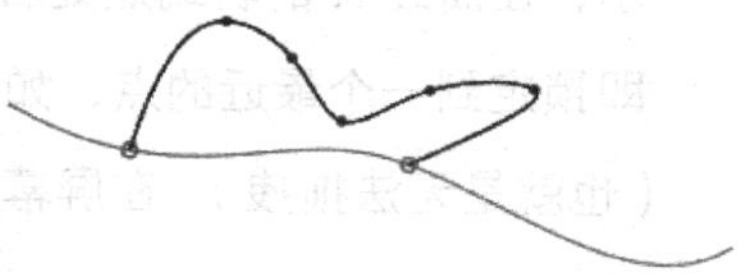

图 7.3.19　不“按比例更新”

方法三：ISDX 曲线端点的相切设置。

如图 7.3.20 所示，编辑 ISDX 曲线的端点时，会出现一条相切指示线，这是该端点的切向量（Tangent Vector）。拖拉相切指示线可控制切线的“长度”“角度”及“高度”。

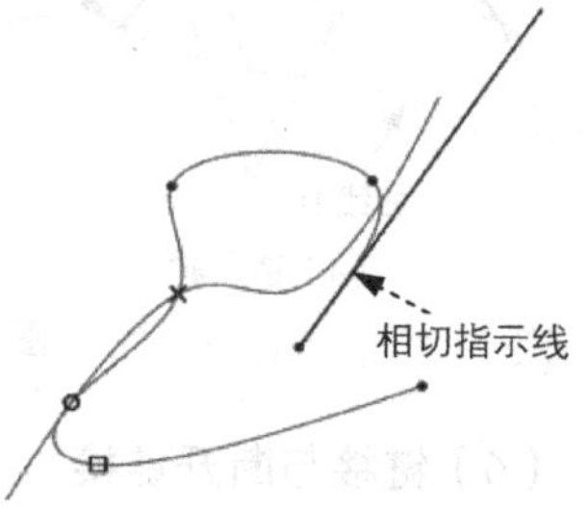

图 7.3.20　ISDX 曲线端点的相切线

另外，单击操控板中的 相切 按钮，将弹出图 7.3.21 所示的“相切”界面，图中下拉列表中的各选项用于设置端点处的切线长度、角度及高度，这些选项为自然（Natural）、自由（Free）、固定角度（Fix Angle）、水平（Horizontal）、垂直（Vertical）、法向（Normal）、对齐（Align）、对称（Symmetric）、相切（Tangent）、曲率（Curvature）、曲面相切（Surface Tangent）、曲面曲率（Surface Curvature）以及相切拔模（Draft Tangent）。

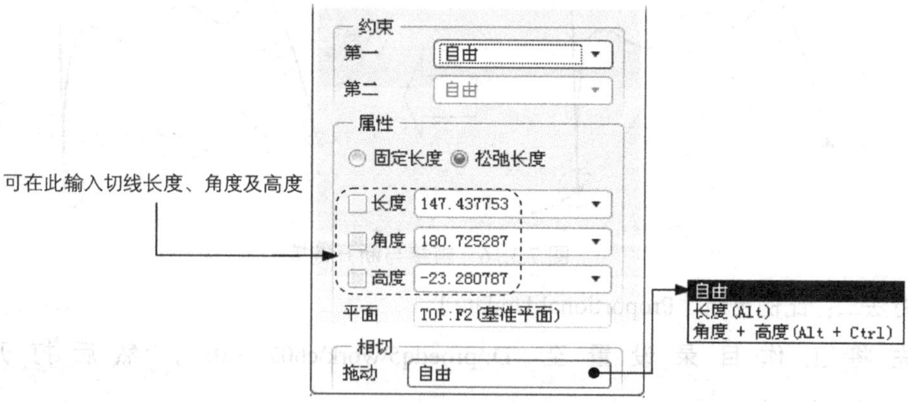

图 7.3.21　“相切”界面

3. 添加点与删除点

在进行 ISDX 曲线编辑时，用户可以在曲线上添加点或删除点，这种操作除了可以使造型有更多的变化外，也可以更加精确地调整曲率。

如果要在 ISDX 曲线上添加点，操作方法如下所述。

步骤 01 设置工作目录和打开文件。先将工作目录设置至 D:\proedq5\work\ch07.03.01，然后打开文件 05add-delete-point.prt。

步骤 02 在模型树中右击 类型 1，从弹出的快捷菜单中选择 编辑定义 命令，进入 ISDX 环境。

步骤 03 单击“曲线编辑”按钮，然后选取图 7.3.22 中的 ISDX 曲线。

步骤 04 在 ISDX 曲线上的图 7.3.23 所示的位置右击，此时系统弹出图 7.3.24 所示的快捷菜单。

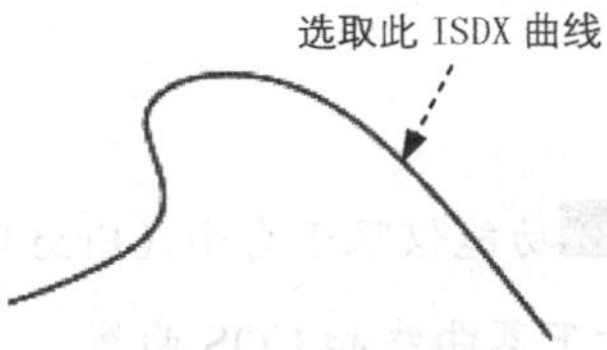

图 7.3.22 选取 ISDX 曲线

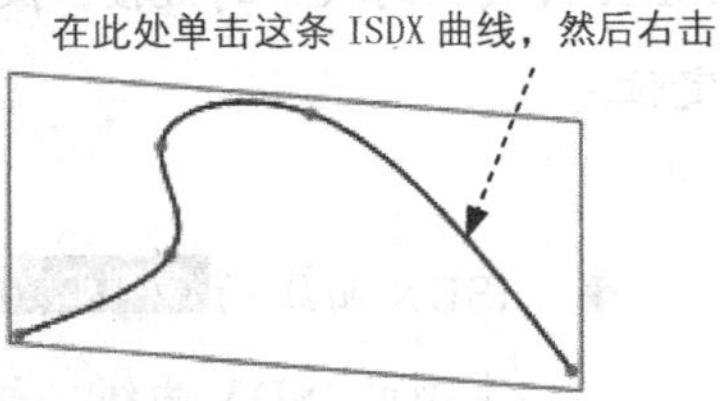

图 7.3.23 右击 ISDX 曲线

步骤 05 在图 7.3.24 所示的快捷菜单中，选择 添加点(A) 命令，系统在单击处添加一个点，如图 7.3.25 所示。

步骤 06 完成编辑后，单击“编辑”操控板中的按钮。

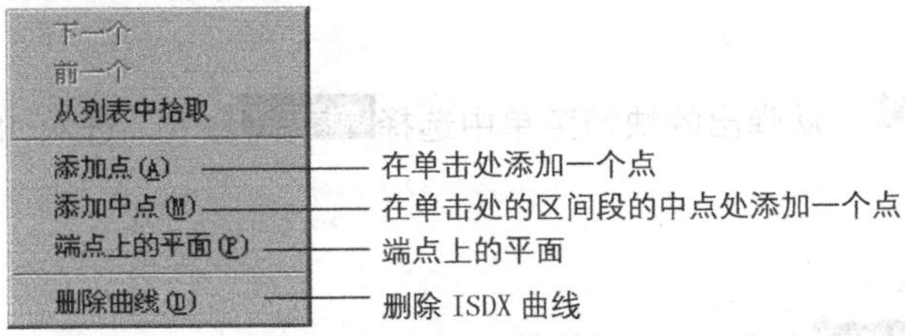

图 7.3.24 快捷菜单

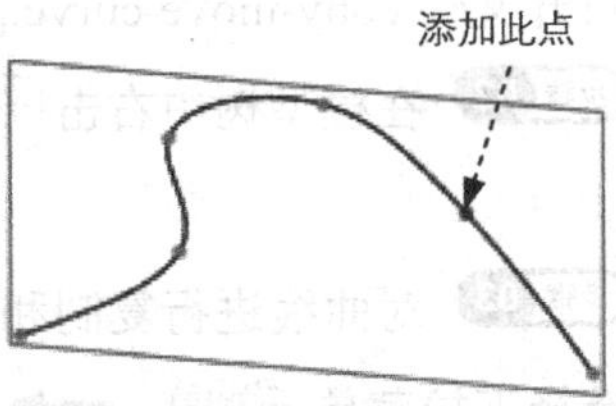

图 7.3.25 添加点

说明 在选中图 7.3.26 所示的“点”后，通过右击，在图 7.3.27 所示的快捷菜单中选择 删除(D) 命令，则所选点即被删除。

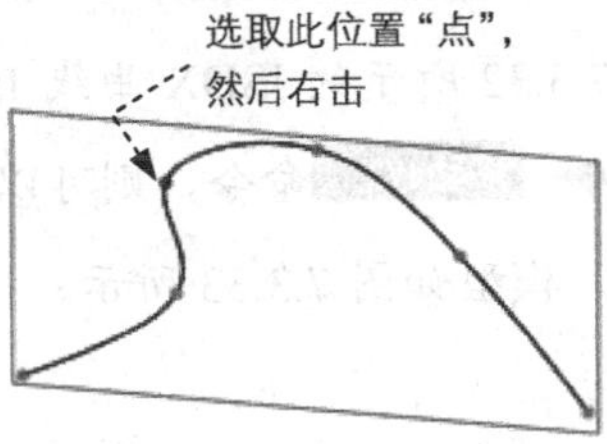

图 7.3.26 右击“点”

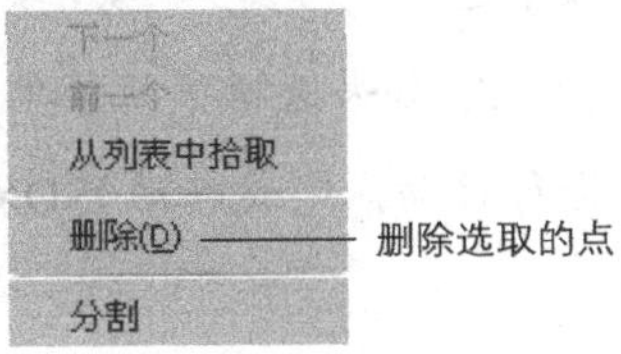

图 7.3.27 快捷菜单

7.3.2 复制和移动

在 ISDX 环境中，选择下拉菜单 编辑(E) 下的 复制(C)、按比例复制(Y) 和 移动(V) 命令，可对 ISDX 曲线进行复制和移动，具体说明如下。

- 复制(C)：复制 ISDX 曲线。如果 ISDX 曲线上有软点，则复制后，系统不会断开 ISDX 曲线上软点的链接。操作时，可在操控板中输入 X、Y、Z 坐标值以便精确定位。
- 按比例复制(Y)：复制选定的 ISDX 曲线并按比例缩放它们。
- 移动(V)：移动 ISDX 曲线。如果 ISDX 曲线上有软点，则移动后，系统不会断开 ISDX 曲线上的软点的链接。操作时，可在操控板中输入 X、Y、Z 坐标值以便精确定位。

注意

- ISDX 曲线的 复制(C) 和 移动(V) 功能仅限于自由（Free）与平面（Planar）类型的 ISDX 曲线，并不适用于下落曲线和 COS 曲线。
- 在复制、移动过程中，ISDX 曲线在其端点的相切设置会保持不变。

下面举例说明 ISDX 曲线复制和移动的操作过程。

步骤 01 设置工作目录和打开文件。先将工作目录设置至 D:\proedq5\work\ch07.03.02，然后打开文件 copy-move-curve.prt。

步骤 02 在模型树中右击 类型 1，从弹出的快捷菜单中选择 编辑定义 命令，进入 ISDX 环境。

步骤 03 对曲线进行复制和移动。

选择下拉菜单 编辑(E) → 复制(C) 命令，则此时操控板如图 7.3.28 所示，选择图 7.3.29 所示的 ISDX 曲线 1，则模型周围会出现图 7.3.30 所示的控制杆。选择相应的轴线移动鼠标，即可产生图 7.3.31 所示的 ISDX 曲线 1 的副本。

说明

1. 如果选择下拉菜单 编辑(E) → 按比例复制(Y) 命令，然后在弹出的操控板中选中 ✓ 断开链接 项，则可得到图 7.3.32 所示的 ISDX 曲线 1 的副本。

2. 如果选择下拉菜单 编辑(E) → 移动(V) 命令，则可以对 ISDX 曲线 1 进行移动。完成移动 ISDX 曲线 1 后，模型如图 7.3.33 所示。

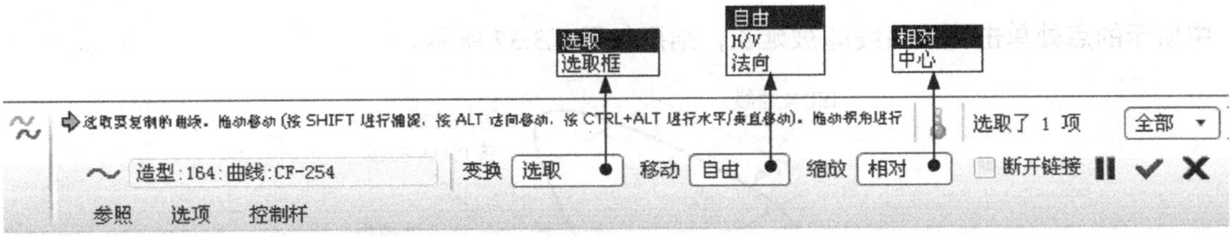

图 7.3.28 操控板

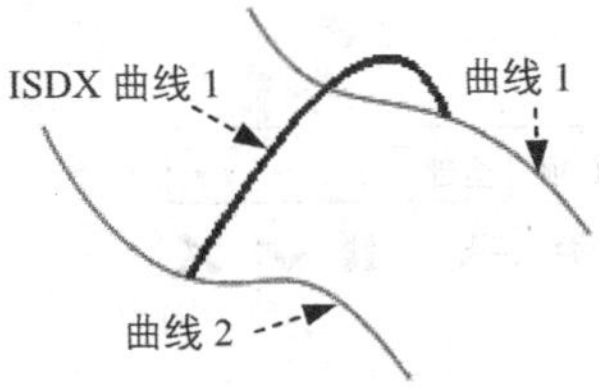

图 7.3.29 选取 ISDX 曲线 1

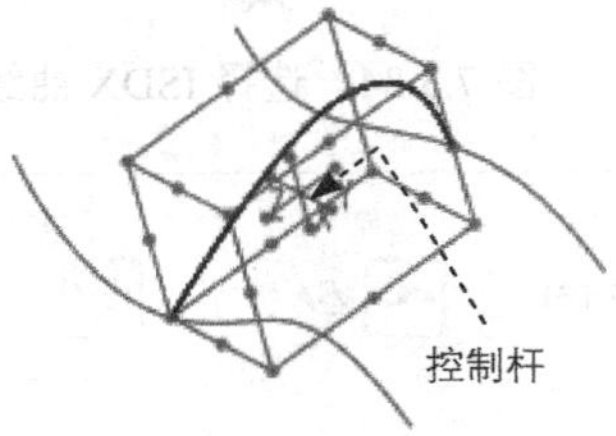

图 7.3.30 进入“复制”环境

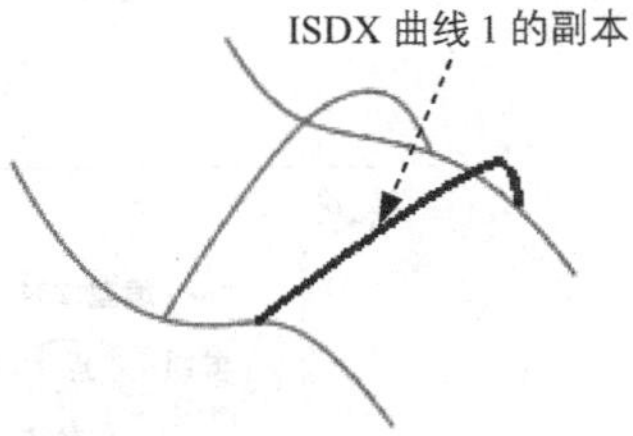

图 7.3.31 复制 ISDX 曲线

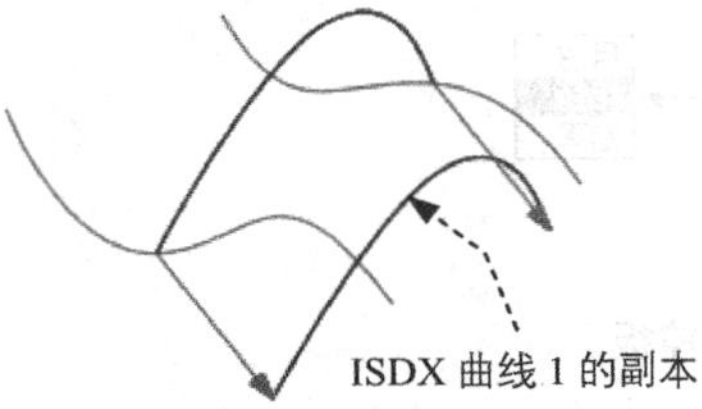

图 7.3.32 按比例复制 ISDX 曲线

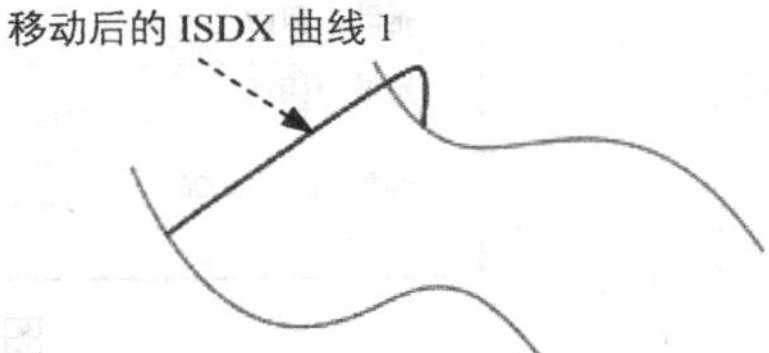

图 7.3.33 移动 ISDX 曲线

7.3.3 延伸造型曲线

如图 7.3.34 所示，可从一条 ISDX 曲线的端点处向外延长该曲线，操作方法如下所述。

步骤 01 设置工作目录和打开文件。先将工作目录设置至 D:\proedq5\work\ch07.03.03，然后打开文件 extend-isdx-curve.prt。

步骤 02 在模型树中右击 类型 1，从弹出的快捷菜单中选择编辑定义命令，进入 ISDX 环境。

步骤 03 在 ISDX 环境中单击“曲线编辑”按钮，然后选取图 7.3.34 中的 ISDX 曲线。

步骤 04 选择延伸的连接方式。在系统弹出的图 7.3.35 所示操控板中单击点选项卡，在弹出的界面中，可以看到 ISDX 曲线的延伸选项有如下三种选择。

- 自由：源 ISDX 曲线与其延长的曲线段在端点处自由连接，如图 7.3.36 所示。
- 相切：源 ISDX 曲线与其延长的曲线段在端点处相切连接，如图 7.3.37 所示。
- 曲率：源 ISDX 曲线与其延长的曲线段在端点处曲率相等连接，如图 7.3.38 所示。

步骤 05 在 延伸 后的下拉列表中选择 相切 选项，然后按住 Shift 键和 Alt 键，在图 7.3.34 中所示的点处单击，该曲线即被延长，结果如图 7.3.37 所示。

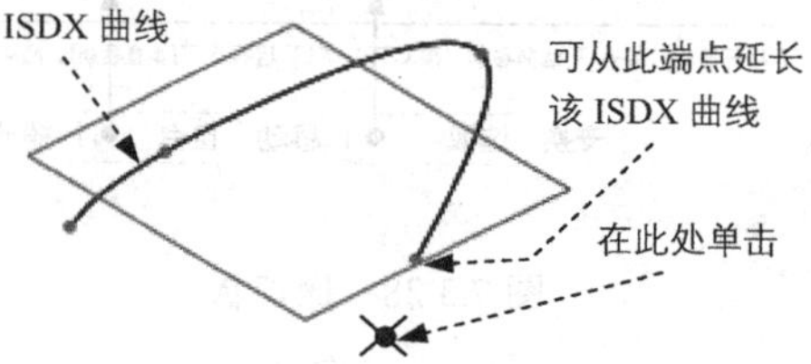

图 7.3.34　选择 ISDX 曲线

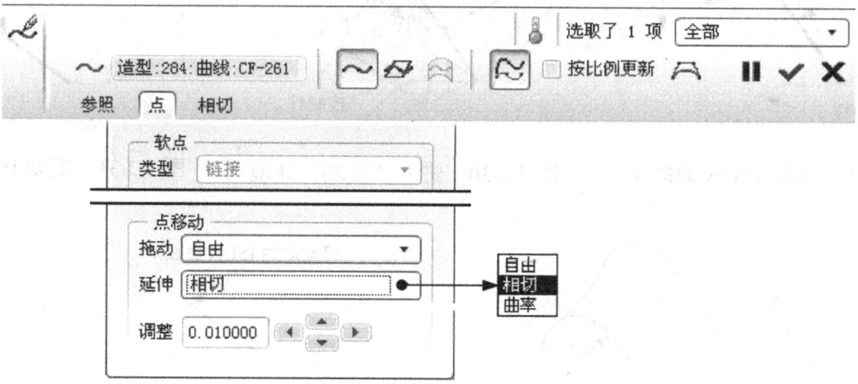

图 7.3.35　操控板

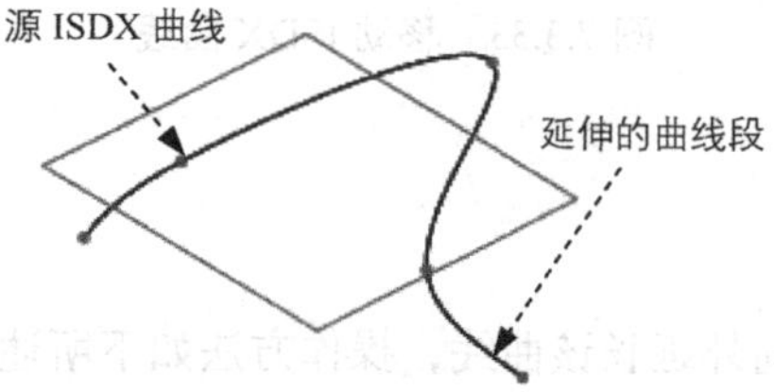

图 7.3.36　自由

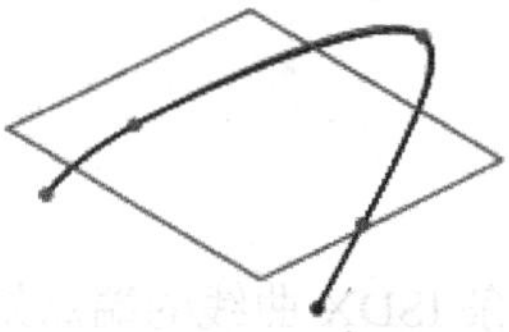

图 7.3.37　相切

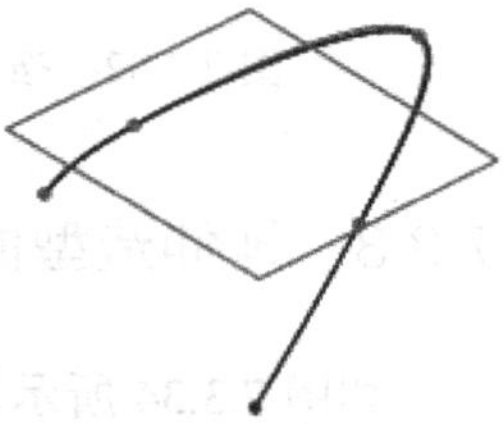

图 7.3.38　曲率

7.3.4　组合造型曲线

如果两条 ISDX 曲线首尾相连，则可选择其中任一 ISDX 曲线进行编辑，将两条 ISDX 曲线合并为一条 ISDX 曲线。操作方法如下所述。

步骤 01 设置工作目录和打开文件。先将工作目录设置至 D:\proedq5\work\ch07.03.04，然后打开文件 assemble-isdx-curve.prt。

步骤 02 在模型树中右击 类型 1，从弹出的快捷菜单中选择 编辑定义 命令，进入 ISDX 环境。

步骤 03 在 ISDX 环境中单击“曲线编辑”按钮，然后选取图 7.3.39 所示的 ISDX 曲线 2。

步骤 04 在图 7.3.39 所示的点上右击，系统弹出图 7.3.40 所示的快捷菜单，选择 组合 命令，则两条 ISDX 曲线便被合并为一条 ISDX 曲线。

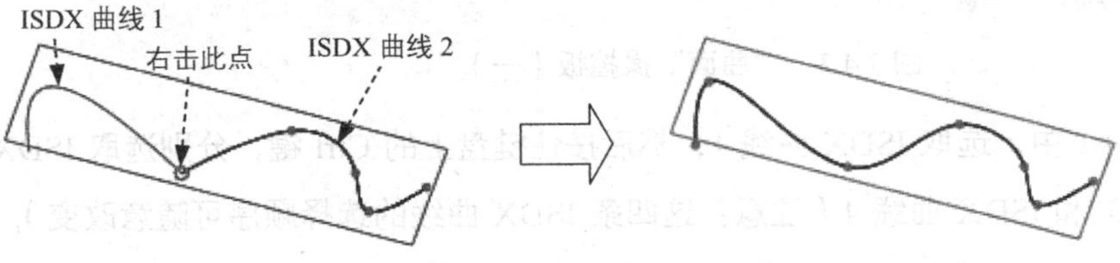

图 7.3.39 组合 ISDX 曲线

图 7.3.40 快捷菜单

7.4 ISDX 曲面的创建

前面介绍了如何创建和编辑 ISDX 曲线，下面介绍如何用 ISDX 曲线创建 ISDX 曲面。ISDX 曲面的创建至少需要三条曲线，这些曲线要相互封闭，但不一定首尾相连。

下面举例说明 ISDX 曲面的创建过程。

步骤 01 设置工作目录和打开文件。将工作目录设置至 D:\proedq5\work\ch07.04，打开文件 create-isdx-surface.prt。

步骤 02 设置模型显示状态。

（1）单击按钮，将模型设置为着色显示状态。

（2）单击按钮、和，使基准面、基准轴和坐标系不显示。

（3）单击按钮，选择 Course_v1 视图。此时模型如图 7.4.1 所示，模型树如图 7.4.2 所示。

步骤 03 编辑定义模型树中的造型特征，进入 ISDX 环境：在图 7.4.2 所示的模型树中，右击 类型 1，从弹出的快捷菜单中选择 编辑定义 命令。

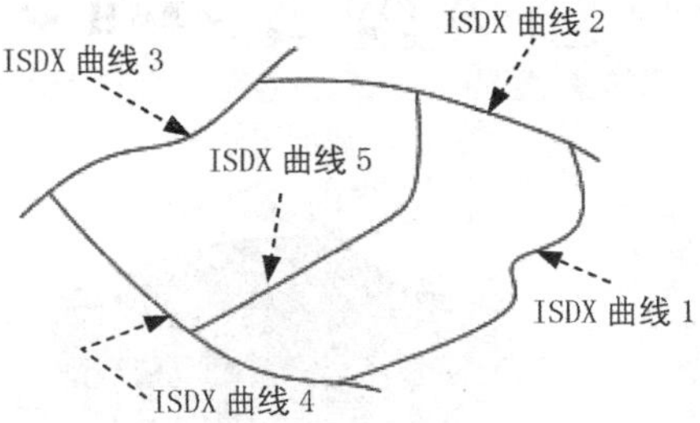

图 7.4.1 模型

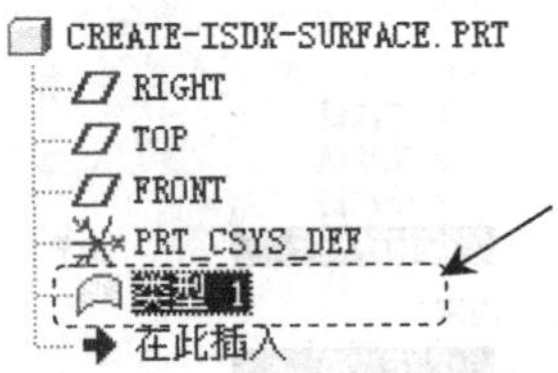

图 7.4.2 模型树

步骤 04 单击“曲面”按钮，此时系统显示图 7.4.3 所示的“曲面”操控板（一）。

图 7.4.3 “曲面”操控板（一）

步骤 05 在图 7.4.1 中，选取 ISDX 曲线 1；然后按住键盘上的 Ctrl 键，分别选取 ISDX 曲线 2、ISDX 曲线 3 和 ISDX 曲线 4（注意：这四条 ISDX 曲线的选择顺序可随意改变），此时系统便以这四条 ISDX 曲线为边界形成一个 ISDX 曲面。此时“曲面”操控板（二）如图 7.4.4 所示。

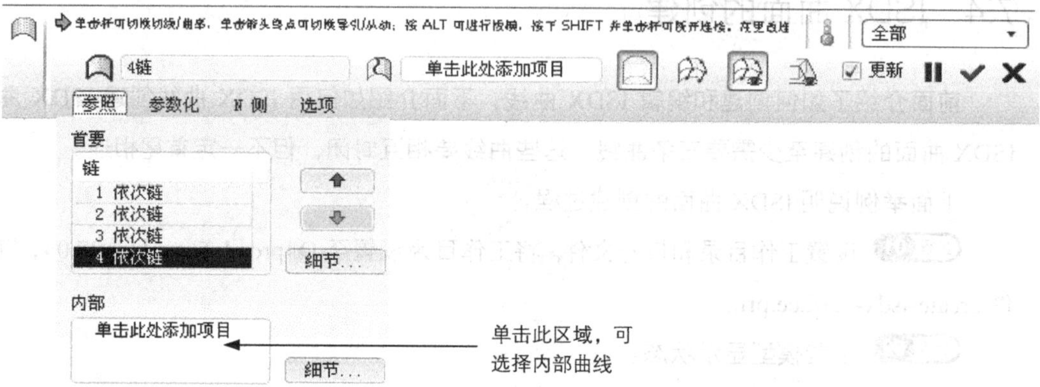

图 7.4.4 “曲面”操控板（二）

步骤 06 如果希望前面创建的 ISDX 曲面通过图 7.4.1 所示的 ISDX 曲线 5，可在图 7.4.4 所示的“曲面”操控板中，单击 内部 下面的区域，然后选取 ISDX 曲线 5，这样 ISDX 曲面便通过 ISDX 曲线 5，结果如图 7.4.5 所示。此时“曲面”操控板（三）如图 7.4.6 所示。

步骤 07 完成 ISDX 曲面的创建后，单击“曲面”操控板中的按钮。

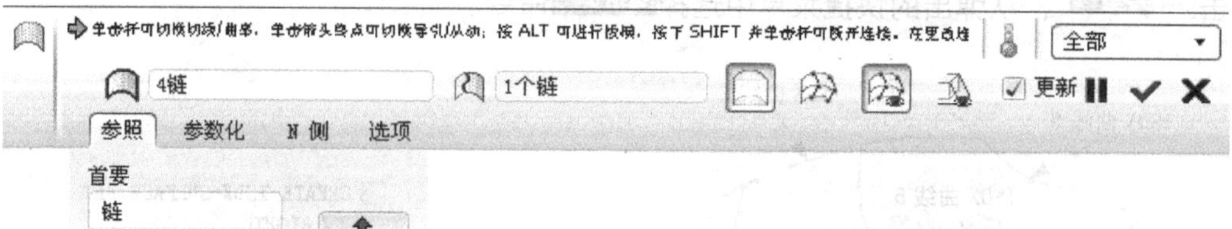

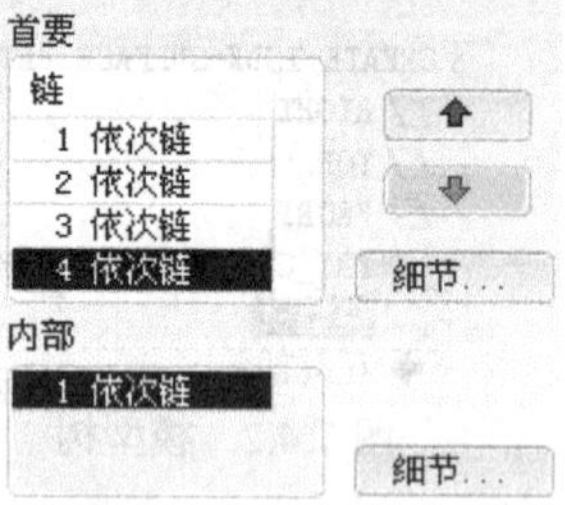

图 7.4.6 “曲面”操控板（三）

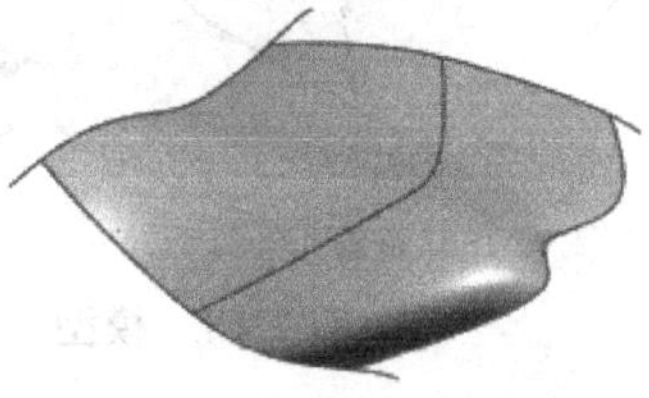

图 7.4.5 创建 ISDX 曲面

7.5 ISDX 曲面的编辑

7.5.1 ISDX 曲面的连接

ISDX 曲面的质量主要取决于曲线的质量。除此之外，还有一个重要的因素影响 ISDX 曲面质量，这就是相邻曲面间的连接方式。曲面的连接方式有三种：衔接（Matched）、相切（Tangent）和曲率（Curvature）。如果要使两个相邻曲面间光滑过渡，应该设置相切（Tangent）或曲率（Curvature）连接方式。

下面以一个例子来介绍 ISDX 曲面的各种连接方式及其设置方法。

步骤 01 设置工作目录和打开文件。

（1）选择下拉菜单 文件(F) → 设置工作目录(W)... 命令，将工作目录设置至 D:\proedq5\work\ch07.05.01。

（2）选择下拉菜单 文件(F) → 打开(O)... 命令，打开文件 connect-isdx-surface.prt。

步骤 02 在模型树中右击 类型 1，从弹出的快捷菜单中选择 编辑定义 命令，此时系统进入 ISDX 环境。

步骤 03 创建 ISDX 曲面 1。

（1）单击“曲面”按钮。

（2）按住 Ctrl 键，选取图 7.5.1 所示的 ISDX 曲线 1、曲线 2、曲线 5 和曲线 4，此时系统便以这四条 ISDX 曲线为边界创建一个 ISDX 曲面，如图 7.5.2 所示。

（3）单击“曲面”操控板中的按钮，完成 ISDX 曲面 1 的创建。

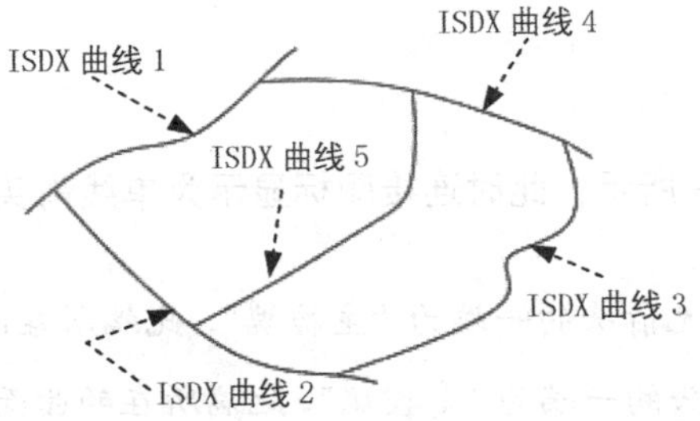

图 7.5.1　选取曲线

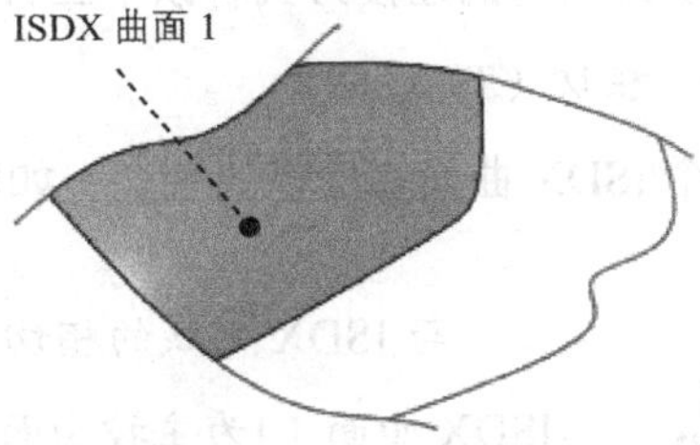

图 7.5.2　创建 ISDX 曲面 1

步骤 04 创建 ISDX 曲面 2。

（1）单击“曲面”按钮。

（2）按住 Ctrl 键，选取图 7.5.1 所示的 ISDX 曲线 2、曲线 3、曲线 4 和曲线 5，此时系统便以这四条 ISDX 曲线为边界创建 ISDX 曲面 2，如图 7.5.3 所示。

注意

此时在 ISDX 曲面 1 与 ISDX 曲面 2 的公共边界线（ISDX 曲线 5）上出现一个小小的图标，如图 7.5.3 所示，这是 ISDX 曲面 2 与 ISDX 曲面 1 间的连接标记，可以改变此图标的大小。操作方法为：在操控板的“图标长度”文本框中输入不同的数值，并按回车键，此时可看到连接标记会产生变化。

（3）单击“曲面”操控板中的按钮✓，完成 ISDX 曲面 2 的创建。

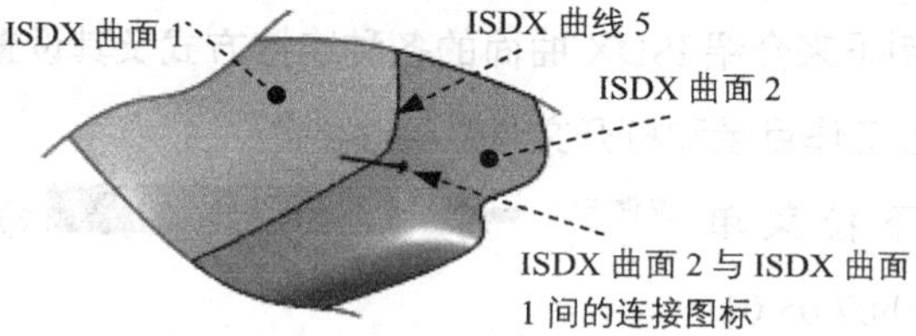

图 7.5.3 创建 ISDX 曲面 2

步骤 05 修改 ISDX 曲面 2 与 ISDX 曲面 1 之间的连接方式。

（1）选取 ISDX 曲面 2。

（2）单击“曲面连接”按钮，系统弹出图 7.5.4 所示的操控板。

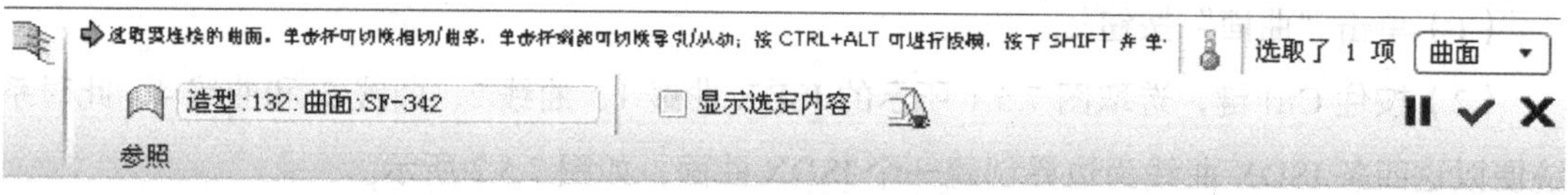

图 7.5.4 操控板

（3）曲面间的连接方式有以下三种。

◆ 相切（Tangent）

两个 ISDX 曲面在连接处相切，如图 7.5.3 所示，此时连接图标显示为单线箭头。

注意

与 ISDX 曲线的相切相似，无箭头的一端为“主控端”，此端所在的曲面（即 ISDX 曲面 1）为主控曲面；有箭头的一端为“受控端”，此端所在的曲面（即 ISDX 曲面 2）为受控曲面。单击“主控端”的尾部，可将其变为“受控端”，如图 7.5.5 所示，此时可看到两个曲面均会产生一些变化。

◆ 曲率（Curvature）

在图 7.5.3 中，单击相切连接图标的中部，则连接图标变成多线箭头，如图 7.5.6 所示，此时两个 ISDX 曲面在连接处曲率相等，这就是“曲率”（Curvature）连接。

注意

与 ISDX 曲面的相切连接一样，无箭头的一端为“主控端”，此端所在的曲面（即 ISDX 曲面 1）为主控曲面；有箭头的一端为“受控端”，此端所在的曲面（即 ISDX 曲面 2）为受控曲面。同样的，单击“主控端”的尾部，可将其变为“受控端”。

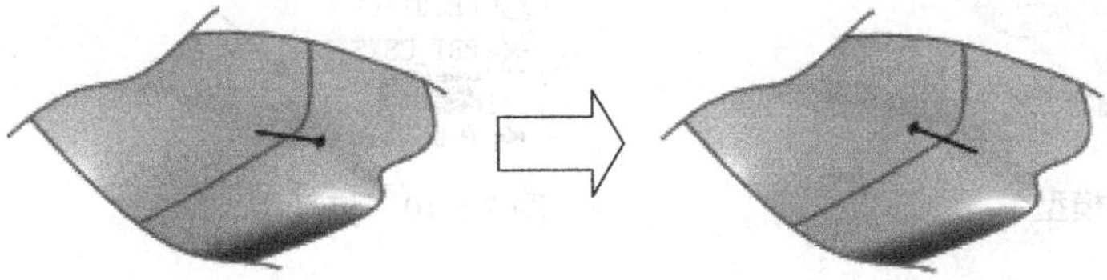

图 7.5.5 改变“主控端”

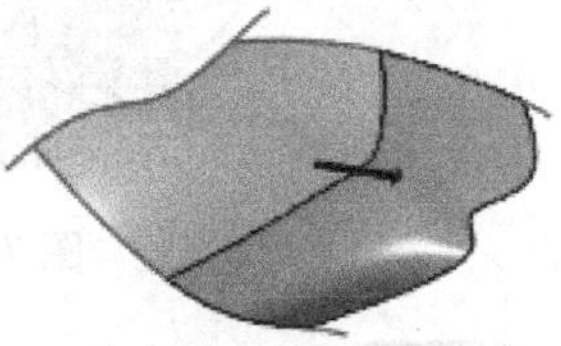

图 7.5.6 设置为“曲率”方式

◆ 衔接（Matched）

按住键盘 Shift 键，然后单击相切连接图标或曲率连接图标的中部，则连接图标将变成“虚线”，如图 7.5.7 所示，此时两个 ISDX 曲面在连接处既不相切，曲率也不相等，这就是“衔接”（Matched）连接。

两个曲面“衔接”（Matched）时，曲面间不是光滑连接。在模型树中选取中间的公共曲线，然后右击，从弹出的快捷菜单中选择 隐藏(H) 命令，可立即看到曲面的连接处有一道凸出“痕迹”，如图 7.5.8 所示。

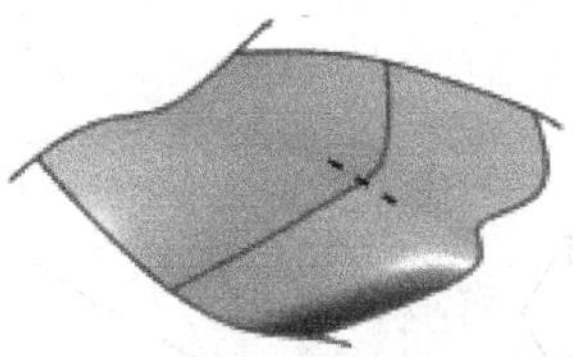

图 7.5.7 设置为“衔接”方式

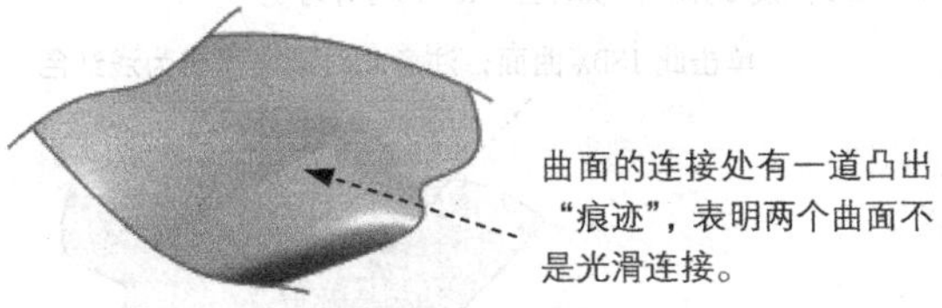

图 7.5.8 隐藏连接边线

7.5.2 调整 ISDX 曲线形状

编辑 ISDX 曲面，主要是编辑 ISDX 曲面中的 ISDX 曲线。下面举例说明 ISDX 曲面的一些编辑方法和操作过程。

步骤 01 设置工作目录和打开文件。

（1）选择下拉菜单 文件(F) ➡ 设置工作目录(W)... 命令，将工作目录设置至 D:\proedq5\work\ch07.05.02。

（2）选择下拉菜单的 文件(F) ➡ 打开(O)... 命令，打开文件 edit-isdx-surface.prt。

步骤 02 设置模型显示状态。单击按钮，将模型设置为着色显示状态；单击按钮、和，使基准面、基准轴和坐标系不显示；单击按钮，选择 Course_v1 视图，此时模型如图 7.5.9 所示，模型树如图 7.5.10 所示。

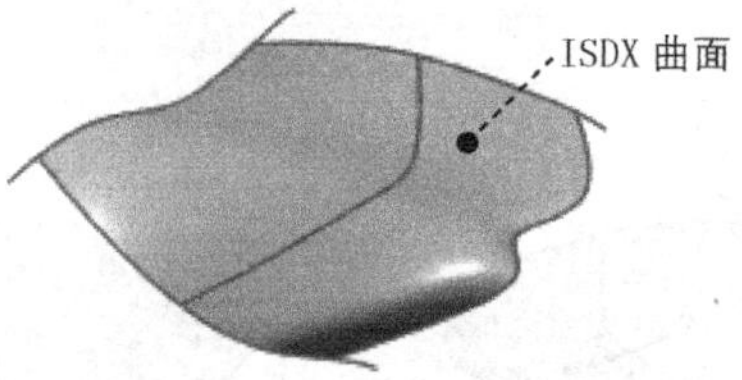

图 7.5.9　模型

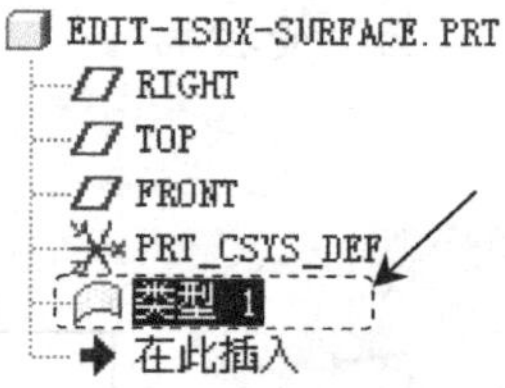

图 7.5.10　模型树

步骤 03 编辑定义模型树中的造型特征，进入 ISDX 环境：在图 7.5.10 所示的模型树中，右击 类型 1 ，从弹出的快捷菜单中选择 编辑定义 命令。

步骤 04 对曲面进行编辑。

曲面的编辑方式主要有如下几种。

（1）删除 ISDX 曲面。

① 如图 7.5.11 所示，选取欲删除的 ISDX 曲面，注意此时该 ISDX 曲面变为浅红色。

② 选择下拉菜单 编辑(E) ➡ 删除(D) ▸ ➡ 删除(D) 命令。

③ 此时系统弹出“确认”对话框，并提示 是否删除选定图元? ，单击 是(Y) 按钮，该 ISDX 曲面即被删除，如图 7.5.11 所示。

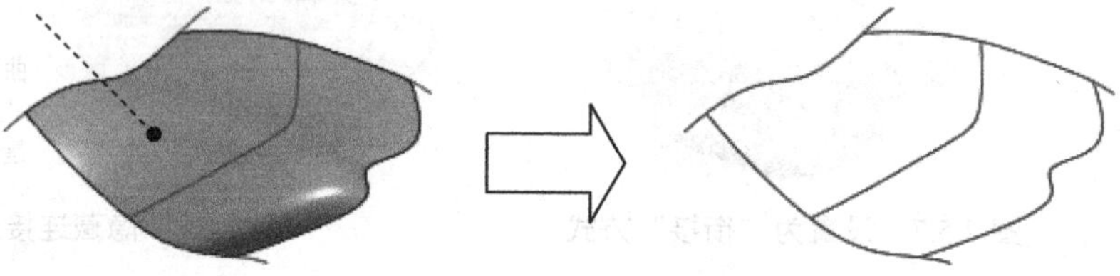

图 7.5.11　删除 ISDX 曲面

（2）通过移动 ISDX 曲面中的 ISDX 曲线来改变曲面的形状。

① 移动图 7.5.12 所示的 ISDX 曲线 3。

② 选择下拉菜单 编辑(E) ➡ 全部再生(G) 命令，再生后的 ISDX 曲面如图 7.5.13 所示。

（3）通过编辑 ISDX 曲线上的点来编辑 ISDX 曲面。

① 单击“编辑曲线”按钮，选择图 7.5.14 所示的 ISDX 曲线进行编辑。

② 拖拉该 ISDX 曲线的点，可观察到 ISDX 曲面的形状随之动态变化。

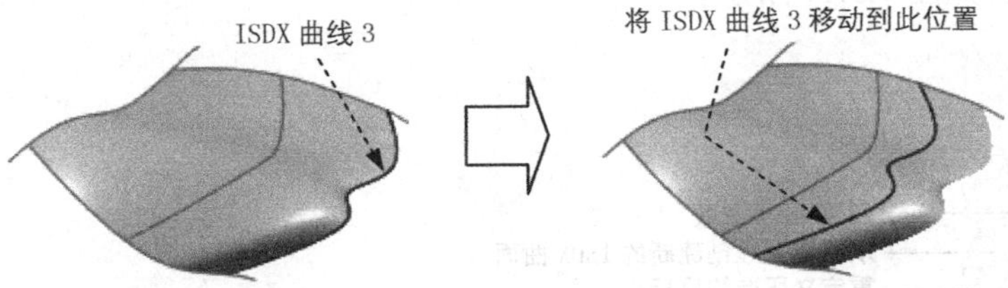

图 7.5.12 移动 ISDX 曲线 3

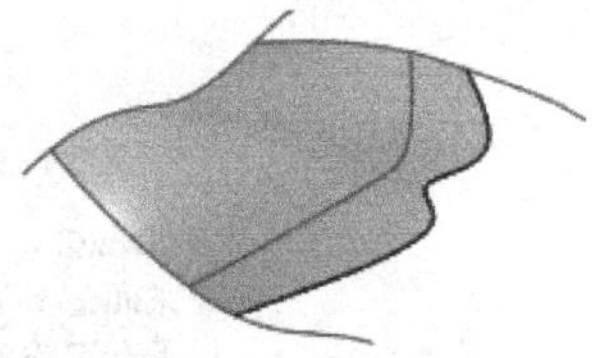

图 7.5.13 再生后的 ISDX 曲面

图 7.5.14 编辑 ISDX 曲面

（4）通过在 ISDX 曲面上添加一条内部控制线对曲面进行编辑。

① 创建一条内部控制 ISDX 曲线。单击“曲线”按钮，绘制图 7.5.15 所示的 ISDX 曲线 6（绘制时可按住 Shift 键），然后单击操控板中的按钮。

注意

同一方向的多条控制线不能相交，控制线和边线也不能相交；当两个方向上有控制线时，不同方向的控制线则必须相交。例如，图 7.5.16 所示两条控制线不能相交，图 7.5.15 所示两控制线必须相交。另外，ISDX 曲面的内部控制线端点要落在曲面的边线上。

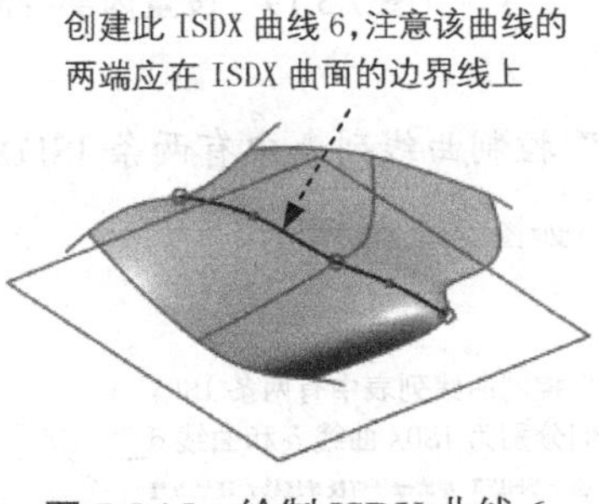

图 7.5.15 绘制 ISDX 曲线 6

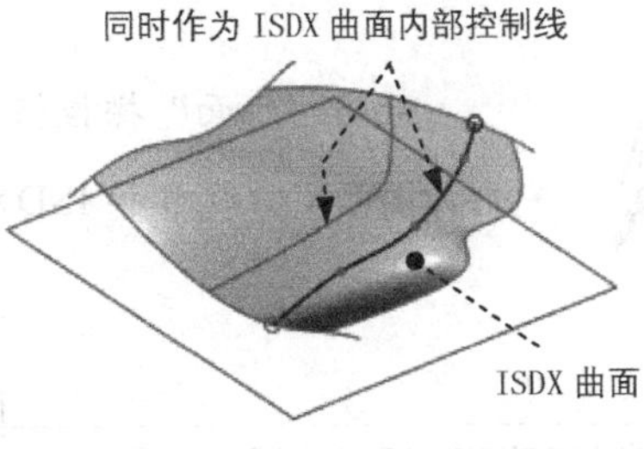

图 7.5.16 两条 ISDX 曲线不相交

② 选取 ISDX 曲面（注意：此时该 ISDX 曲面变为浅红色），右击，此时系统弹出图 7.5.17 所示的快捷菜单，选择该菜单中的编辑定义命令。

③ 在图 7.5.18 所示的“曲面”操控板（一）中单击参照按钮，在弹出的界面中单击内部下面的区域，然后按住 Ctrl 键，选取 ISDX 曲线 6；这样 ISDX 曲线 6 和 ISDX 曲线 5 同时成

为 ISDX 曲面的内部控制曲线，如图 7.5.19 所示。

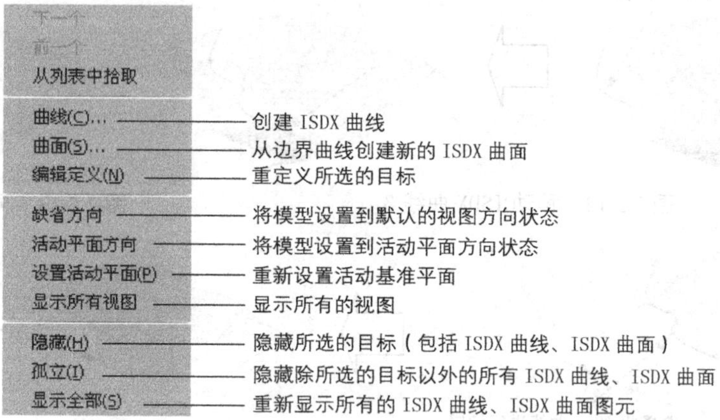

图 7.5.17　快捷菜单

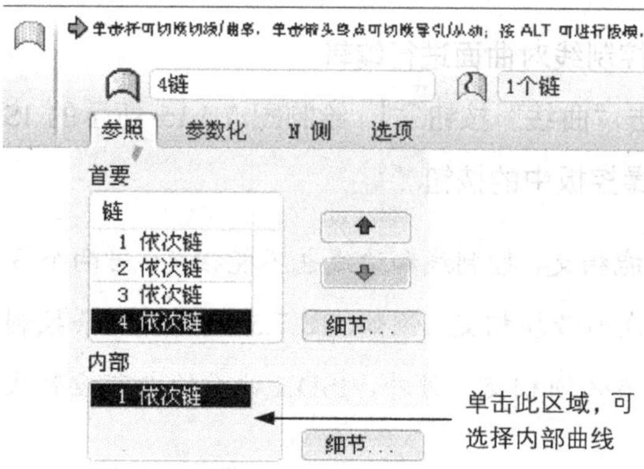

图 7.5.18　“曲面”操控板（一）

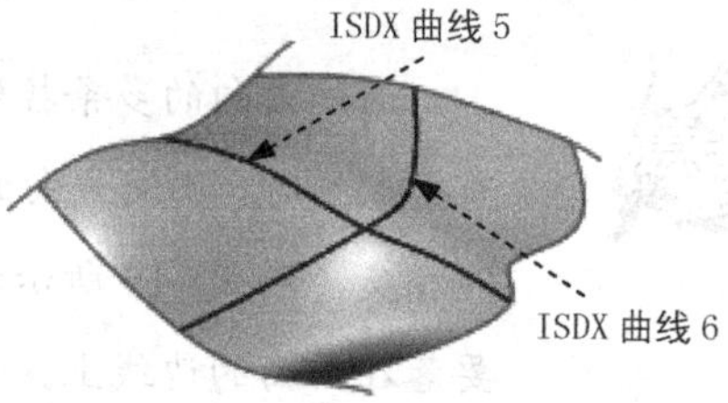

图 7.5.19　设置内部控制曲线

注意：此时“曲面”操控板的“内部”控制曲线列表中有两条 ISDX 曲线，它们分别为 ISDX 曲线 5 和 ISDX 曲线 6，如图 7.5.20 所示。

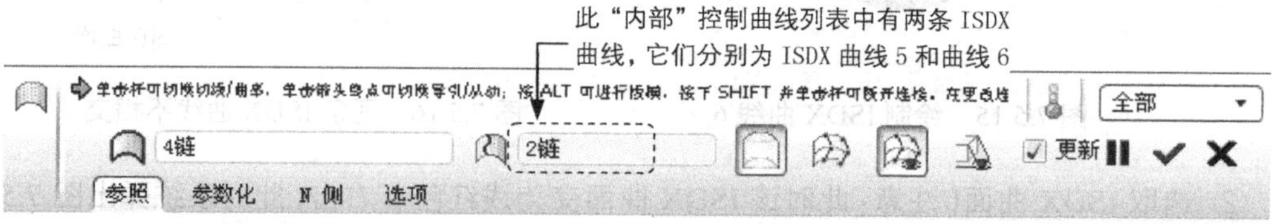

图 7.5.20　“曲面”操控板（二）

7.5.3　ISDX 曲面的修剪

用户在编辑 ISDX 曲面时，可以使用 ISDX 曲面上的一条或多条 ISDX 曲线来修剪曲面，通过这样的方法来达到设计要求。例如，在图 7.5.22 中，中间的一条 ISDX 曲线是 ISDX 曲面上的内部曲线，可用这条内部曲线对整个 ISDX 曲面进行修剪。下面以此例说明修剪 ISDX 曲面的一般操作过程。

步骤 01 设置工作目录和打开文件。

（1）选择下拉菜单 文件(F) ➡ 设置工作目录(W)... 命令，将工作目录设置至 D:\proedq5\work\ch07.05.03。

（2）选择下拉菜单 文件(F) ➡ 打开(O)... 命令，打开文件 trim-isdx-surface.prt。

步骤 02 在模型树中右击 类型 1，从弹出的快捷菜单中选择 编辑定义 命令，此时系统进入 ISDX 环境。

步骤 03 修剪 ISDX 曲面。

（1）单击“曲面修剪”按钮，系统弹出图 7.5.21 所示的操控板。

（2）在系统 ➪选取要修剪的面组。的提示下，选取图 7.5.22 中的 ISDX 曲面为要修剪的曲面，并单击中键结束选取。

（3）在系统 ➪选取用于修剪面组的曲线 的提示下，选取图 7.5.22 所示的内部 ISDX 曲线为修剪曲线，并单击中键结束选取。

（4）在系统 ➪选取要删除的曲面部分 的提示下，选取图 7.5.23 中要修剪掉的 ISDX 曲面部分。

（5）单击操控板中的按钮，可看到修剪后的 ISDX 曲面如图 7.5.24 所示。

图 7.5.21 操控板

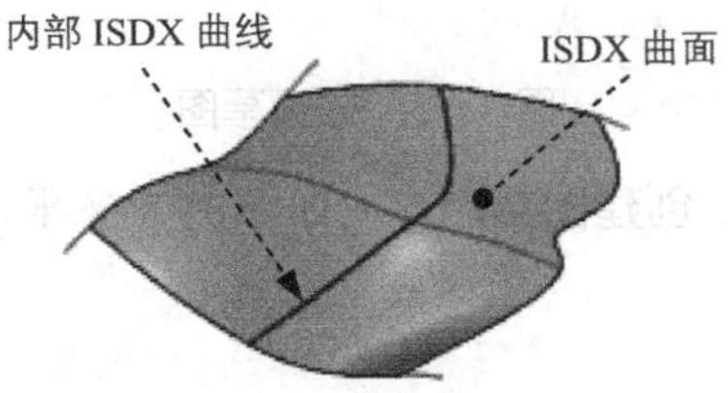

图 7.5.22 选取修剪曲面

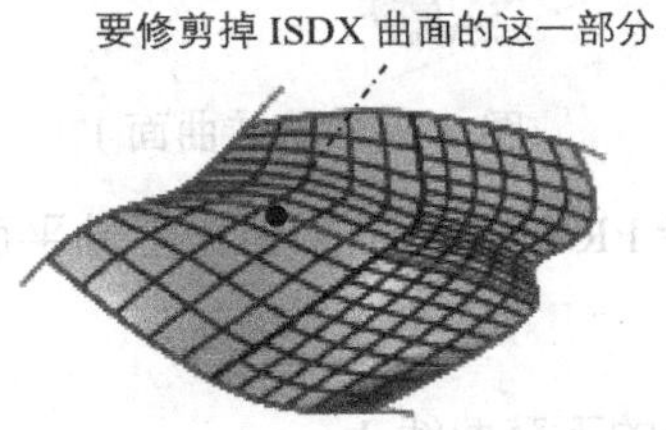

图 7.5.23 选择要修剪掉的 ISDX 曲面

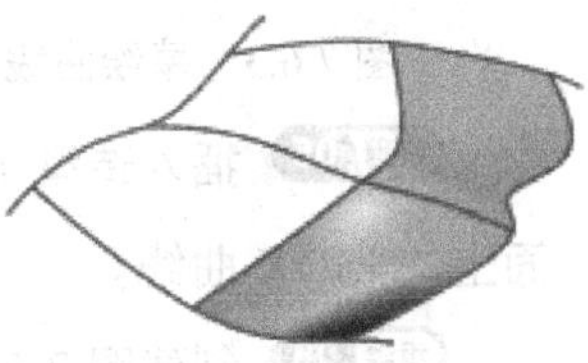

图 7.5.24 修剪后

7.6 ISDX 曲面设计综合应用案例——眼镜架

案例概述

本案例的建模思路是先创建一些草图作为曲面的位置布局和总体尺寸的参考；接下来通过曲

线剪裁旋转曲面来创建镜片；然后利用 ISDX 模块中的“空间曲线”“平面曲线”等工具创建主要骨架曲线并对其进行编辑；最后利用这些 ISDX 曲线构建 ISDX 曲面。该案例是一个综合性较强的案例，以 ISDX 曲面为主，也综合应用了“边界混合”“扫描混合”和“可变截面扫描”等一般曲面工具。通过对该范例的学习，可以使读者对 ISDX 模块有更深刻的认识。眼镜架的零件模型如图 7.6.1 所示。

步骤 01 新建一个零件模型，将零件模型命名为 glass。

步骤 02 创建草绘曲线 1。单击“草绘”按钮，选取 FRONT 基准平面为草绘平面，RIGHT 基准平面为参考平面，方向向右，绘制图 7.6.2 所示的草图。

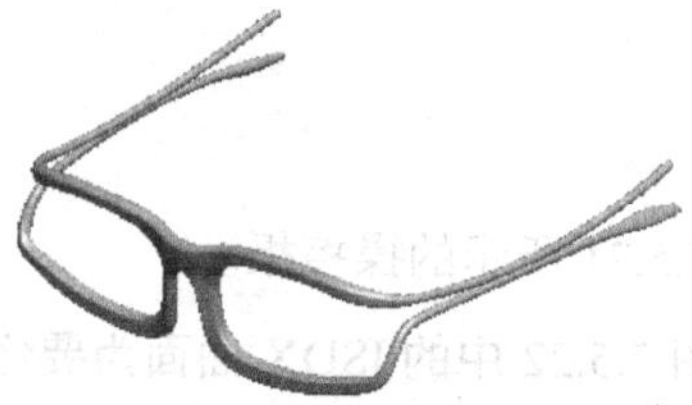

图 7.6.1　零件模型

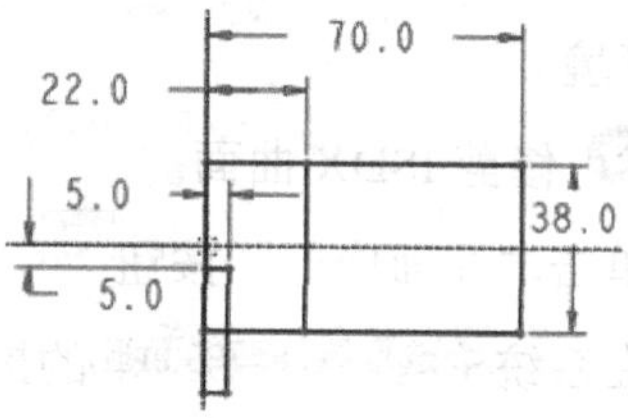

图 7.6.2　草绘曲线 1

步骤 03 创建草绘曲线 2。选取 RIGHT 基准平面为草绘平面，TOP 基准平面为参考平面，方向向顶，绘制图 7.6.3 所示的草图。

步骤 04 创建图 7.6.4 所示的旋转曲面 1。选取 TOP 基准平面为草绘平面，RIGHT 基准平面为参考平面，方向向底部，绘制图 7.6.5 所示的截面草图。

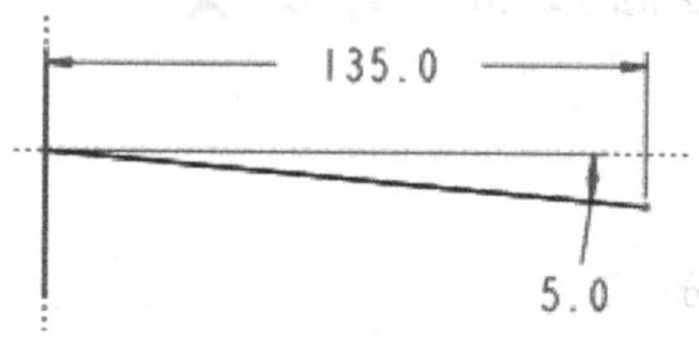

图 7.6.3　草绘曲线 2

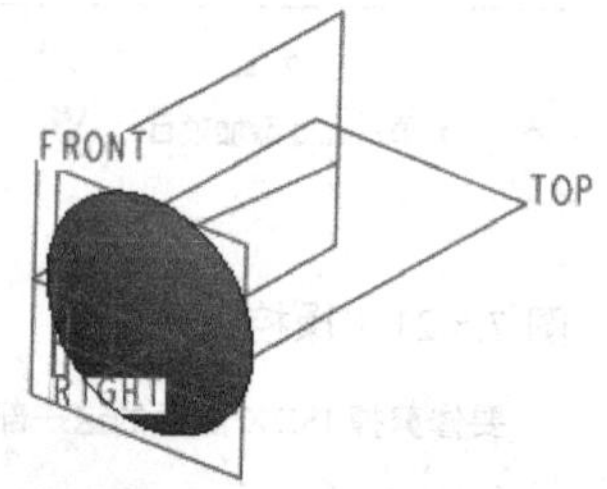

图 7.6.4　旋转曲面 1

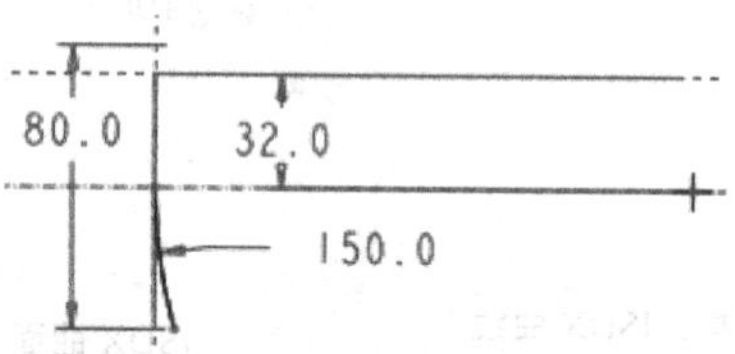

图 7.6.5　截面草图

步骤 05 插入造型 1，选择 FRONT 基准平面为活动平面，创建图 7.6.6a~h 所示的 8 条平面上的 ISDX 曲线。

步骤 06 创建图 7.6.7 所示的下落曲线 1。

步骤 07 创建图 7.6.8 所示的修剪 1。

步骤 08 创建图 7.6.9 所示的修剪 2。

步骤 09 插入造型 2，创建图 7.6.10a~e 所示的 5 条空间 ISDX 曲线。

步骤 10 创建图 7.6.11 所示的拉伸曲面 1。选取 RIGHT 基准平面为草绘平面，TOP 基准平面为参考平面，方向向顶，绘制图 7.6.12 所示的截面草图，拉伸深度值为 4。

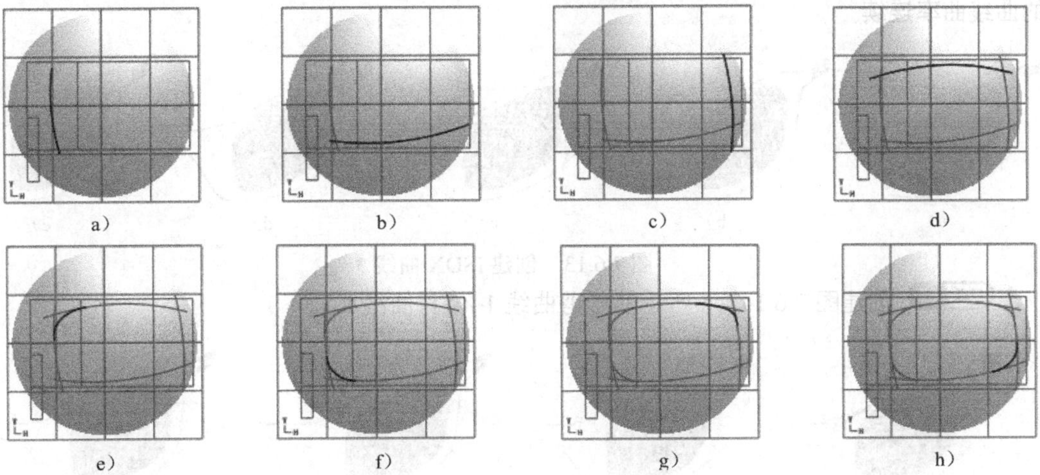

图 7.6.6 创建 ISDX 曲线 1

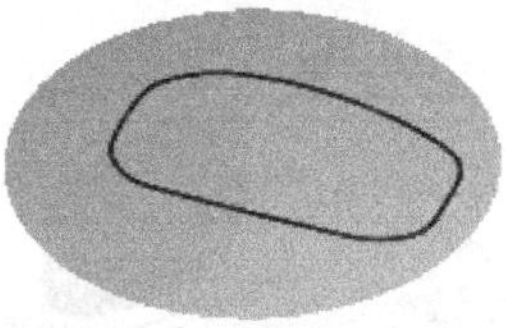

图 7.6.7 创建下落曲线 1

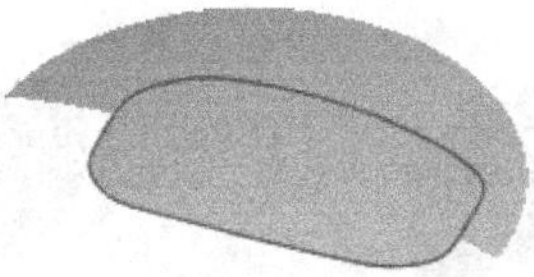

图 7.6.8 创建修剪 1

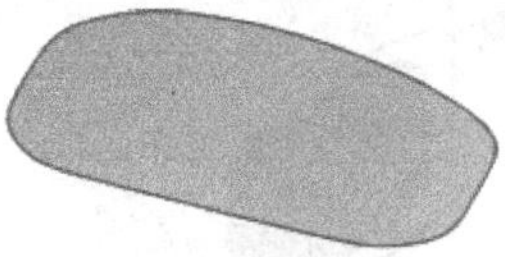

图 7.6.9 创建修剪 2

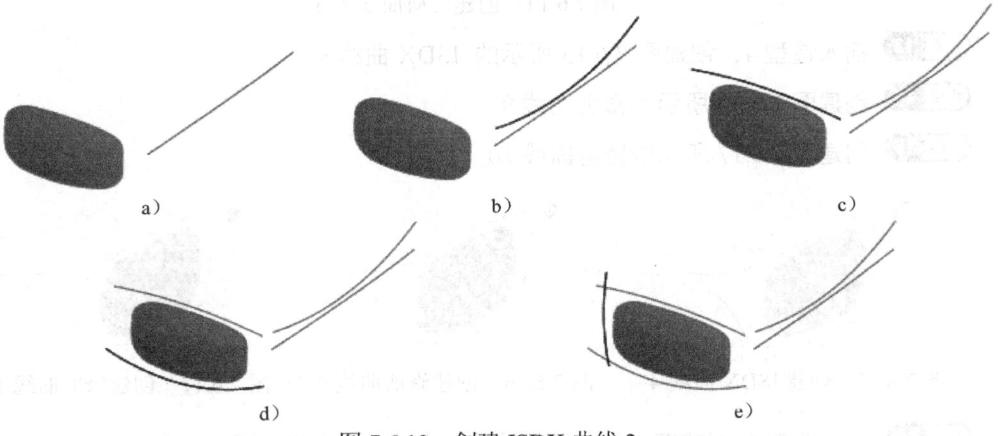

图 7.6.10 创建 ISDX 曲线 2

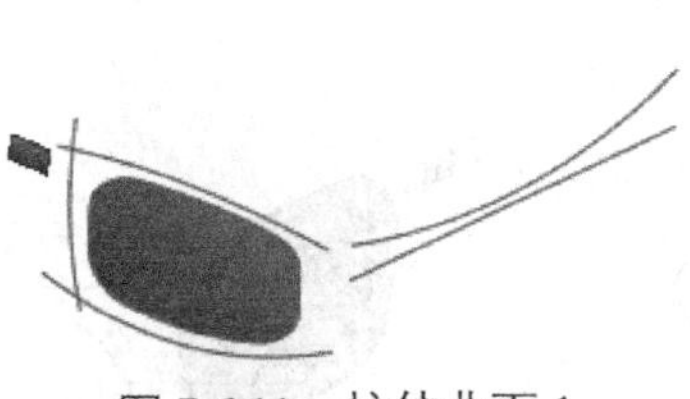

图 7.6.11 拉伸曲面 1

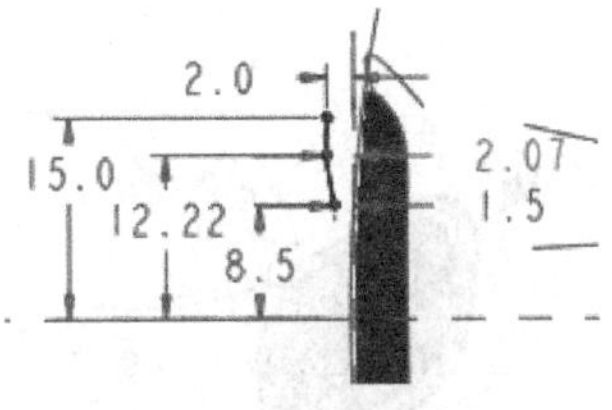

图 7.6.12 截面草图

步骤 11 插入造型 3，创建如图 7.6.13a~e 所示的 5 条空间 ISDX 曲线，这些曲线和已有的曲线曲率连续。

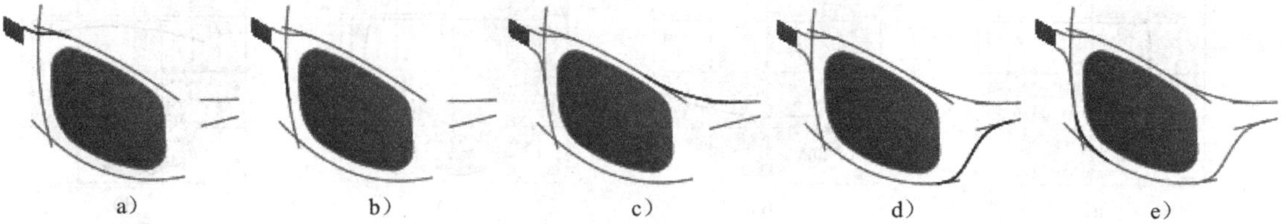

图 7.6.13　创建 ISDX 曲线 3

步骤 12 创建图 7.6.14a~h 所示的修剪曲线 1~修剪曲线 8。

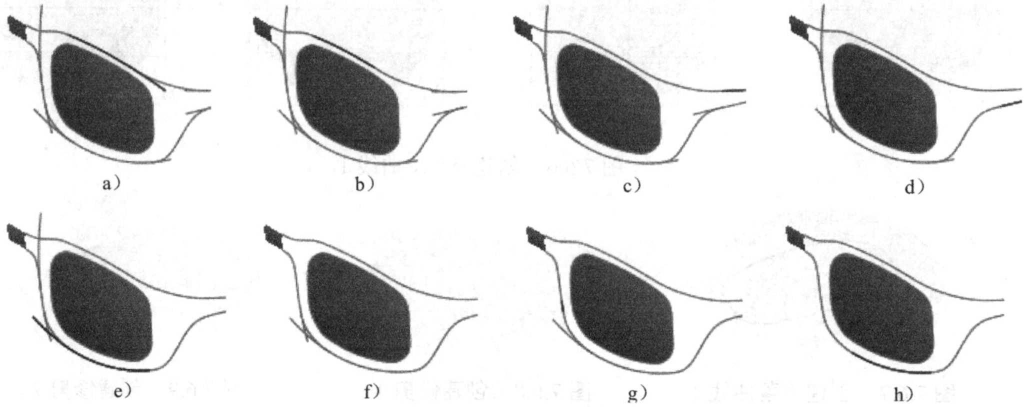

图 7.6.14　创建修剪曲线 1~8

步骤 13 插入造型 4，创建图 7.6.15 所示的 ISDX 曲线 4。

步骤 14 创建图 7.6.16 所示的修剪曲线 9。

步骤 15 创建图 7.6.17 所示的修剪曲线 10。

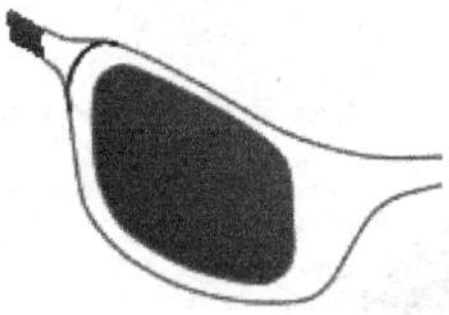

图 7.6.15　创建 ISDX 曲线 4

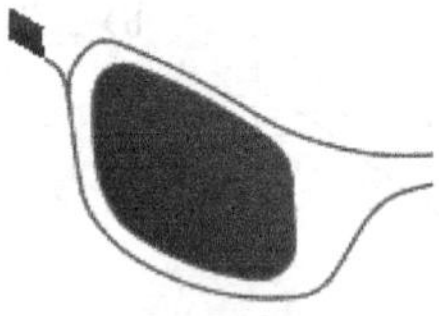

图 7.6.16　创建修剪曲线 9

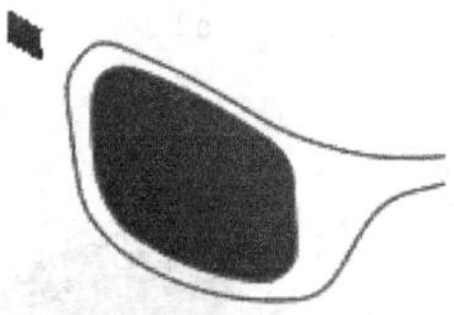

图 7.6.17　创建修剪曲线 10

步骤 16 插入造型 5，创建图 7.6.18 所示的第一个 ISDX 曲面，选取图 7.6.18a 所示的 ISDX 曲线。

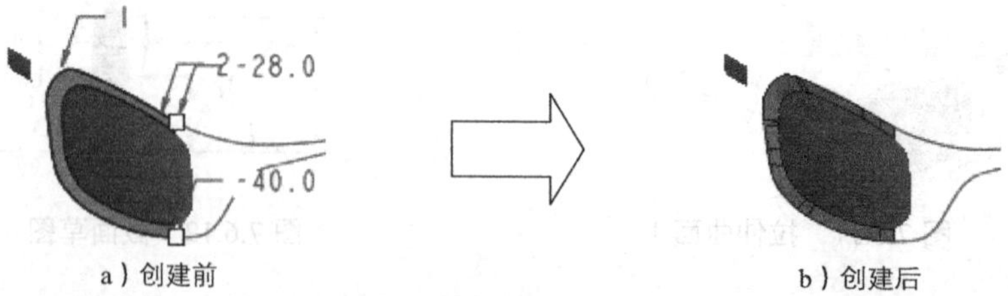

图 7.6.18　创建第一个 ISDX 曲面

步骤 17 创建图 7.6.19 所示的拉伸曲面 2。选取 FRONT 基准平面为草绘平面，RIGHT 基准平面为参考平面，方向向右，绘制图 7.6.20 所示的截面草图，对称拉伸深度值为 44.4，确认按钮处于按下状态。

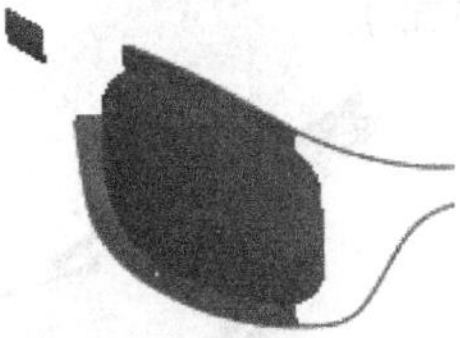

图 7.6.19 拉伸曲面 2

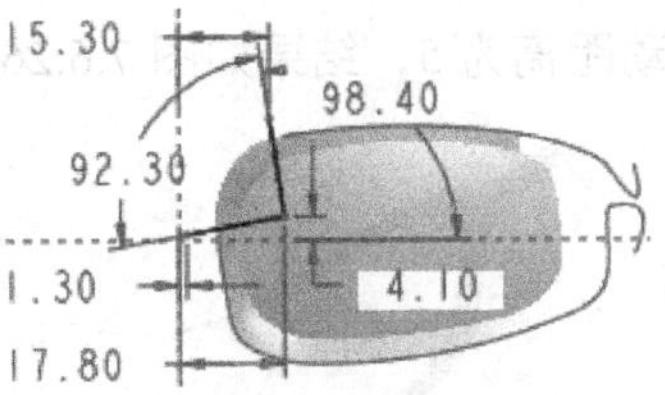

图 7.6.20 截面草图

步骤 18 创建图 7.6.21 所示的边界混合曲面 1。选择图 7.6.21a 所示的边线，并设置两端边界约束条件均为曲率连接。

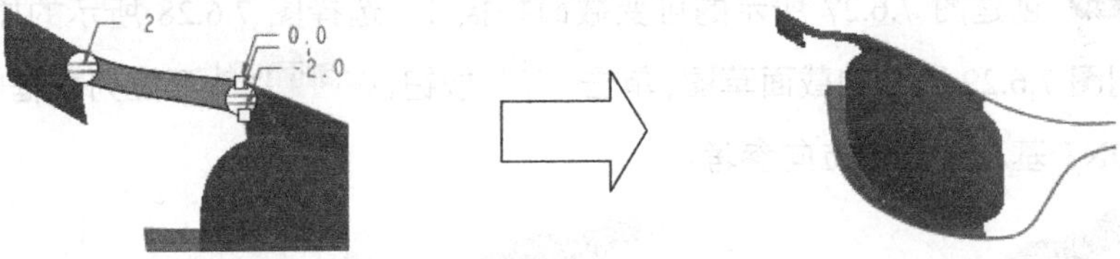

a）创建前 b）创建后

图 7.6.21 边界混合曲面 1

步骤 19 创建图 7.6.22 所示的边界混合曲面 2。选择图 7.6.22a 所示的边线，并设置两端边界约束条件均为相切连接。

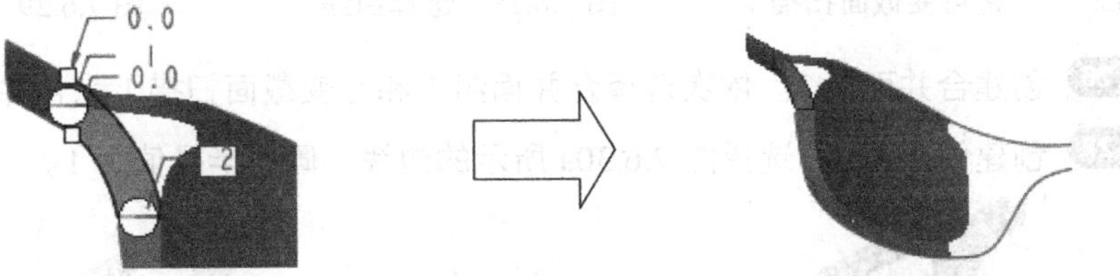

a）创建前 b）创建后

图 7.6.22 边界混合曲面 2

步骤 20 插入造型 6，在边界混合曲面 2 上创建图 7.6.23 所示的 ISDX 曲线 5。

步骤 21 创建图 7.6.24 所示的修剪 ISDX 曲面 1。

步骤 22 创建图 7.6.25 所示的第二个 ISDX 曲面。

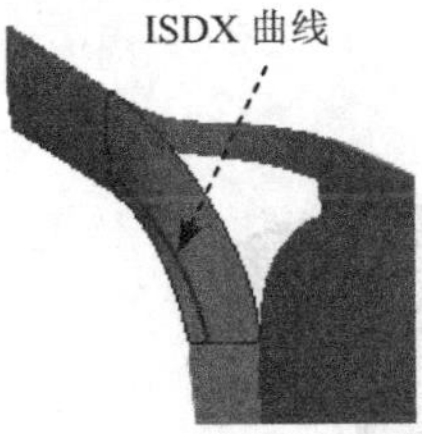

图 7.6.23 创建 ISDX 曲线 5

图 7.6.24 创建修剪 ISDX 曲面 1

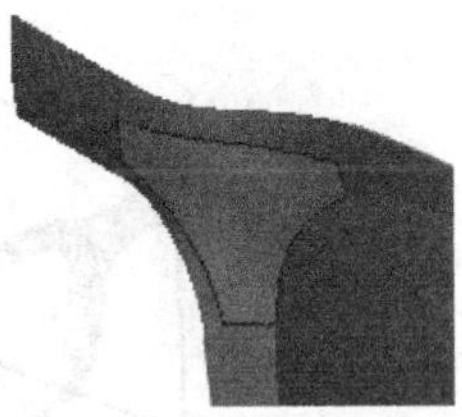

图 7.6.25 创建第二个 ISDX 曲面

步骤 23 创建合并面组 1。依次选取拉伸曲面 1、边界混合曲面 1、第一个 ISDX 曲面和第二个 ISDX 曲面为合并对象。

步骤 24 复制并移动面组。选择合并 1 为复制移动对象，选择 FRONT 基准平面为方向参考，移动距离为 5，结果如图 7.6.26 所示（隐藏旋转曲面）。

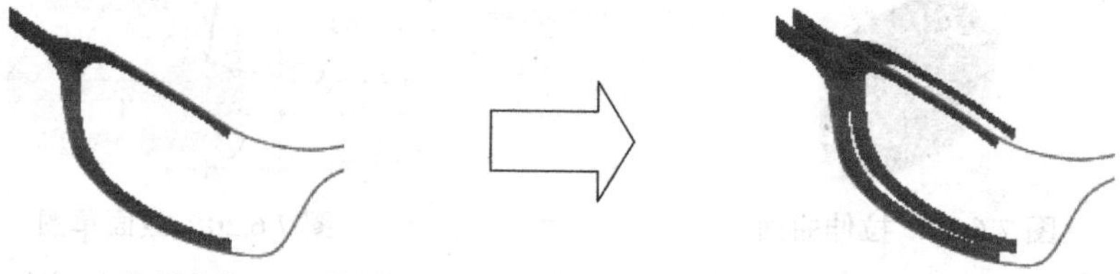

a）创建前　　b）创建后

图 7.6.26　复制并移动面组

步骤 25 创建图 7.6.27 所示的可变截面扫描 1。选择图 7.6.28 所示的原始轨迹曲线和曲线 1，绘制图 7.6.29 所示的截面草图，单击 参照 按钮，在 剖面控制 下拉列表框中选择 垂直于投影，选择 FRONT 基准平面为方向参考。

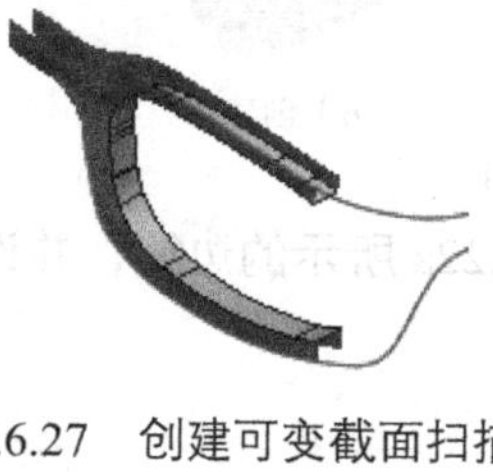

图 7.6.27　创建可变截面扫描 1

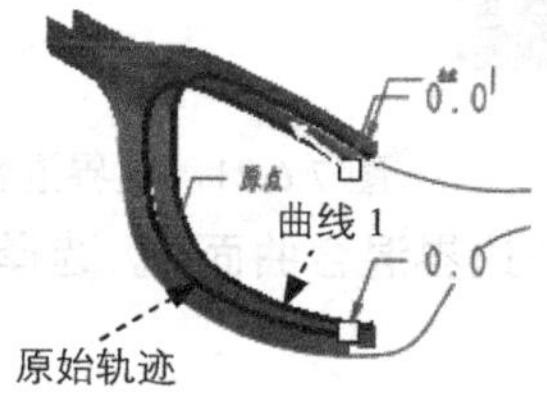

图 7.6.28　选择曲线

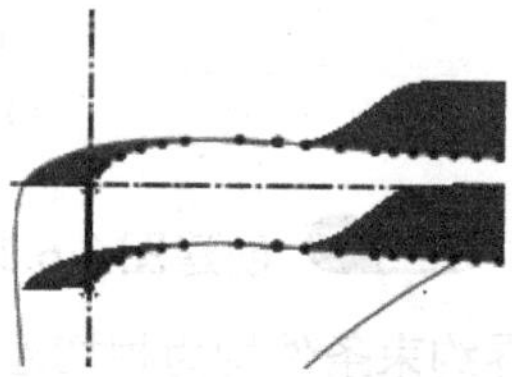

图 7.6.29　截面草图

步骤 26 创建合并面组 2。依次选择合并面组 1 和可变截面扫描 1 为合并对象。

步骤 27 创建倒圆角 1。选择图 7.6.30a 所示的边线，圆角半径值为 1。

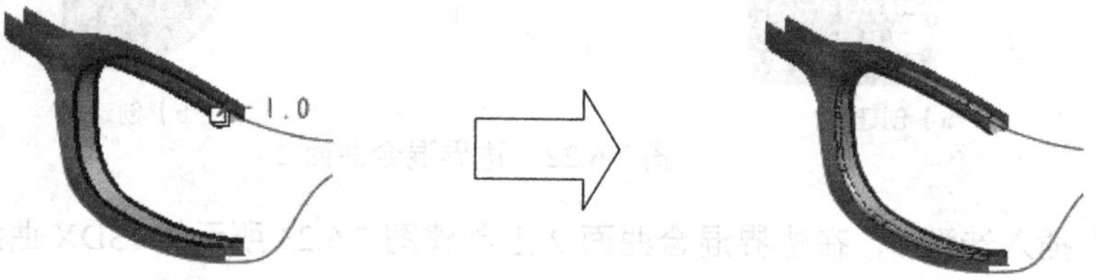

a）创建前　　b）创建后

图 7.6.30　创建倒圆角 1

步骤 28 插入造型 7，创建图 7.6.31 所示的基准平面 1，选择图 7.6.32 所示的边线和点为参照。

图 7.6.31　创建基准平面 1

图 7.6.32　选择参照对象

步骤 29 参照步骤 28，创建图 7.6.33 所示的基准平面 2。

步骤 30 参照步骤 28，创建图 7.6.34 所示的基准平面 3。

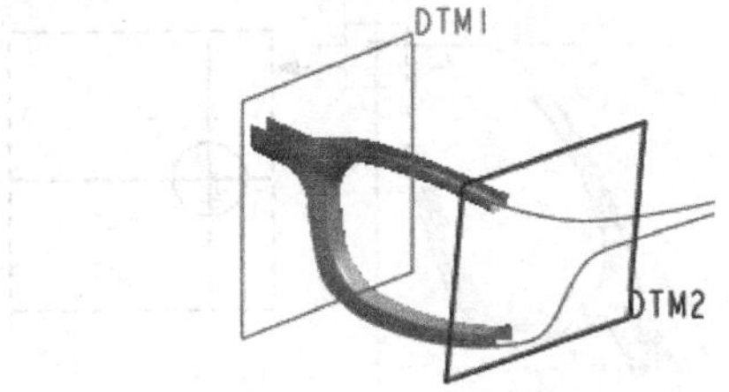

图 7.6.33 创建基准平面 2

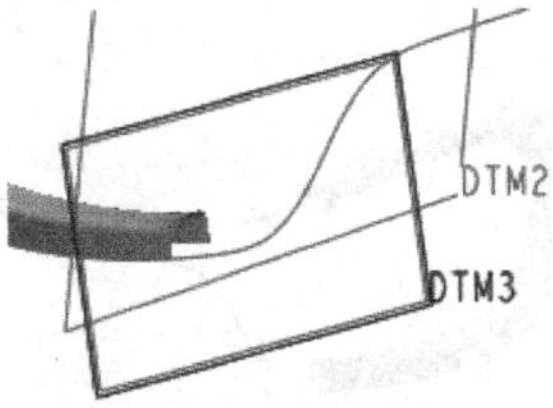

图 7.6.34 创建基准平面 3

步骤 31 创建图 7.6.35 所示的 ISDX 曲线 6。

步骤 32 创建图 7.6.36 所示的 ISDX 曲线 7。

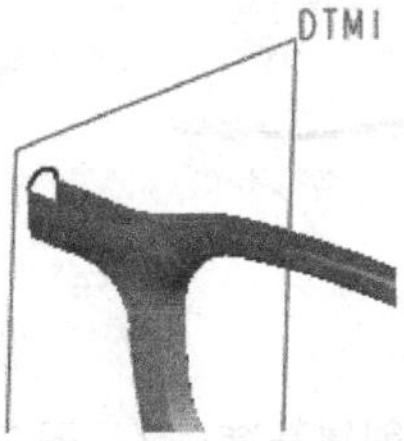

图 7.6.35 创建 ISDX 曲线 6

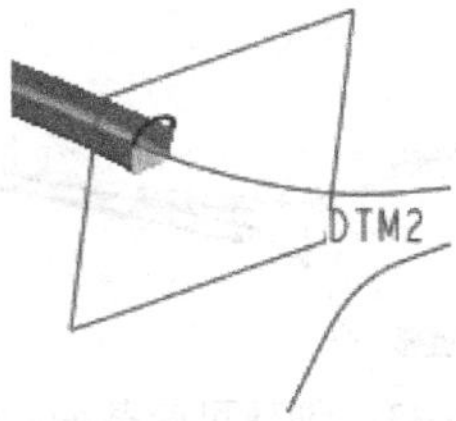

图 7.6.36 创建 ISDX 曲线 7

步骤 33 创建图 7.6.37 所示的 ISDX 曲线 8。

步骤 34 创建图 7.6.38 所示的 ISDX 曲线 9。

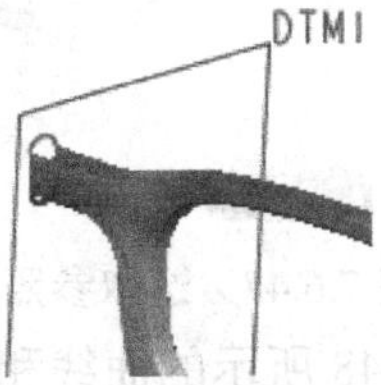

图 7.6.37 创建 ISDX 曲线 8

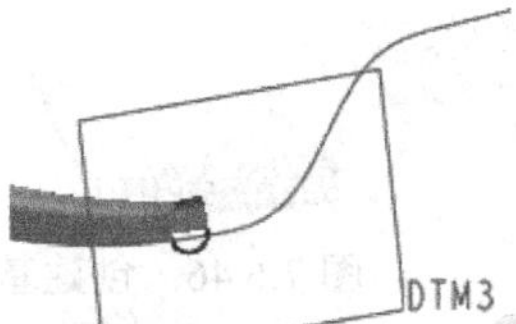

图 7.6.38 创建 ISDX 曲线 9

步骤 35 创建图 7.6.39 所示的第三个 ISDX 曲面。

步骤 36 创建图 7.6.40 所示的第四个 ISDX 曲面。

步骤 37 创建合并面组 3。依次选择合并面组 2、第三个 ISDX 曲面和第四个 ISDX 曲面为合并对象。

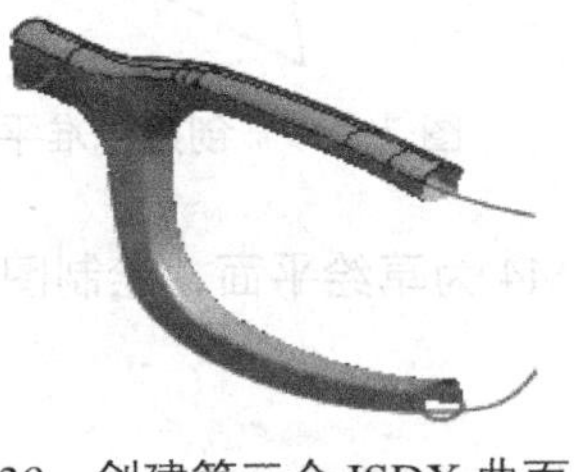
图 7.6.39 创建第三个 ISDX 曲面

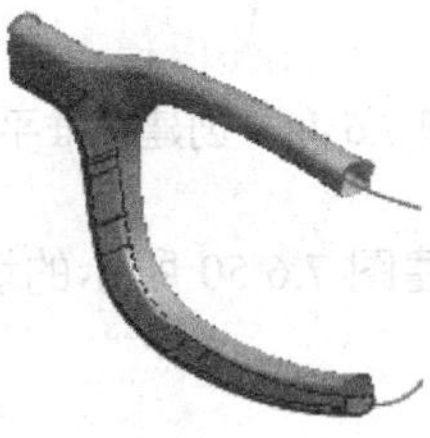
图 7.6.40 创建第四个 ISDX 曲面

步骤 38 创建图 7.6.41 所示的可变截面扫描 2。选择原始轨迹曲线，绘制图 7.6.42 所示的截面草图。

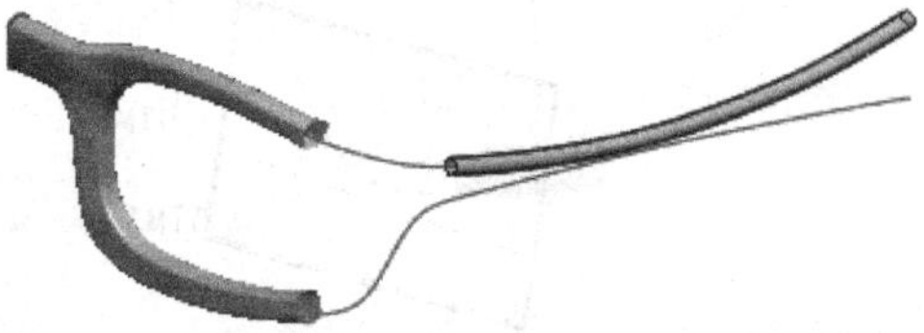

图 7.6.41 创建可变截面扫描 2

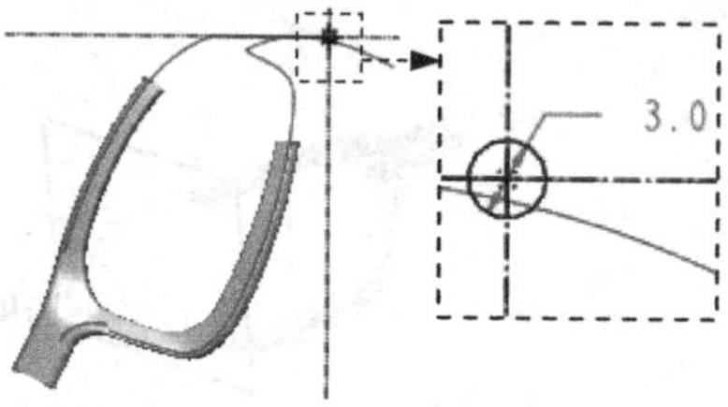

图 7.6.42 截面草图

步骤 39 参照步骤 38 及截面大小创建图 7.6.43 所示的可变截面扫描 3。

步骤 40 创建图 7.6.44 所示的基准点 1。选取图 7.6.45 所示的曲线为参照，比率为 0.15。

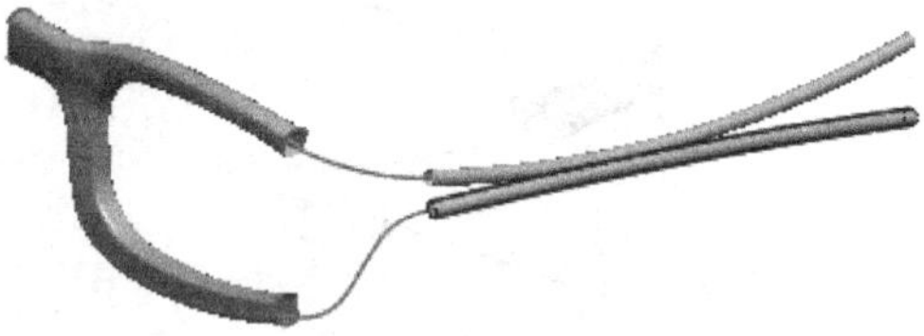

图 7.6.43 创建可变截面扫描 3

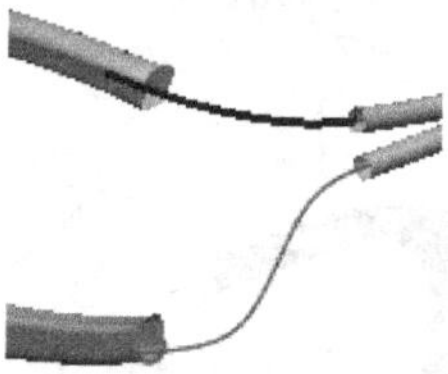

图 7.6.44 创建基准点 1

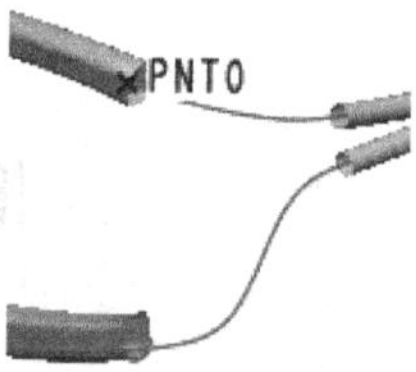

图 7.6.45 选取参照对象

步骤 41 创建图 7.6.46 所示的基准点 2。选取图 7.6.47 所示的曲线为参照，比率为 0.8。

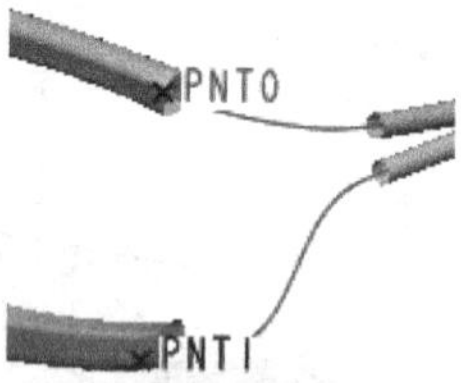

图 7.6.46 创建基准点 2

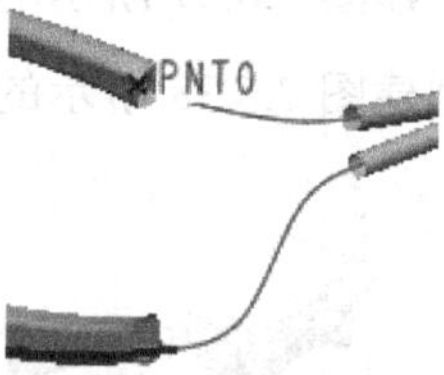

图 7.6.47 选取参照对象

步骤 42 创建图 7.6.48 所示的基准平面 4。选取图 7.6.48 所示的曲线和基准点 2 为参照。

步骤 43 参照步骤 42，创建图 7.6.49 所示的基准平面 5。

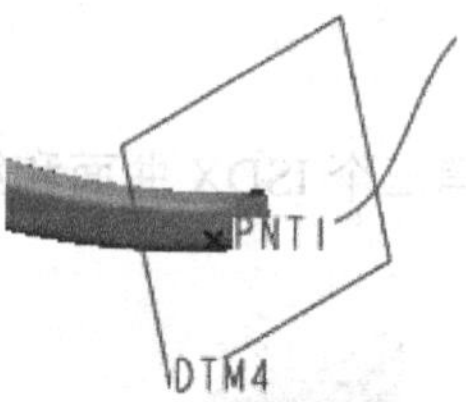

图 7.6.48 创建基准平面 4

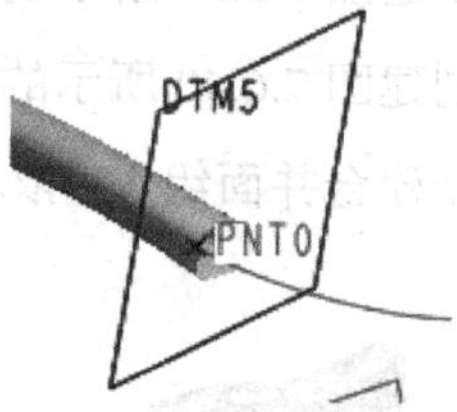

图 7.6.49 创建基准平面 5

步骤 44 创建图 7.6.50 所示的填充 1。选取 DTM4 为草绘平面，绘制图 7.6.51 所示的截面草图。

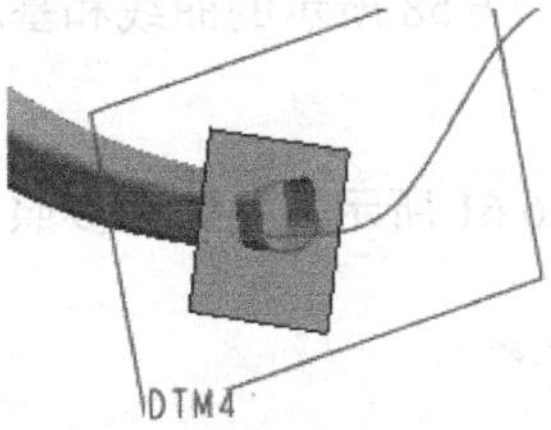

图 7.6.50 创建填充 1

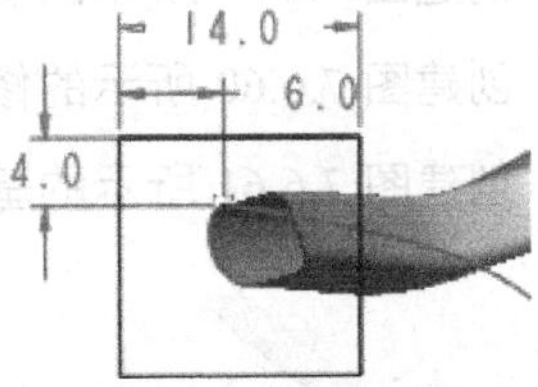

图 7.6.51 截面草图

步骤 45 创建图 7.6.52 所示的填充 2。选取 DTM5 为草绘平面，绘制图 7.6.53 所示的截面草图。

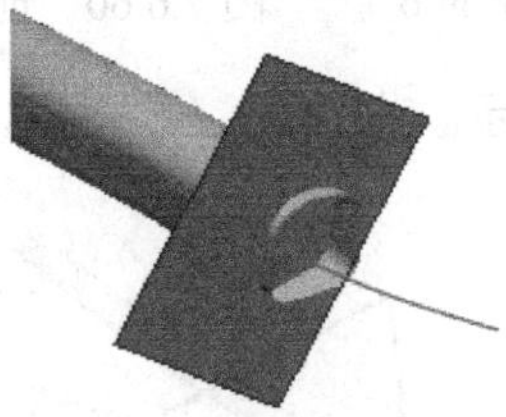

图 7.6.52 创建填充 2

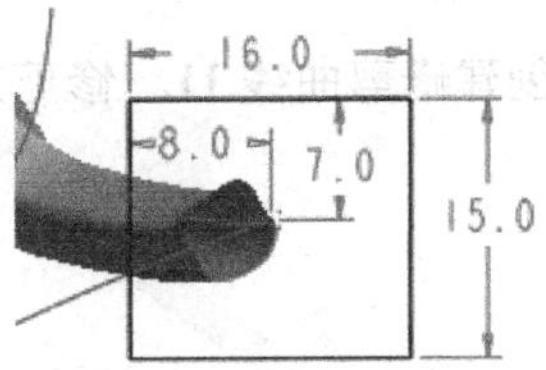

图 7.6.53 截面草图

步骤 46 创建图 7.6.54 所示的修剪曲面 1。

步骤 47 创建图 7.6.55 所示的修剪曲面 2。

图 7.6.54 创建修剪曲面 1

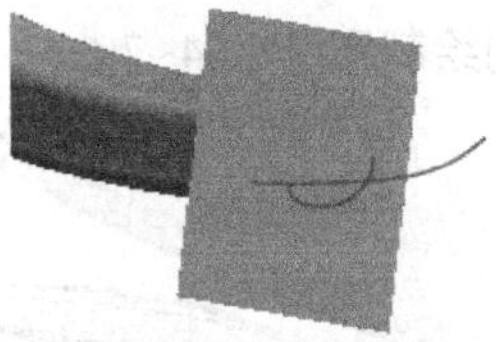

图 7.6.55 创建修剪曲面 2

步骤 48 创建图 7.6.56 所示的扫描混合 1，并设置开始和终止截面条件为相切。

步骤 49 创建图 7.6.57 所示的扫描混合 2，并设置开始和终止截面条件为相切。

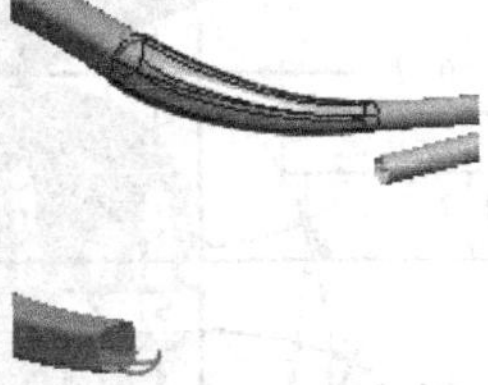

图 7.6.56 创建扫描混合 1

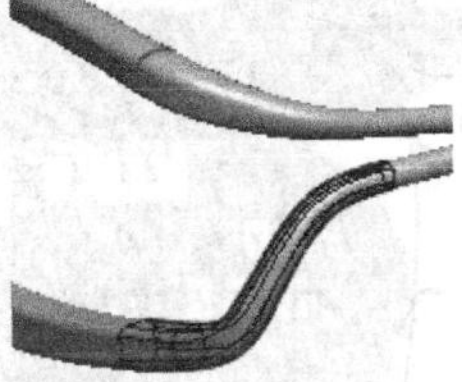

图 7.6.57 创建扫描混合 2

步骤 50 创建图 7.6.58 所示的基准点 3。选取图 7.6.58 所示的曲线为参照，比率为 0.7。

步骤 51 创建图 7.6.59 所示的基准平面 6。选取图 7.6.58 所示的曲线和基准点 3 为参照。

步骤 52 创建图 7.6.60 所示的修剪曲面 3。

步骤 53 创建图 7.6.61 所示的基准点 4。选取图 7.6.61 所示的曲线为参照，比率为 0.85。

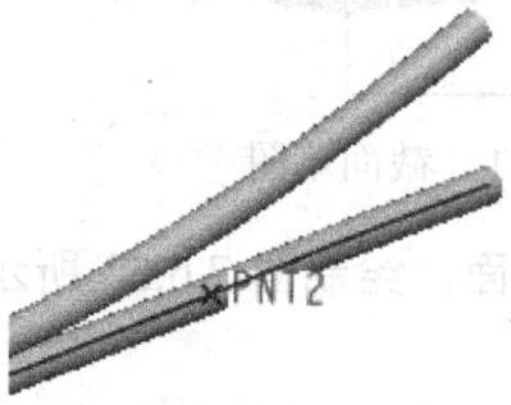

图 7.6.58　创建基准点 3

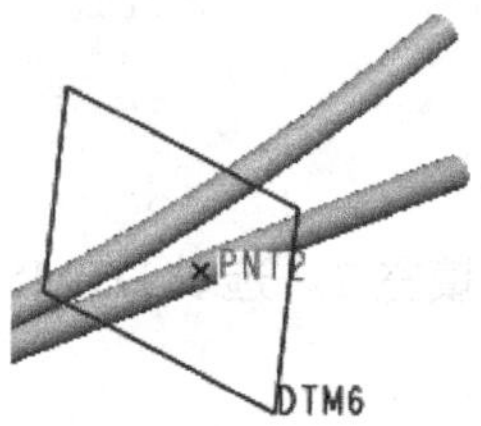

图 7.6.59　创建基准平面 6

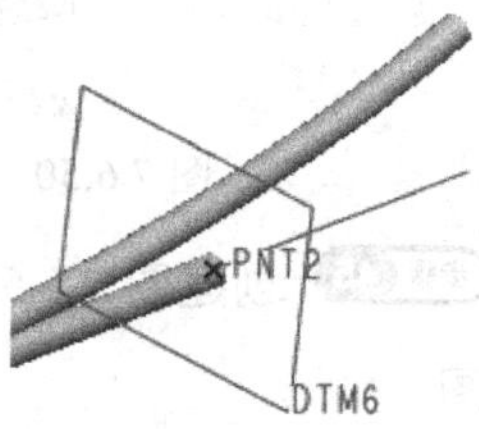

图 7.6.60　创建修剪曲面 3

步骤 54 创建修剪曲线 11。修剪方向如图 7.6.62 所示。

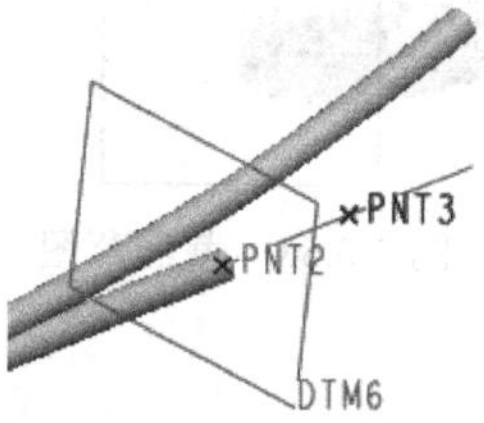

图 7.6.61　创建基准点 4

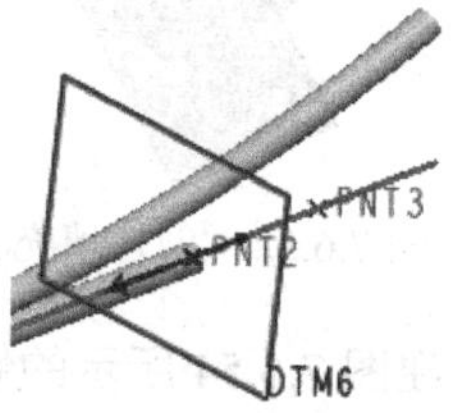

图 7.6.62　创建修剪曲线 11

步骤 55 创建图 7.6.63 所示的扫描混合 3，并设置开始截面条件为相切，终止截面条件为自由，分别绘制图 7.6.64~7.6.66 所示的截面 1~截面 3。

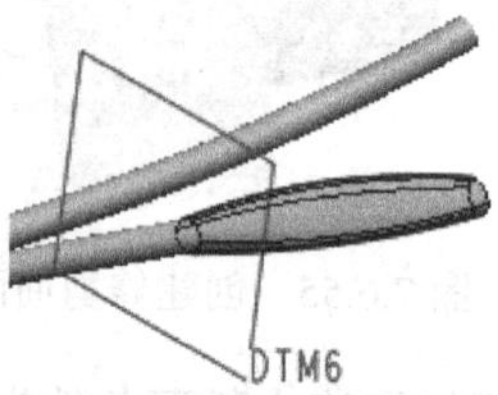

图 7.6.63　创建扫描混合 3

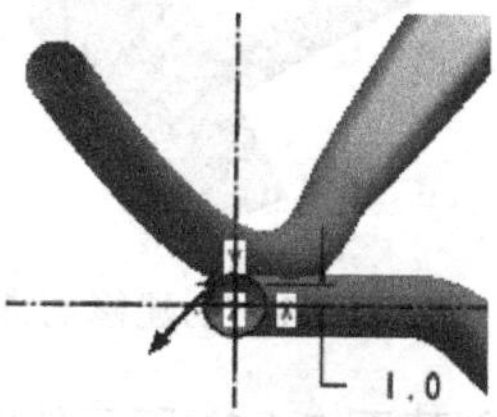

图 7.6.64　截面 1

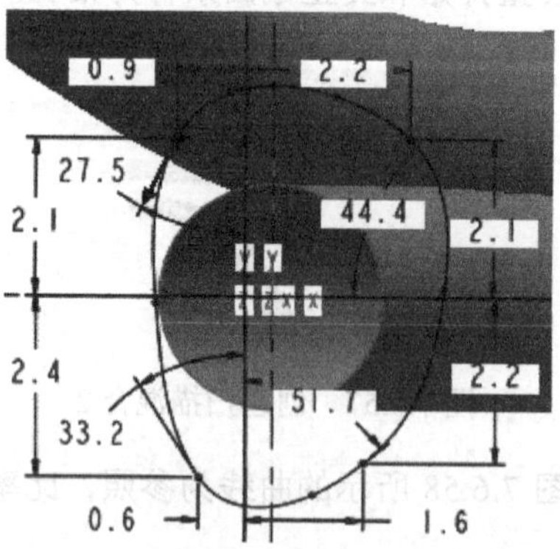

图 7.6.65　截面 2

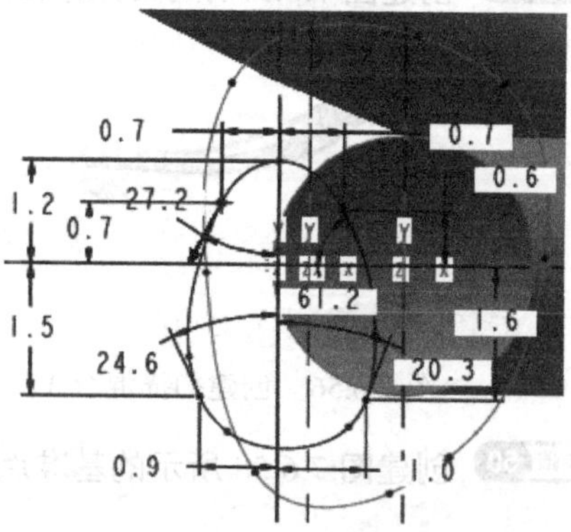

图 7.6.66　截面 3

步骤 56 创建图 7.6.67 所示的修剪曲面 4，选择 RIGHT 基准平面为修剪对象。

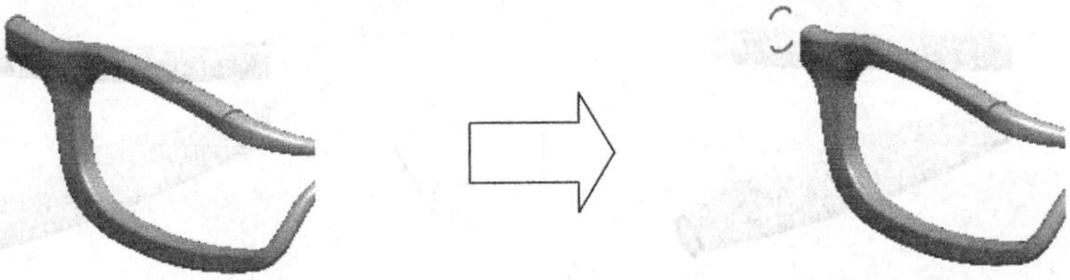

a）创建前　　b）创建后

图 7.6.67 创建修剪曲面 4

步骤 57 创建图 7.6.68 所示的基准平面 7。选取图 7.6.68 所示的曲面边线为参照。

步骤 58 创建图 7.6.69 所示的填充曲面 3。选择基准平面 7 为草绘平面，绘制图 7.6.70 所示的截面草图。

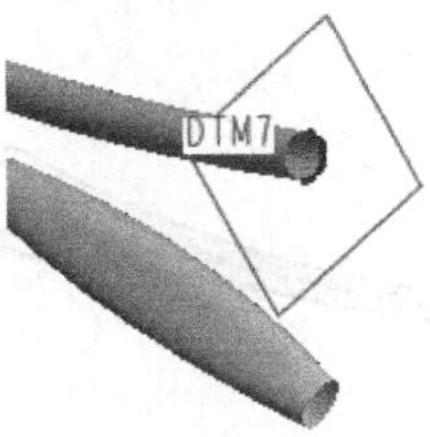

图 7.6.68 创建基准平面 7

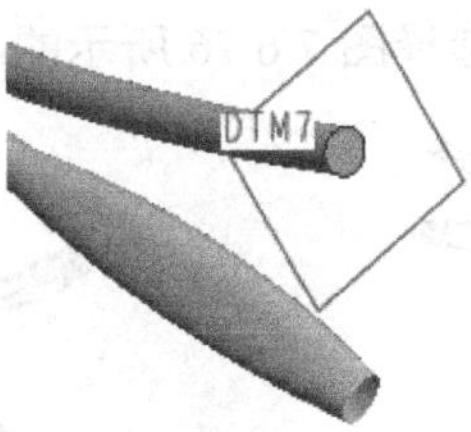

图 7.6.69 创建填充曲面 3

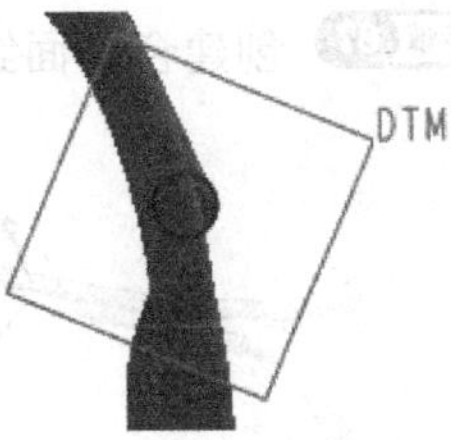

图 7.6.70 截面草图

步骤 59 参照步骤 57，创建图 7.6.71 所示的基准平面 8。

步骤 60 创建图 7.6.72 所示的填充曲面 4。

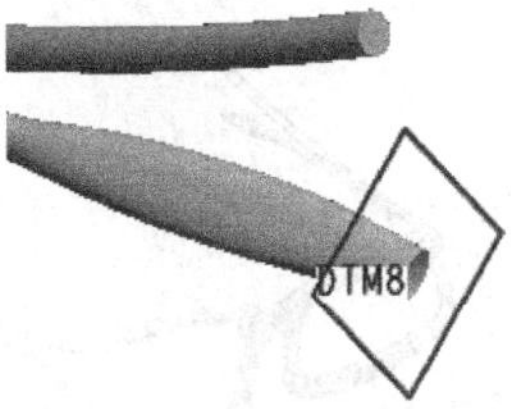

图 7.6.71 创建基准平面 8

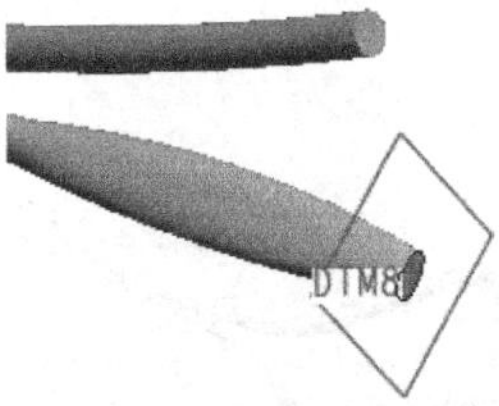

图 7.6.72 创建填充曲面 4

步骤 61 创建合并面组 4。依次选择填充曲面 4 和扫描混合 3 为合并对象。

步骤 62 创建合并面组 5。依次选择填充曲面 3 和可变截面扫描 2 为合并对象。

步骤 63 创建倒圆角 2。选择图 7.6.73a 所示的边线，圆角半径值为 1。

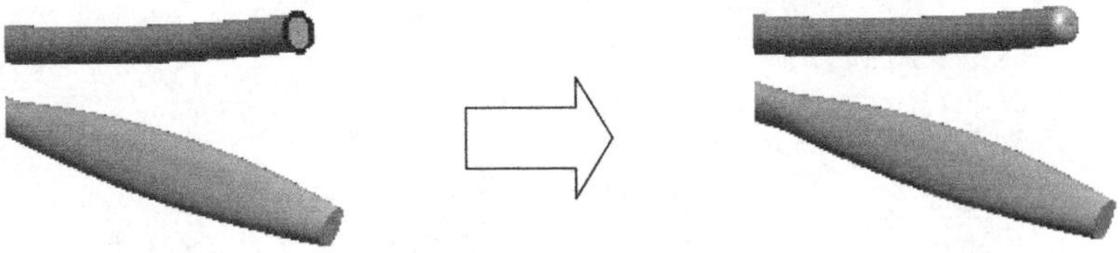

a）创建前　　b）创建后

图 7.6.73 创建倒圆角 2

步骤 64 创建倒圆角 3。选择图 7.6.74a 所示的边线，圆角半径值为 1。

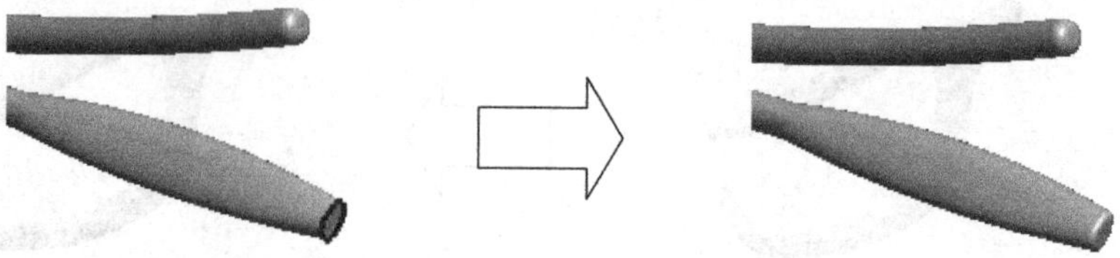

a）创建前　　b）创建后

图 7.6.74　创建倒圆角 3

步骤 65 创建合并面组 6。依次选择合并面组 4 和可变截面扫描 3 为合并对象。

步骤 66 创建合并面组 7。依次选择合并面组 6 和合并面组 5，并调整方向如图 7.6.75 所示。

步骤 67 创建合并面组 8。依次选择图 7.6.76 所示的曲面。

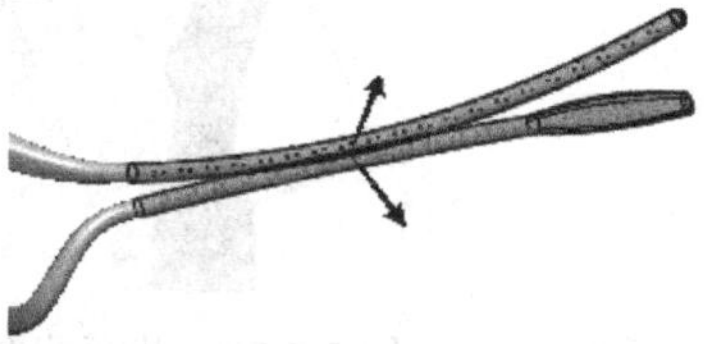

图 7.6.75　创建合并面组 7

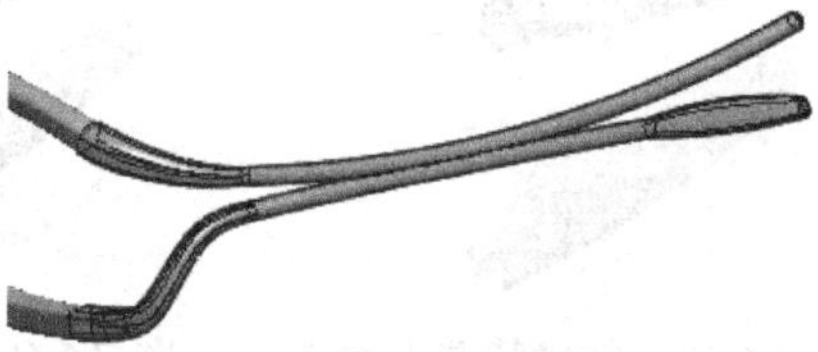

图 7.6.76　创建合并面组 8

步骤 68 创建合并面组 9。依次选择合并面组 8 和剩余的面组为合并对象。

步骤 69 创建图 7.6.77 所示的镜像 1。选择合并面组 9 为镜像对象，RIGHT 基准平面为镜像平面。

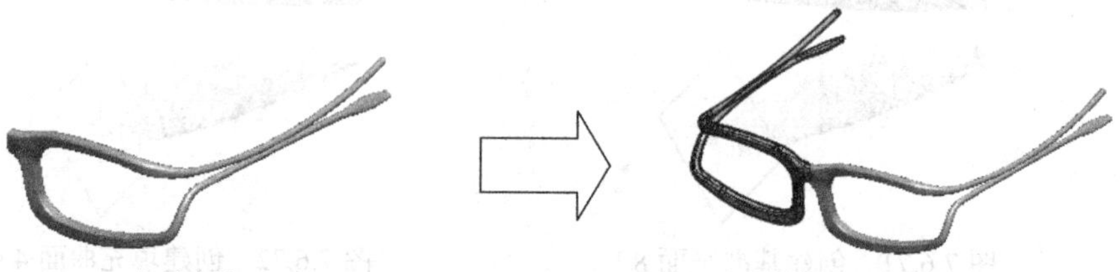

a）创建前　　b）创建后

图 7.6.77　创建镜像 1

步骤 70 创建合并面组 10。依次选择合并面组 9 和镜像 1 为合并对象。

步骤 71 创建实体化。选择合并面组 10 为实体化的对象。

第8章 装配设计

8.1 装配设计基础

8.1.1 装配概述

一个产品往往是由多个零件组合（装配）而成的，零件的组合是在装配模块中完成的。在 Pro/ENGINEER 装配环境中，通过定义装配约束，可以指定一个元件相对于装配体（组件）中其他元件（或特征）的放置方式和位置。装配约束的类型包括配对（Mate）、对齐（Align）和插入（Insert）等约束。一个元件通过装配约束添加到装配体中后，它的位置会随着与其有约束关系的元件改变而相应改变，而且约束设置值作为参数可随时修改，并可与其他参数建立关系，这样整个装配体实际上是一个参数化的装配体。

一般来说，建立一个装配约束时，应选取元件参照和组件参照。元件参照和组件参照是元件和装配体中用于约束定位和定向的点、线、面。例如，通过对齐（Align）约束将一根轴放入装配体的一个孔中，轴的中心线就是元件参照，而孔的中心线就是组件参照。

系统一次只添加一个约束。例如，不能用一个“对齐”约束将一个零件上两个不同的孔与装配体中的另一个零件上的两个不同的孔对齐，必须定义两个不同的对齐约束。要对一个元件在装配体中完整地指定放置和定向（即完整约束），往往需要定义数个装配约束。

8.1.2 进入装配设计环境

步骤01 单击“新建文件”按钮，在弹出的“新建”对话框中，进行下列操作。

（1）选中类型选项组下的 组件 单选项。

（2）选中 子类型 选项组下的 设计 单选项。

（3）在 名称 文本框中输入文件名 asm-01。

（4）通过取消 使用缺省模板复选框中的“√”号，来取消“使用默认模板”。

（5）单击该对话框中的确定按钮。

步骤02 选取适当的装配模板。在系统弹出的“新文件选项”对话框中，进行下列操作。

（1）在模板选项组中，选取 mmns_asm_design 模板命令。

（2）对话框中的两个参数 DESCRIPTION 和 MODELED_BY 与 PDM 有关，一般不操作。

（3）复制相关绘图 复选框一般不用进行操作。

（4）单击该对话框中的 确定 按钮。

完成这一步操作后，系统进入装配模式（环境），此时在图形区可看到三个正交的装配基准平面，如图 8.1.1 所示。

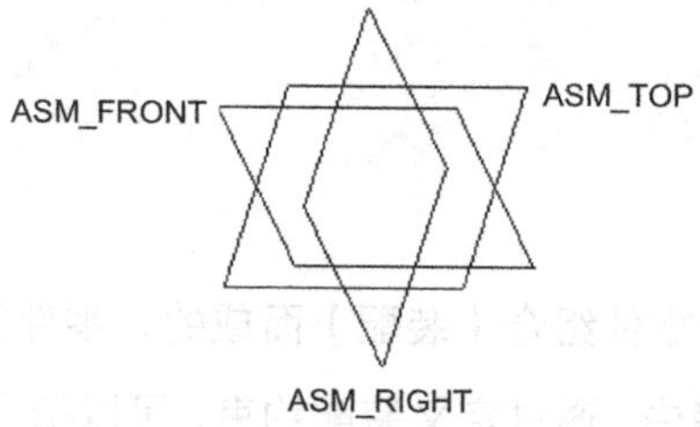

图 8.1.1　三个正交的装配基准平面

8.2　装配配合

8.2.1　“默认”约束

“默认”约束也称为“缺省”约束，可以用该约束将元件上的默认坐标系与装配环境的默认坐标系对齐。当向装配环境中引入第一个元件（零件）时，常常对该元件实施这种约束形式。

8.2.2　“固定”约束

“固定”约束也是一种装配约束形式，可以用该约束将元件固定在图形区的当前位置。当向装配环境中引入第一个元件（零件）时，也可对该元件实施这种约束形式。

8.2.3　“配对”约束

“配对（Mate）”约束可使两个装配元件中的两个平面重合并且朝向相反，如图 8.2.1b 所示；用户也可输入偏距值，使两个平面离开一定的距离，如图 8.2.2 所示。

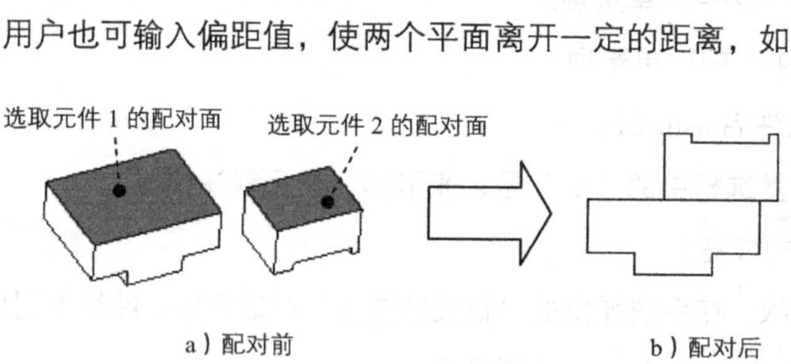

a）配对前　　b）配对后

图 8.2.1　配对

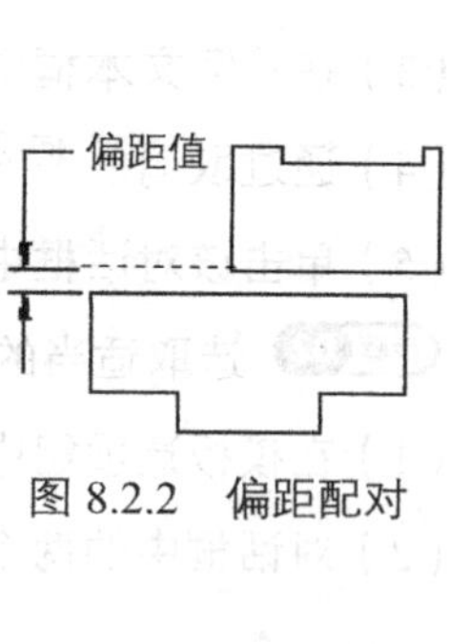

图 8.2.2　偏距配对

8.2.4 “对齐”约束

用“对齐（Align）”约束可使两个装配元件中的两个平面（图 8.2.3a）重合并且朝向相同，如图 8.2.3b 所示；也可输入偏距值，使两个平面离开一定的距离，如图 8.2.3c 所示。“对齐”约束也可使两条轴线同轴，如图 8.2.4 所示，或者两个点重合。另外，“对齐”约束还能使两条边共线或两个旋转曲面对齐。

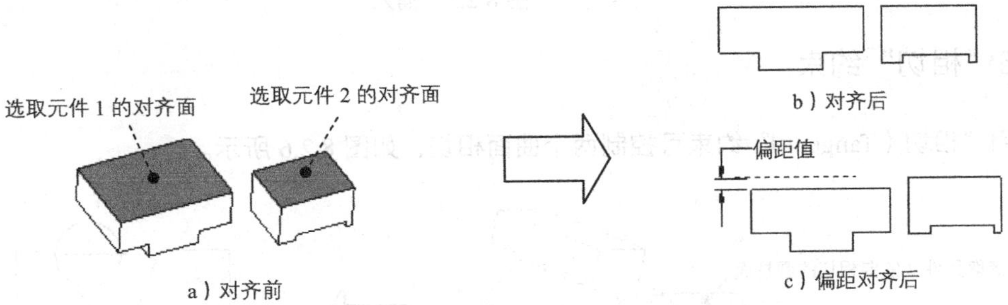

图 8.2.3 对齐 1

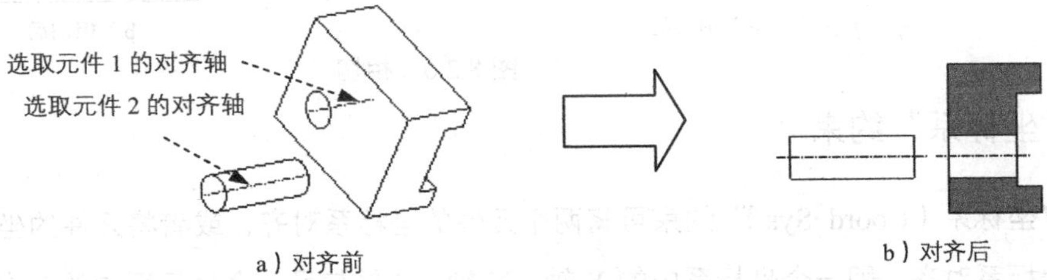

图 8.2.4 对齐 2

注意

- 使用“配对”和“对齐”时，两个参照必须为同一类型（例如平面对平面、旋转曲面对旋转曲面、点对点、轴线对轴线）。旋转曲面指的是通过旋转一个截面，或者拉伸一个圆弧/圆而形成的一个曲面。只能在放置约束中使用下列曲面：平面、圆柱面、圆锥面、环面和球面。
- 使用“配对”和“对齐”并输入偏距值后，系统将显示偏距方向，对于反向偏距，要用负偏距值。

8.2.5 “插入”约束

“插入（Insert）”约束可使两个装配元件中的两个旋转面的轴线重合。注意：两个旋转曲面的直径不要求相等。当轴线选取无效或不方便选取时，可以用这个约束，如图 8.2.5 所示。

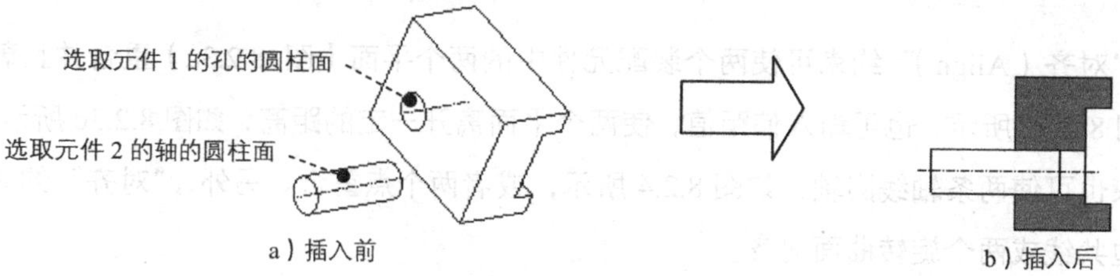

图 8.2.5　插入

8.2.6 “相切”约束

用“相切（Tangent）”约束可控制两个曲面相切，如图 8.2.6 所示。

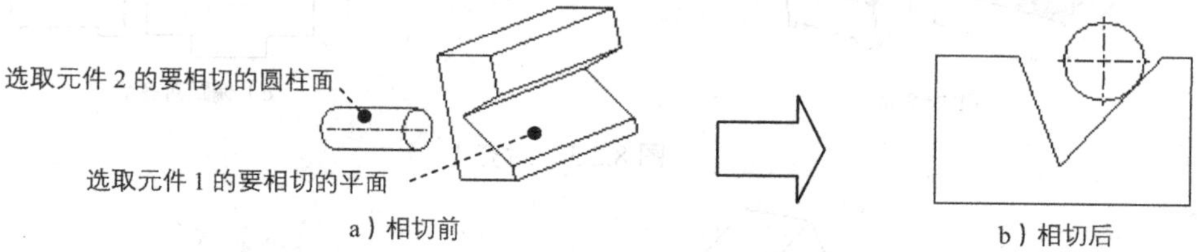

图 8.2.6　相切

8.2.7 “坐标系”约束

用“坐标系（Coord Sys）”约束可将两个元件的坐标系对齐，或者将元件的坐标系与装配件的坐标系对齐，即一个坐标系中的 X 轴、Y 轴、Z 轴与另一个坐标系中的 X 轴、Y 轴、Z 轴分别对齐，如图 8.2.7 所示。

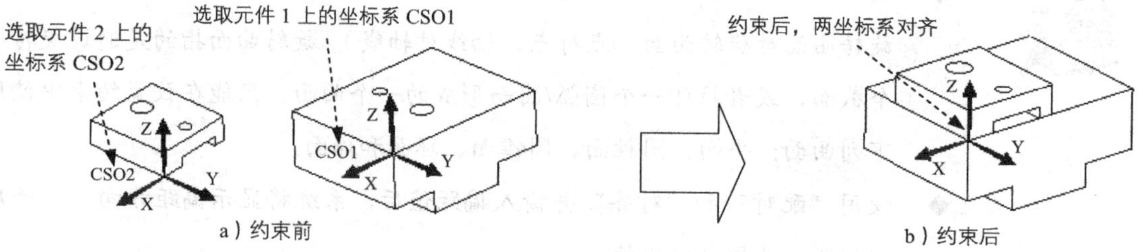

图 8.2.7　坐标系

8.2.8 “线上点”约束

用“线上点（Pnt On Line）”约束可将一条线与一个点对齐。“线”可以是零件或装配件上的边线、轴线或基准曲线；“点”可以是零件或装配件上的顶点或基准点，如图 8.2.8 所示。

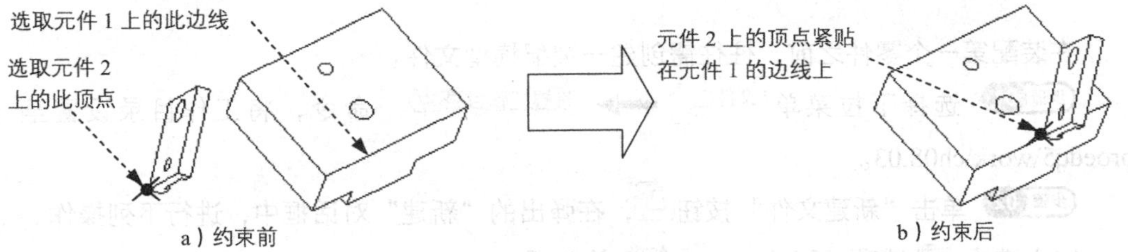

图 8.2.8 线上点

8.2.9 “曲面上的点”约束

用“曲面上的点（Pnt On Srf）”约束可使一个曲面和一个点对齐。“曲面”可以是零件或装配件上的基准平面、曲面特征或零件的表面；“点”可以是零件或装配件上的顶点或基准点，如图 8.2.9 所示。

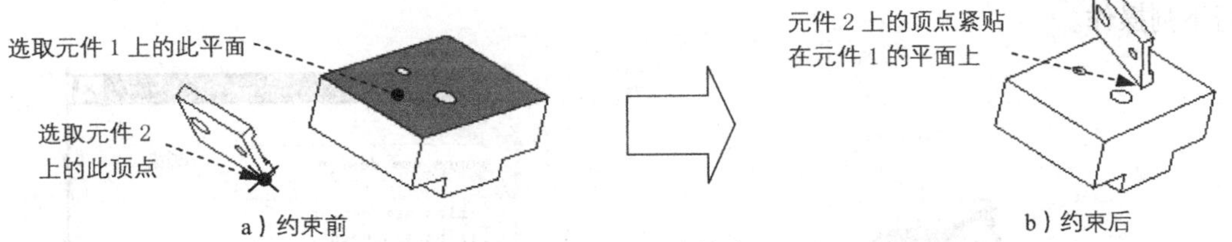

图 8.2.9 曲面上的点

8.2.10 “曲面上的边”约束

用“曲面上的边（Edge On Srf）”约束可将一个曲面与一条边线对齐。“曲面”可以是零件或装配件中的基准平面、表面或曲面面组；“边线”为零件或装配件上的边线，如图 8.2.10 所示。

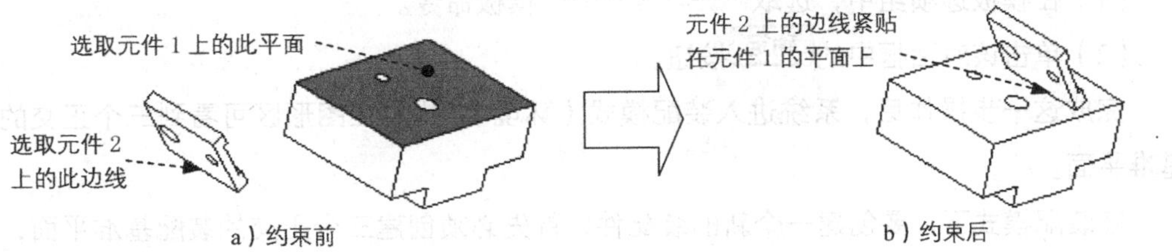

图 8.2.10 曲面上的边

8.3 装配设计一般过程

下面以三个零部件为例（图 8.3.1），说明装配体创建的一般过程。

8.3.1 装配第一个零件

在装配第一个零件之前，往往需创建一装配模型文件。

步骤 01 选择下拉菜单 文件(F) ➡ 设置工作目录(W)... 命令，将工作目录设置至 D:\proedq5\work\ch08.03。

步骤 02 单击“新建文件”按钮，在弹出的“新建”对话框中，进行下列操作。

（1）选中 类型 选项组下的 ◉ 组件 单选项。

（2）选中 子类型 选项组下的 ◉ 设计 单选项。

（3）在 名称 文本框中输入文件名 body-asm。

（4）通过取消 ☑ 使用缺省模板 复选框中的“√”号，来取消“使用默认模板”。后面将介绍如何定制和使用装配默认模板。

（5）单击该对话框中的 确定 按钮。

步骤 03 选取适当的装配模板。在系统弹出的“新文件选项”对话框（图 8.3.2）中，进行下列操作。

图 8.3.1 联轴器法兰和垫圈的装配

图 8.3.2 “新文件选项”对话框

（1）在模板选项组中，选取 mmns_asm_design 模板命令。

（2）单击该对话框中的 确定 按钮。

完成这一步操作后，系统进入装配模式（环境），此时在图形区可看到三个正交的装配基准平面。

在装配模式下，要创建一个新的装配件，首先必须创建三个正交的装配基准平面，然后才可把其他元件添加到装配环境中。

创建三个正交的装配基准平面的方法：进入装配模式后，单击“基准面”按钮（或者选择下拉菜单 插入(I) ➡ 模型基准(D) ▸ ➡ 平面(L)... 命令）。

如果不创建三个正交的装配基准平面，那么基础元件就是放置到装配环境中的第一个零件、子组件或骨架模型，此时无需定义位置约束，元件只按默认放置。如果用互换元件来替换基础元件，则替换元件也总是按默认放置。

说明：本例中，由于选取了 mmns_asm_design 模板命令，系统便自动创建三个正交的装配基准平面，所以无需再创建装配基准平面。

步骤 04 引入第一个零件。

（1）在图 8.3.3 和图 8.3.4 所示的下拉菜单中选择 插入(I) ➡ 元件(C) ▸ ➡ 装配(A)... 命令。

对于 元件(C) ▸ 菜单下的几个命令的说明如下。

- ◆ 装配(A)...：将已有的元件（零件、子装配件或骨架模型）装配到装配环境中。用“元件放置”对话框，可将元件完整地约束在装配件中。
- ◆ 创建(C)...：选择此命令，可在装配环境中创建不同类型的元件——零件、子装配件、骨架模型及主体项目，也可创建一个空元件。
- ◆ 封装...：选择此命令可将元件不加装配约束地放置在装配环境中，它是一种非参数形式的元件装配。关于元件的“封装”详见后面的章节。
- ◆ 包括(I)...：选择此命令，可在活动组件中包括未放置的元件。
- ◆ 挠性...：选择此命令可以向所选的组件添加挠性元件（如弹簧）。

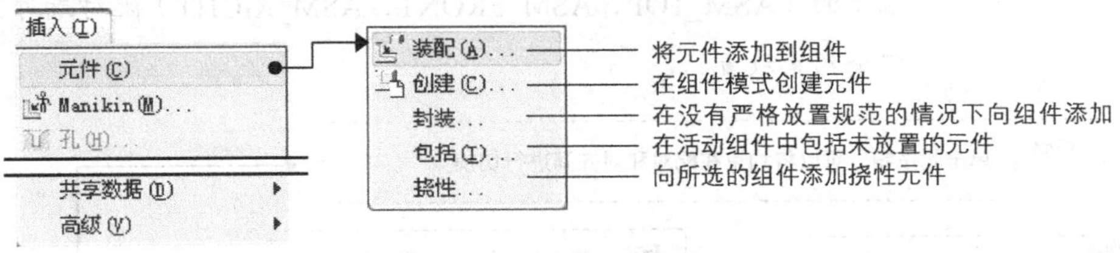

图 8.3.3 “插入”菜单　　　　图 8.3.4 “元件”子菜单

（2）此时系统弹出文件“打开”对话框，选择零件模型文件 body.prt，然后单击 打开 按钮。

（3）完全约束放置第一个零件。完成上步操作后，系统弹出图 8.3.5 所示的元件放置操控板，在该操控板中单击 放置 按钮，在“放置”界面的 约束类型 下拉列表中选择 缺省 选项，将元件按默认放置，此时 状态 区域显示的信息为 完全约束；单击操控板中的 ✓ 按钮。“放置”界面中各按钮的说明如图 8.3.6 所示。

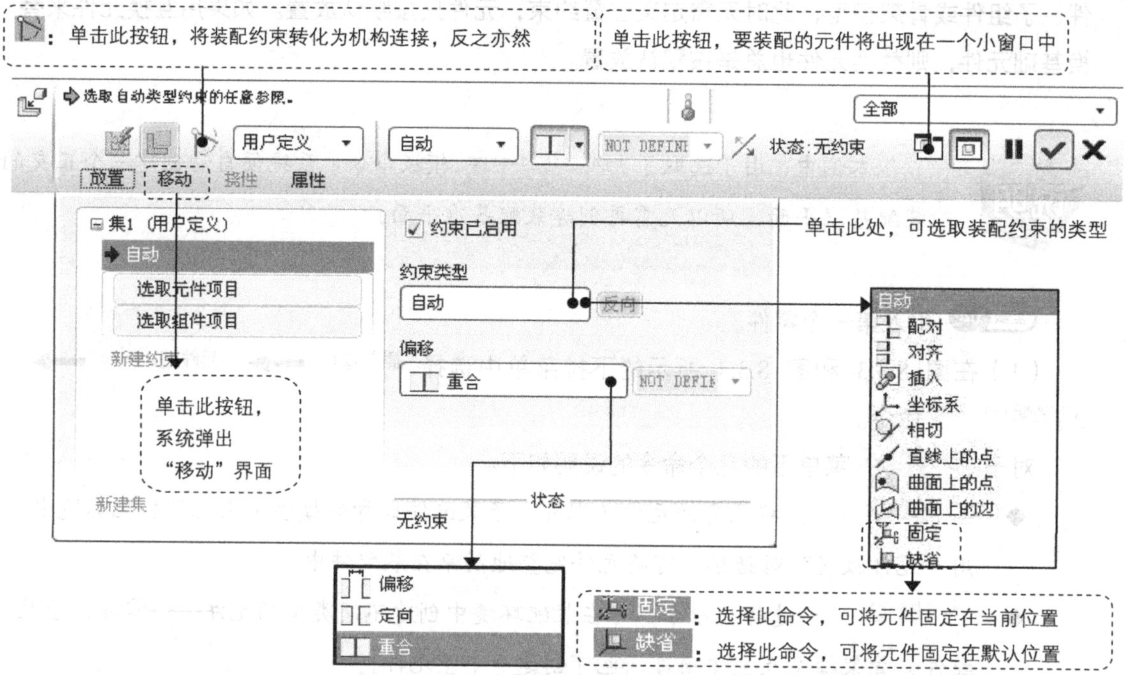

图 8.3.5　元件放置操控板

注意

还有如下两种完全约束放置第一个零件的方法：

- 选择 固定 选项，将其固定，完全约束放置在当前的位置。
- 也可以让第一个零件中的某三个正交的平面与装配环境中的三个正交的基准平面（ASM_TOP、ASM_FRONT、ASM_RIGHT）配对或对齐，以实现完全约束放置。

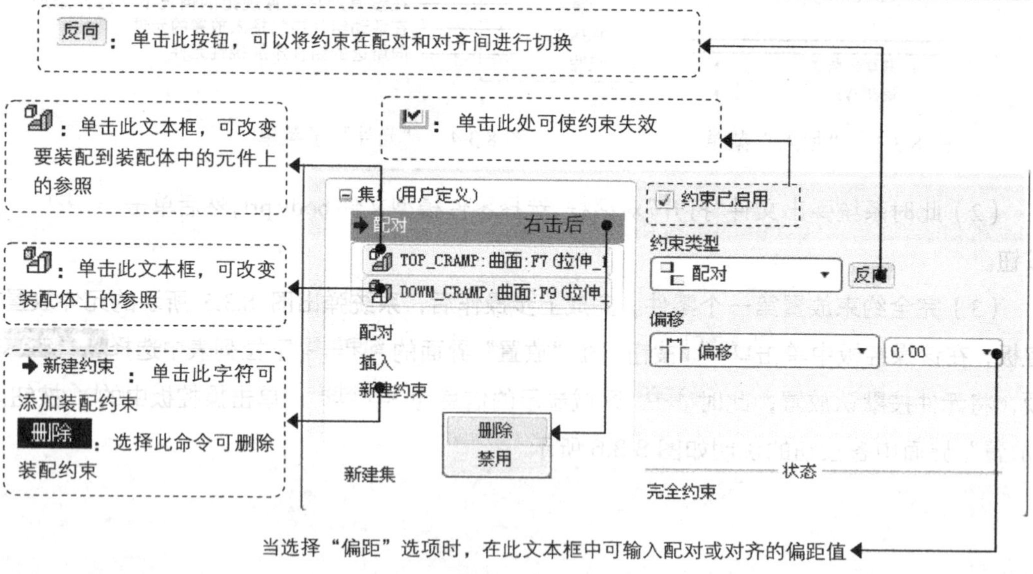

图 8.3.6　“放置”界面

8.3.2 装配其余零件

1. 装配第二个零件

步骤 01 选择下拉菜单 插入(I) ➡ 元件(C) ▸ ➡ 装配(A)... 命令；然后在弹出的文件“打开”对话框中，选取零件模型文件 body-upper.prt，单击 打开 按钮。

步骤 02 放置第二个零件前的准备。

方法一：移动元件（零件）

（1）在元件放置操控板中单击 移动 按钮，系统弹出图 8.3.7 所示的“移动”界面。

（2）在 运动类型 下拉列表中选择 平移 选项。

对图 8.3.7 所示的 运动类型 下拉列表中各选项的说明如下。

◆ 定向模式：使用定向模式定向元件。单击装配元件，然后按住鼠标中键即可对元件进行定向操作。

◆ 平移：沿所选的运动参照平移要装配的元件。

◆ 旋转：沿所选的运动参照旋转要装配的元件。

◆ 调整：将要装配元件的某个参照图元（如平面）与装配体的某个参照图元（如平面）对齐或配对。它不是一个固定的装配约束，而只是非参数性地移动元件。但其操作方法与固定约束的“配对”或“对齐”类似。

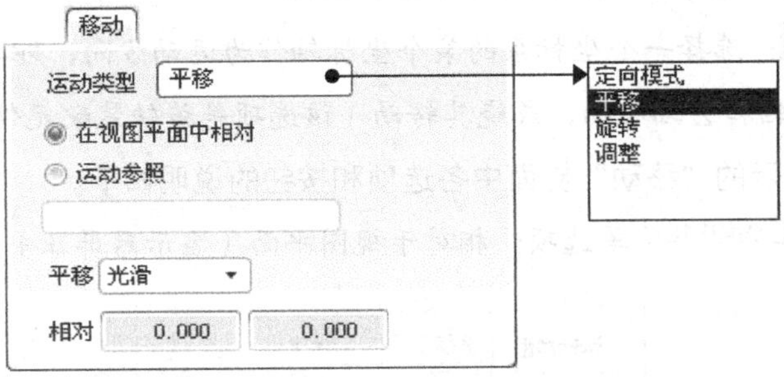

图 8.3.7 “移动”界面（一）

（3）选取运动参照。在“移动”界面中选中 ◉ 在视图平面中相对 单选项。

> **说明** 在图 8.3.8 所示的“移动”界面中选中 ◉ 运动参照 单选项，在屏幕下部的智能选取栏中有如下选项。

◆ 全部：可以选择“曲面”“基准平面”“边”“轴”“顶点”“基准点”或者“坐标系”作为运动参照。

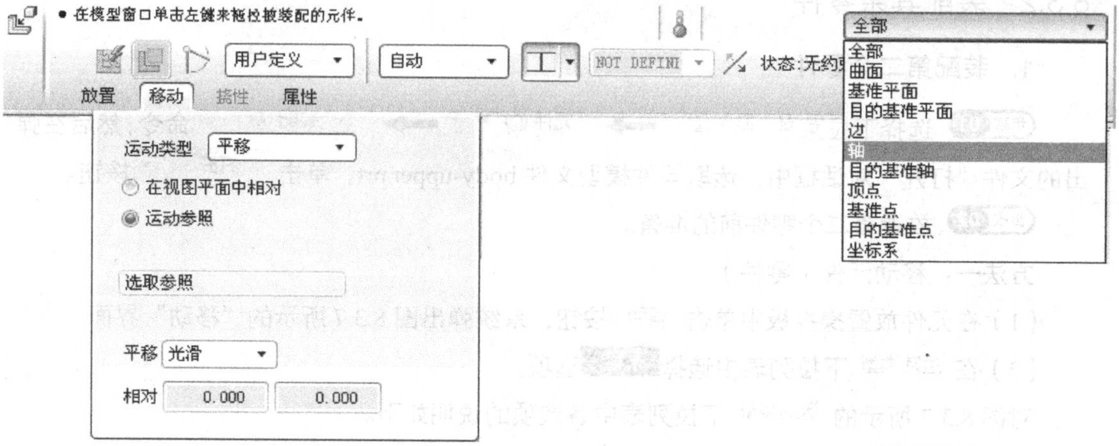

图 8.3.8 “移动”界面（二）

- ◆ 曲面：选择一个曲面作为运动参照。
- ◆ 基准平面：选择一个基准平面作为运动参照。
- ◆ 边：选择一个边作为运动参照。
- ◆ 轴：选择一个轴作为运动参照。
- ◆ 顶点：选择一个顶点作为运动参照。
- ◆ 基准点：选择一个基准点作为运动参照。
- ◆ 坐标系：选择一个坐标系的某个坐标轴作为运动方向，即要装配的元件可沿着 X 轴、Y 轴和 Z 轴移动，或绕其转动（该选项是旋转装配元件较好的方法之一）。

对图 8.3.9 所示的“移动”界面中各选项和按钮的说明如下。

- ◆ 在视图平面中相对 单选项：相对于视图平面（显示器屏幕平面）移动元件。

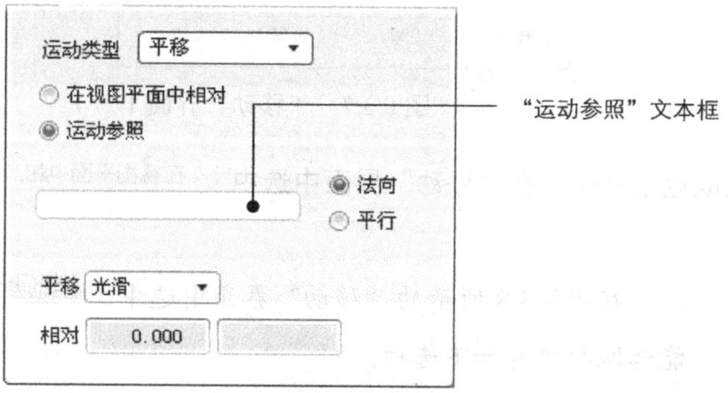

图 8.3.9 “移动”界面（三）

- ◆ 运动参照 单选项：相对于元件或参照移动元件。选中此单选项激活“参照”

文本框。

◆ “运动参照”文本框：搜集元件移动的参照。运动与所选参照相关。最多可收集两个参照。选取一个参照后，便激活 法向 和 平行 单选项。

- 法向：垂直于选定参照移动元件。
- 平行：平行于选定参照移动元件。

◆ 运动类型 选项：包括“平移”(Translation)、“旋转”(Rotation)和“调整参照”(Adjust Reference)三种主要运动类型。

◆ 相对 区域：显示元件相对于移动操作前位置的当前位置。

(4)在绘图区按住鼠标左键，并移动鼠标，可看到装配元件随着鼠标的移动而平移，将其从图 8.3.10 中的位置平移到图 8.3.11 中的位置。

(5) 在元件放置操控板中单击 放置 按钮，系统弹出“放置”界面。

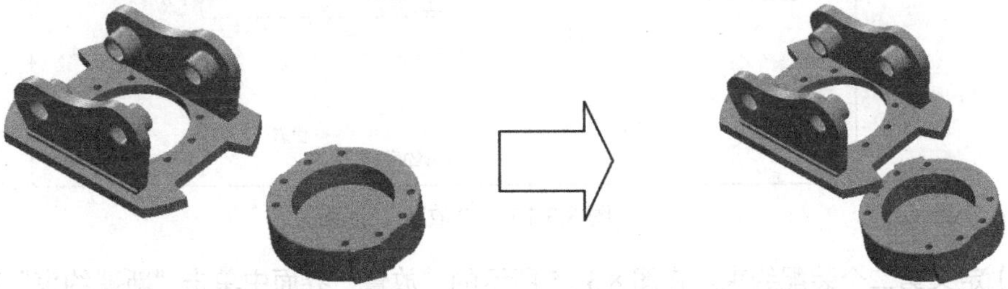

图 8.3.10 位置 1 图 8.3.11 位置 2

方法二：打开辅助窗口

在图 8.3.6 所示的元件放置操控板中，单击按钮即可打开一个包含要装配元件的辅助窗口，如图 8.3.12 所示。在此窗口中可单独对要装入的元件(如手柄零件模型)进行缩放(中键滚轮)、旋转(中键)和平移(Shift+中键)。这样就可以将要装配的元件调整到方便选取装配约束参照的位置。

步骤 03 完全约束放置第二个零件。

当引入元件到装配件中时，系统将选择“自动”放置，如图 8.3.6 所示。从装配体和元件中选择一对有效参照后，系统将自动选择适合指定参照的约束类型。约束类型的自动选择可省去手动从约束列表中选择约束的操作步骤，从而有效地提高工作效率。但在某些情况下，系统自动指定的约束不一定符合设计意图，需要重新进行选取。这里需要说明一下，本书中的例子，都是采用手动选择装配的约束类型，这主要是为了方便讲解，使讲解内容条理清楚。

(1)定义第一个装配约束。在“放置”界面的 约束类型 下拉列表中选择 配对 选项，如图 8.3.13 所示；分别选取两个元件上要配对的面，如图 8.3.14 所示。然后在图 8.3.15 所示的“放置”界面的 偏移 下拉列表中选择 重合，配对面间的距离值为 0。

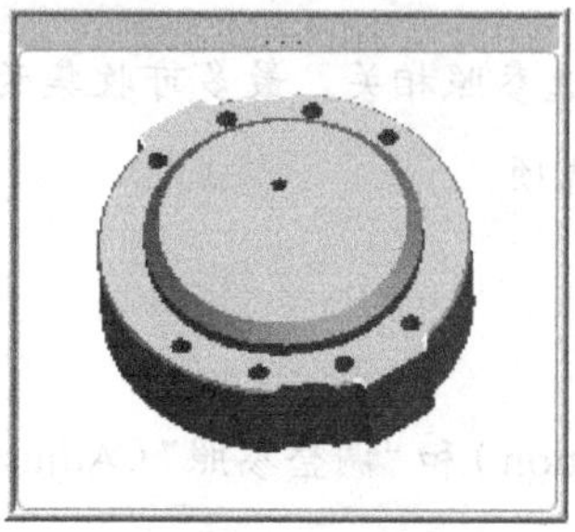

图 8.3.12 辅助窗口

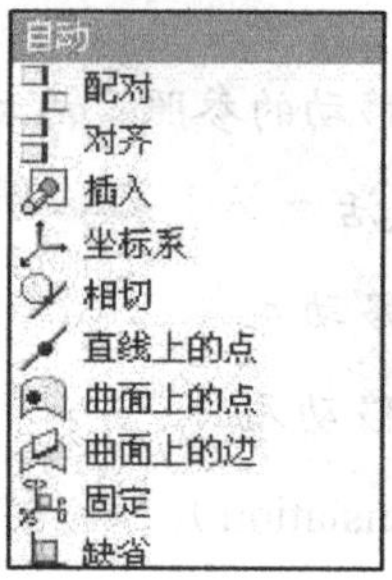

图 8.3.13 装配放置列表

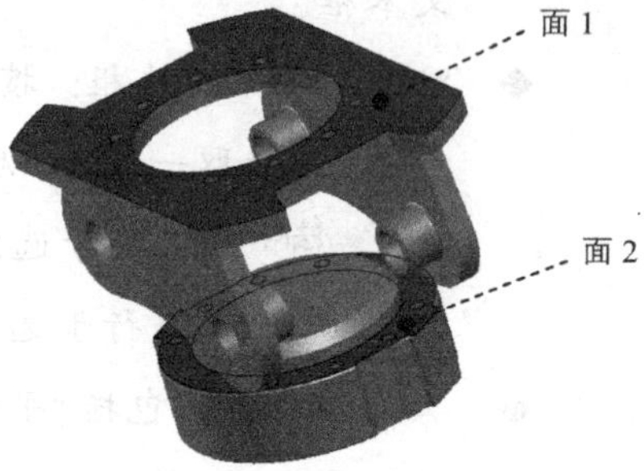

图 8.3.14 选取配对面

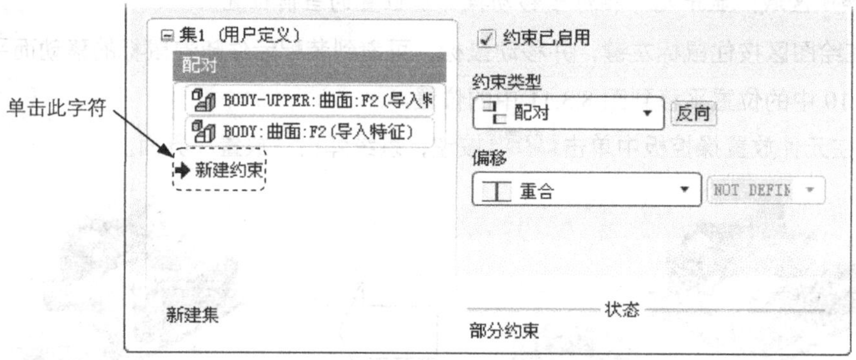

图 8.3.15 “放置”界面

（2）定义第二个装配约束。在图 8.3.15 所示的“放置”界面中单击“新建约束”字符，在 约束类型 下拉列表中选择 插入 选项；分别选取两个元件上要配对的面，如图 8.3.16 所示。

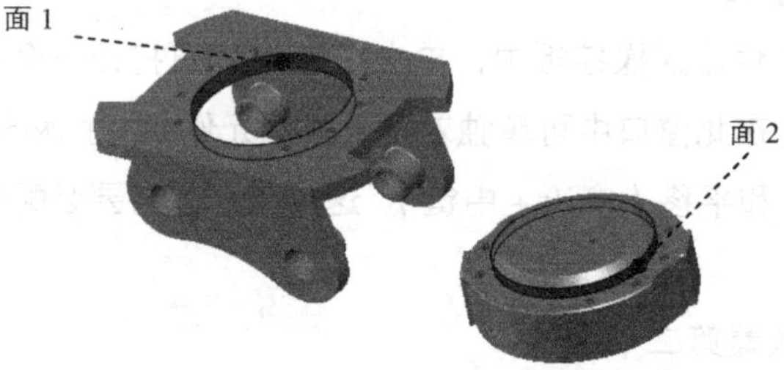

图 8.3.16 选取对齐面

（3）定义第三个装配约束。在图 8.3.15 所示的“放置”界面中单击“新建约束”字符，取消选中 允许假设 复选框，在 约束类型 下拉列表中选择 插入 选项；分别选取两个元件上要配对的面，如图 8.3.17 所示。

2. 装配第三个零件

步骤 01 选择下拉菜单 插入(I) → 元件(C) ▸ → 装配(A)... 命令；然后在弹出的文件“打开”对话框中，选取零件模型文件 body-lower.prt，单击 打开 按钮。

图 8.3.17 选取对齐面

步骤 02 打开辅助窗口

步骤 03 完全约束放置第三个零件。

（1）定义第一个装配约束。在图 8.3.15 所示的“放置”界面中单击“新建约束”字符，在 约束类型 下拉列表中选择 插入 选项；分别选取两个元件上要配对的面，如图 8.3.18 所示。

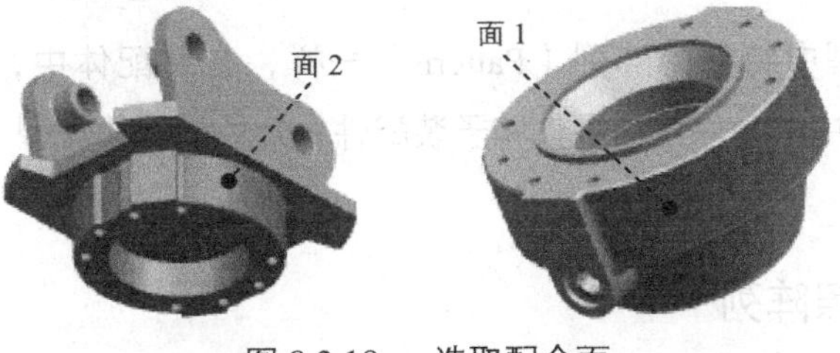

图 8.3.18 选取配合面

（2）定义第二个装配约束。在“放置”界面的 约束类型 下拉列表中选择 配对 选项，分别选取两个元件上要配对的面，如图 8.3.19 所示。然后在图 8.3.15 所示的“放置”界面的 偏移 下拉列表中选择 重合，配对面间的距离值为 0。

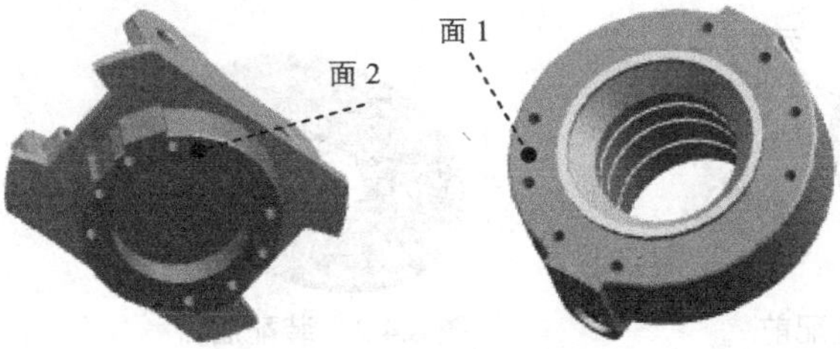

图 8.3.19 选取配合面

（3）定义第三个装配约束。在“放置”界面的 约束类型 下拉列表中选择 配对 选项，分别选取两个元件上要配对的面，如图 8.3.20 所示。然后在图 8.3.15 所示的“放置”界面的 偏移 下拉列表中选择 角度偏移 选项，并在其后的文本框中输入值 0，并按一次 Enter 键，此时 状态 区域显示的信息为 完全约束 ；单击操控板中的 ✓ 按钮。

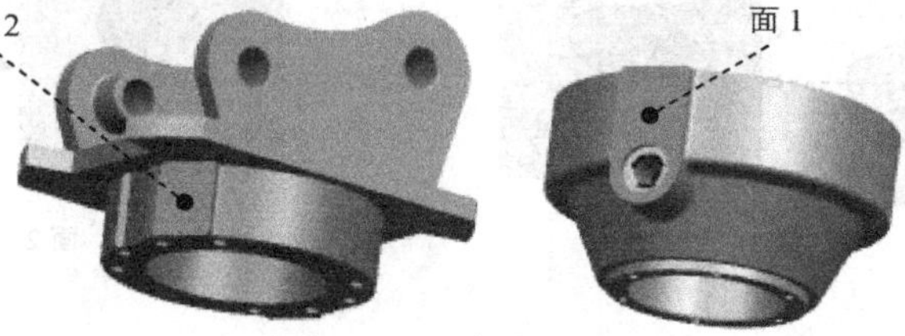

图 8.3.20　选取配合面

至此，装配体模型创建完毕。选择下拉菜单 文件(F) → 保存(S) 命令，即可保存模型。

8.4 创建零部件阵列

与在零件模型中特征的阵列（Pattern）一样，在装配体中，也可以进行元件的阵列（Pattern），装配体中的元件包括零件和子装配件。元件阵列的类型主要包括"参照阵列"和"尺寸阵列"。

8.4.1 创建参照阵列

如图 8.4.1~图 8.4.3 所示，元件"参照阵列"是以装配体中某一零件中的特征阵列为参照来进行元件的阵列。图 8.4.3 中的八个阵列螺钉，是参照装配体中元件 1 上的八个阵列孔来进行创建的，所以在创建"参照阵列"之前，应提前在装配体的某一零件中创建参照特征的阵列。

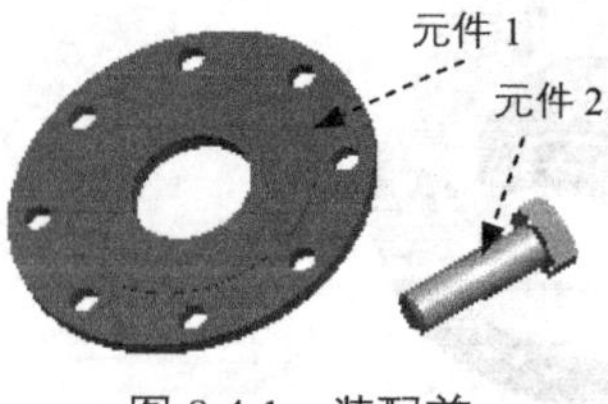

图 8.4.1　装配前

图 8.4.2　装配后

图 8.4.3　元件阵列

在 Pro/ENGINEER 中，用户还可以用参考阵列后的元件为另一元件创建"参照阵列"。

例如，在图 8.4.3 所示的例子中，如果已使用"参照阵列"选项创建了八个螺钉阵列，则可以再一次使用"参照阵列"命令将螺母阵列装配到螺钉上。

下面介绍创建元件 2 的"参照阵列"的操作过程。

步骤 01 将工作目录设置至 D:\proedq5\work\ch08.04.01，打开文件 feature-pattern。

步骤 02 在图 8.4.4 所示的模型树中单击 BOLT.PRT（元件 2），右击，从弹出的图 8.4.5 所示的快捷菜单中选择 阵列... 命令。

图 8.4.4 模型树

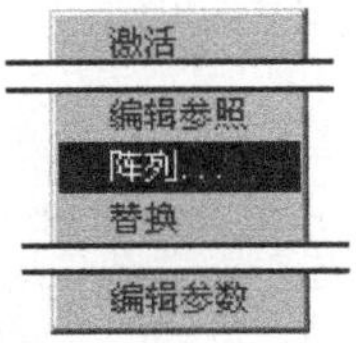

图 8.4.5 快捷菜单

注意：另一种进入方式是选择下拉菜单 编辑(E) → 阵列(P)... 命令。

步骤 03 在阵列操控板（图 8.4.6）的阵列类型框中选取 参照，单击“完成”按钮✓。此时，系统便自动参照元件 1 中的孔的阵列，创建图 8.4.3 所示的元件阵列。如果修改阵列中的某一个元件，则系统就会像在特征阵列中一样修改每一个元件。

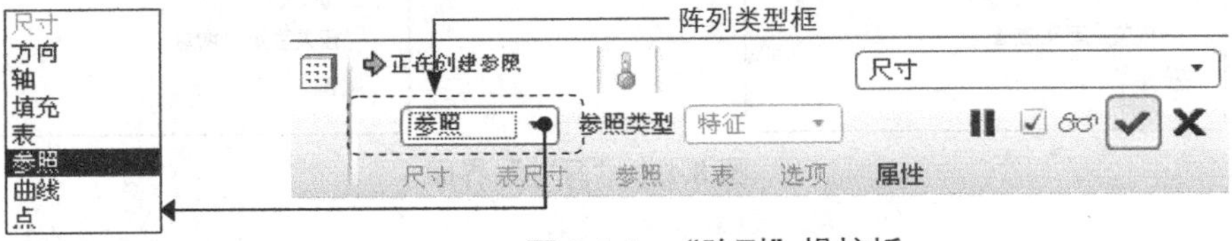

图 8.4.6 “阵列”操控板

8.4.2 创建尺寸阵列

如图 8.4.7 所示，线性阵列即为元件的“尺寸阵列”，是使用装配中的约束尺寸创建阵列，所以只有使用诸如“配对偏距”或“对齐偏距”这样的约束类型才能创建元件的“尺寸阵列”。创建元件的“尺寸阵列”，遵循在“零件”模式中阵列特征的同样规则。这里请注意，如果要重定义阵列化的元件，必须在重定义元件放置后再重新创建阵列。

下面开始创建元件 PRT02.PRT 的尺寸阵列，操作步骤如下。

步骤 01 将工作目录设置至 D:\proedq5\work\ch08.04.02，打开文件 size-pattern.asm。

步骤 02 在模型树中选取元件 PRT02.PRT，右击，从弹出的快捷菜单中选择 阵列... 命令。

步骤 03 在“阵列”操控板的阵列类型框中选取 尺寸，系统提示 ➡选取要在第一方向上改变的尺寸。，选取图 8.4.7 中的尺寸 8。

步骤 04 单击“阵列”操控板中的 尺寸 按钮，弹出图 8.4.8 所示的“尺寸”界面，在增量尺寸文本框中输入数值 25。

步骤 05 在“阵列”操控板中输入实例总数 4，如图 8.4.9 所示。

步骤 06 单击“阵列”操控板中的“完成”按钮✓，此时即得到图 8.4.10 所示的元件 PRT02.PRT 的阵列。

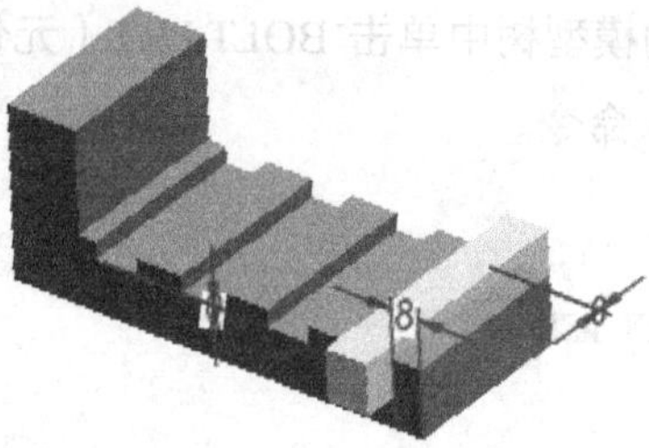

图 8.4.7　选取尺寸

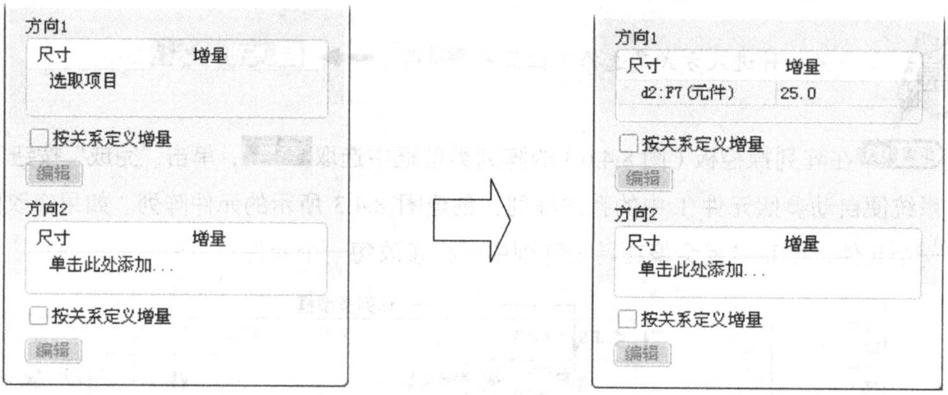

图 8.4.8　“尺寸”界面

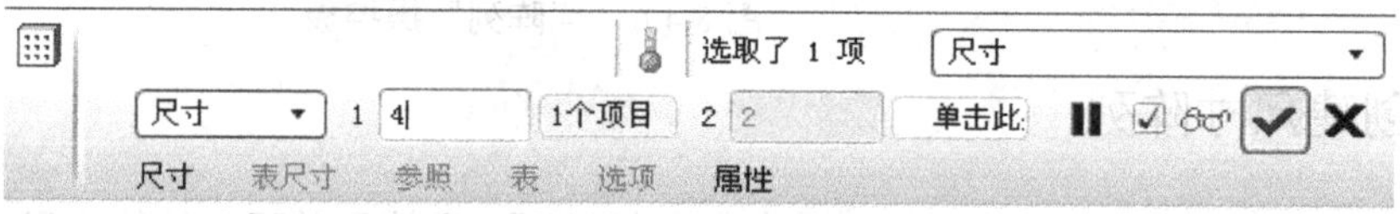

图 8.4.9　“阵列”操控板

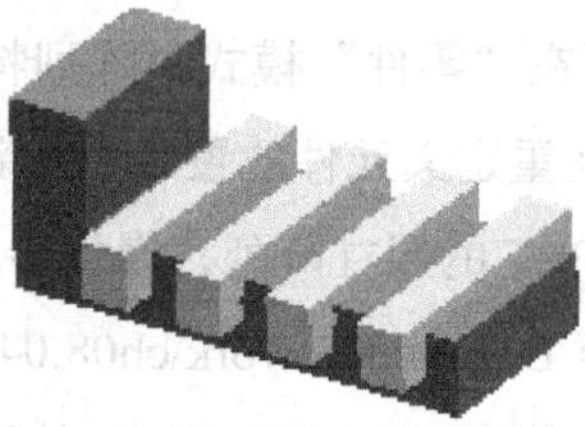

图 8.4.10　阵列后

8.5　创建镜像零件

创建镜像零件就是将装配体中的某个零件相对一个平面进行镜像，从而产生另外一个新的零件。首先打开“元件创建”对话框，如图 8.5.1 所示。然后以图 8.5.2 为例，说明其一般操作方法和过程。

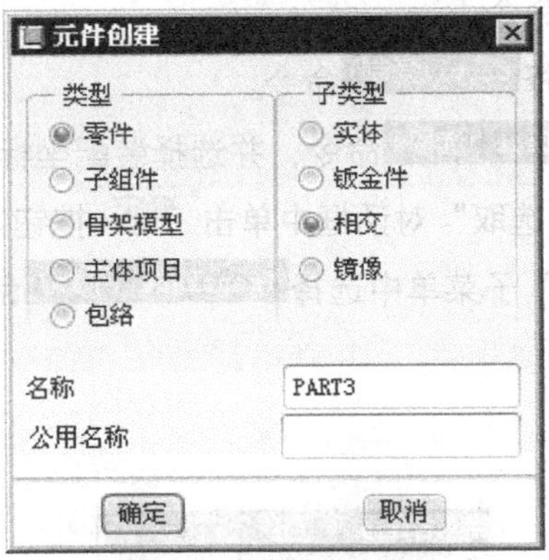

图 8.5.1 “元件创建”对话框

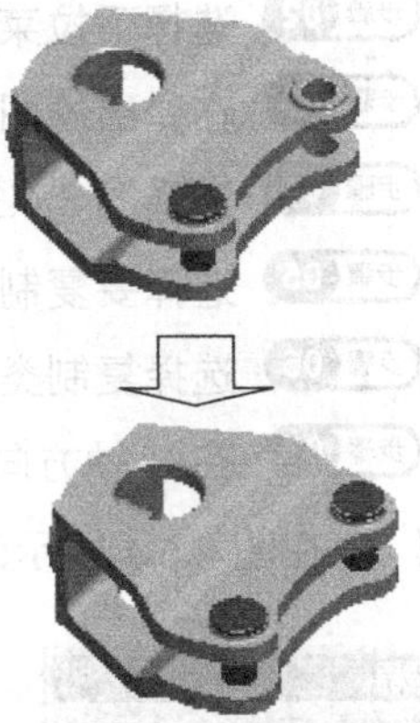

图 8.5.2 创建镜像零件

步骤 01 设置目录。将工作目录设置至 D:\proedq5\work\ch08.05，打开文件 cramp-arm-asm.asm。

步骤 02 新建零件。

（1）选择 插入(I) → 元件(C) ▸ → 创建(C)... 命令。

（2）在系统弹出的“元件创建”对话框中，选中 类型 中的 零件 单选项，选中 子类型 中的 镜像 单选项，输入文件名 mirro-pin-bolt.prt，单击 确定 按钮。

步骤 03 系统弹出“镜像零件”对话框，并且提示 ➪选取要进行镜像的零件。，在模型树中选取 PIN-BOLT.PRT 。

步骤 04 在“镜像零件”对话框的 平面参照 区域中单击 单击此处添加项目 字符，在系统 ➪选择一个平面或创建一个基准以其作参考。的提示下，选取 ASM_RIGHT 基准平面,并单击“镜像零件”对话框中的 确定 按钮，此时系统提示 • 成功创建镜像零件。。

8.6 创建复制零件

可以对完成装配后的元件进行复制。例如，现需要对图 8.6.1 中的元件进行复制，如图 8.6.2 所示。下面举例说明其一般操作过程。

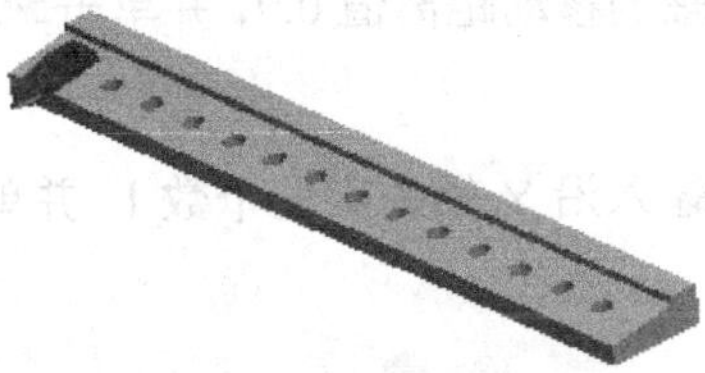

图 8.6.1 复制前

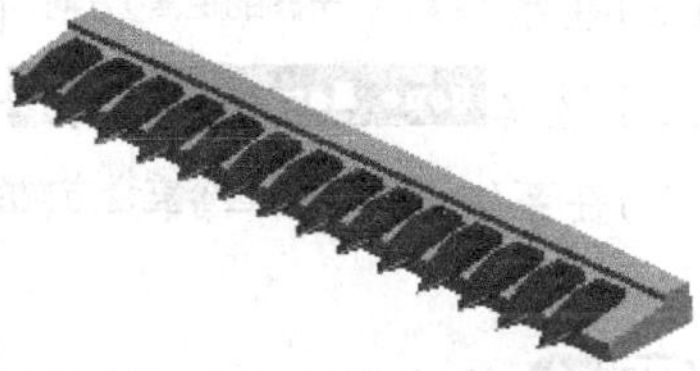

图 8.6.2 复制后

步骤 01 将工作目录设置至 D:\proedq5\work\ch08.06，打开文件 copy-pattern。

步骤 02 选择下拉菜单 编辑(E) ➡ 元件操作(O) 命令。

步骤 03 在弹出的图 8.6.3 所示的菜单管理器中选择 Copy (复制) 命令。

步骤 04 选择图 8.6.3 所示的“元件”菜单中的 Select (选取) 命令，并选择装配坐标系。

步骤 05 选择要复制的 PRT002.PRT 元件，并在“选取”对话框中单击 确定 按钮。

步骤 06 选择复制类型：在图 8.6.4 所示的“复制”子菜单中选择 Translate (平移) 命令。

步骤 07 在 X 轴方向进行平移复制。

（1）在图 8.6.4 所示的菜单中选择 X Axis (X轴) 命令。

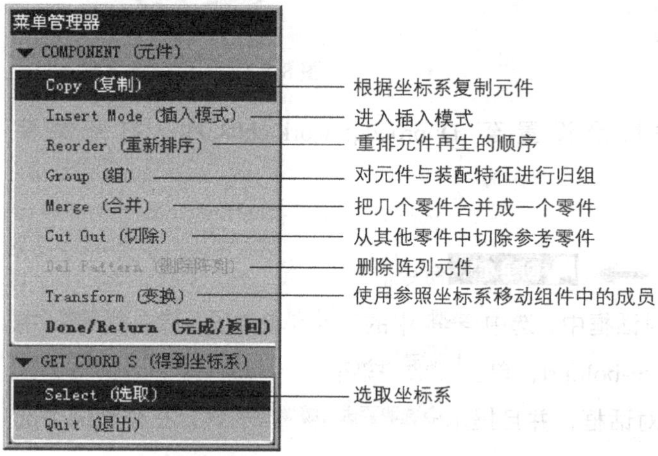

图 8.6.3 “元件”菜单

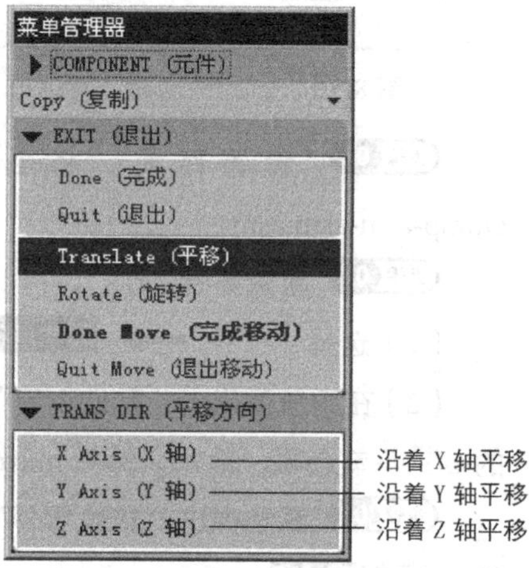

图 8.6.4 “复制”子菜单

（2）在系统 ◆ 输入 平移的距离x方向: 的提示下，输入沿 X 轴的移动距离值 27.0，并单击 ✓ 按钮。

（3）选择 Done Move (完成移动) 命令。

（4）在系统 ◆ 输入沿这个复合方向的实例数目: 的提示下，输入沿 X 轴的实例个数 14，并单击 ✓ 按钮。

步骤 08 在 Y 轴方向进行平移复制。

（1）在图 8.6.4 所示的菜单中选择 Y Axis (Y 轴) 命令。

（2）在系统 输入 平移的距离y方向: 的提示下，输入沿 Y 轴的移动距离值 0.0，并单击 ✓ 按钮。

（3）选择 Done Move (完成移动) 命令。

（4）在系统 ◆ 输入沿这个复合方向的实例数目: 的提示下，输入沿 Y 轴的实例个数 1，并单击 ✓ 按钮。

步骤 09 在 Z 轴方向进行平移复制。

（1）在图 8.6.4 所示的菜单中选择 Z Axis (Z 轴) 命令。

（2）在系统 输入 平移的距离z方向: 的提示下，输入沿 Z 轴的移动距离值 0.0，并单击 ✓ 按钮。

（3）选择 Done Move（完成移动）命令。

（4）在系统 ➪ 输入沿这个复合方向的实例数目: 的提示下，输入沿 Z 轴的实例个数 1，并单击 ✓ 按钮。

步骤 10 选择图 8.6.3 所示菜单中的 Done/Return（完成/返回）命令。

8.7 编辑装配体中的零件

完成一个装配体后，可以对该装配体中的任何元件（包括零件和子装配件）进行下面的操作：元件的打开与删除、元件尺寸的修改、元件装配约束偏距值的修改（如配对约束和对齐约束偏距的修改）、元件装配约束的重定义等。这些操作命令一般从模型树中获取。

下面以修改装配体 edit-part.asm 中的 prt02.prt 零件为例，说明其操作方法。

步骤 01 将工作目录设置至 D:\proedq5\work\ch08.07，打开文件 edit-part.asm。

步骤 02 在图 8.7.1 所示的装配模型树界面中单击 → 树过滤器(F)...，然后选中“显示”选项组下的 ☑特征 复选框。这样每个零件中的特征都将在模型树中显示。

步骤 03 如图 8.7.2 所示，单击模型树中 ⊞ PRT02.PRT 前面的“+”号。

步骤 04 在模型树中，右击要修改的特征（如 ⊞ 拉伸 1），如图 8.7.3 所示，系统弹出图 8.7.4 所示的快捷菜单，从该菜单中即可选取所需的编辑、编辑定义等命令，对所选取的特征进行相应操作。

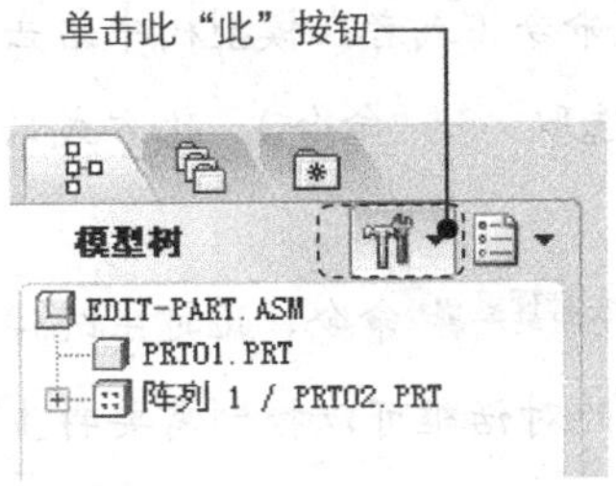

图 8.7.1 模型树（一）

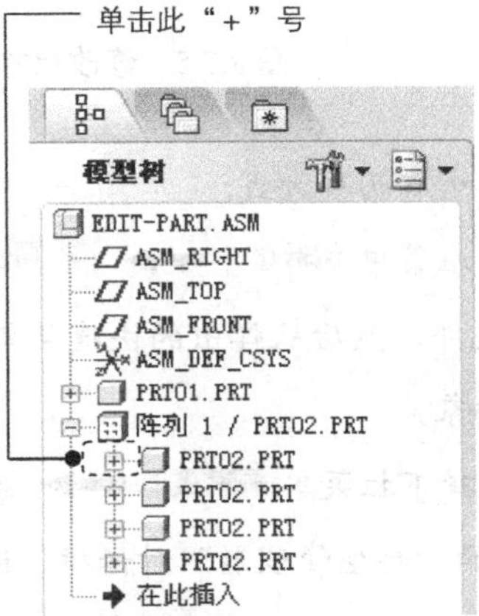

图 8.7.2 模型树（二）

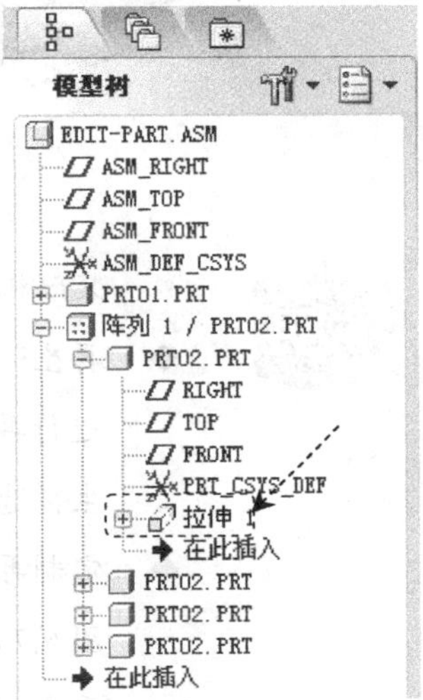

图 8.7.3 模型树（三）

在装配体 edit-part.asm 中，如果要将零件 prt02.prt 中的尺寸 15 改成 30，如图 8.7.5 所示，操作方法如下。

步骤 01 显示要修改的尺寸：在图 8.7.3 所示的模型树中，单击零件 PRT02.PRT 中的“拉伸 1”特征，然后右击，选择 编辑(E) 命令，系统即显示图 8.7.5 所示的该特征的尺寸。

步骤 02 双击要修改的尺寸 15，输入新尺寸 30，然后按回车键。

步骤 03 装配模型的再生：右击零件 PRT02.PRT，在弹出的菜单中选择 再生 命令。注意：修改装配模型后，必须进行“再生”操作，否则模型不能按修改的要求更新。

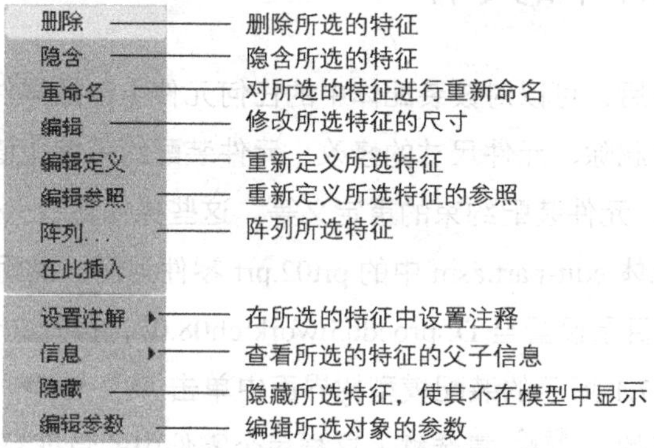

图 8.7.4 快捷菜单

图 8.7.5 修改尺寸

说明

装配模型的再生有两种方式。

- 再生：选择下拉菜单 编辑(E) → 再生(G) 命令（或者在模型树中右击要进行再生的元件，然后从弹出的快捷菜单中选取 再生 命令），此方式只再生被选中的对象。
- 定制再生：选择下拉菜单 编辑(E) → 再生管理器(M) 命令，此时系统弹出图 8.7.6 所示的“再生管理器”对话框，通过此对话框可以控制需要再生的元素，默认情况下是全不选中。

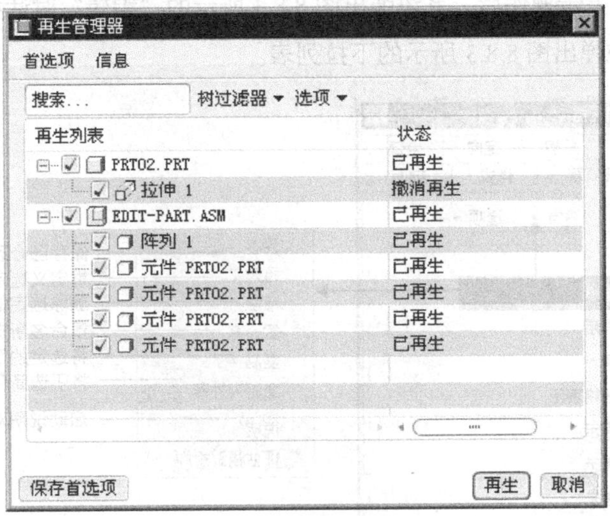

图 8.7.6 “再生管理器”对话框

8.8 简化装配

对于复杂的装配体的设计，存在下列问题。

（1）重绘、再生和检索的时间太长。

（2）在设计局部结构时，感觉图面太复杂、太乱，不利于局部零部件的设计。

为了解决这些问题，可以利用简化表示（Simplfied Rep）功能，将设计中暂时不需要的零部件从装配体的工作区中移除，从而可以减少装配体的重绘、再生和检索的时间，并且简化装配体。例如，在设计轿车的过程中，设计小组在设计车厢里的座椅时，并不需要发动机、油路系统和电气系统，这样就可以用简化表示的方法将这些暂时不需要的零部件从工作区中移除。

图 8.8.1 所示为装配体 simple-asm 简化表示的例子，下面说明创建简化表示的操作方法。

步骤 01 将工作目录设置至 D:\proedq5\work\ch08.08，打开文件 simple-asm。

步骤 02 选择 视图(V) ➡ 视图管理器(W) 命令；在“视图管理器”对话框的 简化表示 选项卡中（图 8.8.2）单击 新建 按钮，输入简化表示的名称 Rep-01，并按回车键。

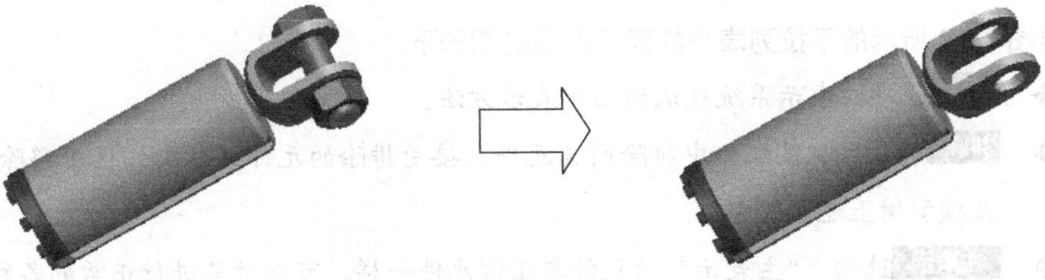

图 8.8.1 简化表示

步骤 03 完成上步操作后，系统弹出图 8.8.3 所示的“编辑”对话框（一），单击图 8.8.3 所示的位置，系统弹出图 8.8.3 所示的下拉列表。

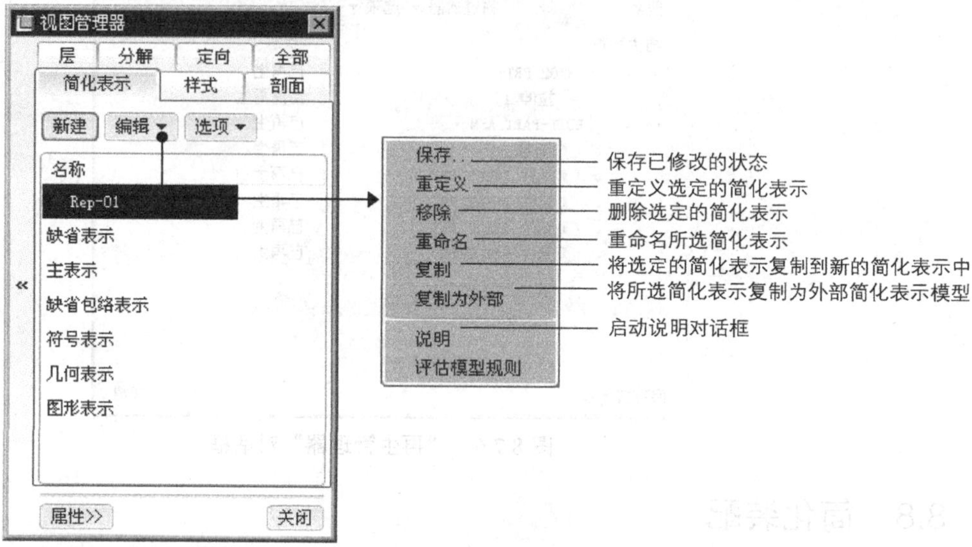

图 8.8.2 “视图管理器”对话框

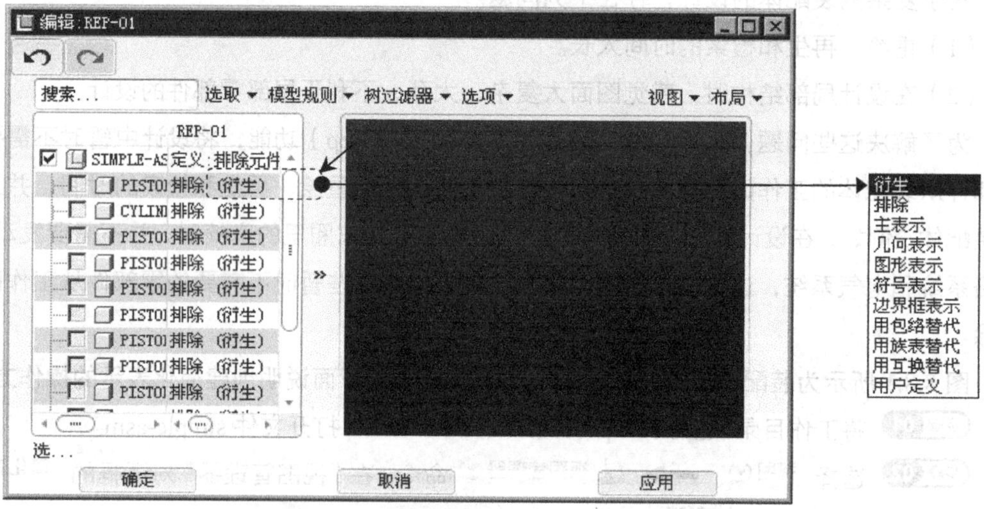

图 8.8.3 “编辑”对话框(一)

对图 8.8.3 所示的下拉列表中的部分选项说明如下。

- 衍生选项：表示系统默认的简化表示方法。
- 排除选项：从装配体中排除所选元件，接受排除的元件将从工作区中移除，但是在模型树上还保留它们。
- 主表示选项：“主表示”的元件与正常元件一样，可以对其进行正常的各种操作。

◆ 几何表示选项：“几何表示”的元件不能被修改，但其中的几何元素（点、线、面）保留，所以在操作元件时也可参照它们。与“主表示”相比，“几何表示”的元件检索时间较短、占用的内存较少。

◆ 图形表示选项：“图形表示”的元件不能被修改，而且其元件中不含有几何元素（点、线、面），所以在操作元件时也不能参照它们。这种简化方式常用于大型装配体中的快速浏览，它比“几何表示”需要更少的检索时间且占用更少内存。

◆ 符号表示选项：用简单的符号来表示所选取的元件。“符号表示”的元件可保留参数、关系、质量属性和族表信息，并出现在材料清单中。

◆ 用包络替代选项：将所选取的元件用包络替代。包络是一种特殊的零件，它通常由简单几何创建，与所表示的元件相比，它们占用的内存更少。包络零件不出现在材料清单中。

◆ 用族表替代选项：将所选取的元件用族表替代。

◆ 用互换替代选项：将所选取的元件用互换性替代。

◆ 用户定义选项：通过用户自定义的方式来定义简化表示。

步骤 04 在“编辑”对话框中进行图 8.8.4 所示的设置。

步骤 05 单击“编辑”对话框中的按钮 确定(O)，完成视图的编辑，然后单击“视图管理器” 对话框中的 关闭 按钮。

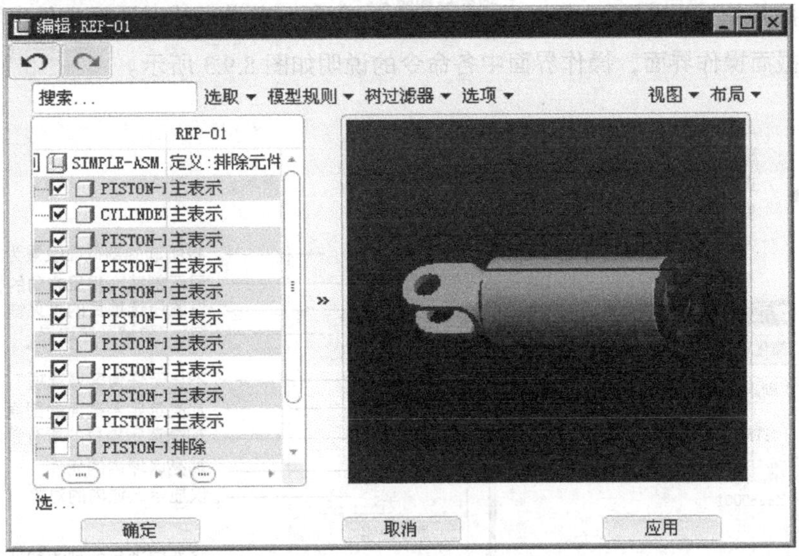

图 8.8.4 “编辑”对话框（二）

用户可以为装配体创建多个简化表示，每一个都对应于装配体的某个局部，在进行不同局部的设计时，可将相应的简化表示设置到当前工作区中。操作方法：在“视图管理器”对话框中，选择相应的视图名称，然后双击（或选中视图名称后，选择 选项 → 设置为活动 命令）。此时在当前视图名称前有一个红色箭头指示，如图 8.8.2 所示。

8.9 剖截面

剖截面（X-Section）也称 X 截面、横截面，它的主要作用是查看模型剖切的内部形状和结构，在零件模块或装配模块中创建的剖截面，可用于在工程图模块中生成剖视图。

在 Pro/ENGINEER 中，剖截面分两种类型：

- “平面”剖截面：用单个平面对模型进行剖切，如图 8.9.1 所示。
- “偏距”剖截面：用草绘的曲面对模型进行剖切，如图 8.9.2 所示。

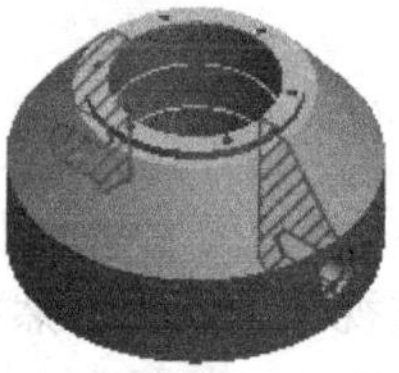

图 8.9.1 “平面”剖截面

图 8.9.2 “偏距”剖截面

选择下拉菜单 视图(V) → 视图管理器(W) 命令，在弹出的对话框中单击 剖面 选项卡，即可进入剖截面操作界面，操作界面中各命令的说明如图 8.9.3 所示。

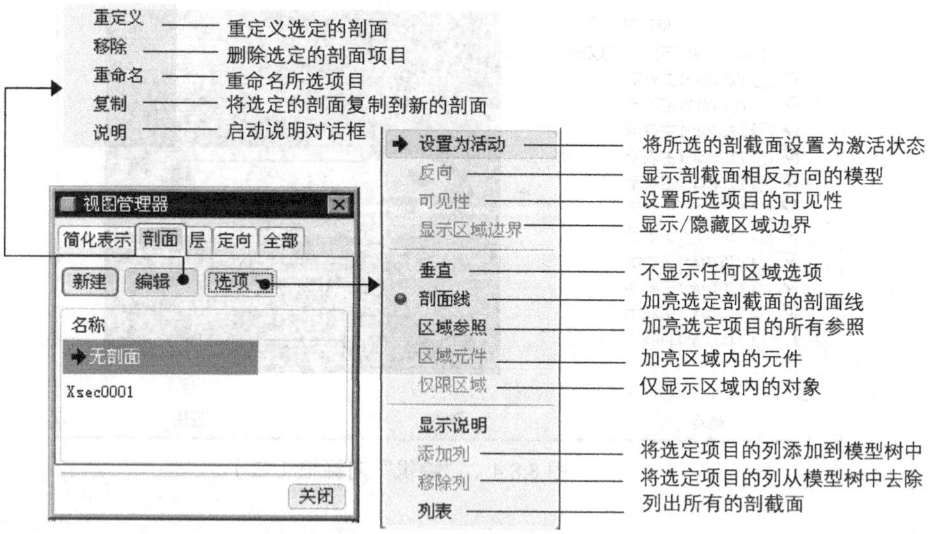

图 8.9.3 设置剖截面

1. 创建一个“平面”剖截面

下面以一个零件模型为例，说明创建图 8.9.1 所示的“平面”剖截面的一般操作过程。

步骤 01 将工作目录设置至 D：\proedq5\work\ch08.09，打开文件 plane-section。

步骤 02 选择下拉菜单 视图(V) ➡ 视图管理器(W) 命令。

步骤 03 单击 剖面 选项卡，在图 8.9.3 所示的剖面操作界面中单击 新建 按钮，输入名称 plane-section，并按回车键。

步骤 04 选择截面类型。在弹出的图 8.9.4 所示的菜单管理器中，选择默认的 Planar（平面） ➡ Single（单一） 命令，并选择 Done（完成） 命令。

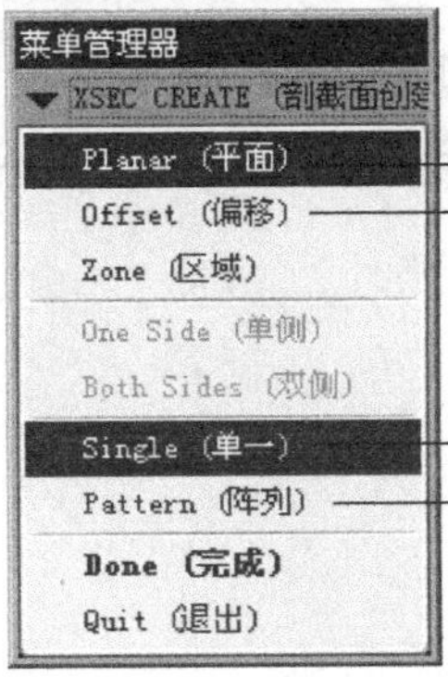

图 8.9.4 “剖截面创建”菜单

步骤 05 定义剖切平面。

（1）在图 8.9.5 所示的 SETUP PLANE（设置平面） 菜单中，选择 Plane（平面） 命令。

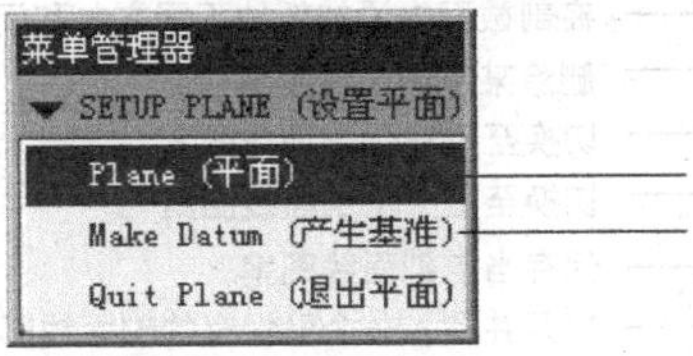

图 8.9.5 “设置平面”菜单

（2）在图 8.9.6 所示的模型中选取 FRONT 基准平面。

（3）此时系统返回图 8.9.3 所示的剖面操作界面，双击剖面名称“plane-section”，在 Plane-Section 状态下，模型上显示新建的剖面。

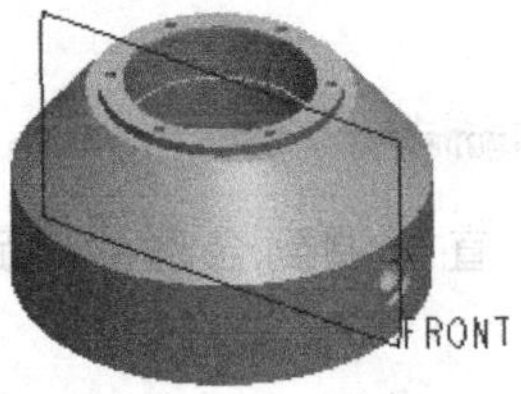

图 8.9.6 选取剖切平面

步骤 06 修改剖截面的剖面线间距。

（1）在剖面操作界面中，选取要修改的剖截面名称 plane-section，然后选择 编辑 ▾ ➡ 重定义 命令。

（2）在图 8.9.7 所示的 ▼ XSEC MODIFY（剖截面修改）菜单中，选择 Hatching（剖面线）命令。

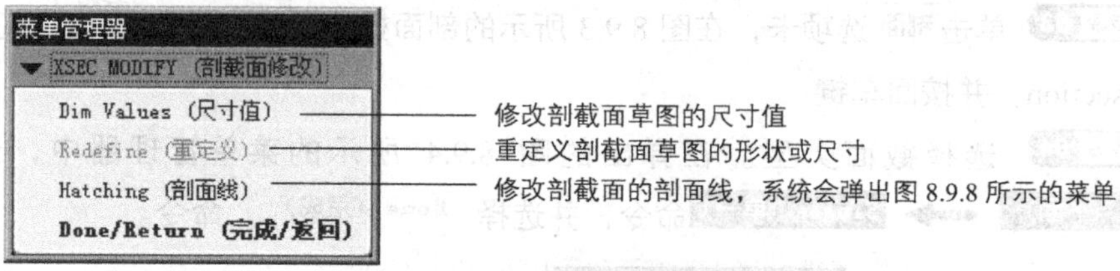

图 8.9.7 “剖截面修改”菜单

（3）在图 8.9.8 所示的 ▼ XSEC MODIFY（剖截面修改）菜单中，选择 Spacing（间距）命令。

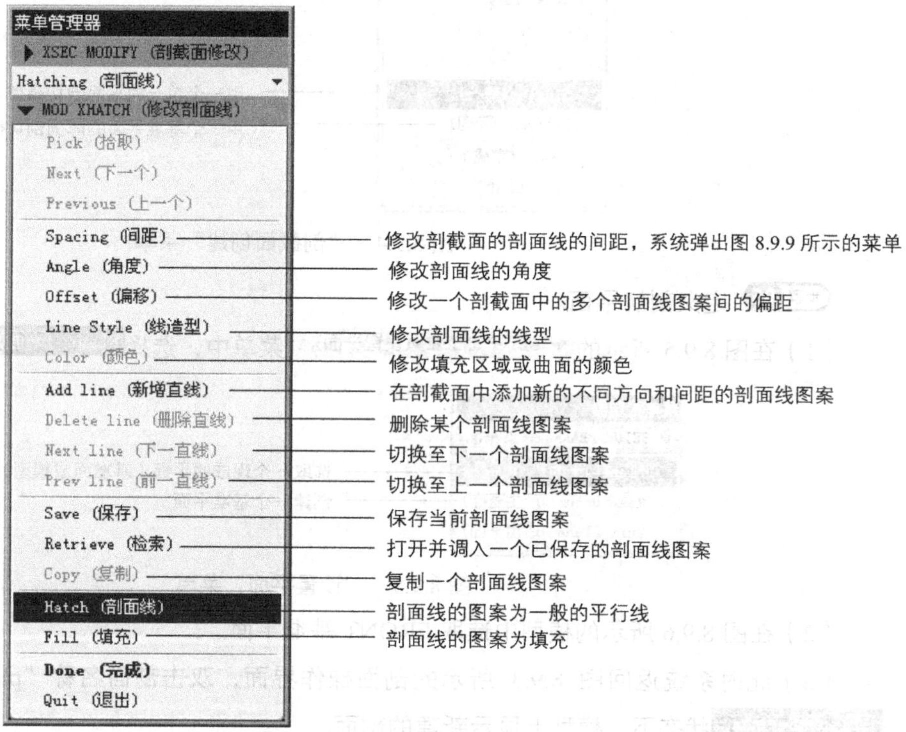

图 8.9.8 “修改剖面线”菜单

（4）在图 8.9.9 所示的 ▼ MODIFY MODE（修改模式）菜单中，连续选择 Half（一半）命令，观察零件模型中剖面线间距的变化，直到调到合适的间距，然后选择 Done（完成）➡ Done/Return（完成/返回）命令。

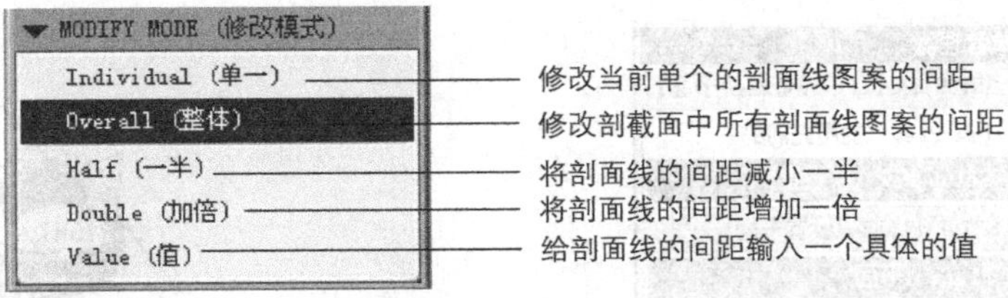

图 8.9.9 “修改模式”菜单

步骤 07 此时系统返回图 8.9.3 所示的剖面操作界面，单击 关闭 按钮。

2. 创建一个“偏距”剖截面

下面还是以一个零件模型为例，说明创建图 8.9.2 所示的“偏距”剖截面的一般操作过程：

步骤 01 将工作目录设置至 D:\ proedq5\work\ch08.09，打开文件 offset-section。

步骤 02 选择下拉菜单 视图(V) ➡ 视图管理器(W) 命令。

步骤 03 单击 剖面 选项卡，在其选项卡中单击 新建 按钮，输入名称 offset-section，并按回车键。

步骤 04 选择截面类型。在图 8.9.10 所示的 XSEC CREATE (剖截面创建) 菜单中，依次选择 Offset (偏移) ➡ Both Sides (双侧) ➡ Single (单一) ➡ Done (完成) 命令。

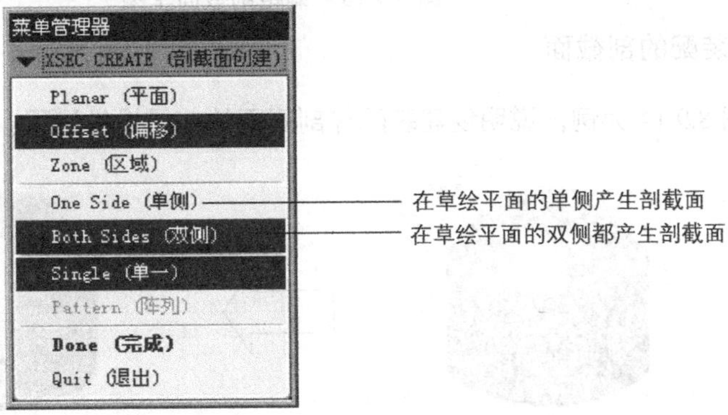

图 8.9.10 “剖截面创建”菜单

步骤 05 绘制偏距剖截面草图。

（1）定义草绘平面：在图 8.9.11 所示的 SETUP SK PLN (设置草绘平面) 菜单中，选择 Setup New (新设置) ➡ Plane (平面) 命令，然后选取模型中的 RIGHT 基准平面，如图 8.9.12 所示。

图 8.9.11 “设置草绘平面”菜单

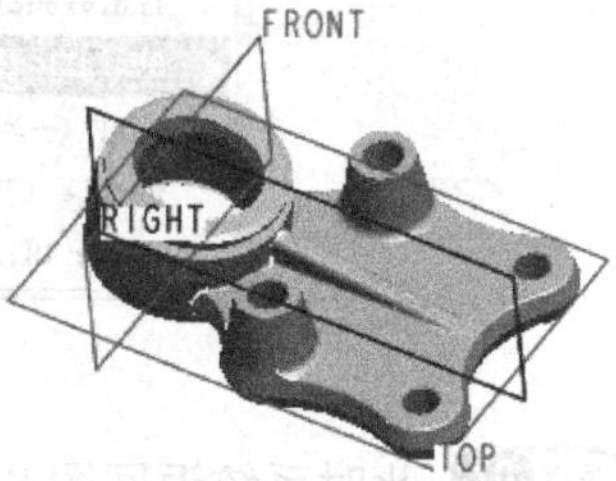

图 8.9.12 选取草绘平面

(2) 在 ▼ DIRECTION (方向) 菜单中，选择 **Okay (确定)** 命令。

(3) 在 ▼ SKET VIEW (草绘视图) 菜单中，选择 **Default (缺省)** 命令。

(4) 绘制图 8.9.13 所示的偏距剖截面草图，完成后单击“完成”按钮✓。

步骤 06 如有必要，可按前面介绍的方法修改剖截面的剖面线间距。

步骤 07 在剖面操作界面中单击 关闭 按钮。

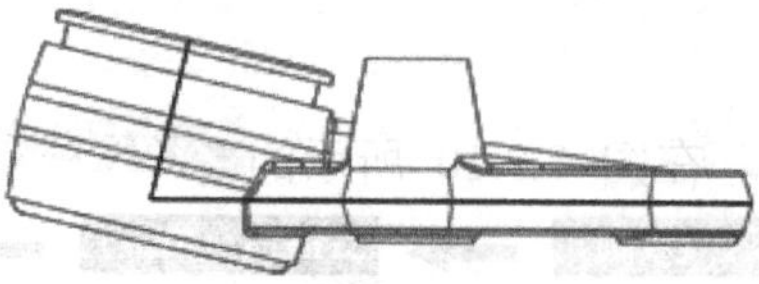

图 8.9.13 偏距剖截面草图

3. 创建装配的剖截面

下面以图 8.9.14 为例，说明创建装配件剖截面的一般操作过程：

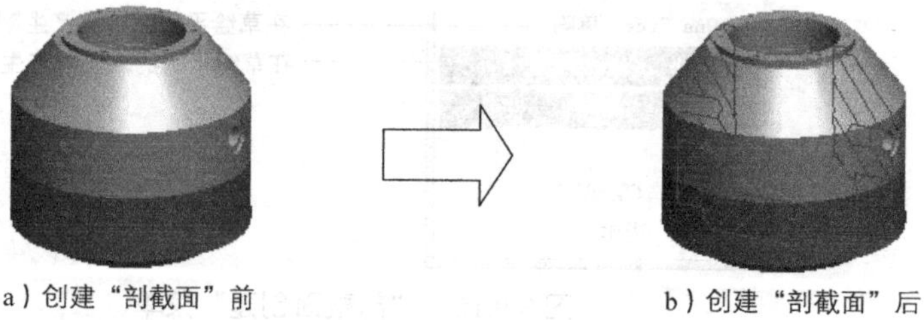

a) 创建“剖截面”前　　b) 创建“剖截面”后

图 8.9.14 装配件的剖截面

步骤 01 将工作目录设置至 D:\proedq5\work\ch08.09，打开文件 asm-section。

步骤 02 选择下拉菜单 视图(V) → 视图管理器(W) 命令。

步骤 03 输入截面名称。在图 8.9.15 所示的 剖面 选项卡中单击 新建 按钮，输入名称 asm-section，并按回车键。

步骤 04 选择截面类型。在图 8.9.16 所示的 ▼ XSEC OPTS (剖截面选项) 菜单中，选择

Model（模型） ➡ Planar（平面） ➡ Single（单一） ➡ Done（完成）命令。

步骤 05 选取装配基准平面。

（1）在 ▼ SETUP PLANE（设置平面）菜单中选择 Plane（平面）命令。

（2）在系统 ➡选取或创建装配基准 的提示下，选取图 8.9.17 所示的 ASM_TOP 平面，并单击 确定(O) 按钮。

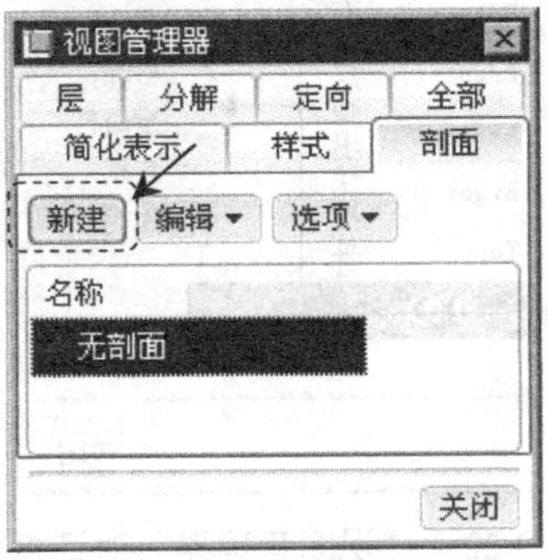

图 8.9.15 “剖面”选项卡

图 8.9.16 “剖截面选项”菜单

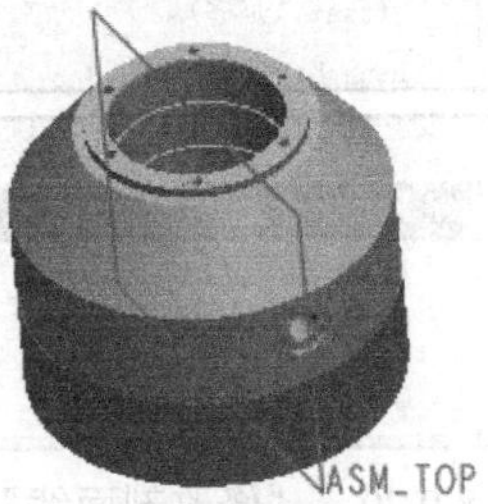

图 8.9.17 选取装配基准平面

步骤 06 设置剖面线。

（1）在图 8.9.18 所示的 剖面 选项卡中选择 Asm-Section，然后选择 编辑 ▼ ➡ 重定义 命令。

（2）在图 8.9.19 所示的 ▼ XSEC MODIFY（剖截面修改）菜单中，选择 Hatching（剖面线）命令。

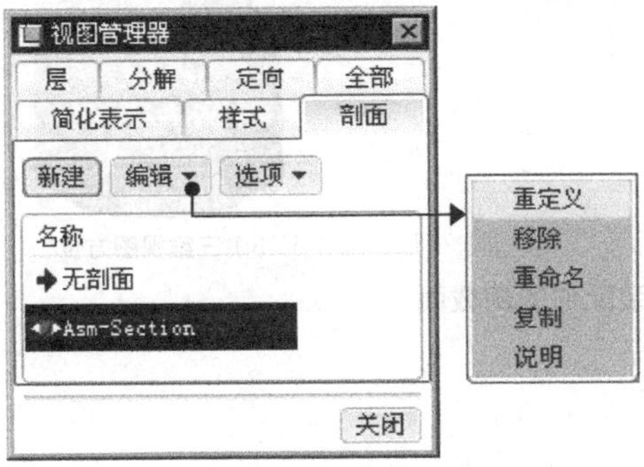

图 8.9.18 “剖面”选项卡

图 8.9.19 “剖截面修改”菜单

（3）在图 8.9.20 所示的 ▼ MOD XHATCH（修改剖面线）菜单中，选择 Pick（拾取） ➡ Hatch（剖面线）命令，然后在绘图区选取零件 hydraulic-body-lower.prt.1，此时该零件的剖面线加亮显示；然后在 ▼ MOD XHATCH（修改剖面线）菜单中选择 Angle（角度）命令。

（4）在图 8.9.21 所示的 ▼ MODIFY MODE（修改模式）菜单中选择 135（135），然后选择 Done（完成） ➡ Done/Return（完成/返回）命令。

步骤 07 定向模型方位。在图 8.9.22 所示的“视图管理器”对话框中打开 定向 选项卡，然后右击 V1，选择 ➜ 设置为活动 命令。

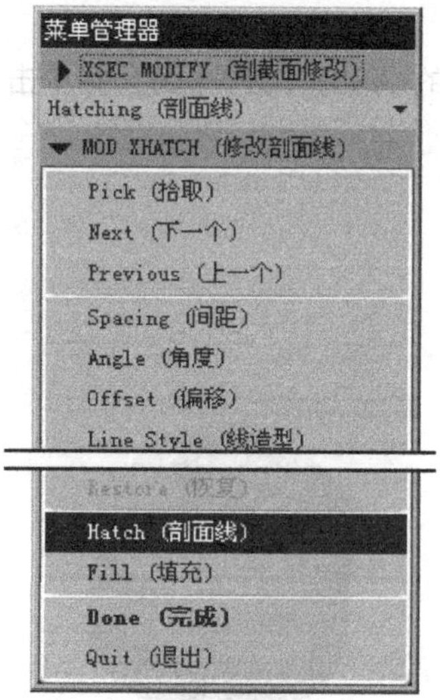

图 8.9.20 “修改剖面线”菜单

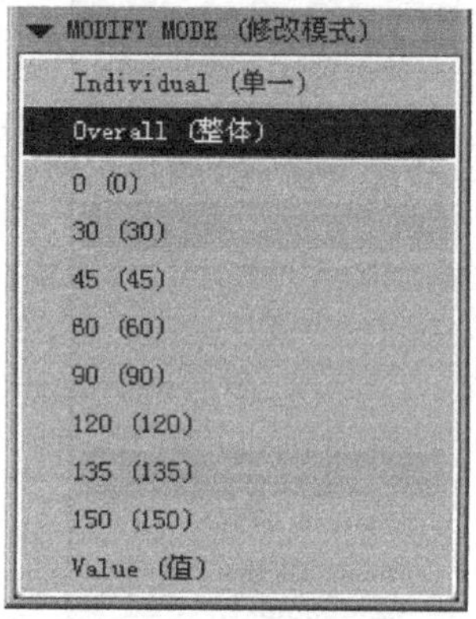

图 8.9.21 “修改模式”菜单

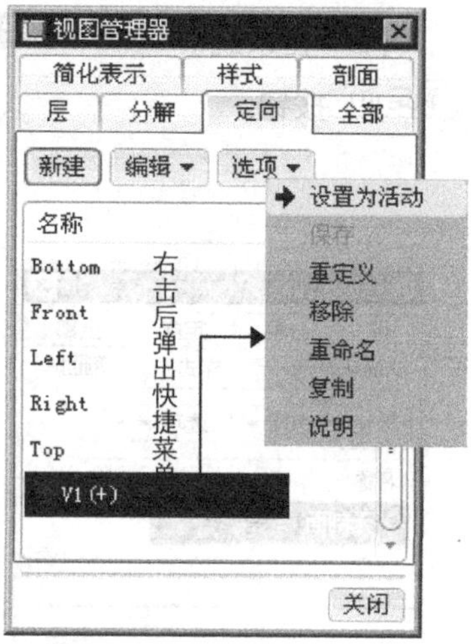

图 8.9.22 “视图管理器”对话框

步骤 08 查看剖截面。在“视图管理器”对话框中打开 剖面 选项卡，选择 Asm-Section，此时绘图区中显示装配件的剖截面，如图 8.9.23 所示。

步骤 09 在“视图管理器”对话框中单击 关闭 按钮。

a）V1 视图方位

b）三维视图方位

图 8.9.23 装配件的剖截面

8.10 分解视图

装配体的分解（Explode）状态也叫爆炸状态，就是将装配体中的各零部件沿着直线或坐标轴移动或旋转，使各个零件从装配体中分解出来，如图 8.10.1 所示。分解状态对于表达各元件的相对位置十分有帮助，因而常常用于表达装配体的装配过程及装配体的构成。

8.10.1 新建分解视图

1. 创建分解视图

下面以装配体 explode-view01.asm 为例，说明创建装配体的分解视图的一般操作过程。

步骤 01 将工作目录设置至 D:\proedq5\work\ch08.10.01，打开文件 explode-view01.asm。

步骤 02 选择下拉菜单 视图(V) ➡ 视图管理器(W) 命令，在“视图管理器”对话框的 分解 选项卡中单击 新建 按钮，输入分解视图的名称 explode-view，并按回车键。

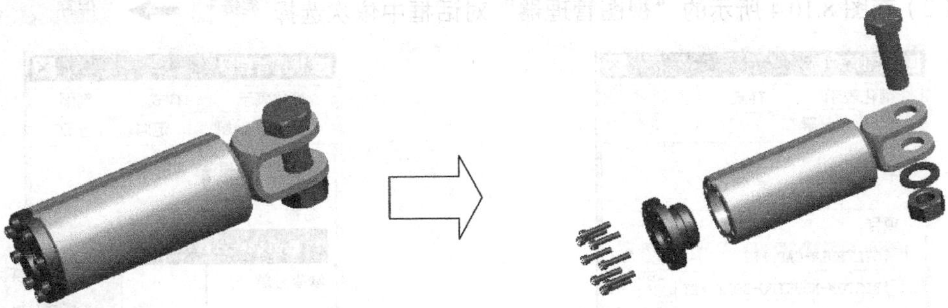

a）分解前　　b）分解后

图 8.10.1　装配体分解视图

步骤 03 单击“视图管理器”对话框中的 属性>> 按钮，在“视图管理器”对话框中单击 按钮，系统弹出图 8.10.2 所示的“分解位置”操控板。

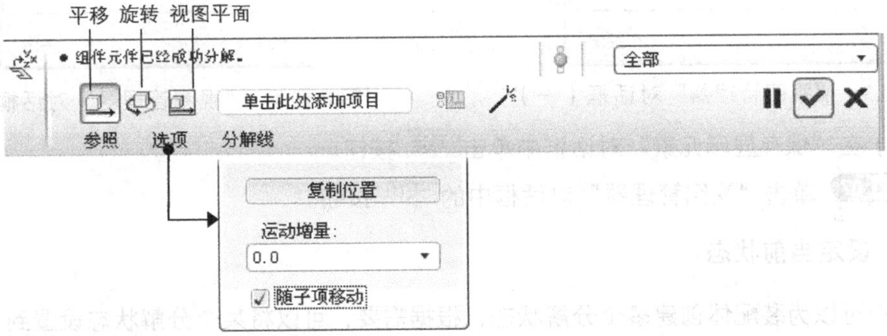

图 8.10.2　“分解位置”操控板

步骤 04 定义运动。

（1）将模型放置方位调整至图 8.10.1a 所示的“分解前”的方位，然后在“分解位置”操控板中单击“平移”按钮。

（2）选取 8 个螺钉，此时系统会在螺钉上显示一个参照坐标系，拖动坐标系的轴，移动鼠标，向左方移动零件。

（3）选取 cylinder-cap.prt，向左移动零件。

（4）选择 piston-rod-bolt.prt..，向上移动该零件。

（5）选择 piston-rod-washer.prt，向下移动该零件。

（6）选择 piston-rod-nut.prt.，向下移动该零件。

步骤 05 完成以上分解移动后，单击”分解位置”操控板中的 ✔ 按钮。

步骤 06 保存分解状态。

（1）在图 8.10.3 所示的“视图管理器”对话框中单击 << ... 按钮。

（2）在图 8.10.4 所示的“视图管理器”对话框中依次选择 编辑 ▾ ➡ 保存... 命令。

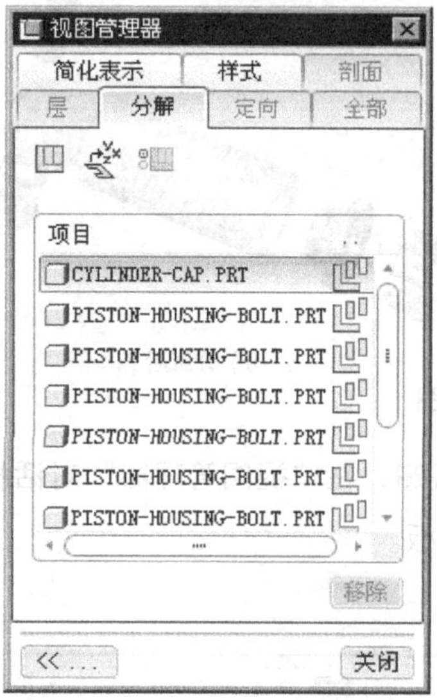

图 8.10.3 “视图管理器”对话框（一）

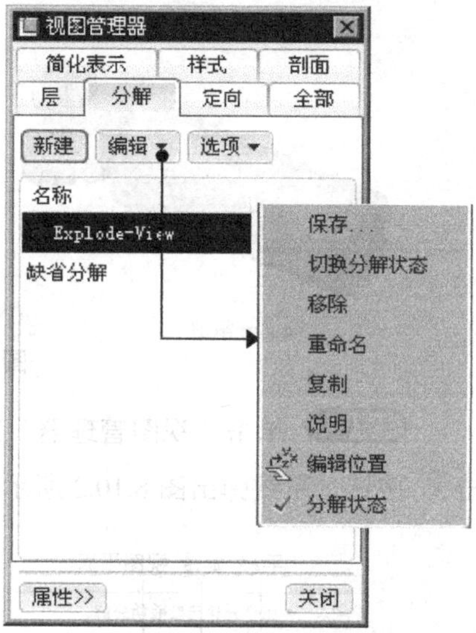

图 8.10.4 “视图管理器”对话框（二）

（3）在“保存显示元素”对话框中单击 确定 按钮。

步骤 07 单击“视图管理器”对话框中的 关闭 按钮。

2. 设定当前状态

用户可以为装配体创建多个分解状态，根据需要，可以将某个分解状态设置到当前工作区中。操作方法：在“视图管理器”对话框的 分解 选项卡中，选择相应的视图名称，然后双击；或选中视图名称后，选择 选项 ▾ ➡ ➔ 设置为活动 命令。此时在当前视图位置有一个红色箭头指示。

3. 取消分解视图的分解状态

选择下拉菜单 视图(V) ➡ 分解(X) ▸ ➡ 取消分解视图(U) 命令，可以取消分解视图的分解状态，从而回到正常状态。

8.10.2 创建分解步路线

下面以图 8.10.5 为例，说明创建分解步路线的一般操作过程。

步骤 01 将工作目录设置至 D:\proedq5\work\ch08.10.02，打开文件 explode-view02.asm。

步骤 02 选择下拉菜单 视图(V) → 视图管理器(W) 命令，在“视图管理器”对话框的 分解 选项卡中单击 新建 按钮，输入分解名称 explode-view。

步骤 03 创建装配体的分解状态。将装配体中的各零件移至图 8.10.5 所示的方位。

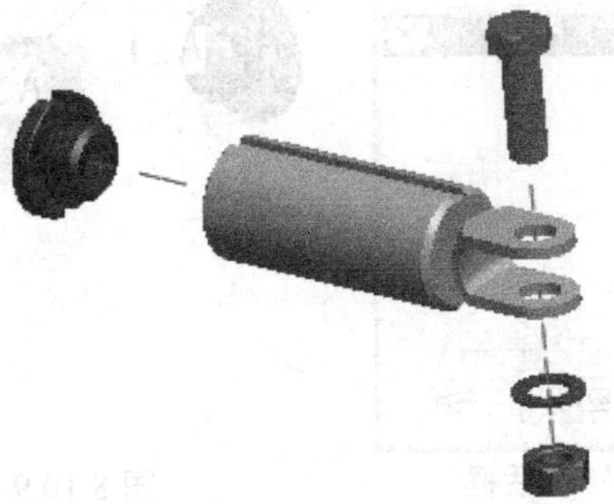

图 8.10.5 创建装配体的分解步路线

步骤 04 修改偏距线的样式。

（1）单击“分解位置”操控板中的 分解线 按钮，然后再单击 缺省线造型 按钮。

（2）系统弹出图 8.10.6 所示的“线体”对话框，在下拉列表中选择 短划线 线型，单击 应用 → 关闭 按钮。

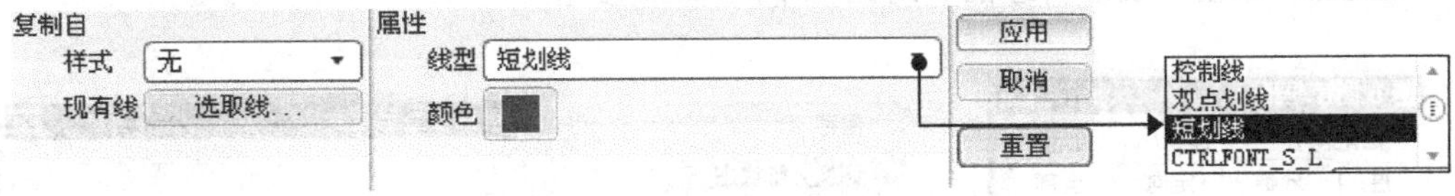

图 8.10.6 “线体”对话框

步骤 05 创建装配体的分解状态的偏距线。

（1）单击“分解位置”操控板中的 分解线 按钮，然后再单击“创建修饰偏移线”按钮，如图 8.10.7 所示。

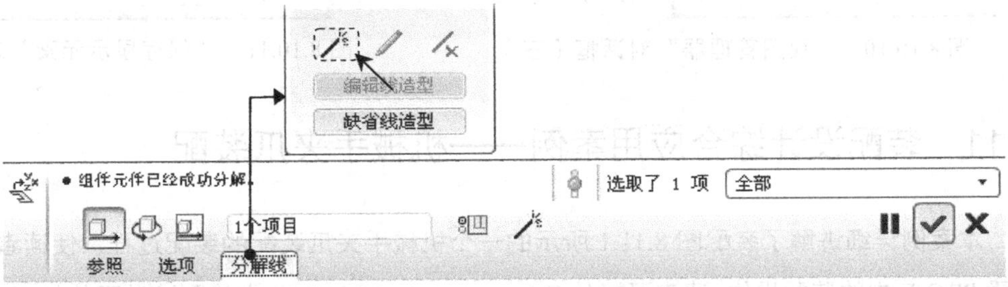

图 8.10.7 “分解位置”操控板

（2）此时系统弹出图 8.10.8 所示的“修饰偏移线”对话框，在智能选取栏中选择 轴。

（3）分别选择图 8.10.9 所示的两条轴线，单击 应用 按钮。

（4）完成同样的操作后，单击 关闭 按钮然后，然后单击操控板中的 ✓ 按钮。

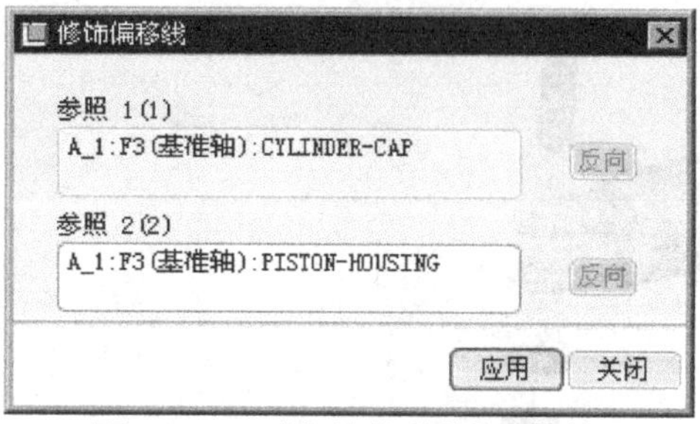

图 8.10.8 “修饰偏移线”对话框

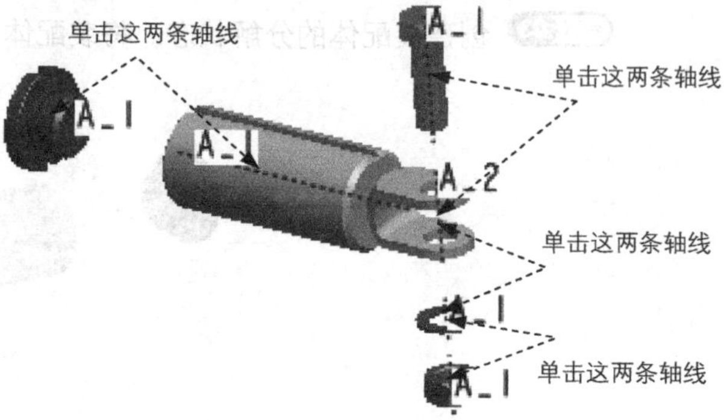

图 8.10.9 操作过程

步骤 06 保存分解状态。

（1）在“视图管理器”对话框中单击 <<... 按钮。

（2）在图 8.10.10 所示的“视图管理器”对话框中依次单击 编辑 ▾ ➡ 保存... 按钮。

（3）在图 8.10.11 所示的“保存显示元素”对话框中单击 确定 按钮。

步骤 07 单击“视图管理器”对话框中的 关闭 按钮。

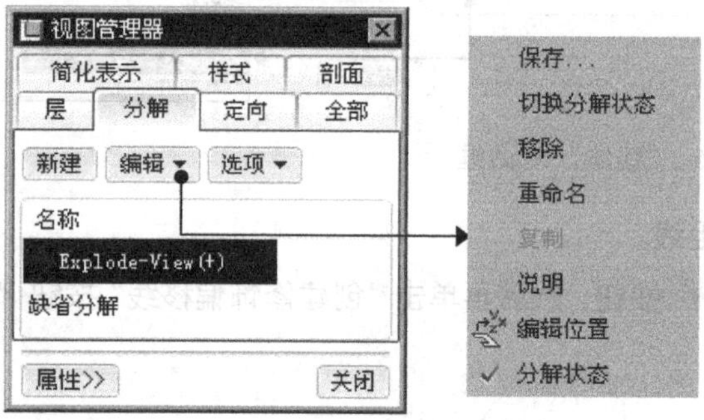

图 8.10.10 “视图管理器”对话框（三）

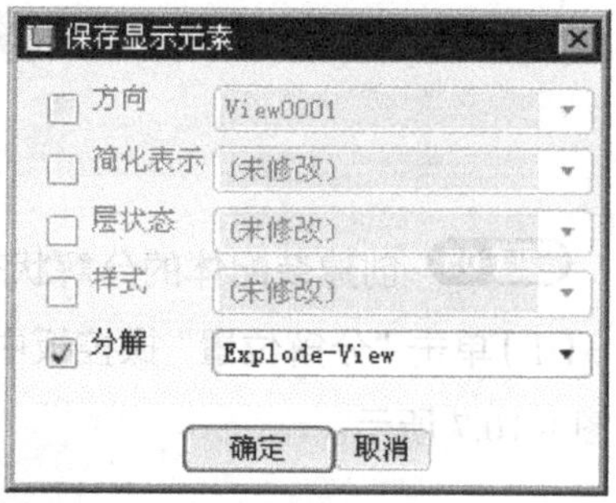

图 8.10.11 “保存显示元素”对话框

8.11 装配设计综合应用案例——机械手夹爪装配

本案例详细讲解了装配图 8.11.1 所示的一个机械手夹爪装配的装配过程，使读者进一步熟悉 PRO/E 中的装配操作。读者可以从 D:\proedq5\work\ch08.11 中找到该装配体的所有部件。

1. 创建活塞子装配（图 8.11.2）

图 8.11.1　机械手夹爪装配

图 8.11.2　活塞子装配

步骤 01 新建装配文件。单击“新建”按钮；在弹出的文件“新建”对话框中，选中类型选项组中的 组件，选中子类型选项组中的 设计；在名称文本框中输入文件名 piston-housing-assy.asm；取消选中 使用缺省模板复选框；单击对话框中的确定按钮。

步骤 02 选取适当的装配模板。在弹出的“新文件选项”对话框中，选取mmns_asm_design模板，然后单击确定按钮。

步骤 03 装配第一个元件。

（1）选择下拉菜单 插入(I) ➡ 元件(C) ▸ ➡ 装配(A)... 命令，然后在弹出的文件“打开”对话框中，选取 piston-housing.prt，单击打开按钮。

（2）完全约束放置第一个元件。完成上步操作后，系统弹出元件放置操控板，在该操控板中单击放置按钮，在“放置”界面的约束类型下拉列表中选择缺省选项，将元件按默认放置，此时状态区域显示的信息为完全约束；单击操控板中的✔按钮。

步骤 04 装配第二个元件。

（1）引入第二个元件 cylinder-cap.prt 并将其调整到合适的位置。

（2）创建 piston-housing 和 cylinder-cap.prt 之间的装配约束。

① 在元件放置操控板中单击放置按钮，系统弹出“放置”界面。

② 在“放置”界面的约束类型下拉列表中选择配对选项，然后选取图 8.11.3 所示的配对面，在“放置”界面的偏移下拉列表中选择重合选项。

③在“放置”界面中单击“新建约束”字符，在约束类型下拉列表中选择插入选项；然后选取图 8.11.3 所示的插入面。

④在“放置”界面中单击“新建约束”字符，在约束类型下拉列表中选择配对选项；然后选取图 8.11.3 所示的配对面，在“放置”界面的偏移下拉列表中选择角度偏移选项，并在其后的文本框中输入值 0，并按一次 Enter 键。

⑤ 单击操控板中的✔按钮，完成装配约束的创建。

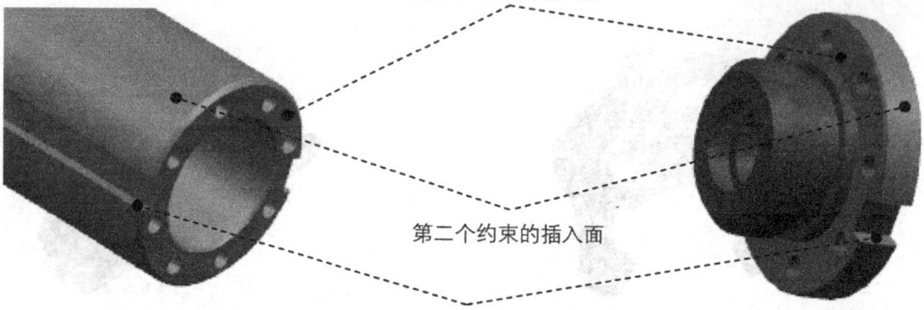

图 8.11.3 选取约束面

步骤 05 装配第三个元件。

（1）引入第三个元件 piston-housing-bolt.prt 并将其调整到合适的位置。

（2）创建 piston-housing-bolt.prt 的装配约束。在元件放置操控板中单击 放置 按钮，系统弹出“放置”界面；在“放置”界面的 约束类型 下拉列表中选择 配对 选项，然后选取图 8.11.4 所示的配对面，在“放置”界面的 偏移 下拉列表中选择 重合 选项；在“放置”界面中单击“新建约束”字符，在 约束类型 下拉列表中选择 插入 选项；然后选取图 8.11.4 所示的插入面。单击操控板中的 ✔ 按钮，完成装配约束的创建。

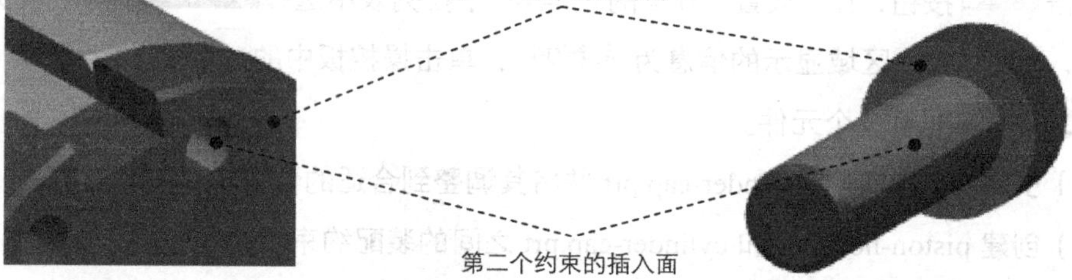

图 8.11.4 选取约束面

步骤 06 创建第三个部件的圆形阵列。在模型树中单击 piston-housing-bolt.prt（元件 3），右击，选择 阵列... 命令；在阵列操控板阵列类型框中选取 参照 ，单击“完成”按钮 ✔；保存模型文件。

2. 创建夹爪子装配（图 8.11.5）

步骤 01 新建装配文件。单击“新建”按钮 ；在弹出的文件“新建”对话框中，选中 类型 选项组中的 ◉ 组件 ，选中 子类型 选项组中的 ◉ 设计；在 名称 文本框中输入文件名

cramp-arm-asm；取消选中 使用缺省模板 复选框；单击对话框中的 确定 按钮。

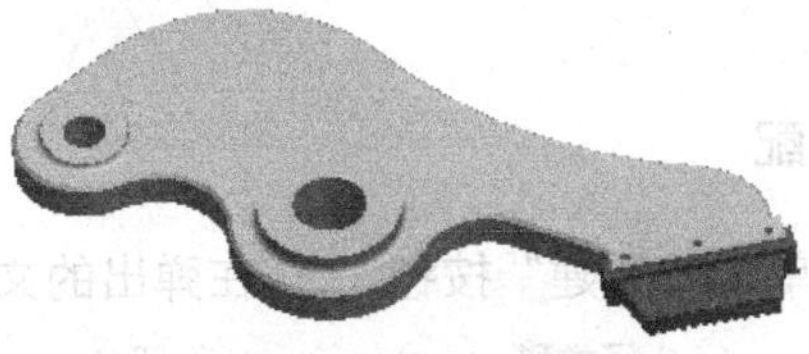

图 8.11.5 夹爪子装配

步骤 02 选取适当的装配模板。在弹出的“新文件选项”对话框中，选取 mmns_asm_design 模板，然后单击 确定 按钮。

步骤 03 装配第一个元件。

（1）选择下拉菜单 插入(I) → 元件(C) → 装配(A)... 命令，然后在弹出的文件“打开”对话框中，选取 cramp-arm.prt，单击 打开 按钮。

（2）完全约束放置第一个元件。完成上步操作后，系统弹出元件放置操控板，在该操控板中单击 放置 按钮，在“放置”界面的 约束类型 下拉列表中选择 缺省 选项，将元件按默认放置，此时 状态 区域显示的信息为 完全约束；单击操控板中的 ✓ 按钮。

步骤 04 装配第二个元件。

（1）引入第二个元件 cramp-end.prt 并将其调整到合适的位置。

（2）创建 cramp-arm.prt 和 cramp-end.prt 之间的装配约束。

① 在元件放置操控板中单击 放置 按钮，系统弹出“放置”界面。

② 在“放置”界面的 约束类型 下拉列表中选择 配对 选项，然后选取图 8.11.6 所示的配对面，在“放置”界面的 偏移 下拉列表中选择 重合 选项。

③在“放置”界面中单击“新建约束”字符，在 约束类型 下拉列表中选择 配对 选项，然后选取图 8.11.6 所示的配对面，在“放置”界面的 偏移 下拉列表中选择 重合 选项。

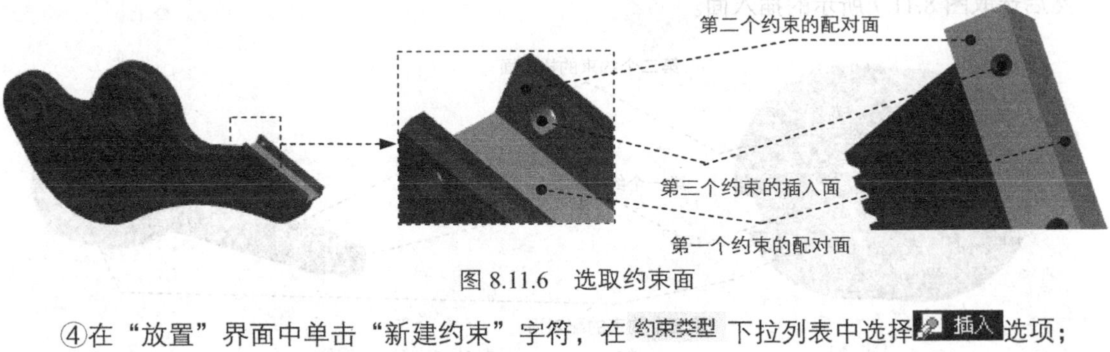

图 8.11.6 选取约束面

④在“放置”界面中单击“新建约束”字符，在 约束类型 下拉列表中选择 插入 选项；然后选取图 8.11.6 所示的插入面。

⑤ 单击操控板中的✓按钮，完成装配约束的创建。

（3） 保存模型文件。

3. 创建机械手夹爪总装配

步骤 01 新建装配文件。单击“新建”按钮；在弹出的文件“新建”对话框中，选中 类型 选项组中的 ◉ 组件，选中 子类型 选项组中的 ◉ 设计；在 名称 文本框中输入文件名 crusher-assy-asm；取消选中 □ 使用缺省模板 复选框；单击对话框中的 确定 按钮。

步骤 02 选取适当的装配模板。在弹出的“新文件选项”对话框中，选取 mmns_asm_design 模板，然后单击 确定 按钮。

步骤 03 装配第一个元件。

（1）选择下拉菜单 插入(I) → 元件(C) ▸ → 装配(A)... 命令。然后在弹出的文件“打开”对话框中，选取 piston-housing-assy.asm.，单击 打开 按钮。

（2）完全约束放置第一个元件。完成上步操作后，系统弹出元件放置操控板，在该操控板中单击 放置 按钮，在“放置”界面的 约束类型 下拉列表中选择 缺省 选项，将元件按默认放置，此时 状态 区域显示的信息为 完全约束；单击操控板中的✓按钮。

步骤 04 装配第二个元件。

（1）引入第二个元件 piston-rod.prt 并将其调整到合适的位置。

（2）创建 piston-housing-assy.asm 和 piston-rod.prt 之间的装配约束。

① 在元件放置操控板中单击 放置 按钮，系统弹出“放置”界面。

② 在“放置”界面的 约束类型 下拉列表中选择 配对 选项，然后选取图 8.11.7 所示的配对面，在“放置”界面的 偏移 下拉列表中选择 重合 选项。

③在“放置”界面中单击“新建约束”字符，在 约束类型 下拉列表中选择 插入 选项；然后选取图 8.11.7 所示的插入面。

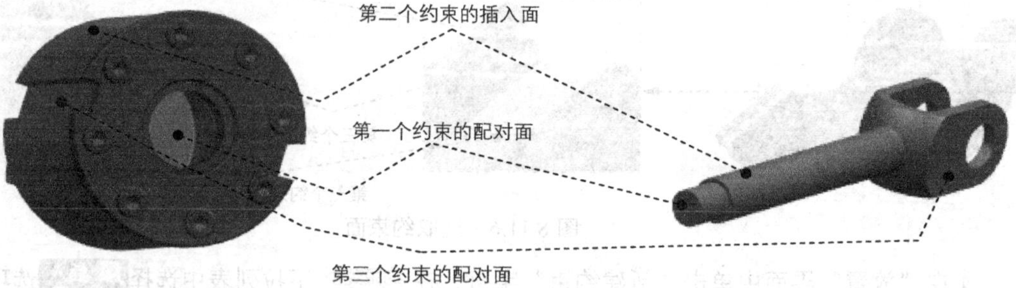

图 8.11.7 选取约束面

④在“放置”界面中单击“新建约束”字符，取消选中 □ 允许假设 复选框，在 约束类型 下

拉列表中选择 配对 选项；然后选取图 8.11.7 所示的配对面，在“放置”界面的 偏移 下拉列表中选择 角度偏移 选项，并在其后的文本框中输入值 0，并按一次 Enter 键。

⑤ 单击操控板中的 按钮，完成装配约束的创建。

步骤 05 装配第三个元件。

（1）引入第三个元件 connector-part.prt 并将其调整到合适的位置。

（2）创建 connector-part.prt 的装配约束

① 在元件放置操控板中单击 放置 按钮，系统弹出“放置”界面。

② 在“放置”界面的 约束类型 下拉列表中选择 配对 选项，然后选取图 8.11.8 所示的配对面，在“放置”界面的 偏移 下拉列表中选择 重合 选项。

③在“放置”界面中单击“新建约束”字符，在 约束类型 下拉列表中选择 配对 选项，然后选取图 8.11.8 所示的配对面，在“放置”界面的 偏移 下拉列表中选择 重合 选项。

④在“放置”界面中单击“新建约束”字符，在 约束类型 下拉列表中选择 对齐 选项，然后选取图 8.11.8 所示的配对面，在“放置”界面的 偏移 下拉列表中选择 偏移 选项，并输入偏移值-68。

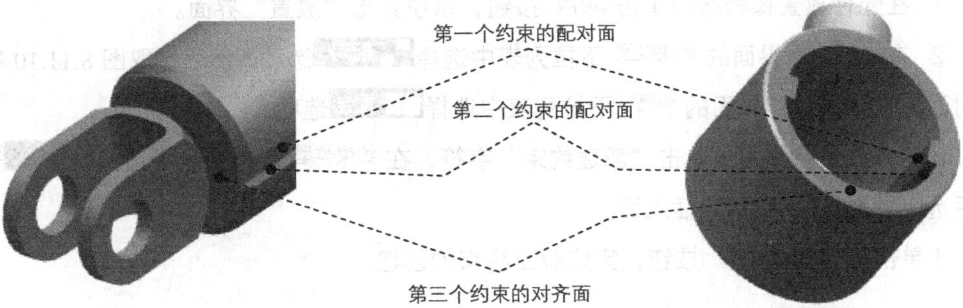

图 8.11.8 选取约束面

⑤单击操控板中的 按钮，完成装配约束的创建。

步骤 06 添加夹爪子装配。

（1）引入夹爪子装配 cramp-arm-asm.prt 并将其调整到合适的位置。

（2）创建 cramp-arm-asm.prt 的装配约束。

① 在元件放置操控板中单击 放置 按钮，系统弹出“放置”界面。

② 在“放置”界面的 约束类型 下拉列表中选择 配对 选项，然后选取图 8.11.9 所示的配对面，在“放置”界面的 偏移 下拉列表中选择 重合 选项。

③在“放置”界面中单击“新建约束”字符，在 约束类型 下拉列表中选择 插入 选项；然后选取图 8.11.9 所示的插入面。

④在“放置”界面中单击“新建约束”字符，在 约束类型 下拉列表中选择 配对 选项；并调整方向，然后选取图 8.11.9 所示的配对面，在“放置”界面的 偏移 下拉列表中选择 角度偏移 选项，并在其后的文本框中输入值-149，并按一次 Enter 键。

⑤ 单击操控板中的 ✓ 按钮，完成装配约束的创建。

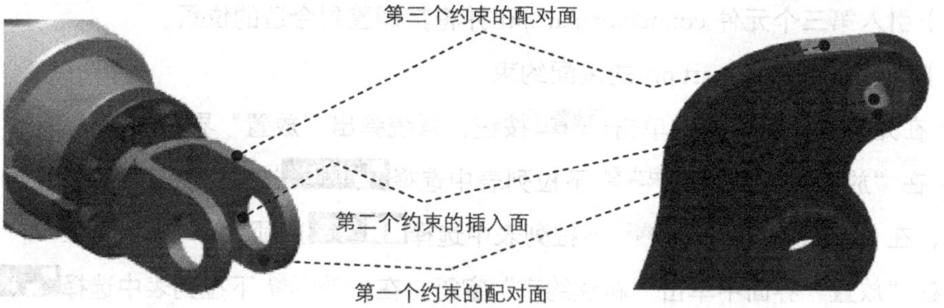

图 8.11.9 选取约束面

步骤 07 装配垫圈。

（1）引入垫圈 piston-rod-washer.prt 并将其调整到合适的位置。

（2）创建 piston-rod-washer.prt 的装配约束。

① 在元件放置操控板中单击 放置 按钮，系统弹出“放置”界面。

② 在“放置”界面的 约束类型 下拉列表中选择 配对 选项，然后选取图 8.11.10 所示的配对面，在“放置”界面的 偏移 下拉列表中选择 重合 选项。

③在“放置”界面中单击“新建约束”字符，在 约束类型 下拉列表中选择 插入 选项；然后选取图 8.11.10 所示的插入面。

④单击操控板中的 ✓ 按钮，完成装配约束的创建。

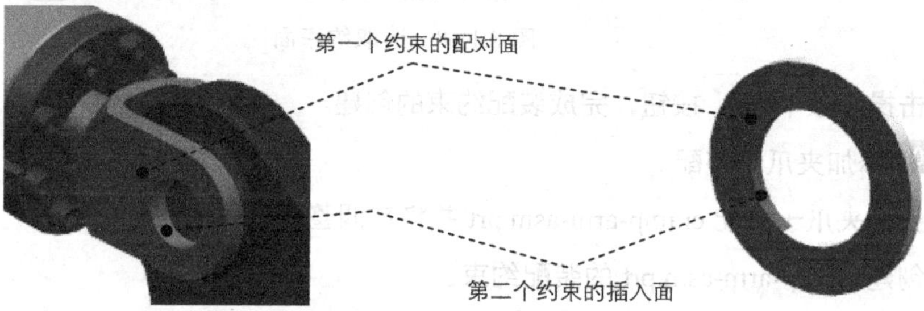

图 8.11.10 选取约束面

步骤 08 装配螺栓。

（1）引入螺栓 piston-rod-bolt.prt 并将其调整到合适的位置。

（2）创建 piston-rod-bolt.prt 的装配约束。

① 在元件放置操控板中单击 放置 按钮，系统弹出“放置”界面。

② 在“放置”界面的 约束类型 下拉列表中选择 配对 选项，然后选取图 8.11.11 所示的配对面，在“放置”界面的 偏移 下拉列表中选择 重合 选项。

③在“放置”界面中单击“新建约束”字符，在 约束类型 下拉列表中选择 插入 选项；然后选取图 8.11.11 所示的插入面。

④单击操控板中的 ✓ 按钮，完成装配约束的创建。

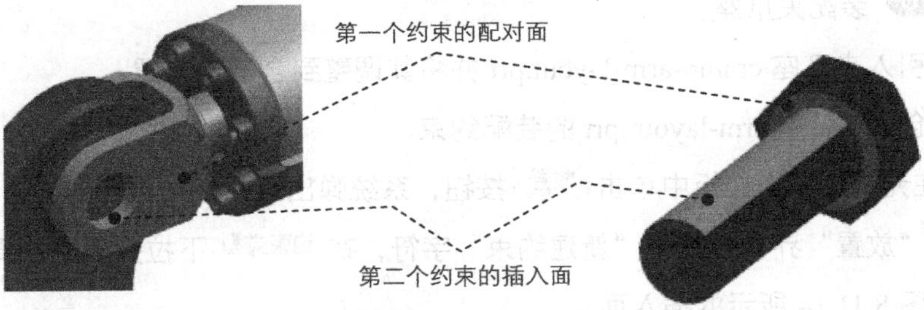

图 8.11.11　选取约束面

步骤 09 装配螺母。

（1）引入螺母 piston-rod-nut.prt 并将其调整到合适的位置。

（2）创建 piston-rod-nut.prt 的装配约束。

① 在元件放置操控板中单击 放置 按钮，系统弹出“放置”界面。

② 在“放置”界面的 约束类型 下拉列表中选择 配对 选项，然后选取图 8.11.12 所示的配对面，在“放置”界面的 偏移 下拉列表中选择 重合 选项。

③在“放置”界面中单击“新建约束”字符，在 约束类型 下拉列表中选择 插入 选项；然后选取图 8.11.12 所示的插入面。

④单击操控板中的 ✓ 按钮，完成装配约束的创建。

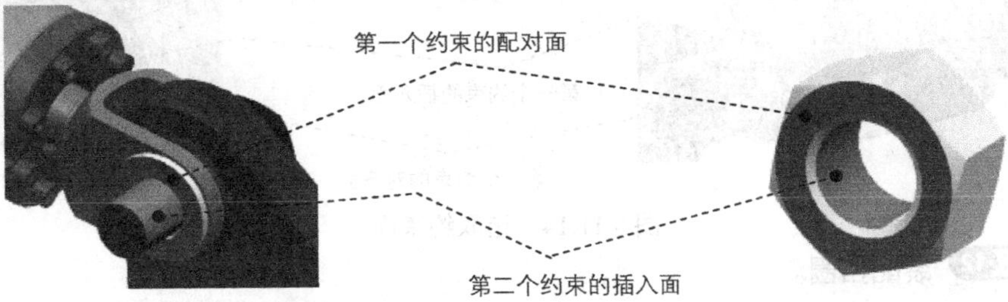

图 8.11.12　选取约束面

步骤 10 添加另一侧的夹爪子装配（cramp-arm-asm.prt）、垫圈（piston-rod-washer.prt）、螺栓（piston-rod-bolt.prt）及螺母（piston-rod-nut.prt），结果如图 8.11.13 所示。

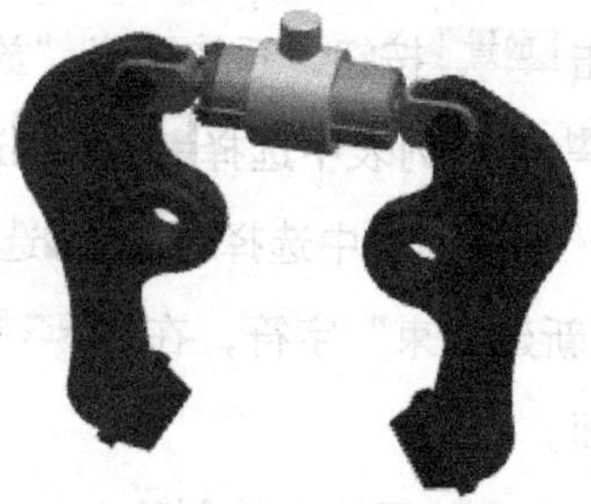

图 8.11.13　装配结果

步骤 11 装配夹爪座。

（1）引入夹爪座 cramp-arm-layout.prt 并将其调整到合适的位置。

（2）创建 cramp-arm-layout.prt 的装配约束。

① 在元件放置操控板中单击 放置 按钮，系统弹出“放置”界面。

②在“放置”界面中单击“新建约束”字符，在 约束类型 下拉列表中选择 插入 选项；然后选取图 8.11.14 所示的插入面。

③在“放置”界面的 约束类型 下拉列表中选择 配对 选项，然后选取图 8.11.14 所示的配对面，在“放置”界面的 偏移 下拉列表中选择 偏移 选项，在偏移文本框中输入数值-32，并按一次 Enter 键。

④在“放置”界面中单击“新建约束”字符，在 约束类型 下拉列表中选择 对齐 选项；然后选取图 8.11.14 所示的配对面，在“放置”界面的 偏移 下拉列表中选择 角度偏移 选项，并在其后的文本框中输入值 0，并按一次 Enter 键。

⑤单击操控板中的 ✓ 按钮，完成装配约束的创建。

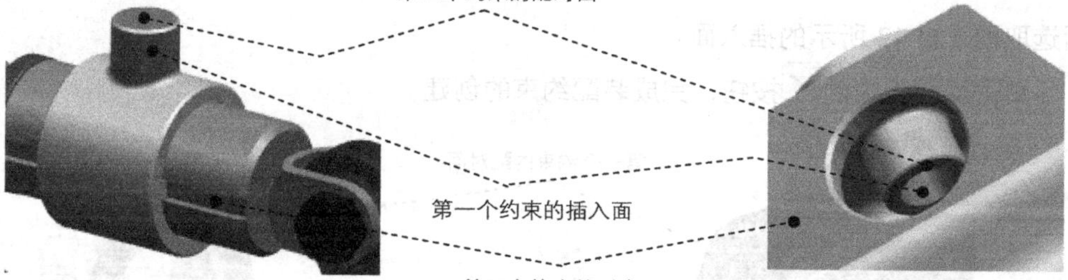

图 8.11.14　选取约束面

步骤 12 装配挡圈。

（1）引入挡圈 circlip-03.prt 并将其调整到合适的位置。

（2）创建 circlip-03.prt 的装配约束。在元件放置操控板中单击 放置 按钮，系统弹出“放置”界面；在“放置”界面的 约束类型 下拉列表中选择 配对 选项，然后选取图 8.11.15 所示的配对面，在“放置”界面的 偏移 下拉列表中选择 重合 选项；在“放置”界面中单击“新建约束”字符，在 约束类型 下拉列表中选择 插入 选项；然后选取图 8.11.15 所示的插入面；单击操控板中的 ✔ 按钮，完成装配约束的创建。

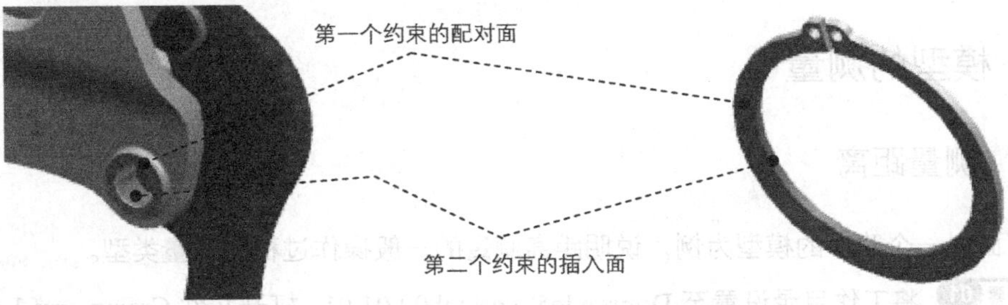

图 8.11.15 选取约束面

步骤 13 装配螺栓。

(1) 引入螺栓 pin-bolt.prt 并将其调整到合适的位置。

(2) 创建 pin-bolt.prt 的装配约束。在元件放置操控板中单击 放置 按钮，系统弹出“放置”界面；在“放置”界面的 约束类型 下拉列表中选择 配对 选项，然后选取图 8.11.16 所示的配对面，在“放置”界面的 偏移 下拉列表中选择 重合 选项；在“放置”界面中单击“新建约束”字符，在 约束类型 下拉列表中选择 插入 选项；然后选取图 8.11.16 所示的插入面；单击操控板中的 ✔ 按钮，完成装配约束的创建。

步骤 14 参照 步骤 12 和 步骤 13，添加另一侧的挡圈（circlip-03）及螺栓（pin-bolt.prt），结果如图 8.11.17 所示。

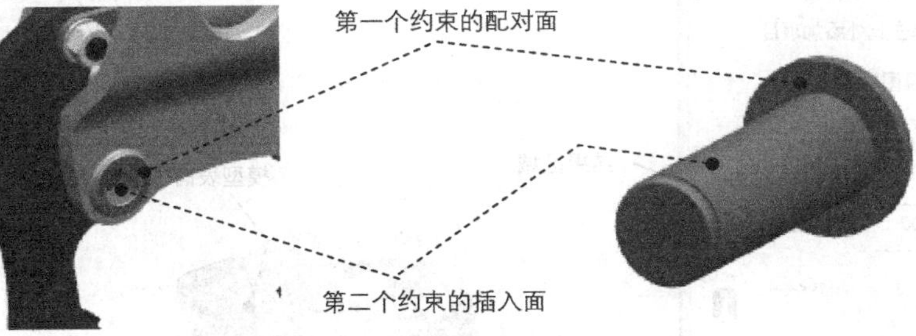

图 8.11.16 选取约束面

图 8.11.17 装配结果

步骤 15 保存文件，文件名称为 crusher-assy-asm。

第 9 章 模型的测量与分析

9.1 模型的测量

9.1.1 测量距离

下面以一个简单的模型为例，说明距离测量的一般操作过程和测量类型。

步骤 01 将工作目录设置至 D:\proedq5\work\ch09.01.01，打开文件 Cramp-arm-layout.prt。

步骤 02 选择下拉菜单 分析(A) ➡ 测量(M) ▸ ➡ 距离(D) 命令，系统弹出“距离”对话框。

步骤 03 测量面到面的距离。

（1）在图 9.1.1 所示的“距离”对话框中，打开分析选项卡。

（2）先选取图 9.1.2 所示的模型表面 1，然后选取图 9.1.2 所示的模型表面 2。

（3）在图 9.1.1 所示的分析选项卡的结果区域中，可查看测量后的结果。

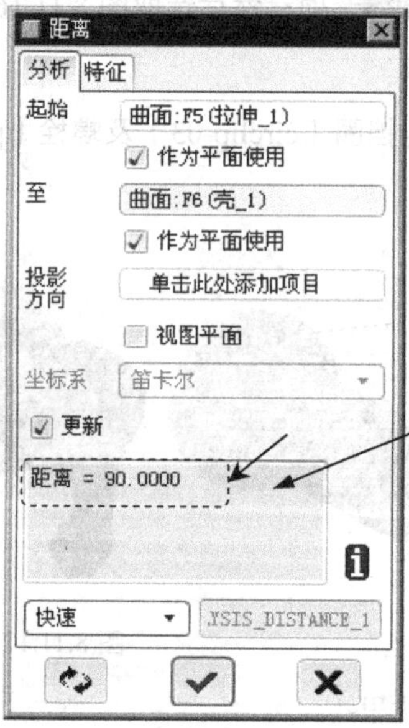

图 9.1.1 “距离”对话框

图 9.1.2 测量面到面的距离

步骤 04 测量点到面的距离，如图 9.1.3 所示。操作方法参见步骤 03。

步骤 05 测量点到线的距离，如图 9.1.4 所示。操作方法参见步骤 03。

步骤 06 测量线到线的距离，如图 9.1.5 所示。操作方法参见步骤 03。

步骤 07 测量点到点的距离，如图 9.1.6 所示。操作方法参见步骤 03。

步骤 08 测量点到坐标系距离，如图 9.1.7 所示。操作方法参见步骤 03。

步骤 09 测量点到曲线的距离，如图 9.1.8 所示。操作方法参见步骤 03。

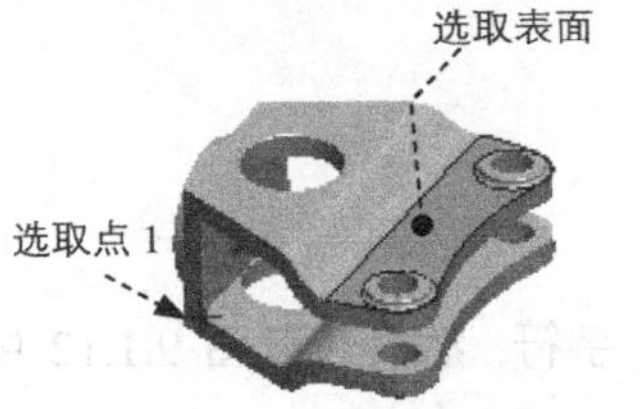

图 9.1.3 点到面的距离

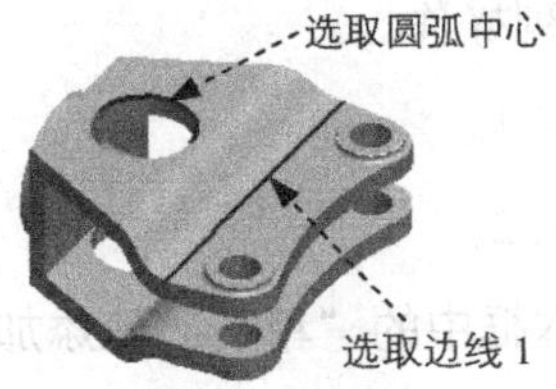

图 9.1.4 点到线的距离

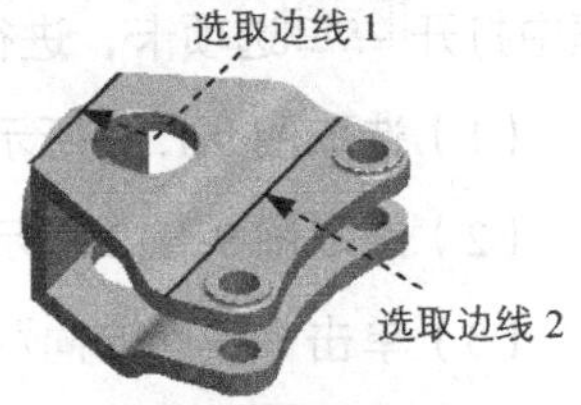

图 9.1.5 线到线的距离

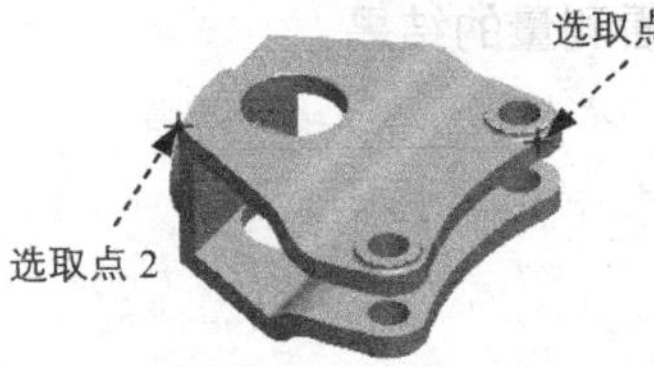

图 9.1.6 点到点的距离

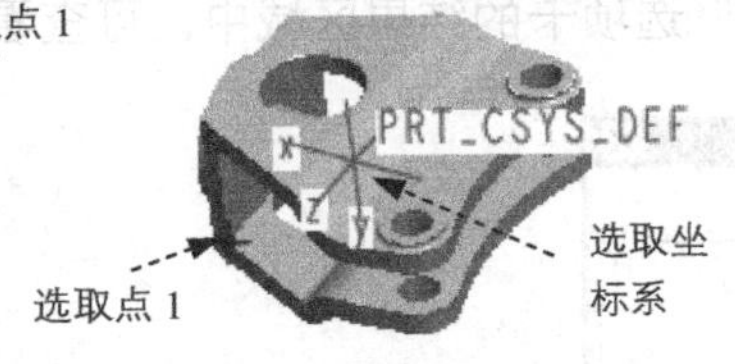

图 9.1.7 点到坐标系的距离

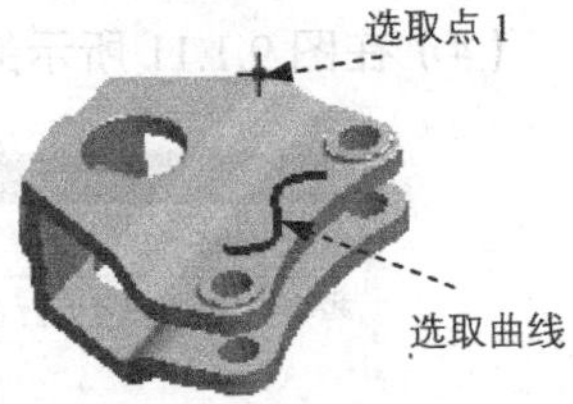

图 9.1.8 点到曲线的距离

步骤 10 测量点与点间的投影距离，投影参照为平面。在图 9.1.9 所示的“距离”对话框中打开分析选项卡，进行下列操作。

（1）选取图 9.1.10 所示的点 1。

（2）选取图 9.1.10 所示的点 2。

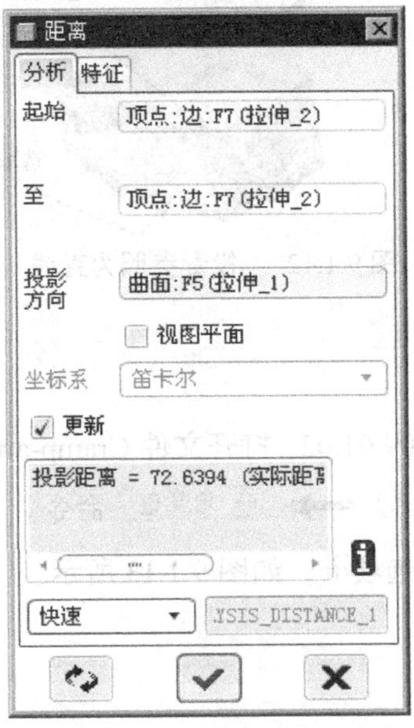

图 9.1.9 “距离”对话框

图 9.1.10 投影参照为平面

（3）在“投影方向”文本框中的“单击此处添加项目”字符上单击，然后选取图 9.1.10 中的模型表面 3。

（4）在图 9.1.9 所示的分析选项卡的结果区域中，可查看测量的结果。

步骤 11 测量点与点间的投影距离（投影参照为直线）。在图 9.1.11 所示的“距离”对话框中打开分析选项卡，进行下列操作。

（1）选取图 9.1.12 所示的点 1。

（2）选取图 9.1.12 所示的点 2。

（3）单击“投影方向”文本框中的“单击此处添加项目”字符，然后选取图 9.1.12 中的模型边线 3。

（4）在图 9.1.11 所示的分析选项卡的结果区域中，可查看测量的结果。

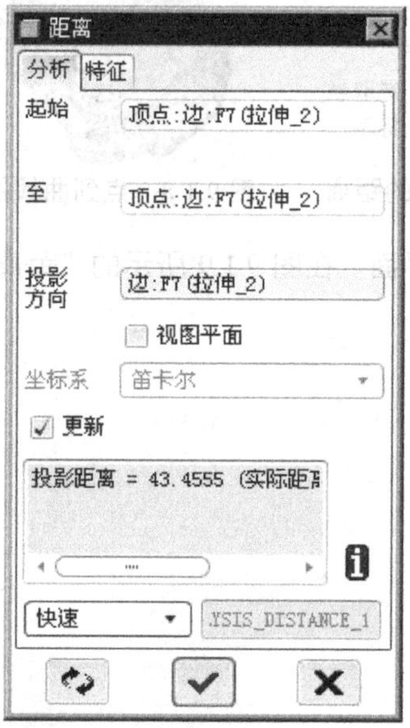

图 9.1.11 “距离”对话框

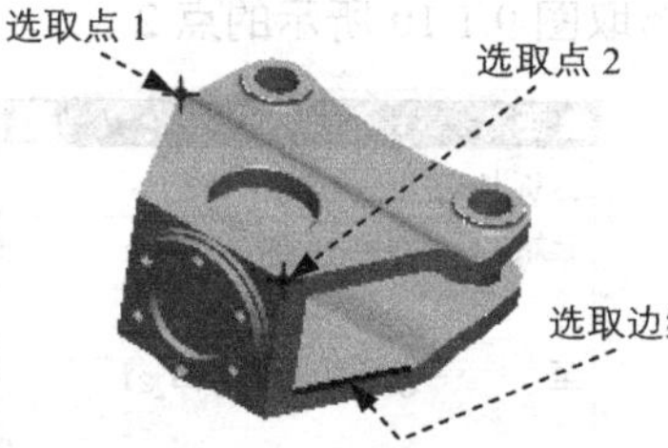

图 9.1.12 投影参照为直线

9.1.2 测量角度

步骤 01 将工作目录设置至 D:\proedq5\work\ch09.01.02，打开文件 Cramp-arm-layout.prt。

步骤 02 选择下拉菜单 分析(A) → 测量(M) → 角度(N) 命令。

步骤 03 在弹出的“角”对话框中，打开分析选项卡，如图 9.1.13 所示。

步骤 04 测量面与面间的角度。

（1）选取图 9.1.14 所示的模型表面 1。

（2）选取图 9.1.14 所示的模型表面 2。

（3）在图 9.1.13 所示的 分析 选项卡的结果区域中，可查看测量的结果。

步骤 05 测量线与面间的角度。在图 9.1.15 所示的“角”对话框中打开 分析 选项卡，进行下列操作。

（1）选取图 9.1.16 所示的模型表面 1。

（2）选取图 9.1.16 所示的边线 2。

（3）在图 9.1.15 所示的 分析 选项卡的结果区域中，可查看测量的结果。

图 9.1.13 “角”对话框

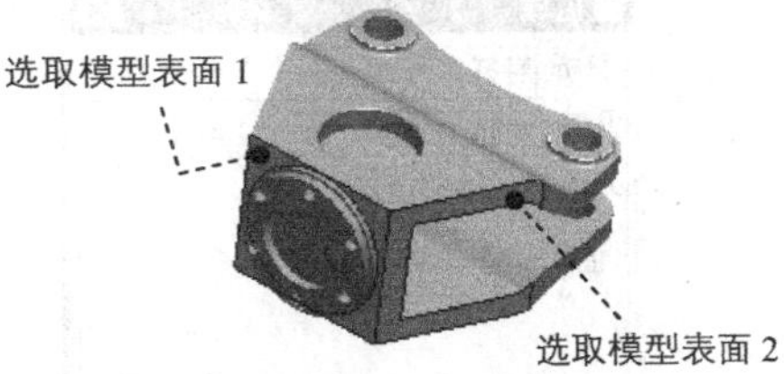

图 9.1.14 测量面与面间的角度

步骤 06 测量线与线间的角度。在图 9.1.17 所示的“角”对话框中打开 分析 选项卡，进行下列操作：

（1）选取图 9.1.18 所示的边线 1。

（2）选取图 9.1.18 所示的边线 2。

（3）在图 9.1.17 所示的 分析 选项卡的结果区域中，可查看测量的结果。

9.1.3 测量面积

步骤 01 将工作目录设置至 D:\proedq5\work\ch09.01.03，打开文件 Cramp-arm-layout.prt。

步骤 02 选择下拉菜单 分析(A) → 测量(M) → 面积(R) 命令。

步骤 03 在弹出的“区域”对话框中，打开 分析 选项卡，如图 9.1.19 所示。

步骤 04 测量曲面的面积。

（1）单击几何文本框中的“选取项目”字符，然后选取图 9.1.20 所示的模型表面。

（2）在图 9.1.19 所示的 分析 选项卡的结果区域中，可查看测量的结果。

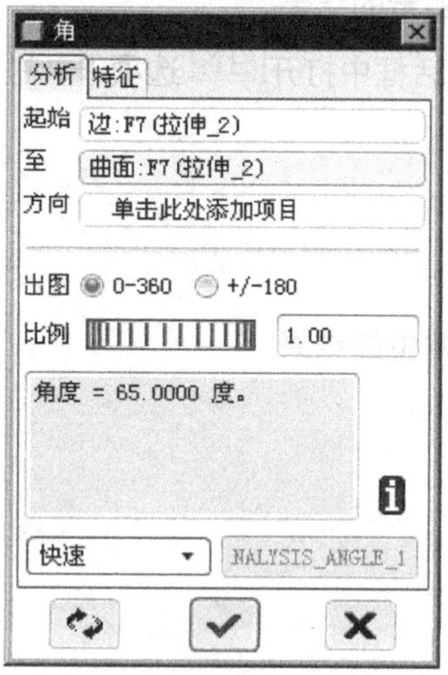

图 9.1.15 “角”对话框

图 9.1.16 测量线与面间的角度

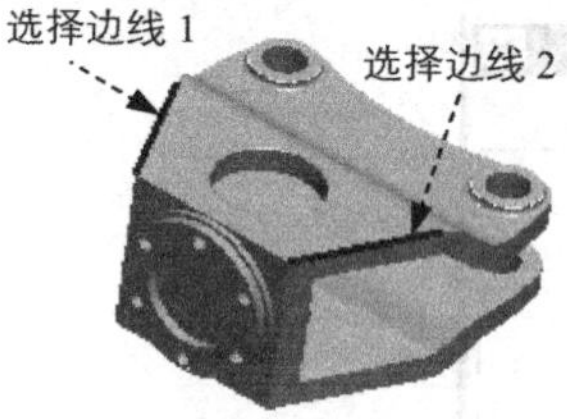

图 9.1.18 测量线与线间的角度

图 9.1.17 “角”对话框

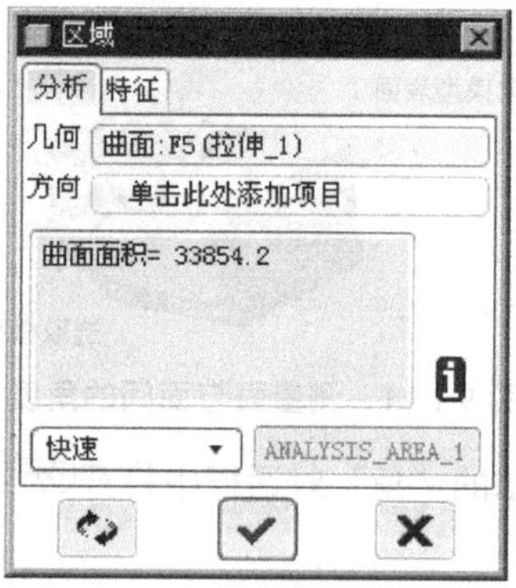

图 9.1.19 “区域”对话框

图 9.1.20 测量面积

9.1.4 测量曲线长度

步骤 01 将工作目录设置至 D:\proedq5\work\ch09.01.04，打开文件 Cramp-arm-layout.prt。

步骤 02 选择下拉菜单 分析(A) ➡ 测量(M) ▸ ➡ 长度(L) 命令。

步骤 03 在弹出的“长度”对话框中，打开 分析 选项卡，如图 9.1.21 所示。

步骤 04 测量多个相连的曲线的长度。

（1）在 分析 选项卡中单击 细节... 按钮，弹出图 9.1.22 所示的“链”对话框。

说明

当只需要测量一条曲线时，只要选取要测量的曲线，就会在结果区域中查看到测量的结果，不需要点击 细节... 按钮来定义“链”对话框。

（2）首先选取图 9.1.23 所示的边线 1，再按住 Ctrl 键，选取图 9.1.23 所示的边线 2。

（3）单击“链”对话框中的确定按钮，回到“长度”对话框。

（4）在图 9.1.21 所示的分析选项卡的结果区域中，可查看测量的结果。

步骤 05 测量曲线特征的总长。在图 9.1.24 所示的“长度”对话框中打开分析选项卡，进行下列操作。

图 9.1.21 “长度”对话框

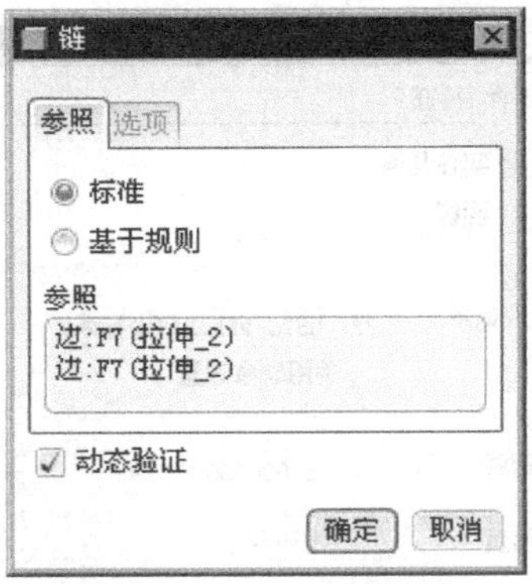

图 9.1.22 “链”对话框

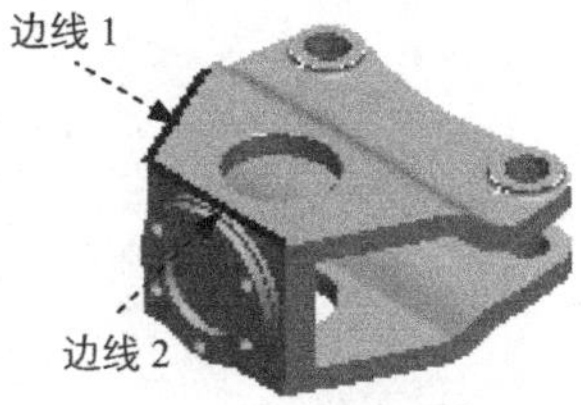

图 9.1.23 测量模型边线

（1）单击曲线文本框中“选取项目”字符，在模型树中选取图 9.1.25 所示的草绘曲线特征。

（2）在图 9.1.24 所示的分析选项卡的结果区域中，可查看测量的结果。

图 9.1.24 “长度”对话框

图 9.1.25 测量草绘曲线

9.2 模型的基本分析

9.2.1 模型的质量属性分析

通过模型质量属性分析，可以获得模型的体积、总的表面积、质量、重心位置、惯性力矩以及惯性张量等数据。下面简要说明其操作过程。

步骤 01　将工作目录设置至 D:\proedq5\work\ch09.02.01，打开文件 hydraulic-body-lower.prt。

步骤 02　选择下拉菜单 分析(A) → 模型(L) ▸ → 质量属性(M) 命令。

步骤 03　在弹出的“质量属性”对话框中，打开 分析 选项卡，如图 9.2.1 所示。

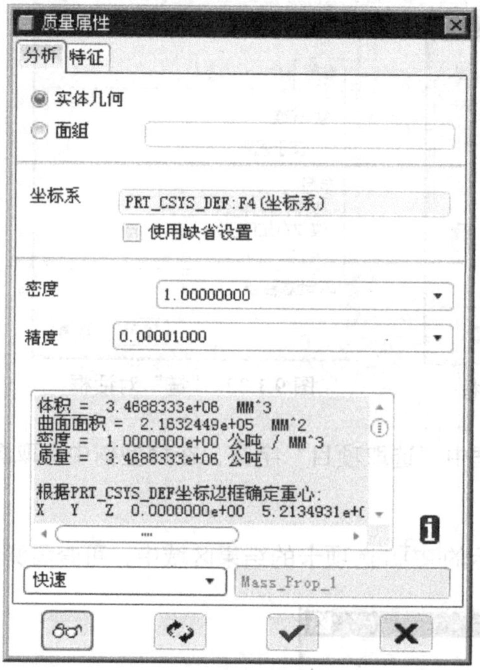

图 9.2.1　“质量属性”对话框

步骤 04　按下工具栏中的“坐标系开/关”按钮，显示坐标系。

步骤 05　在 坐标系 区域取消选中 使用缺省设置 复选框（否则系统自动选取默认的坐标系），然后选取图 9.2.2 所示的坐标系。

步骤 06　在图 9.2.1 所示的 分析 选项卡的结果区域中，显示出分析后的各项数据。

说明　这里模型质量的计算采用默认的密度，如果要改变模型的密度，可选择下拉菜单 文件(F) → 属性(I) 命令。

9.2.2　剖截面质量属性分析

通过剖截面（X 截面）质量属性分析，可以获得模型上某个剖截面的面积、重心位置、惯性张量以及截面模数等数据。

步骤 01 将工作目录设置至 D:\proedq5\work\ch09.02.02，打开文件 crusher-base.prt。

步骤 02 选择下拉菜单 分析(A) ➡ 模型(L) ▸ ➡ 剖面质量属性(X) 命令。

步骤 03 在弹出的“剖面属性”对话框中，打开 分析 选项卡，如图 9.2.3 所示。

步骤 04 按下“坐标系开/关”按钮，显示坐标系；按下“基准平面开/关”按钮，显示基准平面。

步骤 05 在 分析 选项卡的 名称 下拉列表中选择 XSEC0001 剖截面。

说明：XSEC0001 是提前创建的一个剖截面。

步骤 06 在 坐标系 区域中取消选中 使用缺省设置 复选框，然后选取图 9.2.4 所示的坐标系。

步骤 07 在图 9.2.3 所示的 分析 选项卡的结果区域中，显示出分析后的各项数据。

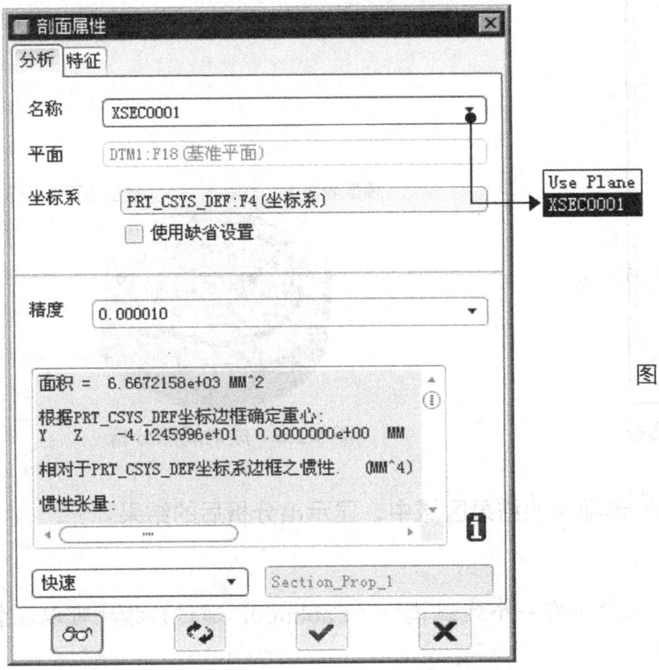

图 9.2.3 “剖面属性”对话框

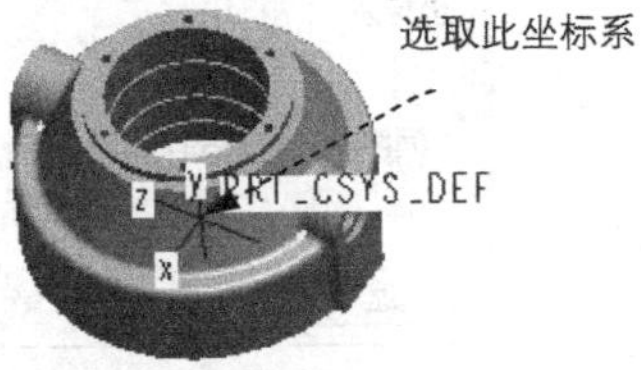

图 9.2.2 模型质量属性分析

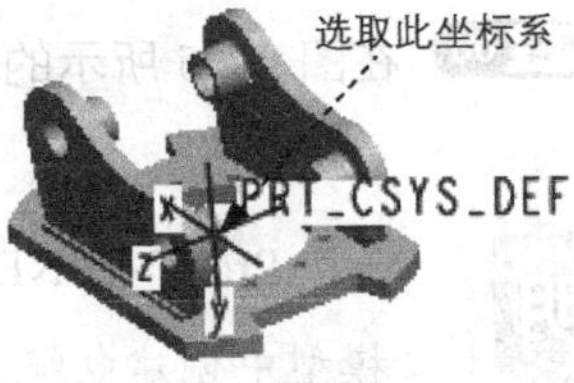

图 9.2.4 剖截面质量属性分析

9.2.3 配合间隙

通过配合间隙分析，可以计算模型中的任意两个曲面之间的最小距离，如果模型中布置有电缆，配合间隙分析还可以计算曲面与电缆之间、电缆与电缆之间的最小距离。下面简要说明其操作过程。

步骤 01 将工作目录设置至 D:\proedq5\work\ch09.02.03，打开文件 hydraulic-body-upper。

步骤 02 选择下拉菜单 分析(A) ➡ 模型(L) ▸ ➡ 配合间隙(P) 命令。

步骤 03 在弹出的“配合间隙”对话框中，打开 分析 选项卡，如图 9.2.5 所示。

步骤 04 在 几何 区域的 起始 文本框中单击“选取项目”字符，然后选择图 9.2.6 所示的模型表面 1。

步骤 05 在 几何 区域的 至 文本框中单击“选取项目”字符，然后选择图 9.2.6 所示的模型表面 2。

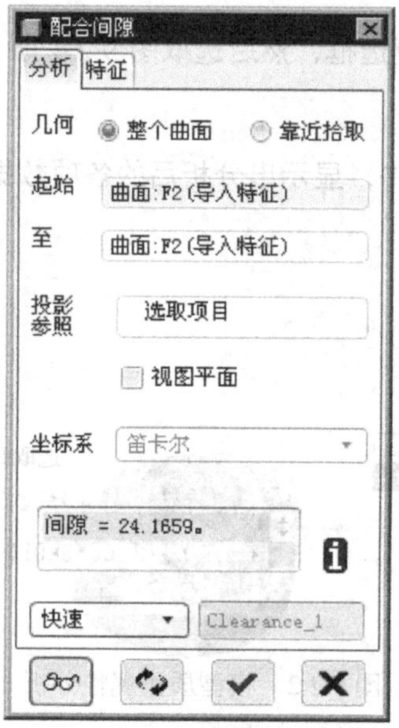

图 9.2.5 “配合间隙”对话框

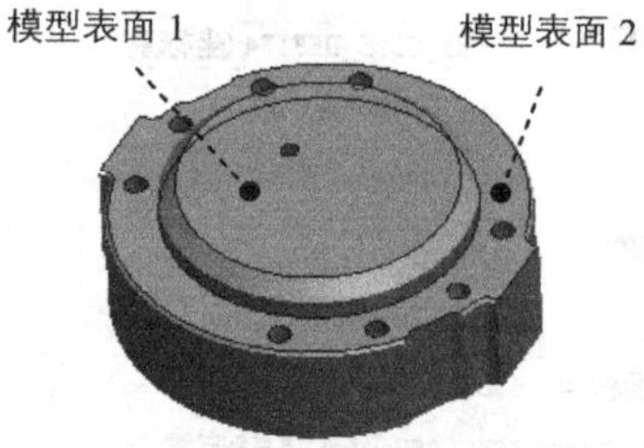

图 9.2.6 成对间隙分析

步骤 06 在图 9.2.5 所示的 分析 选项卡的结果区域中，显示出分析后的结果。

说明

Pro/ENGINEER 系统中有一个线缆模块（Cabling），通过该模块可以在装配模型中创建电缆。

9.2.4 装配干涉检查

在实际的产品设计中，当产品中的各个零部件组装完成后，设计人员往往比较关心产品中各个零部件间的干涉情况：有没有干涉？哪些零件间有干涉？干涉量是多大？而通过 模型(L) ▸ 子菜单中的 全局干涉 命令可以解决这些问题。下面以一个简单的装配体模型为例，说明干涉分析的一般操作过程。

步骤 01 将工作目录设置至 D:\proedq5\work\ch09.02.04，打开文件 interference.asm。

步骤 02 在装配模块中，选择下拉菜单 分析(A) → 模型(L) ▸ → 全局干涉 命令。

步骤 03 在弹出的“全局干涉”对话框中，打开 分析 选项卡，如图 9.2.7 所示。

步骤 04 由于 设置 区域中的 ● 仅零件 单选项已经被选中（接受系统默认的设置），所以此步操作可以省略。

步骤 05 单击 分析 选项卡下部的“计算当前分析以供预览”按钮 [66]。

步骤 06 在图 9.2.7 所示的 分析 选项卡的结果区域中，可看到干涉分析的结果：干涉的零件名称、干涉的体积大小，同时在图 9.2.8 所示的模型上可看到干涉的部位以红色加亮的方式显示。如果装配体中没有干涉的元件，则系统在信息区显示 没有干涉零件。。

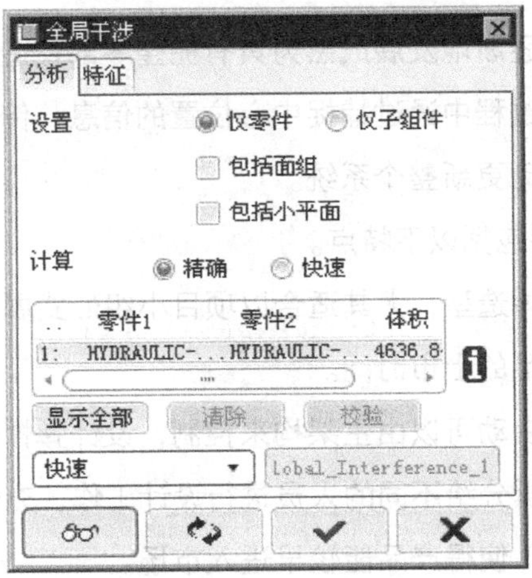

图 9.2.7 “分析”选项卡

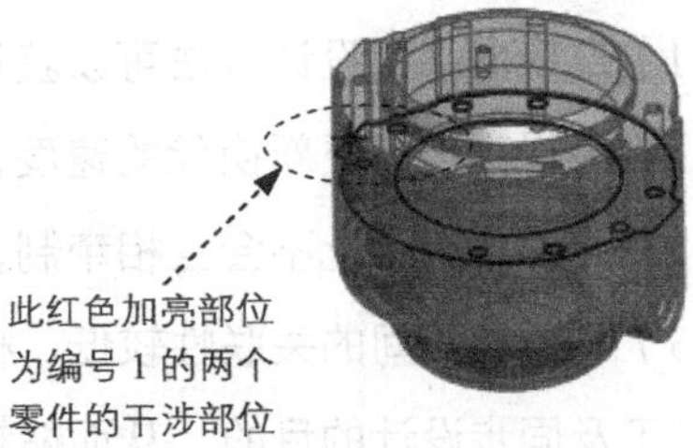

图 9.2.8 装配干涉检查

第10章　TOP_DOWN 自顶向下设计

10.1　自顶向下设计基础

自顶向下设计（Top-Down Design）是一种先进的模块化的设计思想，是一种从整体到局部的设计思想，即产品设计由系统布局、总图设计、部件设计到零件设计的一种自上而下、逐步细化的设计过程。

自顶向下设计（Top-Down Design）符合产品的实际开发流程。进行自顶向下设计时，设计者从系统角度入手，针对设计目的，综合考虑形成产品的各种因素，确定产品的性能、组成以及各部分的相互关系和实现方式，形成产品的总体方案；在此基础上分解设计目标，分派设计任务到分系统具体实施；分系统从上级系统获得关键数据和定位基准，并在上级系统规定的边界内展开设计，最终完成产品开发。

通过该过程，确保设计由原始的概念开始，逐渐地发展成熟为具有完整零部件造型的最终产品，把关键信息放在一个中心位置，在设计过程中通过捕捉中心位置的信息，传递到较低级别的产品结构中。如果改变这些信息，将自动更新整个系统。

自顶向下设计（Top-Down Design）方法主要包括以下特点。

（1）自顶向下的设计方法可以获得较好的整体造型，尤其适合以项目小组形式展开并行设计，极大提高产品更新换代的速度，加快新产品的上市时间。

（2）零件之间彼此不会互相牵制，所有重要变动可以由主架构来控制，设计弹性较大。

（3）零件彼此间的关联性较低，机构可预先拆分给不同的人员进行设计工作，充分达到设计分工及同步设计的目的，从而缩短设计时程，使得产品能较早进入市场。

（4）可以在骨架模型中指定产品规格的参数，然后在全参数的系统中随意调整，理论上只要变动骨架模型中的产品规格参数，就可以产生一个新的机构。

（5）先期的规划时间较长，进入细部设计可能会需要经过较长的时间。

10.2　自顶向下设计的一般过程

在 Pro/ENGINEER 中进行自顶向下设计的一般过程如下。

步骤 01　设置工作目录。

步骤 02 新建装配文件。

步骤 03 创建骨架模型。

（1）在装配环境中创建一个空的骨架模型文件。

（2）激活骨架模型文件，复制几何特征（作为骨架模型中的基准）。

（3）设计骨架模型（产品的总体造型）。

（4）创建骨架模型分型面（用于分割骨架模型）。

步骤 04 创建各级控件。

（1）创建一个空的零件文件。

（2）激活零件文件，插入骨架模型或控件（实现骨架模型或控件的分享）。

（3）以骨架模型为基础创建二级控件，以二级控件为基础创建下游各级控件。

（4）创建各级控件分型面（用于分割控件）。

步骤 05 创建装配体零件。

（1）创建一个空的零件文件。

（2）激活零件文件，插入骨架模型或控件（实现骨架模型或控件的分享）。

（3）完成产品零件造型。

步骤 06 根据产品的复杂程度和设计需要，创建更多的控件和装配体零件。

步骤 07 设置零部件显示（隐藏各级控件）。

步骤 08 保存产品文件。

10.3 电动剃须刀自顶向下设计

本案例详细讲解了一款电动剃须刀的整个设计过程，该设计过程中采用了自顶向下设计方法。这种设计方法可以加快产品更新换代的速度，极大地缩短了新产品的上市时间，并且可以获得较好的整体造型。许多家用电器（如电脑机箱、吹风机及鼠标等）都可以采用这种方法进行设计。本例设计的产品成品模型以及设计流程如图 10.3.1 和图 10.3.2 所示。

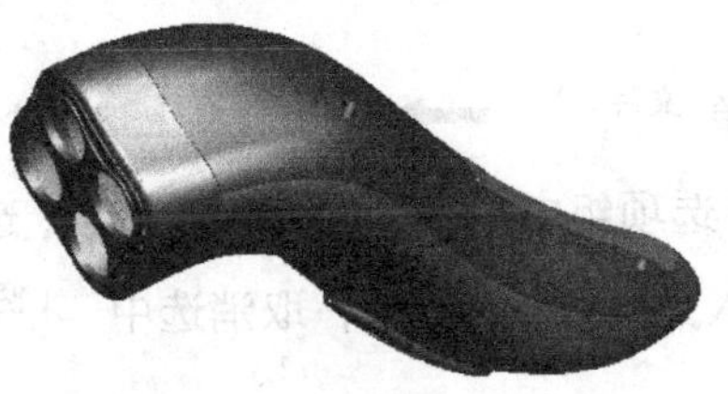

图 10.3.1 电动剃须刀模型

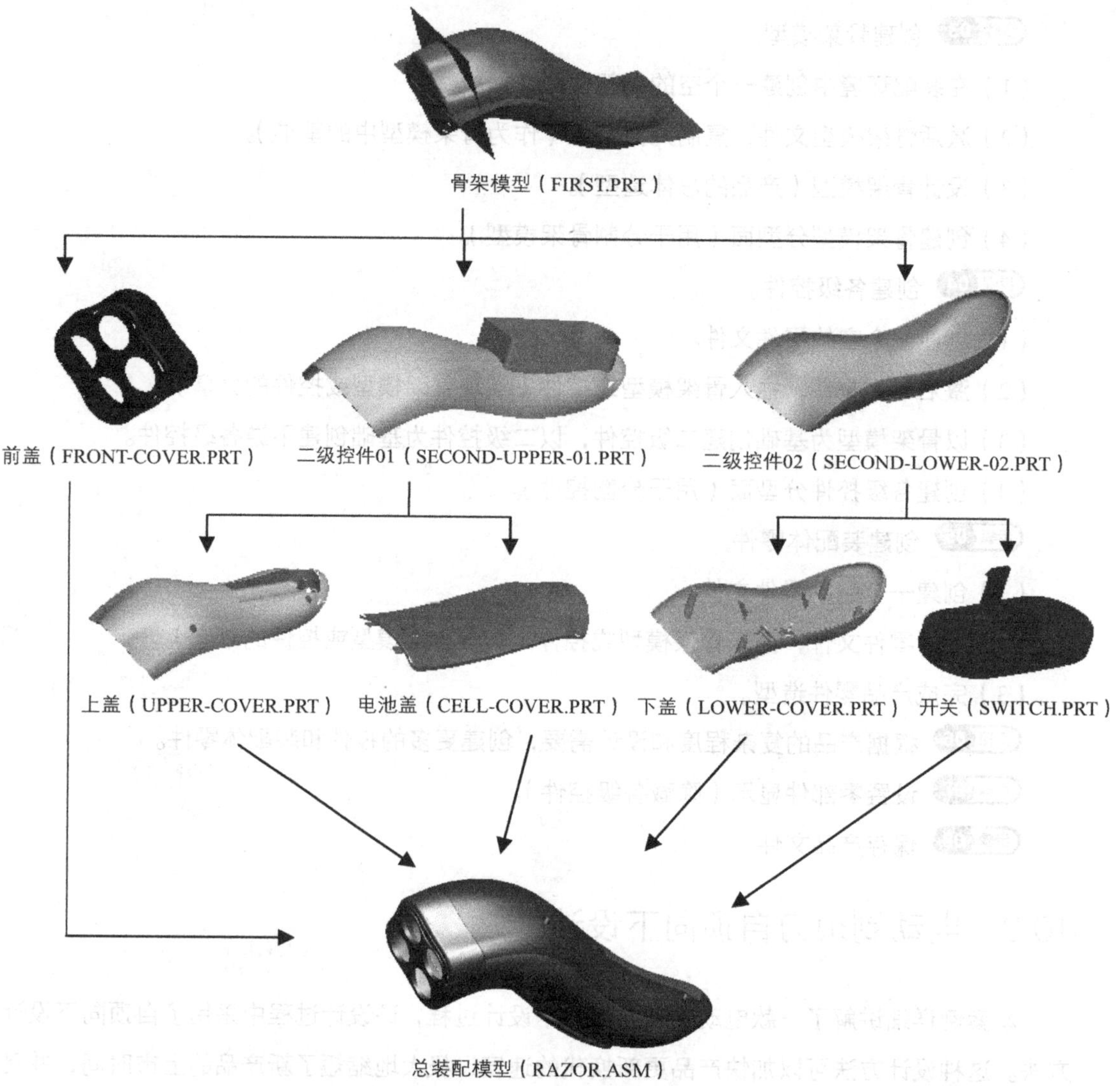

图 10.3.2 剃须刀自顶向下设计流程

10.4 新建装配体文件

步骤 01 选择下拉菜单 文件(F) → 新建(N)... 命令，在系统弹出的“新建”对话框中进行下列操作：选中 类型 选项组中的 ◉ 组件 单选项；选中 子类型 选项组中的 ◉ 设计 单选项；在 名称 文本框中输入文件名 RAZOR；取消选中 ☐ 使用缺省模板 复选框；单击该对话框中的 确定 按钮。

步骤 02 选取适当的装配模板。系统弹出“新文件选项”对话框，在模板选项组中选择 mmns_asm_design 模板。

步骤 03 设置模型树的显示。在模型树操作界面中，选择 → 树过滤器(F)... 命令，然后在“模型树项目”对话框中选中 特征 复选框，并单击 确定 按钮。

10.5 创建骨架模型 FIRST

在装配环境下，创建图 10.5.1 所示的骨架模型。

步骤 01 在装配体中建立骨架模型 FIRST。选择下拉菜单 插入(I) → 元件(C) → 创建(C)... 命令；选中 类型 选项组中的 骨架模型 单选项，在 名称 文本框中输入文件名 FIRST，然后单击 确定 按钮；在系统弹出的“创建选项”对话框中选中 空 单选项，单击 确定 按钮。

步骤 02 激活骨架模型 FIRST。

（1）在模型树中选取 FIRST.PRT ，然后右击，在系统弹出的快捷菜单中选择 激活 命令。

（2）选择下拉菜单 插入(I) → 共享数据(D) → 复制几何(G)... 命令，系统弹出“复制几何”操控板，在该操控板中进行下列操作：

① 在“复制几何”操控板中，先确认“将参照类型设置为组件上下文”按钮 被按下，然后单击“仅限发布几何”按钮 （使此按钮为弹起状态）。

② 复制几何。在“复制几何”操控板中单击 参照 按钮，系统弹出“参照模型”界面；单击 参照 区域中的 单击此处添加项目 字符。在“智能选取栏”下拉列表中选择“基准平面”选项，按住 Ctrl 键在绘图区依次选取装配文件中的三个基准平面。

③ 在“复制几何”操控板中单击 选项 按钮，选中 按原样复制所有曲面 单选项。

④ 在“复制几何”操控板中单击“完成”按钮 。

⑤ 完成操作后，所选的基准平面被复制到 FIRST.PRT 中。

步骤 03 在装配体中打开主控件 FIRST.PRT。在模型树中选中 FIRST.PRT 并右击，在系统弹出的快捷菜单中选择 打开 命令。

步骤 04 创建图 10.5.2 所示的草绘特征——草绘 1。单击工具栏中的“草绘”按钮 ；选取 ASM_FRONT 基准平面为草绘平面，选取 ASM_RIGHT 基准平面为参照平面，方向为 右 ；绘制图 10.5.2 所示的草图。

步骤 05 创建图 10.5.3 所示的草绘特征——草绘 2。单击工具栏中的“草绘”按钮 ，选取 ASM_RIGHT 基准平面为草绘平面，选取 ASM_FRONT 基准平面为参照平面，方向为左，单击此对话框中的 草绘 按钮；进入草绘环境后，选取草绘 1 的两个端点为参照，绘制图 10.5.4 所示的草图。

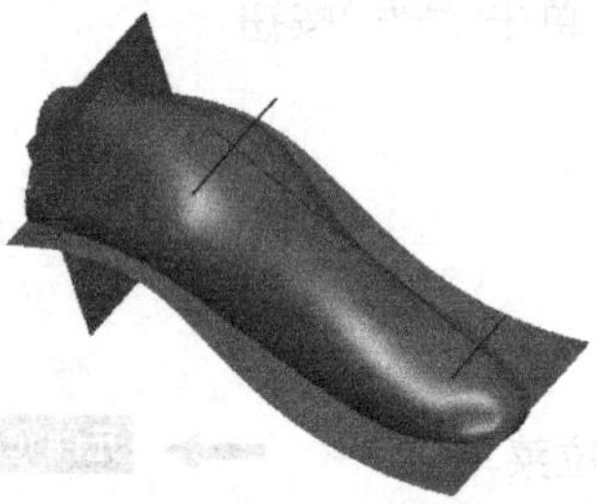

图 10.5.1　骨架模型

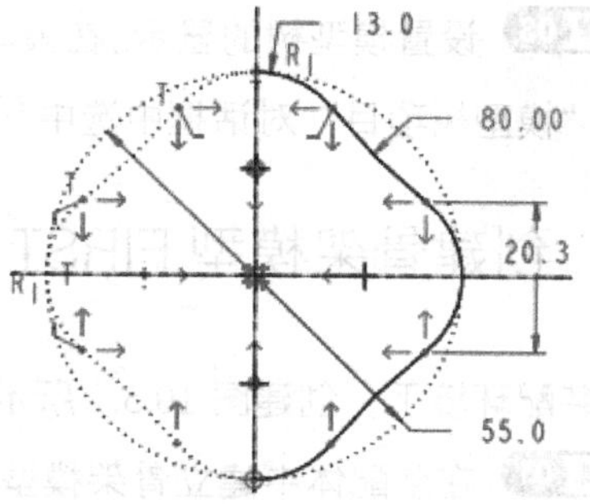

图 10.5.2　草绘 1

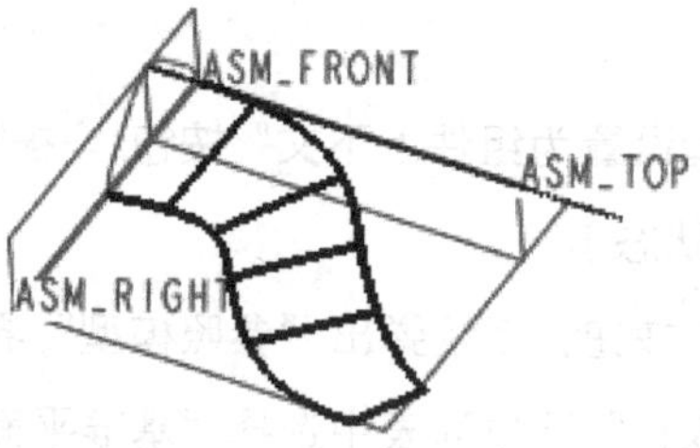

图 10.5.3　草绘 2（建模环境）

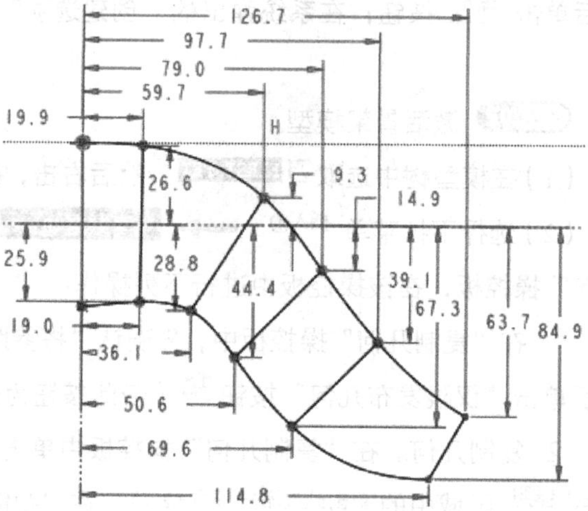

图 10.5.4　草绘 2（草绘环境）

步骤 06 创建图 10.5.5 所示的草绘特征——草绘 3。单击工具栏中的“草绘”按钮，选取 ASM_RIGHT 基准平面为草绘平面，选取 ASM_FRONT 基准平面为参照平面，方向为左，单击此对话框中的 草绘 按钮；进入草绘环境后，选取图 10.5.5 所示的草绘 3 上的两个端点为参照，绘制图 10.5.6 所示的草图。

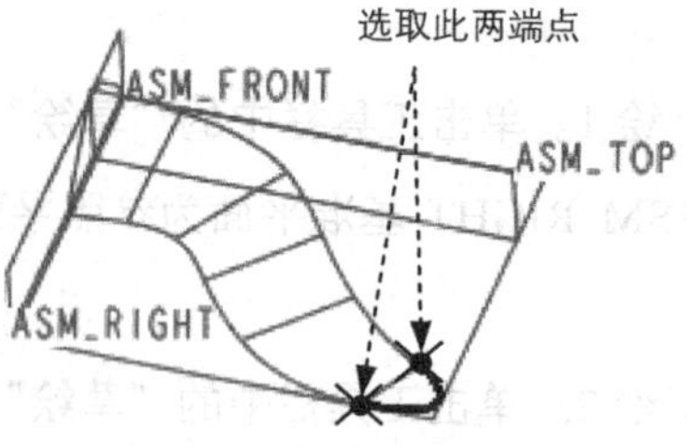

图 10.5.5　草绘 3（建模环境）

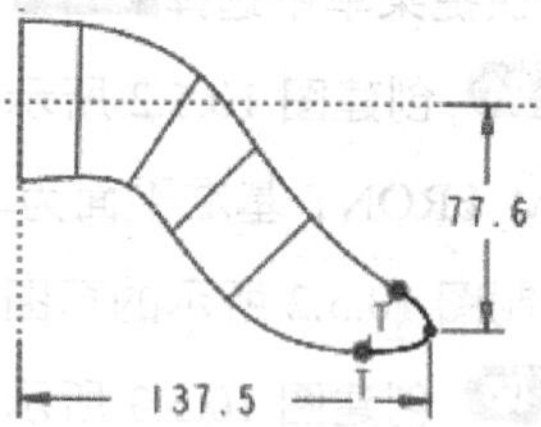

图 10.5.6　草绘 3（草绘环境）

步骤 07 创建图 10.5.7 所示的草绘特征——草绘 4。单击工具栏中的“草绘”按钮，选取 ASM_RIGHT 基准平面为草绘平面，选取 ASM_FRONT 基准平面为参照平面，方向为左，单击此对话框中的草绘按钮；绘制图 10.5.8 所示的草图。

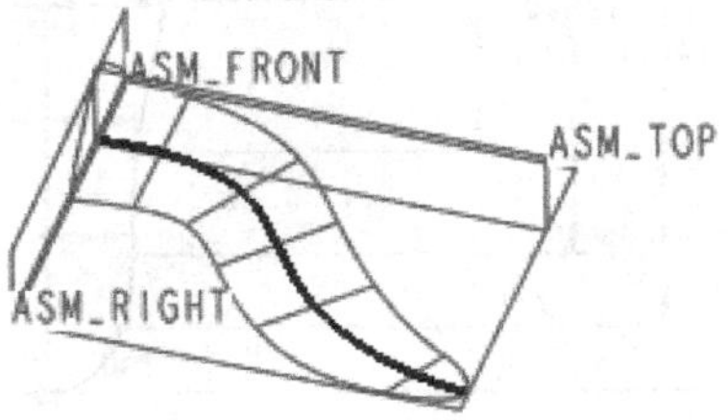

图 10.5.7　草绘 4（建模环境）

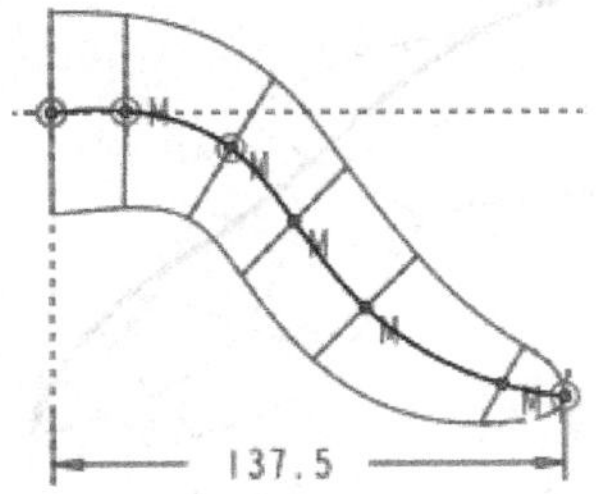

图 10.5.8　草绘 4（草绘环境）

步骤 08 创建图 10.5.9 所示的基准轴——A_1。单击工具栏中的“基准轴”按钮，系统弹出“基准轴”对话框；按住 Ctrl 键，选取 ASM_FRONT 基准平面和 ASM_TOP 基准平面，将其约束类型均设置为穿过。

步骤 09 创建图 10.5.10 所示的基准平面——DTM1。选择下拉菜单 插入(I) ➡ 模型基准(D) ➡ 平面(L)... 命令；按住 Ctrl 键，选取基准轴 A_1 和图 10.5.11 所示的草绘 4 的端点为参照，将其约束类型均设置为穿过。

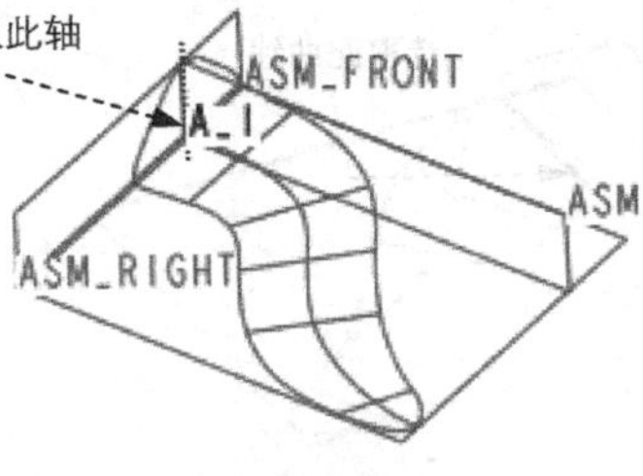

图 10.5.9　基准轴 A–1

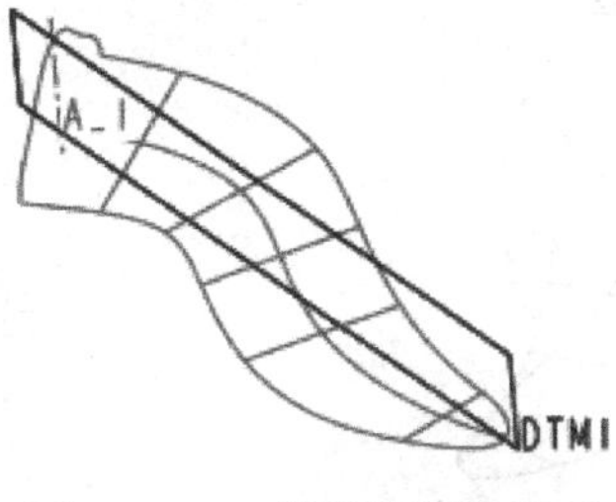

图 10.5.10　基准平面 DTM1

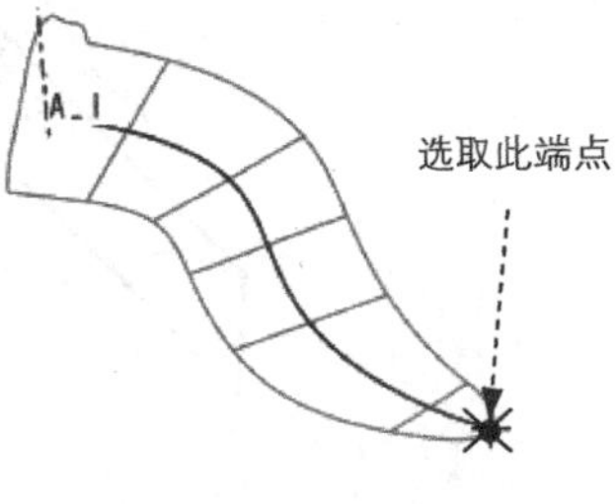

图 10.5.11　选取参照

步骤 10 创建图 10.5.12 所示的草绘特征——草绘 5。单击工具栏中的“草绘”按钮，选取 DTM1 基准平面为草绘平面，选取 ASM_RIGHT 基准平面为参照平面，方向为左，单击此对话框中的草绘按钮；绘制图 10.5.13 所示的草图。

步骤 11 创建图 10.5.14 所示的交截特征——交截 1。按住 Ctrl 键，选取图 10.5.15 所示的草绘 4 和草绘 5 为交截对象；选择下拉菜单 编辑(E) ➡ 相交(I)... 命令，完成交截 1 的创建。

步骤 12 创建图 10.5.16 所示的基准平面——DTM2。选择下拉菜单 插入(I) ➡ 模型基准(D) ➡ 平面(L)... 命令；选取图 10.5.17 所示的曲线，将约束类型设置为穿过；

按住 Ctrl 键，选取 ASM_RIGHT 基准平面，将约束类型设置为法向。

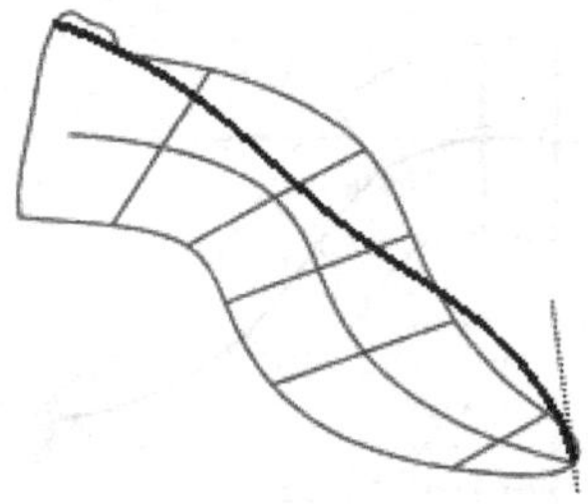

图 10.5.12 草绘 5（建模环境）

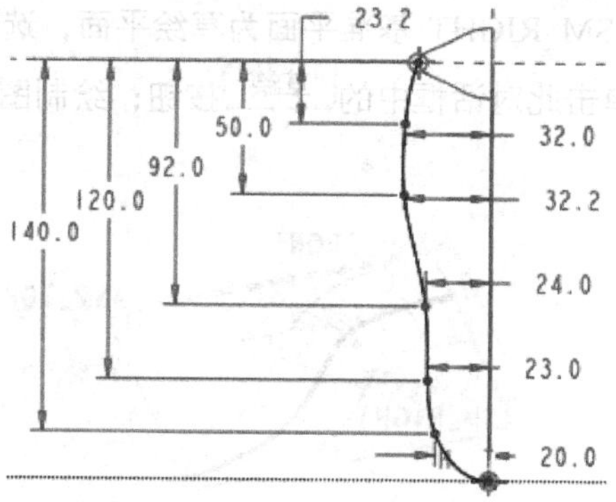

图 10.5.13 草绘 5（草绘环境）

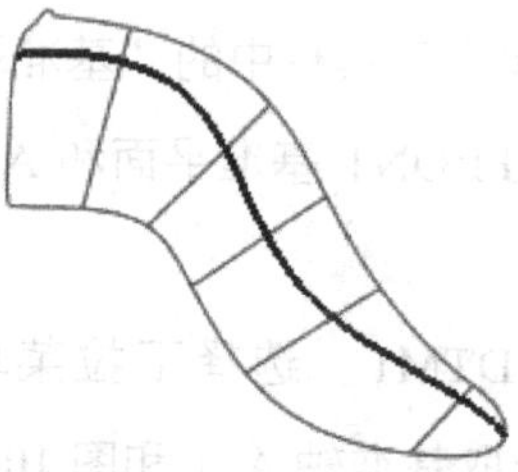

图 10.5.14 交截 1

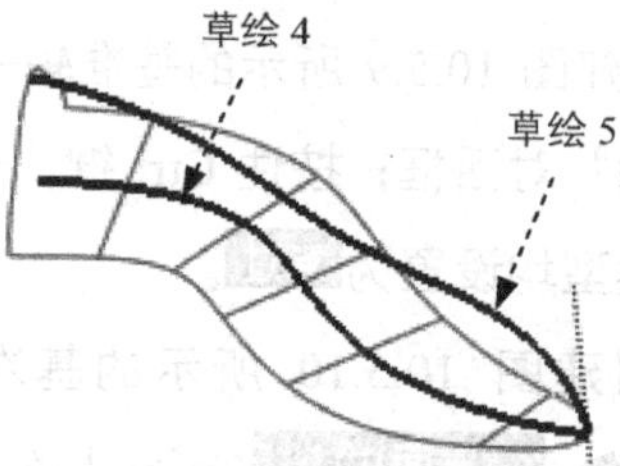

图 10.5.15 选取对象

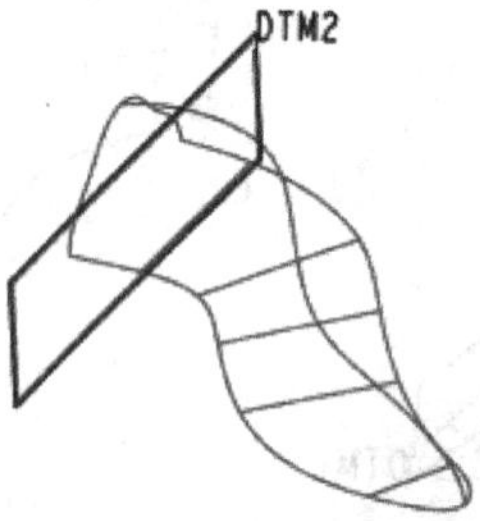

图 10.5.16 基准平面 DTM2

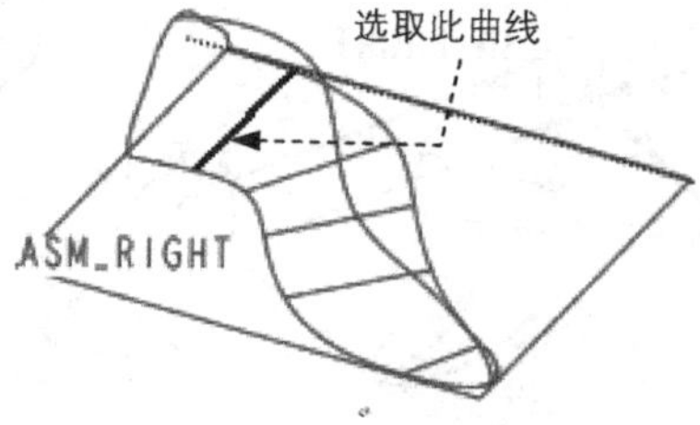

图 10.5.17 选取参照

步骤 13 创建图 10.5.18 所示的基准点——PNT0。单击工具栏中的点按钮；按住 Ctrl 键，选取 DTM2 基准平面和图 10.5.19 所示的曲线。

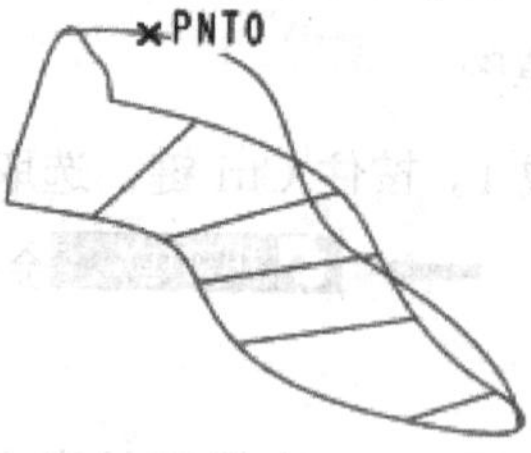

图 10.5.18 基准点 PNT0

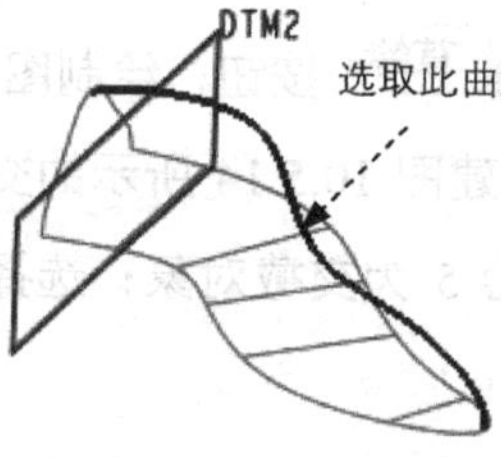

图 10.5.19 定义基准点参照

步骤 14 创建图 10.5.20 所示的草绘特征——草绘 6。单击工具栏中的“草绘”按钮，选取 DTM2 基准平面为草绘平面，选取 ASM_RIGHT 基准平面为参照平面，方向为 右，单击此对话框中的 草绘 按钮；进入草绘环境后，选取基准点 PNT0 为参照，绘制图 10.5.21 所示的草图。

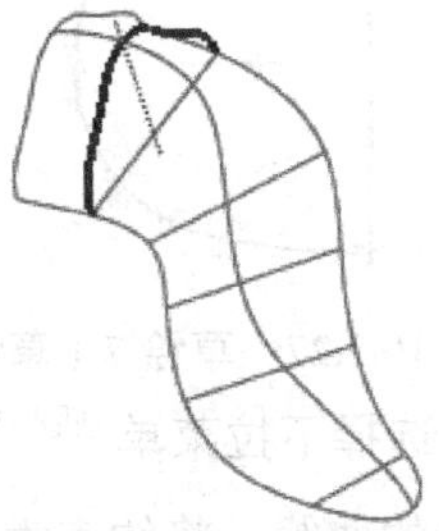

图 10.5.20 草绘 6（建模环境）

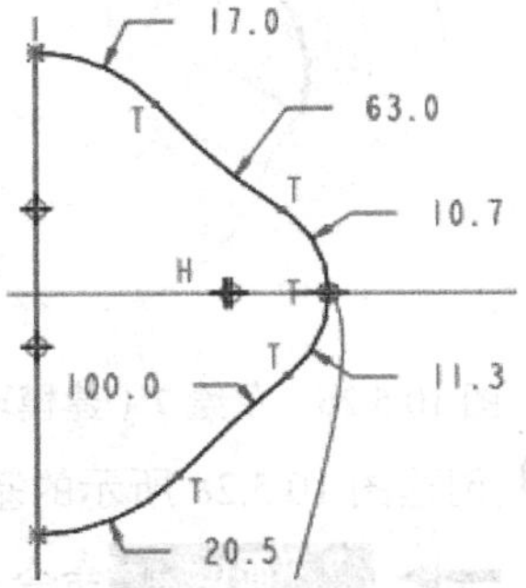

图 10.5.21 草绘 6（草绘环境）

步骤 15 创建图 10.5.22 所示的基准平面——DTM3。选择下拉菜单 插入(I) → 模型基准(D) → 平面(L)... 命令；选取图 10.5.23 所示的曲线，将约束类型设置为 穿过；按住 Ctrl 键，选取 ASM_RIGHT 基准平面，将约束类型设置为 法向。

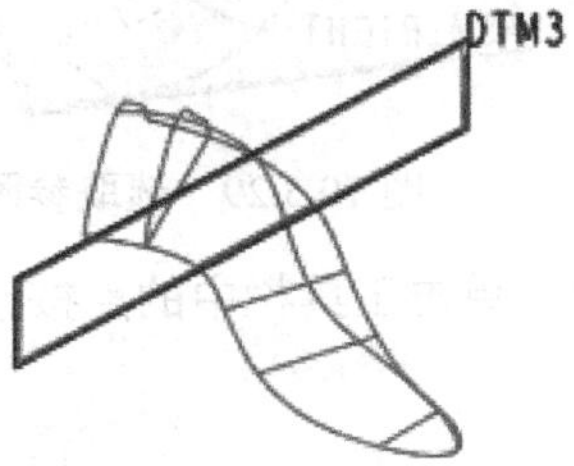

图 10.5.22 基准平面 DTM3

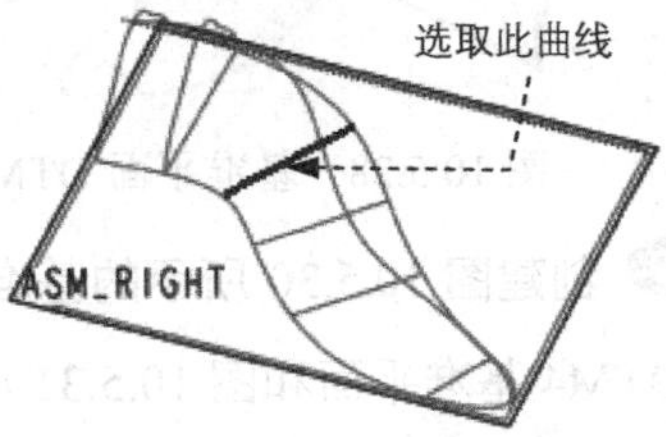

图 10.5.23 选取参照

步骤 16 创建图 10.5.24 所示的基准点——PNT1。单击工具栏中的点按钮；按住 Ctrl 键，选取 DTM3 基准平面和图 10.5.25 所示的曲线。

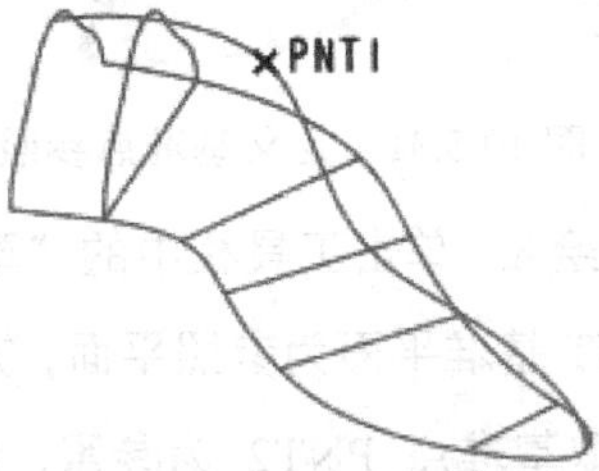

图 10.5.24 基准点 PNT1

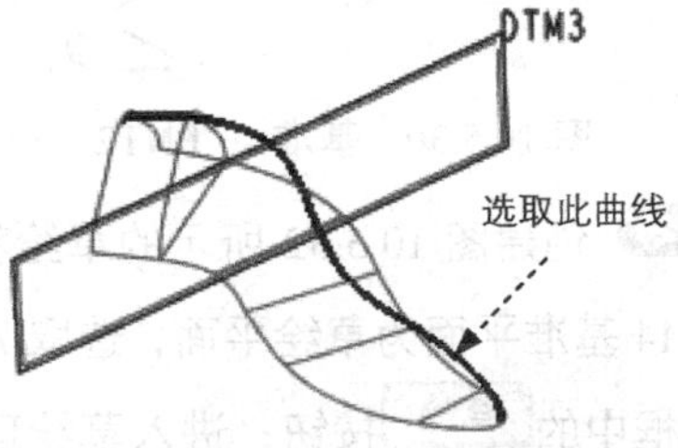

图 10.5.25 定义基准点参照

步骤 17 创建图 10.5.26 所示的草绘特征——草绘 7。单击工具栏中的“草绘”按钮，选取 DTM3 基准平面为草绘平面，选取 ASM_RIGHT 基准平面为参照平面，方向为 右，单击此对话框中的 草绘 按钮；进入草绘环境后，选取基准点 PNT1 为参照，绘制图 10.5.27 所示的草图。

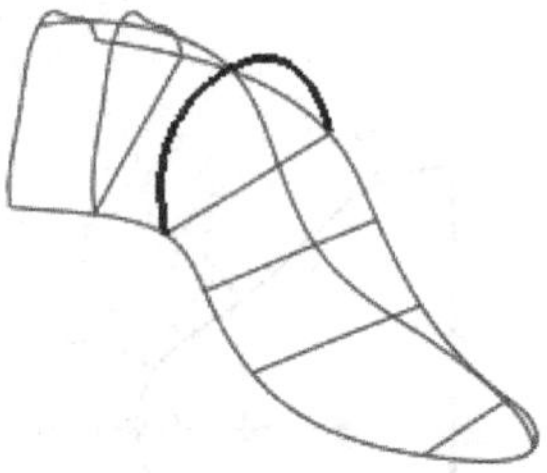

图 10.5.26　草绘 7（建模环境）

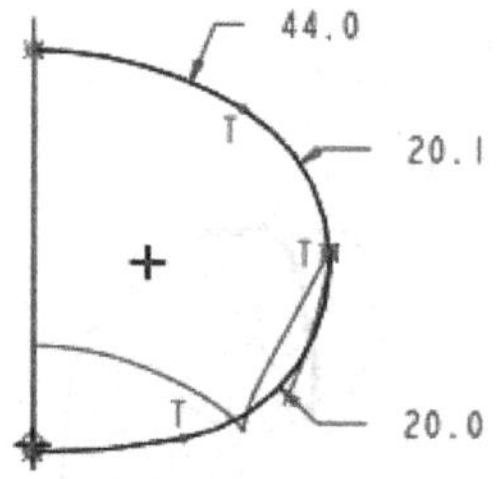

图 10.5.27　草绘 7（草绘环境）

步骤 18 创建图 10.5.28 所示的基准平面——DTM4。选择下拉菜单 插入(I) ➡ 模型基准(D) ▸ ➡ 平面(L)... 命令；选取图 10.5.29 所示的曲线，将约束类型设置为 穿过；按住 Ctrl 键，选取 ASM_RIGHT 基准平面，将约束类型设置为 法向。

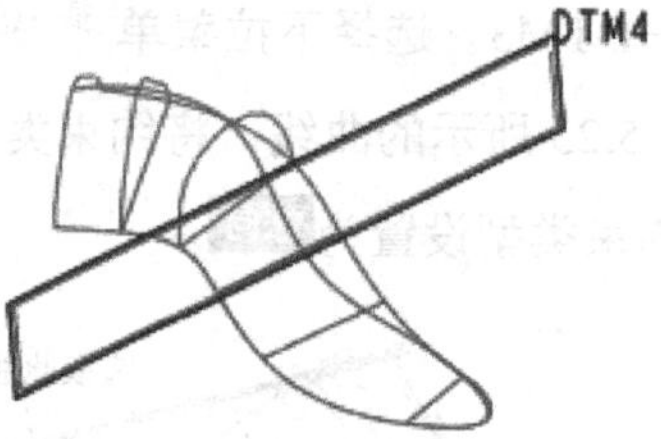

图 10.5.28　基准平面 DTM4

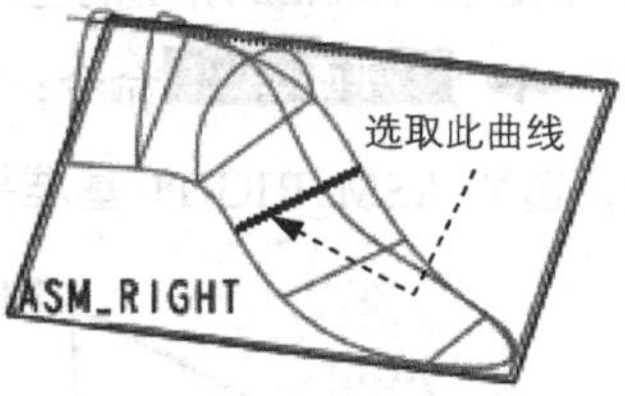

图 10.5.29　选取参照

步骤 19 创建图 10.5.30 所示的基准点——PNT2。单击工具栏中的点按钮；按住 Ctrl 键，选取 DTM4 基准平面和图 10.5.31 所示的曲线。

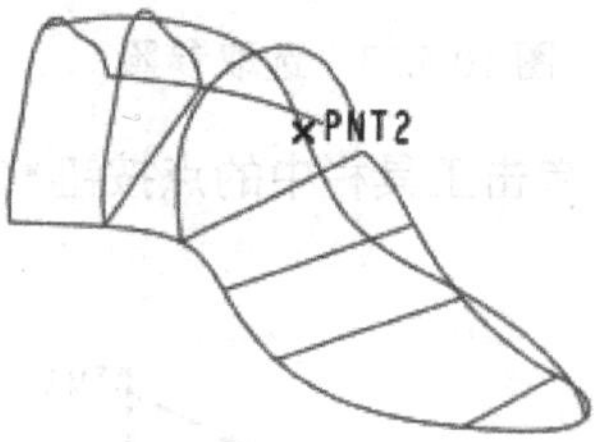

图 10.5.30　基准点 PNT2

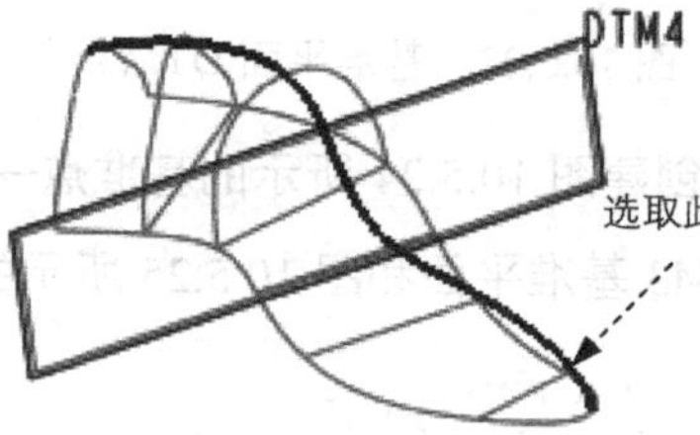

图 10.5.31　定义基准点参照

步骤 20 创建图 10.5.32 所示的草绘特征——草绘 8。单击工具栏中的“草绘”按钮，选取 DTM4 基准平面为草绘平面，选取 ASM_RIGHT 基准平面为参照平面，方向为 右，单击此对话框中的 草绘 按钮；进入草绘环境后，选取基准点 PNT2 为参照，绘制图 10.5.33 所示的草图。

步骤 21 创建图 10.5.34 所示的基准平面——DTM5。选择下拉菜单 插入(I) ➡

模型基准(D) ▸ ➡ 平面(L)... 命令；选取图 10.5.35 所示的曲线，将约束类型设置为穿过；按住 Ctrl 键，选取 ASM_RIGHT 基准平面，将约束类型设置为法向。

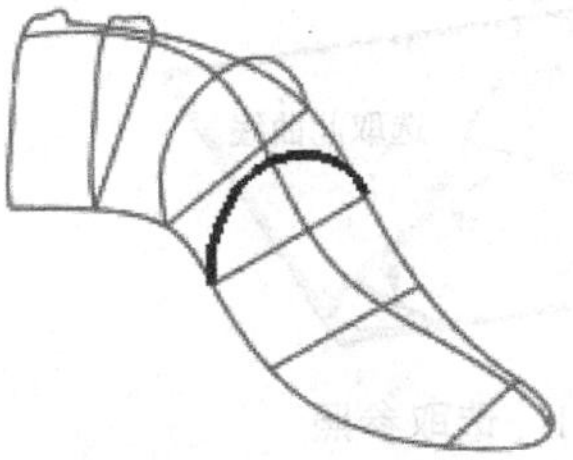

图 10.5.32　草绘 8（建模环境）

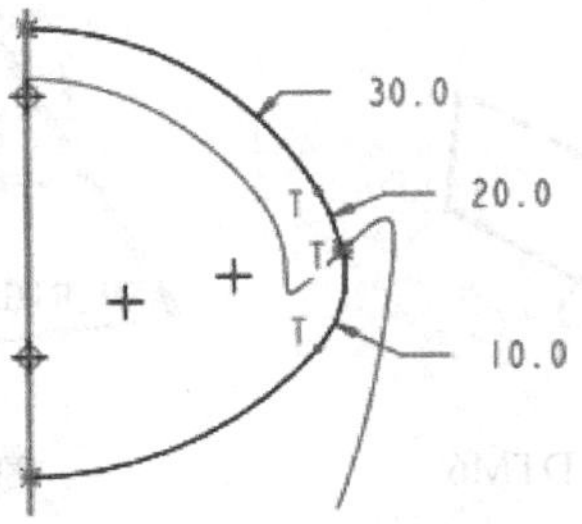

图 10.5.33　草绘 8（草绘环境）

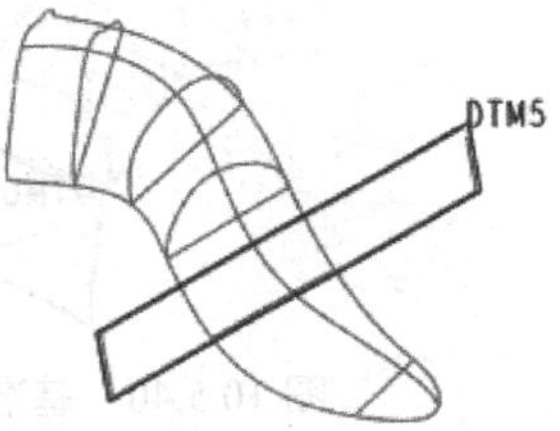

图 10.5.34　基准平面 DTM5

步骤 22 创建图 10.5.36 所示的基准点——PNT3。单击工具栏中的点按钮；按住 Ctrl 键，选取 DTM5 基准平面和图 10.5.37 所示的曲线。

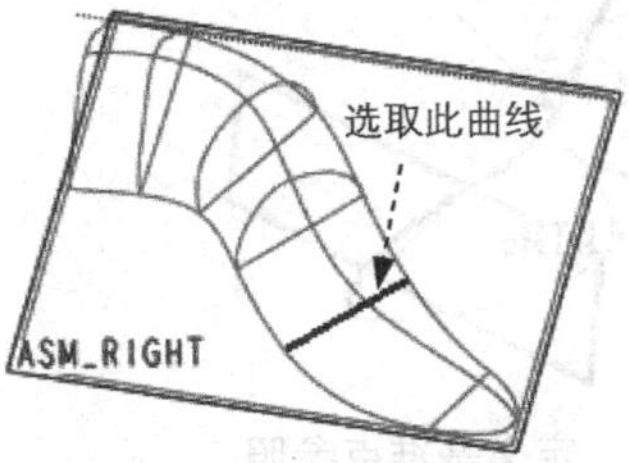

图 10.5.35　选取参照

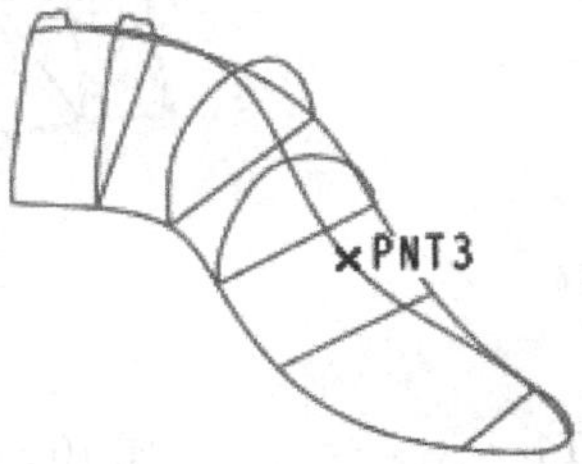

图 10.5.36　基准点 PNT3

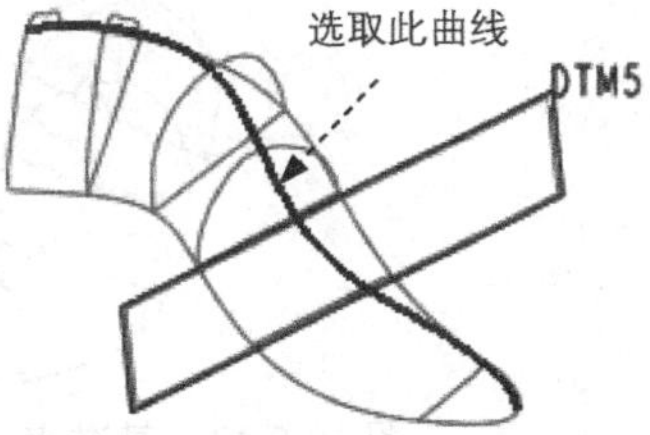

图 10.5.37　定义基准点参照

步骤 23 创建图 10.5.38 所示的草绘特征——草绘 9。单击工具栏中的“草绘”按钮，选取 DTM5 基准平面为草绘平面，选取 ASM_RIGHT 基准平面为参照平面，方向为右，单击此对话框中的草绘按钮；进入草绘环境后，选取基准点 PNT3 为参照，绘制图 10.5.39 所示的草图。

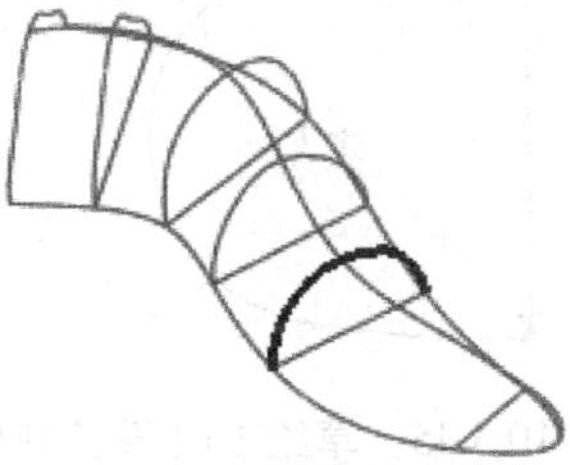

图 10.5.38　草绘 9（建模环境）

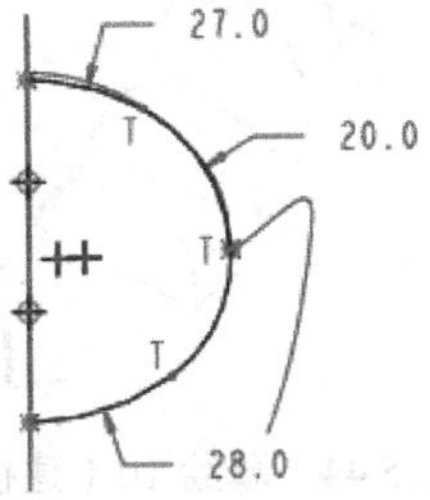

图 10.5.39　草绘 9（草绘环境）

步骤 24 创建图 10.5.40 所示的基准平面——DTM6。选择下拉菜单 插入(I) ➡ 模型基准(D) ▸ ➡ 平面(L)... 命令；选取图 10.5.41 所示的曲线，将约束类型设置为穿过；

按住 Ctrl 键，选取 ASM_RIGHT 基准平面，将约束类型设置为 法向。

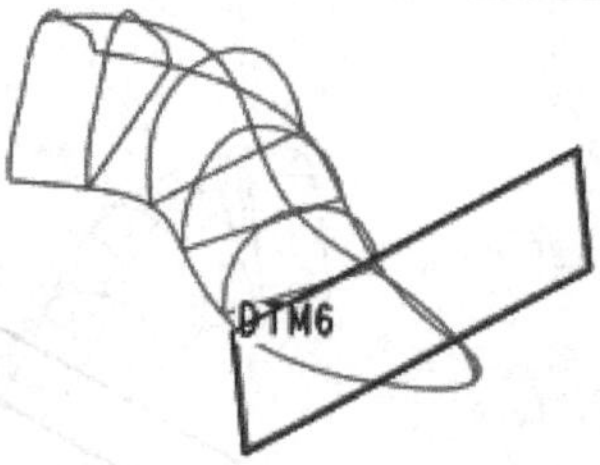

图 10.5.40　基准平面 DTM6

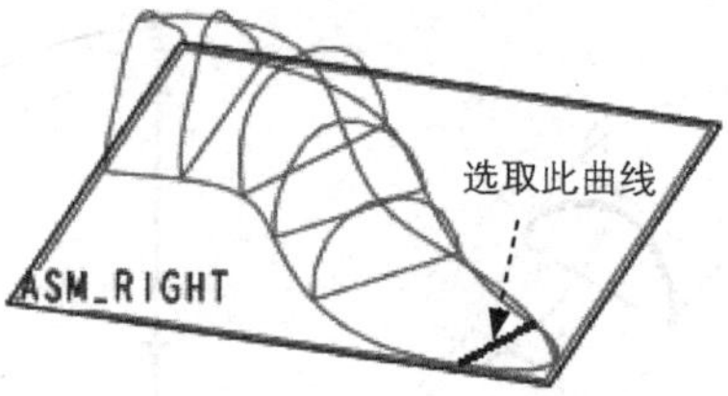

图 10.5.41　选取参照

步骤 25 创建图 10.5.42 所示的基准点——PNT4。单击工具栏中的点按钮；按住 Ctrl 键，选取 DTM6 基准平面和图 10.5.43 所示的曲线。

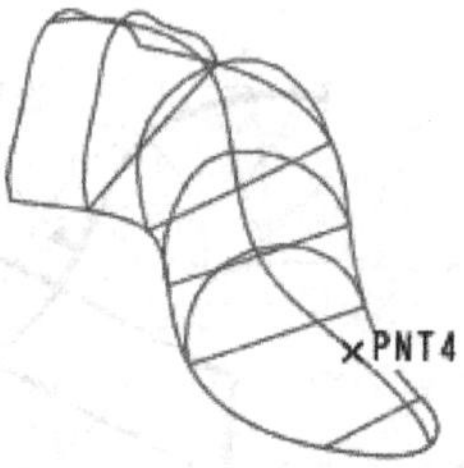

图 10.5.42　基准点 PNT4

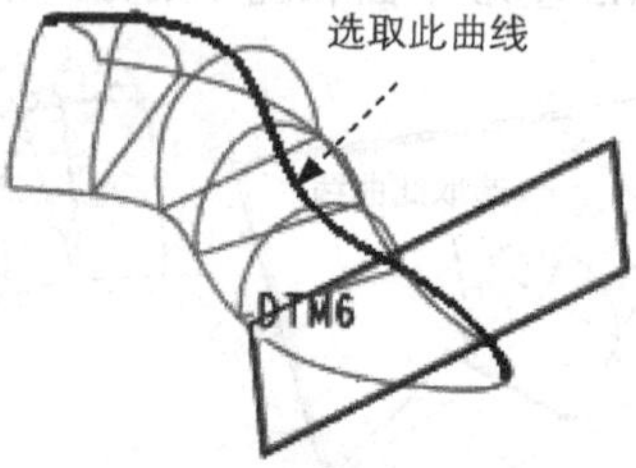

图 10.5.43　定义基准点参照

步骤 26 创建图 10.5.44 所示的草绘特征——草绘 10。单击工具栏中的“草绘”按钮，选取 DTM6 基准平面为草绘平面，选取 ASM_RIGHT 基准平面为参照平面，方向为 右，单击此对话框中的 草绘 按钮；进入草绘环境后，选取基准点 PNT4 为参照，绘制图 10.5.45 所示的草图。

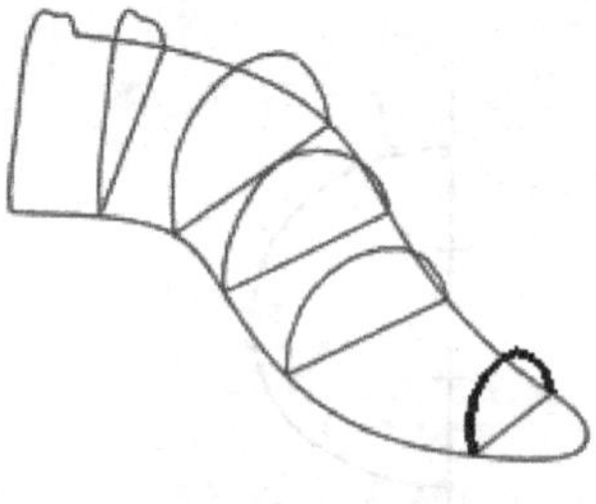

图 10.5.44　草绘 10（建模环境）

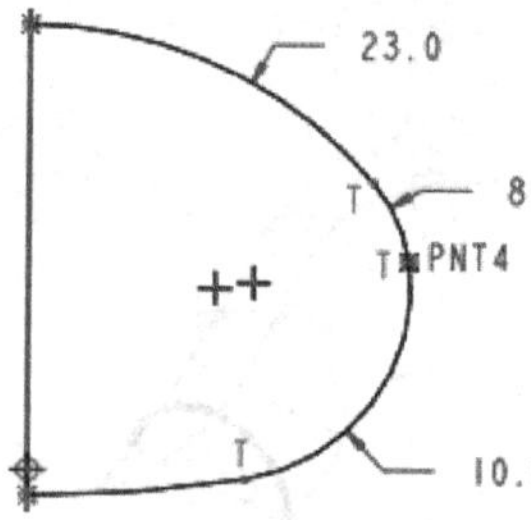

图 10.5.45　草绘 10（草绘环境）

步骤 27 创建图 10.5.46 所示的拉伸特征——拉伸 1。选择下拉菜单 插入(I) → 拉伸(E) 命令，在操控板中确认“曲面”按钮被按下；选取 ASM_RIGHT 基准平面为草绘平面，选取 ASM_FRONT 基准平面为参照平面，方向为 左；利用“使用边”命令绘制图 10.5.47

所示的截面草图；在操控板中选取深度类型为，输入深度值 10.0。

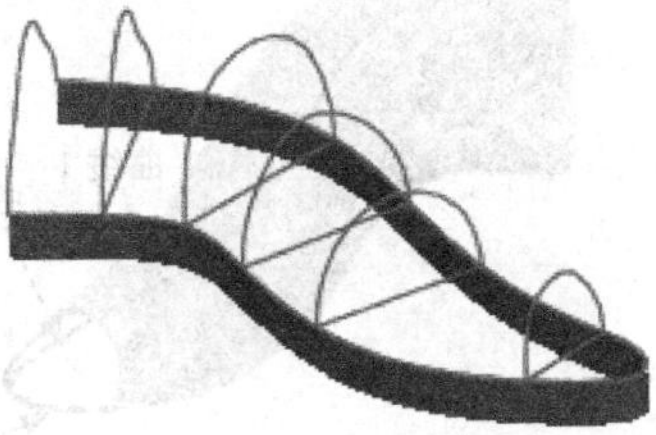

图 10.5.46 拉伸 1

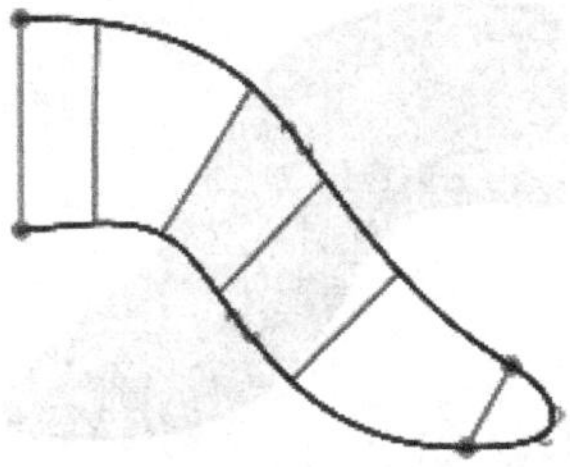

图 10.5.47 截面草图

步骤 28 创建图 10.5.48 所示的边界曲面——边界混合 1。选择下拉菜单 插入(I) → 边界混合(B)... 命令；按住 Ctrl 键，在绘图区依次选取图 10.5.49 所示的第一方向曲线为第一方向边界曲线；单击操控板中第二方向曲线操作栏，按住 Ctrl 键，在绘图区依次选取图 10.5.51 所示的第二方向曲线为第二方向边界曲线，在操控板中单击 约束 按钮，将“方向 2”的“第一条链”的“条件”设置为“相切”，选取拉伸曲面 1 为相切对象；将“方向 2”的“最后一条链”的“条件”设置为“相切”，选取拉伸曲面 1 为相切对象。

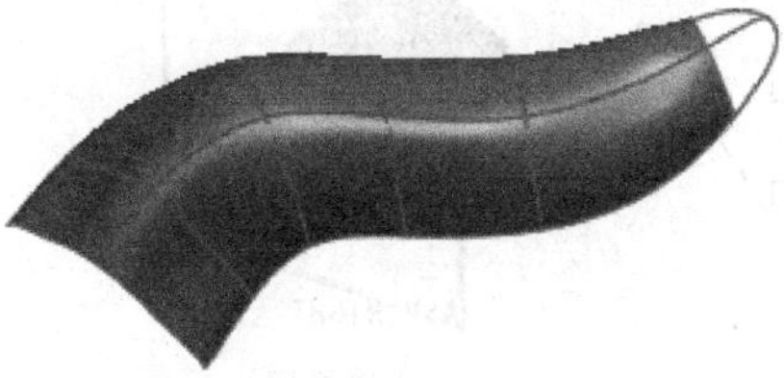

图 10.5.48 边界混合 1

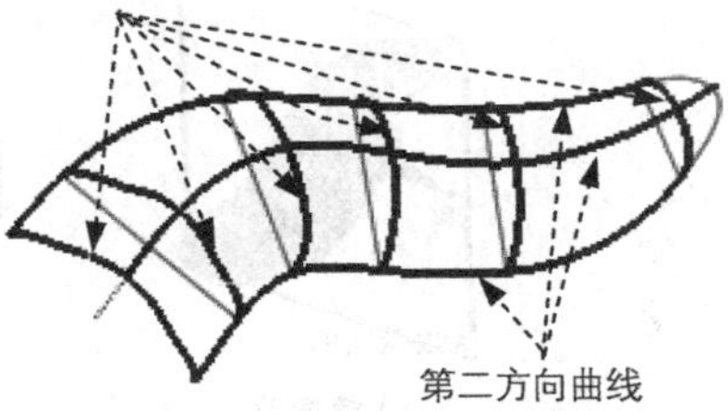

图 10.5.49 定义边界曲线

步骤 29 创建图 10.5.50 所示的边界曲面——边界混合 2。选择下拉菜单 插入(I) → 边界混合(B)... 命令；按住 Ctrl 键，在绘图区依次选取图 10.5.51 所示的曲线 1 和曲线 2 为第一方向边界曲线；单击操控板中第二方向曲线操作栏，在绘图区选取图 10.5.51 所示的曲线 3 为第二方向边界曲线，在操控板中单击 约束 按钮，将“方向 1”的“第一条链”的“条件”设置为“相切”，采用系统默认的边界混合 1 为相切对象；将“方向 1”的“最后一条链”的“条件”设置为“相切”，选取拉伸曲面 1 为相切对象，取消选中 □ 添加内部边相切 复选框。

说明 草绘平面

图 10.5.50　边界混合 2

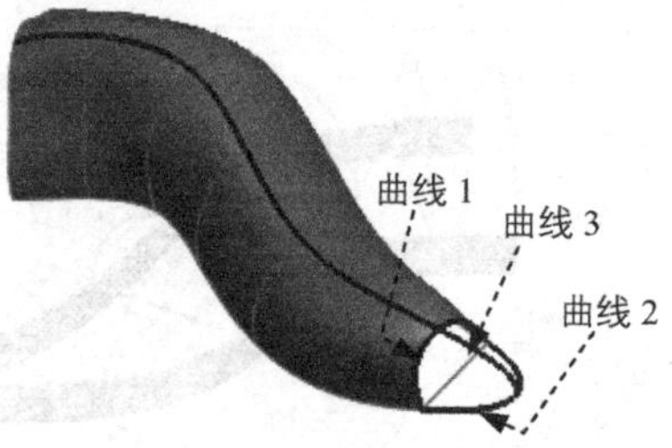

图 10.5.51　定义边界曲线

步骤 30 创建合并特征——合并 1。按住 Ctrl 键，在模型树中依次选取边界混合 1 和边界混合 2 为合并对象，选择下拉菜单 编辑(E) → 合并(G)... 命令。在操控板中单击“完成”按钮✓，完成合并 1 的创建。

步骤 31 创建图 10.5.52b 所示的镜像特征——镜像 1。在绘图区选取合并的面组为镜像对象；选择下拉菜单 编辑(E) → 镜像(I)... 命令；选取 ASM_RIGHT 基准平面为镜像中心平面。

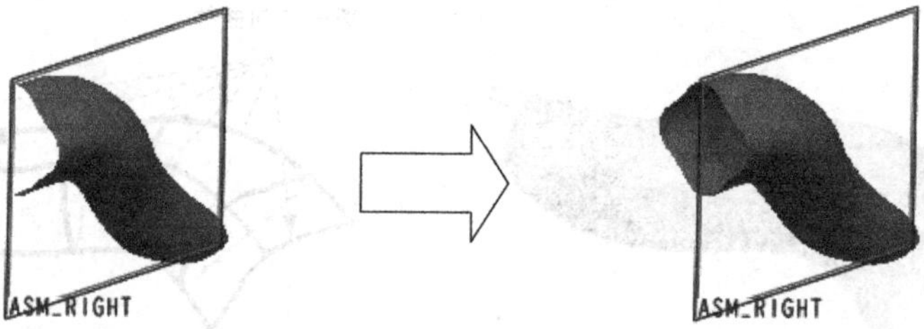

a）镜像前　　b）镜像后

图 10.5.52　镜像 1

步骤 32 创建图 10.5.53 所示的填充曲面——填充 1。选择下拉菜单 编辑(E) → 填充(L) 命令；选取 ASM_FRONT 基准平面为草绘平面，选取 ASM_RIGHT 基准平面为参照平面，方向为 右；利用“使用边”命令 □ 绘制图 10.5.54 所示的截面草图；在操控板中单击“完成”按钮✓，完成填充 1 的创建。

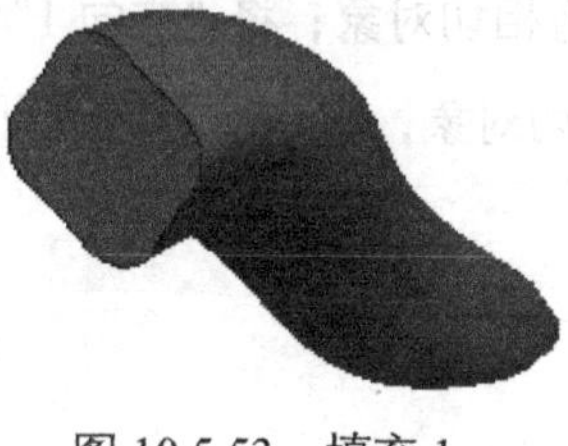

图 10.5.53　填充 1

图 10.5.54　截面草图

步骤 33 创建合并特征——合并 2。在“智能选取栏”的下拉列表中选择“面组”选项；

按住 Ctrl 键，在图形区依次选取图 10.5.55 所示的合并面组 1、镜像 1 和填充 1 为合并对象，选择下拉菜单 编辑(E) → 合并(G)... 命令。在操控板中单击“完成”按钮，完成合并 2 的创建。

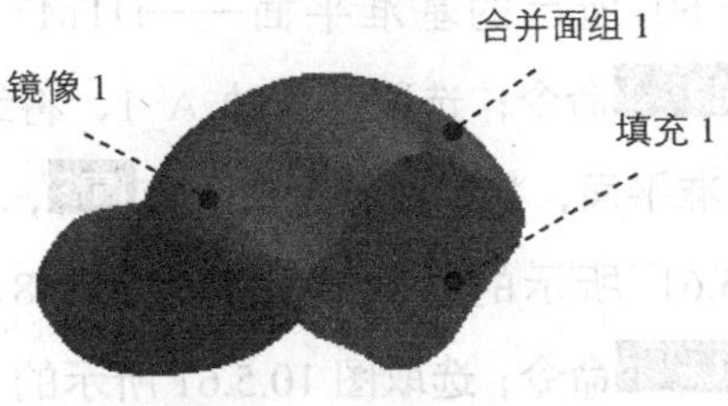

图 10.5.55 选取合并对象

步骤 34 创建图 10.5.56b 所示的倒圆角特征——倒圆角 1。选择下拉菜单 插入(I) → 倒圆角(O)... 命令。选取图 10.5.56a 所示的边线为圆角放置参照，圆角半径值为 2.0。

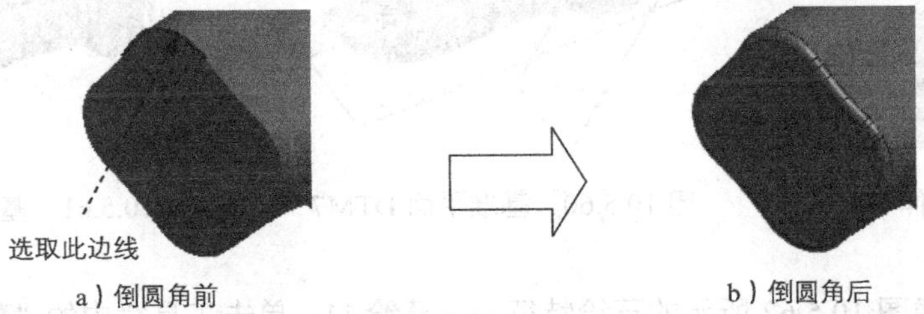

图 10.5.56 倒圆角 1

步骤 35 创建实体化特征——实体化 1。在绘图区选取合并面组 2，选择下拉菜单 编辑(E) → 实体化(Y)... 命令。单击操控板中的“完成”按钮，完成实体化 1 的创建。

步骤 36 创建图 10.5.57 所示的曲面特征——拉伸 2。选择下拉菜单 插入(I) → 拉伸(E) 命令，在操控板中确认“曲面”按钮被按下；选取 ASM_RIGHT 基准平面为草绘平面，选取 ASM_FRONT 基准平面为参照平面，方向为 左；选取 ASM_TOP 基准平面为参照；绘制图 10.5.58 所示的截面草图；在操控板中选取深度类型为，输入深度值 70.0。

图 10.5.57 拉伸 1

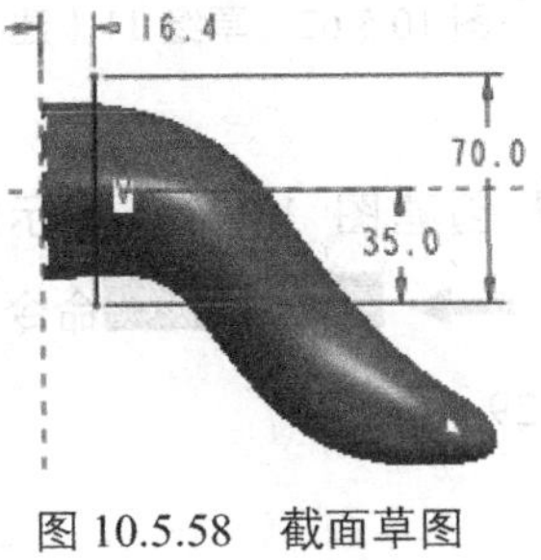

图 10.5.58 截面草图

步骤 37 创建图 10.5.59 所示的曲面特征——拉伸 3。选择下拉菜单 插入(I) → 拉伸(E)... 命令，在操控板中确认“曲面”按钮被按下；选取草绘 4 为截面草图；在操控板中选取深度类型为，输入深度值 80.0。

步骤 38 创建图 10.5.60 所示的基准平面——DTM7。选择下拉菜单 插入(I) → 模型基准(D) ▶ → 平面(L)... 命令；选取基准轴 A_1，将约束类型设置为 穿过；按住 Ctrl 键，选取 ASM_FRONT 基准平面，将约束类型设置为 偏移，在 旋转 后的文本框中输入值 45。

步骤 39 创建图 10.5.61 所示的基准平面——DTM8。选择下拉菜单 插入(I) → 模型基准(D) ▶ → 平面(L)... 命令；选取图 10.5.61 所示的 DTM7 基准平面，将约束类型设置为 偏移，输入偏移距离值-56。

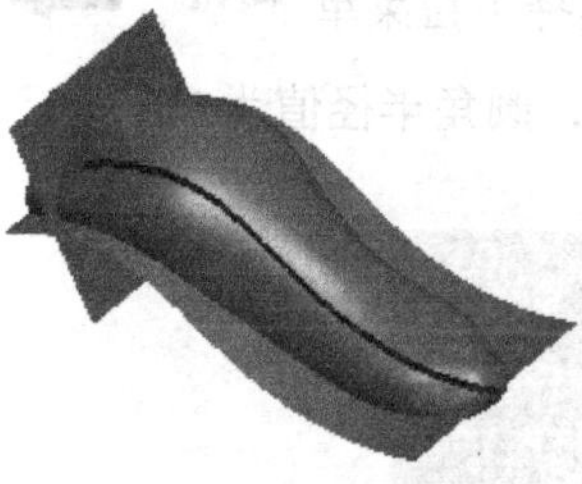

图 10.5.59　拉伸 3

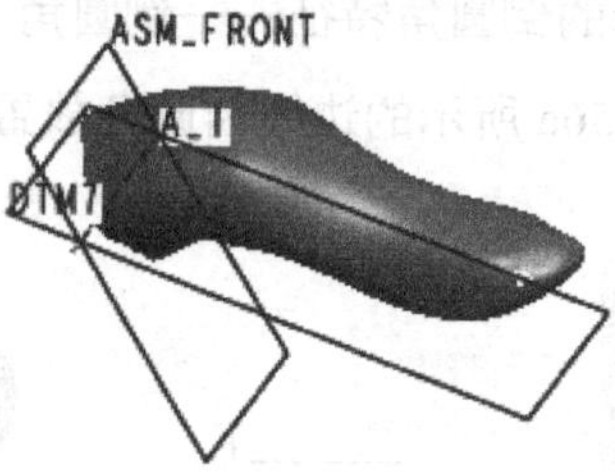

图 10.5.60　基准平面 DTM7

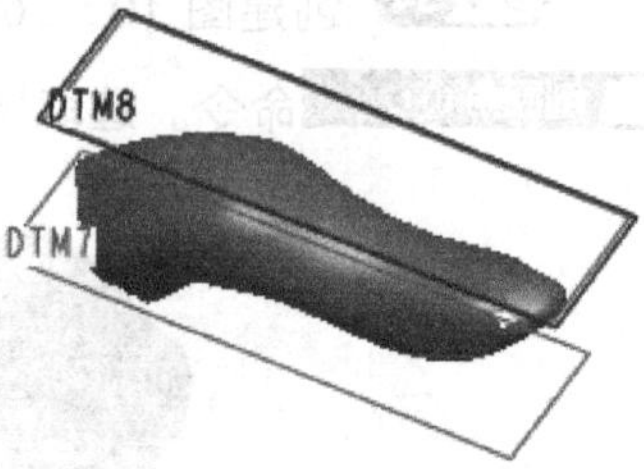

图 10.5.61　基准平面 DTM8

步骤 40 创建图 10.5.62 所示的草绘特征——草绘 11。单击工具栏中的“草绘”按钮，选取 DTM8 基准平面为草绘平面，选取 ASM_RIGHT 基准平面为参照平面，方向为 底部，单击 草绘 按钮；绘制图 10.5.63 所示的草图。

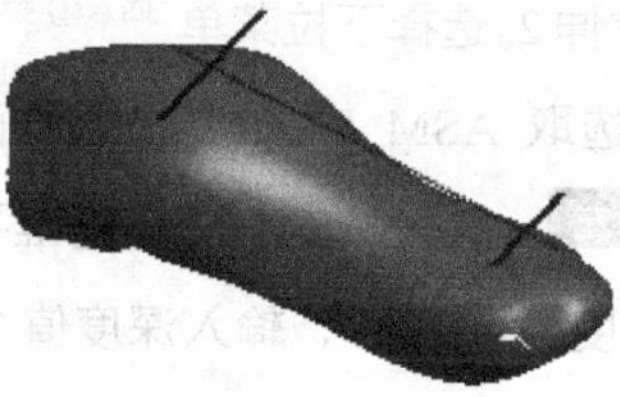

图 10.5.62　草绘 11（建模环境）

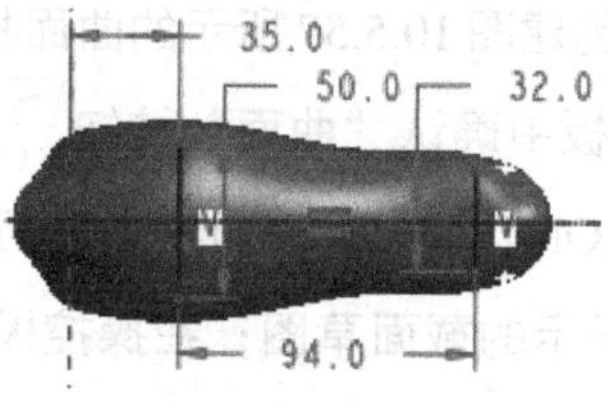

图 10.5.63　草绘 11（草绘环境）

步骤 41 创建图 10.5.64 所示的基准平面——DTM9。选择下拉菜单 插入(I) → 模型基准(D) ▶ → 平面(L)... 命令；选取 DTM7 基准平面，将约束类型设置为 偏移，输入偏移距离值 29。

10.6 创建前盖

下面讲解前盖（FRONT-COVER.PRT）的创建过程，零件模型如图 10.6.1 所示。

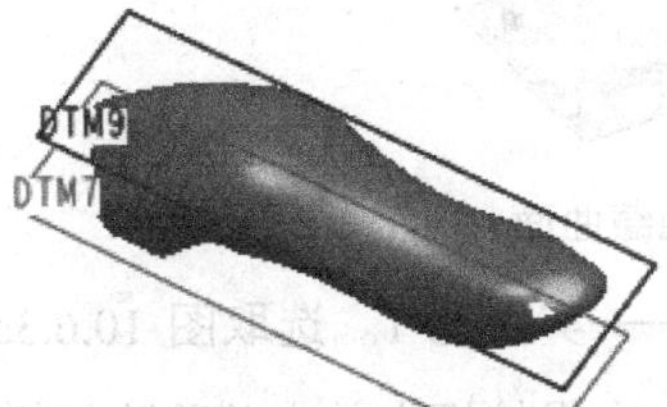

图 10.5.64 基准平面 DTM9

图 10.6.1 前盖

步骤 01 在装配体中创建前盖（FRONT-COVER.PRT）。

（1）首先切换窗口返回总装配，选择下拉菜单 插入(I) → 元件(C) ▸ → 创建(C)... 命令。

（2）在系统弹出的“元件创建”对话框中选中 类型 选项组中的 ◉ 零件 单选项；选中 子类型 选项组中的 ◉ 实体 单选项；在 名称 文本框中输入文件名 FRONT-COVER，单击 确定 按钮。

（3）在系统弹出的“创建选项”对话框中选中 ◉ 空 单选项，单击 确定 按钮。

步骤 02 激活前盖模型。

（1）在模型树中单击 FRONT-COVER.PRT，然后右击，在系统弹出的快捷菜单中选择 激活 命令。

（2）选择下拉菜单 插入(I) → 共享数据(D) ▸ → 合并/继承(M)... 命令，系统弹出“复制几何”操控板，在该操控板中进行下列操作：

① 在操控板中，先确认“将参照类型设置为组件上下文”按钮被按下。

② 复制几何。在操控板中单击 参照 按钮，系统弹出“参照”界面；选中 □ 复制基准 复选框，然后在模型树中选取 FIRST.PRT 为参照模型；单击“完成”按钮✓。

步骤 03 在模型树中选择 FRONT-COVER.PRT，然后右击，在系统弹出的快捷菜单中选择 打开 命令。

步骤 04 隐藏草图及曲线。在模型树区域中选取 下拉列表中的 层树(L) 选项，在系统弹出的层树区域中右击 ⊞ CURVE，从快捷菜单中选择 隐藏 命令，此时完成骨架模型中的所有曲线及草图。

步骤 05 隐藏图 10.6.2 所示的曲面特征。在层树区域中单击 ⊞ QUILT 前的⊞，在其下的选项中找到图 10.6.2 所示的曲面特征，然后右击选择 隐藏 命令。

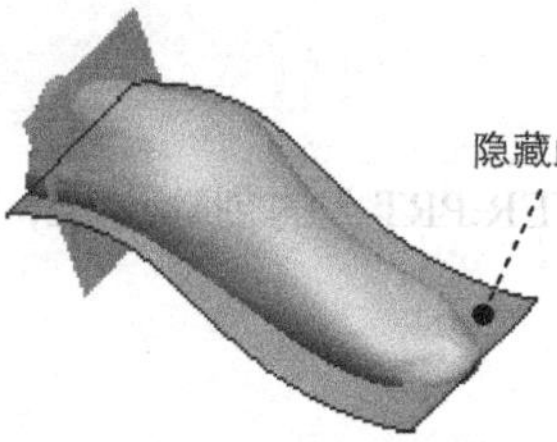

图 10.6.2　隐藏曲面

步骤 06 创建图 10.6.3b 所示的实体化特征——实体化 1。选取图 10.6.3a 所示的曲面，选择下拉菜单 编辑(E) → 实体化(Y)... 命令；在操控板中单击“移除材料”按钮，定义实体化方向，如图 10.6.3a 所示。

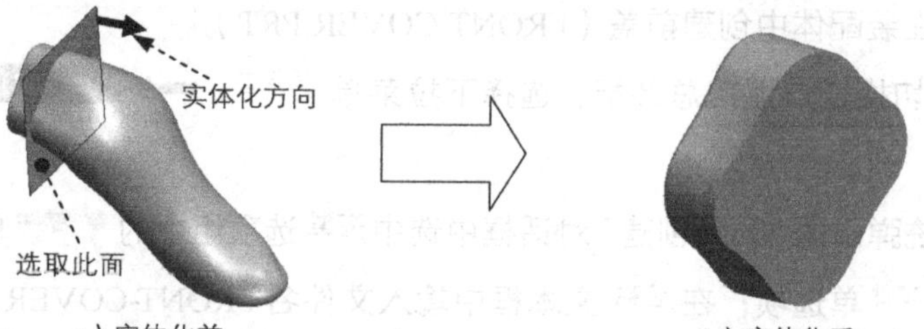

a）实体化前　b）实体化后

图 10.6.3　实体化 1

步骤 07 创建图 10.6.4b 所示的抽壳特征——壳 1。选择下拉菜单 插入(I) → 壳(L). 命令；在绘图区选取图 10.6.4a 所示的面为移除面，输入厚度值 1.0。

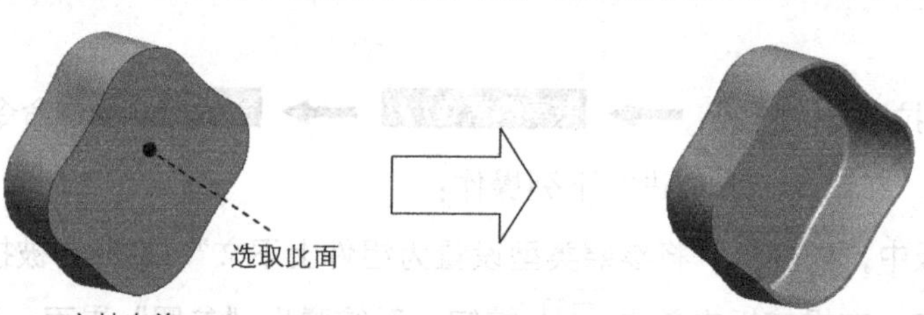

a）抽壳前　b）抽壳后

图 10.6.4　壳 1

步骤 08 创建图 10.6.5 所示的拉伸特征——拉伸 1。选择下拉菜单 插入(I) → 拉伸(E)... 命令；选取图 10.6.6 所示的模型表面为草绘平面，利用“使用边”命令绘制图 10.6.7 所示的截面草图；在操控板中选取深度类型为，输入深度值 0.5。

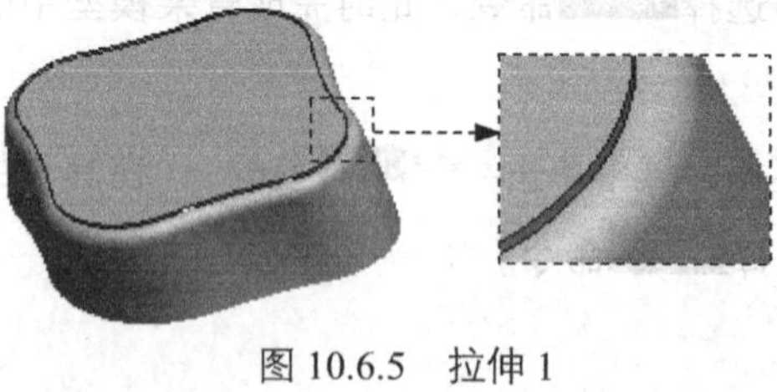

图 10.6.5　拉伸 1

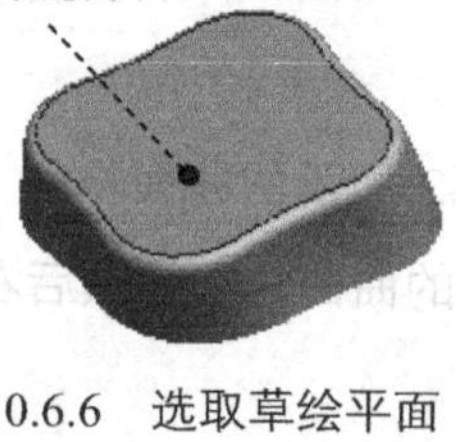

图 10.6.6　选取草绘平面

图 10.6.7　截面草图

步骤 09 创建图 10.6.8b 所示的倒圆角特征——倒圆角 1。选择下拉菜单 插入(I) → 倒圆角(O)... 命令。选取图 10.6.8a 所示的边线为圆角放置参照，圆角半径值为 0.5。

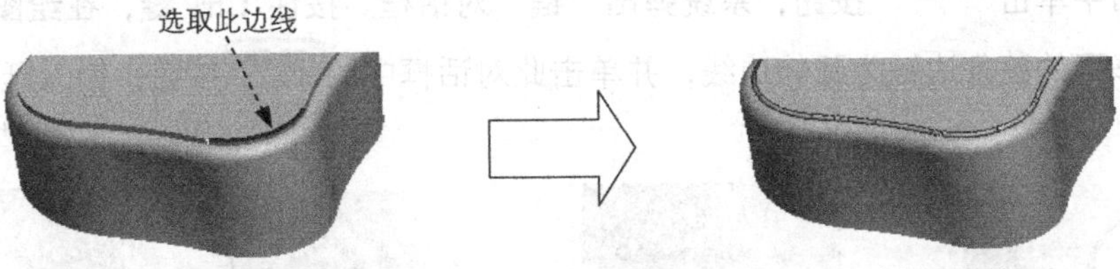

a）倒圆角前　b）倒圆角后

图 10.6.8 倒圆角 1

步骤 10 创建图 10.6.9 所示的拉伸特征——拉伸 2。选择下拉菜单 插入(I) → 拉伸(E)... 命令；选取图 10.6.9 所示的模型表面为草绘平面，绘制图 10.6.10 所示的截面草图；在操控板中选取深度类型为，输入深度值 0.5。

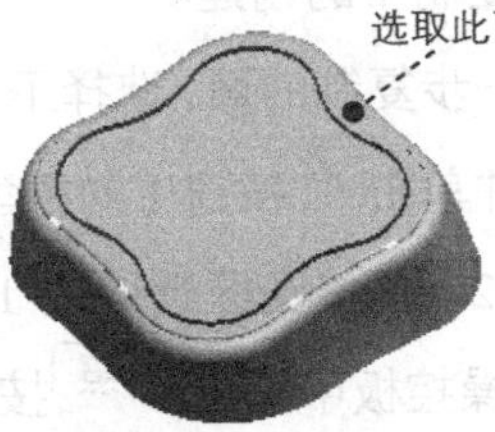

图 10.6.9 拉伸 2

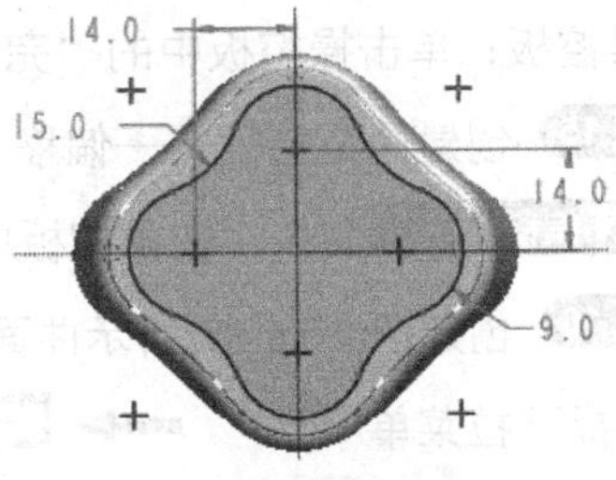

图 10.6.10 截面草图

步骤 11 创建图 10.6.11 所示的拉伸特征——拉伸 3。选择下拉菜单 插入(I) → 拉伸(E)... 命令；选取图 10.6.11 所示的模型表面为草绘平面，绘制图 10.6.12 所示的截面草图；在操控板中选取深度类型为，单击按钮，并单击“移除材料”按钮。

步骤 12 创建偏距特征——偏移 1。在绘图区选取图 10.6.13 所示的面，选择下拉菜单 编辑(E) → 偏移(O)... 命令；在操控板中输入偏移值 0.5，并单击按钮（向模型内部偏移）。

图 10.6.11 拉伸 3

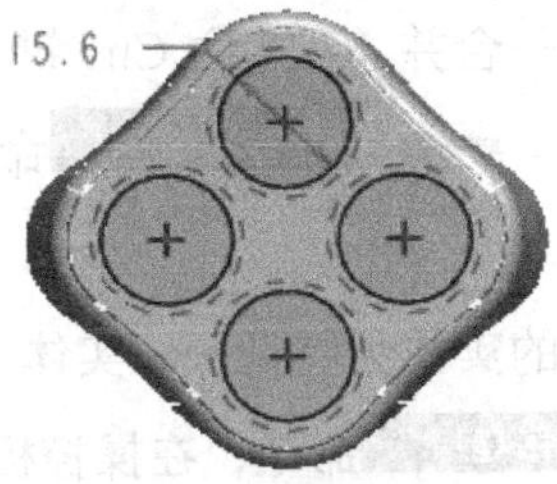

图 10.6.12 截面草图

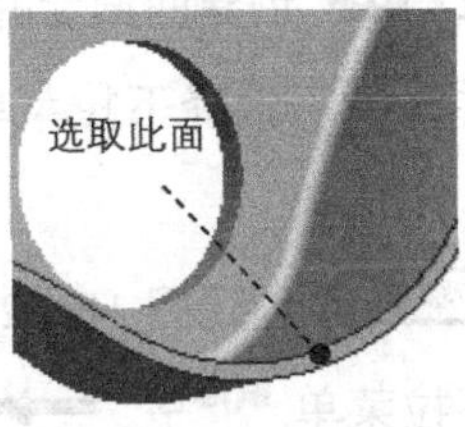

图 10.6.13 定义偏移面

步骤 13 创建图 10.6.14 所示的曲面延伸特征——延伸 1。在绘图区选取图 10.6.15 所示的边线，选择下拉菜单 编辑(E) ➡ 延伸(X)... 命令；在操控板中单击 参照 按钮，在系统弹出的界面中单击 细节... 按钮，系统弹出“链”对话框。按住 Ctrl 键，在绘图区依次选取上一步偏移面的整条边链为延伸边线，并单击此对话框中的 确定 按钮；输入延伸值 0.5。

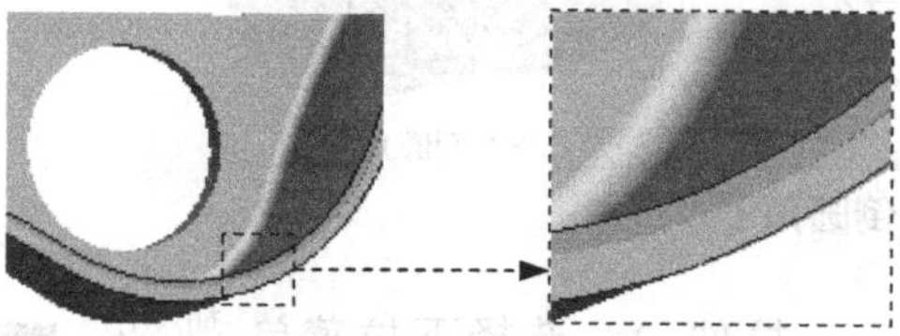
图 10.6.14 延伸 1

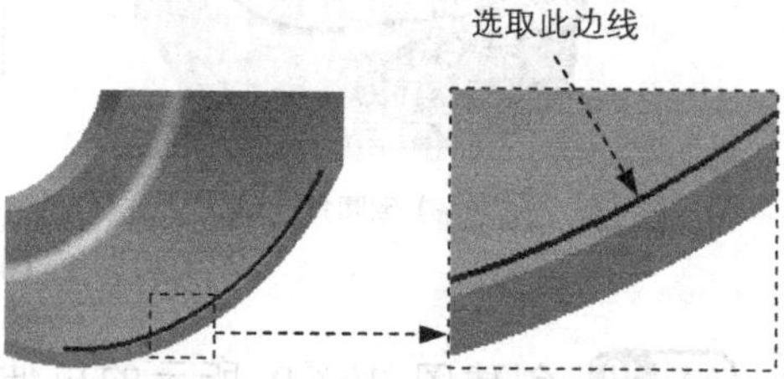

图 10.6.15 定义延伸边线

步骤 14 创建复制特征——复制 1。按住 Ctrl 键，在绘图区选取图 10.6.16 所示的一圈面，选择下拉菜单 编辑(E) ➡ 复制(C) 命令；选择下拉菜单 编辑(E) ➡ 粘贴(P) 命令，系统弹出操控板；单击操控板中的“完成”按钮 ✔，完成复制 1 的创建。

步骤 15 创建偏距特征——偏移 2。在绘图区选取上一步复制的面，选择下拉菜单 编辑(E) ➡ 偏移(O)... 命令；在操控板中输入偏移值 0.5，并单击 按钮（向模型内部偏移）。

步骤 16 创建图 10.6.17 所示曲面延伸特征——延伸 2。在绘图区选取图 10.6.18 所示的边线，选择下拉菜单 编辑(E) ➡ 延伸(X)... 命令；在操控板中单击 参照 按钮，在系统弹出的界面中单击 细节... 按钮，系统弹出“链”对话框。按住 Ctrl 键，在绘图区依次选取上一步偏移面的整条边链为延伸边线，并单击此对话框中的 确定 按钮；输入延伸值 0.5。

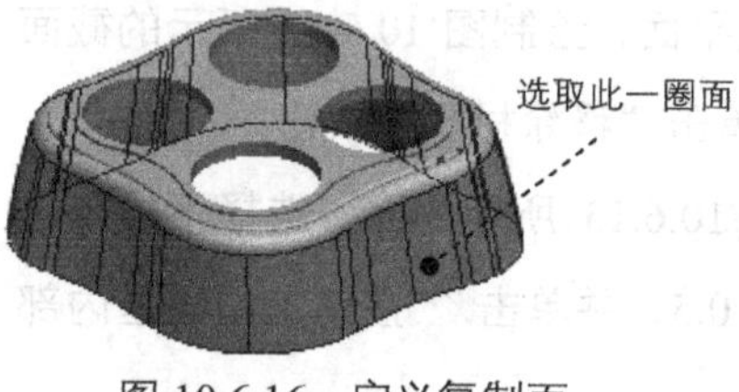

图 10.6.16 定义复制面

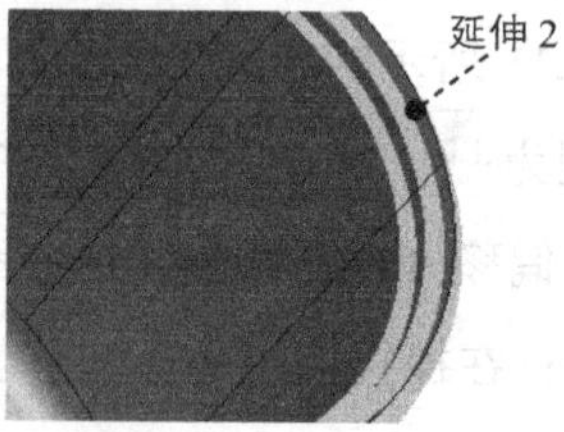

图 10.6.17 延伸 2

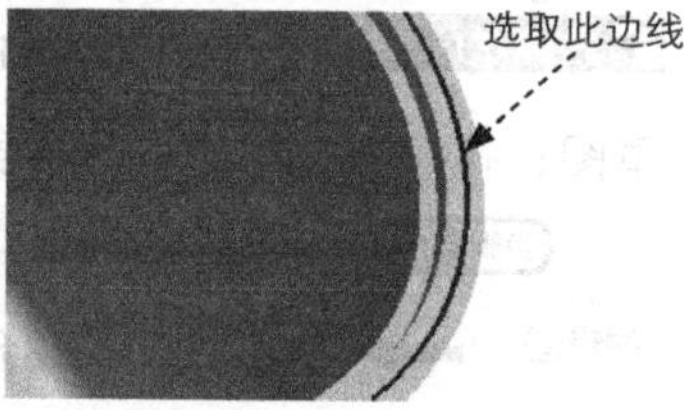

图 10.6.18 定义延伸边线

步骤 17 创建曲面合并特征——合并 1。按住 Ctrl 键，在模型树中选取延伸 1 和延伸 2 为合并对象。选择下拉菜单 编辑(E) ➡ 合并(G)... 命令，定义合并方向，如图 10.6.19 所示。

步骤 18 创建图 10.6.20b 所示的实体化特征——实体化 2。选取图 10.6.20a 所示的曲面，选择下拉菜单 编辑(E) ➡ 实体化(Y)... 命令；在操控板中单击“移除材料”按钮 ，定义实体化方向，如图 10.6.20a 所示。

图 10.6.19 定义合并方向

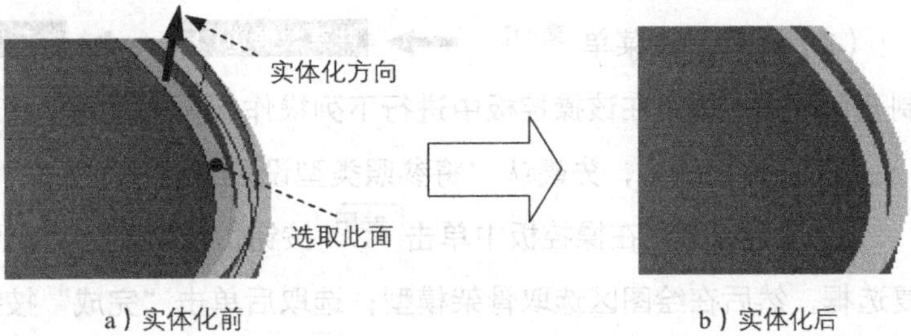

图 10.6.20 实体化 2

步骤 19 创建图 10.6.21b 所示的倒圆角特征——倒圆角 2。选择下拉菜单 插入(I) → 倒圆角(O)... 命令。选取图 10.6.21a 所示的边线为圆角放置参照，圆角半径值为 0.2。

图 10.6.21 倒圆角 2

10.7 创建二级控件 01

下面讲解二级控件（SECOND-UPPER-01.PRT）的创建过程，零件模型如图 10.7.1 所示。

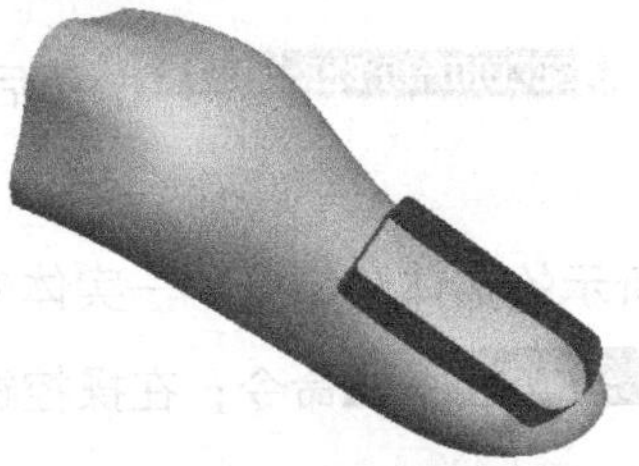

图 10.7.1 零件模型

步骤 01 首先切换窗口返回总装配，在装配体中创建二级控件 SECOND-UPPER-01.PRT。选择下拉菜单 插入(I) → 元件(C) ▸ → 创建(C)... 命令；在系统弹出的“元件创建”对话框中选中 类型 选项组中的 ◉ 零件 单选项；选中 子类型 选项组中的 ◉ 实体 单选项；在 名称 文本框中输入文件名 SECOND-UPPER-01，单击 确定 按钮；在系统弹出的“创建选项”对话框中选中 ◉ 空 单选项，单击 确定 按钮。

步骤 02 激活二级控件模型。

（1）在模型树中单击 SECOND-UPPER-01.PRT，然后右击，在弹出的快捷菜单中选择 激活 命令。

（2）选择下拉菜单 插入(I) → 共享数据(D) ▸ → 合并/继承(M)... 命令，系统弹出“复制几何”操控板，在该操控板中进行下列操作。

① 在操控板中，先确认“将参照类型设置为组件上下文”按钮被按下。

② 复制几何。在操控板中单击 参照 按钮，系统弹出“参照”界面；取消选中 □ 复制基准 复选框，然后在绘图区选取骨架模型；选取后单击“完成”按钮。

（3）复制基准及曲线。选择下拉菜单 插入(I) → 共享数据(D) ▸ → 复制几何(G)... 命令，系统弹出“复制几何”操控板，在该操控板中进行下列操作。

① 在操控板中，先确认“将参照类型设置为组件上下文”按钮被按下，单击“仅限发布几何”按钮，使其处于弹起状态。

② 复制几何。在操控板中单击 参照 按钮，系统弹出“参照”界面；在 链 下的列表框中单击，按住 Ctrl 键，选取草绘 11 的两条曲线为参照；在 参照 的下拉列表中单击，按住 Ctrl 键，选取骨架模型中的 A_1：F6 基准轴、ASM_RIGHT 基准平面、ASM_FRONT 基准平面、ASM_TOP 基准平面、DTM7 基准平面和 DTM9 基准平面为参照。

说明

在选择基准参照平面时，首先将 FIRST.PRT 节点下面的 ASM_RIGHT 基准平面、ASM_FRONT 基准平面、ASM_TOP 基准平面进行隐藏。

步骤 03 在模型树中选择 SECOND-UPPER-01.PRT，然后右击，在系统弹出的快捷菜单中选择 打开 命令。

步骤 04 创建图 10.7.2b 所示的实体化特征——实体化 1。选取图 10.7.2a 所示的曲面，选择下拉菜单 编辑(E) → 实体化(Y)... 命令；在操控板中单击“移除材料”按钮，定义实体化方向如图 10.7.2a 所示。

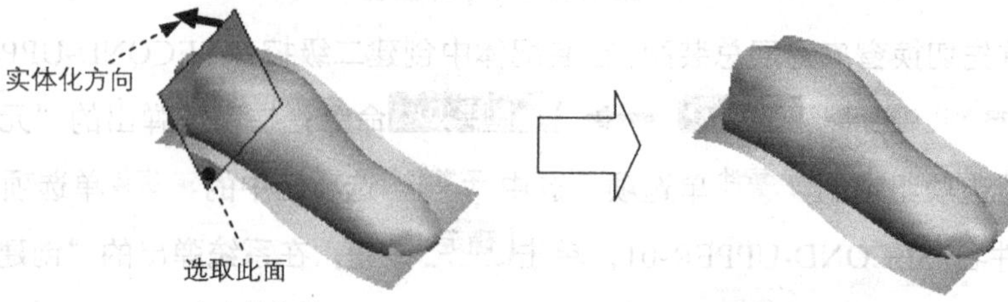

a）实体化前　　b）实体化后

图 10.7.2　实体化 1

步骤 05 创建图 10.7.3b 所示的实体化特征——实体化 2。选取图 10.7.3a 所示的曲面，选择下拉菜单 编辑(E) → 实体化(Y)... 命令；在操控板中单击“移除材料”按钮，定义实体化方向如图 10.7.3a 所示。

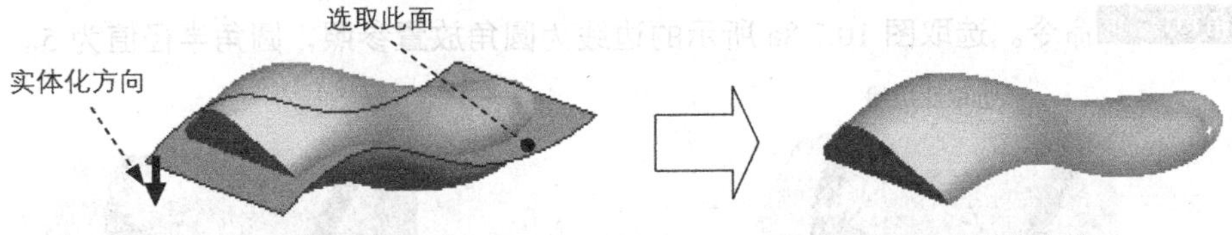

a）实体化前　　b）实体化后

图 10.7.3　实体化 2

步骤 06 创建图 10.7.4b 所示的抽壳特征——壳 1。选择下拉菜单 插入(I) → 壳(L)... 命令；在绘图区选取图 10.7.4a 所示的面为移除面，输入厚度值 1.0。

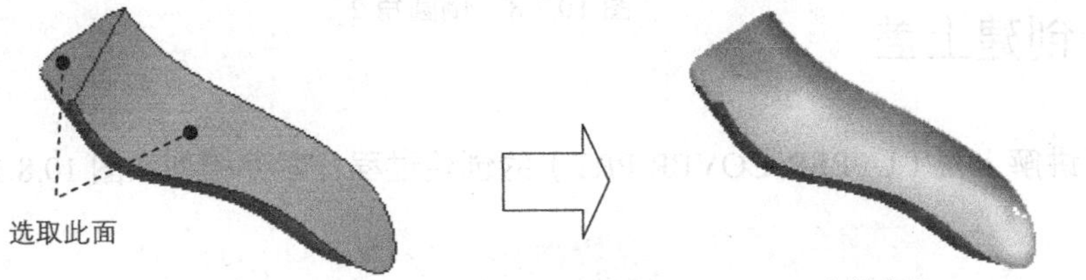

a）抽壳前　　b）抽壳后

图 10.7.4　壳 1

步骤 07 创建图 10.7.5 所示的曲面特征——拉伸 1。选择下拉菜单 插入(I) → 拉伸(E)... 命令，在操控板中确认“曲面”按钮被按下；选取 DTM9 基准平面为草绘平面，选取 ASM_RIGHT 基准平面为参照平面，方向为 底部；选取基准轴 A_1 为参照；绘制图 10.7.6 所示的截面草图；在操控板中选取深度类型为 ，输入深度值 25.0。

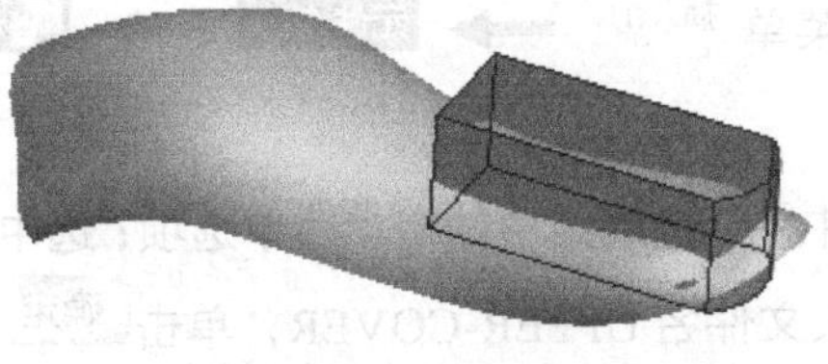

图 10.7.5　拉伸 1

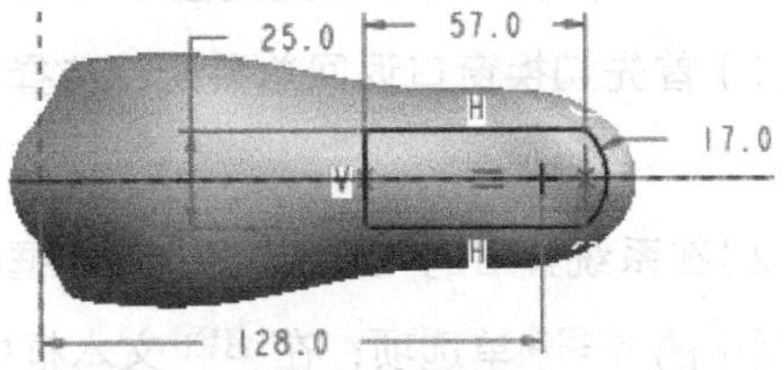

图 10.7.6　截面草图

步骤 08 创建图 10.7.7b 所示的倒圆角特征——倒圆角 1。选择下拉菜单 插入(I) → 倒圆角(O)... 命令。选取图 10.7.7a 所示的边线为圆角放置参照，圆角半径值为 2。

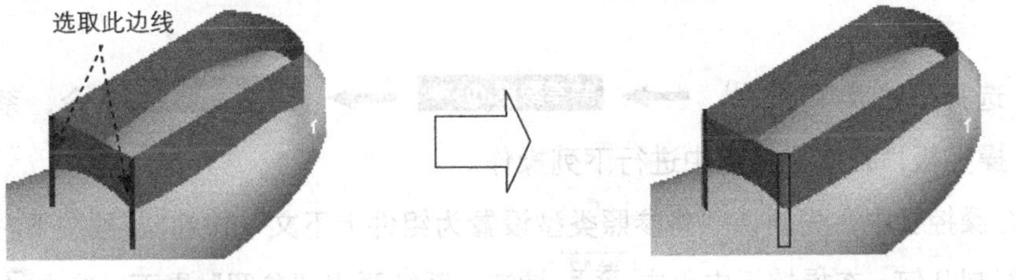

a）倒圆角前　　b）倒圆角后

图 10.7.7　倒圆角 1

步骤 09 创建图 10.7.8b 所示的倒圆角特征——倒圆角 2。选择下拉菜单 插入(I) → 倒圆角(O)... 命令。选取图 10.7.8a 所示的边线为圆角放置参照，圆角半径值为 5。

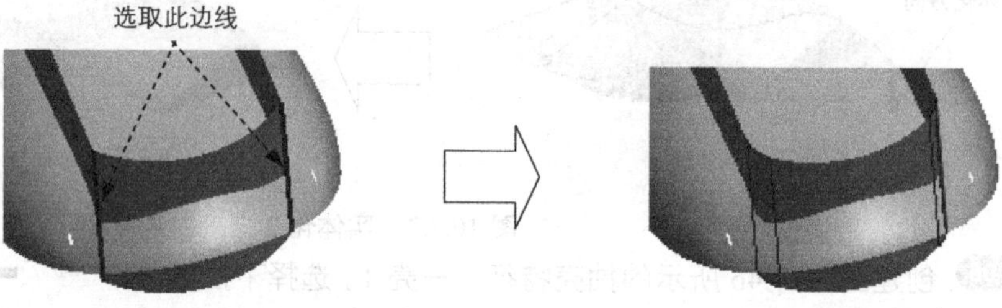

a）倒圆角前　　b）倒圆角后

图 10.7.8　倒圆角 2

10.8　创建上盖

下面讲解上盖（UPPER-COVER.PRT）的创建过程，零件模型如图 10.8.1 所示。

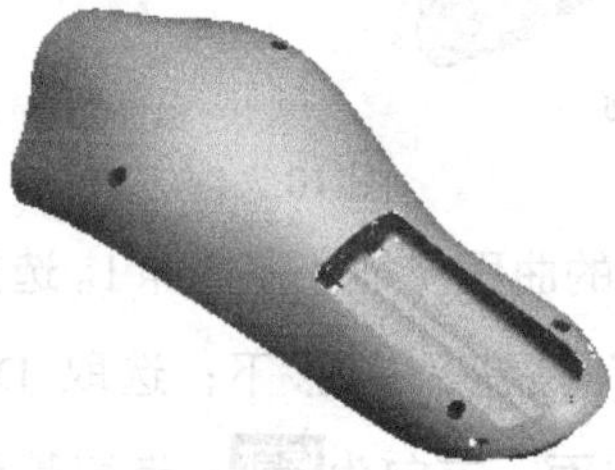

图 10.8.1　上 盖

步骤 01 在装配体中创建上盖（UPPER-COVER.PRT）。

（1）首先切换窗口返回总装配，选择下拉菜单 插入(I) → 元件(C) ▸ → 创建(C)... 命令。

（2）在系统弹出的“元件创建”对话框中选中 类型 选项组中的 ◉ 零件 单选项；选中 子类型 选项组中的 ◉ 实体 单选项；在 名称 文本框中输入文件名 UPPER-COVER，单击 确定 按钮。

（3）在系统弹出的“创建选项”对话框中选中 ◉ 空 单选项，单击 确定 按钮。

步骤 02 激活上盖模型。

（1）在模型树中单击 UPPER-COVER.PRT，然后右击，在系统弹出的快捷菜单中选择 激活 命令。

（2）选择下拉菜单 插入(I) → 共享数据(D) ▸ → 合并/继承(M)... 命令，系统弹出“复制几何”操控板，在该操控板中进行下列操作。

① 在操控板中，先确认“将参照类型设置为组件上下文”按钮 被按下。

② 复制几何。在操控板中单击 参照 按钮，系统弹出“参照”界面；选中 ☑ 复制基准 复选

框，然后在模型树中选取 SECOND-UPPER-01.PRT 为参照模型；单击“完成”按钮✔。

步骤 03 在模型树中选择 UPPER-COVER.PRT，然后右击，在系统弹出的快捷菜单中选择 打开 命令。

步骤 04 创建图 10.8.2b 所示的实体化特征——实体化 1。选取图 10.8.2a 所示的曲面，选择下拉菜单 编辑(E) → 实体化(Y)... 命令；在操控板中单击“移除材料”按钮，定义实体化方向如图 10.8.2a 所示。

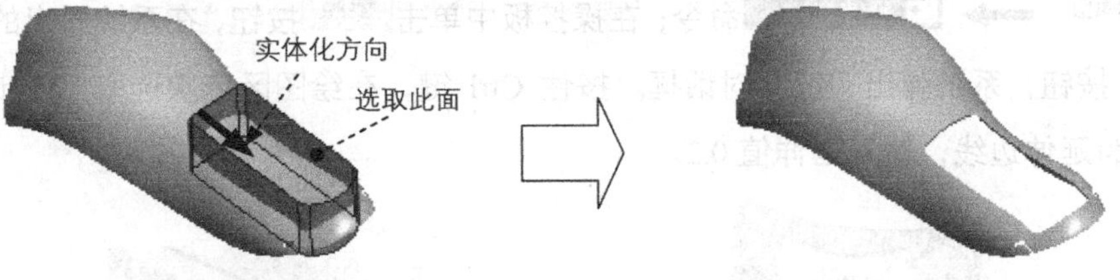

a）实体化前　　b）实体化后

图 10.8.2　实体化 1

步骤 05 创建偏距特征——偏移 1。在绘图区选取图 10.8.3 所示的面，选择下拉菜单 编辑(E) → 偏移(O)... 命令；在操控板中输入偏移值 0.4，并单击按钮（向模型内部偏移）。

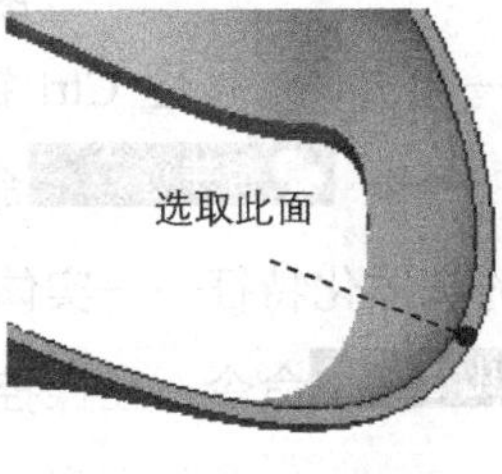

图 10.8.3　定义偏移面

步骤 06 创建图 10.8.4 所示的曲面延伸特征——延伸 1。在绘图区选取图 10.8.5 所示的边线，选择下拉菜单 编辑(E) → 延伸(X)... 命令；在操控板中单击 参照 按钮，在系统弹出的界面中单击 细节... 按钮，系统弹出“链”对话框。按住 Ctrl 键，在绘图区依次选取上一步偏移面的整条边链为延伸边线（共 6 条），输入延伸值 0.5。

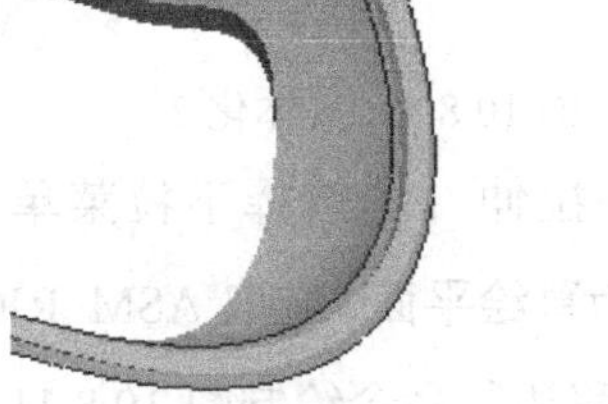

图 10.8.4　延伸 1

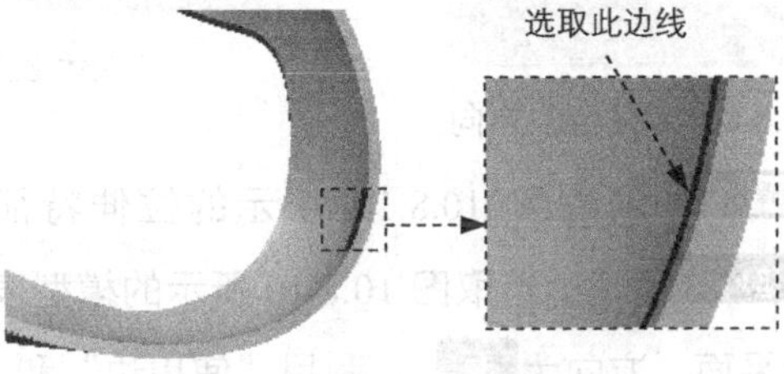

图 10.8.5　定义延伸边线

步骤 07 创建复制特征——复制 1。按住 Ctrl 键，在绘图区选取图 10.8.6 所示的靠近上边缘的一圈面，选择下拉菜单 编辑(E) ➡ 复制(C) 命令；选择下拉菜单 编辑(E) ➡ 粘贴(P) 命令，系统弹出操控板，单击操控板中的“完成”按钮✔，完成复制 1 的创建。

步骤 08 创建偏距特征——偏移 2。在绘图区选取上一步复制的面，选择下拉菜单 编辑(E) ➡ 偏移(O)... 命令；在操控板中输入偏移值 0.4，并单击按钮（向模型内部偏移）。

步骤 09 创建曲面延伸特征——延伸 2。在绘图区选取图 10.8.7 所示的边线，选择下拉菜单 编辑(E) ➡ 延伸(X)... 命令；在操控板中单击 参照 按钮，在系统弹出的界面中单击 细节... 按钮，系统弹出“链”对话框。按住 Ctrl 键，在绘图区依次选取上一步偏移面的整条边链为延伸边线，输入延伸值 0.2。

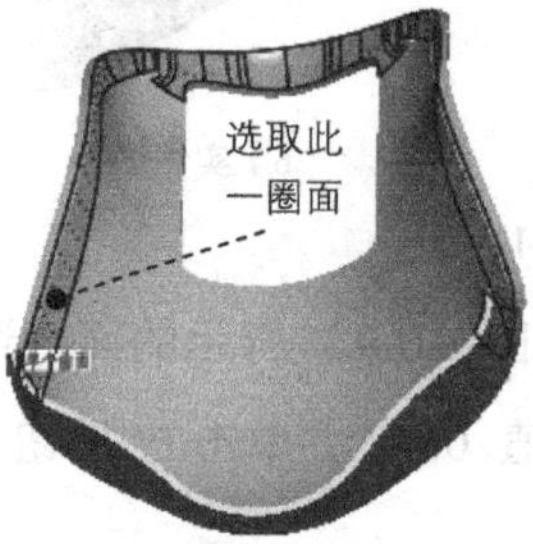

图 10.8.6 定义复制面

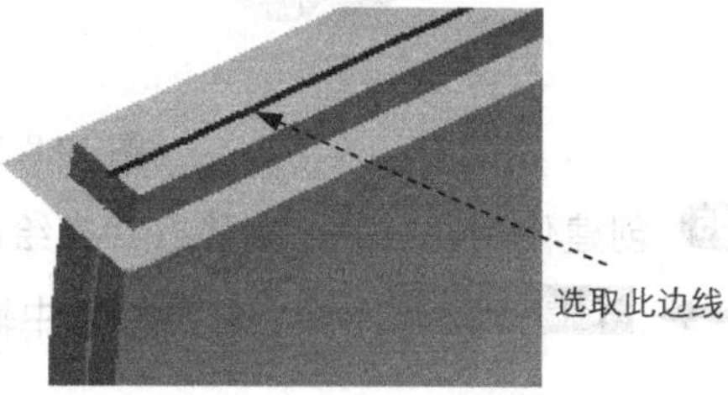

图 10.8.7 定义延伸边线

步骤 10 创建曲面合并特征——合并 1。按住 Ctrl 键，在模型树中选取延伸 1 和延伸 2 为合并对象。选择下拉菜单 编辑(E) ➡ 合并(G)... 命令，定义合并方向如图 10.8.8 所示。

步骤 11 创建图 10.8.9b 所示的实体化特征——实体化 2。选取图 10.8.9a 所示的曲面，选择下拉菜单 编辑(E) ➡ 实体化(Y)... 命令；在操控板中单击“移除材料”按钮，定义实体化方向如图 10.8.9a 所示。

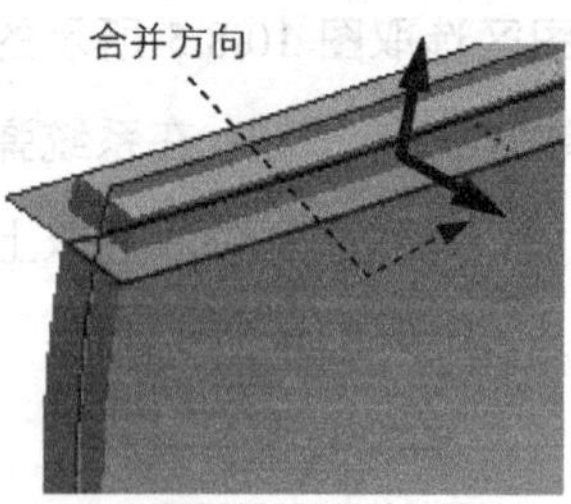

图 10.8.8 定义合并方向

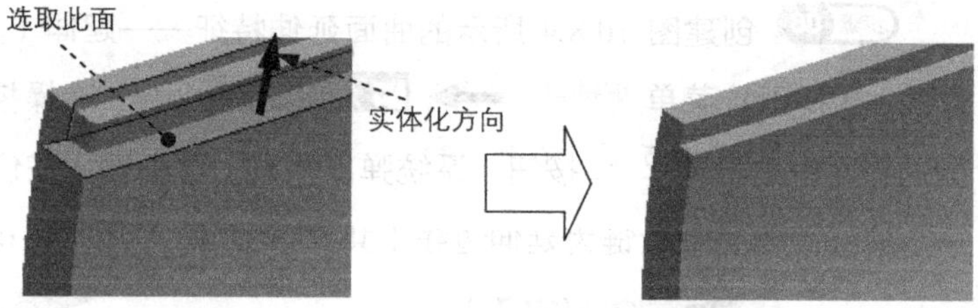

a）实体化前

b）实体化后

图 10.8.9 实体化 2

步骤 12 创建图 10.8.10 所示的拉伸特征——拉伸 1。选择下拉菜单 插入(I) ➡ 拉伸(E)... 命令；选取图 10.8.10 所示的模型表面为草绘平面，选取 ASM_RIGHT 基准平面为参照平面，方向为 右，；利用“使用边”和“偏移边”命令绘制图 10.8.11 所示的截面草图；在操控板中选取深度类型为，输入深度值 0.4。

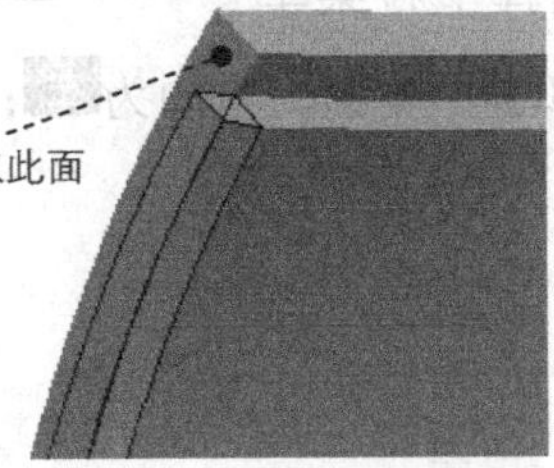

图 10.8.10 拉伸 1

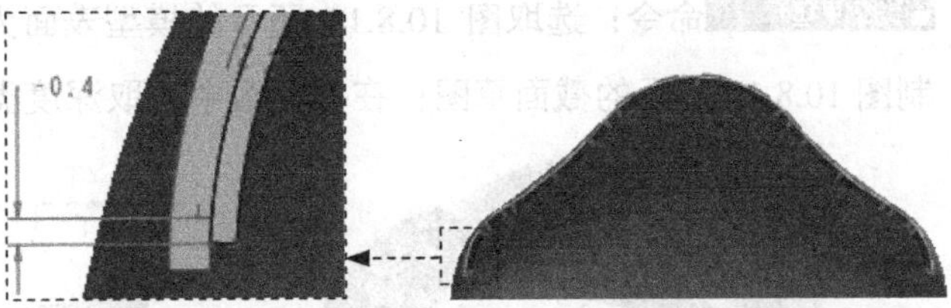

图 10.8.11 截面草图

步骤 13 创建图 10.8.12b 所示的倒角特征——倒角 1。选择下拉菜单 插入(I) → 倒角(M) → 边倒角(E)... 命令；选取图 10.8.12a 所示的边线和另一侧的此边线为倒角参照，选取倒角方案为 D x D，输入 D 值 0.4。

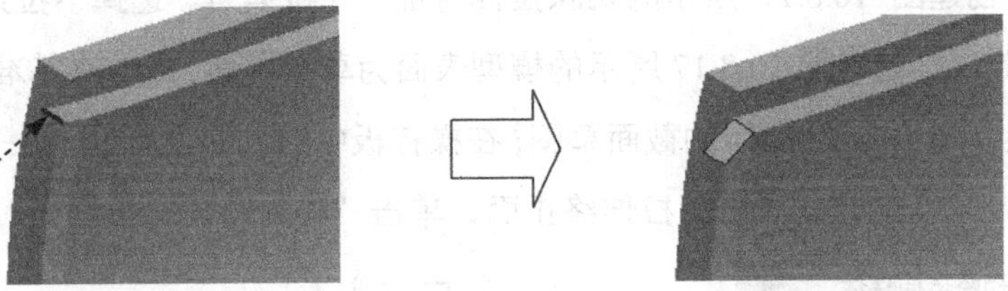

a）倒角前　　b）倒角后

图 10.8.12 倒角 1

步骤 14 创建图 10.8.13 所示的拉伸特征——拉伸 2。选择下拉菜单 插入(I) → 拉伸(E)... 命令；选取 DTM9 基准平面为草绘平面，ASM_RIGHT 基准平面为参照平面，方向为 顶，单击 反向 按钮；利用“使用边”命令绘制图 10.8.14 所示的截面草图；在操控板中选取深度类型为；在操控板中按下“加厚草绘”按钮，输入值 1，定义加厚方向向外。

说明：在进行特征命令操作时，如果操作的方向相反，可单击相应操控板或选项卡中的“反向”按钮来调整，以下不再赘述。

图 10.8.13 拉伸 2

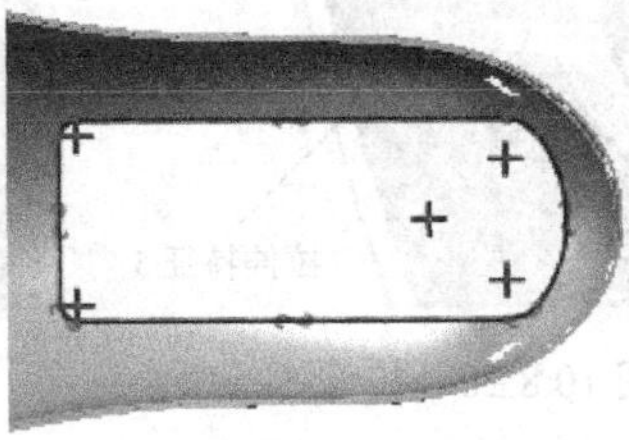

图 10.8.14 截面草图

步骤 15 创建图 10.8.15 所示的拉伸特征——拉伸 3。选择下拉菜单 插入(I) ➡ 拉伸(E)... 命令；选取图 10.8.15 所示的模型表面为草绘平面和参照平面，方向为 左；绘制图 10.8.16 所示的截面草图；在操控板中选取深度类型为 。

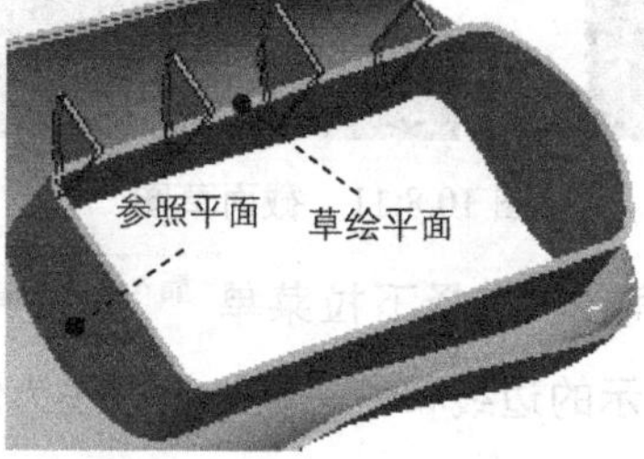

图 10.8.15 拉伸 3

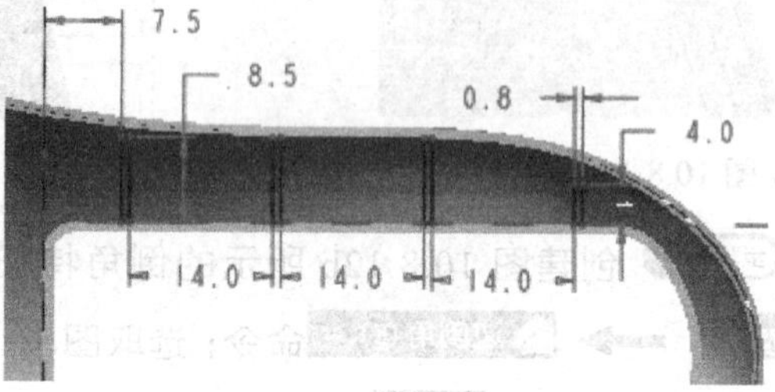

图 10.8.16 截面草图

步骤 16 创建图 10.8.17 所示的切除拉伸特征——拉伸 4。选择下拉菜单 插入(I) ➡ 拉伸(E)... 命令；选取图 10.8.17 所示的模型表面为草绘平面，DTM9 基准平面为参照平面，方向为 顶；绘制图 10.8.18 所示的截面草图；在操控板中选取深度类型为 ，输入深度值 4.0。选取图 10.8.19 所示的模型表面为拉伸终止面，单击“移除材料”按钮 。

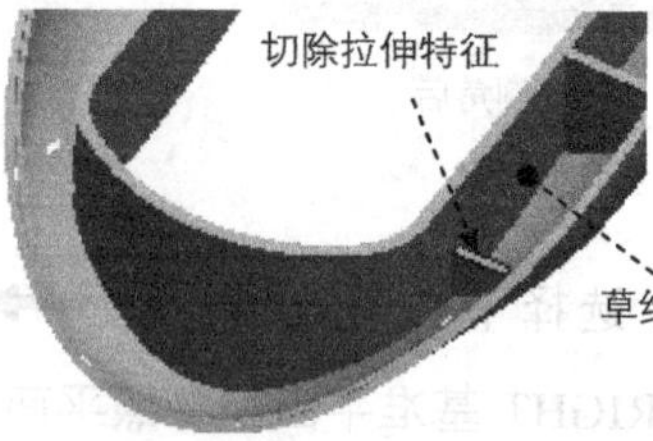

图 10.8.17 拉伸 4

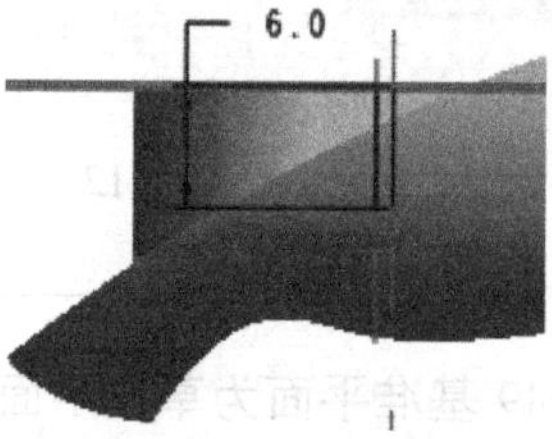

图 10.8.18 截面草图

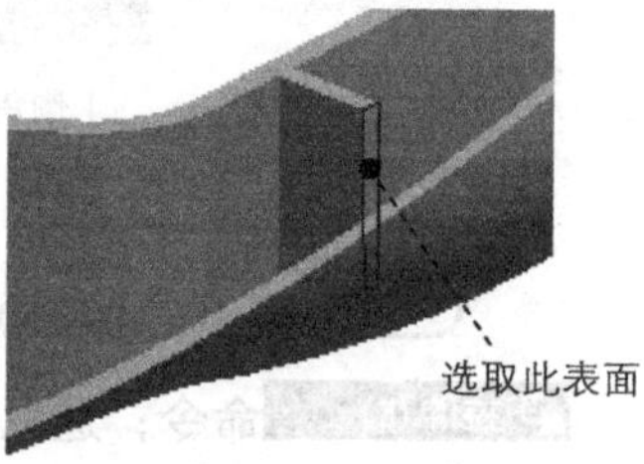

图 10.8.19 拉伸终止面

步骤 17 创建图 10.8.20 所示的拉伸特征——拉伸 5。选择下拉菜单 插入(I) ➡ 拉伸(E)... 命令；选取图 10.8.21 所示的模型表面为草绘平面和参照平面，方向为 顶；利用“使用边”命令绘制图 10.8.22 所示的截面草图；在操控板中选取深度类型为 。

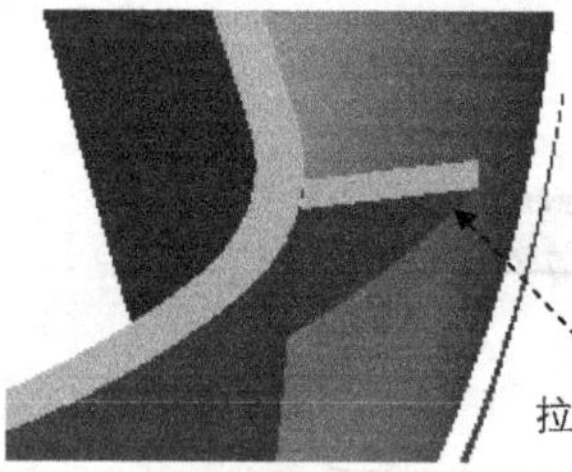

图 10.8.20 拉伸 5

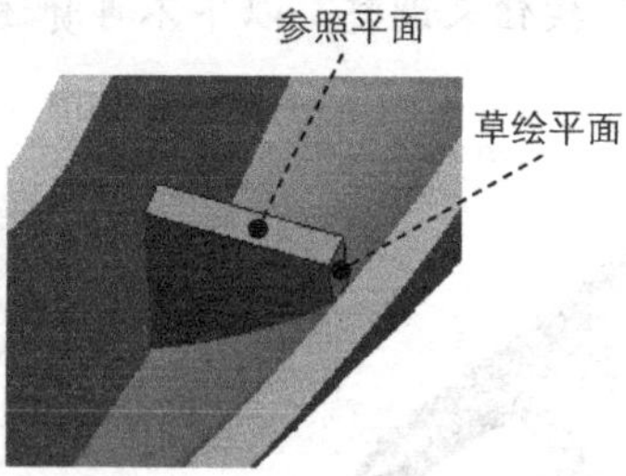

图 10.8.21 选取对象

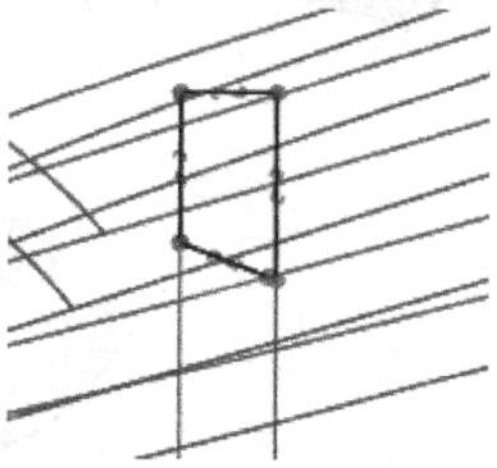
图 10.8.22 截面草图

步骤 18 创建组特征——组 LOCAL_GROUP。按住 Shift 键，在模型树中选取拉伸 3~拉伸 5 所创建的特征，在 编辑(E) 下拉菜单中选择 组 命令。

步骤 19 创建图 10.8.23b 所示的镜像特征——镜像 1。在绘图区选取组 LOCAL_GROUP 为镜像对象；选择下拉菜单 编辑(E) → 镜像(I)... 命令；选取 ASM_RIGHT 基准平面为镜像中心平面。

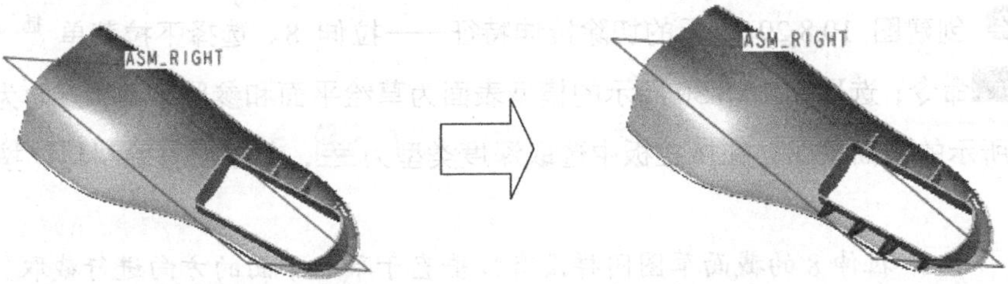

a）镜像前　　b）镜像后

图 10.8.23　镜像 1

步骤 20 创建图 10.8.24 所示的拉伸特征——拉伸 6。选择下拉菜单 插入(I) → 拉伸(E)... 命令；选取 DTM9 基准平面为草绘平面，ASM_RIGHT 基准平面为参照平面，方向为 顶，选取基准轴 A_1 为参照，绘制图 10.8.25 所示的截面草图；在操控板中选取深度类型为 ⊟。

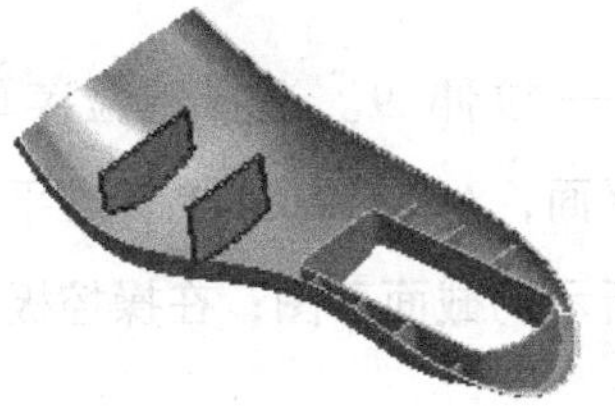

图 10.8.24　拉伸 6

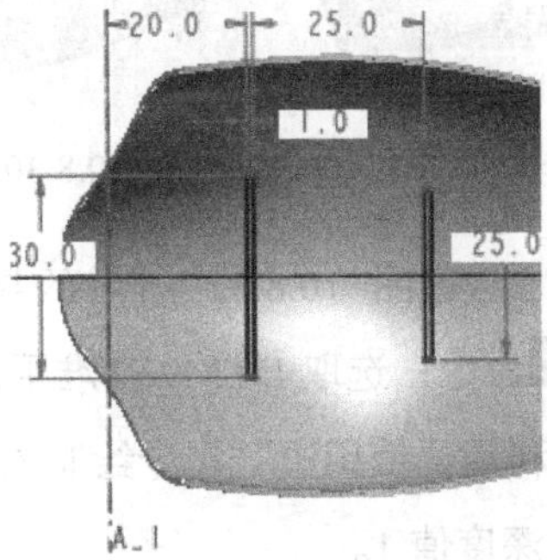

图 10.8.25　截面草图

步骤 21 创建图 10.8.26 所示的切除拉伸特征——拉伸 7。选择下拉菜单 插入(I) → 拉伸(E)... 命令；选取图 10.8.27 所示的模型表面为草绘平面和参照平面，方向为 顶；绘制图 10.8.28 所示的截面草图；在操控板中选取深度类型为 ⊟，单击“移除材料”按钮 ⊿。

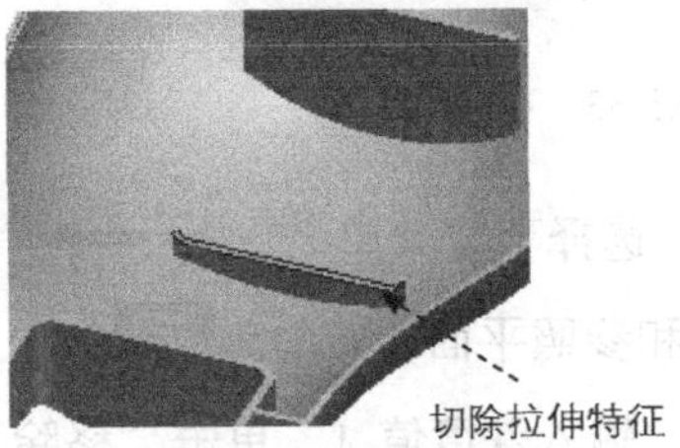

图 10.8.26　拉伸 7

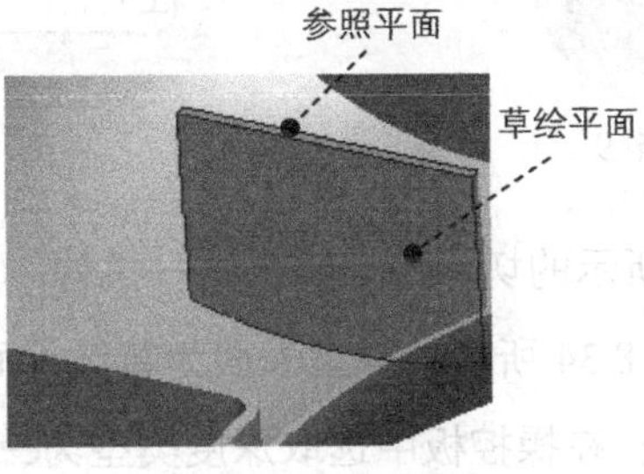

图 10.8.27　选取对象

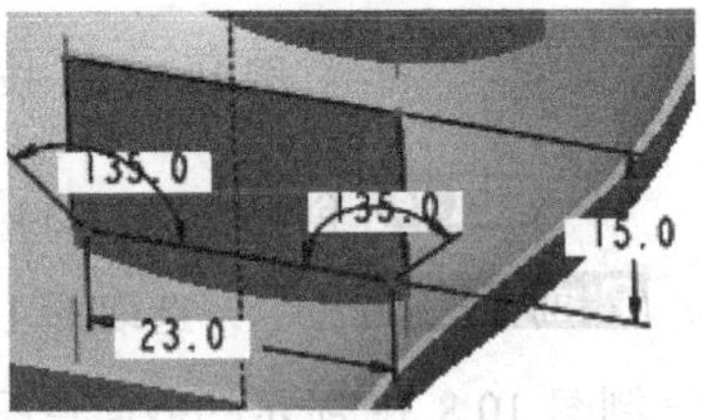

图 10.8.28　截面草图

说明　为更好地查看拉伸 7 的截面草图，图 10.8.28 所示的图形没有按垂直于草绘平面的方向进行截取。

步骤 22　创建图 10.8.29 所示的切除拉伸特征——拉伸 8。选择下拉菜单 插入(I) → 拉伸(E)... 命令；选取图 10.8.30 所示的模型表面为草绘平面和参照平面，方向为 顶；绘制图 10.8.31 所示的截面草图；在操控板中选取深度类型为，单击“移除材料”按钮。

说明　拉伸 8 的截面草图同样没有按垂直于草绘平面的方向进行截取。

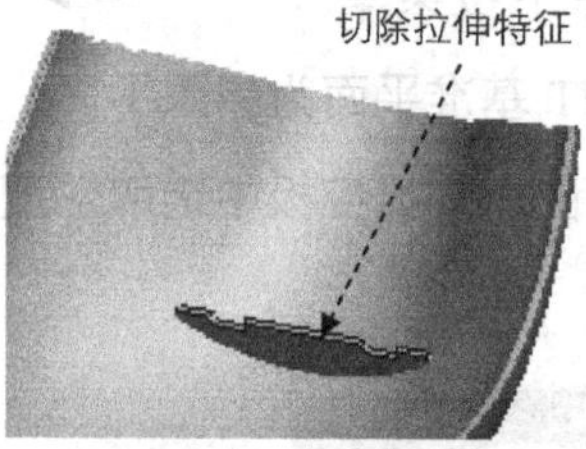

图 10.8.29　拉伸 8

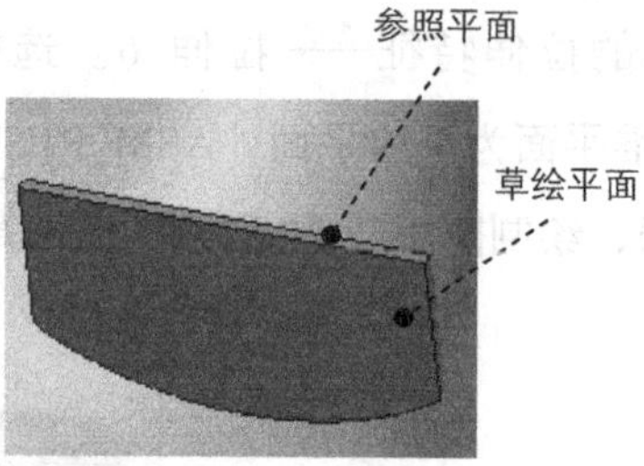

图 10.8.30　选取对象

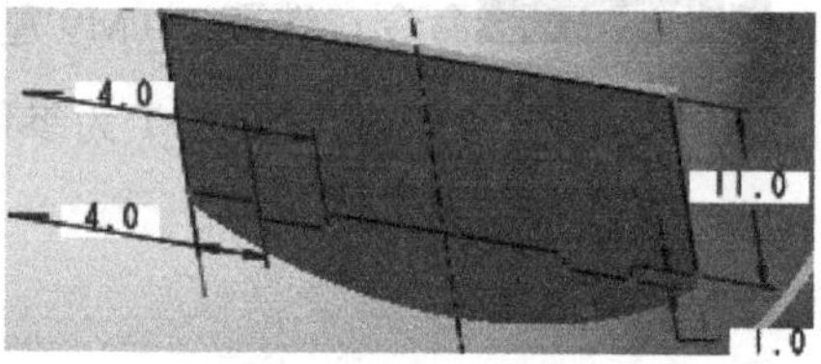

图 10.8.31　截面草图

步骤 23　创建图 10.8.32 所示的拉伸特征——拉伸 9。选择下拉菜单 插入(I) → 拉伸(E)... 命令；选取 DTM9 基准平面为草绘平面，ASM_RIGHT 基准平面为参照平面，方向为 顶，利用“使用边”命令绘制图 10.8.33 所示的截面草图；在操控板中选取深度类型为，输入深度值 1。

图 10.8.32　拉伸 9

图 10.8.33　截面草图

步骤 24　创建图 10.8.34 所示的切除拉伸特征——拉伸 10。选择下拉菜单 插入(I) → 拉伸(E)... 命令；选取图 10.8.34 所示的模型表面为草绘平面和参照平面，方向为 右；绘制图 10.8.35 所示的截面草图；在操控板中选取深度类型为，输入深度值 1，单击“移除材料”按钮。

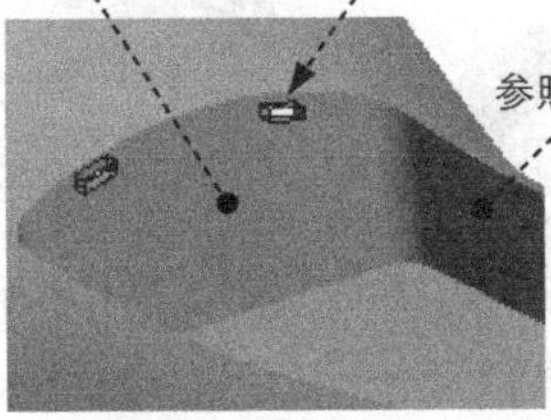

图 10.8.34 拉伸 10

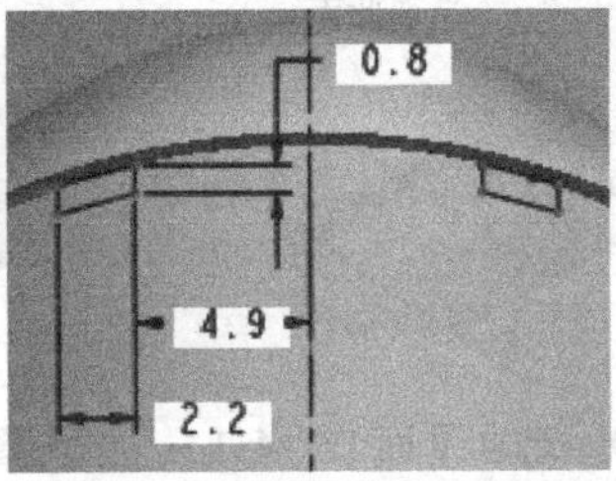

图 10.8.35 截面草图

步骤 25 创建图 10.8.36 所示的基准平面——DTM10。选择下拉菜单 插入(I) → 模型基准(D) → 平面(L)... 命令；选取图 10.8.36 所示的模型表面，将约束类型设置为 偏移，输入偏移距离值 68。

步骤 26 创建图 10.8.37 所示的切除拉伸特征——拉伸 11。选择下拉菜单 插入(I) → 拉伸(E)... 命令；选取 DTM10 基准平面为草绘平面，DTM9 基准平面为参照平面，方向为 底部；绘制图 10.8.38 所示的截面草图；在操控板中选取深度类型为，并单击其后的按钮；单击“移除材料”按钮。

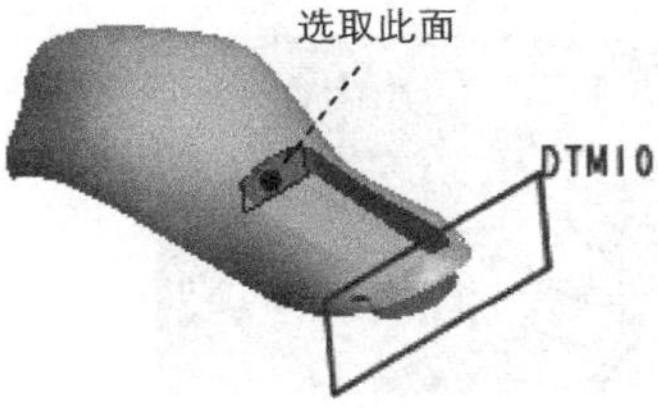

图 10.8.36 基准平面 DTM10

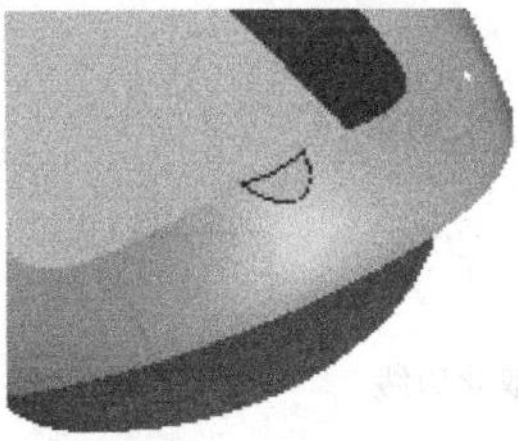

图 10.8.37 拉伸 11

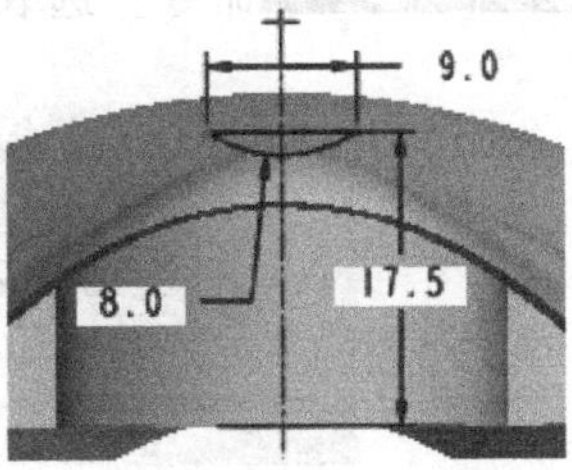

图 10.8.38 截面草图

步骤 27 创建图 10.8.39 所示的基准平面——DTM11。选择下拉菜单 插入(I) → 模型基准(D) → 平面(L)... 命令；选取图 10.8.39 所示的模型表面，将约束类型设置为 偏移，输入偏移距离值 28。

步骤 28 创建图 10.8.40 所示的拉伸特征——拉伸 12。选择下拉菜单 插入(I) → 拉伸(E)... 命令；选取 DTM11 基准平面为草绘平面，ASM_RIGHT 基准平面为参照平面，方向为 左；绘制图 10.8.41 所示的截面草图；在操控板中单击 选项 按钮，系统弹出“深度”界面；在其界面的 侧 1 下拉列表中选择深度类型为 到下一个 选项，在“深度”界面 侧 2 后的下拉列表中选取 到下一个 选项。

步骤 29 创建图 10.8.42b 所示的倒圆角特征——倒圆角 1。选择下拉菜单 插入(I) → 倒圆角(O)... 命令。选取图 10.8.42a 所示的两条边线为圆角放置参照，圆角半径值为 2.0。

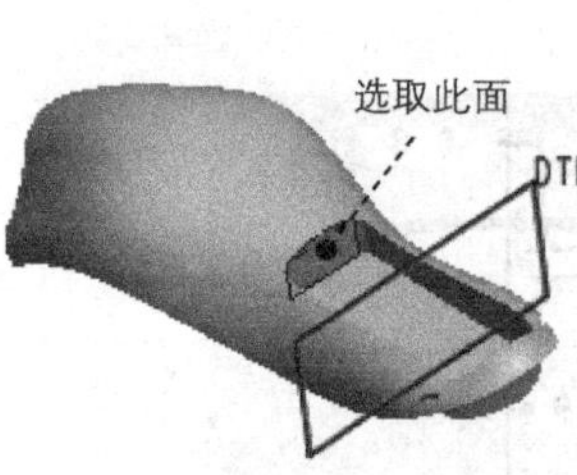

图 10.8.39 基准平面 DTM11

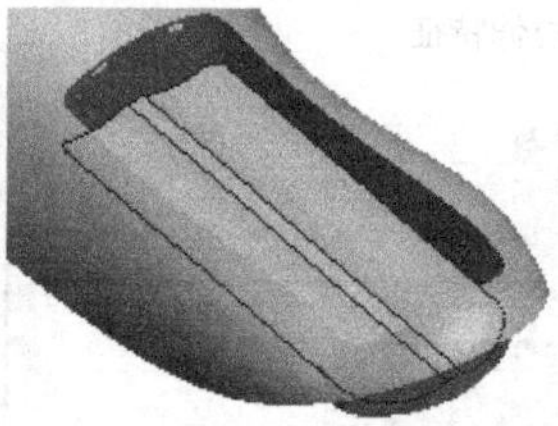

图 10.8.40 拉伸 12

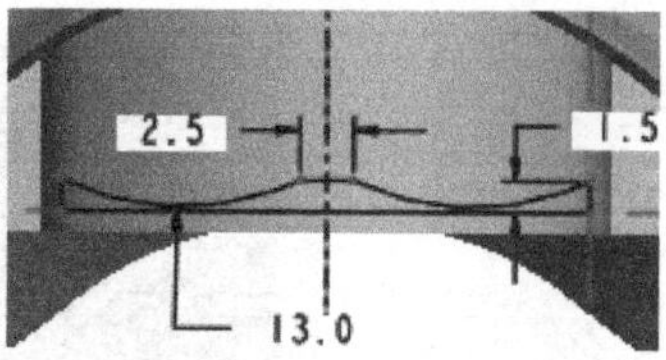

图 10.8.41 截面草图

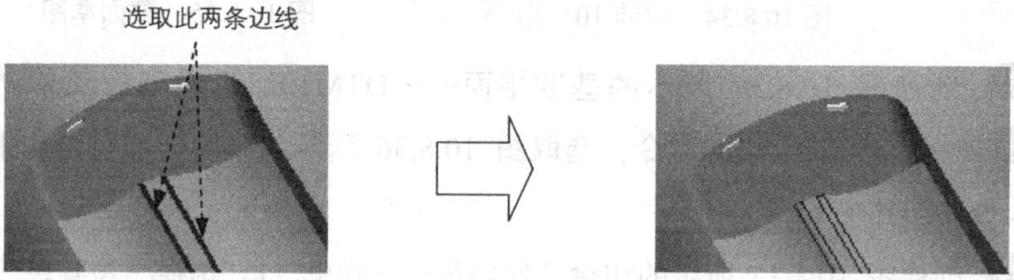

a）倒圆角前　　b）倒圆角后

图 10.8.42 倒圆角 1

步骤 30 创建图 10.8.43b 所示的倒圆角特征——倒圆角 2。选择下拉菜单 插入(I) → 倒圆角(O)... 命令。选取图 10.8.43a 所示的边线为圆角放置参照，圆角半径值为 2.0。

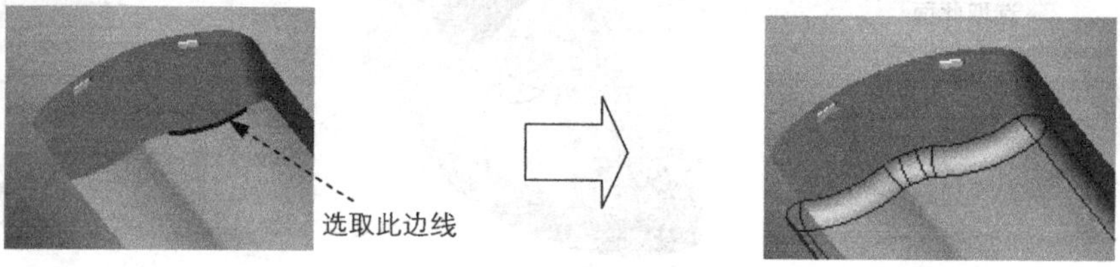

a）倒圆角前　　b）倒圆角后

图 10.8.43 倒圆角 2

步骤 31 创建图 10.8.44 所示的拉伸特征——拉伸 13。选择下拉菜单 插入(I) → 拉伸(E)... 命令；选取图 10.8.45 所示的模型表面为草绘平面和参照平面，方向为 左；绘制图 10.8.46 所示的截面草图；在操控板中选取深度类型为 ⊥，输入深度值 10。

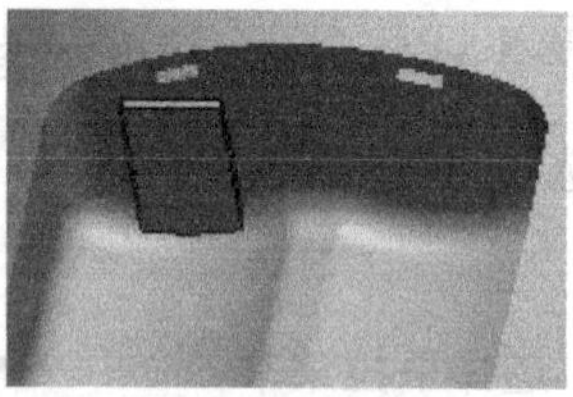

图 10.8.44 拉伸 13

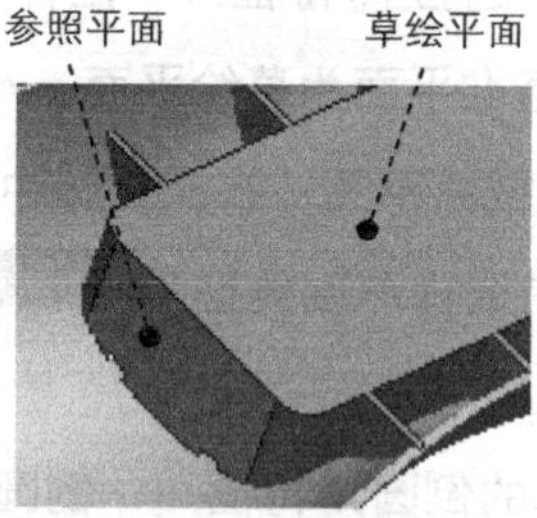

图 10.8.45 选取对象

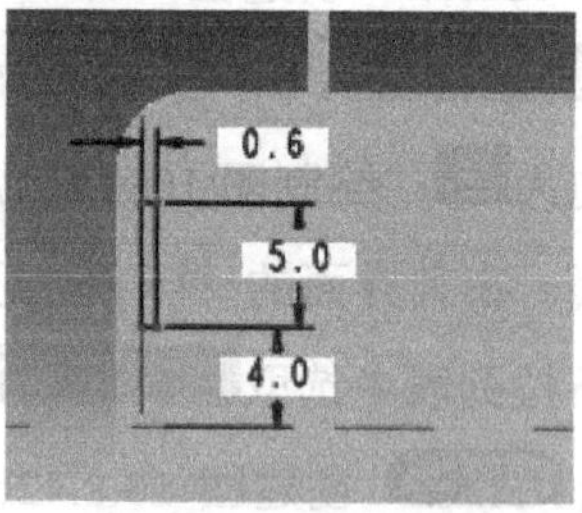

图 10.8.46 截面草图

步骤 32 创建图 10.8.47 所示的切除拉伸特征——拉伸 14。选择下拉菜单 插入(I) → 拉伸(E)... 命令；选取图 10.8.48 所示的模型表面为草绘平面，ASM_RIGHT 基准平面为参照平面，方向为 左；绘制图 10.8.49 所示的截面草图；在操控板中选取深度类型为 ⊟，单击“移除材料”按钮 ⊿。

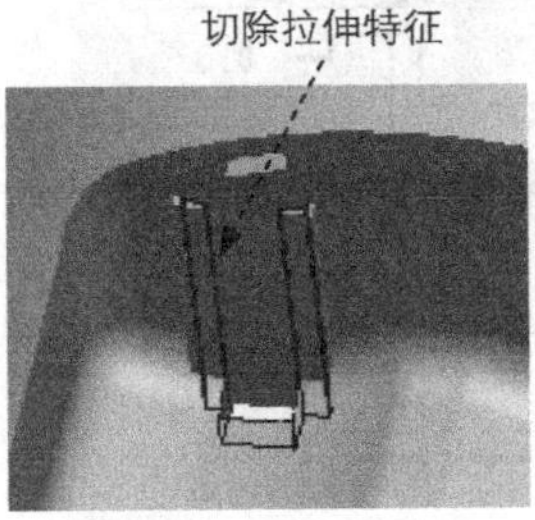

图 10.8.47 拉伸 14

图 10.8.48 选取对象

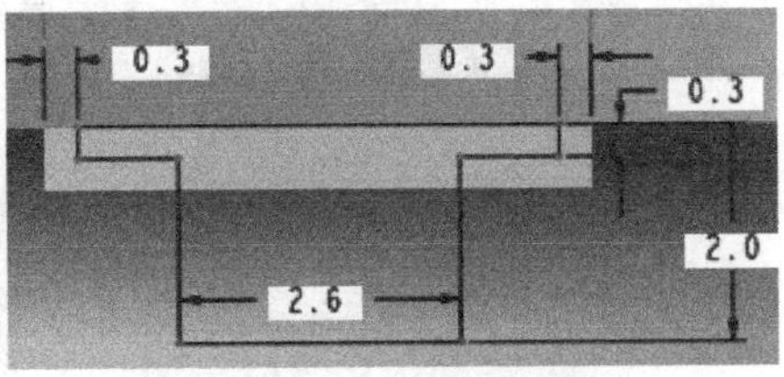

图 10.8. 49 截面草图

步骤 33 创建图 10.8.50 所示的镜像特征——镜像 2。按住 Ctrl 键，在模型树中选取拉伸 13 和拉伸 14；选择下拉菜单 编辑(E) → 镜像(I)... 命令；选取 ASM_RIGHT 基准平面为镜像中心平面。

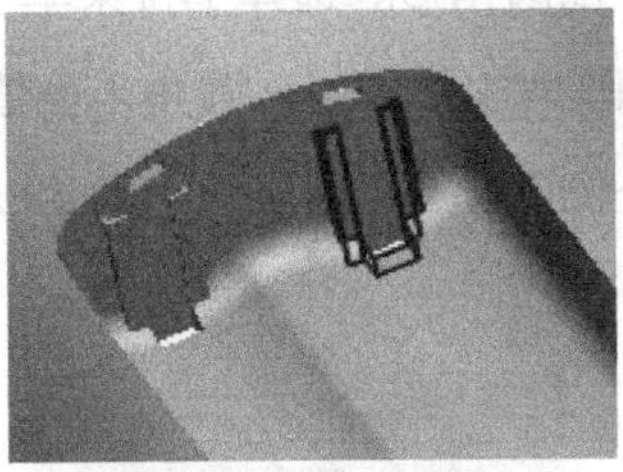
图 10.8.50 镜像 2

步骤 34 创建图 10.8.51 所示的拉伸特征——拉伸 15。选择下拉菜单 插入(I) → 拉伸(E)... 命令；选取图 10.8.52 所示的模型表面为草绘平面，ASM_RIGHT 基准平面为参照平面，方向为 顶；绘制图 10.8.53 所示的截面草图；在操控板中选取深度类型为 ⊥，输入深度值 8。

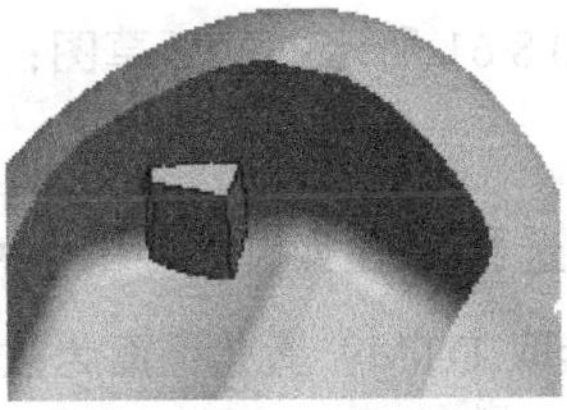
图 10.8.51 拉伸 15

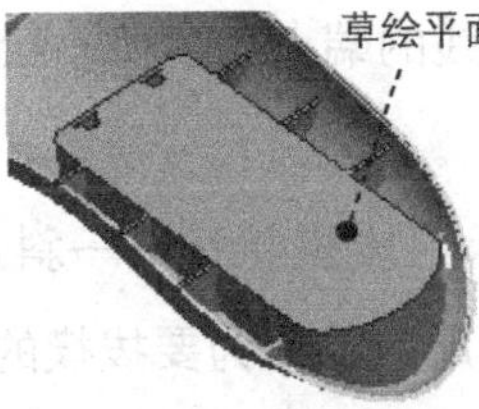

图 10.8.52 选取对象

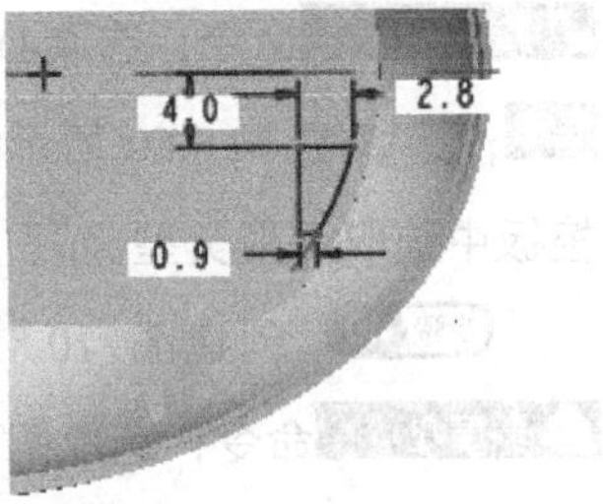

图 10.8.53 截面草图

步骤 35 创建图 10.8.54 所示的切除拉伸特征——拉伸 16。选择下拉菜单 插入(I) → 拉伸(E)... 命令；选取图 10.8.55 所示的模型表面为草绘平面，ASM_RIGHT 基准平面为参照平面，方向为 底部；绘制图 10.8.56 所示的截面草图；在操控板中选取深度类型为 ，单击“移除材料”按钮 。

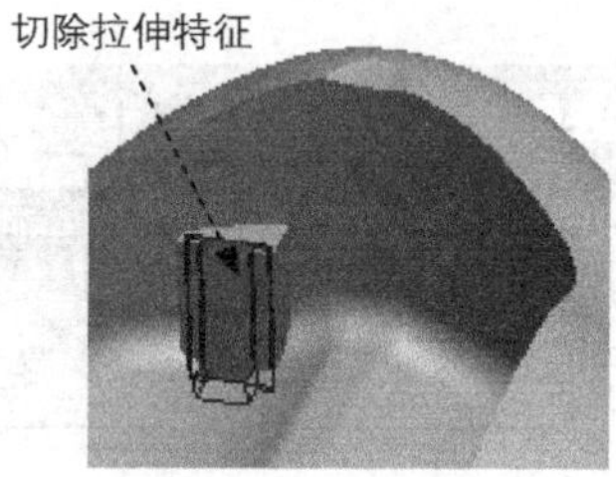

图 10.8.54 拉伸 16

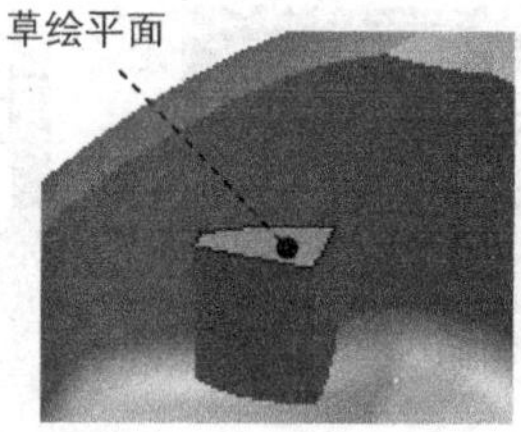

图 10.8.55 选取对象

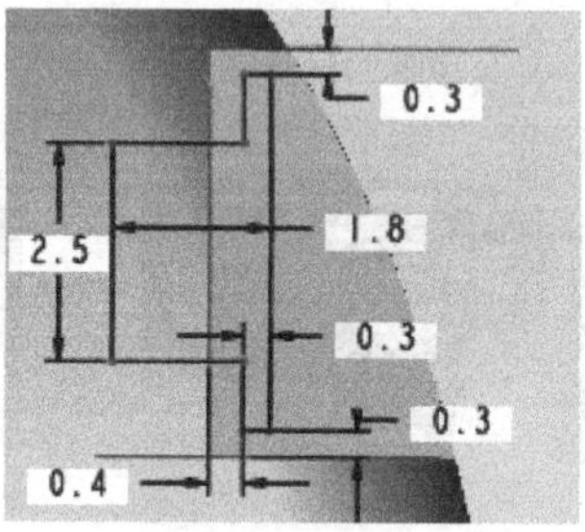

图 10.8.56 截面草图

步骤 36 创建图 10.8.57 所示的镜像特征——镜像 3。按住 Ctrl 键，在模型树中选取拉伸 15 和拉伸 16；选择下拉菜单 编辑(E) → 镜像(I)... 命令；选取 ASM_RIGHT 基准平面为镜像中心平面。

步骤 37 创建倒圆角特征——倒圆角 3。选择下拉菜单 插入(I) → 倒圆角(O)... 命令。选取图 10.8.58 所示的边线为圆角放置参照，圆角半径值为 0.2。

步骤 38 创建倒圆角特征——倒圆角 4。选取图 10.8.59 所示的边线为圆角放置参照，圆角半径值为 0.2。

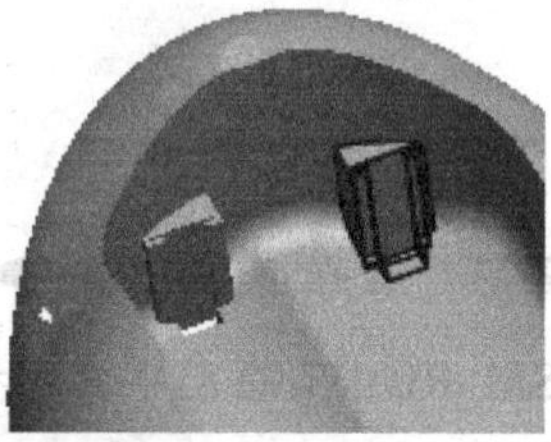
图 10.8.57 镜像 3

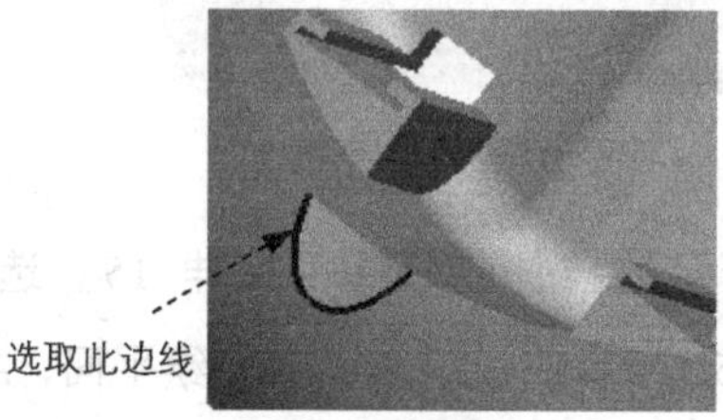

图 10.8.58 倒圆角 3

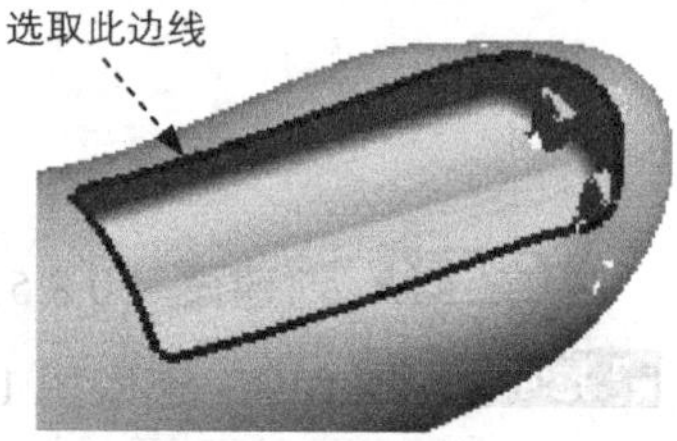

图 10.8.59 倒圆角 4

步骤 39 创建图 10.8.60 所示的拉伸特征——拉伸 17。选择下拉菜单 插入(I) → 拉伸(E)... 命令；选取 DTM9 基准平面为草绘平面，RIGHT 基准平面为参照平面，方向为 底部；选取图 10.8.60 所示的两条边线的端点为参照；绘制图 10.8.61 所示的截面草图；在操控板中选取深度类型为 。

步骤 40 创建图 10.8.62b 所示的拔模特征——斜度 1。选择下拉菜单 插入(I) → 斜度(F)... 命令；选取图 10.8.62a 所示的面为要拔模的面；选取 DTM9 基准平面为拔模枢轴平面，在操控板中输入拔模角度值 2.0，并单击其后的 按钮。

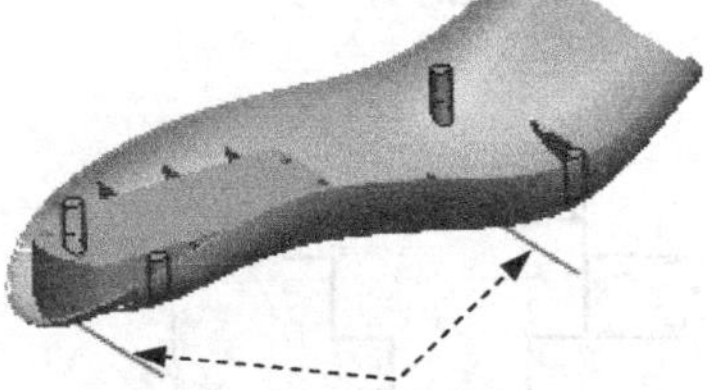

图 10.8.60 拉伸 17

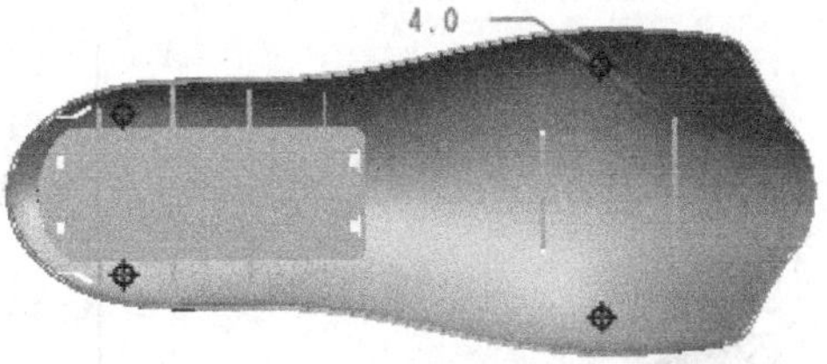

图 10.8.61 截面草图

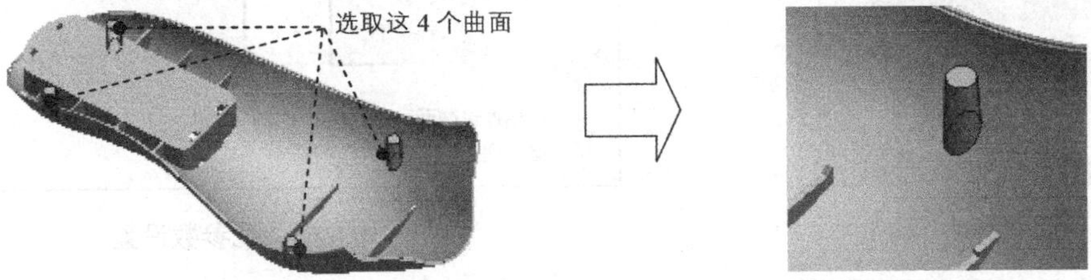

a）拔模前

b）拔模后

图 10.8.62 斜度 1

步骤 41 创建图 10.8.63 所示的基准平面——DTM12。选择下拉菜单 插入(I) → 模型基准(D) → 平面(L)... 命令；选取 DTM9 基准平面为参照，将约束类型设置为偏移，输入偏移距离值 22。

图 10.8.63 基准平面 DTM12

步骤 42 创建图 10.8.64 所示的螺纹孔特征——孔 1。选择下拉菜单 插入(I) → 孔(H)... 命令；在操控板中按下“创建标准孔”按钮和“添加攻丝”按钮；按住 Ctrl 键，选取 DTM12 基准平面及轴线 A_3 为孔的放置参照；在操控板中后的下拉列表中选择 M3x.5，选取深度类型为；单击“沉孔”按钮，在操控板中单击 形状 按钮，按照图 10.8.65 所示的“形状”界面中的参数设置定义孔的形状。

步骤 43 参照上一步的方法，创建图 10.8.66 所示的螺纹孔特征——孔 2，选取 DTM12 基准平面及轴线 A_4 为孔的放置参照；参数与孔 1 相同。

步骤 44 创建图 10.8.67 所示的镜像特征——镜像 4。按住 Ctrl 键，在模型树中选取孔 1

和孔 2；选择下拉菜单 编辑(E) → 镜像(I)... 命令；选取 ASM_RIGHT 基准平面为镜像中心平面。

图 10.8.64　孔 1

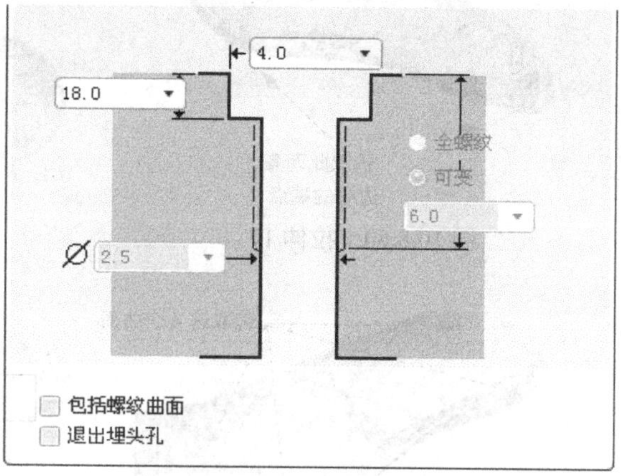

图 10.8.65　孔参数设置

图 10.8.66　孔 2

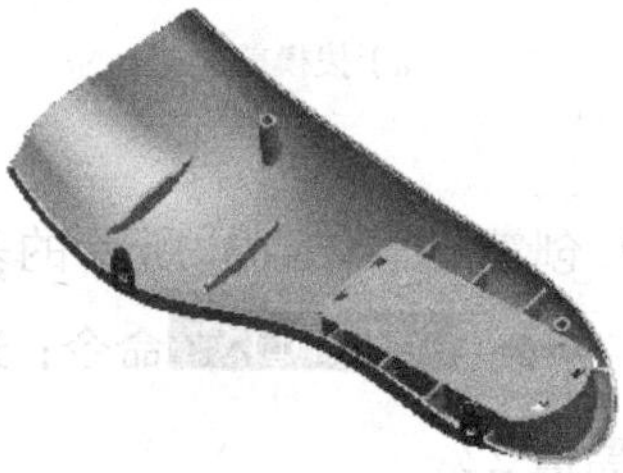

图 10.8.67　镜像 4

10.9　创建电池盖

下面讲解电池盖（CELL-COVER.PRT）的创建过程，零件模型如图 10.9.1 所示。

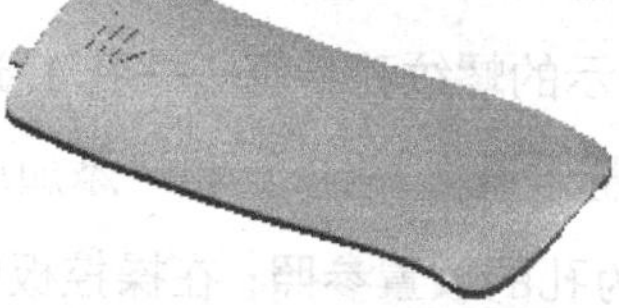

图 10.9.1　电池盖

步骤 01 在装配体中创建电池盖（CELL-COVER.PRT）。

（1）首先切换窗口返回总装配，选择下拉菜单 插入(I) → 元件(C) ▸ → 创建(C)... 命令。

（2）在系统弹出的“元件创建”对话框中选中 类型 选项组中的 ◉ 零件 单选项；选中 子类型

选项组中的◉ 实体单选项；在 名称 文本框中输入文件名 CELL-COVER，单击 确定 按钮。

（3）在系统弹出的“创建选项”对话框中选中◉ 空 单选项，单击 确定 按钮。

步骤 02 激活电池盖模型。

（1）在模型树中单击 CELL-COVER.PRT，然后右击，在系统弹出的快捷菜单中选择 激活 命令。

（2）选择下拉菜单 插入(I) → 共享数据(D) ▸ → 合并/继承(M)... 命令，系统弹出“复制几何”操控板，在该操控板中进行下列操作。

① 在操控板中，先确认“将参照类型设置为组件上下文”按钮 被按下。

② 复制几何。在操控板中单击 参照 按钮，系统弹出“参照”界面；选中 ☑ 复制基准 复选框，然后在模型树中选取 SECOND-UPPER-01.PRT 为参照模型；单击“完成”按钮 ✓。

步骤 03 在模型树中选择 CELL-COVER.PRT，然后右击，在系统弹出的快捷菜单中选择 打开 命令。

步骤 04 创建图 10.9.2b 所示的实体化特征——实体化 1。选取图 10.9.2a 所示的曲面，选择下拉菜单 编辑(E) → 实体化(Y)... 命令；在操控板中单击“移除材料”按钮 ，定义实体化方向如图 10.9.2a 所示。

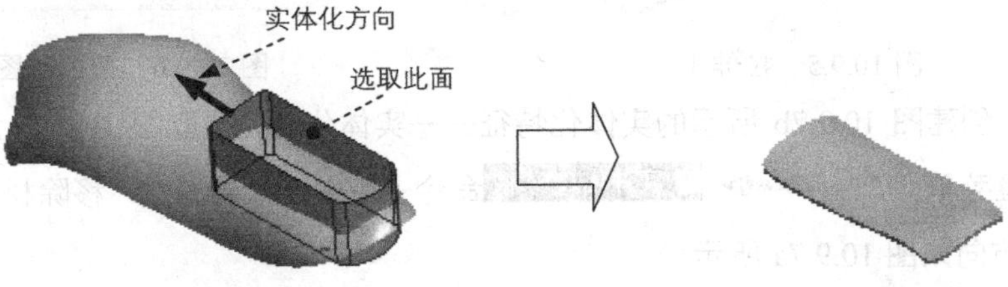

a）实体化前　　b）实体化后

图 10.9.2　实体化 1

步骤 05 创建复制特征——复制 1。按住 Ctrl 键，在绘图区选取图 10.9.3 所示的几个面，选择下拉菜单 编辑(E) → 复制(C) 命令；选择下拉菜单 编辑(E) → 粘贴(P) 命令，系统弹出操控板；单击操控板中的“完成”按钮 ✓，完成复制 1 的创建。

步骤 06 创建偏距特征——偏移 1。在绘图区选取上一步复制的面，选择下拉菜单 编辑(E) → 偏移(O)... 命令；在操控板中输入偏移值 0.3（向模型外部偏移）。

步骤 07 创建图 10.9.4 所示的基准平面——DTM10。选择下拉菜单 插入(I) → 模型基准(D) ▸ → 平面(L)... 命令；选取 DTM9 基准平面为参照，将约束类型设置为 偏移，输入偏移距离值 24。

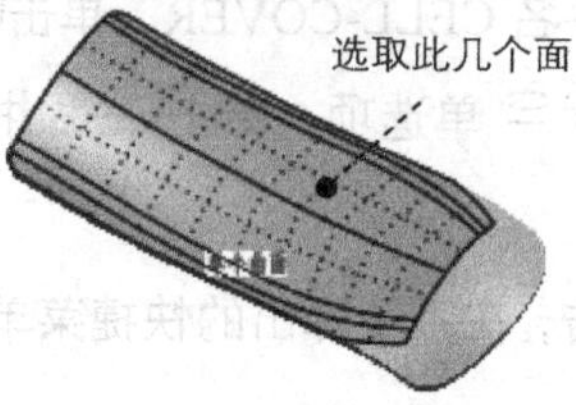

图 10.9.3　定义复制面

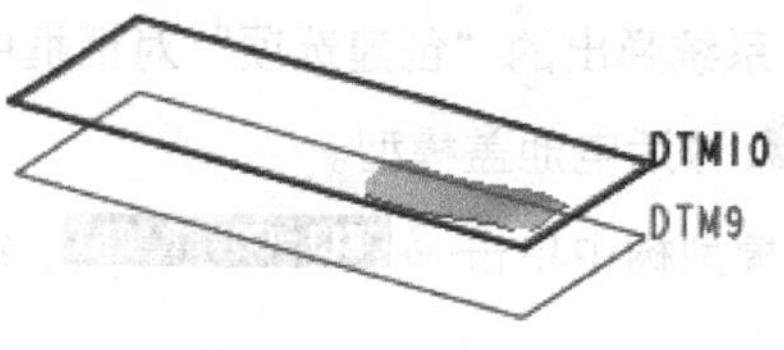

图 10.9.4　基准平面 DTM10

步骤 08 创建图 10.9.5 所示的拉伸特征——拉伸 1。首先将前面的偏移曲面进行隐藏。选择下拉菜单 插入(I) → 拉伸(E)... 命令；选取 DTM10 基准平面为草绘平面，ASM_RIGHT 基准平面为参照平面，方向为 底部；绘制图 10.9.6 所示的截面草图；在操控板中选取深度类型为 ☰。

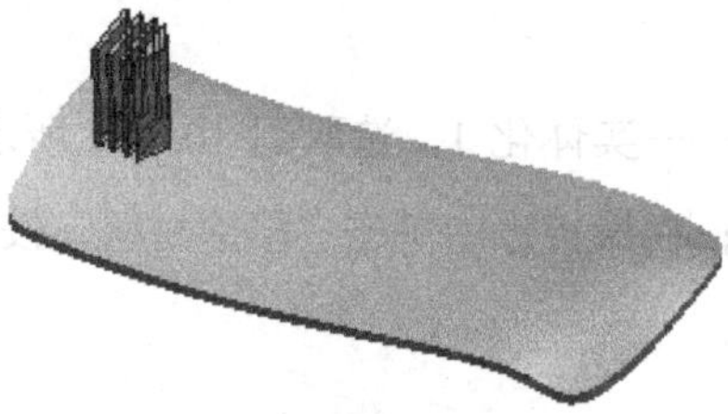

图 10.9.5　拉伸 1

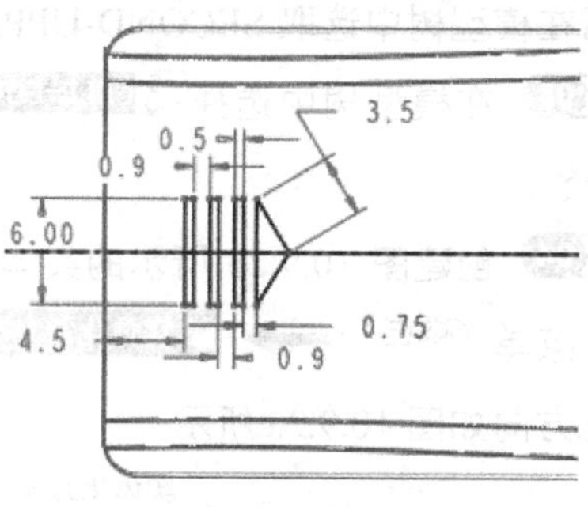

图 10.9.6　截面草图

步骤 09 创建图 10.9.7b 所示的实体化特征——实体化 2。选取图 10.9.7a 所示的偏移曲面，选择下拉菜单 编辑(E) → 实体化(Y)... 命令；在操控板中单击“移除材料”按钮 ◿，定义实体化方向如图 10.9.7a 所示。

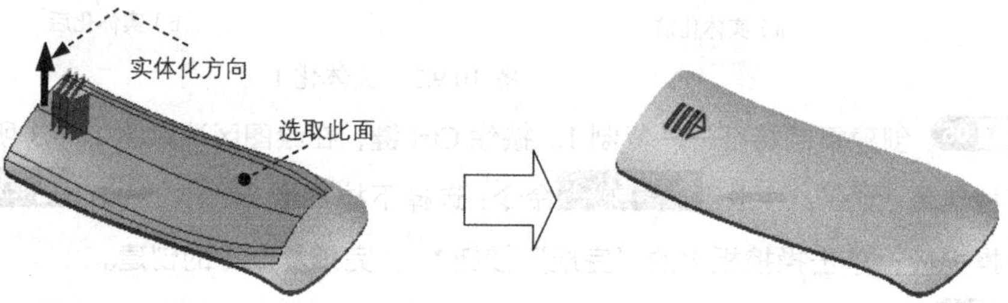

a）实体化前　　b）实体化后

图 10.9.7　实体化 2

步骤 10 创建倒圆角特征——倒圆角 1。选择下拉菜单 插入(I) → 倒圆角(O)... 命令。选取图 10.9.8 所示的边线为圆角放置参照，圆角半径值为 0.2。

步骤 11 创建图 10.9.9 所示的拉伸特征——拉伸 2。选择下拉菜单 插入(I) → 拉伸(E)... 命令；选取图 10.9.9 所示的模型表面为草绘平面，ASM_RIGHT 基准平面为参照平面，方向为右；绘制图 10.9.10 所示的截面草图；在操控板中选取深度类型为，输入深度值 4。

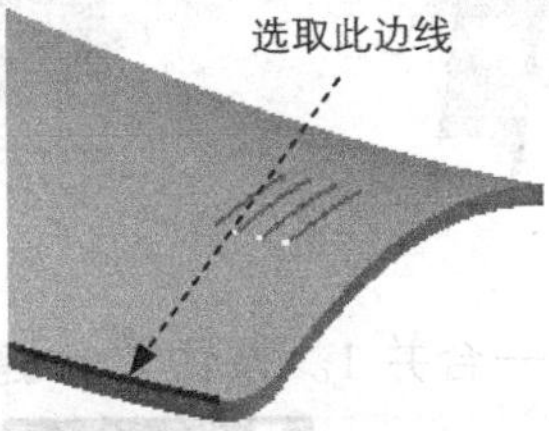

图 10.9.8 倒圆角 1

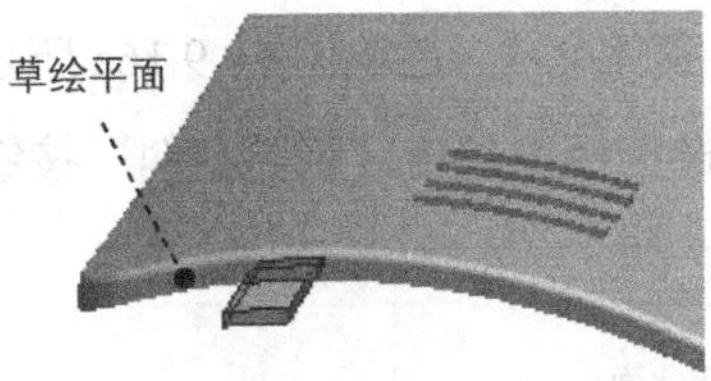

图 10.9.9 拉伸 2

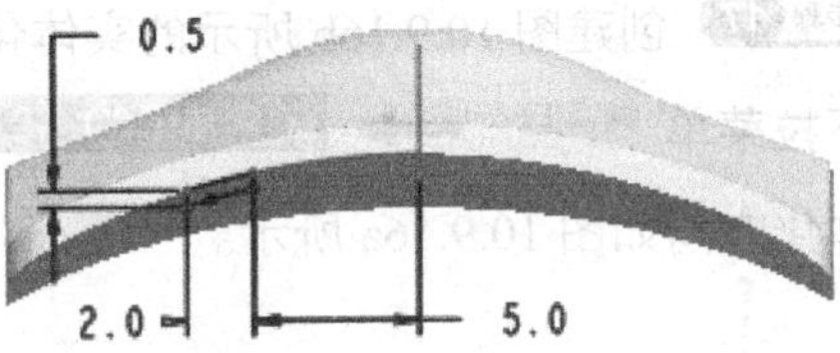

图 10.9.10 截面草图

步骤 12 创建图 10.9.11 所示的镜像特征——镜像 1。在模型树中选择拉伸 2；选择下拉菜单 编辑(E) → 镜像(I)... 命令；选取 ASM_RIGHT 基准平面为镜像中心平面。

步骤 13 创建复制特征——复制 2。按住 Ctrl 键，在绘图区选取图 10.9.12 所示的面，选择下拉菜单 编辑(E) → 复制(C) 命令；选择下拉菜单 编辑(E) → 粘贴(P) 命令，系统弹出操控板；单击操控板中的“完成”按钮，完成复制 2 的创建。

步骤 14 创建偏距特征——偏移 2。在绘图区选取上一步复制的面，选择下拉菜单 编辑(E) → 偏移(O)... 命令；在操控板中输入偏移值 0.5（向模型内部偏移）。

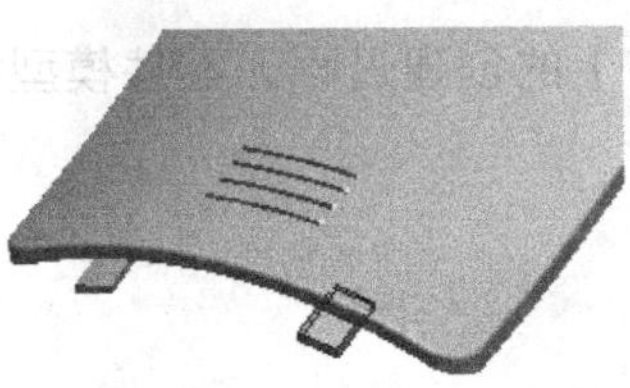

图 10.9.11 镜像 1

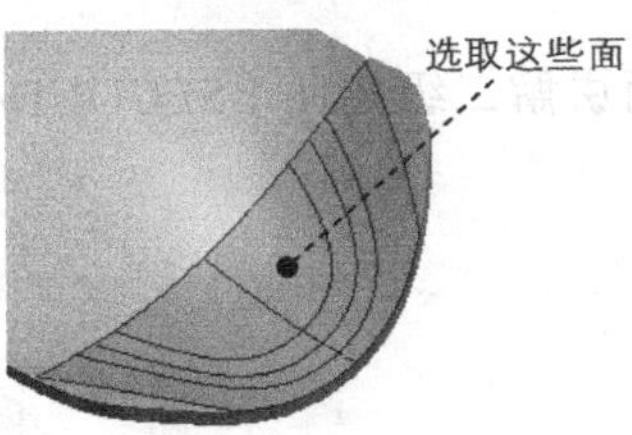

图 10.9.12 定义复制面

步骤 15 创建图 10.9.13 所示的曲面特征——拉伸 2。选择下拉菜单 插入(I) → 拉伸(E)... 命令，在操控板中确认“曲面”按钮被按下；选取 DTM10 基准平面为草绘平面，选取 ASM_RIGHT 基准平面为参照平面，方向为底部；绘制图 10.9.14 所示的截面草图；在操控板中选取深度类型为，输入深度值 20.0。

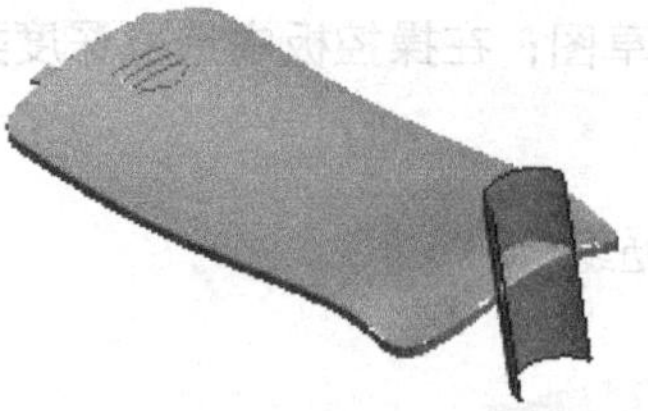

图 10.9.13　拉伸 3

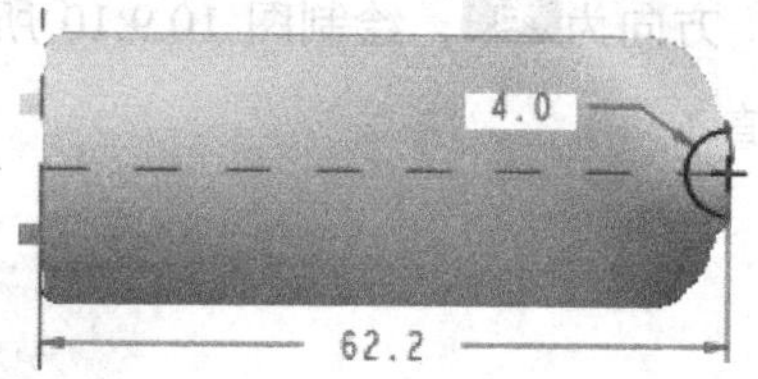

图 10.9.14　截面草图

步骤 16　创建曲面合并特征——合并 1。按住 Ctrl 键，在模型树中选取拉伸 3 和偏移 2 为合并对象。选择下拉菜单 编辑(E) → 合并(G)... 命令，定义合并方向如图 10.9.15 所示。

步骤 17　创建图 10.9.16b 所示的实体化特征——实体化 3。选取图 10.9.16a 所示的曲面，选择下拉菜单 编辑(E) → 实体化(Y)... 命令；在操控板中单击“移除材料”按钮，定义实体化方向如图 10.9.16a 所示。

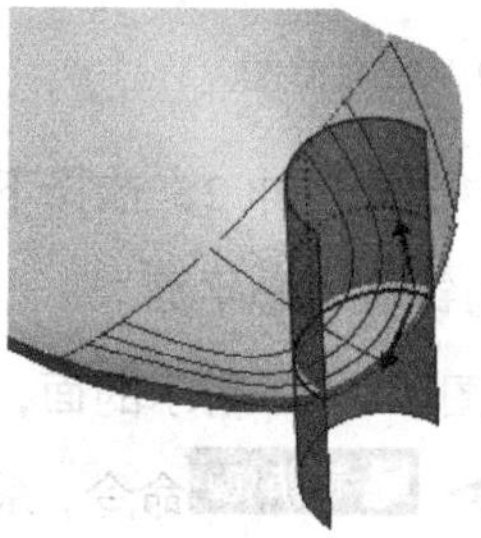

图 10.9.15　定义合并方向

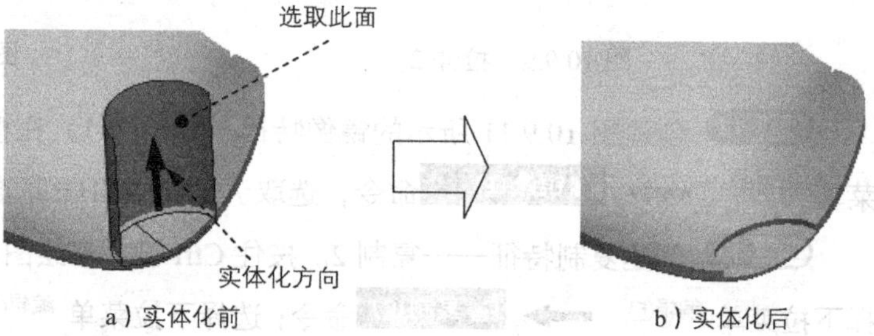

图 10.9.16　实体化 3

10.10　创建二级控件 02

下面讲解二级控件（SECOND-LOWER-02.PRT）的创建过程，零件模型如图 10.10.1 所示。

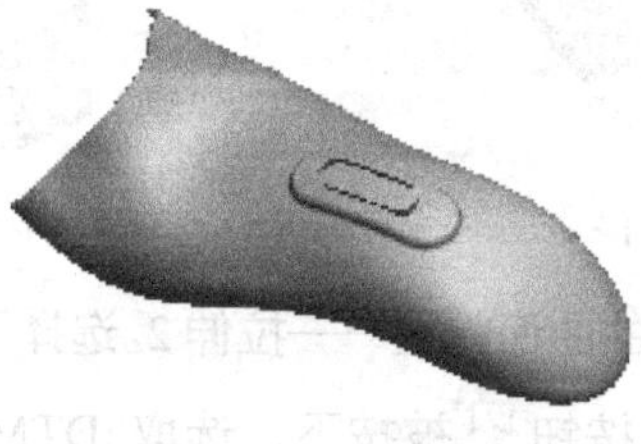

图 10.10.1　零件模型

步骤 01　首先切换窗口返回总装配，在装配体中创建二级控件 SECOND-LOWER-02.PRT。选择下拉菜单 插入(I) → 元件(C) ▸ → 创建(C)... 命令；在系统弹出的“元件创建”对话框中选中类型选项组中的◉零件单选项；选中子类型选项组中的◉实体单选项；在名称文本框中输入文件名 SECOND-LOWER-02，单击确定按钮；在系统弹出的“创建选项”对话框中选中◉空单选项，单击确定按钮。

步骤02 激活二级控件模型。

（1）在模型树中单击 SECOND-LOWER-02.PRT，然后右击，在弹出的快捷菜单中选择激活命令。

（2）选择下拉菜单插入(I) → 共享数据(D) ▸ → 合并/继承(M)...命令，系统弹出“复制几何”操控板，在该操控板中进行下列操作。

① 在操控板中，先确认“将参照类型设置为组件上下文”按钮被按下。

② 复制几何。在操控板中单击参照按钮，系统弹出“参照”界面；取消选中□复制基准复选框，然后在绘图区选取骨架模型；选取后单击“完成”按钮✓。

（3）复制基准及曲线。选择下拉菜单插入(I) → 共享数据(D) ▸ → 复制几何(G)...命令，系统弹出“复制几何”操控板，在该操控板中进行下列操作。

① 在操控板中，先确认“将参照类型设置为组件上下文”按钮被按下，单击“仅限发布几何”按钮，使其处于弹起状态。

② 复制几何。在操控板中单击参照按钮，系统弹出“参照”界面；在链下的列表框中单击，按住 Ctrl 键，选取草绘 11 的两条曲线为参照；在参照下的列表框中单击，按住 Ctrl 键，选取骨架模型中的 A_1 基准轴、ASM_RIGHT 基准平面、ASM_FRONT 基准平面、ASM_TOP 基准平面、DTM7 基准平面和 DTM9 基准平面为参照。

说明 为了更好地选取参照，可以在模型树中只显示 FIRST 骨架模型，将其他零件都进行隐藏。

步骤03 在模型树中选择 SECOND-LOWER-02.PRT，然后右击，在系统弹出的快捷菜单中选择打开命令。

步骤04 创建图 10.10.2b 所示的实体化特征——实体化 1。选取图 10.10.2a 所示的曲面，选择下拉菜单编辑(E) → 实体化(Y)...命令；在操控板中单击“移除材料”按钮，定义实体化方向如图 10.10.2a 所示。

步骤05 创建图 10.10.3b 所示的实体化特征——实体化 2。选取图 10.10.3a 所示的曲面，选择下拉菜单编辑(E) → 实体化(Y)...命令；在操控板中单击“移除材料”按钮，定义实体化方向如图 10.10.3a 所示。

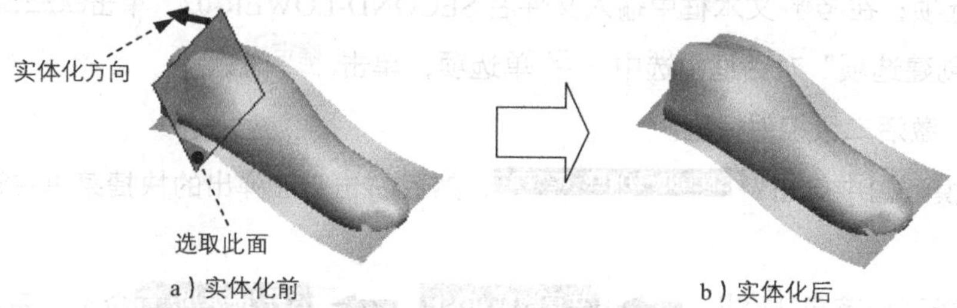

图 10.10.2　实体化 1

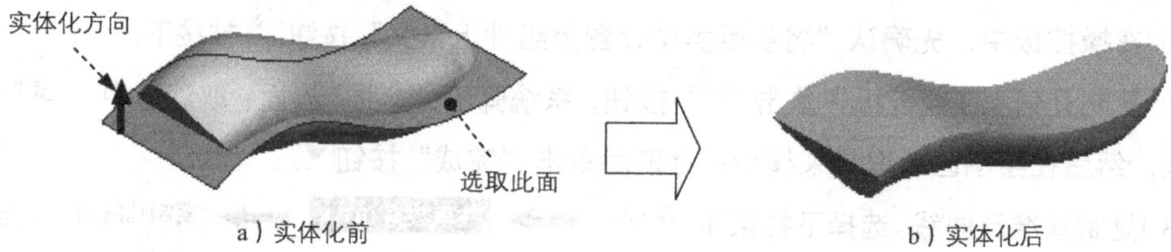

图 10.10.3　实体化 2

步骤 06 创建图 10.10.4b 所示的抽壳特征——壳 1。选择下拉菜单 插入(I) → 壳(L)... 命令；在绘图区选取图 10.10.4a 所示的面为移除面，输入厚度值 1.0。

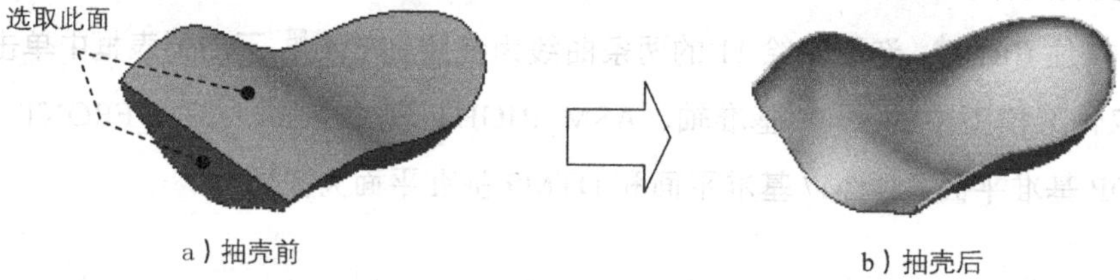

图 10.10.4　壳 1

步骤 07 创建复制特征——复制 1。按住 Ctrl 键，在绘图区选取图 10.10.5 所示的两个面，选择下拉菜单 编辑(E) → 复制(C) 命令；选择下拉菜单 编辑(E) → 粘贴(P) 命令，系统弹出操控板；单击操控板中的“完成”按钮✓，完成复制 1 的创建。

步骤 08 创建偏距特征——偏移 1。在绘图区选取上一步复制的面，选择下拉菜单 编辑(E) → 偏移(O)... 命令；在操控板中输入偏移值 2（向模型外部偏移）。

步骤 09 创建图 10.10.6 所示的基准平面——DTM10。选择下拉菜单 插入(I) → 模型基准(D) ▸ → 平面(L)... 命令；选取基准轴 A_1，将约束类型设置为 穿过；按住 Ctrl 键，选取 ASM_FRONT 基准平面，将约束类型设置为 偏移，在 旋转 后的文本框中输入值 40。

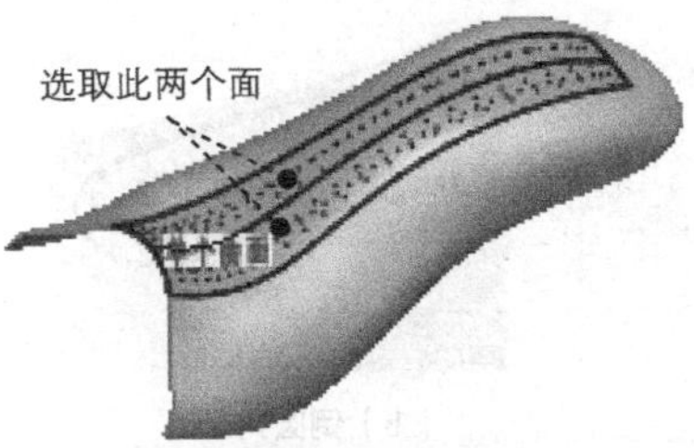

图 10.10.5　定义复制面

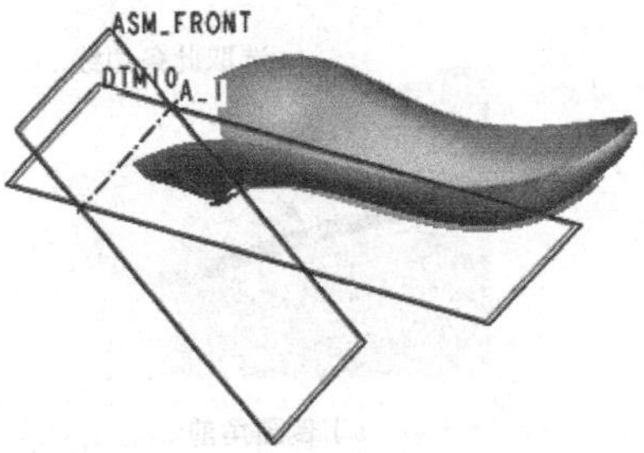

图 10.10.6　基准平面 DTM10

步骤 10　创建图 10.10.7 所示的拉伸特征——拉伸 1。选择下拉菜单 插入(I) → 拉伸(E)... 命令；选取 DTM10 基准平面为草绘平面，ASM_RIGHT 基准平面为参照平面，方向为 顶；选取基准轴 A_1 为参照；绘制图 10.10.8 所示的截面草图；在操控板中选取深度类型为 。

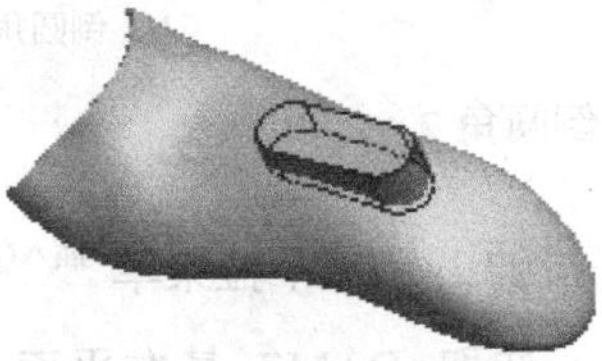

图 10.10.7　拉伸 1

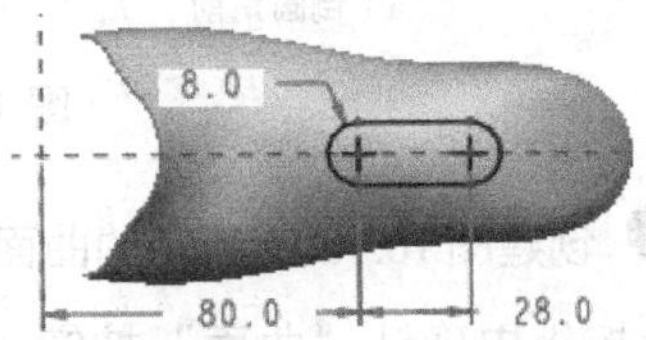

图 10.10.8　截面草图

步骤 11　创建图 10.10.9b 所示的实体化特征——实体化 3。选取图 10.10.9a 所示的偏移曲面，选择下拉菜单 编辑(E) → 实体化(Y)... 命令；在操控板中单击“移除材料”按钮 ，定义实体化方向如图 10.10.9a 所示。

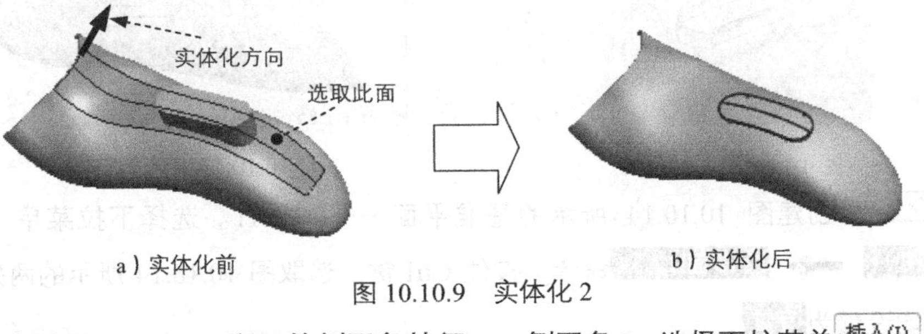

a）实体化前　　b）实体化后

图 10.10.9　实体化 2

步骤 12　创建图 10.10.10b 所示的倒圆角特征——倒圆角 1。选择下拉菜单 插入(I) → 倒圆角(O)... 命令。选取图 10.10.10a 所示的边线为圆角放置参照，圆角半径值为 2.0。

步骤 13　创建图 10.10.11b 所示的倒圆角特征——倒圆角 2。选择下拉菜单 插入(I) → 倒圆角(O)... 命令。选取图 10.10.11a 所示的边线为圆角放置参照，圆角半径值为 1.0。

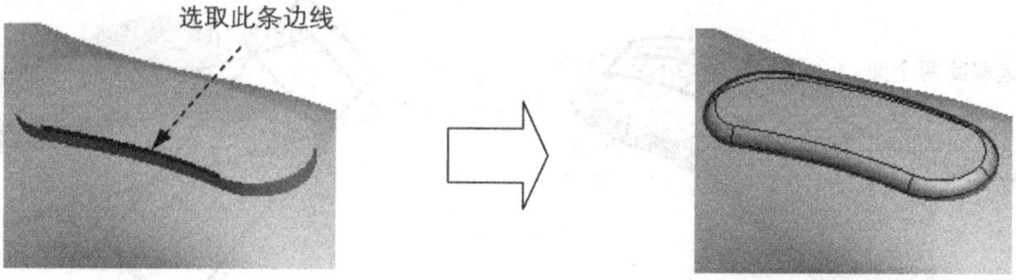

a）倒圆角前　　b）倒圆角后

图 10.10.10　倒圆角 1

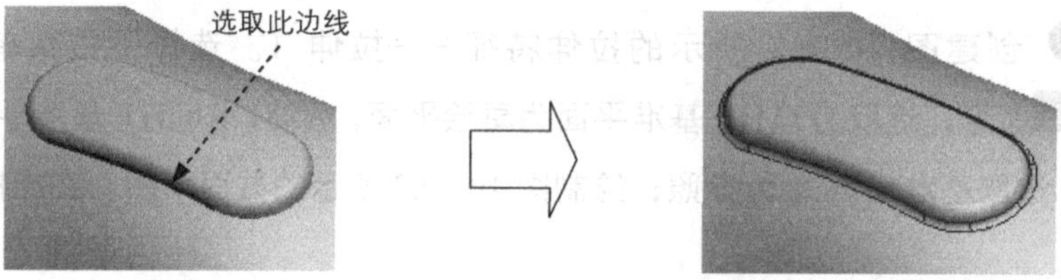

a）倒圆角前　　b）倒圆角后

图 10.10.11　倒圆角 2

步骤 14 创建图 10.10.12 所示的曲面特征——拉伸 2。选择下拉菜单 插入(I) → 拉伸(E) 命令，在操控板中确认“曲面”按钮被按下；选取 DTM7 基准平面为草绘平面，选取 ASM_RIGHT 基准平面为参照平面，方向为 顶；选取基准轴 A_1 为参照；绘制图 10.10.13 所示的截面草图；在操控板中选取深度类型为，输入深度值 4.0。

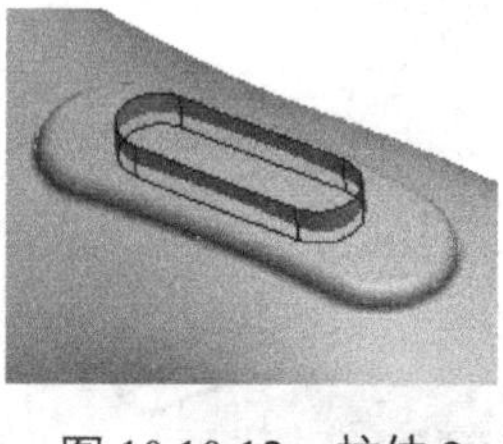

图 10.10.12　拉伸 2

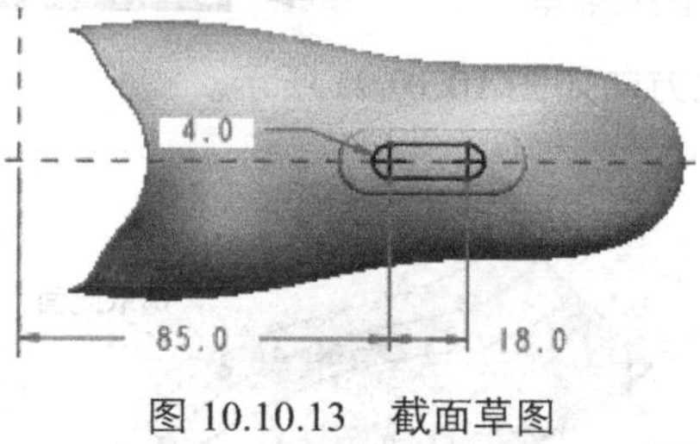

图 10.10.13　截面草图

步骤 15 创建图 10.10.14 所示的基准平面——DTM11。选择下拉菜单 插入(I) → 模型基准(D) → 平面(L)... 命令；按住 Ctrl 键，选取图 10.10.14 所示的两条边线，将约束类型均设置为 穿过。

步骤 16 创建图 10.10.15 所示的填充曲面——填充 1。选择下拉菜单 编辑(E) → 填充(L) 命令；选取 DTM11 基准平面为草绘平面，选取 ASM_RIGHT 基准平面为参照平面，方向为 顶；利用“使用边”命令绘制图 10.10.16 所示的截面草图；在操控板中单击“完成”按钮，完成填充 1 的创建。

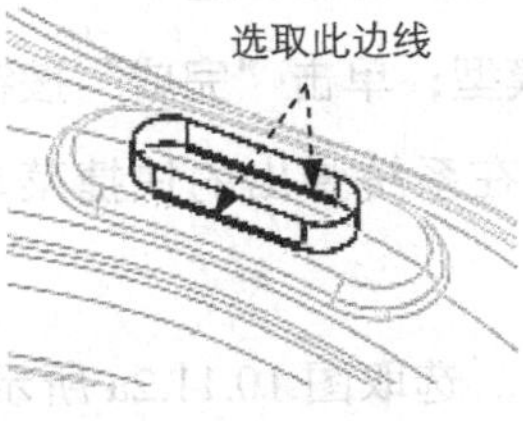

图 10.10.14 选取参照

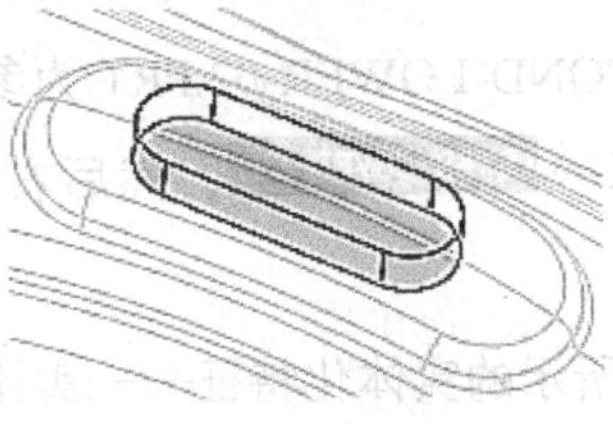
图 10.10.15 填充 1

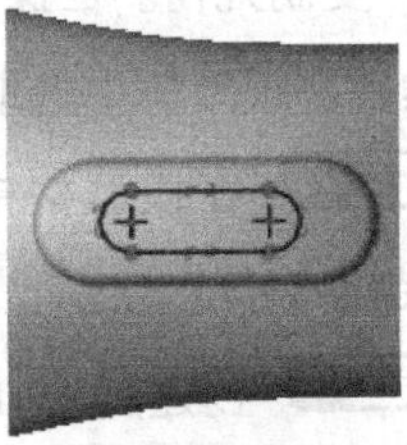
图 10.10.16 截面草图

步骤 17 创建合并特征——合并 1。在“智能选取栏”的下拉列表中选择“面组”选项；按住 Ctrl 键，在模型树中选取拉伸 2 和填充 1 为合并对象，选择下拉菜单 编辑(E) → 合并(G)... 命令。在操控板中单击“完成”按钮，完成合并 1 的创建。

10.11 创建下盖

本节讲解下盖（LOWER-COVER.PRT）的创建过程，零件模型如图 10.11.1 所示。

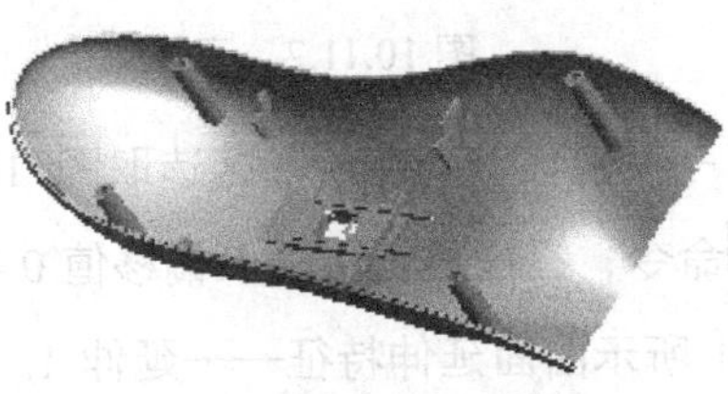
图 10.11.1 下 盖

步骤 01 在装配体中创建下盖（LOWER-COVER.PRT）。

（1）首先切换窗口返回总装配，选择下拉菜单 插入(I) → 元件(C) → 创建(C)... 命令。

（2）在系统弹出的“元件创建”对话框中选中 类型 选项组中的 零件 单选项；选中 子类型 选项组中的 实体 单选项；在 名称 文本框中输入文件名 LOWER-COVER，单击 确定 按钮。

（3）在系统弹出的“创建选项”对话框中选中 空 单选项，单击 确定 按钮。

步骤 02 激活下盖模型。

（1）在模型树中单击 LOWER-COVER.PRT，然后右击，在系统弹出的快捷菜单中选择 激活 命令。

（2）选择下拉菜单 插入(I) → 共享数据(D) → 合并/继承(M)... 命令，系统弹出“复制几何”操控板，在该操控板中进行下列操作。

① 在操控板中，先确认“将参照类型设置为组件上下文”按钮被按下。

② 复制几何。在操控板中单击 参照 按钮，系统弹出“参照”界面；选中 ☑ 复制基准 复选框，然后在模型树中选取 SECOND-LOWER-02.PRT 为参照模型；单击“完成”按钮✓。

步骤 03 在模型树中选择 LOWER-COVER.PRT，然后右击，在系统弹出的快捷菜单中选择 打开 命令。

步骤 04 创建图 10.11.2b 所示的实体化特征——实体化 1。选取图 10.11.2a 所示的曲面，选择下拉菜单 编辑(E) ➡ 实体化(Y)... 命令；在操控板中单击“移除材料”按钮，定义实体化方向如图 10.11.2a 所示。

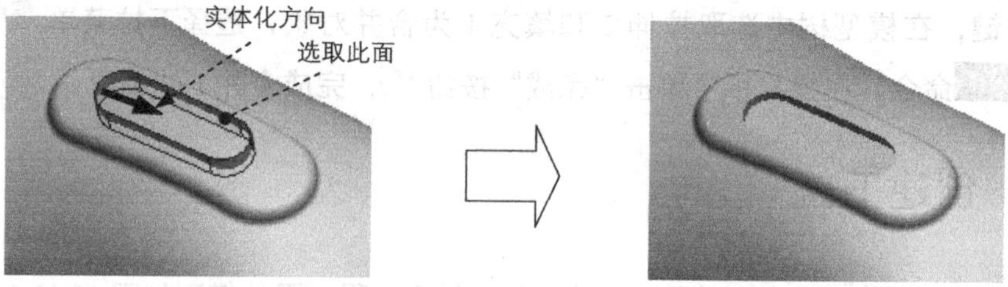

a）实体化前　　b）实体化后

图 10.11.2　实体化 1

步骤 05 创建偏距特征——偏移 1。在绘图区选取图 10.11.3 所示的面，选择下拉菜单 编辑(E) ➡ 偏移(O)... 命令；在操控板中输入偏移值 0.4（向模型外部偏移）。

步骤 06 创建图 10.11.4 所示曲面延伸特征——延伸 1。在绘图区选取图 10.11.5 所示的边线，选择下拉菜单 编辑(E) ➡ 延伸(X)... 命令；在操控板中单击 参照 按钮，在系统弹出的界面中单击 细节... 按钮，系统弹出“链”对话框。按住 Ctrl 键，在绘图区依次选取上一步偏移面的边链为延伸边线，输入延伸值 0.5。

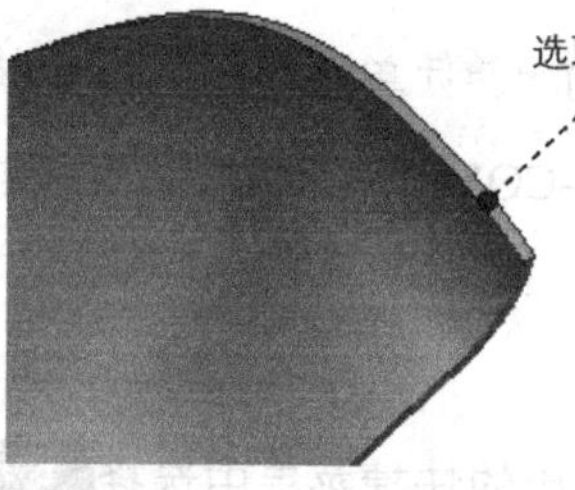

图 10.11.3　定义偏移面

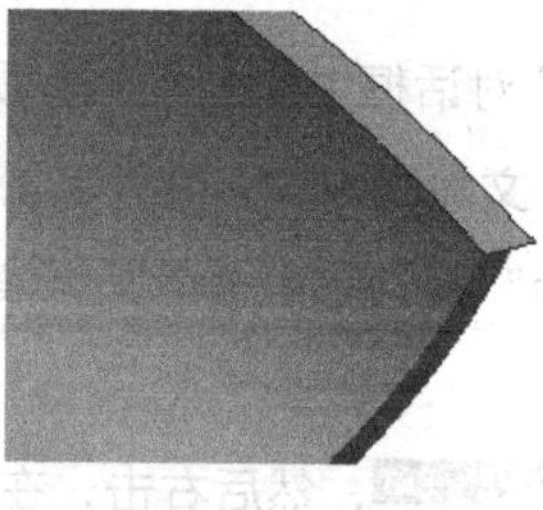

图 10.11.4　延伸 1

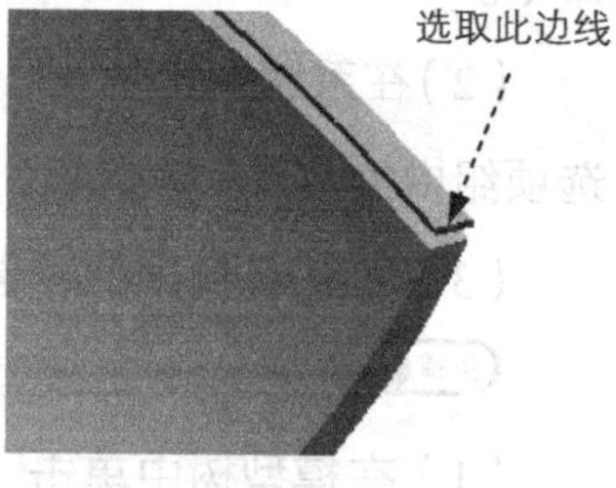

图 10.11.5　定义延伸边线

步骤 07 创建复制特征——复制 1。按住 Ctrl 键，在绘图区选取图 10.11.6 所示的靠近上边缘的一圈面，选择下拉菜单 编辑(E) ➡ 复制(C) 命令；选择下拉菜单 编辑(E) ➡ 粘贴(P) 命令，系统弹出操控板；单击操控板中的“完成”按钮✓，完成复制 1 的创建。

步骤 08 创建曲面延伸特征——延伸 2。在绘图区选取图 10.11.7 所示的边线，选择下拉菜单 编辑(E) → 延伸(X)... 命令；在操控板中单击 参照 按钮，在系统弹出的界面中单击 细节... 按钮，系统弹出“链”对话框。按住 Ctrl 键，在绘图区依次选取上一步复制曲面的整条边链为延伸边线，并单击此对话框中的 确定 按钮；输入延伸值 0.5。

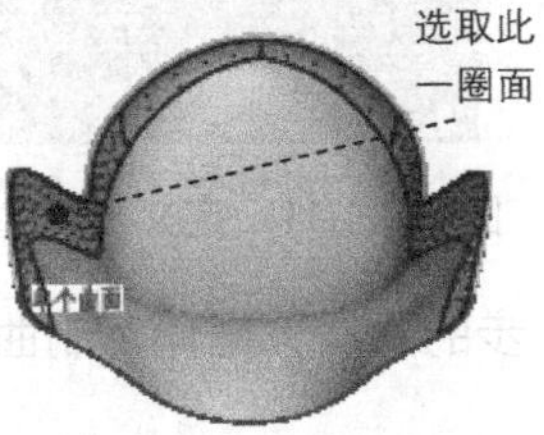

图 10.11.6　定义复制面

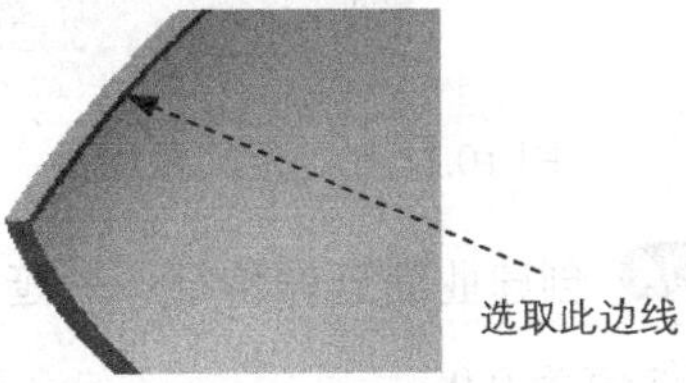

图 10.11.7　定义延伸边线

步骤 09 创建偏距特征——偏移 2。在绘图区选取上一步延伸后的面组，选择下拉菜单 编辑(E) → 偏移(O)... 命令；在操控板中输入偏移值 0.4，并单击 按钮（向模型内部偏移）。

步骤 10 创建曲面合并特征——合并 1。按住 Ctrl 键，在模型树中选取偏移 1 和偏移 2 为合并对象。选择下拉菜单 编辑(E) → 合并(G)... 命令，定义合并方向如图 10.11.8 所示。

步骤 11 创建曲面合并特征——合并 2。按住 Ctrl 键，在图形区中选取图 10.11.9 所示的合并面组 1 和延伸后的复制曲面 1 为合并对象。选择下拉菜单 编辑(E) → 合并(G)... 命令，定义合并方向如图 10.11.9 所示。

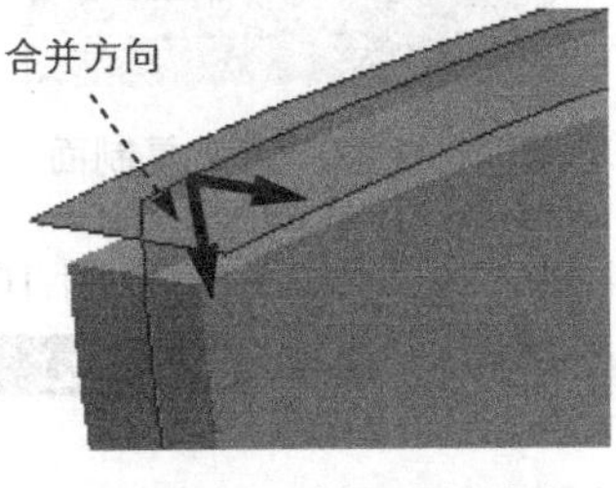

图 10.11.8　定义合并方向

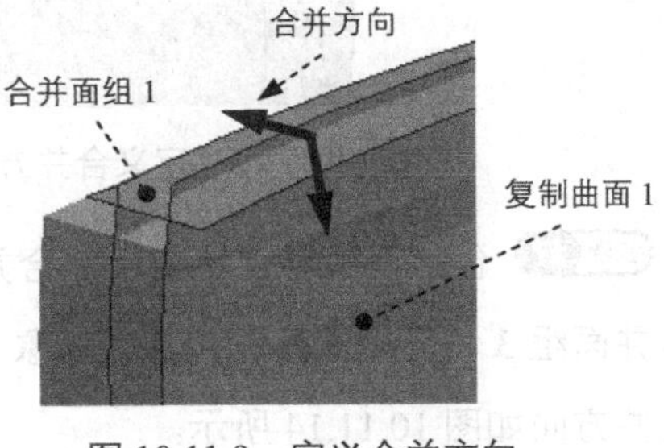

图 10.11.9　定义合并方向

步骤 12 创建复制特征——复制 2。按住 Ctrl 键，在绘图区选取图 10.11.10 所示的面，选择下拉菜单 编辑(E) → 复制(C) 命令；选择下拉菜单 编辑(E) → 粘贴(P) 命令，系统弹出操控板；单击操控板中的“完成”按钮，完成复制 2 的创建。

步骤 13 创建曲面延伸特征——延伸 3。在绘图区选取图 10.11.11 所示的上一步复制曲面 2 的边线为延伸边线，选择下拉菜单 编辑(E) → 延伸(X)... 命令；输入延伸值 0.9。

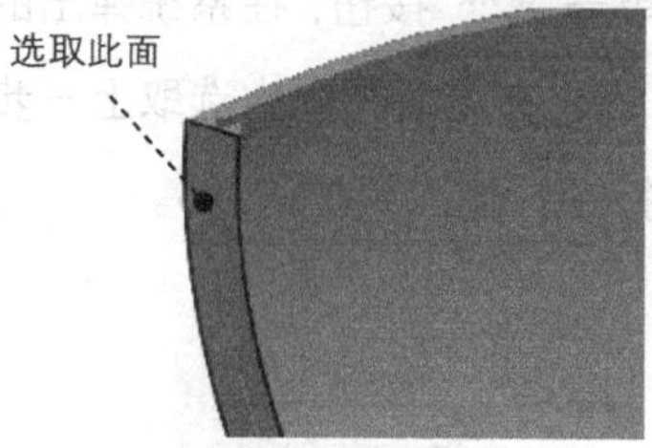

图 10.11.10　定义复制面

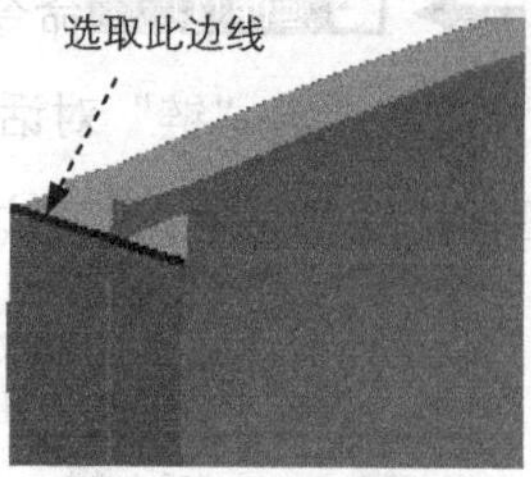

图 10.11.11　定义延伸边线

步骤 14　创建曲面延伸特征——延伸 4。参照上一步的方法，延伸复制曲面 2 另一侧的边线，延伸值为 0.9。

步骤 15　创建曲面合并特征——合并 3。按住 Ctrl 键，在图形区中选取图 10.11.12 所示的合并面组 2 和延伸后的复制曲面 2 为合并对象。选择下拉菜单 编辑(E) → 合并(G)... 命令，定义合并方向如图 10.11.12 所示。

步骤 16　创建复制特征——复制 3。在绘图区选取图 10.11.13 所示的面，选择下拉菜单 编辑(E) → 复制(C) 命令；选择下拉菜单 编辑(E) → 粘贴(P) 命令，系统弹出操控板；单击操控板中的“完成”按钮，完成复制 3 的创建。

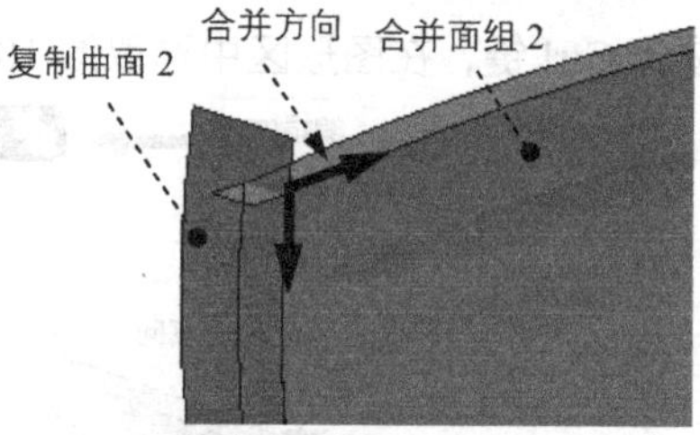

图 10.11.12　定义合并方向

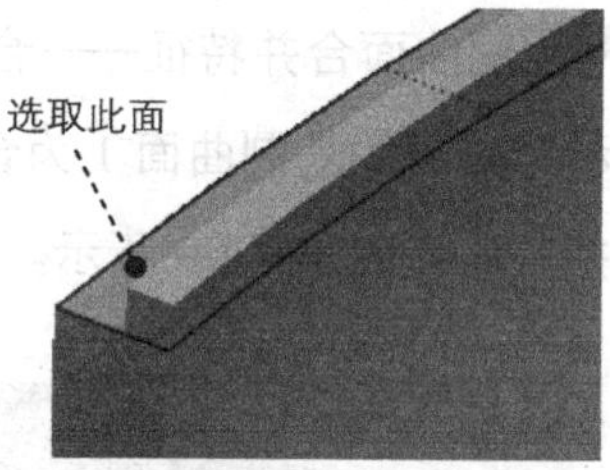

图 10.11.13　定义复制面

步骤 17　创建曲面合并特征——合并 4。按住 Ctrl 键，在图形区中选取图 10.11.14 所示的合并面组 3 和复制曲面 3 为合并对象。选择下拉菜单 编辑(E) → 合并(G)... 命令，定义合并方向如图 10.11.14 所示。

步骤 18　创建实体化特征——实体化 2。在绘图区选取图 10.11.15 所示的合并面组 4，选择下拉菜单 编辑(E) → 实体化(Y)... 命令。单击操控板中的“完成”按钮，完成实体化 2 的创建。

步骤 19　创建图 10.11.16 所示的拉伸特征——拉伸 1。选择下拉菜单 插入(I) → 拉伸(E)... 命令；选取图 10.11.16 所示的模型表面为草绘平面，选取 ASM_RIGHT 基准平面为参照平面，方向为 右 ，绘制图 10.11.17 所示的截面草图；在操控板中选取深度类型为 ，输入深度值 0.4；在操控板中按下“加厚草绘”按钮 ，输入值 0.4，定义加厚方向向外（图 10.11.17 所处的视角）。

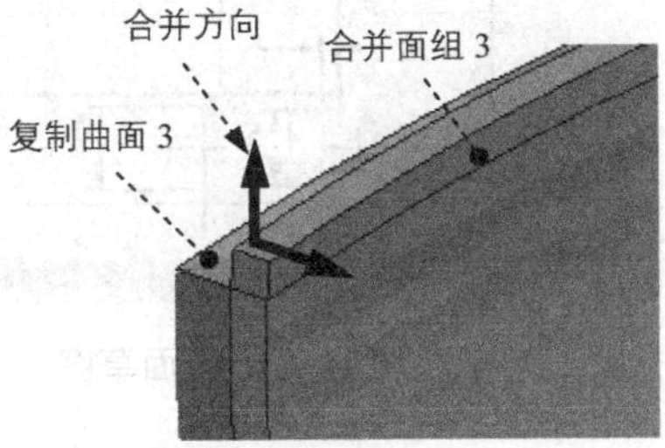

图 10.11.14 定义合并方向

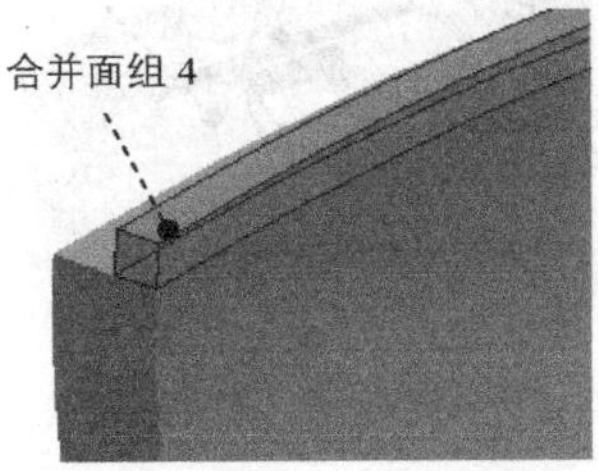

图 10.11.15 选取对象

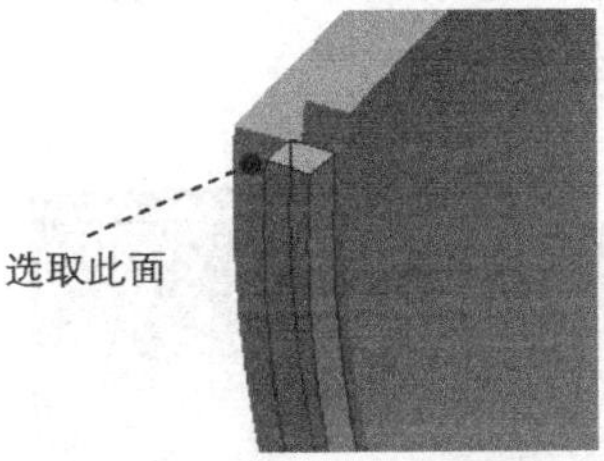

图 10.11.16 拉伸 1

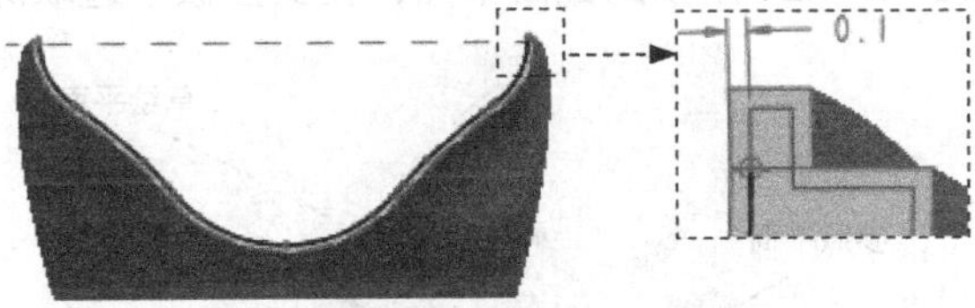

图 10.11.17 截面草图

步骤 20 创建图 10.11.18 所示的基准平面——DTM12。选择下拉菜单 插入(I) → 模型基准(D) → 平面(L)... 命令；选取 DTM7 基准平面，将约束类型设置为 偏移，输入偏移距离值 5。

步骤 21 创建图 10.11.19 所示的拉伸特征——拉伸 2。选择下拉菜单 插入(I) → 拉伸(E)... 命令；选取 DTM12 基准平面为草绘平面，ASM_RIGHT 基准平面为参照平面，方向为 顶；选取基准轴 A_1 为参照；绘制图 10.11.20 所示的截面草图；在操控板中选取深度类型为 。

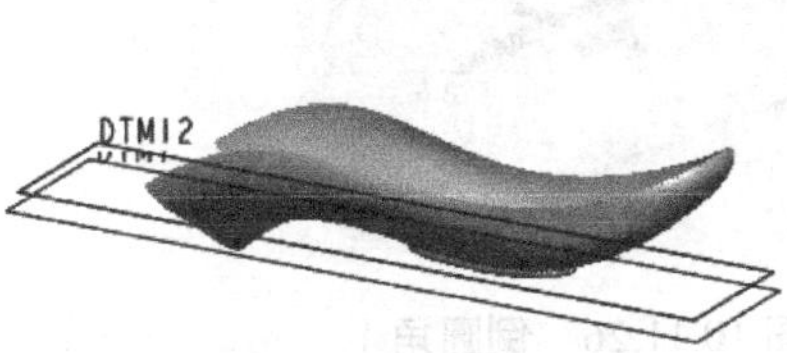

图 10.11.18 基准平面 DTM12

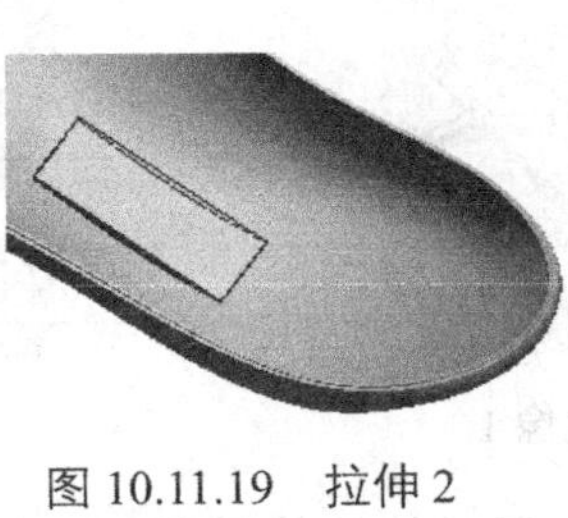
图 10.11.19 拉伸 2

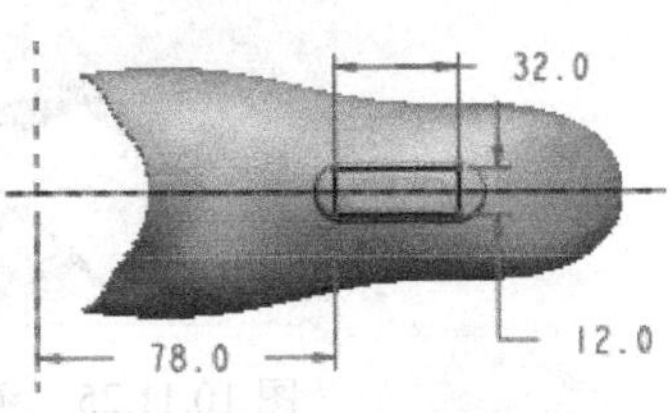

图 10.11.20 截面草图

步骤 22 创建图 10.11.21 所示的切除拉伸特征——拉伸 3。选择下拉菜单 插入(I) → 拉伸(E)... 命令；选取图 10.11.21 所示的模型表面为草绘平面，ASM_RIGHT 基准平面为参照平面，方向为左；绘制图 10.11.22 所示的截面草图；在操控板中选取深度类型为⫿，单击“移除材料”按钮◪。

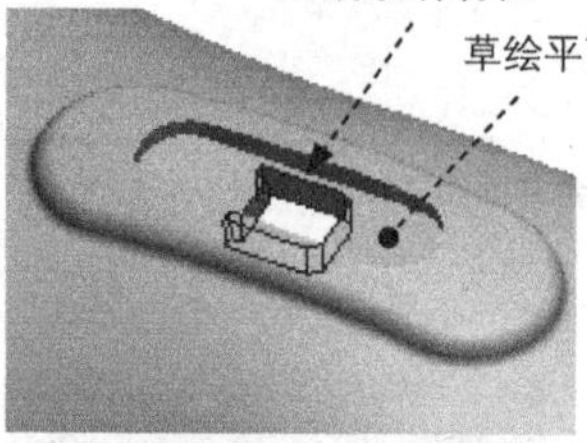

图 10.11.21　拉伸 3

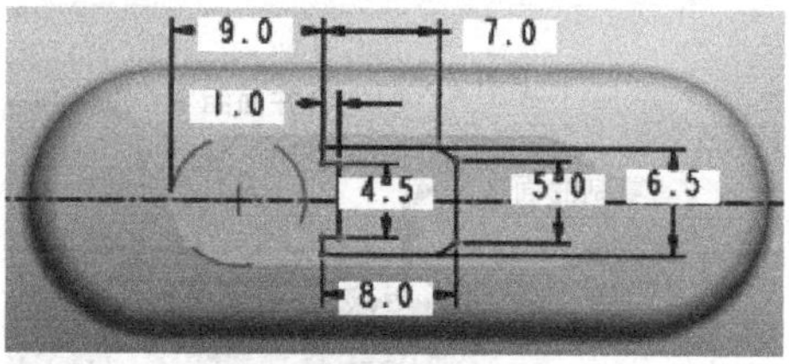

图 10.11.22　截面草图

步骤 23　创建图 10.11.23 所示的拉伸特征——拉伸 4。选择下拉菜单 插入(I) → 拉伸(E)... 命令；选取图 10.11.23 所示的模型表面为草绘平面和参照平面，方向为左；绘制图 10.11.24 所示的截面草图；在操控板中选取深度类型为⫿。

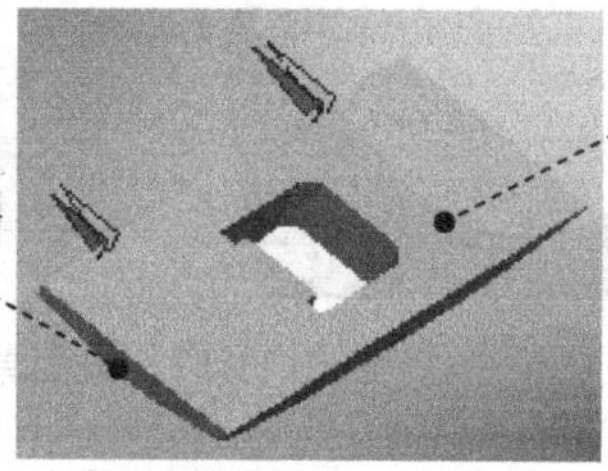

图 10.11.23　拉伸 4

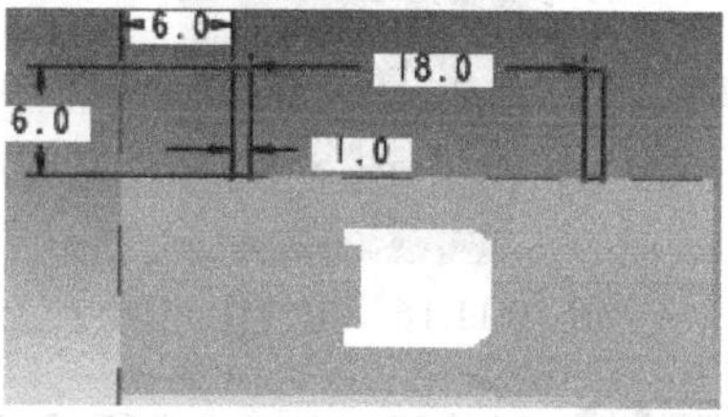

图 10.11.24　截面草图

步骤 24　创建图 10.11.25 所示的镜像特征——镜像 1。在模型树中选择拉伸 4；选择下拉菜单 编辑(E) → 镜像(I)... 命令；选取 ASM_RIGHT 基准平面为镜像中心平面。

步骤 25　创建图 10.11.26 所示的倒圆角特征——倒圆角 1。选择下拉菜单 插入(I) → 倒圆角(O)... 命令。选取图 10.11.26 所示的边线为圆角放置参照，圆角半径值为 0.2。

图 10.11.25　镜像 1

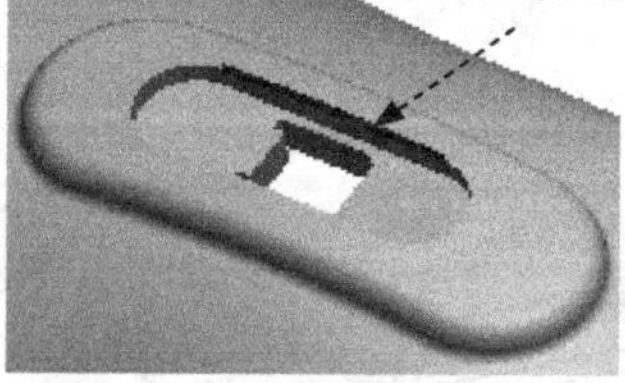

图 10.11.26　倒圆角 1

步骤 26　创建图 10.11.27 所示的拉伸特征——拉伸 5。选择下拉菜单 插入(I) → 拉伸(E)... 命令；选取图 10.11.27 所示的模型表面为草绘平面和参照平面，方向为左；绘制图 10.11.28 所示的截面草图；在操控板中单击 选项 按钮，系统弹出“深度”界面；在其界

面的 侧 1 下拉列表中选择深度类型为 到下一个，在“深度”界面 侧 2 后的下拉列表中选取 盲孔选项，输入深度值 0.5。

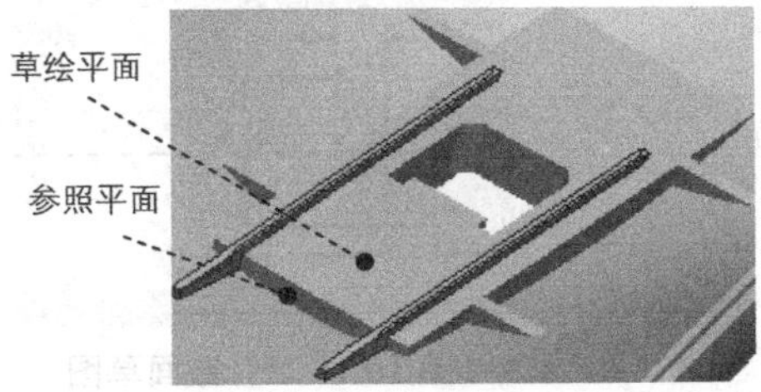

图 10.11.27 拉伸 5

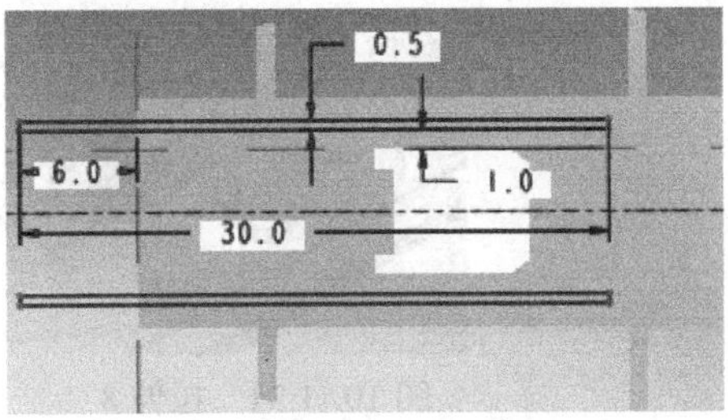

图 10.11.28 截面草图

步骤 27 创建图 10.11.29 所示的拉伸特征——拉伸 6。选择下拉菜单 插入(I) → 拉伸(E)... 命令；草绘平面、参照平面及参照方向与拉伸 5 相同；绘制图 10.11.30 所示的截面草图；在操控板中单击 选项 按钮，系统弹出“深度”界面；在其界面的 侧 1 下拉列表中选择深度类型为 到下一个，在“深度”界面 侧 2 后的下拉列表中选取 盲孔选项，输入深度值 3。

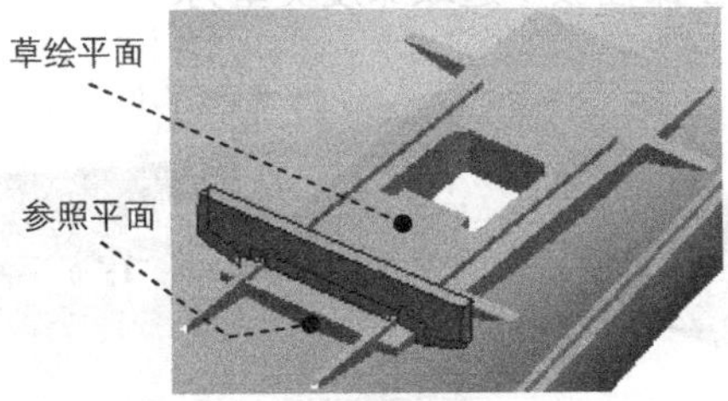

图 10.11.29 拉伸 6

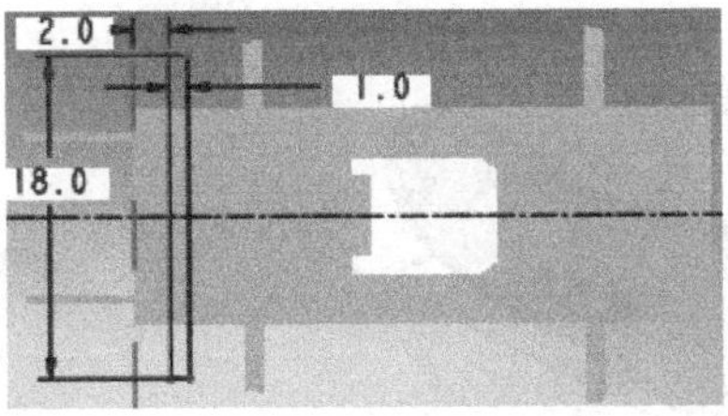

图 10.11.30 截面草图

步骤 28 创建图 10.11.31 所示的切除拉伸特征——拉伸 7。选择下拉菜单 插入(I) → 拉伸(E)... 命令；选取图 10.11.32 所示的模型表面为草绘平面和参照平面，方向为 顶；绘制图 10.11.33 所示的截面草图；在操控板中选取深度类型为，单击“移除材料”按钮。

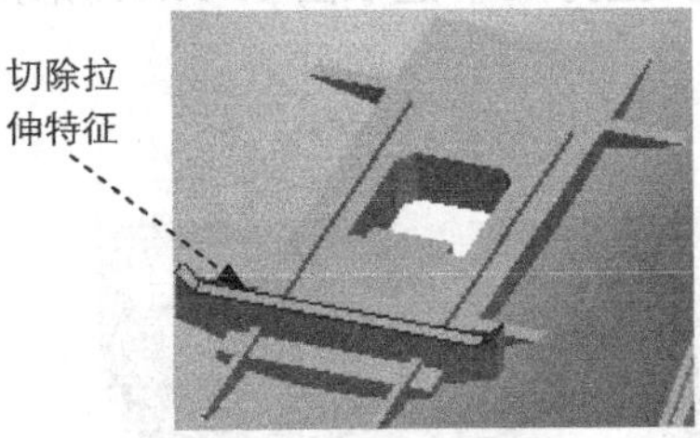

图 10.11.31 拉伸 7

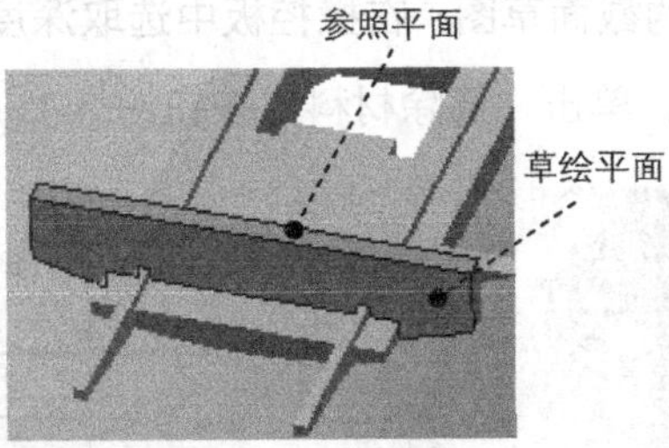

图 10.11.32 选取对象

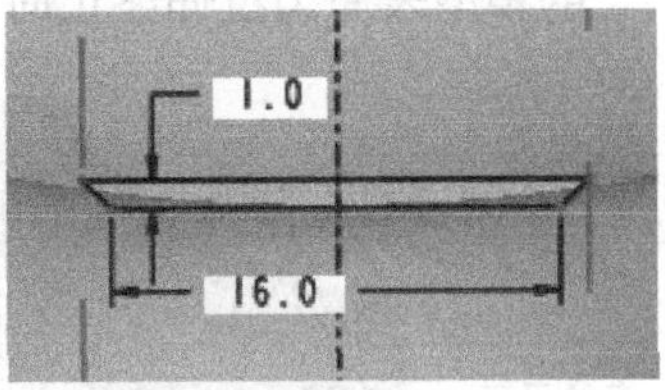

图 10.11.33 截面草图

步骤 29 创建图 10.11.34 所示的切除拉伸特征——拉伸 8。选择下拉菜单 插入(I) → 拉伸(E)... 命令；选取图 10.11.34 所示的模型表面为草绘平面和参照平面，方向为 右；

绘制图 10.11.35 所示的截面草图；在操控板中选取深度类型为，输入深度值 1，单击“移除材料”按钮。

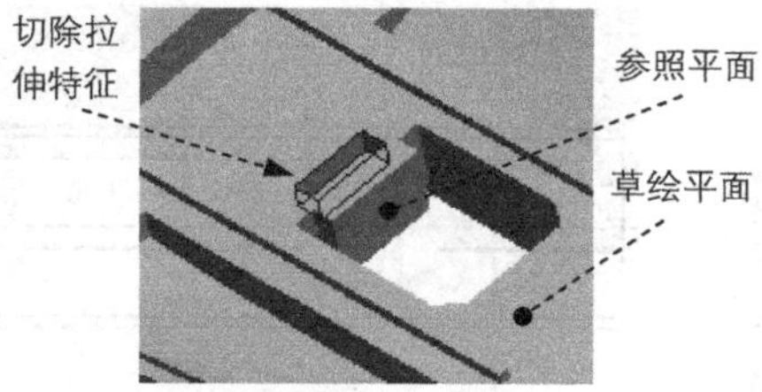

图 10.11.34 拉伸 8

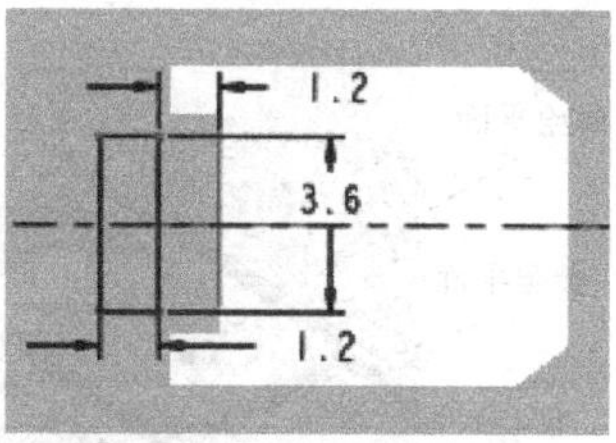

图 10.11.35 截面草图

步骤 30 创建图 10.11.36 所示的基准平面——DTM13。选择下拉菜单 插入(I) → 模型基准(D) → 平面(L)... 命令；选取图 10.11.36 所示的模型表面，将约束类型设置为 偏移，输入偏移距离值 12。

步骤 31 创建图 10.11.37 所示的拉伸特征——拉伸 9。选择下拉菜单 插入(I) → 拉伸(E)... 命令；选取 DTM13 基准平面为草绘平面，ASM_RIGHT 基准平面为参照平面，方向为 底部；绘制图 10.11.38 所示的截面草图；在操控板中选取深度类型为。

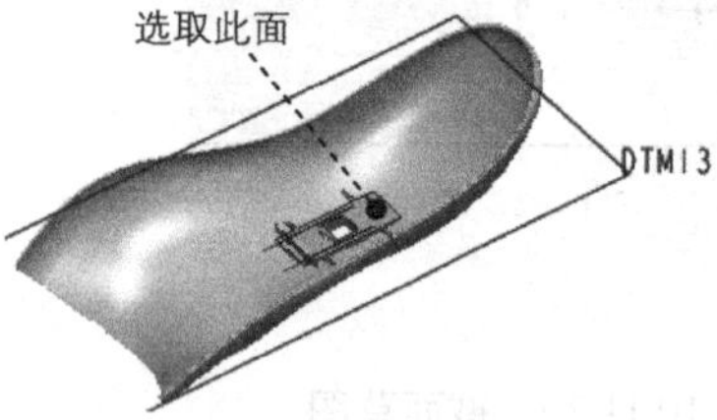

图 10.11.36 基准平面 DTM13

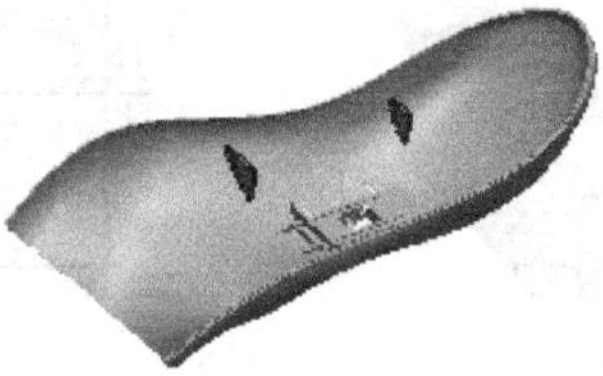
图 10.11.37 拉伸 9

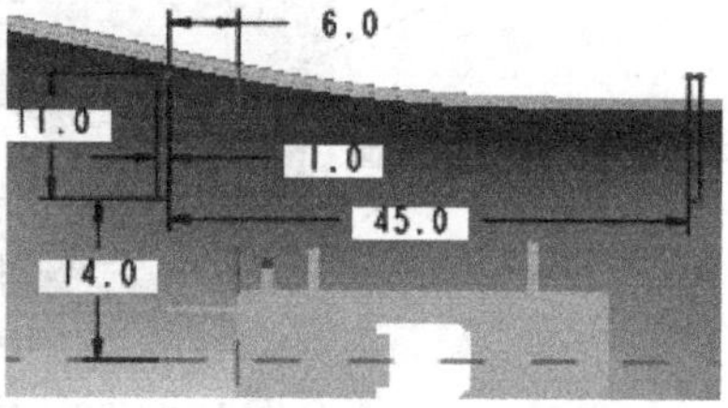

图 10.11.38 截面草图

步骤 32 创建图 10.11.39 所示的切除拉伸特征——拉伸 10。选择下拉菜单 插入(I) → 拉伸(E)... 命令；选取图 10.11.39 所示的模型表面为草绘平面和参照平面，采用默认的方向；绘制图 10.11.40 所示的截面草图；在操控板中选取深度类型为，选取图 10.11.41 所示的模型表面为拉伸终止面，单击“移除材料”按钮。

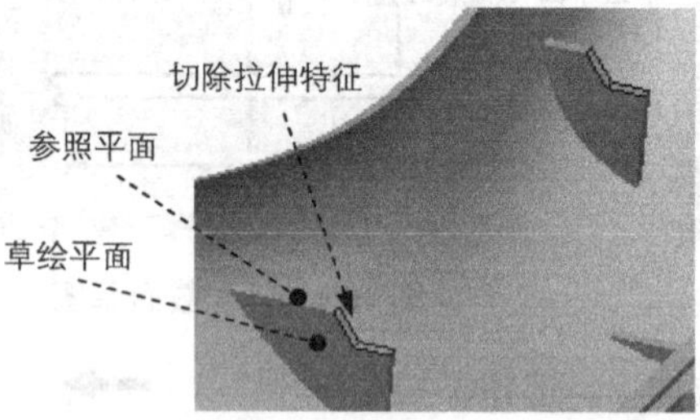

图 10.11.39 拉伸 10

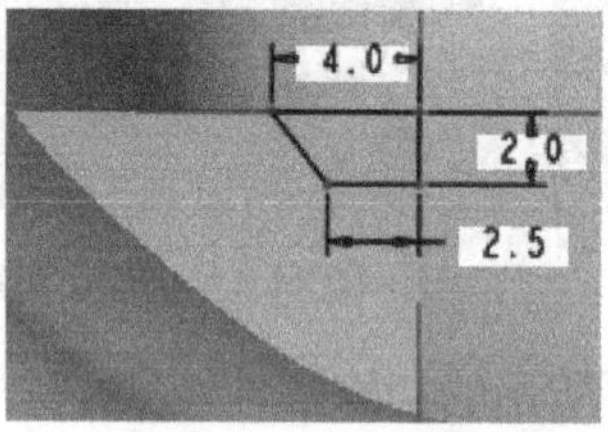

图 10.11.40 截面草图

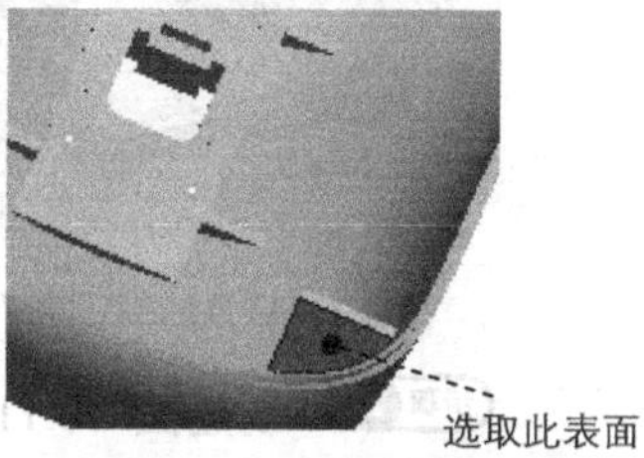

图 10.11.41 拉伸终止面

步骤33 创建图 10.11.42 所示的镜像特征——镜像 2。在模型树中选择拉伸 9 和拉伸 10；选择下拉菜单 编辑(E) → 镜像(I)... 命令；选取 ASM_RIGHT 基准平面为镜像中心平面。

步骤34 创建图 10.11.43 所示的拉伸特征——拉伸 11。选择下拉菜单 插入(I) → 拉伸(E)... 命令；选取 DTM9 基准平面为草绘平面，ASM_RIGHT 基准平面为参照平面，方向为 底部；选取图 10.11.43 所示的两条边线的端点为参照；绘制图 10.11.44 所示的截面草图；在操控板中选取深度类型为 。

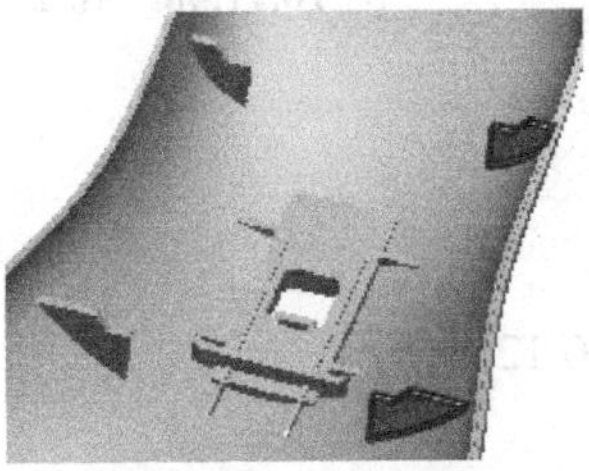

图 10.11.42 镜像 2

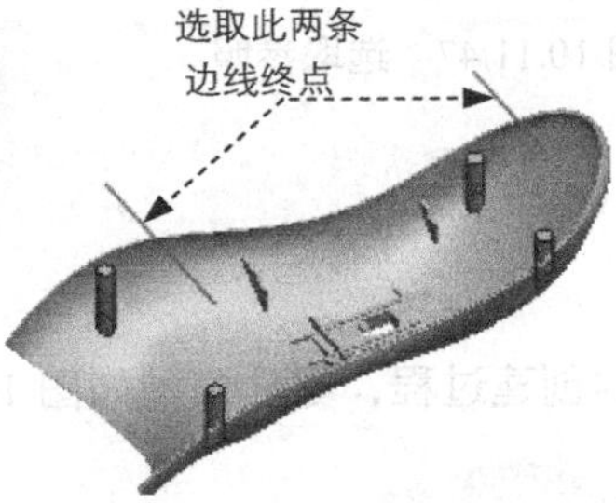

图 10.11.43 拉伸 11

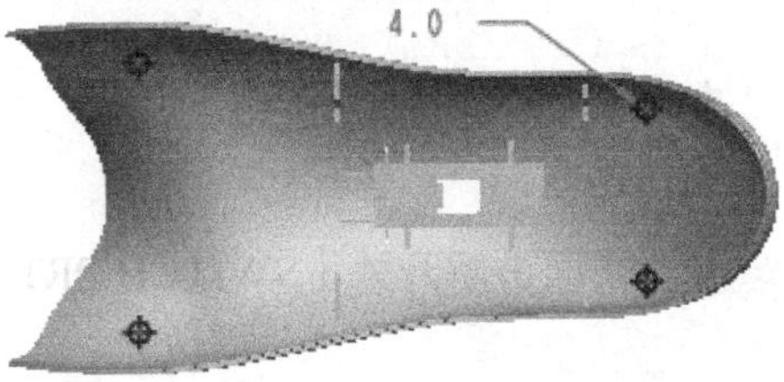

图 10.11.44 截面草图

步骤35 创建图 10.11.45b 所示的拔模特征——斜度 1。选择下拉菜单 插入(I) → 斜度(F)... 命令；选取图 10.11.45a 所示的面为要拔模的面；选取 DTM9 基准平面为拔模枢轴平面，在操控板中输入拔模角度值 2.0，并单击其后的 按钮，调整拔模方向。

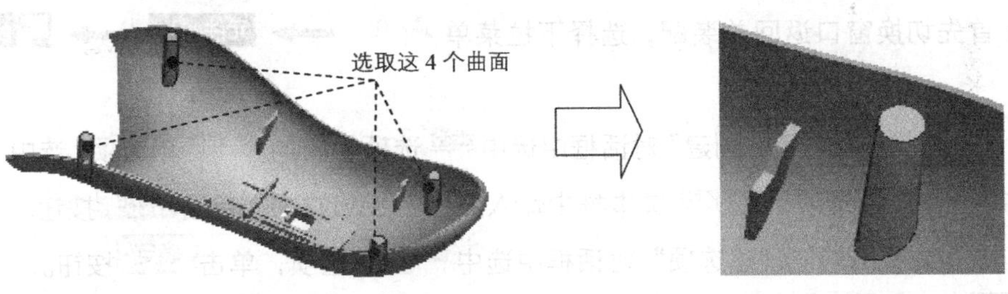

a）拔模前　b）拔模后

图 10.11.45 斜度 1

步骤36 创建图 10.11.46 所示的螺纹孔特征——孔 1。选择下拉菜单 插入(I) → 孔(H) 命令；在操控板中按下“创建标准孔”按钮 和“添加攻丝”按钮 ；按住 Ctrl 键，选取图 10.11.47 所示的模型端面及轴线 A_2 为孔的放置参照；在操控板中 后的下拉列表中选择 M3x.5，选取深度类型为 ，输入深度值 6.0。

步骤37 参照上一步的方法，创建图 10.11.48 所示的螺纹孔特征——孔 2，选取圆柱端面及轴线 A_5 为孔的放置参照；参数与孔 1 相同。

步骤38 创建镜像特征——镜像 3。按住 Ctrl 键，在模型树中选取孔 1 和孔 2；选择下拉

菜单 编辑(E) → 镜像(I)... 命令；选取 ASM_RIGHT 基准平面为镜像中心平面。

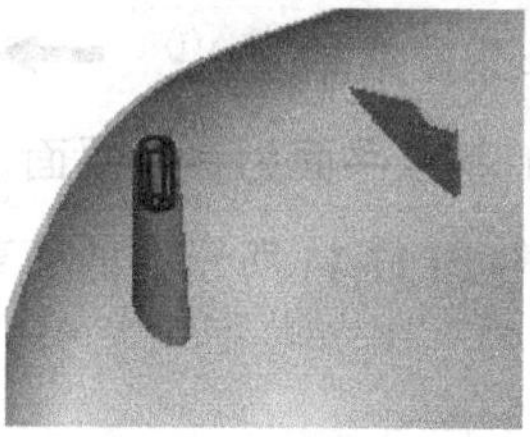

图 10.11.46　孔 1

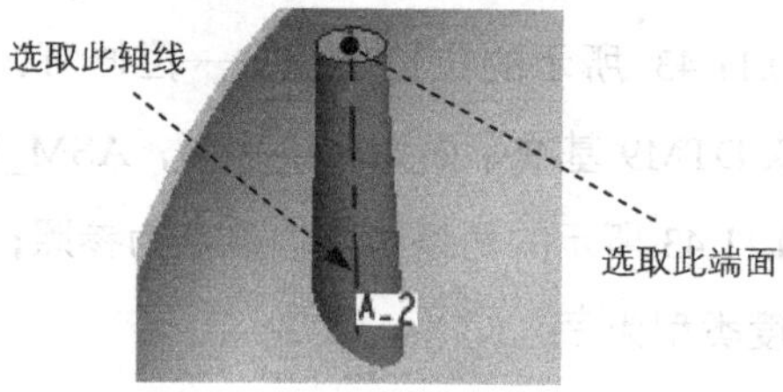

图 10.11.47　选取参照

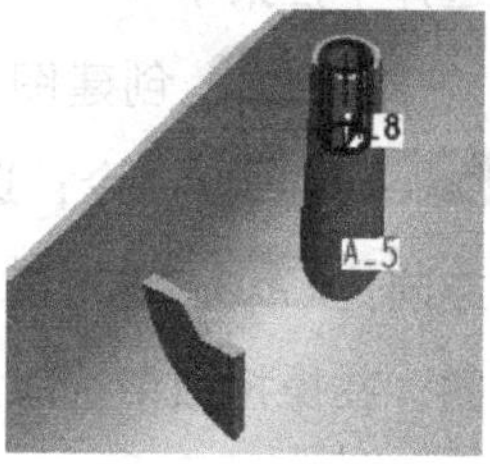

图 10.11.48　孔 2

10.12　创建开关

下面讲解开关（SWITCH.PRT）的创建过程，零件模型如图 10.12.1 所示。

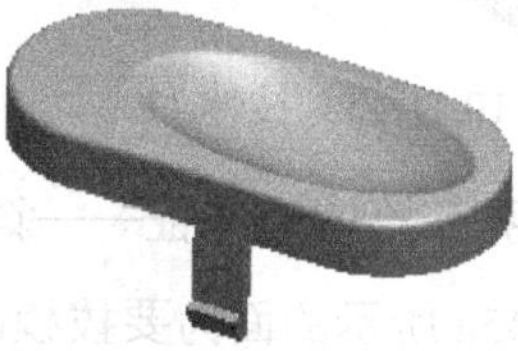

图 10.12.1　开　关

步骤 01 在装配体中创建开关（SWITCH.PRT）。

（1）首先切换窗口返回总装配，选择下拉菜单 插入(I) → 元件(C) ▸ → 创建(C)... 命令。

（2）在系统弹出的“元件创建”对话框中选中 类型 选项组中的 ◉ 零件 单选项；选中 子类型 选项组中的 ◉ 实体 单选项；在 名称 文本框中输入文件名 SWITCH，单击 确定 按钮。

（3）在系统弹出的“创建选项”对话框中选中 ◉ 空 单选项，单击 确定 按钮。

步骤 02 激活开关模型。

（1）在模型树中单击 SWITCH.PRT，然后右击，在系统弹出的快捷菜单中选择 激活 命令。

（2）选择下拉菜单 插入(I) → 共享数据(D) ▸ → 合并/继承(M)... 命令，系统弹出“复制几何”操控板，在该操控板中进行下列操作。

① 在操控板中，先确认“将参照类型设置为组件上下文”按钮 被按下。

② 复制几何。在操控板中单击 参照 按钮，系统弹出“参照”界面；选中 ☑ 复制基准 复选框，然后在模型树中选取 SECOND-LOWER-02.PRT 为参照模型；单击“完成”按钮 ✓。

步骤 03 在模型树中选择 SWITCH.PRT，然后右击，在系统弹出的快捷菜单中选择 打开 命令。

步骤 04 创建图 10.12.2b 所示的实体化特征——实体化 1。选取图 10.12.2a 所示的曲面，选择下拉菜单 编辑(E) → 实体化(Y)... 命令；在操控板中单击“移除材料”按钮，定义实体化方向如图 10.12.2a 所示。

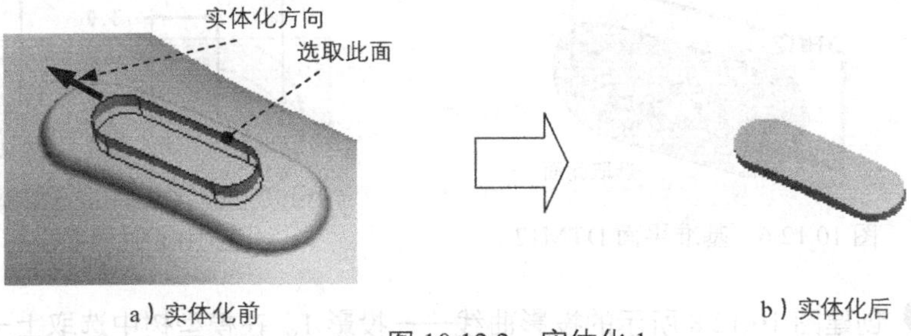

图 10.12.2 实体化 1

步骤 05 创建图 10.12.3 所示的切除拉伸特征——拉伸 1。选择下拉菜单 插入(I) → 拉伸(E)... 命令；选取图 10.12.3 所示的模型表面为草绘平面，ASM_RIGHT 基准平面为参照平面，方向为 顶；绘制图 10.12.4 所示的截面草图；在操控板中选取深度类型为，单击“移除材料”按钮，然后单击其后的按钮，定义切除方向为向外切除。

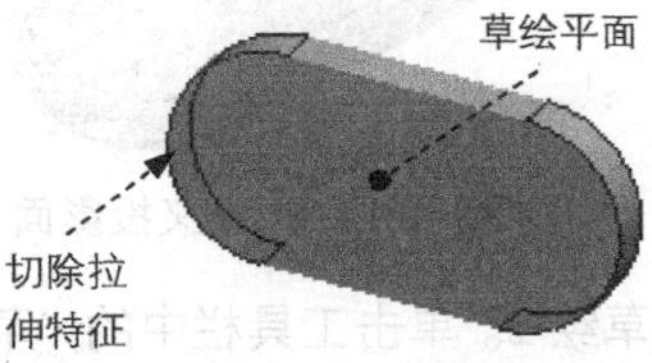

图 10.12.3 拉伸 1

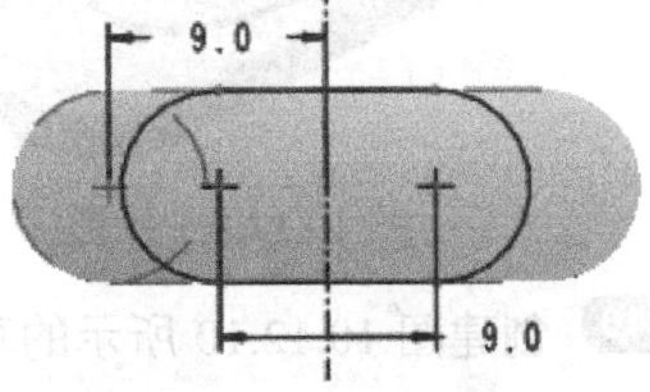

图 10.12.4 截面草图

步骤 06 创建图 10.12.5b 所示的倒圆角特征——倒圆角 1。选择下拉菜单 插入(I) → 倒圆角(O)... 命令。选取图 10.12.5a 所示的边线为圆角放置参照，圆角半径值为 0.3。

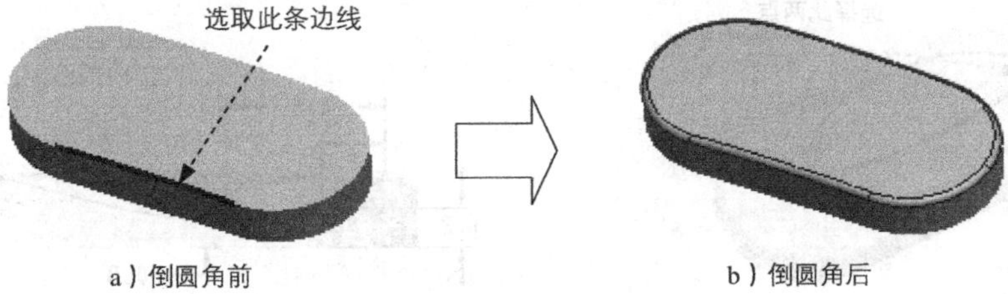

图 10.12.5 倒圆角 1

步骤 07 创建图 10.12.6 所示的基准平面——DTM12。选择下拉菜单 插入(I) → 模型基准(D) → 平面(L)... 命令；选取图 10.12.6 所示的模型表面，将约束类型设置为 偏移，输入偏移距离值 4。

步骤 08 创建图 10.12.7 所示的草绘特征——草绘 1。单击工具栏中的“草绘”按钮；

选取 DTM12 基准平面为草绘平面，选取 ASM_RIGHT 基准平面为参照平面，方向为 顶；绘制图 10.12.7 所示的草图。

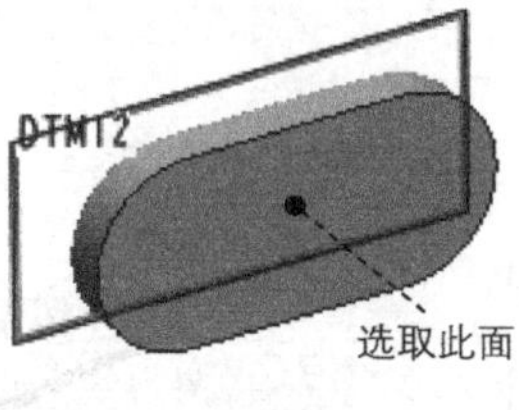

图 10.12.6　基准平面 DTM12

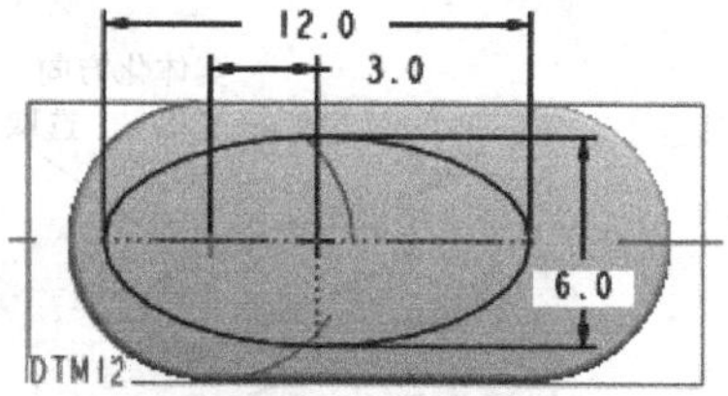

图 10.12.7　草绘 1

步骤 09 创建图 10.12.8 所示的投影曲线——投影 1。在模型树中选取上一步所创建的草绘 1，选择下拉菜单 编辑(E) → 投影(J)... 命令；按住 Ctrl 键，选取图 10.12.9 所示的两个曲面为投影面，接受系统默认的投影方向；单击“完成”按钮 ✓，完成投影 1 的创建。

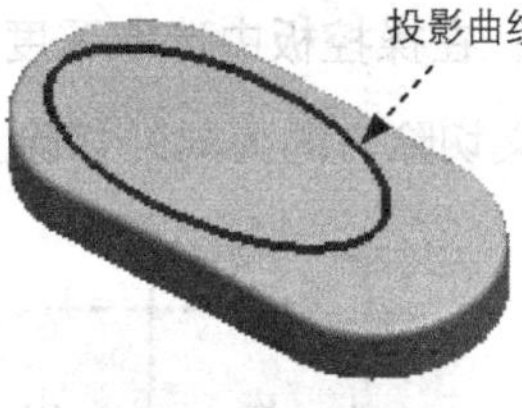

图 10.12.8　投影 1

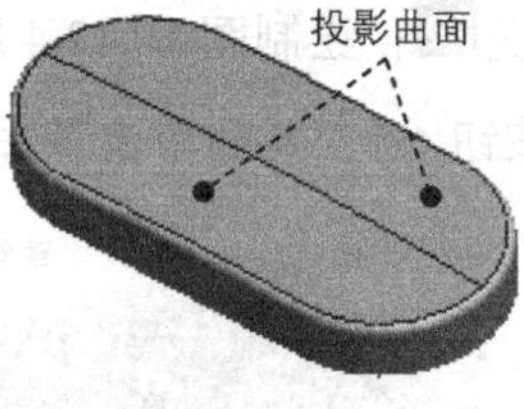

图 10.12.9　定义投影面

步骤 10 创建图 10.12.10 所示的草绘特征——草绘 2。单击工具栏中的“草绘”按钮，选取 ASM_RIGHT 基准平面为草绘平面，选取 DTM10 基准平面为参照平面，方向为 顶，单击此对话框中的 草绘 按钮；进入草绘环境后，选取草绘 1 的两个端点为参照，绘制图 10.12.11 所示的草图。

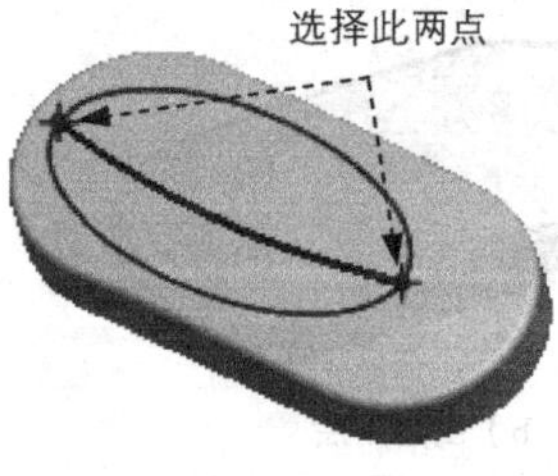

图 10.12.10　草绘 2（建模环境）

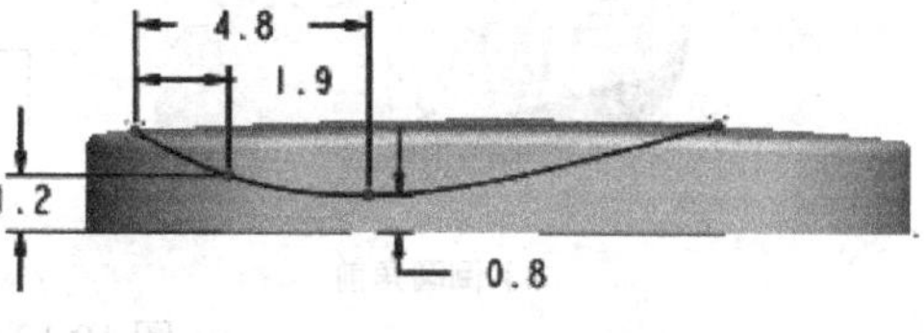

图 10.12.11　草绘 2（草绘环境）

步骤 11 创建图 10.12.12 所示的边界曲面——边界混合 1。选择下拉菜单 插入(I) → 边界混合(B)... 命令；按住 Ctrl 键，在绘图区依次选取图 10.12.13 所示的曲线为第一方向边界曲线。

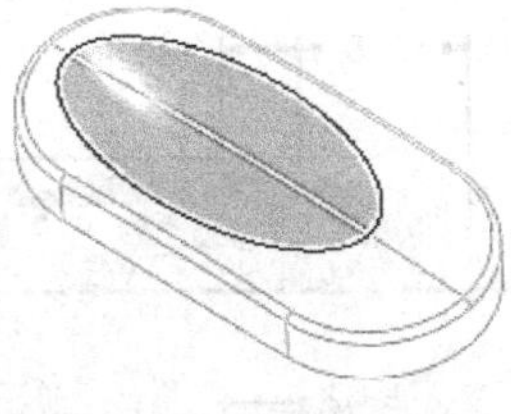

图 10.12.12 边界混合 1

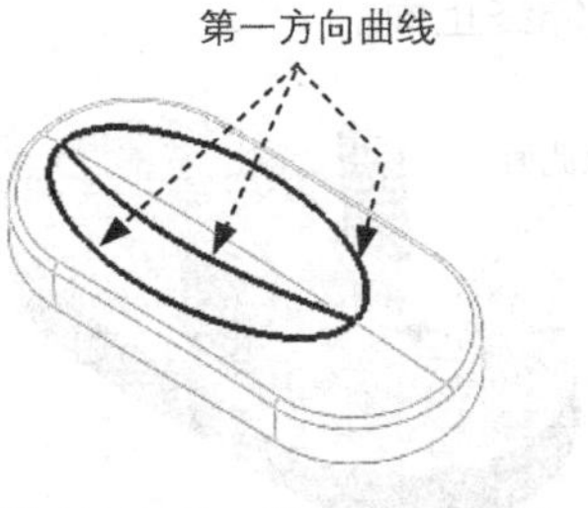

图 10.12.13 定义边界曲线

步骤 12 创建图 10.12.14b 所示的实体化特征——实体化 2。选取上一步创建的边界混合 1 曲面，选择下拉菜单 编辑(E) → 实体化(Y)... 命令；在操控板中单击“移除材料”按钮，定义实体化方向如图 10.12.14a 所示。

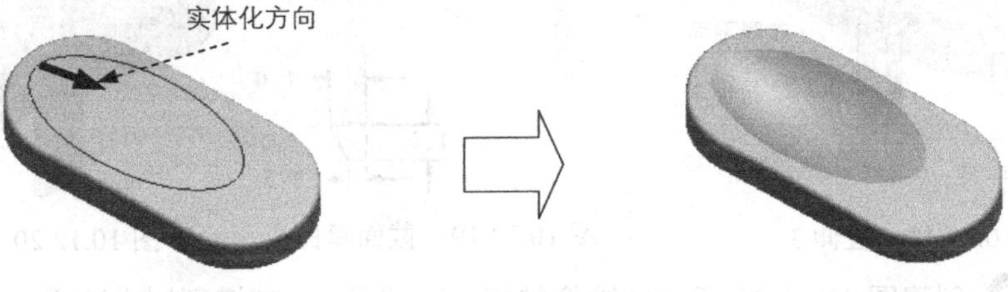

a）实体化前 b）实体化后

图 10.12.14 实体化 2

步骤 13 创建图 10.12.15b 所示的倒圆角特征——倒圆角 2。选择下拉菜单 插入(I) → 倒圆角(O)... 命令。选取图 10.12.15a 所示的边线为圆角放置参照，圆角半径值为 0.3。

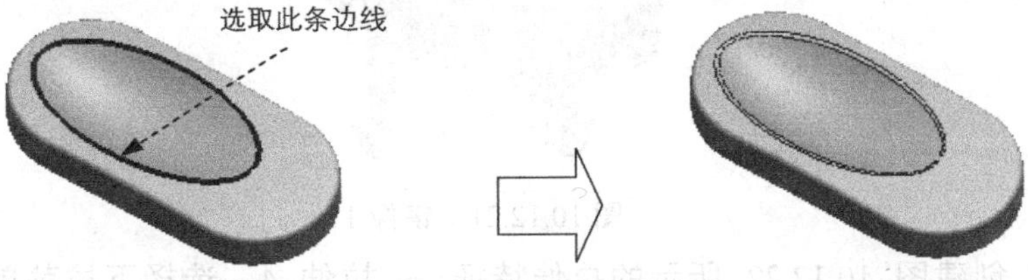

a）倒圆角前 b）倒圆角后

图 10.12.15 倒圆角 2

步骤 14 创建图 10.12.16 所示的拉伸特征——拉伸 2。选择下拉菜单 插入(I) → 拉伸(E)... 命令；选取图 10.12.16 所示的模型表面为草绘平面，ASM_RIGHT 基准平面为参照平面，方向为 底部；绘制图 10.12.17 所示的截面草图；在操控板中选取深度类型为，输入深度值 3.5。

步骤 15 创建图 10.12.18 所示的拉伸特征——拉伸 3。选择下拉菜单 插入(I) → 拉伸(E)... 命令；选取图 10.12.18 所示的模型表面为草绘平面和参照平面，方向为 右；绘制图 10.12.19 所示的截面草图；在操控板中选取深度类型为，选取图 10.12.20 所示的模型表面为拉伸终止面。

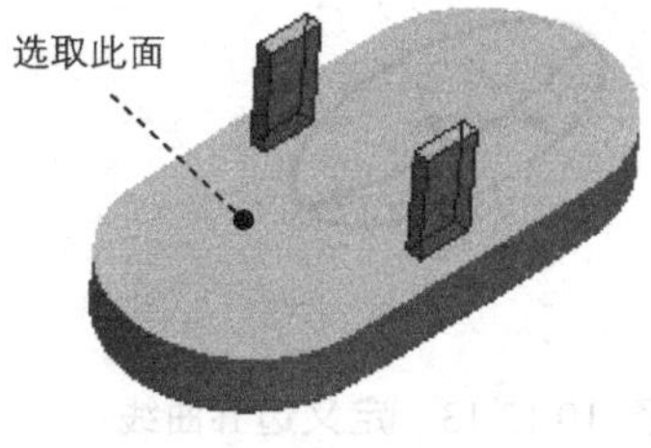

图 10.12.16　拉伸 2

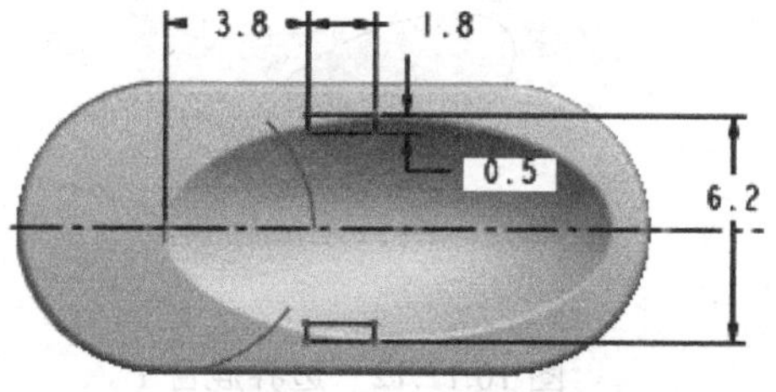

图 10.12.17　截面草图

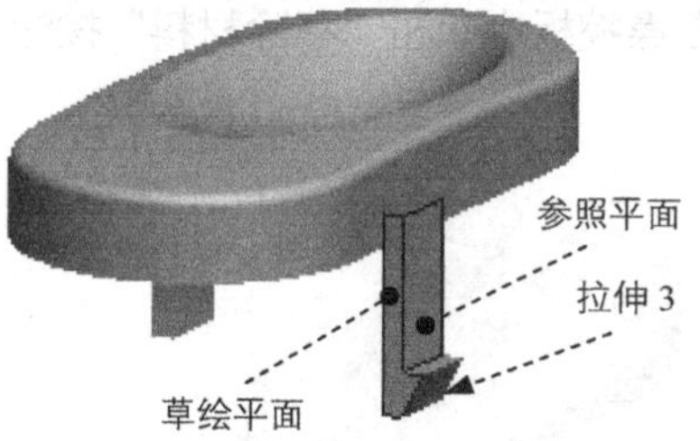

图 10.12.18　拉伸 3

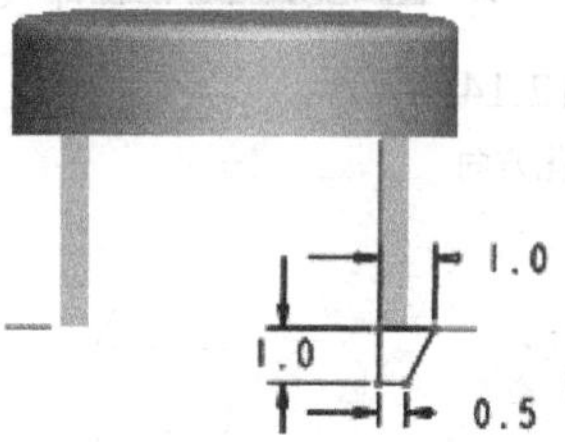

图 10.12.19　截面草图

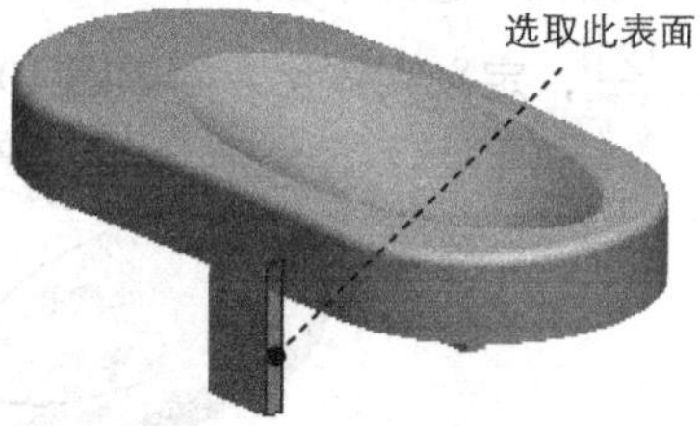

图 10.12.20　拉伸终止面

步骤 16　创建图 10.12.21 所示的镜像特征——镜像 1。在模型树中选择拉伸 3；选择下拉菜单 编辑(E) → 镜像(I)... 命令；选取 ASM_RIGHT 基准平面为镜像中心平面。

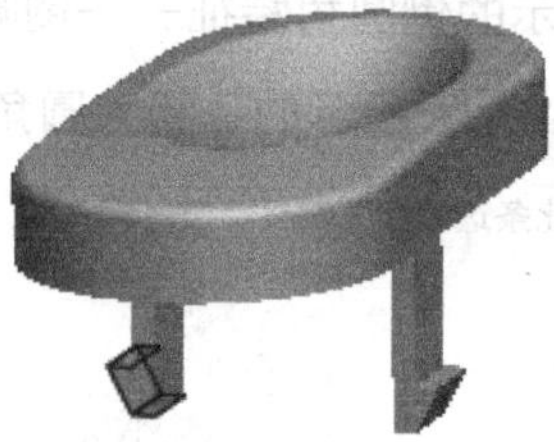

图 10.12.21　镜像 1

步骤 17　创建图 10.12.22 所示的拉伸特征——拉伸 4。选择下拉菜单 插入(I) → 拉伸(E)... 命令；选取图 10.12.22 所示的模型表面为草绘平面和为参照平面，方向为 右；绘制图 10.12.23 所示的截面草图；在操控板中选取深度类型为 ，输入深度值 2.0。

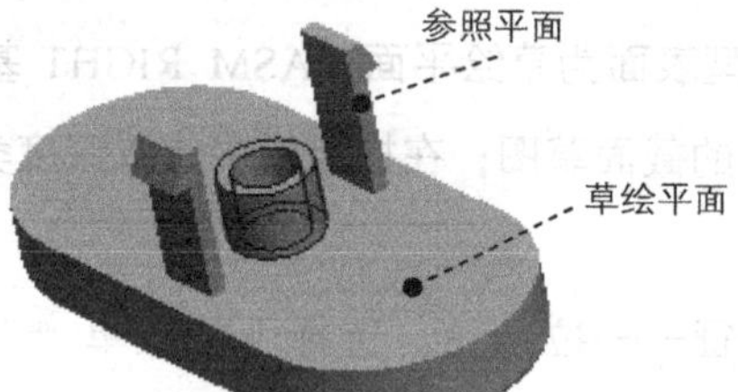

图 10.12.22　拉伸 4

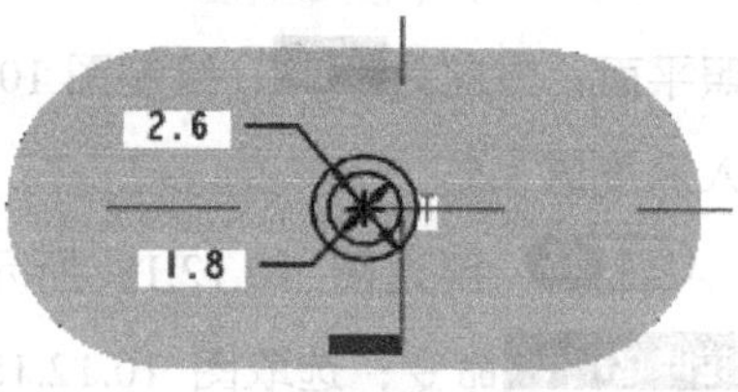

图 10.12.23　截面草图

步骤 18 创建图 10.12.24b 所示的倒圆角特征——倒圆角 3。选择下拉菜单 插入(I) → 倒圆角(O)... 命令。选取图 10.12.24a 所示的边线为圆角放置参照，圆角半径值为 0.3。

a）倒圆角前　　b）倒圆角后

图 10.12.24 倒圆角 3

步骤 19 保存模型文件。

10.13 编辑总装配模型的显示

步骤 01 隐藏控件。切换窗口返回总装配，按住 Ctrl 键，在模型树中选取 FIRST.PRT、SECOND-UPPER-01.PRT 和 SECOND-LOWER-02.PRT，然后右击，在系统弹出的快捷菜单中选择 隐藏 命令。其余处于显示状态。

步骤 02 隐藏草图、基准、曲线和曲面。单击 → 层树(L)，在“层树”列表中按住 Ctrl 键，依次选取 AXIS、CURVE、DATUM、POINT 和 QUILT，然后右击，在系统弹出的快捷菜单中选择 隐藏 命令；在“层树”列表中选取 DATUM 并右击，在系统弹出的快捷菜单中选择 保存状态 命令，然后选择 → 模型树(M) 命令。

步骤 03 保存装配体模型文件。

第 11 章 工程图设计

11.1 工程图设计基础

11.1.1 Pro/ENGINEER 工程图特点

使用 Pro/ENGINEER 工程图环境中的工具可创建三维模型的工程图，且图样与模型相关联。因此，图样能够反映模型在设计阶段中的更改，可以使图样与装配模型或单个零部件保持同步，这意味着对于有参数的实体模型，更改其形状和尺寸，工程图中的视图和尺寸可以自动更新。

11.1.2 Pro/ENGINEER 工程图的界面

使用 Pro/ENGINEER 的工程图模块，可创建 Pro/ENGINEER 三维模型的工程图，可以用注解来注释工程图、处理尺寸，以及使用层来管理不同项目的显示。工程图中的所有视图都是相关的，如改变一个视图中的尺寸值，系统就相应地更新其他工程图视图。

工程图模块还支持多个页面，允许定制带有草绘几何的工程图，定制工程图格式等。另外，还可以利用有关接口命令，将工程图文件输出到其他系统，或将文件从其他系统输入到工程图模块中。

对工程图环境中的菜单简单介绍如下。

（1）“布局”选项区域中的命令主要用来设置绘图模型、模型视图的放置，以及视图的线型显示等，如图 11.1.1 所示。

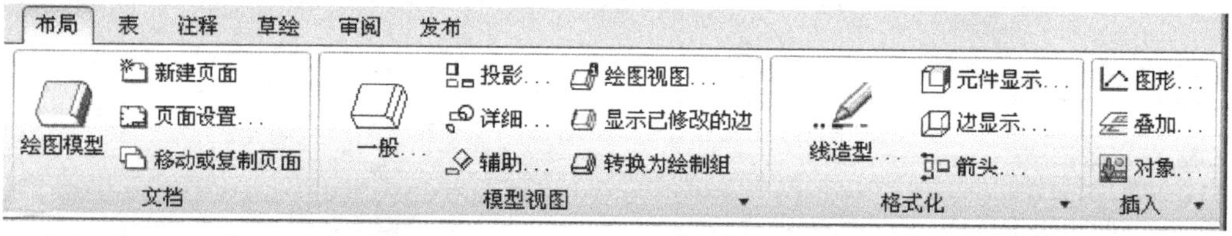

图 11.1.1 “布局”选项区域

（2）“表”选项区域中的命令主要用来创建、编辑表格等。

（3）“注释”选项区域中的命令主要用来添加尺寸及文本注释等。

（4）“草绘”选项区域中的命令主要用来在工程图中绘制及编辑所需要的视图等。

（5）“审阅”选项区域中的命令主要用来对所创建的工程图视图进行审阅、检查等。

（6）“发布”选项区域中的命令主要用来对工程图进行打印及视图格式的转换等操作。

（7）对“编辑”菜单的说明如图 11.1.2 所示。

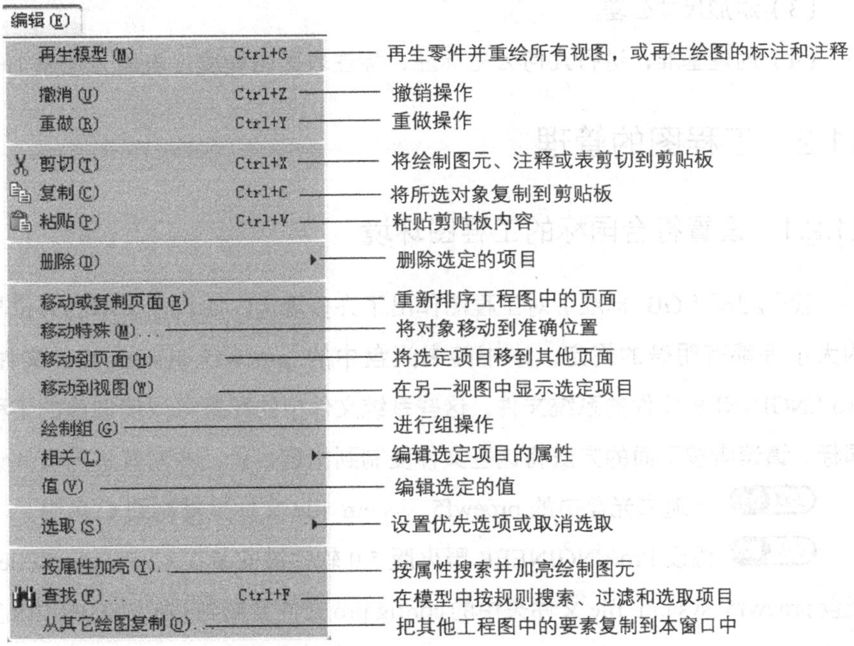

图 11.1.2 “编辑”下拉菜单

创建工程图的一般过程如下。

1. 通过新建一个工程图文件，进入工程图模块环境

（1）选择“新建文件”命令或按钮。

（2）选择“绘图”（即工程图）文件类型。

（3）输入文件名称，选择工程图模型及工程图图框格式或模板。

2. 创建视图

（1）添加主视图。

（2）添加主视图的投影图（左视图、右视图、俯视图和仰视图）。

（3）如有必要，可添加详细视图（放大图）和辅助视图等。

（4）利用视图移动命令，调整视图的位置。

（5）设置视图的显示模式，如视图中不可见的孔，可进行消隐或用虚线显示。

3. 尺寸标注

（1）显示模型尺寸，将多余的尺寸拭除。

（2）添加必要的草绘尺寸。

（3）添加尺寸公差。

（4）创建基准，进行几何公差标注，标注表面粗糙度（表面光洁度）。

11.2 工程图的管理

11.2.1 设置符合国标的工程图环境

我国国标（GB 标准）对工程图作出了许多规定，如尺寸文本的方位与字高、尺寸箭头的大小等都有明确的规定。本书随书光盘中的 proewf5_system_file 文件夹中提供了一些 Pro/ENGINNER 软件的系统文件，这些系统文件中的配置可以使创建的工程图基本符合我国国标。请读者按下面的方法将这些文件复制到指定目录，并对其进行有关设置。

步骤 01 将随书光盘中的 proewf5_system_file 文件夹复制到 C 盘中。

步骤 02 假设 Pro/ENGINEER 野火版 5.0 软件被安装在 C:\Program Files 目录中，将随书光盘 proewf5_system_file 文件夹中的 config.pro 文件复制到 Pro/ENGINEER 安装目录中的\text 文件夹下面，即 C:\ Program Files\proeWildfire 5.0\text 中。

步骤 03 启动 Pro/ENGINEER 野火版 5.0。注意：如果在进行上述操作前已经启动了 Pro/ENGINEER，应先退出 Pro/ENGINEER，然后再次启动 Pro/ENGINEER。

步骤 04 选择下拉菜单 工具(T) ⟶ 选项(O) 命令，系统弹出如图 11.2.1 所示的对话框。

步骤 05 设置配置文件 config.pro 中的相关选项的值，图 11.2.1 所示。

（1）drawing_setup_file 的值设置为 C:\ proewf5_system_file\drawing.dtl。

（2）format_setup_file 的值设置为 C:\ proewf5_system_file\format.dtl。

（3）pro_format_dir 的值设置为 C:\proewf5_system_file\GB_format。

（4）template_designasm 的值设置为 C:\ proewf5_system_file\temeplate\asm_start.asm。

（5）template_drawing 的值设置为 C:\ proewf5_system_file\temeplate\draw.drw。

（6）template_mfgcast 的值设置为 C:\ proewf5_system_file\temeplate\cast.mfg。

（7）template_mfgmold 的值设置为 C:\ proewf5_system_file\temeplate\mold.mfg。

（8）template_sheetmetalpart 的值设置为 C:\ proewf5_system_file\temeplate\sheetstart.prt。

（9）template_solidpart 的值设置为 C:\ proewf5_system_file\temeplate\start.prt。

这些选项值的设置基本相同，下面仅以 drawing_setup_file 为例说明操作方法。

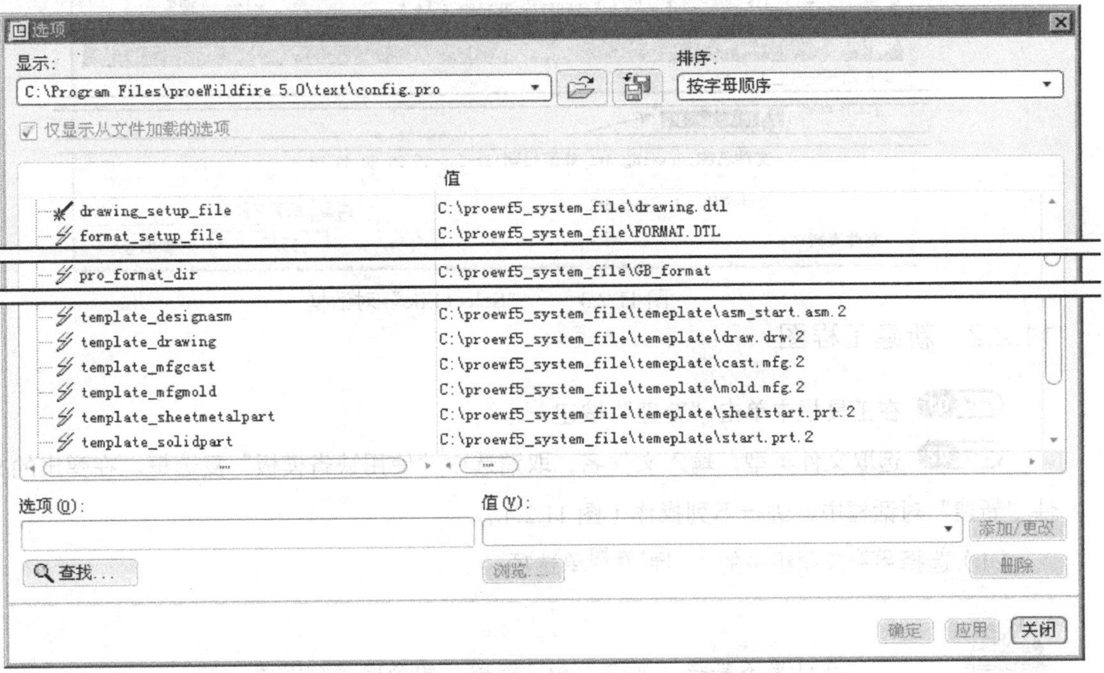

图 11.2.1 “选项”对话框

① 在图 11.2.1 所示的“选项”对话框中，先在对话框中部的选项列表中找到并单击选项 drawing_setup_file。

② 单击“选项”对话框下部的 浏览... 按钮，如图 11.2.2 所示。

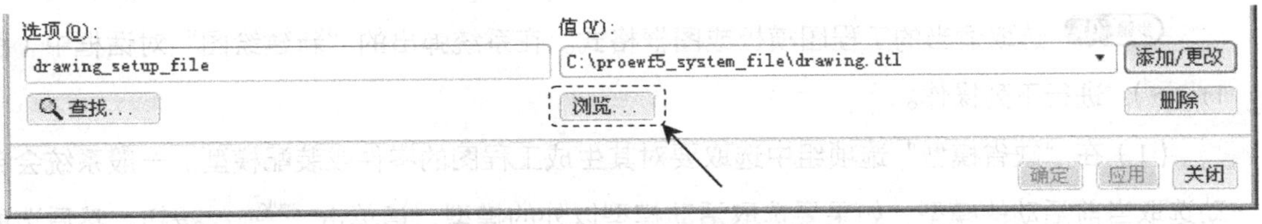

图 11.2.2 “浏览”按钮的位置

③ 在图 11.2.3 所示的“Select File”对话框中，选取 C:\ proewf5_system_file 目录中的文件 drawing.dtl，单击该对话框中的 打开 按钮。

④ 单击“选项”对话框右边的 添加/更改 按钮。

步骤 06 把设置加到工作环境中并存盘。单击 应用 按钮，再单击“存盘”按钮；保存的文件名为 config.pro；单击 Ok 按钮。

步骤 07 退出 Pro/ENGINEER，再次启动 Pro/ENGINEER，系统新的配置即可生效。

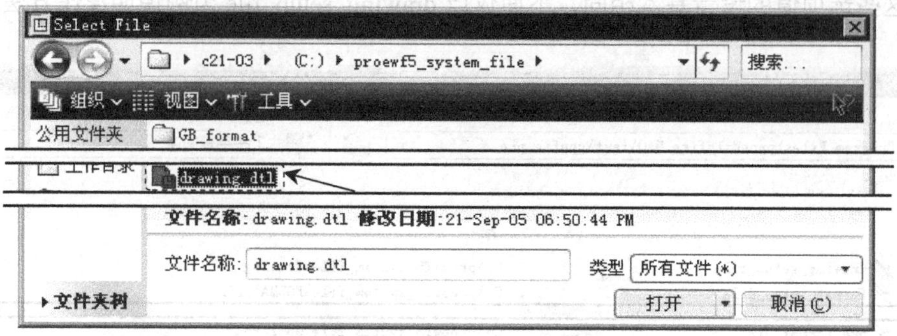

图 11.2.3　“Select File”对话框

11.2.2　新建工程图

步骤 01 在工具栏中单击“新建”按钮。

步骤 02 选取文件类型，输入文件名，取消选中“使用缺省模板”复选框。在弹出的文件“新建”对话框中，进行下列操作（图 11.2.4）。

（1）选择类型选项组中的 ◉ 绘图单选项。

注意：在这里不要将“草绘”和“绘图”两个概念相混淆。

（2）在名称文本框中输入工程图的文件名，如 hydraulic-body-lower。

（3）取消选中 ☑ 使用缺省模板复选框，不使用默认的模板。

（4）单击该对话框中的 确定 按钮。

步骤 03 选取适当的工程图模板或图框格式。在系统弹出的“新建绘图”对话框中（图 11.2.5），进行下列操作。

（1）在“缺省模型”选项组中选取要对其生成工程图的零件或装配模型。一般系统会自动选取当前活动的模型，如果要选取活动模型以外的模型，请单击 浏览... 按钮，然后选取模型文件，并将其打开，如图 11.2.6 所示。

（2）在指定模板选项组中选取工程图模板。该区域下有三个选项。

◆ ◉ 使用模板：创建工程图时，使用某个工程图模板。

◆ ◉ 格式为空：不使用模板，但使用某个图框格式。

◆ ◉ 空：既不使用模板，也不使用图框格式。

如果选取其中的 ◉ 空 单选项，需进行下列操作（图 11.2.5）。

如果图纸的幅面尺寸为标准尺寸（如 A2、A0 等），应先在方向选项组中单击“纵向”放置按钮或“横向”放置按钮，然后在大小选项组中选取图纸的幅面；如果图纸的尺寸为非标准尺寸，则应先在方向选项组中单击“可变”按钮，然后在大小选项组中输入图幅的高度和宽度尺寸及采用的单位。

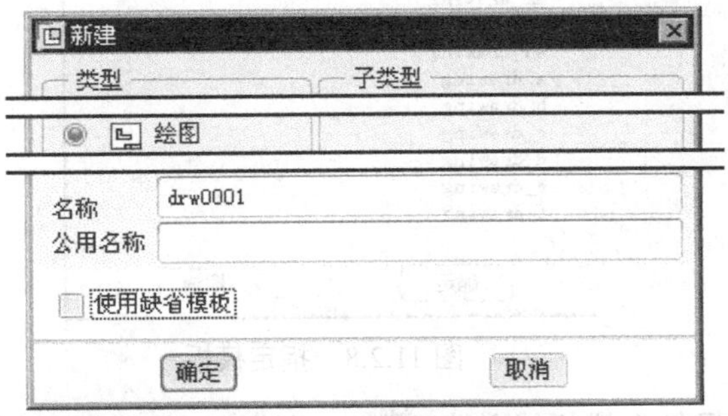

图 11.2.4 “新建”对话框

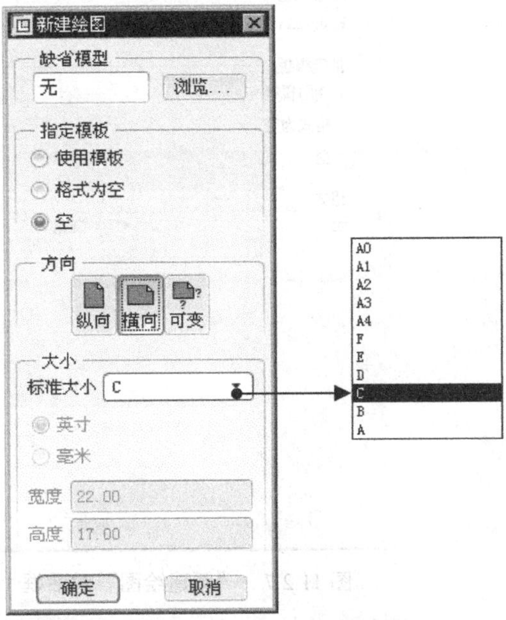

图 11.2.5 选择图幅大小

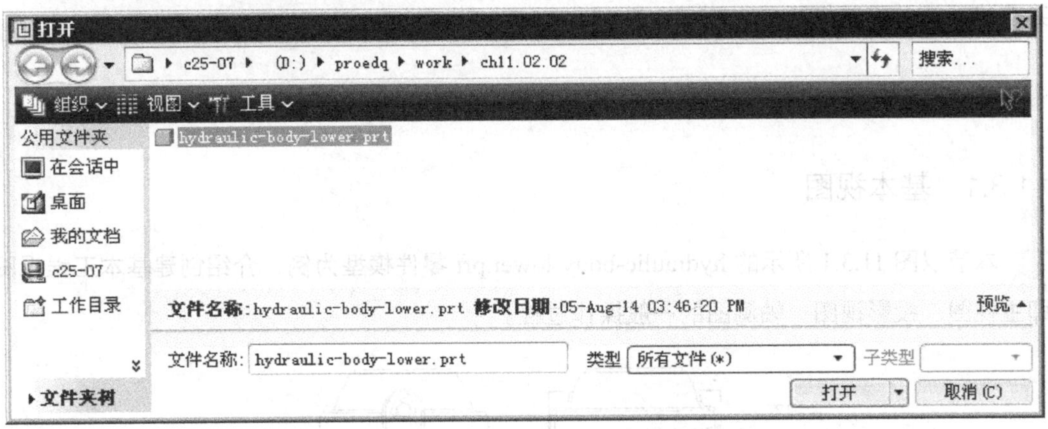

图 11.2.6 “打开”对话框

如果选取◉格式为空单选项，需进行下列操作（图 11.2.2 和图 11.2.7）。

在格式选项组中，单击浏览...按钮，然后选取某个格式文件，并将其打开。

注意 在实际工作中，经常选取◉格式为空单选项。

如果选取◉使用模板单选项，需进行下列操作（图 11.2.2 和图 11.2.8）。

（3）单击该对话框中的确定按钮。完成这一步操作后，系统即进入工程图模式（环境）。

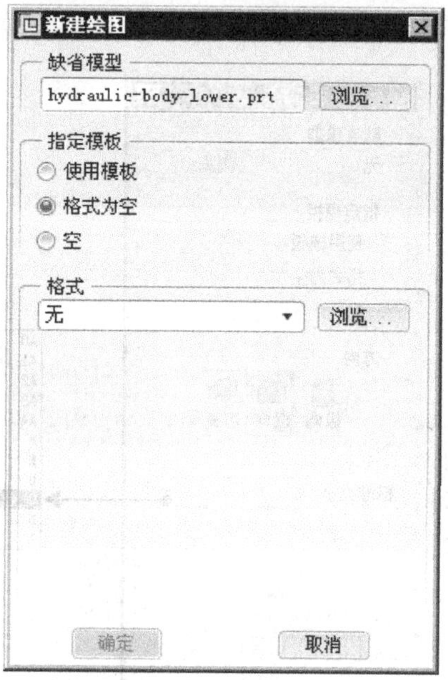

图 11.2.7　“新建绘图”对话框

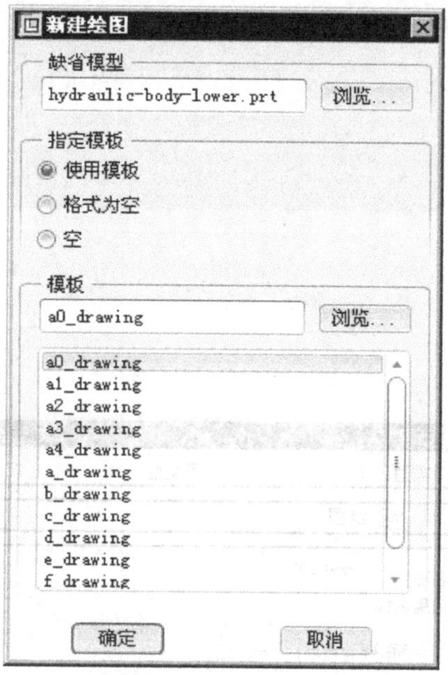

图 11.2.8　指定模板

在模板选项组中，从模板文件列表中选择某个模板或单击浏览...按钮，然后选取其他某个模板，并将其打开。

11.3　工程图视图创建

11.3.1　基本视图

本节以图 11.3.1 所示的 hydraulic-body-lower.prt 零件模型为例，介绍创建基本工程视图，即主视图、投影视图、轴测图的一般操作过程。

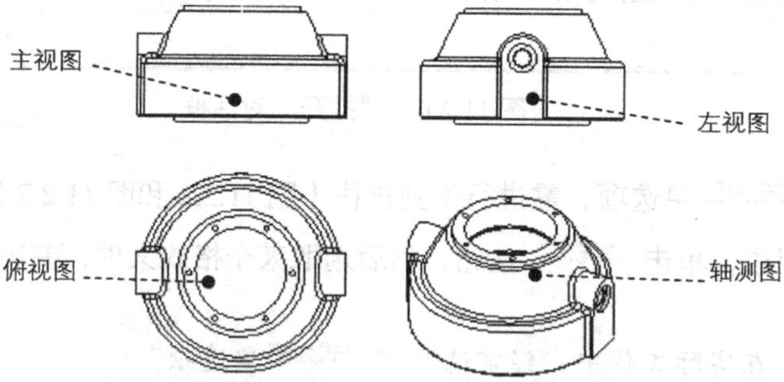

图 11.3.1　基本视图

1. 主视图

下面以图 11.3.2 所示的 hydraulic-body-lowere. prt 零件的主视图为例，说明创建主视图的操作方法。

步骤 01 设置工作目录。选择下拉菜单 文件(F) → 设置工作目录(W)... 命令，将工作目录设置至 D:\proedq5\work\ch11.03.01。

步骤 02 在工具栏中单击“新建”按钮，新建一个名为 hydraulic-body-lower 的工程图。选取三维模型 hydraulic-body-lower.prt（文件路径为 D:\proedq\work\ch11.03.01\hydraulic-body-lower. prt）为绘图模型，选取模板为空，方向为“横向”，幅面大小为 A4，进入工程图模块。

步骤 03 在绘图区中右击，系统弹出图 11.3.3 所示的快捷菜单，在该快捷菜单中选择 插入普通视图... 命令。

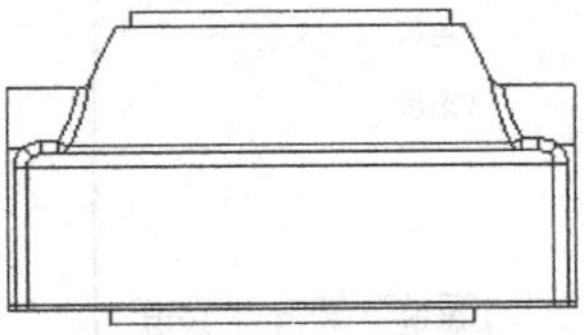

图 11.3.2 主视图

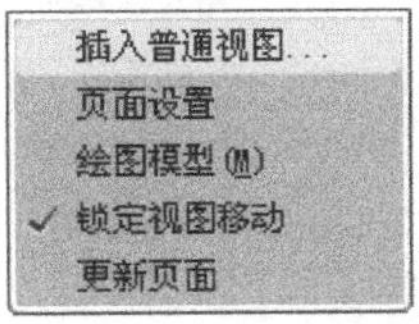

图 11.3.3 快捷菜单

说明

- 还有一种进入“普通视图”（“一般视图”）的方法，就是选择 布局 → 一般... 命令。
- 如果在“新建绘图”对话框中没有默认模型，也没有选取模型，那么在执行 插入普通视图... 命令后，系统会弹出一个“打开”对话框，让用户选取一个三维模型来创建工程图。

步骤 04 在系统 ➡选取绘制视图的中心点。的提示下，在屏幕图形区选取一点。此时绘图区会出现系统默认的零件斜轴测图，并弹出图 11.3.4 所示的“绘图视图”对话框。

步骤 05 定向视图。视图的定向一般采用下面两种方法。

方法一：采用参照进行定向。

（1）定义放置参照 1。

① 在“绘图视图”对话框中，选取 类别 区域中的 视图类型 选项；在对话框的 视图方向 区域中，选中 ◉ 几何参照 单选项，如图 11.3.5 所示。

② 在对话框的 参照1 下拉列表中选取 右 选项，在图形区中选择图 11.3.6 所示的面 1；这

一步操作的意义是将所选模型表面放置在右面。

（2）定义放置参照 2。在对话框的 参照2 下拉列表中选取 顶 选项，在图形区中选取图 11.3.6 所示的面 2；这一步操作的意义是将所选模型表面放置在屏幕的顶部，此时模型视图的方位如图 11.3.2 所示。

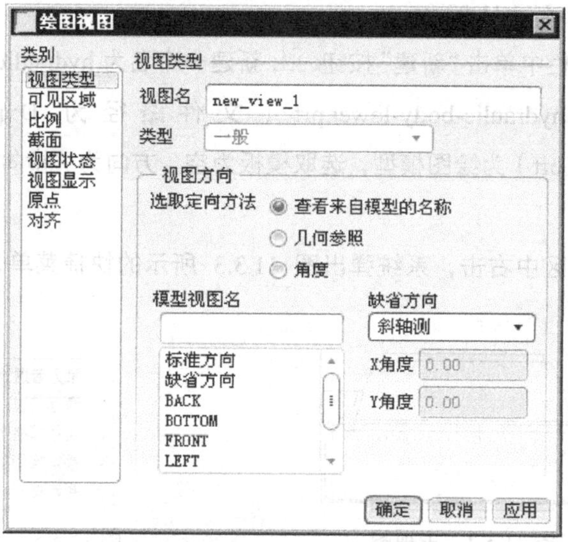

图 11.3.4 “绘图视图”对话框（一）

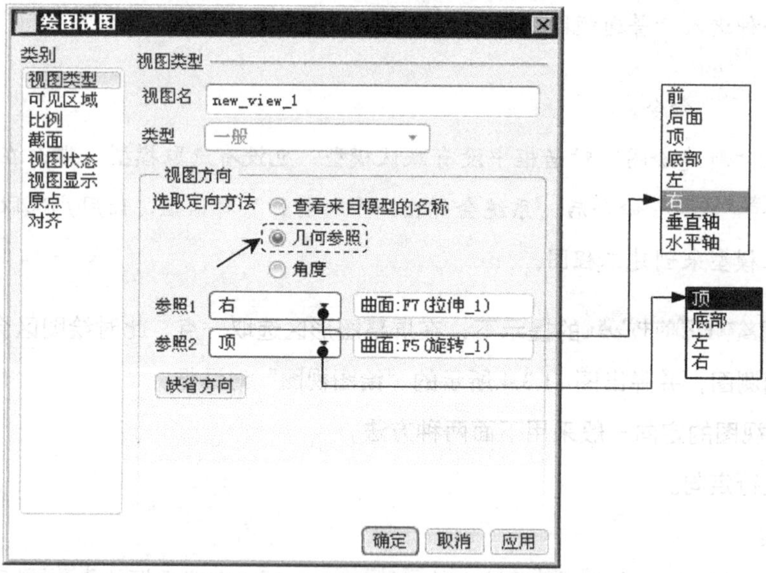

图 11.3.5 “绘图视图”对话框（二）

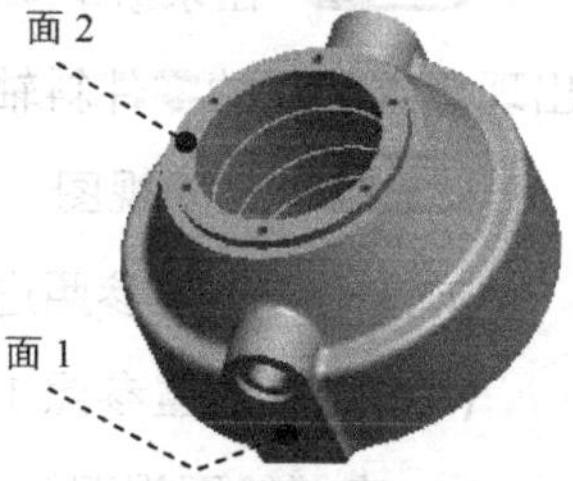

图 11.3.6 模型的定向

方法二：采用已保存的视图方位进行定向。

在“绘图视图”对话框的视图方向区域中，选中◉查看来自模型的名称单选项，在模型视图名的列表中选取已保存的视图LEFT，然后单击确定按钮，系统将按LEFT的方位定向视图。

步骤 06 定制比例。本例采用系统默认的比例 0.5。

步骤 07 单击“绘图视图”对话框中的确定按钮，关闭对话框。在工具栏中单击按钮，将视图的显示状态设置为“消隐”。至此，完成主视图的创建。

说明 如果此时希望返回以前的默认状态，请单击对话框中的缺省方向按钮。

2. 投影视图

在 Pro/ENGINEER 中可以创建投影视图，投影视图包括右视图、左视图、俯视图和仰视图。下面以创建左视图为例，说明创建投影视图的一般操作过程。

步骤 01 单击在前面创建的主视图，然后右击，系统弹出图 11.3.7 所示的快捷菜单，在快捷菜单中选择插入投影视图...命令。

说明 还有一种进入“投影视图”的方法，即选择布局 → 投影...命令。利用这种方法创建投影视图，必须先选中其父视图。

步骤 02 在系统◆选取绘制视图的中心点。的提示下，在图形区主视图的右方任意位置单击，系统自动创建左视图；在主视图的下方任意选取一点，则会生成俯视图，如图 11.3.8 所示。

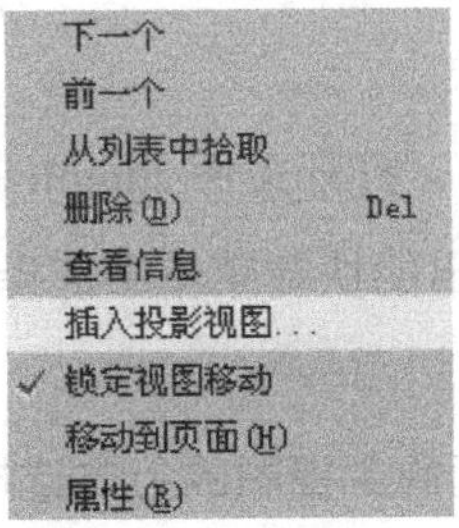

图 11.3.7 快捷菜单

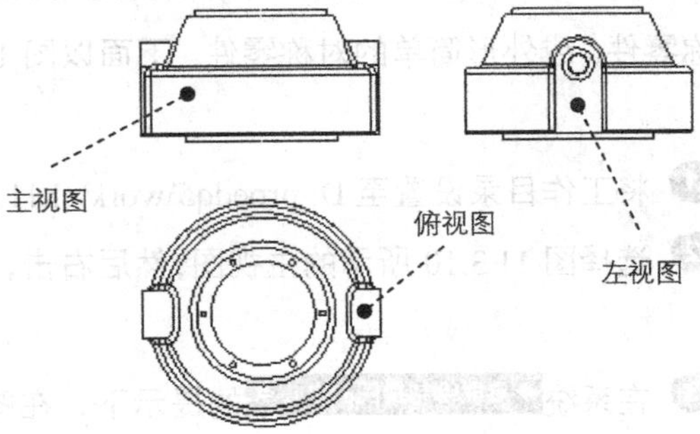

图 11.3.8 投影视图

3. 轴测图

在工程图中创建图 11.3.9 所示的轴测图的目的主要是为了方便读图（图 11.3.9 所示的轴测图为隐藏线的显示状态），其创建方法与主视图基本相同，它也是作为“一般”视图来创建的。通常轴测图是作为最后一个视图添加到图纸上的。下面说明其创建的一般过程。

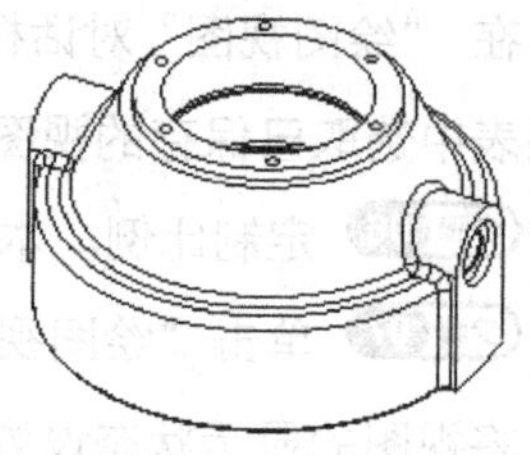
图 11.3.9　轴测图

步骤 01 在绘图区中右击，从弹出的快捷菜单中选择 插入普通视图... 命令。

步骤 02 在系统 ➡选取绘制视图的中心点。 的提示下，在图形区选取一点作为轴测图位置点。

步骤 03 在系统弹出的"绘图视图"对话框中，选取查看方位 V1。

说明：V1 方位为已预先在 3D 模型中创建好的方位。

步骤 04 单击对话框中的 确定 按钮，关闭对话框。

注意：要使轴测图的摆放方位满足表达要求，可先在零件或装配环境中，将模型在空间摆放到合适的视角方位，然后将这个方位保存成一个视图名称（如 VIEW_1）。在工程图中添加轴测图时，选取已保存的视图方位名称（如 VIEW_1），即可进行视图定向。这种方法很灵活，能使创建的轴测图摆放成任意方位，以适应不同的表达要求。

11.3.2　全剖视图

全剖视图是用剖切面完全地剖开零件所得的剖视图。全剖视图主要用于表达内部形状复杂的不对称零件，或外形简单的对称零件。下面以图 11.3.10 为例，说明创建全剖视图的一般过程。

步骤 01 将工作目录设置至 D:\proedq5\work\ch11.03.02，打开文件 complete-cut.drw。

步骤 02 选择图 11.3.10 所示的主视图，然后右击，从弹出的快捷菜单中选择 插入投影视图... 命令。

步骤 03 在系统 ➡选取绘制视图的中心点。 的提示下，在图形区的主视图的上方选择一点。

步骤 04 双击上一步创建的投影视图，系统弹出图 11.3.11 所示的"绘图视图"对话框。

步骤 05 设置剖视图选项。

（1）在图 11.3.11 所示的"绘图视图"对话框中，选择 类别 选项组中的 截面 选项。

（2）将 剖面选项 设置为 ◉ 2D 剖面，将 模型边可见性 设置为 ◉ 全部。

（3）单击 + 按钮，在"名称"下拉列表中选取剖截面 ✔ A（A 剖截面在零件模块中已提前创建），在“剖切区域”下拉列表中选择完全选项。

（4）单击 箭头显示 下的文本框，在系统 ◇给箭头选出一个截面在其处垂直的视图。中键取消。的提示下，单击主视图，系统自动生成箭头。

（5）单击对话框中的 确定 按钮，关闭对话框。

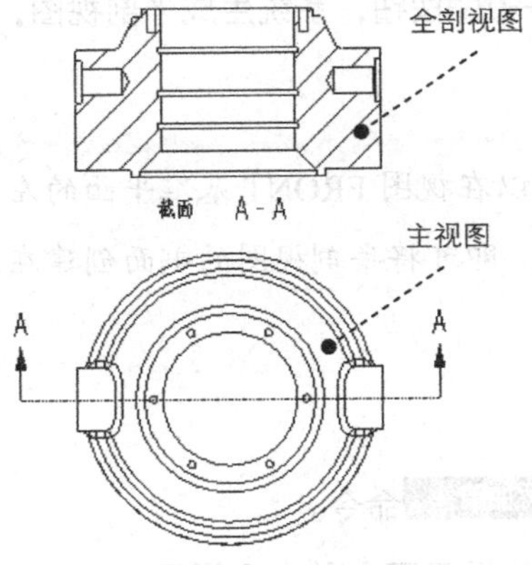

图 11.3.10 全剖视图

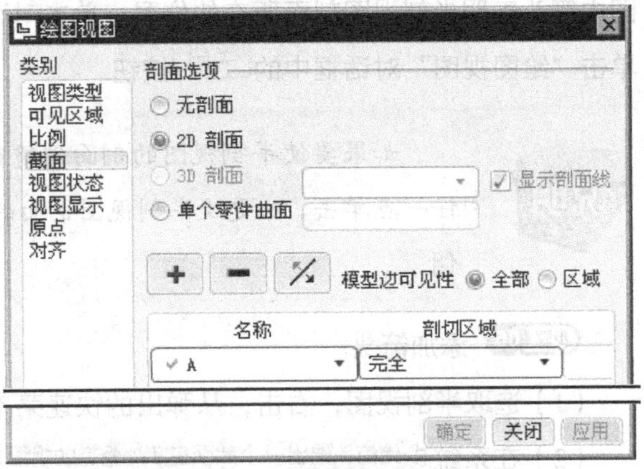

图 11.3.11 “绘图视图”对话框

11.3.3 半剖视图

在半剖视图中，参照平面指定的一侧以剖视图显示，而在另一侧以普通视图显示，所以需要创建剖截面。下面以图 11.3.12 为例，说明创建半剖视图的一般过程。

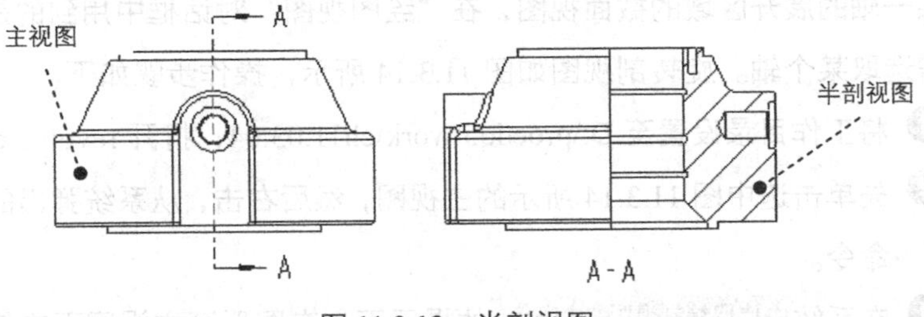

图 11.3.12 半剖视图

步骤 01 将工作目录设置至 D:\proedq5\work\ch11.03.03，打开 half-cut.drw 工程图文件。

步骤 02 选取图 11.3.12 所示的主视图，然后右击，从弹出的快捷菜单中选择 插入投影视图... 命令。

步骤 03 在系统 ◇选取绘制视图的中心点。的提示下，在图形区的主视图右方任意位置单击。

步骤 04 双击上一步创建的投影视图，系统弹出“绘图视图”对话框。

步骤 05 设置剖视图选项。

（1）选取 类别 选项组中的 截面 选项。

（2）将剖面选项设置为◉ 2D 剖面，将模型边可见性设置为◉ 全部，然后单击 + 按钮。

（3）在 名称 下拉列表中选取剖截面 A（A 剖截面在零件模块中已提前创建），在 剖切区域 下拉列表中选取一半选项。

（4）在系统➪为半截面创建选取参照平面。的提示下，选取图 11.3.13 所示的 FRONT 基准平面，图中箭头表明半剖视图剖面所在的位置；单击对话框中的应用按钮，系统生成半剖视图，单击“绘图视图”对话框中的关闭按钮。

说明 如果要使半剖视图的剖面创建在左侧，可以在视图 FRONT 基准平面的左侧任一点单击，以更改半剖视图剖面的创建位置，即可将半剖视图的剖面创建在左侧。

步骤 06 添加箭头。

（1）选取半剖视图，右击，从弹出的快速菜单中选择添加箭头命令。

（2）在系统➪给箭头选出一个截面在其处垂直的视图。中键取消。的提示下，单击主视图，系统自动生成箭头。

11.3.4 旋转剖视图

旋转剖视图是完整截面视图，但它的截面是一个偏距截面（因此需创建偏距剖截面）。其显示绕某一轴的展开区域的截面视图，在“绘图视图”对话框中用到的是“（全部）对齐”选项，且需选取某个轴。旋转剖视图如图 11.3.14 所示，操作步骤如下。

步骤 01 将工作目录设置至 D:\proedq5\work\ch11.03.04，打开 revolve-cut.drw 文件。

步骤 02 先单击选中图 11.3.14 所示的主视图，然后右击，从系统弹出的快捷菜单中选择插入投影视图...命令。

步骤 03 在系统➪选取绘制视图的中心点。的提示下，在图形区主视图下方任意位置单击，放置投影视图。

步骤 04 双击上一步中创建的投影视图，系统弹出“绘图视图”对话框。

步骤 05 设置剖视图选项。

（1）在对话框中，选取类别选项组中的截面选项。

（2）将剖面选项设置为◉ 2D 剖面，将模型边可见性设置为◉ 全部，然后单击 + 按钮。

（3）在 名称 下拉列表中选取剖截面 A（A 剖截面是偏距剖截面，在零件模块中已提前创建），在 剖切区域 下拉列表中选取全部(对齐)选项。

（4）在系统 选取轴(在轴线上选取)。的提示下，选取图 11.3.15 所示的轴线（如果在视图中基准轴没有显示，需单击 按钮打开基准轴的显示）。

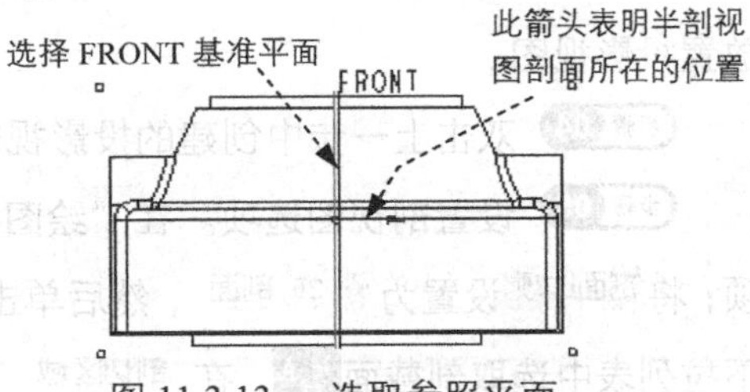

图 11.3.13 选取参照平面

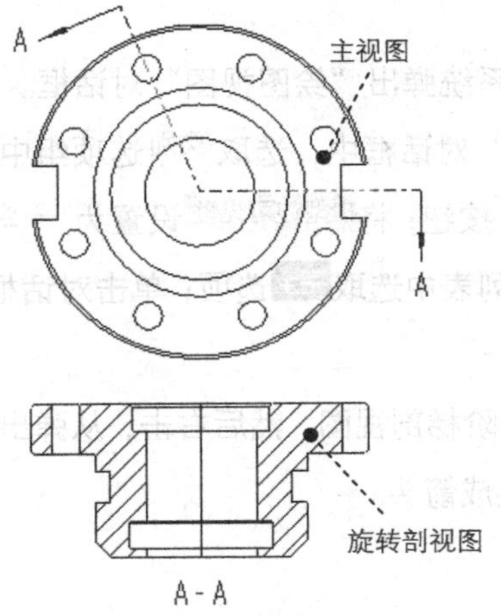

图 11.3.14 旋转剖视图

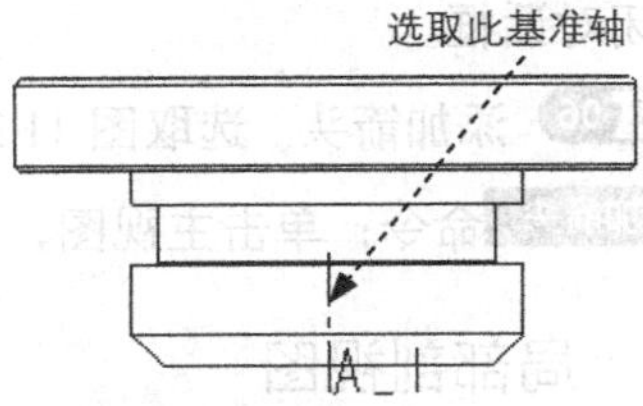

图 11.3.15 选取基准轴

步骤 06 单击对话框中的 确定 按钮，关闭对话框。

步骤 07 添加箭头。选取图 11.3.14 所示的旋转剖视图，右击，从弹出的快捷菜单中选择 添加箭头 命令；单击主视图，系统自动生成箭头。

11.3.5 阶梯剖视图

阶梯剖视图属于 2D 截面视图，其与全剖视图在本质上没有区别，但它的截面是偏距截面。创建阶梯剖视图的关键是创建好偏距截面，可以根据不同的需要创建偏距截面来实现阶梯剖视，以达到充分表达视图的需要。阶梯剖视图如图 11.3.16 所示，创建步骤如下。

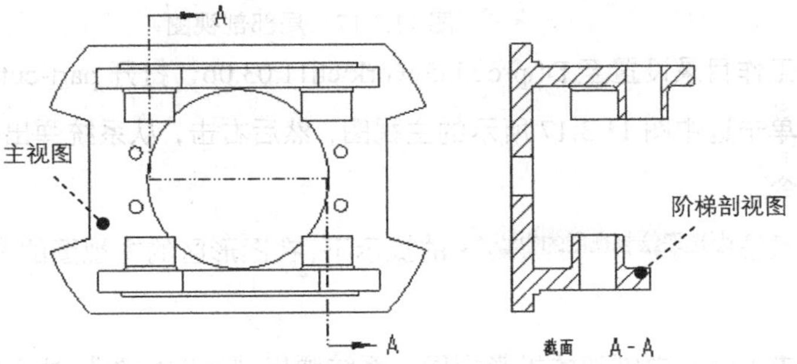

图 11.3.16 阶梯剖视图

步骤 01 将工作目录设置至 D:\proedq5\work\ch11.03.05，打开 step-cut.drw 工程图文件。

步骤 02 先单击选中图 11.3.16 所示的主视图，然后右击，从系统弹出的快捷菜单中选择插入投影视图...命令。

步骤 03 在系统 ◇选取绘制视图的中心点。的提示下，在图形区主视图的右方任意位置单击，放置投影视图。

步骤 04 双击上一步中创建的投影视图，系统弹出“绘图视图”对话框。

步骤 05 设置剖视图选项。在“绘图视图”对话框中，选取 类别 选项组中的 截面 选项；将 剖面选项 设置为 ◉ 2D 剖面 ，然后单击 + 按钮；将 模型边可见性 设置为 ◉ 全部 ；在 名称 下拉列表中选取剖截面 ✔ A，在 剖切区域 下拉列表中选取 完全 选项；单击对话框中的 确定 按钮，关闭对话框。

步骤 06 添加箭头。选取图 11.3.16 所示的阶梯剖视图，然后右击，从弹出的快捷菜单中选择 添加箭头 命令；单击主视图，系统自动生成箭头。

11.3.6 局部剖视图

局部剖视图以剖视的形式显示选定区域的视图，可以用于某些复杂的视图中，使图样简洁，增加图样的可读性。在一个视图中还可以创建多个局部截面，这些截面可以不在一个平面上，用以更加全面地表达零件的结构。

创建局部剖视图如图 11.3.17 所示，操作步骤如下。

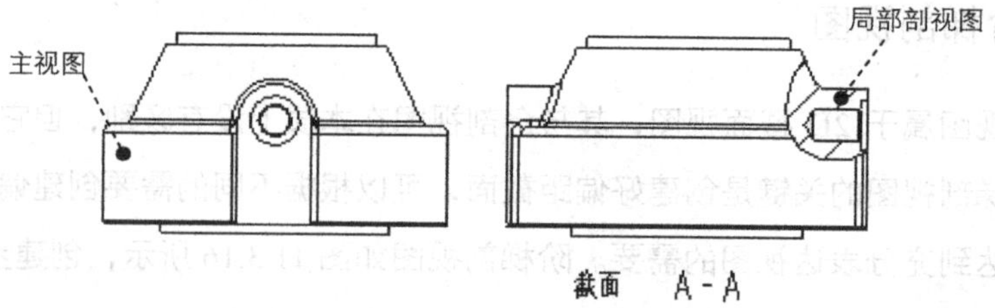

图 11.3.17　局部剖视图

步骤 01 将工作目录设置至 D:\proedq5\work\ch11.03.06，打开 part-cut.drw 工程图文件。

步骤 02 先单击选中图 11.3.17 所示的主视图，然后右击，从系统弹出的快捷菜单中选择 插入投影视图... 命令。

步骤 03 在系统 ◇选取绘制视图的中心点。的提示下，在图形区的主视图的右方任意位置单击，放置投影视图。

步骤 04 双击上一步中创建的投影视图，系统弹出“绘图视图”对话框。

步骤 05 设置剖视图选项。

（1）在“绘图视图”对话框中，选取 类别 选项组中的 截面 选项。

（2）将 剖面选项 设置为 ◉ 2D 剖面 ，将 模型边可见性 设置为 ◉ 全部 ，然后单击 + 按钮。

（3）在 名称 下拉列表中选取剖截面✓A（A 剖截面在零件模块中已提前创建），在 剖切区域 下拉列表中选取局部选项。

步骤 06 绘制局部剖视图的边界线（将视图设为隐藏线状态）。

（1）此时系统提示➡选取截面间断的中心点< A >。，在投影视图（图 11.3.18）的边线上选取一点（如果不在模型边线上选取点，系统不认可），这时在选取的点附近出现一个十字线。

（2）在系统➡草绘样条，不相交其它样条，来定义一轮廓线。的提示下，直接绘制图 11.3.19 所示的样条线来定义局部剖视图的边界。当绘制到封闭时，单击鼠标中键结束绘制。

步骤 07 单击 确定 按钮，关闭对话框。

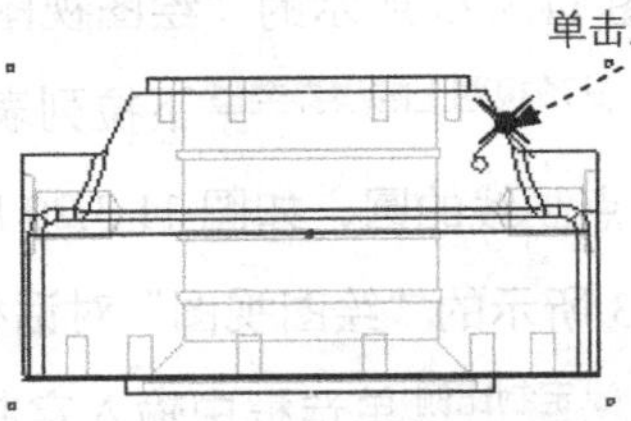

图 11.3.18 截面间断的中心点

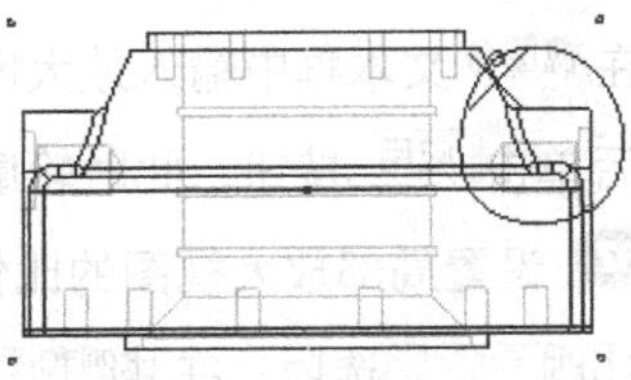
图 11.3.19 草绘轮廓线

11.3.7 局部放大视图

下面创建图 11.3.20 所示的局部放大视图，操作过程如下。

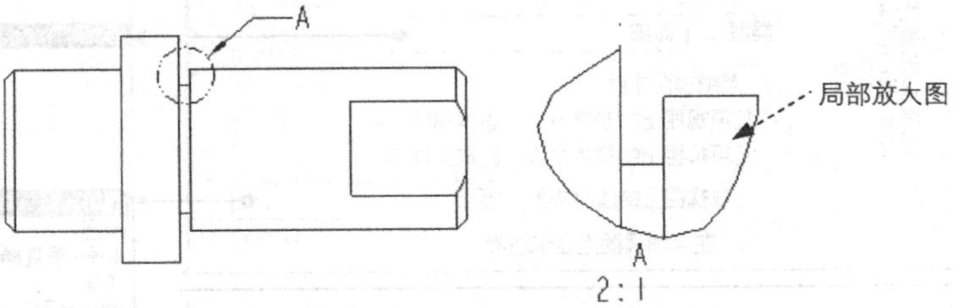

图 11.3.20 局部放大视图

步骤 01 将工作目录设置至 D:\proedq5\work\ch11.03.07，打开文件 part-detailed.drw。

步骤 02 在工具栏中选择 布局 ➡ 详细... 命令。

步骤 03 在系统➡在一现有视图上选取要查看细节的中心点。的提示下，在图 11.3.21 所示的位置选择一点（在主视图的非边线的地方选择的点，系统不认可），此时在拾取的点附近出现一个十字线。

步骤 04 绘制放大视图的轮廓线。在系统➡草绘样条，不相交其它样条，来定义一轮廓线。的提示下，绘制图 11.3.22 所示的样条线以定义放大视图的轮廓。当绘制到封闭时，单击鼠标中键结束绘制（在绘制边界线前，不要选择样条线的绘制命令，而是直接单击进行绘制）。

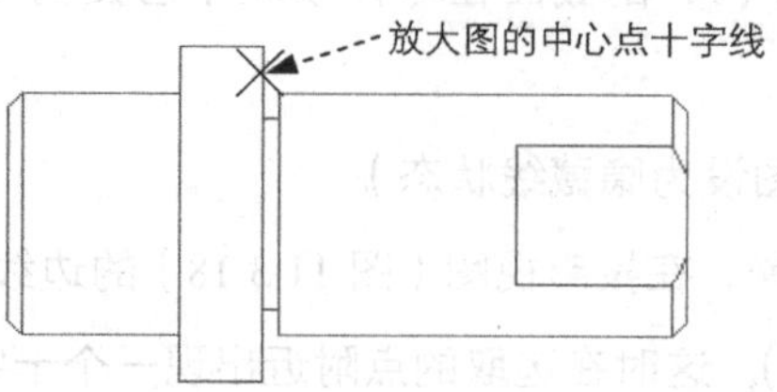

图 11.3.21　放大图的中心点

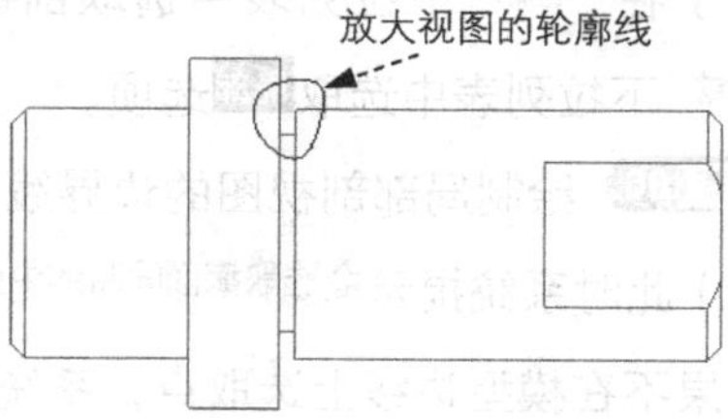

图 11.3.22　放大图的轮廓线

步骤 05 在系统 ➡ 选取绘制视图的中心点. 的提示下，在图形区中选择一点用来放置放大图。

步骤 06 设置轮廓线的边界类型。

（1）在创建的局部放大视图上双击，系统弹出图 11.3.23 所示的“绘图视图”对话框。

（2）在 视图名 文本框中输入放大图的名称 A；在 父项视图上的边界类型 下拉列表中选择“圆”选项，然后单击 应用 按钮，此时轮廓线变成一个双点画线的圆，如图 11.3.20 所示。

步骤 07 设置局部放大视图的比例。在图 11.3.23 所示的“绘图视图”对话框的 类别 选项组中选择 比例 选项，在 比例和透视图选项 区域的 ◉ 定制比例 单选框中输入定制比例值 2。

步骤 08 单击对话框中的 确定 按钮，关闭对话框。

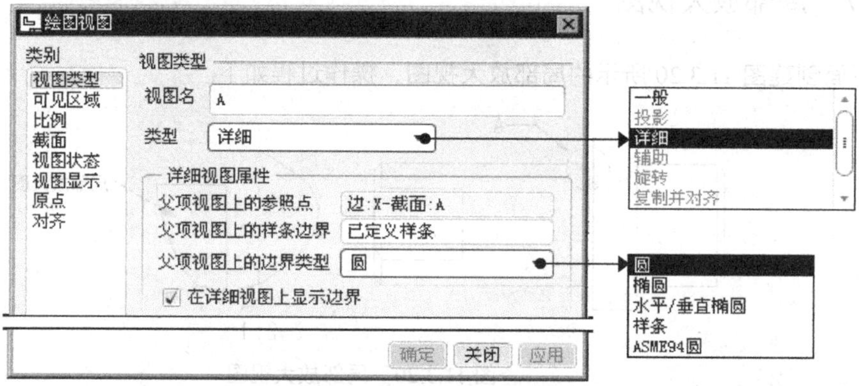

图 11.3.23　“绘图视图”对话框

11.3.8　断裂视图

断裂视图指的是从零件视图中删除选定两点之间的视图部分，将余下的两部分合并成一个带断裂线的视图。创建断裂视图之前，应当在当前视图上绘制断裂线。下面以创建图 11.3.24 所示长轴的断裂视图为例说明创建断裂视图的一般操作步骤。

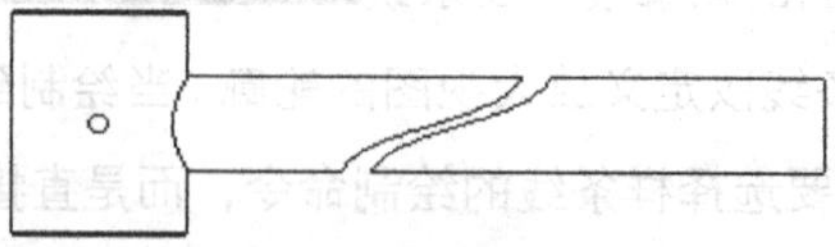

图 11.3.24　断裂视图

步骤01 将工作目录设置至 D:\proedq5\work\ch11.03.08，打开文件 broken-view.drw。

步骤02 双击图形区中的视图，系统弹出“绘图视图”对话框。

步骤03 在该对话框中，选取 类别 选项组中的 可见区域 选项，将 视图可见性 设置为 破断视图。

步骤04 单击“添加断点”按钮 ，再选取图 11.3.25 所示的点（注意：点在图元上，不是在视图轮廓线上），接着在系统 ◆草绘一条水平或垂直的破断线。的提示下绘制一条垂直线作为第一破断线（不用单击“草绘直线”按钮 ，直接以刚才选取的点作为起点绘制垂直线），此时视图如图 11.3.26 所示，然后选取图 11.3.26 所示的点，此时自动生成第二破断线，如图 11.3.27 所示。

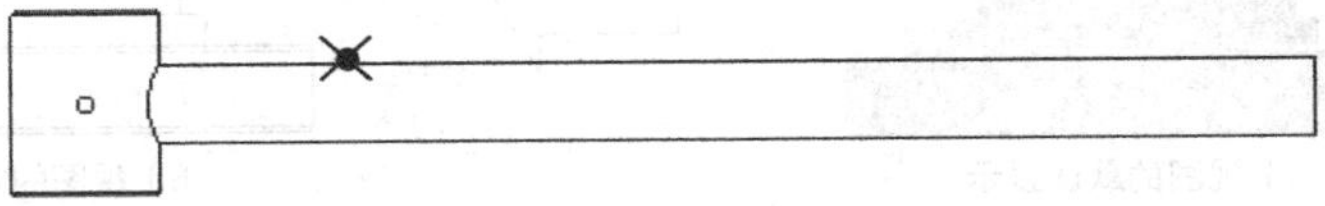

图 11.3.25 绘制垂直线和选取点

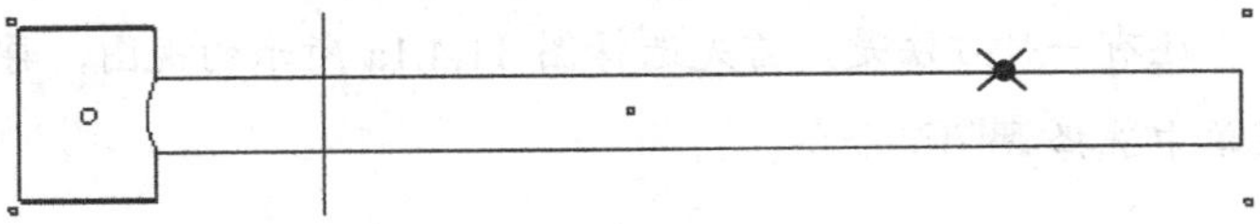

图 11.3.26 选取点

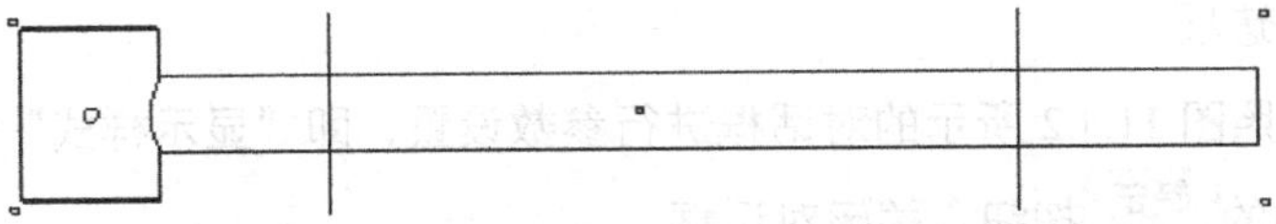

图 11.3.27 第二破断线

步骤05 选取破断线造型。在 破断线造型 栏中选取 视图轮廓上的 S 曲线 选项。

步骤06 单击“绘图视图”对话框中的 确定 按钮，关闭对话框，此时生成图 11.3.27 所示的破断视图。

说明

- 选取不同的“破断线线体”将会得到不同的破断线效果。
- 在工程图配置文件中，可以用 broken_view_offset 参数来设置破断线的间距，也可在图形区先解除视图锁定，然后拖动破断视图中的一个视图来改变破断线的间距。

11.4 工程图视图操作

11.4.1 视图的显示模式

工程图中的视图可以设置为下列几种显示模式，设置完成后，系统保持这种设置而与“环境”对话框中的设置无关，且不受视图显示按钮、和的控制。

1. 视图显示

下面以图 11.4.1 所示的视图为例，说明如何通过“视图显示”操作将视图设置为无隐藏线显示状态。

步骤 01 打开文件 D:\proedq5\work\ch11.04.01\view-display.drw。

步骤 02 双击图 11.4.1a 所示的视图。

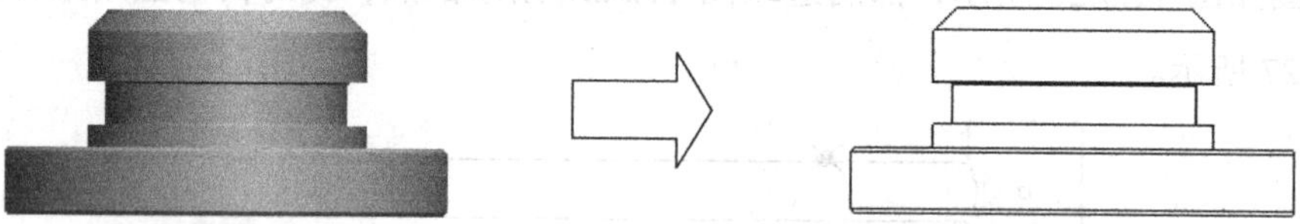

a）视图的默认显示　　b）视图的消隐显示

图 11.4.1　视图

说明：还有一种方法是，首先选择图 11.4.1a 所示的视图，再右击，从弹出的快捷菜单中选择 属性(R) 命令。

步骤 03 系统弹出图 11.4.2 所示的“绘图视图”对话框，在该对话框中选择 类别 选项组中的 视图显示 选项。

步骤 04 按照图 11.4.2 所示的对话框进行参数设置，即“显示样式”设置为“消隐”，然后单击对话框中的 确定 按钮，关闭对话框。

步骤 05 如有必要，可单击“重画”命令按钮，查看视图显示的变化。

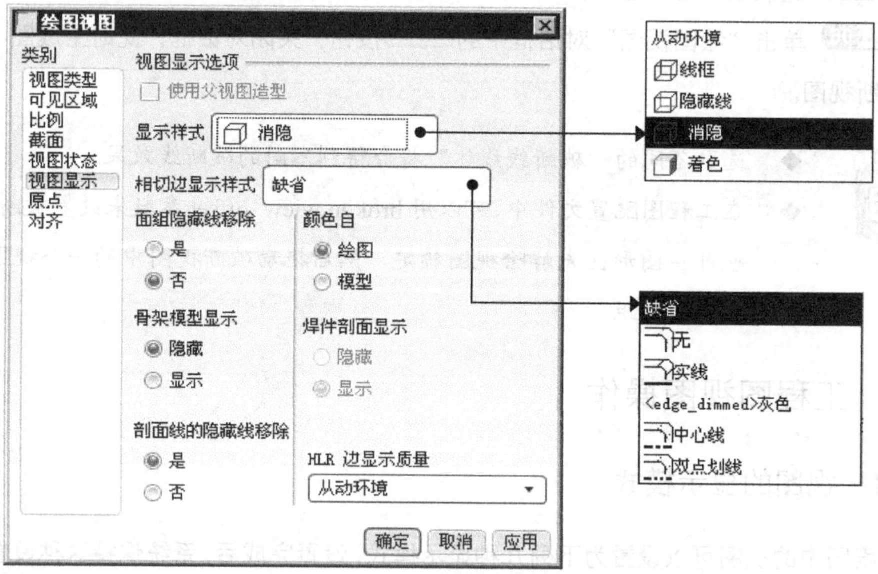

图 11.4.2　“绘图视图”对话框

2. 边显示

可以设置视图中个别边线的显示方式。例如，在图 11.4.3 所示的模型中，箭头所指的边线有隐藏线、拭除直线、消隐和隐藏方式等几种显示方式，分别如图 11.4.4~图 11.4.7 所示。

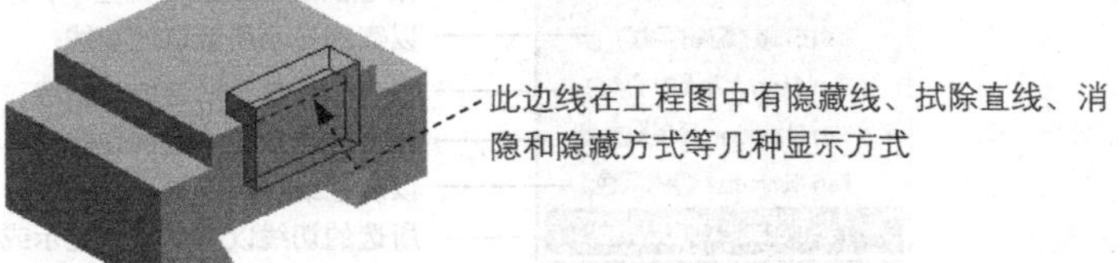

图 11.4.3　三维模型

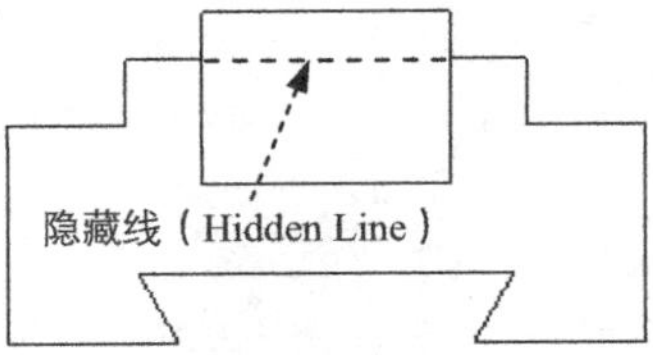

图 11.4.4　隐藏线

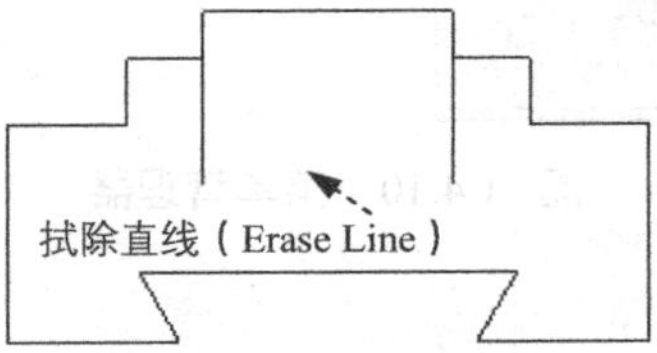

图 11.4.5　拭除直线

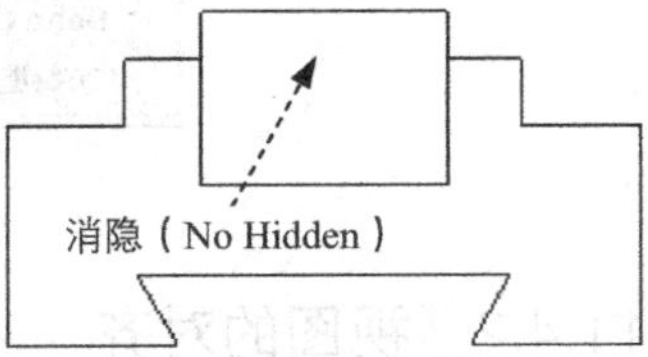

图 11.4.6　消隐

配置文件 config.pro 中的命令 select_hidden_edges_in_dwg 用于控制工程图中的不可见边线能否被选取。

下面以图 11.4.3 所示的模型为例，说明边显示的操作过程。

步骤 01 打开文件 D:\proedq5\work\ch11.04.01\edge-display.drw。

步骤 02 如图 11.4.8 所示，在工程图环境中的工具栏区选择 布局 → 边显示... 命令。

步骤 03 系统此时弹出图 11.4.9 所示的“选取”对话框，以及图 11.4.10 所示的菜单管理器，选取要设置的边线，然后在菜单管理器中分别选取 Hidden Line (隐藏线)、Erase Line (拭除直线)、No Hidden (消隐) 或 Hidden Style (隐藏方式) 命令，以达到图 11.4.4~图 11.4.7 所示的效果；选择 Done (完成) 命令。

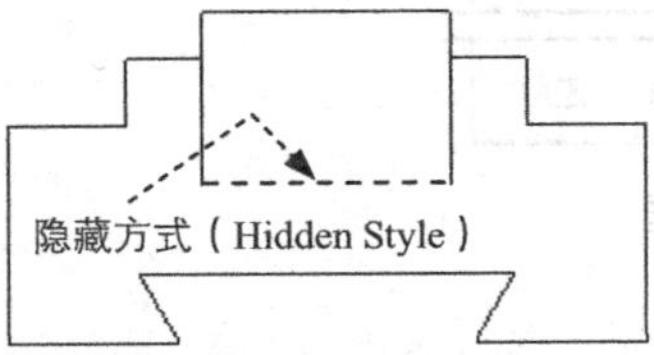

图 11.4.7　隐藏方式

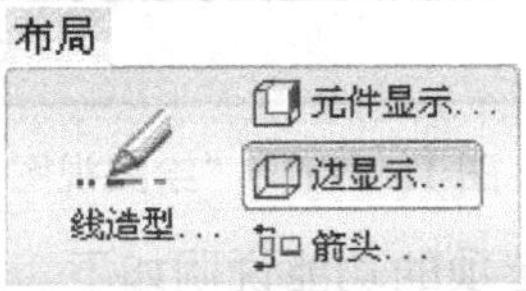

图 11.4.8　“绘图显示”子菜单

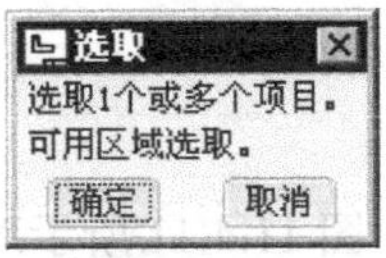

图 11.4.9　“选取”对话框

步骤 04 如有必要，可单击“重画”命令按钮，查看视图显示的变化。

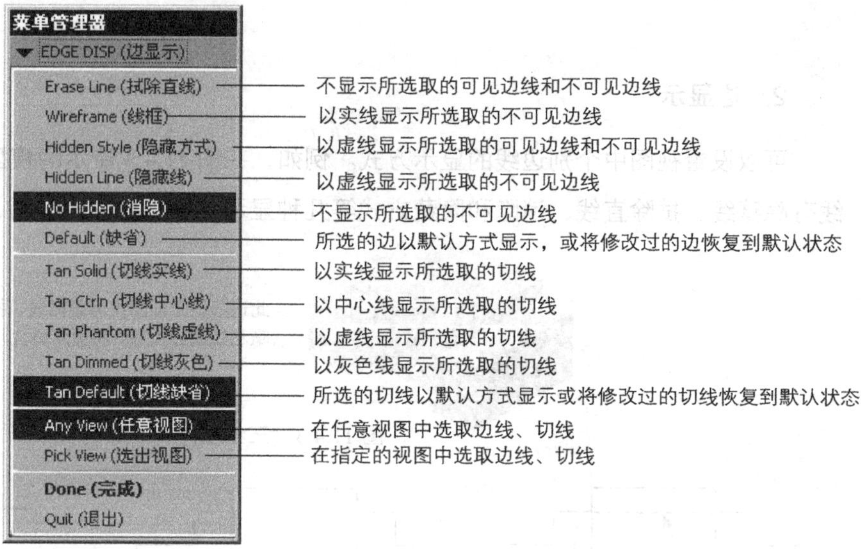

图 11.4.10　菜单管理器

11.4.2　视图的对齐

在图 11.4.11 所示的“绘图视图”对话框的类别选项组中选取对齐选项，通过设置视图对齐选项选项组中的各选项，可修改视图间的对齐关系。

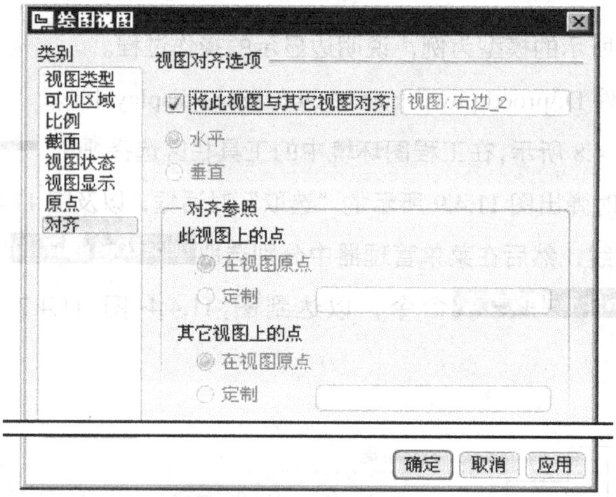

图 11.4.11　“绘图视图”对话框

图 11.4.11 所示对话框中各选项的功能说明如下。

- ☑ 将此视图与其它视图对齐复选框：定义是否将此视图与其他视图对齐。
- 此视图上的点：将此视图上的参照点与其他视图的参照点对齐。
- 其它视图上的点：将其他视图上的参照点与此视图的参照点对齐。

11.4.3 删除视图

若要将某个视图删除，则可首先右击该视图，然后在系统弹出的快捷菜单中选择 删除(D) 命令。注意：当要删除一个带有子视图的视图时，系统会弹出图 11.4.12 所示的提示窗口，要求确认是否删除该视图。此时若选择“是”，就会将该视图的所有子视图连同该视图一并删除。因此，在删除带有子视图的视图时，务必注意这一点。

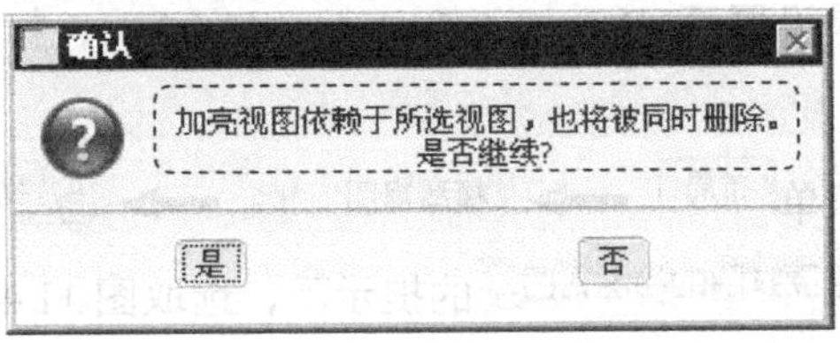

图 11.4.12 “确认”对话框

11.4.4 视图的移动与锁定

在创建完主视图和左视图后，如果它们在图纸上的位置不合适、视图间距太紧或太松，用户可以移动视图，操作方法如图 11.4.13 所示（如果移动的视图有子视图，子视图也随着移动）。如果视图被锁定了，就不能移动视图，只有取消锁定后才能移动。

如果视图位置已经调整好，可启动“锁定视图移动”功能，禁止视图的移动。操作方法：在绘图区的空白处右击，系统弹出图 11.4.14 所示的快捷菜单，选择该菜单中的 锁定视图移动 命令。如果要取消“锁定视图移动”，可再次选择该命令，去掉该命令前面的 ✓。

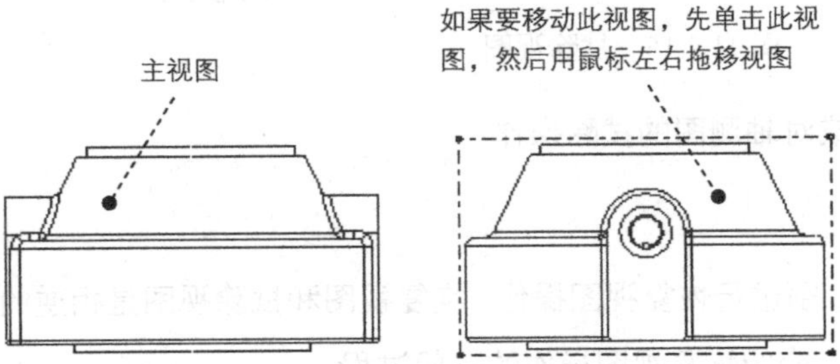

图 11.4.13 移动视图

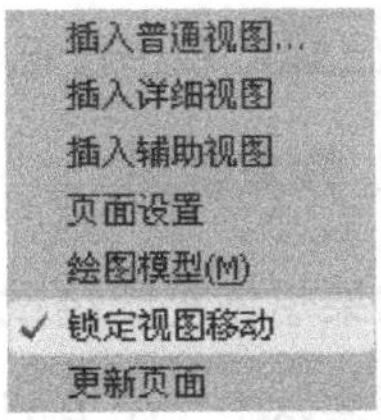

图 11.4.14 快捷菜单

11.4.5 视图的拭除与恢复

对于大型复杂的工程图，尤其是零件成百上千的复杂装配图，视图的打开、再生与重画等操作往往会占用系统很多资源。因此除了对众多视图进行移动锁定操作外，还应对某些不重要的或暂时用不到的视图采取拭除操作，将其暂时从图面中拭去，当要进行编辑时还可将视图恢复显示。

1. 拭除视图

拭除视图就是将视图暂时隐藏起来，但该视图还存在。在这里拭除的含义和在 Pro/ENGINEER 其他应用中拭除的含义是相同的。当需要显示已拭除的视图时，还可通过恢复视图操作来将其恢复显示。下面说明拭除视图的一般操作过程。

步骤 01 将工作目录设置至 D:\proedq5\work\ch11.04.05，打开 hydraulic-body-lower.drw 工程图文件。

步骤 02 选择下拉菜单 布局 ➡ 模型视图 ▾ ➡ 拭除视图 命令。

步骤 03 在系统 ➪选取要拭除的绘图视图。 的提示下，选取图 11.4.15a 中的轴测图，则系统会用一个带有视图名的矩形框来临时代替该轴测图，如图 11.4.15b 所示。

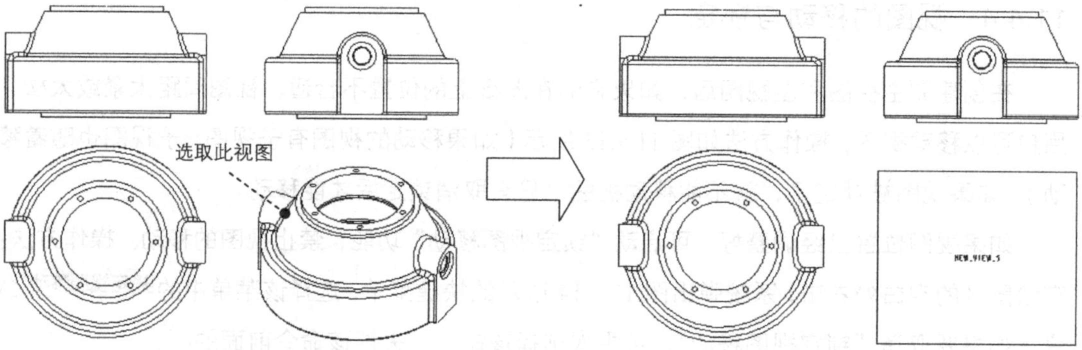

a）拭除前　　　　b）拭除后

图 11.4.15　拭除视图

步骤 04 单击鼠标中键，完成对轴测图的拭除操作。

2. 恢复视图

如果想恢复已经拭除的视图，须进行恢复视图操作。恢复视图和拭除视图是相逆的过程。下面继续以上一小节的结果为例，介绍恢复视图操作的一般过程。

步骤 01 选择下拉菜单 布局 ➡ 模型视图 ▾ ➡ 恢复视图 命令。

步骤 02 系统弹出图 11.4.16 所示的 ▾ 视图名 菜单。

步骤 03 在系统 ➪选取要恢复的绘图视图. 的提示下，选取图 11.4.17a 所示的视图 NEW_VIEW_5（即轴测图），选择 Done Sel（完成选取）命令。

步骤 04 单鼠标中键，完成视图的恢复操作，视图恢复后如图 11.4.17b 所示。

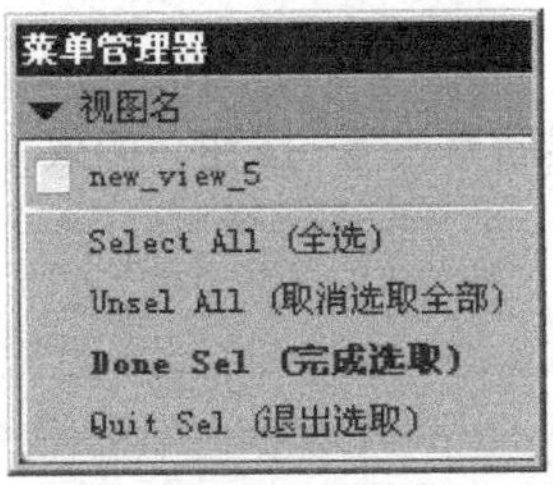

图 11.4.16 “视图名”菜单

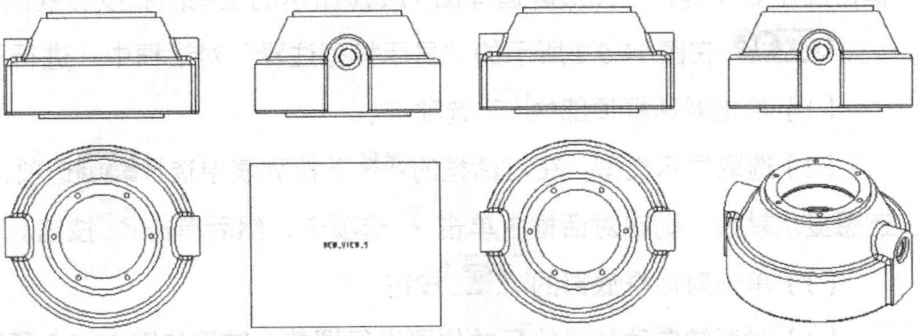

a）恢复前　　b）恢复后

图 11.4.17 恢复视图

11.5 工程图的标注

11.5.1 尺寸标注

① 被驱动尺寸

被驱动尺寸来源于零件模块中的三维模型的尺寸，它们源于统一的内部数据库。在工程图模式下，可以利用 注释 工具栏下的“显示模型注释”命令将被驱动尺寸在工程图中自动地显现出来。在三维模型上修改模型的尺寸，这些尺寸在工程图中随之变化，反之亦然。这里有一点要注意：在工程图中可以修改被驱动尺寸值的小数位数，但是舍入之后的尺寸值不驱动模型几何。

下面以图 11.5.1 所示的工程图文件 cramp-arm-layout.drw 为例，说明创建被驱动尺寸的一般操作过程。

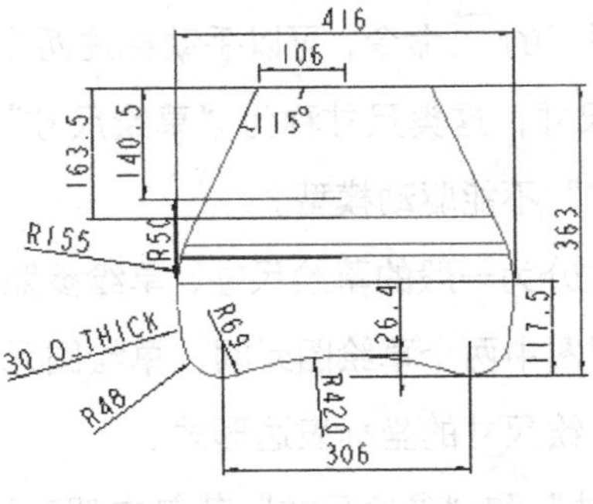

图 11.5.1 创建被驱动尺寸

步骤 01 将工作目录设置至 D:\proedq5\work\ch11.05.01，打开文件 cramp-arm-layout.drw。

步骤 02 选择 注释 ➡  命令，系统弹出图 11.5.2 所示的“显示模型注释”对话

框；按住 Ctrl 键，在图形区选择图 11.5.1 所示的主视图和投影视图。

步骤 03 在图 11.5.2 所示的“显示模型注释”对话框中，进行下列操作。

（1）单击对话框顶部的 选项卡。

（2）选取显示类型：在对话框的类型下拉列表中选择全部选项，然后单击 按钮。如果还想显示轴线，则在对话框中单击 选项卡，然后单击 按钮。

（3）单击对话框底部的确定按钮。

（4）对系统自动生成的尺寸位置进行调整，结果如图 11.5.1 所示。

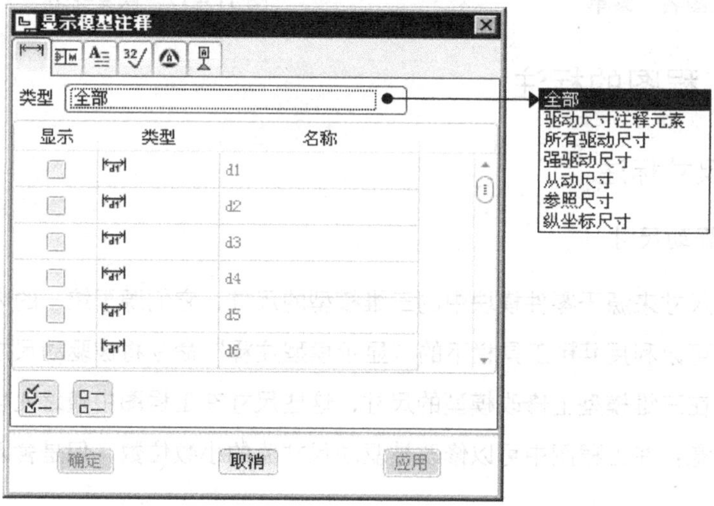

图 11.5.2 “显示模型注释”对话框

② 草绘尺寸

在工程图模式下利用注释工具栏下的 命令，可以手动标注两个草绘图元间、草绘图元与模型对象间以及模型对象本身的尺寸，这类尺寸称为“草绘尺寸”，可以被删除。还要注意，在模型对象上创建的“草绘尺寸”不能驱动模型。

在 Pro/ENGINEER 中，草绘尺寸分为一般的草绘尺寸、草绘参照尺寸和草绘坐标尺寸三种类型，它们主要用于手动标注工程图中两个草绘图元间、草绘图元与模型对象间以及模型对象本身的尺寸，坐标尺寸是一般草绘尺寸的坐标表达形式。

在下拉菜单注释工具栏中，“尺寸”和“参照尺寸”菜单中都有如下几个选项。

- 新参照：每次选取新的参照进行标注。
- 公共参照：使用某个参照进行标注后，可以以这个参照为公共参照，连续进行多个尺寸的标注。

◆ 纵坐标尺寸：创建单一方向的坐标表示的尺寸标注。

◆ 自动标注纵坐标：在模具设计和钣金件平整形态零件上自动创建纵坐标尺寸。

由于草绘尺寸和草绘参照尺寸的创建方法一样，所以下面仅以一般的草绘尺寸为例，说明“新参照”和“公共参照”这两种类型尺寸的创建方法。

1）“新参照”尺寸标注

下面以图 11.5.3 所示的尺寸“46”为例，说明在模型上创建草绘“新参照”尺寸的一般操作过程。

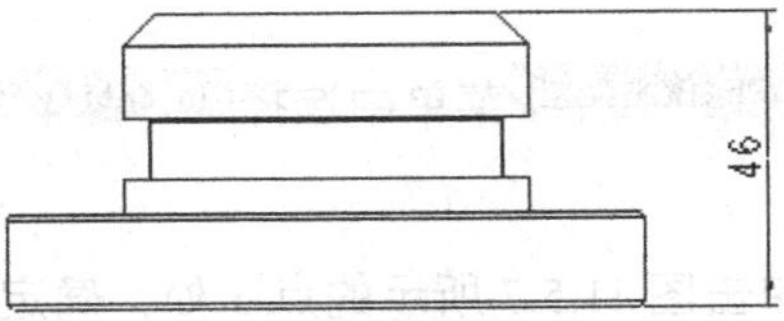

图 11.5.3　“新参照”尺寸标注

步骤 01 将工作目录设置至 D:\proedq5\work\ch11.05.01，打开文件 new-ref-measurement.drw。

步骤 02 在工具栏中选择 注释 ➡ 命令。

步骤 03 在图 11.5.4 所示的 ▼ ATTACH TYPE (依附类型) 菜单中，选择 On Entity (图元上) 命令，然后在图 11.5.5 所示的点 1 处单击（点 1 在模型最下面的边线上）。

步骤 04 在图 11.5.4 所示的“依附类型”菜单中，选择 On Entity (图元上) 命令，然后在图 11.5.5 所示的点 2 处单击（点 2 在模型最上面的边线上）。

步骤 05 在图 11.5.5 所示的点 3 处单击鼠标中键，确定尺寸文本的位置。

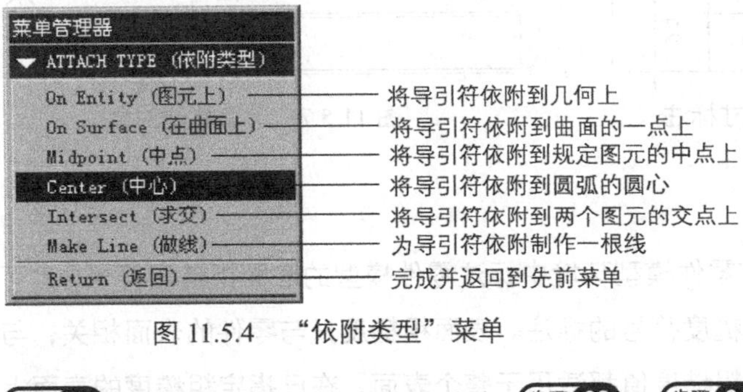

图 11.5.4　“依附类型”菜单

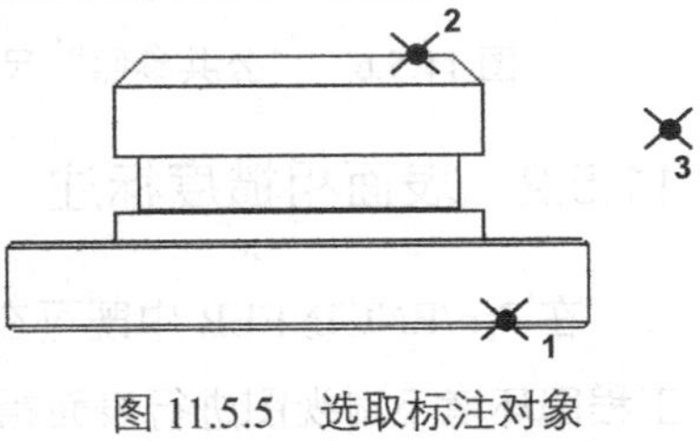

图 11.5.5　选取标注对象

步骤 06 如果继续标注，重复 步骤 02 ~ 步骤 04；如果要结束标注，在 ▼ ATTACH TYPE (依附类型) 菜单中选择 Return (返回) 命令。

2）"公共参照"尺寸标注

下面以图 11.5.6 所示的视图上的尺寸为例，说明在模型上创建草绘"公共参照"尺寸的一般操作过程。

步骤 01 将工作目录设置至 D:\proedq5\work\ch11.05.01，打开文件 communal-ref-measurement.drw。

步骤 02 在工具栏中选择 注释 ➡ 命令。

步骤 03 在 ▼ ATTACH TYPE (依附类型) 菜单中选择 On Entity (图元上) 命令，单击图 11.5.7 所示的点 1 处。

步骤 04 在 ▼ ATTACH TYPE (依附类型) 菜单中选择 On Entity (图元上) 命令，单击图 11.5.7 所示的点 2 处。

步骤 05 用鼠标中键单击图 11.5.7 所示的点 3 处，确定尺寸文本的位置。

步骤 06 在 ▼ ATTACH TYPE (依附类型) 菜单中选择 On Entity (图元上) 命令，单击图 11.5.7 所示的点 4 处。

步骤 07 用鼠标中键单击图 11.5.7 所示的点 5 处，确定尺寸文本的位置。

步骤 08 在 ▼ ATTACH TYPE (依附类型) 菜单中选择 On Entity (图元上) 命令，单击图 11.5.7 所示的点 6 处。

步骤 09 用鼠标中键单击图 11.5.7 所示的点 7 处，确定尺寸文本的位置。

步骤 10 如果要结束标注，选择 ▼ ATTACH TYPE (依附类型) 菜单中的 Return (返回) 命令。

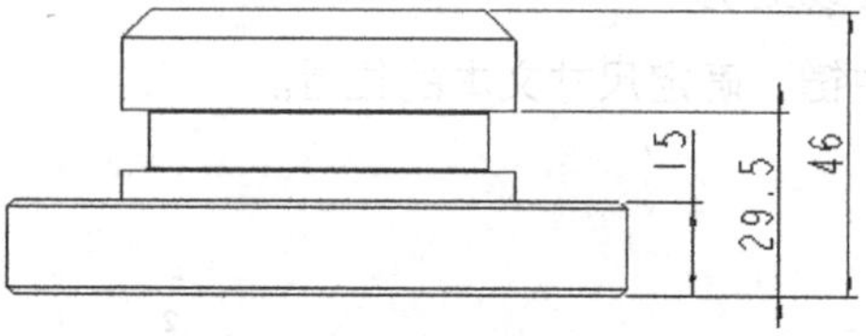

图 11.5.6 "公共参照"尺寸标注

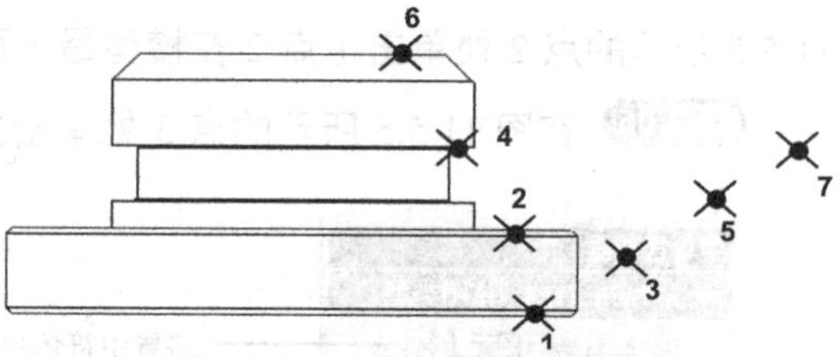

图 11.5.7 选取标注对象

11.5.2 表面粗糙度标注

在 Pro/ENGINEER 中既可在零件模型环境中标注零件模型的表面粗糙度符号，也可以在工程图环境下对视图进行表面粗糙度符号的标注。表面粗糙度只与零件的表面相关，与所选的参照图元或视图不相关，每个粗糙度值都适用于整个表面，在已指定粗糙度的表面上重新指定粗糙度时，系统重新定义零件表面的粗糙度信息，并更换粗糙度符号。下面介绍插入表面粗糙度符号的一般操作过程。

下面将在模型 surface-crude 的工程图中创建图 11.5.8 所示的表面粗糙度（表面光洁度），

以说明在工程图模块中创建表面粗糙度的一般操作过程。

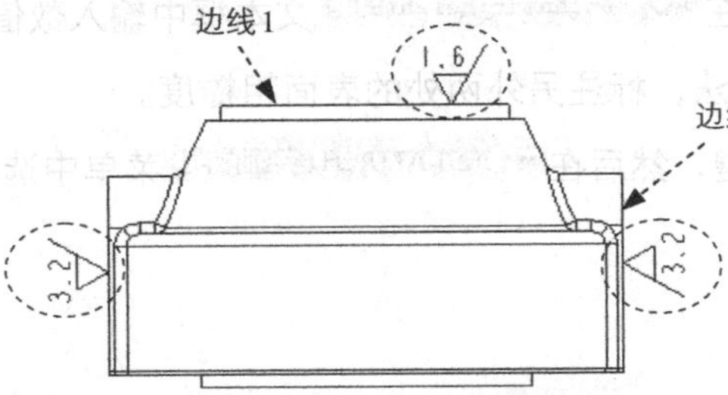

图 11.5.8 创建表面粗糙度

步骤 01 将工作目录设置至 D:\proedq5\work\ch11.05.02，打开文件 surface-crude.drw。

步骤 02 在工具栏中选择 注释 → 命令。

步骤 03 检索表面粗糙度。

(1) 从系统弹出的图 11.5.9 所示的 GET SYMBOL (得到符号) 菜单中，选择 Retrieve (检索) 命令。

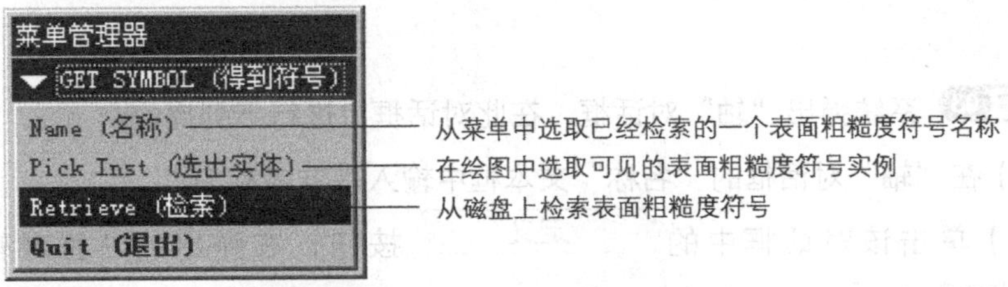

图 11.5.9 “得到符号”菜单

注意

如果首次标注表面粗糙度，则需进行检索，在以后需要再标注表面粗糙度时，便可直接在 GET SYMBOL (得到符号) 菜单中选择 Name (名称) 命令，然后从“符号名称”列表中选取一个表面粗糙度符号名称。

(2) 从“打开”对话框中选取 machined ，单击 打开 按钮，选取 standard1.sym，单击 打开 按钮。

步骤 04 选取附着类型。从系统弹出的图 11.5.10 所示的 INST ATTACH (实例依附) 菜单中，选择 Normal (法向) 命令。

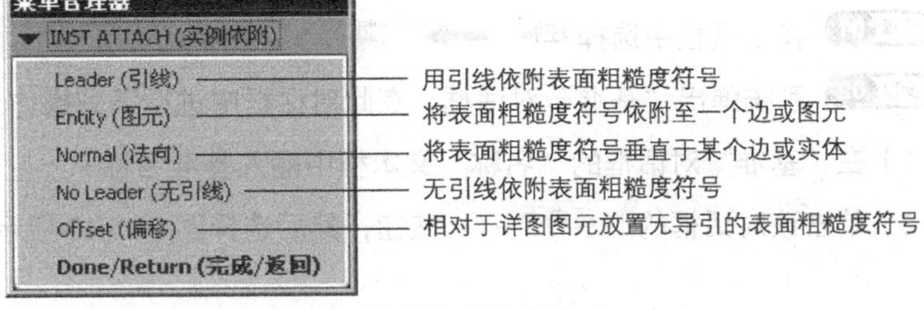

图 11.5.10 “实例依附”菜单

步骤 05 定义放置参照。在➡选取一个边，一个图元，一个尺寸，一曲线，曲面上的一点或一顶点。的提示下，选取图 11.5.8 所示的边线 1，然后在输入roughness_height的值文本框中输入数值 1.6，单击✔按钮。

步骤 06 参照同样的方法，标注另外两处的表面粗糙度。

步骤 07 单击鼠标中键，然后在▼ INST ATTACH (实例依附)菜单中选择Done/Return (完成/返回)命令，结束标注。

11.5.3 基准特征标注

1. 在工程图模块中创建基准轴

下面将在模型 datum 的工程图中创建图 11.5.11 所示的基准轴 D，以说明在工程图模块中创建基准轴的一般操作过程。

步骤 01 将工作目录设置至 D:\proedq5\work\ch11.05.03，打开文件 datum.drw。

步骤 02 在工具栏中选择 注释 ➡ 插入 ▾ ➡ 模型基准平面 ▾ ➡ 模型基准轴 命令。

步骤 03 系统弹出“轴”对话框，在此对话框中进行下列操作。

（1）在“轴”对话框的“名称”文本框中输入基准名称 D。

（2）单击该对话框中的 定义... 按钮，在弹出的“基准轴”菜单中选取 Thru Cyl (过柱面) 命令，然后选择图 11.5.11 所示的圆柱边线。

（3）在“轴”对话框的类型选项组中单击 A◂ 按钮。

（4）在“轴”对话框的放置选项组中选择◉ 在基准上单选项。

（5）在“轴”对话框中单击 确定 按钮，系统即在每个视图中创建基准符号。

步骤 04 分别将基准符号移至合适的位置，基准的移动操作与尺寸的移动操作方法一样。

步骤 05 视情况将某个视图中不需要的基准符号拭除。

2. 在工程图模块中创建基准面

下面将在模型 datum 的工程图中创建图 11.5.12 所示的基准 P，以说明在工程图模块中创建基准面的一般操作过程。

步骤 01 在工具栏中选择 注释 ➡ 插入 ▾ ➡ 模型基准平面 命令。

步骤 02 系统弹出“基准”对话框，在此对话框中进行下列操作。

（1）在“基准”对话框的“名称”文本框中输入基准名称 P。

（2）单击该对话框的 在曲面上... 按钮，然后选择图 11.5.12 所示的端面边线。

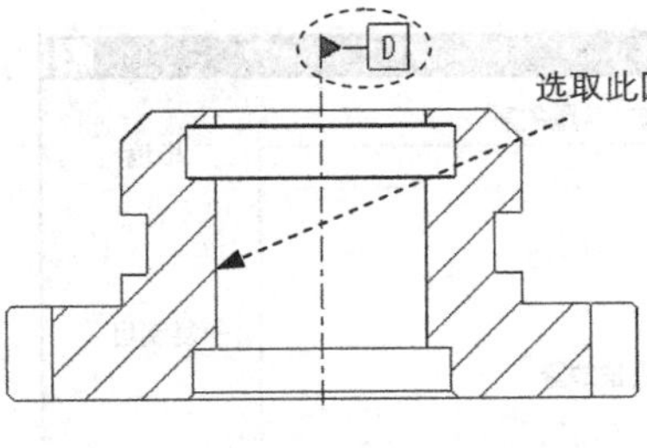

图 11.5.11 创建基准轴

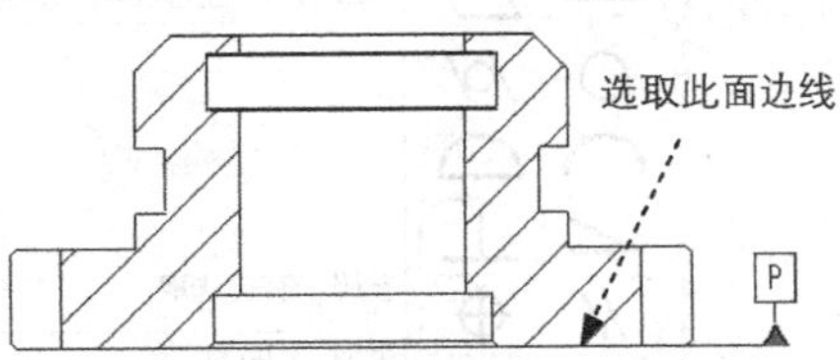

图 11.5.12 创建基准面

（3）在“基准”对话框的类型选项组中单击 A 按钮。

（4）在“基准”对话框的放置选项组中选择 ◉ 在基准上 单选项。

（5）在“基准”对话框中单击 确定 按钮。

步骤 03 将基准符号移至合适的位置。

步骤 04 视情况将某个视图中不需要的基准符号拭除。

3. 基准的拭除与删除

拭除基准的真正含义是在工程图环境中不显示基准符号，同尺寸的拭除一样；而基准的删除是将其从模型中真正完全地去除，所以基准的删除要切换到零件模块中进行，其操作方法如下。

（1）切换到模型窗口。

（2）从模型树中找到基准名称，并右击该名称，从弹出的快捷菜单中选择“删除”命令。

注意

- 一个基准被拭除后，系统还不允许重名，只有切换到零件模块中，将其从模型中删除后才能给出同样的基准名。
- 如果一个基准被某个几何公差所使用，则只有首先删除该几何公差，才能删除该基准。

11.5.4 形位公差标注

形位公差包括形状公差和位置公差，是针对构成零件几何特征的点、线、面的形状和位置误差所规定的公差。下面将在模型 geometric tolerance 的工程图中创建图 11.5.13 所示的几何公差（形位公差），以说明在工程图模块中创建几何公差的一般操作过程。

步骤 01 将工作目录设置至 D:\proedq5\work\ch11.05.04，打开文件 geometric tolerance.drw。

步骤 02 在工具栏中选择 注释 → 命令。

步骤 03 系统弹出图 11.5.13 所示的“几何公差”对话框，在此对话框中进行下列操作。

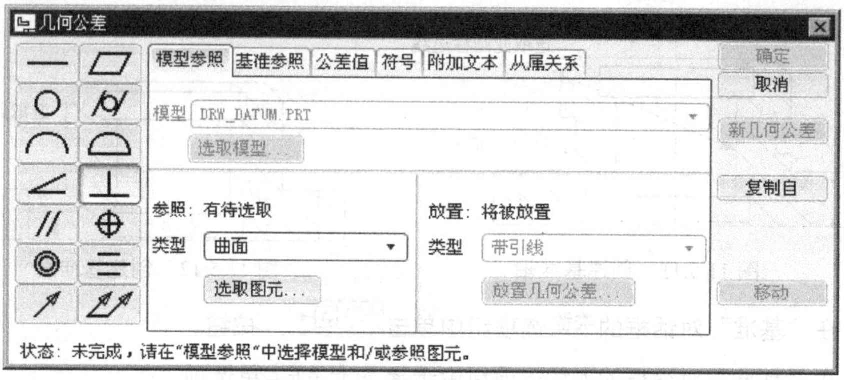

图 11.5.13 "几何公差"对话框

（1）在左边的公差符号区域中，单击位置公差符号⊥。

（2）在模型参照选项卡中进行下列操作。

① 定义公差参照。单击"参照"选项组中的"类型"箭头▼，从下拉列表中选取曲面选项，选取图 11.5.14 中所指的面。

② 定义公差的放置。单击"放置"选项组中的"类型"箭头▼，从下拉列表中选取带引线选项。此时，系统弹出"依附类型"菜单管理器，首先选择图 11.5.14 中所指的面，然后在合适的位置单击鼠标中键放置几何公差。

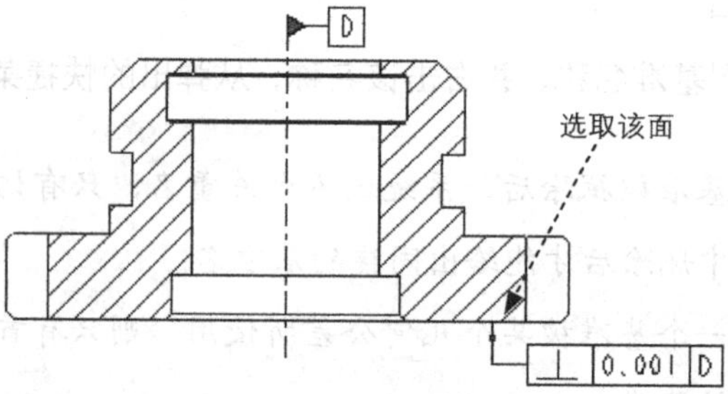

图 11.5.14 几何公差

注意：由于当前所标注的是一个面相对于一个孔轴线的位置公差，它实质上是指这个面相对于基准轴 D 的位置公差，所以其公差参照要选取孔的轴线。

（3）在基准参照选项卡中进行下列操作。

① 选择"几何公差"对话框中的基准参照选项卡，如图 11.5.15 所示。

②单击首要子选项卡中的"基本"选项组中的箭头▼，从下拉列表中选取基准 D。

（4）在公差值选项卡中采用系统默认的总公差值 0.001，按回车键。

（5）单击“几何公差”对话框中的 确定 按钮。

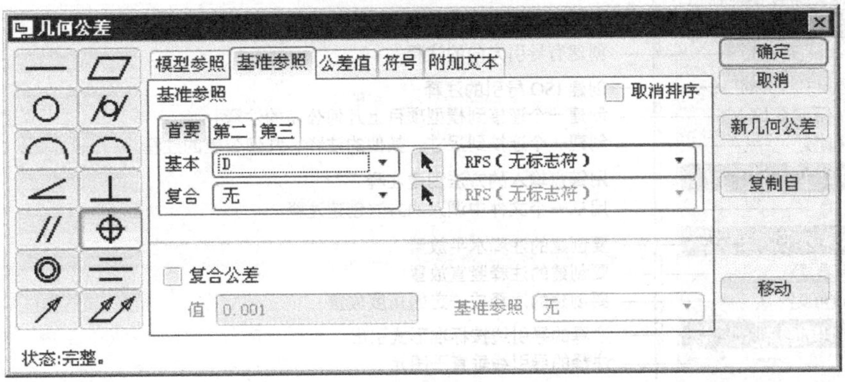

图 11.5.15 “基准参照”选项卡

11.5.5 注释文字

在工具栏中选择 注释 → 命令，系统弹出 NOTE TYPES (注解类型) 菜单（图 11.5.16）。在该菜单下，可以创建用户所要求的属性的注释。例如，注释可连接到模型的一个或多个边上，也可以是“自由的”。创建第一个注释后，Pro/ENGINEER 使用先前指定的属性要求来创建后面的注释。

1. 创建无方向指引注释

下面以图 11.5.17 所示的注释为例，说明创建无方向指引注释的一般操作过程。

步骤 01 首先将工作目录设置至 D:\proedq5\work\ch11.05.05，打开文件 text.drw。

步骤 02 在工具栏中选择 注释 → 命令。

步骤 03 在图 11.5.16 所示的菜单中，选择 No Leader (无引线) → Enter (输入) → Horizontal (水平) → Standard (标准) → Default (缺省) → Make Note (进行注解) 命令。

步骤 04 在弹出的图 11.5.18 所示的“获得点”菜单中选取 Pick Pnt (选出点) 命令，并在屏幕选择一点作为注释的放置点。

步骤 05 在系统 输入注解: 的提示下，输入“技术要求”，按两次回车键。

步骤 06 选择 Make Note (进行注解) 命令，在注释“技术要求”下面选择一点。

步骤 07 在系统 输入注解: 的提示下，输入“1. 未注倒角为 C1。”，按回车键，输入“2. 去除毛刺飞边。”，按两次回车键。

步骤 08 选择 Done/Return (完成/返回) 命令。

步骤 09 调整注释中的文本“技术要求”的位置和大小。

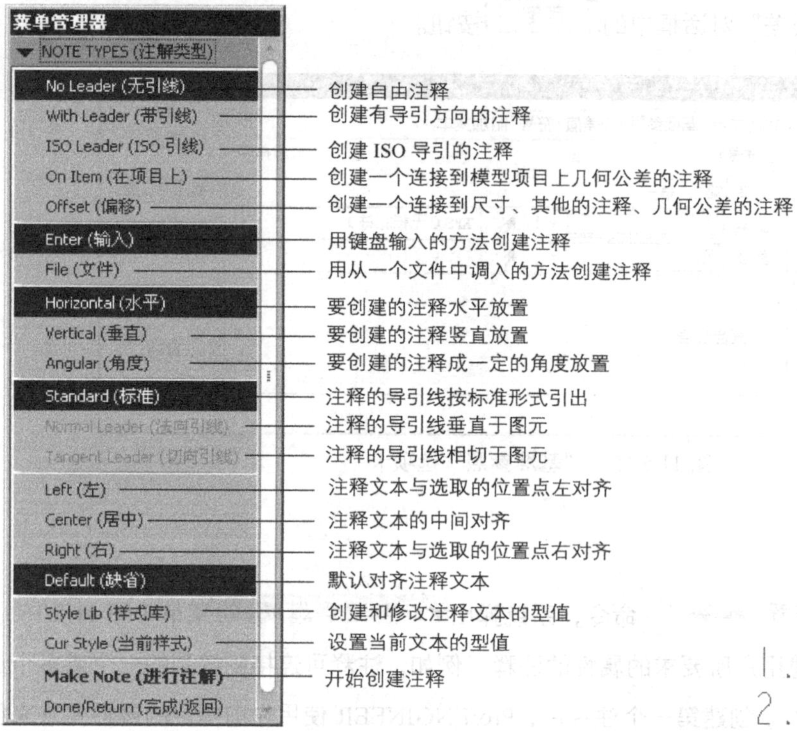

图 11.5.16 “注解类型”菜单

图 11.5.17 无方向指引的注释

2. 创建有方向指引注释

下面以图 11.5.19 中的注释为例，说明创建有方向指引注释的一般操作过程。

步骤 01 在工具栏中选择 注释 → 命令。

步骤 02 在图 11.5.16 所示的“注解类型”菜单中，选择 With Leader (带引线) → Enter (输入) → Horizontal (水平) → Standard (标准) → Default (缺省) → Make Note (进行注解) 命令。

步骤 03 定义注释导引线的起始点：此时系统弹出“依附类型”菜单，在该菜单中选择 On Entity (图元上) → Arrow Head (箭头) 命令，然后选择注释指引线的起始点，如图 11.5.19 所示，再选择“依附类型”菜单中的 Done (完成) 命令。

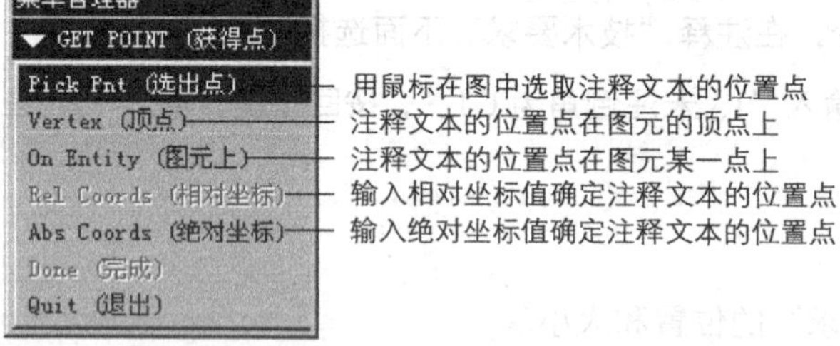

图 11.5.18 “获得点”菜单

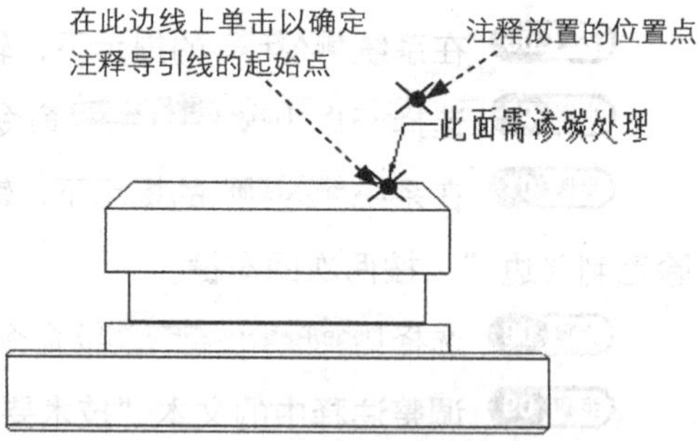

图 11.5.19 有方向指引的注释

步骤04 定义注释文本的位置点：在屏幕选择一点作为注释的放置点，如图 11.5.19 所示。

步骤05 在系统 输入注解: 的提示下，输入“此面需渗碳处理”，按两次回车键。

步骤06 选择 Done/Return (完成/返回) 命令。

3. 注释的编辑

与尺寸的编辑操作一样，单击要编辑的注释，再右击，在弹出的快捷菜单中选择 属性(R) 命令，此时系统弹出图 11.5.20 所示的“注解属性”对话框，在该对话框的 文本 选项卡中可以修改注释文本，在 文本样式 选项卡中可以修改文本的字型、字高以及字的粗细等造型属性。

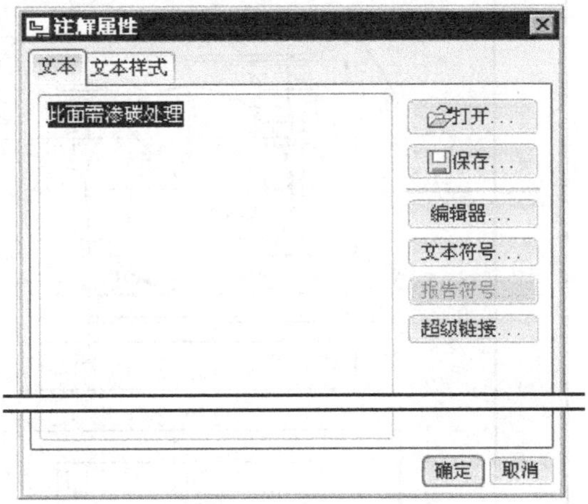

图 11.5.20 “注解属性”对话框

11.6 工程图设计综合应用案例

本案例以机械手固定架为例，详细介绍工程图设计的一般过程。希望通过此应用的学习，读者能对 Pro/ENGINEER 工程图的制作有比较清楚的认识。完成后的工程图如图 11.6.1 所示。

1. 设置工作目录和打开文件

将工作目录设置至 D:\proedq5\work\ch11.06，并打开文件 crusher-base.drw。

2. 创建图 11.6.2 所示的主视图

步骤01 在工具栏中按下 按钮，将模型的显示状态切换到消隐显示方式。

步骤02 在绘图区中右击，在系统弹出的快捷菜单中选择 插入普通视图... 命令。

步骤03 在系统 ➜选取绘制视图的中心点. 的提示下，在屏幕图形区选择一点，系统弹出“绘图视图”对话框。

步骤04 选择“类别”选项组中的“视图类型”选项，在对话框中找到视图名称 V1，然后单击 应用 按钮，则系统即按 V1 的方位定向视图（V1 方位在零件模块中已提前创建）。

步骤05 选择“类别”选项组中的“比例”选项，在对话框中选择 ◉ 定制比例 单选项，然后在后面的文本框中输入比例值 0.4，最后单击 应用 ➜ 关闭 按钮。

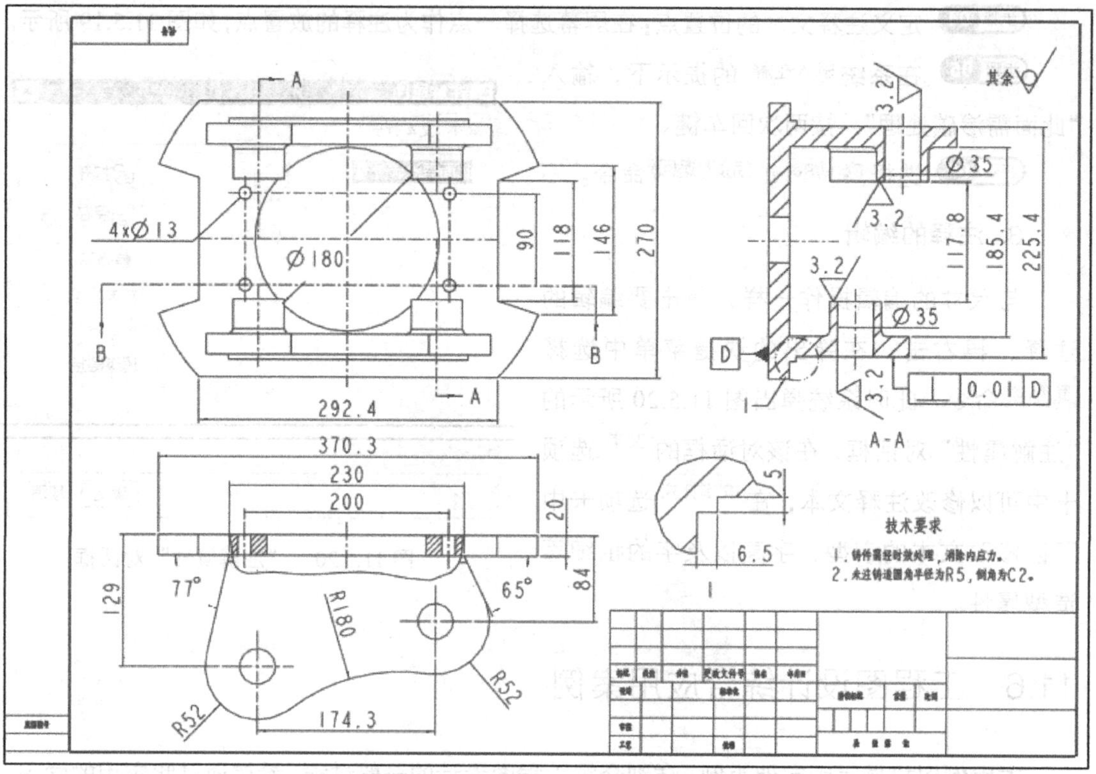

图 11.6.1　机械手固定架工程图

3. 创建图 11.6.3 所示的投影视图

步骤 01 选择图 11.6.3 所示的主视图，然后右击，在弹出的快捷菜单中选择 插入投影视图... 命令。

步骤 02 在图形区的主视图的右部任意选择一点，系统自动创建左视图，如图 11.6.3 所示。

步骤 03 参照上述方法创建俯视图，如图 11.6.3 所示。

4. 创建图 11.6.4 所示的阶梯剖视图 A–A

步骤 01 选择图 11.6.3 所示的左视图，然后右击，在弹出的快捷菜单中选择 属性(R) 命令。

步骤 02 设置剖视图选项。

（1）在“绘图视图”对话框中，选择 类别 选项组中的 截面 选项，将 剖面选项 设置为 ◉ 2D 剖面。

（2）单击 + 按钮；将 模型边可见性 设置为 ◉ 全部 ；在 名称 下拉列表中选取剖截面 ✔A，在 剖切区域 下拉列表中选取 完全 选项；单击对话框中的 确定 按钮，关闭对话框。

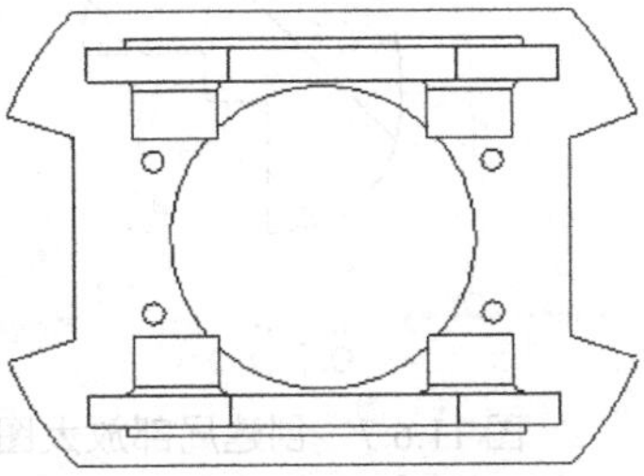

图 11.6.2 创建主视图

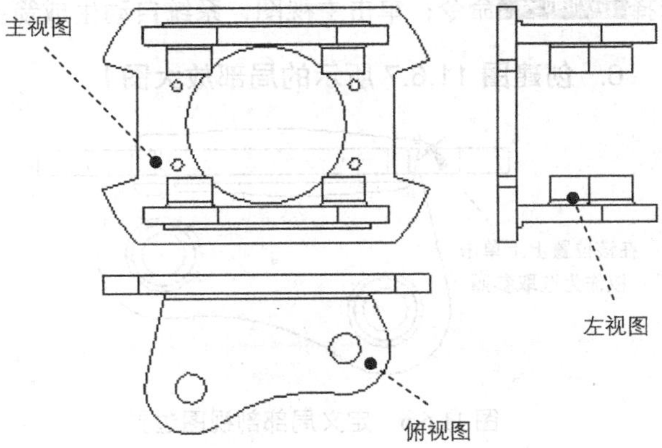

图 11.6.3 投影视图

步骤 03 添加箭头。选取图 11.6.4 所示的阶梯剖视图，然后右击，从弹出的快捷菜单中选择 添加箭头 命令；单击主视图，系统自动生成箭头。

5. 创建图 11.6.5 所示的局部剖视图 B–B

步骤 01 选择俯视图，然后右击，在弹出的快捷菜单中选择 属性(R) 命令。

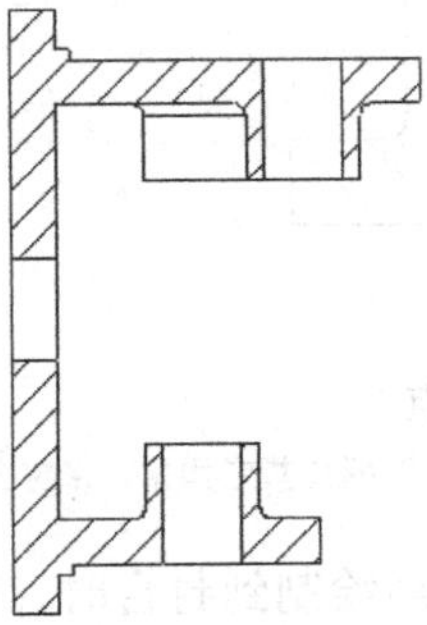

图 11.6.4 创建阶梯剖视图 A-A

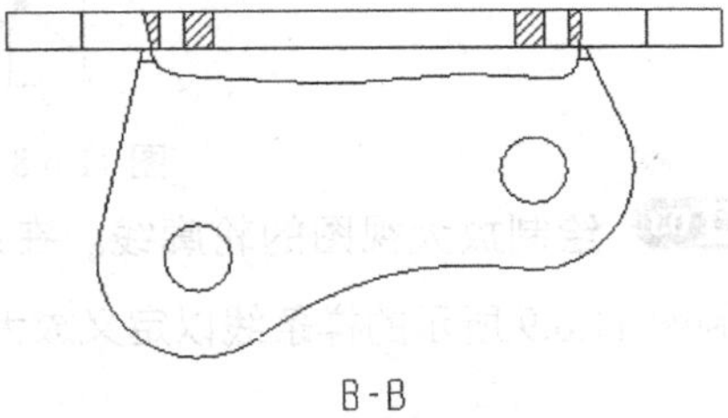

图 11.6.5 创建局部剖视图 B-B

步骤 02 设置剖视图选项。

（1）在“绘图视图”对话框中，选择 类别 选项组中的 截面 选项，将 剖面选项 设置为 ◉ 2D 剖面。

（2）单击 + 按钮，在“名称”下拉列表中选取剖截面 ✔ B，在“剖切区域”下拉列表中选取剖切类型为 局部，并在图 11.6.6 所示的边线位置上单击为参照，绘制图 11.6.6 所示的样条为边界。

（3）单击对话框中的 确定 按钮，关闭对话框。

步骤 03 添加箭头。选取图 11.6.6 所示的局部剖视图，然后右击，从弹出的快捷菜单中

选择 添加箭头 命令；单击主视图，系统自动生成箭头。

6. 创建图 11.6.7 所示的局部放大图 I

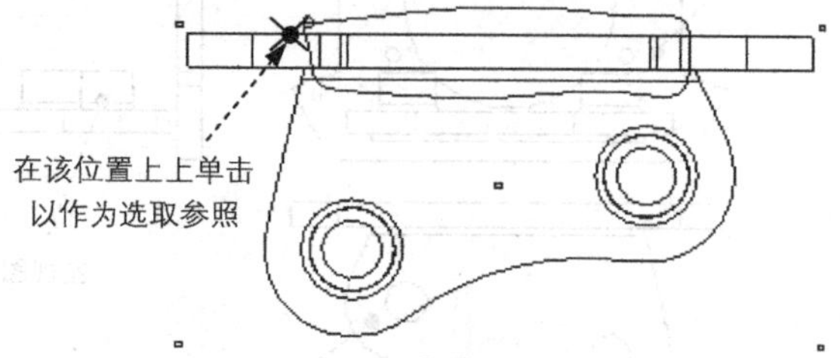

图 11.6.6 定义局部剖视图边界

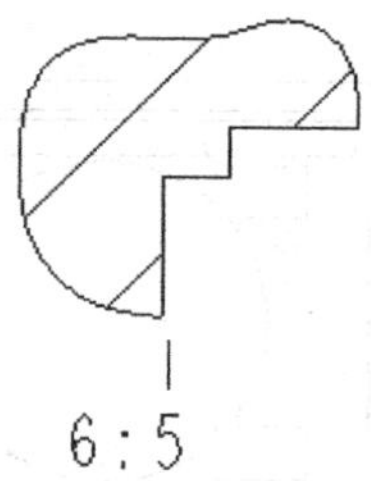

图 11.6.7 创建局部放大图 I

步骤 01 在工具栏区选择 布局 ➡ 详细... 命令。

步骤 02 在系统 ➡在一现有视图上选取要查看细节的中心点。的提示下，在图 11.6.8 所示阶梯剖视图的边线上选择一点（在非边线的地方选择的点，系统不认可），此时在拾取的点附近出现一个十字线。

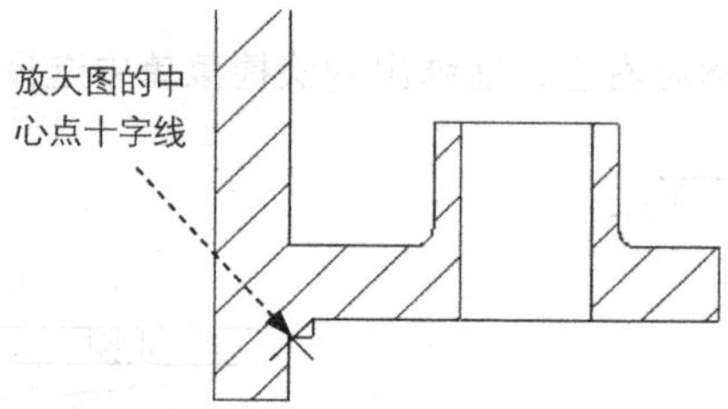

图 11.6.8 放大图的中心点

步骤 03 绘制放大视图的轮廓线。在系统 ➡草绘样条，不相交其它样条，来定义一轮廓线。的提示下，绘制图 11.6.9 所示的样条线以定义放大视图的轮廓，当绘制到封合时，单击鼠标中键结束绘制。

步骤 04 在系统 ➡选取绘制视图的中心点。的提示下，在图形区中选择一点用来放置放大图。

步骤 05 设置轮廓线的边界类型。

（1）在创建的局部放大视图上双击，系统弹出“绘图视图”对话框。

（2）在 视图名 文本框中输入放大图的名称 I；在 父项视图上的边界类型 下拉菜单中选择“圆”选项，然后单击 应用 按钮，此时轮廓线变成一个双点画线的圆，如图 11.6.10 所示。

步骤 06 设置局部放大视图的比例。在“绘图视图”对话框的 类别 选项组中选择 比例 选项，在 比例和透视图选项 区域的 ◉ 定制比例 单选框中输入定制比例值 1.2。

步骤 07 单击对话框中的 确定 按钮，关闭对话框。

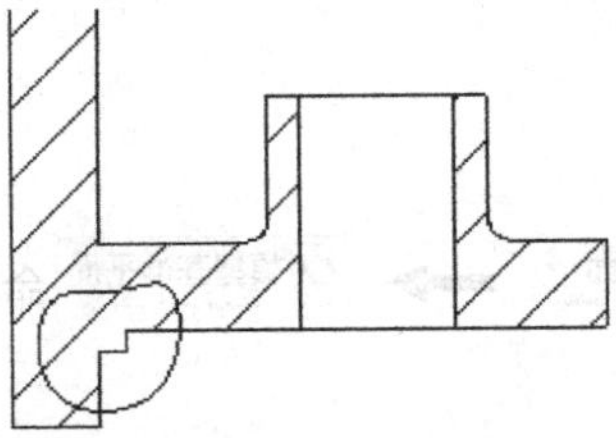

图 11.6.9　放大图的轮廓线

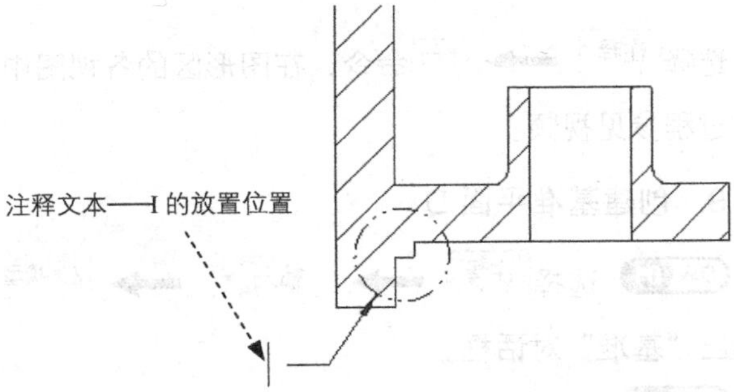

图 11.6.10　注释文本的放置位置

7. 显示轴线

(1) 选择 注释 ➡ 显示模型注释 命令。

(2) 在系统弹出的“显示模型注释”对话框中，进行下列操作。

① 单击对话框顶部的“显示基准”按钮。

② 在 类型 下拉列表中选择 轴 选项。

③ 在绘图区选中主视图、左视图和俯视图，单击对话框中的“显示全部”按钮，显示全部轴线。

④ 单击对话框底部的 确定 按钮。

⑤ 调整轴线显示的位置及大小，并将多余的轴线以及比例注释删除，结果如图 11.6.11 所示。

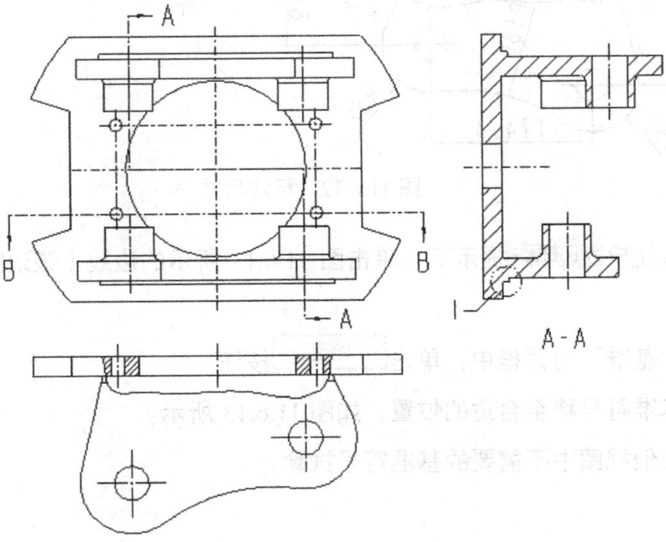

图 11.6.11　显示轴线

8. 标注尺寸

选择 注释 ➡ [⟷] 命令，在图形区的各视图中添加图 11.6.12 所示的尺寸标注，具体操作过程参见视频。

9. 创建基准平面 D

步骤 01 选择 注释 ➡ 插入 ▾ ➡ 模型基准平面 ▾ ➡ 模型基准平面 命令，系统弹出“基准”对话框。

步骤 02 ,在“基准”对话框的“名称”文本栏中输入基准名 D；在 类型 区域中单击 [A] 按钮；在 放置 区域中选中 ◉ 在基准上 选项；在 定义 区域中单击 在曲面上... 按钮，系统弹出“选取”对话框。

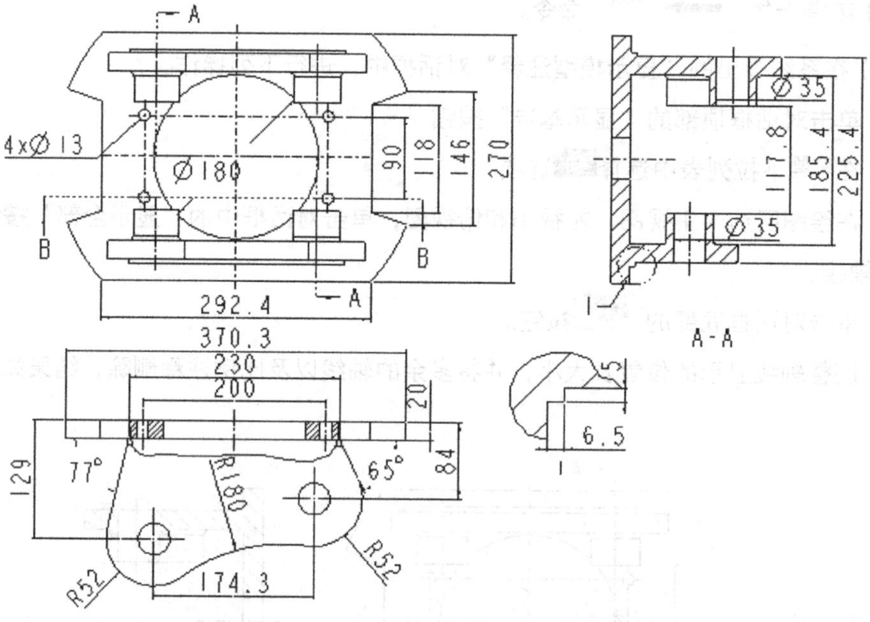

图 11.6.12　标注尺寸

步骤 03 在系统 ⇨选取曲面。提示下，单击图 11.6.13 所示的边线（该边线实际上是一个平面的投影）。

步骤 04 在“基准”对话框中，单击 确定 按钮。

步骤 05 将基准符号移至合适的位置，如图 11.6.13 所示。

步骤 06 将其他视图中不需要的基准符号拭除。

10. 创建图 11.6.14 所示的几何公差（垂直度）

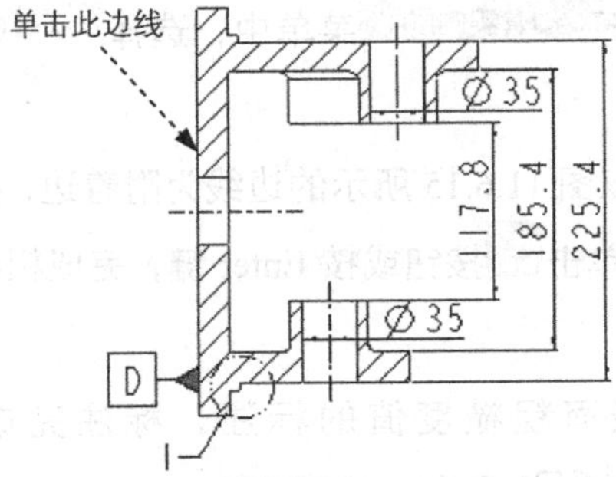

图 11.6.13　创建基准平面 D

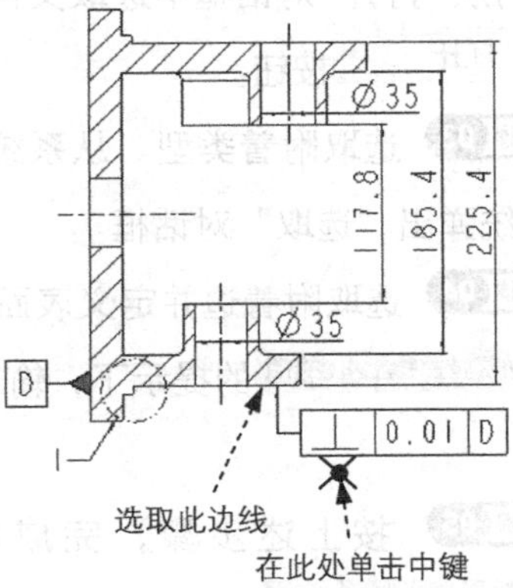

图 11.6.14　添加几何公差

选择 注释 ➡ 命令；系统弹出“几何公差”对话框。在左边的公差符号区域中，按下垂直度公差符号 ⊥；在 参照: 区域的 类型 下拉列表中选取 曲面 选项。在系统 ➪选取多边，尺寸界线，多个基准点，多个轴线 或曲线。 的提示下，选取图 11.6.14 所示的边线；在 放置 区域的 类型 下拉列表中选取 带引线 选项，在系统弹出的 ▼ LEADER TYPE（引线类型） 菜单中选择 Arrow Head（箭头） 命令，然后选取图 11.6.14 所示的边线，然后在图 11.6.14 所示的位置单击中键以放置公差；在 基准参照 选项卡的 基准参照 区域中，单击 首要 子选项卡，在 基本 下拉列表中选取 D；在 公差值 选项卡中输入公差值 0.01；单击“几何公差”对话框中的 确定 按钮，完成垂直度几何公差的创建并将其移到合适的位置。

11. 创建图 11.6.15 所示的表面粗糙度符号

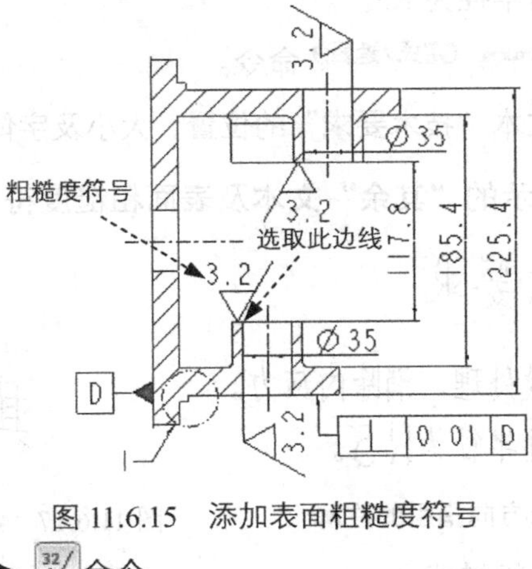

图 11.6.15　添加表面粗糙度符号

步骤 01　选择 注释 ➡ 命令。

步骤 02　检索表面粗糙度。

（1）从系统弹出的▼ GET SYMBOL (得到符号)菜单中选择Retrieve (检索)命令。

（2）从“打开”对话框中选取文件 machined，单击打开按钮，选取 standard1.sym，单击打开按钮。

步骤 03 选取附着类型。从系统弹出的▼ INST ATTACH (实例依附)菜单中，选择Normal (法向)命令，系统弹出“选取”对话框。

步骤 04 选取附着边并定义表面粗糙度值。选取图 11.6.15 所示的边线为附着边，在系统输入roughness_height的值的提示下，输入值 3.2，然后单击✓按钮或按 Enter 键，完成粗糙度的标注。

步骤 05 按上述步骤，完成其他视图中表面粗糙度值的标注，标注完成后在▼ INST ATTACH (实例依附)菜单中选择Done/Return (完成/返回)命令，关闭菜单。

12. 创建图 11.6.16 所示的注解文本

步骤 01 选择注释 → 命令。

步骤 02 在菜单管理器中，依次选择No Leader (无引线) → Enter (输入) → Horizontal (水平) → Standard (标准) → Default (缺省) → Make Note (进行注解)命令。

步骤 03 在弹出的▼ GET POINT (获得点)菜单中选取Pick Pnt (选出点)命令，并在屏幕选取一点作为注解的放置点。

步骤 04 在系统输入注解:的提示下，输入“技术要求”，按 Enter 键，再按 Enter 键。

步骤 05 选择Make Note (进行注解)命令，在注解“技术要求”下面选取一点。

步骤 06 在系统输入注解:的提示下，输入“1.铸件需经时效处理，消除内应力。”，按 Enter 键，输入“2.未注铸造圆角半径为 R5。”。

步骤 07 选择Done/Return (完成/返回)命令。

步骤 08 调整注解中文本“技术要求”的位置、大小及字体（具体操作参见视频）。

13. 添加 11.6.17 所示的“其余”文本及表面粗糙度符号。

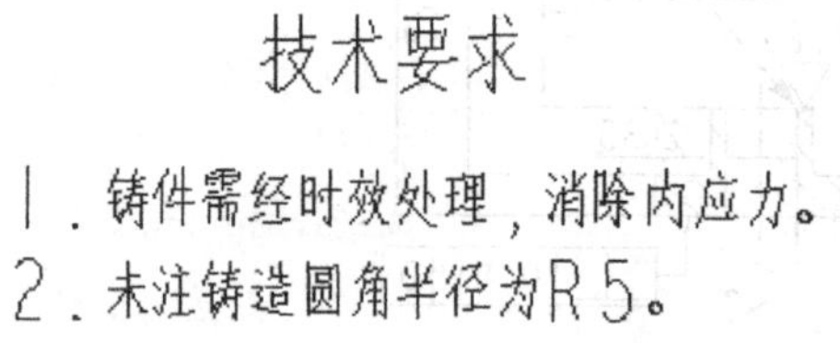

图 11.6.16 无方向指引的注解

图 11.6.17 添加其余表面粗糙度符号

步骤 01 创建其余表面粗糙度。

选择注释 → 命令；从系统弹出的▼ GET SYMBOL (得到符号)菜单中选择Retrieve (检索)命

令；从“打开”对话框中，选取文件 unmachined，单击 打开 按钮，选取 no_value2.sym，单击 打开 按钮；从系统弹出的 ▼ INST ATTACH (实例依附) 菜单中，选择 No Leader (无引线) 命令；在弹出的 ▼ GET POINT (获得点) 菜单中选取 Pick Pnt (选出点) 命令，并在图纸的右上角选取一点作为注解的放置点；完成后在 ▼ INST ATTACH (实例依附) 菜单中选择 Done/Return (完成/返回) 命令，关闭菜单。

步骤 02 创建“其余“的文本注释。

选择 注释 → 命令；在菜单管理器中，依次选择 No Leader (无引线) → Enter (输入) → Horizontal (水平) → Standard (标准) → Default (缺省) → Make Note (进行注解) 命令；在弹出的 ▼ GET POINT (获得点) 菜单中选取 Pick Pnt (选出点) 命令，并在“不加工“的粗糙度左侧选取一点作为注解的放置点；在系统 输入注解: 的提示下，输入文字“其余”，按两次 Enter 键；选择 Done/Return (完成/返回) 命令。

14. 保存工程图

至此，完成了本案例的所有操作，单击 按钮，保存文件。

第 12 章 高级渲染

12.1 渲染基础

12.1.1 概述

“渲染（Rendering）”是一种高级的三维模型外观处理技术，就是使用专门的“渲染器”模拟出模型的真实外观效果。

在创建零件和装配三维模型时，通过单击工具按钮、、、和，可以使模型显示为不同的线框（Frame）状态和着色（Shading）状态，但在实际的产品设计中，这些显示状态是远远不够的，因为它们无法表达产品的颜色、光泽和质感等外观特点，要表达产品的这些外观特点，还需要对模型添加必要的材料颜色、表面纹理、粗糙度、反射、透明度、照明效果、表面图案及房间、阴影、背景等外观设置，然后再对模型进行进一步的渲染处理，这样渲染后的效果才会更加真实。

12.1.2 渲染的命令菜单

外观的操作菜单位于下拉菜单 工具(T) 中，如图 12.1.1 所示。

渲染的操作菜单位于下拉菜单 视图(V) 中，如图 12.1.2 所示。

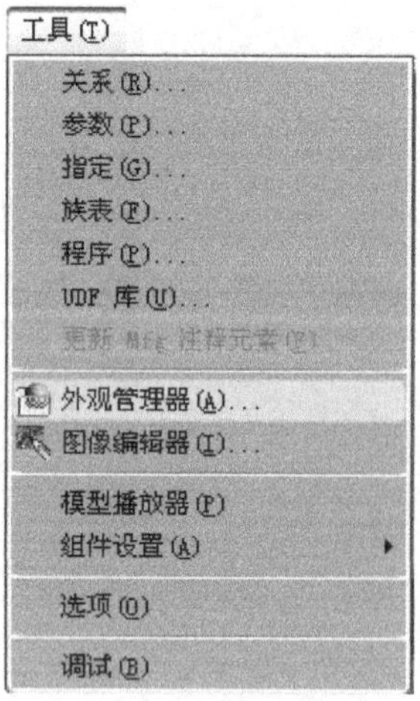

图 12.1.1 “工具”下拉菜单

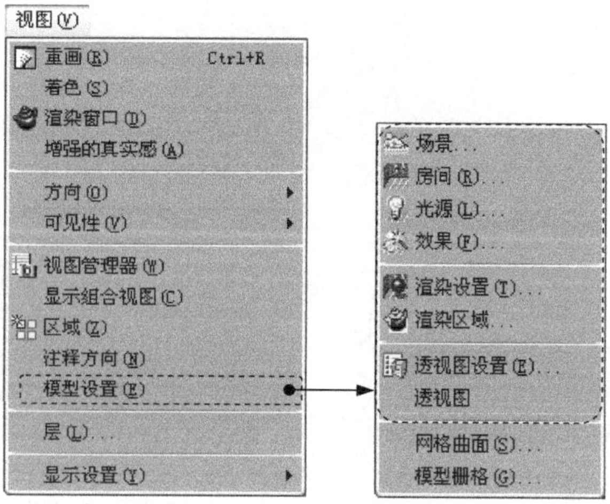

图 12.1.2 “视图”下拉菜单

12.2 模型外观设置

12.2.1 外观管理器

模型的外观设置是通过“外观管理器”对话框进行的，选择下拉菜单 工具(T) ➡ 外观管理器(A)... 命令，系统弹出图 12.2.1 所示的“外观管理器”对话框，下面对各区域的功能分别进行说明。

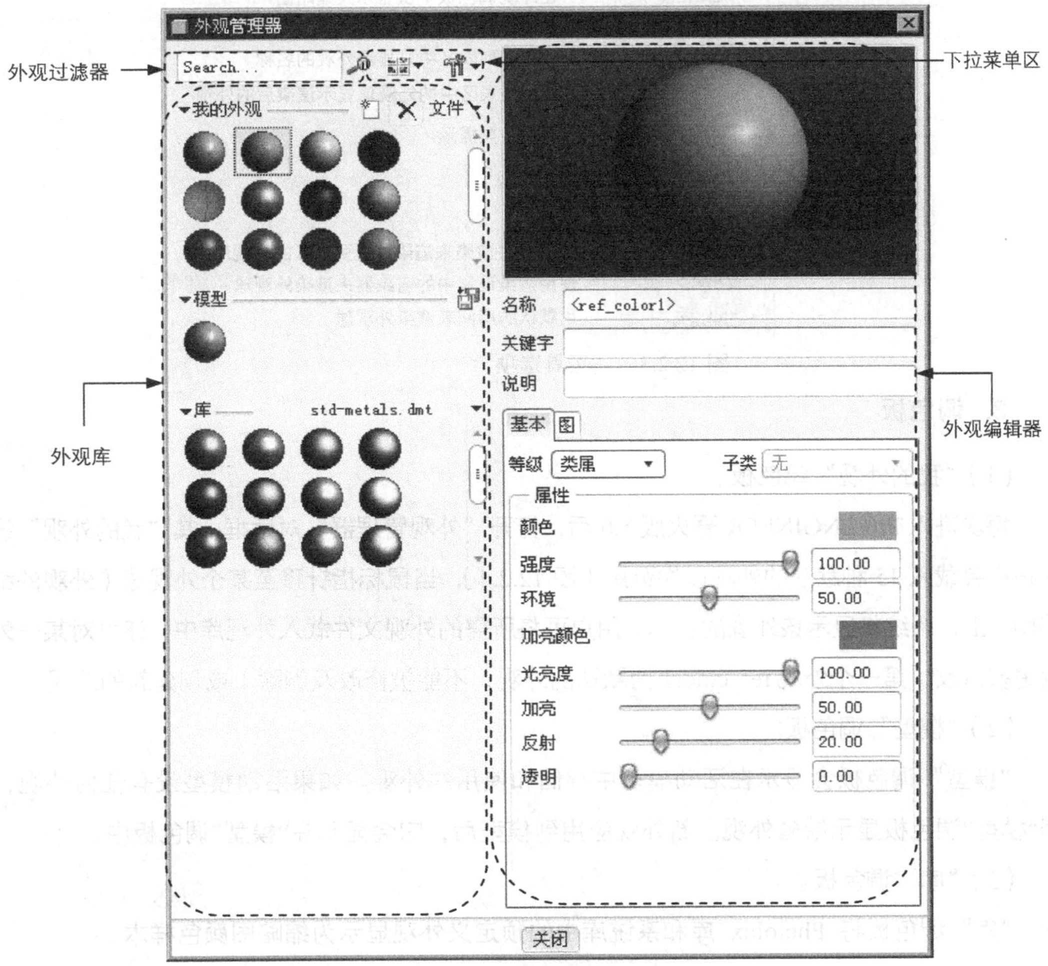

图 12.2.1 “外观管理器”对话框

1. 下拉菜单区

“外观管理器”中的下拉菜单区包括“视图选项”和“工具选项”，各菜单的解释见图 12.2.2 和图 12.2.3。

2. 外观过滤器

外观过滤器可用于在“我的外观”“模型”和“库”调色板中查找外观，要过滤调色板中显示的外观列表，可以在外观过滤器文本框中指定关键字符串，然后单击，单击可取消搜索，并显示调色板中的所有外观。

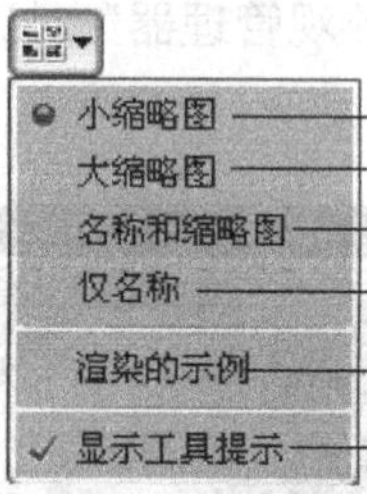

图 12.2.2 “视图选项”

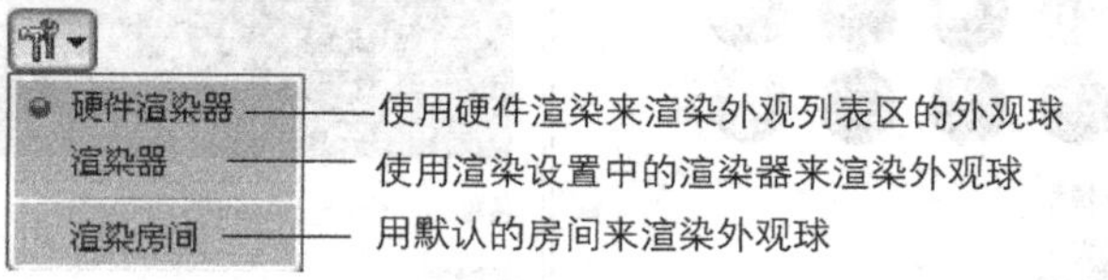

图 12.2.3 “工具选项”

3. 调色板

（1）“我的外观”调色板。

每次进入 Pro/ENGINEER 野火版 5.0 后，打开“外观管理器”对话框，其“我的外观”调色板中会载入 15 种默认的外观以供选用（图 12.2.4），当鼠标指针移至某个外观球（外观的缩略图）上，系统将显示该外观的名称。用户可将所需的外观文件载入外观库中，还可对某一外观进行修改（第一个外观 ref_color1 为默认的外观，不能被修改及删除）或创建新的外观。

（2）“模型”调色板。

“模型”调色板会显示在活动模型中存储和使用的外观。如果活动模型没有任何外观，则“模型”调色板显示缺省外观。新外观应用到模型后，它会显示在“模型”调色板中。

（3）“库”调色板。

“库”调色板将 Photolux 库和系统库中的预定义外观显示为缩略图颜色样本。

图 12.2.4 “我的外观”调色板

4. 外观管理器

图 12.2.5 所示的“外观编辑器”对话框主要包含基本和图两个选项卡。当外观库中的某种外观被选中时，该外观的示例（外观球）即出现在外观预览区，在外观预览区下方的名称文本框中可修改其外观名称，在基本和图选项卡中可对该外观的一些参数进行修改，修改过程中可从外观预览区方便地观察到变化。但在默认情况下，外观预览区不显示某些外观特性（如凹凸高度、光泽、光的折射效果等）。

12.2.2 基本外观与颜色的设置

1. 关于“基本”外观

现在人们越来越追求产品的颜色视觉效果，颜色设置合理的产品往往更容易吸引消费者的目光，这就要求产品设计师在产品设计中，不仅要注重产品的功能，还要注意产品的颜色外观。在 Pro/ENGINEER 的外观管理器中，“基本”外观便是用于表达产品的颜色。

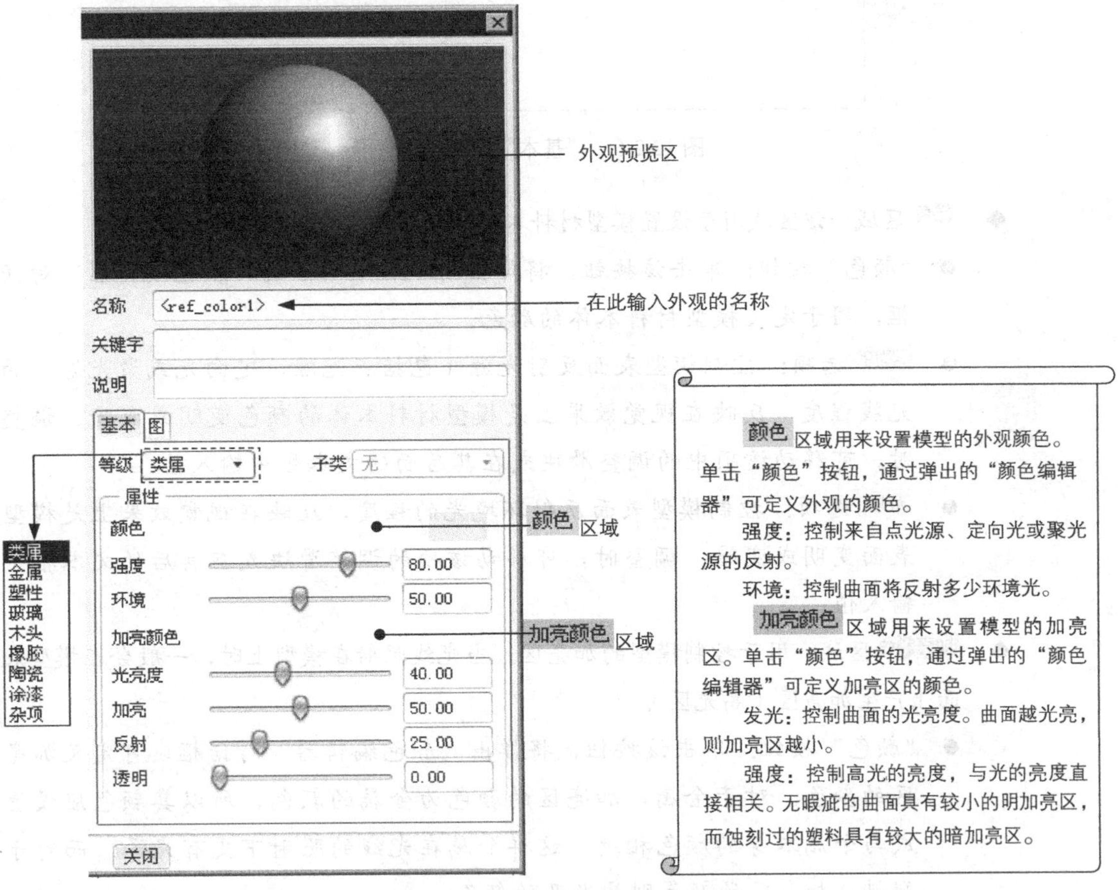

图 12.2.5 “外观编辑器”对话框

2. “基本”外观设置界面——基本 选项卡

基本选项卡用于设置模型的基本外观，该选项卡界面中包含颜色和加亮颜色两个区域（图 12.2.6）。注意：必须先从“外观库”中选取一个外观（除第一个外观 ref_color1）或新建一个外观，才能激活颜色和加亮颜色两个区域的所有选项。

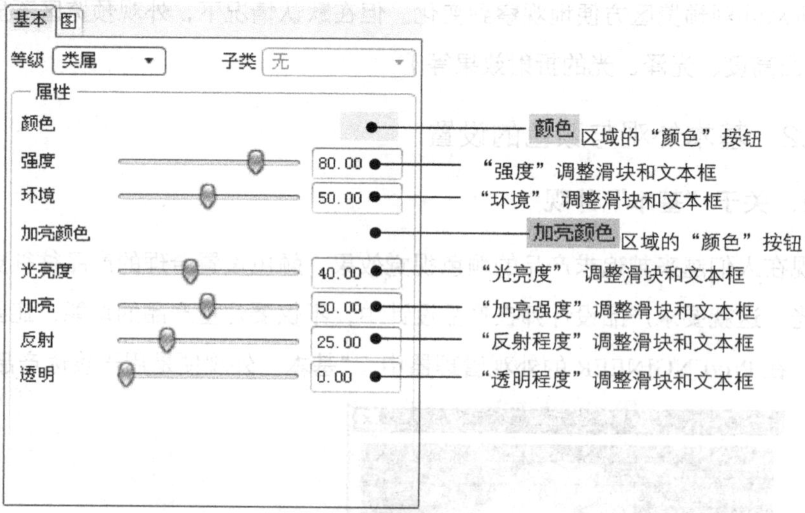

图 12.2.6 “基本”选项卡

◆ 颜色区域：该区域用于设置模型材料本体的颜色、强度和环境效果。
  - “颜色”按钮：单击该按钮，将弹出图 12.2.7 所示的“颜色编辑器”对话框，用于定义模型材料本体的颜色。
  - 强度选项：控制模型表面反射光源（包括点光源、定向光或聚光源）的光线程度，反映在视觉效果上是模型材料本体的颜色变明或变暗。调整时，可移动该项中的调整滑块或在其后面的文本框中输入值。
  - 环境选项：控制模型表面反射环境光的程度，反映在视觉效果上是模型表面变明或变暗。调整时，可移动该项的调整滑块或在其后的文本框中输入值。

◆ 加亮颜色区域：用于控制模型的加亮区。当光线照射在模型上时，一般会在模型表面上产生加亮区（高光区）。
  - “颜色”按钮：单击该按钮，将弹出“颜色编辑器”对话框，可定义加亮区的颜色。对于金属，加亮区的颜色为金属的颜色，所以其颜色应设置成与金属本身的颜色相近，这样金属在光线的照射下更有光泽；而对于塑料，加亮区的颜色则是光源的颜色。

- 光亮度选项：控制加亮区的范围大小。加亮区越小，则模型表面越有光泽。
- 加亮选项：控制加亮区的光强度，它与光亮度和材质的种类直接相关。高度抛光的金属应设置成较“明亮”，使其具有较小的明加亮区；而蚀刻过的塑料应设置成较“暗淡”，使其具有较大的暗加亮区。
- 反射选项：控制局部对空间的反射程度。阴暗的外观比光亮的外观对空间的反射要少。例如，织品比金属反射要少。
- 透明选项：控制透过曲面可见的程度。

3. 关于“颜色编辑器”对话框

在基本选项卡的颜色和加亮颜色区域中单击“颜色”按钮，系统均会弹出图 12.2.7 所示的“颜色编辑器”对话框，该对话框中包含下列几栏。

- “当前颜色”区域：显示当前选定的颜色，如图 12.2.7 a 所示。
- 颜色轮盘栏：可在“颜色轮盘”中选取一种颜色及其亮度级，如图 12.2.7 a 所示。
- 混合调色板栏：可创建一个多达四种颜色的连续混合调色板，然后从该混合调色板中选取所需要的颜色，如图 12.2.7 b 所示。

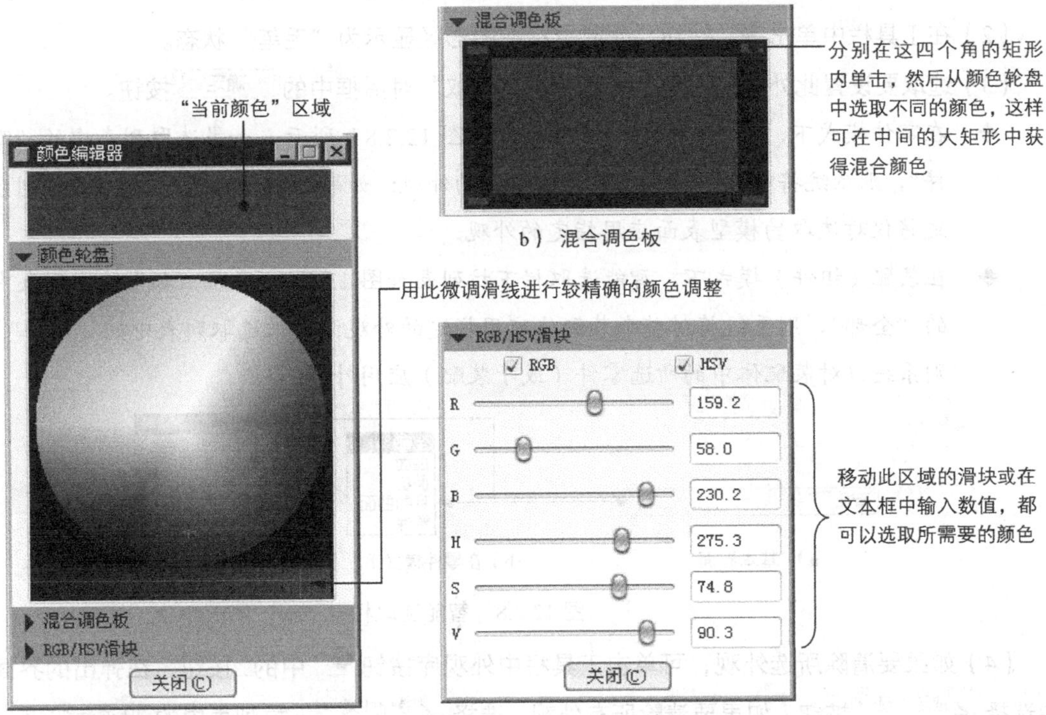

a） 颜色轮盘　　b） 混合调色板　　c） RGB/HSV 滑块

图 12.2.7 “颜色编辑器”对话框

◆ ▼ RGB/HSV滑块栏：该区域包括 RGB 和 HSV 两个子区域，如图 12.2.7 c 所示。

● 如果选中 RGB 复选框，则可采用 RGB（红绿蓝）三原色定义颜色，RGB 值的范围为 0～255。将 RGB 的值均设置为 0，定义黑色；将 RGB 的值均设置为 255，定义白色。

● 如果选中 HSV 复选框，可采用 HSV（即色调、饱和度和亮度）来定义颜色。色调用于定义主光谱颜色，饱和度则决定颜色的浓度，亮度可控制颜色的明暗。色调值的范围为 0～360，而饱和度和亮度值的范围是 0～100（这里的值为百分值）。

说明　在“场景”对话框的“光源”选项卡中，单击颜色按钮，也可打开“颜色编辑器”（Color Editor）对话框。

4. 将某种外观设置应用到零件模型和装配体模型上。

（1）选定某种外观后，在“外观管理器”对话框中单击 关闭 按钮。

（2）在工具栏中单击 ● 按钮，此时鼠标在图形区显示为“毛笔”状态。

（3）选取要设置此外观的对象，然后单击“选取”对话框中的 确定 按钮。

◆ 在零件模式下，智能选取栏的下拉列表如图 12.2.8 b 所示。如果选取列表中的“零件”，则系统将对整个零件模型应用指定的外观；如果选取列表中的“曲面”，则系统将仅对选取的模型表面应用指定的外观。

◆ 在装配（组件）模式下，智能选取栏下拉列表如图 12.2.8 c 所示，如果选取列表中的“全部”，则系统将对整个装配体应用指定的外观；如果选取列表中的“元件”，则系统仅对装配体中的所选零件（或子装配）应用外观。

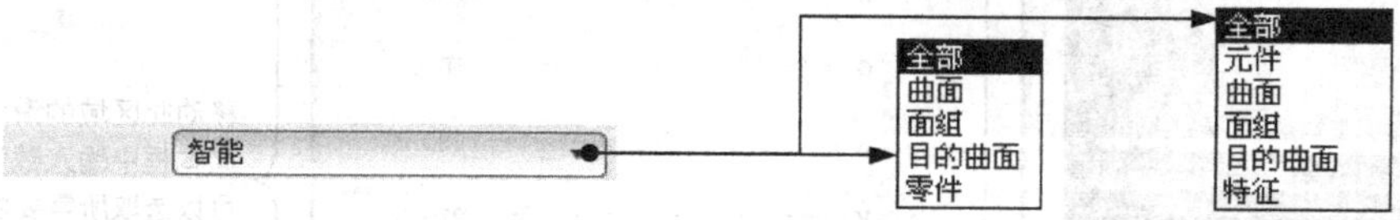

a）基本界面　　b）在零件模式下　　c）在装配模式下

图 12.2.8　智能选取栏

（4）如果要清除所选外观，可单击工具栏中外观库按钮 ● 中的 ▾ 按钮，在弹出的界面中选择 清除外观 按钮（如果要清除所有外观，选择 清除外观 下拉列表中的 清除所有外观 命令，在弹出的“确认”对话框中单击 是(Y) 按钮），然后选取此前设置外观的对象，单击“选取”对话框中的 确定 按钮。

5. 控制模型颜色的显示

当定义的外观颜色应用到模型上后，可用下面两种方法控制模型上的外观颜色的显示。

方法一：选择下拉菜单 工具(T) → 环境(E)命令，系统弹出图 12.2.9 所示的“环境”对话框，该对话框中的 颜色 复选框用于控制外观颜色的显示。

方法二：选择下拉菜单 视图(V) → 显示设置(Y) → 模型显示(M)...命令，系统弹出图 12.2.10 所示的“模型显示”对话框，该对话框中的 颜色 复选框用于控制外观颜色的显示。

6. 基本外观设置练习

在 Pro/ENGINEER 野火版 5.0 中，系统提供了 15 种外观，用户可直接使用。在本练习中，将从“外观库”中选取系统提供的外观 ptc-std-copper，将其应用到零件模型上。操作步骤如下。

步骤 01 设置工作目录和打开文件。

（1）选择下拉菜单 文件(F) → 设置工作目录(W)... 命令，将工作目录设置至 D:\proedq5\work\ch12.02.02。

（2）选择下拉菜单 文件(F) → 打开(O)...命令，打开文件 hydraulic-body-lower.prt。

步骤 02 在调色板中选取一种外观设置。选择下拉菜单 工具(T) → 外观管理器(A)...命令，在图 12.2.11 所示的“外观管理器”对话框的“我的外观”调色板中，单击外观球 ptc-std-copper。

步骤 03 将选中的外观球的外观应用到模型上。在“外观管理器”对话框中单击 关闭 按钮，然后在工具栏中单击 按钮，此时鼠标在图形区显示为“毛笔”状态，在“智能选取栏”的下拉列表中选择“零件”，选取模型，然后单击“选取”对话框中的 确定 按钮，此时可看到图形区中的模型立即被赋予了所选中的外观。

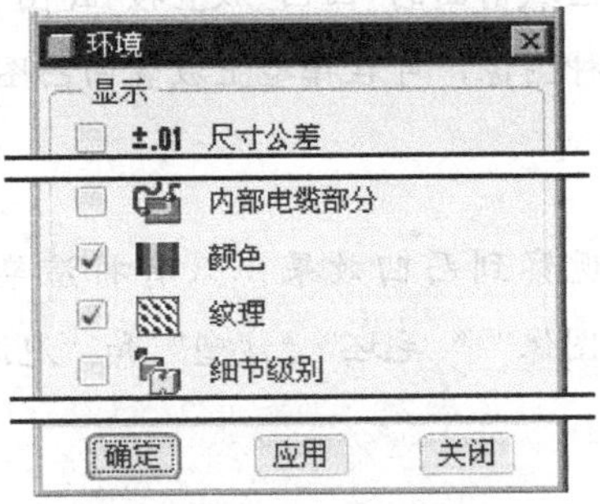

图 12.2.9 “环境”对话框

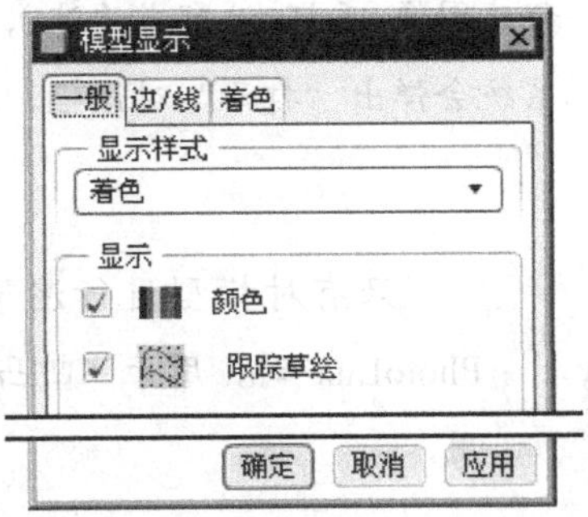

图 12.2.10 “模型显示”对话框

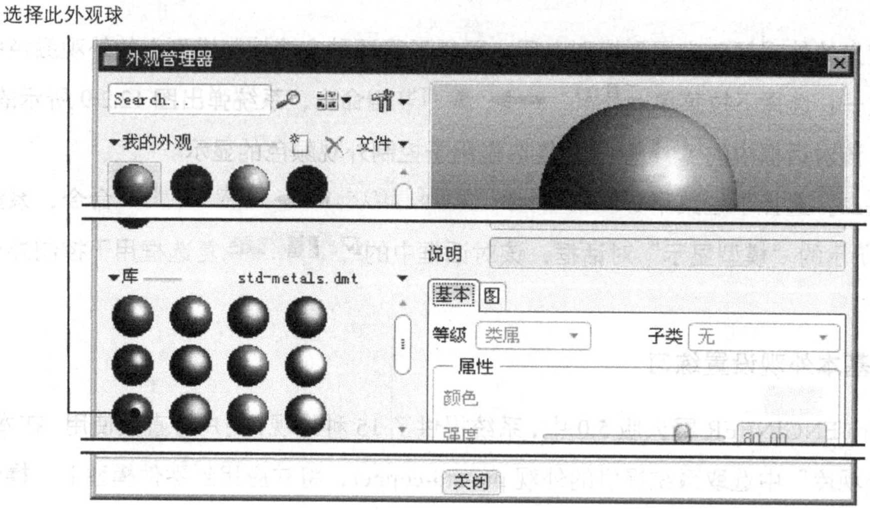

图 12.2.11 “外观管理器”对话框

12.2.3 图形外观与纹理的设置

1. 关于“图”外观

通过设置“图”外观，可在模型的表面上附着图片，用来表达模型表面凹凸不平的程度、模型的材质纹理和模型表面上的特殊图案。

2. “纹理”外观设置界面——图选项卡

图选项卡用于设置模型的纹理外观，该选项卡界面中包括凹凸、颜色纹理和贴花三个区域（图 12.2.12）。

◆ 凹凸选项：利用该项功能可以把图片附于模型表面上，使模型表面产生凸凹不平状，这对创建具有粗糙表面的材质很有用。选择关▼下拉列表中的某一类型（图像、程序图像、毛坯、注塑或泡沫），然后单击该区域前面的“凹凸”放置按钮（图 12.2.11），系统会弹出“打开”对话框，通过选取某种图像，可在模型上放置凹凸图片。

注意：只有对模型进行渲染后，才能观察到凸凹效果。只有将渲染器设置为 PhotoLux 时，用于“凹凸”的“程序图像”“毛坯”“注塑”和“泡沫”值才可用。

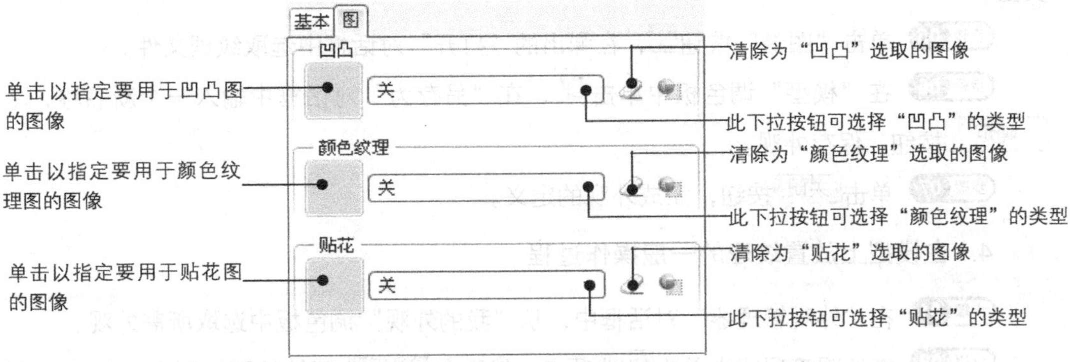

图 12.2.12 “图”选项卡

- 颜色纹理选项：利用该项功能可以把材质纹理图片附于模型表面上，使模型具有某种材质的纹理效果。

> **注意** 当模型表面加上“颜色纹理”后，纹理将覆盖模型的整个表面，而使模型本身的颜色不起作用。

- 贴花选项：利用此选项可在零件的表面上放置一种图案，如公司的徽标。一般是在模型上的指定区域进行贴花，贴花后，指定区域内部填充图案并覆盖其下面的外观，而没有贴花之处则显示其下面的外观，即贴花图案位于所有“图外观”的顶层，就像是粘膜或徽标。贴花允许包括透明区域，使该区域位于图像之内；也允许透过它显示基本颜色或颜色纹理。贴花是应用了 Alpha 通道的纹理。如果像素的 Alpha 值大于零，则像素颜色会映射到曲面；如果 Alpha 值为零，则曲面的基本纹理颜色透过此像素可见。贴花不产生凹凸状，但可以控制贴花图片的明亮度，这对制作具有光泽的材质会很有用。

3. 创建纹理的一般操作过程

步骤 01 将工作目录设置至 D:\proedq5\work\ch12.02.03，打开文件 hydraulic-body-lower.prt。

步骤 02 选择下拉菜单 工具(T) → 外观管理器(A)... 命令，在系统弹出的“外观管理器”对话框中单击按钮以添加新外观。如果需要，可为外观输入一个名称。

步骤 03 如有必要，可使用“颜色编辑器”对话框为此外观创建一种颜色。

步骤 04 在外观管理器中单击图选项卡，然后在颜色纹理区域的下拉列表中选择“图像”

类型。

步骤 05 单击“图像”按钮，在弹出的“打开”对话框中选取纹理文件。

步骤 06 在“模型”调色板中单击，在“另存为”对话框中输入一个新名称，单击 确定 按钮，保存外观。

步骤 07 单击 关闭 按钮，完成外观的定义。

4. 在模型上放置纹理的一般操作过程

步骤 01 在“外观管理器”对话框中，从“我的外观”调色板中选取所需外观。

步骤 02 在外观管理器中单击 图 选项卡，然后在 颜色纹理 区域的下拉列表中选择“图像”类型。

步骤 03 单击“图像”按钮，在弹出的“打开”对话框中选取纹理文件。

步骤 04 在“外观管理器”对话框中，单击 关闭 按钮。

步骤 05 单击外观库按钮，此时鼠标在图形区显示“毛笔”状态，选取要设置此外观的对象，然后在“选取”对话框中单击 确定 按钮。

说明 虽然可以一次在多个曲面上放置纹理，但最好在各个曲面上单独放置纹理图，以确保纹理图能正确定向。根据不同的纹理，需要经过多次试验才能获得满意的结果。

5. 控制模型上的纹理显示

当定义的外观纹理应用到模型上后，可用下面两种方法控制模型上的外观纹理的显示。

方法一：选择下拉菜单 工具(T) ➡ 环境(E) 命令，系统弹出“环境”对话框，该对话框中的 ☑ 纹理 复选框用于控制外观纹理的显示。

方法二：选择下拉菜单 视图(V) ➡ 显示设置(Y) ➡ 模型显示(M)... 命令，系统弹出“模型显示”对话框，该对话框的 着色 选项卡中的 ☑ 纹理 复选框用于控制外观纹理的显示。

6. 外观设置中的注意事项

定义外观时，最常见的一种错误是使外观变得太亮。在渲染中可使用醒目的颜色，但要确保颜色不能太亮。太亮的模型看起来不自然，或者像卡通。如果图像看起来不自然，可以使用“外观管理器”对话框来降低外观的色调，可在 基本 选项卡中降低加亮区的光泽度和强度，并将反射向标尺中的无光泽端降低。

使用 图 选项卡中的纹理图可增强模型的真实感。

12.2.4 外观的修改与保存

模型的外观设置好以后，可在“外观管理器”对话框中选择下拉菜单 文件▾ → 另存为... 命令，将外观保存为外观文件，默认时，外观文件以 .dmt 格式保存。

另外，利用“外观管理器”为模型赋予的颜色和材质纹理及图片，颜色会与模型一起保存，但是材质纹理与图片不随模型一起保存，因此下次打开模型时，会出现材质纹理或图片消失，只剩下颜色的现象。这就需要在配置文件 config.pro 中设置 texture_search_path 选项，指定材质纹理与图片的搜索路径。texture_search_path 选项可以重复设置多个不同的路径，这样能保证系统找到模型中的外观。

修改打开模型中的外观的操作过程如下。

步骤01 将工作目录设置至 D:\proedq5\work\ch12.02.04，打开文件 hydraulic-body-lower.prt。

步骤02 选择下拉菜单 工具(T) → 外观管理器(A)... 命令，系统弹出“外观管理器”对话框。

步骤03 （可选操作步骤）在“外观管理器”对话框的外观库中删除所有外观。

步骤04 将模型上的外观载入外观库。打开带有外观的模型后，其外观并不会自动载入外观库，要载入该外观，可以进行如下操作。

- 在“外观管理器”对话框“我的外观”调色板中单击 文件▾ → 添加... 命令，载入一个保存的外观文件。
- 将一个外观文件指定为 config.pro 文件中 pro_colormap_path 配置选项的值，这样在每个 Pro/ENGINEER 进程中，系统均会载入该外观文件。

说明：使用“外观管理器”对话框，可以载入在 Pro/ENGINEER 野火版以前的版本中保存的 color.map 文件。

步骤05 从“我的外观”调色板中选取要修改的外观。

步骤06 在“外观管理器”中，可以在 基本 和 图 选项卡中对外观进行修改。

12.2.5 系统材质库

与 Pro/ENGINEER 软件配套的，有一张系统图形库（Graphic Library）光盘，包含各种材质、灯光和房间的设置，将此图形库光盘安装后，系统会创建一个名为 graphiclib 的文件夹，该文件夹的结构如图 12.2.13 所示。

文件夹 adv_materials 中的材质为高级材质，这些材质只有经过 Photolux 渲染器渲染后才能显示其材质特点，在产品设计中使用 adv_materials 中的材质，渲染后的效果图看起来跟真实的物体一样。

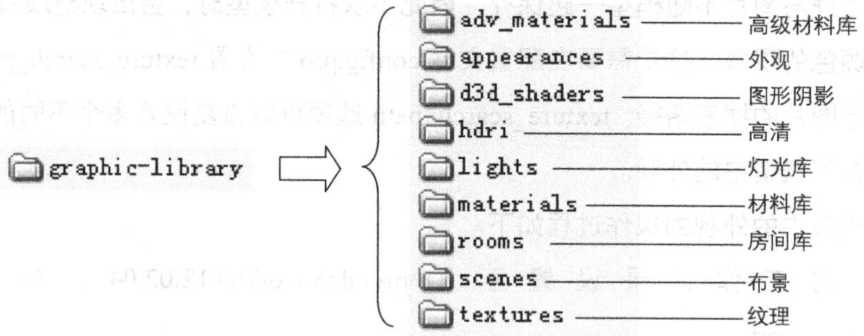

图 12.2.13　系统图形库的目录结构

调用系统图形库中的高级材质的一般过程如下。

步骤 01　将工作目录设置至 D:\proedq5\work\ch12.02.05，打开文件 hydraulic-body-lower.prt。

步骤 02　选择下拉菜单 工具(T) → 外观管理器(A)... 命令，系统弹出“外观管理器”对话框。

步骤 03　在“外观管理器”对话框中选择下拉菜单 文件 ▾ → 打开... 命令。

步骤 04　按照路径 C:\program files\proewildfire 5.0\graphic-library\appearances,，打开材质外观文件 appearance.dmt。

步骤 05　此时，appearance.dmt 文件中所有材质的外观显示在“我的外观”调色板中，但在默认情况下，“我的外观”调色板中的外观球不显示其某些材质特性（如凹凸、透明等），当将其分配给模型并进行渲染后，可在渲染后的模型上观察到材质的特性。

说明　要使外观库中的外观球显示其材质特性（参见随书光盘文件 D:\proedq5\work\ch12.02.05\高级材质.doc），需进行以下操作。

（1）选择下拉菜单 视图(V) → 模型设置(E) ▸ → 渲染设置(T)... 命令。

（2）在“渲染设置”对话框的 渲染器 列表框中选择 Photolux 渲染器，如图 12.2.14 所示。

（3）在“外观管理器”对话框的 下拉菜单中，依次选中 渲染器 单选项、渲染房间 复选项，然后在 下拉菜单中选中 渲染的示例 复选项，如图 12.2.15 所示。

步骤 06 从“我的外观”调色板中选取一种材质指定给模型。

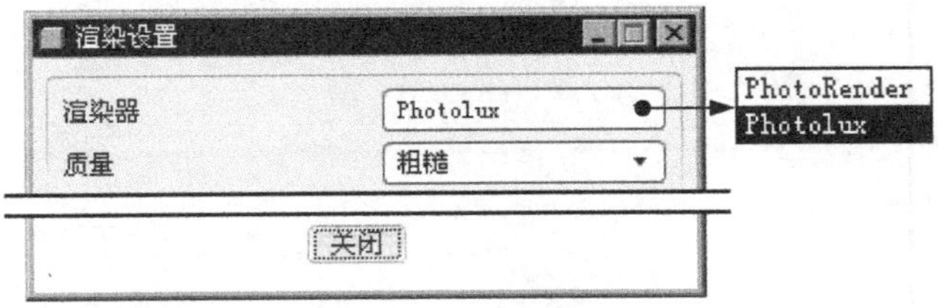

图 12.2.14 “渲染设置”对话框

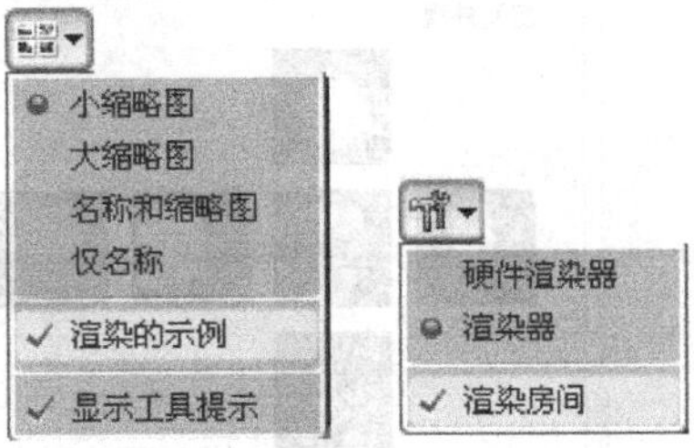

图 12.2.15 “视图”和“工具”选项

12.3 渲染房间的设置

房间（Room）是渲染的背景，它为渲染设置舞台，是渲染图像的一个组成部分。房间具有天花板、墙壁和地板，这些元素的颜色纹理及大小、位置等的布置都会影响图像的质量。在外形上，房间可以为长方形或圆柱形。创建长方形房间时，最困难的是要使空间的角落看起来更真实。可以用下面的方法来避免房间角落的问题。

◆ 创建一个圆柱形房间或创建足够大的长方形房间，以使角落不包含在图像中。

◆ 将房间的壁移走，然后放大模型进行渲染。

下面介绍创建房间的一般过程。

步骤 01 将工作目录设置至 D:\proedq5\work\ch12.03，打开文件 hydraulic-body-lower.prt。

步骤 02 选择下拉菜单 视图(V) ➡ 模型设置(E) ▸ ➡ 房间(R)... 命令，系统弹出图 12.3.1 所示的“场景”对话框中的“房间”选项卡。

步骤 03 此时默认的房间类型为 ● 矩形房间，在“房间”选项卡中选择下拉菜单 选项 ▾ ➡ 房间类型 ▸ ➡ 圆柱形房间 命令，可将房间更改为圆柱形。

步骤 04 在选项卡的 大小 区域中，可调整房间的大小。

步骤 05 单击 高级 命令，系统弹出图 12.3.2 所示的“高级”选项组。

步骤 06 在 旋转 区域中，可调整房间绕 X 、 Y 、 Z 轴旋转的角度；在 比例 区域中可调整房间的比例；在 显示选项 区域中可设置房间的显示方式为 ◉ 着色 或 ○ 线框 。

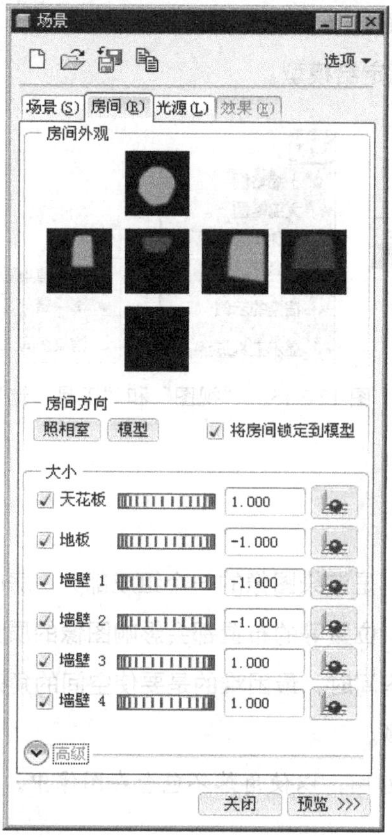

图 12.3.1 “房间”选项卡

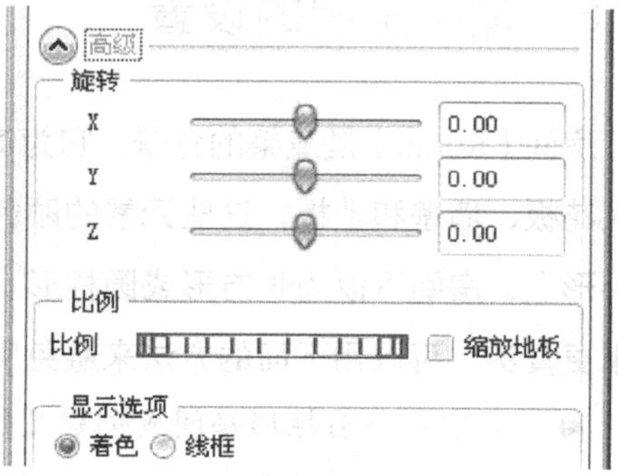

图 12.3.2 “高级”选项组

12.4 渲染光源的设置

所有渲染都必须有光源，利用光源可加亮模型的一部分或创建背光以提高图像质量。在“光源编辑器”对话框中，最多可以为模型定义六个自定义光源和两个默认光源。每增加一个光源都会增加渲染时间。可用光源有以下几种类型。

- 环境光源（default ambient）：环境光源均衡照亮所有曲面。光源在空间的位置并不影响渲染效果。例如，环境光可以位于曲面的上方、后方或远离曲面，但最终的光照效果是一样的。环境光源默认存在，其强度和位置都不能调整。
- 点光源（lightbulb）：点光源类似于房间中的灯泡，光线从中心辐射出来。根据曲面与光源的相对位置的不同，曲面的反射光会有所不同。
- 平行光（distant）：平行光源发射平行光线，不管位置如何，都以相同角度照亮所有曲面。平行光光源用于模拟太阳光或其他远距离光源。

- 默认平行光（default distant）：默认平行光的强度和位置可以被调整。
- 聚光源（spot）：聚光源是光线被限制在一个圆锥体内的点光源。
- 天空光源（skylight）：天空光源是一种使用包含许多光源点的半球来模拟天空的方法。要精确地渲染天空光源，则必须使用 Photolux 渲染器。如果将 Photorender 用做渲染程序，则该光源将被处理为远距离类型的单个光源。

创建和编辑光源时，请注意下面几点。

- 使用多个光源时，不要使某个光源过强。
- 如果使用只从一边发出的光源，模型单侧将看起来太刺目。
- 过多的光源将使模型看起来像洗过一样。
- 较好的光照位置是稍高于视点并偏向旁边（45° 较合适）。
- 对大多数光源应只使用少量的颜色，彩色光源可增强渲染的图像，但可改变已应用于零件的外观。
- 要模拟室外环境的光线，可使用从下部反射的暖色模拟地球，用来自上部的冷色模拟天空。
- 利用光源的 HSV 值，可以模拟不同的光，但要注意，所使用的计算机显示器的标准不同，相同的 HSV 值看起来的效果也不相同。下面是大多数情形下的一些光线的 HSV 值：
  - 使用 HSV 值为 10、15、100 的定向光源模拟太阳光。
  - 使用 HSV 值为 200、39、57 的定向光源模拟月光。
  - 使用 HSV 值为 57、21、100 的点光源模拟室内灯光。

1. 创建点光源

步骤 01 将工作目录设置至 D:\proedq5\work\ch12.04，打开文件 crusher-base.prt。

步骤 02 选择下拉菜单 视图(V) → 模型设置(E) ▸ → 光源(L)... 命令，系统弹出图 12.4.1 所示的“场景”对话框中的“光源”选项卡。

步骤 03 单击“添加新的灯泡”按钮，增加一个点光源。

步骤 04 在下面的编辑区域中可进行光源属性的设置。

（1）设置光源的一般属性。如图 12.4.2 所示，在一般区域中可以设置光源的名称和强度。

（2）设置光源的阴影属性：在图 12.4.2 所示的阴影区域中可以设置光源的阴影，此选项可增加渲染的真实感，但同时增加了计算时间。

- 在阴影区域选中 ☑ 启用阴影 复选框，可使模型在光源照射下产生阴影（在渲染时）。
  - 清晰阴影是半透明的，可以穿过对象，并可黏着其所穿过的材料的颜色。

- 柔和阴影始终是不透明的，且是灰色的。可以控制柔和阴影的柔和度。
- 只有在使用 Photolux 渲染器时，才能看到清晰阴影与柔和阴影的效果。
- 要使用 PhotoRender 类型的渲染器来渲染阴影，必须在“渲染设置”对话框中选中 □ 地板上的阴影 复选框或 □ 自身阴影 复选框。

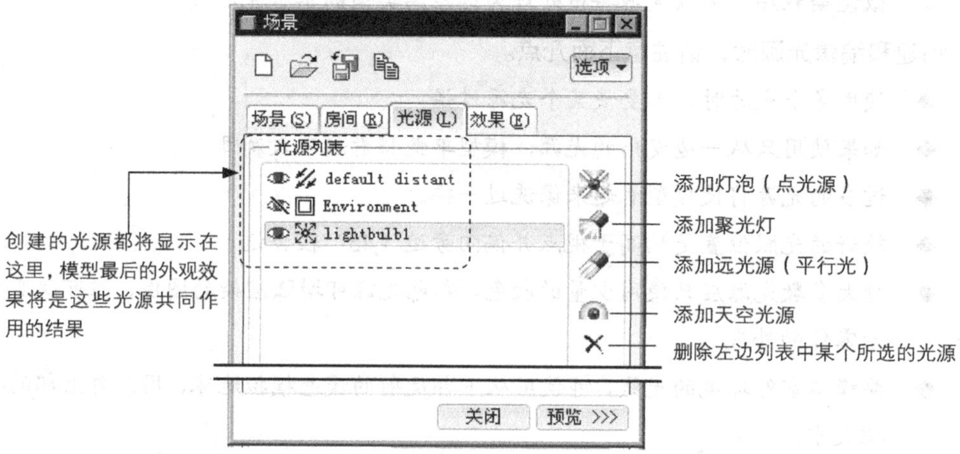

图 12.4.1 “光源”选项卡

（3）设置光源的“位置”属性。

◆ 如图 12.4.2 所示，单击 位置... 按钮可以弹出图 12.4.3 所示的“光源位置”对话框，用户可以在 X 、 Y 或 Z 方向放置光源，这里的 X、Y 和 Z 与当前 Pro/ENGINEER 坐标系的 X、Y 和 Z 轴没有任何关系。无论模型处在什么方位，这里的 X 总是为水平方向，向右为正方向； Y 总是为竖直方向，向上为正方向； Z 方向总是与显示器的屏幕平面垂直。

◆ 在 位置... 按钮下方的锁定到 照相室 栏中可以设置光源的锁定方式，如图 12.4.4 所示，各锁定方式说明如下。

- 照相室：将光源锁定到照相室，根据模型与照相机的相对位置来固定光。
- 模型：将光源锁定到模型的同一个位置上，旋转或移动模型时，光源随着旋转或移动。此时光源始终照亮模型的同一部位，而与视点无关。这是最常用的锁定方式。
- 相机：光源始终照亮视图的同一部位，而与房间和模型的旋转或移动无关。
- 房间：将光源锁定到房间中的某个方位上。例如，如果在房间的左上角放置一个光源，则该光源将始终位于房间的这个拐角上。

2. 创建聚光灯

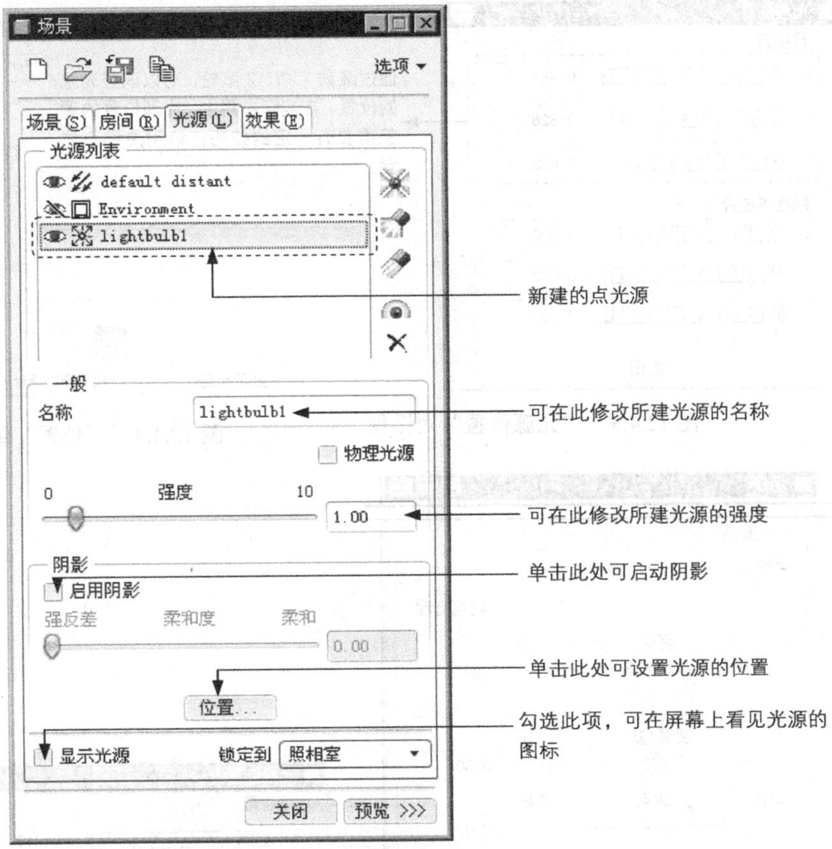

图 12.4.2 “光源”选项卡

步骤 01 选择下拉菜单 视图(V) → 模型设置(E) → 光源(L)... 命令，在系统弹出的“场景”对话框的“光源”选项卡中单击“添加新聚光灯”按钮，增加一个聚光灯。

步骤 02 在下面的编辑区域中可进行光源属性的设置。

(1) 设置光源的“一般”属性。如图 12.4.5 所示，在一般区域中，可以修改光源的名称和强度，在聚光灯区域中可设置其（投射）角度及焦点。

- 角度(G)：控制光束的角度。
- 焦点：控制光束的焦点。

(2) 在图 12.4.6 所示的“光源位置” 对话框中可以设置光源的位置。

- 聚光灯的图标形状好像是一把伞，伞尖为光源的源位置点，伞把端部为光源的瞄准点位置。
- 渲染模型时，需要不断调整源位置点和瞄准点位置，并将“瞄准点位置”对准模型上要重点表示的部位。

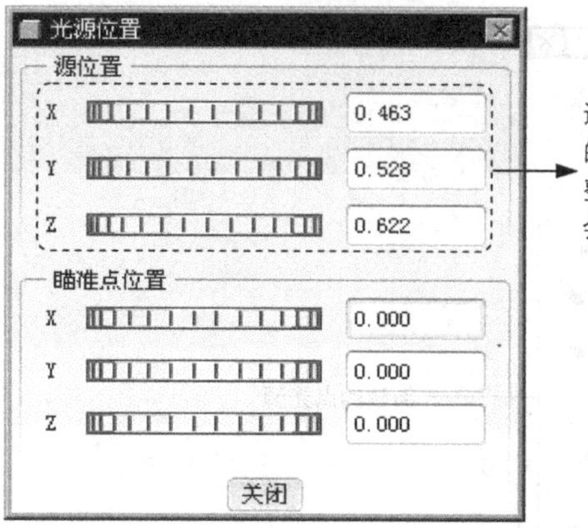

图 12.4.3 “光源位置”对话框

图 12.4.4 “位置”编辑区

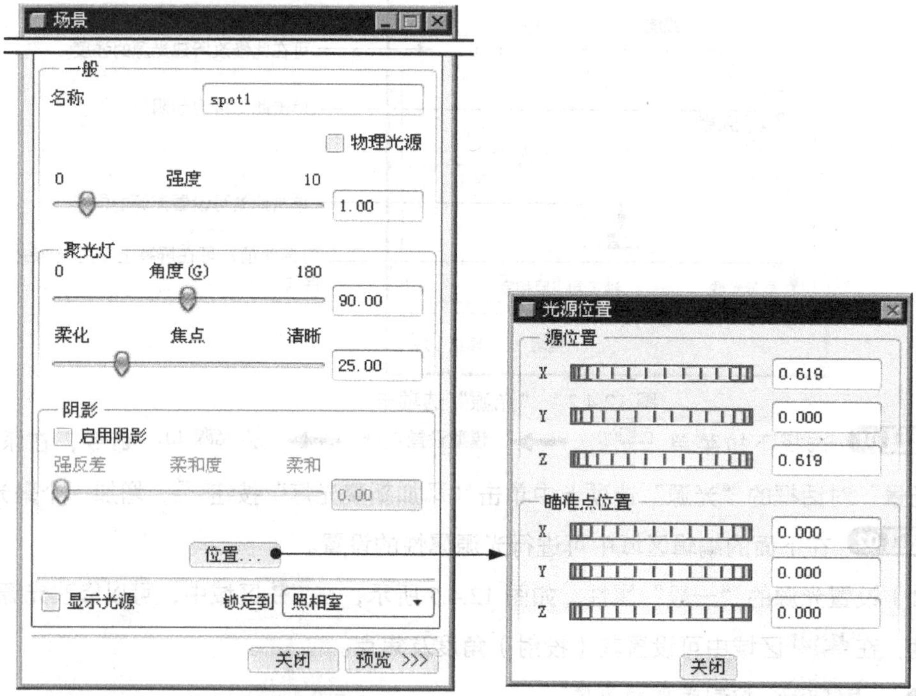

图 12.4.5 “光源”选项卡　　图 12.4.6 “光源位置”对话框

12.5 透视图的设置

在进行一些渲染设置时，需要提前设置模型的透视图。设置透视图的一般操作过程如下。

步骤 01 将工作目录设置至 D:\proedq5\work\ch12.05，打开文件 crusher-base.prt。

步骤 02 选择下拉菜单 视图(V) → 模型设置(E) ▸ → 透视图设置(E)... 命令，系统弹出“透视图”对话框，如图 12.5.1 所示。

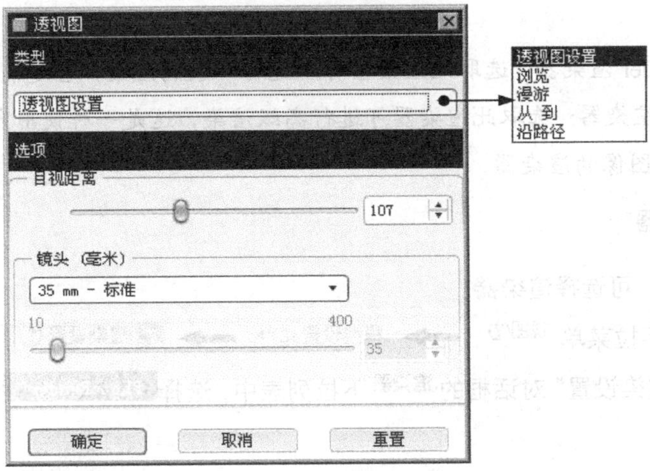

图 12.5.1 “透视图”对话框

步骤 03 在类型栏中选取以下方法之一来移动视图。

- 透视图设置：（默认选项）可操控目视距离和焦距，以调整模型的透视量和观察角度。
- 浏览：可使用控件或采用鼠标控制在图形窗口中移动模型。
- 漫游：手动更改透视图的方法。模型的方向和位置通过类似于飞行模拟器的相互作用进行控制。
- 从 到：沿对象查看模型，查看路径由两个基准点或顶点定义。
- 沿路径：沿路径查看模型，查看路径由轴、边、曲线或侧面影像定义。

步骤 04 为目视距离指定一个值，以沿通过模型选择的路径移动视点。对于着色的模型，当路径位于模型内部时，将看不到任何内容。

说明

在“透视图”模式下，如果视点离模型很近，则很难查看模型；如果模型很复杂，而且包含许多互相接近的曲面，则也可能会错误地渲染曲面。使用缩放功能可获得较好的模型透视图。

步骤 05 在镜头的下拉列表中选择不同的焦距，也可以选择定制焦距，通过移动滑块或在相邻的文本框中输入一定的数值，来指定焦距值。

步骤 06 单击确定按钮。

12.6 PhotoRender 和 Photolux 渲染器的设置

1. 关于渲染器

渲染器是进行渲染的“发动机”，要获得渲染图像，必须使用渲染器。Pro/ENGINEER 软件有两个渲染器。

- PhotoRender 渲染器：选取此渲染器可以进行一般的渲染，它是系统默认的渲染器。
- Photolux 渲染器：选取此渲染器可进行高级渲染，这是一种使用光线跟踪来创建照片级逼真图像的渲染器。

2. 选择渲染器

通过下列操作，可选择渲染器。

步骤 01 选择下拉菜单 视图(V) ➡ 模型设置(E) ▸ ➡ 渲染设置(T)... 命令。

步骤 02 在“渲染设置”对话框的 渲染器 下拉列表中，选择 PhotoRender 渲染器或 Photolux 渲染器。

3. PhotoRender 渲染器的各项设置

PhotoRender 渲染器的各项设置见图 12.6.1、图 12.6.2、图 12.6.3 和图 12.6.4。

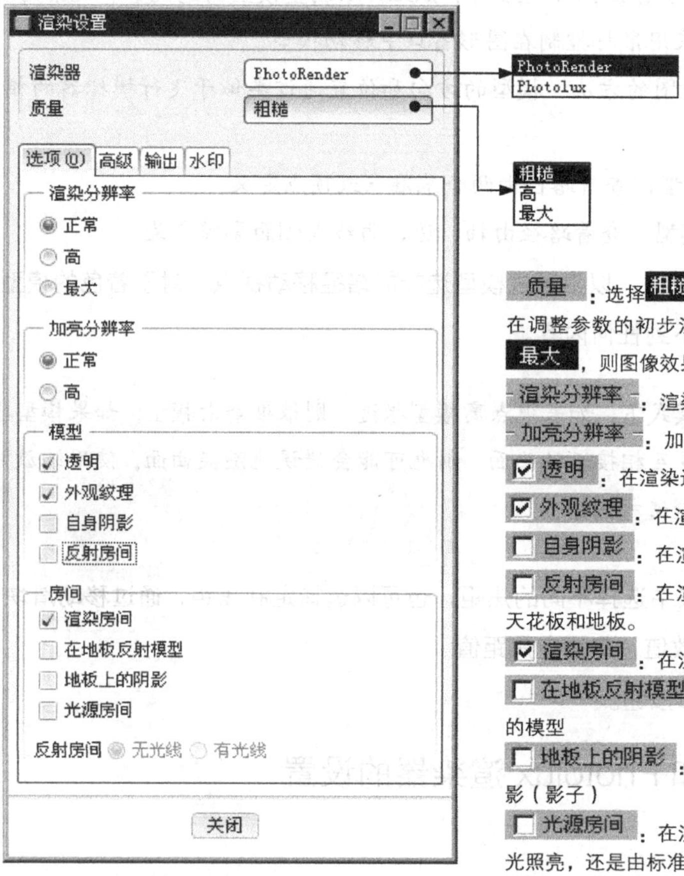

质量：选择 粗糙，则图像效果最粗糙，但渲染时间最短，在调整参数的初步渲染时，可选择此项以节约时间；选择 最大，则图像效果最精细，但渲染时间最长

渲染分辨率：渲染图像的分辨率

加亮分辨率：加亮区的分辨率

透明：在渲染过程中显示透明材质的透明效果

外观纹理：在渲染过程中显示材质的纹理

自身阴影：在渲染过程中产生由模型投射到自身的阴影

反射房间：在渲染过程中，在模型上反射房间的墙壁、天花板和地板。

渲染房间：在渲染过程中，对房间也进行渲染

在地板反射模型：在渲染过程中，在地板上反射所渲染的模型

地板上的阴影：在渲染过程中，在地板上产生模型的阴影（影子）

光源房间：在渲染过程中，决定房间是由用户自定义的光照亮，还是由标准的环境光照亮

图 12.6.1 “渲染设置”对话框

4. Photolux 渲染器的各项设置

Photolux 渲染器的各项设置见图 12.6.5 和图 12.6.6。

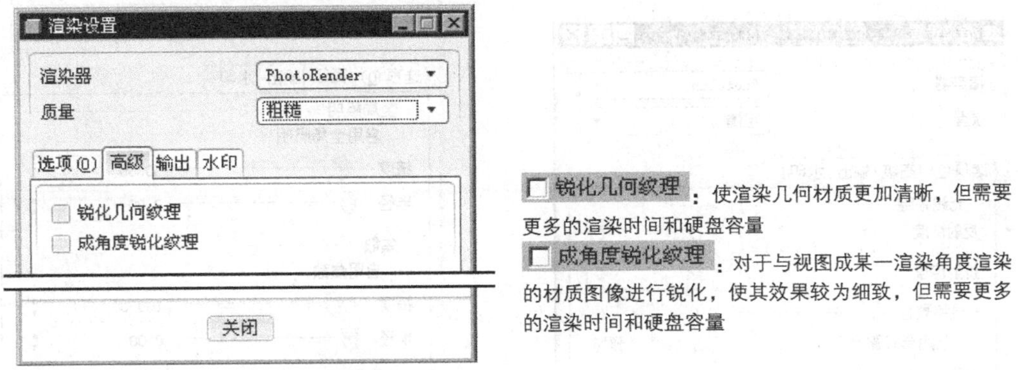

图 12.6.2 “高级”选项卡

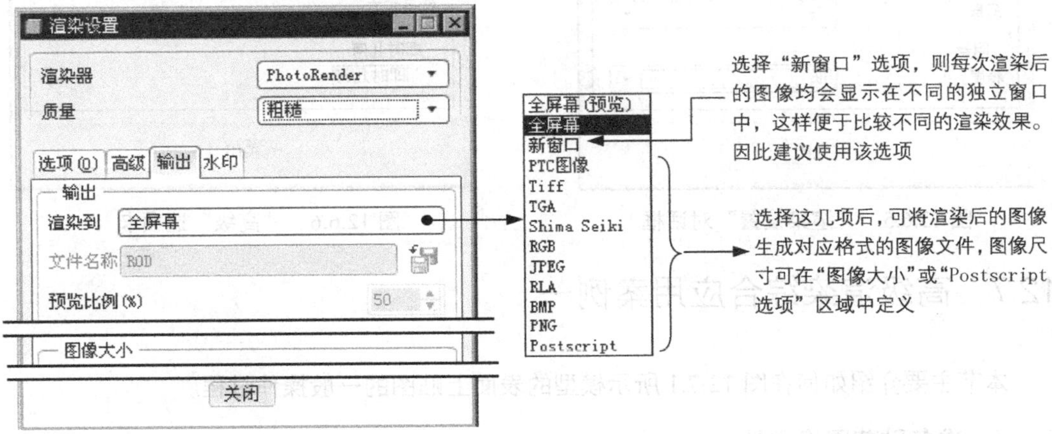

图 12.6.3 “输出”选项卡

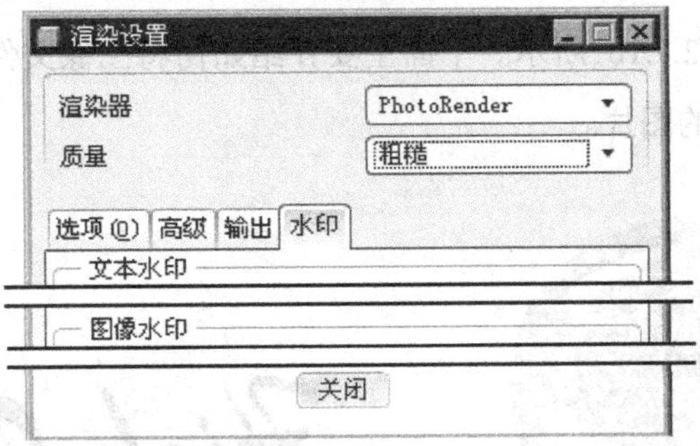

图 12.6.4 “水印”选项卡

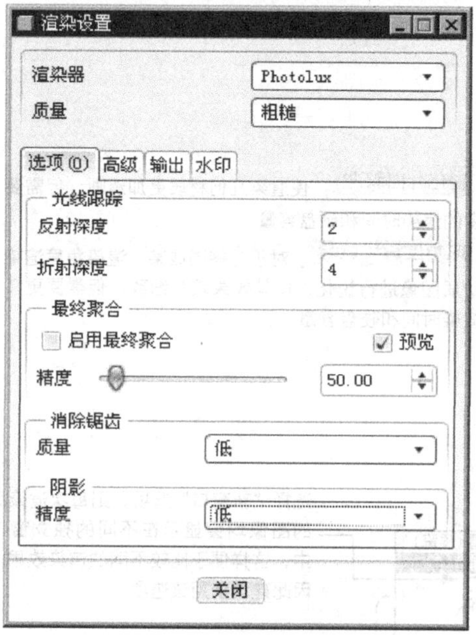

图 12.6.5 “渲染设置”对话框

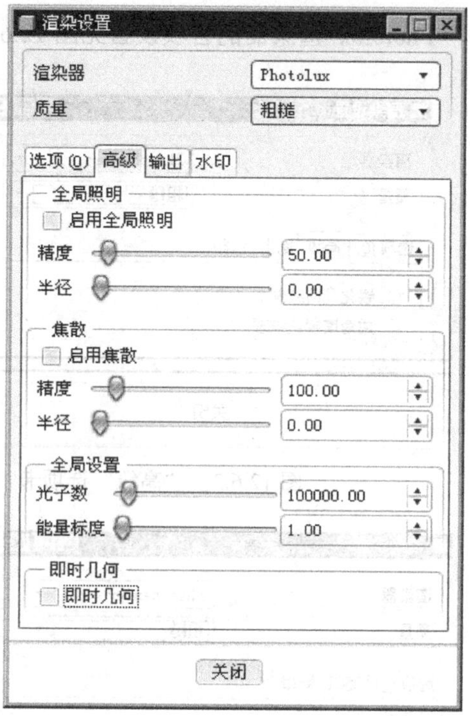

图 12.6.6 “高级”选项卡

12.7 高级渲染综合应用案例一

本节主要介绍如何在图 12.7.1 所示模型的表面上贴图的一般操作过程。

1. 准备贴花图像文件

在模型上贴图，首先要准备一个图像文件，编者在这里已经准备了一个含有文字的图像文件 tietu.bmp，如图 12.7.1b 所示。下面主要介绍如何将图像文件 tietu.bmp 处理成适合于 Pro/ENGINEER 贴花用的图片。

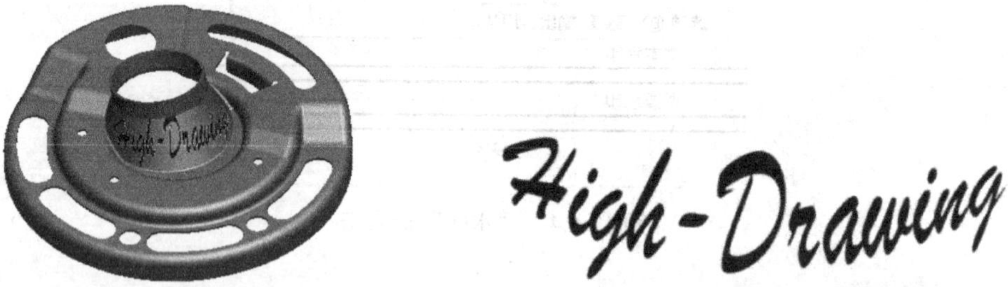

a） 模型　　b） 图像文件

图 12.7.1 在模型上贴图

步骤01 将工作目录设置至 D:\proedq5\work\ch12.07，然后打开文件 spring-base.prt。

步骤02 选择下拉菜单 工具(T) → 图像编辑器(I)... 命令，系统弹出图 12.7.2 所示的“图像编辑器”对话框。

图 12.7.2 “图像编辑器”对话框

步骤03 打开图片文件。在“图像编辑器”对话框中，选择下拉菜单 文件(F) → 打开(O)... 命令；打开文件 D:\proedq5\work\ch12.07\tietu.bmp。

步骤04 设置图片的 Alpha 通道。在“图像编辑器”对话框中，选择下拉菜单 图像(I) → 创建 Alpha 通道(A)... 命令，在图 12.7.3 所示的“创建图像 alpha 通道”对话框的 比较法 下拉列表中选择 小于，然后单击 确定 按钮。

说明：通过这一步的操作，可以将文件 tietu.bmp 中的白色图像部分设置为透明。选择下拉菜单 视图(V) → 显示 Alpha 通道(D) 命令，可以查看该图像中的 Alpha 通道。

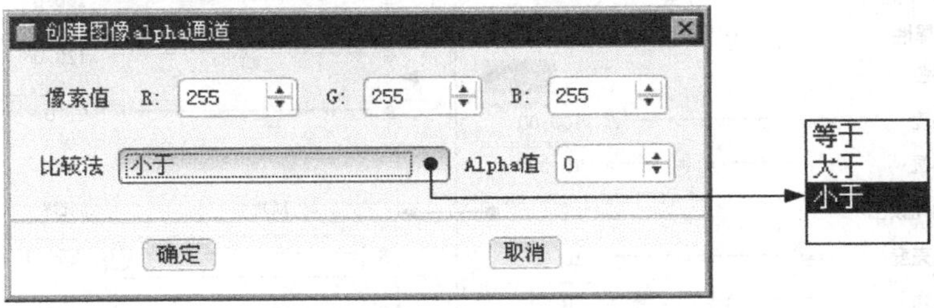

图 12.7.3 “创建图像 alpha 通道”对话框

步骤05 将图片保存为“PTC 贴花（*.tx4）”格式的文件。在“图像编辑器”对话框中，选择下拉菜单 文件(F) → 另存为(A)... 命令，在图 12.7.4 所示的“保存副本”对话框的 类型 下拉列表中选择 PTC贴花 (*.tx4)，在新名称 文本框中输入名称 tietu，然后单击 确定 按钮。单击 × 按钮，关闭“图像编辑器”对话框。

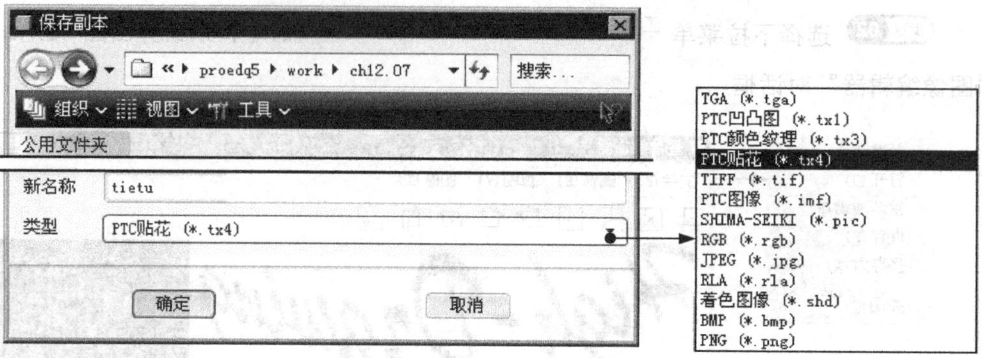

图 12.7.4 “保存副本”对话框

2. 设置模型基本外观

步骤 01 选择下拉菜单 工具(T) → 外观管理器(A)... 命令。

步骤 02 在“我的外观”调色板中删除所有的外观。先在“外观管理器”对话框的“我的外观”调色板中选择最后一个外观，然后连续单击 ✕ 按钮，直至删除所有的外观。

说明 此时还剩下最后一个系统默认外观，在这里是删除不掉的。

步骤 03 创建新外观。在“外观管理器”对话框中单击 按钮，将新创建的外观命名为 app- spring-base；参照图 12.7.5 所示，设置新外观的 颜色 和 加亮颜色 的各项参数。

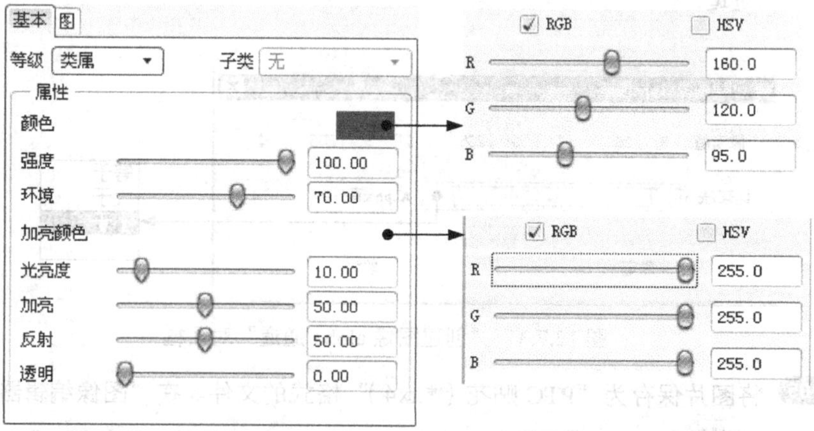

图 12.7.5 设置新外观的各项参数

步骤 04 应用新外观。关闭“外观管理器”对话框。单击“外观库”按钮，此时鼠标在图形区显示“毛笔”状态，在“智能选取栏”中选择 零件，然后选择模型，单击“选取”

对话框中的 确定 按钮。

3. 在模型的表面上设置贴花外观

步骤 01 创建贴花外观。

（1）选择下拉菜单 工具(T) → 外观管理器(A)...，在“外观管理器”对话框的“我的外观”调色板中，选择前面创建的外观 app-spring-base。

（2）复制前面创建的外观。单击按钮，复制前面创建的外观 app-spring-base。

（3）将新外观命名为 app-spring-base01。

步骤 02 在外观 app-spring-base01 上设置贴花。

（1）选择外观 app-spring-base01，单击 图 选项卡，在 贴花 区域的下拉列表中选择 图像，再单击按钮（图 12.7.5）。

（2）在图 12.7.6 所示的“打开”对话框中，选择前面保存的 tietu.tx4 文件，然后单击 打开 按钮。

（3）单击图 12.7.7 所示的“外观管理器”对话框的 关闭 按钮，然后在工具栏中单击，系统弹出图 12.7.8 所示的“选取”对话框，在“智能选取栏”的下拉列表中选择 曲面，选取图 12.7.9 所示的模型表面，然后在“选取”对话框中单击 确定 按钮。

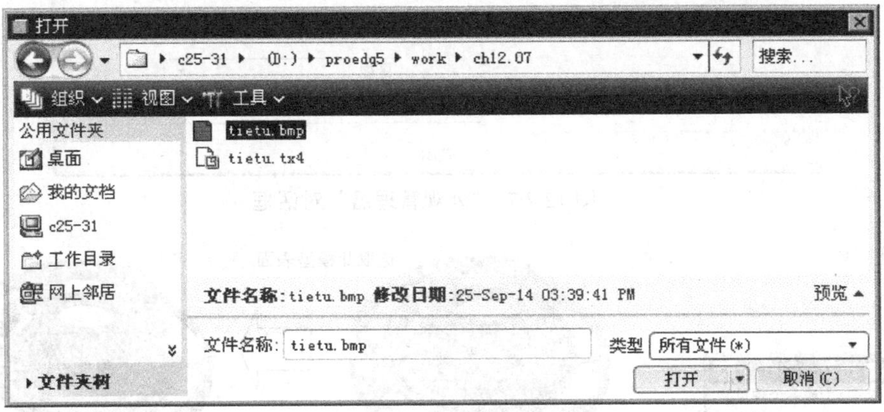

图 12.7.6 “打开”对话框

（4）修改贴花外观的放置参数。

① 单击中的按钮，在“模型”调色板中选择 app-spring-base01 外观，右击，在弹出的快捷菜单中选择 编辑... 命令，系统会弹出“模型外观编辑器”对话框，单击按钮，选取前面加载贴花的模型表面，这时“图”选项卡贴花区域中的“编辑贴花放置”按钮会高亮显示，然后单击按钮，系统弹出“Decal Placement”对话框，在 映射 区域 类型 下拉列表

中选择平面选项，并在极后的文本框中输入值-9.47；在副本区域中选择◉单一单选项；在重复区域X文本框中输入值 0.94，在Y文本框中输入值 0.42；在位置区域Y文本框输入值-0.15，其余参数采用默认设置。

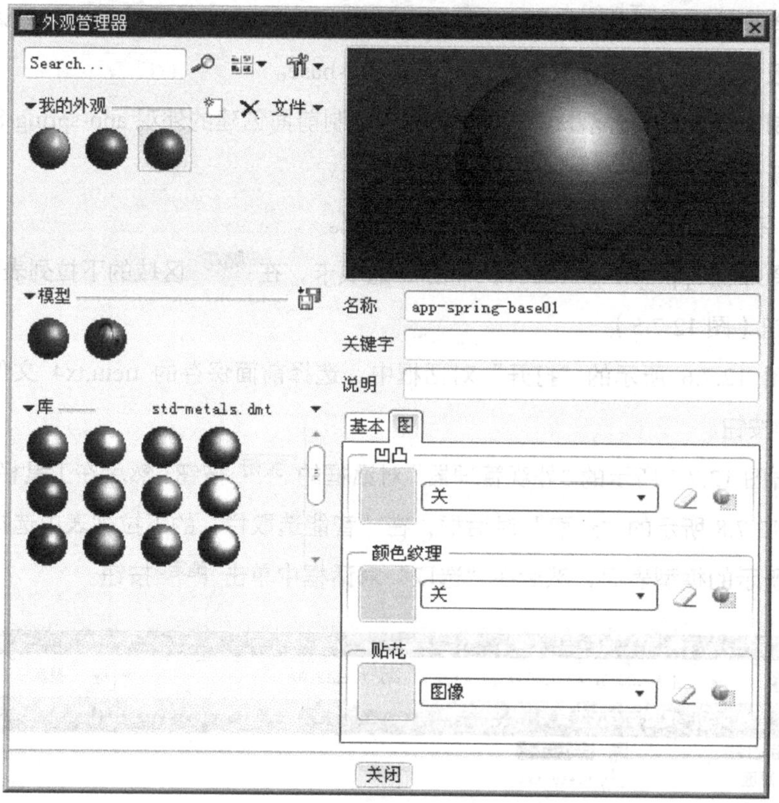

图 12.7.7 “外观管理器”对话框

图 12.7.8 “选取”对话框

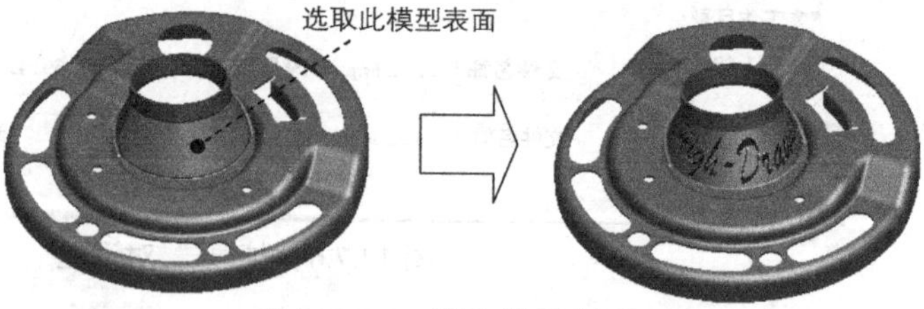

图 12.7.9 选取模型表面

② 在反向区域中单击⇄或⇅按钮，以调整贴花外观的方向，此处不需要调整，故可省略，单击确定按钮。

③ 单击“模型外观编辑器”对话框的关闭按钮，完成修改。

12.8 高级渲染综合应用案例二

本节介绍了将一个零件渲染成钢材质效果的详细操作过程。

1. 设置工作目录和打开文件

将工作目录设置至 D:\proedq5\work\ch12.08，然后打开文件 footrest-connector.prt。

说明：由于模型渲染中需要许多相关的文件，因此在渲染前应先进行工作目录的设置。

2. 设置视图

步骤 01 在图 12.8.1a 所示的工具栏中单击“保存的视图列表”按钮，从下拉列表中选择 V1（V1 视图已创建好），将模型视图设置到 V1 状态，如图 12.8.1b 所示。

a）视图列表　　b）V1 视图　　c）V2 视图

图 12.8.1 设置视图

步骤 02 创建 V2 视图。

（1）选择下拉菜单 视图(V) → 方向(O) ▸ → 重定向(O)... 命令，系统弹出图 12.8.2 所示的“方向”对话框。

（2）创建 V2 视图。在参照1区域的下拉列表中，选择方位“前”，选择 RIGHT 基准平面为参照 1；在参照2区域的下拉列表中，选择方位“上”，选择 TOP 基准平面为参照 2；将视图保存为 V2。

（3）在对话框中单击 确定 按钮。

说明：视图设置为后面的一些渲染操作（如房间、光源的设置）做准备。

3．设置场景

步骤 01 将模型视图设置到 V1 状态。

步骤 02 选择下拉菜单 视图(V) ➡ 模型设置(E) ▸ ➡ 场景... 命令，此时系统弹出图 12.8.3 所示的“场景”对话框，在“场景”选项卡的 场景库(S) 区域中选择图 12.8.3 所示的场景并右击，在弹出的快捷菜单中选择 激活 命令。

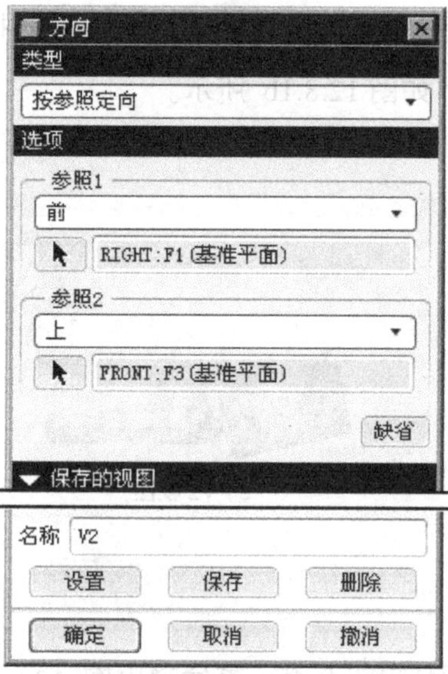

图 12.8.2 “方向”对话框

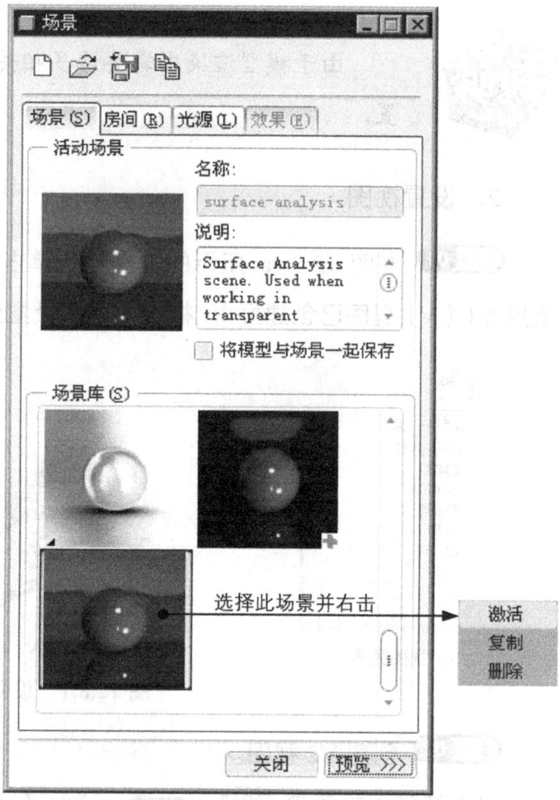

图 12.8.3 “场景”对话框

步骤 03 单击“场景”对话框中的 关闭 按钮，完成场景的设置。

4．设置房间

步骤 01 将模型放平在地板上。

（1）选择下拉菜单 视图(V) ➡ 模型设置(E) ▸ ➡ 房间(R)... 命令，在系统弹出的“房间”选项卡中，选择下拉菜单 选项 ▾ ➡ 房间类型 ▸ ➡ 圆柱形房间 命令，此时屏幕中的模型如图 12.8.4a 所示。

a） 初始位置　　b） 放平模型　　c） 模型贴地板　　d） 结果

图 12.8.4　模型放平在地板上（模型位置图）

（2）在图 12.8.5a 所示的下拉列表中选择 V2，将模型视图设置到 V2 状态，此时屏幕模型如图 12.8.4 b 所示；选中 ☑ 将房间锁定到模型 复选框；在 房间方向 区域中选择 照相室 按钮。

（3）调整地板和墙壁。在 大小 区域中，拖动 ☑ 地板 后面的滚轮，使地板与模型下表面平齐，如图 12.8.4 c 所示。然后在 ☑ 墙壁 2 的文本框中输入值-1.0，在 ☑ 天花板 的文本框中输入值 2.0。

（4）将模型视图设置到 V1 状态，此时屏幕模型如图 12.8.4d 所示。

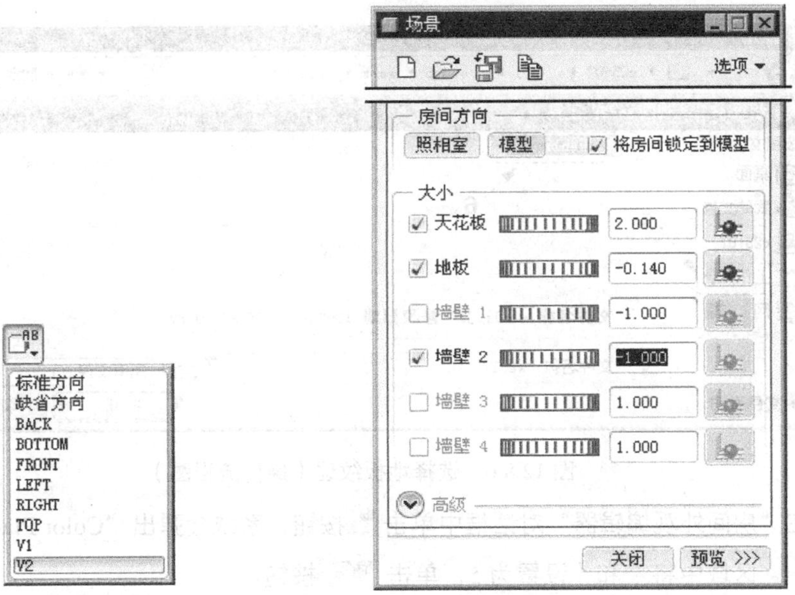

a） 选择视图　　b）“房间方向”和“大小”编辑区域

图 12.8.5　模型放平在地板上（操作流程图）

步骤 02　修改地板的纹理。

（1）按图 12.8.6 中的编号（1～7）依次操作。

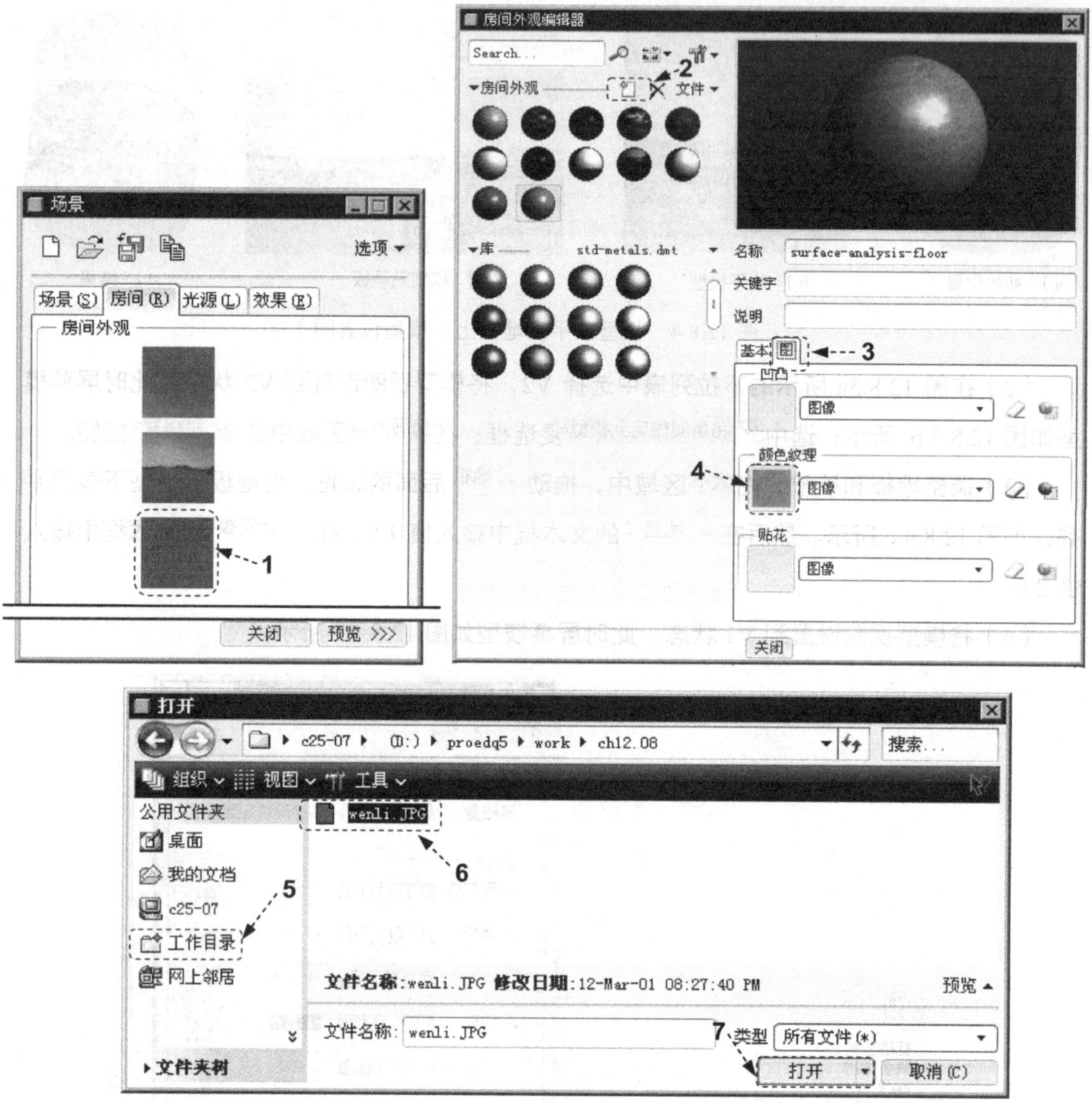

图 12.8.6　选择地板纹理（操作流程图）

（2）在“房间外观编辑器”对话框中单击按钮，系统会弹出“Color Placement”对话框，在 重复 区域中将 X 和 Y 设置为 5，单击 确定 按钮。

（3）在“房间外观编辑器”对话框的 基本 选项卡的 颜色 区域中，将 强度 设置为 40，将 环境 设置为 60。在 加亮颜色 区域中将 光亮度 设置为 65，将 加亮 设置为 35，单击 关闭 按钮。

步骤 03　设置墙壁。

（1）按图 12.8.7 中的编号（1～2）依次操作。

（2）在“房间外观编辑器”对话框的 基本 选项卡中对各项参数进行设置（图 12.8.8），然后在加亮颜色区域中将 反射 值设置为 25，单击 关闭 按钮。

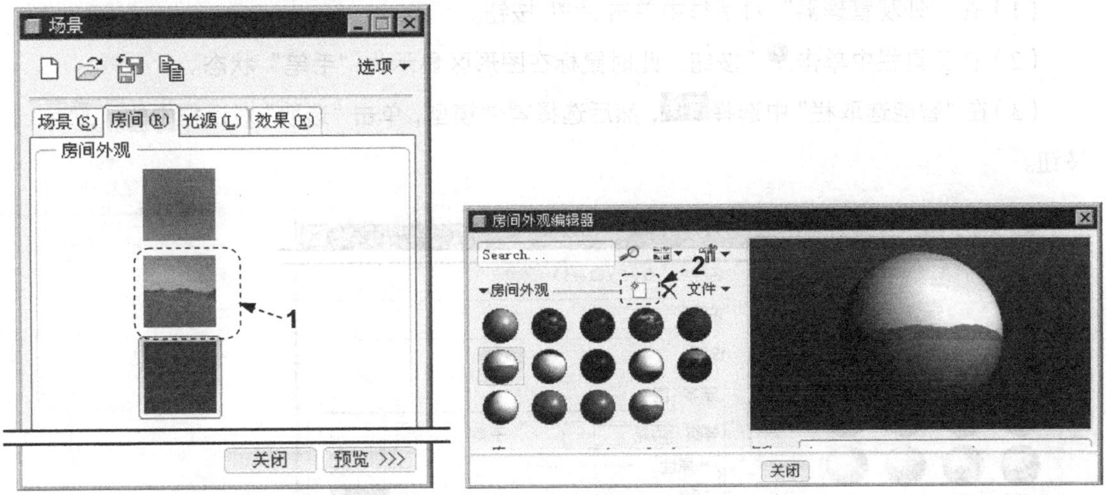

图 12.8.7　选择墙壁纹理（操作流程图）

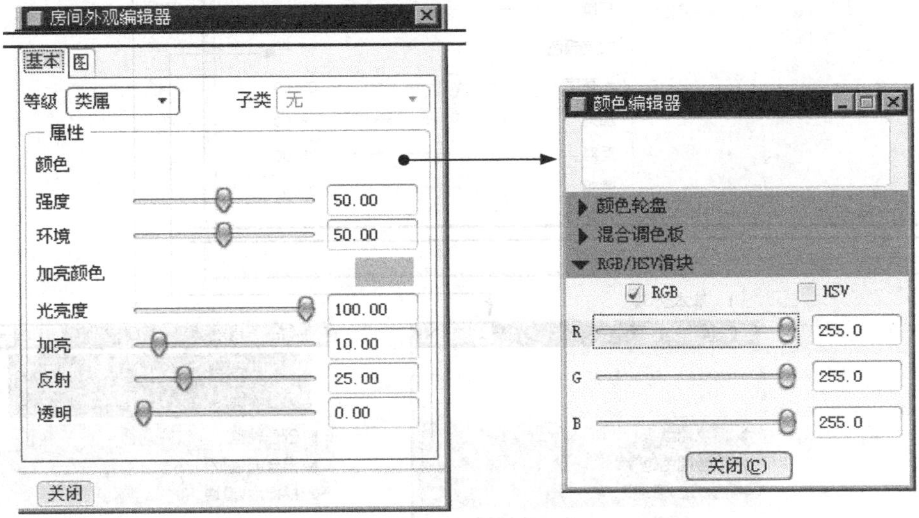

图 12.8.8　设置墙壁颜色

5．设置模型外观

步骤 01 选择下拉菜单 工具(T) → 外观管理器(A)... 命令，系统弹出“外观管理器”对话框。

步骤 02 在外观库中添加一种新外观。

（1）在对话框中，单击“创建新外观”按钮，并输入新外观的名称。

（2）设置新外观的相关参数，参照图 12.8.9 a、b、c。

步骤 03 将创建的外观应用到零件模型上。

（1）在“外观管理器”对话框中单击 关闭 按钮。

（2）在工具栏中单击 按钮，此时鼠标在图形区显示为“毛笔”状态。

（3）在“智能选取栏”中选择 零件，然后选择零件模型，单击“选取”对话框中的 确定 按钮。

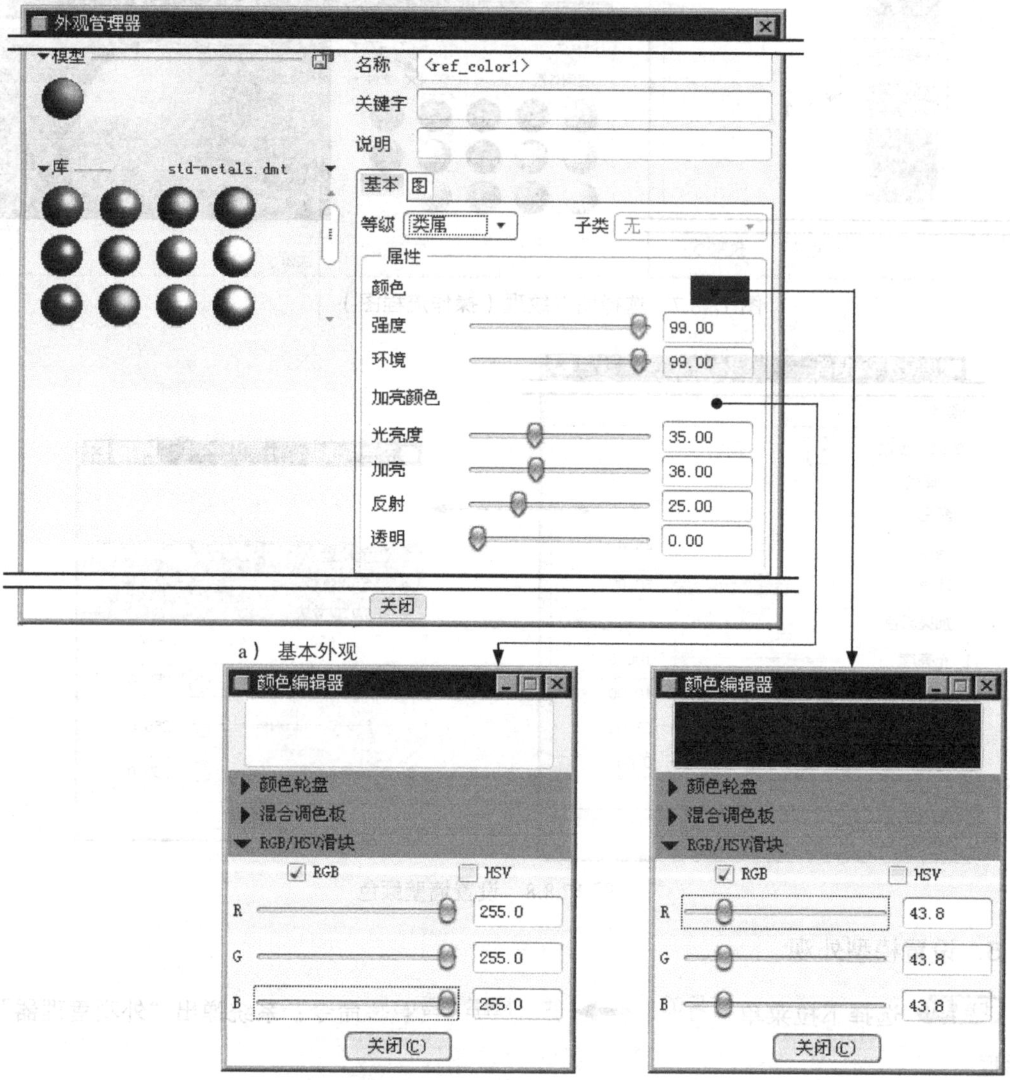

a） 基本外观

b） 材质本身颜色 c）材质加亮颜色

图 12.8.9 设置模型外观（操作流程图）

6. 设置光源（图 12.8.10）

光源的设置方案如下。

◆ 创建一个平行光 distance1 作为主光源 1，该光源用于照亮模型的右侧。

◆ 创建一个平行光 distance2 作为主光源 2，该光源用于照亮模型的左侧。

◆ 创建一个点光源 lightbulb1 作为辅光源，该光源用于照亮房间。

◆ 创建一个聚光灯 spot1 作为加强光源，该光源用于照亮模型的某个局部。

◆ 将默认的平行光 Default distance 屏蔽。

图 12.8.10　设置光源

步骤 01 创建点光源 lightbulb1。

（1）选择下拉菜单 视图(V) → 模型设置(E) ▸ → 光源(L)... 命令。

（2）在“光源”选项卡中，单击“添加新的灯泡”按钮，在选项卡下方选中 ☑ 显示光源 复选框，并在 锁定到 下拉列表中选择 模型；在 一般 区域中，将光的强度设为 0.8；单击 位置... 按钮，弹出“光源位置”对话框，在 源位置 区域中将 X 设置为-0.92，将 Y 设置为 2.348，将 Z 设置为 0.412；单击 关闭 按钮。

步骤 02 创建平行光 diatance1。

（1）单击“添加新的远光源”按钮，在选项卡下方选中 ☑ 显示光源 复选框。

（2）在 阴影 区域中，选中 ☑ 启用阴影 复选框，将柔和度设置为 100；在 一般 区域中，将光的强度设为 1.0。

（3）在选项卡下方 锁定到 下拉列表中选择 模型；单击 位置... 按钮，在弹出的“光源位置”对话框的 源位置 区域中，将 X 设置为 0.206，将 Y 设置为 0.051，将 Z 设置为 2.608。在 瞄准点位置 区域中，将 X 设置为 0.093，将 Y 设置为 0.000，将 Z 设置为-0.027；单击 关闭 按钮。

步骤 03 创建平行光 diatance2。

（1）单击“添加新的远光源”按钮，在选项卡下方选中 ☑ 显示光源 复选框。

（2）在 一般 区域中，将光的强度设为 0.5。

（3）在选项卡下方的 锁定到 下拉列表中选择 模型；单击 位置... 按钮，在弹出的“光源位置”对话框的 源位置 区域中，将 X 设置为-1.565，将 Y 设置为 0.494，将 Z 设置为 1.000。在 瞄准点位置 区域中，将 X 设置为 0.093，将 Y 设置为 0.000，将 Z 设置为-0.027；单击 关闭 按钮。

步骤 04 创建一个聚光灯作为加强光源，该主光源用于照亮模型的某个局部。

（1）在“光源”选项卡中，单击“添加新聚光灯”按钮，在选项卡下方选中☑显示光源复选框；在一般区域中，将角度(G)设置为 60，将焦点设置为 25，将强度设为 0.2。

（2）在选项卡下方的锁定到下拉列表中选择模型；单击位置...按钮，在弹出的“光源位置”对话框的源位置区域中，将X设置为 0.808，将Y设置为 0.328，将Z设置为 0.623。在瞄准点位置区域中将X设置为 0.358，将Y设置为 0.043，将Z设置为 0.203；单击关闭按钮。

步骤 05 屏蔽默认的光源。

在“光源”选项卡的光源列表中选取默认的平行光 default distant，然后单击 default distant 上的按钮，将该光源屏蔽。

步骤 06 保存光源设置。

（1）在“光源”选项卡中选择下拉菜单选项 ▾ ⟶ 导出光源命令。

（2）将光源文件命名为 bbb，并保存在当前工作目录中。

7. 对模型进行渲染

步骤 01 选择下拉菜单视图(V) ⟶ 模型设置(E) ▸ ⟶ 渲染设置(T)...命令，系统弹出图 12.8.11 所示的“渲染设置”对话框。

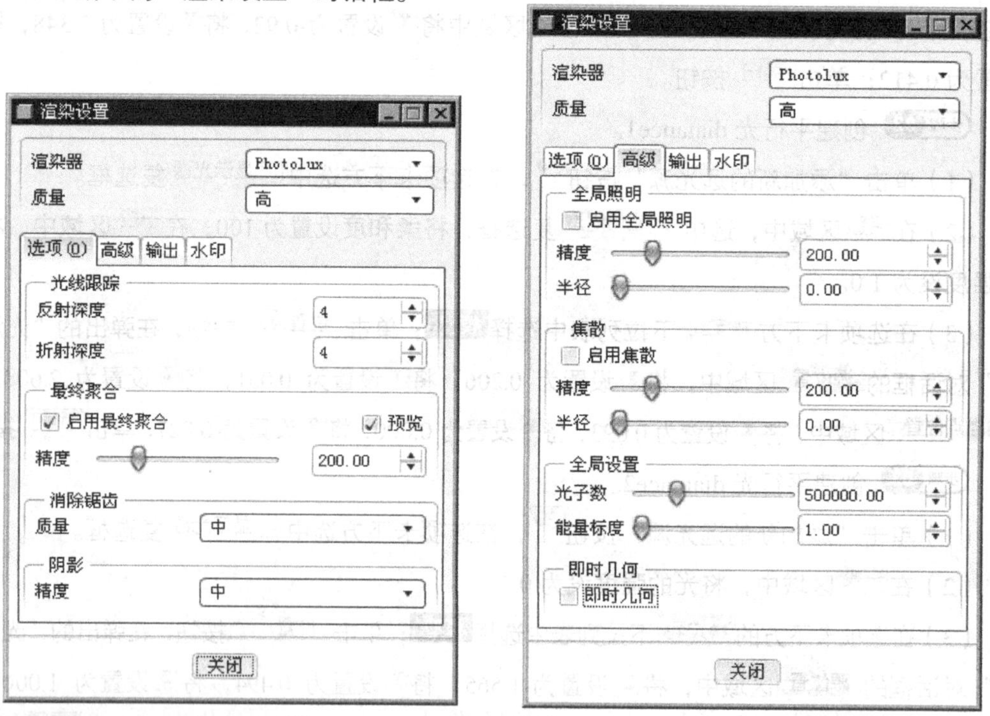

a）“选项”选项卡　　b）“高级”选项卡

图 12.8.11 “渲染设置”对话框

步骤 02 进行渲染设置

（1）参照图 12.8.11，在“渲染设置”对话框中设置渲染的各项参数。

（2）单击“渲染设置”对话框中的 关闭 按钮。

步骤 03 选择下拉菜单 视图(V) → 渲染窗口(D)。渲染后的效果参见随书光盘文件 D:\proedq5\work\ch12.08\渲染效果.doc。

“渲染设置”对话框中的各项设置对模型的渲染都会产生影响，读者可以尝试修改这些设置，来观察、理解各设置项的作用和意义。另外，模型的最终渲染效果还与房间设置、光源设置、模型的外观设置有很大的关系，要获得较好的渲染效果，一般需要多次甚至几十次的反复调试。

第 13 章 机构运动仿真

13.1 运动仿真

13.1.1 机构运动仿真概述

在 Pro/ENGINEER 的机构模块中，可以对一个机构装置进行运动仿真及分析，除了查看机构的运行状态，检查机构运行时有无碰撞外，还能进行进一步的位置分析、运动分析、动态分析、静态分析和力平衡分析，为检验和进一步改进机构的设计提供参考数据。

13.1.2 进入与退出运动仿真模块

要进入 Pro/ENGINEER 机构模块，必须先新建或打开一个装配模型。下面以一个已完成运动仿真的机构模型为例，说明进入机构模块的操作过程。

步骤 01 将工作目录设置为 D:\proedq5\work\ch13.01.02，然后打开装配模型文件 000-mechanical-arm-assy.asm。

步骤 02 进入机构模块。选择下拉菜单 应用程序(P) → 机构(E) 命令，则进入机构模块，此时界面如图 13.1.1 所示。

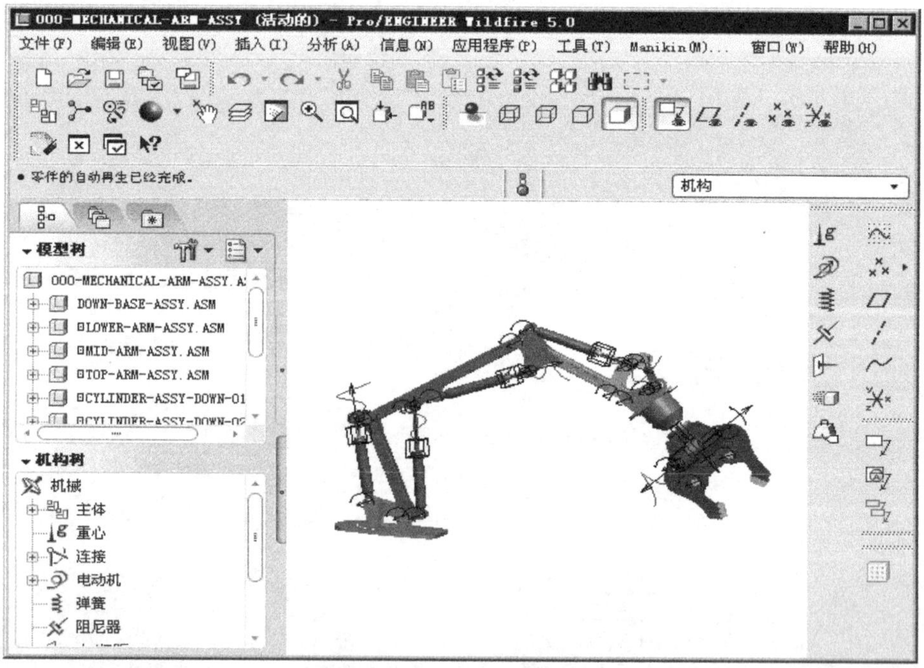

图 13.1.1 机构模块界面

步骤 03 退出机构模块。选择下拉菜单 应用程序(P) → 标准(S) 命令。

13.1.3 运动仿真模块的命令菜单及按钮

在“机构”界面中，与机构相关的操作命令主要位于 编辑(E)、插入(I) 和 分析(A) 三个下拉菜单中，如图 13.1.2~图 13.1.4 所示。

在机构界面中，命令按钮区列出了下拉菜单中常用的“机构”操作命令。列出所有这些命令按钮，可在按钮区右击鼠标，在快捷菜单中选中 机构、模型 和 运动 命令。

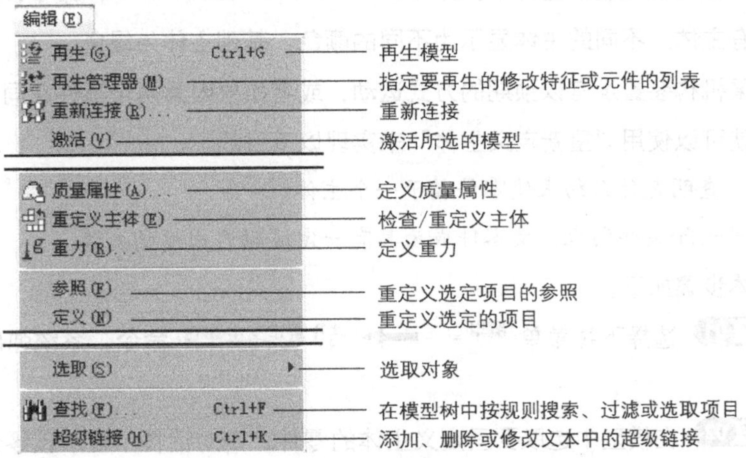

图 13.1.2 “编辑”下拉菜单

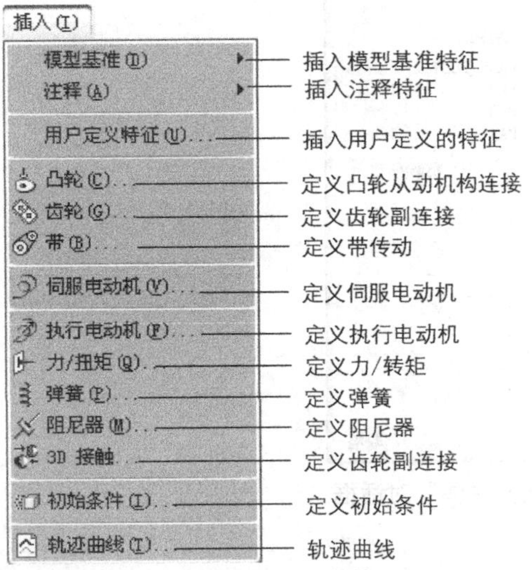

图 13.1.3 “插入”下拉菜单

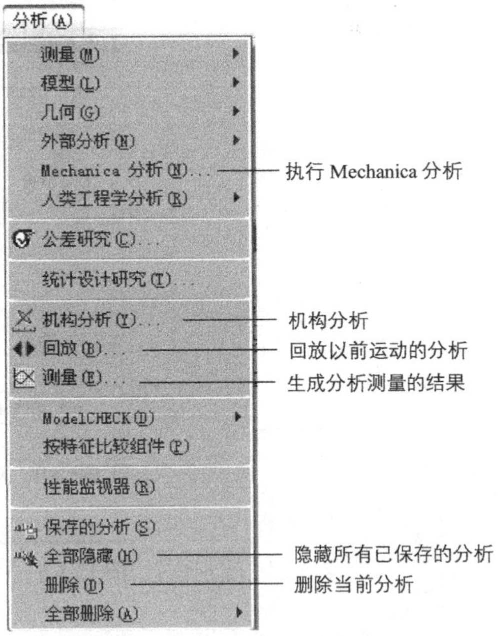

图 13.1.4 “分析”下拉菜单

13.1.4 主体

“主体”是机构装置中彼此间没有相对运动的一组元件（或一个元件）。在创建一个机构装置时，根据主体的创建规则，一般第一个放置到装配体中的元件将成为该机构的“基础”主体，以后如果在基础主体上添加固定元件，那么该元件将成为“基础”的一部分；如果添加连接元件，系统则将其作为另一个主体。当为一个连接定义约束时，只能分别从装配体的同一个主体和连接件的同一个主体中选取约束参考。

进入机构模块后，选择下拉菜单 视图(V) ➡ 加亮主体(H) 命令，系统将加亮机构装置中的所有主体。不同的主体显示为不同的颜色，基础主体为绿色。

如果机构装置没有以预期的方式运动，或者如果因为两个零件在同一主体中而不能创建连接，就可以使用“重新定义主体”来实现以下目的。

- 查明是什么约束使零件属于一个主体。
- 删除某些约束，使零件成为具有一定运动自由度的主体。

具体步骤如下。

步骤 01 选择下拉菜单 编辑(E) ➡ 重定义主体(E) 命令，系统弹出“重定义主体”对话框。

步骤 02 在模型中选取要重定义主体的零件，则对话框中显示该零件的约束信息，如图 13.1.5 所示，类型 列显示约束类型，参照 列显示各约束的参考零件。

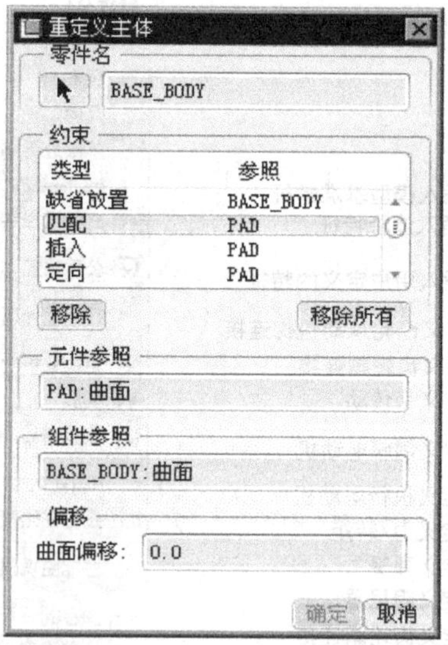

图 13.1.5 “重定义主体”对话框

注意 约束列表框不列出用来定义连接的约束，只列出固定约束。

步骤03 从约束列表中选择一个约束，系统即显示其元件参照和组件参照，显示格式为：“零件名称：几何类型”，同时在模型中，元件参考以洋红色加亮，组件参考以青色加亮。

步骤04 如果要删除一个约束，可从列表中选择该约束，然后单击移除按钮。根据主体的创建规则，将一个零件“连接”到机构装置中时，结果会使零件变成一个主体。所以一般情况下，删除零件的某个约束可以将零件重定义为符合运动自由度要求的主体。

步骤05 如果要删除所有约束，可单击移除所有按钮。系统将删除所有约束，同时零件被包装。

步骤06 单击确定按钮。

13.1.5 创建机构运动仿真的一般过程

步骤01 新建一个装配体模型，进入装配环境，然后选择下拉菜单插入(I) → 元件(C) → 装配(A)...命令，向装配体中添加组成机构装置的固定元件及连接元件。

步骤02 选择下拉菜单应用程序(P) → 机构(E)命令，进入机构模块，然后选择下拉菜单视图(V) → 方向(O) → 拖动元件(D)...命令，可拖动机构装置，以研究机构装置移动方式的一般特性以及可定位零件的范围；同时可创建快照来保存重要位置，便于以后查看。

步骤03 选择下拉菜单插入(I) → 凸轮(C)...命令，可向机构装置中增加凸轮从动机构连接（此步操作可选）。

步骤04 选择下拉菜单插入(I) → 伺服电动机(V)...命令，可向机构装置中增加伺服电动机。伺服电动机准确定义某些接头或几何图元应如何旋转或平移。

步骤05 选择下拉菜单分析(A) → 机构分析(Y)...命令，定义机构装置的运动分析，然后指定影响的时间范围并创建运动记录。

步骤06 选择下拉菜单分析(A) → 回放(B)...命令，可重新演示机构装置的运动、检测干涉、研究从动运动特性、检查锁定配置，并可保存重新演示的运动结果，以便于以后查看和使用。

步骤07 选择下拉菜单分析(A) → 测量(E)...命令，以图形方式查看位置结果。

13.2 机构运动连接类型

13.2.1 自由度与运动连接

自由度是指一个主体（单个元件或多个元件）具有可独立运动方向的数目。对于空间中不受任何约束的主体，具有 6 个自由度，沿空间参考坐标系 X 轴、Y 轴和 Z 轴平移和旋转。而当主体在平面上运动时，具有 3 个自由度，沿平面参考坐标系 X 轴、Y 轴平移和在平面内旋转。创建机构模型时使用“连接”来装配元件，就是通过机械约束集来减少主体的自由度，使其可以按要求进行独立的运动。Pro/ENGINEER 提供了多种“连接”类型，各种连接类型允许不同的运动自由度，每种连接类型都与一组预定义的约束集相关联，使用“连接”来装配元件时，要注意每种连接提供的自由度，以及创建连接所需要的约束集。

在 Pro/ENGINEER 中添加连接元件的方法与添加固定元件的方法大致相同，首先选择下拉菜单 插入(I) ➡ 元件(C) ▸ ➡ 装配(A)... 命令，并打开一个元件，系统弹出图 13.2.1 所示的“元件放置”操控板。在操控板的“约束集”列表框中，可看到系统提供了多种“连接”类型（如刚性、销和滑动杆等），各种连接类型允许不同的运动自由度，每种连接类型都与一组预定义的放置约束相关联。

在向机构装置中添加一个“连接”元件前，应知道该元件与装置中其他元件间的放置约束关系、相对运动关系和该元件的自由度。

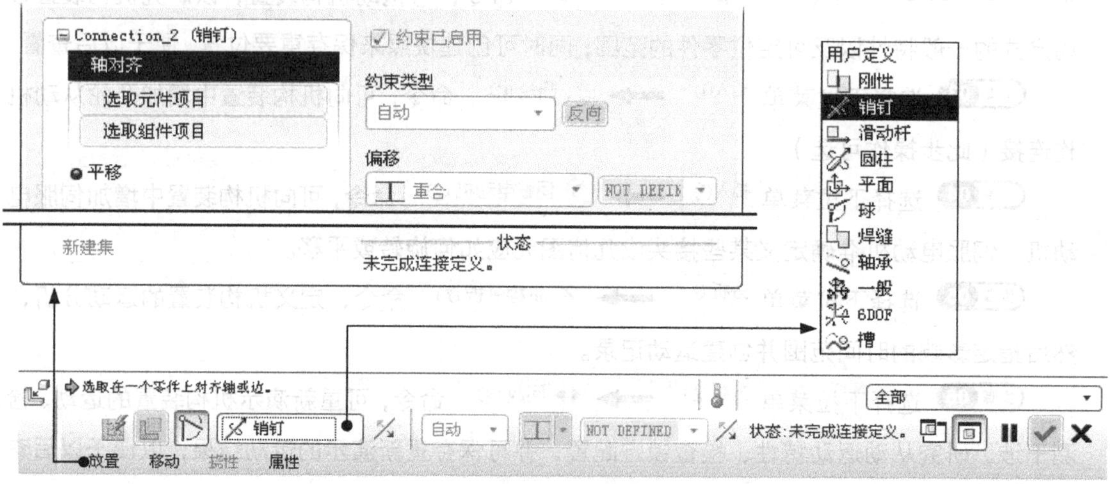

图 13.2.1 “元件放置”操控板

在图 13.2.1 所示的“元件放置”操控板的连接列表中显示了可用的机械连接，每种连接的运动状况及自由度的说明如下。

- 刚性 刚性（Rigid）连接：两个元件固定在一起，自由度为 0。
- 销钉 销钉（Pin）连接：元件可以绕配合轴线进行旋转，旋转自由度为 1，平移自由度为 0。
- 滑动杆 滑动杆（Slider）连接：元件可以沿配合方向进行平移，旋转自由度为 0，平移自由度为 1。
- 圆柱 圆柱（Cylinder）连接：元件可以相对于配合轴线同时进行平移和旋转，旋转自由度为 1，平移自由度为 1。
- 平面 平面（Planar）连接：元件可以在配合平面内进行平移和绕平面法向的轴线旋转，旋转自由度为 1，平移自由度为 2。
- 球 球（Ball）连接：元件可以绕配合点进行空间旋转，旋转自由度为 3，平移自由度为 0。
- 焊缝 焊缝（Weld）连接：两个元件按指定坐标系固定在一起，自由度为 0。
- 轴承 轴承（Bearing）连接：元件可以绕配合点进行空间旋转，也可以沿指定方向平移，旋转自由度为 3，平移自由度为 1。
- 一般 一般（General）连接：元件连接时约束自行定义，自由度根据约束的结果来判断。
- 6DOF 6 自由度（6DOF）连接：元件可以在任何方向上平移及旋转，旋转自由度为 3，平移自由度为 3。
- 槽 槽（Solt）连接：元件上的某点沿曲线运动。

13.2.2 刚性

刚性连接如图 13.2.2 所示，它在改变底层主体定义时将两个元件粘接在一起。刚性连接的连接元件和附着元件间没有任何相对运动，它们构成一个单一的主体。

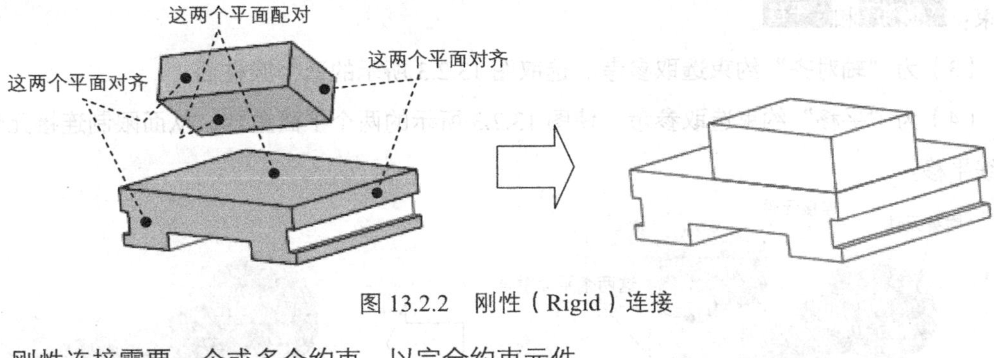

图 13.2.2 刚性（Rigid）连接

刚性连接需要一个或多个约束，以完全约束元件。

刚性连接不提供平移和旋转自由度。

举例说明如下。

步骤 01 将工作目录设置为 D:\proedq5\work\ch13.02.02，然后打开装配模型 rigid.asm。

步骤 02 在模型树中选取模型 RIGID-02.PRT，右击，从快捷菜单中选择 编辑定义 命令。

步骤 03 创建刚性连接。

（1）在操控板的约束集列表中选取 刚性 选项。

（2）单击操控板中的 放置 按钮。

（3）定义“配对”约束（一）。选取图 13.2.2 中两个要配对的表面。

（4）定义“对齐”约束（二）。选取图 13.2.2 中两个要对齐的表面。

（5）定义“对齐”约束（三）。选取图 13.2.2 中另外两个要对齐的表面。

步骤 04 单击操控板中的 ✔ 按钮，完成刚性连接的创建。

13.2.3 销钉

销钉连接是最基本的连接类型，销钉连接的元件可以绕着附着元件转动，但不能相对于附着元件移动。销钉连接需要一个轴对齐约束，还需要一个平面配对（对齐）约束或点对齐约束，以限制连接元件沿轴线的平移。销钉连接提供一个旋转自由度，没有平移自由度。

举例说明如下。

步骤 01 将工作目录设置为 D:\proedq5\work\ch13.02.03，然后打开装配模型 pin.asm。

步骤 02 在模型树中选取零件 PIN-02.PRT，右击，在弹出的快捷菜单中选择 编辑定义 命令。

步骤 03 创建销钉（Pin）连接。

（1）在操控板的约束集列表中选取 销钉 选项。

（2）单击操控板中的 放置 按钮，在弹出的界面中可看到，销钉连接包含两个预定义的约束：轴对齐 和 平移。

（3）为“轴对齐”约束选取参考。选取图 13.2.3 所示的两个圆柱面。

（4）为“平移”约束选取参考。使图 13.2.3 所示的两个平面重合，从而限制连接元件沿轴线平移。

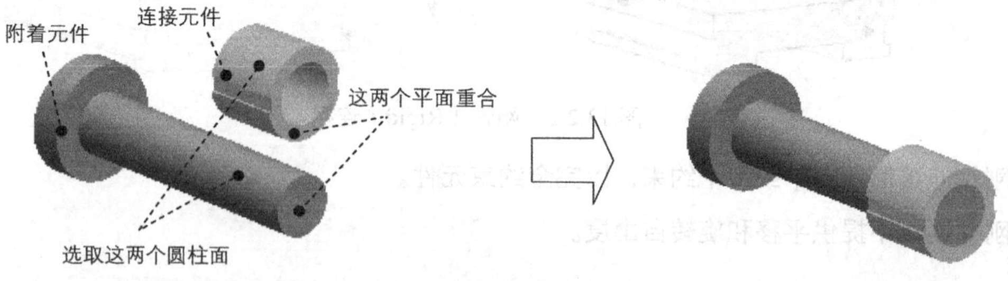

图 13.2.3 销钉（Pin）连接

步骤04 单击操控板中的✓按钮，完成销钉（Pin）连接的创建。

13.2.4 滑动杆

滑动杆连接如图 13.2.4 所示，滑动杆连接的连接元件只能沿着轴线移动。滑动杆连接需要一个轴对齐约束，还需要一个平面配对或对齐约束以限制连接元件转动。滑动杆连接提供了一个平移自由度，没有旋转自由度。

举例说明如下。

步骤01 将工作目录设置为 D:\proedq5\work\ch13.02.04，然后打开装配模型 slider.asm。

步骤02 在模型树中选取模型 SLIDE-02.PRT，然后右击，从快捷菜单中选择 编辑定义 命令。

步骤03 创建滑块连接。

（1）在操控板的约束集列表中选取 滑动杆 选项。

（2）在弹出的操控板中单击 放置 按钮。

（3）选取“轴对齐”约束的参考。选取图 13.2.4 中的两个圆柱面。

（4）选取“旋转”约束的参考。选取图 13.2.4 中的两个表面。

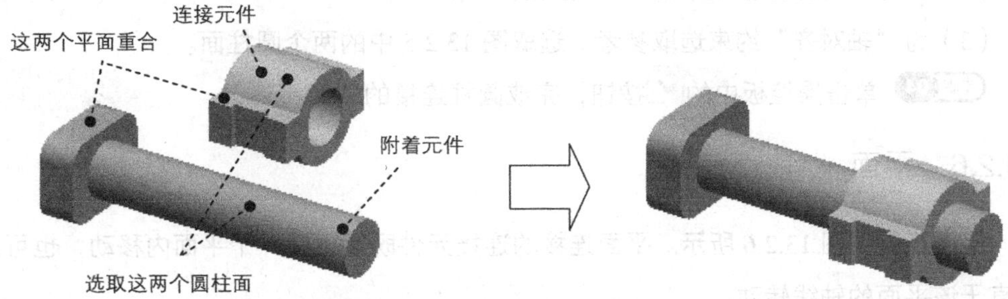

图 13.2.4 滑动杆（Slider）连接

步骤04 单击操控板中的✓按钮，完成滑动杆连接的创建。

说明：同时按住 Ctrl 键和 Alt 键加鼠标左键可对不完全约束的零件进行拖动，下同。

13.2.5 圆柱

圆柱连接与销钉连接有些相似，如图 13.2.5 所示，圆柱连接的连接元件既可以绕轴线相对于附着元件转动，也可以沿轴线平移。

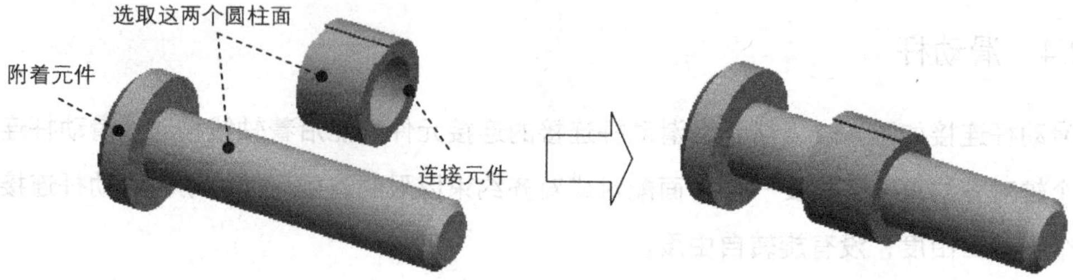

图 13.2.5　圆柱（Cylinder）连接

圆柱连接只需要一个轴对齐约束，它提供一个旋转自由度和一个平移自由度。举例说明如下。

步骤 01 将工作目录设置为 D:\proedq5\work\ch13.02.05，然后打开装配模型 cylinder.asm。

步骤 02 在模型树中选取模型 CYLINDER-02.PRT，右击，从快捷菜单中选择 编辑定义 命令。

步骤 03 创建圆柱连接。

（1）在操控板的约束集列表中选取 圆柱 选项。

（2）在弹出的操控板中单击 放置 按钮。

（3）为"轴对齐"约束选取参考。选取图 13.2.5 中的两个圆柱面。

步骤 04 单击操控板中的 ✔ 按钮，完成圆柱连接的创建。

13.2.6　平面

平面连接如图 13.2.6 所示。平面连接的连接元件既可以在一个平面内移动，也可以绕着垂直于该平面的轴线转动。

平面连接只需要一个平面配对或对齐约束。平面连接提供了两个平移自由度和一个旋转自由度。举例说明如下。

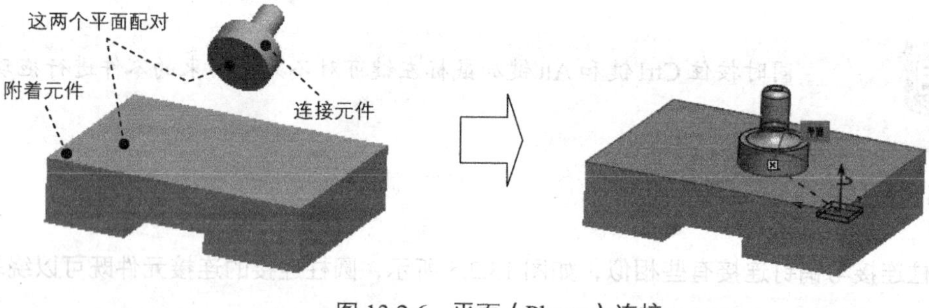

图 13.2.6　平面（Planar）连接

步骤01 将工作目录设置为 D:\proedq5\work\ch13.02.06，然后打开装配模型 planar.asm。

步骤02 在模型树中选取模型 PLANAR-02.PRT，右击，从快捷菜单中选择 编辑定义 命令。

步骤03 创建平面连接。

（1）在操控板的约束集列表中选取 平面 选项。

（2）单击操控板菜单中的 放置 按钮。

（3）选取“平面”约束的参考。选取图 13.2.6 中的两个表面。

步骤04 单击操控板中的 ✔ 按钮，完成平面连接的创建。

13.2.7 球

球连接如图 13.2.7 所示，球连接的连接元件在约束点上可以向任何方向转动。球连接只需一个点对齐约束。球连接提供三个旋转自由度，没有平移自由度。

举例说明如下。

步骤01 将工作目录设置为 D:\proedq5\work\ch13.02.07，然后打开装配模型 ball.asm。

步骤02 在模型树中选取模型 BALL-02.PRT，右击，从快捷菜单中选择 编辑定义 命令。

步骤03 创建球连接。在操控板的约束集列表中选取 球 选项；单击 放置 按钮，然后选取图 13.2.7 中的两个点为“点对齐”约束的参考。

步骤04 单击操控板中的 ✔ 按钮，完成球连接的创建。

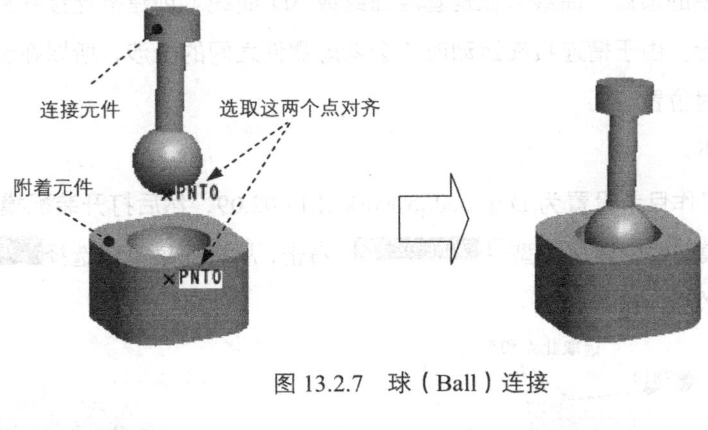

图 13.2.7 球（Ball）连接

13.2.8 焊缝

焊缝连接如图 13.2.8 所示，它将两个元件粘接在一起。焊缝连接的连接元件和附着元件间没有任何相对运动。焊缝连接只需要一个坐标系对齐约束。

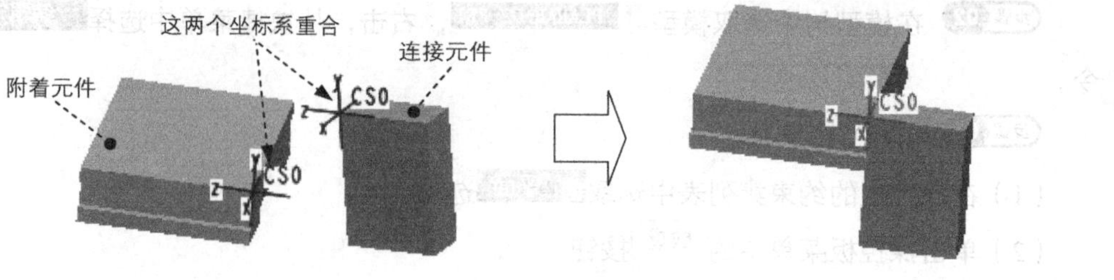

图 13.2.8 焊缝（Weld）连接

举例说明如下。

步骤 01 将工作目录设置为 D:\proedq5\work\ch13.02.08，然后打开装配模型 weld.asm。

步骤 02 在模型树中选取模型 WELD-02.PRT，右击，从快捷菜单中选择 编辑定义 命令。

步骤 03 创建焊缝连接。

（1）在操控板的约束集列表中选取 焊缝 选项。

（2）单击操控板中的 放置 按钮。

（3）选取“坐标系”约束的参考。选取图 13.2.8 中的两个坐标系。

步骤 04 单击操控板中的✓按钮，完成焊缝连接的创建。

13.2.9 槽

槽连接（图 13.2.9）可以使元件上的一点始终在另一元件中的一条曲线上运动。点可以是基准点或元件中的顶点，曲线可以是基准曲线或 3D 曲线。创建槽连接约束需要选取一个点和一条曲线重合。由于槽连接在运动时不会考虑零件之间的干涉，所以在创建连接时要注意点和曲线的相对位置。

举例说明如下。

步骤 01 将工作目录设置为 D:\proedq5\work\ch13.02.09，然后打开装配模型 solt.asm。

步骤 02 在模型树中选取模型 SOLT-02.PRT，右击，从快捷菜单中选择 编辑定义 命令，此时出现“元件放置”操控板。

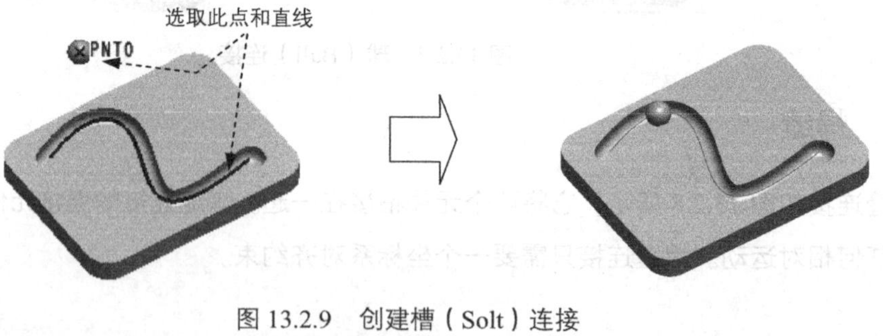

图 13.2.9 创建槽（Solt）连接

步骤 03 创建槽连接。

（1）在连接列表中选取 槽 选项，单击操控板菜单中的 放置 选项卡。

（2）定义“直线上的点”约束。选取图 13.2.9 所示的点和曲线为约束参考，此时 放置 界面如图 13.2.10 所示。

步骤 04 单击操控板中的 ✓ 按钮，完成连接的创建。

注意：

◆ 可以选取下列任一类型的曲线来定义槽——封闭或不封闭的平面或非平面曲线、边线、基准曲线。

◆ 如果选取多条曲线，这些曲线必须连续。

◆ 如果要在曲线上定义运动的端点，可在曲线上选取两个基准点或顶点。如果不选取端点，则默认的运动端点就是所选取的第一条和最后一条曲线的最末端。

◆ 可以为槽端点选取基准点、顶点，或者曲线边、曲面。如果选取一条曲线、边或曲面，槽端点就是所选图元和槽曲线的交点。可以用从动机构点移动主体，该从动机构将从槽的一个端点移动到另一个端点。

◆ 如果不选取端点，槽-从动机构的默认端点就是为槽所选的第一条和最后一条曲线的最末端。

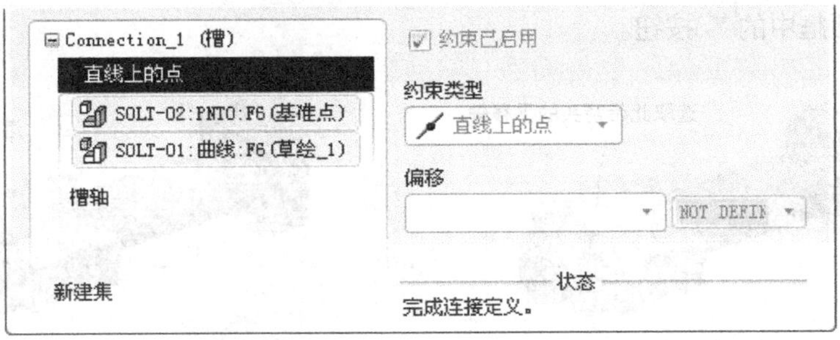

图 13.2.10 “直线上的点”约束参考

◆ 如果为槽-从动机构选取一条闭合曲线，或选取形成一闭合环的多条曲线，就不必指定端点。但是，如果选择在一闭合曲线上定义端点，则最终槽将是一个开口槽。通过单击 反向 按钮来指定原始闭合曲线的那一部分，将成为开口槽，如图 13.2.11 所示。

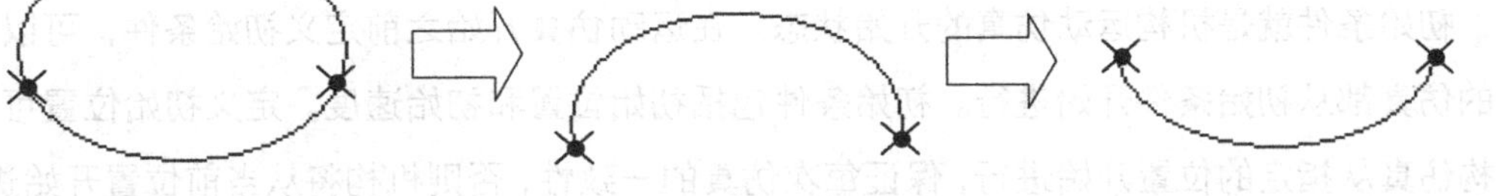

图 13.2.11 槽曲线的定义

13.3 机构的运动轴设置

在机构装置中添加连接元件后，可对“运动轴”进行设置，其意义如下。

- 设置运动轴的当前位置：通过在连接件和组件中分别选取零参考，然后输入其间角度（或距离），可设置该运动轴的位置。定义伺服电动机和运行机构时，系统将以当前位置为默认的初始位置。
- 设置极限：设置运动轴的运动范围，超出此范围，连接就不能平移或转动。
- 设置再生值：可将运动轴的当前位置定义为再生值，也就是装配件再生时运动轴的位置。如果设置了运动轴极限，则再生值就必须设置在指定的限制内。

下面以一个实例说明运动轴设置的一般过程。

步骤 01 将工作目录设置为 D:\proedq5\work\ch13.03，打开装配模型 set-move-axis.asm。

步骤 02 选择下拉菜单 应用程序(P) → 机构 命令，进入机构模块。

步骤 03 对运动轴进行设置。首先选中图 13.3.1 所示的平移轴，右击，在弹出的快捷菜单中选择 编辑定义 命令，选择图 13.3.2 所示的两个平面为参照，在对话框 当前位置 下方的文本框中输入数值 120，选中 ☑ 启用再生值 复选框；选中 ☑ 最小限制 复选框，并在其后的文本框中输入数值-100；选中 ☑ 最大限制 复选框，并输入数值 550.0，这样就限定了该运动轴的运动范围。单击对话框中的 ✔ 按钮。

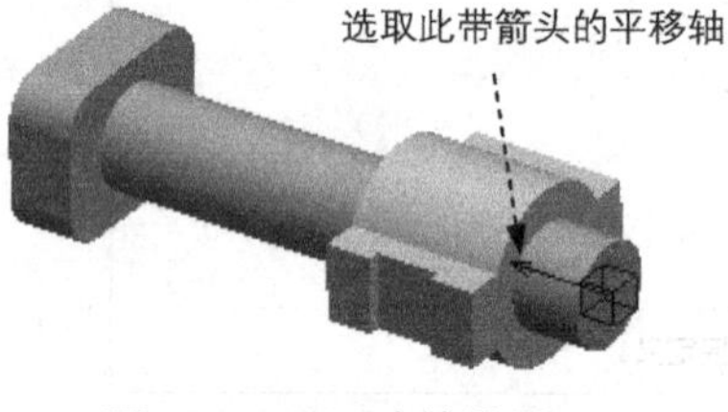

图 13.3.1　运动轴设置

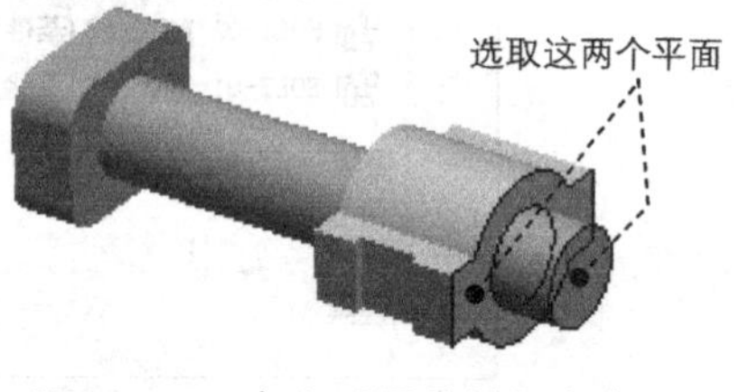

图 13.3.2　定义“平移轴”参考

步骤 04 验证运动轴设置是否正确。选择下拉菜单 视图(V) → 方向(O) ▸ → 拖动元件(D)... 命令，然后拖移滑块（SLIDER-02.PRT）零件，可验证所定义的运动轴极限。

13.4 定义初始条件

初始条件就是机构运动仿真的开始状态。在运动仿真开始之前定义初始条件，可以使每次的仿真都从初始条件开始进行。初始条件包括初始位置和初始速度。定义初始位置可以使机构仿真从指定的位置开始进行，保证每次仿真的一致性，否则机构将从当前位置开始进行。

步骤 01　将工作目录设置为 D:\proedq5\work\ch13.04，打开装配模型 define-initial-condition.asm。

步骤 02　进入机构模块。选择下拉菜单 应用程序(P) → 机构 命令，进入机构模块。

步骤 03　对运动轴进行设置。选取图 13.4.1 所示的运动轴，右击，从快捷菜单中选择 编辑定义 命令，此时系统弹出“运动轴”对话框；在 当前位置 文本框中输入数值 50，按 Enter 键确认，并取消选中 启用再生值 复选框，单击 ✓ 按钮，完成对运动轴的设置。

步骤 04　设置初始位置。选择下拉菜单 视图(V) → 方向(O) ▸ → 拖动元件(D)... 命令，系统弹出“拖动”对话框；单击对话框 当前快照 区域中的 按钮，即可记录当前位置为快照 1（Snapshot1）；单击 关闭 按钮，关闭“拖动”对话框。

步骤 05　设置初始条件。

（1）选择命令。选择下拉菜单 插入(I) → 初始条件(I)... 命令，系统弹出图 13.4.2 所示的“初始条件定义”对话框。

（2）在 快照 下拉列表中选择 Snapshot1 为初始位置条件，然后单击 按钮。

（3）单击 确定 按钮，完成初始条件的定义。

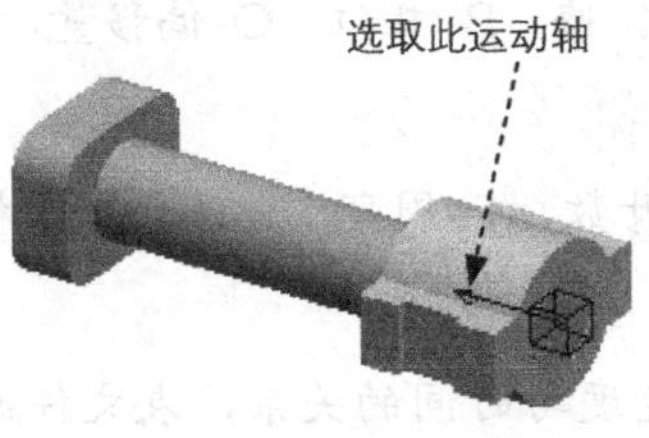

图 13.4.1　运动轴设置

图 13.4.2　“初始条件定义”对话框

对图 13.4.2 所示的“初始条件定义”对话框中部分选项说明如下。

- （定义点的速度）：单击按钮，可以选择零件中的一个点或顶点为参考来定义线性速度，并需要在 模 文本框中定义速度值，在 方向 区域定义速度的方向。
- （定义连接轴速度）：单击按钮，可以选择机构中的一个连接定义旋转速度或平移速度，并需要在“模”文本框中定义速度值。

- ◆ (定义角速度)：单击按钮，可以选择机构中的一个主体为参考来定义线角速度，并需要在“模”文本框中定义角速度值，在“方向”区域定义角速度的参考。
- ◆ (定义切向槽速度)：单击按钮，可以选择机构中的一个槽连接定义从动机构点相对于槽曲线的初始切向速度，在“方向”区域单击“反向”按钮可以反转速度方向。
- ◆ (用速度条件评估模型)：单击该按钮，可以检测机构模型中的冲突，如果初始条件设置正确，系统将弹出“速度分析成功”对话框。在使用初始条件进行分析前，应检查其正确性，保证初始条件与机构连接和伺服电动机不冲突。如果初始条件不一致，系统将弹出错误提示对话框。
- ◆ (删除突出显示的条件)：选择一个速度条件将其删除。

13.5 定义电动机

在 Pro/ENGINEER 的仿真中，能使机构运动的“驱动”有伺服电动机、执行电动机和力/扭矩等。其中伺服电动机最常用，当两个主体以单个自由度的连接进行装配时，伺服电动机可以驱动它们以特定方式运动。添加伺服电动机，是为机构运行做准备。电动机是机构运动的动力来源，没有电动机，机构将无法进行仿真。

定义伺服电动机时，可定义速度、位置或加速度与时间的函数关系，并可显示运动的轮廓图。常用的函数有下列几种。

- ◆ 常量：y＝A，其中 A=常量；该函数用于定义恒定运动。
- ◆ 斜插入：y＝A＋B · t，其中 A=常量，B=斜率；该函数用于定义恒定运动或随时间成线性变化的运动。
- ◆ 余弦：y＝A · cos（2·Pi·t/T＋B）＋C，其中 A=振幅，B=相位，C=偏移量，T=周期；该函数用于定义振荡往复运动。
- ◆ 摆线：y＝L·t/T L·sin（2·Pi·t/T）/2·Pi，L=总上升数，T=周期；该函数用于模拟一个凸轮轮廓输出。
- ◆ 表：通过输入一个表来定义位置、速度或加速度与时间的关系，表文件的扩展名为.tab，可以在任何文本编辑器中创建或打开。文件采用两栏格式，第一栏是时间，该栏中的时间值必须从第一行到最后一行按升序排列；第二栏是速度、加速度或位置。

伺服电动机可以放置在连接轴或几何图元（如零件平面、基准平面和点）上。对于一个图元，可以定义任意多个伺服电动机。但是，为了避免过于约束模型，要确保进行运动分析之前，已关闭所有冲突的或多余的伺服电动机。例如，沿同一方向创建了一个连接轴旋转伺服电动机和一个平面-平面旋转伺服电动机，则在同一个运行内不要同时打开这两个伺服电动机。可以使用下列类型的伺服电动机。

- ◆ 连接轴伺服电动机：用于创建沿某一方向明确定义的运动。
- ◆ 几何伺服电动机：利用简单伺服电动机的组合，可以创建复杂的三维运动（如螺旋或其他空间曲线）。

下面以实例介绍定义伺服电动机的一般操作过程。

步骤 01 将工作目录设置为 D:\proedq5\work\ch13.05，打开装配模型 define-servomotor.asm。

步骤 02 进入机构模块。选择下拉菜单 应用程序(P) → 机构 命令，进入机构模块。

步骤 03 选择下拉菜单 插入(I) → 伺服电动机(V)... 命令，系统弹出“伺服电动机定义”对话框。

步骤 04 在对话框中进行下列操作。

（1）输入伺服电动机的名称（或采用系统的默认名）。

（2）选择从动图元。在图 13.5.1 所示的模型上，可采用“从列表中拾取”的方法选取图中所示的平移运动轴。

> **注意** 如果选取点或平面来放置伺服电动机，则创建的是几何伺服电动机。

（3）这时模型中出现一个洋红色的箭头，表明从动图元将相对于参考图元移动的方向（可以单击 反向 按钮来改变方向）。

（4）定义运动函数。单击对话框中的 轮廓 选项卡，在图 13.5.2 所示的选项卡界面中进行如下操作。

① 在 规范 区域的下拉列表中选择 速度 选项。

对 规范 区域下拉列表中的各项说明如下。

- ◆ 位置：定义从动图元的位置函数。
- ◆ 速度：定义从动图元的速度函数。选择此选项后，需指定运行的初始位置，默认的初始位置为“当前”。
- ◆ 加速度：定义从动图元的加速度函数。选择此选项后，可以指定运行的初始位置和初始速度，其默认设置分别为“当前”和 0.0。

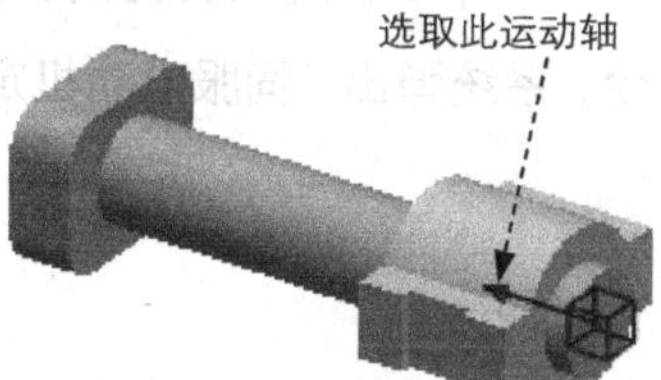

图 13.5.1 选取运动轴

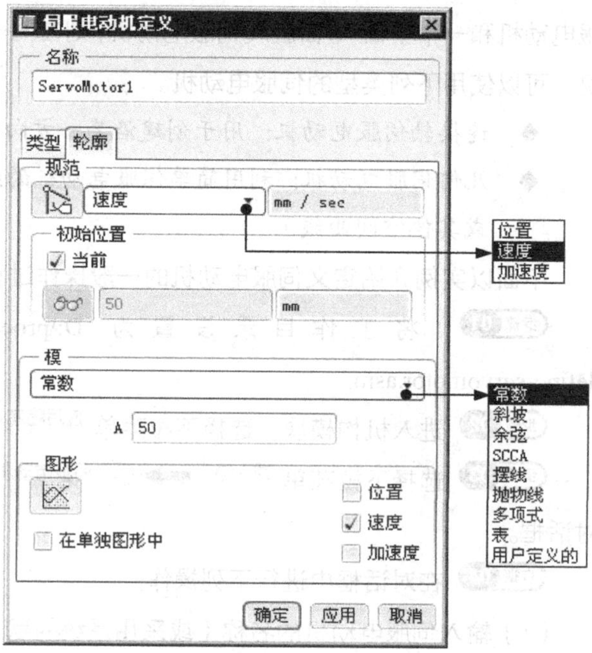

图 13.5.2 “轮廓”选项卡

② 定义位置函数。在模区域的下拉列表中选择函数为常数，然后在 A 文本框中键入其参数值 50。

步骤 05 单击对话框中的确定按钮，完成“伺服电动机”的定义。

说明 如果要绘制连接轴的位置、速度、加速度与时间的函数图形，可在对话框的“图形”区域单击按钮，系统弹出图 13.5.3 所示的函数图形窗口。在该窗口中单击按钮可打印函数图形；选择文件(F)下拉菜单可按“文本”或 EXCEL 格式输出图形；单击该窗口中的按钮，系统弹出图 13.5.4 所示的“图形窗口选项”对话框。该对话框中有 4 个选项卡：Y 轴、X 轴、数据系列和图形显示，Y 轴选项卡用于修改图形 Y 轴的外观、标签和栅格线，以及更改图形的比例，如图 13.5.4 所示；X 轴选项卡用于修改图形 X 轴的外观、标签和栅格线，以及更改图形的比例；数据系列选项卡用于控制所选数据系列的外观及图例的显示，如图 13.5.5 所示；图形显示选项卡用于控制图形标题的显示，并可更改窗口的背景颜色，如图 13.5.6 所示。

对图 13.5.4 所示的Y 轴和X 轴选项卡中各选项说明如下。

◆ 图形：此区域仅显示在Y 轴选项卡中，如有子图形还可显示子图形的一个列表。可以使拥有公共 X 轴，但 Y 轴不同的多组数据出图。从列表中选取要定制其 Y 轴的子图形。

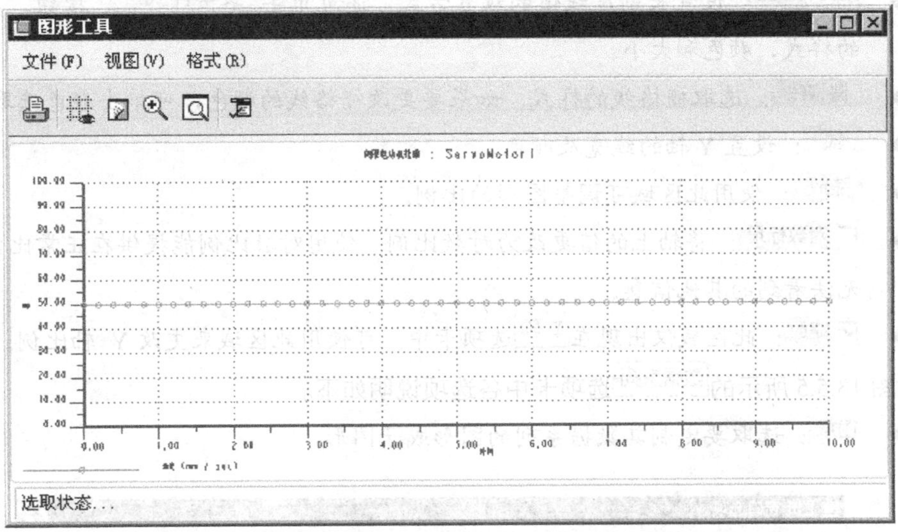

图 13.5.3 “图形工具”对话框

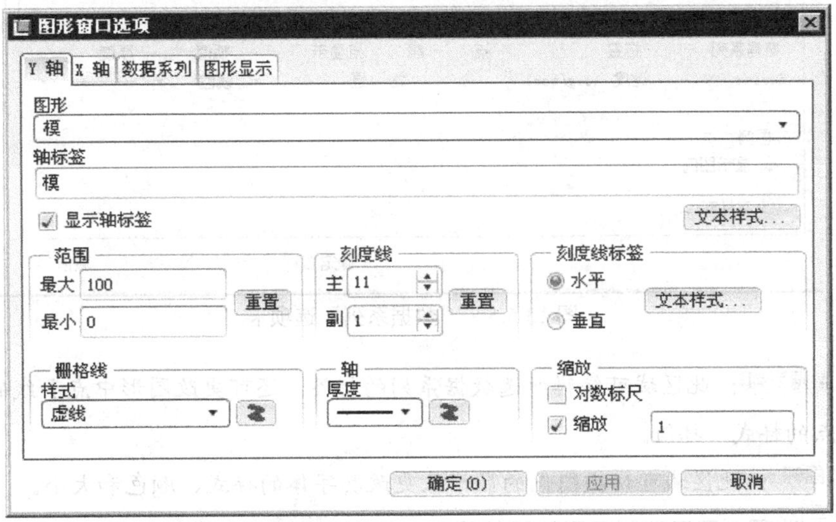

图 13.5.4 “图形窗口选项”对话框

◆ 轴标签：此区域可编辑 Y 轴标签。标签为文本行，显示在每个轴旁。单击 文本样式... 按钮，可更改标签字体的样式、颜色和大小。使用☑ 显示轴标签复选框可打开或关闭轴标签的显示。

◆ 范围：更改轴的刻度范围。可修改最小值和最大值，以使窗口能够显示指定的图形范围。

◆ 刻度线：设置轴上长刻度线（主）和短刻度线（副）的数量。

◆ 刻度线标签：设置长刻度线值的放置方式。还可单击 文本样式... 按钮，更改字体的样式、颜色和大小。

◆ 栅格线：选取栅格线的样式。如果要更改栅格线的颜色，可单击颜色选取按钮。

◆ 轴：设置 Y 轴的线宽及颜色。

◆ 缩放：使用此区域可调整图形的比例。

◆ 对数标尺：将轴上的值更改为对数比例。使用对数比例能提供在正常比例下可能无法看到的其他信息。

◆ 缩放：此区域仅出现在 Y 轴 选项卡中。可使用此区域来更改 Y 轴比例。

对图 13.5.5 所示的 数据系列 选项卡中各选项说明如下。

◆ 图形：选取要定制其数据系列的图形或子图形。

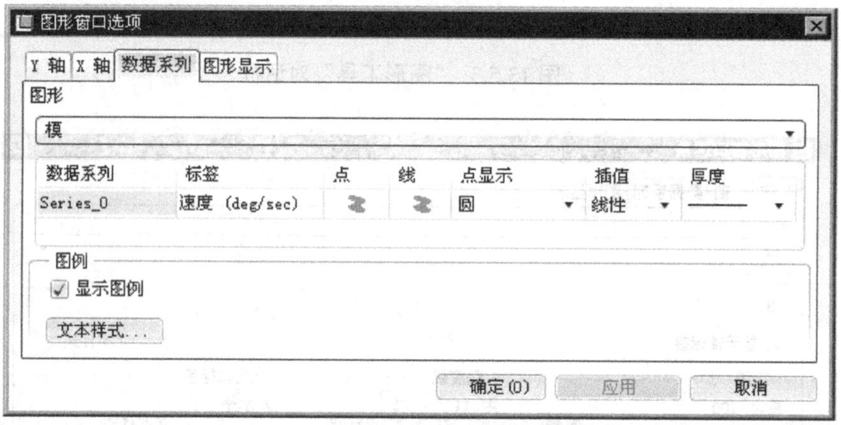

图 13.5.5 “数据系列”选项卡

◆ 数据系列：此区域可编辑所选数据系列的标签。还可更改图形中点和线的颜色以及点的样式、插值。

◆ 图例：此区域可切换图例的显示及更改其字体的样式、颜色和大小。

图形显示 选项卡用于控制图形标题的显示，并可更改窗口的背景颜色，如图 13.5.6 所示。

对图 13.5.6 所示的 图形显示 选项卡中各选项说明如下。

◆ 标签：编辑图形的标题。如果要更改标题字体的样式、颜色和大小，可单击 文本样式... 按钮；可使用 显示标签 复选框来显示或关闭标题。

◆ 背景颜色：修改背景颜色。如选中 ☑混合背景，单击 编辑... 按钮可定制混合的背景颜色。

◆ 选取颜色：更改用来加亮图形中的点的颜色。

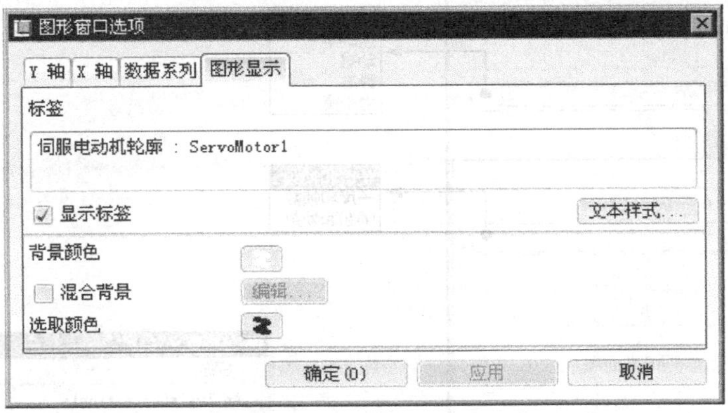

图 13.5.6 “图形显示”选项卡

13.6 定义机构分析

1. 机构分析的类型

当机构模型创建完成并定义伺服电动机后，便可以对机构进行基本的位置分析。在 Pro/ENGINEER 机构模块中，可以进行位置分析、运动分析、动态分析、静态分析和力平衡分析，不同的分析类型对机构的运动环境要求也不同。

使用位置分析模拟机构的运动，可以记录在机构中所有连接的约束下各元件的位置数据，分析时可以不考虑重力、质量和摩擦等因素，因此只要元件连接正确，定义伺服电动机便可以进行位置分析。

选择下拉菜单 分析(A) → 机构分析(Y)... 命令，系统弹出图 13.6.1 所示的“分析定义”对话框。单击对话框中的 电动机 选项卡，系统弹出图 13.6.2 所示的“电动机”选项卡，可选择要打开或关闭的伺服电动机并指定其时间周期，以定义机构的运动方式。

对图 13.6.1 所示的“分析定义”对话框“类型”下拉列表中的选项说明如下。

◆ 位置：使用位置分析模拟机构的运动，可以记录在机构中所有连接的约束下各元件的位置数据，分析时可以不考虑重力、质量和摩擦等因素。位置分析可以研究机构中的元件随时间而运动的位置、元件干涉和机构运动的轨迹曲线。

◆ 运动学：使用运动学分析模拟机构的运动，可以使用具有特定轮廓或有限加速度的伺服电动机。同位置分析一样，机构中的弹簧、阻尼器、重力、力/力矩，以及执行电动机等均不会影响运动分析。运动分析除了可以研究机构中的元件随时间而运动的位置、元件干涉和机构运动的轨迹曲线外，还能研究机构中的速度和加速度参数。

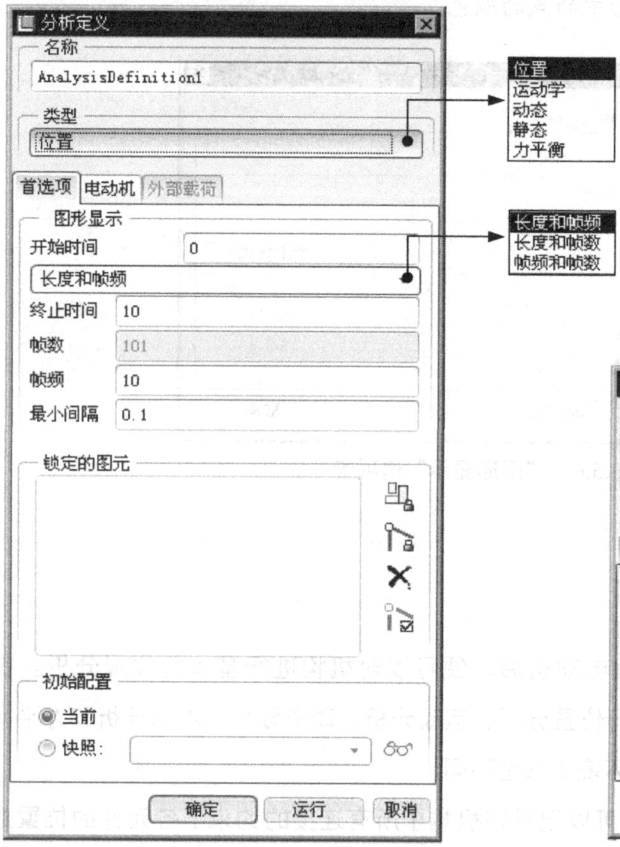

图 13.6.1 “分析定义”对话框

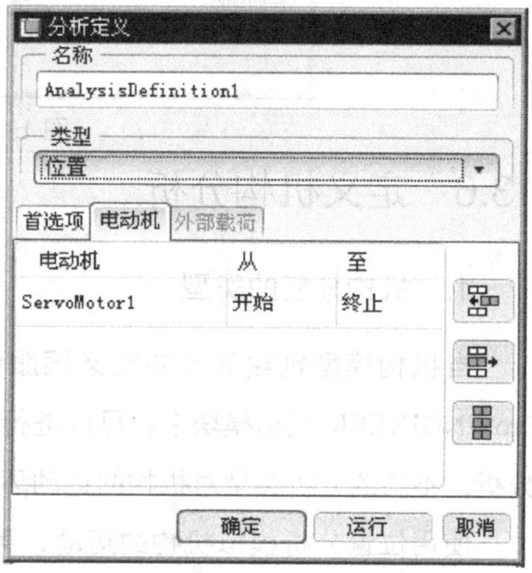

图 13.6.2 “电动机”选项卡

◆ 动态：使用动态分析可研究作用于机构中各主体上的惯性力、重力和外力之间的关系。

◆ 静态：使用静态分析可研究作用在已达到平衡状态的主体上的力。

◆ 力平衡：力平衡分析是一种逆向的静态分析。在力平衡分析中，是从具体的静态形态获得所施加的作用力，而在静态分析中，是向机构施加力来获得静态形态。

对图 13.6.1 所示的“分析定义”对话框首选项选项卡中的部分选项说明如下。

◆ 图形显示区域：用于设置运动的开始时间、终止时间和动画时域。

● 开始时间：设置机构开始运行的时间秒数。

● 长度和帧频：使用开始时间、终止时间和帧频设置动画时域。

● 长度和帧数：使用开始时间、终止时间和帧数设置动画时域。

- 帧频和帧数：使用帧频和帧数设置动画时域。
- 终止时间：设置机构终止的时间秒数。
- 帧数：设置动画时域的总帧数，总帧数=帧频×（终止时间-开始时间）+1。
- 帧频：设置动画时域的帧频，即动画运行时的每秒采样帧数，帧频越大动画运行越慢。
- 最小间隔：动画运行时的每帧之间的采样时间间隔，与帧频同步设置动画运行速度，最小间隔=1/帧频。

◆ 锁定的图元区域：设置机构运行时锁定的主体或连接。

- （创建主体锁定）：单击该按钮后首先需要选取锁定主体的参考元件，然后可以选择其他主体与参考元件锁定在一起；如果单击该按钮后按鼠中键后再选择主体，则可以将选择的主体锁定在基础（预先定义固定的主体）之上，在运动分析时，锁定的主体之间相对固定。
- （创建连接锁定）：单击该按钮，选择一个连接后按鼠标中键，在运动分析时可固定在当前的位置，不发生运动。
- （启用/禁用连接）：单击该按钮，选择一个连接后按鼠标中键，在运动分析时可禁用该连接。
- （删除图元）：删除选中的锁定项目。

◆ 初始配置区域各选项如下。

- 当前：以机构装置的当前位置为运行的初始位置。
- 快照：从保存在“拖动”对话框的快照列表中选择某个快照，机构装置将从该快照位置开始运行。

对图 13.6.2 所示的“分析定义”对话框电动机选项卡中的部分选项说明如下。

◆ 电动机：当机构中有多个电动机时，选择当前行中的电动机。

◆ 从和至：单击下方的“开始”和“终止”字符，可以设置电动机的起动和结束时间。

◆ ：添加新的电动机设置行。

◆ ：移除选定的电动机设置行。

◆ ：添加所有电动机至当前仿真中。

2. 定义机构分析

下面以实例说明定义机构分析的一般操作过程。

步骤 01 将工作目录设置为 D:\proedq5\work\ch13.06，然后打开模型 mechanism-analysis.asm。

步骤 02 进入机构模块。选择下拉菜单 应用程序(P) → 机构 命令，进入机构模块。

步骤 03 选择命令。选择下拉菜单 分析(A) → 机构分析(Y)... 命令，系统弹出“分析定义”对话框。

步骤 04 定义分析类型。在对话框的 类型 下拉列表中选择 位置 选项。

步骤 05 定义图形显示。在 首选项 选项卡的 图形显示 区域下拉列表中选择 长度和帧频 选项，在 终止时间 文本框中输入数值 10，在 帧频 文本框中输入数值 10。

步骤 06 定义初始配置。在 初始配置 区域中选择 ◉ 快照: 单选项，在右侧的下拉列表中选择快照 Snapshot1 为初始配置，然后单击 按钮。

步骤 07 定义电动机设置。单击 电动机 选项卡，在该选项卡中可以添加或移除仿真时运行的电动机，也可以设置电动机的开始和终止时间。在本例中，采用默认的设置。

步骤 08 运行运动分析。单击“分析定义”对话框中的 运行 按钮，查看机构的运行状况。

步骤 09 完成运动定义。单击“分析定义”对话框中的 确定 按钮，即可以保存运动定义并关闭对话框。

说明：

◆ 当分析结果运行完成后，不管是否修改了分析参数，如果再次单击 运行 按钮，此系统都会弹出图 13.6.3 所示的“确认”对话框，提示是否要覆盖上一组分析结果。因此，如果需要得到多组新的分析结果，需要再次选择下拉菜单 分析(A) → 机构分析(Y)... 命令新建多组机构分析。

◆ 当机构连接装配错误，机构无法运行时，系统会弹出图 13.6.4 所示的“错误”对话框，此时要终止仿真并检查机构的连接。

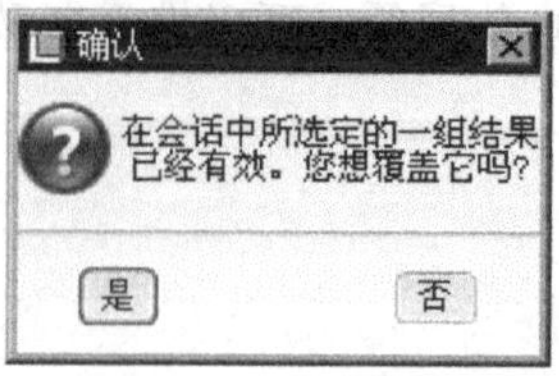

图 13.6.3 “确认”对话框

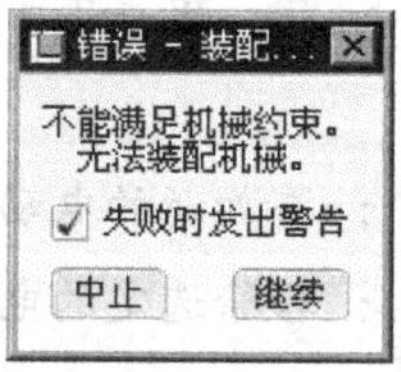

图 13.6.4 “错误”对话框

◆ 仿真运行过程中，界面的正上方会显示图 13.6.5 所示的进度条，显示仿真的运行进度，单击其中的 按钮可以强行终止仿真进度。

图 13.6.5 仿真进度条

◆ 完成运动分析后，此时在机构树中将显示一组分析结果及回放结果，如图 13.6.6 所示，右击分析节点下的分析结果 AnalysisDefinition1 (位置)，即可对当前结果进行编辑、复制和删除等操作。

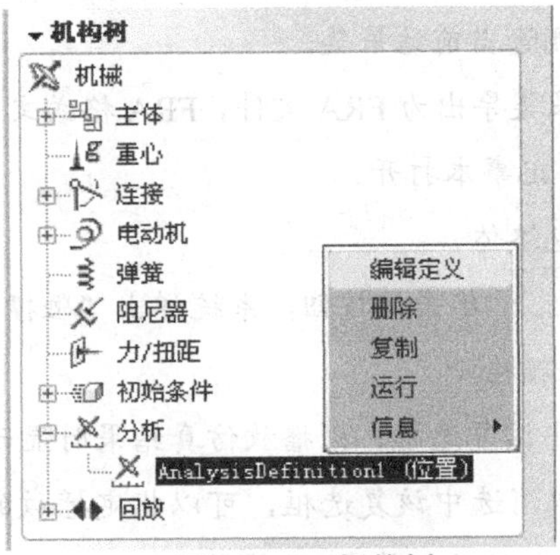

图 13.6.6 机构树

13.7 结果回放

完成一组仿真后，对每一组分析的结果，系统将单独进行保存，利用“回放”命令可以对已运行的运动分析结果进行回放，在回放中还可以进行动态干涉检查和输出视频文件，也可以根据结果对机构的运行情况、关键位置的运动轨迹、运动状态下组件干涉等进行进一步的分析，以便检验和改进机构的设计。

下面以实例说明回放操作的一般过程。

步骤 01 将工作目录设置为 D:\proedq5\work\ch13.07，打开装配模型 playback.asm。

步骤 02 进入机构模块。选择下拉菜单 应用程序(P) ➡ 机构 命令，进入机构模块。

步骤 03 在机构树中选中 分析 节点下的 AnalysisDefinition1 (位置)，并右击，在系统弹出的快捷菜单中选择 运行 命令。

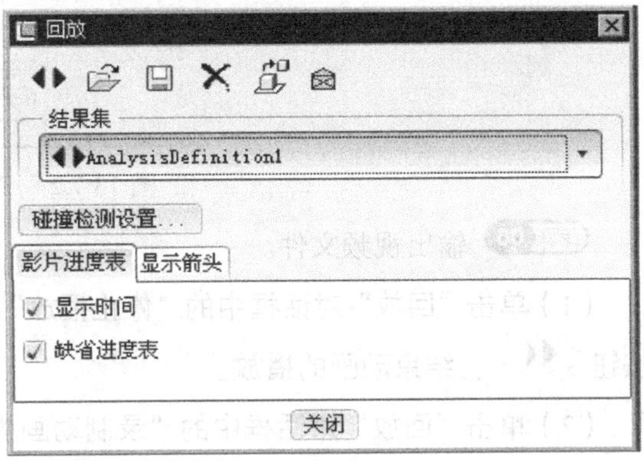

图 13.7.1 “回放”对话框

步骤 04 选择命令。选择下拉菜单

分析(A) ➡ 回放(B)... 命令（或单击“命令”按钮），系统弹出图 13.7.1 所示的“回放”对话框。

对图 13.7.1 所示的“回放”对话框中的部分选项说明如下。

- ◆ ：播放当前结果集。
- ◆ ：打开一组结果集。
- ◆ ：保存当前结果集。
- ◆ ：从会话中删除当前结果集。
- ◆ ：将当前结果集导出为 FRA 文件，FRA 格式文件是记录每帧零件位置信息的文本文件，可以用记事本打开。
- ◆ ：创建运动包络体。
- ◆ 碰撞检测设置... ：单击该按钮，系统弹出“碰撞检测设置”对话框，可以设置仿真时是否进行碰撞检测。
- ◆ 显示时间：选中该复选框，则播放仿真结果时显示时间。
- ◆ 缺省进度表：取消选中该复选框，可以指定播放的时间段，具体操作方法是指定开始和终止时间秒数后，单击按钮。

步骤 05 播放回放。在“回放”对话框中选择“播放当前结果集”选项，系统弹出图 13.7.2 所示的“动画”对话框，拖动播放速度控制滑块至图 13.7.2 所示的位置，单击“重复播放”按钮，然后单击“播放”按钮，即可在图形区中查看机构运动。

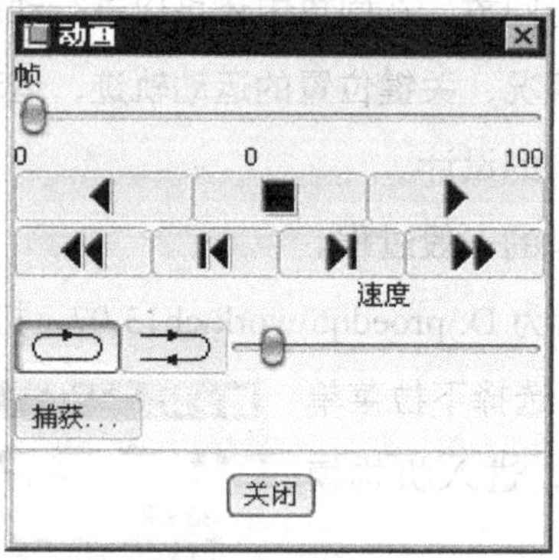

图 13.7.2 “动画”对话框

步骤 06 输出视频文件。

（1）单击“回放”对话框中的“停止播放”按钮，然后单击“重置动画到开始”按钮，结束动画的播放。

（2）单击“回放”对话框中的“录制动画为 MPEG 文件”按钮 捕获... ，系统弹出“捕获”对话框，在该对话框中采用图 13.7.3 所示的设置，然后单击 确定 按钮，机构开始运行输出视频文件。

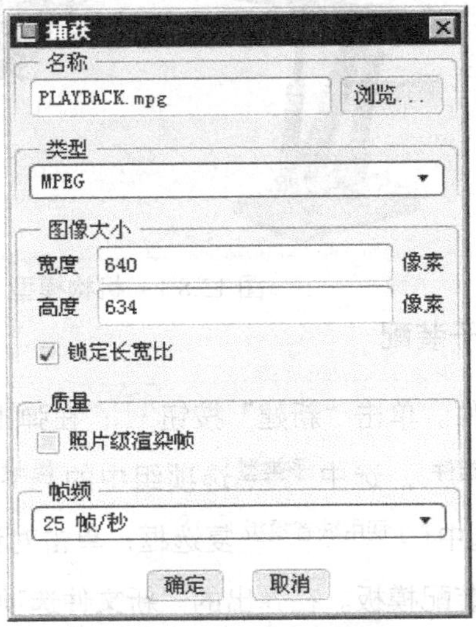

图 13.7.3 “捕获”对话框

对图 13.7.3 所示的“捕获”对话框中的部分选项说明如下。

- **名称**：设置输出文件的名称。
- 浏览...：设置输出文件的保存路径，默认路径在当前工作目录中。
- **类型**：设置输出结果的类型，除 MPEG 格式外，还可以输出 JPEG、TIFF、BMP 和 AVI 格式的文件。
- **质量**：选中该区域的 ☑ 照片级渲染帧 选项，则输出的图片和视频文件的每一帧均按默认的渲染设置进行渲染。在输出结果为视频文件时，系统需要较长的处理时间，也较占用系统资源。
- **帧频**：用于设置视频的时间，根据分析时的视频总帧数，视频时间=总帧数/帧频。

步骤 07 单击“动画”对话框中的 关闭 按钮，结束回放并返回到“回放”对话框，单击其中的 关闭 按钮关闭对话框。

13.8 运动仿真综合应用案例——机械手仿真

案例概述

本案例讲述了一个机械手的运动仿真过程，在定义运动仿真过程中首先要注意零件之间的装配定义，然后要根据机构的实际运动情况来设置运动轴的范围；机构模型如图 13.8.1 所示，读者可以打开视频文件 D:\proedq5\work\ch13.08\ok\000-MECHANICAL-ARM-ASSY.mpg，查看机构运行状况。

图 13.8.1　机构模型

1. 创建机械手活塞子装配

步骤 01 新建装配文件。单击“新建”按钮；在弹出的文件“新建”对话框中，选中 类型 选项组中的 ◉ 组件，选中 子类型 选项组中的 ◉ 设计；在 名称 文本框中输入文件名 cramp-piston-assy；取消选中 □ 使用缺省模板 复选框；单击对话框中的 确定 按钮。

步骤 02 选取适当的装配模板。在弹出的“新文件选项”对话框中，选取 mmns_asm_design 模板，然后单击 确定 按钮。

步骤 03 引入第一个组件。

（1）选择下拉菜单 插入(I) ➡ 元件(C) ▸ ➡ 装配(A)... 命令，然后在弹出的文件“打开”对话框中，选取 piston-housing-assy.asm，单击 打开 按钮。

（2）完全约束放置第一个元件。完成上步操作后，系统弹出元件放置操控板，在该操控板中单击 放置 选项卡，在“放置”界面的 约束类型 下拉列表中选择 缺省 选项，将元件按默认放置，此时 状态 区域显示的信息为 完全约束；单击操控板中的 ✓ 按钮。

步骤 04 引入第二个组件 piston-rod-assy.asm 并将其调整到合适的位置，然后创建 piston-rod-assy.asm 和 piston-housing-assy.asm 之间的滑动杆连接。

（1）在“元件放置”操控板的机械连接约束列表中选择 滑动杆 选项。

（2）定义“轴对齐”约束。单击操控板中的 放置 按钮，分别选取图 13.8.2 中的两个圆柱面为 轴对齐 参考，此时“放置”界面如图 13.8.3 所示。

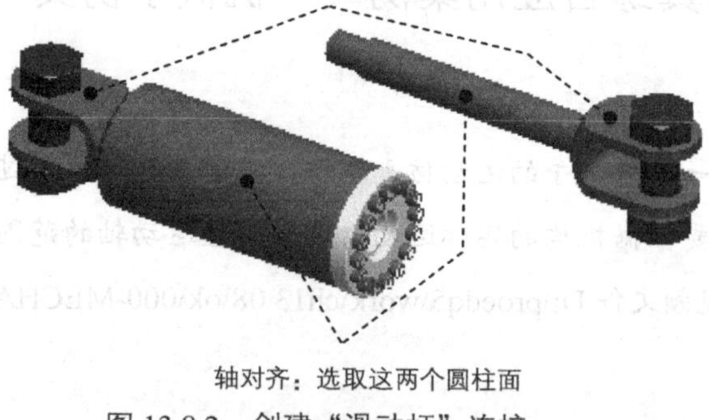

图 13.8.2　创建“滑动杆”连接

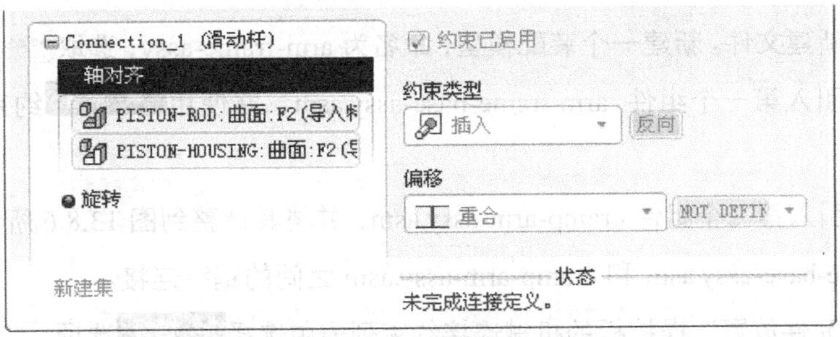

图 13.8.3 “放置”界面

（3）定义“旋转”约束。分别选取图 13.8.2 中的两个平面为 旋转 约束的参考，此时“放置”界面如图 13.8.4 所示。

（4）单击操控板中的✔按钮，完成连接的创建，如图 13.8.5 所示。

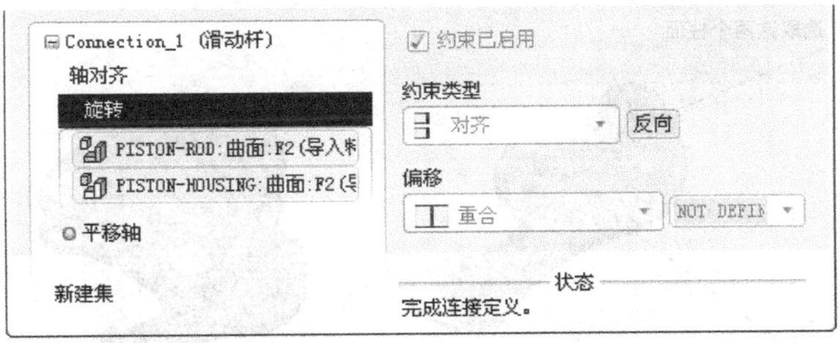

图 13.8.4 “放置”界面

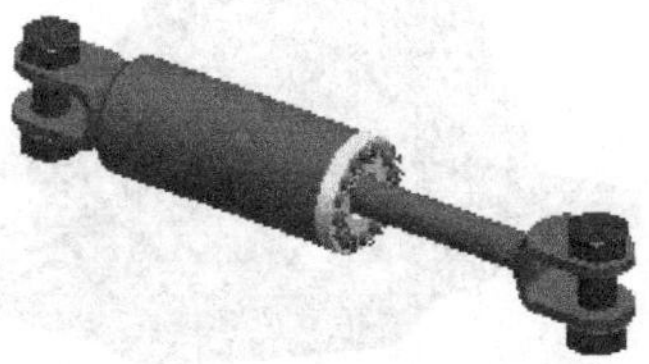

图 13.8.5 完成连接的创建

步骤 05 验证连接的有效性，并调整其位置。

（1）在 视图(V) 菜单中选择 方向(O) ▸ ➡ 拖动元件(D)... 命令。

（2）在“拖动”对话框中，单击“点拖动”按钮。

（3）在组件 piston-rod-assy.asm 上选择一点，然后在该位置处单击，移动鼠标光标，将组件 piston-rod-assy.asm 大致调整至图 13.8.6 所示的位置。

（4）单击“拖动”对话框中的 关闭 按钮。

图 13.8.6 调整组件位置

步骤 06 再生机构模型，然后保存机构模型，最后关闭模型。

2. 创建机械手夹爪子装配

步骤 01 新建文件。新建一个装配模型，命名为 arm-frame-assy，选取 mmns_asm_design 模板。

步骤 02 引入第一个组件 arm-frame-base-assy.asm，并使用 缺省 约束完全约束该元件。

步骤 03 引入第二个组件 cramp-arm-assy.asm，并将其调整到图 13.8.6 所示的位置，然后创建 arm-frame-base-assy.asm 和 cramp-arm-assy.asm 之间的销钉连接。

（1）在“元件放置”操控板的机械连接约束列表中选择 销钉 选项。

（2）定义“轴对齐”约束。单击操控板中的 放置 按钮，分别选取图 13.8.7 中的两个柱面为“轴对齐”约束参考。

（3）定义“平移”约束。分别选取图 13.8.7 中的两个平面为“平移”约束参考。

（4）单击操控板中的 ✓ 按钮，完成连接的创建，此时装配模型如图 13.8.8 所示。

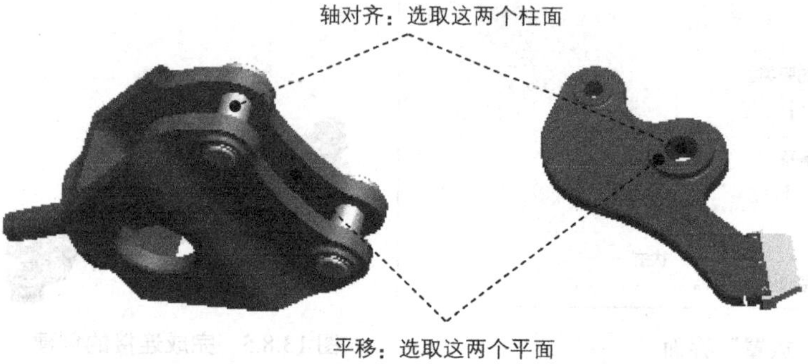

图 13.8.7 创建“销钉”连接

图 13.8.8 完成连接的创建

步骤 04 参照上一步的操作，再次引入组件 cramp-arm-assy.asm，然后创建 arm-frame-base-assy.asm 和 cramp-arm-assy.asm 之间另一侧的销钉连接，结果如图 13.8.9 所示。

步骤 05 引入第四个组件 cramp-piston-assy.asm，并将其调整到图 13.8.10 所示的位置，然后创建 cramp-piston-assy.asm 和 cramp-arm-assy.asm 之间的销钉连接。

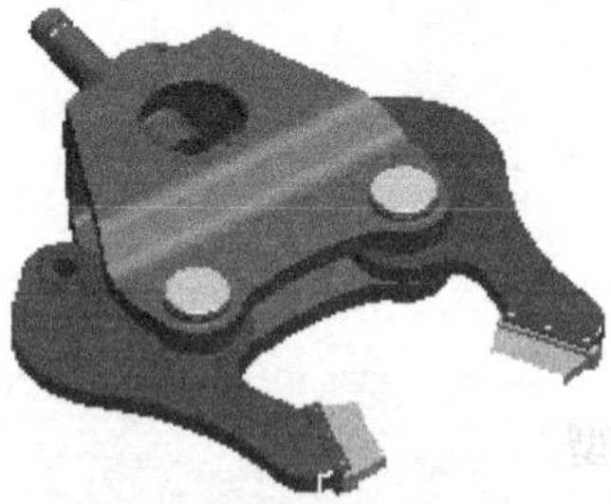
图 13.8.9 创建另一侧的销钉连接

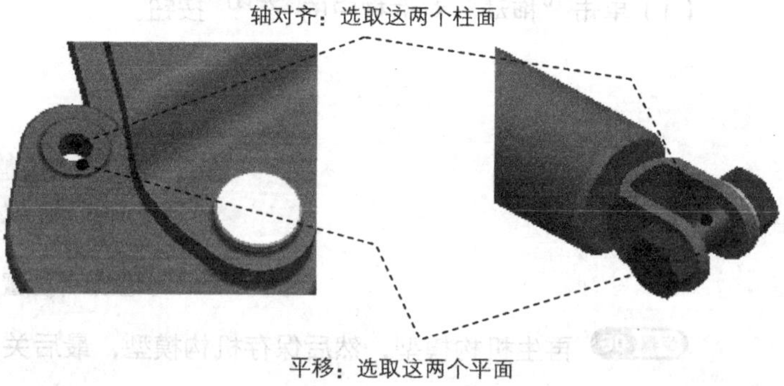

图 13.8.10 创建“销钉”连接

（1）在“元件放置”操控板的机械连接约束列表中选择 销钉 选项。

（2）定义“轴对齐”约束。单击操控板中的 放置 按钮，分别选取图 13.8.10 中的两个柱面为“轴对齐”约束参考。

（3）定义“平移”约束。分别选取图 13.8.10 中的两个平面为“平移”约束参考。

步骤 06 创建 cramp-piston-assy.asm 和 cramp-arm-assy.asm 之间的圆柱连接。

（1）在 放置 界面下方单击“新建集”字符，在“元件放置”操控板的机械连接约束列表中选择 圆柱 选项。

（2）定义“轴对齐”约束。单击操控板中的 放置 按钮，分别选取图 13.8.11 所示的两个柱面为“轴对齐”约束参考。

（3）单击操控板中的 ✓ 按钮，完成连接的创建，此时装配模型如图 13.8.12 所示。

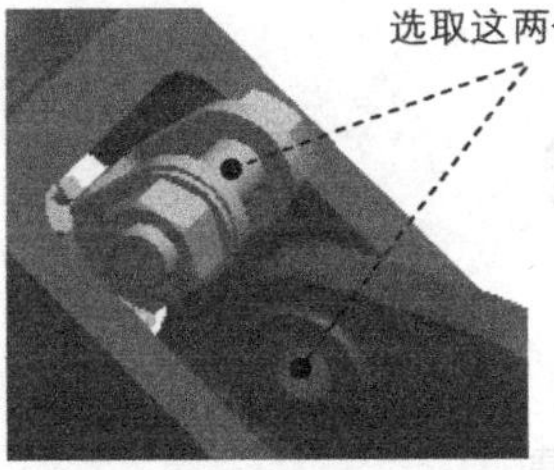

图 13.8.11 创建“圆柱”连接

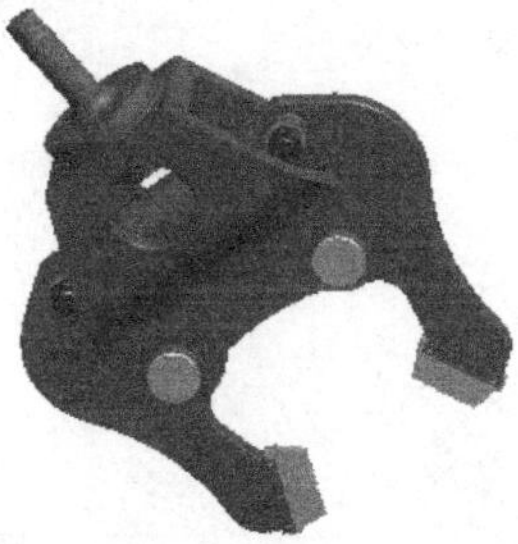

图 13.8.12 完成连接的创建

步骤 07 引入元件 connector-part.prt，并将其调整到图 13.8.13 所示的位置，然后创建 connector-part.prt 和 cramp-arm-assy.asm 之间的圆柱连接。

（1）在“元件放置”操控板的机械连接约束列表中选择 圆柱 选项。

（2）定义“轴对齐”约束。单击操控板中的 放置 按钮，分别选取图 13.8.13 中的两个柱面为“轴对齐”约束参考。

步骤 08 创建 connector-part.prt 和 cramp-piston-assy.asm 之间的圆柱连接。

（1）在 放置 界面下方单击“新建集”字符，在“元件放置”操控板的机械连接约束列表中选择 圆柱 选项。

（2）定义“轴对齐”约束。单击操控板中的 放置 按钮，分别选取图 13.8.14 所示的两个柱面为“轴对齐”约束参考。

（3）单击操控板中的 ✓ 按钮，完成连接的创建，此时装配模型如图 13.8.15 所示。

步骤 09 验证连接的有效性。在 视图(V) 菜单中选择 方向(O) ▸ ⟶ 拖动元件(D)... 命令；在“拖动”对话框中，单击“点拖动”按钮；在组件 cramp-arm-assy.asm 上选择一点，然后在该位置处单击，移动鼠标光标，查看机械手夹爪子装配的运动状况，确认无误后，单击

“拖动”对话框中的 关闭 按钮。

步骤 10 再生机构模型，然后保存机构模型，最后关闭模型。

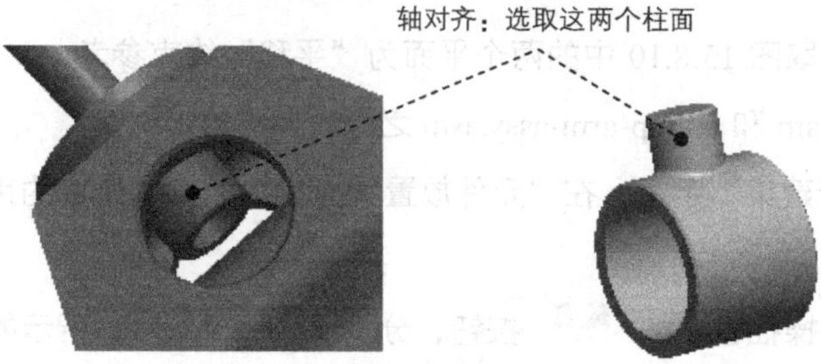

图 13.8.13 创建“圆柱”连接

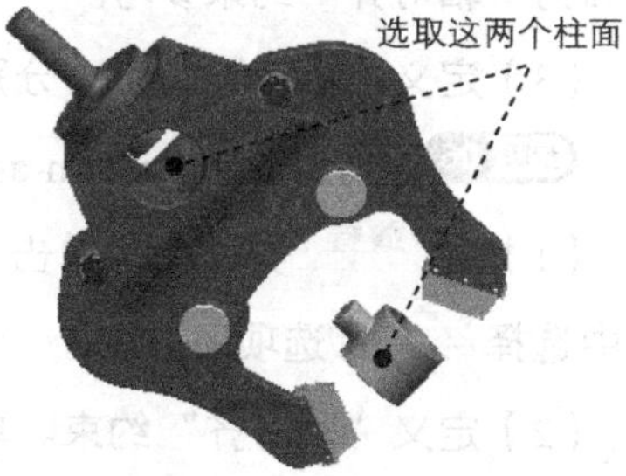

图 13.8.14 创建“圆柱”连接

图 13.8.15 完成连接的创建

3. 创建机械手固定座与机械手夹爪之间的子装配

步骤 01 新建文件。新建一个装配模型，命名为 crusher-assy，选取 mmns_asm_design 模板。

步骤 02 引入机械手固定座组件 crusher-bracket-assy.asm，并使用 缺省 约束完全约束该元件。

步骤 03 引入机械手夹爪组件 arm-frame-assy.asm，并将其调整到图 13.8.16 所示的位置，然后创建机械手固定座 crusher-bracket-assy.asm 和机械手夹爪 arm-frame-assy.asm 之间的销钉连接。

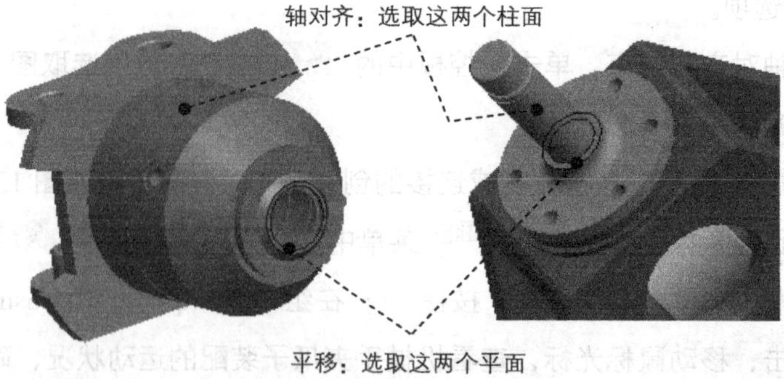

图 13.8.16 创建“销钉”连接

（1）在“元件放置”操控板的机械连接约束列表中选择 销钉 选项。

（2）定义“轴对齐”约束。单击操控板中的 放置 按钮，分别选取图 13.8.16 中的两个柱面为“轴对齐”约束参考。

（3）定义“平移”约束。分别选取图 13.8.16 中的两个平面为“平移”约束参考；在 偏移 下拉列表中选择 偏移 选项，并在其后的文本框中输入值 5。

（4）单击操控板中的 ✓ 按钮，完成连接的创建，此时装配模型如图 13.8.17 所示。

图 13.8.17 完成连接的创建

步骤 04 验证连接的有效性。在 视图(V) 菜单中选择 方向(O) ▸ ⟶ 拖动元件(D)... 命令；在“拖动”对话框中，单击“点拖动”按钮 ；在机械手夹爪组件 arm-frame-assy.asm 上选择一点，然后在该位置处单击，移动鼠标光标，查看装配模型的运动状况，确认无误后，单击“拖动”对话框中的 关闭 按钮。

步骤 05 再生机构模型，然后保存机构模型，最后关闭模型。

4. 创建机械手连杆子装配

步骤 01 新建文件。新建一个装配模型，命名为 link-rod-assy，选取 mmns_asm_design 模板。

步骤 02 引入第一个组件 link-plane-assy.asm，并使用 缺省 约束完全约束该元件。

步骤 03 引入第二个组件 link-beam-assy.asm，并将其调整到图 13.8.18 所示的位置，然后创建 link-plane-assy.asm 和 link-beam-assy.asm 之间的销钉连接。

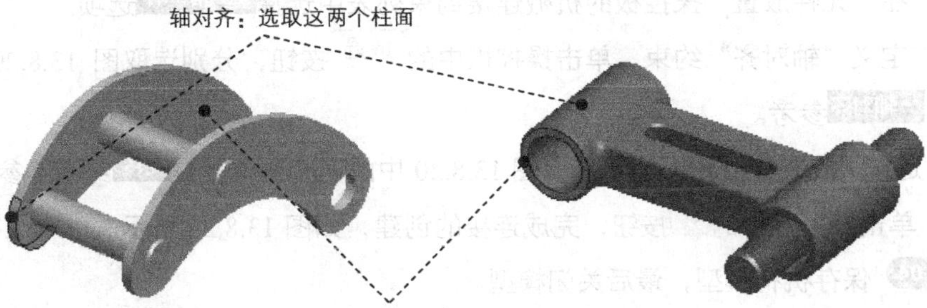

图 13.8.18 创建“销钉”连接

（1）在“元件放置”操控板的机械连接约束列表中选择 销钉 选项。

（2）定义“轴对齐”约束。单击操控板中的 放置 按钮，分别选取图 13.8.18 中的两个柱面为“轴对齐”约束参考。

（3）定义“平移”约束。分别选取图 13.8.18 中的两个平面为“平移”约束参考；在 偏移 下拉列表中选择 偏移 选项，并在其后的文本框中输入值 2。

（4）单击操控板中的 ✓ 按钮，完成连接的创建，此时装配模型如图 13.8.19 所示。

图 13.8.19　完成连接的创建

步骤 04 验证连接的有效性。在 视图(V) 菜单中选择 方向(O) ▸ ➡ 拖动元件(D)... 命令；在“拖动”对话框中，单击“点拖动”按钮；在组件 link-beam-assy.asm 上选择一点，然后在该位置处单击，移动鼠标光标，查看装配模型的运动状况，确认无误后，单击“拖动”对话框中的 关闭 按钮。

步骤 05 再生机构模型，然后保存机构模型，最后关闭模型。

5. 创建底部 01 油缸的子装配

步骤 01 新建文件。新建一个装配模型，命名为 cylinder-assy-down-01，选取 mmns_asm_design 模板。

步骤 02 引入第一个元件 la-cylinder-tube.prt，并使用 缺省 约束完全约束该元件。

步骤 03 引入第二个元件 la-cylinder-piston-rod.prt，并将其调整到图 13.8.20 所示的位置，然后创建 la-cylinder-tube.prt 和 la-cylinder-piston-rod.prt 之间的滑动杆连接。

（1） 在“元件放置”操控板的机械连接约束列表中选择 滑动杆 选项。

（2） 定义“轴对齐”约束。单击操控板中的 放置 按钮，分别选取图 13.8.20 中的两个圆柱面为 轴对齐 参考。

（3）定义“旋转”约束。分别选取图 13.8.20 中的两个平面为 旋转 约束的参考

（4） 单击操控板中的 ✓ 按钮，完成连接的创建，如图 13.8.21 所示。

步骤 04 保存机构模型，最后关闭模型。

6. 创建底部 02 油缸的子装配

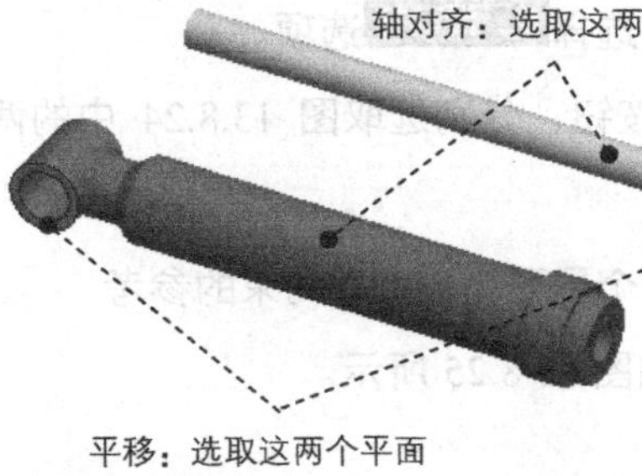

图 13.8.20 创建“滑动杆”连接

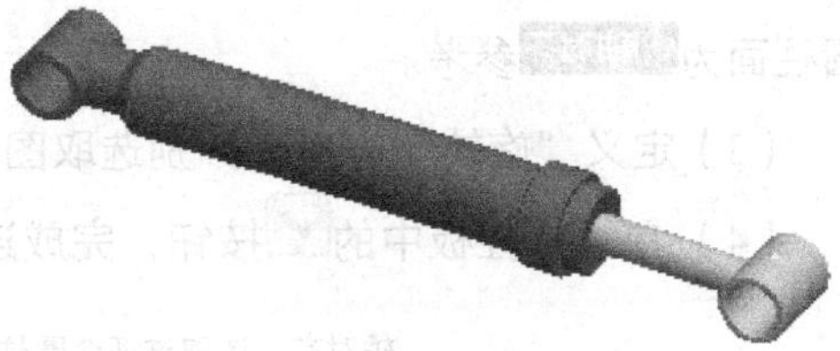

图 13.8.21 完成连接的创建

步骤 01 新建文件。新建一个装配模型，命名为 cylinder-assy-down-02，选取 mmns_asm_design 模板。

步骤 02 引入第一个元件 la-ma-cylinder-tube.prt，并使用 缺省 约束完全约束该元件。

步骤 03 引入第二个元件 la-ma-cylinder-piston-rod.prt，并将其调整到图 13.8.22 所示的位置，然后创建 la-ma-cylinder-tube.prt 和 la-ma-cylinder-piston-rod.prt 之间的滑动杆连接。

（1） 在“元件放置”操控板的机械连接约束列表中选择 滑动杆 选项。

（2） 定义“轴对齐”约束。单击操控板中的 放置 按钮，分别选取图 13.8.22 中的两个圆柱面为 轴对齐 参考。

（3）定义“旋转”约束。分别选取图 13.8.22 中的两个平面为 旋转 约束的参考

（4）单击操控板中的 ✓ 按钮，完成连接的创建，如图 13.8.23 所示。

图 13.8.22 创建“滑动杆”连接

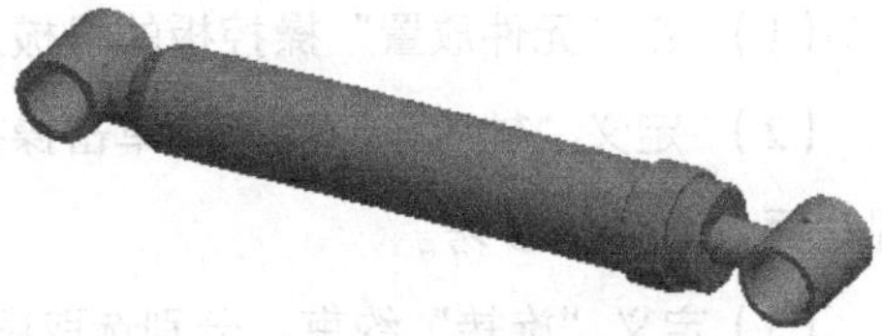

图 13.8.23 完成连接的创建

步骤 04 再生机构模型，然后保存机构模型，最后关闭模型。

7. 创建中间油缸的子装配

步骤 01 新建文件。新建一个装配模型，命名为 cylinder-assy-mid，选取 mmns_asm_design 模板。

步骤 02 引入第一个元件 ma-ta-cylinder-tube.prt，并使用 缺省 约束完全约束该元件。

步骤 03 引入第二个元件 ma-ta-cylinder-piston-rod.prt，并将其调整到图 13.8.24 所示的位

置，然后创建 ma-ta-cylinder-tube.prt 和 ma-ta-cylinder-piston-rod.prt 之间的滑动杆连接。

（1） 在“元件放置”操控板的机械连接约束列表中选择 滑动杆 选项。

（2） 定义“轴对齐”约束。单击操控板中的 放置 按钮，分别选取图 13.8.24 中的两个圆柱面为 轴对齐 参考。

（3）定义“旋转”约束。分别选取图 13.8.24 中的两个平面为 旋转 约束的参考

（4） 单击操控板中的✓按钮，完成连接的创建，如图 13.8.25 所示。

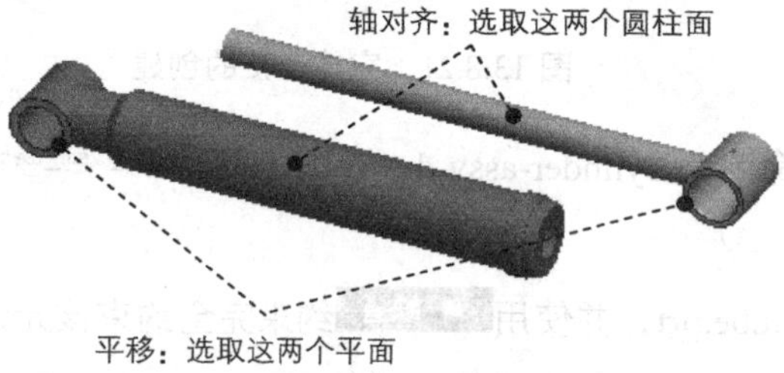

图 13.8.24　创建“滑动杆”连接

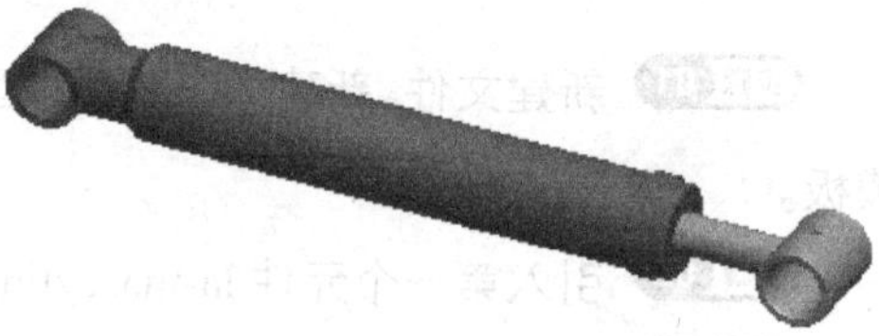
图 13.8.25　完成连接的创建

步骤 04 再生机构模型，然后保存机构模型，最后关闭模型。

8. 创建顶部油缸的子装配

步骤 01 新建文件。新建一个装配模型，命名为 cylinder-assy-top，选取 mmns_asm_design 模板。

步骤 02 引入第一个元件 ma-ta-cylinder-tube.prt，并使用 缺省 约束完全约束该元件。

步骤 03 引入第二个元件 cy-piston-rod.prt，并将其调整到图 13.8.26 所示的位置，然后创建 ma-ta-cylinder-tube.prt 和 cy-piston-rod.prt 之间的滑动杆连接。

（1） 在“元件放置”操控板的机械连接约束列表中选择 滑动杆 选项。

（2） 定义“轴对齐”约束。单击操控板中的 放置 按钮，分别选取图 13.8.26 中的两个圆柱面为 轴对齐 参考。

（3）定义“旋转”约束。分别选取图 13.8.26 中的两个平面为 旋转 约束的参考

（4） 单击操控板中的✓按钮，完成连接的创建，如图 13.8.27 所示。

图 13.8.26　创建“滑动杆”连接

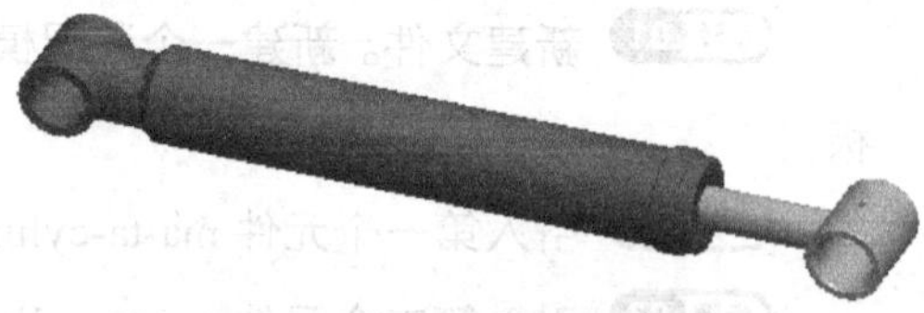
图 13.8.27　完成连接的创建

步骤04 再生机构模型，然后保存机构模型，最后关闭模型。

9. 创建机械手总装配

步骤01 新建文件。新建一个装配模型，命名为 000-mechanical-arm-assy，选取 mmns_asm_design 模板。

步骤02 引入第一个组件 down-base-assy.asm，并使用 缺省 约束完全约束该元件。

步骤03 引入第二个组件 lower-arm-assy.asm，并将其调整到图 13.8.28 所示的位置，然后创建 down-base-assy.asm 和 lower-arm-assy.asm 之间的销钉连接。

（1）在“元件放置”操控板的机械连接约束列表中选择 销钉 选项。

（2）定义“轴对齐”约束。单击操控板中的 放置 按钮，分别选取图 13.8.28 中的两个柱面为“轴对齐”约束参考。

（3）定义“平移”约束。分别选取图 13.8.28 中的两个平面为“平移”约束参考；在 偏移 下拉列表中选择 偏移 选项，并在其后的文本框中输入值 0.5。

（4）单击操控板中的 ✓ 按钮，完成连接的创建，此时装配模型如图 13.8.29 所示。

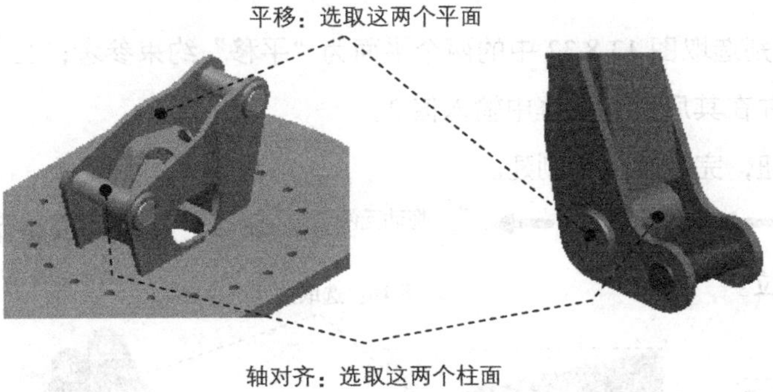

图 13.8.28 创建“销钉”连接

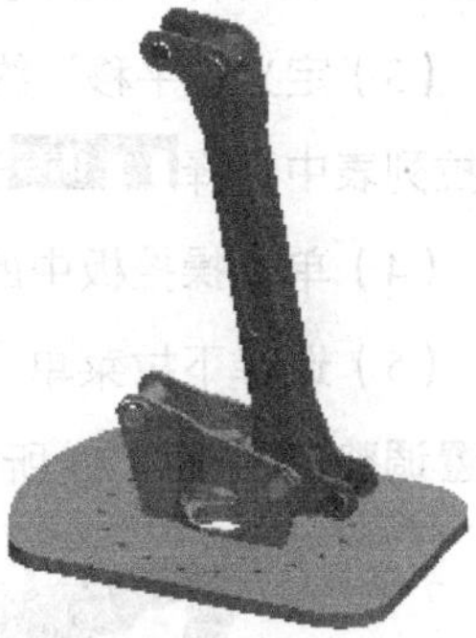
图 13.8.29 完成连接的创建

步骤04 引入第三个组件 mid-arm-assy.asm，并将其调整到图 13.8.30 所示的位置，然后创建 mid-arm-assy.asm 和 lower-arm-assy.asm 之间的销钉连接。

（1）在“元件放置”操控板的机械连接约束列表中选择 销钉 选项。

（2）定义“轴对齐”约束。单击操控板中的 放置 按钮，分别选取图 13.8.30 中的两个柱面为“轴对齐”约束参考。

（3）定义“平移”约束。分别选取图 13.8.30 中的两个平面为“平移”约束参考；在 偏移 下拉列表中选择 偏移 选项，并在其后的文本框中输入值 2。

（4）单击操控板中的 ✓ 按钮，完成连接的创建。

（5）选择下拉菜单 视图(V) → 方向(O) → 拖动元件(D)... 命令，将装配模型元件位置调整至图 13.8.31 所示的方位。

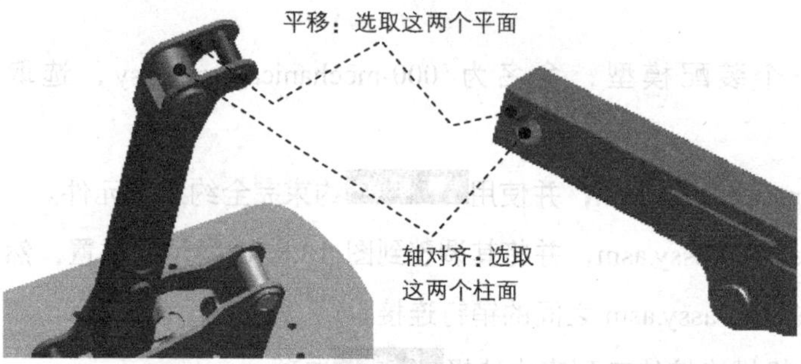

图 13.8.30　创建“销钉”连接

图 13.8.31　调整方位

步骤 05 引入第四个组件 top-arm-assy.asm，并将其调整到图 13.8.32 所示的位置，然后创建 top-arm-assy.asm 和 mid-arm-assy.asm 之间的销钉连接。

（1）在“元件放置”操控板的机械连接约束列表中选择 销钉 选项。

（2）定义“轴对齐”约束。单击操控板中的 放置 按钮，分别选取图 13.8.32 中的两个柱面为“轴对齐”约束参考。

（3）定义“平移”约束。分别选取图 13.8.32 中的两个平面为“平移”约束参考；在 偏移 下拉列表中选择 偏移 选项，并在其后的文本框中输入值 2。

（4）单击操控板中的 ✔ 按钮，完成连接的创建。

（5）选择下拉菜单 视图(V) ➡ 方向(O) ▸ ➡ 拖动元件(D)... 命令，将装配模型元件位置调整至图 13.8.33 所示的方位。

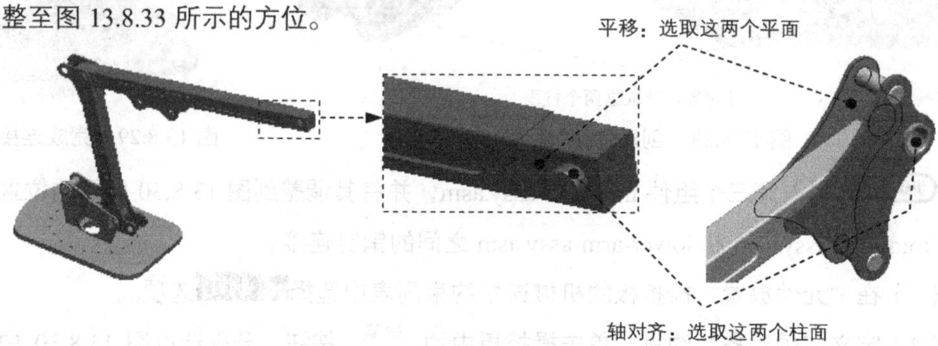

图 13.8.32　创建“销钉”连接

步骤 06 引入第五个组件 cylinder-assy-down-01.asm，并将其调整到图 13.8.34 所示的位置，然后创建 cylinder-assy-down-01.asm 和 down-base-assy.asm 之间的销钉连接。

（1）在“元件放置”操控板的机械连接约束列表中选择 销钉 选项。

（2）定义“轴对齐”约束。单击操控板中的 放置 按钮，分别选取图 13.8.34 中的两个柱面为“轴对齐”约束参考。

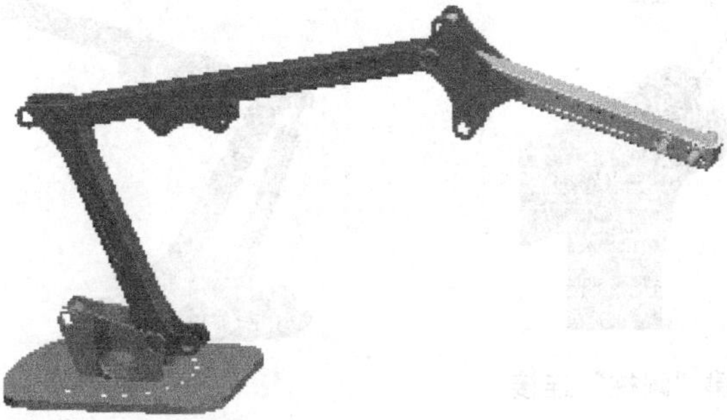

图 13.8.33 调整方位

图 13.8.34 创建“销钉”连接

（3）定义“平移”约束。分别选取图 13.8.34 中的两个平面为“平移”约束参考；在 偏移 下拉列表中选择 偏移 选项，并在其后的文本框中输入值 2。

步骤 07 创建 cylinder-assy-down-01.asm 和 lower-arm-assy.asm 之间的圆柱连接。

（1）在 放置 界面下方单击“新建集”字符，在“元件放置”操控板的机械连接约束列表中选择 圆柱 选项。

（2）定义“轴对齐”约束。单击操控板中的 放置 按钮，分别选取图 13.8.35 所示的两个柱面为“轴对齐”约束参考。

（3）单击操控板中的 ✓ 按钮，完成连接的创建。

（4）选择下拉菜单 视图(V) → 方向(O) ▸ → 拖动元件(D)... 命令，将装配模型元件位置调整至图 13.8.36 所示的方位。

步骤 08 引入第六个组件 cylinder-assy-down-02.asm，并将其调整到图 13.8.37 所示的位置，然后创建 cylinder-assy-down-02.asm 和 lower-arm-assy.asm 之间的销钉连接。

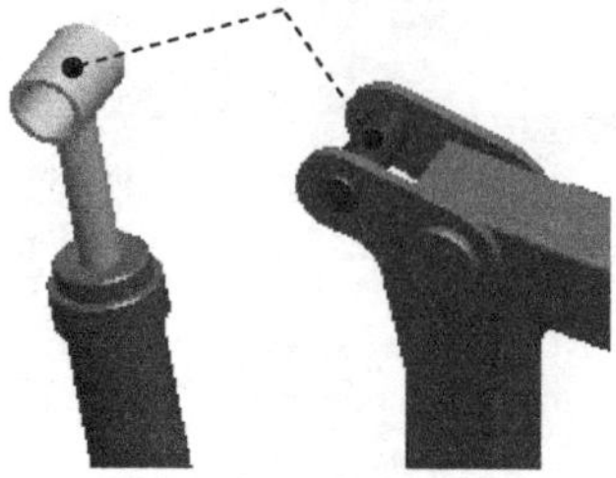

图 13.8.35 创建“圆柱”连接

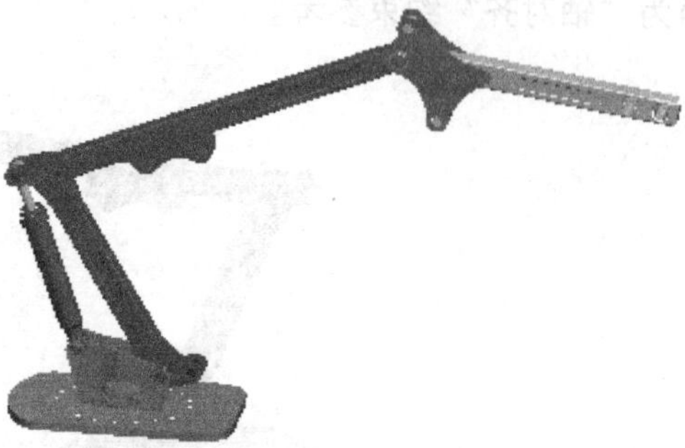

图 13.8.36 调整方位

（1）在“元件放置”操控板的机械连接约束列表中选择 销钉 选项。

（2）定义“轴对齐”约束。单击操控板中的 放置 按钮，分别选取图 13.8.37 中的两个柱面为“轴对齐”约束参考。

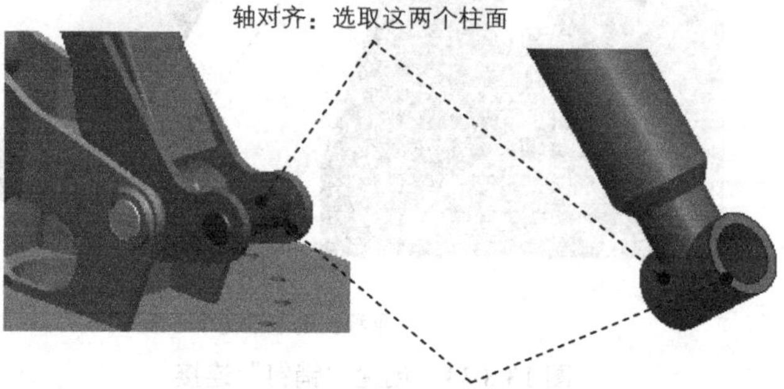

图 13.8.37 创建“销钉”连接

（3）定义“平移”约束。分别选取图 13.8.37 中的两个平面为“平移”约束参考；在 偏移 下拉列表中选择 偏移 选项，并在其后的文本框中输入值 2。

步骤 09 创建 cylinder-assy-down-02.asm 和 mid-arm-assy.asm 之间的圆柱连接。

（1）在 放置 界面下方单击“新建集”字符，在“元件放置”操控板的机械连接约束列表中选择 圆柱 选项。

（2）定义“轴对齐”约束。单击操控板中的 放置 按钮，分别选取图 13.8.38 所示的两个柱面为“轴对齐”约束参考。

（3）单击操控板中的 ✓ 按钮，完成连接的创建。

（4）选择下拉菜单 视图(V) ➡ 方向(O) ▸ ➡ 拖动元件(D)... 命令，将装配模型元件位置调整至图 13.8.39 所示的方位。

步骤 10 引入第七个组件 cylinder-assy-mid.asm，并将其调整到图 13.8.40 所示的位置，然后创建 cylinder-assy-mid.asm 和 mid-arm-assy.asm 之间的销钉连接。

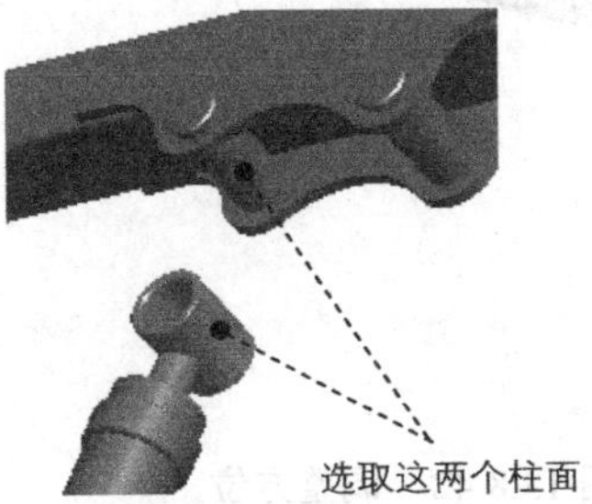

图 13.8.38 创建“圆柱”连接

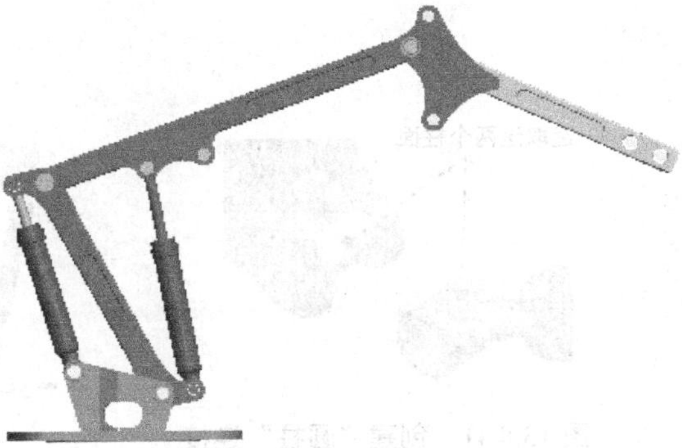

图 13.8.39 调整方位

（1）在“元件放置”操控板的机械连接约束列表中选择 销钉 选项。

（2）定义“轴对齐”约束。单击操控板中的 放置 按钮，分别选取图 13.8.40 中的两个柱面为“轴对齐”约束参考。

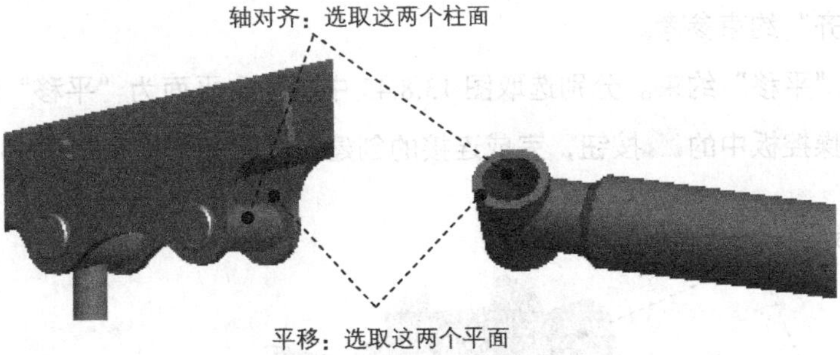

图 13.8.40 创建“销钉”连接

（3）定义“平移”约束。分别选取图 13.8.40 中的两个平面为“平移”约束参考；在 偏移 下拉列表中选择 偏移 选项，并在其后的文本框中输入值 2。

步骤 11 创建 cylinder-assy-mid.asm 和 top-arm-assy.asm 之间的圆柱连接。

（1）在 放置 界面下方单击“新建集”字符，在“元件放置”操控板的机械连接约束列表中选择 圆柱 选项。

（2）定义“轴对齐”约束。单击操控板中的 放置 按钮，分别选取图 13.8.41 所示的两个柱面为“轴对齐”约束参考。

（3）单击操控板中的 ✔ 按钮，完成连接的创建。

（4）选择下拉菜单 视图(V) → 方向(O) ▸ → 拖动元件(D)... 命令，将装配模型元件位置调整至图 13.8.42 所示的方位。

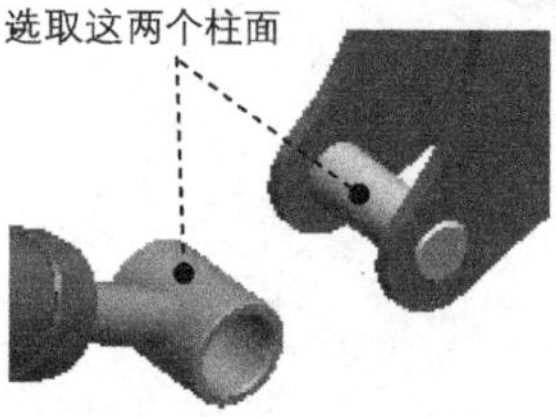

图 13.8.41　创建“圆柱”连接

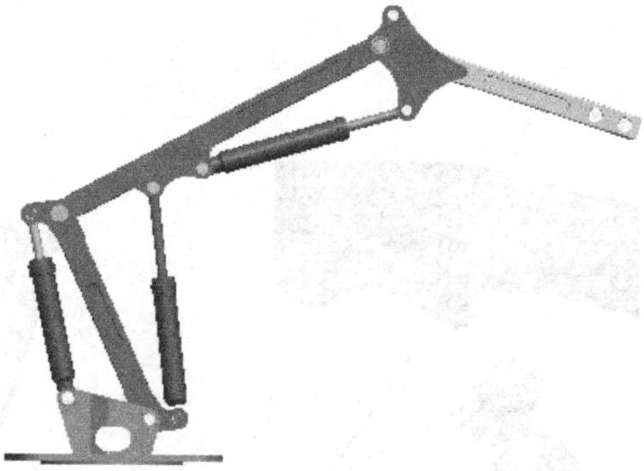

图 13.8.42　调整方位

步骤 12 引入第八个组件 crusher-assy.asm，并将其调整到图 13.8.43 所示的位置，然后创建 crusher-assy.asm 和 top-arm-assy.asm 之间的销钉连接。

（1）在“元件放置”操控板的机械连接约束列表中选择 销钉 选项。

（2）定义“轴对齐”约束。单击操控板中的 放置 按钮，分别选取图 13.8.43 中的两个柱面为“轴对齐”约束参考。

（3）定义“平移”约束。分别选取图 13.8.43 中的两个平面为“平移”约束参考。

（4）单击操控板中的 ✔ 按钮，完成连接的创建，此时装配模型如图 13.8.44 所示。

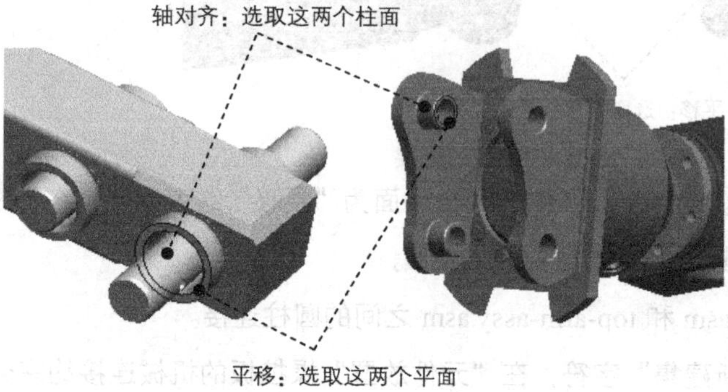

图 13.8.43　创建“销钉”连接

图 13.8.44　完成连接的创建

步骤 13 引入第九个组件 link-rod-assy.asm，并将其调整到图 13.8.45 所示的位置，然后创建 link-rod-assy.asm 和 top-arm-assy.asm 之间的销钉连接。

（1）在“元件放置”操控板的机械连接约束列表中选择 销钉 选项。

（2）定义“轴对齐”约束。单击操控板中的 放置 按钮，分别选取图 13.8.45 中的两个柱面为“轴对齐”约束参考。

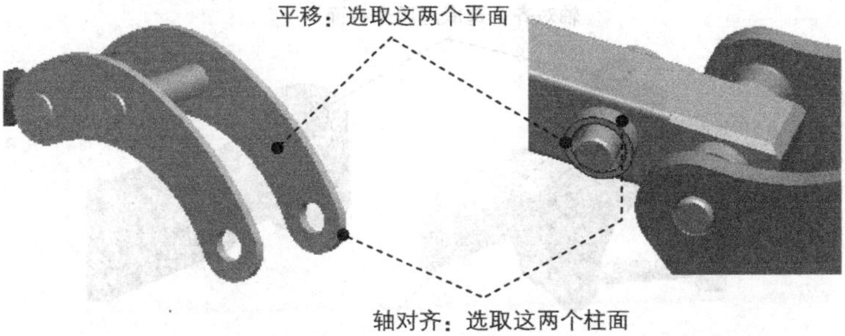

图 13.8.45 创建“销钉”连接

（3）定义“平移”约束。分别选取图 13.8.45 中的两个平面为“平移”约束参考；在 偏移 下拉列表中选择 偏移 选项，并在其后的文本框中输入值 2。

步骤 14 创建 link-rod-assy.asm 和 crusher-assy.asm 之间的圆柱连接。

（1）在 放置 界面下方单击“新建集”字符，在“元件放置”操控板的机械连接约束列表中选择 圆柱 选项。

（2）定义“轴对齐”约束。单击操控板中的 放置 按钮，分别选取图 13.8.46 所示的两个柱面为“轴对齐”约束参考。

（3）单击操控板中的 ✓ 按钮，完成连接的创建。

（4）选择下拉菜单 视图(V) → 方向(O) ▸ → 拖动元件(D)... 命令，将装配模型元件位置调整至图 13.8.47 所示的方位。

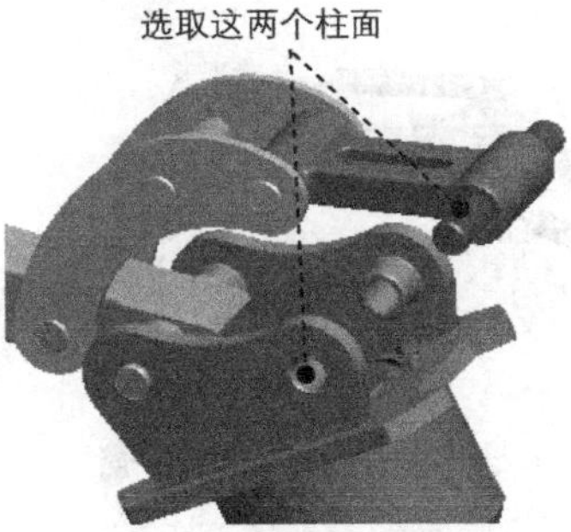

图 13.8.46 创建“圆柱”连接

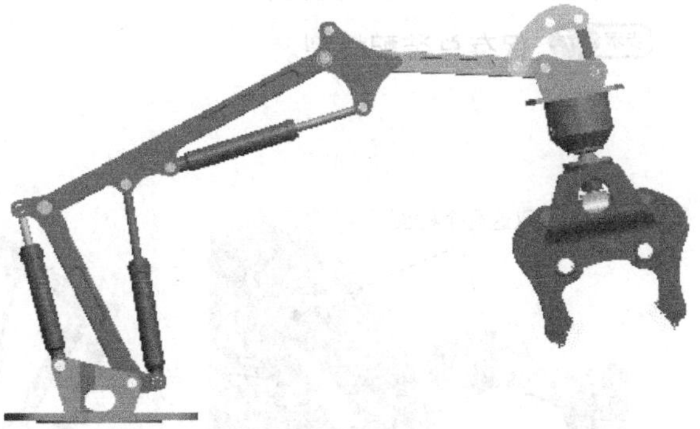

图 13.8.47 调整方位

步骤 15 引入第十个组件 cylinder-assy-top.asm，并将其调整到图 13.8.48 所示的位置，然后创建 cylinder-assy-top.asm 和 top-arm-assy.asm 之间的销钉连接。

（1）在“元件放置”操控板的机械连接约束列表中选择 销钉 选项。

（2）定义“轴对齐”约束。单击操控板中的 放置 按钮，分别选取图 13.8.48 中的两个柱面为“轴对齐”约束参考。

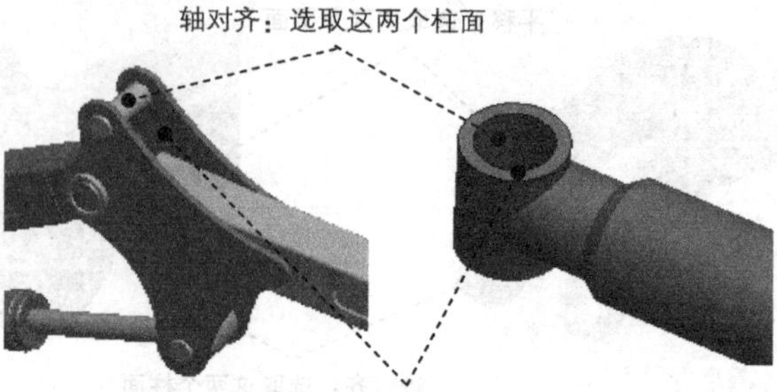

图 13.8.48 创建“销钉”连接

（3）定义“平移”约束。分别选取图 13.8.49 中的两个平面为“平移”约束参考；在偏移下拉列表中选择偏移选项，并在其后的文本框中输入值 2。

步骤 16 创建 cylinder-assy-top.asm 和 link-rod-assy.asm 之间的圆柱连接。

（1）在放置界面下方单击“新建集”字符，在“元件放置”操控板的机械连接约束列表中选择圆柱选项。

（2）定义“轴对齐”约束。单击操控板中的放置按钮，分别选取图 13.8.49 所示的两个柱面为“轴对齐”约束参考。

（3）单击操控板中的✓按钮，完成连接的创建。

（4）选择下拉菜单 视图(V) → 方向(O) ▸ → 拖动元件(D)... 命令，将装配模型元件位置调整至图 13.8.50 所示的方位。

步骤 17 保存总装配模型。

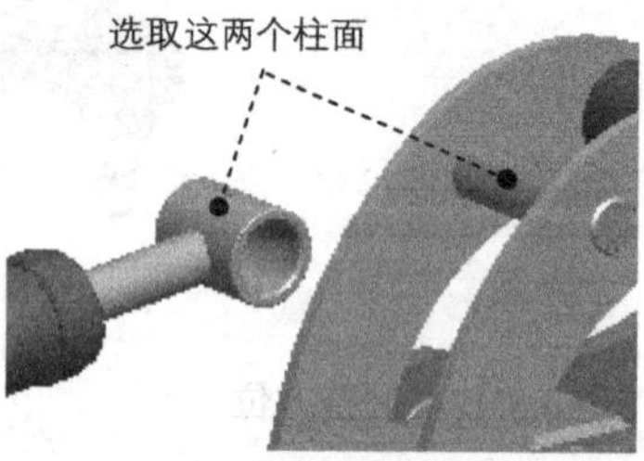

图 13.8.49 创建“圆柱”连接

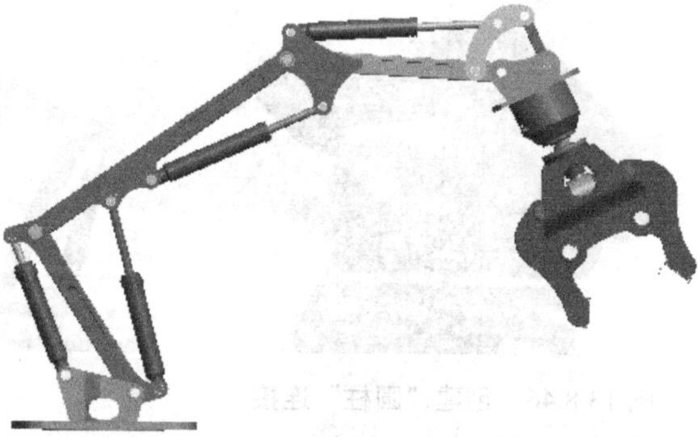

图 13.8.50 调整方位

10. 设置运动轴的范围

步骤 01 设置底部 01 油缸的运动轴范围。

（1） 在模型树中右击 CYLINDER-ASSY-DOWN-01.ASM 节点，从弹出的快捷菜单中选择 打开 命令。

（2） 进入机构模块。选择下拉菜单 应用程序(P) → 机构 命令，进入机构模块。

（3） 对运动轴进行设置。首先选中图 13.8.51 所示的平移轴，右击，在弹出的快捷菜单中选择 编辑定义 命令，选择图 13.8.52 所示的平面和点为参照，在对话框 当前位置 下方的文本框中输入数值 15，然后单击 设置零位置 按钮；选中 最小限制 复选框，并在其后的文本框中输入数值 0；选中 最大限制 复选框，并输入数值 400.0。单击对话框中的 ✓ 按钮。

图 13.8.51 运动轴设置

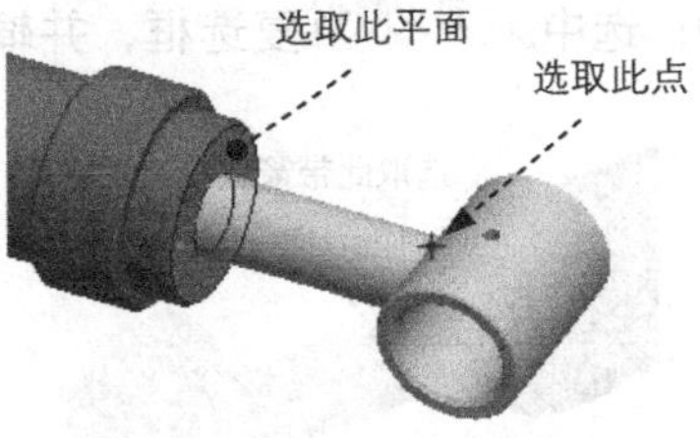

图 13.8.52 定义“平移轴”参考

说明 如果运动轴的方向与图 13.8.51 所示的方向向反，可以在创建底部 01 油缸的子装配的活塞杆时，单击反向按钮对方向进行调整。

（4）再生机构模型，然后保存机构模型，最后关闭模型。

步骤 02 设置底部 02 油缸的运动轴范围。

（1） 在模型树中右击 CYLINDER-ASSY-DOWN-02.ASM 节点，从弹出的快捷菜单中选择 打开 命令。

（2） 进入机构模块。选择下拉菜单 应用程序(P) → 机构 命令，进入机构模块。

（3） 对运动轴进行设置。首先选中图 13.8.53 所示的平移轴，右击，在弹出的快捷菜单中选择 编辑定义 命令，选择图 13.8.54 所示的平面和点为参照，在对话框 当前位置 下方的文本框中输入数值 15，然后单击 设置零位置 按钮；选中 最小限制 复选框，并在其后的文本框中输入数值 0；选中 最大限制 复选框，并输入数值 400.0。单击对话框中的 ✓ 按钮。

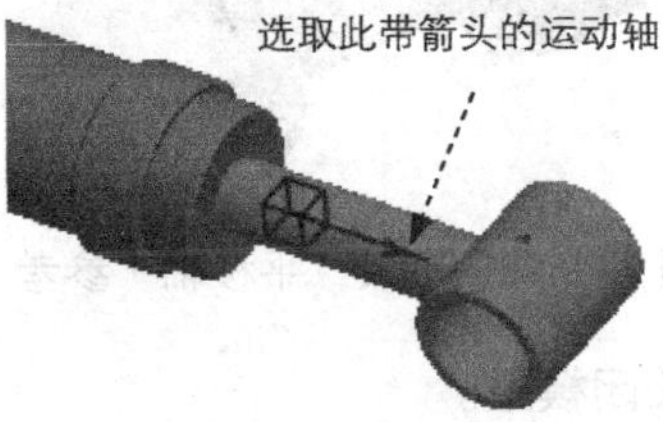

图 13.8.53 运动轴设置

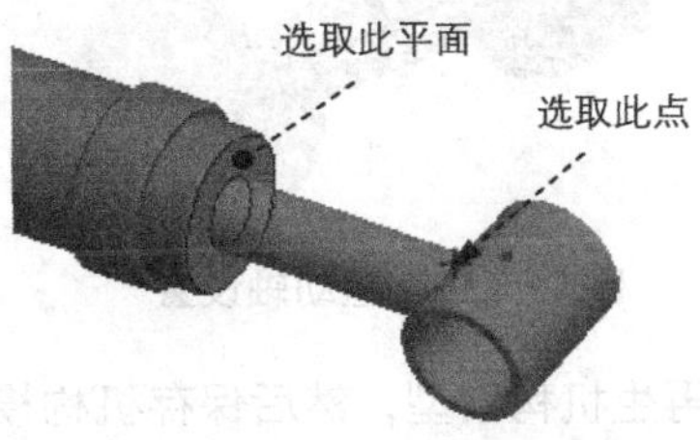

图 13.8.54 定义“平移轴”参考

（4）再生机构模型，然后保存机构模型，最后关闭模型。

步骤 03 设置中间油缸的运动轴范围。

（1）在模型树中右击 CYLINDER-ASSY-MID.ASM 节点，从弹出的快捷菜单中选择 打开 命令。

（2）进入机构模块。选择下拉菜单 应用程序(P) ➡ 机构 命令，进入机构模块。

（3）对运动轴进行设置。首先选中图 13.8.55 所示的平移轴，右击，在弹出的快捷菜单中选择 编辑定义 命令，选择图 13.8.56 所示的平面和点为参照，在对话框 当前位置 下方的文本框中输入数值 15，然后单击 设置零位置 按钮；选中 ☑ 最小限制 复选框，并在其后的文本框中输入数值 0；选中 ☑ 最大限制 复选框，并输入数值 400.0。单击对话框中的 ✔ 按钮。

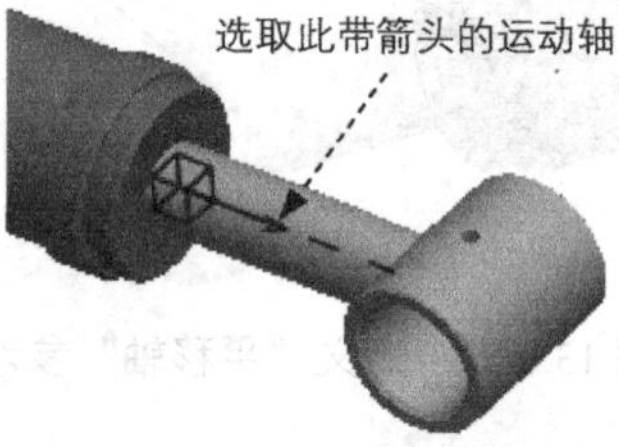

图 13.8.55 运动轴设置

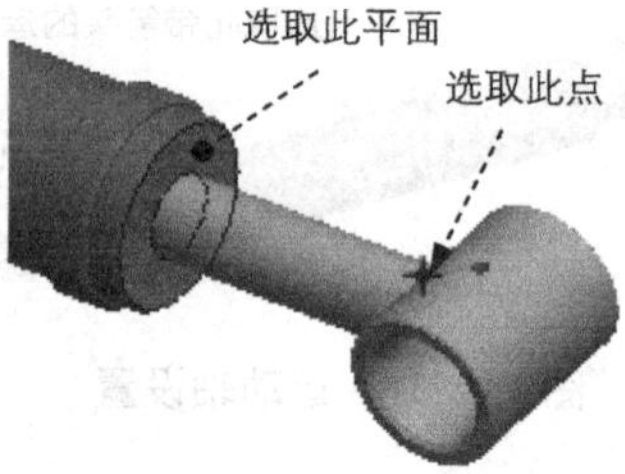

图 13.8.56 定义“平移轴”参考

（4）再生机构模型，然后保存机构模型，最后关闭模型。

步骤 04 设置顶部油缸的运动轴范围。

（1）在模型树中右击 CYLINDER-ASSY-TOP.ASM 节点，从弹出的快捷菜单中选择 打开 命令。

（2）进入机构模块。选择下拉菜单 应用程序(P) ➡ 机构 命令，进入机构模块。

（3）对运动轴进行设置。首先选中图 13.8.57 所示的平移轴，右击，在弹出的快捷菜单中选择 编辑定义 命令，选择图 13.8.58 所示的平面和点为参照，在对话框 当前位置 下方的文本框中输入数值 15，然后单击 设置零位置 按钮；选中 ☑ 最小限制 复选框，并在其后的文本框中输入数值 0；选中 ☑ 最大限制 复选框，并输入数值 400.0。单击对话框中的 ✔ 按钮。

图 13.8.57 运动轴设置

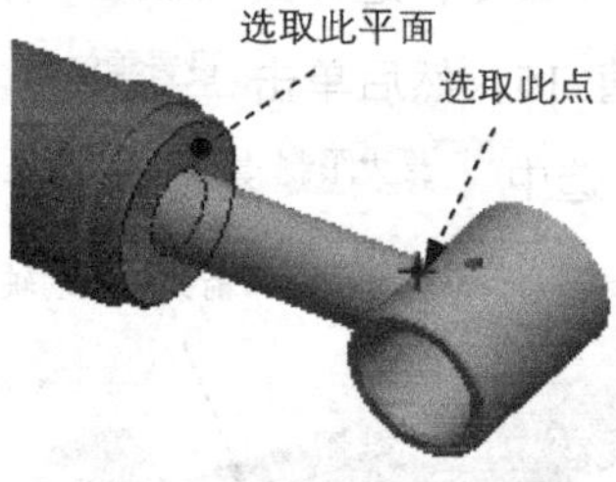

图 13.8.58 定义“平移轴”参考

（4）再生机构模型，然后保存机构模型，最后关闭模型。

步骤 05 设置机械手活塞的运动轴范围。

（1）在工作目录设置中打开机械手活塞模型 cramp-piston-assy.asm。

（2）进入机构模块。选择下拉菜单 应用程序(P) → 机构 命令，进入机构模块。

（3）对运动轴进行设置。首先选中图 13.8.59 所示的平移轴，右击，在弹出的快捷菜单中选择 编辑定义 命令，选择图 13.8.60 所示的平面和点为参照，在对话框 当前位置 下方的文本框中输入数值 10，然后单击 设置零位置 按钮；选中 ☑ 最小限制 复选框，并在其后的文本框中输入数值 0；选中 ☑ 最大限制 复选框，并输入数值 150.0。单击对话框中的 ✔ 按钮。

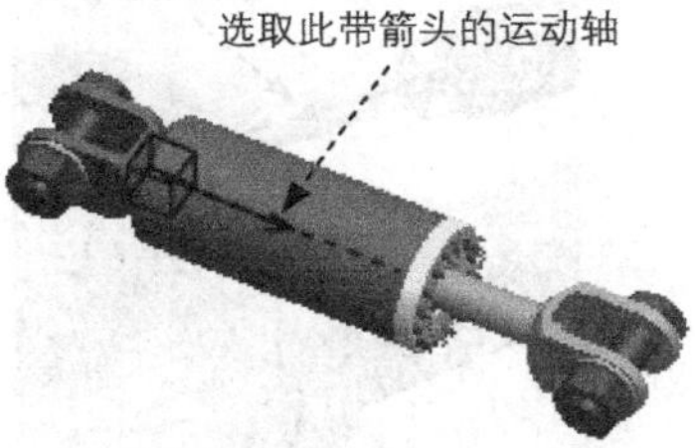

图 13.8.59 运动轴设置

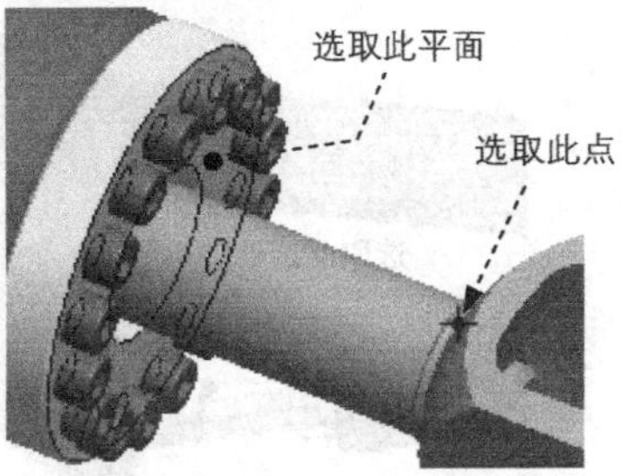

图 13.8.60 定义“平移轴”参考

（4）再生机构模型，然后保存机构模型，最后关闭模型。

11. 设置初始位置

步骤 01 进入机构模块。选择下拉菜单 应用程序(P) → 机构 命令，进入机构模块。

步骤 02 设置底部 01 油缸的初始位置。选中图 13.8.61 所示的运动轴，右击，在弹出的快捷菜单中选择 编辑定义 命令，在弹出的“运动轴”对话框的 当前位置 下方的文本框中输入数值 105，单击对话框中的 ✔ 按钮。

步骤 03 设置底部 02 油缸的初始位置。选中图 13.8.62 所示的运动轴，右击，在弹出的快捷菜单中选择 编辑定义 命令，在弹出的“运动轴”对话框的 当前位置 下方的文本框中输入数值 283，单击对话框中的 ✔ 按钮。

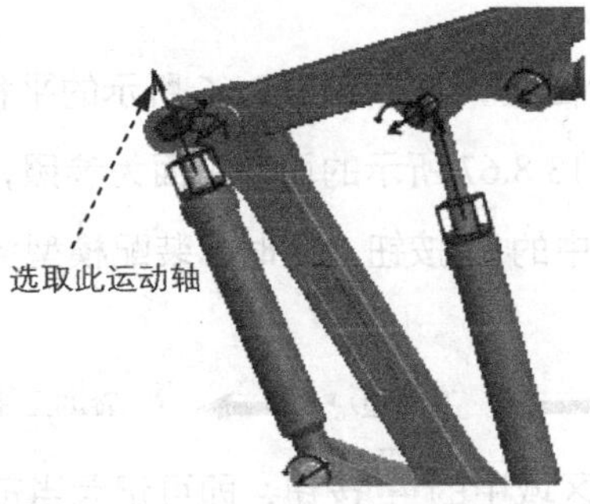

图 13.8.61 选取运动轴

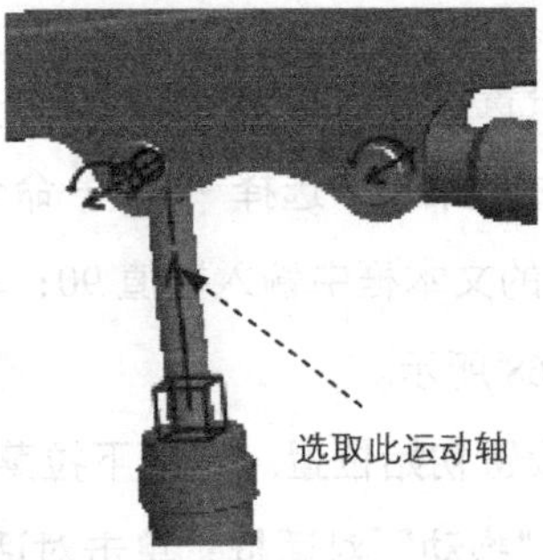

图 13.8.62 选取运动轴

步骤 04 设置中间油缸的初始位置。选中图 13.8.63 所示的运动轴，右击，在弹出的快捷菜单中选择 编辑定义 命令，在弹出的“运动轴”对话框的 当前位置 下方的文本框中输入数值 108.5，单击对话框中的✔按钮。

步骤 05 设置顶部油缸的初始位置。选中图 13.8.64 所示的运动轴，右击，在弹出的快捷菜单中选择 编辑定义 命令，在弹出的“运动轴”对话框的 当前位置 下方的文本框中输入数值 193，单击对话框中的✔按钮。

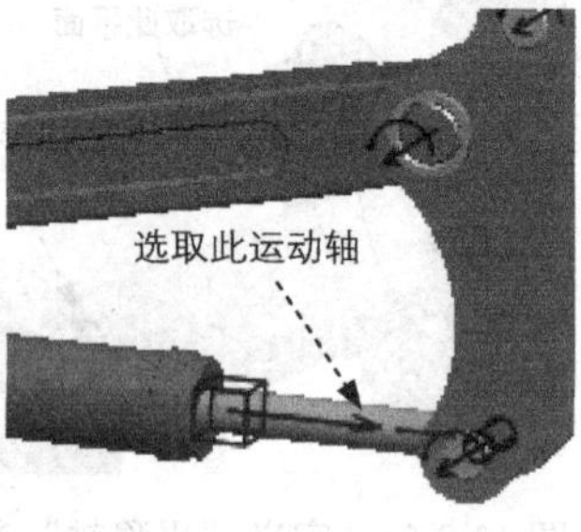

图 13.8.63 选取运动轴

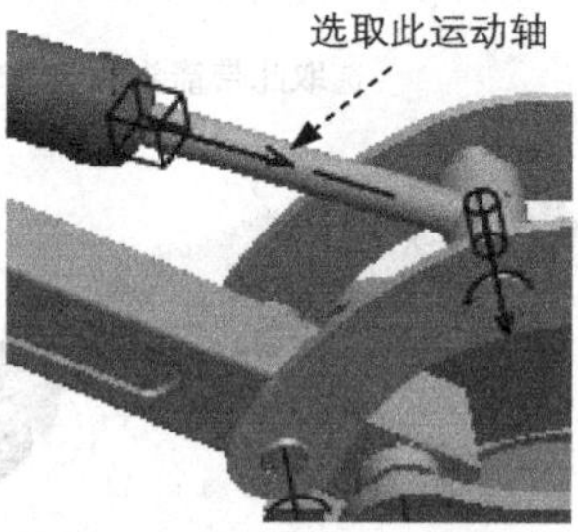

图 13.8.64 选取运动轴

步骤 06 设置机械手活塞的初始位置。选中图 13.8.65 所示的运动轴，右击，在弹出的快捷菜单中选择 编辑定义 命令，在弹出的“运动轴”对话框的 当前位置 下方的文本框中输入数值 0，单击对话框中的✔按钮。

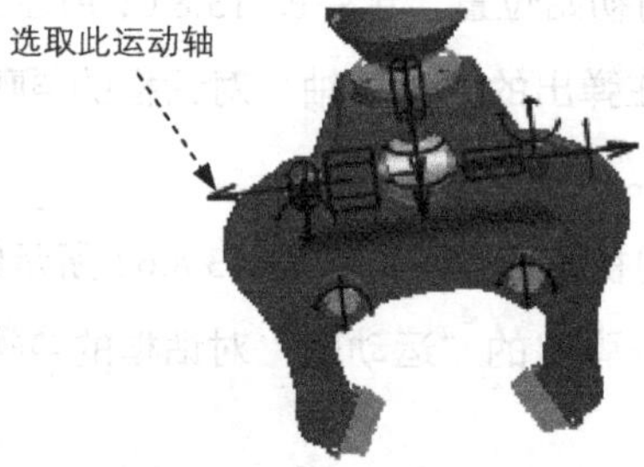

图 13.8.65 选取运动轴

步骤 07 设置机械手固定座与机械手夹爪的初始位置。选中图 13.8.66 所示的平移轴，右击，在弹出的快捷菜单中选择 编辑定义 命令，选择图 13.8.67 所示的两个平面为参照，在对话框 当前位置 下方的文本框中输入数值 90；单击对话框中的✔按钮，此时总装配模型各机构的位置如图 13.8.68 所示。

步骤 08 设置初始位置。选择下拉菜单 视图(V) → 方向(O) ▸ → 拖动元件(D)... 命令，系统弹出“拖动”对话框；单击对话框 当前快照 区域中的📷按钮，即可记录当前位置为快照 1（Snapshot1）；单击 关闭 按钮，关闭“拖动”对话框。

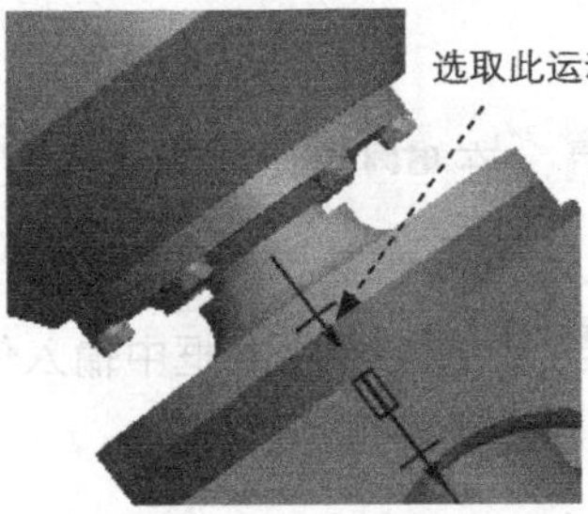

图 13.8.66 运动轴设置

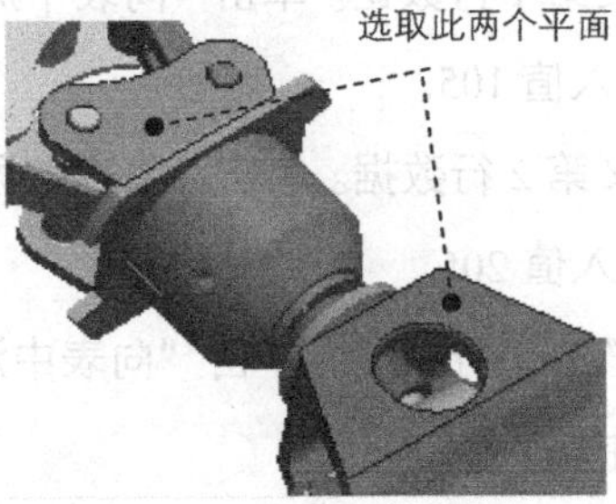

图 13.8.67 定义“平移轴”参考

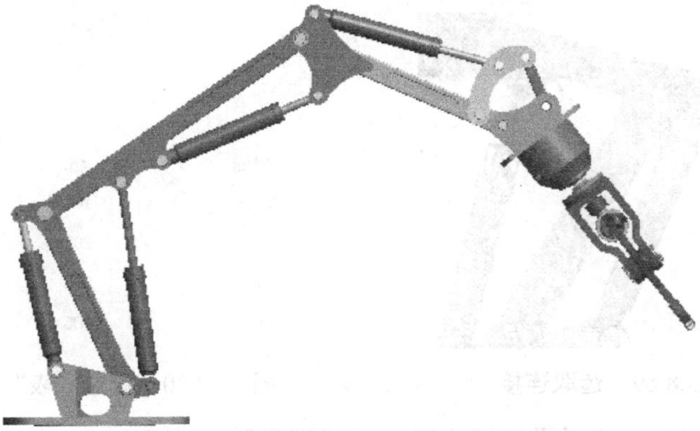

图 13.8.68 装配模型初始位置

步骤 09 设置初始条件。

（1）选择命令。选择下拉菜单 插入(I) → 初始条件(I)... 命令，系统弹出“初始条件定义”对话框。

（2）在 快照 下拉列表中选择 Snapshot1 为初始位置条件，然后单击 按钮。

（3）单击 确定 按钮，完成初始条件的定义。

12. 设置电动机

步骤 01 定义伺服电动机 1。

（1）选择命令。选择下拉菜单 插入(I) → 伺服电动机(V)... 命令，系统弹出“伺服电动机定义”对话框。

（2）选取参考对象。选取图 13.8.69 所示的连接为参考对象。

（3）设置轮廓参数。单击“伺服电动机定义”对话框中的 轮廓 选项卡，在“定义运动轴设置”按钮 右侧的下拉列表中选择 位置 选项，在“模”下拉列表中选择 表 选项。

（4）输入表数据。

① 定义第 1 行数据。单击“向表中添加行”按钮，在**时间**文本框中输入值 0，在**模**文本框中输入值 105。

② 定义第 2 行数据。单击“向表中添加行”按钮，在**时间**文本框中输入值 2，在**模**文本框中输入值 205。

③ 定义第 3 行数据。单击“向表中添加行”按钮，在**时间**文本框中输入值 15，在**模**文本框中输入值 205。

④ 定义第 4 行数据。单击“向表中添加行”按钮，在**时间**文本框中输入值 18，在**模**文本框中输入值 105，如图 13.8.70 所示。

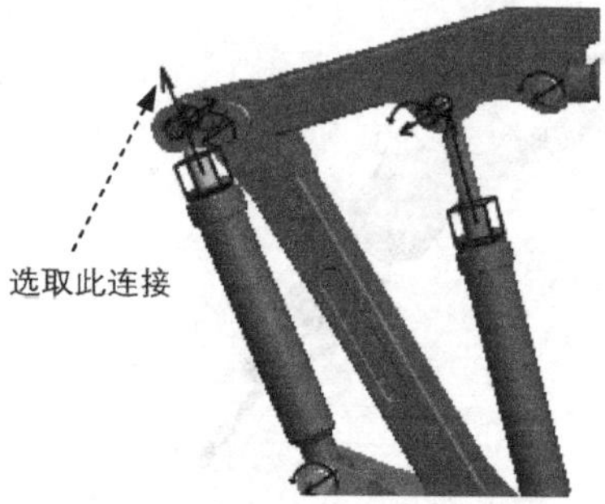

图 13.8.69　选取连接

时间	模
0	105
2	205
15	205
18	105

图 13.8.70　设置“表”参数

（5）选择拟合类型。在**插值**区域中选中 ◉ 线性拟合 单选项。

（6）单击对话框中的**确定**按钮，完成伺服电动机的定义。

步骤 02 定义伺服电动机 2。参考步骤 01 的操作步骤，选取图 13.8.71 所示的连接为参考对象，“表”参数如图 13.8.72 所示。

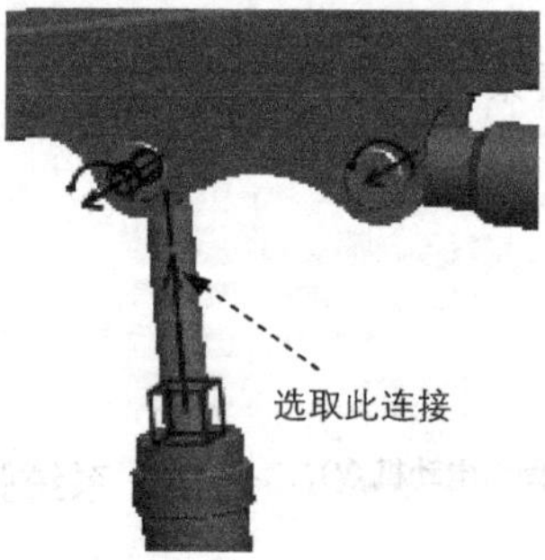

图 13.8.71　选取连接

时间	模
0	283
3	400
15	400
18	283

图 13.8.72　定义伺服电动机 2

步骤 03 定义伺服电动机 3。参考步骤 01 的操作步骤，选取图 13.8.73 所示的连接为参考对象，“表”参数如图 13.8.74 所示。

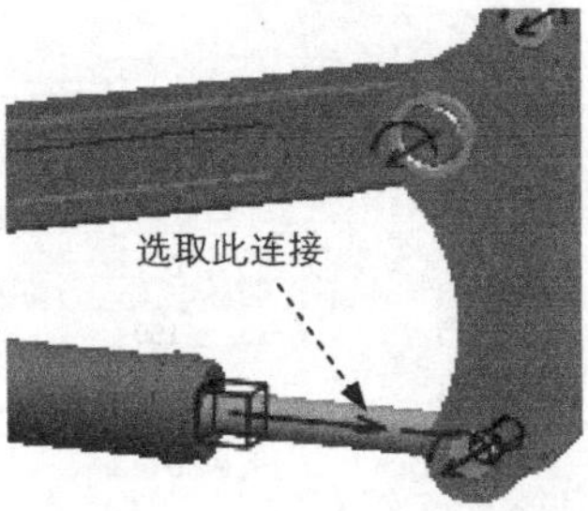

图 13.8.73 选取连接

时间	模
0	108.5
2.5	108.5
6	208.5
15	208.5
18	108.5

图 13.8.74 定义伺服电动机 3

步骤 04 定义伺服电动机 4。参考步骤 01 的操作步骤，选取图 13.8.75 所示的连接为参考对象，“表”参数如图 13.8.76 所示。

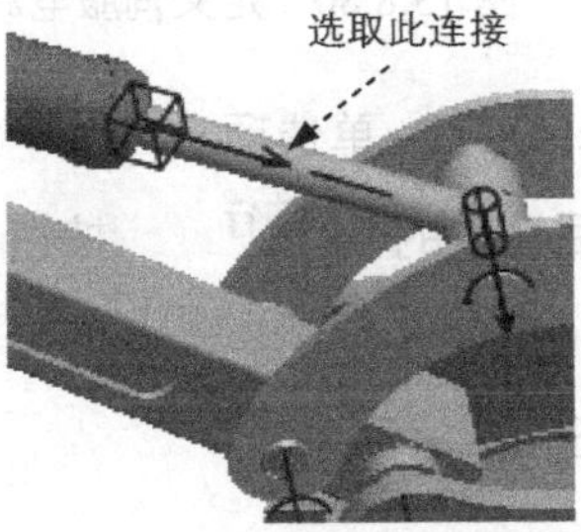

图 13.8.75 选取连接

时间	模
0	193
4	193
8	273
15	273
18	173

图 13.8.76 定义伺服电动机 4

步骤 05 定义伺服电动机 5。参考步骤 01 的操作步骤，选取图 13.8.77 所示的连接为参考对象，“表”参数如图 13.8.78 所示。

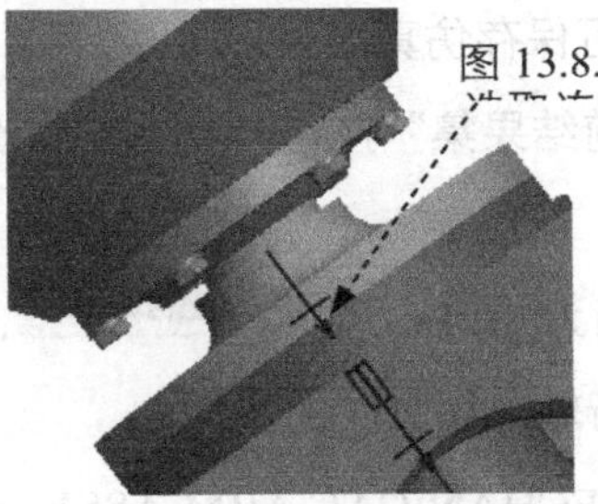

图 13.8.77 选取连接

时间	模
0	0
8	0
12	90
15	90
18	0

图 13.8.78 定义伺服电动机 5

步骤 06 定义伺服电动机 6。参考步骤 01 的操作步骤，选取图 13.8.79 所示的连接为参考对象，“表”参数如图 13.8.80 所示。

13. 定义机构分析

步骤 01 选择命令。选择下拉菜单 分析(A) → 机构分析(Y)... 命令，系统弹出“分析定义”对话框。

步骤 02 在 终止时间 文本框中输入值 21。

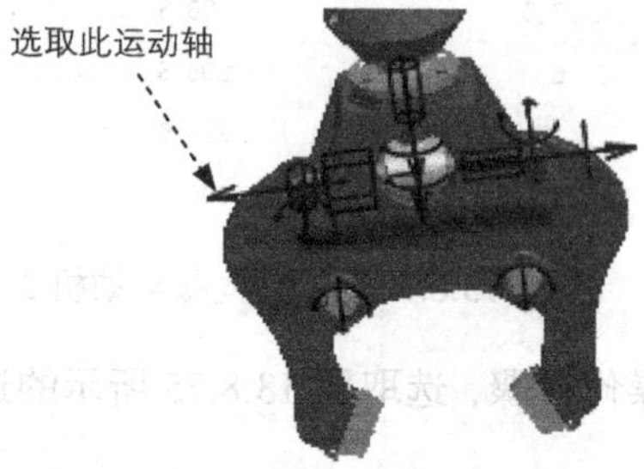

图 13.8.79 选取运动轴

时间	模
0	0
12	0
13	150
14	150
15	0
18	0
19	150
20	150
21	0

图 13.8.80 定义伺服电动机 6

步骤 03 定义初始配置。在 **初始配置** 区域中选择 ◉ 快照: 单选项。

步骤 04 运行运动分析。单击“分析定义”对话框中的 运行 按钮，查看机构的运行状况。

步骤 05 完成运动分析。单击 确定 按钮完成运动分析。

14. 保存回放结果、输出视频及保存文件。

步骤 01 选择下拉菜单 分析(A) ➡ 回放(B)... 命令，系统弹出“回放”对话框。

步骤 02 在“回放”对话框中单击“保存”按钮，系统弹出“保存分析结果”对话框；采用默认的名称，单击 保存 按钮，即可保存仿真结果。

步骤 03 单击“回放”对话框中的“播放当前结果集”按钮，系统弹出“动画”对话框。

步骤 04 单击“动画”对话框中的“录制动画为 MPEG”按钮 捕获... ，系统弹出“捕获”对话框，单击 确定 按钮，机构开始运行输出视频文件。

步骤 05 在工作目录中播放视频文件“000-MECHANICAL-ARM-ASSY.mpg”查看结果。

步骤 06 单击“动画”对话框中的 关闭 按钮，返回到“回放”对话框，然后单击其中的 关闭 按钮关闭对话框。

步骤 07 再生模型。选择下拉菜单 编辑(E) ➡ 再生(G) 命令，再生机构模型。

步骤 08 保存机构模型。

第 14 章 动画设计

14.1 动画设计基础

14.1.1 进入与退出动画设计环境

步骤 01 将工作目录设置为 D:\proedq5\work\ch14.01，打开装配模型文件 arm-frame-assy.asm。

注意 要进入动画模块，必须在装配模块中进行。

步骤 02 进入动画模块。选择下拉菜单 应用程序(P) → 动画(A) 命令，系统进入动画模块，界面如图 14.1.1 所示。

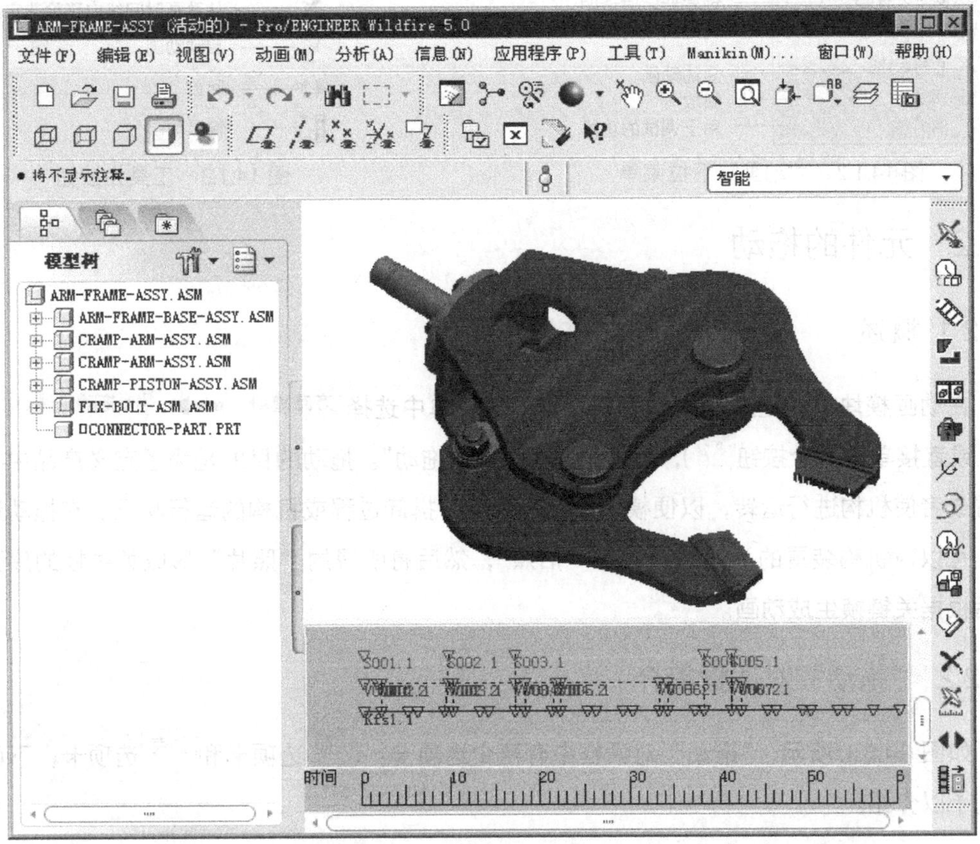

图 14.1.1 “动画模块”界面

步骤 03 退出动画模块。选择下拉菜单 应用程序(P) ➡ 标准(S) 命令。

14.1.2 动画设计界面及命令

动画模块中的菜单简介如图 14.1.2 所示。

用于动画模块的工具栏按钮简介如图 14.1.3 所示。

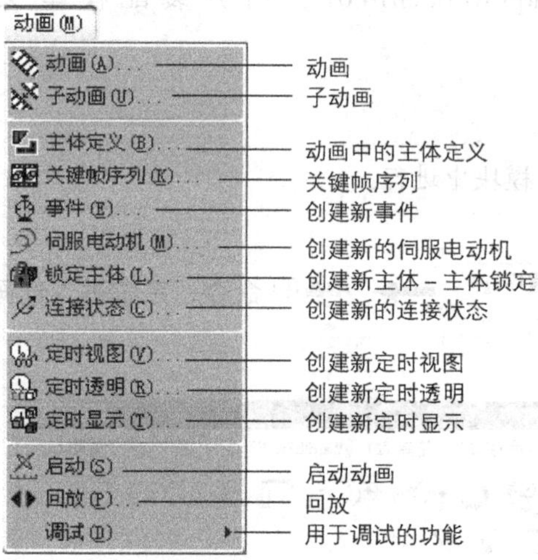

图 14.1.2 “动画”下拉菜单

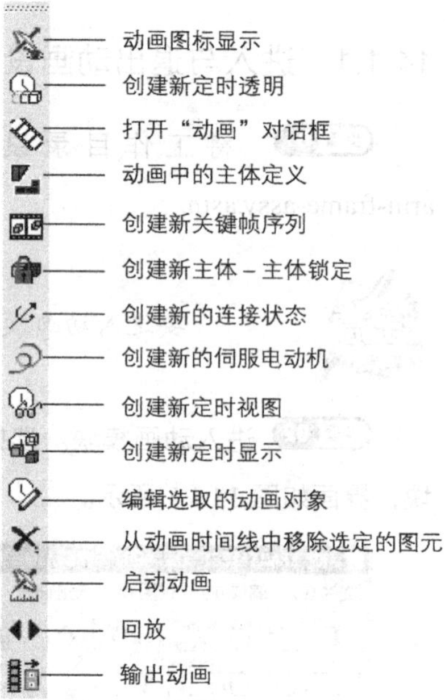

图 14.1.3 工具栏按钮

14.2 元件的拖动

14.2.1 概述

在动画模块中，定义主体之后，在 视图(V) 菜单中选择 方向(O) ▸ ➡ 拖动元件(D)... 命令（或直接单击命令按钮），可以对主体进行“拖动”。拖动的目的是为了定义产品中零件位置或者使机构进行运转，以便模拟产品的装配、拆卸过程或机构的运行状况。在拖动过程中，可以对机构装置的关键位置进行“拍照”，然后将所得的“照片”形成关键帧的序列，最后根据关键帧生成动画。

14.2.2 “拖动”对话框简介

如图 14.2.1 所示，“拖动”对话框中有两个选项卡：快照 选项卡和 约束 选项卡，下面将分别予以介绍。

1. “快照”选项卡

利用该选项卡，可在机构装置的移动过程中拍取快照。对各选项的说明如下。

A：点拖动。在某主体上，选取要拖动的点，该点将突出显示并随光标移动。

B：主体拖动。选取一个要拖动的主体，该主体将突出显示并随光标移动。

C：单击该按钮后，系统立即给机构装置拍照一次，并在下面列出该快照名。

D：单击此标签，可打开图 14.2.1 所示的快照选项卡。

E：单击此按钮，将显示所选取的快照。

F：单击此按钮，从其他快照中借用零件位置。

G：单击此按钮，将选定快照更新为当前屏幕上的位置。

H：单击此按钮，使选取的快照可用作分解状态，此分解状态可用在工程图的视图中。

I：从列表中删除选定的快照。

J：单击此标签，可显示下部的“高级拖动选项”。

K：单击此按钮，选取一个元件，打开“移动”对话框，可进行封装移动操作。

L：分别单击这些运动按钮后，然后选取一个主体，可使主体仅沿按钮中所示的坐标轴方向运动（平移或转动），沿其他方向的运动则被锁定。

M：单击此按钮，可通过选取主体来选取一个坐标系（所选主体的默认坐标系是要使用的坐标系），主体将沿该坐标系的 X、Y、Z 方向平移或旋转。

2. “约束”选项卡

在图 14.2.2 所示的约束选项卡中，可应用或删除约束以及打开和关闭约束。各选项的说明如下。

A：单击此标签，将打开图 14.2.2 所示的约束选项卡。

B：对齐两个图元。选取点、直线或平面，创建一个临时约束来对齐图元。该约束只有在拖动操作期间才有效，但当显示或更新快照时，该约束与快照相关，并强制执行。

C：配对两个图元。选取平面，创建一个临时约束来配对图元。该约束只有在拖动操作期间才有效，但当显示或更新快照时，该约束与快照相关，并强制执行。

D：定向两个曲面。选取平面来定向两个曲面，使彼此形成一个角度或互相平行。可以指定“偏距”值。

E：运动轴约束。单击此按钮后，再选取某个连接轴，系统将冻结此连接轴，这样该连接轴的主体将不可拖动。

F：在主体的当前位置锁定或解锁主体。可相对于基础或另一个选定主体来锁定所选的主体。

G：启用/禁用连接。临时禁用所选的连接。该状态与快照一起保存。如果在列表中的最后一个快照上使用该设置，并且以后也不改变状态，其余的快照也将禁用连接。

H：从列表中删除选取的约束。

I：使用相应的约束来装配模型。

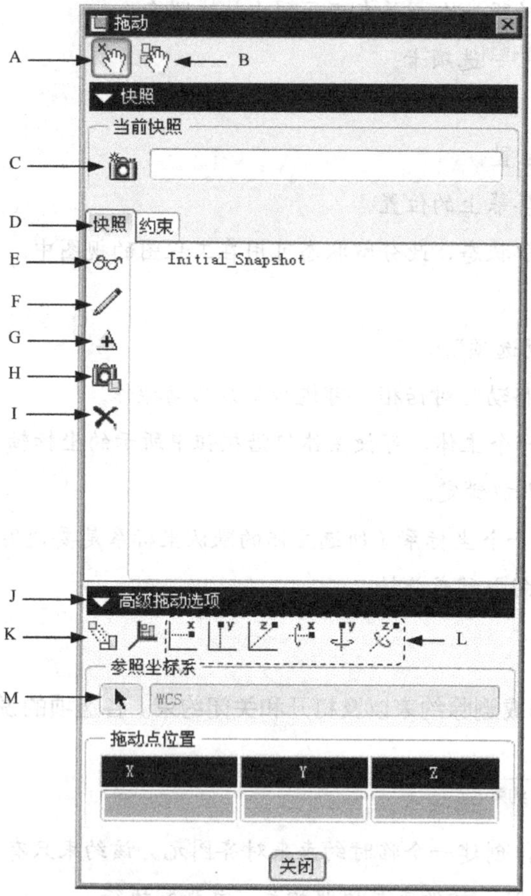

图 14.2.1 “快照”选项卡

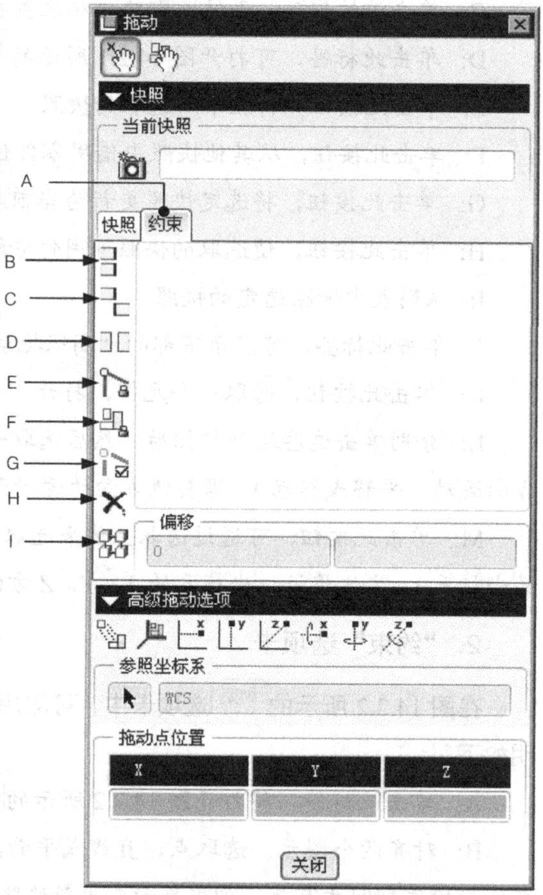

图 14.2.2 “约束”选项卡

3. 点拖动

点拖动的操作步骤如下。

步骤 01 在“拖动”对话框的快照选项卡中，单击“点拖动”按钮。

步骤 02 在当前机构装置的某个主体上单击，则单击处会显示一个标记◆，这就是将拖动该主体的确切位置（注意：不能为点拖动选取基础主体）。

步骤 03 移动鼠标，选取的点将跟随光标移动。

步骤 04 要完成此操作，可单击下列任一鼠标键。

◆ 鼠标左键：接受当前主体的位置。

◆ 鼠标中键：取消刚才执行的拖动。

◆ 鼠标右键：取消刚才进行的拖动，并退出“拖动”对话框。

◆ 正文中项目号：SDX求和操作。

◆ 布尔ISDX求差操作。

4. 主体拖动

进行“主体拖动”时，屏幕上主体的位置将改变，但其朝向保持固定不变。如果机构装置需要在主体位置改变的情况下还要改变方向，则该主体将不会移动，因为在此新位置的机构装置将无法重新装配。如果发生这种情况，就尝试使用点拖动来代替。主体拖动的操作步骤如下。

步骤01 在“拖动”对话框中，单击“主体拖动”按钮。

步骤02 在当前模型中选取一个主体。

步骤03 移动光标，选取的主体将跟随光标移动。

步骤04 要完成此操作，单击下列任一鼠标键。

◆ 鼠标左键：接受当前的主体位置并开始拖动另一个主体。

◆ 鼠标中键：取消刚才执行的拖动。

◆ 鼠标右键：取消刚才执行的拖动，并关闭“拖动”对话框。

5. 将“快照”用作机构装置的分解状态

要将“快照”用作机构装置的分解状态，可在“拖动”对话框的快照选项卡中，选取一个或多个元件进行拖动，然后单击按钮，这样形成的快照可在装配模块和工程图中用作分解状态。如果改变快照，分解状态也会改变。

当修改或删除一个快照，而分解状态在此快照中处于使用状态时，需注意以下几点。

◆ 对快照进行的任何修改将反映在分解状态中。

◆ 如果删除快照，会使分解状态与快照失去关联关系，分解状态仍然可用，但独立于任何快照。如果接着创建的快照与删除的快照同名，分解状态就会与新快照关联起来。

6. 在拖动操作之前锁定主体

在“拖动”对话框的约束选项卡中单击按钮（主体－主体锁定约束），然后先选取一个导引主体，再选取一组要在拖动期间锁定的随动主体，则随动主体相对于导引主体将保持固定，它们之间就如同粘接在一起一样，不能相互运动。这里请注意下列两点。

- 要锁定在一起的主体不需要接触或邻接。
- 关闭"拖动"对话框时，所有的锁定将被取消，也就是当再一次进行拖动时，将不锁定任何主体或连接。

14.3 创建动画设计的一般过程

创建动画设计的一般过程如下。

步骤 01 进入动画模块。

步骤 02 新建并命名动画。

步骤 03 定义主体。

步骤 04 拖动主体并生成一连串的快照。

步骤 05 用所生成的快照建立关键帧。

步骤 06 播放、检查动画。

步骤 07 保存动画文件。

下面以图 14.3.1 所示的模型为例，详细说明此动画的制作过程。

步骤 01 将工作目录设置为 D:\proedq5\work\ch14.03，打开文件 piston-engine.asm。

步骤 02 进入动画模块。选择下拉菜单 应用程序(P) → 动画(A) 命令，系统进入动画模块。

步骤 03 定义一个主动画。

(1) 选择下拉菜单 动画(M) → 动画(A)... 命令，此时系统弹出图 14.3.2 所示的"动画"对话框。

(2) 采用系统默认名称 Animation1，单击 关闭 按钮，关闭对话框。

图 14.3.1 动画设计一般过程

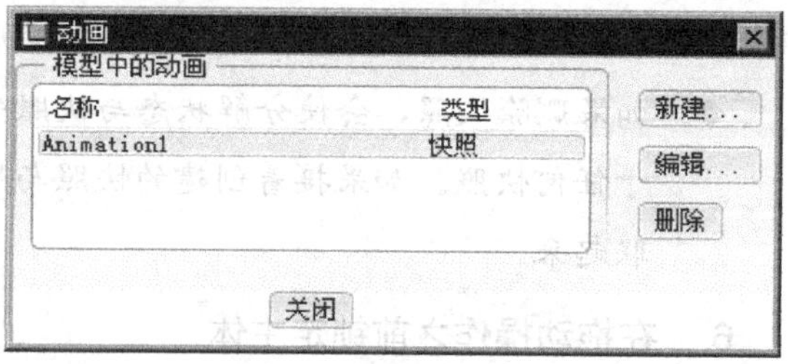

图 14.3.2 "动画"对话框

步骤 04 定义主体

(1) 选择下拉菜单 动画(M) → 主体定义(B)... 命令，系统弹出图 14.3.3 所示的"主体"

对话框。

（2）单击该对话框中的 每个主体一个零件 按钮，系统将所有零件作为主体加入主体列表中；选中 Ground 选项，并单击 编辑 按钮，此时系统弹出“主体定义”对话框；选取图 14.3.4 所示的零件为主体，单击“选择”对话框中的 确定 按钮，完成零件的添加。

（3）单击 确定 按钮，返回至“主体”对话框；单击 关闭 按钮，完成主体的定义。

图 14.3.3 “主体”对话框

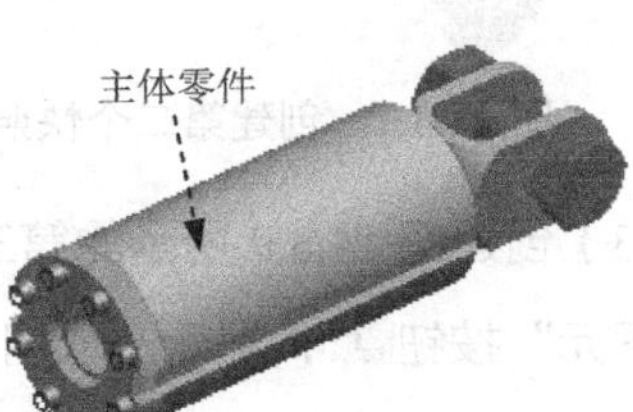

图 14.3.4 定义主体零件

步骤 05 创建快照。在 视图(V) 菜单中选择 方向(O) ▸ → 拖动元件(D)... 命令（或直接单击命令按钮），此时系统弹出图 14.3.5 所示的“拖动”对话框，该对话框中有两个选项卡：快照 和 约束，在 快照 选项卡中可移动主体并拍取快照，在 约束 选项卡中可设置主体间的约束。

（1）创建第一个快照。在图 14.3.6 所示的状态创建第一个快照，方法是单击“拖动”对话框中的按钮，此时在快照栏中便生成了 Snapshot1 快照。

图 14.3.5 “拖动”对话框

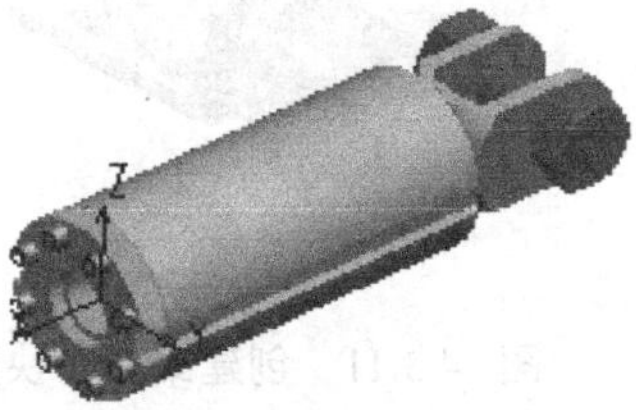

图 14.3.6 创建第一个快照

（2）创建图 14.3.7 所示的第二个快照。选择“拖动”对话框的约束选项卡，单击“对齐两个图元”按钮，然后选取图 14.3.8 所示的模型表面；在约束选项卡的“偏移”文本框中输入偏距值-350，并按回车键；单击“拖动”对话框中的按钮，生成 Snapshot2 快照。

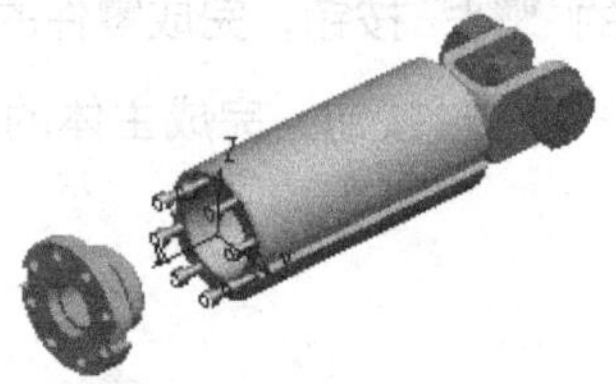

图 14.3.7　创建第二个快照

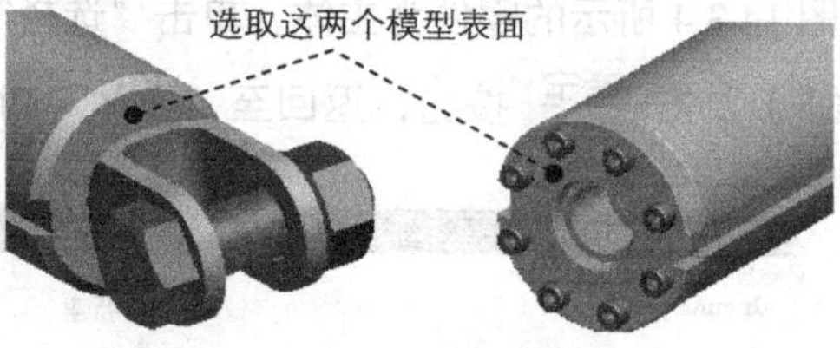

图 14.3.8　偏移约束

（3）创建图 14.3.9 所示的第三个快照。选择“拖动”对话框的约束选项卡，单击“对齐两个图元”按钮，然后选取图 14.3.10 所示的模型表面；在约束选项卡的“偏移”文本框中输入偏距值 240，并按回车键；采用同样的方法，创建其余 7 个螺栓与活塞缸之间的约束；单击“拖动”对话框中的按钮，生成 Snapshot3 快照。

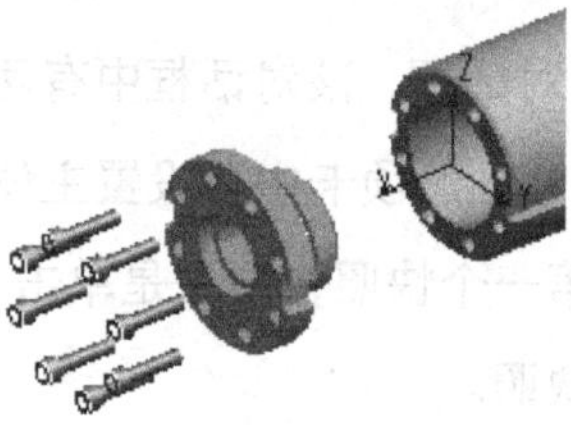

图 14.3.9　创建第三个快照

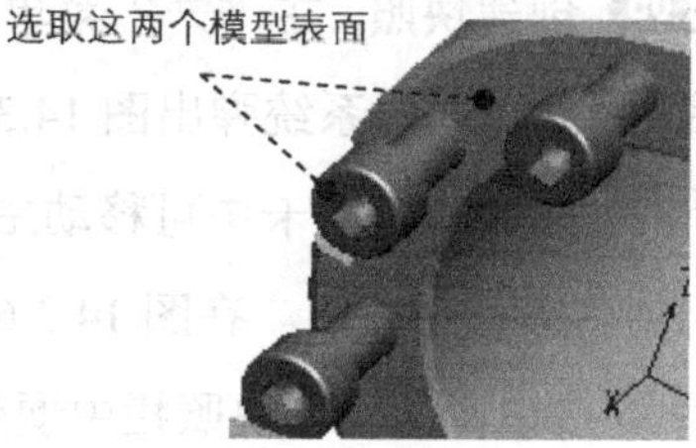

图 14.3.10　偏移约束

（4）创建图 14.3.11 所示的第四个快照。选择“拖动”对话框的约束选项卡，单击“对齐两个图元”按钮，然后选取图 14.3.12 所示的模型表面；在约束选项卡的“偏移”文本框中输入偏距值 120，并按回车键；单击“拖动”对话框中的按钮，生成 Snapshot4 快照。

图 14.3.11　创建第四个快照

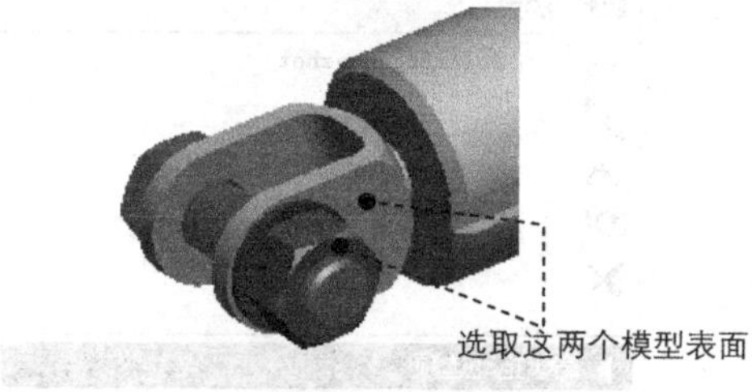

图 14.3.12　偏移约束

（5）创建图 14.3.13 所示的第五个快照。选择“拖动”对话框的约束选项卡，单击“对齐两个图元”按钮，然后选取图 14.3.14 所示的模型表面；在约束选项卡的“偏移”文本框中输入偏距值 60，并按回车键；单击“拖动”对话框中的按钮，生成 Snapshot5 快照。

图 14.3.13　创建第五个快照

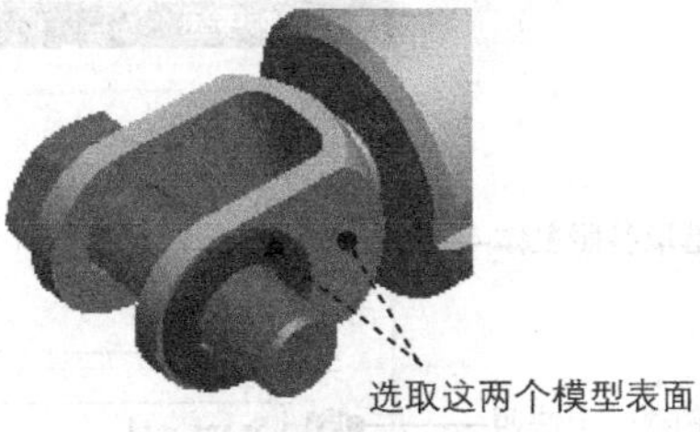

图 14.3.14　偏移约束

（6）创建图 14.3.15 所示的第六个快照。选择“拖动”对话框的约束选项卡，单击“对齐两个图元”按钮，然后选取图 14.3.16 所示的模型表面；在约束选项卡的“偏移”文本框中输入偏距值 150，并按回车键；单击“拖动”对话框中的按钮，生成 Snapshot6 快照。

图 14.3.15　创建第六个快照

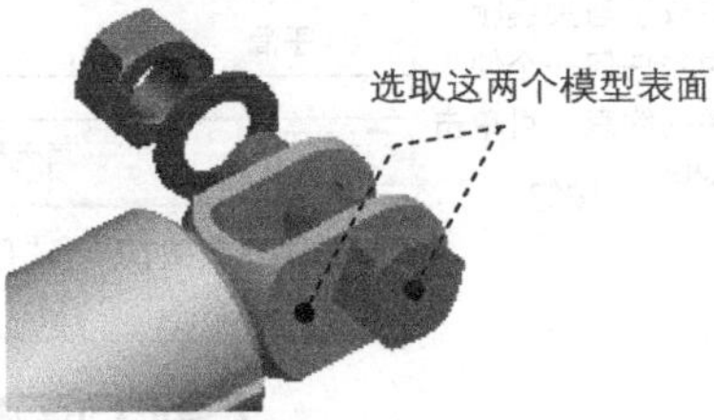

图 14.3.16　偏移约束

步骤 06 创建关键帧序列。

（1）选择下拉菜单 动画(M) → 关键帧序列(K)... 命令，此时系统弹出“关键帧序列”对话框。

（2）单击“关键帧序列”对话框中的 新建 按钮，系统弹出图 14.3.17 所示的“关键帧序列”对话框。在“关键帧序列”对话框中包含 序列 选项卡（图 14.3.17）和 主体 选项卡（图 14.3.18）。

① 在 序列 选项卡的 关键帧 下拉列表中选取快照 Snapshot1，采用系统默认的时间，单击 + 按钮；用同样的方法设置 Snapshot2、Snapshot3、Snapshot4、Snapshot5 和 Snapshot6，并定义其时间分别为 3、6、9、12 和 15。

② 单击“关键帧序列”对话框中的 确定 按钮。

③ 在“关键帧序列”对话框中单击 关闭 按钮。

步骤 07 修改时间域。

（1）完成上一步操作后，时间域如图 14.3.19 所示。

动画时间线中的鼠标操作。

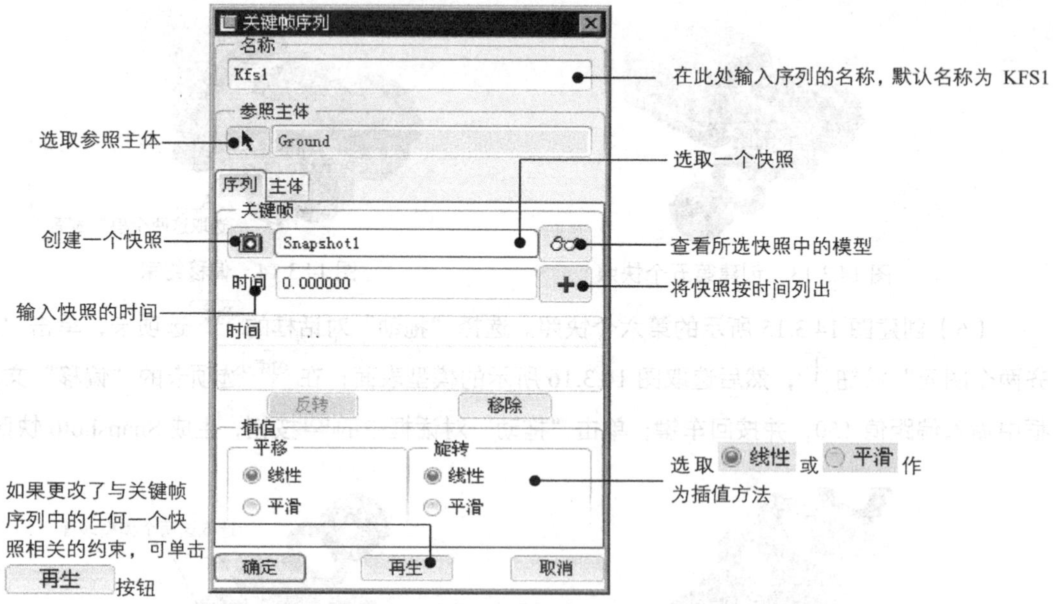

图 14.3.17 “序列”选项卡

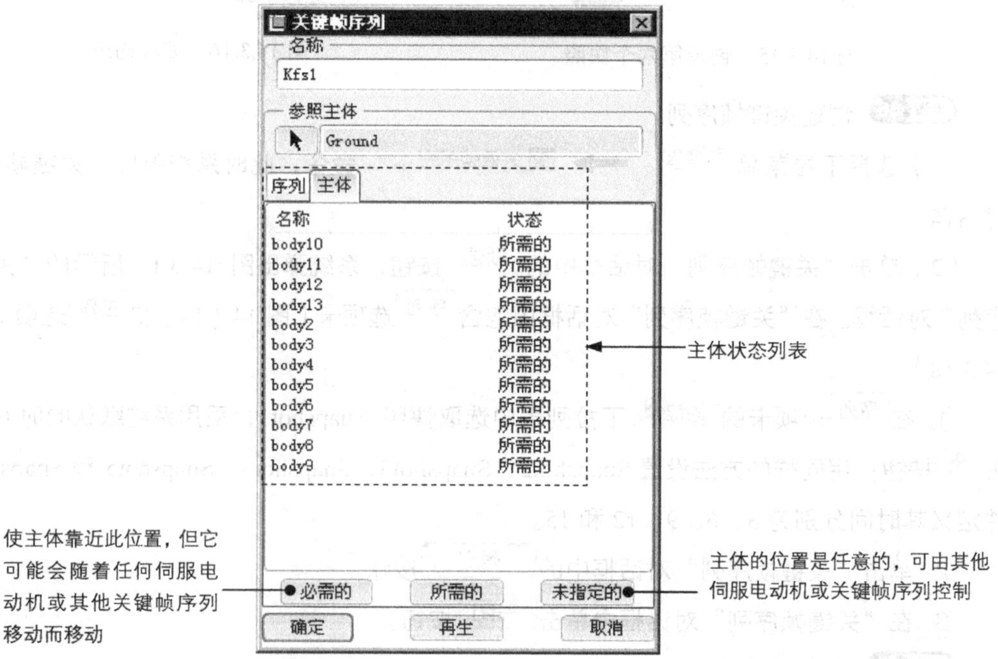

图 14.3.18 “主体”选项卡

◆ 左键可执行单选。
◆ Ctrl + 左键可执行多选。
◆ 双击左键可编辑对象。
◆ 左键 + 拖动可编辑时间。
◆ 中键 + 拖动可编辑竖向位置。
◆ Shift + 左键可撤销以前的操作。
◆ Shift + 中键可重做以前的撤销操作。
◆ 右击可弹出适用于所选对象的菜单。

在时间线上右击，系统会弹出图 14.3.20 所示的快捷菜单，各项功能操作如下。

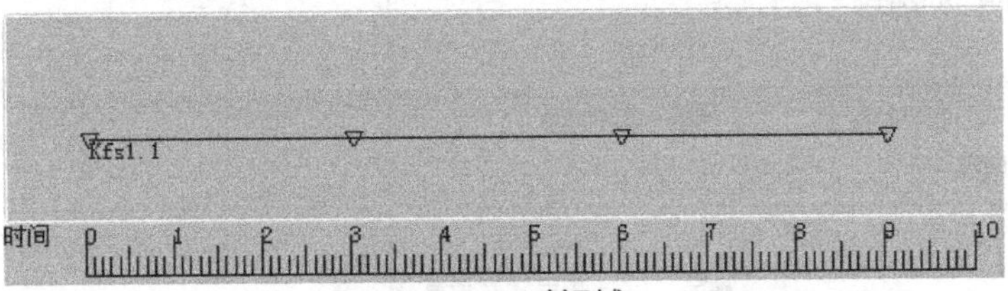

图 14.3.19 时间域

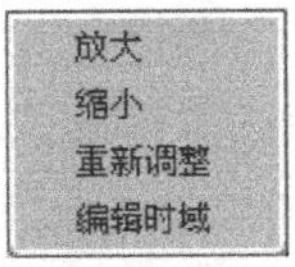

图 14.3.20 快捷菜单

◆ 放大：放大时间线。选取图 14.3.20 所示的快捷菜单中的放大命令，在时间域中框出要放大的范围，此时时间线就被局部放大了，如图 14.3.21 所示。

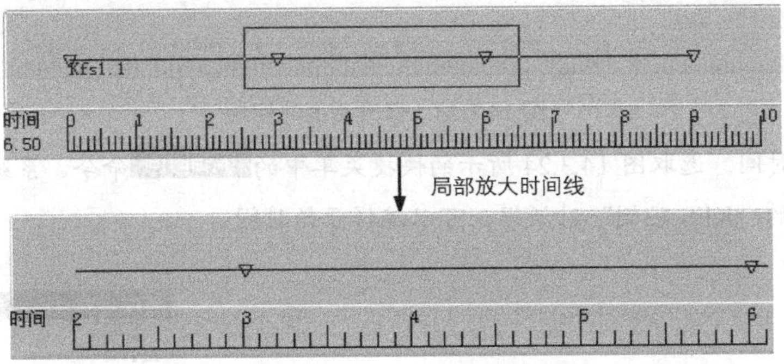

图 14.3.21 放大时间线

◆ 缩小：缩小时间线。与“放大”操作相反，如果选取图 14.3.20 所示的快捷菜单中的缩小命令，则逐步缩小被放大的时间线。

◆ 重新调整：重新调整时间线。选取图 14.3.20 所示的快捷菜单中的重新调整命令，可以恢复到最初的状态，以便进行重新调整。

◆ 编辑时域：选取图 14.3.20 所示的快捷菜单中的编辑时域命令，系统弹出图 14.3.22 所示的“动画时域”对话框。

（2）在时间线上右击，选取图 14.3.20 所示的快捷菜单中的编辑时域命令，系统弹出“动画时域”对话框；在其下拉列表中选择长度和帧频选项，并在终止时间文本框中输入值 15.0；单击确定按钮，此时时间域如图 14.3.23 所示。

步骤 08 在时间域中修改关键帧。采用系统默认设置。

先选取某个关键帧序列，再右击，系统弹出图 14.3.24 所示的快捷菜单。

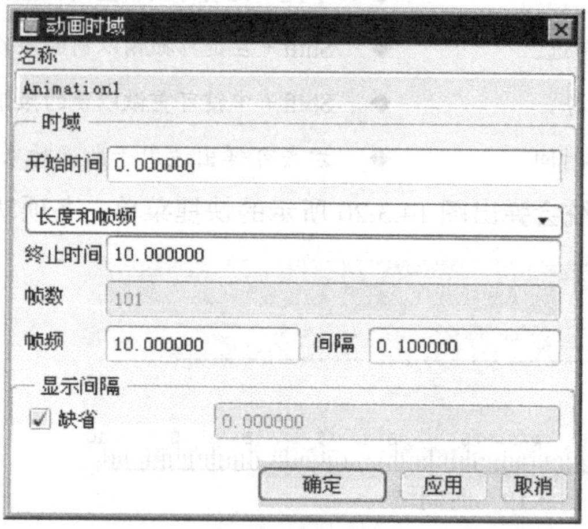

图 14.3.22 “动画时域”对话框

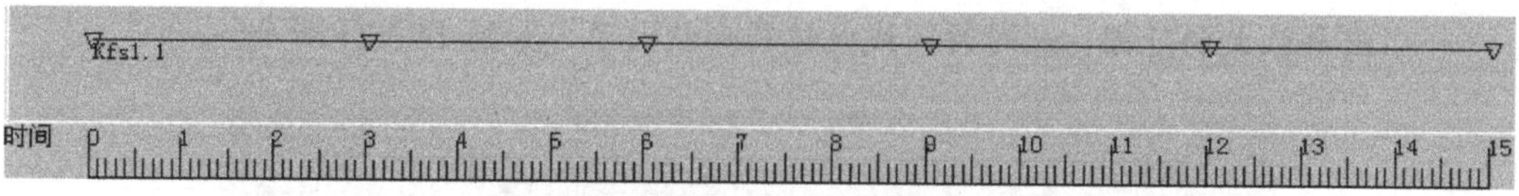

图 14.3.23 修改后的时间域

◆ 编辑时间。选取图 14.3.24 所示的快捷菜单中的编辑时间命令，系统弹出图 14.3.25 所示的“KFS 实例”对话框，可以编辑开始时间。

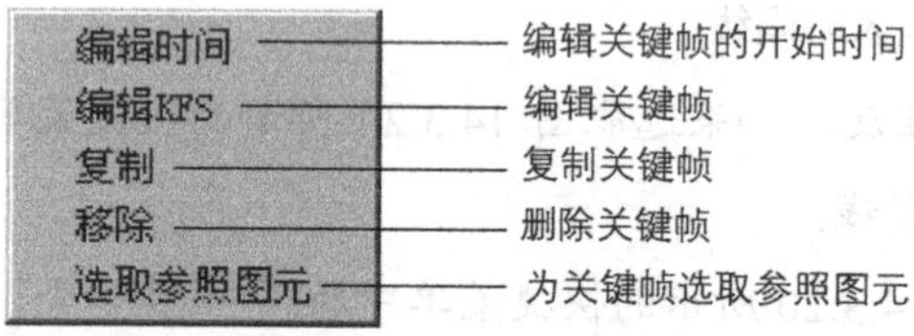

图 14.3.24 快捷菜单

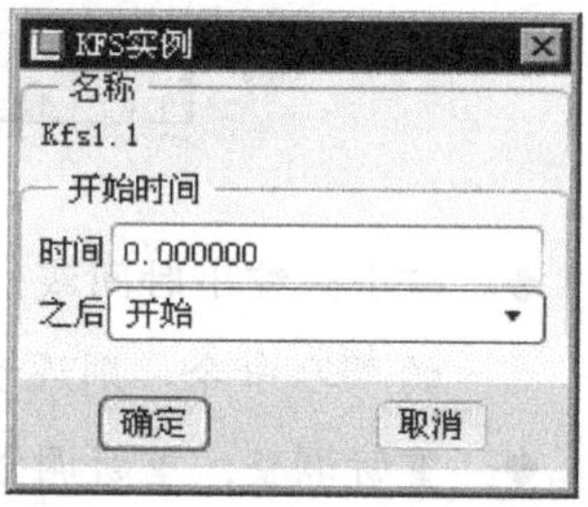

图 14.3.25 “KFS 实例”对话框

◆ 编辑关键帧序列。选取图 14.3.24 所示的快捷菜单中的编辑 KFS 命令，系统弹出“关键帧序列”对话框，可以编辑关键帧序列。

◆ 复制关键帧。选取图 14.3.24 所示的快捷菜单中的复制命令，可以复制一个新的关键帧。

◆ 删除关键帧。选取图 14.3.24 所示的快捷菜单中的移除命令，可以删除选定的关键帧。

◆ 为关键帧选取参照图元。选取图 14.3.24 所示的快捷菜单中的“选取参照图元”命令，可以为关键帧选取相关联的参考图元。

步骤 09 启动动画。选择下拉菜单 动画(M) → 启动(S) 命令，可以启动动画进行查看。

步骤 10 回放动画。选择下拉菜单 动画(M) → 回放(P)... 命令，系统弹出图 14.3.26 所示的“回放”对话框。

(1) 选取结果集。从 结果集 下拉列表中选取一个结果集。

(2) 定义回放中的动态干涉检查。选择在回放期间要检测的干涉类型，单击 碰撞检测设置... 按钮，系统弹出图 14.3.27 所示的“碰撞检测设置”对话框。在该对话框中选中 无碰撞检测 单选项。然后单击该对话框的 确定 按钮。

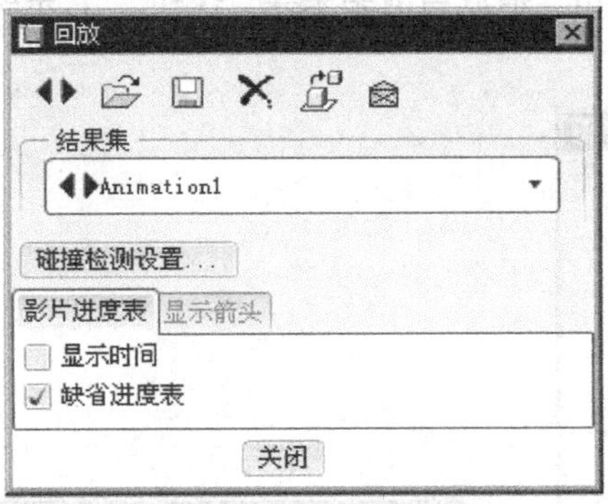

图 14.3.26 “回放”对话框

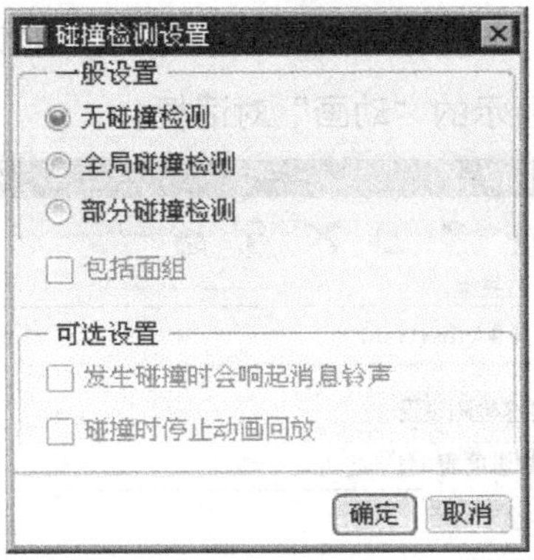

图 14.3.27 “碰撞检测设置”对话框

对图 14.3.27 所示的“碰撞检测设置”对话框中各选项含义说明如下。

- 无碰撞检测 单选项：回放时，不检查干涉。
- 全局碰撞检测 单选项：回放时，检测整个装配体中所有元件间的干涉。当系统检测到干涉时，干涉区域将会加亮。
- 部分碰撞检测 单选项：检查两个（和几个）元件间是否有干涉。
- 包括面组 单选项：把曲面作为干涉检测的一部分。
- 可选设置 区域中的各复选框的说明如下。
- 发生碰撞时会响起消息铃声 复选框：发现干涉时，系统是否会发出警报的铃声。
- 碰撞时停止动画回放 复选框：如果检测到干涉，就停止回放。

(3) 生成影片进度表。当回放动画时，可以指定要查看动画的哪一部分，要实现这种功能，需单击“回放”对话框中的 影片进度表；如果要查看整个动画过程，可选中 ☑ 缺省进度表 复选框；如果要查看指定的动画部分，则取消选中 ☐ 缺省进度表 复选框，此时系统显示图 14.3.28 所示的“影片进度表”选项卡。在此例中采用选中 ☑ 缺省进度表 复选框。

对图 14.3.28 所示的影片进度表选项卡中有关选项和按钮的含义说明如下。

◆ 开始：指定要查看片段的起始时间。起始时间可以大于终止时间，这样就可以反向播放影片。
◆ 终止：指定要查看片段的结束时间。
◆ （增加影片段）：指定起始时间和终止时间后，单击此按钮可以向回放列表中增加片段。通过多次将其增加到列表中，可以重复播放该片段。
◆ （更新影片段）：当改变回放片段的起始时间或终止时间后，单击此按钮，系统立即更新起始时间和终止时间。
◆ （删除影片段）：要删除影片段，选取该片段并单击此按钮。

（4）开始回放演示。在“回放”对话框中单击“播放当前结果集”按钮，系统弹出图 14.3.29 所示的“动画”对话框。

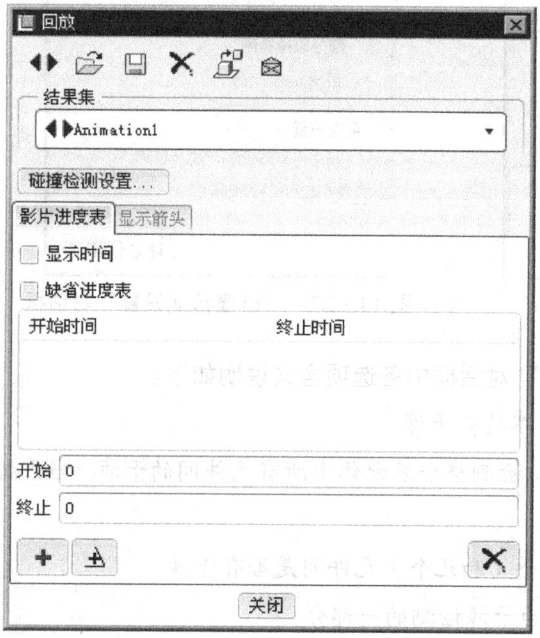

图 14.3.28 “影片进度表”选项卡

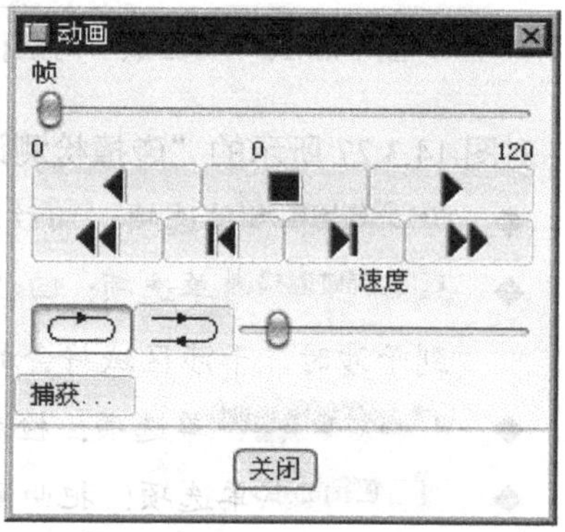

图 14.3.29 “动画”对话框

对图 14.3.29 所示的“动画”对话框中各按钮的说明如下。

◆ ：向前播放
◆ ：停止播放
◆ ：向后播放
◆ ：将动画重新设置到开始
◆ ：显示上一帧
◆ ：显示下一帧
◆ ：将动画设置到结尾
◆ ：重复动画
◆ ：在结尾处反转
◆ 速度滑杆：改变动画的速度

（5）制作播放文件。单击图 14.3.29 所示“动画”对话框中的 捕获... 按钮，系统弹出图 14.3.30 所示的“捕获”对话框，进行相应的设置后，单击 确定 按钮，即可生成一个*.mpg 文件，该文件可以在其他软件（如 Windows Media Player）中播放。

（6）单击两次 关闭 按钮，完成操作。

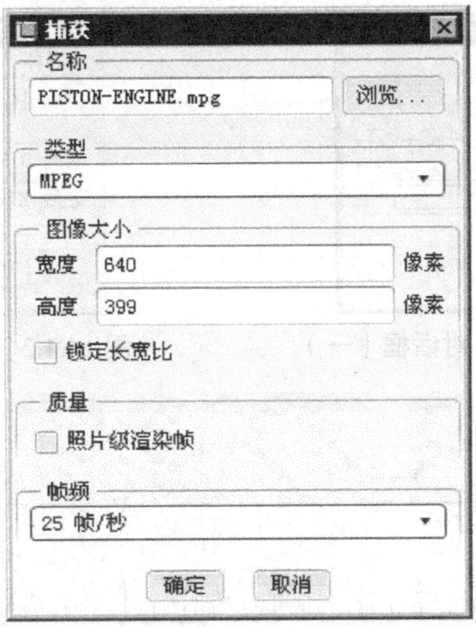

图 14.3.30 “捕获”对话框

14.4 创建高级动画

14.4.1 事件动画

“事件”用来定义时间线上各对象之间的特定相关性，如果某对象的时间发生变化，与之相关联的对象也同步改变。

创建事件动画的一般过程如下。

步骤 01 选择下拉菜单 动画(M) → 事件(E)... 命令，系统弹出图 14.4.1 所示的“事件定义”对话框（一）。

步骤 02 在“事件定义”对话框的 名称 文本框中输入事件的名称。

步骤 03 在“事件定义”对话框的 时间 文本框中输入时间，并从 之后 列表中选取一个参考事件。

新定义的事件在参考事件的给定时间后开始。相对于选取的事件，输入的时间可以为负，但在动画开始时间之前不能发生。

步骤 04 单击“事件定义”对话框中的 确定 按钮。

事件定义完成后，一个带有新事件名称的事件符号便出现在动画时间线中。如果事件与时间线上的一个现有对象有关，一条虚线会从参考事件引向新事件。

“事件定义”对话框（二）如图 14.4.2 所示，事件 Event1 在 Kfs1.1:1 Snapshot2 后 0.5 秒开始执行，在动画时间线中则表示为如图 14.4.3 所示。

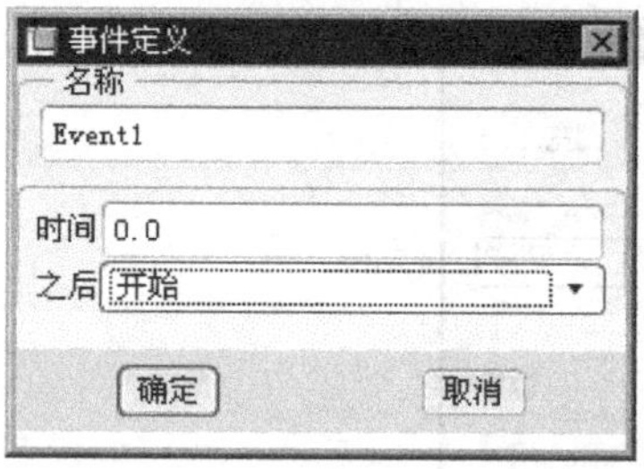

图 14.4.1　“事件定义”对话框（一）

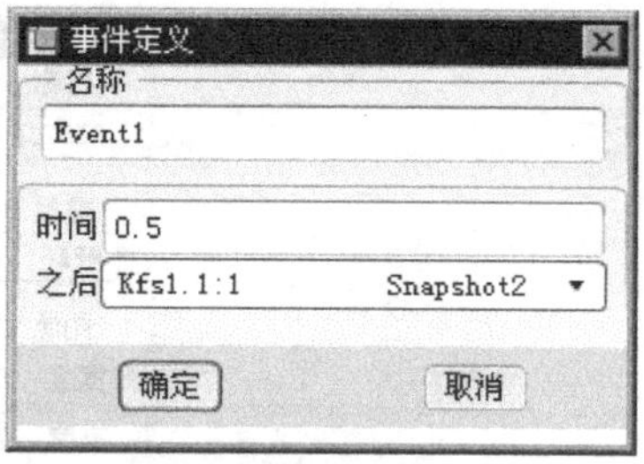

图 14.4.2　“事件定义”对话框（二）

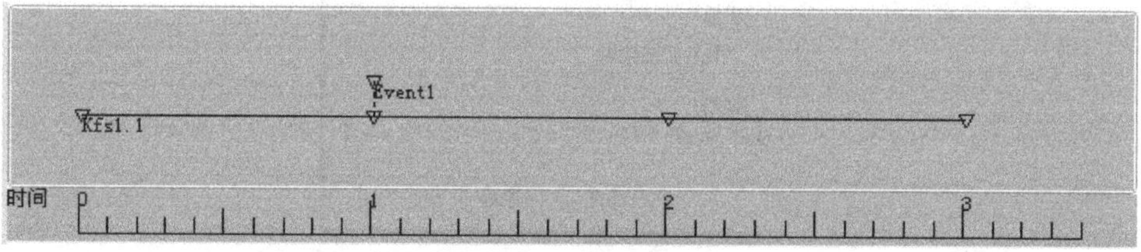

图 14.4.3　时间域

14.4.2　定时视图动画

定时视图动画，是指在特定时间处从特定的视图方向查看模型。此处的视图可以预先使用视图管理器工具命令进行设置、保存。下面举例说明建立时间与视图关系的一般操作过程。

步骤 01 将工作目录设置为 D:\proedq5\work\ch14.04.02，打开文件 timing-view.asm。

步骤 02 选择下拉菜单 应用程序(P) ➡ 动画(A) 命令，系统进入动画模块。

步骤 03 选择下拉菜单 动画(M) ➡ 定时视图(V)... 命令，系统弹出图 14.4.4 所示的“定时视图”对话框。

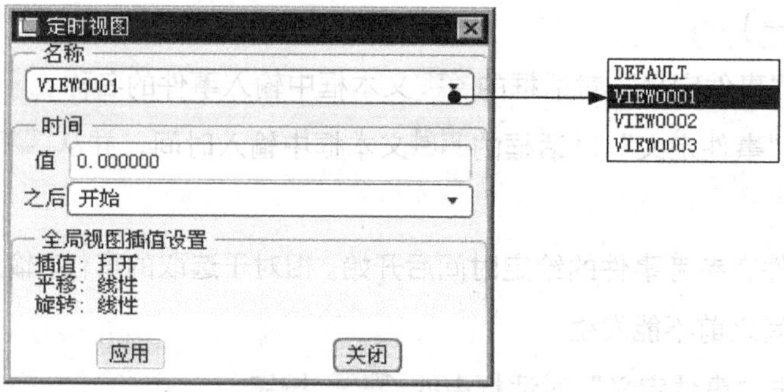

图 14.4.4　“定时视图”对话框

步骤 04 建立第一个时间与视图间的关系。

（1）在“定时视图”对话框的名称栏中选取 VIEW0001 视图，如图 14.4.4 所示。

说明 VIEW0001 至 VIEW0003 视图是事先通过视图管理器工具进行设置和保存的视图。

（2）单击“定时视图”对话框中的应用按钮，定时视图事件 VIEW0001.1 出现在时间线中。

步骤 05 建立第二个时间与视图间的关系。

（1）在“定时视图”对话框的名称栏中选取 VIEW0001 视图。

（2）在对话框的时间区中输入时间值 3.0，并从之后列表中选取一个参考事件 Kfs1.1:0 Snapshot1，动画将在该时间和参考事件后改变到该视图。

（3）单击“定时视图”对话框中的应用按钮，定时视图事件 VIEW0001.2 出现在时间线中。

步骤 06 建立第三个时间与视图间的关系。

（1）在“定时视图”对话框的名称栏中选取 VIEW0002 视图。

（2）在对话框的时间区中输入时间值 2.0，并从之后列表中选取一个参考事件 Kfs1.1:5 Snapshot2，动画将在该时间和参考事件后改变到该视图。

（3）单击“定时视图”对话框中的应用按钮，定时视图事件 VIEW0002.1 出现在时间线中。

步骤 07 建立第四个时间与视图间的关系。

（1）在“定时视图”对话框的名称栏中选取 VIEW0003 视图。

（2）在对话框的时间区中输入时间值 0，并从之后列表中选取一个参考事件 Kfs1.1:10 Snapshot3，动画将在该时间和参考事件后改变到该视图。

（3）单击“定时视图”对话框中的应用按钮，定时视图事件 VIEW0003.1 出现在时间线中，如图 14.4.5 所示。

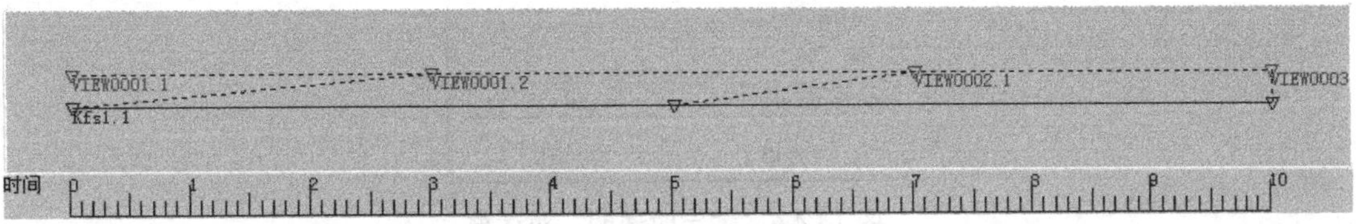

图 14.4.5 时间域

步骤 08 单击“定时视图”对话框中的 关闭 按钮。

步骤 09 选择下拉菜单 动画(M) → 启动(S) 命令，动画启动，可以观察到动画开始时为 VIEW0001 视图，3 秒后仍为 VIEW0001 视图，经过 2 秒切换到 VIEW0002 视图，再经过 5 秒切换到 VIEW0003 视图。

14.4.3 定时透明动画

创建定时透明动画，可以控制组件元件在动画运行或回放过程中的透明程度。下面举例说明建立时间与透明关系的一般操作过程。

步骤 01 将工作目录设置为 D:\proedq5\work\ch14.04.03，然后打开文件 timing-tran.asm。

步骤 02 选择下拉菜单 应用程序(P) → 动画(A) 命令，系统进入“动画”模块。

步骤 03 选取下拉菜单 动画(M) → 定时透明(R)... 命令，系统弹出图 14.4.6 所示的“定时透明”对话框。

步骤 04 建立第一个时间与透明间的关系。

（1）在系统 ➔选择零件 的提示下，在模型中选取零件 PISTON-HOUSING.PRT。

（2）在“选取”对话框中单击 确定 按钮。

（3）在“定时透明”对话框的 透明 文本框中输入数值 70。

（4）从 之后 列表中选取一个参考事件 Kfs1.1:5 Snapshot2，动画将在该时间和参考事件后改变到该透明状态。

（5）其余参数都采用系统默认的设置值。

（6）单击“定时透明”对话框中的 应用 按钮，定时显示事件 Transparency1 出现在时间线中，如图 14.4.7 所示。

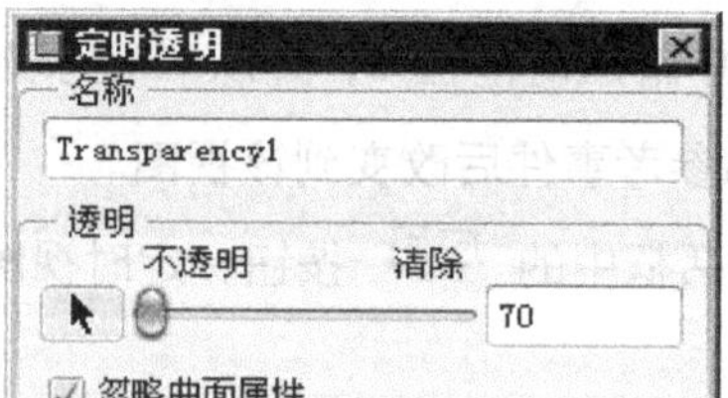

图 14.4.6 “定时透明”对话框

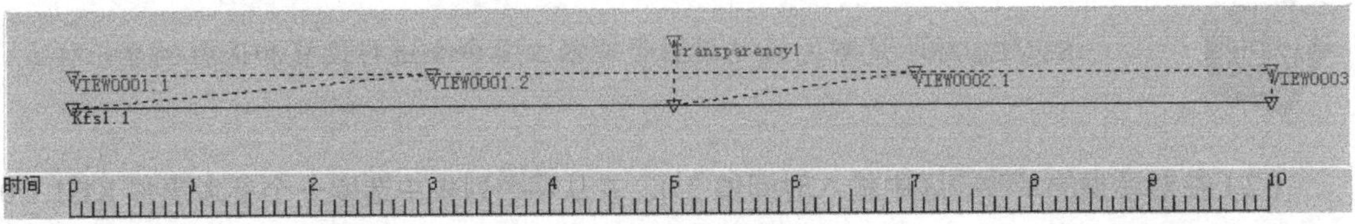

图 14.4.7 时间域

步骤 05 单击“定时透明”对话框中的 关闭 按钮。

步骤 06 选择下拉菜单 动画(M) → 启动(S) 命令，动画启动，可以观察到动画开始时的 PISTON-HOUSING 零件由不透明状态渐变到透明状态。

14.4.4 定时显示动画

创建定时显示动画，可以控制组件元件在动画运行或回放过程中的显示样式，例如：一些元件不可见，或者显示为“线框”“隐藏线”方式等。此处的显示样式可以预先使用 视图管理器(W) 命令进行设置、保存。下面举例说明建立定时显示动画的一般操作过程。

步骤 01 将工作目录设置为 D:\proedq5\work\ch14.04.04，然后打开文件 timing-style.asm。

步骤 02 选择下拉菜单 应用程序(P) → 动画(A) 命令，系统进入“动画”模块。

步骤 03 选择下拉菜单 动画(M) → 定时显示(T)... 命令，系统弹出图 14.4.8 所示的“定时显示”对话框。

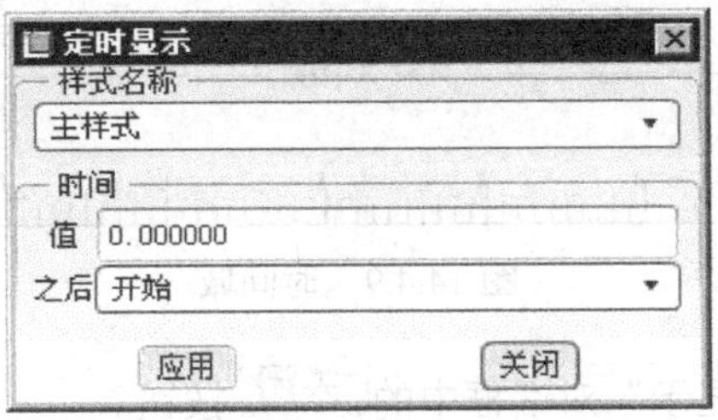

图 14.4.8 “定时显示”对话框

步骤 04 建立第一个时间与显示间的关系。

（1）在“定时显示”对话框的 样式名称 栏中选取“主样式”，如图 14.4.8 所示。

（2）在对话框的 时间 区中输入时间值 0，单击“定时显示”对话框中的 应用 按钮，定时显示事件主样式.1 出现在时间线中。

步骤 05 建立第二个时间与显示间的关系。

（1）在“定时显示”对话框的 样式名称 栏中选取 STYLE0001。

说明　STYLE0001 是事先通过视图管理器工具命令进行设置和保存的显示样式。

（2）在对话框的 时间 区中输入时间值 3.0，并从 之后 列表中选取一个参考事件 Kfs1.1:0 Snapshot1，动画将在该时间和参考事件后改变到该显示状态。

（3）单击“定时显示”对话框中的 应用 按钮，定时显示事件 STYLE0001.1 出现在时间线中。

步骤 06 建立第三个时间与显示间的关系。

（1）在“定时显示”对话框的 样式名称 栏中选取 STYLE0002。

说明　STYLE0002 是事先通过视图管理器工具命令进行设置和保存的显示样式。

（2）在对话框的 时间 区中输入时间值 3.0，并从 之后 列表中选取一个参考事件 Kfs1.1:5 Snapshot2，动画将在该时间和参考事件后改变到该显示状态。

（3）单击“定时显示”对话框中的 应用 按钮，定时显示事件 STYLE0002.1 出现在时间线中，如图 14.4.9 所示。

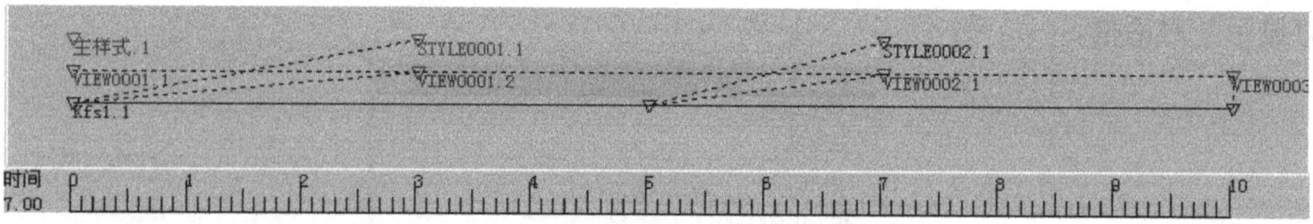

图 14.4.9　时间域

步骤 07 单击“定时显示”对话框中的 关闭 按钮。

步骤 08 在视图管理器中将视图样式调整为“主样式”。

步骤 09 选择下拉菜单 动画(M) ➡ 启动(S) 命令，动画启动，可以观察到动画开始时为“主样式”，经过 3 秒切换到 STYLE0001，再经过 2 秒切换到 STYLE0002 显示。

14.5　动画设计综合应用案例

本案例将制作一个机械手夹爪的拆卸动画，一般来说制作组件拆卸动画都是按照组件实际拆卸的顺序来进行制作的，这也是制作拆卸动画需要特别注意的地方，否则拆卸动画就脱离了实际，模型如图 14.5.1 所示。

操作过程如下。

步骤 01 打开装配模型文件并进入动画模块。

（1）将工作目录设置为 D:\proedq5\work\ch14.05，打开文件 arm-frame-assy.asm。

（2）选择下拉菜单 应用程序(P) → 动画(A) 命令，进入动画模块。

步骤 02 定义一个主动画。

（1）选择下拉菜单 动画(M) → 动画(A)... 命令，此时系统弹出图 14.5.2 所示的“动画”对话框。

（2）单击“动画”对话框中的 编辑... 按钮，在 名称 下的文本框中输入名称 MECHANICA-ARM-ASSY，单击 确定 按钮，然后单击 关闭 按钮，关闭所有对话框。

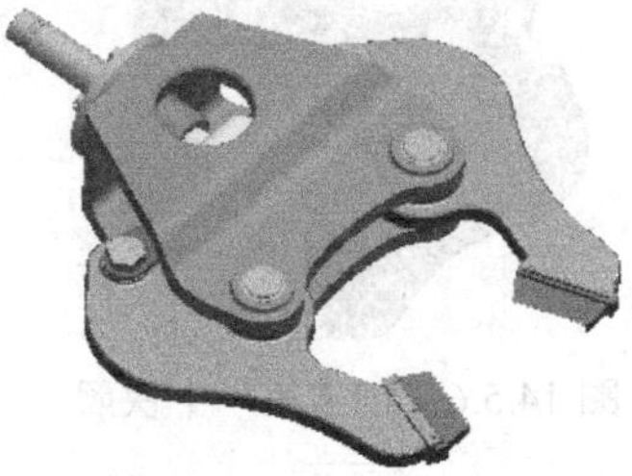

图 14.5.1 动画设计一般过程

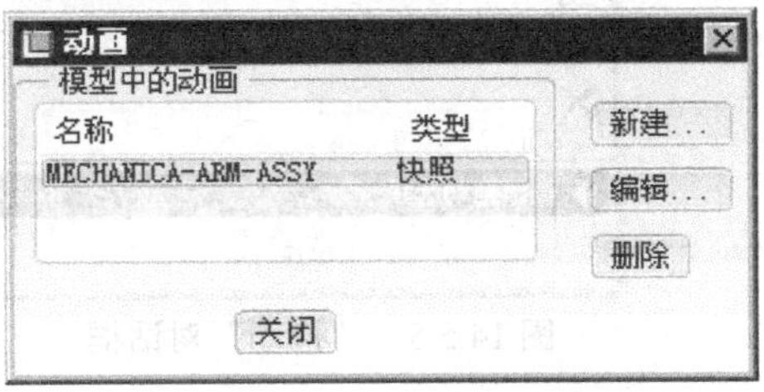

图 14.5.2 “动画”对话框

步骤 03 定义主体

（1）选择下拉菜单 动画(M) → 主体定义(B)... 命令，系统弹出图 14.5.3 所示的“主体”对话框。

（2）单击对话框中的 每个主体一个零件 按钮，系统将所有零件作为主体加入主体列表中；选中 Ground 选项，并单击 编辑 按钮，此时系统弹出“主体定义”对话框；按住 Ctrl 键，选取图 14.5.4 所示的两个零件为主体，单击“选择”对话框中的 确定 按钮，完成零件的添加。

（3）单击 确定 按钮，返回至“主体”对话框；单击 关闭 按钮，完成主体的定义。

图 14.5.3 “主体”对话框

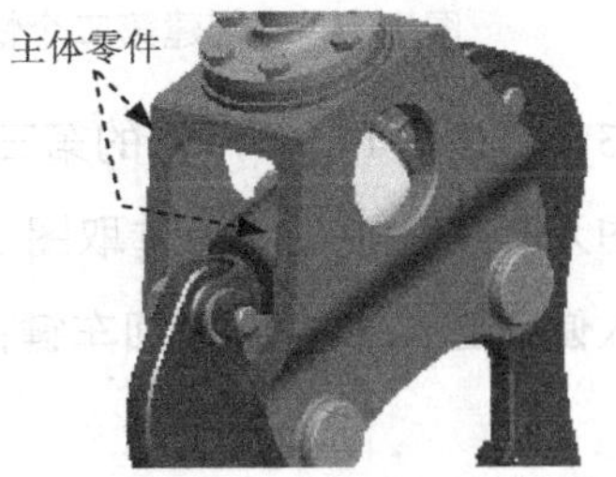

图 14.5.4 定义主体零件

步骤 04 创建快照。在 视图(V) 菜单中选择 方向(O) ▸ ⟶ 拖动元件(D)... 命令（或直接单击命令按钮），此时系统弹出图 14.5.5 所示的“拖动”对话框。

（1）创建第一个快照。在图 14.5.6 所示的状态创建第一个快照，单击“拖动”对话框中的按钮，此时在快照栏中便生成了 Snapshot1 快照。

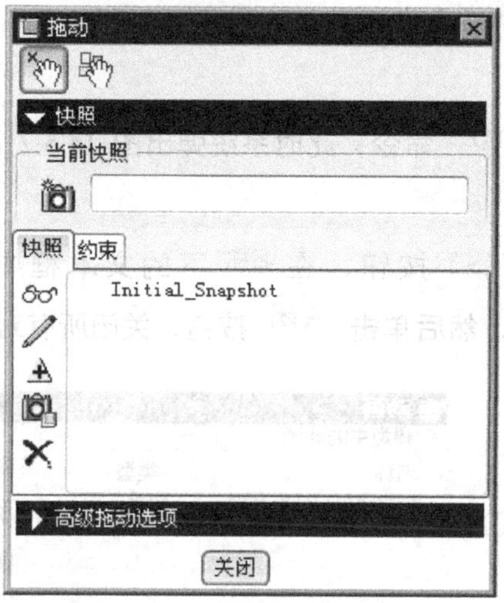

图 14.5.5 “拖动”对话框

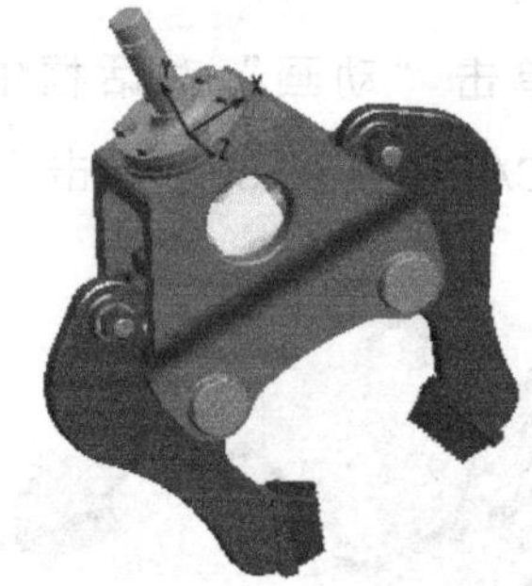
图 14.5.6 创建第一个快照

（2）创建图 14.5.7 所示的第二个快照。选择“拖动”对话框的 约束 选项卡，单击“对齐两个图元”按钮，然后选取图 14.5.8 所示的模型表面；在 约束 选项卡的“偏移”文本框中输入偏距值 200，并按回车键；采用同样的方法，创建其余 5 个螺栓与夹爪座之间的约束；单击“拖动”对话框中的按钮，生成 Snapshot2 快照。

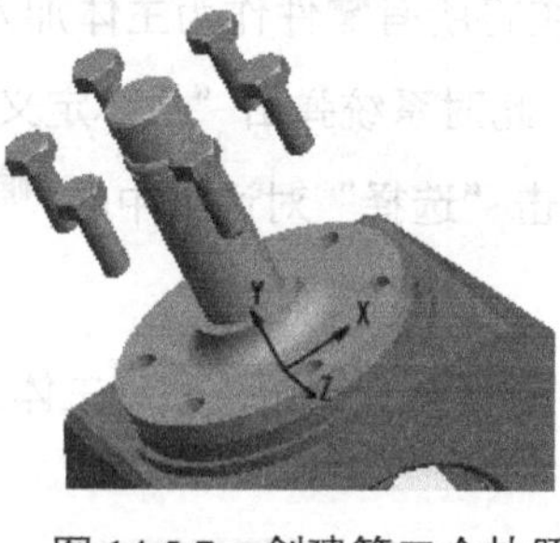
图 14.5.7 创建第二个快照

图 14.5.8 偏移约束

（3）创建图 14.5.9 所示的第三个快照。选择“拖动”对话框的 约束 选项卡，单击“对齐两个图元”按钮，然后选取图 14.5.10 所示的模型表面；在 约束 选项卡的“偏移”文本框中输入偏距值 120.0，并按回车键；单击“拖动”对话框中的按钮，生成 Snapshot3 快照。

图 14.5.9 创建第三个快照

图 14.5.10 偏移约束

（4）创建图 14.5.11 所示的第四个快照。选择“拖动”对话框的约束选项卡，单击“对齐两个图元”按钮，然后选取图 14.5.12 所示的模型表面；在约束选项卡的“偏移”文本框中输入偏距值-150，并按回车键；采用同样的方法，创建其余两个螺栓与夹爪座之间的约束；单击“拖动”对话框中的按钮，生成 Snapshot4 快照。

说明　当偏移的零件的方向相反时，输入负值来调整。

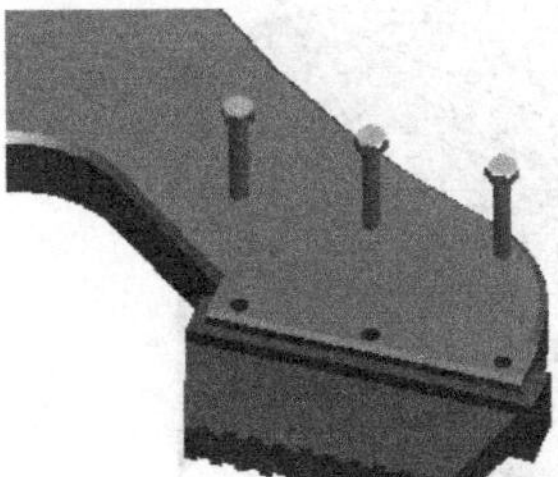

图 14.5.11 创建第四个快照

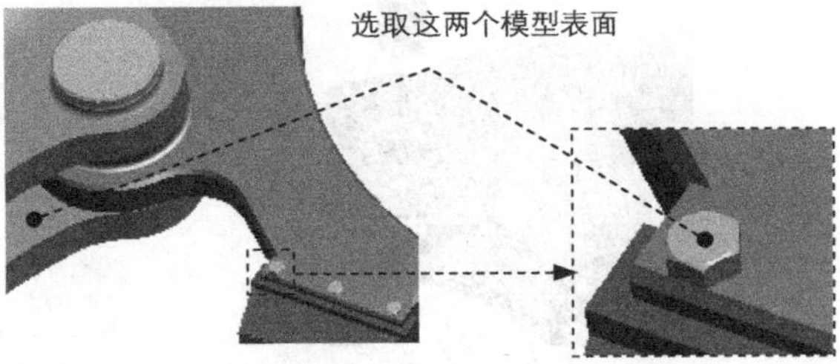

图 14.5.12 偏移约束

（5）创建图 14.5.13 所示的第五个快照。单击 高级拖动选项 区域下的按钮，然后拖动图 14.5.14 所示的零件至图 14.5.13 所示的位置，单击“拖动”对话框中的按钮，生成 Snapshot5 快照。

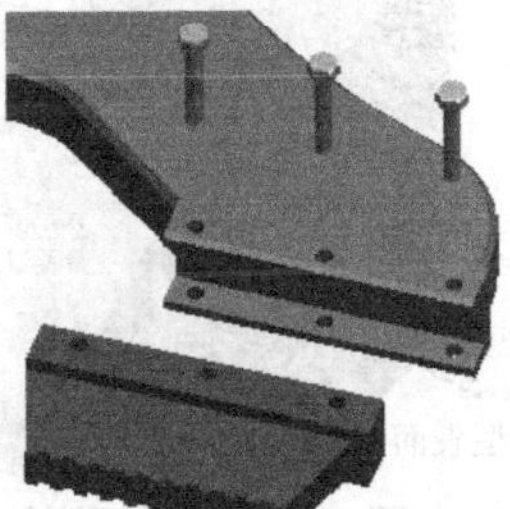

图 14.5.13 创建第五个快照

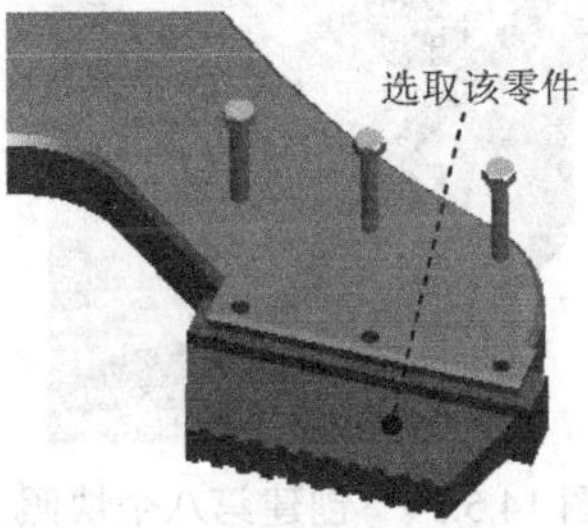

图 14.5.14 选取移动零件

（6）创建图 14.5.15 所示的第六个快照。选取图 14.5.16 所示的模型表面；在约束选项卡的“偏移”文本框中输入偏距值-150，并按回车键；采用同样的方法，创建另一侧卡环与夹爪座之间的约束；单击“拖动”对话框中的按钮，生成 Snapshot6 快照。

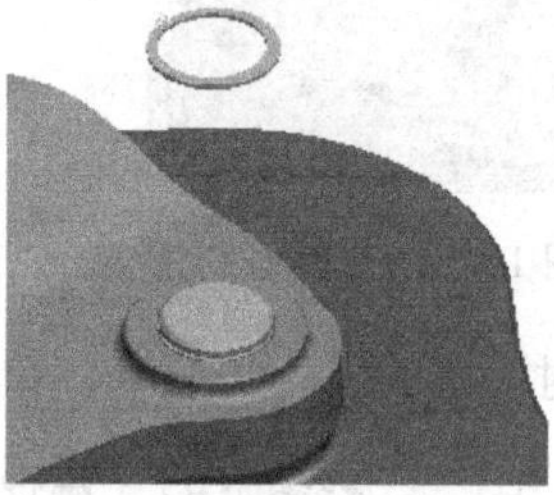

图 14.5.15　创建第六个快照

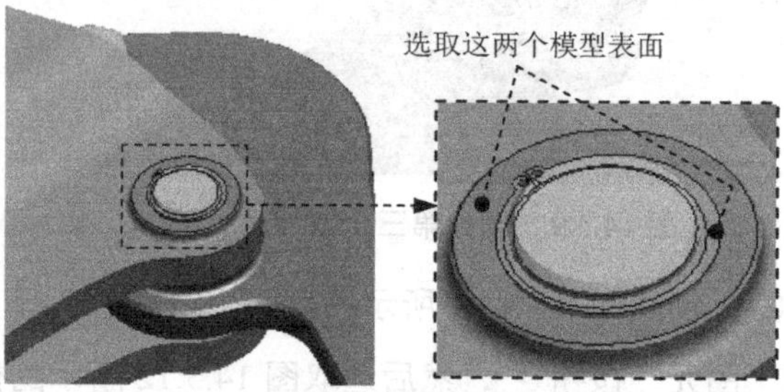

图 14.5.16　偏移约束

（7）创建图 14.5.17 所示的第七个快照。选取图 14.5.18 所示的模型表面；在约束选项卡的“偏移”文本框中输入偏距值-300，并按回车键；采用同样的方法，创建另一侧销钉与夹爪座之间的约束；单击“拖动”对话框中的按钮，生成 Snapshot7 快照。

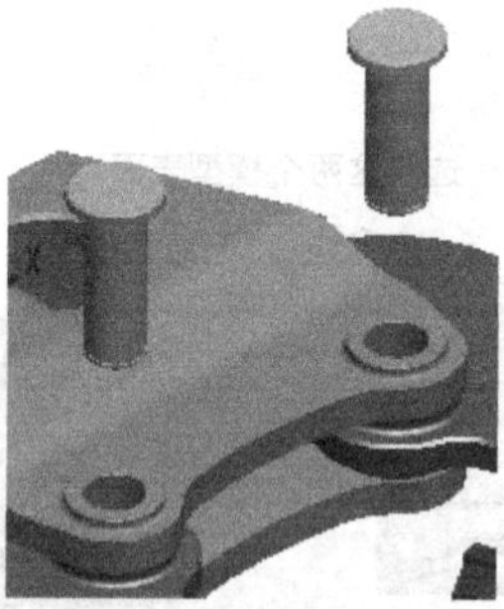

图 14.5.17　创建第七个快照

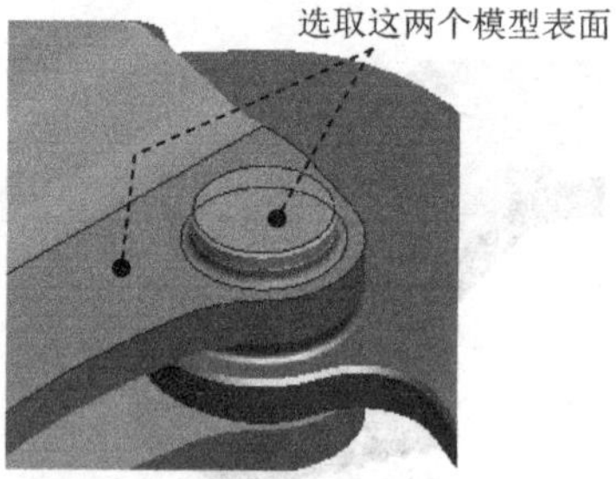

图 14.5.18　偏移约束

（8）创建图 14.5.19 所示的第八个快照。选取图 14.5.20 所示的模型表面；在约束选项卡的“偏移”文本框中输入偏距值 120，并按回车键；采用同样的方法，创建另一侧螺母与夹爪座之间的约束；单击“拖动”对话框中的按钮，生成 Snapshot8 快照。

图 14.5.19　创建第八个快照

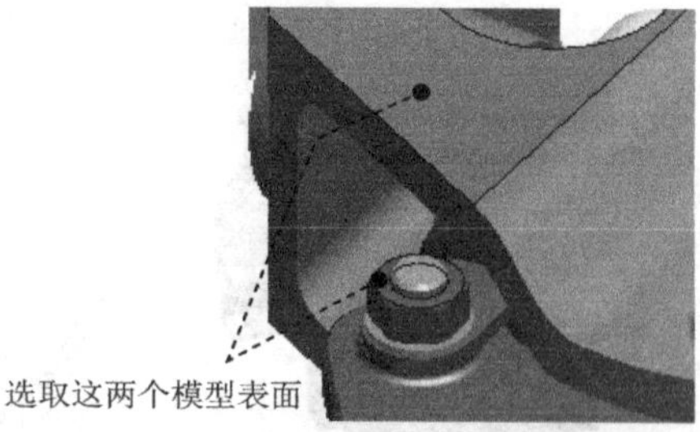

图 14.5.20　偏移约束

（9）创建图 14.5.21 所示的第九个快照。选取图 14.5.22 所示的模型表面；在约束选项卡的“偏移”文本框中输入偏距值-50，并按回车键；采用同样的方法，创建另一侧垫片与夹爪座之间的约束；单击“拖动”对话框中的按钮，生成 Snapshot9 快照。

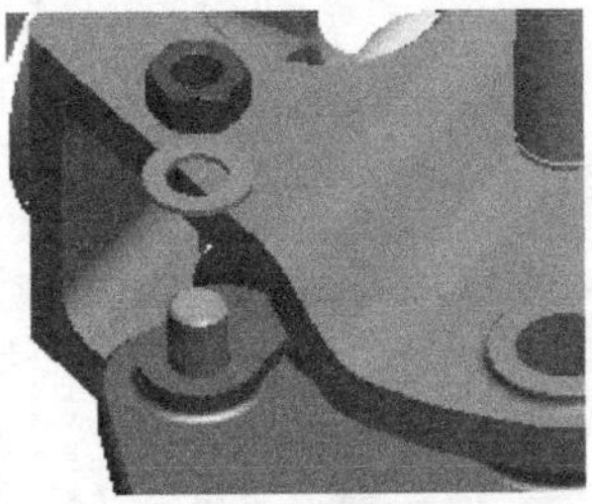

图 14.5.21　创建第九个快照

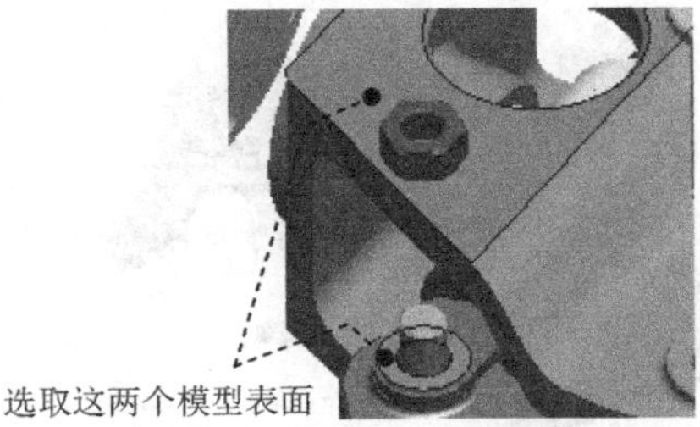

图 14.5.22　偏移约束

（10）创建图 14.5.23 所示的第十个快照。选取图 14.5.24 所示的模型表面；在约束选项卡的“偏移”文本框中输入偏距值-200，并按回车键；采用同样的方法，创建另一侧螺栓与夹爪座之间的约束；单击“拖动”对话框中的按钮，生成 Snapshot10 快照。

图 14.5.23　创建第十个快照

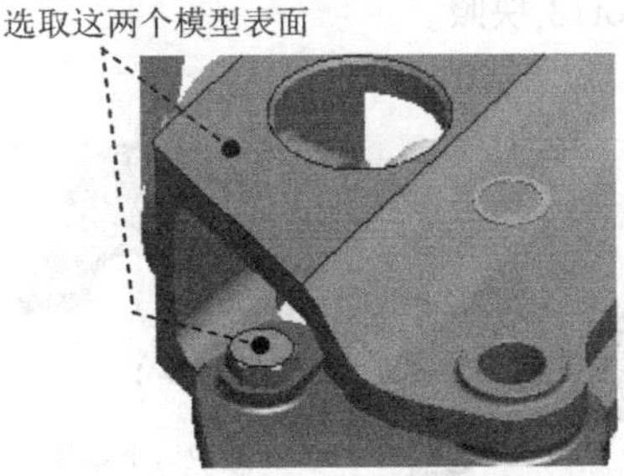

图 14.5.24　偏移约束

（11）创建图 14.5.25 所示的第十一个快照。确认高级拖动选项区域下按钮处于按下状态，分别拖动图 14.5.25 所示的零件至 10.2.26 所示的位置，单击“拖动”对话框中的按钮，生成 Snapshot11 快照。

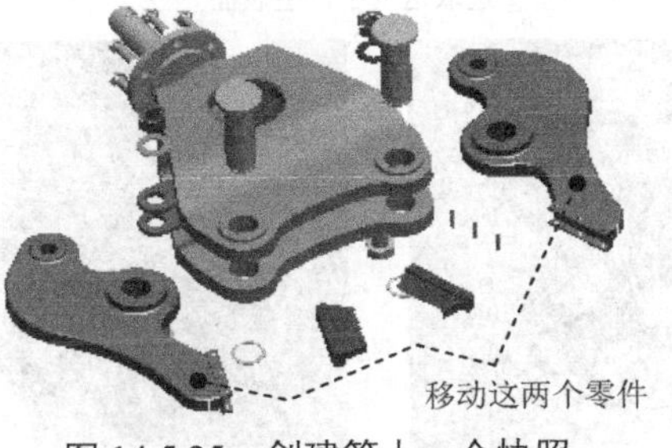

图 14.5.25　创建第十一个快照

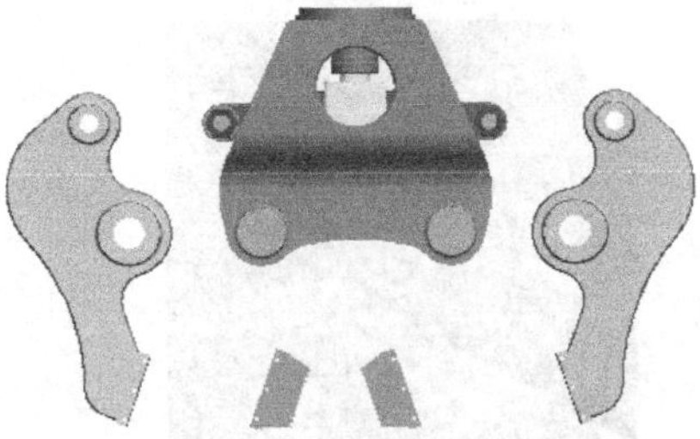

图 14.5.26　偏移约束

（12）创建图 14.5.27 所示的第十二个快照。确认▼ 高级拖动选项区域下按钮处于按下状态，拖动图 14.5.27 所示的零件至 14.5.28 所示的位置，单击“拖动”对话框中的按钮，生成 Snapshot12 快照。

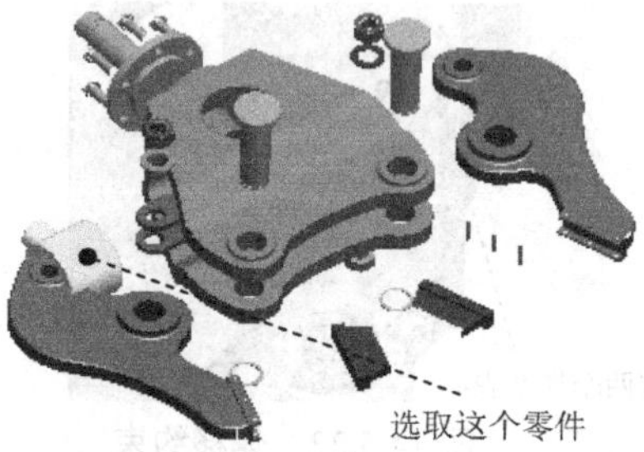

图 14.5.27 创建第十二个快照

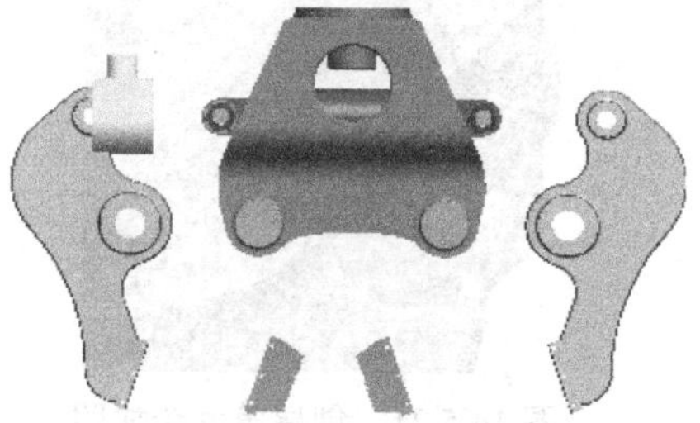
图 14.5.28 偏移约束

（13）创建图 14.5.29 所示的第十三个快照。确认▼ 高级拖动选项区域下按钮处于按下状态，拖动图 14.5.29 所示的零件至 14.5.30 所示的位置，单击“拖动”对话框中的按钮，生成 Snapshot13 快照。

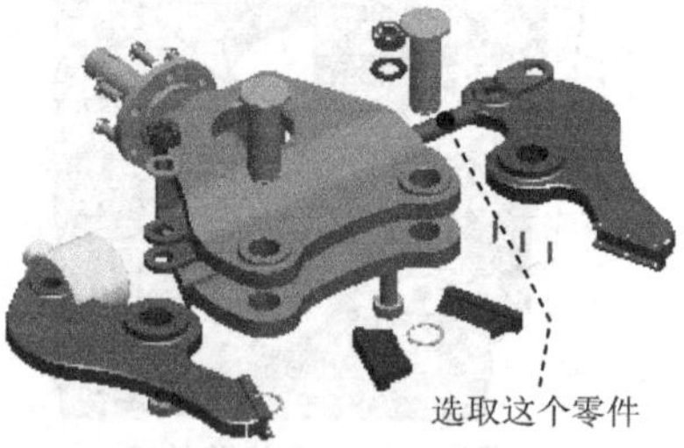

图 14.5.29 创建第十三个快照

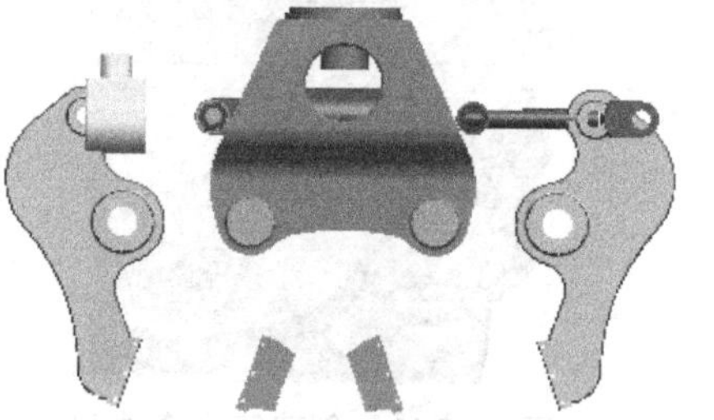
图 14.5.30 偏移约束

（14）创建图 14.5.31 所示的第十四个快照。选取图 14.5.32 所示的模型表面；在约束选项卡的“偏移”文本框中输入偏距值-400，并按回车键；采用同样的方法，创建其余螺栓与油缸之间的约束；单击“拖动”对话框中的按钮，生成 Snapshot14 快照。

图 14.5.31 创建第十四个快照

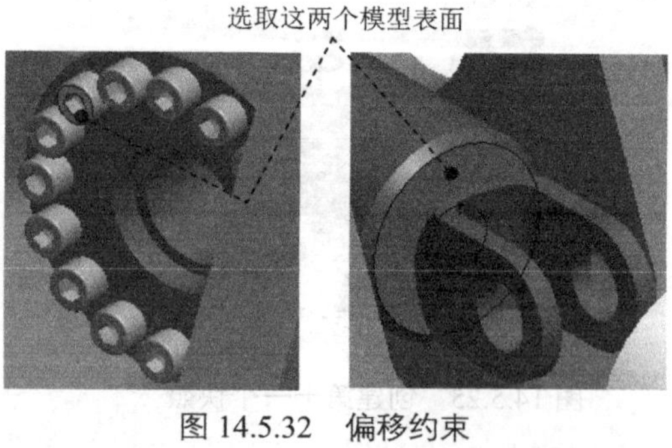

图 14.5.32 偏移约束

（15）创建图 14.5.33 所示的第十五个快照。选取图 14.5.34 所示的模型表面；在约束选项卡的“偏移”文本框中输入偏距值-300，并按回车键；单击“拖动”对话框中的按钮，生成 Snapshot15 快照。

图 14.5.33 创建第十五个快照

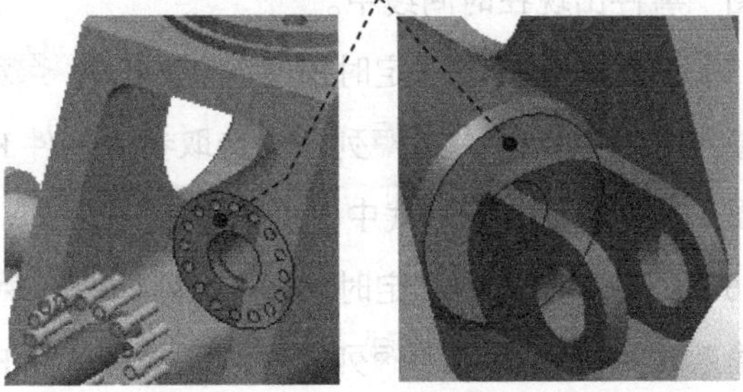

图 14.5.34 偏移约束

步骤 05 创建关键帧序列。

（1）选择下拉菜单 动画(M) → 关键帧序列(K)... 命令。

（2）单击“关键帧序列”对话框中的 新建 按钮。在 序列 选项卡的“关键帧”列表中选取快照 Snapshot1，输入时间为 0，单击按钮 + ；然后再输入时间为 2，单击按钮 + ；从列表中选取快照 Snapshot2，输入时间为 5，单击按钮 + ；然后再输入时间为 6，单击按钮 + ；用同样的方法设置 Snapshot3、Snapshot4、Snapshot5、Snapshot6、Snapshot7、Snapshot8、Snapshot9、Snapshot10、Snapshot11、Snapshot12、Snapshot13、Snapshot14 和 Snapshot15，并定义其时间分别为 9 和 10、13 和 14、17 和 18、21 和 22、25 和 26、29 和 30、33 和 34、37 和 38、41 和 42、45 和 46、49 和 50、53 和 54、57 和 60；单击“关键帧序列”对话框中的 确定 按钮；在 “关键帧序列” 对话框中单击 关闭 按钮。

步骤 06 在时间线上右击，在系统弹出的快捷菜单中选择 编辑时域 命令，系统弹出“动画时域”对话框，在 终止时间 文本框中输入值 60，在 帧频 文本框中输入值 10，单击 确定 按钮。

步骤 07 建立时间与视图间的关系。

（1）选择下拉菜单 动画(M) → 定时视图(V)... 命令，系统弹出“定时视图”对话框。

（2）设定视图 1。在“定时视图”对话框的 名称 栏中选取视图 V001；在对话框的 时间 区中输入时间值 0，并从 之后 列表中选取参考事件 开始 ；单击 应用 按钮。“定时视图”事件出现在时间线中。

（3）设定视图 2。在对话框的 时间 区中输入时间值 1.5，单击 应用 按钮；在“定时视图”对话框的 名称 栏中选取视图 V002；在对话框的 时间 区中输入时间值 0，并从 之后 列表中选取参考事件 Kfs1.1:2 Snapshot1；单击 应用 按钮。“定时视图”事件出现在时间线中。

（4）设定视图 3。在“定时视图”对话框的 名称 栏中选取视图 V002；在对话框的 时间 区中输入时间值 0.5，并从 之后 列表中选取参考事件 Kfs1.1:9 Snapshot3；单击 应用 按钮。“定时视图”事件出现在时间线中。

（5）设定视图 4。在“定时视图”对话框的 名称 栏中选取视图 V003；在对话框的 时间 区中输入时间值 0，并从 之后 列表中选取参考事件 Kfs1.1:10 Snapshot3；单击 应用 按钮。“定时视图”事件出现在时间线中。

（6）设定视图 5。在“定时视图”对话框的 名称 栏中选取视图 V003；在对话框的 时间 区中输入时间值 0，并从 之后 列表中选取参考事件 Kfs1.1:17 Snapshot5；单击 应用 按钮。“定时视图”事件出现在时间线中。

（7）设定视图 6。在“定时视图”对话框的 名称 栏中选取视图 V004；在对话框的 时间 区中输入时间值 0，并从 之后 列表中选取参考事件 Kfs1.1:18 Snapshot5；单击 应用 按钮。“定时视图”事件出现在时间线中。

（8）设定视图 7。在“定时视图”对话框的 名称 栏中选取视图 V004；在对话框的 时间 区中输入时间值 0.5，并从 之后 列表中选取参考事件 Kfs1.1:21 Snapshot6；单击 应用 按钮。“定时视图”事件出现在时间线中。

（9）设定视图 8。在“定时视图”对话框的 名称 栏中选取视图 V005；在对话框的 时间 区中输入时间值 0，并从 之后 列表中选取参考事件 Kfs1.1:22 Snapshot6；单击 应用 按钮。“定时视图”事件出现在时间线中。

（10）设定视图 9。在“定时视图”对话框的 名称 栏中选取视图 V005；在对话框的 时间 区中输入时间值 0，并从 之后 列表中选取参考事件 Kfs1.1:33 Snapshot9；单击 应用 按钮。“定时视图”事件出现在时间线中。

（11）设定视图 10。在“定时视图”对话框的 名称 栏中选取视图 V006；在对话框的 时间 区中输入时间值 0，并从 之后 列表中选取参考事件 Kfs1.1:34 Snapshot9；单击 应用 按钮。“定时视图”事件出现在时间线中。

（12）设定视图 11。在“定时视图”对话框的 名称 栏中选取视图 V006；在对话框的 时间 区中输入时间值 0，并从 之后 列表中选取参考事件 Kfs1.1:41 Snapshot11；单击 应用 按钮。“定时视图”事件出现在时间线中。

（13）设定视图 12。在“定时视图”对话框的 名称 栏中选取视图 V007；在对话框的 时间 区中输入时间值 0，并从 之后 列表中选取参考事件 Kfs1.1:42 Snapshot11；单击 应用 按钮。

"定时视图"事件出现在时间线中。

（14）单击对话框中的 关闭 按钮。

步骤 08 建立时间与显示间的关系。

（1）选择下拉菜单 动画(M) → 定时显示(T)... 命令，系统弹出"定时显示"对话框。

（2）定义显示样式 1。在"定时显示"对话框的 样式名 栏中选取显示样式 S001；在对话框的 时间 区中输入时间值 0，并从 之后 列表中选取参考事件 开始；单击 应用 按钮。"定时显示"事件出现在时间线中。

（3）定义显示样式 2。在"定时显示"对话框的 样式名 栏中选取显示样式 S002；在对话框的 时间 区中输入时间值 0.5，并从 之后 列表中选取参考事件 Kfs1.1:9 Snapshot3；单击 应用 按钮。"定时显示"事件出现在时间线中。

（4）定义显示样式 3。在"定时显示"对话框的 样式名 栏中选取显示样式 S003；在对话框的 时间 区中输入时间值 0，并从 之后 列表中选取参考事件 Kfs1.1:17 Snapshot5；单击 应用 按钮。"定时显示"事件出现在时间线中。

（5）定义显示样式 4。在"定时显示"对话框的 样式名 栏中选取显示样式 S004；在对话框的 时间 区中输入时间值 0，并从 之后 列表中选取参考事件 Kfs1.1:38 Snapshot10；单击 应用 按钮。"定时显示"事件出现在时间线中。

（6）定义显示样式 5。在"定时显示"对话框的 样式名 栏中选取显示样式 S005；在对话框的 时间 区中输入时间值 0，并从 之后 列表中选取参考事件 Kfs1.1:41 Snapshot11；单击 应用 按钮。"定时显示"事件出现在时间线中。

（7）单击 关闭 按钮。至此动画定义完成，时间域如图 14.5.35 所示。

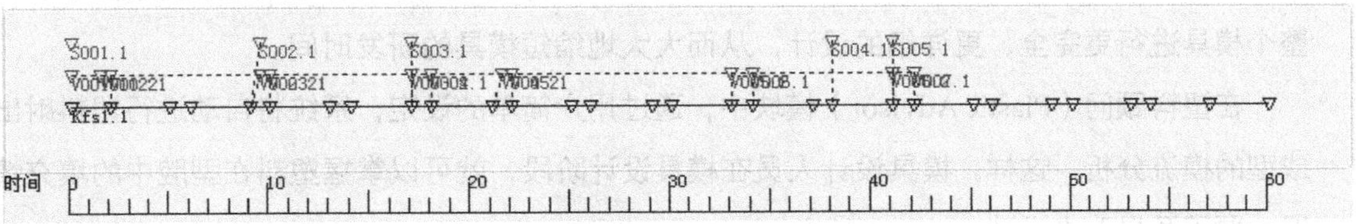

图 14.5.35　时间域

步骤 09 启动动画。选择下拉菜单 动画(M) → 启动(S) 命令，可启动动画进行查看。最后保存动画。

第 15 章 模具设计

15.1 概述

在 Pro/ENGINEER 软件中，与注射模具设计有关的模块主要有三个：模具设计模块（Pro/MOLDESIGN）、模座设计模块（Expert Moldbase Extension，EMX）和塑料顾问（Plastic Advisor）模块。

在模具设计模块（Pro/MOLDESIGN）中，用户可以创建、修改和分析模具元件及其组件（模仁），并可根据设计模型中的变化对它们快速更新。同时它还可实现如下功能。

- 设置注射零件的收缩率，收缩率的大小与注射零件的材料特性、几何形状和制模条件相对应。
- 对一个型腔或多型腔模具进行概念性设计。
- 对模具型腔、型芯、型腔嵌入块、砂型芯、滑块、提升器和定义模制零件形状的其他元件进行设计。
- 在模具组件中添加标准元件，如模具基础、推销、注入口套管、螺钉（栓）、配件和创建相应间隙孔用的其他元件。
- 设计注射流道和水线。
- 拔模检测（Draft Check）、分型面检查（Parting Surface Check）等分析工具。

在模座设计模块（EMX）中，用户可以将模具元件直接装配到标准或定制的模座中，对整个模具进行更完全、更详细的设计，从而大大地缩短模具的研发时间。

在塑料顾问（Plastic Advisor）模块中，通过用户简单的设定，系统将自动进行塑料射出成型的模流分析，这样，模具设计人员在模具设计阶段，就可以掌握塑料在型腔中的填充情况，便于及早改进设计。

本章主要介绍 Pro/ENGINEER 的模具设计模块。

15.2 Pro/ENGINEER 模具设计流程

使用 Pro/ENGINEER 软件进行（注射）模具设计的一般流程为：

（1）在零件和组件模式下，对原始塑料零件（模型）进行三维建模。

（2）创建模具模型，包括如下两个步骤。

◆ 根据原始塑料零件，定义参照模型。

◆ 定义模具坯料（工件）。

（3）在参照模型上进行拔模检测，以确定它是否能顺利地脱模。

（4）设置模具模型的收缩率。

（5）定义分型曲面。

（6）增加浇口、流道和水线作为模具特征。

（7）将坯料（工件）分割成若干个单独的体积块。

（8）抽取模具体积块，以生成模具元件。

（9）创建浇注件。

（10）定义开模步骤。

（11）利用“塑料顾问”功能模块进行模流分析。

（12）根据模具的尺寸选取合适的模座。

（13）如果需要，可进行模座的相关设计。

（14）制作模具工程图，包括对推出系统和水线等进行布局。由于模具工程图的制作方法与一般零部件工程图的制作方法基本相同，本书便不再进行介绍。

下面以图 15.2.1 所示的端盖零件（end-flange-cover.prt）为例，说明用 Pro/ENGINEER 软件设计模具的一般过程和方法。

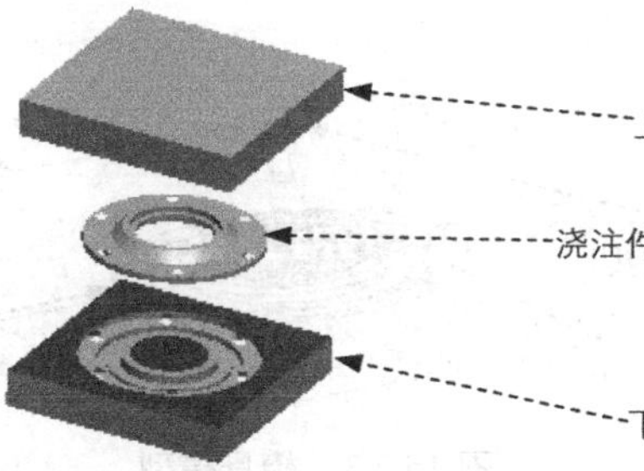

图 15.2.1 模具设计的一般过程

15.2.1 新建一个模具文件

步骤 01 设置工作目录。选择下拉菜单 文件(F) → 设置工作目录(W)... 命令，将工作目录设置至 D:\proedq5\work\ch15.02.01。

步骤 02 选择下拉菜单 文件(F) → 新建(N)... 命令（或者单击新建文件的按钮 ）。

步骤 03 在“新建”对话框中，在类型 区域中选中 ◉ 制造 单选项，在 子类型 区域

中选中 ◉ 模具型腔 单选项，在 名称 文本框中输入文件名 end-flange-cover_mold，取消 ☑ 使用缺省模板 复选框中的“√”号，单击对话框的 确定 按钮。

步骤 04 在“新文件选项”对话框中，选取 mmns_mfg_mold 模板，单击 确定 按钮。

说明 完成这一步操作后，系统进入模具设计模式（环境）。此时，在图形区可看到三个正交的默认基准平面和图 15.2.2 所示的菜单管理器。

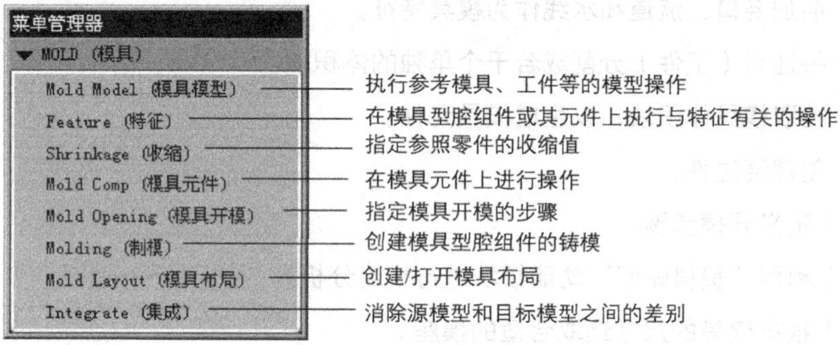

图 15.2.2　菜单管理器

15.2.2　建立模具模型

在开始设计模具前，应先创建一个“模具模型”（Mold Model），模具模型主要包括参照模型（Ref Model）和坯料（Workpiece）两部分，如图 15.2.3 所示。参照模型是设计模具的参照，它来源于设计模型（零件），坯料是表示直接参与熔料成型的模具元件的总体积。

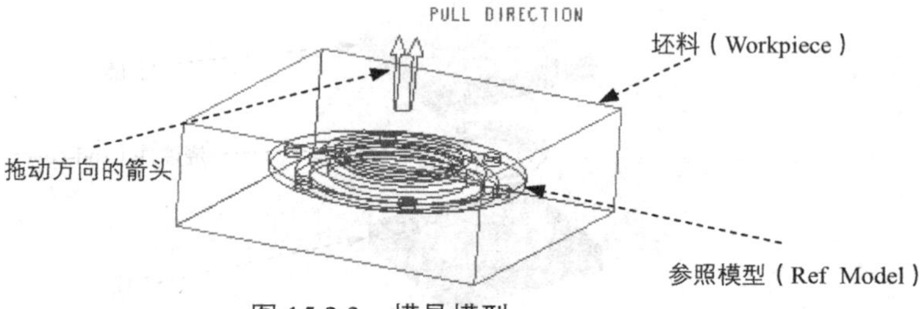

图 15.2.3　模具模型

关于设计模型（Design Model）与参照模型（Reference Model）说明如下。

模具的设计模型（零件）通常代表产品设计者对其最终产品的构思。设计模型一般在 Pro/ENGINEER 的零件模块环境（Part mode）或装配模块环境（Assembly Mode）中提前创建。通常设计模型几乎包含使产品发挥功能所必需的所有设计元素，但不包含制模技术所需要的元素。一般情况下，设计模型不设置收缩。为了方便零件的模具设计，在设计模型中最好创建开模所需要的拔模和圆角特征。

模具的参照模型通常表示应浇注的零件。参照模型通常用 Shrinkage (收缩) 命令进行收缩。有时设计模型包含需要进行注射加工的设计元素，在这种情况下，这些元素应在参照模型上更改，模具设计模型是参照模型的源。设计模型与参照模型间的关系取决于创建参照模型时所用的方法。

装配参照模型时，可将设计模型几何复制（通过参照合并）到参照模型。在这种情况下，可将收缩应用到参照模型、创建拔模、倒圆角和其他特征，所有这些改变都不会影响设计模型。但是，设计模型中的任何改变会自动在参照模型中反映出来。另一种方法是，可将设计模型指定为模具的参照模型，在这种情况下，它们是相同的模型。

在以上两种情况下，当在“模具”模块中工作时，可设置设计模型与模具之间的参数关系，一旦设定了关系，在改变设计模型时，任何相关的模具元件都会被更新，以反映所作出的改变。

任务 01 隐藏拖动方向的箭头

步骤 01 选择命令。选择下拉菜单 工具(T) → 环境(E) 命令。

步骤 02 在系统弹出的“环境”对话框中取消选中 □ 拖拉方向 复选框，然后单击 确定 按钮。

> **说明** 隐藏拖动方向箭头可以使屏幕更加简洁，当采用着色和裙边的方法设计分型面时，光线投影方向与拖动方向相反。

任务 02 定义参照模型

步骤 01 在 菜单管理器 的 ▼ MOLD (模具) 菜单中选择 Mold Model (模具模型) 命令。

步骤 02 在图 15.2.4 所示的 ▼ MOLD MODEL (模具模型) 菜单中选择 Assemble (装配) 命令。

对图 15.2.4 所示的“模具模型”菜单中几个主要选项的说明如下。

- Assemble (装配)：将预先设计好的零件或坯料装配到模具制造模型中。
- Create (创建)：如果零件模型或坯料未预先设计好，选择此命令，可以创建它们。
- Locate RefPart (定位参照零件)：进入参照零件的布局功能模块。
- Delete (删除)：删除制造模型中的某个零件或坯料，但第一个零件不能被删除。
- Redefine (重定义)：重新定义零件或坯料的装配。
- Pattern (阵列)：当一个模具模型内含多个零件时，可用此命令来放置多个零件模型。
- Simplfd Rep (简化表示)：创建简化表示。在设计模座等模具元件时，如果想简化屏幕上的显示，这是一个很有用的工具。

◆ Reclassify（重分类）：设置模具模型内哪些是坯料，哪些是零件。

◆ Adv Utils（高级实用工具）：该命令下有下列选项。

● Copy（复制）：对模具元件进行平移或旋转复制。

● Merge（合并）：将两个零件的实体体积合并为一个新的零件。

● Cut Out（切除）：将一个零件的实体体积从另一个零件体积中挖除。

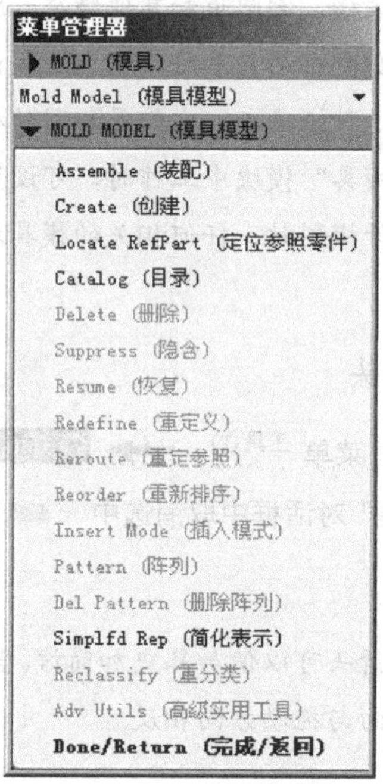

图 15.2.4 “模具模型”菜单

步骤 03 系统弹出图 15.2.5 所示的 MOLD MDL TYP（模具模型类型）菜单，选择该菜单中的 Ref Model（参照模型）命令。

步骤 04 在弹出的“打开”对话框中选取三维零件模型 end-flange-cover.prt 作为参照零件模型，并将其打开。

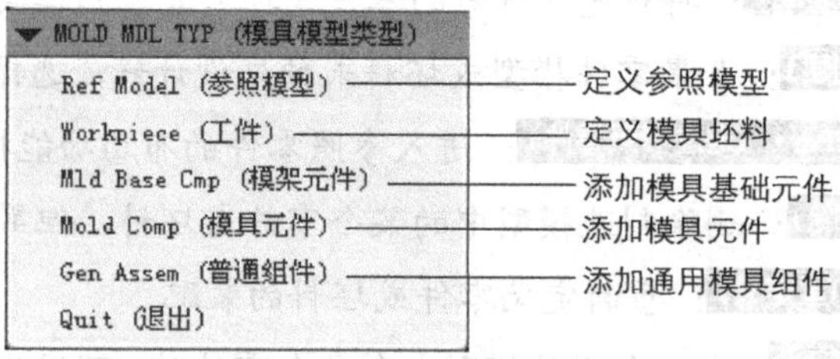

图 15.2.5 “模具模型类型”菜单

步骤 05 定义约束参照模型的放置位置。在系统弹出的图 15.2.6 所示的“元件放置”操控板中进行如下操作：

（1）指定第一个约束。在操控板中单击放置按钮，在“放置”界面的“约束类型”下拉列表中选择对齐选项，在“偏移”下拉列表中选择重合选项，选取图 15.2.7 所示的参照件的表面为元件参照，选取装配体的 MAIN_PARTING_PLN 基准平面为组件参照。

（2）指定第二个约束。单击➔新建约束字符，在“约束类型”下拉列表中选择配对选项，在“偏移”下拉列表中选择重合选项，选取参照件的 DTM2 基准平面为元件参照，选取装配体的 MOLD_FRONT 基准平面为组件参照。

（3）指定第三个约束。单击➔新建约束字符，在“约束类型”下拉列表中选择对齐选项，在“偏移”下拉列表中选择重合选项，选取参照件的 DTM1 基准平面为元件参照，选取装配体的 MOLD_RIGHT 基准平面为组件参照。

（4）至此，约束定义完成，在操控板中单击“完成”按钮。

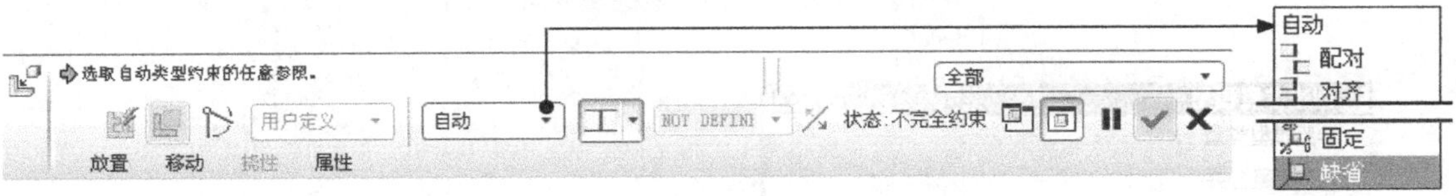

图 15.2.6　“元件放置”操控板

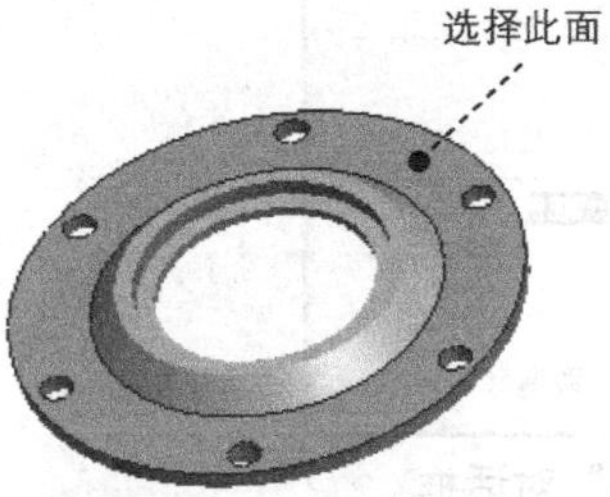

图 15.2.7　选取参照件的表面为元件参照

步骤 06　此时系统弹出图 15.2.8 所示的“创建参照模型”对话框，选中◉按参照合并单选项，然后在参照模型区域的名称文本框中接受系统给出的默认参照模型名称 END-FLANGE-COVER_MOLD_REF （也可以输入其他字符作为参照模型名称），再单击确定按钮，完成后的结果如图 15.2.9 所示。

任务 03　定义坯料

步骤 01　在▼ MOLD MODEL（模具模型）菜单中选择 Create（创建）命令。

步骤 02　在弹出的▼ MOLD MDL TYP（模具模型类型）菜单中选择 Workpiece（工件）命令。

步骤 03 在系统弹出的▼ CREATE WORKPIECE (创建工件)菜单中，选择Manual (手动)命令。

说明

在图 15.2.8 所示的对话框中，有三个单选项，分别介绍如下。

- ◉ 按参照合并：选择此单选项，系统会复制一个与设计模型完全一样的零件模型（其默认的文件名为***_ref.prt）加入模具装配体，以后分型面的创建、模具元件体积块的创建和拆模等操作便可参照复制的模型来进行。
- ○ 同一模型：选择此单选项，系统则会直接将设计模型加入模具装配体，以后各项操作便直接参照设计模型来进行。
- ○ 继承：选择此单选项，参照零件将会继承设计零件中的所有几何和特征信息。用户可指定在不更改原始零件情况下，要在继承零件上进行修改的几何及特征数据。“继承”可为在不更改设计零件情况下修改参照零件提供更大的自由度。

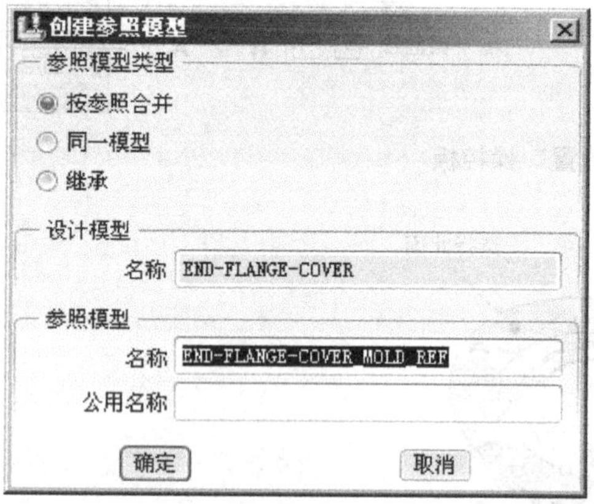

图 15.2.8 “创建参照模型”对话框

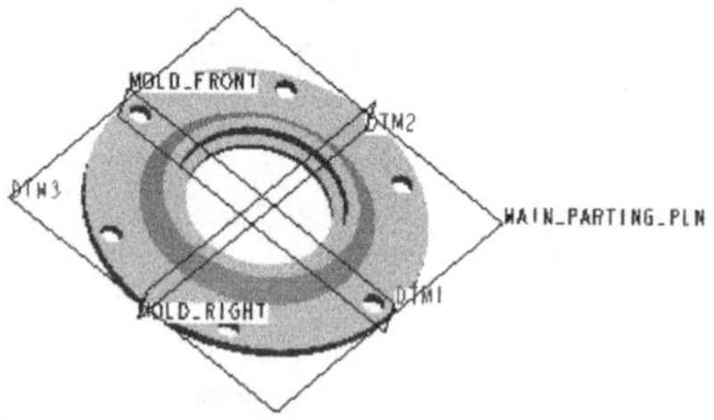

图 15.2.9 模型放置结果

步骤 04 在弹出的“元件创建”对话框中，在类型 区域选中◉ 零件单选项，在 子类型 区域选中◉ 实体单选项，在名称 文本框中，输入坯料的名称 end-flange-cover-wp，然后单击确定按钮。

步骤 05 在弹出的“创建选项”对话框中，选择 ◉ 创建特征 单选项，然后单击确定按钮。

步骤 06 创建坯料特征。

（1）在图 15.2.10 所示的“特征操作”菜单中，选择Solid (实体) ➡ Protrusion (伸出项)命令，在弹出的图 15.2.11 所示的“实体选项”菜单中，选择Extrude (拉伸) ➡ Solid (实体)

→ Done（完成）命令。此时，系统弹出“拉伸”操控板。

> **说明**
>
> 在“元件创建”对话框的 子类型 区域中，有三个可用的单选项，分别介绍如下。
>
> ◆ ◉ 实体：选择此单选项，可以创建一个实体零件作为坯料。
>
> ◆ ◉ 相交：选择此单选项，可以选择多个零件进行交截而产生一个坯料零件。
>
> ◆ ◉ 镜像：选择此单选项，用户可以对现有的零件进行镜像（需要选择一个镜像中心平面），以镜像后的零件作为坯料。

（2）创建实体拉伸特征。

① 选取拉伸类型：在操控板中，确认“实体”按钮□被按下。

② 定义草绘截面放置属性：在绘图区中右击，从快捷菜单中选择 定义内部草绘... 命令，在系统弹出的“草绘”对话框中，选择 MOLD_FRONT 基准平面为草绘平面，MOLD_RIGHT 基准平面为草绘平面的参照平面，方向为 右，然后单击 草绘 按钮，系统进入截面草绘环境。

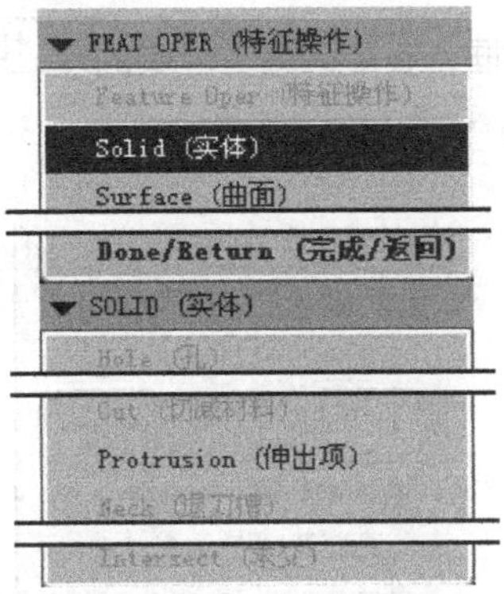

图 15.2.10 “特征操作”菜单

图 15.2.11 “实体选项”菜单

③ 进入截面草绘环境后，系统弹出“参照”对话框，选取 MOLD_RIGHT 基准平面和 MAIM_PARTING_PLN 基准平面为草绘参照，然后单击 关闭(C) 按钮，绘制图 15.2.12 所示的特征截面，完成绘制后，单击工具栏中的“完成”按钮✓。

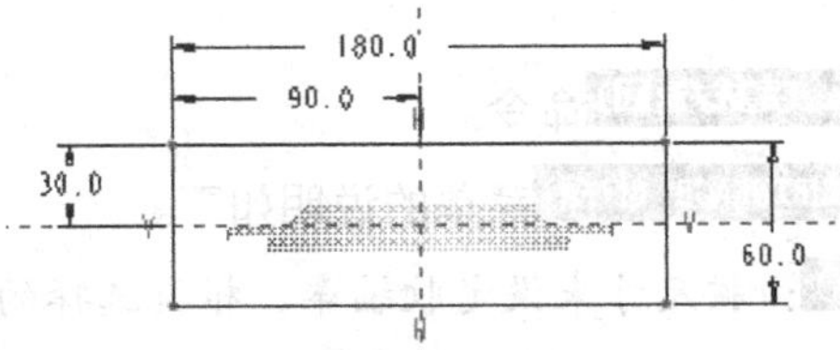

图 15.2.12 截面图形

④ 选取深度类型并输入深度值。在操控板中，选取深度类型 (即“对称”)，再在深度文本框中输入深度值 180.0，并按回车键。

⑤ 预览特征：在操控板中单击☑ 60按钮，可预览所创建的拉伸特征。

⑥ 完成特征：在操控板中单击✓按钮，则完成特征的创建。

步骤 07 选择 Done/Return (完成/返回) → Done/Return (完成/返回) 命令。

15.2.3 设置收缩率

从模具中取出后，注射件由于温度及压力的变化会产生收缩现象。为此，Pro/ENGINEER 软件提供了收缩率（Shrinkage）功能，来纠正注射成品零件体积收缩上的偏差。用户通过设置适当的收缩率来放大参照模型，便可以获得正确尺寸的注射零件。继续以前面的模型为例，设置收缩率的一般操作过程如下。

步骤 01 在 菜单管理器 的 ▼ MOLD (模具) 菜单中选择 Shrinkage (收缩) 命令。

步骤 02 在图 15.2.13 所示的 ▼ SHRINKAGE (收缩) 菜单中选择 By Dimension (按尺寸) 命令。

步骤 03 系统弹出图 15.2.14 所示的“按尺寸收缩”对话框，确认 公式 区域的 1+S 按钮被按下，在 收缩选项 区域选中 ☑ 更改设计零件尺寸 复选框，在 收缩率 区域的 比率 栏中输入收缩率 0.006，并按回车键，然后单击对话框中的✓按钮。

图 15.2.13 “收缩”菜单

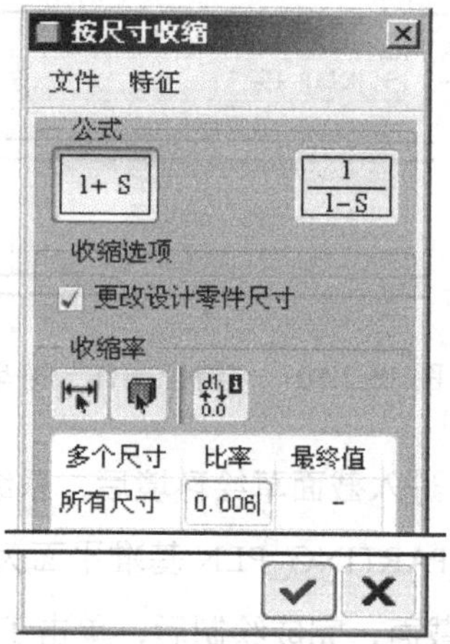

图 15.2.14 “按尺寸收缩”对话框

步骤 04 选择 Done/Return (完成/返回) 命令。

对图 15.2.13 所示的 ▼ SHRINKAGE (收缩) 菜单的说明如下。

◆ By Dimension (按尺寸)：按尺寸来设定收缩率，根据选择的公式，系统用公式 1+S 或 1/（1 - S）计算比例因子。选择“按尺寸”收缩时，收缩率会应用到设计模型，从而使设计模型的尺寸受到影响。

◆ By Scaling（按比例）：按比例来设定收缩率。注意，如果选择“按比例”收缩，应先选择某个坐标系作为收缩基准，并且分别对 X、Y、Z 轴方向设定收缩率。采用“按比例”收缩，收缩率只会应用到参照模型，不会应用到设计模型，因此，如果在“模具”或“铸造”模块中，应用“按比例”收缩，那么要注意如下几点。

- 设计模型的尺寸不会受到影响。
- 如果在模具模型中装配了多个参照模型，系统将提示指定要应用收缩的模型，组件偏距也被收缩。
- 如果在“零件”模块中将按比例收缩应用到设计模型，则“收缩”特征属于设计模型，而不属于参照模型。收缩被参照模型几何精确地反映出来，但不能在“模具”或“铸造”模式中清除。
- 按比例收缩的应用应先于分型曲面或体积块的定义。
- 按比例收缩影响零件几何（曲面和边）及基准特征（曲线、轴、平面、点等）。

使用By Dimension（按尺寸）方式设置收缩率时，请注意如下几点。

◆ 在使用By Dimension（按尺寸）方式对参照模型设置收缩率时，收缩率也会同时应用到设计模型上，从而使设计模型的尺寸受到影响，所以如果采用By Dimension（按尺寸）方式收缩，可在图 15.2.14 所示的“按尺寸收缩”对话框的收缩选项区域中，取消选择☑更改设计零件尺寸选项，使设计模型恢复到没有收缩的状态，这是By Dimension（按尺寸）与By Scaling（按比例）的主要区别。

◆ 只要设计模型具有相关的收缩信息，名义尺寸值后总跟有放在括号中的收缩值。如果设计零件被收缩，尺寸将以紫红色出现；如果设计模型当前未被收缩，尺寸仍以黄色显示。

◆ 收缩率不累积。例如，输入 0.005 作为立方体 100 × 100 × 100 的整体收缩率，然后输入 0.01 作为一侧的收缩率，则沿此侧的距离是（1 + 0.01）× 100 = 101，而不是（1 + 0.005 + 0.01）× 100 = 101.5。尺寸的单个收缩率始终取代整体模型收缩率。

◆ 配置文件选项 shrinkage_value_display 用于控制模型的尺寸显示方式，它有两个可选值：percent_shrink（以百分比显示）和 final_value（按最后值显示）。

对图 15.2.14 所示的“按尺寸收缩”对话框的公式区域中的两个按钮说明如下。

◆ 1 + S：收缩因子基于模型的原始几何。S 为收缩率，此为默认选择。

◆ 1/（1−S）：收缩因子基于模型的生成几何。如果指定了收缩，则修改公式会引起所有尺寸值或缩放值的更新。例如，用初始公式（1+S）定义了按尺寸收缩，如果将此公式改为 1/(1-S)，系统将提示确认或取消更改；如果确认更改，则在已按尺寸应用了收缩的情况下，必须从第一个受影响的特征再生模型。在前面的公式中，如果 S 值为正值，模型将产生放大效果；反之，若 S 值为负值，模型将产生缩小效果。

15.2.4 创建模具分型曲面

如果采用分割（Split）的方法来产生模具元件（如上模型腔、下模型腔、型芯、滑块、镶块、销等），则必须先根据参照模型的形状创建一系列的曲面特征，然后再以这些曲面为参照，将坯料分割成各个模具元件。用于分割参照的这些曲面称为分型曲面，也称为分型面或分模面。分割上、下型腔的分型面一般称为主分型面；分割型芯、滑块、镶块和销的分型面一般分别称为型芯分型面、滑块分型面、镶块分型面和销分型面。完成后的分型面必须与要分割的坯料或体积块完全相交，但分型面不能自身相交。分型面特征在组件级中创建，该特征的创建是模具设计的关键。

继续以前面的模型为例讲解如何创建分型面（图 15.2.15），以分离模具的上模型腔和下模型腔。操作过程如下。

步骤 01 选择下拉菜单 插入(I) ➡ 模具几何 ▸ ➡ 分型面(S)... 命令。

步骤 02 选择下拉菜单 编辑(E) ➡ 属性(R) 命令，在图 15.2.16 所示的“属性”对话框中，输入分型面名称 main-ps，单击 确定 按钮。

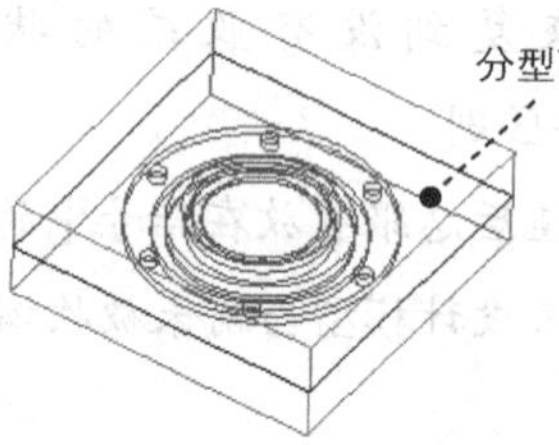

图 15.2.15 创建分型面

图 15.2.16 “属性”对话框

步骤 03 通过“拉伸”方法创建主分型面。

（1）选择下拉菜单 插入(I) ➡ 拉伸(E)... 命令，此时系统弹出“拉伸”操控板。

（2）定义草绘截面放置属性：右击，从弹出的菜单中选择 定义内部草绘... 命令；在系统 ➪选取一个平面或曲面以定义草绘平面。 的提示下，选取图 15.2.17 所示的坯料前表面为草绘平面，选取图 15.2.18 所示的坯料侧表面为参照平面，方向为 右；单击 草绘 按钮，至此系统进入截面草绘环境。

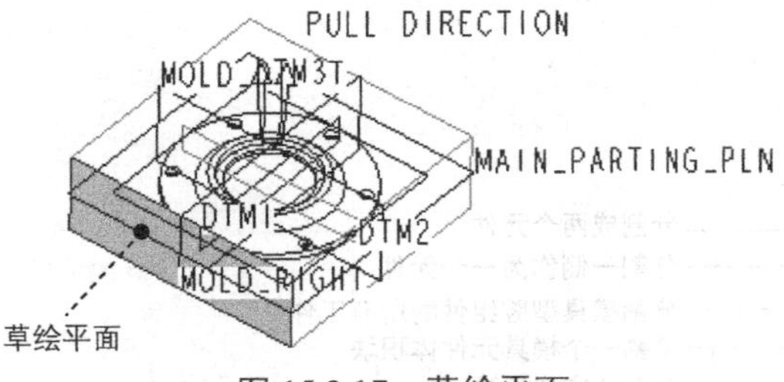

图 15.2.17 草绘平面

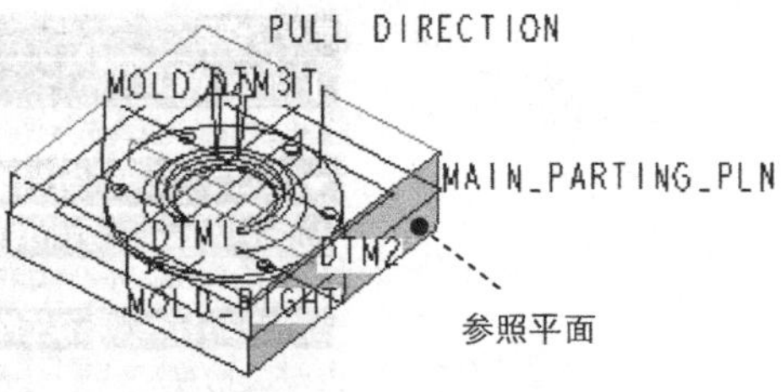

图 15.2.18 参照平面

（3）绘制截面草图。选取坯料的边线和 MAIN_PARTING_PLN 基准平面为草绘参照；绘制图 15.2.19 所示的截面草图（截面草图为一条线段）；完成截面的绘制后，单击工具栏中的“完成”按钮✓。

（4）设置深度选项。

① 在操控板中选取深度类型⊥（到选定的）。

② 将模型调整到合适位置，选取图 15.2.20 所示的模型表面为拉伸终止面。

③ 在操控板中单击“完成”按钮✓，完成特征的创建。

步骤 04 在工具栏中单击“确定”按钮✓，完成分型面的创建。

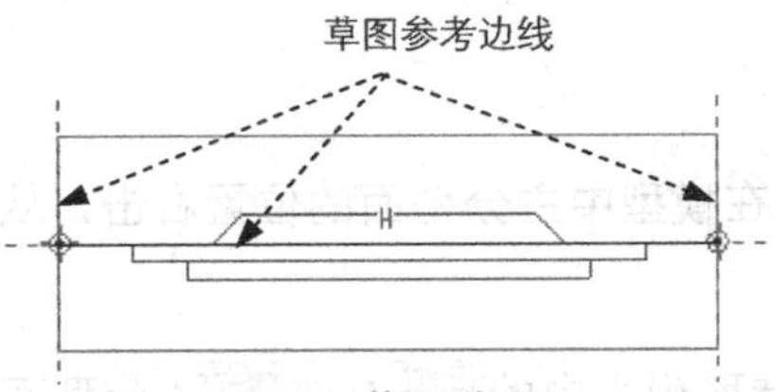

图 15.2.19 截面草图

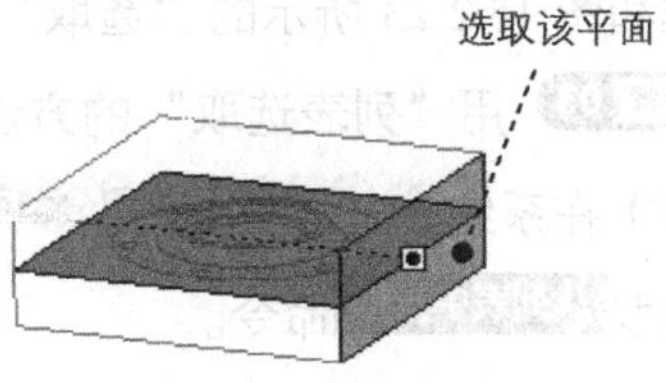

图 15.2.20 拉伸终止面

说明：若在模型树中未显示分型面特征，可选择 → 树过滤器(F)... 命令，在系统弹出的“模型树项目”对话框中，选中 ☑特征 复选框，然后单击 确定 按钮。

15.2.5 创建模具元件的体积块

选择下拉菜单 编辑(E) → 分割... 命令，可进入“分割体积块”菜单（图 15.2.21）。

模具的体积块没有实体材料，它由坯料中的封闭曲面所组成，模具体积块在屏幕上以紫红色显示。在模具的整个设计过程中，创建体积块是从坯料和参照零件模型到最终抽取模具元件的中间步骤。通过构造体积块创建模具元件，然后用实体材料填充体积块，可将该体积块转换成功能强大的 Pro/ENGINEER 零件。

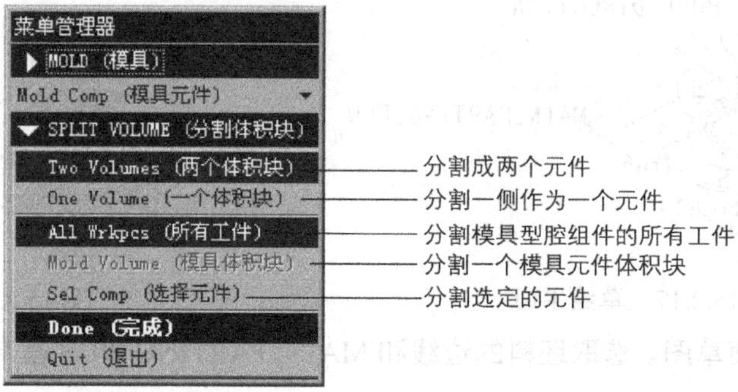

图 15.2.21　“分割体积块”菜单

用分型面创建上、下两个体积块的方法介绍如下。

在零件 end-flange-cover 的模具坯料中，利用前面创建的分型面——main-ps 将其分成上、下两个体积块，这两个体积块将来会抽取为模具的型腔和型芯。

步骤 01 选择下拉菜单 编辑(E) ➡ 分割... 命令（即用“分割”的方法构建体积块）。

步骤 02 在系统弹出的 ▼SPLIT VOLUME（分割体积块）菜单中，选择 Two Volumes（两个体积块） ➡ All Wrkpcs（所有工件） ➡ Done（完成） 命令，此时系统弹出图 15.2.22 所示的“分割”对话框和图 15.2.23 所示的“选取”对话框。

步骤 03 用“列表选取”的方法选取分型面。

（1）在系统 ◆为分割工件选取分型面。 的提示下，在模型中主分型面的位置右击，从快捷菜单中选取 从列表中拾取 命令。

（2）在弹出的“从列表中拾取”对话框中，选取列表中的 面组:F7(MAIN-PS) 分型面，然后单击 确定(O) 按钮。

（3）在“选取”对话框中单击 确定 按钮。

步骤 04 在“分割”对话框中单击 确定 按钮。

步骤 05 此时，系统弹出图 15.2.24 所示的“属性”对话框（一），同时模型的下半部分变亮，在该对话框中单击 着色 按钮，着色后的模型如图 15.2.25 所示，然后，在对话框中输入名称 lower-vol，单击 确定 按钮。

图 15.2.22　“分割”对话框

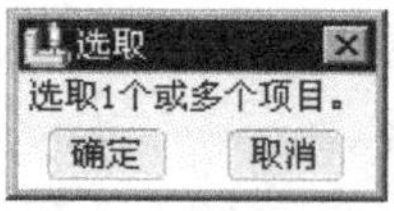

图 15.2.23　“选取”对话框

图 15.2.24　“属性”对话框（一）

步骤 06 此时，系统弹出图 15.2.26 所示的“属性”对话框（二），同时模型的上半部分变亮，在该对话框中单击 着色 按钮，着色后的模型如图 15.2.27 所示，然后，在对话框中输入名称 upper-vol，单击 确定 按钮。

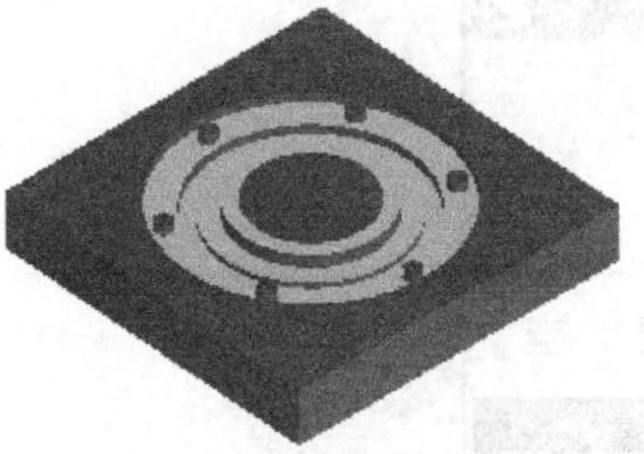

图 15.2.25 着色后的下半部分体积块

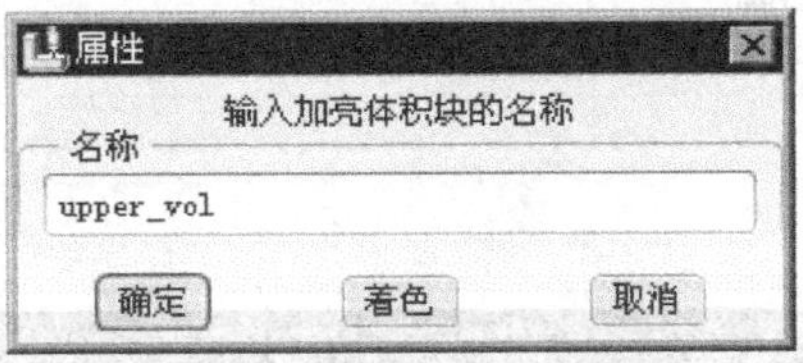

图 15.2.26 “属性”对话框（二）

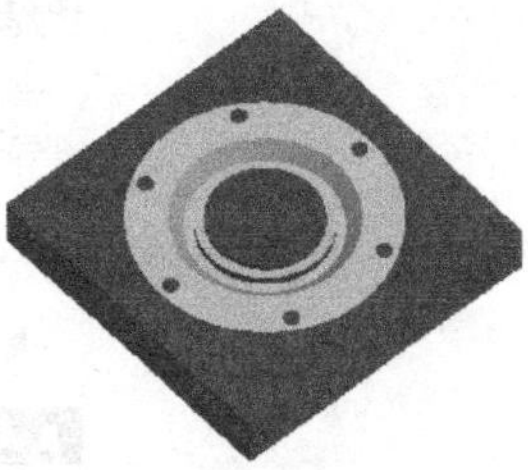

图 15.2.27 着色后的上半部分体积块

15.2.6 抽取模具元件

在 Pro/ENGINEER 模具设计中，模具元件常常是通过用实体材料填充先前定义的模具体积块而形成的，这一自动执行的过程称为抽取。

完成抽取后，模具元件成为功能强大的 Pro/ENGINEER 零件，并在模型树中显示出来。当然它们可在“零件”模块中检索到或打开，并能用于绘图，以及用 Pro/NC 加工。在“零件”模块中可以为模具元件增加新特征，如倒角、圆角、冷却通路、拔模、浇口和流道。

抽取的元件保留与其父体积块的相关性，如果体积块被修改，则再生模具模型时，相应的模具元件也被更新。

下面以零件 end-flange-cover.的模具为例，说明如何利用前面创建的各体积块来抽取模具元件。

步骤 01 在 菜单管理器 的 ▼ MOLD（模具） 菜单中选择 Mold Comp（模具元件） 命令，在弹出的图 15.2.28 所示的 ▼ MOLD COMP（模具元件） 菜单中选择 Extract（抽取） 命令。

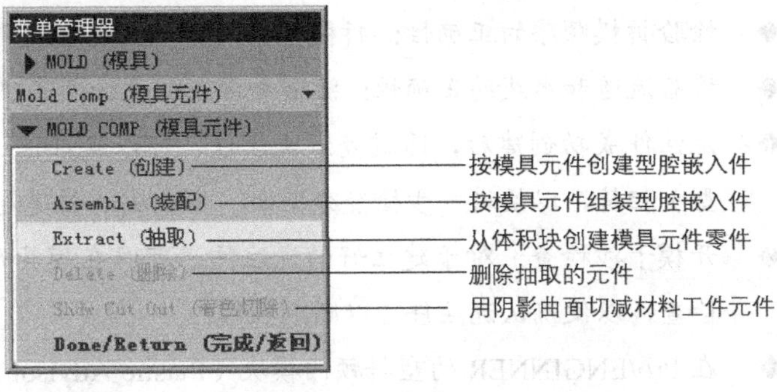

图 15.2.28 “模具元件”菜单

步骤 02 在系统弹出的图 15.2.29 所示的“创建模具元件”对话框中，单击 按钮，选择所有体积块，然后单击 确定 按钮。

步骤 03 选择 Done/Return（完成/返回） 命令。

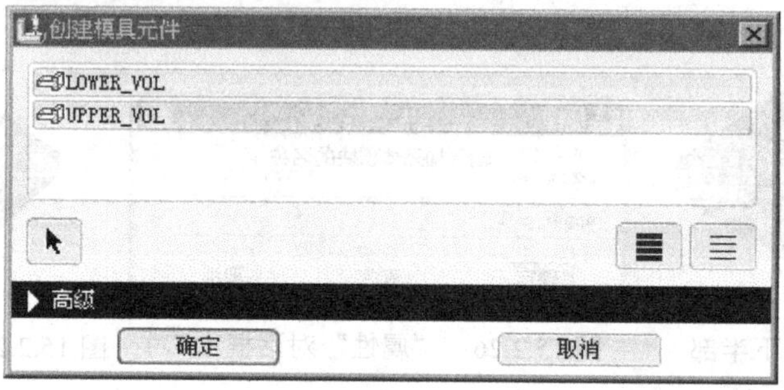

图 15.2.29 “创建模具元件”对话框

15.2.7 生成浇注件

完成抽取元件的创建后，系统便可产生浇注件，在这一过程中，系统自动将熔融材料通过浇道（注入口）、浇口和流道填充模具型腔。

下面以生成零件 end-flange-cover 的浇注件为例，说明其操作过程。

步骤 01 在 ▼ MOLD（模具） 菜单中，选择 Molding（制模） 命令，在弹出的 ▼ MOLDING（铸模） 菜单中，选择 Create（创建） 命令。

步骤 02 在图 15.2.30 所示的系统提示框中，输入浇注零件名称 end-flange-cover-molding，并单击两次 按钮。

说明

从上面的操作可以看出浇注件的创建过程非常简单，那么创建浇注件有什么意义呢？下面进行简要说明。

- 检验分型面的正确性：如果分型面上有破孔，分型面没有与坯料完全相交，分型面自交，那么浇注件的创建将失败。
- 检验拆模顺序的正确性：拆模顺序不当，也会导致浇注件的创建失败。
- 检验流道和水线的正确性：流道和水线的设计不正确，浇注件也无法创建。
- 浇注件成功创建后，通过查看浇注件，可以验证浇注件是否与设计件（模型）相符，以便进一步检查分型面、体积块的创建是否完善。
- 开模干涉检查：对于建立好的浇注件，可以在模具开启操作时，进行干涉检查，以便确认浇注件可以顺利拔模。
- 在 Pro/ENGINNER 的塑料顾问模块（Plastic Advisor）中，用户可以对建立好的浇注件进行塑料流动分析、填充时间分析等。

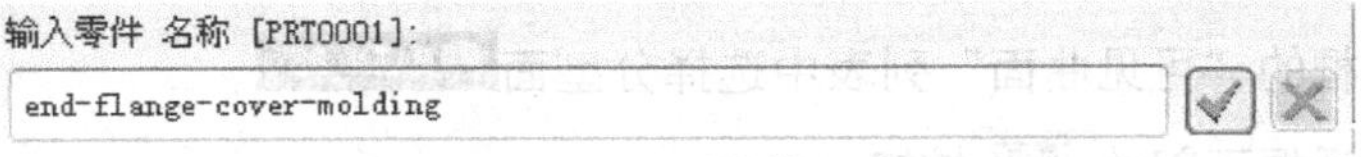

图 15.2.30 系统提示框

15.2.8 定义模具开启

通过定义模具开启，可以模拟模具的开启过程，检查特定的模具元件在开模时是否与其他模具元件发生干涉。下面以 end-flange-cover_mold.asm 为例，说明开模的一般操作方法和步骤。

任务 01 将参照零件、坯料和分型面遮蔽起来

将模型中的参照零件、坯料和分型面遮蔽后，则工作区中模具模型中的这些元素将不显示，这样可使屏幕简洁，方便后面的模具开启操作。

步骤 01 遮蔽参照零件和坯料。

（1）单击工具栏中的用于遮蔽（或显示）的按钮，系统弹出图 15.2.31 所示的“遮蔽-取消遮蔽”对话框（一）。

（2）在“遮蔽-取消遮蔽”对话框（一）左边的“可见元件”列表中，按住 Ctrl 键，选择参照零件 END-FLANGE-COVER_MOLD_REF 和 END-FLANGE-COVER-WP 坯料。

（3）单击对话框下部的 遮蔽 按钮。

说明

也可以从模型树上启动“遮蔽”命令，对相应的模具元素（如参照零件、坯料、体积块、分型面）进行遮蔽。例如，对于参照零件的遮蔽，可选择模型树中的 END-FLANGE-COVER_MOLD_REF.PRT 选项，然后右击，从弹出的快捷菜单中选择 遮蔽 命令。但在模具的某些设计过程中，无法采用这种方法对模具元素进行遮蔽或显示操作，这时就需要采用前面介绍的方法（即采用工具栏中的按钮的方法）进行操作，因为在模具的任何操作过程中，用户随时都可以选择工具栏中的按钮，对模具元素进行遮蔽或显示。由于在模具（特别是复杂的模具）的设计过程中，用户为了方便选取或查看一些模具元素，经常需要进行遮蔽或显示操作，建议读者熟练掌握使用按钮对模具元素进行遮蔽或显示的操作方法。

步骤 02 遮蔽分型面。

（1）在对话框右边的“过滤”区域中，单击 分型面 按钮，此时“遮蔽-取消遮蔽”对

话框（二）如图 15.2.32 所示。

（2）在对话框的“可见曲面”列表中选择分型面 MAIN_PS。

（3）单击对话框下部的 遮蔽 按钮。

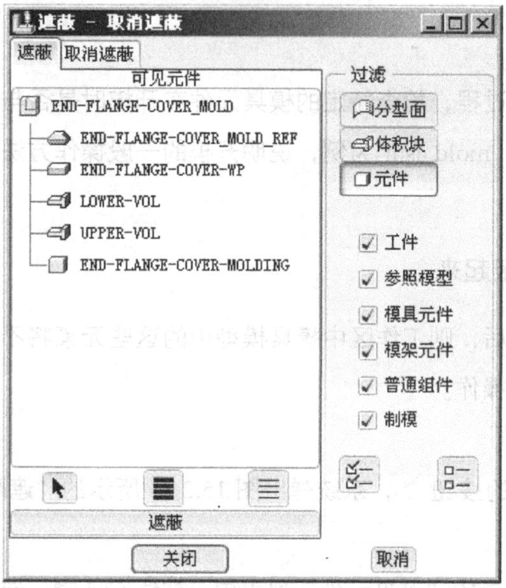

图 15.2.31 “遮蔽-取消遮蔽”对话框（一）

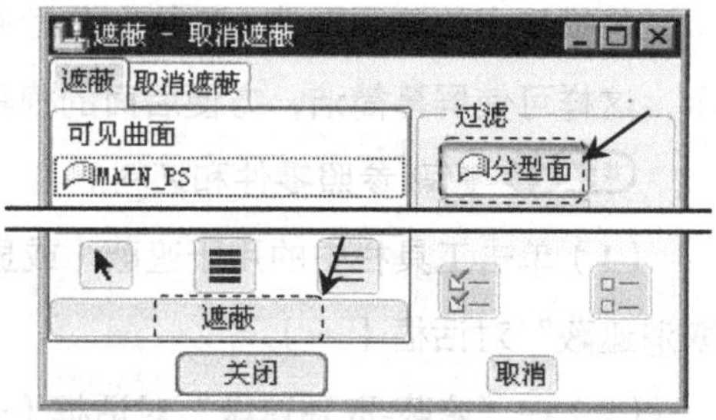

图 15.2.32 “遮蔽-取消遮蔽”对话框（二）

步骤 03 单击对话框下部的 关闭 按钮，完成操作。

说明 如果要取消参照零件、坯料的遮蔽（即在模型中重新显示这两个元件），可在“遮蔽-取消遮蔽”对话框中按下列步骤进行操作。

（1）单击对话框上部的 取消遮蔽 选项卡标签，系统打开该选项卡。

（2）在对话框右边的“过滤”区域中，单击 元件 按钮，此时“遮蔽-取消遮蔽”对话框（三）如图 15.2.33 所示。

（3）在对话框的“遮蔽的元件”列表中，按住 Ctrl 键，选择参照零件 END-FLANGE-COVER_MOLD_REF 和坯料 END-FLANGE-COVER-WP。

（4）单击对话框下部的 取消遮蔽 按钮。

如果要取消分型面的遮蔽，可按下列步骤进行操作。

（1）打开 取消遮蔽 选项卡后，单击“过滤”区域中的 分型面 按钮，此时“遮蔽-取消遮蔽”对话框（四）如图 15.2.34 所示。

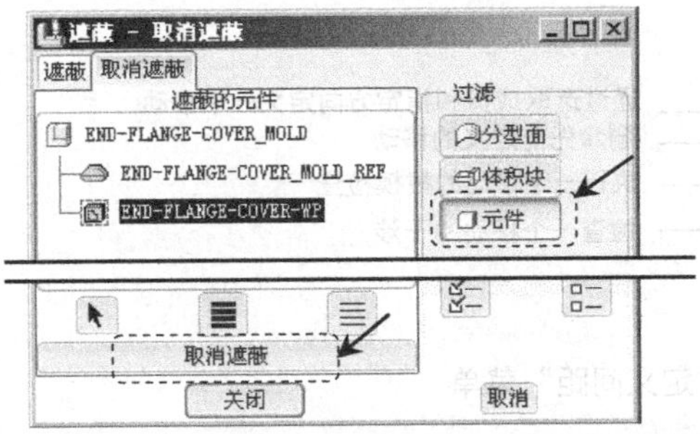

图 15.2.33 “遮蔽-取消遮蔽”对话框（三）

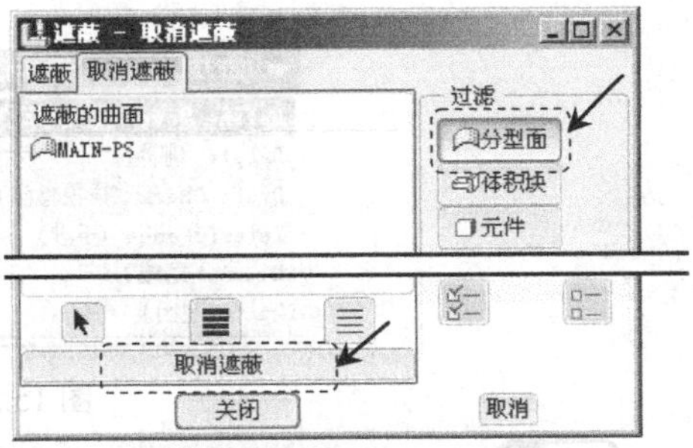

图 15.2.34 “遮蔽-取消遮蔽”对话框（四）

（2）在对话框的“遮蔽的曲面”列表中，选择分型面 MAIN_PS。

（3）单击对话框下部的取消遮蔽按钮。

任务 02 开模步骤 1：移动上模

步骤 01 在菜单管理器的▼ MOLD（模具）菜单中选择 Mold Opening（模具开模）命令（注：此处应翻译为“开启模具”），在弹出的图 15.2.35 所示的▼ MOLD OPEN（模具开模）菜单中选择 Define Step（定义间距）命令（注：此处应翻译为“定义开模步骤”）。

步骤 02 在图 15.2.36 所示的▼ DEFINE STEP（定义间距）菜单中选择 Define Move（定义移动）命令。

注意 对需要在移动前进行拔模检测的零件，可以选择 Draft Check（拔模检测）命令，进行拔模角度的检测。该产品零件没有拔模角度，此处就不进行拔模检测操作。

步骤 03 用“列表选取”的方法选取要移动的模具元件。在系统 ◇为迁移号码1 选取构件。的提示下，选取上模，在“选则”对话框中单击确定按钮。

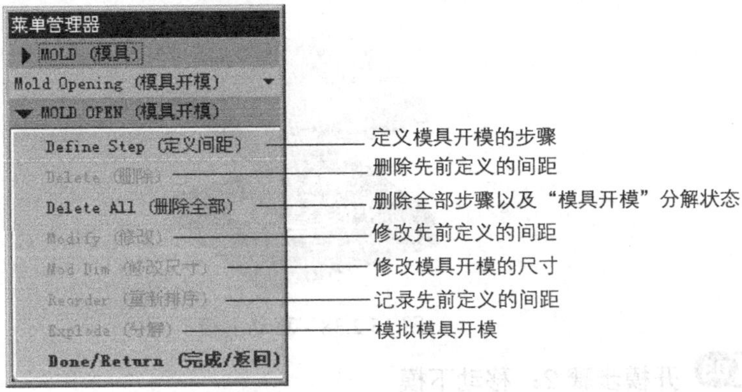

图 15.2.35 “模具开模”菜单

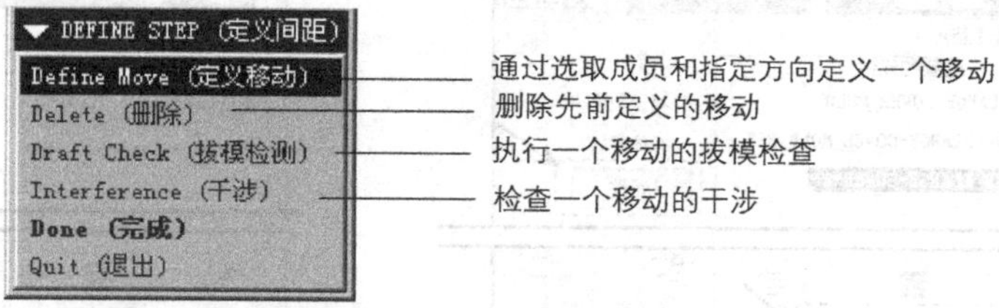

图 15.2.36 “定义间距”菜单

步骤 04 在系统 ⇨通过选取边、轴或表面选取分解方向。提示下，选取图 15.2.37 所示的边线为移动方向，然后在系统 ⇨输入沿指定方向的位移 的提示下，输入要移动的距离值-100.0，并按回车键。

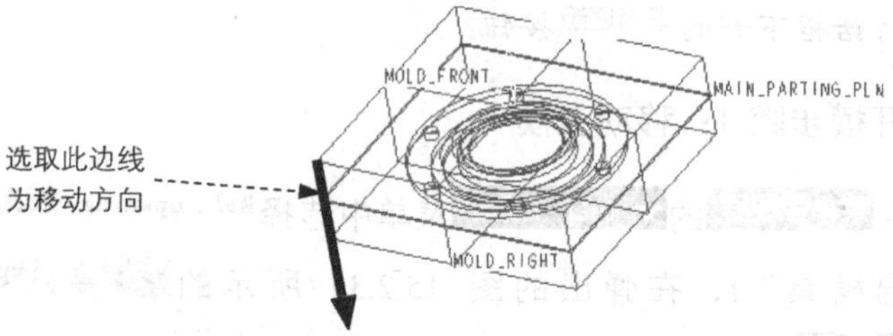

图 15.2.37 选取移动方向

步骤 05 上模干涉检查。

（1）在 ▼ DEFINE STEP (定义间距) 菜单中选择 Interference (干涉) 命令，在系统弹出的 ▼ 模具移动 菜单中选择 移动1，系统弹出 ▼ MOLD INTER (模具干涉) 菜单。

（2）在系统 ⇨选取统计零件。的提示下（注：此处应翻译为“选择静止的模具零件”），在模型树中，选择注射零件 END-FLANGE-COVER-MOLDING.PRT，此时系统提示 • 没有发现干涉.。

（3）在 ▼ MOLD INTER (模具干涉) 菜单中选择 Done/Return (完成/返回) 命令。

（4）在 ▼ DEFINE STEP (定义间距) 菜单中选择 Done (完成) 命令。移动上模后，模型如图 15.2.38 所示。

图 15.2.38 移动上模

任务 03 开模步骤 2：移动下模

步骤 01 参照开模步骤 1 的操作方法，选取下模，选取图 15.2.39 所示的边线为移动方向，然后输入要移动的距离值 100.0，并按回车键。

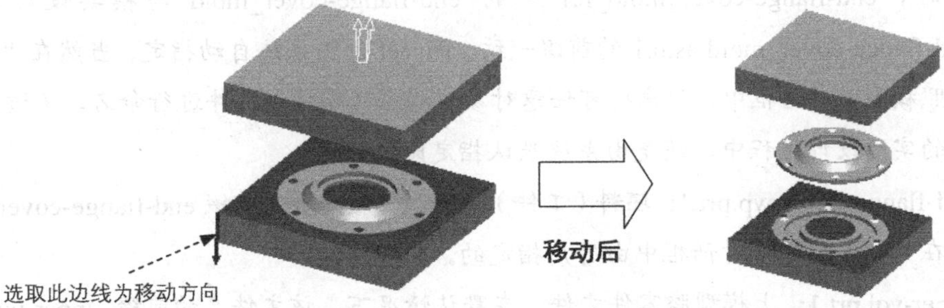

图 15.2.39 移动下模

步骤 02 下模干涉检查。

(1) 在 ▼ DEFINE STEP (定义间距) 菜单中选择 Interference (干涉) 命令，在系统弹出的 ▼ 模具移动 菜单中选择 移动1，系统弹出 ▼ MOLD INTER (模具干涉) 菜单。

(2) 在系统 ◆选取统计零件。 的提示下，在模型树中选择铸模零件 END-FLANGE-COVER-MOLDING.PRT，此时系统提示 ● 没有发现干涉。。

(3) 在 ▼ MOLD INTER (模具干涉) 菜单中选择 Done/Return (完成/返回) 命令。

步骤 03 在 ▼ DEFINE STEP (定义间距) 菜单中选择 Done (完成) 命令，然后选择 Done/Return (完成/返回) 命令，完成上、下模的开模动作。

步骤 04 保存设计结果。选择下拉菜单 文件(F) → 保存(S) 命令。

15.2.9 模具文件的有效管理

一个模具设计完成后将包含许多文件，例如，前面介绍的 end-flange-cover.prt 零件模具就包含下列文件（图 15.2.40）。

upper-vol.prt.1
lower-vol.prt.1
end-flange-cover-wp.prt.1
end-flange-cover-molding.prt.1
end-flange-cover_mold_ref.prt.1
end-flange-cover_mold.asm.1
end-flange-cover.prt

图 15.2.40 模具设计完成后所包含的文件

- ◆ end-flange-cover.prt:（原始）设计模型（零件）文件。
- ◆ end-flange-cover_mold.asm.1: 模具设计文件，该文件名的前缀 end-flange-cover_mold 由用户在新建模具时任意指定，后缀.asm.1 由系统默认指定。

- end-flange-cover_mold_ref.prt.1：参照模型（零件）文件。该文件名的前缀 end-flange-cover_mold_ref 在“创建参照模型”对话框中由系统默认指定，系统指定时，end-flange-cover_mold_ref 中的 end-flange-cover_mold 与模具设计文件 end-flange-cover_mold.asm.1 的前缀一致，而_ref 则由系统自动指定。当然在“创建参照模型”对话框中，用户也可任意对参照模型（零件）文件进行命名，不过在模具的实际设计过程中，还是由系统默认指定比较好。
- end-flange-cover-wp.prt.1：坯料（工件）文件。该文件名的前缀 end-flange-cover -wp 是在“元件创建”对话框中由用户指定的。
- upper-vol.prt.1：上模型腔零件文件。在默认情况下，该文件名的前缀 upper-vol 与其对应的上模体积块的名称一致。当然，用户也可以在模具组件中将其打开，然后用下拉菜单 文件(F) ➡ 重命名(R) 命令对其进行重命名。
- lower-vol.prt.1：下模型腔零件文件。默认情况下，该文件名的前缀 lower-vol 与其对应的下模体积块的名称一致。
- end-flange-cover_molding.prt.1：浇注件文件。该文件名的前缀 end-flange-cover_molding 是由用户指定的。

由于模具设计完成后会生成众多的文件，而且这些模具文件都是相互关联的，如果这些文件管理不好，模具设计文件将无法打开或者不能打开最新版本，从而给模具设计带来诸多不便，这一点必须引起读者的高度注意。

这里介绍一种有效组织和管理模具文件的方法，就是为每个塑件的模具设计分别创建一个目录，将原始设计模型（零件）文件置于对应的目录中，在模具设计开始前，需先将工作目录设置到对应的目录中，然后新建模具设计文件。下面还是以 end-flange-cover 零件为例，说明其操作过程。

步骤 01 在硬盘 C:\下创建一个 end-flange-cover_mold_test 目录。

步骤 02 将原始设计模型文件 end-flange-cover.prt 复制到目录 C:\end-flange-cover_mold_test 下。

步骤 03 启动 Pro/ENGINEER 软件。

步骤 04 选择下拉菜单 文件(F) ➡ 设置工作目录(W)... 命令，将 Pro/ENGINEER 的工作目录设置至 C:\ end-flange-cover_mold_test。

步骤 05 在工具栏中单击新建文件的按钮，新建模具设计文件 end-flange-cover_mold。

步骤 06 完成设计后，选择下拉菜单 文件(F) ➡ 保存(S) 命令，保存模具设计文件 end-flange-cover_mold.asm。

15.2.10 关于模具的精度

1. 概述

模具的相对精度是相对于生成的成型产品的大小，相对精度有效范围为 0.0001 ~ 0.01，默认值为 0.0012。配置文件选项 accuracy_lower_bound 可定义此范围的下边界，下边界的指定值必须在 $1.0000 \times 10^{-6} \sim 1.0000 \times 10^{-4}$ 之间。如果增加精度，再生时间也会增加。通常，应该将相对精度值设置为小于模型的最短边长度与模型外框的最长边长度的比值。如没有其他原因，应使用默认精度。

绝对精度改进了不同尺寸或不同精度模型的匹配性（如在其他系统中创建的输入模型）。为避免添加新特征到模型时可能出现的问题，建议在为模型增加附加特征前，设置参照模型为绝对精度。绝对精度在如下情况下非常有用。

- 在操作过程中，从一个模具复制几何到另一个模具，如“合并”和“切除”。
- 为制造和铸造而设计的模型。
- 将输入几何的精度匹配到其目标模型。

在下列情况下，可能需要改变精度。

- 在模型上放置小特征。
- 两个尺寸相差很大的模型相交（通过合并或切除）。对于两个要合并的模型，它们必须具有相同的绝对精度。为此，要估计每个模型的尺寸，并乘以其相应的当前精度。如果结果不同，则需输入生成相同结果的模型精度值，可能需要通过输入更多小数位数来提高较大模型的成型精度。例如，较小模型的尺寸为 200mm，且精度为 0.01，产生的结果为 2mm；如果较大模型的尺寸为 2000mm，且精度为 0.01，则产生的结果为 20mm，只有将较大模型的精度改为 0.001 才会产生相同的结果。

2. 控制模型的精度

改变模型精度以前，应确定要使用相对精度还是绝对精度。

步骤 01 要使用绝对精度，必须把配置文件选项 enable_absolute_accuracy 设为 Y。另外，配置文件选项 default_abs_accuracy 设置了绝对精度的默认值，当从“绝对精度”菜单中选择“输入值”时，系统会将该默认值包括在提示中。

步骤 02 选择下拉菜单 应用程序(P) → 继承(L) 命令。系统弹出图 15.2.41 所示的“菜单管理器”，选择 Set Up (设置) 命令。在 ▼ PART SETUP (零件设置) 菜单中，选择 Accuracy (精度) 命令。

图 15.2.41 菜单管理器

步骤 03 在 ▼ ACCURACY (精度) 菜单中，选择 Relative (相对) 或 Absolute (绝对) 命令。

步骤 04 第一次为一个模型启用 ▼ ACCURACY (精度) 菜单时，Relative (相对) 命令被激活并加亮显示（因为模型最初是用“相对精度”创建的），此后，访问该菜单时将激活最后一次使用的精度类型。

步骤 05 输入一个新精度值并按回车键，或按 ESC 键使用默认值。

注意

- 如果选择 Relative (相对) 命令，则初始默认值是 0.0012。
- 如果选择 Absolute (绝对) 命令，并且以前的精度类型是 Relative (相对)，那么默认值就是由 default_abs_accuracy 为绝对精度指定的值（如果没有指定值，则提示仅在括号中显示精度单位）。
- 如果选择 Absolute (绝对) 命令且原来的精度类型也是 Absolute (绝对)，则默认值就是上次为模型指定的绝对精度值。
- 如果选取了 Absolute (绝对) 命令，可再选择 Select Model (选取模型) 命令，从进程的不同零件指定绝对精度值。在这种情况下，“打开”对话框会出现，显示当前进程中零件名称的列表，从中选择一个零件，系统将给出该零件的绝对精度，并提示“是否接受”。
- 如果输入了新的精度值，系统将提示模型需要完全再生，并询问是否继续。

15.3 分型面设计

15.3.1 一般分型面的设计方法

在 Pro / ENGINEER 的模具设计中，创建分型面与一般曲面特征没有本质的区别，其操作方法一般为选择主菜单 插入(I) 中的 模具几何 ▸，选择 分型面(S)... 命令，进入分型面的创建模式。下面举例说明采用拉伸法设计分型面的一般方法和操作过程。

任务 01 打开模具模型

将工作目录设置至 D:\proedq5\work\ch15.03.01，然后打开文件 allotype-adornment-surf_mold.asm。

注意：操作前，务必拭除内存中的所有文件，否则可能会使后面的操作紊乱。操作方法是：选择下拉菜单 文件(F) → 关闭窗口(C) 命令，关闭所有窗口；选择下拉菜单 文件(F) → 拭除(E) ▸ → 不显示(D)... 命令，拭除内存中的所有文件。

任务 02 创建分型面

步骤 01 选择下拉菜单 插入(I) → 模具几何 ▸ → 分型面(S)... 命令。

步骤 02 选择下拉菜单 编辑(E) → 属性(R) 命令，在“属性”对话框中输入分型面的名称 main-ps，并单击 确定 按钮。

步骤 03 通过“拉伸”的方法创建主分型面。

（1）选择下拉菜单 插入(I) → 拉伸(E)... 命令，此时系统弹出“拉伸”操控板。

（2）定义草绘截面放置属性。右击，从弹出的菜单中选择 定义内部草绘... 命令，在系统 ⇨选取一个平面或曲面以定义草绘平面。 的提示下，选取图 15.3.1 所示的草绘平面和参照平面，方向为 右；单击 草绘 按钮，至此系统进入截面草绘环境。

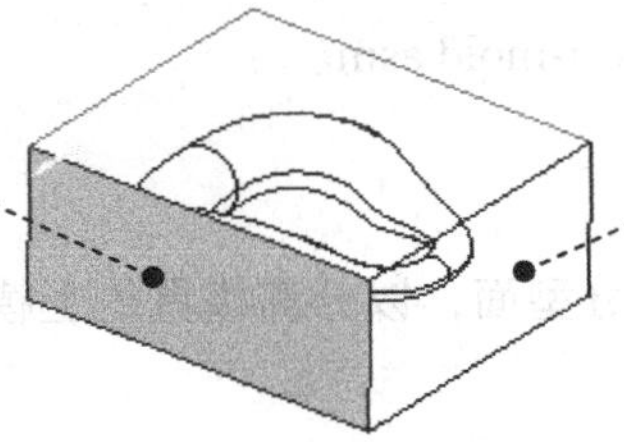

图 15.3.1 选取参照对象

（3）绘制截面草图。选取图 15.3.2 所示的坯料的边线和 MAIN_PARTING_PIN 基准平面为草绘参照，绘制图 15.3.2 所示的截面草图（截面草图为一条线段）。完成截面的绘制后，单击工具栏中的“完成”按钮 ✓。

（4）设置深度选项。

① 在操控板中，选取深度类型 ⊥⊥（到选定的）。

② 将模型调整到图 15.3.3 所示的视图方位，选取图中所示的坯料表面为拉伸终止面。

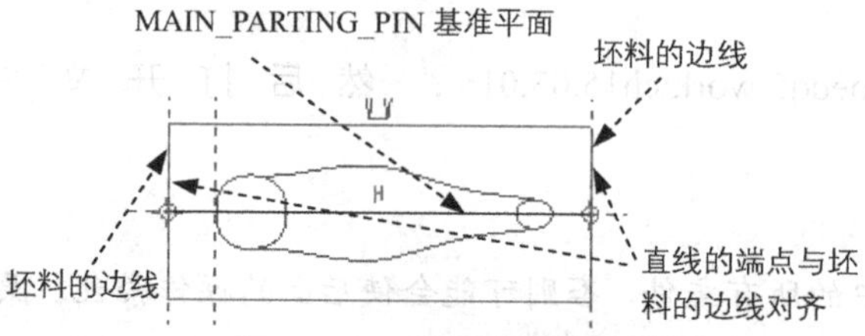

图 15.3.2　截面草图

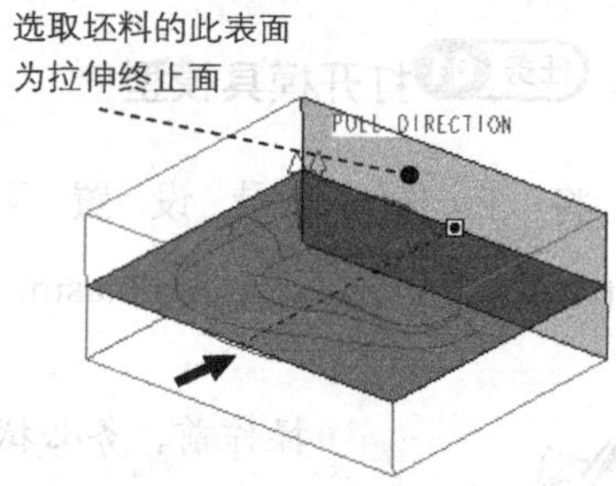

图 15.3.3　选取拉伸终止面

③ 在操控板中单击“完成”按钮☑，完成特征的创建。

步骤 04　在工具栏中单击“分型面完成”按钮☑，完成分型面的创建。

15.3.2　采用裙边法设计分型面

裙边法（Skirt）是 Pro／ENGINEER 的模具模块所提供的另一种创建分型面的方法，这是一种沿着参照模型的轮廓线来建立分型面的方法。采用这种方法设计分型面时，首先要创建分型线（Parting Line），然后利用该分型线来产生分型面。分型线通常是参照模型的轮廓线，一般可用侧面影像曲线（Silhouette）来建立。

在完成分型线的创建后，通过指定开模方向，系统会自动将外部环路延伸至坯料表面及填充内部环路来产生分型面。采用裙边法设计分型面的一般操作过程如下。

1. 新建一个模具制造模型文件，进入模具模块

步骤 01　将工作目录设置至 D:\proedq5\work\ch15.03.02。

步骤 02　打开文件 plastic-cover-mold.asm。

2. 创建模具分型曲面

下面将创建图 15.3.4 所示的分型面，以分离模具的上模型腔和下模型腔。

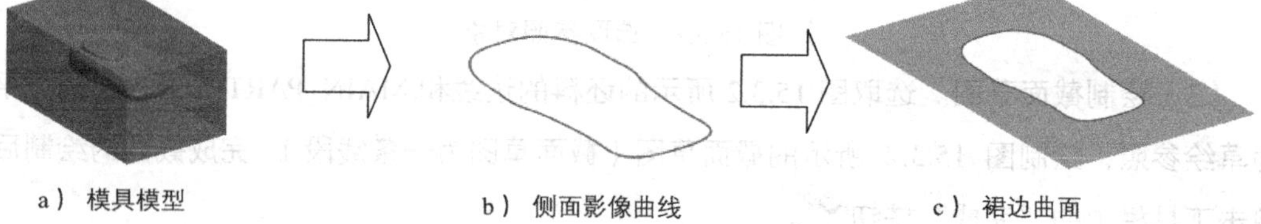

a） 模具模型　　b） 侧面影像曲线　　c） 裙边曲面

图 15.3.4　分型面

任务 01 创建侧面影像曲线

步骤 01 在下拉菜单中选择 插入(I) → 侧面影像曲线(S)... 命令，系统弹出“侧面影像曲线”对话框，在对话框中单击 预览 按钮，预览所创建的侧面影像曲线。

步骤 02 在“侧面影像曲线”对话框中选择 Loop Selection... 可选的 选项，单击对话框中的 定义 按钮，系统弹出“环选取”对话框，在对话框中选择 环 选项卡，选择 2 包括，单击 排除 按钮。在对话框中选择 链 选项卡，选择 1-1 上部，单击 下部 按钮。在“环选取”对话框中单击 确定 按钮。

步骤 03 在“侧面影像曲线”对话框中单击对话框中的 确定 按钮，完成“侧面影像曲线”特征的创建。

任务 02 采用裙边法设计分型面

步骤 01 选择下拉菜单 插入(I) → 模具几何 ▸ → 分型面(S)... 命令。

步骤 02 选择下拉菜单 编辑(E) → 属性(R) 命令，在弹出的“属性”对话框中，输入分型面名称 ps；单击对话框中的 确定 按钮。

步骤 03 选择下拉菜单 编辑(E) → 裙边曲面(K) 命令，此时系统弹出“裙边曲面”对话框和“链”菜单。

步骤 04 选取侧面影像曲线：在系统 ◇选择包含曲线的特征。的提示下，用列表选取的方法选取侧面影像曲线（即列表中的 F7(SILH_CURVE_1) 项），然后选择 Done (完成) 命令。

步骤 05 单击“裙边曲面”对话框中的 预览 按钮，预览所创建的分型面，如图 15.3.5 所示。在“裙边曲面”对话框中单击 确定 按钮，完成分型面的创建。

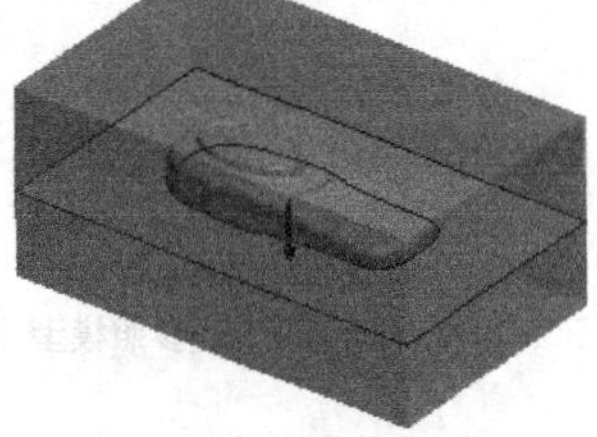

图 15.3.5 分型面

步骤 06 在工具栏中单击“确定”按钮 ✔，完成分型面的创建。

15.4 模具设计综合应用案例

本案例将介绍图 15.4.1 所示的上盖，该模具设计的重点和难点就在于分型面的设计，分型面设计是否合理是模具能否开模的关键。本实例采用“分型面法”进行设计，其分型面设计的主要思路是：首先，复制模型的外表面；其次，拉伸曲面；再次，延伸曲面；最后，将复制延伸出来的曲面与拉伸的曲面进行合并。下面说明该模具的创建过程。

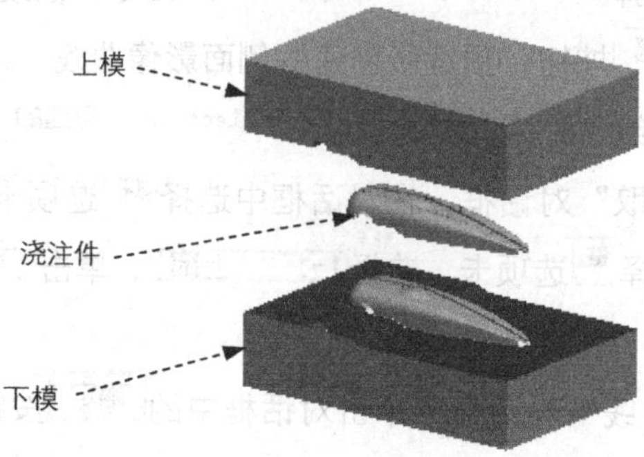

图 15.4.1　模具设计的一般过程

1. 新建一个模具制造模型，进入模具模块

步骤 01 将工作目录设置至 D:\proedq5\work\ch15.04。

步骤 02 新建一个模具型腔文件，命名为 top-cover_mold，选取 mmns_mfg_mold 模板。

2. 建立模具模型

在开始设计一个模具前，应先创建一个“模具模型”，模具模型包括参照模型（Ref Model）和坯料（Workpiece），如图 15.4.2 所示。

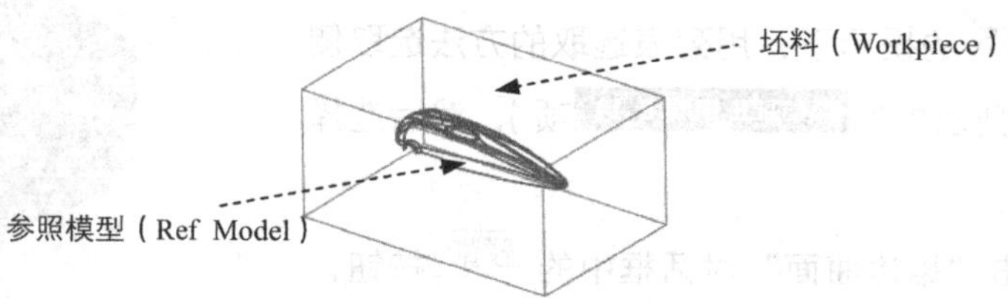

图 15.4.2　参照模型（Ref Model）和坯料（Workpiece）

任务 01 引入参照模型

步骤 01 在 菜单管理器 的 ▼ MOLD（模具）菜单中选择 Mold Model（模具模型）命令。

步骤 02 在 ▼ MOLD MODEL（模具模型）菜单中选择 Assemble（装配）命令。

步骤 03 在 ▼ MOLD MDL TYP（模具模型类型）菜单中选择 Ref Model（参照模型）命令。

步骤 04 从弹出的文件“打开”对话框中，选取三维零件模型 top-cover.prt 作为参照零件模型，并将其打开。

步骤 05 定义约束参照模型的放置位置。

（1）指定第一个约束。在操控板中单击放置按钮，在“放置”界面的“约束类型”下拉列表中选择对齐，选取参照件的 DTM3 基准平面为元件参照，选取装配体的 MAIN_PARTING_PLN 基准平面为组件参照。

说明：若参照件的基准平面没有显示出来，应先将基准平面显示出来。

（2）指定第二个约束。单击➔新建约束字符，在“约束类型”下拉列表中选择配对，选取参照件的 DTM2 基准平面为元件参照，选取装配体的 MOLD_FRONT 基准平面为组件参照。

（3）指定第三个约束。单击➔新建约束字符，在“约束类型”下拉列表中选择对齐，选取参照件的 DTM1 基准平面为元件参照，选取装配体的 MOLD_RIGHT 基准平面为组件参照。

（4）至此，约束定义完成，在操控板中单击“完成”按钮✔，系统自动弹出“创建参照模型”对话框。

步骤 06 在“创建参照模型”对话框中选中 ◉ 按参照合并 单选项，然后在参照模型区域的 名称 文本框中接受默认的名称，再单击确定按钮，完成后的结果如图 15.4.3 所示。

任务 02 创建坯料

步骤 01 在▼ MOLD MODEL（模具模型）菜单中选择Create（创建）命令。

步骤 02 在弹出的▼ MOLD MDL TYP（模具模型类型）菜单中选择Workpiece（工件）命令。

步骤 03 在弹出的▼ CREATE WORKPIECE（创建工件）菜单中选择Manual（手动）命令。

步骤 04 在系统弹出的“元件创建”对话框的 类型 区域下选中 ◉ 零件 单选项，在 子类型 区域下选中 ◉ 实体 单选项，在 名称 文本框中输入坯料的名称 top-cover-wp，然后再单击确定按钮。

步骤 05 在系统弹出的“创建选项”对话框中选中 ◉ 创建特征 单选项，然后再单击确定按钮。

步骤 06 创建坯料特征。

（1）在弹出的菜单管理器中选择Solid（实体）➔ Protrusion（伸出项）命令，在弹出的菜单中选择Extrude（拉伸）➔ Solid（实体）➔ Done（完成）命令。系统弹出“拉伸”操控板。

（2）创建实体拉伸特征。

① 选取拉伸类型。在出现的操控板中，确认“实体”按钮被按下。

② 定义草绘截面放置属性。在绘图区中右击，从系统弹出的快捷菜单中选择定义内部草绘...命令。系统弹出“草绘”对话框，然后选择参照模型 MOLD_FRONT 基准平面为草绘平面，草绘平面的参照平面为 MOLD_RIGHT 基准平面，方向为右，单击草绘按钮，至此系统进入截面草绘环境。

③ 进入截面草绘环境后，选取 MOLD_RIGHT 基准平面和 MAIN_PARTING_PLN 基准平面为草绘参照，绘制图 15.4.4 所示的特征截面。完成特征截面的绘制后，单击工具栏中的“完成”按钮。

④ 选取深度类型并输入深度值。在操控板中选取深度类型（对称），再在深度文本框中输入深度值 220，并按回车键。

⑤ 预览特征。在操控板中单击“预览”按钮，可浏览所创建的拉伸特征。

⑥ 完成特征。在操控板中单击“完成”按钮，则完成特征的创建。

（3）选择 Done/Return (完成/返回) ⟶ Done/Return (完成/返回) 命令。

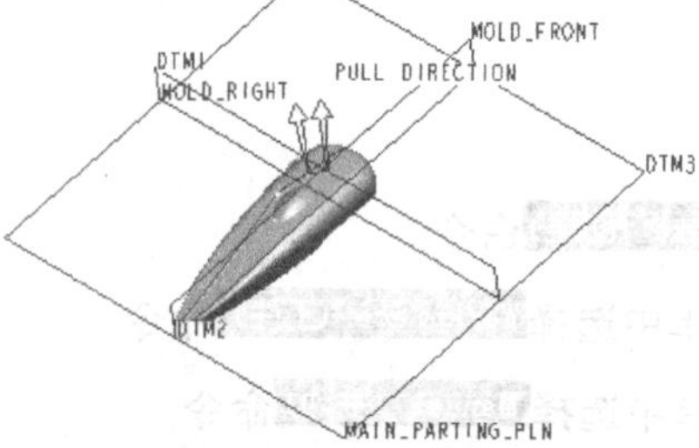

图 15.4.3 放置后

选择此 MOLD_RIGHT 基准平面作为草绘参照

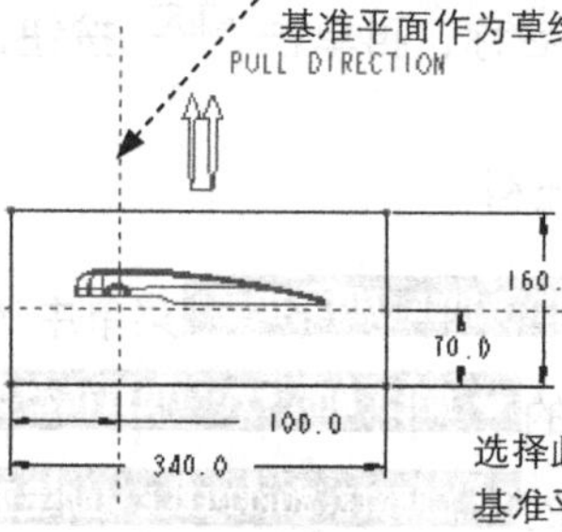

选择此 MAIN_PARTING_PLN 基准平面作为草绘参照

图 15.4.4 截面草图

3. 设置收缩率

将参照模型收缩率设置为 0.006。

4. 创建模具分型曲面

任务 01 定义主分型面

下面的操作是创建图 15.4.5 所示的主分型面，以分离模具的上模型腔和下模型腔，其操作过程如下。

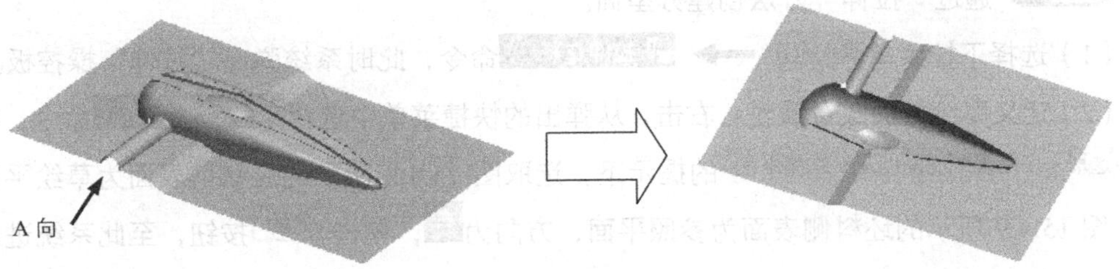

图 15.4.5　创建主分型面

步骤 01 选择下拉菜单 插入(I) → 模具几何 ▸ → 分型面(S)... 命令。

步骤 02 选择下拉菜单 编辑(E) → 属性(R) 命令，在“属性”对话框中，输入分型面名称 main_pt_surf，单击对话框中的 确定 按钮。

步骤 03 遮蔽工件。

步骤 04 通过曲面复制的方法，复制参照模型上的外表面。

（1）在屏幕右上方的“智能选取栏”中选择“几何”选项。

（2）选取图 15. 4.6 所示的模型的外表面（共 33 面）。

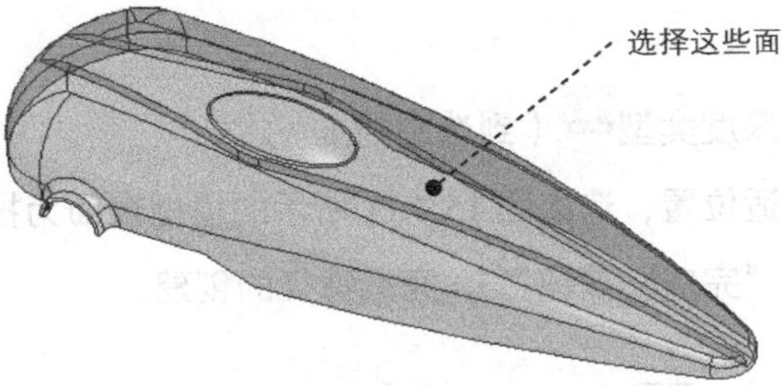

图 15.4.6　选取面

（3）选择下拉菜单 编辑(E) → 复制(C) 命令。

（4）选择下拉菜单 编辑(E) → 粘贴(P) 命令，系统弹出“曲面复制”操控板。

（5）单击操控板中的“完成”按钮 ✓，复制完成后的曲面如图 15.4.7 所示。

步骤 05 取消坯料的遮蔽。

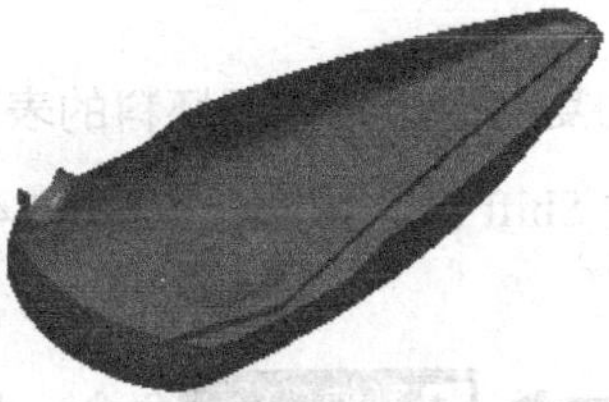

图 15.4.7　复制完成后的曲面

步骤 06 通过“拉伸”方法创建分型面。

（1）选择下拉菜单 插入(I) → 拉伸(E)... 命令，此时系统弹出“拉伸”操控板。

（2）定义草绘截面放置属性：右击，从弹出的快捷菜单中选择 定义内部草绘... 命令；在系统 ➾选取一个平面或曲面以定义草绘平面。 的提示下，选取图 15.4.8 所示的坯料前表面为草绘平面，选取图 15.4.9 所示的坯料侧表面为参照平面，方向为 右；单击 草绘 按钮，至此系统进入截面草绘环境。

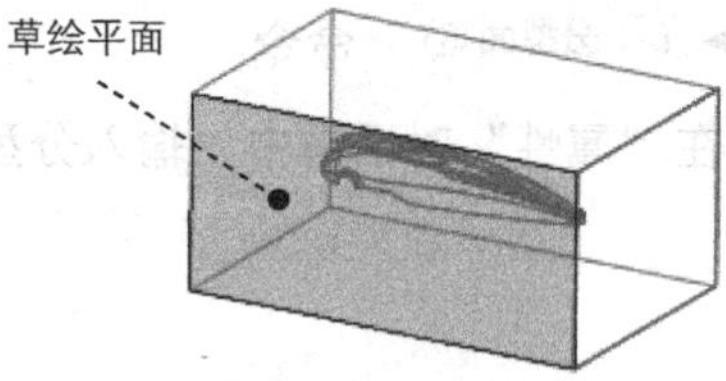

图 15.4.8　草绘平面

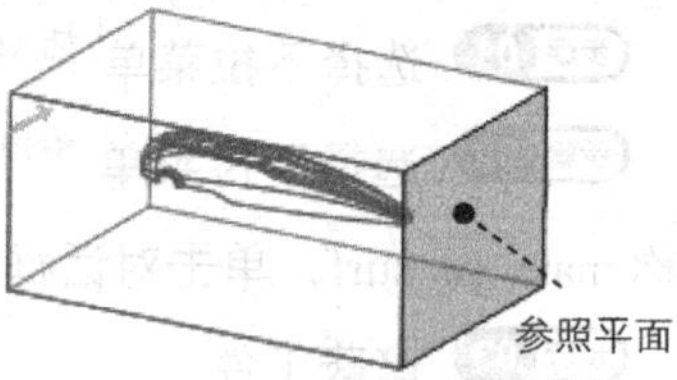

图 15.4.9　参照平面

（3）绘制截面草图。选取坯料的边线、MAIN_PARTING_PLN 基准平面和 MOLD_RIGHT 基准平面为草绘参照；绘制图 15.4.10 所示的截面草图（可用“使用”命令）；完成截面的绘制后，单击工具栏中的“完成”按钮 ✔。

（4）设置深度选项。

① 在操控板中选取深度类型 ⊥（到选定的）。

② 将模型调整到合适位置，选取图 15.4.11 所示的模型表面为拉伸终止面。

③ 在操控板中单击“完成”按钮 ✔，完成特征的创建。

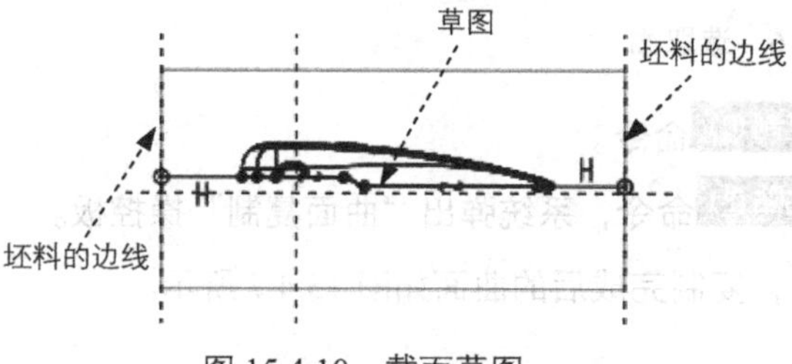

图 15.4.10　截面草图

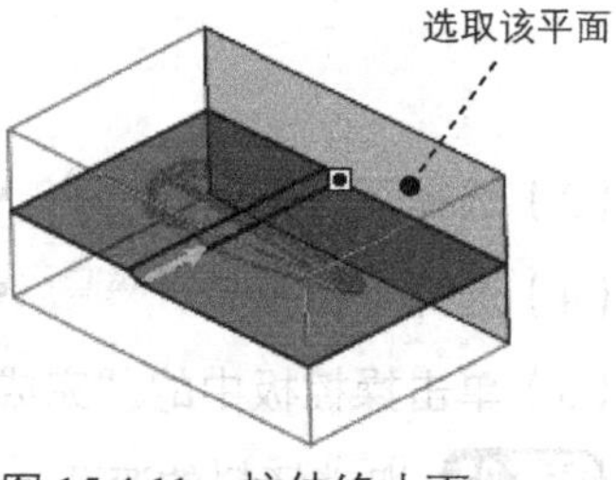

图 15.4.11　拉伸终止面

步骤 07 将 步骤 04 中创建的复制面组延伸至坯料的表面。

（1）选取要延伸的边。按住 Shift 键，依次选取图 15.4.12 所示的分型面上的圆弧为要延伸的边。

（2）选择下拉菜单 编辑(E) → 延伸(X)... 命令，此时弹出“延伸”操控板。

（3）选取延伸的终止面。

① 在操控板中，单击按钮（延伸类型为至平面）。

② 在系统 选取曲面延伸所至的平面。 的提示下，选取图 15.4.12 所示的坯料的表面为延伸的终止面。

③ 单击按钮，预览延伸后的面组，确认无误后，单击“完成”按钮。完成后的延伸曲面如图 15.4.13 所示。

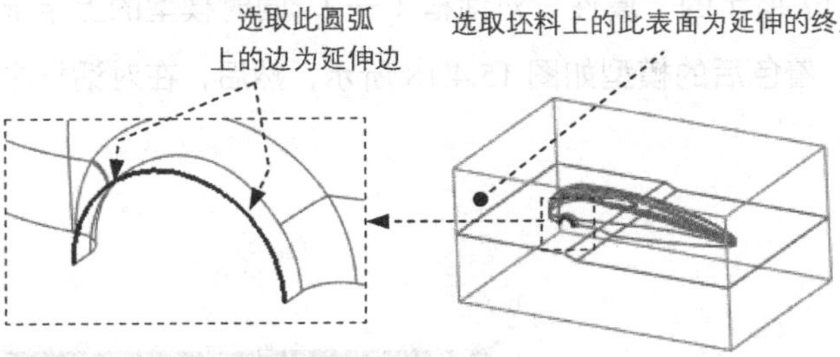

图 15.4.12　选取延伸边和延伸的终止面

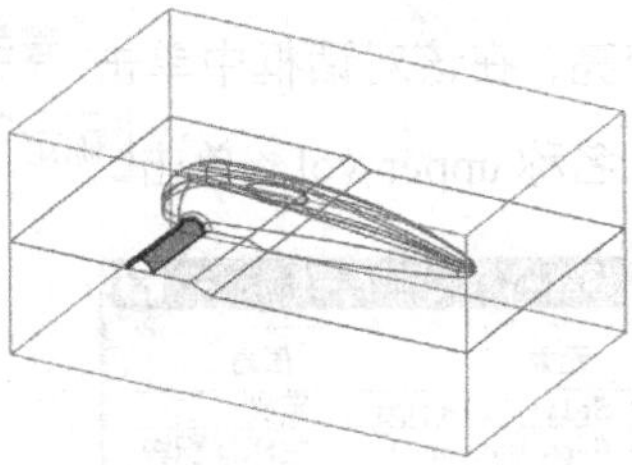

图 15.4.13　完成后的延伸曲面

步骤 08 将复制面组（包含延伸部分）与步骤 06 中创建的分型面进行合并，如图 15.4.14 所示。

（1）按住 Ctrl 键，选取复制面组和步骤 06 中创建的拉伸分型面。

（2）选择下拉菜单 编辑(E) → 合并(G)... 命令，此时系统弹出“合并”操控板。

（3）单击按钮，预览合并后的面组，确认无误后，单击“完成”按钮。

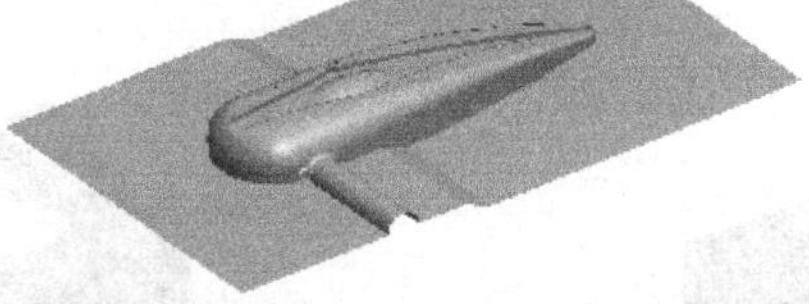

图 15.4.14　延伸复制面组与拉伸曲面合并

步骤 09 在工具栏中单击“完成”按钮，完成分型面的创建。

5. 创建模具元件的体积块

步骤 01 选择下拉菜单 编辑(E) → 分割... 命令（即用“分割”的方法构建体积块）。

步骤 02 在系统弹出的 ▼ SPLIT VOLUME（分割体积块） 菜单中，选择 Two Volumes（两个体积块） → All Wrkpcs（所有工件） → Done（完成） 命令，此时系统弹出图 15.4.15 所示的“分割”对话框和图 15.4.16 所示的“选取”对话框。

步骤 03 用“列表选取”的方法选取分型面。

（1）在系统 为分割工件选取分型面。 的提示下，在模型中主分型面的位置右击，从快捷菜

单中选择 从列表中拾取 命令。

（2）在弹出的“从列表中拾取”对话框中，选取列表中的 面组:F7(MAIN_PT_SURF) 分型面，然后单击 确定(O) 按钮。

（3）在“选取”对话框中单击 确定 按钮。

步骤 04 在“分割”对话框中单击 确定 按钮。

步骤 05 此时，系统弹出图 15.4.17 所示的“属性”对话框（一），同时模型的上半部分变亮，在该对话框中单击 着色 按钮，着色后的模型如图 15.4.18 所示，然后，在对话框中输入名称 upper-vol，单击 确定 按钮。

图 15.4.15 “分割”对话框

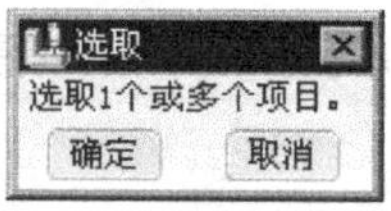

图 15.4.16 “选取”对话框

图 15.4.17 “属性”对话框（一）

步骤 06 此时系统弹出“属性”对话框（二），同时模型的下半部分变亮，在该对话框中单击 着色 按钮，着色后的模型如图 15.4.19 所示，然后，在对话框中输入名称 lower-vol，单击 确定 按钮。

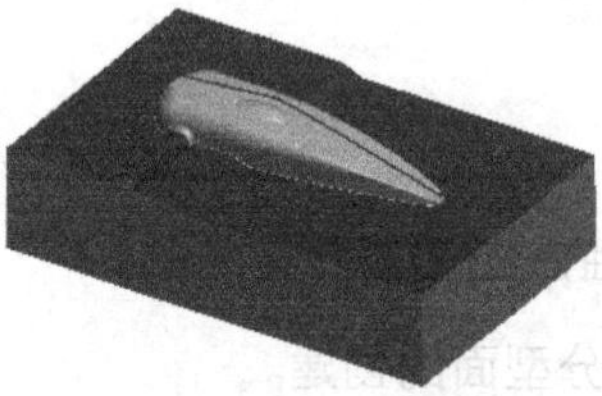

图 15.4.18 着色后的上半部分体积块

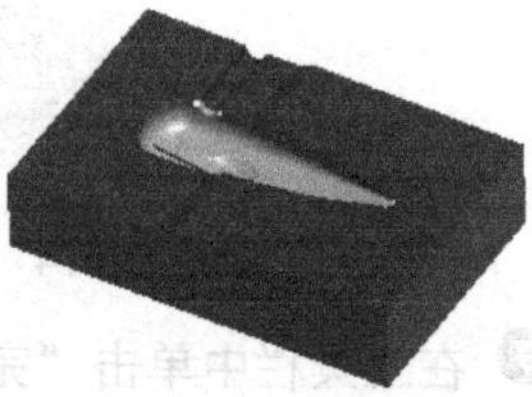

图 15.2.19 着色后的下半部分体积块

6. 抽取模具元件及生成浇注件

将浇注件命名为 top-cover_molding。

7. 定义开模动作

步骤 01 将参照零件、坯料和分型面在模型中遮蔽起来。

步骤 02 开模步骤 1：移动上模，输入移动的距离值 100，结果如图 15.4.20 所示。

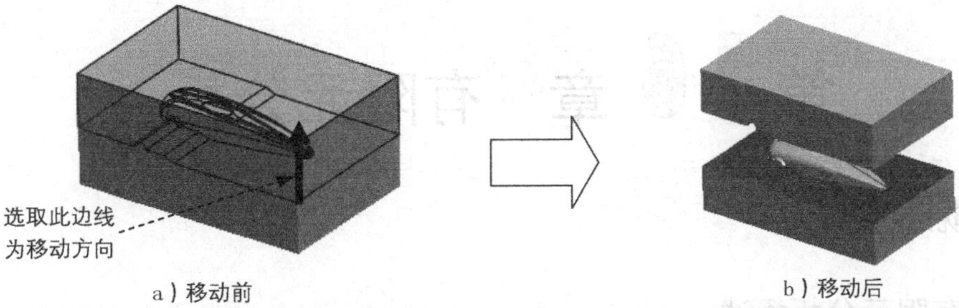

图 15.4.20 移动上模

步骤 03 开模步骤 2：移动下模，输入移动的距离值-100，结果如图 15.4.21 所示。

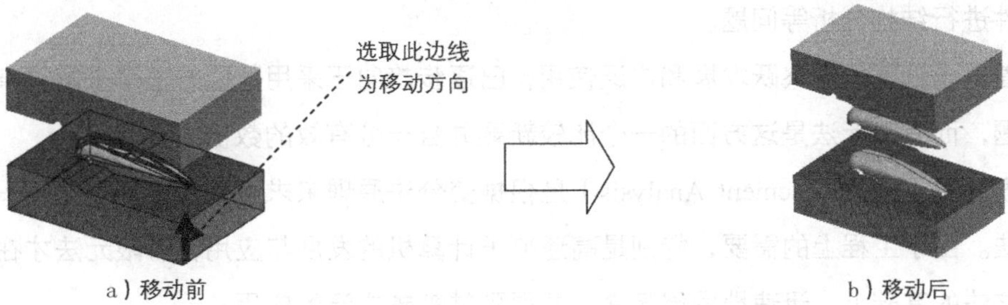

图 15.4.21 移动下模

步骤 04 保存设计结果。选择下拉菜单 文件(F) → 保存(S) 命令。

第 16 章　有限元分析

16.1　概述

16.1.1　有限元分析概述

在现代先进制造领域中，我们经常会碰到计算和校验零部件的强度、刚度以及对机器整体或部件进行结构分析等问题。

随着电子计算机的飞跃发展和广泛使用，已逐步趋向于采用数值方法来求解复杂的工程实际问题，而有限元法是这方面的一个比较新颖并且十分有效的数值方法。

有限元法（Finite Element Analysis）是根据变分法原理来求解数学物理问题的一种数值计算方法。由于工程上的需要，特别是高速电子计算机的发展与应用，有限元法才在结构分析矩阵方法的基础上，迅速地发展起来，并得到越来越广泛的应用。

16.1.2　Pro/ENGINEER 有限元分析流程

使用 Mechanica 进行有限元分析的流程如下。

（1）创建几何模型，一般直接在 Pro/ENGINEER 中创建几何模型。

（2）进入到 Pro/Mechanica 分析环境。

（3）设定模型的物理材料属性。

（4）在模型上添加约束条件。

（5）在模型上添加载荷条件。

（6）有限元网格划分。

（7）定义分析任务，运行分析。

（8）图形显示（应力、应变、位移等），评价计算结果。

16.2　有限元分析一般过程

下面以一个简单的模型为例介绍在 Pro/ENGINEER 中进行有限元分析的一般过程。

图 16.2.1 所示为一个材料为合金钢的夹爪零件，其中间圆孔部位完全固定约束，在夹爪零件左端圆孔面承受一个大小为 3000N，方向与右端底平面垂直的均布载荷力作用，同时在

零件右端底平面承受一个大小为 2500N，方向与机械手臂体左端圆孔面的力方向相同的阻力，在这种情况下分析该零件的应力、应变及位移分布，以及在这种工况下是否会被破坏。

1. 进入 Pro/Mechanica 环境

步骤 01 先将工作目录设置至 D:\proedq5\work\ch16.02，然后打开文件 cramp-arm.prt。

步骤 02 选择下拉菜单 应用程序(P) → Mechanica(M) 命令，系统弹出图 16.2.2 所示的“模型设置”对话框，单击 确定 按钮，进入到 Pro/Mechanica 环境。

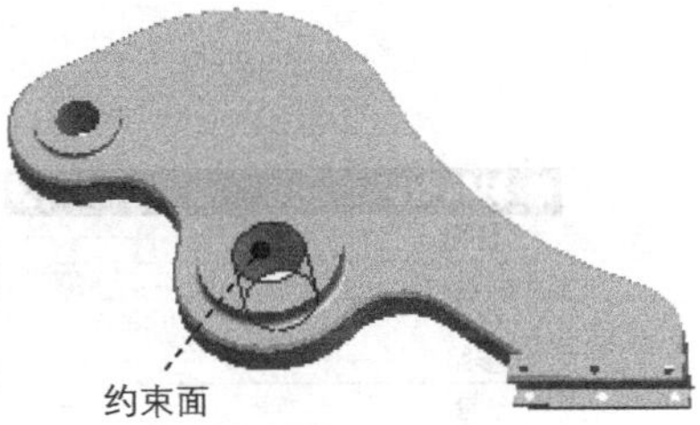

图 16.2.1 夹爪零件

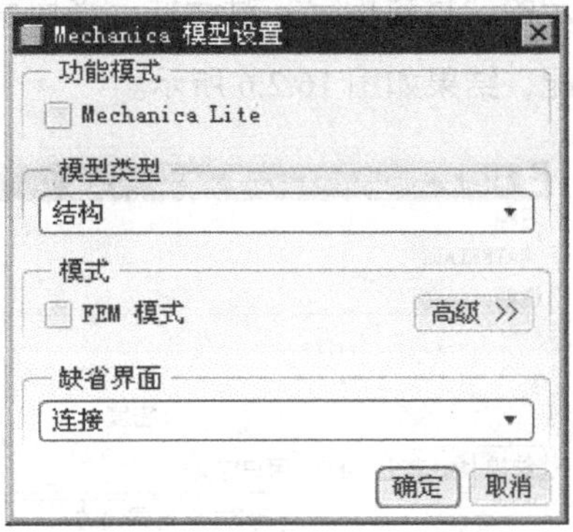

图 16.2.2 “模型设置”对话框

2. 定义有限元分析

步骤 01 选择材料。选择下拉菜单 属性(R) → 材料(L)... 命令，系统弹出图 16.2.3 所示的“材料”对话框。在对话框中选中 steel.mtl 材料，单击 ▸▸▸ 按钮，然后单击该对话框中的 确定 按钮。

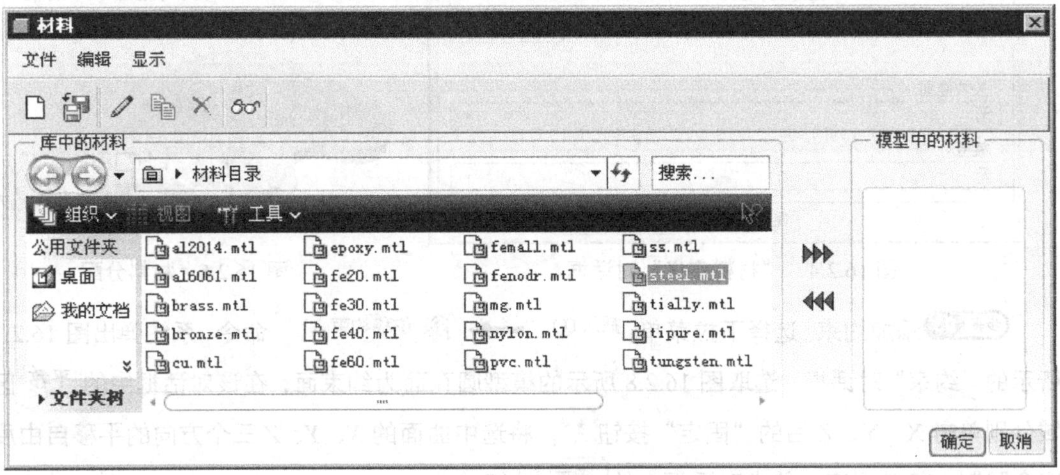

图 16.2.3 “材料”对话框

> **说明** 图 16.2.3 所示的“材料”对话框中的材料种类是有限的，如果无法满足所需的材料需求，可以新建一种材料，然后添加到零件模型中；单击“材料”对话框中的“创建新材料”按钮，系统弹出图 16.2.4 所示的“材料定义”对话框，在该对话框中输入新材料相关属性，即可新建一种材料。

步骤 02 分配材料。选择下拉菜单 属性(R) → 材料分配(A)... 命令，系统弹出图 16.2.5 所示的“材料指定”对话框。采用系统默认设置，单击该对话框中的 确定 按钮，完成材料分配，结果如图 16.2.6 所示。

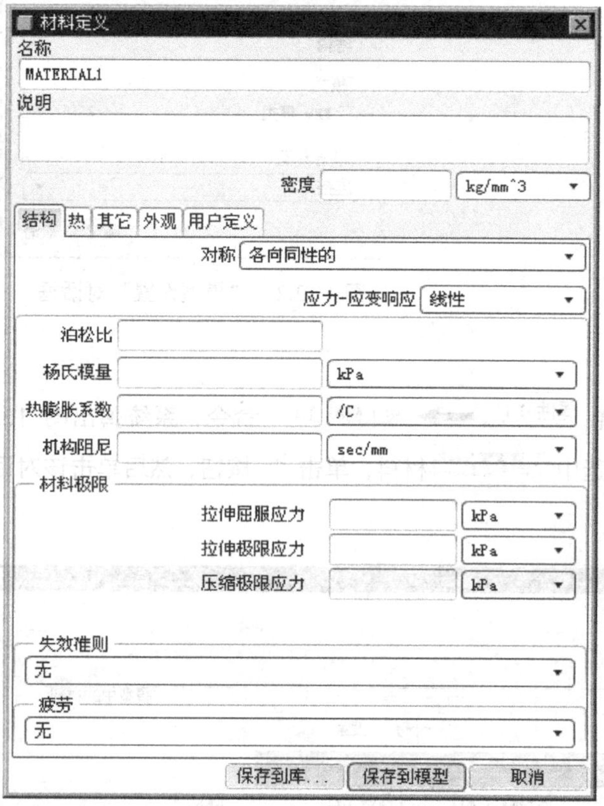

图 16.2.4 “材料定义”对话框

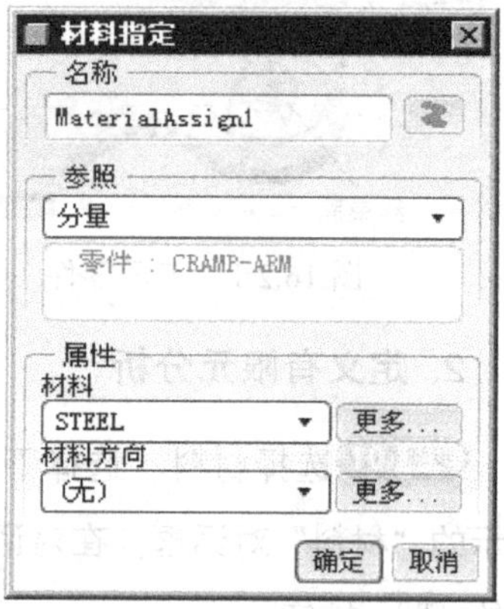

图 16.2.5 “材料指定”对话框

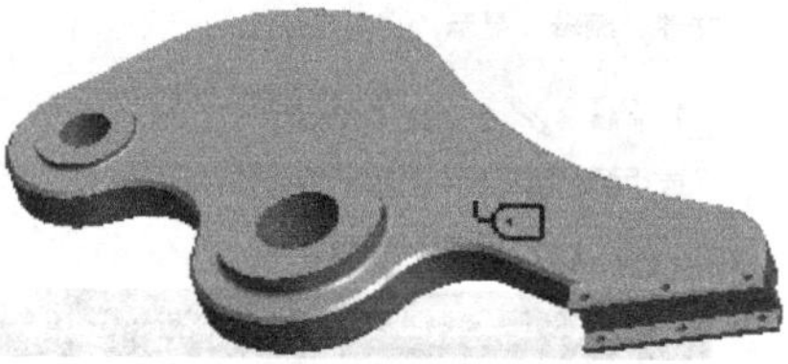

图 16.2.6 材料分配

步骤 03 添加约束。选择下拉菜单 插入(I) → 位移约束(I)... 命令，系统弹出图 16.2.7 所示的“约束”对话框。选取图 16.2.8 所示的模型圆孔面为约束面，在该对话框中的 **平移** 区域分别单击 X、Y、Z 后的“固定”按钮，将选中曲面的 *X*、*Y*、*Z* 三个方向的平移自由度完全限制，使其固定，单击对话框中的 确定 按钮。

图 16.2.7 所示的“约束”对话框中部分选项说明如下。

◆ 按钮：单击该按钮，系统弹出图 16.2.9 所示的“颜色编辑器”对话框，可以设置约束图标的颜色样式。

◆ 新建... 按钮：单击该按钮，系统弹出图 16.2.10 所示的“约束集定义”对话框，用来定义约束集，一个约束集中可以包含多个约束。

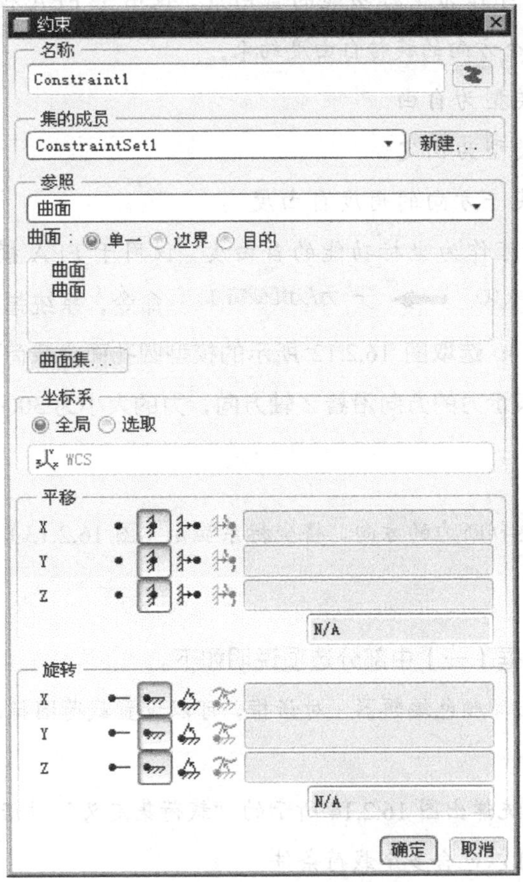

图 16.2.7 “约束”对话框

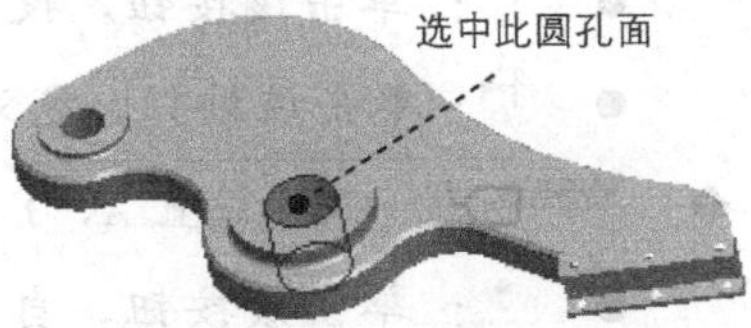

图 16.2.8 选择约束面

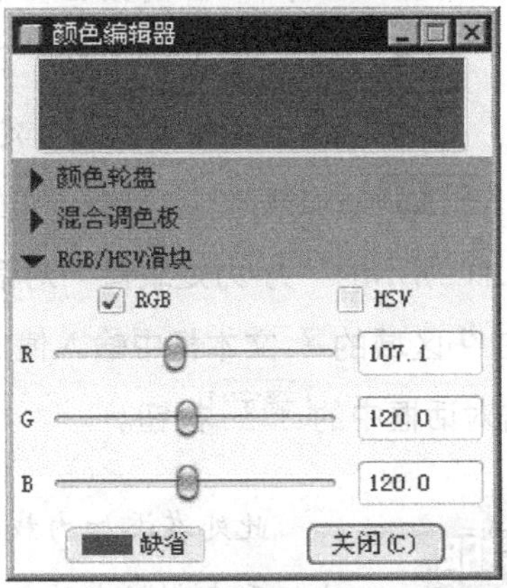

图 16.2.9 “颜色编辑器”对话框

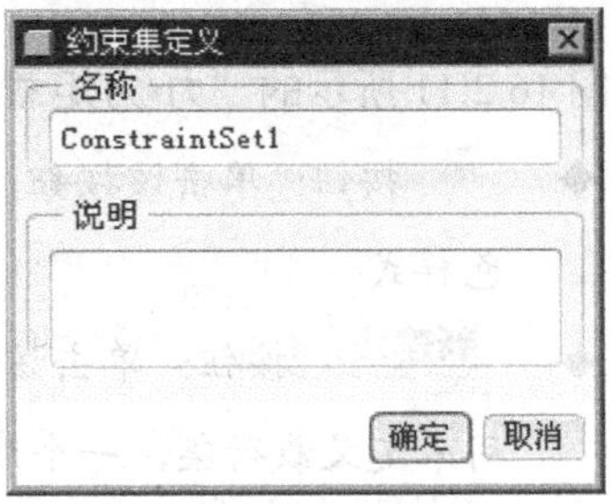

图 16.2.10 “约束集定义”对话框

◆ 参考 下拉列表：用于定义约束参考属性，包括如下三种类型。

● 曲面：选中该选项，可以选择模型表面或曲面为约束参考对象。

● 边/曲线：选中该选项，可以选择模型边线或曲线为约束参考对象。

● 点：选中该选项，可以选择模型顶点为约束参考对象。

◆ 坐标系 区域：用于定义约束参考的坐标系属性，包括如下两种选项。

● ◉ 全局：选中该选项，使用全局坐标系为坐标系参考。

- ◉选取：选中该选项，选择指定坐标系为坐标系参考。

◆ 平移 区域：用于设置 X，Y，Z 三个方向的平移自由度约束。

- [•]：单击该按钮，自由度类型为自由。
- [固定]：单击该按钮，自由度类型为固定。
- [位移]：单击该按钮，设置沿某一方向的位移自由度。
- [函数]：单击该按钮，定义一个可作为坐标功能的自由度，仅用于 FEA 模式。

◆ 旋转 区域：用于设置 X、Y、Z 三个方向的旋转自由度约束。

- [•]：单击该按钮，自由度类型为自由。
- [固定]：单击该按钮，自由度类型为固定。
- [位移]：单击该按钮，设置沿某一方向的角度自由度。
- [函数]：单击该按钮，定义一个可作为坐标功能的自由度，仅用于 FEA 模式。

步骤 04 添加载荷 1。选择下拉菜单 插入(I) ➡ 力/力矩载荷(L)... 命令，系统弹出图 16.2.11 所示的“力/力矩载荷”对话框（一）；选取图 16.2.12 所示的模型圆孔面为载荷面，并在 力 区域的 Z 文本框中输入值 3000，表示力的方向沿着 Z 轴方向，力的大小为 3000N。单击对话框中的 确定 按钮。

说明：此处在添加力载荷时需要判断力的方向，将坐标系显示（图 16.2.13），通过坐标系来判断力的矢量方向。

图 16.2.11 所示的“力/力矩载荷”对话框（一）中部分选项说明如下。

◆ [颜色] 按钮：单击该按钮，系统弹出“颜色编辑器”对话框，可以设置载荷图标的颜色样式。

◆ 新建... 按钮：单击该按钮，系统弹出图 16.2.14 所示的“载荷集定义”对话框，用来定义载荷集，一个载荷集中可以包含多个载荷条件。

单击图 16.2.11 所示的“力/力矩载荷”对话框中的 高级 >> 按钮，系统弹出图 16.2.15 所示的“力/力矩载荷”对话框（二）。对于该对话框中部分选项说明如下。

◆ 分布 下拉列表：用于设置载荷分布类型。

- 总载荷：选中该选项，表示参考上受到的总力是一定的，单位面积上的力会随着所选面面积的变化而变化。
- 单位面积上的力：表示所选面单位面积受力是一定的，总力会随着所选面面积的变化而变化。

- 点总载荷：表示所选面所受到的均匀载荷就相当于一个作用在点上的合力。
- 点总承载载荷：表示所选面上的载荷相当于多个作用点上的总合力。

◆ 空间变化下拉列表：用于设置载荷空间变化类型。

- 均匀：表示添加的力是均匀分布的力。
- 坐标函数：表示添加的力是由函数控制其分布的。

◆ 力下拉列表：用于设置力大小的定义方式。

- 分量：需要给定力在 X、Y、Z 三个方向的分量大小。
- 方向矢量和大小：需要给定力的方向矢量和大小。
- 方向点和大小：需要选择两个点来指定力的方向，然后给定力的大小。

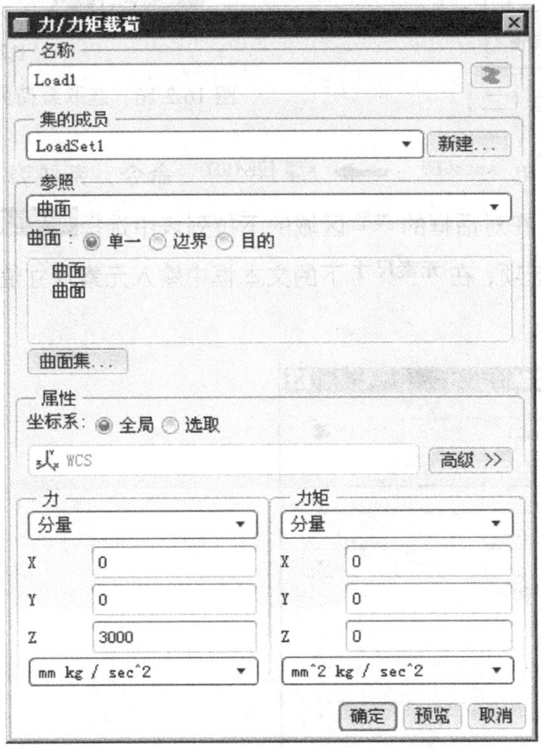

图 16.2.11 “力/力矩载荷”对话框（一）

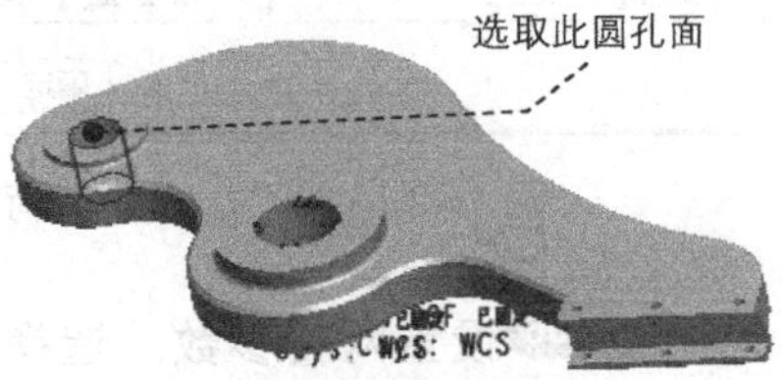

图 16.2.12 选取载荷面

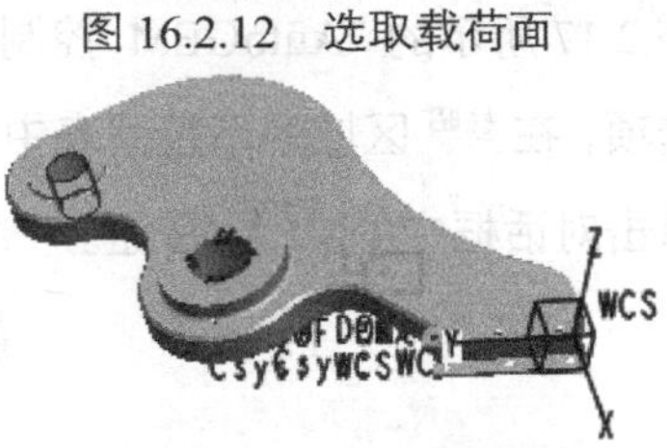

图 16.2.13 显示坐标系

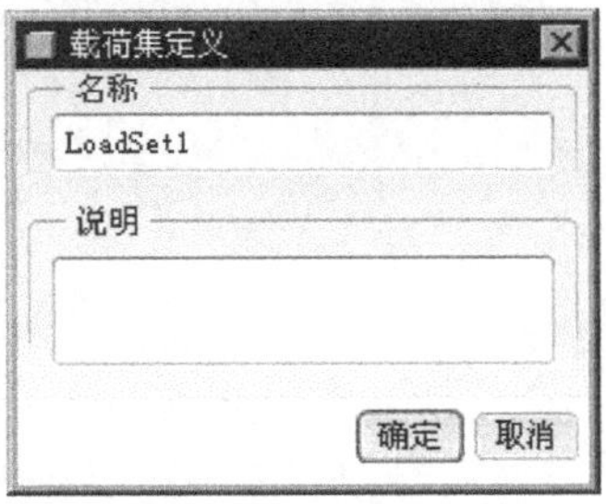

图 16.2.14 “载荷集定义”对话框

步骤 05 添加载荷 2。选择下拉菜单 插入(I) → 力/力矩载荷(L)... 命令，系统弹出“力/力矩载荷”对话框；选取图 16.2.16 所示的模型表面为载荷面，并在 力 区域的 Z 文本框中输入值 2500，表示力的方向沿着 Z 轴方向，力的大小为 2500N。单击对话框中的 确定 按钮。

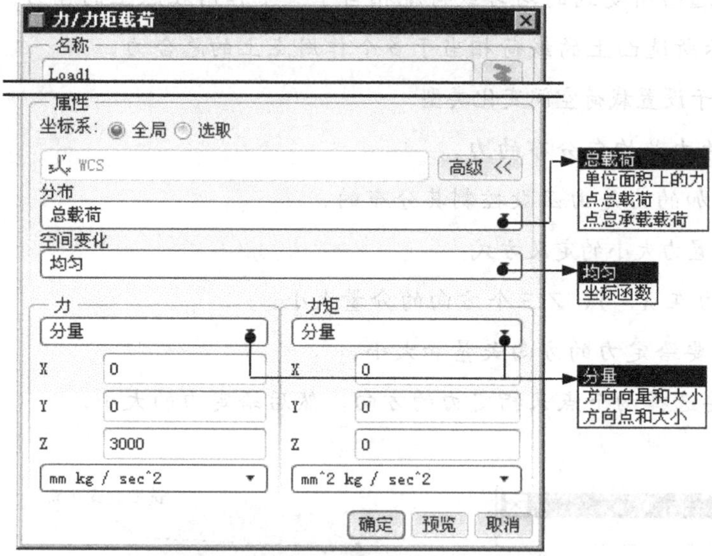

图 16.2.15 “力/力矩载荷”对话框（二）

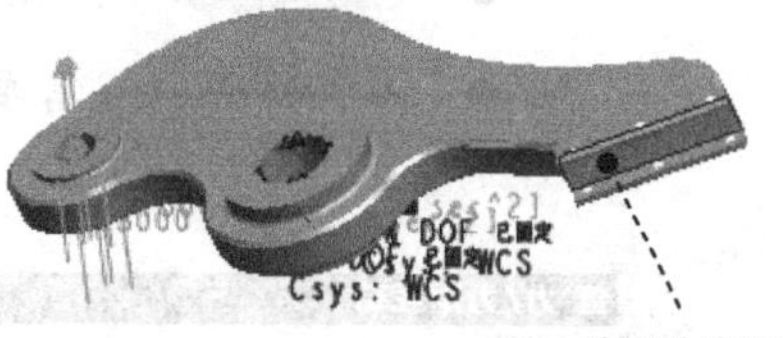

图 16.2.16 选取载荷面

步骤 06 设置网格参数。选择下拉菜单 AutoGEM ➡ 控制(O)... 命令，系统弹出图 16.2.17 所示的“AutoGEM 控制”对话框；在对话框的 类型 区域的下拉列表中选择 最大元素尺寸 选项，在 参照 区域的下拉列表中选择 分量 选项，在 **元素尺寸** 下的文本框中输入元素尺寸值 20，单击对话框中的 确定 按钮。

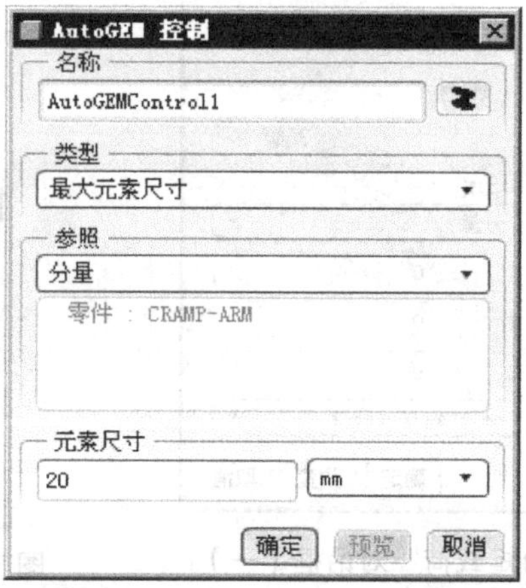

图 16.2.17 “AutoGEM 控制”对话框

说明

此处输入的元素尺寸参数表示的是在划分网格单元时，单元边长的最大值为 20mm，大于该尺寸的，系统不会划分网格。

步骤 07 划分网格。选择下拉菜单 AutoGEM → 创建 (C)... 命令，系统弹出图 16.2.18 所示的“AutoGEM”对话框。单击该对话框中的 创建 按钮，系统开始划分网格，网格划分结果如图 16.2.19 所示，同时，系统弹出图 16.2.20 所示的“AutoGEM 摘要”对话框和图 16.2.21 所示的“诊断：AutoGEM 网格”对话框；“AutoGEM 摘要”对话框中显示网格划分的相关参数；单击该对话框中的 关闭 按钮，直至系统弹出图 16.2.22 所示的“AutoGEM”对话框，提示是否保存网格划分结果，然后单击 是 (Y) 按钮。

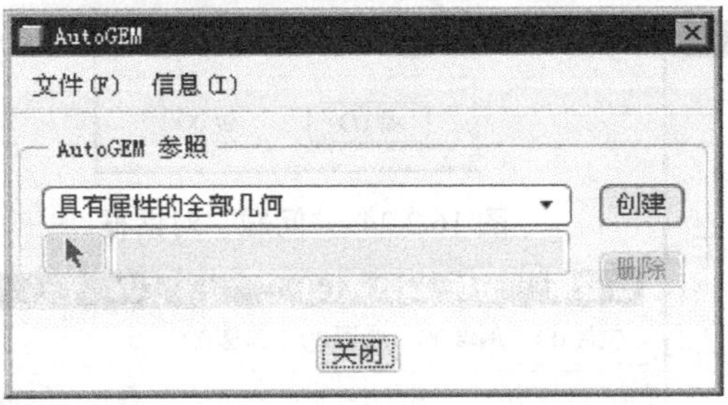

图 16.2.18 “AutoGEM”对话框

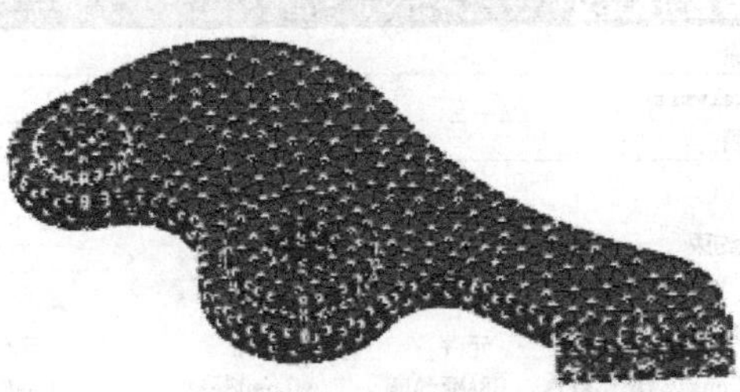

图 16.2.19 网格划分

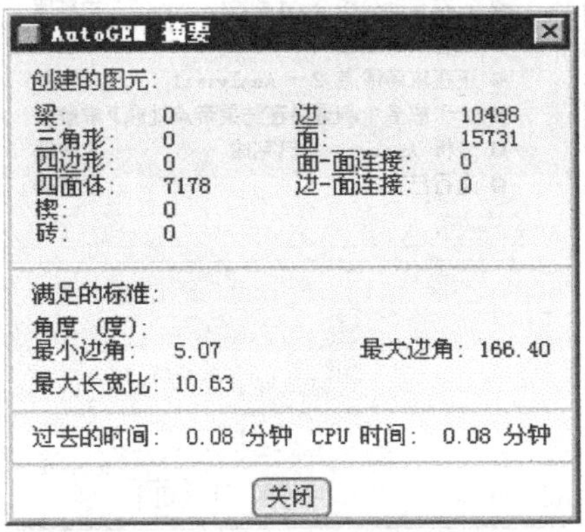

图 16.2.20 “AutoGEM”摘要对话框

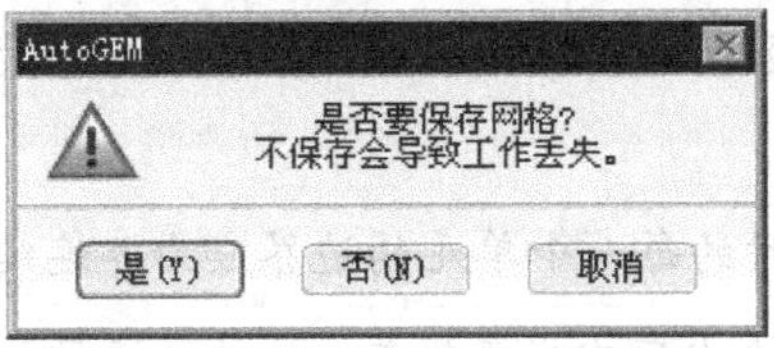

图 16.2.22 “AutoGEM”对话框

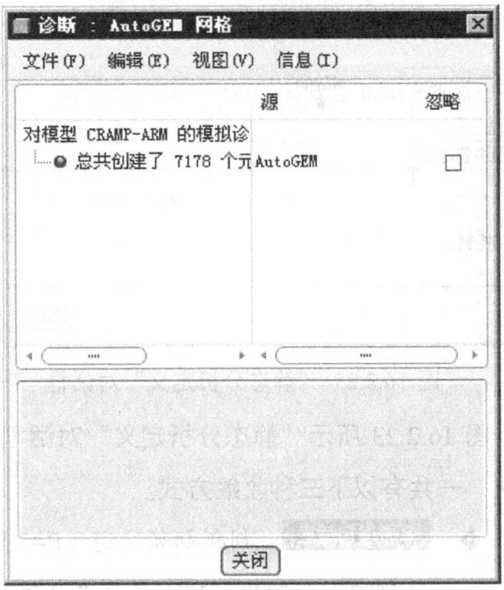

图 16.2.21 “诊断：AutoGEM 网格”对话框

步骤 08 定义分析研究。选择下拉菜单 分析 (A) → Mechanica 分析/研究 (E)... 命令，系统弹出“分析和设计研究”对话框。选择该对话框中的下拉菜单 文件 (F) → 新建静态分析... 命令，系统弹出图 16.2.23 所示的“静态分析定义”对话框，在该对话框中单击 **收敛** 选项卡，

在 **方法** 区域的下拉列表中选择 单通道自适应 选项，其他选项采用系统默认设置；单击 确定 按钮，在系统弹出的“分析和设计研究”对话框中单击“开始运行”按钮，系统弹出图 16.2.24 所示的“问题”对话框和图 16.2.25 所示的“诊断：分析 Analysis”对话框，单击 是(Y) 按钮，系统开始运行求解，求解完成后如图 16.2.26 所示；单击“分析和设计研究”对话框中的 关闭 按钮。

图 16.2.24 “问题”对话框

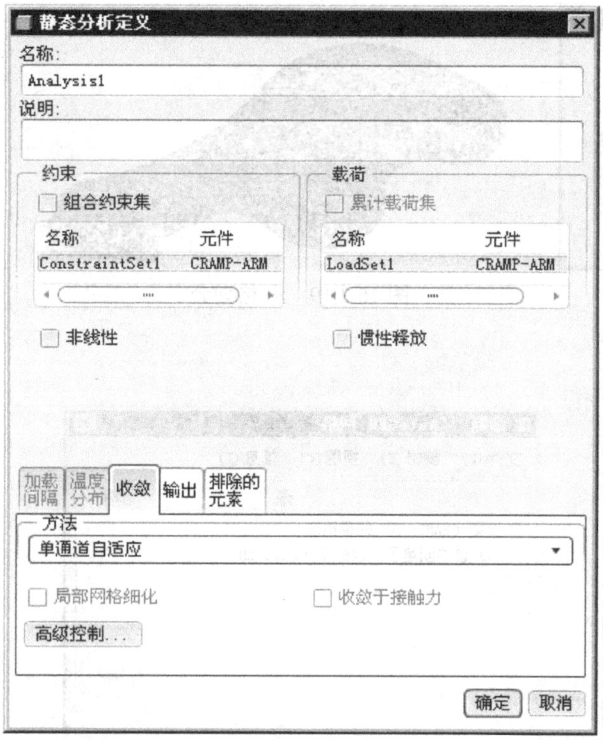

图 16.2.23 “静态分析定义”对话框

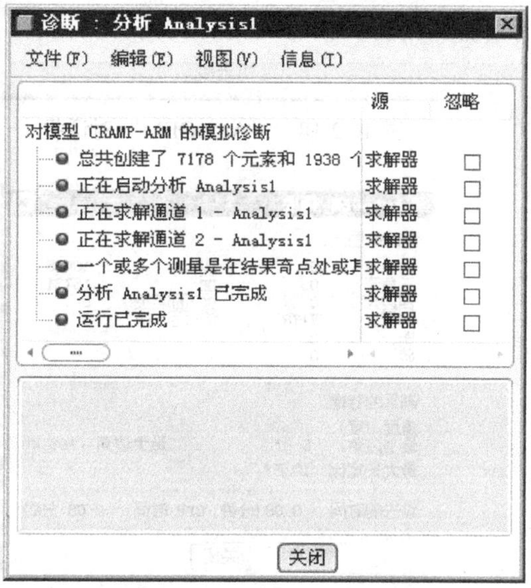

图 16.2.25 “诊断：分析 Analysis1”对话框

图 16.2.23 所示“静态分析定义”对话框 **收敛** 选项卡中 **方法** 区域下拉列表用来定义收敛方法，一共有以下三种收敛方式。

- 单通道自适应：判断初始通道（P=3）计算时的每一个单元的边界应力非连续性是否达到单元的阶次标准，并且在计算结果中给出应力误差报告。从计算速度和计算精度两方面来考虑，这是绝大部分分析任务所采用的默认收敛类型。
- 多通道自适应：多通道计算，在相同任务下比较不同通道的计算结果，从而判断是否需要更高的计算阶次。如果需要，则提高计算阶次，如此不断进行，直至达到用户规定的误差范围。相比之下，这种收敛方式所需要的计算时间较长，但是能够提供收敛曲线以供质量控制目的之用，这种收敛方式可以在敏感区域设置收敛性。

◆ 快速检查：仅计算 P=3 时的单通道，因此可以说这种方式是在进行单通道收敛方式或者多通道收敛方式计算前对模型进行的一种快速检查。这种方式对于计算机资源有限而且计算精度要求不高时进行较大规模的分析计算非常有意义，这种方式的计算结果只能够大致预测出实际的计算结果。

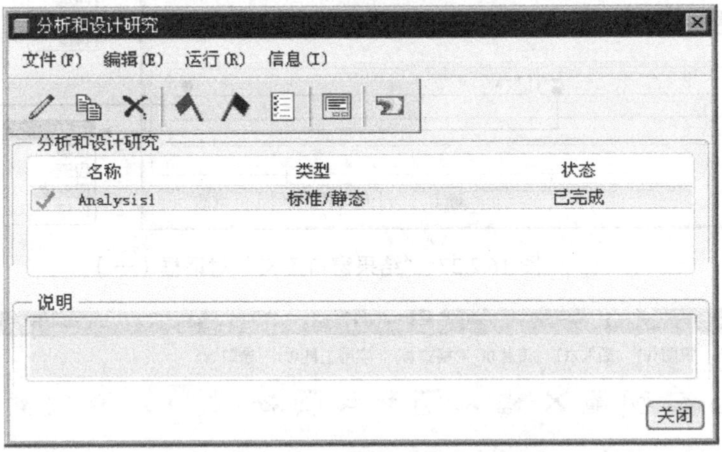

图 16.2.26 “分析和设计研究”对话框

3. 查看分析结果

下面将查看其应力和位移分布情况。

步骤 01 选择下拉菜单 分析(A) → 结果(R)... 命令，系统进入到“无标题”窗口。

步骤 02 查看应力结果图解。在“无标题”窗口中选择下拉菜单 插入(I) → 结果窗口(R)... 命令，在弹出的对话框中选择结果集文件 Analysis1，单击 打开 按钮，系统弹出图 16.2.27 所示的“结果窗口定义”对话框（一），在该对话框的 显示类型 下拉列表中选择 条纹 选项；单击 量 选项卡，在“应力”下拉列表中选择 应力 选项，在“单位”下拉列表中选择 MPa 选项，在 分量 下拉列表中选择 von Mises 选项；单击“结果窗口定义”对话框中的 确定并显示 按钮，系统显示其应力结果图解，如图 16.2.28 所示。

说明：在“无标题”窗口中选择下拉菜单 编辑(E) → 结果窗口(R)... 命令，系统弹出图 16.2.27 所示的“结果窗口定义”对话框，可以对结果窗口各项选项进行再设置。

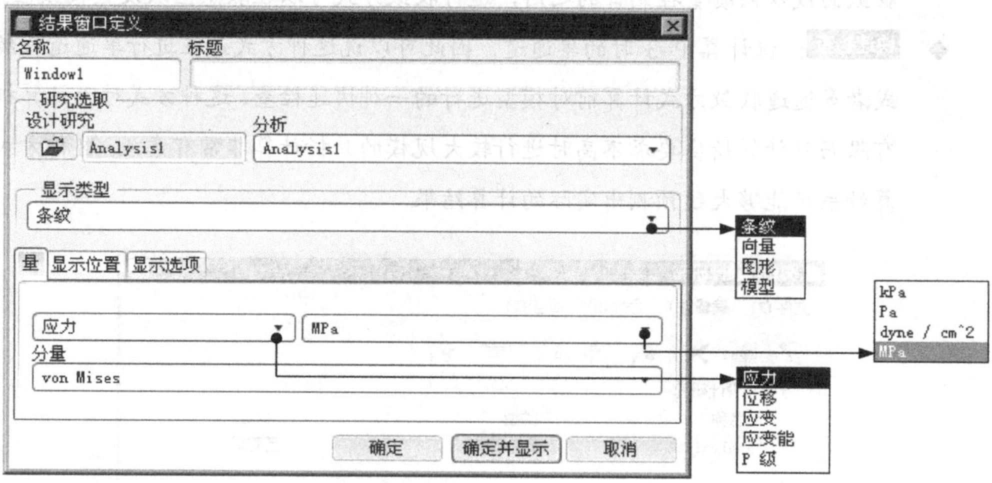

图 16.2.27 “结果窗口定义”对话框（一）

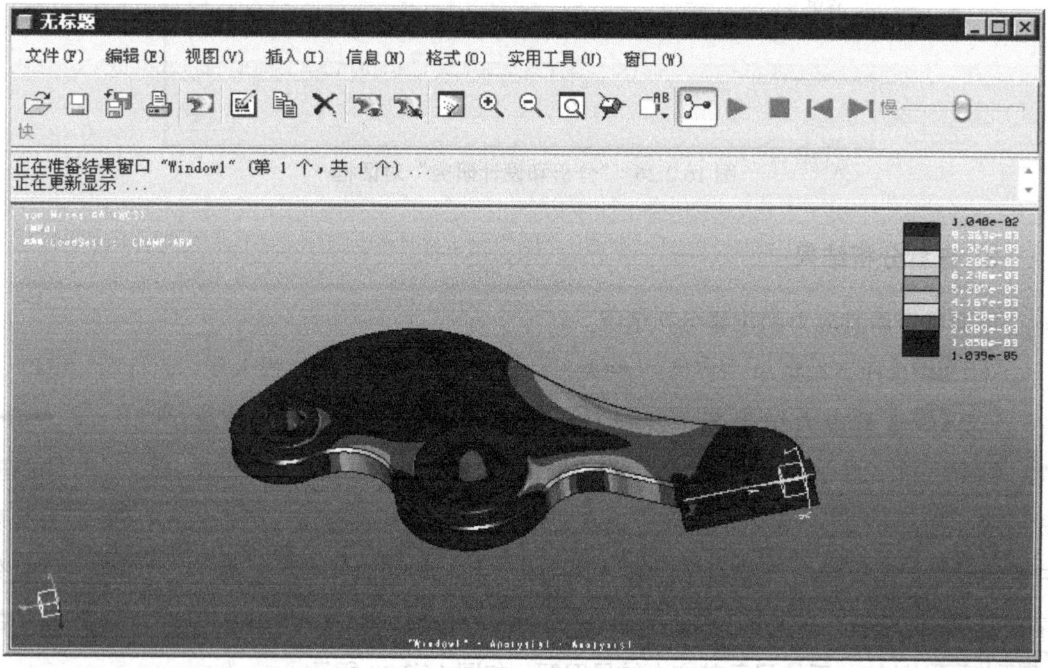

图 16.2.28 应力结果图解

图 16.2.27 所示的“结果窗口定义”对话框（一）中部分选项的说明如下。

◆ **显示类型** 下拉列表：用于设置结果图解的显示类型。

- 条纹：显示模型结果的一种图解表示法（图 16.2.29）。它将显示系统的测量或分析计算结果，然后将结果以不同的颜色对应到它应该在的位置区域中，使用这种显示类型也可以用来创建等高线图。

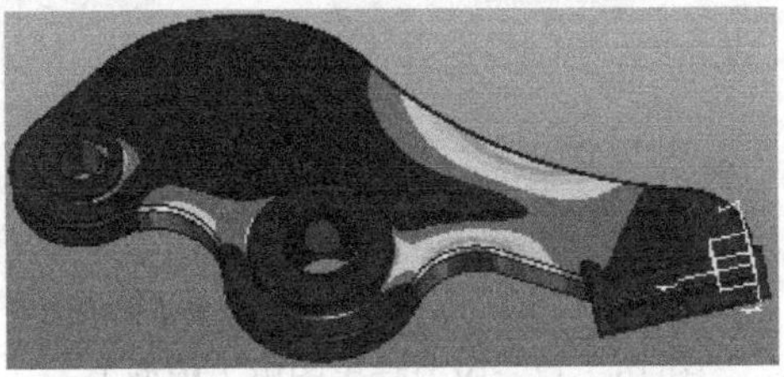

图 16.2.29 应力结果图解（条纹）

- 向量：以矢量的方式来显示系统的测量或分析计算结果（图 16.2.30）。但这种显示类型无法用于FEA模式。

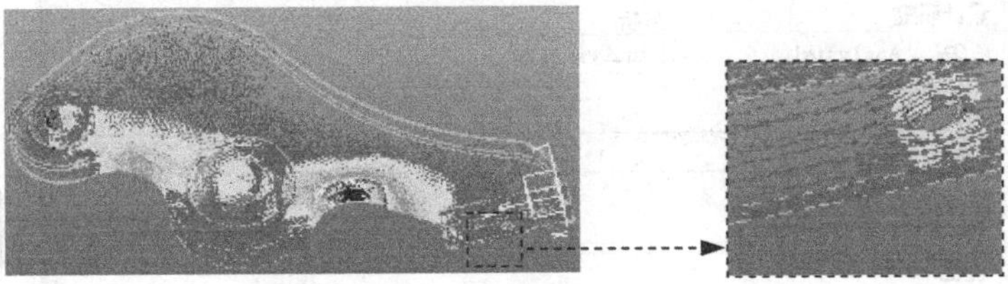

图 16.2.30 应力结果图解（矢量）

- 图形：显示模型行为的图表（图 16.2.31）。图表将显示数量和如P循环通过（P-loop Pass）、曲线或边缘、时间或频率等位置间的关系。

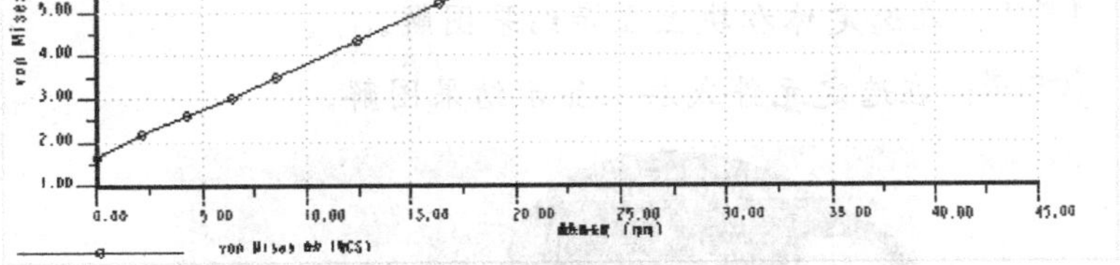

图 16.2.31 应力结果图解（图形）

- 模型：显示模型在它原始或被扭曲状态的几何（图 16.2.32）。如果想要以简单的动画来显示模型是如何被扭曲的，或想要显示模型优化的形状，那么模态表示法是最有用的。但这种显示类型无法用于热力模块。

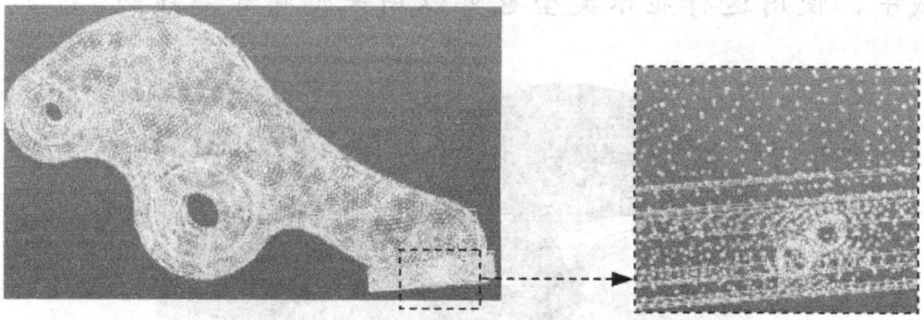

图 16.2.32　应力结果图解（模型）

图 16.2.33 所示的“结果窗口定义”对话框（二）中部分选项的说明如下。

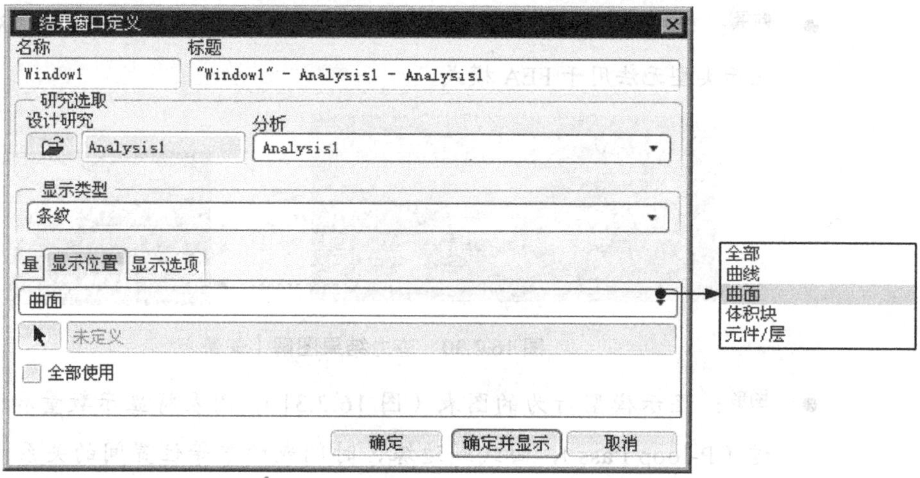

图 16.2.33　“结果窗口定义”对话框（二）

◆ 显示位置选项卡：用于设置结果图解的显示位置。

- 全部：在全部模型上显示结果图解。
- 曲线：在选定的曲线上显示结果图解。
- 曲面：在选定曲面上显示结果图解（图 16.2.34）。
- 体积块：在选定体积块上显示结果图解。
- 元件/层：在选定元件或层上显示结果图解。

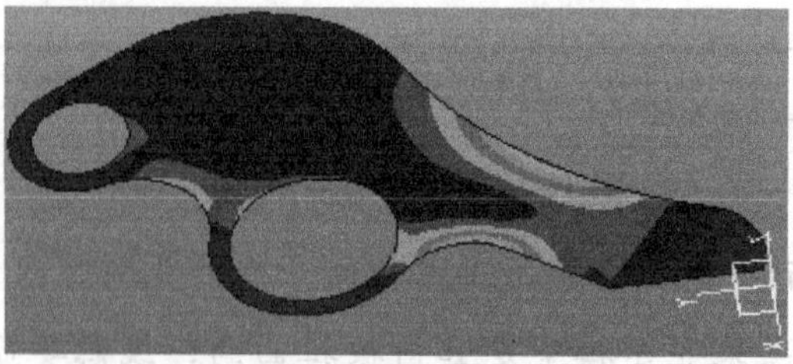

图 16.2.34　应力结果图解（曲面显示）

图 16.2.35 所示的“结果窗口定义”对话框（三）中部分选项的说明如下。

◆ 显示选项选项卡：用于设置结果图解的显示选项。

- 连续色调：选中该选项，图解结果色调以连续方式显示（图 16.2.36）。
- 图例等级：设置结果图解图例显示等级（图 16.2.37）。

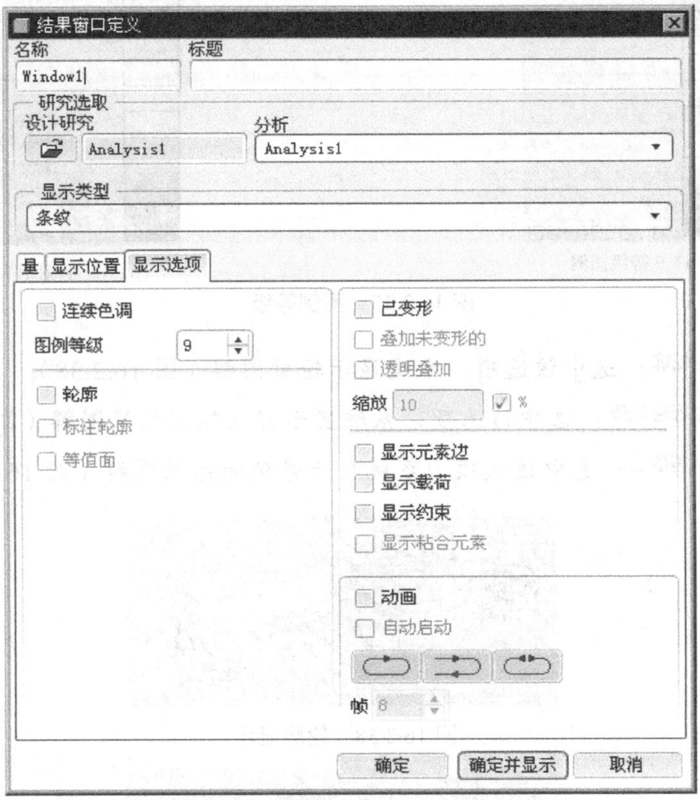

图 16.2.35 “结果窗口定义”对话框（三）

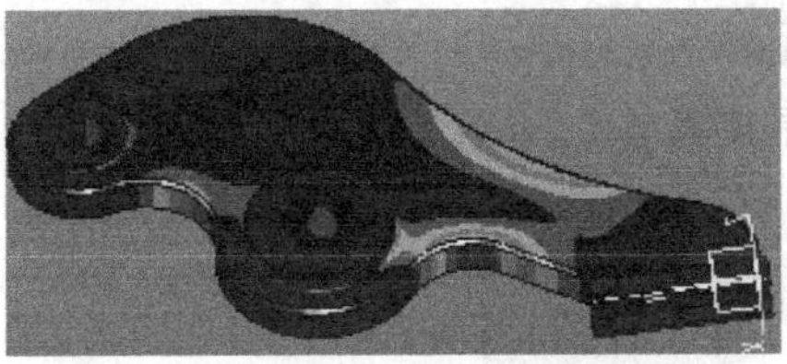

a）非连续色调

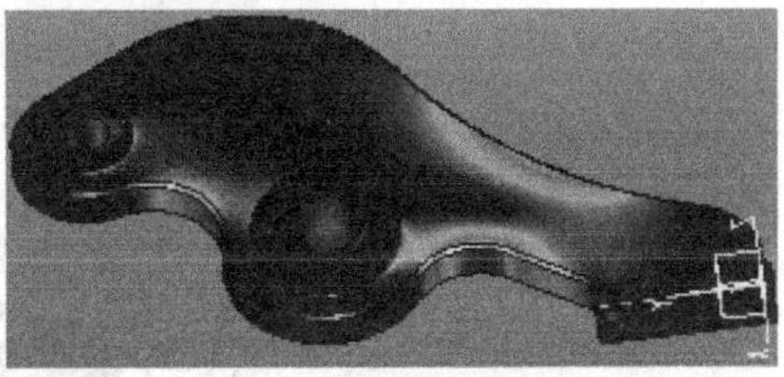

b）连续色调

图 16.2.36 连续色调

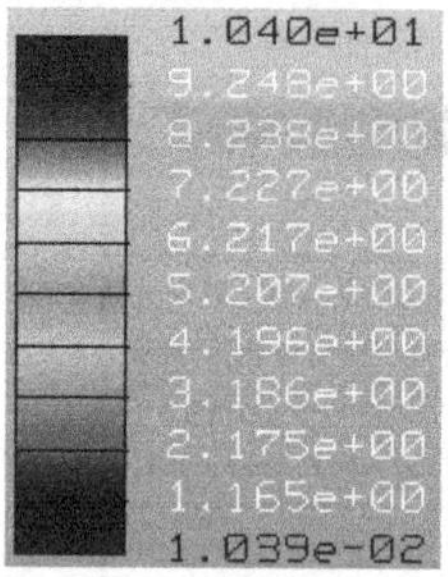

a）9 等级图例

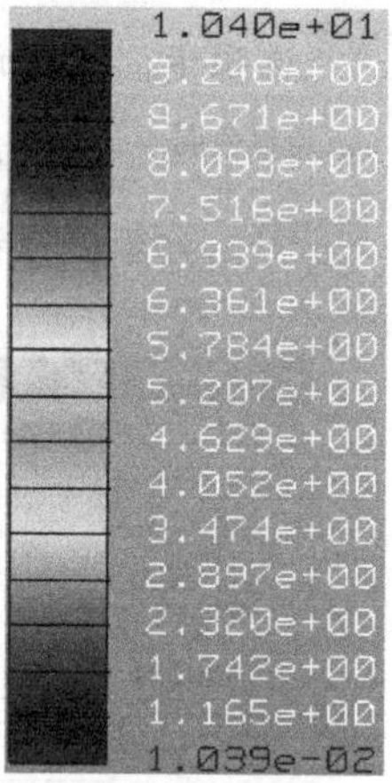

b）15 等级图例

图 16.2.37　图例等级

- ☑ 轮廓：选中该选项，系统显示轮廓图解（图 16.2.38）。
- ☑ 标注轮廓：选中该选项，系统显示标注轮廓结果图解（图 16.2.39）。
- ☑ 等值面：选中该选项，系统显示等值面结果图解（图 16.2.40）。

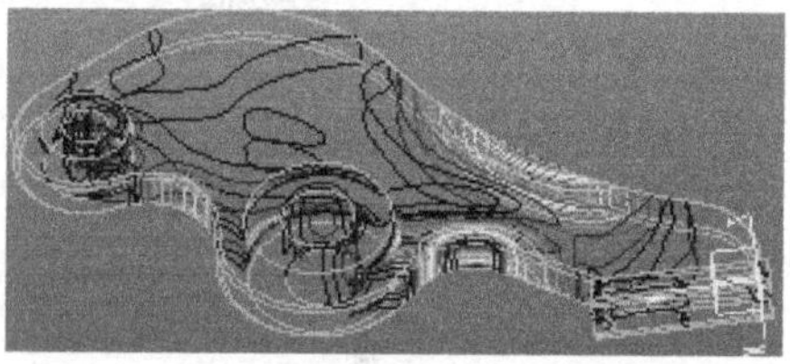

图 16.2.38　轮廓显示

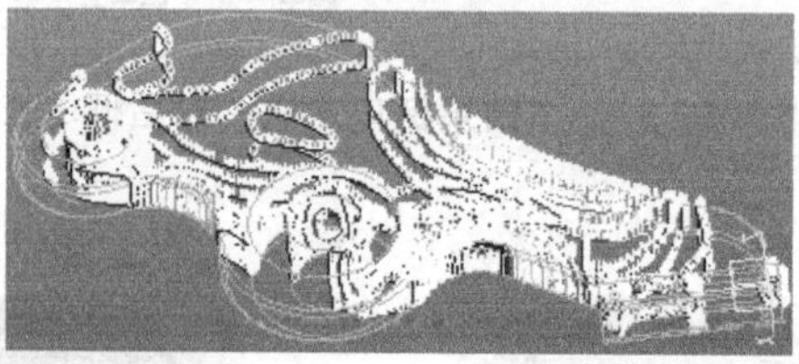

图 16.2.39　标注轮廓显示

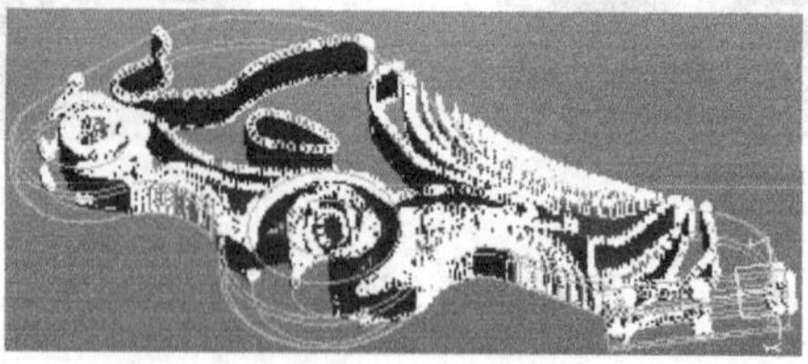

图 16.2.40　等值面显示

- ☑已变形：选中该选项，系统显示结构变形后的结果图解（图 16.2.41）。
- ☑叠加未变形的：选中该选项，系统将变形前后的模型进行叠加显示（图 16.2.42）。

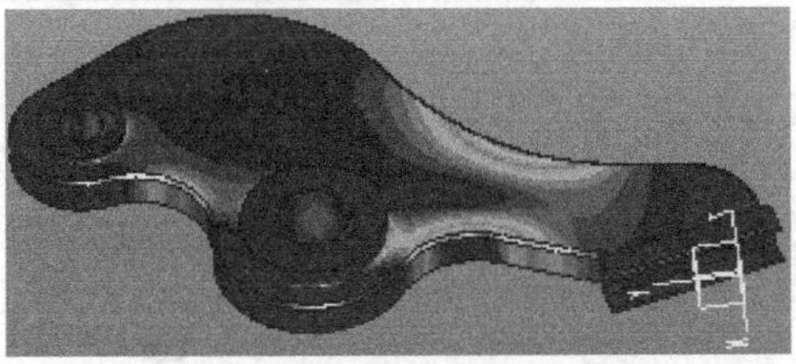
图 16.2.41 变形结果显示

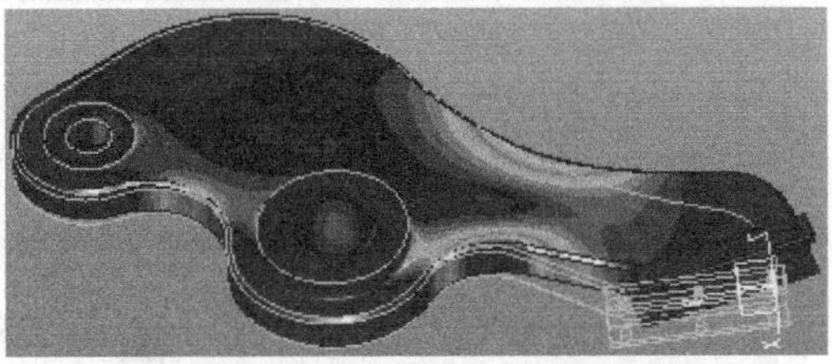
图 16.2.42 叠加未变形的结果

- ☑透明叠加：选中该选项，系统将变形前后的结果进行叠加显示，且变形前的显示样式为透明（图 16.2.43）。
- 缩放：用于设置透明度值。
- ☑显示元素边：选中该选项，系统显示单元网格边线（图 16.2.44）。
- ☑显示载荷：选中该选项，系统显示载荷条件（图 16.2.45）。
- ☑显示约束：选中该选项，系统显示约束条件。

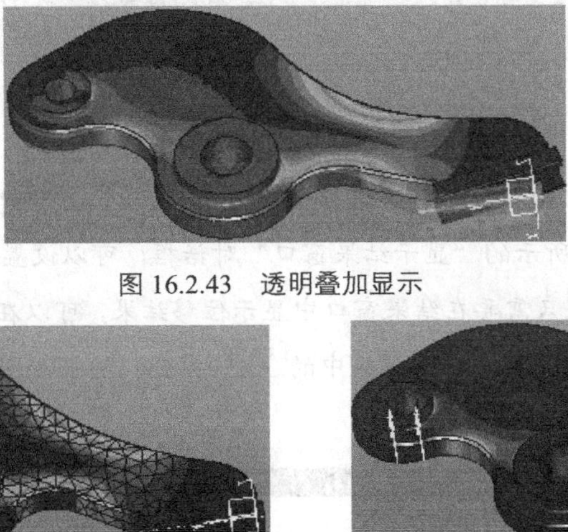
图 16.2.43 透明叠加显示

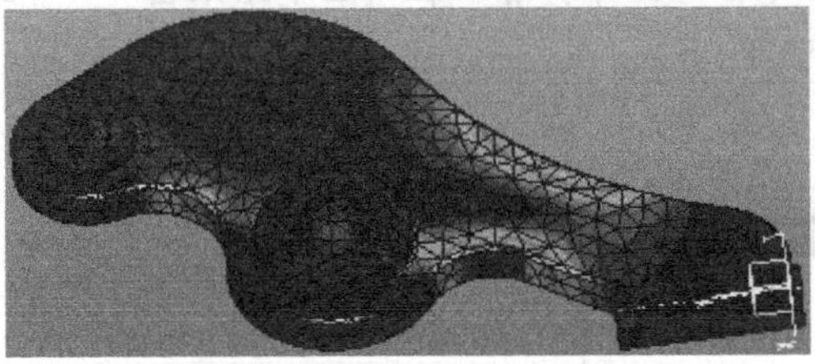
图 16.2.44 显示元素边

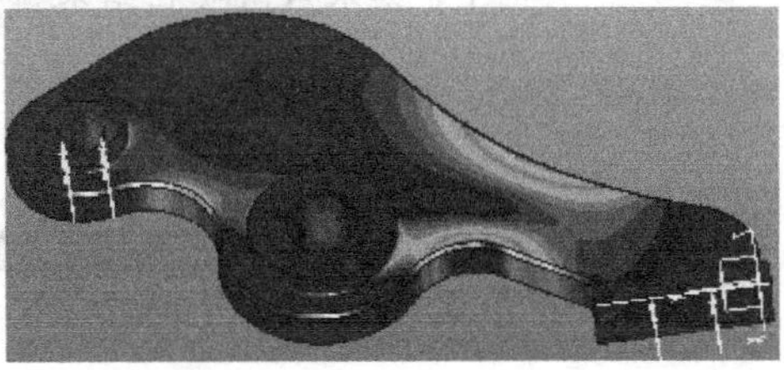
图 16.2.45 显示载荷条件

步骤 03 查看位移结果图解。在“无标题”窗口中选择下拉菜单 插入(I) → 结果窗口(R)... 命令，在弹出的对话框中选择结果集文件 Analysis1，单击 打开 按钮，系统弹出“结果窗口定义”对话框，在对话框的 显示类型 下拉列表中选择 条纹 选项；单击 量 选项卡，在“应力”下拉列表中选择位移选项，在分量下拉列表中选择模选项；单击对话框中的确定并显示按钮，系统显示其位移结果图解，如图 16.2.46 所示。

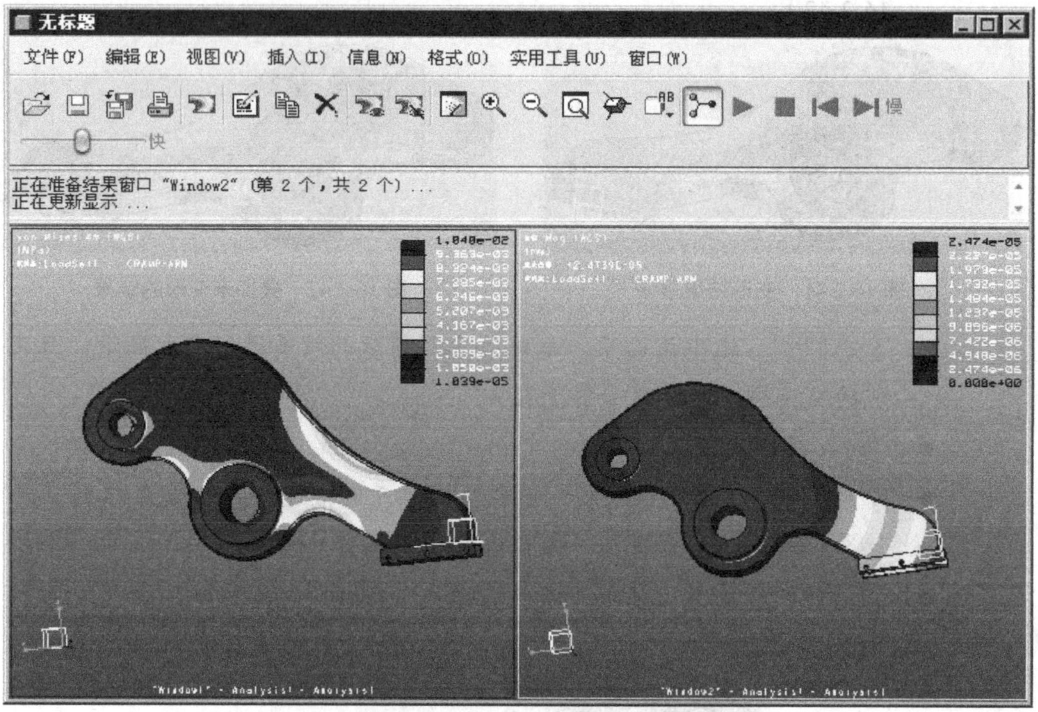

图 16.2.46　应力、位移结果图解

说明

在“无标题”窗口中选择下拉菜单 视图(V) → 显示命令，系统弹出图 16.2.47 所示的“显示结果窗口”对话框，可以设置对结果窗口的显示。在本例中，如果只需要在结果窗口中显示位移结果，可以在“显示结果窗口”中选择 Window2 选项，单击该对话框中的确定按钮，结果如图 16.2.48 所示。

图 16.2.47　“显示结果窗口”对话框

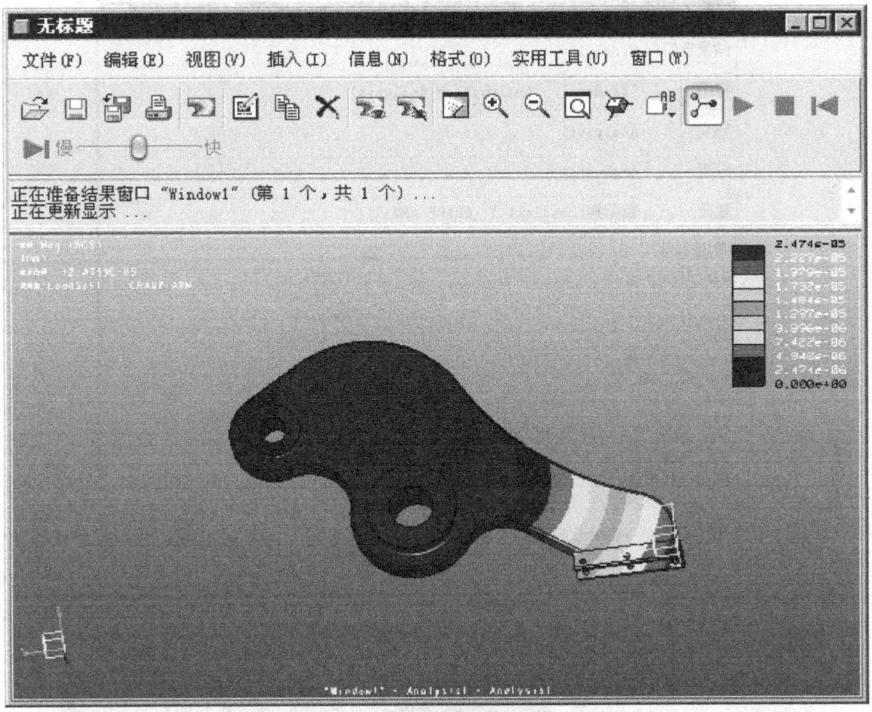

图 16.2.48 位移结果图解

说明

参照以上步骤，读者可以查看其他感兴趣的结果图解项目（如应变图解等），在此不再赘述；另外，系统提供了一种快速查看各主要测量项目极值的方法。选择下拉菜单 信息(N) → 测量(M)... 命令，系统弹出图 16.2.49 所示的“测量”对话框，在对话框列表区域中选中 max_disp_mag 、 max_prin_mag 和 max_stress_vm 选项，单击对话框中的 创建注释... 按钮，系统显示图 16.2.50 所示的结果窗口，在图中显示的是最大位移值、最大应变和最大应力值位置及相关数值。

◆ 从应力结果图解中可以看出，最大应力为 10.4MPa。该零件工作时，如果承受的最大应力值超出此范围，那么零件就可能受到破坏，导致零件无法安全工作。

◆ 从位移结果图解中可以看出，最大位移值为 0.02mm，表示零件在该种工况下工作时，零件发生的最大变形量为-0.02mm。

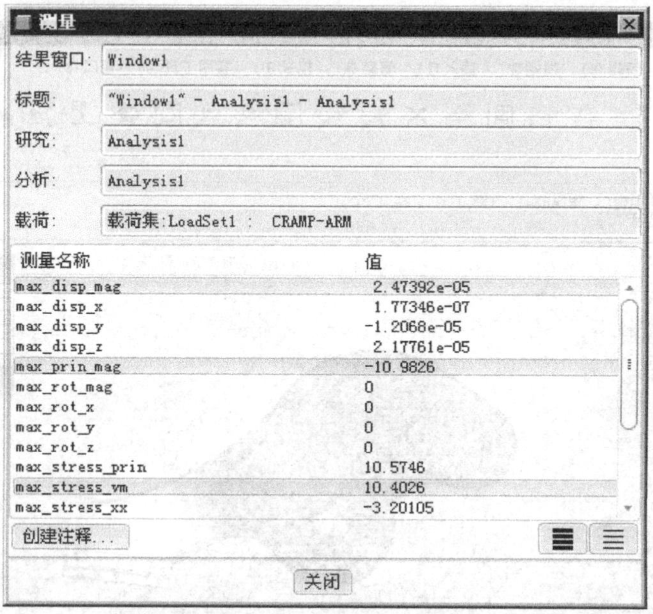

图 16.2.49 “测量”对话框

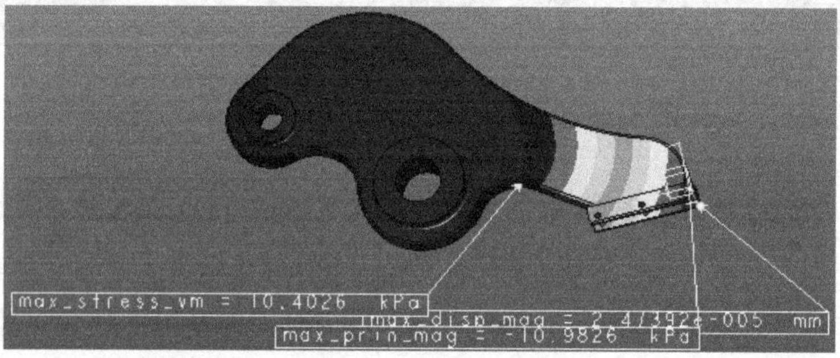

图 16.2.50 测量结果

16.3 装配体结构分析

当分析一个装配体时，需要考虑各零部件之间是如何接触的，这样才能保证创建的数学模型能够正确计算接触时的应力和变形。

下面以图 16.3.1 所示的装配体为例，介绍装配体的有限元分析的一般过程。

图 16.3.1 所示滑块导向机构主要由支撑座和弯梁组成，支承座材料为灰铸铁，弯梁材料为钢；支撑座底面完全固定约束，弯梁右端的圆孔受到一个大小为 1000N，方向向下的载荷力作用，在这种工况下分析零件应力和位移分布情况。

1. 进入 Pro/Mechanica 环境

步骤 01 先将工作目录设置至 D:\proedq5\work\ch16.03，然后打开文件 cantilever-asm.asm。

步骤 02 选择下拉菜单 应用程序(P) → Mechanica(M) 命令，系统弹出图 16.3.2 所示的“Mechanica 模型设置”对话框，单击 确定 按钮，进入到 Pro/Mechanica 环境。

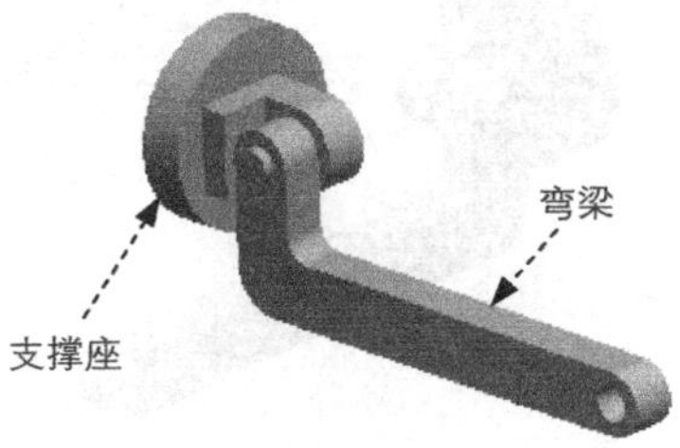

图 16.3.1 装配体分析

图 16.3.2 “Mechanica 模型设置”对话框

2. 定义有限元分析

步骤 01 选择材料。选择下拉菜单 属性(R) → 材料(L)... 命令，系统弹出图 16.3.3 所示的“材料”对话框。在该对话框中选中 steel.mtl 材料，单击 ⏵⏵⏵ 按钮，再选中 al2014.mtl 材料，继续单击 ⏵⏵⏵ 按钮，最后单击该对话框中的 确定 按钮，完成材料的选择。

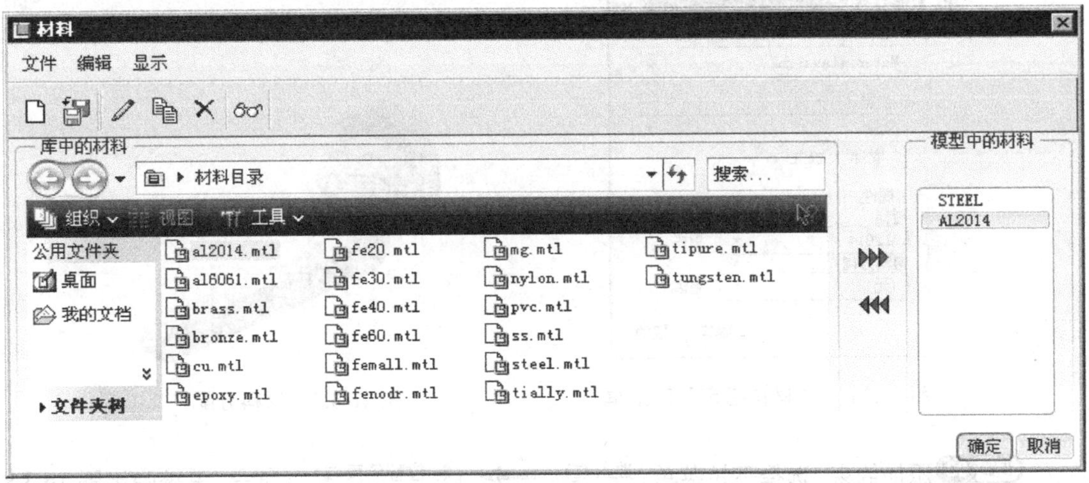

图 16.3.3 “材料”对话框

步骤 02 分配材料。

（1）定义弯梁零件的材料。选择下拉菜单 属性(R) → 材料分配(A)... 命令，系统弹出图 16.3.4 所示的"材料指定"对话框；在对话框 属性 区域的 材料 下拉列表中选择 STEEL 材料选项，然后在图形区选取弯梁零件，单击对话框中的 确定 按钮，完成弯梁零件材料的定义，结果如图 16.3.5 所示。

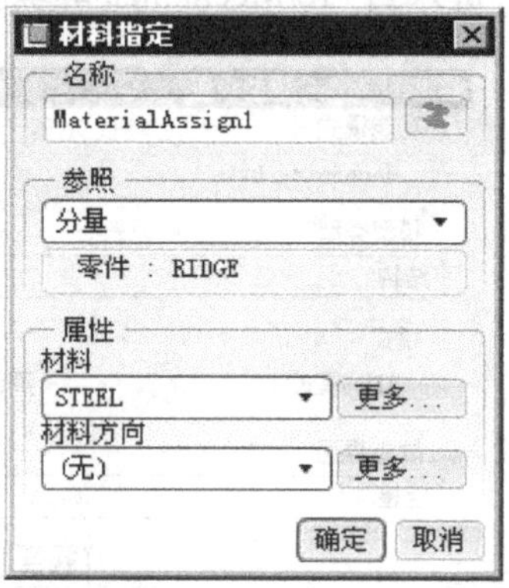

图 16.3.4 "材料指定"对话框

图 16.3.5 材料分配

（2）定义支撑座零件的材料。选择下拉菜单 属性(R) → 材料分配(A)... 命令，系统弹出 "材料指定"对话框；在对话框 属性 区域的 材料 下拉列表中选择 AL2014 材料选项，然后在图形区选取支撑座零件，此时"材料指定"对话框如图 16.3.6 所示；单击对话框中的 确定 按钮，完成支撑座零件材料的定义，结果如图 16.3.7 所示。

图 16.3.6 "材料指定"对话框

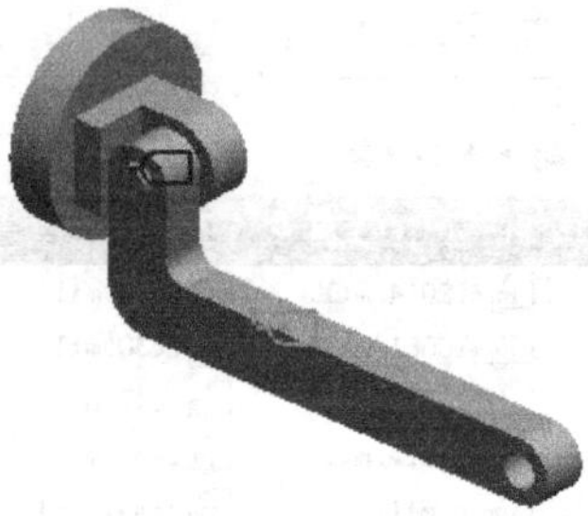

图 16.3.7 材料分配

步骤 03 添加约束。选择下拉菜单 插入(I) → 位移约束(I)... 命令，系统弹出图 16.3.8 所示的"约束"对话框。选取图 16.3.9 所示的支撑座零件的表面为约束面，在对话框中的 平移 区域分别单击 X、Y、Z 后的"固定"按钮，将选中曲面的 X、Y、Z 三个方向的平移自由度完全限制，使其固定，单击对话框中的 确定 按钮。

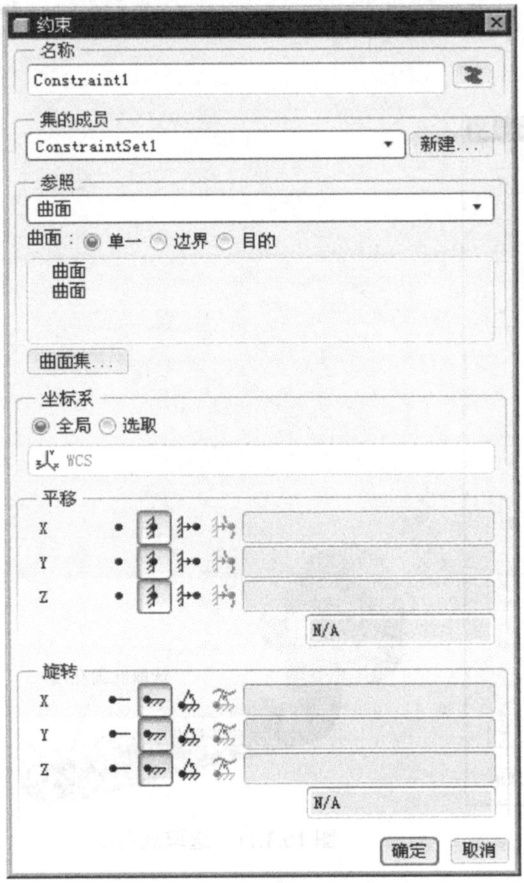

图 16.3.8 “约束”对话框

图 16.3.9 选择约束面

步骤 04 添加载荷。选择下拉菜单 插入(I) → 力/力矩载荷(L)... 命令，系统弹出图 16.3.10 所示的“力/力矩载荷”对话框；选取图 16.3.11 所示的模型圆孔面为载荷面，并在 力 区域的 Z 文本框中输入值-1000，表示力的方向沿着 Z 轴负方向，力的大小为 1000N。单击对话框中的 确定 按钮。

步骤 05 设置薄壳的网格参数。选择下拉菜单 AutoGEM → 控制(O)... 命令，系统弹出图 16.3.12 所示的“AutoGEM 控制”对话框；在对话框的 类型 区域的下拉列表中选择 最大元素尺寸 选项，在 参照 区域的下拉列表中选择 分量 选项，在图形区选取弯梁零件，在 元素尺寸 下的文本框中输入元素尺寸值 12，单击对话框中的 确定 按钮。

步骤 06 设置支撑座零件的网格参数。选择下拉菜单 AutoGEM → 控制(O)... 命令，系统弹出“AutoGEM 控制”对话框；在对话框的 类型 区域的下拉列表中选择 最大元素尺寸 选项，在参照区域的下拉列表中选择分量选项，在图形区选取支撑座零件，在元素尺寸下的文本框中输入元素尺寸值 8，此时“AutoGEM 控制”对话框如图 16.3.13 所示，单击对话框中的确定按钮。

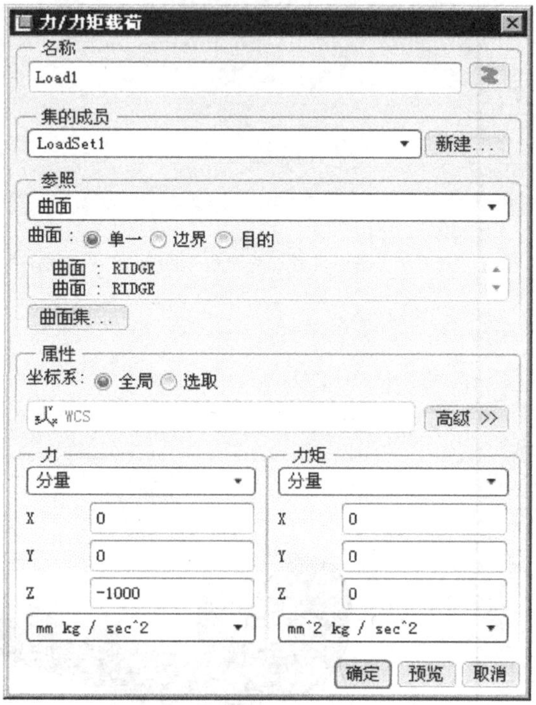

图 16.3.10 “力/力矩载荷”对话框

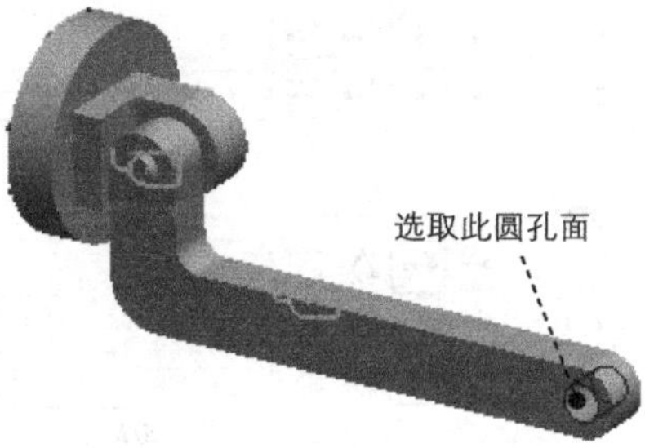

图 16.3.11 选取载荷面

图 16.3.12 “AutoGEM 控制”对话框

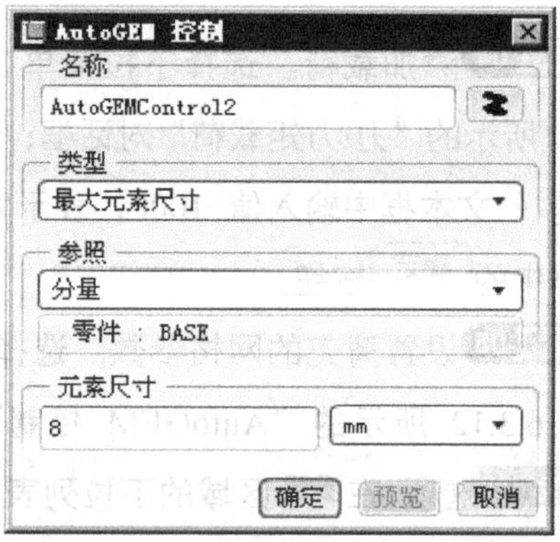

图 16.3.13 “AutoGEM 控制”对话框

步骤 07 划分网格。选择下拉菜单 AutoGEM ➡ 创建(C)... 命令，系统弹出图 16.3.14 所示的“AutoGEM”对话框。单击对话框中的创建按钮，系统开始划分网格，网格划分结果如图 16.3.15 所示，同时，系统弹出图 16.3.16 所示的“AutoGEM 摘要”对话框和图 16.3.17 所示的“诊断：AutoGEM 网格”对话框；“AutoGEM 摘要”对话框中显示网格划分的相关参数；单击对话框中的 关闭 按钮，直至系统弹出图 16.3.18 所示的“AutoGEM”对话框，提示是否保存网格划分结果，然后单击 是(Y) 按钮。

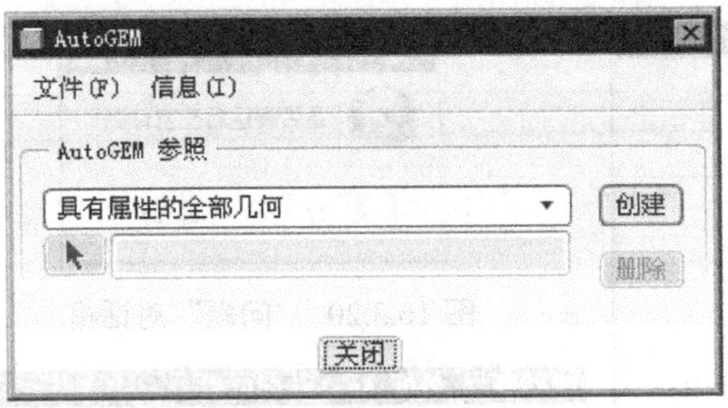

图 16.3.14 “AutoGEM”对话框

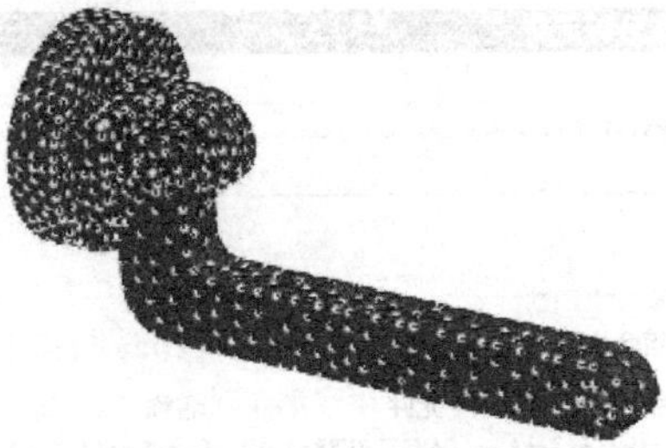

图 16.3.15 网格划分

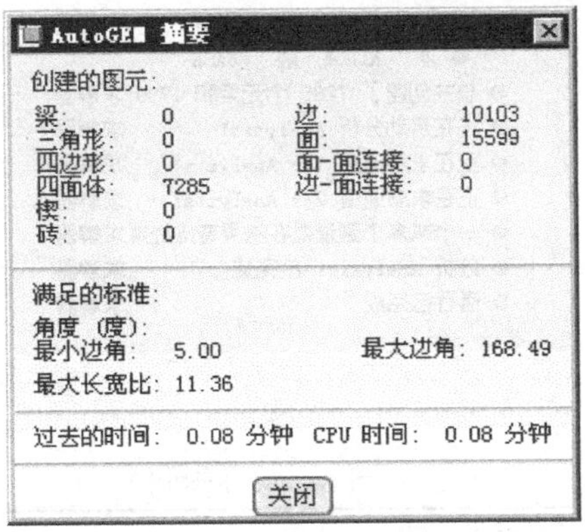

图 16.3.16 “AutoGEM”摘要对话框

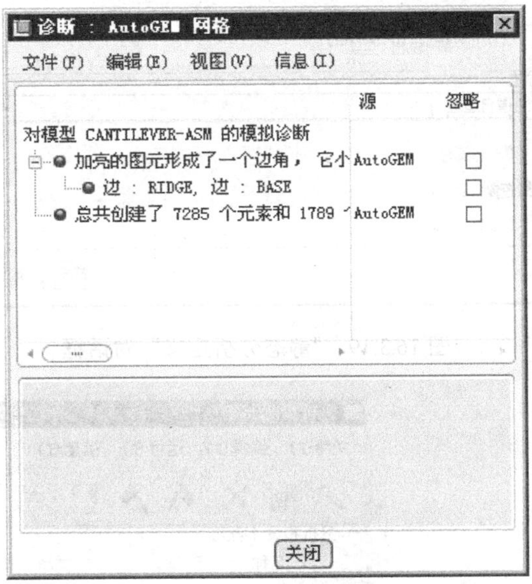

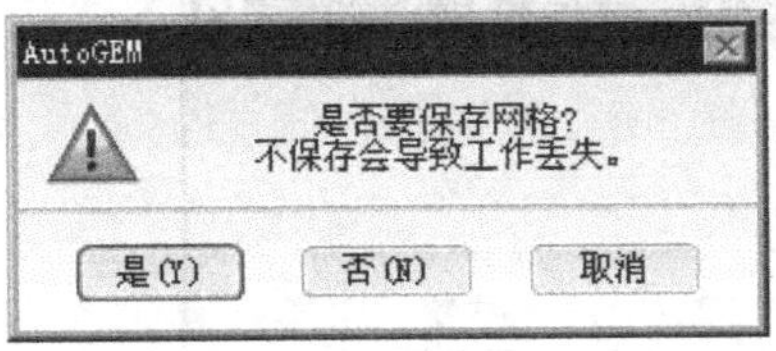

图 16.3.18 “AutoGEM”对话框

图 16.3.17 “诊断：AutoGEM 网格”对话框

步骤 08 定义分析研究。选择下拉菜单 分析(A) → Mechanica 分析/研究(E)... 命令，系统弹出“分析和设计研究”对话框。选择对话框中的下拉菜单 **文件(F)** → 新建静态分析... 命令，系统弹出图 16.3.19 所示的“静态分析定义”对话框，在该对话框中单击 **收敛** 选项卡，在 **方法** 区域的下拉列表中选择 单通道自适应 选项，其他选项采用系统默认设置；单击 确定 按钮，在系统弹出的“分析和设计研究”对话框中单击“开始运行”按钮，系统弹出图 16.3.20 所示的“问题”对话框和图 16.3.21 所示的“诊断：分析 Analysis1”对话框，单击 是(Y) 按钮，系统开始运行求解，求解完成后如图 16.3.22 所示；单击“分析和设计研究”对话框中的 关闭 按钮。

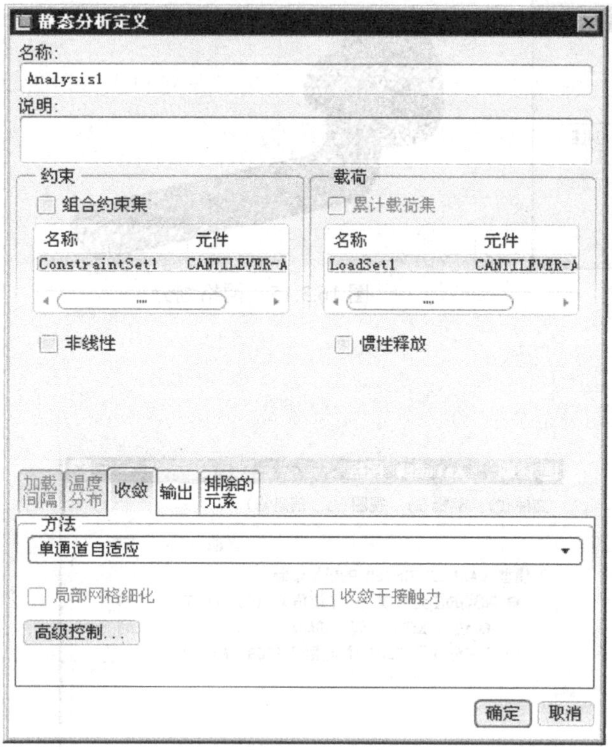

图 16.3.19 “静态分析定义”对话框

图 16.3.20 “问题”对话框

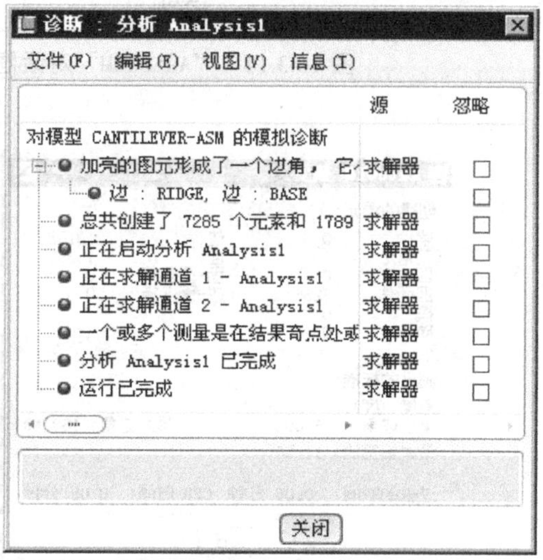

图 16.3.21 “诊断：分析 Analysis1”对话框

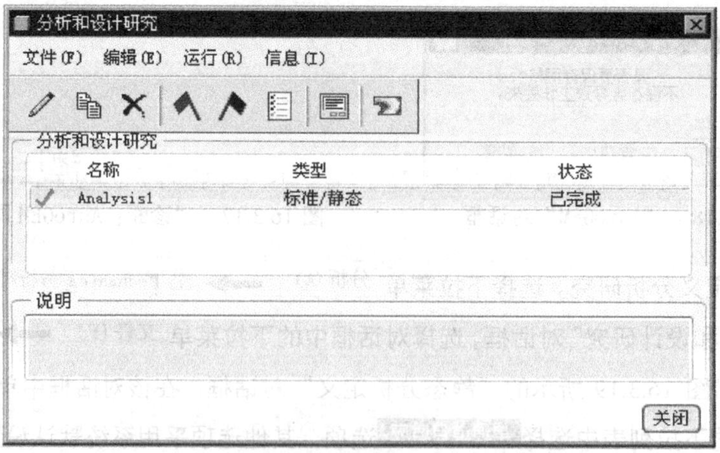

图 16.3.22 “分析和设计研究”对话框

3. 查看分析结果

下面将查看其应力和位移分布情况。

步骤 01 选择下拉菜单 分析(A) → 结果(R)... 命令，系统进入到“无标题”窗口。

步骤 02 查看应力结果图解。在“无标题”窗口中选择下拉菜单 插入(I) → 结果窗口(R)... 命令，在弹出的对话框中选择结果集文件 Analysis1，单击 打开 按钮，系统弹出“结果窗口定义”对话框，在对话框的 显示类型 下拉列表中选择 条纹 选项；单击 量 选项卡，在“应力”下拉列表中选择 应力 选项，在“单位”下拉列表中选择 MPa 选项，在 分量 下拉列表中选择 von Mises 选项；单击“结果窗口定义”对话框中的 确定并显示 按钮，系统显示其应力结果图解，如图 16.3.23 所示。

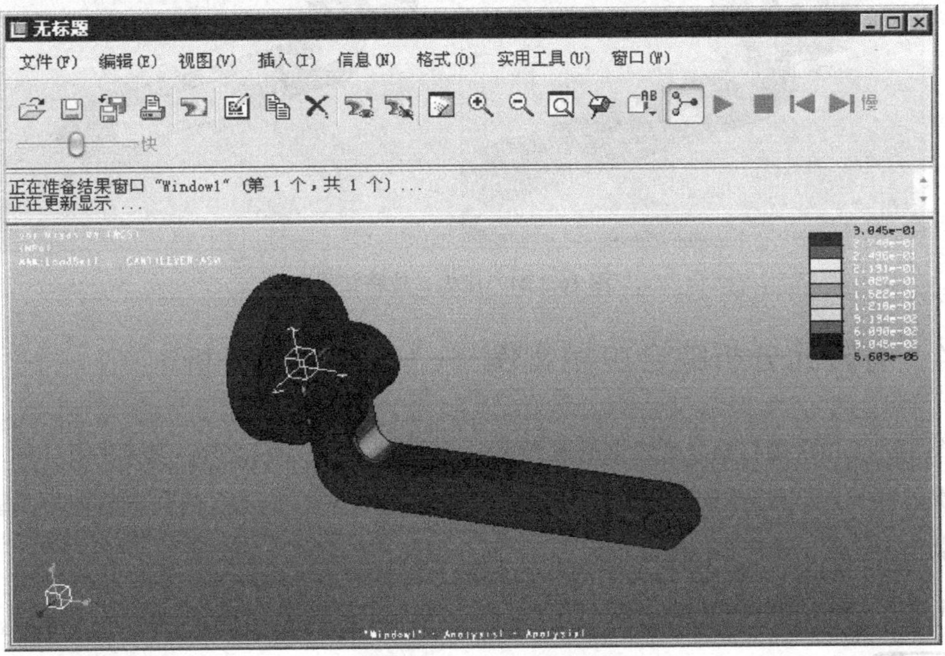

图 16.3.23 应力结果图解

步骤 03 查看位移结果图解。在“无标题”窗口中选择下拉菜单 插入(I) → 结果窗口(R)... 命令，在弹出的对话框中选择结果集文件 Analysis1，单击 打开 按钮，系统弹出“结果窗口定义”对话框，在对话框的 显示类型 下拉列表中选择 条纹 选项；单击 量 选项卡，在“应力”下拉列表中选择 位移 选项，在 分量 下拉列表中选择 模 选项；单击对话框中的 确定并显示 按钮，系统显示其位移结果图解，如图 16.3.24 所示。

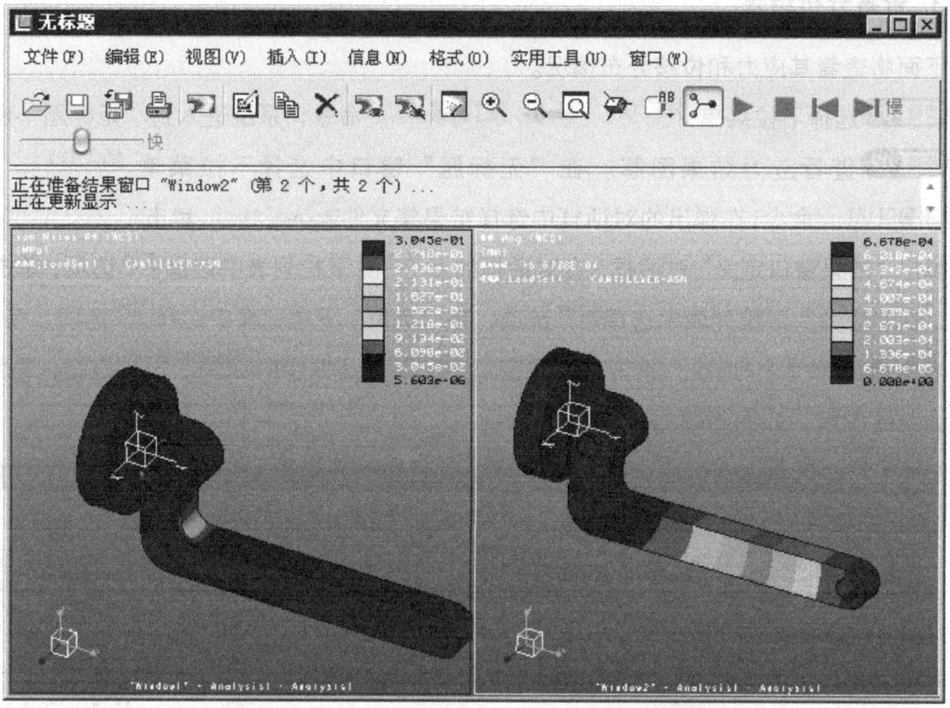

图 16.3.24 应力、位移结果图解

16.4 有限元分析综合应用案例——壳结构分析

图 16.4.1 所示为材料为合金钢的薄壳零件，除载荷面上的孔之外，其余的孔（图 16.4.1 中加亮显示）均为完全固定状态，载荷面上承受一个大小为 200N，方向与载荷平面垂直的均布载荷力作用，薄壳零件的厚度为 3。下面介绍薄壳类零件结构分析的一般过程。

1. 进入 Pro/Mechanica 环境

步骤 01 先将工作目录设置至 D:\proedq5\work\ch16.04，然后打开文件 abs-sheet-bracket.prt。

步骤 02 选择下拉菜单 应用程序(P) → Mechanica(M) 命令，系统弹出“模型设置”对话框；采用系统默认设置，单击 确定 按钮，进入 Pro/Mechanica 环境。

2. 定义有限元分析

步骤 01 选择材料。选择下拉菜单 属性(R) → 材料(L)... 命令，系统弹出“材料”对话框。在对话框中选中 steel.mtl 材料，单击 ▶▶▶ 按钮，然后单击对话框中的 确定 按钮。

步骤 02 分配材料。选择下拉菜单 属性(R) → 材料分配(A)... 命令，系统弹出“材料指定”对话框。采用系统默认设置，单击对话框中的 确定 按钮，完成材料分配，结果如图 16.4.2 所示。

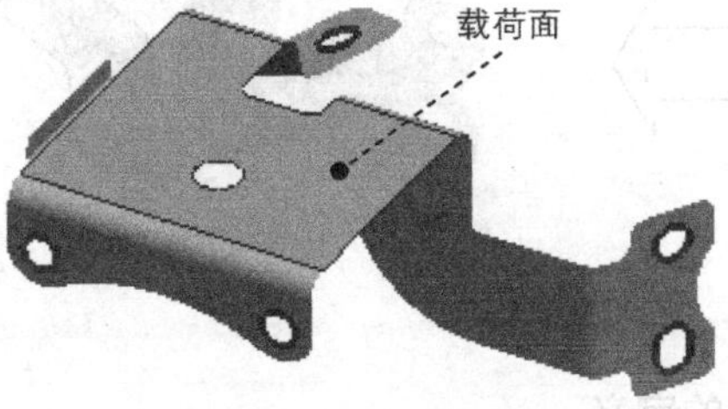

图 16.4.1　壳结构分析

图 16.4.2　材料分配

步骤 03 进行壳定义。

（1）选择下拉菜单 插入(I) ➡ 壳(S)... 命令，系统弹出图 16.4.3 所示的“壳定义”对话框。

（2）选取壳定义的面。选中 参照 区域的 ◉ 面组 复选框，然后在图形区选取壳零件的任意一个面，再选中 ◉ 单一 单选项，此时系统弹出图 16.4.4 所示的“消息”对话框，在“消息”对话框中单击 是(Y) 按钮，此时模型如图 16.4.5a 所示，单击模型上的所有箭头，更改材料的加厚方向，更改后的箭头方向如图 16.4.5b 所示。

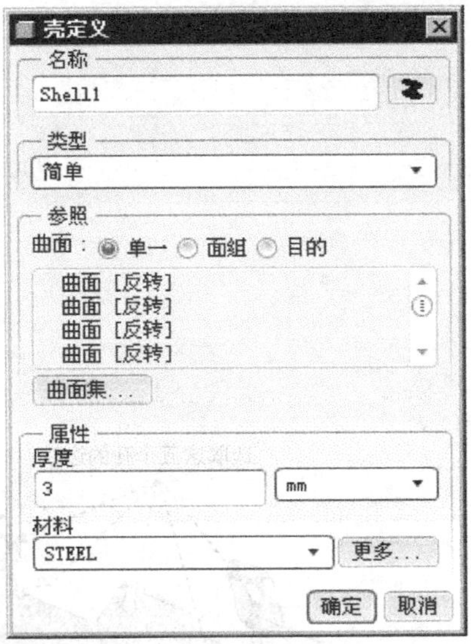

图 16.4.3　“壳定义”对话框

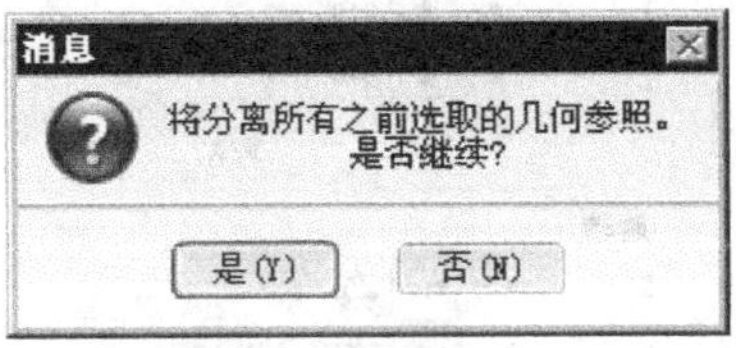

图 16.4.4　“消息”对话框

（3）定义薄壳零件的厚度。在 属性 区域下的 厚度 文本框中输入值 3。

（4）定义薄壳零件的材料。在 属性 区域下的 材料 下拉列表中选择 STEEL 材料选项。

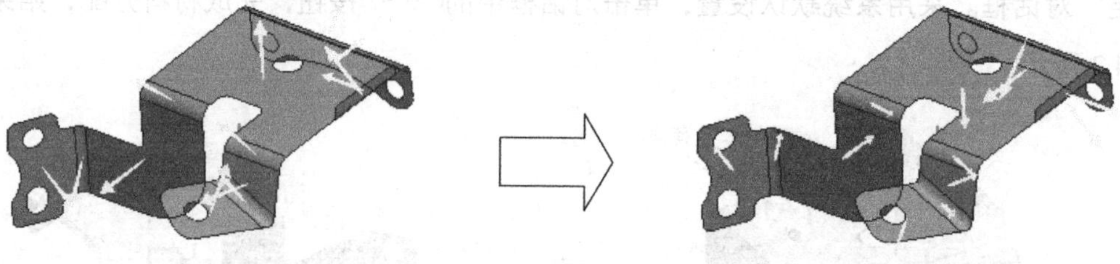

a）更改前　　　　b）更改后

图 16.4.5　更改箭头方向

（5）单击对话框中的确定按钮，完成壳的定义。

步骤 04 添加约束。选择下拉菜单 插入(I) ➡ 位移约束(I)... 命令，系统弹出图 16.4.6 所示的“约束”对话框。在 参照 区域的下拉列表中选择 边/曲线 选项，按住 Ctrl 键，依次选取图 16.4.7 所示的五个孔的边线为参照；在对话框中的 平移 区域分别单击 *X*、*Y*、*Z* 后的“固定”按钮，将选中曲面的 *X*、*Y*、*Z* 三个方向的平移自由度完全限制，使其固定，单击对话框中的确定按钮。

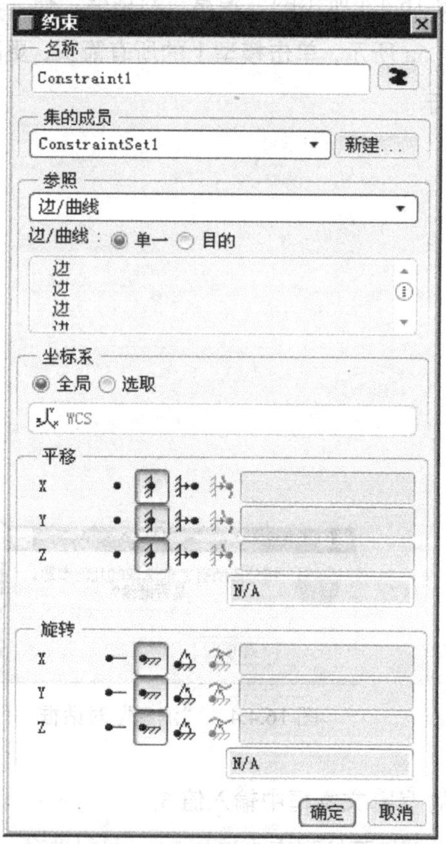

图 16.4.6　“约束”对话框

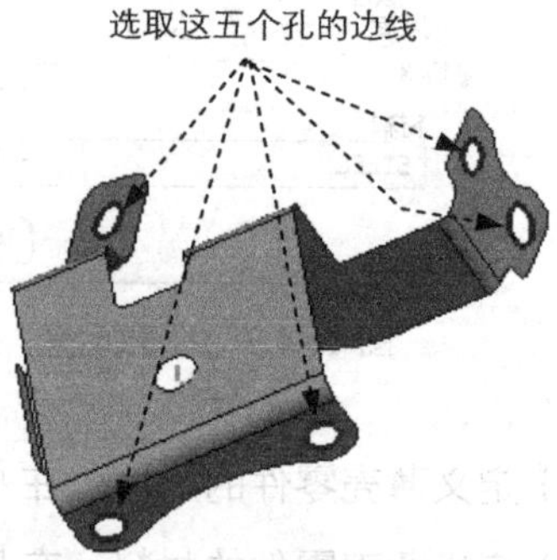

图 16.4.7　选择约束边线

步骤 05 添加载荷。选择下拉菜单 插入(I) → 力/力矩载荷(L)... 命令，系统弹出图 16.4.8 所示的“力/力矩载荷”对话框；选取图 16.4.9 所示的模型表面为载荷面，并在 力 区域的 Z 文本框中输入值 200，表示力的方向沿着 Z 轴方向，力的大小为 200N。单击该对话框中的 确定 按钮。

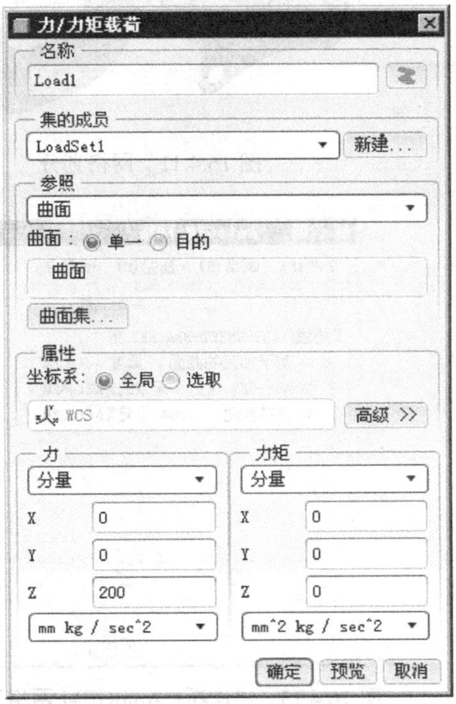

图 16.4.8 “力/力矩载荷”对话框

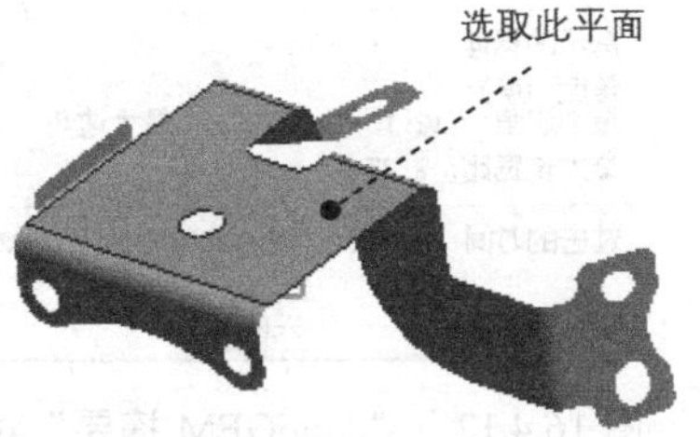

图 16.4.9 选取载荷面

步骤 06 设置零件的网格参数。选择下拉菜单 AutoGEM → 控制(O)... 命令，系统弹出图 16.4.10 所示的“AutoGEM 控制”对话框；在对话框的 类型 区域的下拉列表中选择 最大元素尺寸 选项，在 参照 区域的下拉列表中选择 分量 选项，在 元素尺寸 下的文本框中输入元素尺寸值 5，单击对话框中的 确定 按钮。

步骤 07 划分网格。选择下拉菜单 AutoGEM → 创建(C)... 命令，系统弹出“AutoGEM”对话框；单击该对话框中的 创建 按钮，系统开始划分网格，网格划分结果如图 16.4.11 所示，同时，系统弹出图 16.4.12 所示的“AutoGEM 摘要”对话框和图 16.4.13 所示的“诊断：AutoGEM 网格”对话框；“AutoGEM 摘要”对话框中显示网格划分的相关参数；单击该对话框中的 关闭 按钮，直至系统弹出“AutoGEM”对话框，提示是否保存网格划分结果，然后单击 是(Y) 按钮。

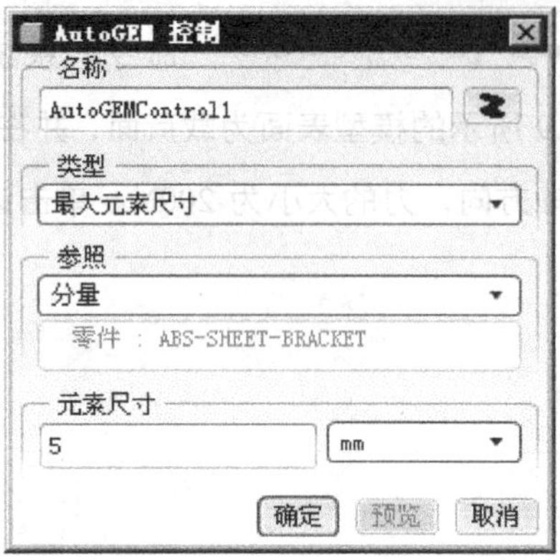

图 16.4.10 “AutoGEM 控制”对话框

图 16.4.11 网格划分

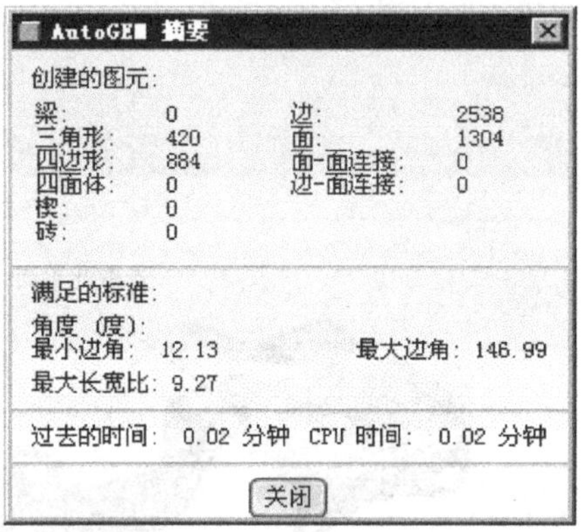

图 16.4.12 “AutoGEM 摘要”对话框

图 16.4.13 “诊断：AutoGEM 网格”对话框

步骤 08 定义分析研究。选择下拉菜单 分析(A) → Mechanica 分析/研究(E)... 命令，系统弹出“分析和设计研究”对话框。选择对话框中的下拉菜单 文件(F) → 新建静态分析... 命令，系统弹出“静态分析定义”对话框，在对话框中单击 收敛 选项卡，在 方法 区域的下拉列表中选择 单通道自适应 选项，其他选项采用系统默认设置；单击 确定 按钮，在系统弹出的“分析和设计研究”对话框中单击“开始运行”按钮，系统弹出“问题”对话框和“诊断”对话框，单击 是(Y) 按钮，系统开始运行求解；单击“分析和设计研究”对话框中的 关闭 按钮。

3. 查看分析结果

下面将查看其应力和位移分布情况。

步骤 01 选择下拉菜单 分析(A) → 结果(R)... 命令，系统进入到“无标题”窗口。

步骤 02 查看应力结果图解。在“无标题”窗口中选择下拉菜单 插入(I) → 结果窗口(R)... 命令，在弹出的对话框中选择结果集文件 Analysis1，单击 打开 按钮，系统弹出“结果窗口定义”对话框，在对话框的 显示类型 下拉列表中选择 条纹 选项；单击 量 选项卡，在“应力”下拉列表中选择 应力 选项，在“单位”下拉列表中选择 MPa 选项，在 分量 下拉列表中选择 von Mises 选项；单击 显示选项 选项卡，选中 ☑ 已变形 和 ☑ 叠加未变形的 复选框；单击“结果窗口定义”对话框中的 确定并显示 按钮，系统显示其应力结果图解，如图 16.4.14 所示。

步骤 03 查看位移结果图解。在“无标题”窗口中选择下拉菜单 插入(I) → 结果窗口(R)... 命令，在弹出的对话框中选择结果集文件 Analysis1，单击 打开 按钮，系统弹出“结果窗口定义”对话框，在对话框的 显示类型 下拉列表中选择 条纹 选项；单击 量 选项卡，在“应力”下拉列表中选择 位移 选项，在 分量 下拉列表中选择 模 选项；单击对话框中的 确定并显示 按钮，系统显示其位移结果图解，如图 16.4.15 所示。

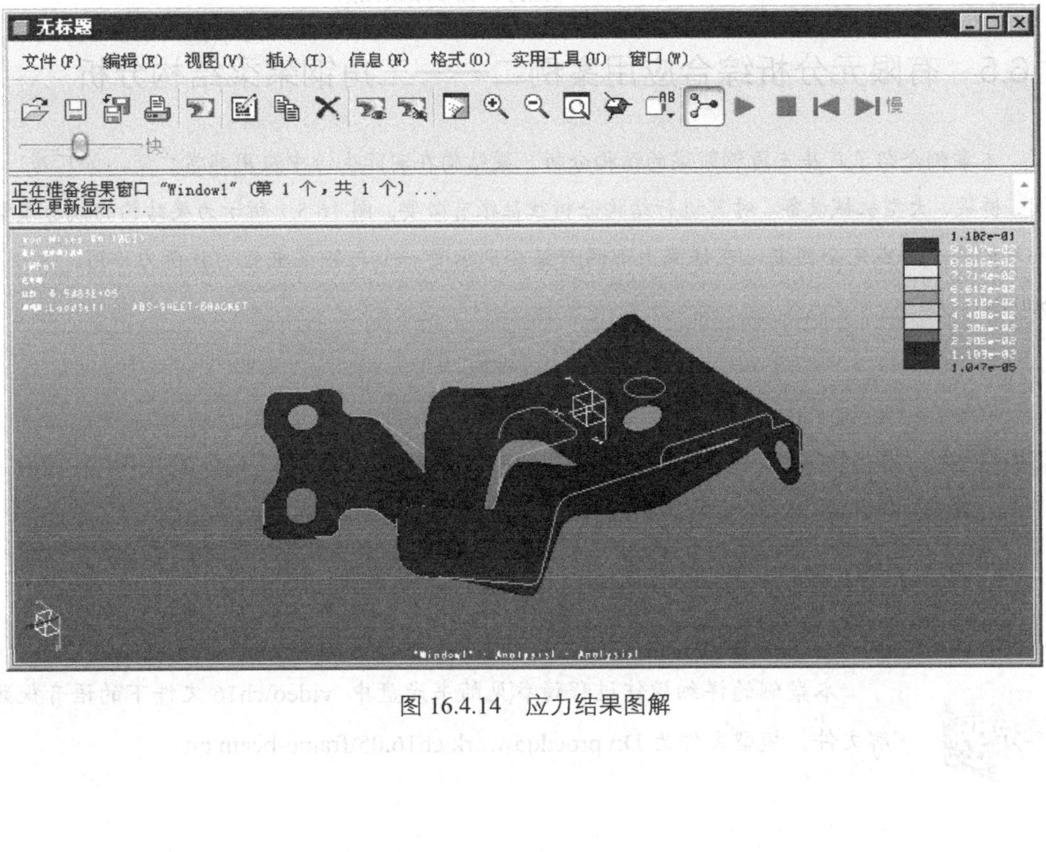

图 16.4.14　应力结果图解

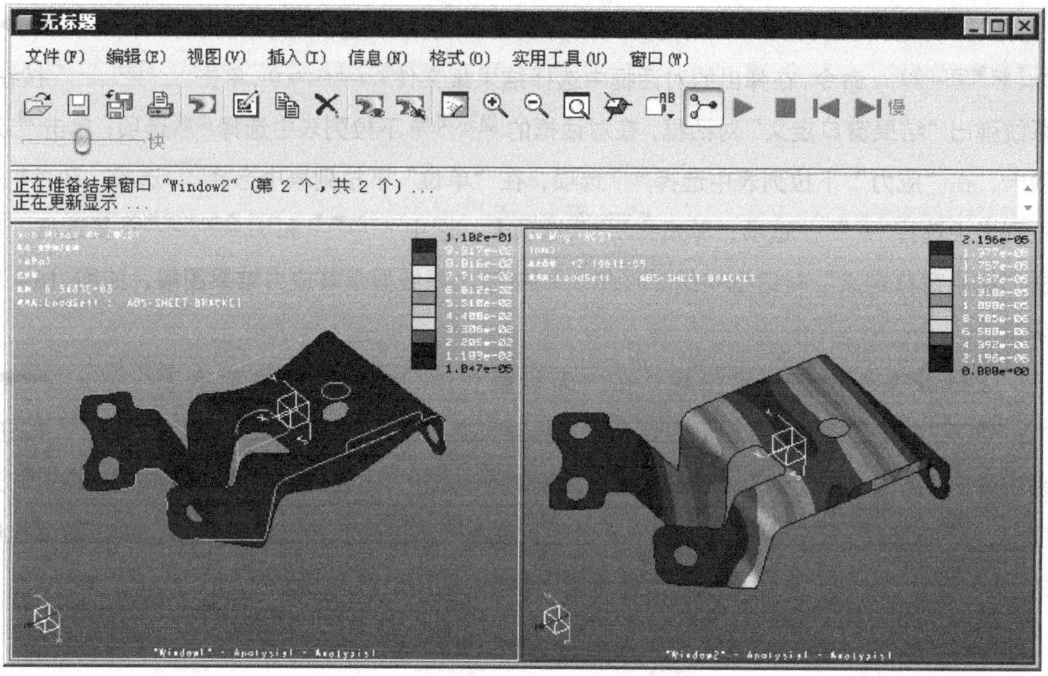

图 16.4.15　应力、位移结果图解

16.5　有限元分析综合应用案例二——三角钢架梁结构分析

本案例介绍了厂房三角钢架梁的结构分析。梁结构在实际生活中应用非常广泛，如厂房、车间、桥梁、大型机械设备，对其进行结构分析往往很有必要。图 16.5.1 所示为梁结构的概念模型，两端的两个顶点完全固定，在横梁上部两斜梁分别承受一个与斜梁垂直的载荷力作用，大小为 5000N。

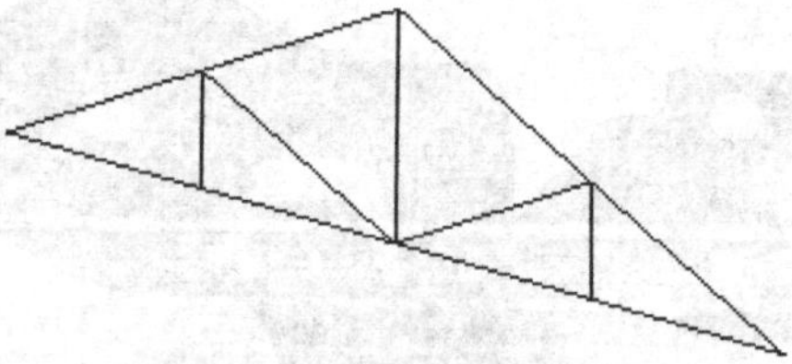

图 16.5.1　梁结构的概念模型

说明　本案例的详细操作过程请参见随书光盘中 video\ch16\文件下的语音视频讲解文件。模型文件为 D:\ proedq5\work\ch16.05\frame-beam.prt。

第 17 章 数控加工

17.1 数控加工概述

17.1.1 数控技术概述

数控技术即数字控制技术（Numerical Control Technology），指用计算机以数字指令方式控制机床动作的技术。数控加工技术集传统的机械制造、计算机、信息处理、现代控制、传感检测等光机电技术于一体，是现代机械制造技术的基础。

数控加工具有产品精度高、自动化程度高、生产效率高，以及生产成本低等特点，在制造业及航天加工业，数控加工是所有生产技术中相当重要的一环。尤其是汽车或航天产业零部件，其几何外形复杂且精度要求较高，更突出了 NC 加工制造技术的优点。

数控编程一般可以分为手工编程和自动编程。手工编程是指从零件图样分析、工艺处理、数值计算、编写程序单直到程序校核等各步骤的数控编程工作，均由人工完成的全过程。该方法适用于零件形状不太复杂、加工程序较短的情况，而对于复杂形状的零件，如具有非圆曲线、列表曲面和组合曲面的零件，或者零件形状虽不复杂、但是程序很长，则比较适合于自动编程。

自动数控编程是指从零件的设计模型（即参考模型）获得数控加工程序的全部过程。其主要任务是计算加工走刀过程中的刀位点（Cutter Location Point，简称 CL 点），从而生成 CL 数据文件。采用自动编程技术可以帮助人们解决复杂零件的数控加工编程问题，其大部分工作由计算机来完成，编程效率大大提高，还能解决手工编程无法解决的许多复杂形状零件的加工编程问题。

数控编程的主要内容有分析零件图样、工艺处理、数值处理、编写加工程序单、输入数控系统、程序检验及试切。

Pro/ENGINEER 数控模块提供了多种加工类型用于各种复杂零件的粗精加工，用户可以根据零件结构、加工表面形状和加工精度要求选择合适的加工类型。

17.1.2 数控加工的流程

Pro/ENGINEER 能够模拟数控加工的全过程，其一般流程如下（图 17.1.1）。

（1）创建制造模型，包括创建或获取设计模型以及工件规划。

（2）设置制造数据，包括选择加工机床、设置夹具和刀具。

（3）操作设置（如进给速度、进给量和机床主轴转速等）。

（4）设置 NC 序列，进行加工仿真。

（5）创建 CL 数据文件。

（6）利用后处理器生成 NC 代码。

17.1.3 数控模块的操作界面

首先进行下面的操作，打开指定文件。

步骤 01 选择下拉菜单 文件(F) → 设置工作目录(W)... 命令，将工作目录设置至 D:\proedq5\work\ch17.01。

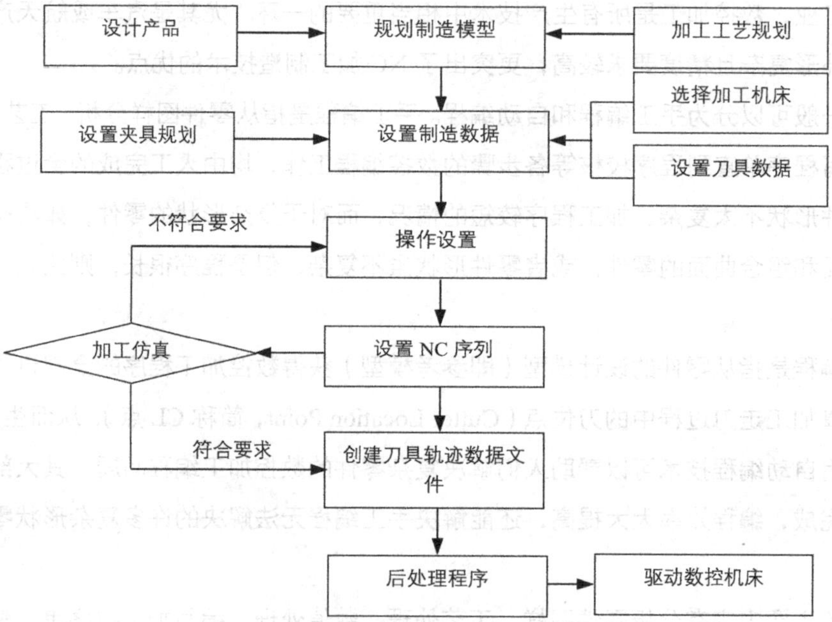

图 17.1.1 Pro/NC 数控加工流程图

步骤 02 选择下拉菜单 文件(F) → 打开(O)... 命令，打开文件 volume.asm。

打开文件 volume.asm 后，系统显示图 17.1.2 所示的数控工作界面。

数控工作界面包括下拉菜单区、顶部工具栏按钮区、右工具栏按钮区、消息区、命令在线帮助区、图形区及导航选项卡区等。

1. 导航选项卡区

导航选项卡包括四个页面选项："模型树""层树""文件夹浏览器"和"收藏夹"。

- "模型树"中列出了活动文件中的所有零件及特征，并以树的形式显示模型结构，根对象（活动零件或组件）显示在模型树的顶部，其从属对象（零件或特征）位于根对象之下。例如，在活动装配文件中，"模型树"列表的顶部是组件，组件下方是每个元件零件的名称；在活动零件文件中，"模型树"列表的顶部是零件，零件下方是每个特征的名称。若打开多个 Pro/ENGINEER 模型，则"模型树"只反映活动模型的内容。
- "层树"可以有效地组织和管理模型中的层。
- "文件夹浏览器"类似于 Windows 的"资源管理器"，用于浏览文件。
- "收藏夹"用于有效地组织和管理个人资源。

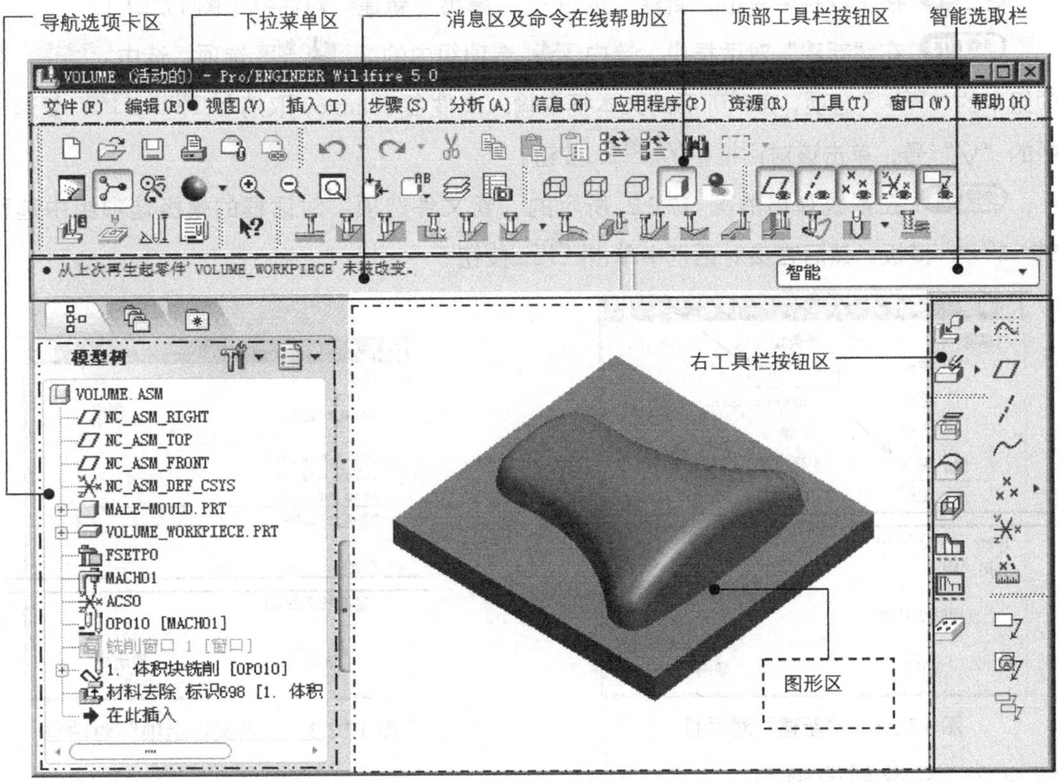

图 17.1.2 数控模块操作界面

2. 下拉菜单区

下拉菜单中包含创建、保存、修改模型和设置 Pro/ENGINEER 环境的一些命令。

3. 工具栏按钮区

工具栏中的命令按钮为快速进入命令及设置工作环境提供了极大的方便，用户可以根据具体情况定制工具栏。

17.2 使用 Pro/E 软件进行数控加工的流程

17.2.1 新建一个数控制造模型文件

在进行数控加工操作之前，首先需要新建一个数控制造模型文件，进入 Pro/ENGINEER 数控加工操作界面，其操作提示如下。

步骤 01 设置工作目录。选择下拉菜单 文件(F) ➡ 设置工作目录(W)... 命令，将工作目录设置至 D:\proedq5\work\ch17.02。

步骤 02 在工具栏中单击“新建”按钮，弹出“新建”对话框（图 17.2.1）。

步骤 03 在“新建”对话框中，选中 类型 选项组中的 制造 选项，选中 子类型 选项组中的 NC组件 选项，在 名称 后的文本框中输入文件名 volume，取消 使用缺省模板 复选框中的“√”号，单击该对话框中的 确定 按钮。

步骤 04 在系统弹出的图 17.2.2 所示的“新文件选项”对话框的模板选项组中选取 mmns_mfg_nc 模板，然后在该对话框中单击 确定 按钮。

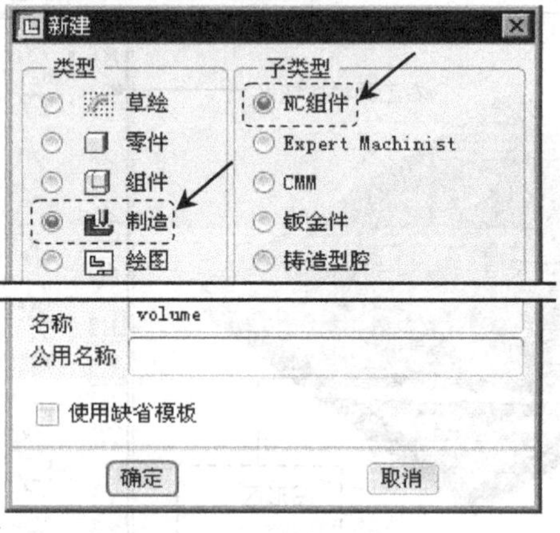

图 17.2.1 “新建”对话框

图 17.2.2 “新文件选项”对话框

17.2.2 设置制造模型

在进行 Pro/NC 加工制造流程的各项规划之前，必须先设置制造模型。常规的制造模型由一个设计模型和一个工件模型组成，根据加工需要，制造模型还可以包含其他可能属于制造组件的一部分，如转台或夹具等组件。设计模型也称为“参照模型”，在创建 NC 序列时将其用作参照。如果不涉及材料的去除，则不必定义工件模型。

创建制造模型时，它一般由以下三个单独的文件组成。

- 制造组件——manufacturename.asm。
- 设计模型——filename.prt。
- 工件（可选）——filename.prt。

任务01 引入参照模型

步骤01 选取命令。选择下拉菜单 插入(I) → 参照模型(R) → 装配(A)... 命令，系统弹出“打开”对话框。

步骤02 从弹出的“打开”对话框中，选取三维零件模型——male-mould.prt 作为参照零件模型，并将其打开。系统弹出“放置”操控板，如图 17.2.3 所示。

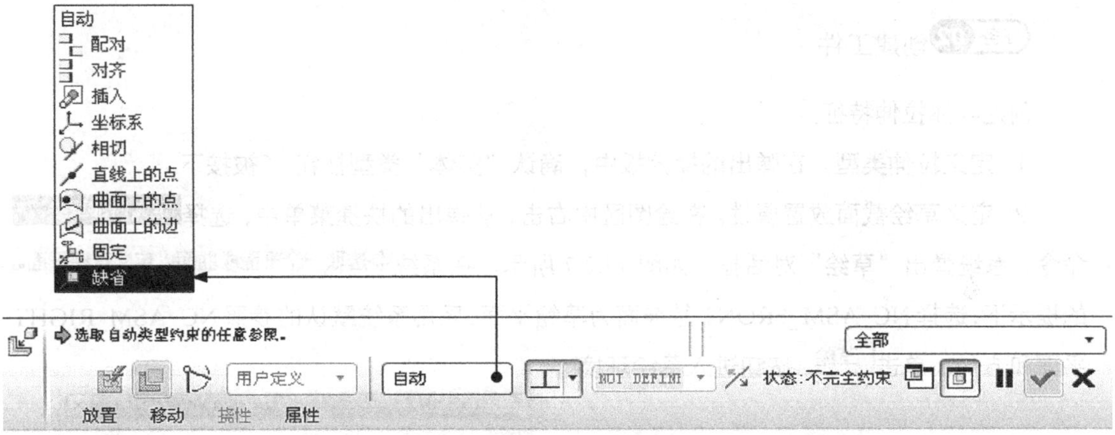

图 17.2.3 “放置”操控板

步骤03 在“放置”操控板中选择 缺省 命令，然后单击 ✓ 按钮，此时系统弹出图 17.2.4 所示的“创建参照模型”对话框，单击此对话框中的 确定 按钮，完成参考模型的放置，放置后如图 17.2.5 所示。

手动创建图 17.2.6 所示的工件，操作步骤如下。

步骤01 选取命令。选择下拉菜单 插入(I) → 工件(W) → 创建(C)... 命令。

步骤02 在系统 输入零件 名称 [PRT0001]: 的提示下，输入工件名称 volume_workpiece，然后在提示栏中选择“完成”按钮 ✓。

步骤03 创建工件特征。

（1）在 ▼ FEAT CLASS（特征类）菜单中，选择 Solid（实体） → Protrusion（伸出项）命令。在弹出的 ▼ SOLID OPTS（实体选项）菜单中，选择 Extrude（拉伸） → Solid（实体） → Done（完成）命令，此时系统显示“实体拉伸”操控板。

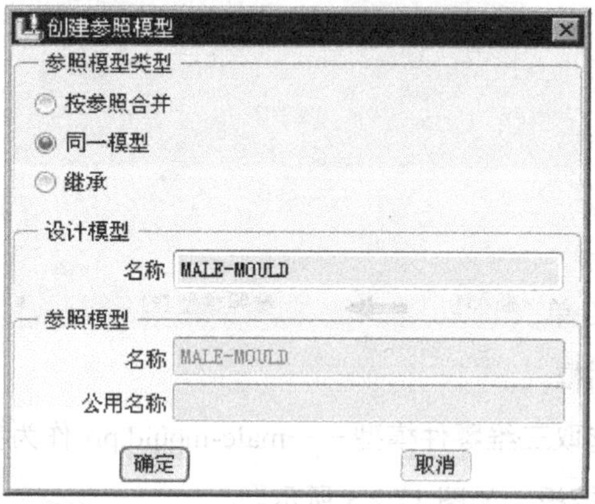

图 17.2.4 “创建参照模型”对话框

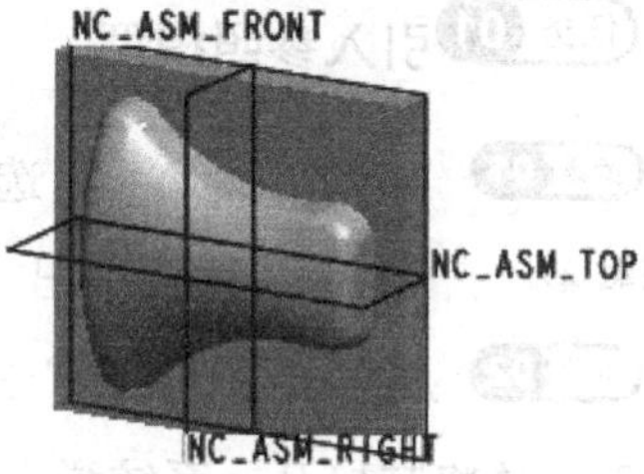

图 17.2.5 放置后的参照模型

任务 02 创建工件

创建实体拉伸特征。

① 定义拉伸类型。在弹出的操控板中，确认“实体”类型按钮□被按下。

② 定义草绘截面放置属性。在绘图区中右击，从弹出的快捷菜单中，选择 定义内部草绘... 命令，系统弹出“草绘”对话框，如图 17.2.7 所示。在系统 ⇨选取一个平面或曲面以定义草绘平面。的提示下，选择 NC_ASM_FRONT 基准面为草绘平面，采用系统默认的参照 NC_ASM_RIGHT 平面和方向；单击 草绘 按钮进入草绘环境。

图 17.2.6 制造模型

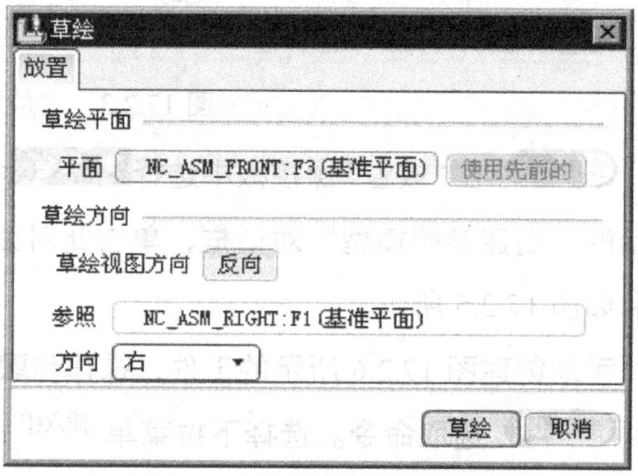

图 17.2.7 “草绘”对话框

③ 绘制截面草图。进入截面草绘环境后，选取 NC_ASM_RIGHT 基准面和 NC_ASM_TOP 基准面为草绘参照，使用□命令绘制图 17.2.8 所示的截面草图。完成特征截面的绘制后，选择工具栏中的“完成”按钮✓。

④ 在操控板中选取深度类型，在其后的文本框中输入数值 30.0，单击按钮调整拉伸方向，如图 17.2.9 所示。

⑤ 在操控板中选择“完成”按钮，完成工件的创建。

17.2.3 制造设置

制造设置即建立制造数据库。此数据库包含诸如可用机床、刀具、夹具配置、地址参数或刀具表等项目。

制造设置的一般步骤如下。

步骤 01 选取命令。选择下拉菜单 步骤(S) → 操作(O) 命令，此时系统弹出图 17.2.10 所示的“操作设置”对话框。

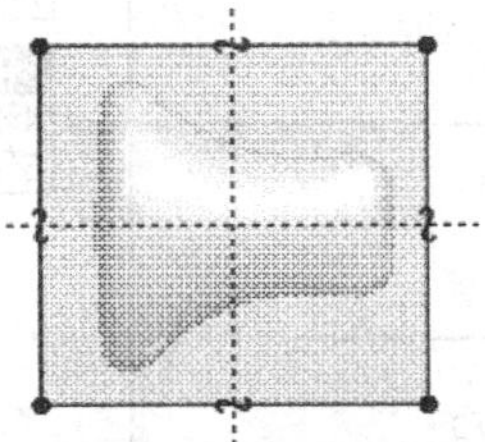

图 17.2.8 截面草图

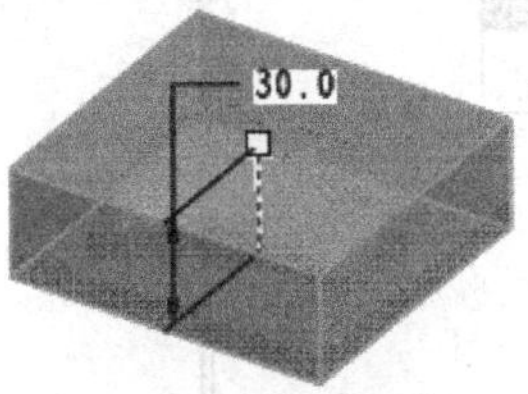

图 17.2.9 创建拉伸

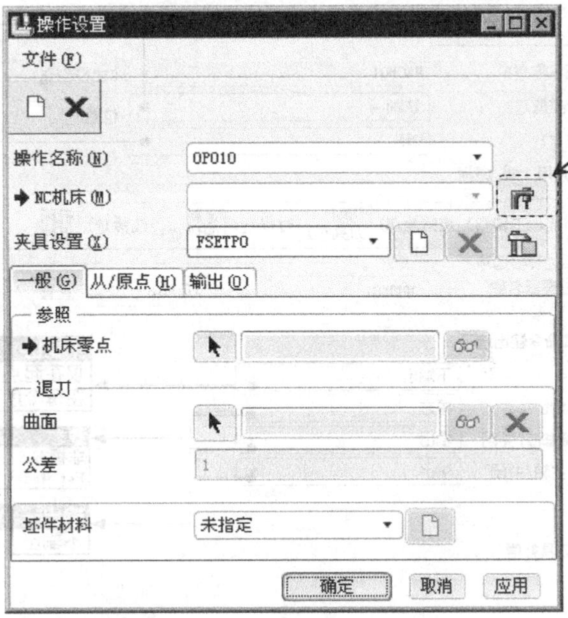

图 17.2.10 “操作设置”对话框

对图 17.2.10 所示的“操作设置”对话框中的部分选项说明如下。

◆ 按钮：位于对话框左上部，用于创建一个新操作。
◆ 按钮：位于对话框左上部，用于删除已创建的操作。
◆ 操作名称(N)：用于设置加工工艺的名称。
◆ NC机床(M)：设置加工所使用的机床设备。
◆ 按钮：打开机床对话框以创建或重新定义机床。
◆ 按钮：位于 夹具设置(X) 后面的第一个按钮，用于新建一个夹具。

- ◆ 按钮：删除所选夹具设置。
- ◆ 按钮：位于 夹具设置(X) 的后面，用于重新定义夹具设置。
- ◆ 一般(G) 选项卡：该选项卡界面包括加工零点的设置、加工退刀面的设置及坯件材料的设置。
- ◆ 从/原点(H) 选项卡：该选项卡界面包括加工路径起始点和结束点位置的设置。
- ◆ 输出(O) 选项卡：该部分用于设置加工过程中优先输出的选项。

步骤 02 机床设置。选择“操作设置”对话框中的按钮，弹出“机床设置”对话框，在 机床类型(T) 下拉列表中选择 铣削，在 轴数(X) 下拉列表中选择 3轴，如图 17.2.11 所示。

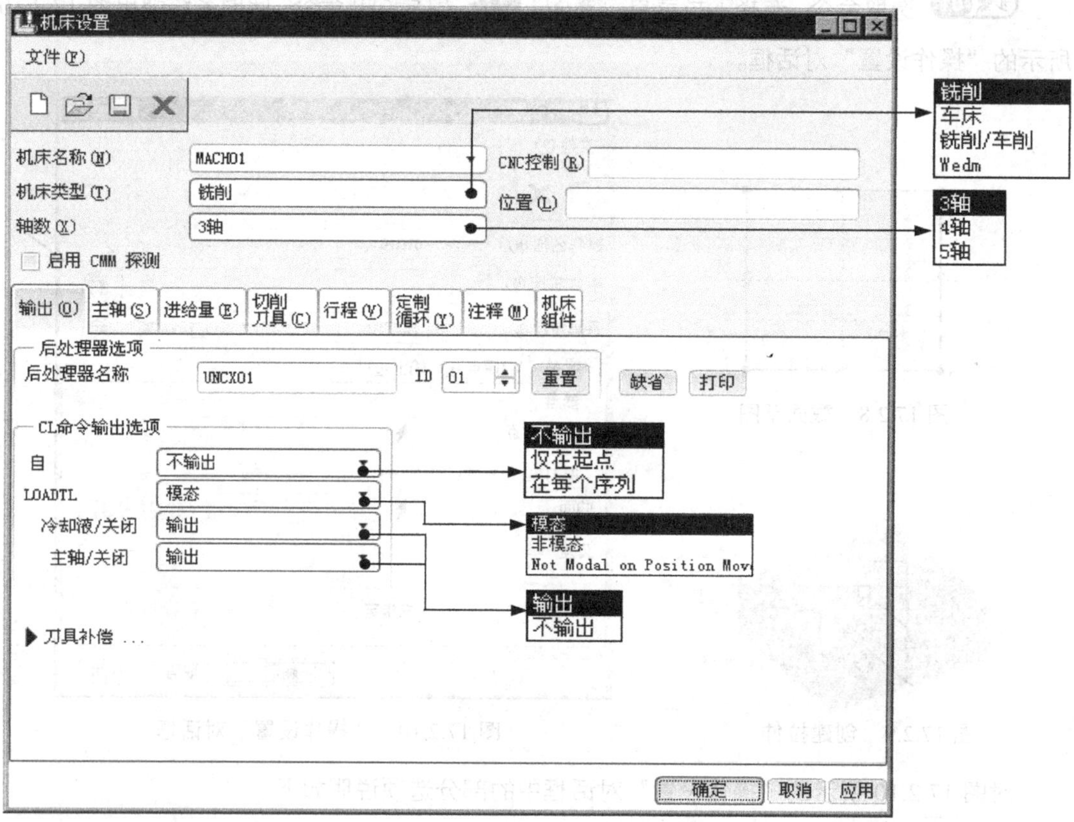

图 17.2.11 “机床设置”对话框

对图 17.2.11 所示的“机床设置”对话框中的各项说明如下。

- ◆ 机床名称(N)：用于机床名称的设置，可以在读取加工机床信息时，作为一个标识，以区别不同的加工机床设置。如果是首次设置加工机床，该选项默认的名称为 MACH01，用户可以使用其默认的名称，也可以在后面的文本框中设置新的名称。
- ◆ 机床类型(T)：机床一般分为两大类——立式机床和卧式机床。对于不同的零件特点和工艺要求，需要选择不同类型的机床。不同的机床类型决定了在该机床上所能进行的 NC 工序。

- ◆ CNC控制(R)：用于控制器名称的输入。
- ◆ 位置(L)：用于加工机床位置的输入。
- ◆ 输出(O)选项卡：可以进行后处理器的相关设置、刀具位置输出的相关设置。选择最下面的 ▶刀具补偿... 选项，则会弹出切刀补偿的相关设置。
- ◆ 主轴(S)选项卡：用于刀具主轴的最大转速和功率的设置。
- ◆ 进给量(E)选项卡：用于进给量单位和极限的设置。
- ◆ 切削刀具(C)选项卡：用于刀具换刀时间的设置，并进行刀具参数的设置。
- ◆ 行程(V)选项卡：用于设置加工机床刀具在各方向（X_、Y_、Z_，）的最大和最小移动量。
- ◆ 定制循环(Y)选项卡：用于在孔加工过程中定制循环。
- ◆ 注释(M)选项卡：用于注释工作机床设置的相关信息。
- ◆ 机床组件选项卡：用于定义机床中组件的相关信息。

步骤 03 刀具设置。在“机床设置”对话框的切削刀具(C)选项卡中，单击按钮（图 17.2.12），系统弹出“刀具设定”对话框。

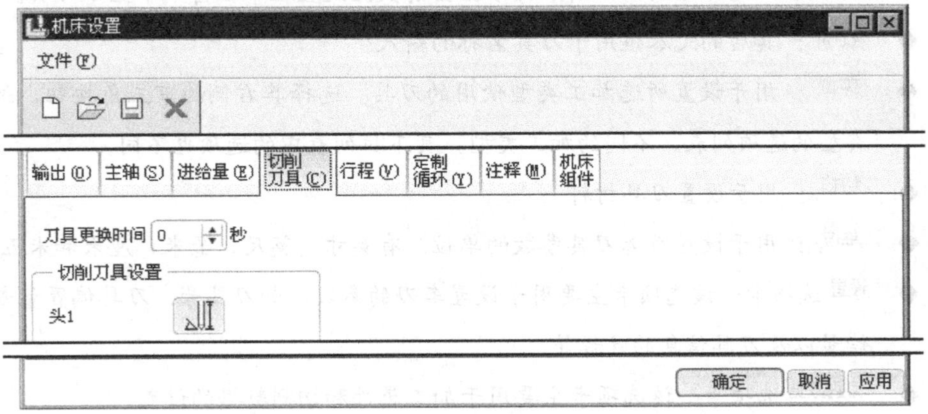

图 17.2.12 “机床设置”对话框

步骤 04 在弹出的“刀具设定”对话框中设置刀具参数，完成设置后如图 17.2.13 所示。设置完毕后单击 应用 按钮并单击 确定 按钮，在“机床设置”对话框中单击 确定 按钮，返回到“操作设置”对话框。

对图 17.2.13 所示的“刀具设定”对话框中部分选项或按钮说明如下。

- ◆ 按钮：用于新刀具的创建。

- ◆ 按钮：用于从磁盘中打开刀具。
- ◆ 按钮：选择该按钮，保存刀具参数文件。

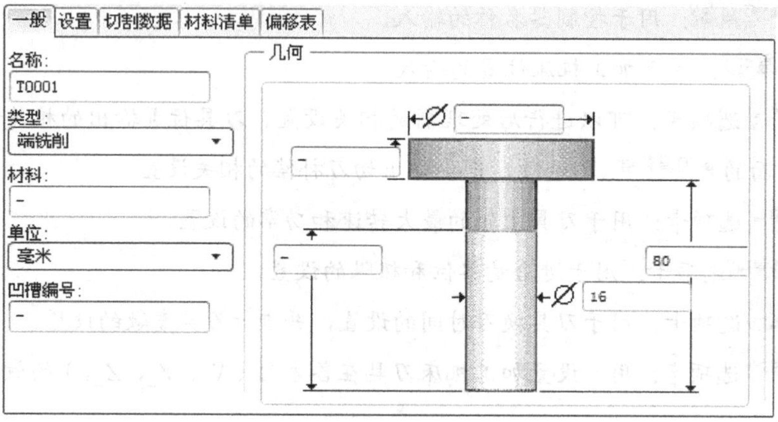

图 17.2.13　设置刀具一般参数

- ◆ 按钮：用于删除刀具。
- ◆ 按钮：用于刀具信息的显示。
- ◆ 应用按钮：用于应用所选刀具或更改后的刀具。
- ◆ 恢复按钮：用于恢复刀具的原设置。
- ◆ 按钮：选择该按钮，则系统根据当前数据设置在单独窗口中显示刀具。
- ◆ 名称：其后的文本框用于刀具名称的输入。
- ◆ 类型：用于设置所选加工类型使用的刀具。选择其右侧的下三角按钮，弹出加工类型的选项列表。不同的加工类型，其下拉列表中的选项也不同。
- ◆ 材料：用于设置刀具材料。
- ◆ 单位：用于设置所选刀具参数的单位。有英寸、英尺、毫米、厘米和米五项。
- ◆ 设置选项卡：该选项卡主要用于设置车刀的参数，如刀具号、刀具偏置量或位置补偿量以及刀具信息的注释等。
- ◆ 切割数据选项卡：该选项卡主要用于加工属性和切割数据的设置。
- ◆ 材料清单选项卡：用于列出刀具名称、类型、数量以及注释等。
- ◆ 偏移表选项卡：用于列出刀具的偏移编号、偏移距离以及注释。

步骤 05 机床坐标系设置。在“操作设置”对话框的参照选项组中单击按钮，在弹出的▼MACH CSYS（制造坐标系）菜单中选择Select（选取）命令。

步骤 06 选择下拉菜单插入(I) ⟶ 模型基准(D)▸ ⟶ 坐标系(C)...命令，系统弹出“坐标系”对话框，如图，17.2.14 所示。按住 Ctrl 键，依次选择 NC_ASM_RIGHT、NC_ASM_TOP

基准面和图 17.2.15 所示的模型表面作为创建坐标系的三个参照平面，此时“坐标系”对话框显示如图 17.2.14 所示，单击 确定 按钮完成坐标系的创建。

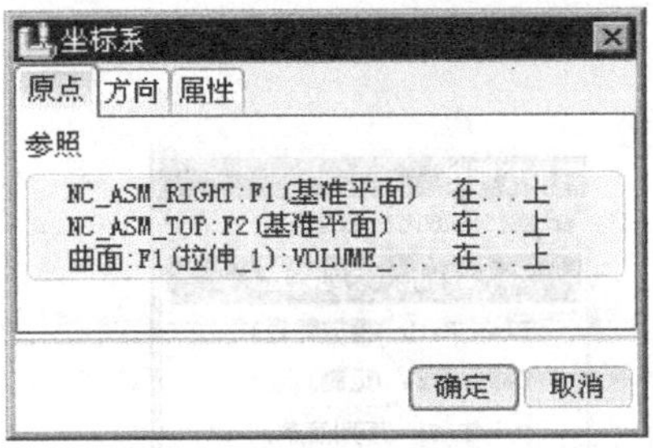

图 17.2.14 “坐标系”对话框

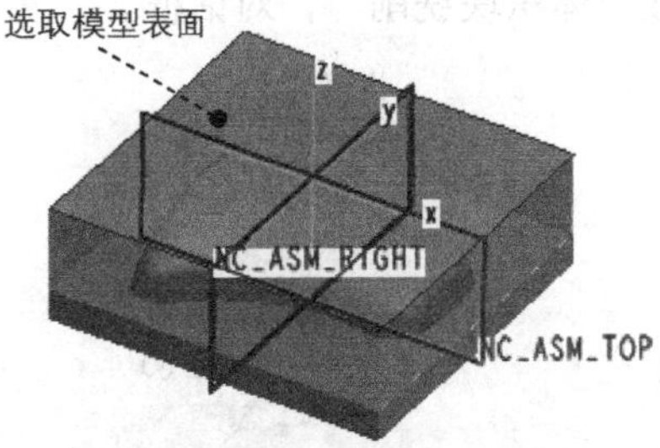

图 17.2.15 选取参照平面

步骤 07 退刀面的设置。在“操作设置”对话框的 退刀 选项卡中选择 按钮，系统弹出图 17.2.16 所示的“退刀设置”对话框，然后在 类型 下拉列表中选取 平面，选取坐标系 ACS0 为参照，在“值”文本框中输入值 30.0，然后按回车键，在图形区预览退刀平面，如图 17.2.17 所示。最后单击 确定 按钮，完成退刀平面的创建。

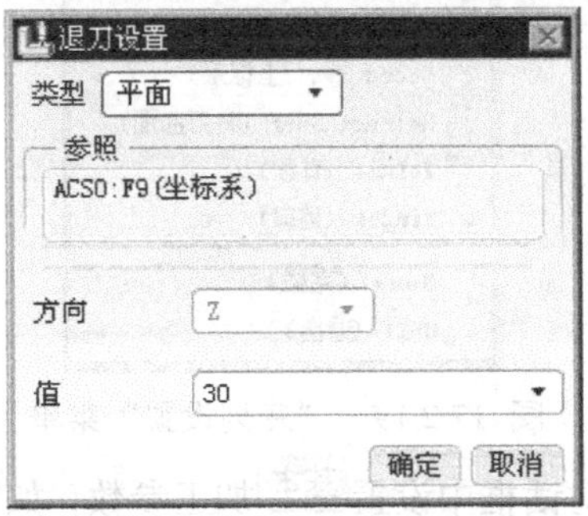

图 17.2.16 “退刀设置”对话框

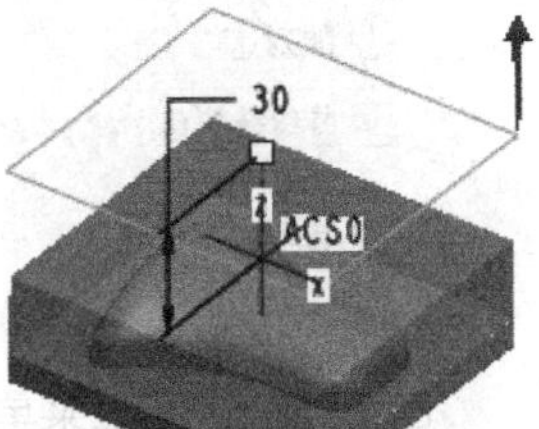

图 17.2.17 退刀平面

步骤 08 在“操作设置”对话框的 退刀 选项组中的 公差 文本框后输入加工的公差值 0.01，完成后单击 确定 按钮，完成操作设置。

17.2.4 设置 NC 序列

在 Pro/NC 中，不同的 NC 序列所对应的设置项目将有所不同，每种加工程序设置项目所产生的加工刀具路径参数形态及适用状态也有所不同。所以，用户可以根据零件图样及工艺技术状况，选择合理的 NC 序列。

设置 NC 序列的一般步骤如下。

步骤 01 选择下拉菜单 步骤(S) → 体积块粗加工(V) 命令，如图 17.2.18 所示，此时系统弹出“序列设置”菜单。

步骤 02 在弹出的"序列设置"菜单中选择图 17.2.19 所示的复选框，然后选择 Done (完成) 命令，在弹出的"刀具设定"对话框中选择 确定 按钮，此时系统弹出"编辑序列参数'体积块铣削'"对话框。

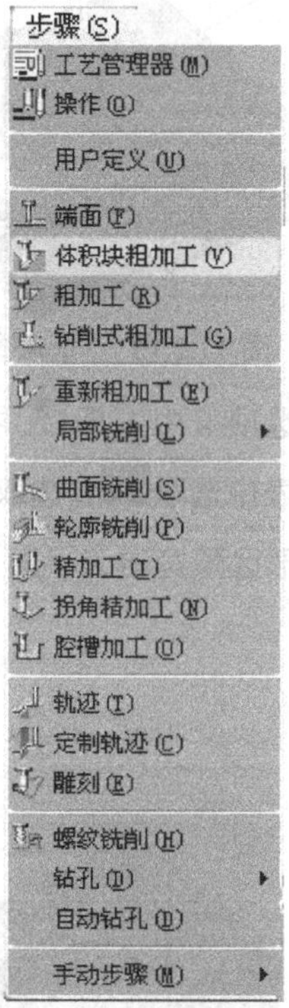

图 17.2.18 下拉菜单

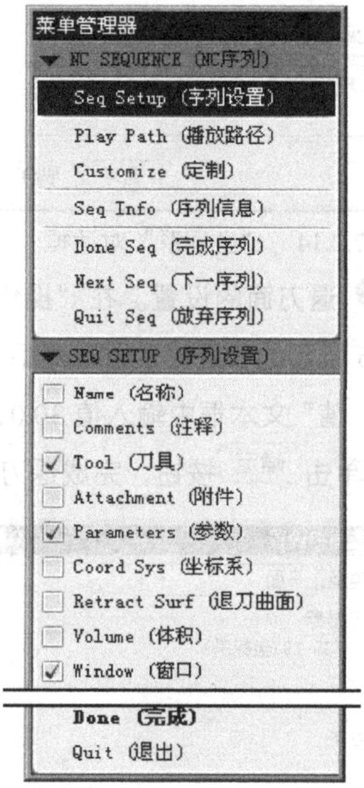

图 17.2.19 "序列设置"菜单

步骤 03 在"编辑序列参数'体积块铣削'"对话框中设置 基本 加工参数，如图 17.2.20 所示，选择下拉菜单 文件(F) 中的 另存为 命令。接受系统默认的名称，单击"保存副本"对话框中的 确定 按钮，然后再次单击"编辑序列参数'体积块铣削'"对话框中的 确定 按钮，完成参数设置。此时，系统弹出菜单管理器和"选取"菜单。

对图 17.2.20 所示的"编辑系列参数'体积块铣削'"对话框中的各项说明如下。

- 切削进给：设置加工过程中的切削进给速度，单位通常为 mm/min。
- 弧进给量：设置所有沿弧的切割移动的进给率。
- 自由进给：设置非切割动作的进给率。
- RETRACT_FEED：刀具从工件上移开的进给率。
- 横移进给量：设定所有横向刀具运动的进给率。
- 切入进给量：用户可以设定插入移动的速度。
- 步长深度：设置分层铣削中每一层的切削深度，单位通常为 mm。

- 公差：从刀具轨迹中的模型几何设置最大允许偏差。
- 跨度：设置相邻两条刀具轨迹间的重叠部分，通常取刀具直径的一半，单位为 mm。
- 允许轮廓坯件：用于设置粗加工余量。
- 允许粗加工坯件：设定原料量留给粗加工刀具轨迹段。
- 允许的底部线框：用于设置底部的加工余量。

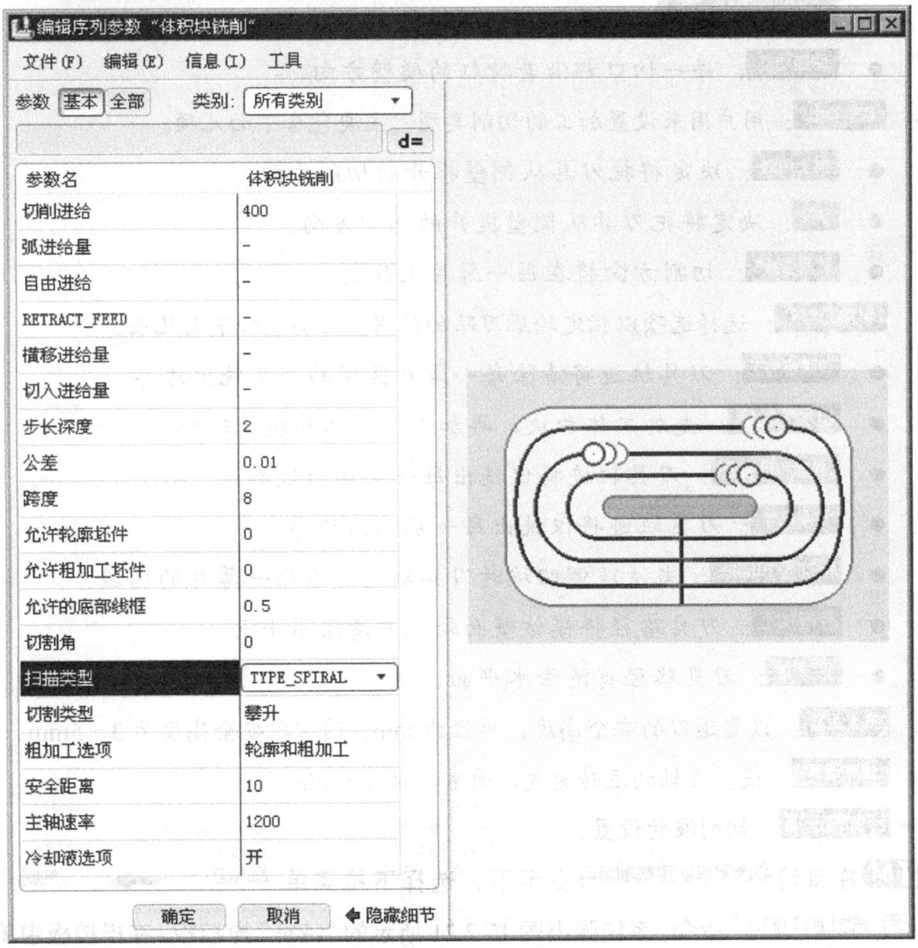

图 17.2.20 “编辑序列参数‘体积块铣削’对话框

- 切割角：用于设置刀具路径和 X 轴的夹角。
- 扫描类型：用于设置加工区域时轨迹的拓扑结构。有下面几种主要类型。
  - 类型 1：刀具连续走刀，遇到凸起部分自动抬刀。
  - 类型2：刀具连续走刀，遇到凸起部分，刀具环绕加工、不抬刀。
  - 类型 3：刀具连续走刀，遇到凸起部分，刀具分区进行加工。

- TYPE_SPIRAL：刀具螺旋走刀。
- 类型一方向：刀具单向进刀加工方式，适合于精加工，遇到凸起部分自动抬刀。
- 类型1连接：当进入或退出每一切割时刀具将遵循零件轮廓线。
- 常数_加载：用大约恒定刀具加载来扫描层切面。
- 螺旋保持切割方向：螺旋扫描，保持切削方向。
- 螺旋保持切割类型：螺旋扫描，保持切削类型。
- 跟随硬壁：每一切口都沿着特征的硬壁方向。

◆ 切割类型：用户用来设置加工的切削类型。主要包含下面几项。

- 向上切割：决定将把刀具从侧壁推开的切削方向。
- 攀升：决定将把刀具从侧壁提升的切削方向。
- 转弯_急转：切割方向将在每一薄片上改变。

◆ 粗加工选项：选择选项以指定轮廓刀路的使用。主要包含下面几项。

- 仅限粗加工：刀具轨迹将清除每一薄片区域而并不铣出边界。
- 粗加工轮廓：先加工体积块，再加工组成体积块的轮廓。
- 轮廓和粗加工：刀具轨迹将仅铣出每一层切面边界。
- 仅限轮廓：刀具轨迹将仅铣出每一层切面边界。
- 粗加工和清除：当清理侧凹坑时刀具轨迹清除每一薄片的区域。
- 腔槽加工：刀具路径将模仿壁面轮廓并清除水平面。
- 仅_表面：刀具路径将清除水平面。

◆ 安全距离：设置退刀的安全高度，单位为 mm，通常取安全高度为 3～5mm。

◆ 主轴速率：设置主轴的运转速度，通常单位为 r/min。

◆ 冷却液选项：切削液的设置。

步骤 04 在系统 ➡选取或创建铣削窗口 提示下，选择下拉菜单 插入(I) ➡ 制造几何(G) ➡ 铣削窗口(W)... 命令，系统弹出图 17.2.21 所示的“特征”操控板。在操控板中单击 按钮，选取工件的顶面为窗口平面，单击 按钮，系统弹出图 17.2.22 所示的“草绘”对话框，选取 NC_ASM_TOP 基准平面为参照平面，方向设置为底部，然后单击 草绘 按钮，系统进入草绘环境。

图 17.2.21 “特征”操控板

步骤 05 绘制截面草图。进入截面草绘环境后，绘制的截面草图如图 17.2.23 所示。完成特征截面的绘制后，单击工具栏中的“完成”按钮✓，然后在“放置”操控板中单击确定按钮✓，完成铣削窗口的创建。

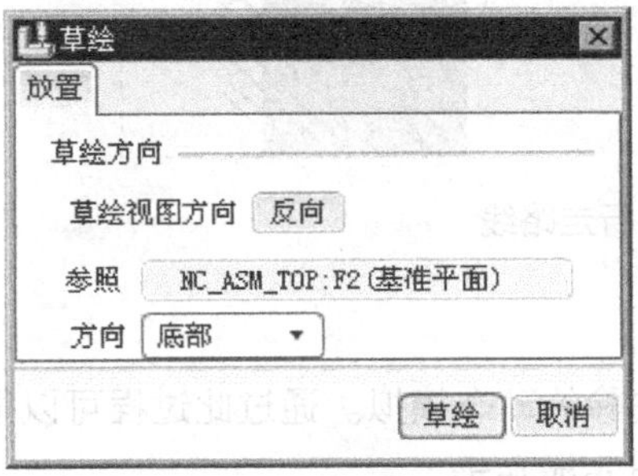

图 17.2.22 “草绘”对话框

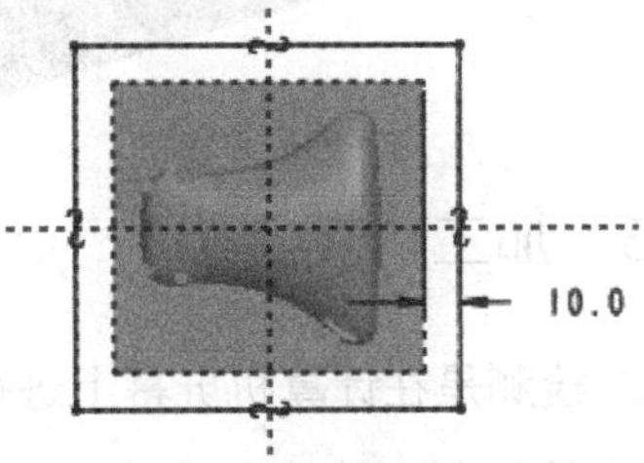

图 17.2.23 截面草图

17.2.5 演示刀具轨迹

在前面的各项设置完成后，要演示刀具轨迹，生成 CL 数据，以便查看和修改，生成满意的刀具路径。演示刀具路径的一般步骤如下。

步骤 01 在系统弹出的▼ NC SEQUENCE (NC序列)菜单中选择 Play Path (播放路径) 命令，此时系统弹出图 17.2.24 所示的▼ PLAY PATH (播放路径)菜单。

步骤 02 在▼ PLAY PATH (播放路径)菜单中选择 Screen Play (屏幕演示) 命令，系统弹出图 17.2.25 所示的“播放路径”对话框。

步骤 03 单击“播放路径”对话框中的▶按钮，观察刀具的行走路线，其刀具行走路线如图 17.2.26 所示。单击▶ CL数据栏可以打开窗口查看生成的 CL 数据。

步骤 04 演示完成后，选择“播放路径”对话框中的 关闭 按钮。

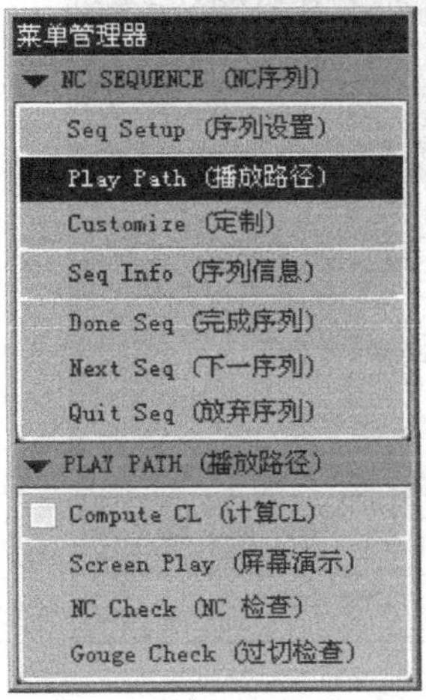

图 17.2.24 “播放路径”菜单

图 17.2.25 “播放路径”对话框

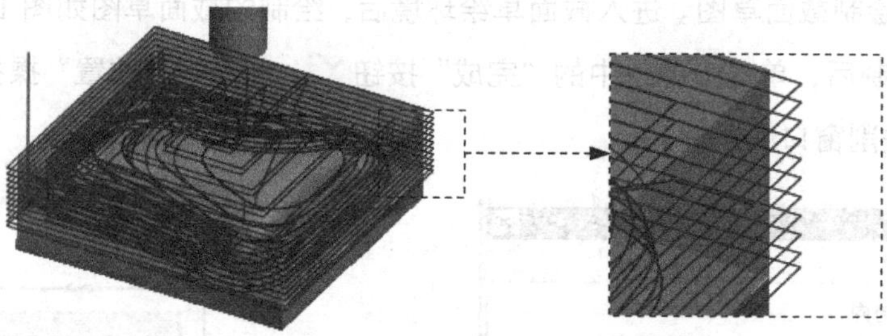

图 17.2.26 刀具行走路线

17.2.6 加工仿真

NC 检测是在计算机屏幕上进行对工件材料去除的动态模拟。通过此过程可以很直接地观察到刀具切削工件的实际过程。加工仿真的一般步骤如下。

说明 要进行 NC 检查，需要在安装 Pro/ENGINEER 软件时选择安装 VERICUT（R）。

步骤 01 在 ▼ PLAY PATH (播放路径) 菜单中选择 NC Check (NC 检查) 命令。观察刀具切割工件的运行情况，在弹出的“VERICUT 6.2.2 by CGTech”对话框中单击按钮，运行结果如图 17.2.27 所示。

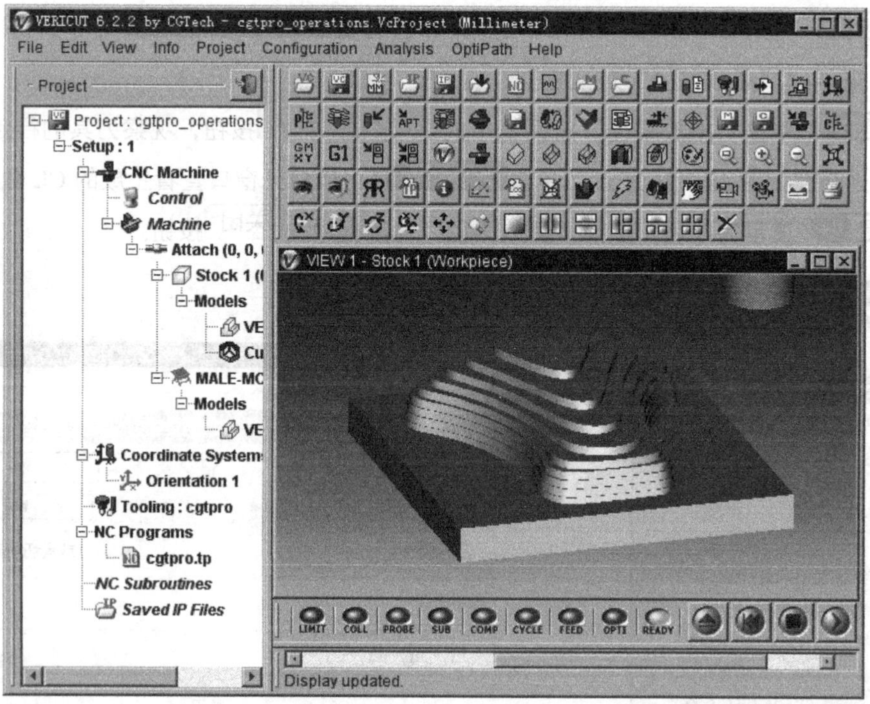

图 17.2.27 NC 检查结果

步骤 02 演示完成后，选择软件右上角的 X 按钮，在弹出的“Save Changes Before Exiting VERICUT?”对话框中单击 Save Checked Files 按钮，关闭仿真软件。

步骤 03 在 ▼ NC SEQUENCE (NC序列) 菜单中选取 Done Seq (完成序列) 命令。

17.2.7 切减材料

材料切减属于工件特征，可创建该特征来表示依据加工序列，从工件切减所对应的材料部分。切减材料的一般步骤如下。

步骤 01 选取命令。选择下拉菜单 插入(I) ➡ 材料去除切削(V) 命令，系统弹出图 17.2.28 所示的 ▼ NC序列列表 菜单，然后在此菜单中选择 1: 体积块铣削，操作：OP010，此时系统弹出 ▼ MAT REMOVAL (材料删除) 菜单，如图 17.2.29 所示。

图 17.2.28 “NC 序列列表”菜单

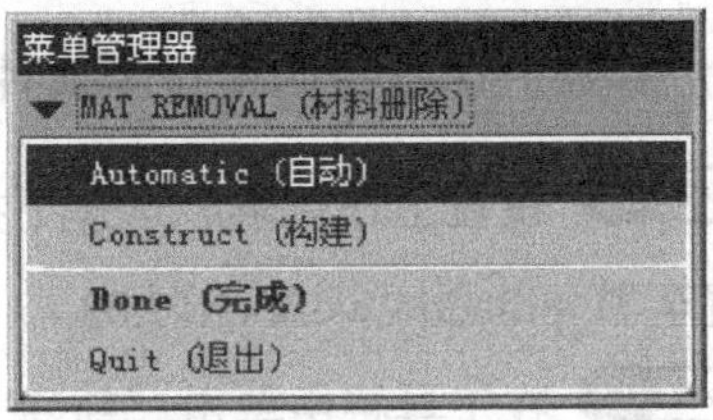

图 17.2.29 “材料删除”菜单

步骤 02 在弹出的 ▼ MAT REMOVAL (材料删除) 菜单中选择 Automatic (自动) ➡ Done (完成) 命令，系统弹出图 17.2.30 所示的“相交元件”对话框和“选取”对话框。

步骤 03 在“相交元件”对话框中单击 自动添加 按钮和 ≣ 按钮，然后单击 确定 按钮，完成材料切减，切减后的工件模型如图 17.2.31 所示（图中已隐藏参照模型）。

图 17.2.30 “相交元件”对话框

图 17.2.31 切减材料后的工件模型

17.3 平 面 铣 削

对于大面积的没有任何曲面或凸台的零件表面进行加工时，一般选用平底立铣刀或端铣刀。使用该加工方法，可以进行粗加工，也可以进行精加工。

下面以图 17.3.1 所示的零件介绍平面加工的一般过程。

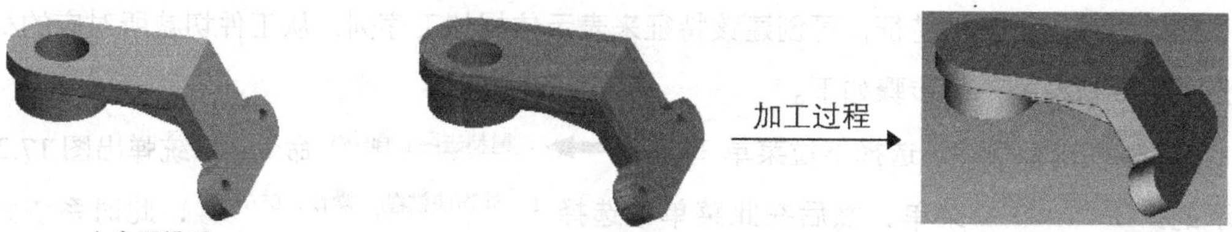

a）参照模型　　b）工件　　c）加工结果

图 17.3.1　平面铣削

1. 新建一个数控制造模型文件

步骤 01 设置工作目录。选择下拉菜单 文件(F) ➡ 设置工作目录(W)... 命令，将工作目录设置至 D:\proedq5\work\ch17.03。

步骤 02 在工具栏中单击“新建”按钮。

步骤 03 在“新建”对话框中，选中 类型 选项组中的 ◉ 制造 选项，选中 子类型 选项组中的 ◉ NC组件 选项，在 名称 文本框中输入文件名 face_milling，取消 ☑ 使用缺省模板 复选框中的“√”号，单击该对话框中的 确定 按钮。

步骤 04 在系统弹出的“新文件选项”对话框中的模板选项组中选取 mmns_mfg_nc 模板，然后在该对话框中单击 确定 按钮。

2. 建立制造模型

任务 01 引入参照模型

步骤 01 选取命令。选择下拉菜单 插入(I) ➡ 参照模型(R) ▸ ➡ 装配(A)... 命令，系统弹出“打开”对话框。

步骤 02 从弹出的“打开”对话框中，选取三维零件模型——face_milling.prt 作为参照零件模型，并将其打开。

步骤 03 在“放置”操控板中单击 ■ 缺省 按钮，然后单击 ✓ 按钮，此时系统弹出“创建参照模型”对话框，单击此对话框中的 确定 按钮，完成参照模型的放置。放置后如图 17.3.2 所示。

任务02 引入工件

步骤01 选取命令。选择下拉菜单 插入(I) → 工件(W) → 装配(A)... 命令，系统弹出“打开”对话框。

步骤02 从弹出的“打开”对话框中，选取三维零件模型——workpiece.prt 作为工件，并将其打开。

步骤03 在“放置”操控板中单击 缺省 按钮，然后单击✔按钮，此时系统弹出“创建毛坯工件”对话框，单击此对话框中的 确定 按钮，完成工件的放置。放置后的效果如图 17.3.3 所示。

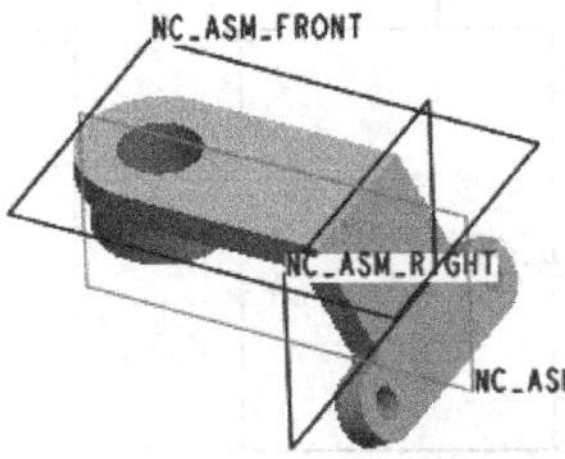

图 17.3.2 放置后的参照模型

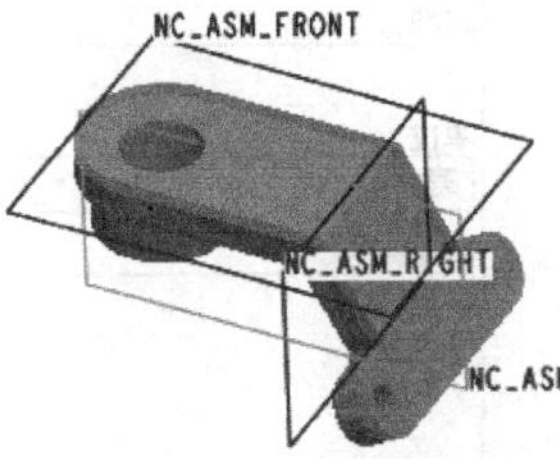

图 17.3.3 制造模型

3. 制造设置

步骤01 选择下拉菜单 步骤(S) → 操作(O) 命令，此时系统弹出“操作设置”对话框。

步骤02 机床设置。单击“操作设置”对话框中的 按钮，弹出“机床设置”对话框，在 机床类型(T) 下拉列表中选择 铣削，在 轴数(X) 下拉列表中选择 3轴。

步骤03 在“机床设置”对话框中选择 进给量(E) 选项卡，在 进给量极限 选项组 快速进给速度 的文本框中输入值 30000，如图 17.3.4 所示。

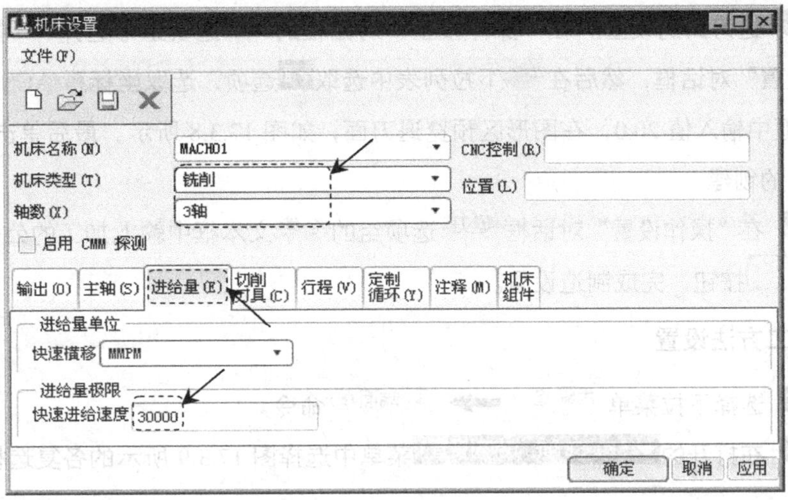

图 17.3.4 “机床设置”对话框

步骤 04 刀具设置。在“机床设置”对话框中选中切削刀具(C)选项卡，然后在切削刀具设置选项组中单击按钮。

步骤 05 在弹出的“刀具设定”对话框中设置刀具参数，完成设置后的结果如图 17.3.5 所示。设置完毕后单击 应用 按钮并单击 确定 按钮，在“机床设置”对话框中单击 确定 按钮，返回到“操作设置”对话框。

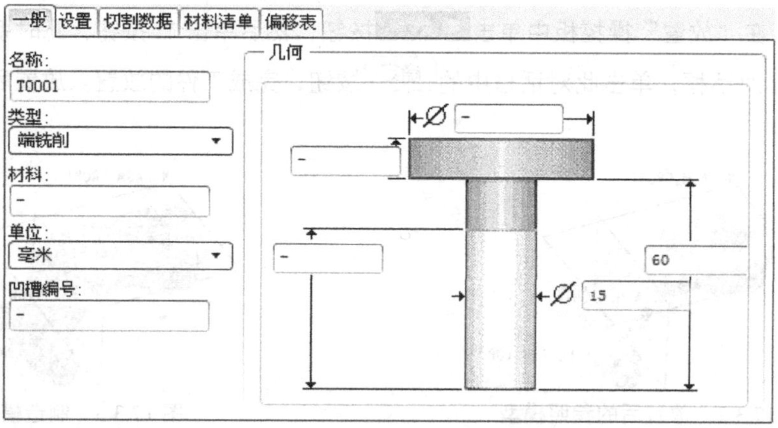

图 17.3.5 设置刀具一般参数

步骤 06 机床坐标系设置。在“操作设置”对话框的参照选项组中选择按钮，在弹出的▼ MACH CSYS (制造坐标系)菜单中选择Select (选取)命令。

步骤 07 选择下拉菜单插入(I) ➡ 模型基准(D)▸ ➡ 坐标系(C)...命令，系统弹出图 17.3.6 所示的“坐标系”对话框。依次选择 DTM1、NC_ASM_TOP 和 NC_ASM_FRONT 基准面作为创建坐标系的三个参照平面，单击确定按钮完成坐标系的创建，如图 17.3.7 所示。单击按钮可以察看选取的坐标系。

步骤 08 退刀面的设置。在“操作设置”对话框的退刀选项组中选择按钮，系统弹出“退刀设置”对话框，然后在类型下拉列表中选取平面选项，选取坐标系 ACS0 为参照，在“值”文本框中输入值 20.0，在图形区预览退刀面，如图 17.3.8 所示。最后单击确定按钮，完成退刀面的创建。

步骤 09 在“操作设置”对话框退刀选项组的公差文本框中输入加工的公差值 0.01，单击 确定 按钮，完成制造设置。

4. 加工方法设置

步骤 01 选择下拉菜单步骤(S) ➡ 端面(F)命令。

步骤 02 在打开的▼ SEQ SETUP (序列设置)菜单中选择图 17.3.9 所示的各复选框，然后选择

Done (完成)命令。

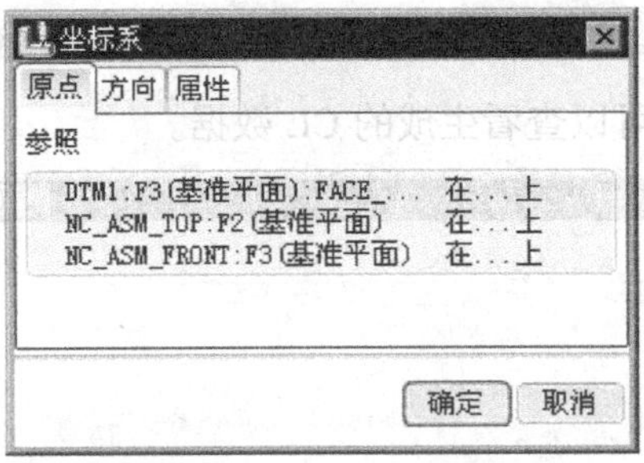

图 17.3.6 “坐标系”对话框

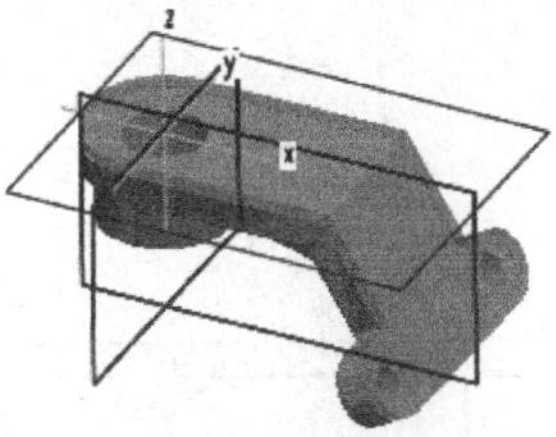

图 17.3.7 创建的坐标系

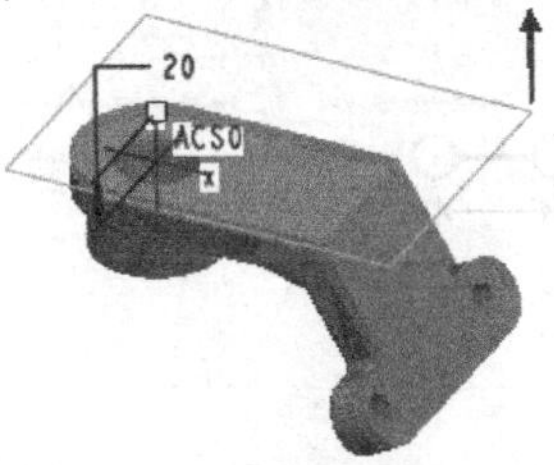

图 17.3.8 创建的退刀面

图 17.3.9 “序列设置”菜单

步骤 03 在系统弹出的“刀具设定”对话框中单击确定按钮。此时系统弹出“编辑序列参数‘端面铣削’”对话框。

步骤 04 在“编辑序列参数‘端面铣削’”对话框中设置加工参数，如图 17.3.10 所示。选择下拉菜单 文件(F) 中的另存为命令。接受系统默认的名称，单击“保存副本” 对话框中的确定按钮，然后再次单击“编辑序列参数‘端面铣削’”对话框中的确定按钮，完成参数的设置。

步骤 05 此时系统弹出“曲面”对话框，选取图 17.3.11 所示的模型表面，选取完成后，在“曲面”对话框中单击✓按钮。

5. 演示刀具轨迹

步骤 01 在 ▼ NC SEQUENCE (NC序列) 菜单中选择 Play Path (播放路径) 命令，此时系统弹出 ▼ PLAY PATH (播放路径) 菜单。

步骤 02 在 ▼ PLAY PATH (播放路径) 菜单中选择 Screen Play (屏幕演示) 命令，弹出“播放路径”

对话框。

步骤 03 单击“播放路径”对话框中的 ▶ 按钮，观察刀具的行走路线，其刀具行走路线如图 17.3.12 所示。单击 ▶ CL数据 栏可以查看生成的 CL 数据。

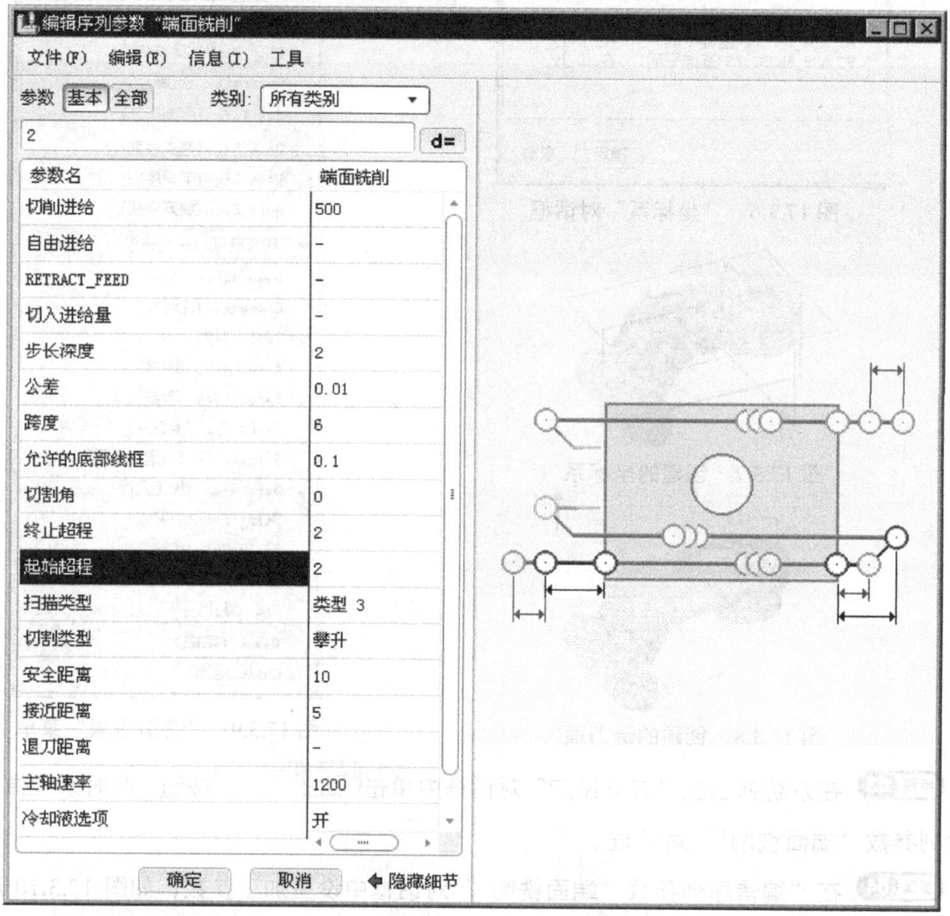

图 17.3.10 “编辑序列参数‘端面铣削’对话框

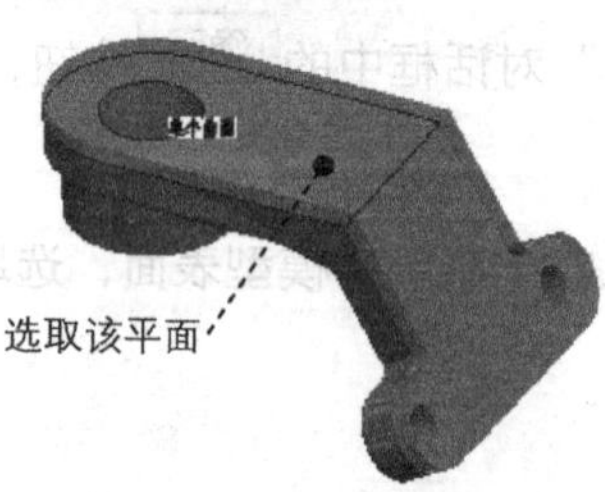

图 17.3.11 选取模型表面

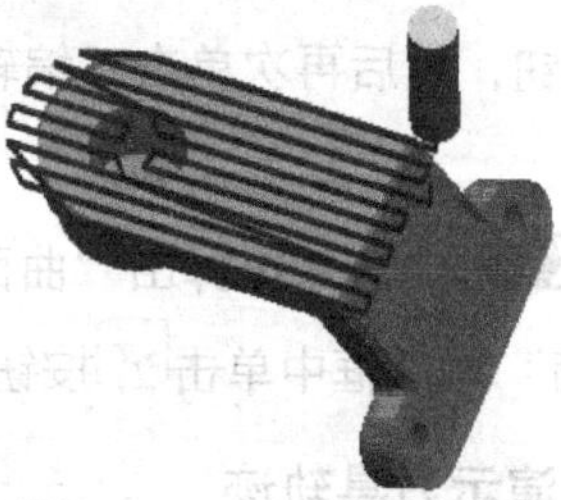
图 17.3.12 刀具行走路线

步骤 04 演示完成后，单击“播放路径”对话框中的 关闭 按钮。

6. 进行过切检测

步骤01 在▼ PLAY PATH (播放路径)菜单中选择Gouge Check (过切检查)命令（图 17.3.13），系统弹出▼ MFG CHECK (制造检测)菜单和“选取”对话框，然后依次选择Gouge Check (过切检测) ➡ Sel Surf (选取曲面) ➡ Add (添加) ➡ Surface (曲面)命令。

步骤02 选择图 17.3.11 所示参照模型的面，单击“选取”对话框中的确定按钮。

步骤03 曲面选取完成后，依次选择▼ SELECT SRFS (选取曲面)菜单和▼ SRF PRT SEL (曲面零件选择)菜单中的Done/Return (完成/返回)命令。

步骤04 在图 17.3.14 所示的Gouge Check (过切检测)菜单中，选择Run (运行)命令，系统开始进行过切检测，检测后，系统提示⊠没有发现过切。，然后依次选择Gouge Check (过切检测)菜单和▼ MFG CHECK (制造检测)菜单下的Done/Return (完成/返回)命令，完成过切检测，回到▼ PLAY PATH (播放路径)菜单。

7. 加工仿真

步骤01 在▼ PLAY PATH (播放路径)菜单中选择 NC Check (NC 检查) 命令。观察刀具切割工件的运行情况，在弹出的“NC 检查结果”对话框中单击按钮，其运行结果如图 17.3.15 所示。

步骤02 演示完成后，单击软件右上角的☒按钮，在弹出的“Save Changes Before Exiting VERICUT?”对话框中单击Save Checked Files按钮。

步骤03 在▼ NC SEQUENCE (NC序列)菜单中选择Done Seq (完成序列)命令。

步骤04 选择下拉菜单文件(F) ➡ 保存(S)命令，保存文件。

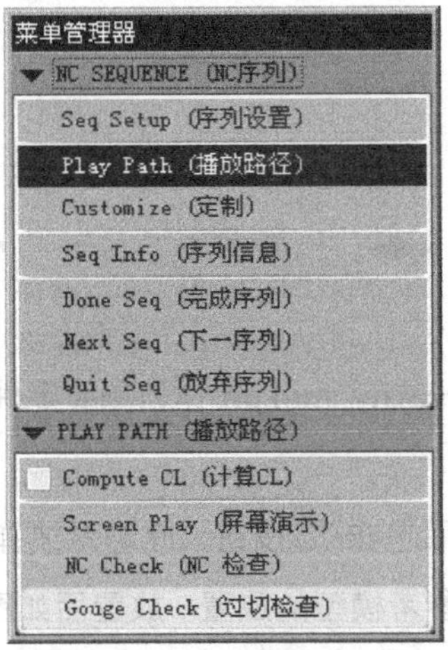

图 17.3.13 “播放路径”菜单

图 17.3.14 “过切检测”菜单

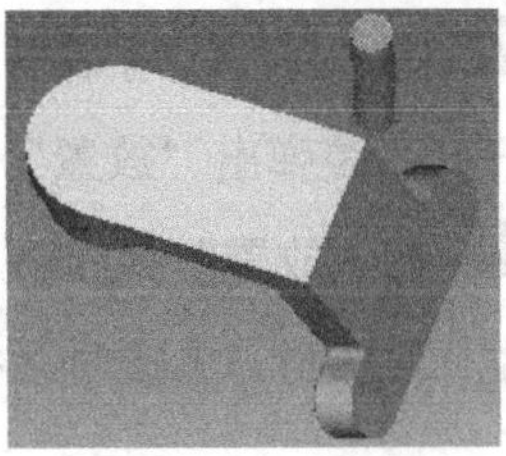

图 17.3.15 运行结果

17.4 粗加工铣削

粗加工铣削采用等高分层的方法来切除工件的余料，主要用于去除大量的工件材料。与体积块粗加工相比，基本可以达到同样的加工效果，但在显示坯料移除切削时没有体积块粗加工方便。下面通过图 17.4.1 所示的零件介绍粗加工铣削的一般过程。

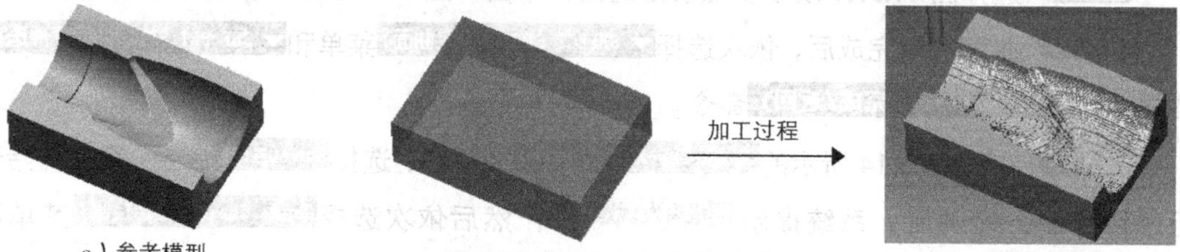

a）参考模型　b）工件　c）加工结果

图 17.4.1 粗加工铣削

1. 新建一个数控制造模型文件

步骤 01 设置工作目录。选择下拉菜单 文件(F) ➡ 设置工作目录(W)... 命令，将工作目录设置至 D:\proedq5\work\ch17.04。

步骤 02 在工具栏中单击“新建”按钮，弹出“新建”对话框。

步骤 03 在“新建”对话框中，选中 类型 选项组中的 ◉ 制造 选项，选中 子类型 选项组中的 ◉ NC组件 选项，在 名称 文本框中输入文件名称 mill_rough，取消 ☑ 使用缺省模板 复选框中的“√”号，单击该对话框中的 确定 按钮。

步骤 04 在系统弹出的“新文件选项”对话框的 模板 选项组中选取 mmns_mfg_nc 模板，然后在该对话框中单击 确定 按钮。

2. 建立制造模型

任务 01 引入参照模型

步骤 01 选取命令。选择下拉菜单 插入(I) ➡ 参照模型(R) ▸ ➡ 装配(A)... 命令，系统弹出“打开”对话框。

步骤 02 在“打开”对话框中选取三维零件模型——cavity_mill.prt 作为参照零件模型，并将其打开，系统弹出“放置”操控板。

步骤 03 在“放置”操控板中选择 缺省 命令，然后单击 ✓ 按钮，此时系统弹出“创建参照模型”对话框，单击对话框中的 确定 按钮，完成参考模型的放置。放置后如图 17.4.2 所示。

任务 02 引入工件模型

步骤 01 选择下拉菜单 插入(I) → 工件(W) → 自动工件(W)... 命令。

步骤 02 单击操控板中的按钮，采用系统默认的参数设置，单击操控板中的按钮，完成工件的创建，如图 17.4.3 所示。

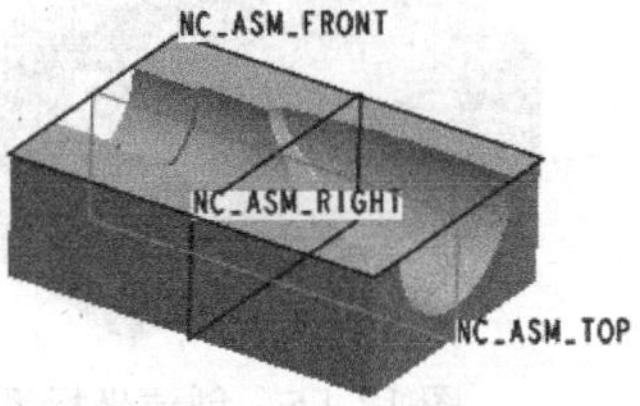

图 17.4.2 放置后的参照模型

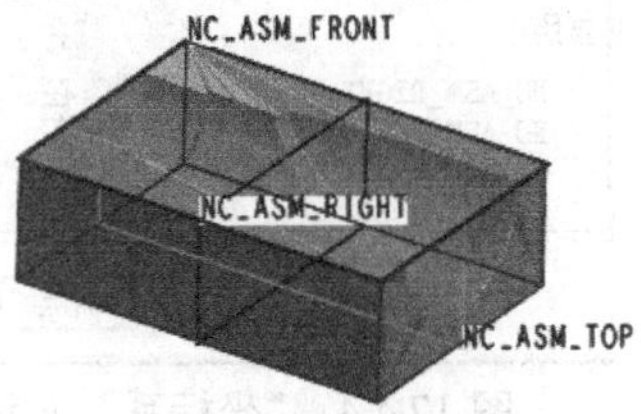

图 17.4.3 制造模型

3. 制造设置

步骤 01 选取命令。选择下拉菜单 步骤(S) → 操作(O) 命令，此时系统弹出“操作设置”对话框。

步骤 02 设置机床。单击“操作设置”对话框中的按钮，弹出“机床设置”对话框，在 机床类型(T) 下拉列表中选择 铣削，在 轴数(X) 下拉列表选择 3轴，然后单击 确定 按钮，完成机床的设置，返回到“操作设置”对话框。

步骤 03 设置机床坐标系。在“操作设置”对话框的 参照 选项组中选择按钮，在弹出的 MACH CSYS（制造坐标系）菜单中选择 Select（选取）命令。选择下拉菜单 插入(I) → 模型基准(D) → 坐标系(C)... 命令，系统弹出图 17.4.4 所示的“坐标系”对话框。然后依次选择 NC_ASM_RIGHT、NC_ASM_TOP 和 NC_ASM_FRONT 作为创建坐标系的三个参考平面，单击 确定 按钮完成坐标系的创建，如图 17.4.5 所示。系统自动选中刚刚创建的坐标系作为加工坐标系。

步骤 04 退刀面的设置。在“操作设置”对话框中的 退刀 选项组中选择按钮，系统弹出“退刀设置”对话框，然后在 类型 下拉列表中选取 平面 选项，单击 参照 文本框，在模型树中选取坐标系 ACS1 为参考，在 值 文本框中输入数值 30.0，此时在图形区预览退刀平面，如图 17.4.6 所示。最后单击 确定 按钮，完成退刀平面的创建。

步骤 05 在“操作设置”对话框的 公差 文本框中输入加工的公差值 0.01，然后单击 确定 按钮，完成操作设置。

4. 加工方法设置

步骤 01 选择下拉菜单 步骤(S) → 粗加工(R) 命令，此时系统弹出“序列设置”

菜单。

步骤 02 在打开的▼ SEQ SETUP（序列设置）菜单中选择图 17.4.7 所示的各复选框，然后选择 Done（完成）命令。

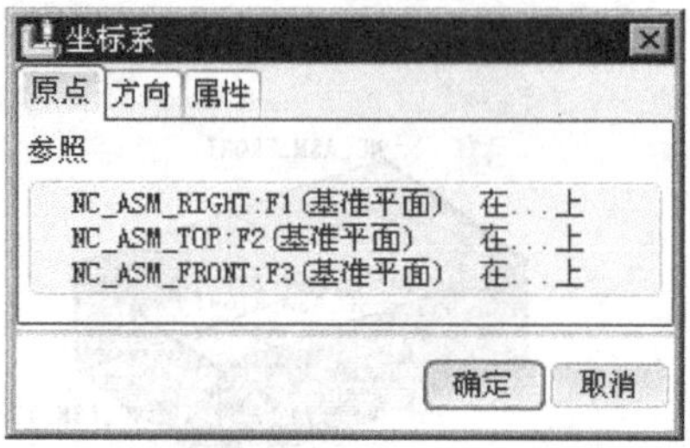

图 17.4.4 “坐标系”对话框

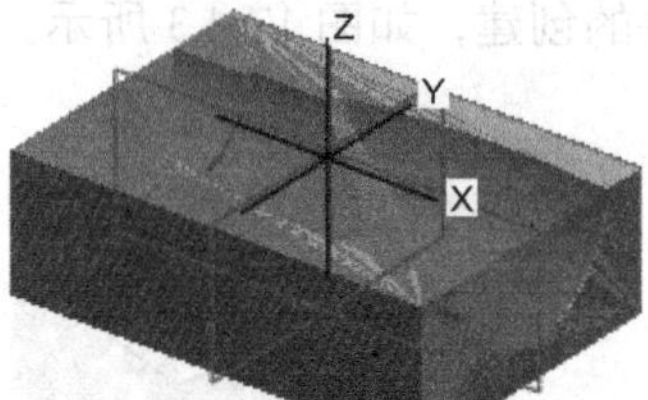

图 17.4.5 创建坐标系

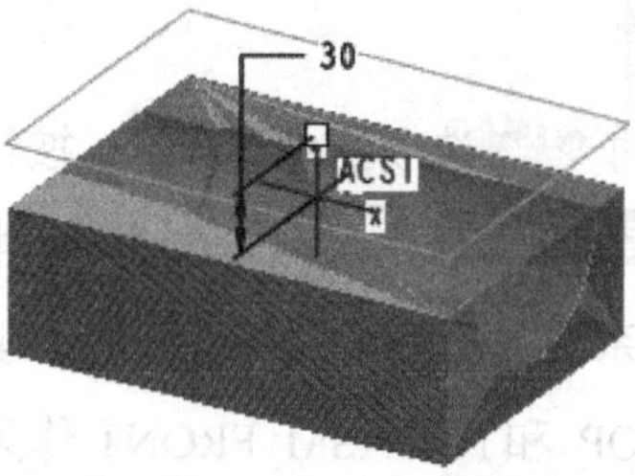

图 17.4.6 定义退刀平面

图 17.4.7 “序列设置”菜单

步骤 03 在系统弹出的“刀具设定”对话框中，单击“新建”按钮，然后设置图 17.4.8 所示的刀具参数，设置完毕后单击 应用 按钮并单击 确定 按钮，此时系统弹出“编辑序列参数‘粗加工’”对话框。

步骤 04 在“编辑序列参数‘粗加工’”对话框中设置基本的加工参数，如图 17.4.9 所示，然后单击 确定 按钮，完成参数的设置。此时，系统弹出▼ DEFINE WIND（定义窗口）菜单和“选取”菜单。

步骤 05 定义铣削窗口。

（1）在▼ DEFINE WIND（定义窗口）菜单中选择 Select Wind（选取窗口）命令，然后在系统◆选取或创建铣削窗口提示下，选择下拉菜单 插入(I) → 制造几何(G) → 铣削窗口(W)... 命令，系统弹出“铣削窗口”操控板。

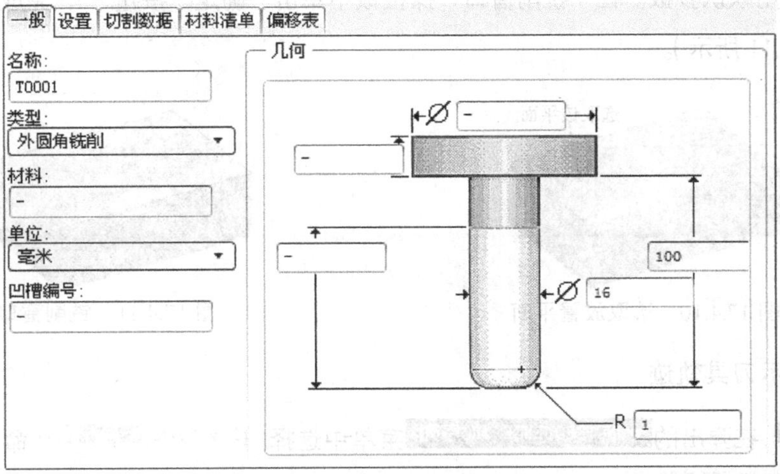

图 17.4.8 设定刀具一般参数

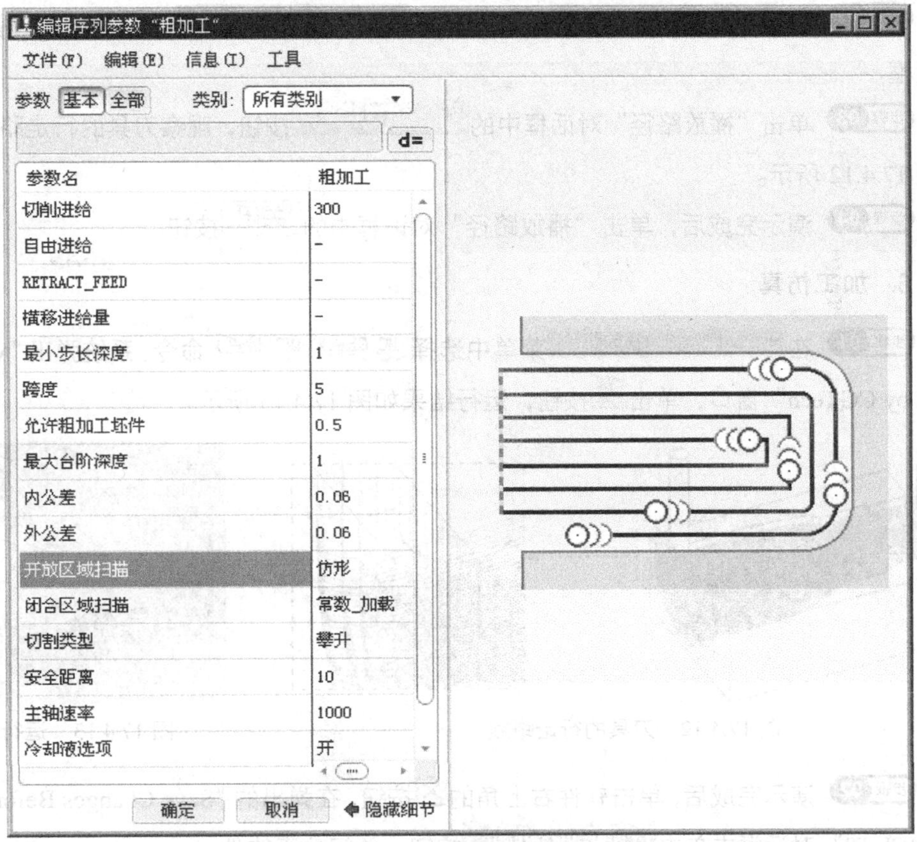

图 17.4.9 设置切削参数

（2）在“铣削窗口”操控板中单击“侧面影像窗口类型”按钮，然后在图形区选取图

17.4.10 所示的平面，单击 选项 按钮，在弹出的“选项”设置界面中选择 ◉ 在窗口围线上 单选项，其余采用默认参数。在“铣削窗口”操控板中单击“确定”按钮✓，完成铣削窗口的创建（图 17.4.11 所示）。

图 17.4.10　选取放置平面

图 17.4.11　铣削窗口

5. 演示刀具轨迹

步骤 01 在弹出的 ▼ NC SEQUENCE (NC序列) 菜单中选择 Play Path (播放路径) 命令，此时系统弹出 ▼ PLAY PATH (播放路径) 菜单。

步骤 02 在 ▼ PLAY PATH (播放路径) 菜单中选择 Screen Play (屏幕演示) 命令，弹出“播放路径”对话框。

步骤 03 单击“播放路径”对话框中的 ▶ 按钮，观察刀具的行走路线，结果如图 17.4.12 所示。

步骤 04 演示完成后，单击“播放路径”对话框中的 关闭 按钮。

6. 加工仿真

步骤 01 在 ▼ PLAY PATH (播放路径) 菜单中选择 NC Check (NC 检查) 命令，系统弹出“VERICUT 6.2.2 by CGTech”窗口，单击 按钮，运行结果如图 17.4.13 所示。

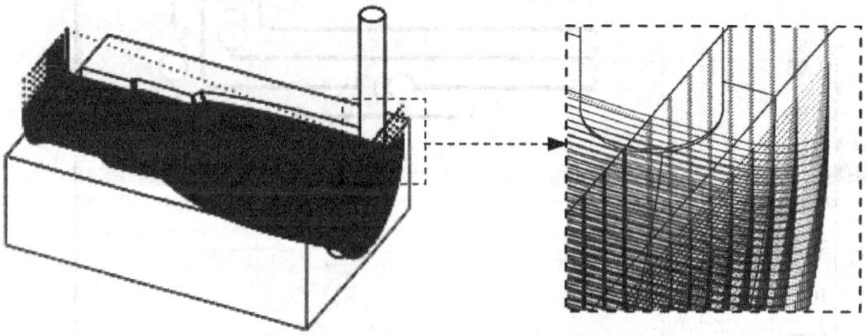
图 17.4.12　刀具的行走路线

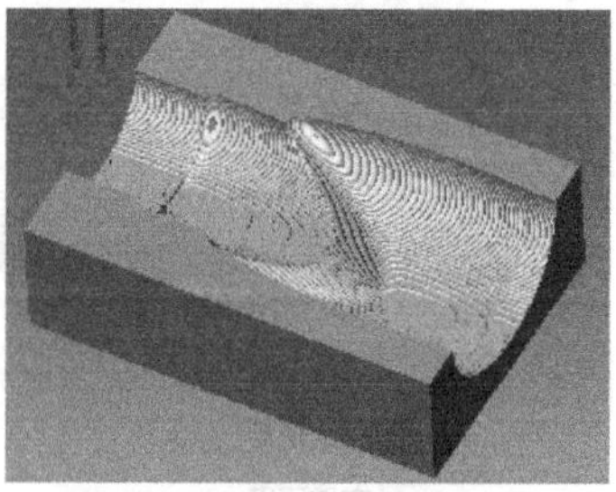
图 17.4.13　运行结果

步骤 02 演示完成后，单击软件右上角的 ✕ 按钮，在弹出的“Save Changes Before Exiting VERICUT?”对话框中单击 Save Checked Files 按钮，关闭仿真软件。

步骤 03 在 ▼ NC SEQUENCE (NC序列) 菜单中选取 Done Seq (完成序列) 命令。

7. 保存文件

选择下拉菜单 文件(F) → 保存(S) 命令，保存文件。

17.5 轮廓铣削

轮廓铣削既可以用于加工垂直表面，也可以用于倾斜表面的加工，所选择的加工表面必须能够形成连续的刀具路径，刀具以等高方式沿着工件分层加工。下面通过图 17.5.1 所示的零件介绍创建直轮廓铣削的一般过程。

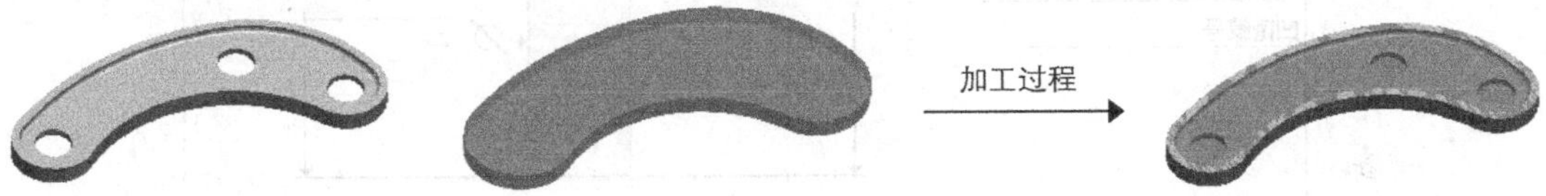

a）参照模型　b）工件　c）加工结果

图 17.5.1　直轮廓铣削

1. 调出制造模型

步骤 01 设置工作目录。选择下拉菜单 文件(F) → 设置工作目录(W)... 命令，将工作目录设置至 D:\proedq5\work\ch17.05。

步骤 02 在工具栏中单击"打开文件"按钮，从弹出的"打开"对话框中，选取零件模型 profile01.asm 并将其打开，此时工作区中显示图 17.5.2 所示的制造模型。

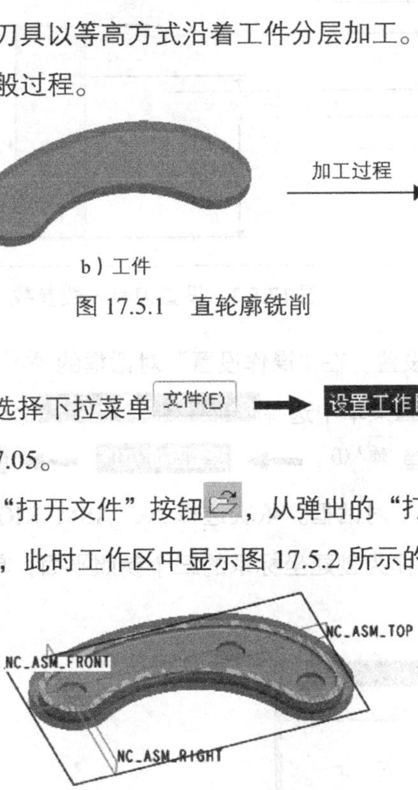

图 17.5.2　制造模型

2. 制造设置

步骤 01 选取命令。选择下拉菜单 步骤(S) → 操作(O) 命令，此时系统弹出"操作设置"对话框。

步骤 02 机床设置。单击"操作设置"对话框中的按钮，弹出"机床设置"对话框，在 机床类型(T) 下拉列表中选择 铣削，在 轴数(X) 下拉列表中选择 3轴。

步骤 03 刀具设置。在"机床设置"对话框中单击 切削刀具(C) 选项卡，然后在 切削刀具设置 选项组中单击按钮。

步骤 04 在弹出的"刀具设定"对话框中设置刀具一般参数，完成设置后如图 17.5.3 所示，设置完毕后单击 应用 按钮并单击 确定 按钮，在“机床设置”对话框中单击 确定 按钮，返回到“操作设置”对话框。

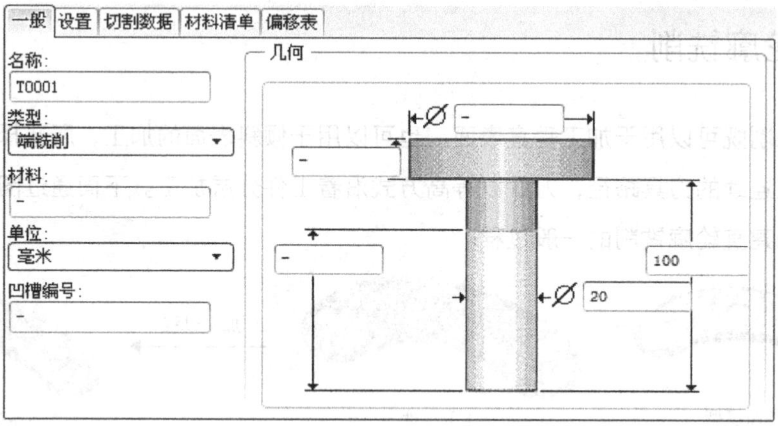

图 17.5.3　设置刀具一般参数

步骤 05 机床坐标系设置。在“操作设置”对话框的 参照 选项组中选择 按钮，在弹出的 MACH CSYS (制造坐标系) 菜单中选择 Select (选取) 命令。

步骤 06 选择下拉菜单 插入(I) ➡ 模型基准(D) ➡ 坐标系(C)... 命令，系统弹出图 17.5.4 所示的“坐标系”对话框。依次选择 NC_ASM_RIGHT、NC_ASM_TOP 基准面和图 17.5.5 所示的模型表面作为创建坐标系的三个参照平面，单击 确定 按钮完成坐标系的创建。

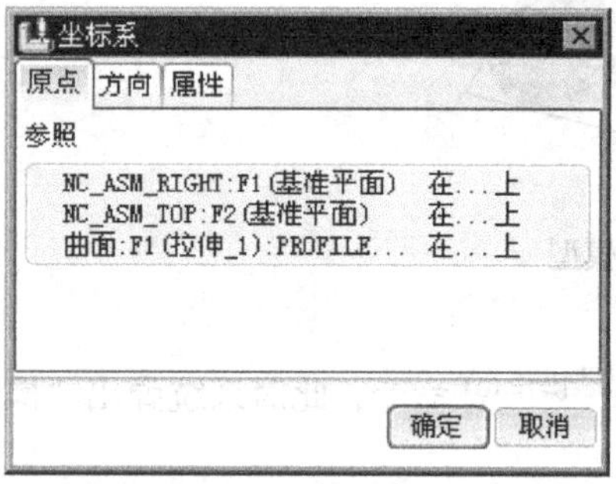

图 17.5.4　“坐标系”对话框

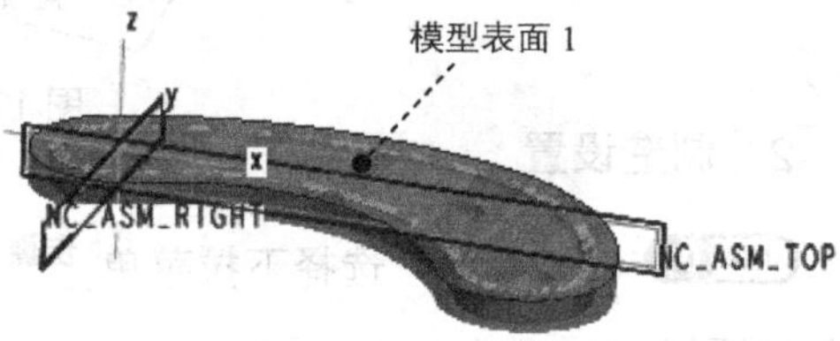

图 17.5.5　坐标系的建立

说明

如有必要可在“坐标系”对话框中选择 方向 选项卡，改变 X 轴或者 Y 轴的方向。

步骤 07 退刀面的设置。在“操作设置”对话框的 退刀 选项组中选择 按钮，系统弹出“退刀设置”对话框，然后在 类型 下拉列表中选取 平面 选项，选取坐标系 ACS0 为参照，

在 值 文本框中输入数值 20.0，最后单击 确定 按钮，完成退刀平面的创建。

步骤 08 在“操作设置”对话框 退刀 选项组的 公差 文本框中输入加工的公差值 0.01，然后单击 确定 按钮。

3. 加工方法设置

步骤 01 选择下拉菜单 步骤(S) → 轮廓铣削(P) 命令，此时系统弹出“序列设置”菜单。

步骤 02 在弹出的 ▼ SEQ SETUP (序列设置) 菜单中选择图 17.5.6 所示的复选框，然后选择 Done (完成) 命令，在系统弹出的“刀具设定”对话框中单击 确定 按钮，此时系统弹出“编辑序列参数‘轮廓铣削’”对话框。

步骤 03 “在编辑序列参数‘轮廓铣削’”对话框中设置 基本 加工参数，如图 17.5.6 所示，选择下拉菜单 文件(F) 中的 另存为 命令。接受系统默认的名称，单击“保存副本”对话框中的 确定 按钮，然后再次单击“编辑序列参数‘轮廓铣削’”对话框中的 确定 按钮，完成参数的设置。

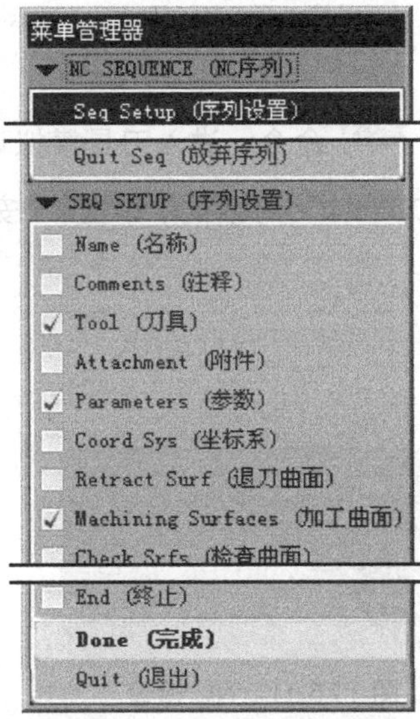

图 17.5.6 “序列设置”菜单

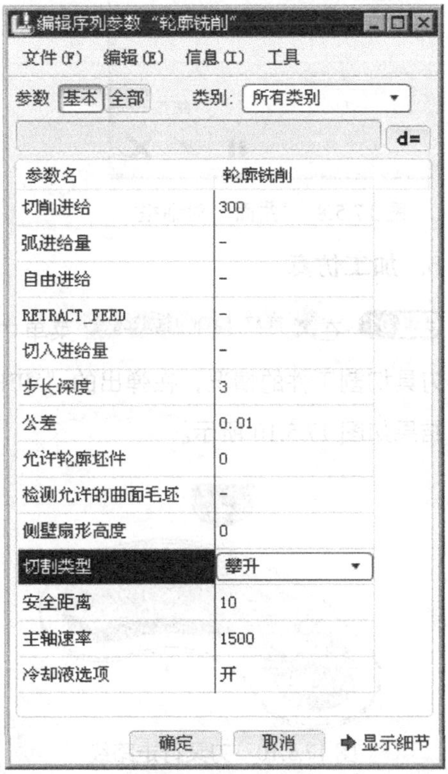

图 17.5.7 “编辑序列参数‘轮廓铣削’”对话框

步骤 04 此时，系统弹出“曲面”对话框，如图 17.5.8 所示。选取图 17.5.9 所示的所有轮廓面（参照模型的所有侧面），选取完成后，在“曲面”对话框中单击 ✔ 按钮。

4. 演示刀具轨迹

步骤 01 在 ▼ NC SEQUENCE (NC序列) 菜单中选择 Play Path (播放路径) 命令，此时系统弹出 ▼ PLAY PATH (播放路径) 菜单。

步骤 02 在 ▼ PLAY PATH (播放路径) 菜单中选择 Screen Play (屏幕演示) 命令，系统弹出“播放路径”对话框。

步骤 03 单击“播放路径”对话框中的 ▶ 按钮，观察刀具的行走路线，其刀具行走路线如图 17.5.10 所示。

步骤 04 演示完成后，单击“播放路径” 对话框中的 关闭 按钮。

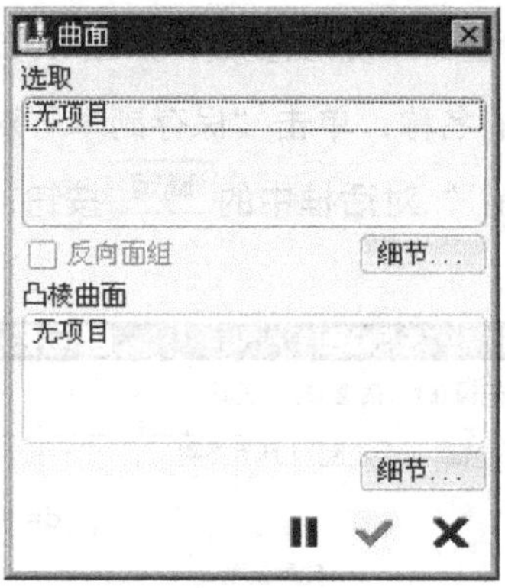

图 17.5.8 “曲面”对话框

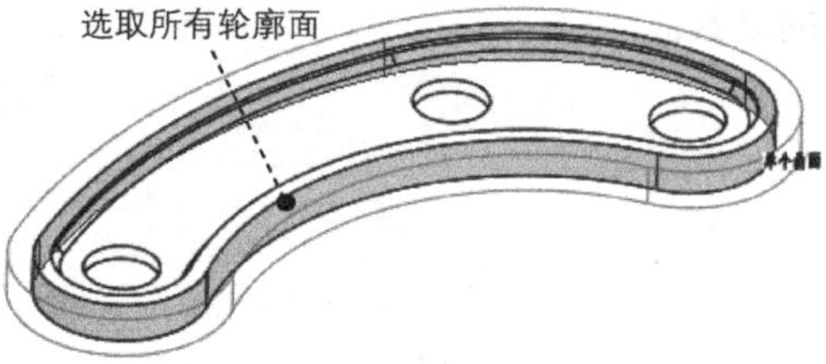

图 17.5.9 所选取的轮廓面

5. 加工仿真

步骤 01 在 ▼ PLAY PATH (播放路径) 菜单中选择 NC Check (NC 检查) 命令，进入刀具模拟环境。观察刀具切割工件的情况，在弹出的“VERICUT 6.2.2 by CGTech”对话框中单击按钮，运行结果如图 17.5.10 所示。

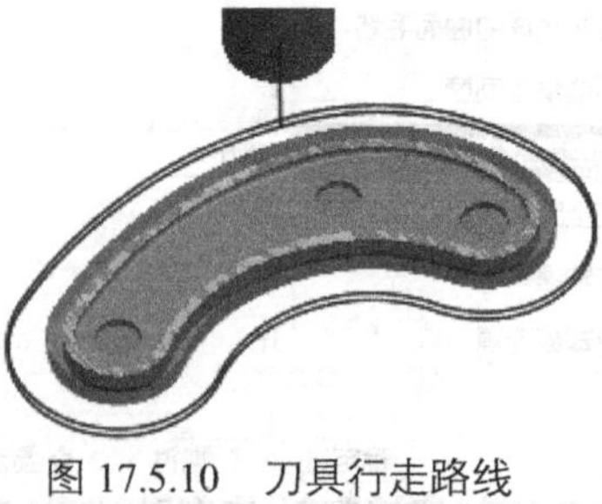

图 17.5.10 刀具行走路线

图 17.5.11 NC 检查

步骤 02 演示完成后，单击软件右上角的 ☒ 按钮，在弹出的“Save Changes Before Exiting VERICUT?”对话框中单击 Save Checked Files 按钮。

步骤 03 在▼ NC SEQUENCE (NC序列)菜单中选取Done Seq (完成序列)命令。

6. 切减材料

步骤 01 选取命令。选择下拉菜单插入(I) ➡ 材料去除切削(V)命令，系统弹出图 17.5.12 所示的▼ NC序列列表菜单，然后在▼ NC序列列表菜单中选择1: 轮廓铣削，操作: OP010，此时系统弹出▼ MAT REMOVAL (材料删除)菜单，如图 17.5.13 所示。

图 17.5.12 “NC 序列列表”菜单

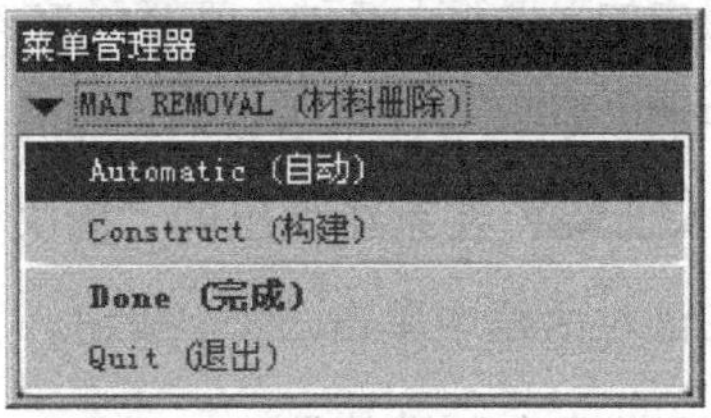

图 17.5.13 “材料删除”菜单

步骤 02 在弹出的▼ MAT REMOVAL (材料删除)菜单中选择Automatic (自动) ➡ Done (完成)命令，系统弹出“相交元件”对话框和“选取”对话框。单击“相交元件”对话框的自动添加按钮和☰按钮，最后单击确定按钮，切减后的模型如图 17.5.14 所示。

步骤 03 在下拉菜单文件(F)中选择保存(S)命令，保存文件。

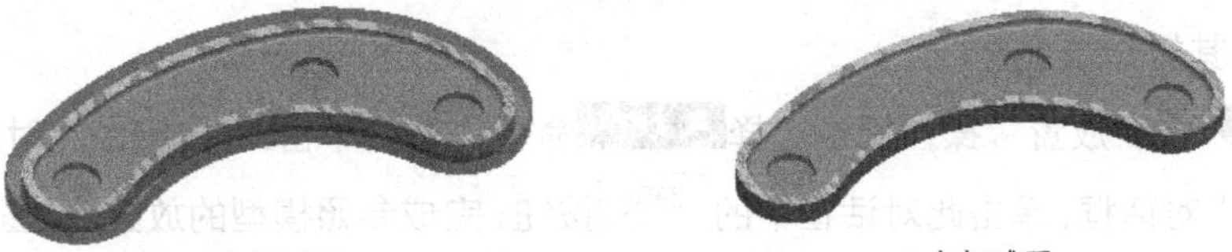

a）切减前　　b）切减后

图 17.5.14 切减材料

17.6 轨 迹 铣 削

使用轨迹铣削，刀具可沿着用户定义的任意轨迹进行扫描，主要用于扫描类特征零件的加工。不同形状的工件所使用的刀具外形将有所不同，刀具的选择要根据所加工的沟槽形状来定义。下面通过图 17.6.1 所示的零件介绍轨迹铣削的一般过程。

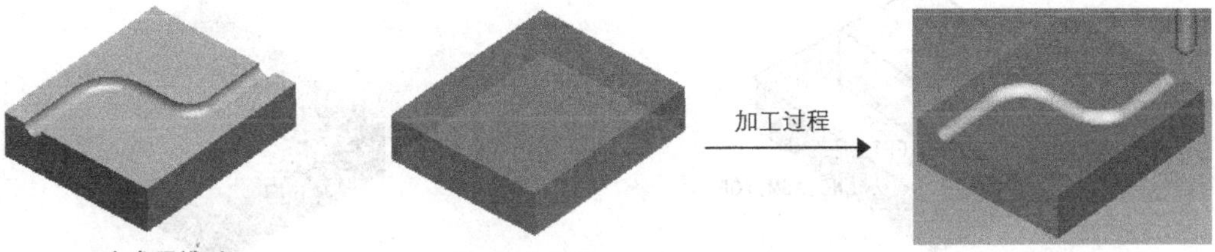

a）参照模型　　b）工件　　c）加工结果

图 17.6.1 轨迹铣削

1. 新建一个数控制造模型文件

步骤 01 设置工作目录。选择下拉菜单 文件(F) → 设置工作目录(W)... 命令，将工作目录设置至 D:\proedq5\work\ch17.06。

步骤 02 在工具栏中单击“新建”按钮。

步骤 03 在“新建”对话框中，选中 类型 选项组中的 制造 选项，选中 子类型 选项组中的 NC组件 选项，在 名称 文本框中输入文件名 curve_milling，取消 使用缺省模板 复选框中的“√”号，单击该对话框中的 确定 按钮。

步骤 04 在系统弹出的“新文件选项”对话框的模板选项组中选取 mmns_mfg_nc 模板，然后在该对话框中单击 确定 按钮。

2. 建立制造模型

任务 01 引入参照模型

步骤 01 选择下拉菜单 插入(I) → 参照模型(R) → 装配(A)... 命令，系统弹出“打开”对话框。

步骤 02 从系统弹出的“打开”对话框中，选取三维零件模型——flow.prt 作为参照零件模型，并将其打开。

步骤 03 在“放置”操控板中选择 缺省 命令，然后单击按钮，此时系统弹出“创建参照模型”对话框，单击此对话框中的 确定 按钮，完成参照模型的放置。放置后如图 17.6.2 所示。

任务 02 引入工件模型

步骤 01 选择下拉菜单 插入(I) → 工件(W) → 自动工件(W)... 命令。

步骤 02 单击操控板中的按钮，采用系统默认的坐标系为放置毛坯工件的原点，单击操控板中的按钮，完成工件的创建，如图 17.6.3 所示。

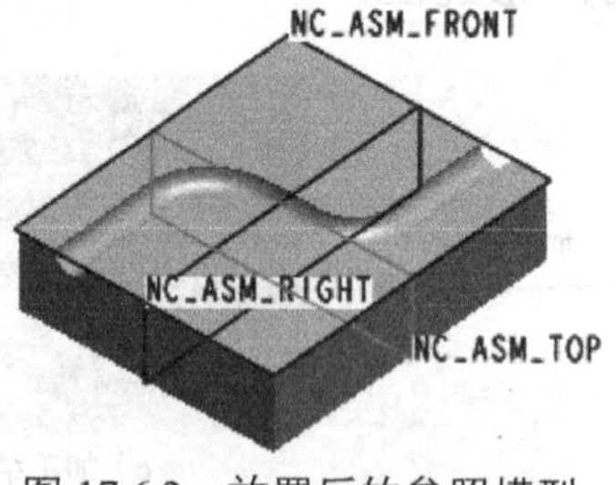

图 17.6.2 放置后的参照模型

图 17.6.3 制造模型

3. 制造设置

步骤 01 选择下拉菜单 步骤(S) → 操作(O) 命令，此时系统弹出“操作设置”对话框。

步骤 02 机床设置。单击“操作设置”对话框中的 按钮，弹出“机床设置”对话框，在 机床类型(T) 下拉列表中选择 铣削，在 轴数(X) 下拉列表中选择 3轴。

步骤 03 刀具设置。在“机床设置”对话框中选择 切削刀具(C) 选项卡，然后在 切削刀具设置 选项组中单击 按钮。

步骤 04 在弹出的“刀具设定”对话框中设置刀具参数，完成设置后如图 17.6.4 所示，设置完毕后单击 应用 按钮并单击 确定 按钮，在“机床设置”对话框中单击 确定 按钮，返回到“操作设置”对话框。

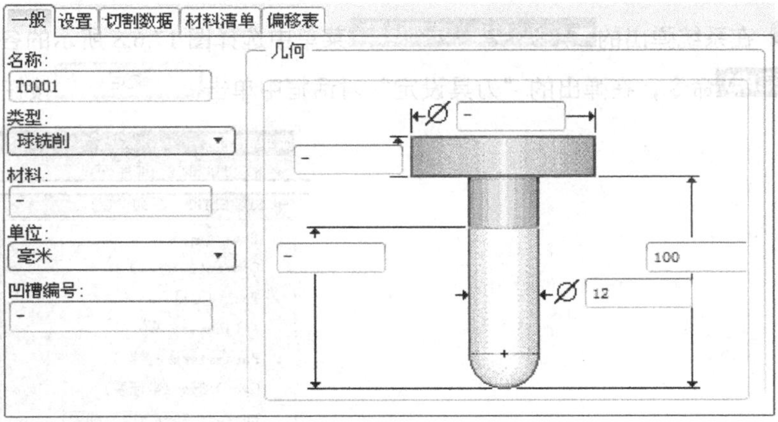

图 17.6.4 设置刀具一般参数

步骤 05 机床坐标系设置。在“操作设置”对话框的 参照 选项组中选择 按钮，在弹出的 MACH CSYS（制造坐标系） 菜单中选择 Select（选取） 命令。

步骤 06 选择下拉菜单 插入(I) → 模型基准(D) → 坐标系(C)... 命令，系统弹出图 17.6.5 所示的“坐标系”对话框。依次选择 NC_ASM_RIGHT、NC_ASM_TOP 和 NC_ASM_FRONT 基准平面作为创建坐标系的三个参照平面，单击 确定 按钮完成坐标系的创建，如图 17.6.6 所示。

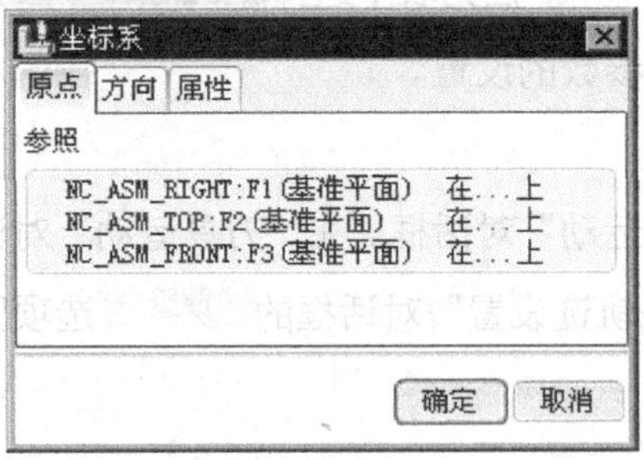

图 17.6.5 “坐标系”对话框

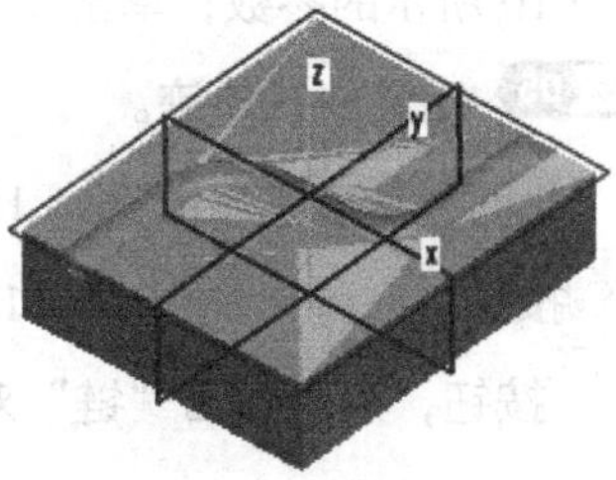

图 17.6.6 坐标系的建立

步骤 07 退刀面的设置。在“操作设置”对话框的退刀选项组中选择 按钮，在“退刀设置”对话框的类型下拉列表中选取平面选项，选取坐标系 ACS1 为参照，在值文本框中输入值 10.0，最后单击确定按钮，完成退刀平面的创建。

步骤 08 在“操作设置”对话框退刀选项组的公差文本框后输入加工的公差值 0.01，完成后单击确定按钮，完成制造设置。

4. 加工方法设置

步骤 01 选择下拉菜单 步骤(S) ➡ 轨迹(T) 命令。

步骤 02 系统弹出 ▼ MACH AXES (加工轴) 菜单，在菜单中选择 3 Axis (3轴)，然后选择 Done (完成) 命令，如图 17.6.7 所示。

步骤 03 在系统弹出的 ▼ SEQ SETUP (序列设置) 菜单中选择图 17.6.8 所示的各复选框，然后选择 Done (完成) 命令，在弹出的“刀具设定”对话框中单击确定按钮。

图 17.6.7 “加工轴”菜单

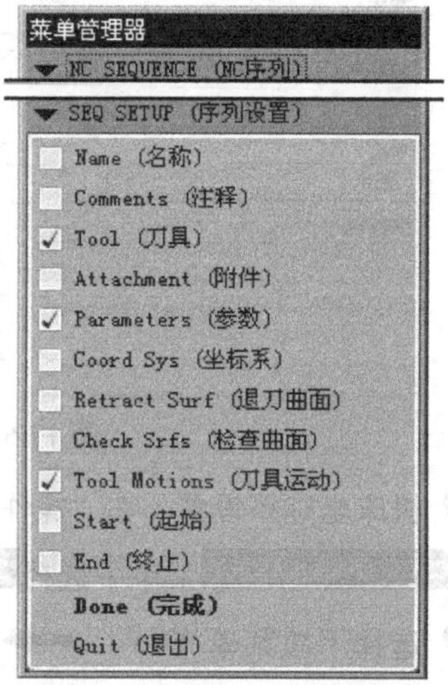

图 17.6.8 “序列设置”菜单

步骤 04 在系统弹出的“编辑序列参数‘轨迹铣削’”对话框中设置基本加工参数，其结果如图 17.6.9 所示；然后单击全部按钮，在类别:下拉列表中选择进刀/退刀运动选项，设置图 17.6.10 所示的参数；单击确定按钮，完成参数的设置。

步骤 05 定义曲线轨迹。

(1) 此时，系统弹出图 17.6.11 所示的“刀具运动”对话框。在“刀具运动”对话框中单击插入按钮，在弹出的图 17.6.12 所示的“曲线轨迹设置”对话框的放置选项区中单击细节...按钮，系统弹出“链”对话框。

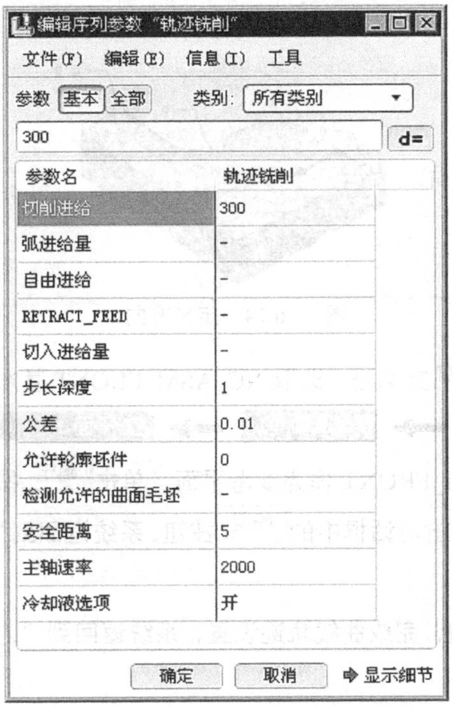

图 17.6.9 “编辑序列参数‘轨迹铣削’”对话框(一)

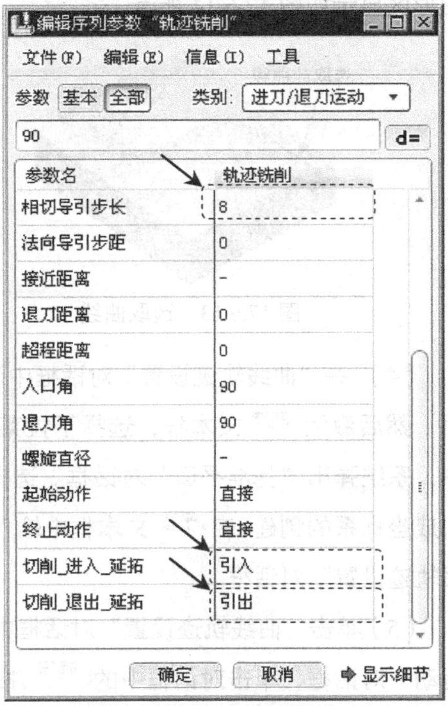

图 17.6.10 “编辑序列参数‘轨迹铣削’”对话框(二)

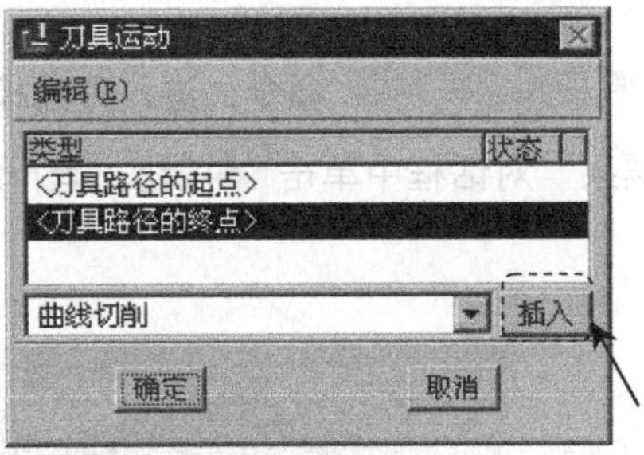

图 17.6.11 “刀具运动”对话框

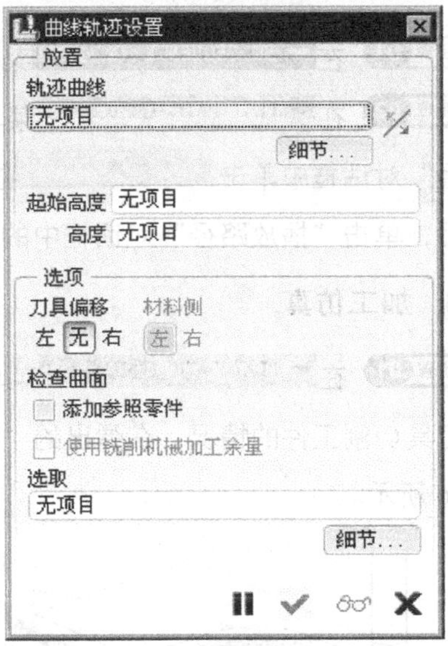

图 17.6.12 “曲线轨迹设置”对话框

(2)在“链”对话框中选中 ◉ 基于规则 单选项，然后选取图 17.6.13 中的曲线，单击 确定 按钮，返回到“曲线轨迹设置”对话框。

(3)在“曲线轨迹设置”对话框中选中 材料侧 下方的 左 和 刀具偏移 和下方的 右，此时图形区显示如图 17.6.14 所示。

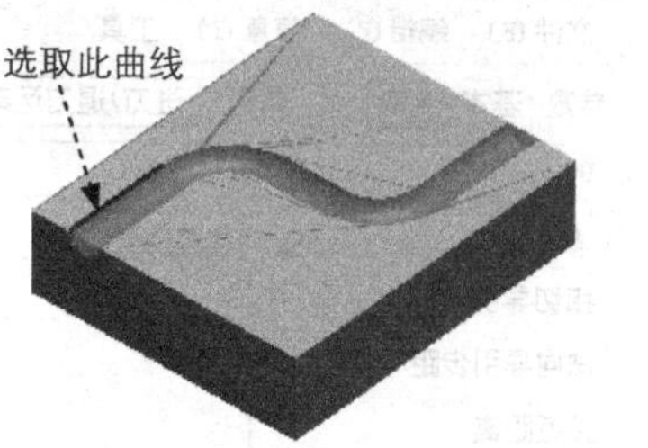

图 17.6.13 选取曲线

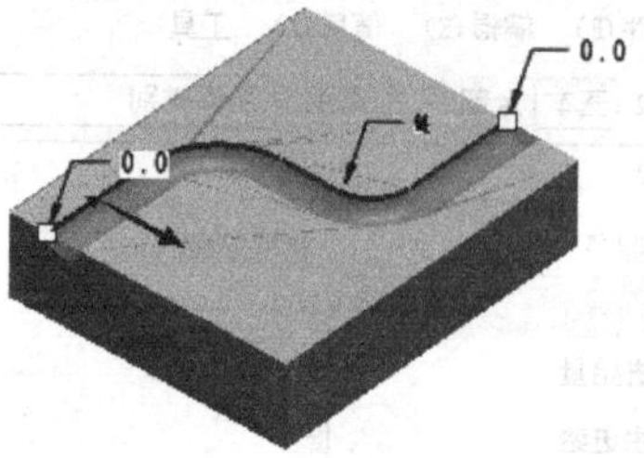

图 17.6.14 定义方向

（4）在“曲线轨迹设置”对话框中激活 起始高度 文本框，选取 NC_ASM_FRONT 基准平面；然后激活 高度 文本框，选择下拉菜单 插入(I) ➡ 模型基准(D) ➡ 平面(L)... 命令，系统弹出“基准平面”对话框。选择 NC_ASM_FRONT 作为参考平面，单击 确定 按钮完成坐标系的创建，在 平移 文本框中输入值-6.0，单击对话框中的 确定 按钮，系统返回到“曲线轨迹设置”对话框。

（5）单击“曲线轨迹设置”对话框中的 ✔ 按钮，完成曲线轨迹设置，系统返回到“刀具运动”对话框，单击对话框中的 确定 按钮。

5. 演示刀具轨迹

步骤 01 在 ▼ NC SEQUENCE (NC序列) 菜单中选择 Play Path (播放路径) 命令。

步骤 02 在 ▼ PLAY PATH (播放路径) 菜单中选择 Screen Play (屏幕演示) 命令，在系统弹出的“播放路径”对话框中单击 ▶ 按钮，观察刀具的行走路线，如图 17.6.15 所示。演示完成后，单击“播放路径”对话框中的 关闭 按钮。

6. 加工仿真

步骤 01 在 ▼ PLAY PATH (播放路径) 菜单中选择 NC Check (NC 检查) 命令，进入刀具模拟环境。观察刀具切割工件的情况，在弹出的“NC 检查结果”对话框中单击 按钮，运行结果如图 17.6.16 所示。

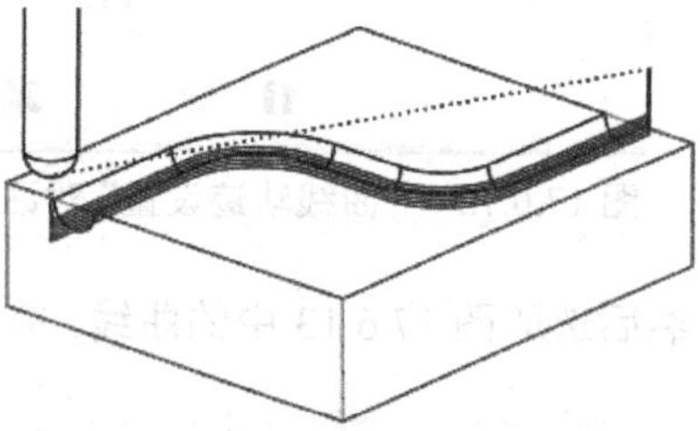

图 17.6.15 刀具行走路线

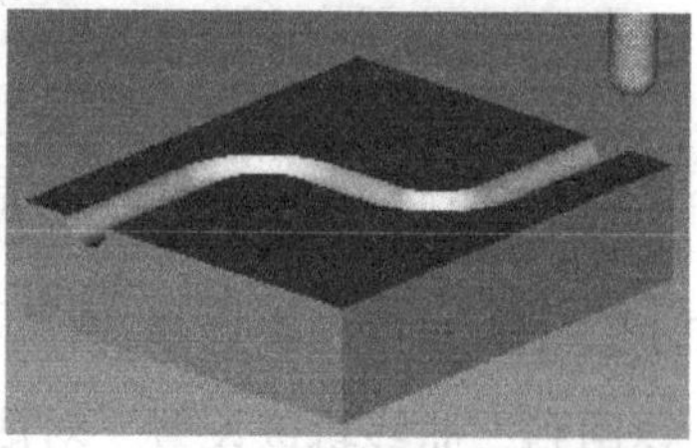

图 17.6.16 “NC 检测”动态仿真

步骤 02 演示完成后，单击软件右上角的 按钮，在弹出的“Save Changes Before Exiting VERICUT?”对话框中单击 Save Checked Files 按钮。

步骤 03 在 ▼ NC SEQUENCE (NC序列) 菜单中选择 Done Seq (完成序列) 命令。

步骤 04 选择下拉菜单 文件(F) → 保存(S) 命令，保存文件。

17.7 曲面铣削

曲面铣削（Surface Milling）可用来铣削水平或倾斜的曲面，在所选的曲面上，其刀具路径必须是连续的。在加工曲面时，经常用球头铣刀进行加工。曲面铣削的走刀方式非常灵活，不同的曲面可以采用不同的走刀方式，即使是同一个曲面也可采用不同的走刀方式。Pro/NC 曲面铣削中有四种定义刀具路径的方法，即直线切削、自曲面等值线、切削线和投影切削。

下面以图 17.7.1 所示零件为例介绍曲面铣削的加工方法。

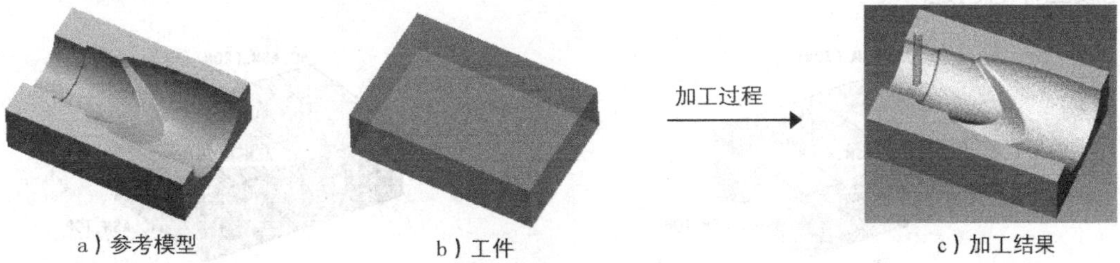

图 17.7.1 曲面铣削

1. 新建一个数控制造模型文件

新建一个数控制造模型文件，操作提示如下。

步骤 01 设置工作目录。选择下拉菜单 文件(F) → 设置工作目录(W)... 命令，将工作目录设置至 D:\proedq5\work\ch17.07。

步骤 02 在工具栏中单击“新建”按钮 。

步骤 03 在“新建”对话框中，选中 类型 选项组中的 ◉ 制造 选项，选中 子类型 选项组中的 ◉ NC组件 选项，在 名称 文本框中输入文件名 surface_milling，取消 ☑ 使用缺省模板 复选框中的“√”号，单击该对话框中的 确定 按钮。

步骤 04 在系统弹出的“新文件选项”对话框的模板选项组中选取 mmns_mfg_nc 模板，然后在该对话框中单击 确定 按钮。

2. 建立制造模型

任务 01 引入参照模型

步骤 01 选择下拉菜单 插入(I) ➡ 参照模型(R) ➡ 装配(A)... 命令，系统弹出“打开”对话框。

步骤 02 从弹出的文件“打开”对话框中，选取三维零件模型——cavityy_mill.prt 作为参照零件模型，并将其打开。系统弹出“放置”操控板。

步骤 03 在“放置”操控板中选择 缺省 命令，然后单击 ✓ 按钮，此时系统弹出“创建参照模型”对话框，单击此对话框中的 确定 按钮，完成参照模型的放置。放置后如图 17.7.2 所示。

任务 02 创建图 17.7.3 所示的工件

步骤 01 选择下拉菜单 插入(I) ➡ 工件(W) ➡ 自动工件(W)... 命令。

步骤 02 单击操控板中的 按钮，采用系统默认的参数设置，单击操控板中的 ✓ 按钮，完成工件的创建。

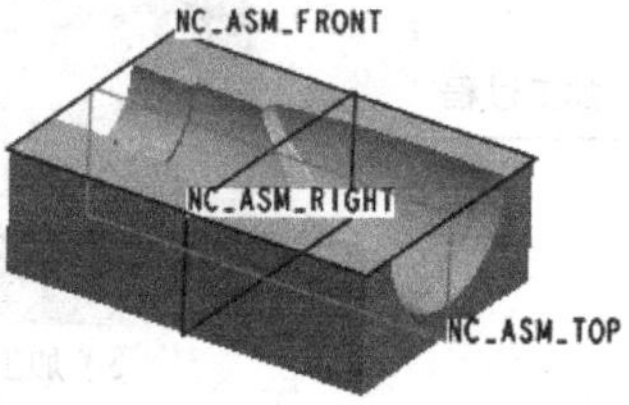

图 17.7.2 放置后的参照模型

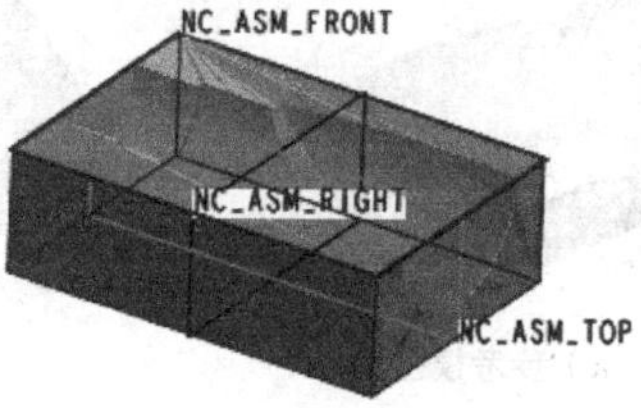

图 17.7.3 制造模型

3. 制造设置

步骤 01 选择下拉菜单 步骤(S) ➡ 操作(O) 命令，在系统弹出的“操作设置”对话框中单击 按钮，弹出“机床设置”对话框，在 机床类型(T) 下拉列表中选择 铣削，在 轴数(X) 下拉列表中选择 3轴。

步骤 02 刀具设置。在“机床设置”对话框中选择 切削刀具(C) 选项卡，然后在 切削刀具设置 选项组中单击 按钮。

步骤 03 在弹出的“刀具设定”对话框中，设置刀具参数如图 17.7.4 所示，单击“刀具设定”对话框中的 应用 按钮，然后单击 确定 按钮，返回到“机床设置”对话框。

步骤 04 在“机床设置”对话框中单击 确定 按钮，完成机床设置，返回“操作设置”对话框。

步骤 05 机床坐标系的设置。在“操作设置”对话框的 参照 选项组中单击 按钮，在弹出的 ▼ MACH CSYS (制造坐标系) 菜单中选择 Select (选取) 命令。

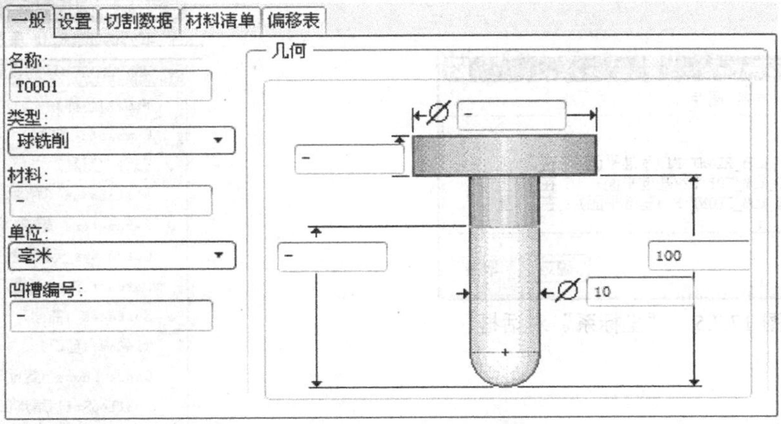

图 17.7.4　设置刀具一般参数

步骤 06 选择下拉菜单 插入(I) → 模型基准(D) → 坐标系(C)... 命令，弹出图 17.7.5 所示的“坐标系”对话框，依次选择 NC_ASM_RIGHT、NC_ASM_TOP 和 NC_ASM_FRONT 为三个参照平面，单击 确定 按钮，完成图 17.7.6 所示的坐标系的创建。

步骤 07 退刀面的设置。在“操作设置”对话框的 退刀 选项组中选择 按钮，系统弹出“退刀设置”对话框，然后在 类型 下拉列表中选取 平面 选项，选取坐标系 ACS1 为参照，在 值 文本框中输入值 20.0，最后单击 确定 按钮，完成退刀平面的创建。

步骤 08 在“操作设置”对话框的 公差 文本框中输入加工的公差值 0.01，然后单击 确定 按钮，完成制造设置。

4. 加工方法设置

步骤 01 选择下拉菜单 步骤(S) → 曲面铣削(S) 命令。

步骤 02 在打开的 ▼ SEQ SETUP (序列设置) 菜单中选择图 17.7.7 所示的各复选框，然后选择 Done (完成) 命令，在弹出的“刀具设定”对话框中单击 确定 按钮。

步骤 03 在系统弹出的“编辑序列参数‘曲面铣削’”对话框中设置基本加工参数，结果如图 17.7.8 所示。选择下拉菜单 文件(F) 菜单中的 另存为 命令。接受系统默认的名称，单击“保存副本”对话框中的 确定 按钮，然后再次单击“编辑序列参数‘曲面铣削’”对话框中的 确定 按钮，完成参数的设置。

步骤 04 在系统弹出的 ▼ SURF PICK (曲面拾取) 菜单中选择 Model (模型) → Done (完成) 命令，如图 17.7.9 所示。在图 17.7.10 所示的 ▼ SELECT SRFS (选取曲面) 菜单中选择 Add (添加) 命令，然后在工作区中选取图 17.7.11 所示的一组曲面。选取完成后，在“选取”对话框中单击 确定 按钮。

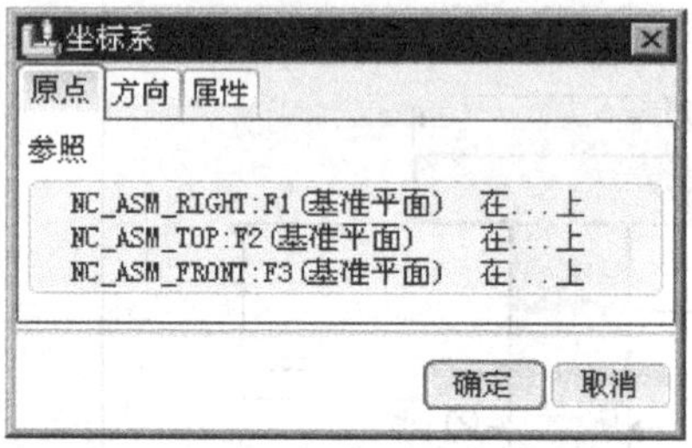

图 17.7.5 “坐标系”对话框

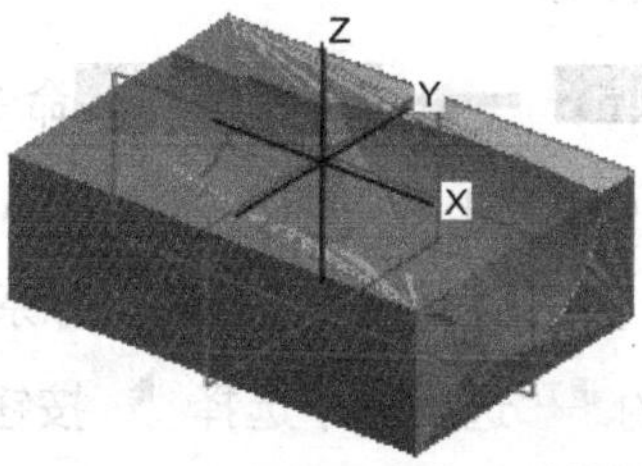

图 17.7.6 所选取的参照平面

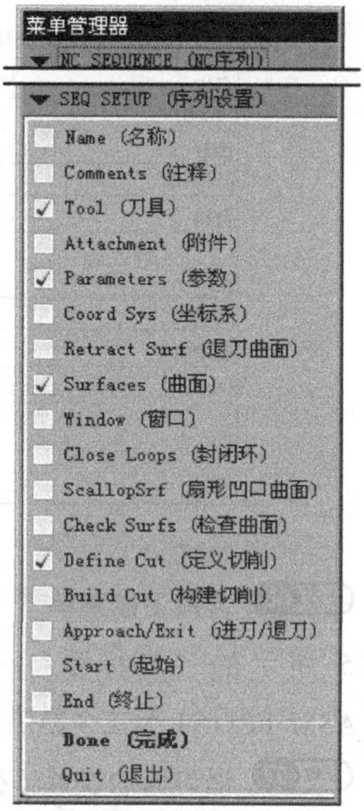

图 17.7.7 “序列设置”菜单

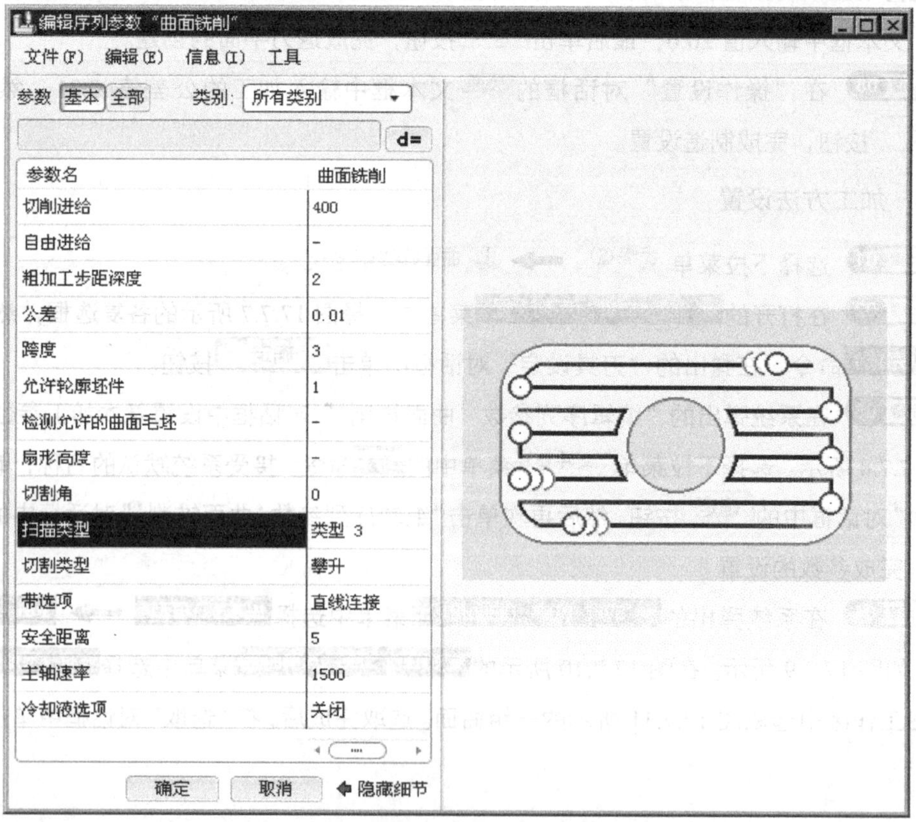

图 17.7.8 “编辑序列参数‘曲面铣削’”对话框

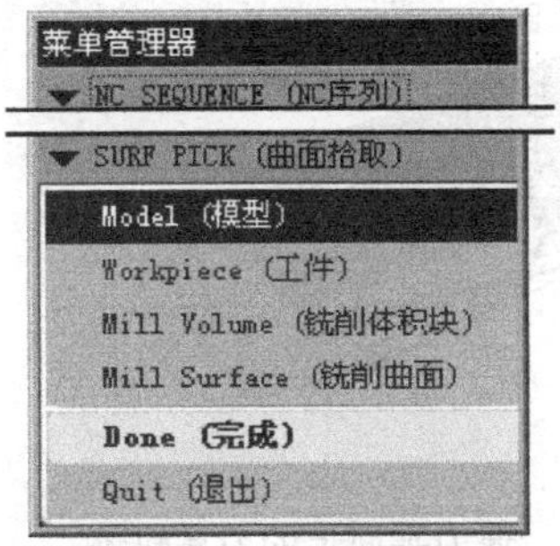

图 17.7.9 “曲面拾取”菜单

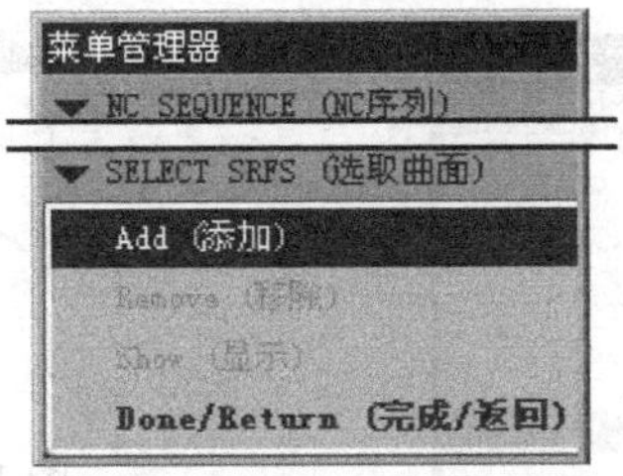

图 17.7.10 “选取曲面”菜单

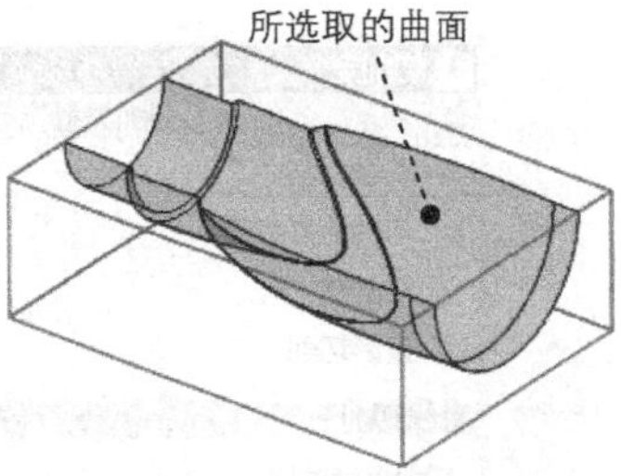

图 17.7.11 所选取的曲面

步骤 05 在▼ SELECT SRFS (选取曲面)菜单中选择Done/Return (完成/返回)命令。此时系统弹出图 17.7.12 所示的“切削定义”对话框，按图 17.7.12 所示进行设置，完成后单击确定按钮。

说明 在“切削定义”对话框中单击预览按钮，在退刀平面上将显示刀具切削路径，如图 17.7.13 所示。

5. 演示刀具轨迹

步骤 01 在▼ NC SEQUENCE (NC序列)菜单中选择 Play Path (播放路径) 命令。

步骤 02 在▼ PLAY PATH (播放路径)菜单中选择Screen Play (屏幕演示)命令，此时弹出“播放路径”对话框。

步骤 03 单击“播放路径”对话框中的▶按钮，可以观察刀具的行走路线，如图 17.7.14 所示。

步骤 04 演示完成后，单击“播放路径”对话框中的关闭按钮。

说明 从图 17.7.14 中可以看出刀具切削工件时，其刀具路径是沿同一方向、沿直线对工件进行分层切削的。

6. 加工仿真

步骤 01 在▼ PLAY PATH (播放路径)菜单中选择 NC Check (NC 检查) 命令。观察刀具切割工件的运行情况，在弹出的“NC 检查结果”对话框中单击按钮，仿真结果如图 17.7.15 所示。

步骤 02 演示完成后，单击软件右上角的按钮，在弹出的“Save Changes Before Exiting VERICUT?”对话框中单击Save Checked Files按钮。

步骤 03 在▼ NC SEQUENCE (NC序列)菜单中选取Done Seq (完成序列)命令。

步骤 04 在下拉菜单 文件(F) 中选择 保存(S) 命令，保存文件。

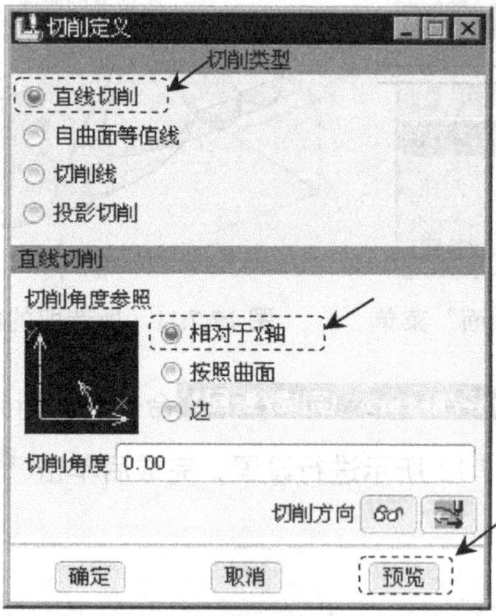

图 17.7.12 “切削定义”对话框

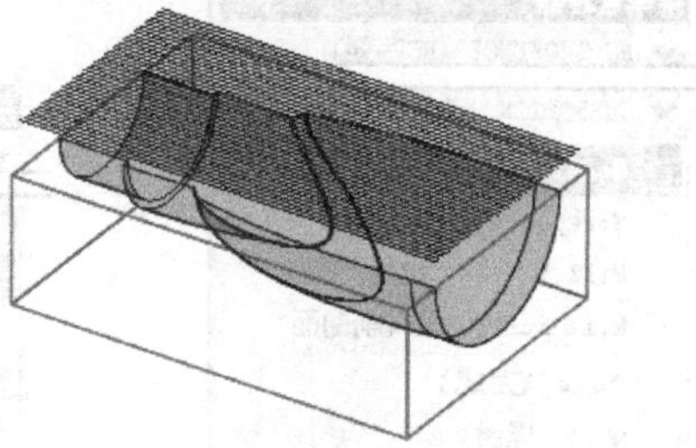
图 17.7.13 退刀平面上的刀具轨迹

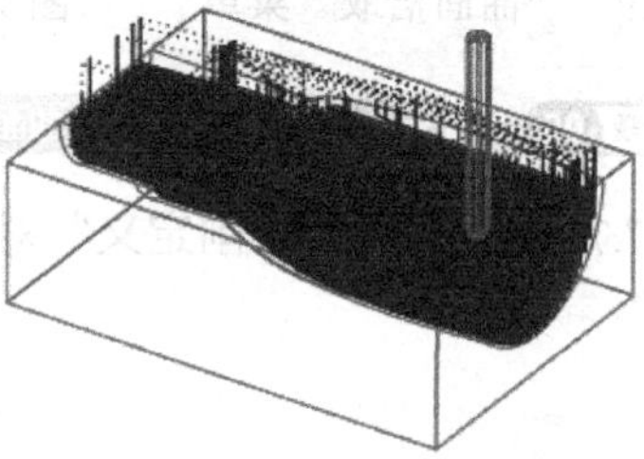
图 17.7.14 刀具行走路线

7. 创建切削定义类型为自曲面等值线的曲面铣削

步骤 01 复制并粘贴步骤。

（1）在设计树中选中 1. 曲面铣削 [OP010]，选择下拉菜单 编辑(E) ➡ 复制(C) 命令，然后选择下拉菜单 编辑(E) ➡ 粘贴(P) 命令，系统弹出“组元素”对话框和图 17.7.16 所示的“菜单管理器”。

（2）在“菜单管理器”中单击 Same (相同) 选项若干次，直至“菜单管理器”显示如图 17.7.17 所示，选择 Done/Return (完成/返回) 命令，然后选择 Done (完成) 命令，完成粘贴操作。

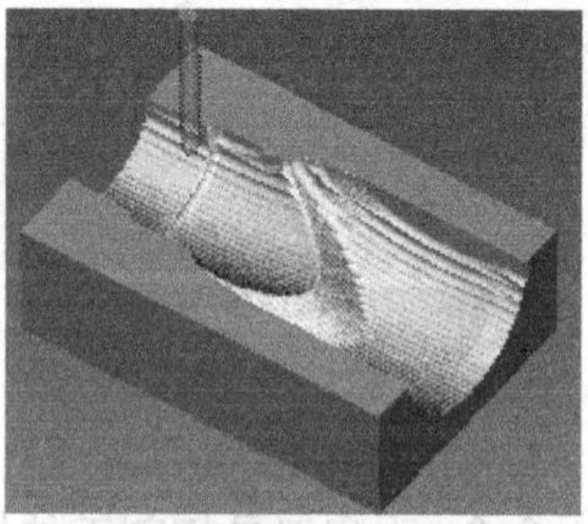
图 17.7.15 NC 检测结果

图 17.7.16 菜单管理器（一）

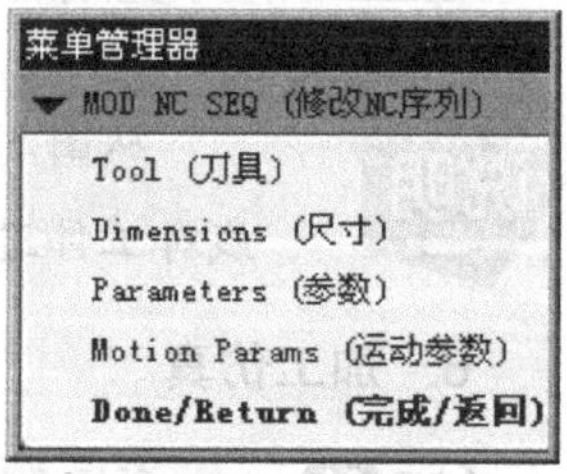

图 17.7.17 菜单管理器（二）

步骤 02 在设计树中右击新粘贴的节点 2. 曲面铣削 [OP010]，在弹出的快捷菜单中选择 编辑定义 命令。在弹出的“菜单管理器”中选择 Seq Setup (序列设置) 命令。

步骤 03 在系统弹出的 ▼ SEQ SETUP (序列设置) 菜单中选中 ☑ Define Cut (定义切削) 复选框，然后选择 Done (完成) 命令。

步骤 04 在弹出的“切削定义”对话框中选择 ◉ 自曲面等值线 单选项，如图 17.7.18 所示。

步骤 05 在“曲线列表”中依次选中曲面标识，然后单击按钮可调整切削方向，最后的调整结果如图 17.7.19 所示（此处均采用默认方向）。

步骤 06 单击 预览 按钮，在铣削曲面上显示图 17.7.20 所示的刀具轨迹，确认刀具轨迹后，单击 确定 按钮。

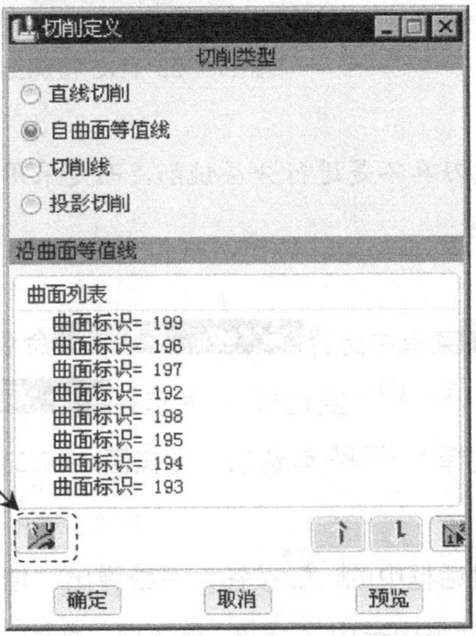

图 17.7.18 “切削定义”对话框

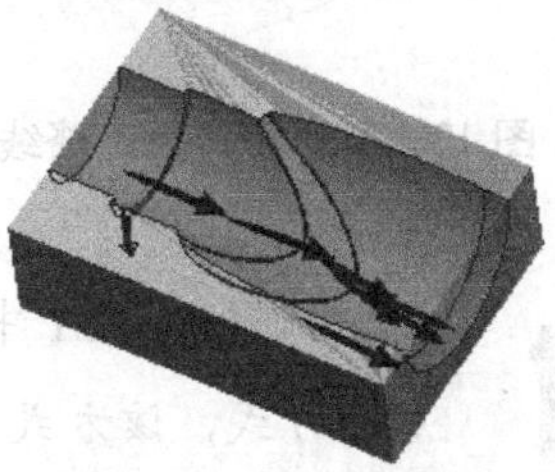

图 17.7.19 切削方向

图 17.7.20 刀具轨迹

步骤 07 在弹出的 ▼ NC SEQUENCE (NC序列) 菜单中选择 Play Path (播放路径) 命令，此时系统弹出 ▼ PLAY PATH (播放路径) 菜单。

步骤 08 在 ▼ PLAY PATH (播放路径) 菜单中选择 Screen Play (屏幕演示) 命令，此时弹出“播放路径”对话框。

步骤 09 单击“播放路径”对话框中的 ▶ 按钮，可以观察刀具的行走路线，刀具行走路线如图 17.7.21 所示。

步骤 10 演示完成后，单击“播放路径”对话框中的 关闭 按钮。

步骤 11 在 ▼ PLAY PATH (播放路径) 菜单中选择 NC Check (NC 检查) 命令，观察刀具切割工件的运行情况，在弹出的“NC 检查结果”对话框中单击按钮，仿真结果如图 17.7.22 所示。

步骤 12 演示完成后，单击软件右上角的 ☒ 按钮，在弹出的“Save Changes Before Exiting VERICUT?”对话框中单击 Save Checked Files 按钮。

8. 改变切削定义类型为切削线

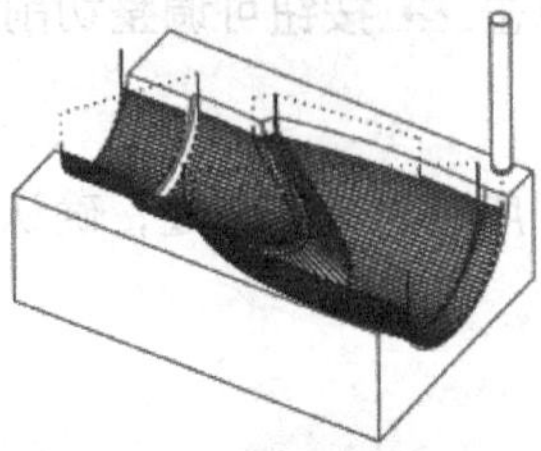

图 17.7.21 刀具行走路线

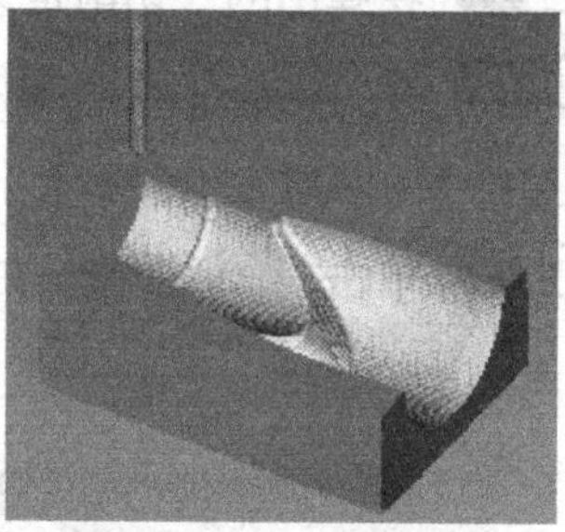

图 17.7.22 NC 检测结果

说明：从图 17.7.21 中可以看出，该刀具不是进行分层铣削，而是采用一次走刀完成的方式，该方式主要用于精加工。

步骤 01 在系统弹出的▼ NC SEQUENCE (NC序列)菜单中选择Seq Setup (序列设置)命令，在弹出的▼ SEQ SETUP (序列设置)菜单中选中☑ Define Cut (定义切削)复选框，然后选择Done (完成)命令。

步骤 02 在弹出的“切削定义”对话框中选择◉ 切削线单选项，并按图 17.7.23 所示进行设置。

步骤 03 设置完成后，单击“切削定义”对话框中的➕按钮，系统弹出“增加/重定义切削线”对话框。在“增加/重定义切削线”对话框中选中◉ 从边 单选项，如图 17.7.24 所示。

步骤 04 在▼ CHAIN (链)菜单中选择Bndry Chain (边界链)和Select (选取)命令，如图 17.7.25 所示，然后选取图 17.7.26 所示的两点。在弹出的▼ CHOOSE (选取)菜单中单击Next (下一个)命令，直至出现图 17.7.26 所示的链 1，然后单击Accept (接受)命令。

步骤 05 在▼ CHAIN (链)菜单中单击Done (完成)命令，在“增加/重定义”对话框中单击确定按钮，则将选择的链添加到设置切削线列表框中。

步骤 06 参照步骤 03~步骤 05的操作步骤，添加图 17.7.27 所示的链 2。

步骤 07 在“切削定义”对话框中单击预览按钮，在铣削曲面上显示图 17.7.28 所示的刀具轨迹，确认刀具轨迹后，单击确定按钮。

步骤 08 在弹出的▼ NC SEQUENCE (NC序列)菜单中选择 Play Path (播放路径) 命令，此时系统弹出▼ PLAY PATH (播放路径)菜单。

步骤 09 在▼ PLAY PATH (播放路径)菜单中选择Screen Play (屏幕演示)命令，此时弹出“播放路径”对话框。

步骤 10 单击“播放路径”对话框中的按钮，可以观察刀具的行走路线，如图 17.7.29 所示。

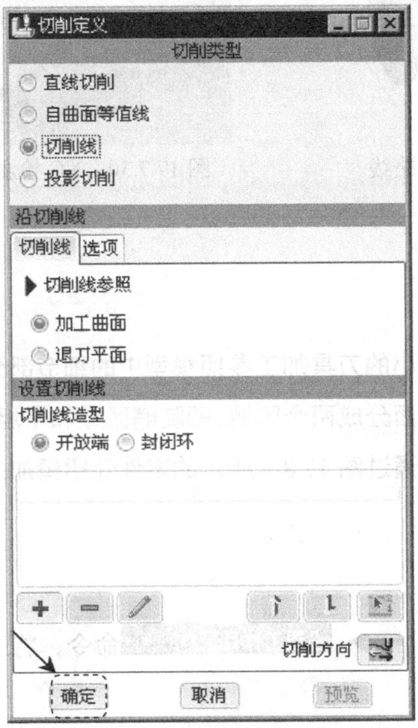

图 17.7.23 “切削定义”对话框

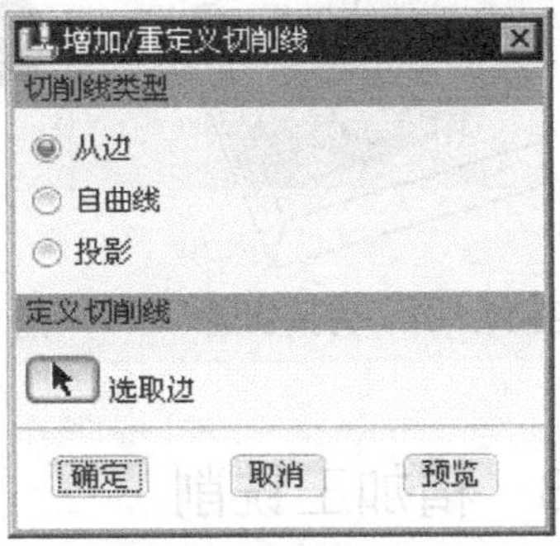

图 17.7.24 “增加/重定义切削线”对话框

图 17.7.25 “链”菜单

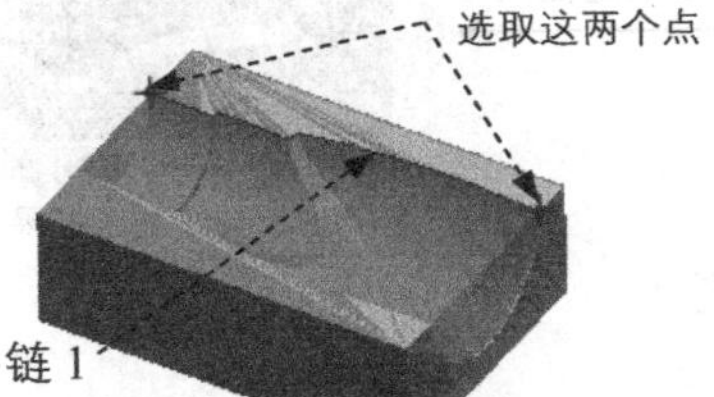

图 17.7.26 所选取的点及创建的链 1

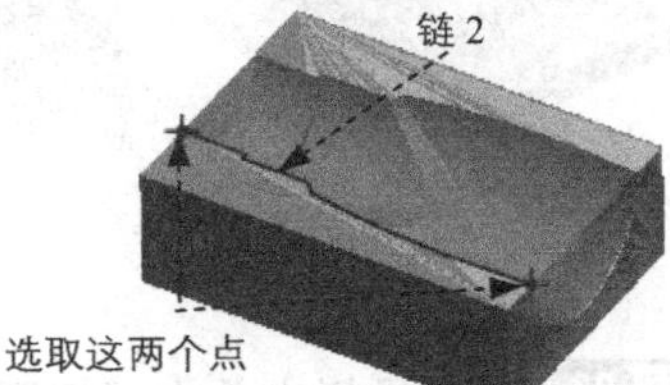

图 17.7.27 所选取的点及创建的链 2

步骤 11 演示完成后，单击“播放路径”对话框中的关闭按钮。

步骤 12 在 PLAY PATH（演示路径）菜单中选择 NC Check（NC检测）命令，观察刀具切割工件的运行情况，在弹出的“NC 检查结果”对话框中单击按钮，仿真结果如图 17.7.30 所示。

步骤 13 演示完成后，单击软件右上角的按钮，在弹出的“Save Changes Before Exiting VERICUT?”对话框中单击 Save Checked Files 按钮。

步骤 14 在 NC SEQUENCE（NC序列）菜单中选取 Done Seq（完成序列）命令。

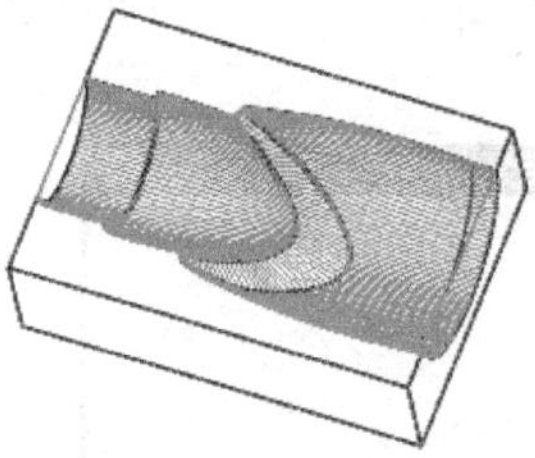

图 17.7.28　刀具轨迹

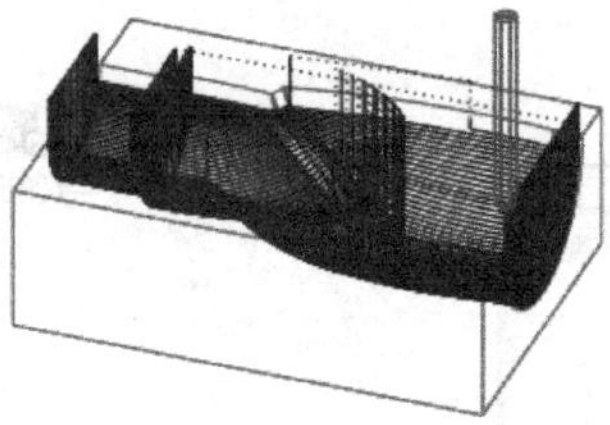

图 17.7.29　刀具行走路线

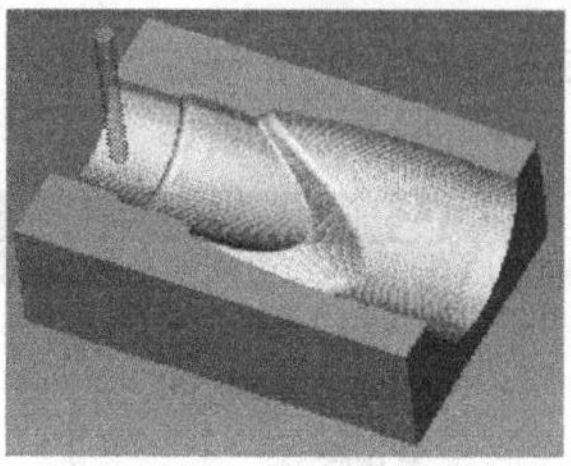

图 17.7.30　NC 检测结果

17.8　精加工铣削

精加工铣削用于粗加工铣削之后，使用直径较小的刀具加工参照模型中的细节部分，通过设定 SLOPE_ANGLE 参数，从而将所有被加工曲面分成两个区域，即陡峭区域和平坦区域，然后对其分别采用相关的制造参数进行加工。下面通过图 17.8.1 所示的零件介绍精加工铣削的一般过程。

1. 打开制造模型文件

步骤 01 设置工作目录。选择下拉菜单 文件(F) → 设置工作目录(W)... 命令，将工作目录设置至 D:\proedq5\work\ch17.08。

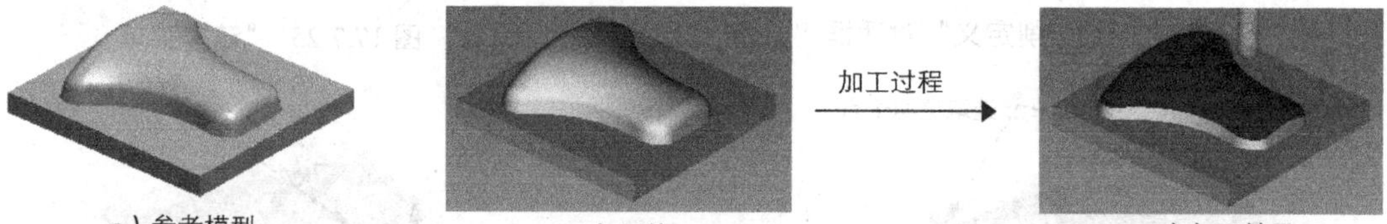

a）参考模型　b）工件　c）加工结果

图 17.8.1　精加工铣削

步骤 02 在工具栏中单击"打开"按钮，从弹出的"文件打开"对话框中，选取三维零件模型——finish-mill.asm 作为制造零件模型，并将其打开。此时工作区中显示图 17.8.2 所示的制造模型。

说明　此制造模型已经包含了一个粗加工铣削加工步骤。

2. 加工方法设置

步骤 01 选择下拉菜单 步骤(S) → 精加工(I) 命令，此时系统弹出

▼ SEQ SETUP (序列设置)菜单。

步骤 02 在弹出的▼ SEQ SETUP (序列设置)菜单中选择图 17.8.3 所示的各复选框，然后选择 Done (完成)命令，系统弹出的“刀具设定”对话框。

步骤 03 在弹出的“刀具设定”对话框中，单击“新建”按钮，然后设置图 17.8.4 所示的刀具参数，依次单击 应用 和 确定 按钮，完成刀具的设定。

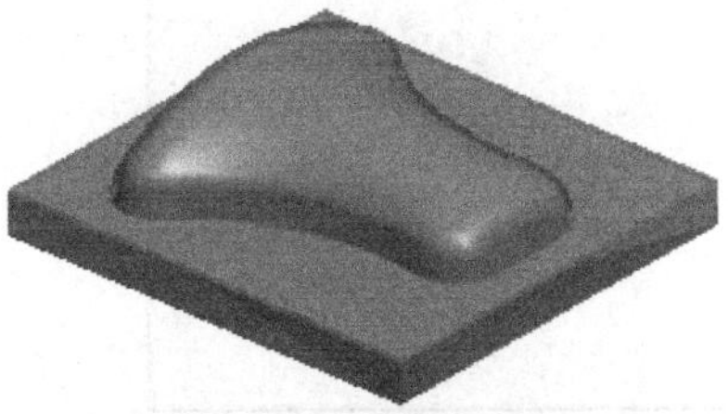

图 17.8.2 制造模型

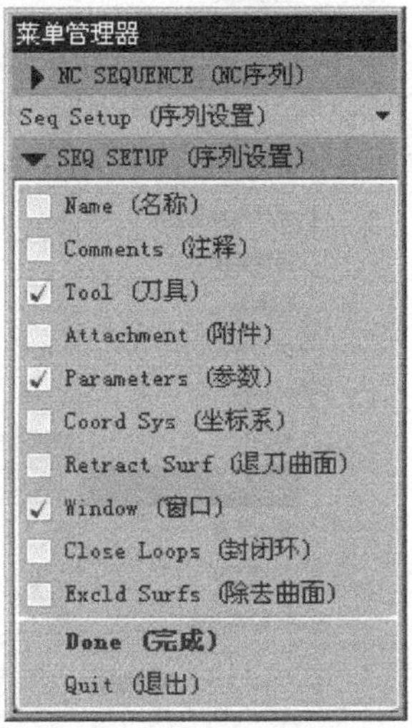

图 17.8.3 “序列设置”菜单

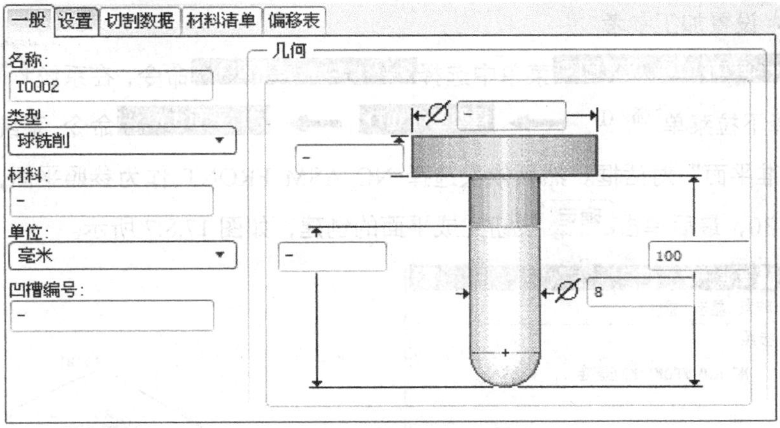

图 17.8.4 设定刀具一般参数

步骤 04 在系统弹出的“编辑序列参‘数精加工’”对话框中设置基本的加工参数，如图 17.8.5 所示，然后单击 确定 按钮，完成参数的设置。此时，系统弹出“定义窗口” 菜单和“选取”菜单。

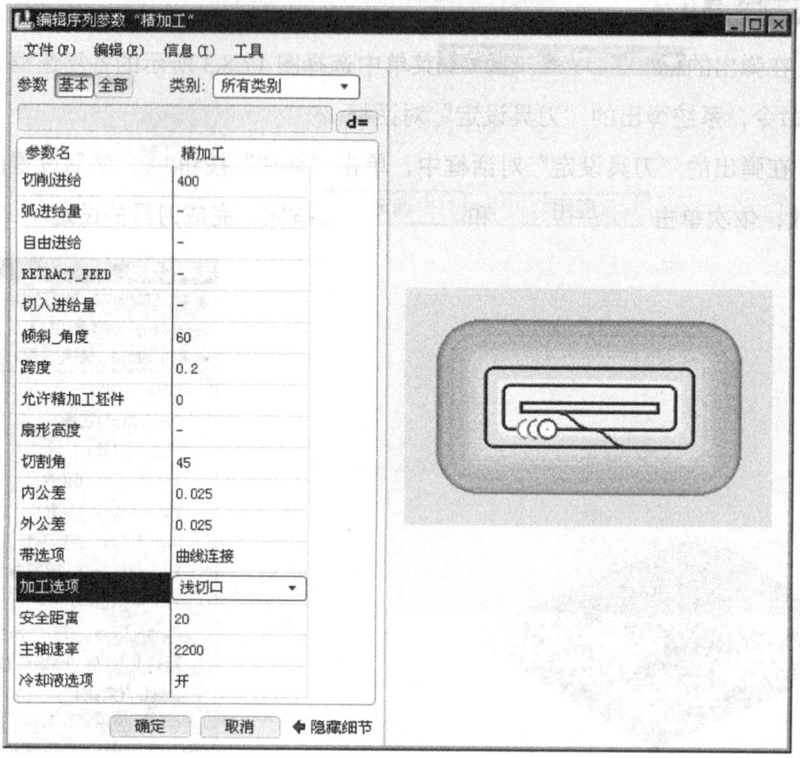

图 17.8.5　设置切削参数

步骤 05 设置加工参考。

（1）在 DEFINE WIND（定义窗口）菜单中选择 Select Wind（选取窗口）命令，在系统 选取或创建铣削窗口 提示下，选择下拉菜单 插入(I) → 模型基准(D) → 平面(L)... 命令，系统弹出图 17.8.6 所示的“基准平面”对话框。然后依次选择 NC_ASM_FRONT 作为参照平面，在 平移 文本框中输入值 30，最后单击 确定 按钮完成平面的创建，如图 17.8.7 所示。

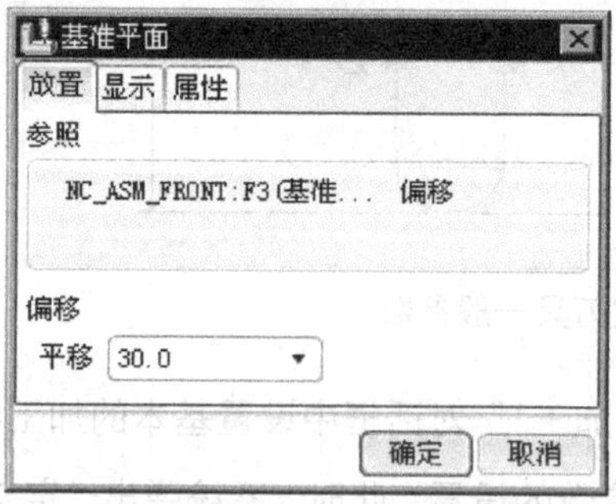

图 17.8.6　“基准平面”对话框

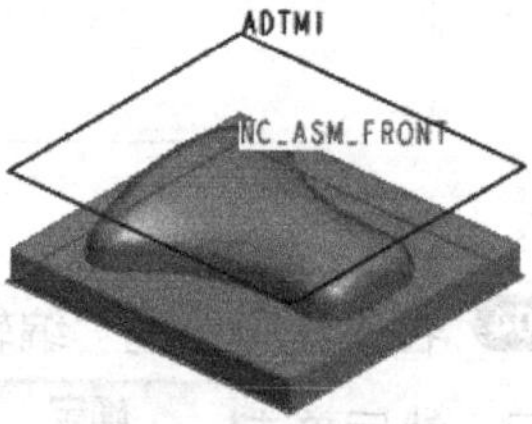

图 17.8.7　创建的基准平面 ADTM1

（2）选择下拉菜单 插入(I) → 制造几何(G) → 铣削窗口(W)... 命令，系统弹出图 17.8.8 所示的“特征”操控板。在操控板中单击 按钮，选取基准平面 ADTM1 为窗口平面，单击放置选项卡，然后单击细节...按钮，系统弹出图 17.8.9 所示的“链”对话框。选中 ◉ 基于规则 单选项，选取图 17.8.10 所示的边线为参照，单击确定按钮，返回到“特征”操控板。

图 17.8.8 “特征”操控板

(3) 在“特征”操控板中单击深度选项卡，设置图 17.8.11 所示的参数 (如果深度方向不对，可输入负值进行调整)。

(4) 在“特征”操控板中单击选项选项卡，选中 ◉ 在窗口围线外 单选项，然后在“特征”操控板中单击确定按钮✓，完成铣削窗口的创建，系统返回到▼ NC SEQUENCE (NC序列) 菜单。

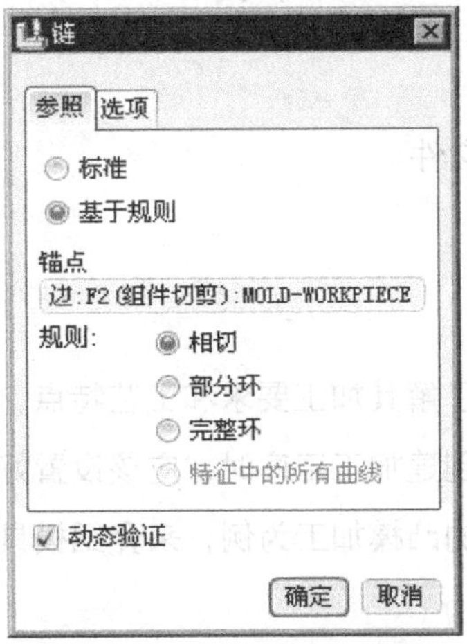

图 17.8.9 “链” 对话框

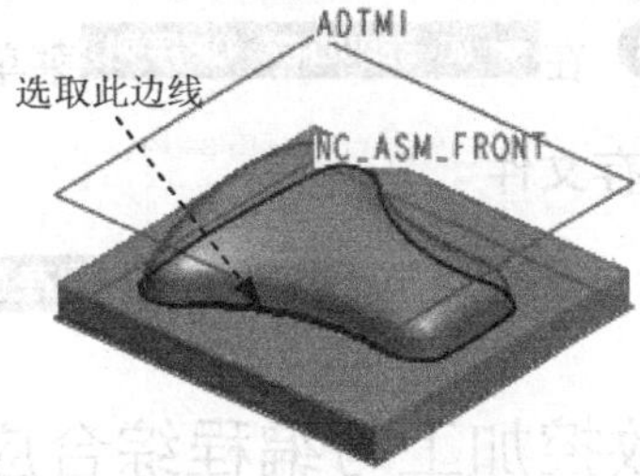

图 17.8.10 定义曲线链

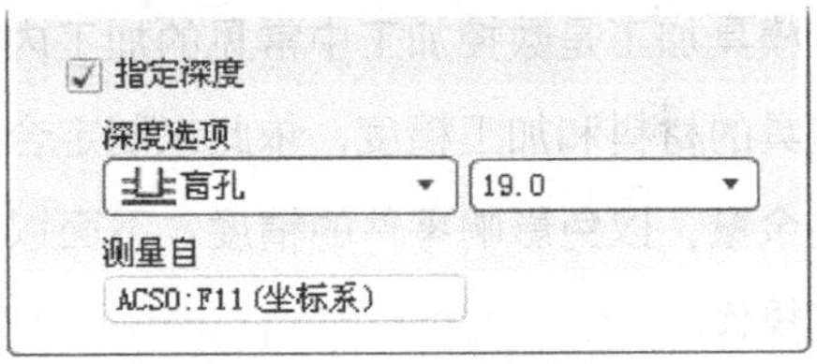

图 17.8.11 设置深度参数

3. 演示刀具轨迹

步骤 01 在弹出的▼ NC SEQUENCE (NC序列) 菜单中选择 Play Path (播放路径) 命令，此时系统弹出▼ PLAY PATH (播放路径) 菜单。

步骤 02 在▼ PLAY PATH (播放路径) 菜单中选择 Screen Play (屏幕演示) 命令，弹出 “播放路径”对话框。单击 ▶ 按钮，观察刀具的行走路线，如图 17.8.12 所示。

步骤 03 演示完成后，单击关闭按钮。

4. 加工仿真

步骤 01 在▼ PLAY PATH (播放路径) 菜单中选择 NC Check (NC 检查) 命令。观察刀具切割工件的运行情况，在弹出的“VERICUT 6.2.2 by CGTech”对话框中单击按钮，运行结果如图17.8.13 所示。

步骤 02 演示完成后，单击软件右上角的按钮，在弹出的“Save Changes Before Exiting VERICUT?”对话框中单击 Save Checked Files 按钮，关闭仿真软件。

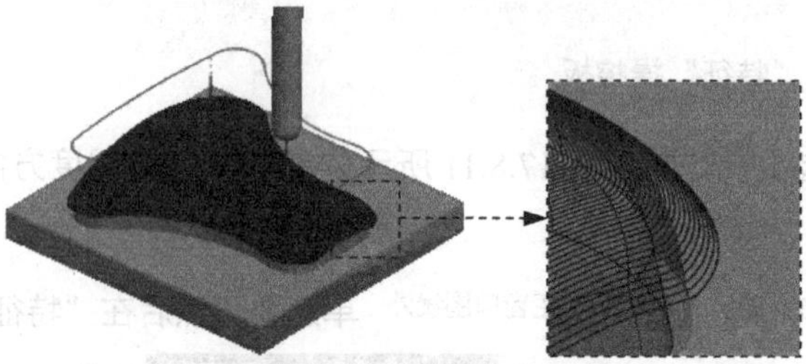

图 17.8.12 刀具的行走路线

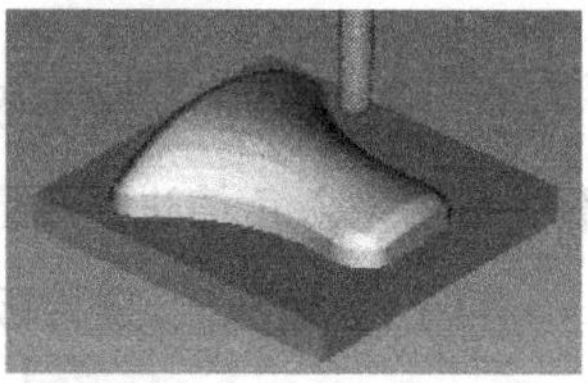

图 17.8.13 运行结果

步骤 03 在 ▼ NC SEQUENCE (NC序列) 菜单中选取 Done Seq (完成序列) 命令。

5. 保存文件

选择下拉菜单 文件(F) → 保存(S) 命令，保存文件。

17.9 数控加工与编程综合应用

模具加工是数控加工中常见的加工内容，应该充分了解其加工要求和工艺特点，特别注意模具的材料和加工精度，依此来制定合理的工序。在创建加工工序时，应该设置好每次切削的余量，以免影响零件的精度。下面以图 17.9.1 所示的凸模加工为例，来介绍模具的一般加工操作。

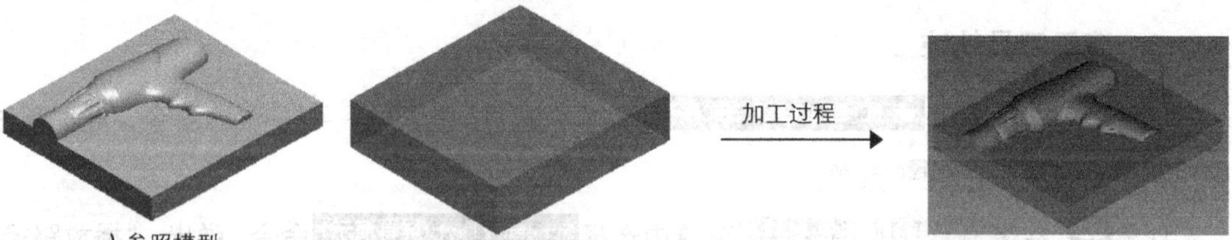

a）参照模型　b）工件　c）加工结果

图 17.9.1 凸模加工

1. 新建一个数控制造模型文件

步骤 01 设置工作目录。选择下拉菜单 文件(F) → 设置工作目录(W)... 命令，将工作目录设置至 D:\proedq5\work\ch17.09。

步骤 02 在工具栏中单击“新建”按钮，弹出“新建”对话框。

步骤 03 在“新建”对话框中，选中 类型 选项组中的 制造 选项，选中 子类型 选项组中的 NC组件 选项，在 名称 后的文本框中输入文件名 mold-back，取消 使用缺省模板 选项组中的“√”号，单击该对话框中的 确定 按钮。

步骤 04 在系统弹出的“新文件选项”对话框的模板选项组中选取 mmns_mfg_nc 模板，然后在该对话框中单击 确定 按钮。

2. 建立制造模型

任务 01 引入参照模型

步骤 01 选择下拉菜单 插入(I) → 参照模型(R) → 装配(A)... 命令，系统弹出“打开”对话框。

步骤 02 从弹出的 “打开”对话框中，选取三维零件模型——mold-core.prt 作为参照零件模型，并将其打开。

步骤 03 在“放置”操控板中选择 缺省 命令，然后单击 按钮，此时系统弹出“创建参照模型”对话框，单击对话框中的 确定 按钮，完成参照模型的放置，放置后如图 17.9.2 所示。

任务 02 创建工件

步骤 01 选择下拉菜单 插入(I) → 工件(W) → 自动工件(W)... 命令。

步骤 02 在系统弹出的“工件”操控板中，确认 按钮被按下，单击 选项 选项卡，在 +Z 文本框中输入数值 10.0，单击“完成”按钮，则完成工件的创建，如图 17.9.3 所示。

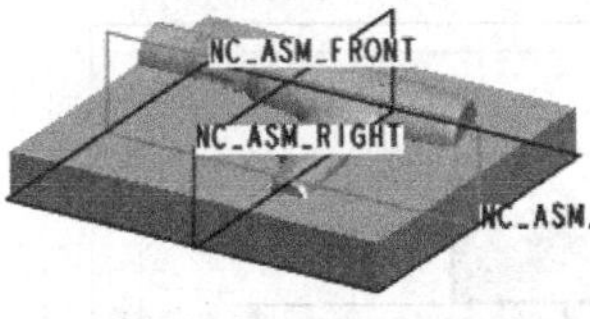

图 17.9.2 放置后的参照模型

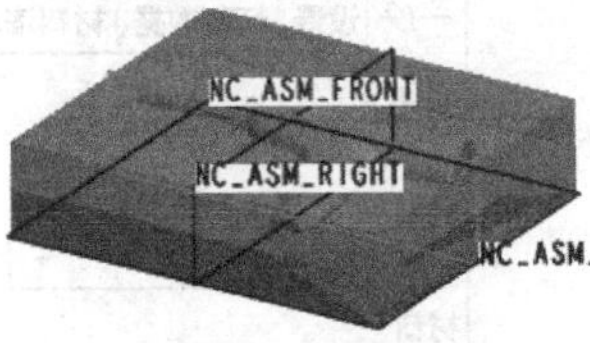

图 17.9.3 制造模型

3. 制造设置

步骤 01 选择下拉菜单 步骤(S) → 操作(O) 命令，系统弹出“操作设置”对话框。

步骤 02 机床设置。单击“操作设置”对话框中的 按钮，弹出“机床设置”对话框。在 机床类型(T) 下拉列表中选择 铣削，在 轴数(X) 下拉列表中选择 3轴，如图 17.9.4 所示。

步骤 03 刀具设置。在“机床设置”对话框的 切削刀具(C) 选项卡中，单击 切削刀具设置 选项组中的按钮。

步骤 04 在弹出的"刀具设定"对话框中设置刀具一般参数，完成设置后的结果如图 17.9.5 所示，设置完毕后单击 应用 按钮并单击 确定 按钮。系统返回"机床设置"对话框。在"机床设置"对话框中单击 确定 按钮，返回到"操作设置"对话框。

步骤 05 设置机床坐标系。在"操作设置"对话框的 参照 选项组中单击按钮，在弹出的 ▼ MACH CSYS（制造坐标系）菜单中选择 Select（选取） 命令。

步骤 06 创建图 17.9.6 所示的坐标系。选择下拉菜单 插入(I) → 模型基准(D) ▸ → 坐标系(C)... 命令，系统弹出 "坐标系"对话框。按住 Ctrl 键，依次选择 NC_ASM_RIGHT、NC_ASM_TOP 基准面和图 17.9.6 所示的模型表面作为创建坐标系的三个参照平面，此时"坐标系"对话框显示如图 17.9.7 所示，单击 确定 按钮完成坐标系的创建。

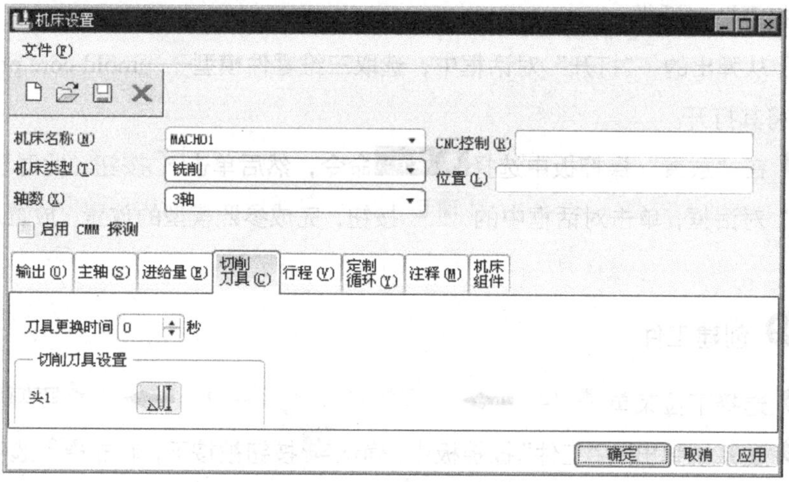

图 17.9.4 "机床设置"对话框

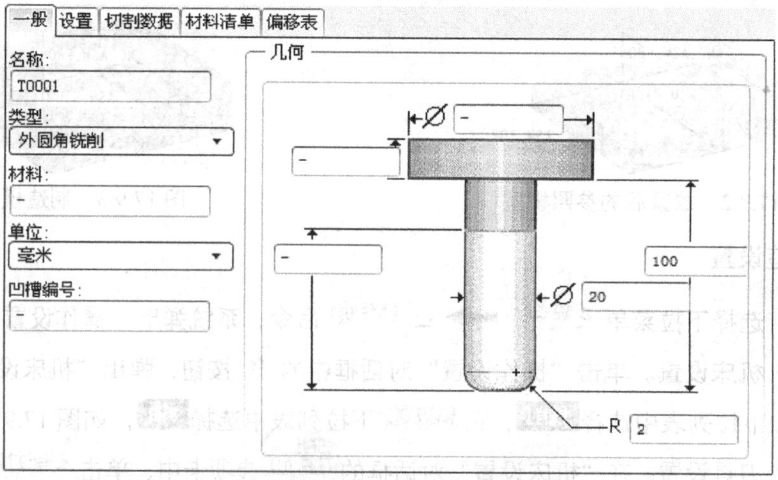

图 17.9.5 设置刀具一般参数

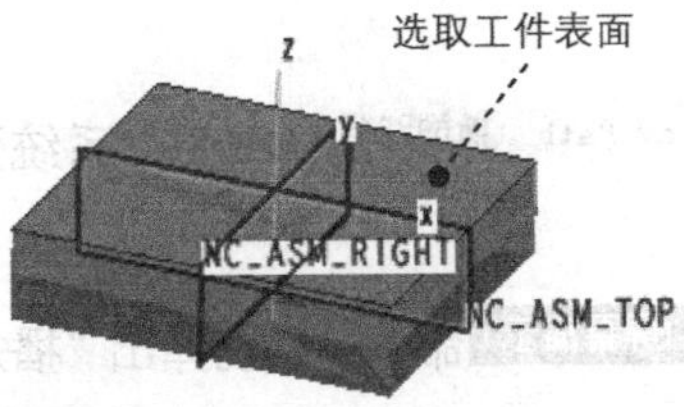

图 17.9.6 选取参照平面

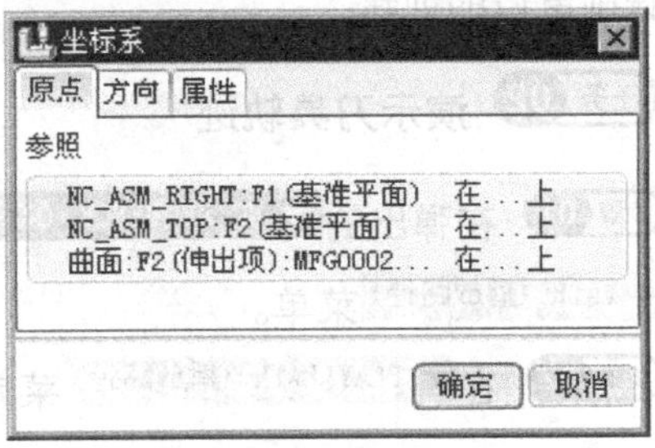

图 17.9.7 “坐标系”对话框

步骤 07 退刀面的设置。在“操作设置”对话框的 退刀 选项卡中选择 按钮，系统弹出“退刀设置”对话框，然后在 类型 下拉列表中选取 平面 选项，选取坐标系 ACS1 为参照，在 值 文本框中输入数值 20.0，最后单击 确定 按钮，完成退刀平面的创建。

步骤 08 在“操作设置”对话框 退刀 选项组的 公差 文本框后输入加工的公差值 0.1，输入完毕后单击 确定 按钮，完成制造设置。

4. 体积块铣削（一）

任务 01 加工方法设置

步骤 01 选择下拉菜单 步骤(S) ➡ 体积块粗加工(V) 命令，此时系统弹出“序列设置”菜单。

步骤 02 在系统弹出的 SEQ SETUP (序列设置) 菜单中勾选 Tool (刀具)、Parameters (参数) 和 Window (窗口) 复选框，然后选择 Done (完成) 命令。

步骤 03 在“刀具设定”对话框中选择前面创建的 T0001 刀具，单击 确定 按钮。此时系统弹出“编辑序列参数‘体积块铣削’”对话框。

步骤 04 在“编辑序列参数‘体积块铣削”对话框中设置基本的加工参数，如图 17.9.8 所示，然后单击编辑序列参数“体积块铣削”对话框中的 确定 按钮，完成参数的设置。

步骤 05 此时，系统弹出“定义窗口”菜单和“选取”菜单。在 DEFINE WIND (定义窗口) 菜单中选择 Select Wind (选取窗口) 命令，在系统 选取或创建铣削窗口 提示下，选择下拉菜单 插入(I) ➡ 制造几何(G) ➡ 铣削窗口(W)... 命令，系统弹出图 17.9.9 所示的“特征”操控板。

步骤 06 在操控板中单击 按钮，选取图 17.9.10 所示的模型表面为窗口平面，单击 放置 按钮，在系统弹出的放置设置界面中单击 细节... 按钮，系统弹出“链”对话框；依次选取图 17.9.10 所示的模型边线，然后单击 确定 按钮，系统返回到“特征”操控板。

步骤 07 在“特征”操控板中单击 选项 按钮，设置图 17.9.11 所示的参数，单击 ✓ 按钮，完成铣削窗口的创建。

任务 02 演示刀具轨迹

步骤 01 在弹出的▼ NC SEQUENCE (NC序列)菜单中选择 Play Path (播放路径) 命令，系统弹出▼ PLAY PATH (播放路径)菜单。

步骤 02 在▼ PLAY PATH (播放路径)菜单中选择Screen Play (屏幕演示)命令，系统弹出“播放路径”对话框。

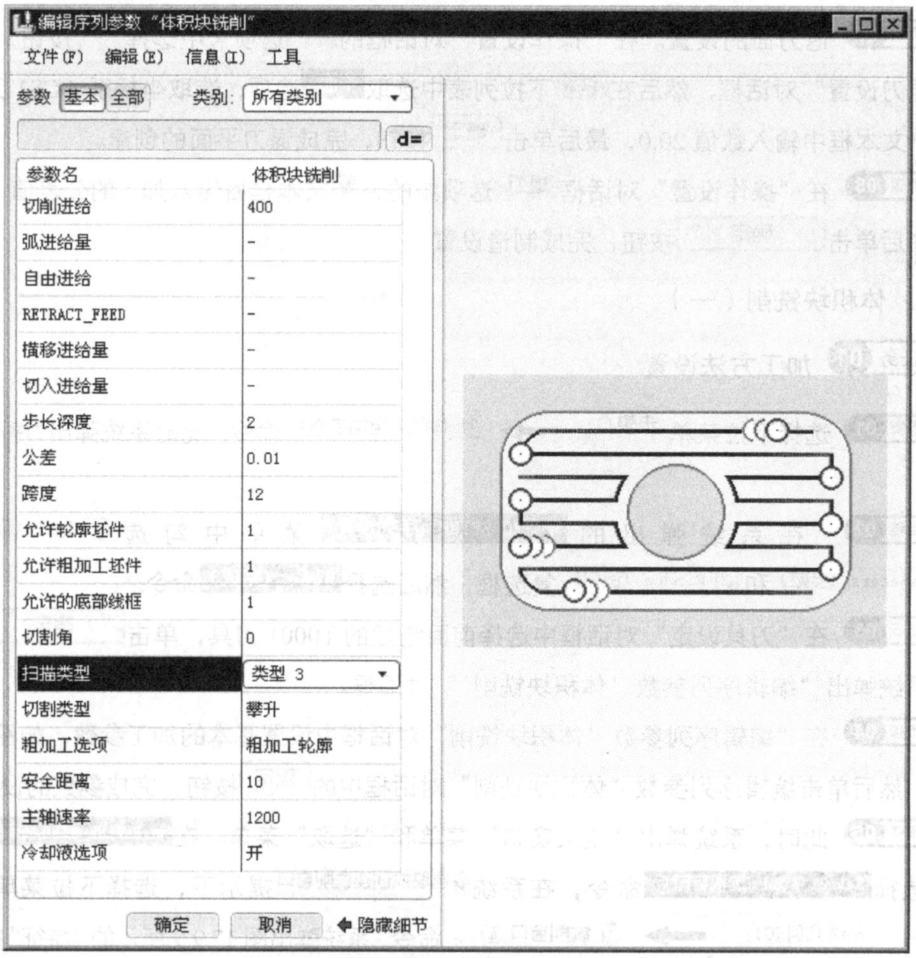

图 17.9.8 “编辑序列参数‘体积块铣削‘”对话框

图 17.9.9 “特征”操控板

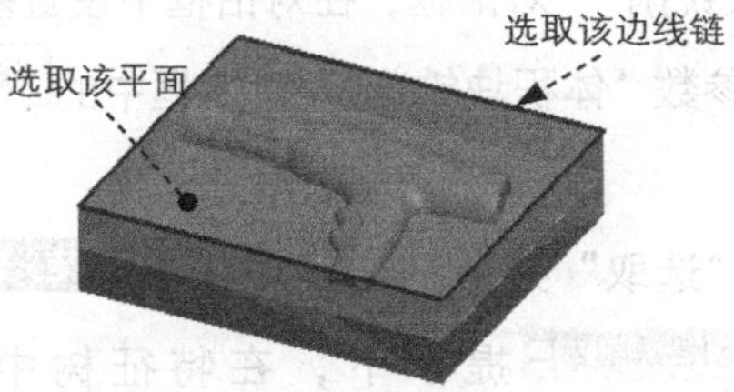

图 17.9.10　定义窗口

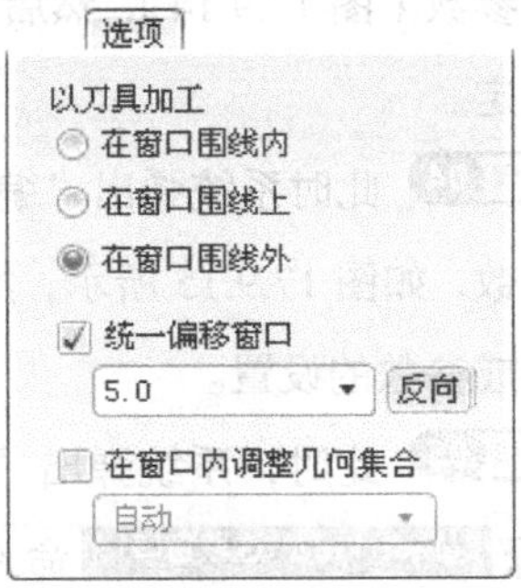

图 17.9.11　设置选项

步骤 03　单击“播放路径”对话框中的 ▶ 按钮，观察刀具的行走路线，如图 17.9.12 所示。

步骤 04　演示完成后，单击“播放路径”对话框中的 关闭 按钮。

任务 03　加工仿真

步骤 01　在 ▼ PLAY PATH (播放路径) 菜单中选择 NC Check (NC 检查) 命令。观察刀具切割工件的运行情况，在弹出的“NC 检查结果”对话框中单击按钮，结果如图 17.9.13 所示。

步骤 02　演示完成后，单击软件右上角的按钮，在弹出的“Save Changes Before Exiting VERICUT?”对话框中单击 Save Checked Files 按钮。

步骤 03　在 ▼ NC SEQUENCE (NC序列) 菜单中选择 Done Seq (完成序列) 命令。

图 17.9.12　刀具的行走路线

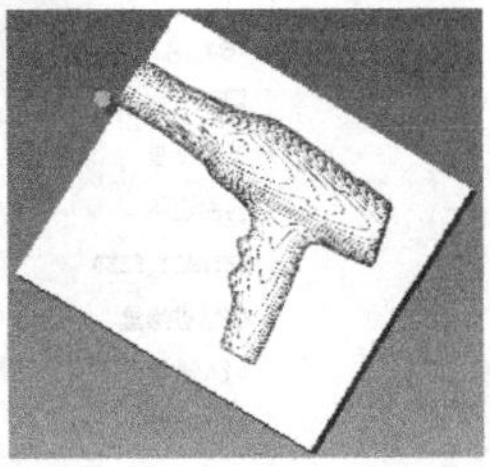

图 17.9.13　运行结果

5. 体积块铣削（二）

任务 01　加工方法设置

步骤 01　选择 步骤(S) ➡ 体积块粗加工(V) 命令，系统弹出“序列设置”菜单。

步骤 02　在系统弹出的 ▼ SEQ SETUP (序列设置) 菜单中勾选 ☑ Tool (刀具)、☑ Parameters (参数) 和 ☑ Window (窗口) 复选框，然后选择 Done (完成) 命令。

步骤 03　在弹出的“刀具设定”对话框中，单击“新建”按钮设置新的刀具参数。设置刀具参数（图 17.9.14），然后单击 应用 按钮并单击 确定 按钮，完成刀具参数的设定。

步骤 04 此时系统弹出“编辑序列参数‘体积块铣削’”对话框，在对话框中设置基本的加工参数，如图 17.9.15 所示，然后单击“编辑序列参数‘体积块铣削’”对话框中的 确定 按钮，完成参数的设置。

步骤 05 此时，系统弹出“定义窗口”菜单和“选取”菜单。在 ▼ DEFINE WIND (定义窗口) 菜单中选择 Select Wind (选取窗口) 命令，在系统 ◆选取或创建铣削窗口 提示下，在特征树中选取 铣削窗口 1 [窗口] 节点。

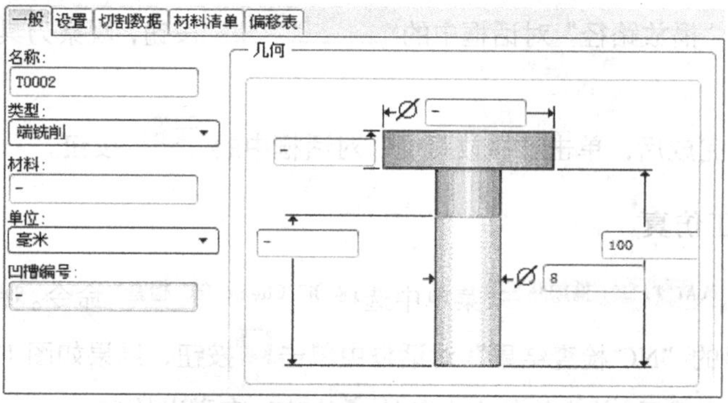

图 17.9.14 设置刀具一般参数

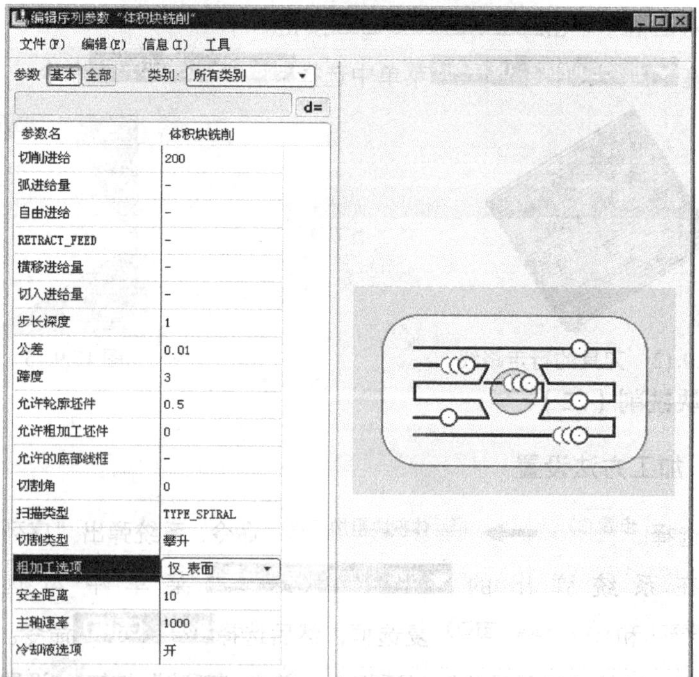

图 17.9.15 “编辑序列参数‘体积块铣削’”对话框

任务 02 演示刀具轨迹

步骤 01 在弹出的▼ NC SEQUENCE (NC序列)菜单中选择 Play Path (播放路径) 命令，系统弹出▼ PLAY PATH (播放路径)菜单。

步骤 02 在▼ PLAY PATH (播放路径)菜单中选择Screen Play (屏幕演示)命令，系统弹出“播放路径”对话框。

步骤 03 单击“播放路径”对话框中的 ▶ 按钮，观察刀具的行走路线，如图 17.9.16 所示。演示完成后，单击“播放路径”对话框中的关闭按钮。

步骤 04 在▼ NC SEQUENCE (NC序列)菜单中选择Done Seq (完成序列)命令。

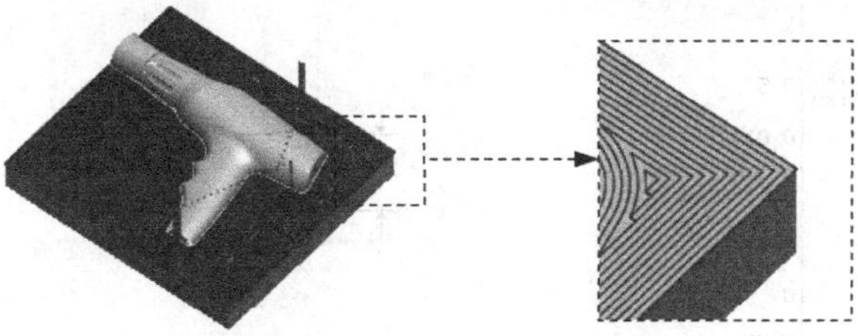

图 17.9.16 刀具的行走路线

6. 轮廓铣削

任务 01 加工方法设置

步骤 01 选择下拉菜单 步骤(S) → 轮廓铣削(P) 命令，此时系统弹出“序列设置”菜单。

步骤 02 在弹出的▼ SEQ SETUP (序列设置)菜单中，选择☑ Tool (刀具)、☑ Parameters (参数)和☑ Machining Surfaces (加工曲面)复选框，然后选择Done (完成)命令。

步骤 03 在弹出的“刀具设定”对话框中，单击“新建”按钮设置新的刀具参数。设置刀具参数（图 17.9.17），然后单击 应用 按钮并单击 确定 按钮，完成刀具参数的设定。

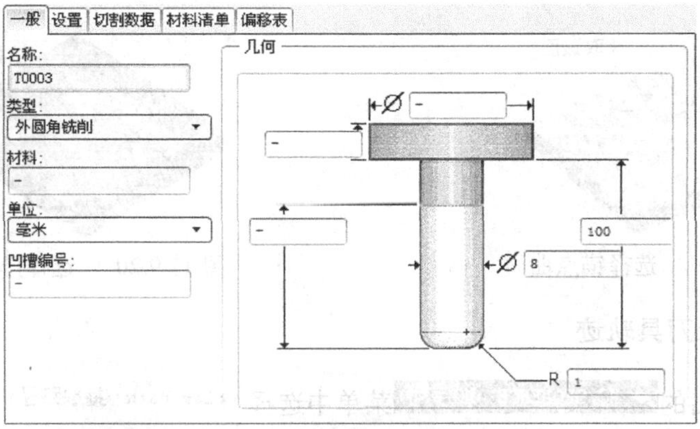

图 17.9.17 设置刀具一般参数

步骤 04 在系统弹出的”编辑序列参数‘轮廓铣削’”对话框中设置基本加工参数，如图 17.9.18 所示。单击 确定 按钮，完成参数的设置。

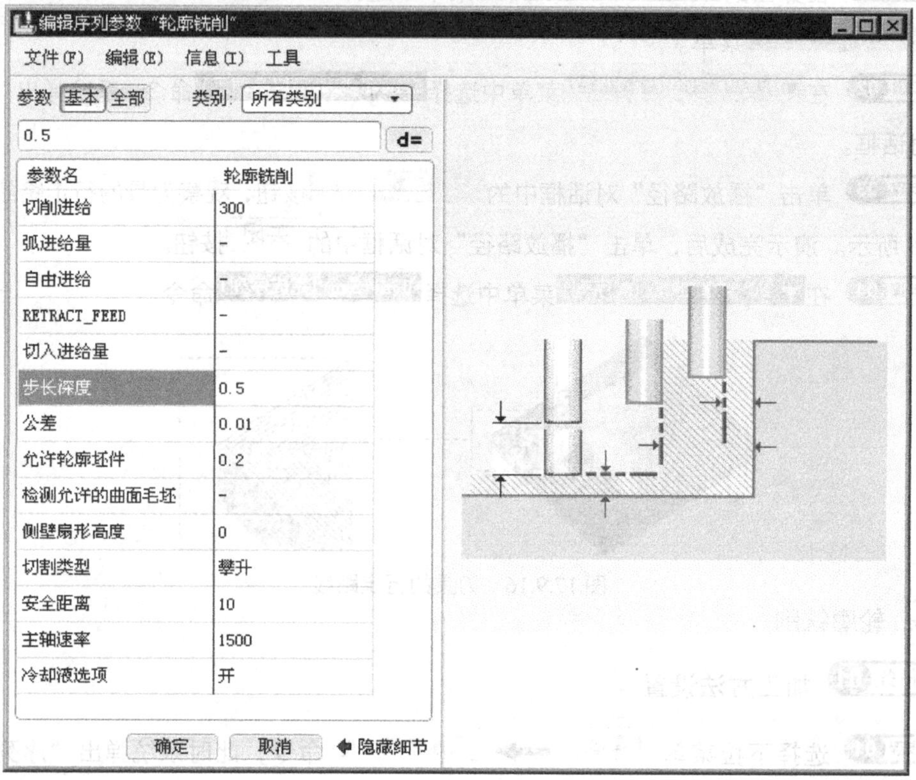

图 17.9.18　“编辑序列参数‘轮廓铣削’”对话框

步骤 05 此时，系统弹出“曲面”对话框，单击 细节... 按钮，系统弹出“曲面集”对话框。在“曲面集”对话框中单击 添加 按钮，然后选取图 17.9.19 所示的曲面，选取完成后，在“曲面集”对话框中选择 ◉ 所有实体曲面 单选项；在“曲面集”对话框中单击 排除的曲面 选项，然后选取图 17.9.20 所示的曲面组（共 8 个，包括 4 个侧面、1 个底面、3 个平面），单击对话框中的 确定 按钮，系统返回到“曲面”对话框，单击 ✔ 按钮，完成加工面的选取。

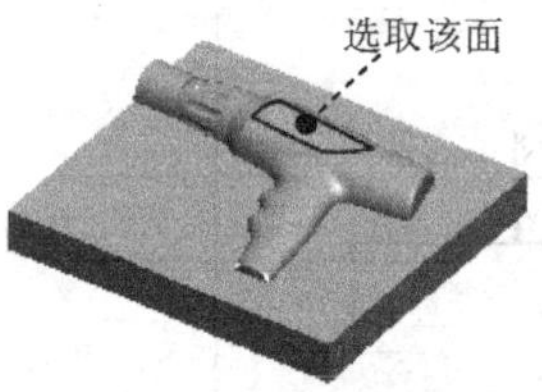

图 17.9.19　选择锚点曲面

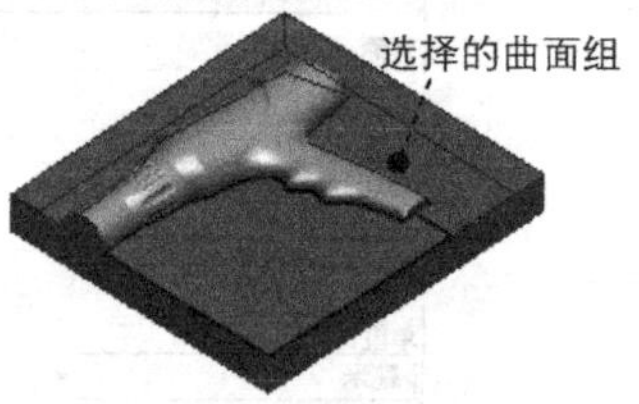

图 17.9.20　选择排除的曲面

任务 02 演示刀具轨迹

步骤 01 在弹出的 ▼ NC SEQUENCE (NC序列) 菜单中选择 Play Path (播放路径) 命令，此时系统弹出▼ PLAY PATH（播放路径）菜单。

步骤 02 在▼ PLAY PATH（播放路径）菜单中选择Screen Play（屏幕演示）命令，系统弹出“播放路径”对话框。单击 ▶ 按钮，观察刀具路径，其刀具路径如图 17.9.21 所示。演示完成后，单击“播放路径”对话框中的 关闭 按钮。

步骤 03 在▼ NC SEQUENCE（NC序列）菜单中选取Done Seq（完成序列）命令。

5. 曲面铣削

任务 01 加工方法设置

步骤 01 选择下拉菜单 步骤(S) → 曲面铣削(S) 命令，此时系统弹出“序列设置”菜单。

步骤 02 在弹出的▼ SEQ SETUP（序列设置）菜单中，选择图 17.9.22 所示的复选框，然后选择Done（完成）命令。

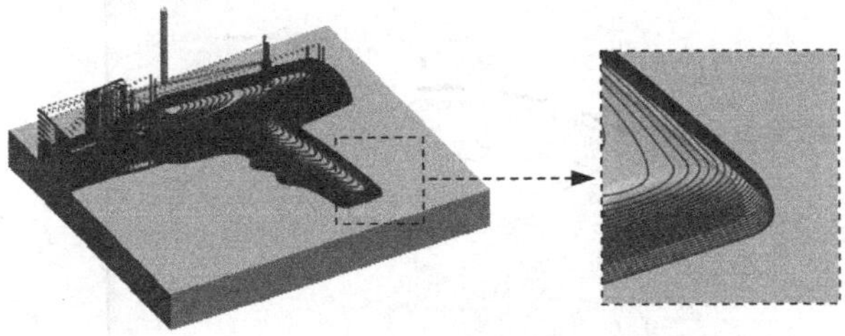

图 17.9.21 刀具路径

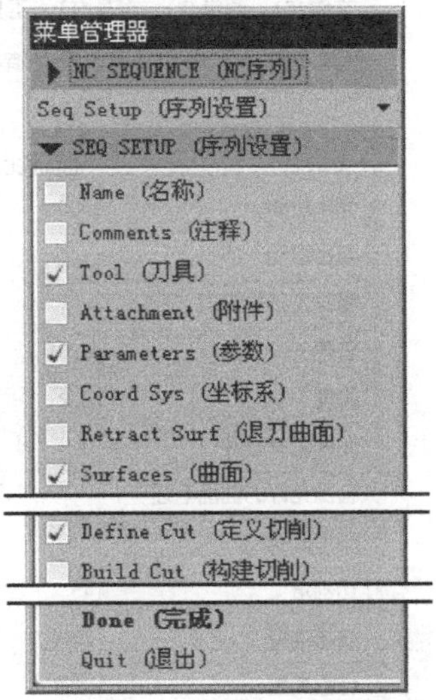

图 17.9.22 “序列设置”菜单

步骤 03 在弹出的“刀具设定”对话框中，单击“新建”按钮 设置新的刀具参数。设置刀具参数（图 17.9.23），然后单击 应用 按钮并单击 确定 按钮，完成刀具参数的设定。

步骤 04 在”编辑序列参数‘曲面铣削’”对话框中设置基本的加工参数，如图 17.9.24 所示，单击 确定 按钮，完成参数设置。

步骤 05 在系统弹出的▼ NCSEQ SURFS（NC序列 曲面）菜单中选择From Prev Seq（从先前序列）命令。在系统弹出的▼ NC序列列表 菜单中选择 ☑ 3: 轮廓铣削, 操作: OP010 选项，单击Done Sel（完成选取）按钮。

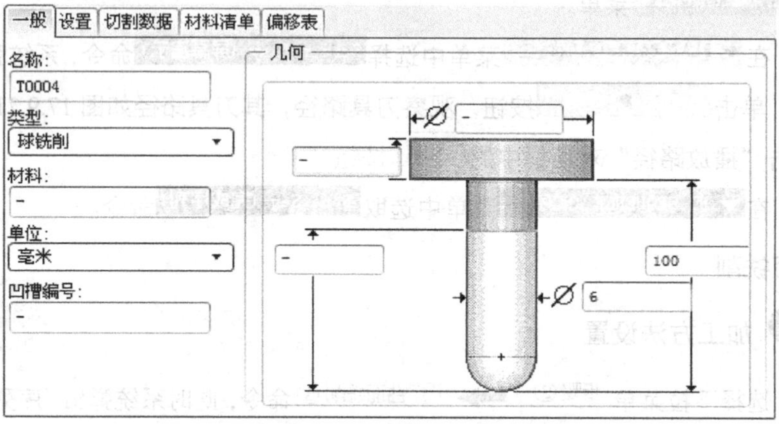

图 17.9.23 设置刀具参数

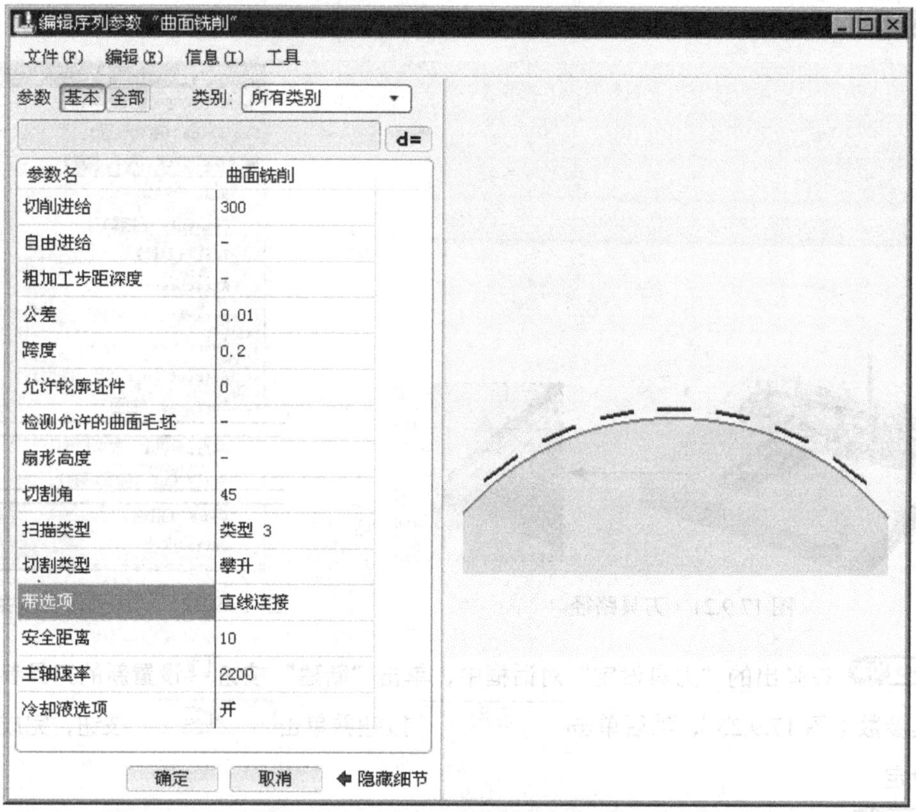

图 17.9.24 “编辑序列参数‘曲面铣削’”对话框

步骤 06 在 ▼ NCSEQ SURFS (NC序列 曲面) 菜单中选择 **Done/Return (完成/返回)** 命令。系统弹出“切削定义”对话框，按图 17.9.25 所示进行设置，单击 预览 按钮，在退刀平面上将显示刀具切削路径，图 17.9.26 所示，然后单击 确定 按钮。

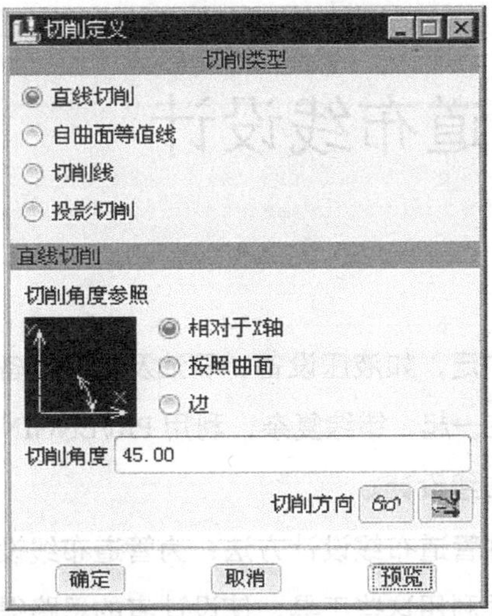

图 17.9.25 “切削定义”对话框

图 17.9.26 所选取的曲面

任务 02 演示刀具轨迹

步骤 01 在弹出的▼ NC SEQUENCE (NC序列)菜单中选择 Play Path (播放路径) 命令，系统弹出▼ PLAY PATH (播放路径)菜单。

步骤 02 在▼ PLAY PATH (播放路径)菜单中选择Screen Play (屏幕演示)命令，系统弹出“播放路径”对话框。单击▶按钮，观察刀具路径，如图 17.9.27 所示，演示完成后，单击“播放路径”对话框中的 关闭 按钮。

步骤 03 在▼ NC SEQUENCE (NC序列)菜单中选择 Done Seq (完成序列)命令。

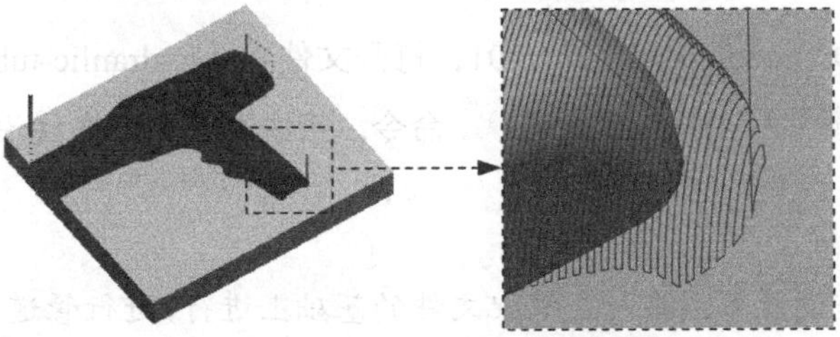
图 17.9.27 刀具路径

任务 05 保存文件

选择下拉菜单 文件(F) → 保存(S) 命令，保存文件。

第 18 章 管道布线设计

18.1 管道布线设计基础

Pro/ENGINEER 管道布线设计模块应用十分广泛，如液压设备、石油及化工设备中的管道系统，各种管道、阀门、泵、探测单元、交织在一起，错综复杂，利用 Pro/ENGINEER 中的管道布线设计模块能够快速、高效地进行管道布线设计。

Pro/ENGINEER 管道布线设计模块提供了多种管道布线设计方法，为管道布线设计提供了多种工具，在一些复杂的管道布线设计中，合理利用这些工具，使设计者的思路得到充分的发挥和延伸，提高设计者的工作效率和设计质量。

Pro/ENGINEER 管道布线设计模块具有以下特点：

- 在结构件的基础上生成完整的数字化模型、真实模拟实际管道设计。
- 能够有效检查管道、设备之间的干涉情况。
- 生成详细的管道布置物料清单，指导实际施工。
- 为设计者提供了清晰的设计思路，有效提高工作效率。
- 在使用过程中可以充分调用现成管件，减少了建模的时间，缩短研发周期。

18.1.1 Pro/ENGINEER 管道布线设计用户界面

设置工作目录至 D:\proedq5\ch18\ch18.01，打开文件 000-hydranlic-tubing-system.asm。

选择下拉菜单 应用程序(P) → 管道(P) 命令。系统进入管道布线设计模块，其用户界面如图 18.1.1 所示。

> 说明：管道设计必须在一个装配文件的基础上进行，进行管道布线设计时一般只需要和管道相关的结构件即可。对于零件较多、结构较复杂的装配体，可以采用 TOP-DOWN 设计方法将相关结构件几何发布并复制到管道系统节点中。

18.1.2 Pro/ENGINEER 管道布线设计流程

Pro/ENGINEER 管道布线设计的一般流程如下。

（1）设置工作目录至项目文件夹。

（2）在布线模型中创建管道系统节点。

（3）在管道系统节点中创建各种路径基准。

（4）创建线材及线材库。

（5）创建管线。

（6）布置管道路径。

（7）编辑并修改管道路径。

（8）添加管道元件。

（9）生成实体管道。

（10）检查管道路径规则。

（11）创建工程图及明细表。

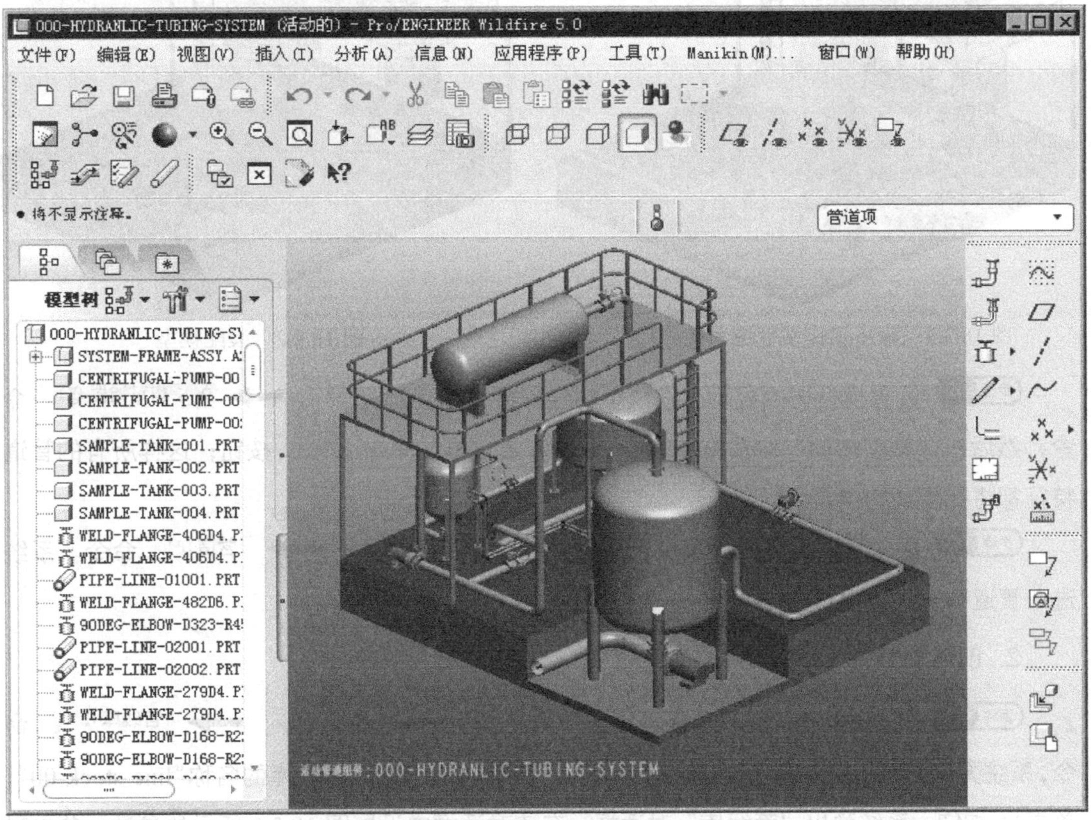

图 18.1.1 Pro/ENGINEER 5.0 管道布线设计用户界面

18.2 管道布线设计案例——液压工作站管道系统布线

案例概述：

图 18.2.1 所示的是一个小型液压工作站管道系统，其中包括各种液压容器设备、液压泵、液

压阀以及管路控制元件等，管道与各种设备之间均采用法兰连接，管道与管道之间的连接使用弯管接头或三通管连接。本案例中所有设备及管路元件已经完成了端口属性的设置，需要完成该管道系统布线设计。希望读者通过该案例的学习，对管道布线有一个深刻的了解。

1. 进入管道设计模块

步骤 01 设置工作目录。设置工作目录至 D:\Proedq5\work\ch18.02\ex，打开装配体模型文件 000-hydranlic-tubing-system.asm，如图 18.2.2 所示。

图 18.2.1 液压工作站管道系统布线

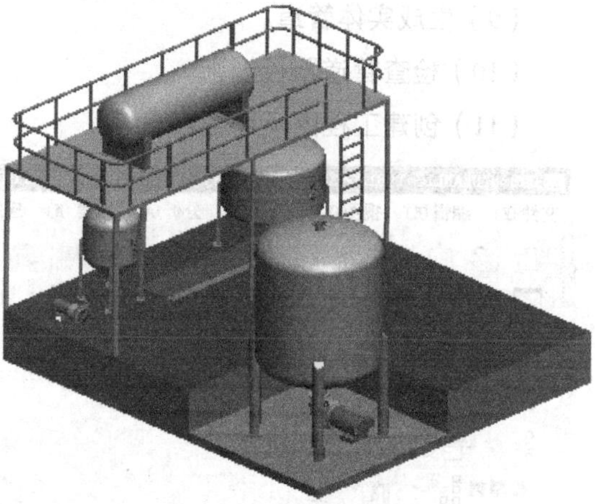

图 18.2.2 装配模型

步骤 02 设置模型树的显示。在模型树操作界面中，选择 → 树过滤器(F)... 命令，然后在“模型树项”对话框中选中 特征 复选框，单击 确定 按钮；这样所有的管道特征都将在模型树中显示。

步骤 03 进入管道布线设计模块。选择下拉菜单 应用程序(P) → 管道(P) 命令。系统进入管道布线设计模块。

2. 创建管线库

步骤 01 定义管线库 01。选择下拉菜单 编辑(E) → 设置(S)... → 管线库(L)... 命令，系统弹出“管线库”菜单管理器，选择 Create（创建）命令，输入管线库的名称“line-stock-00”，单击 按钮，系统弹出“管线库”对话框；在该对话框中设置图 18.2.3 所示的参数，单击对话框中的 按钮。

步骤 02 定义管线库 02。在“管线库”菜单管理器中选择 Create（创建）命令，输入管线库的名称“line-stock-01”，然后单击 按钮，系统弹出“管线库”对话框；在该对话框中设置图 18.2.4 所示的参数，单击对话框中的 按钮。

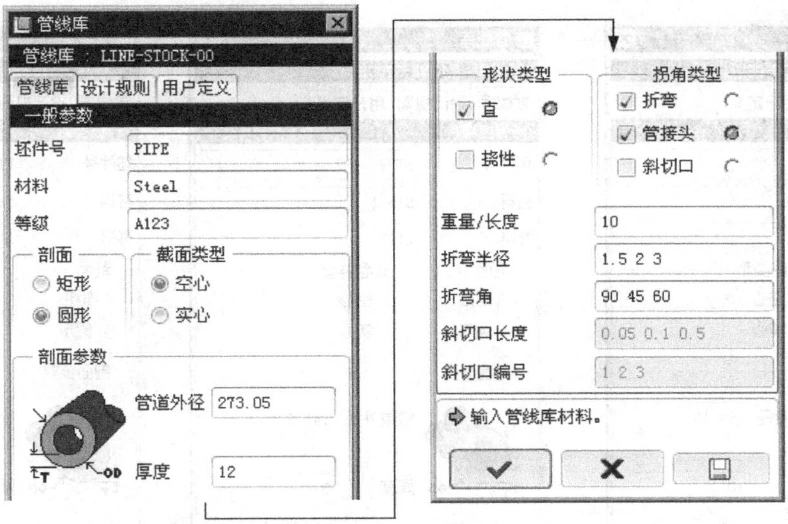

图 18.2.3 “管线库”对话框（一）

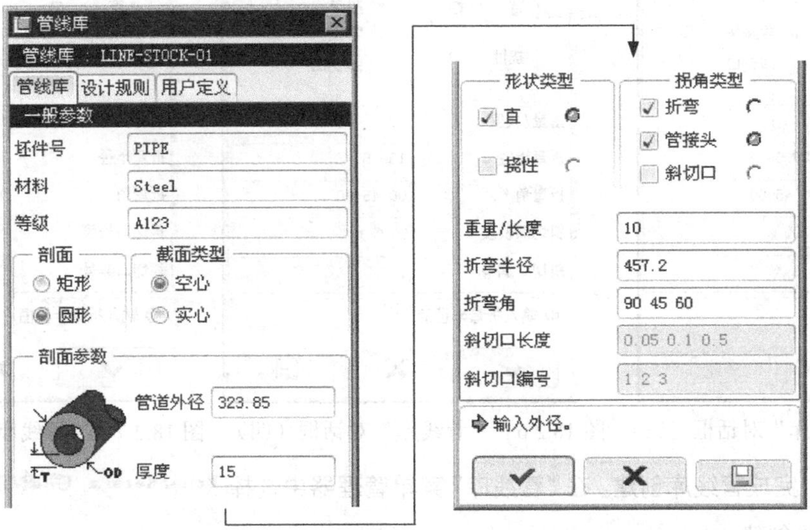

图 18.2.4 “管线库”对话框（二）

步骤 03 定义管线库 03。具体操作可参照步骤 02，管线库名称设置为“line-stock-02”，具体参数设置如图 18.2.5 所示。

步骤 04 定义管线库 04。具体操作可参照步骤 02，管线库名称设置为“line-stock-03”，具体参数设置如图 18.2.6 所示。

步骤 05 定义管线库 05。具体操作可参照步骤 02，管线库名称设置为“line-stock-04”，具体参数设置如图 18.2.7 所示。

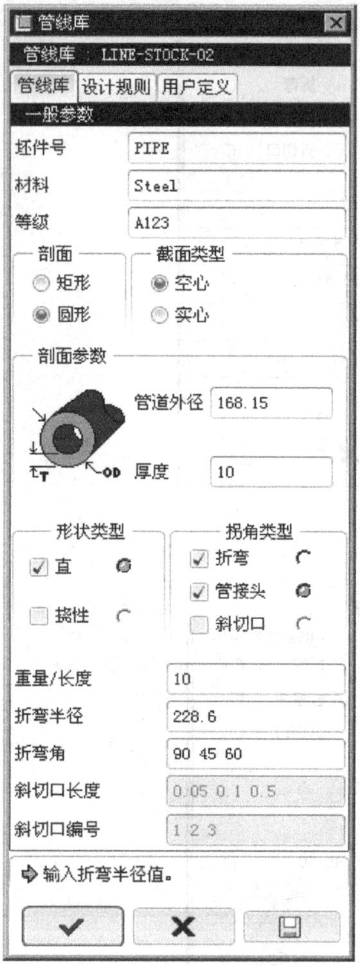

图 18.2.5 “管线库”对话框（三）

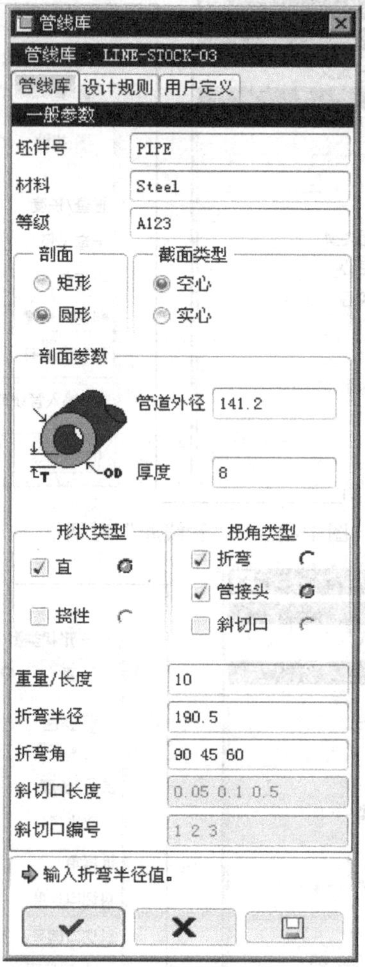

图 18.2.6 “管线库”对话框（四）

图 18.2.7 “管线库”对话框（五）

步骤 06 完成管线库创建。在“管线库”菜单管理器中选择 Done/Return（完成/返回）选项，完成管线库的创建。

3. 创建管道线路

任务 01 创建管道线路 pipe-line-01

步骤 01 新建管线 pipe-line-01 并选择线材库。选择下拉菜单 插入(I) ➡ 管道(I) ➡ 管线(L) 命令，在系统弹出的文本框中输入管线名称“pipe-line-01”，单击✓按钮，在系统弹出的菜单管理器中选择 LINE-STOCK-00 选项。

步骤 02 创建管道路径。

（1）布置管道起点。选择下拉菜单 插入(I) ➡ 管道(I) ➡ 设置起点(S) 命令，系统弹出图 18.2.8 所示的菜单管理器，在菜单管理器中选择 Entry Port（入口端）命令，选取图 18.2.9 所示的基准坐标系 1 为管道布置起点。

说明：在管道设计中，常用基准坐标系来表达管道的入口端和起始端，这些坐标系需要预先在管路元件中创建好，创建时要注意坐标系的 Z 轴要指向管线的引出方向。

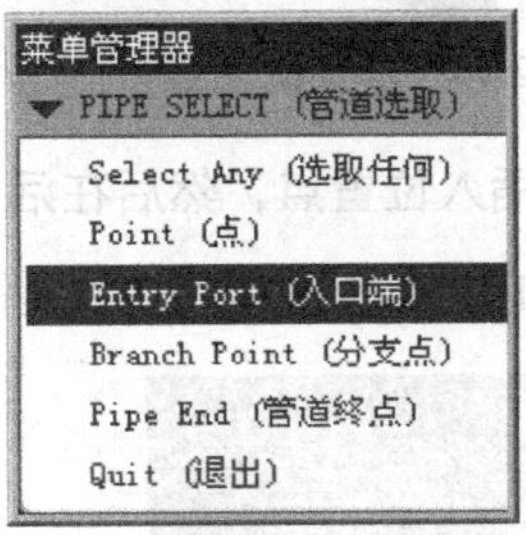

图 18.2.8 菜单管理器

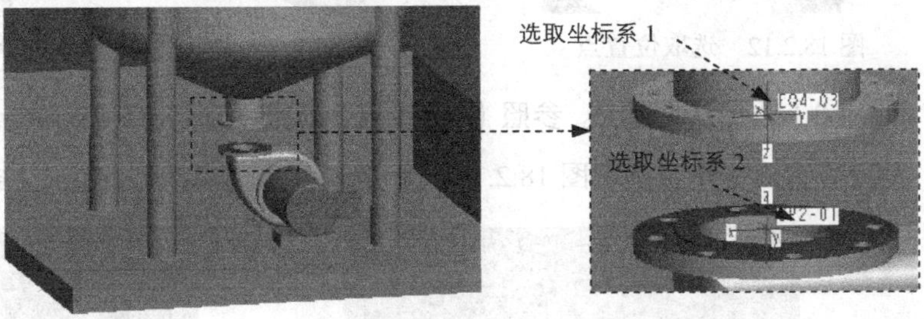

图 18.2.9 选取坐标系

（2）布置管道端点。选择下拉菜单 插入(I) → 管道(I) → 至点/端口(T) 命令，系统弹出图 18.2.10 所示的“到点/端口”对话框，选取图 18.2.9 所示的坐标系 2 为管道布置端点，单击 ✔ 按钮，结果如图 18.2.11 所示。

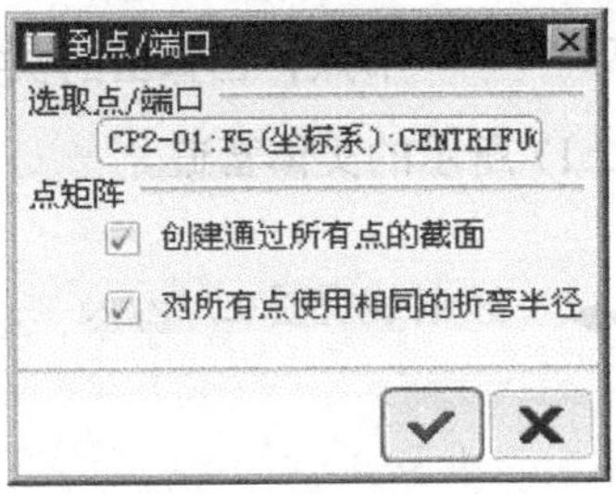

图 18.2.10 “到点/端口”对话框

图 18.2.11 创建管道路径

步骤 03 添加管道元件。

（1）添加法兰盘 1。

① 选择法兰盘 1。选择下拉菜单 插入(I) → 管道(I) → 管接头(F)... 命令，选择“插入类型”菜单管理器中的 End（终止）命令，系统弹出“打开”对话框，选择法兰 weld-flange-406d4.prt，单击 打开 按钮。

② 选取位置点与匹配点。选取图 18.2.12 所示的点为插入位置点，在活动元件窗口中依次选取图 18.2.13 所示的坐标系与点为匹配点。

③ 完成法兰盘的添加。在系统弹出的“重定义管接头”菜单管理器中选择 Done（完成）命

令，完成法兰盘 1 的添加，结果如图 18.2.14 所示。

图 18.2.12　选取位置点

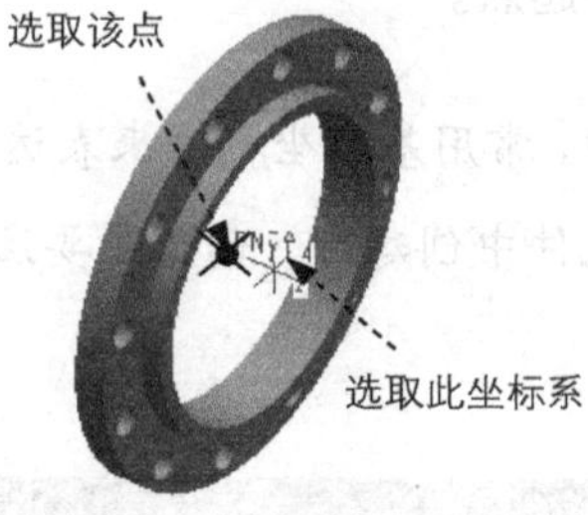

图 18.2.13　选取匹配点

图 18.2.14　添加法兰盘 1

（2）添加法兰盘 2。参照（1）步骤，选取图 18.2.15 所示的点为插入位置点，然后在活动元件窗口中依次选取图 18.2.13 所示的坐标系与点为匹配点，结果如图 18.2.16 所示。

图 18.2.15　选取位置点

图 18.2.16　添加法兰盘 2

步骤 04 生成实体管道。在管道系统树中右击 PIPE-LINE-01 节点，在弹出的快捷菜单中选择 实体 ➡ 创建 命令，此时模型中显示图 18.2.17 所示的实体管道。

说明　在模型树操作界面中，选择 ➡ ☑ 管线视图(L) 命令，切换到管道系统树。如图 18.2.18 所示。

任务 02 创建管道线路 pipe-line-02

步骤 01 新建管线 pipe-line-02 并选择线材库。选择下拉菜单 插入(I) ➡ 管道(I) ➡ 管线(L) 命令，在系统弹出的文本框中输入管线名称“pipe-line-02”，单击 ✓ 按钮，在系统弹出的菜单管理器中选择 LINE-STOCK-01 选项。

图 18.2.17　生成实体管道

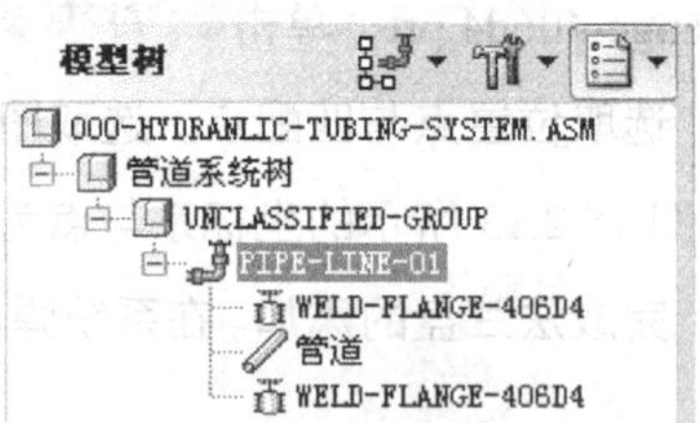

图 18.2.18　管道系统树

步骤 02 创建管道路径。

（1）布置管道起点。选择下拉菜单 插入(I) → 管道(I) → 设置起点(S) 命令，在系统弹出的菜单管理器中选择 Entry Port (入口端) 命令，选取图 18.2.19 所示的基准坐标系为管道布置起点。

（2）定义延伸管道 1。选择下拉菜单 插入(I) → 管道(I) → 延伸(E) 命令，系统弹出图 18.2.20 所示的“延伸”对话框，在该对话框的 至坐标 下拉列表中选择 沿坐标系轴 选项；在 尺寸选项 区域 长度 下拉列表中选择 距参考的偏移 选项，选取图 18.2.21 所示的模型表面为偏移参考；单击 尺寸选项 区域下方的文本框，输入值 200，单击 确定 按钮，结果如图 18.2.21 所示。

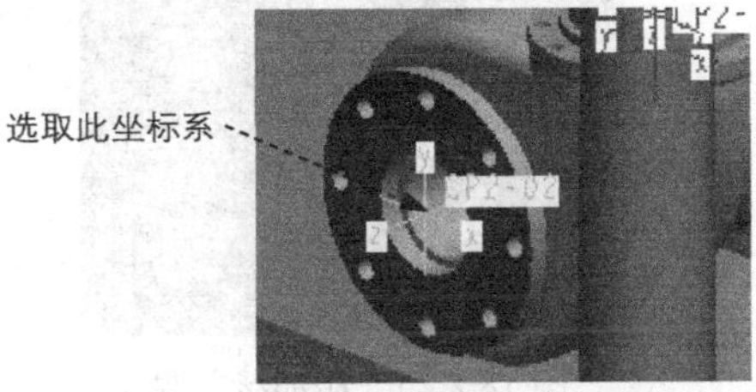

图 18.2.19 选取坐标系

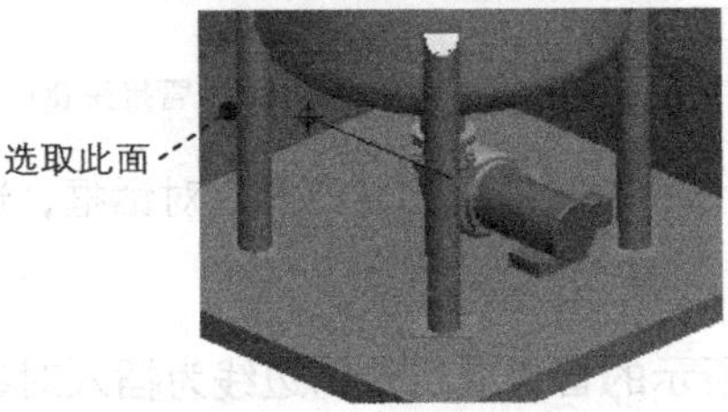

图 18.2.21 延伸管道 1

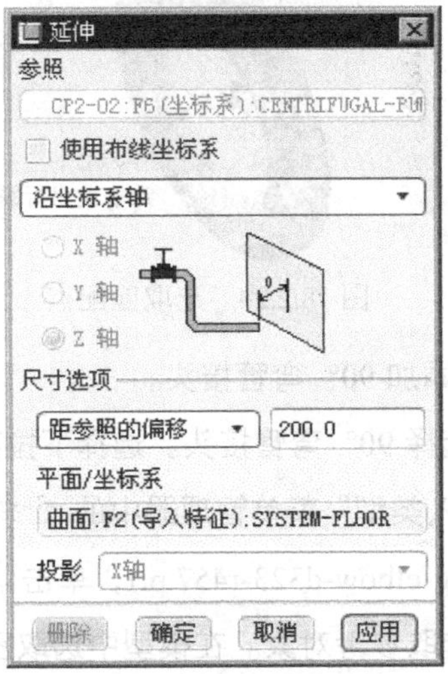

图 18.2.20 “延伸”对话框

（3）定义延伸管道 2。选择下拉菜单 插入(I) → 管道(I) → 延伸(E) 命令，系统弹出“延伸”对话框；在 至坐标 下拉列表中选择 至坐标 选项，在 坐标 区域的 ● X 文本框中输入值 2000，在 ● Y 与 ● Z 文本框中均输入值 0，单击 确定 按钮，结果如图 18.2.22 所示。

步骤 03 添加管道元件。

（1）添加法兰盘。

① 选择法兰盘 1。选择下拉菜单 插入(I) → 管道(I) → 管接头(F)... 命令，选择“插入类型”菜单管理器中的 End (终止) 命令，系统弹出“打开”对话框，选择法兰 weld-flange-482d6.prt，单击 打开 按钮。

② 选取位置点与匹配点。选取图 18.2.23 所示的点为插入位置点，然后在活动元件窗口中依次选取图 18.2.24 所示的坐标系与点为匹配点。

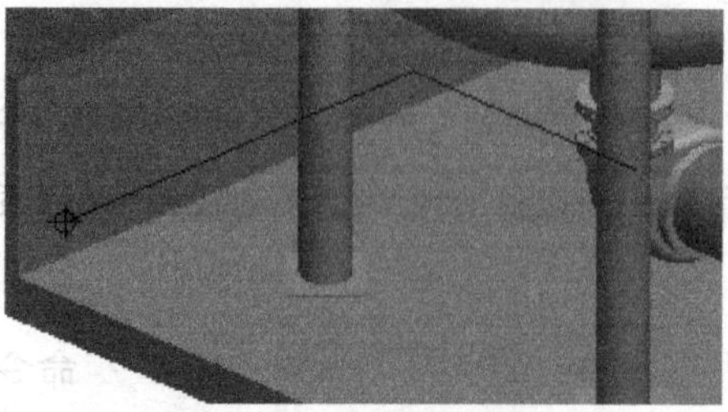

图 18.2.22　延伸管道 2

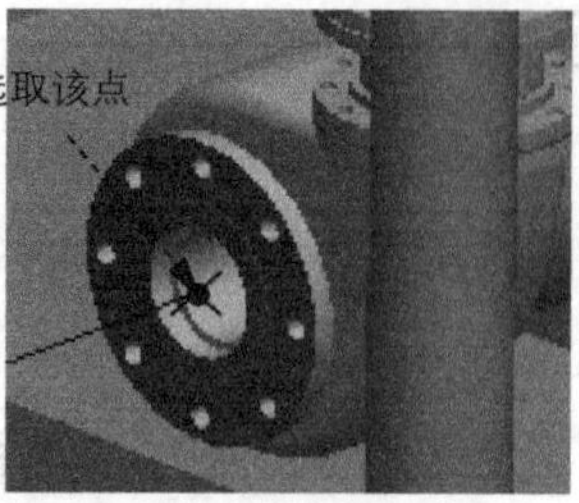

图 18.2.23　选取位置点

③ 完成法兰盘的添加。在系统弹出的“重定义管接头”菜单管理器中选择 Done (完成) 命令，完成法兰盘的添加，如图 18.2.25 所示。

图 18.2.24　选取匹配点

图 18.2.25　添加法兰盘 1

（2）添加 90° 弯管接头。

① 选择 90° 弯管接头。选择下拉菜单 插入(I) ➡ 管道(I) ➡ 管接头(F)... 命令，选择“插入类型”菜单管理器中的 Corner (拐角) 命令，系统弹出“打开”对话框，选择弯管接头 90deg-elbow-d323-r457.prt，单击 打开 按钮。

② 选取参考对象。在模型中选取图 18.2.26 所示的管道交点处的边线为插入对象，在活动元件窗口中依次选取图 18.2.27 所示的坐标系 1 与坐标系 2 为匹配对象；选择“重定义管接头”菜单管理器中的 Done (完成) 命令，完成管接头的添加，结果如图 18.2.28 所示。

步骤 04 生成实体管道。在管道系统树中右击 PIPE-LINE-02 节点，在弹出的快捷菜单中选择 实体 ➡ 创建 命令，此时模型中显示图 18.2.29 所示的实体管道。

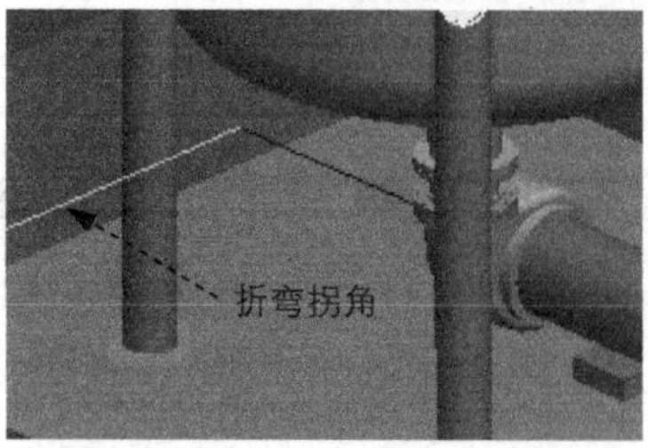

图 18.2.26　选取插入对象

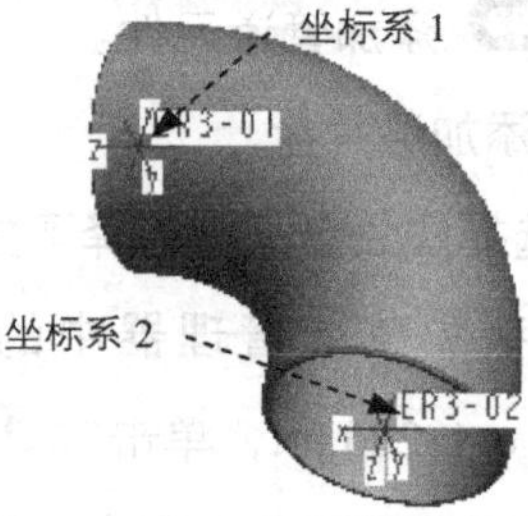

图 18.2.27　选取匹配对象

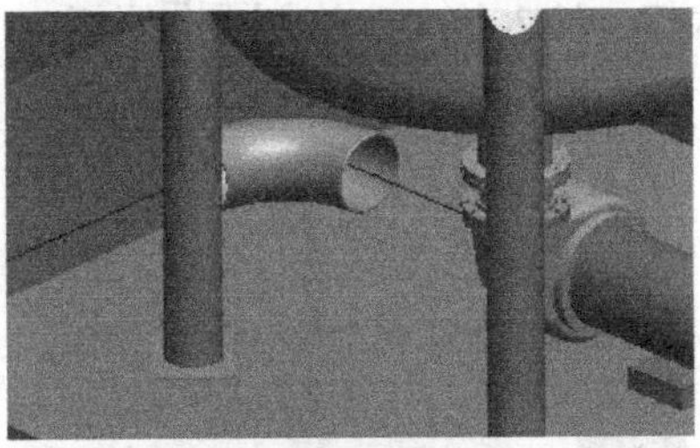

图 18.2.28 添加 90° 弯管接头

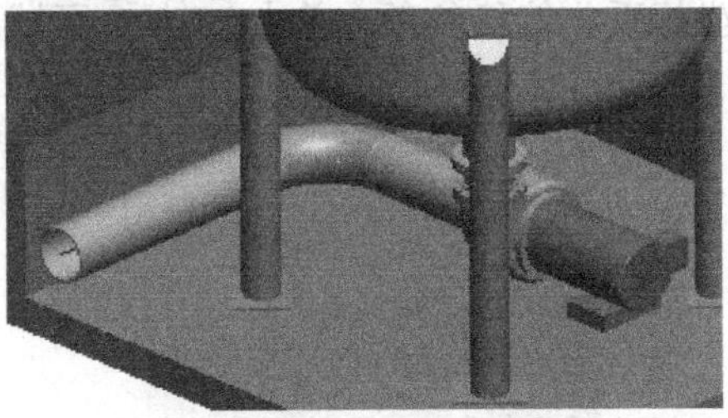

图 18.2.29 生成实体管道

任务 03 创建管道线路 pipe-line-03

步骤 01 新建管线 pipe-line-03 并选择线材库。选择下拉菜单 插入(I) → 管道(I) → 管线(L) 命令，在系统弹出的文本框中输入管线名称“pipe-line-03”，单击 ✓ 按钮，在系统弹出的菜单管理器中选择 LINE-STOCK-02 选项。

步骤 02 创建管道路径。

（1）布置管道起点。选择下拉菜单 插入(I) → 管道(I) → 设置起点(S) 命令，在系统弹出的“菜单管理器”中选择 Entry Port (入口端) 命令，然后选取图 18.2.30 所示的基准坐标系为管道布置起点。

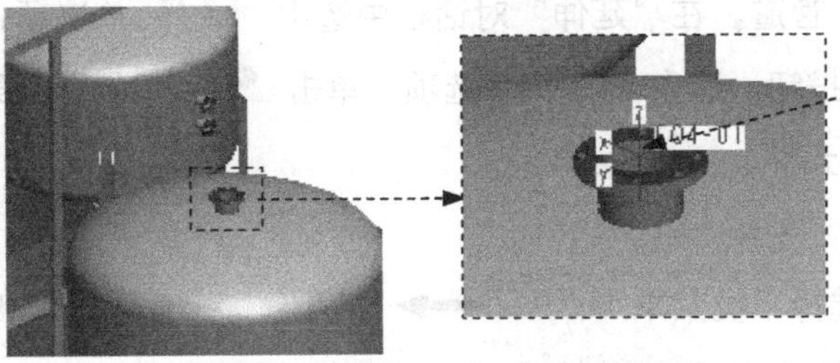

图 18.2.30 选取坐标系

（2）定义延伸管道 1。选择下拉菜单 插入(I) → 管道(I) → 延伸(E) 命令，系统弹出“延伸”对话框，在该对话框的 至坐标 下拉列表中选择 至坐标 选项；在 坐标 区域的 Z 文本框中输入值 650，单击 确定 按钮，结果如图 18.2.31 所示。

（3）定义延伸管道 2。选择下拉菜单 插入(I) → 管道(I) → 延伸(E) 命令，系统弹出“延伸”对话框，在该对话框的 至坐标 下拉列表中选择 至坐标 选项；在 坐标 区域的 X 文本框中输入值 1900，在 Y 与 Z 文本框中均输入值 0，单击 确定 按钮，结果如图 18.2.32 所示。

（4）定义延伸管道 3。选择下拉菜单 插入(I) → 管道(I) → 延伸(E) 命令，系统弹出“延伸”对话框，在该对话框的 至坐标 下拉列表中选择 沿坐标系轴 选项；选中 Y 轴 单选项，在 尺寸选项 区域 长度 下拉列表中选择 距参考的偏移 选项，选取图 18.2.33 所示的坐标系为偏移参考；单击 尺寸选项 区域下方的文本框，输入值 0，单击 应用 按钮，结果如图 18.2.34 所示。

图 18.2.31　定义延伸管道 1

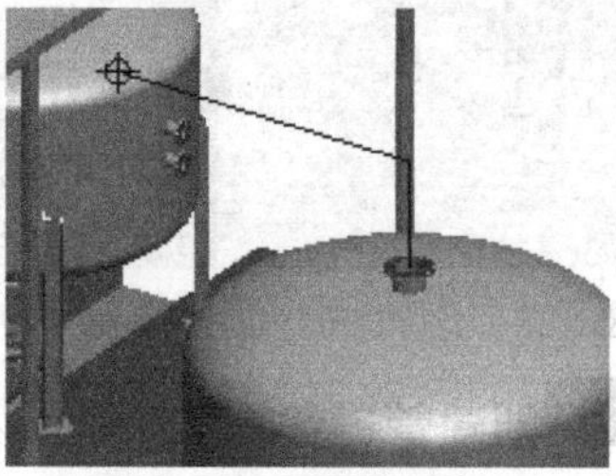
图 18.2.32　定义延伸管道 2

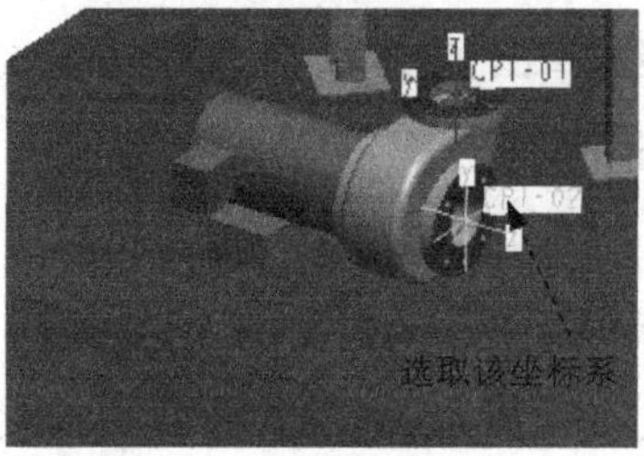

图 18.2.33　选取坐标系

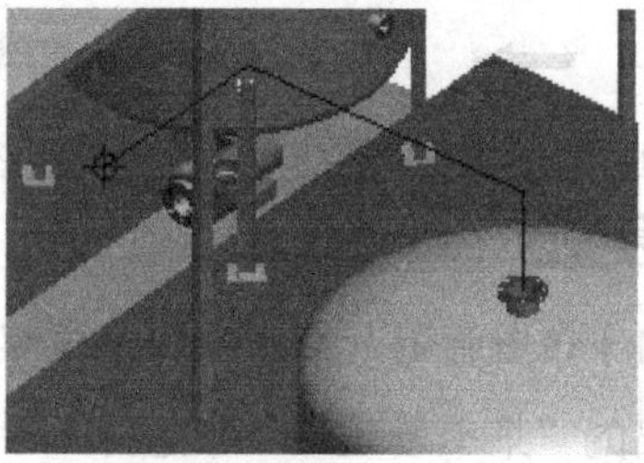
图 18.2.34　定义延伸管道 3

（5）定义其余延伸管道。在“延伸”对话框中选中 ◉ Z 轴 单选项，其余参数接受系统默认设置，单击 应用 按钮，选中 ◉ X 轴 单选项，单击 确定 按钮，结果如图 18.2.35 所示。

步骤 03 添加管道元件。

（1）添加法兰盘。

① 选择法兰盘。选择下拉菜单 插入(I) ➡ 管道(I) ➡ 管接头(F)... 命令，选择“插入类型”菜单管理器中的 End (终止) 命令，系统弹出“打开”对话框，选择法兰 weld-flange-279d4.prt，单击 打开 按钮。

② 选取位置点与匹配点。选取图 18.2.36 所示的点为插入位置点，在活动元件窗口中依次选取图 18.2.37 所示的坐标系与点为匹配点。

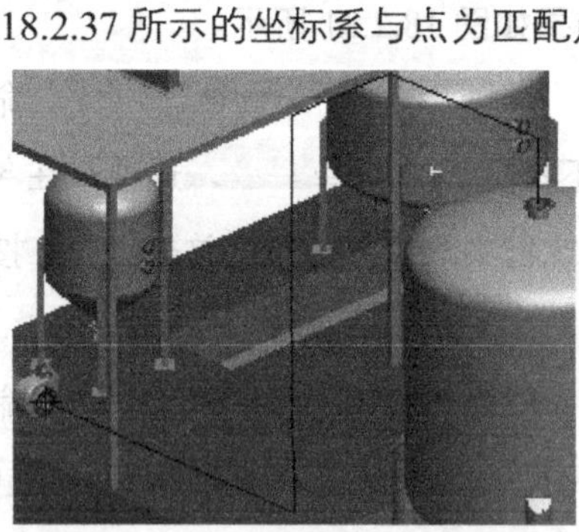
图 18.2.35　定义其余延伸管道

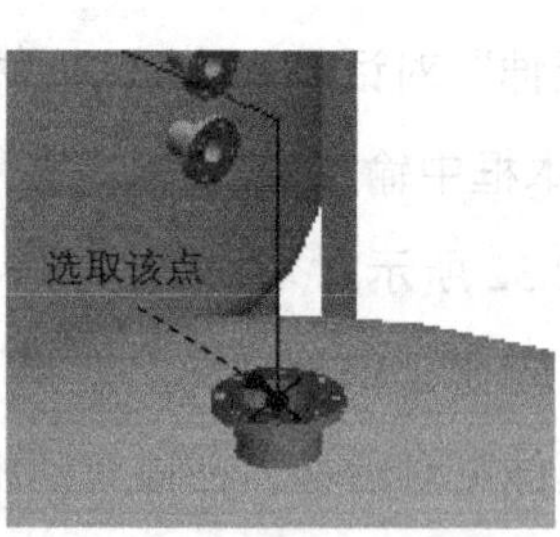

图 18.2.36　选取位置点

③ 完成法兰盘的添加。在系统弹出的“重定义管接头”菜单管理器中选择 Done (完成) 命令，完成法兰盘的添加，如图 18.2.38 所示。

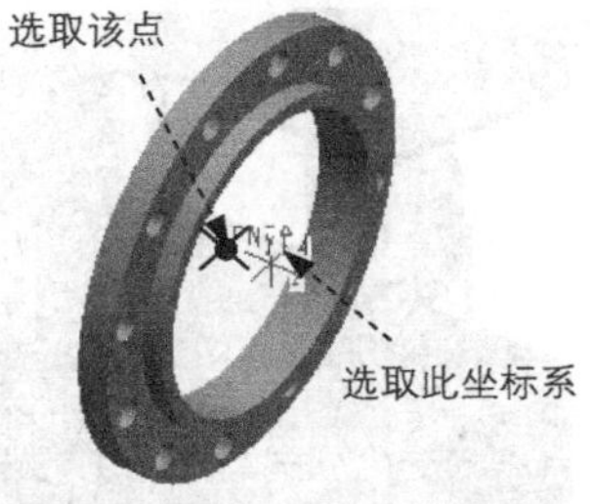

图 18.2.37 选取匹配点

图 18.2.38 添加法兰盘 1

（2）添加其他法兰盘。详细操作参照上一步进行，结果如图 18.2.39 所示。

（3）添加 90° 弯管接头。

① 选择弯管接头。选择下拉菜单 插入(I) → 管道(I) → 管接头(F)... 命令，选择“插入类型”菜单管理器中的 Corner (拐角) 命令，系统弹出“打开”对话框，选择弯管接头 90deg-elbow-d168-r228.prt，单击 打开 按钮。

② 选取参考对象。在模型中选取图 18.2.40 所示的管道交点处的边线为插入对象，在活动元件窗口中选取图 18.2.41 所示的两个坐标系为匹配对象；选择“重定义管接头”菜单管理器中的 Done (完成) 命令，完成管接头的添加，结果如图 18.2.42 所示。

图 18.2.39 添加其他法兰盘

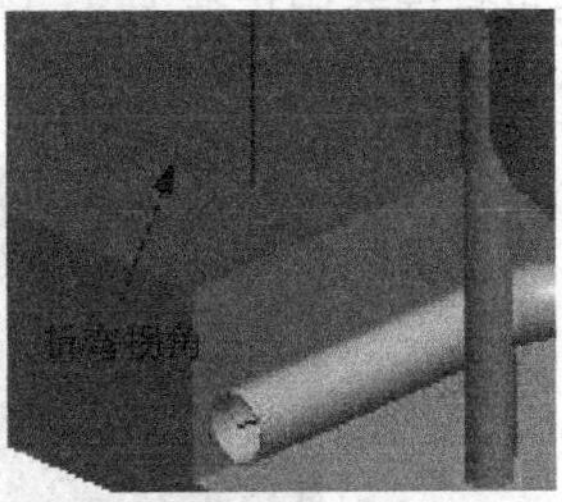
图 18.2.40 选取插入对象

（4）添加其他 90° 弯管接头。详细操作参照上一步进行，结果如图 18.2.43 所示。

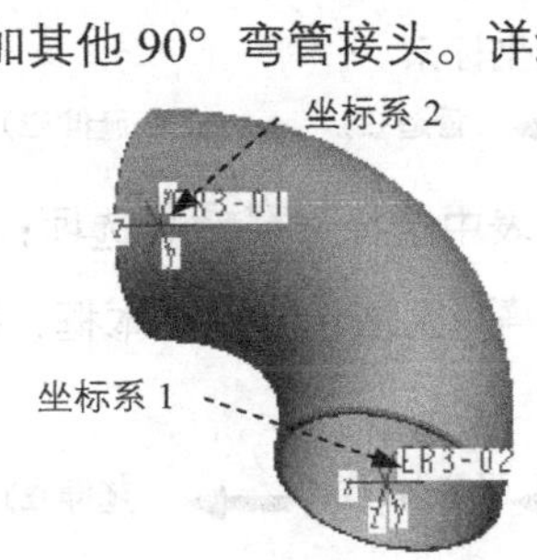

图 18.2.41 选取匹配对象

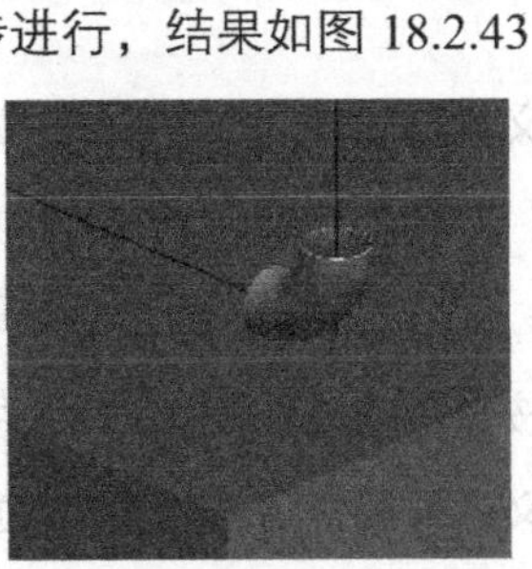
图 18.2.42 添加 90° 弯管接头

步骤 04 生成实体管道。在管道系统树中右击 PIPE-LINE-03 节点，在弹出的快捷菜单中选择 实体 ➡ 创建 命令，此时模型中显示图 18.2.44 所示的实体管道。

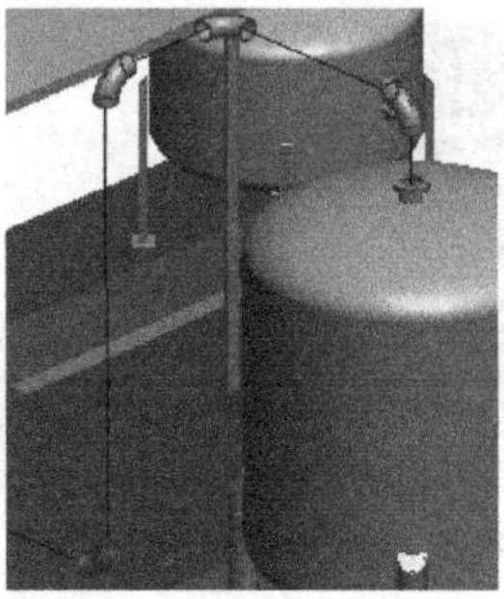

图 18.2.43 添加其他 90° 弯管接头

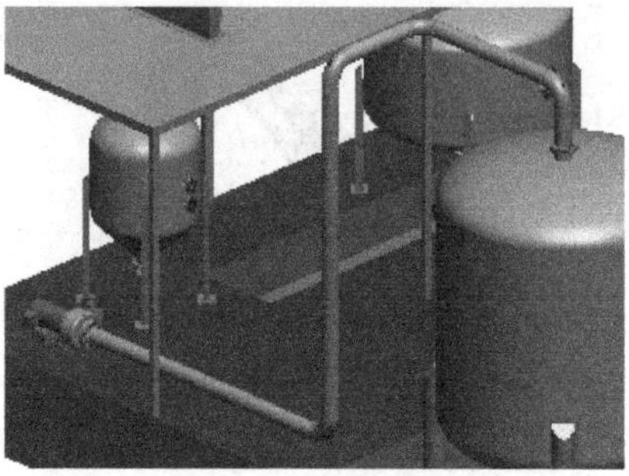

图 18.2.44 生成实体管道

任务 04 创建管道线路 pipe-line-04

步骤 01 新建管线 pipe-line-04 并选择线材库。选择下拉菜单 插入(I) ➡ 管道(I) ➡ 管线(L) 命令，在系统弹出的文本框中输入管线名称“pipe-line-04”，单击✓按钮，在系统弹出的菜单管理器中选择 LINE-STOCK-03 选项。

步骤 02 创建管道路径。

（1）布置管道起点。选择下拉菜单 插入(I) ➡ 管道(I) ➡ 设置起点(S) 命令，在系统弹出的菜单管理器中选择 Entry Port (入口端) 命令，然后选取图 18.2.45 所示的基准坐标系为管道布置起点。

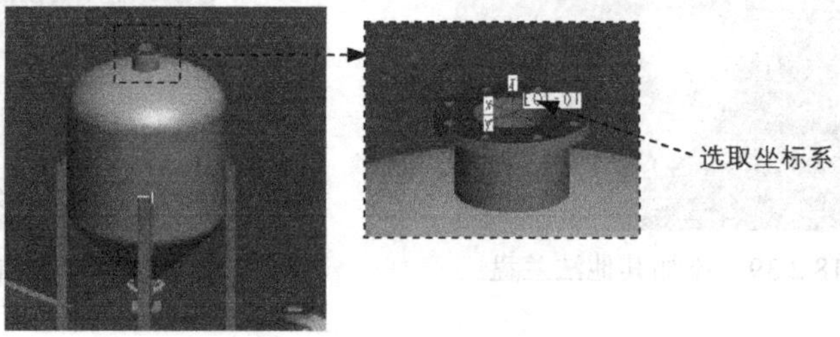

图 18.2.45 选取坐标系

（2）定义延伸管道 1。选择下拉菜单 插入(I) ➡ 管道(I) ➡ 延伸(E) 命令，系统弹出“延伸”对话框，在该对话框的 至坐标 下拉列表中选择 沿坐标系轴 选项；在 尺寸选项 区域 长度 下拉列表中选择 长度 选项，单击 尺寸选项 区域下方的文本框，输入值 750，单击 确定 按钮，结果如图 18.2.46 所示。

（3）定义延伸管道 2。选择下拉菜单 插入(I) ➡ 管道(I) ➡ 延伸(E) 命令，系统弹出“延伸”对话框，在该对话框的 至坐标 下拉列表中选择 沿坐标系轴 选项；选中 ◉ Y 轴单选项，在尺寸选项区域长度下拉列表中选择长度选项，单击尺寸选项区域下方的文本框，输入值850，单击确定按钮，结果如图18.2.47所示。

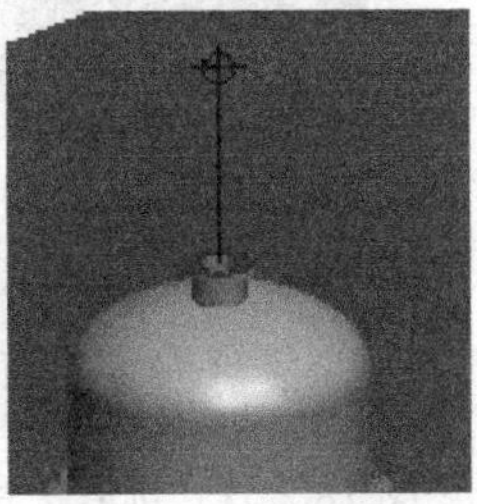

图18.2.46 延伸管道1

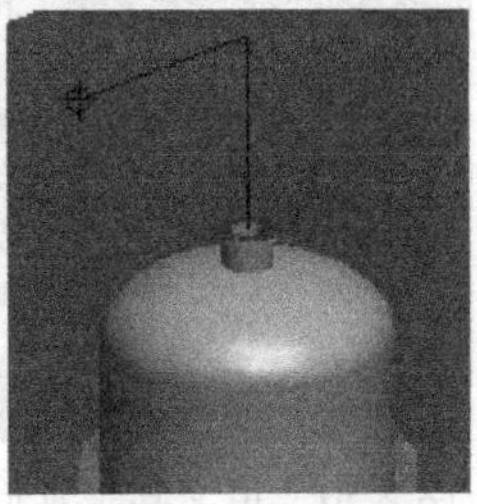

图18.2.47 延伸管道2

（4）定义延伸管道3。选择下拉菜单 插入(I) → 管道(I) → 延伸(E) 命令，系统弹出“延伸”对话框，在该对话框的至坐标下拉列表中选择沿坐标系轴选项；选中 X 轴 单选项，在尺寸选项区域长度下拉列表中选择距参考的偏移选项，选取图18.2.48所示的坐标系为偏移参考；单击尺寸选项区域下方的文本框，输入值0，单击应用按钮，结果如图18.2.49所示。

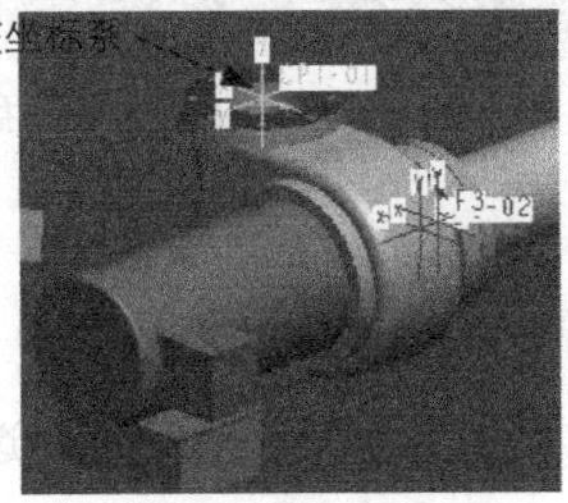

图18.2.48 选取坐标系

图18.2.49 定义延伸管道3

（5）定义其余延伸管道。在“延伸”对话框中选中 Y 轴 单选项，其余参数接受系统默认设置，单击应用按钮，选中 Z 轴 单选项，单击确定按钮，结果如图18.2.50所示。

步骤03 添加管道元件。

（1）添加法兰盘。

① 选择法兰盘。选择下拉菜单 插入(I) → 管道(I) → 管接头(F)... 命令，选择“插入类型”菜单管理器中的 End (终止) 命令，系统弹出“打开”对话框，选择法兰weld-flange-254.prt，单击打开按钮。

② 选取插入点和匹配点。选取图18.2.51所示的点为插入位置点，在活动元件窗口中依次选取坐标系与点。

③ 完成法兰盘添加。在系统弹出的“重定义管接头”菜单管理器中选择 Done (完成) 命令，结束法兰盘的添加，如图18.2.52所示。

图 18.2.50　定义其余延伸管道

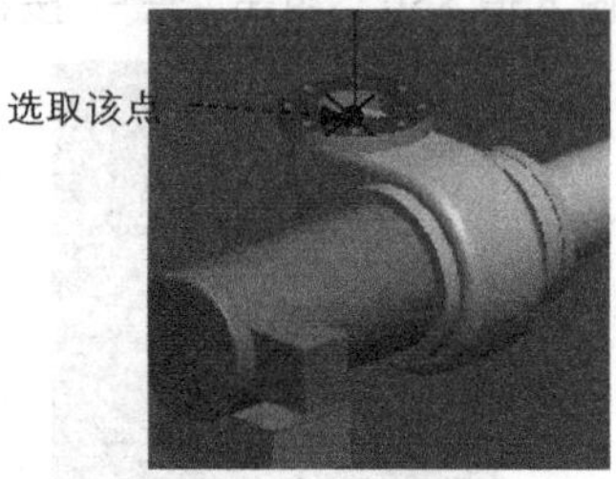

图 18.2.51　选取位置点

（2）添加其他法兰盘。详细操作参照上一步进行，结果如图 18.2.53 所示。

图 18.2.52　添加法兰盘 1

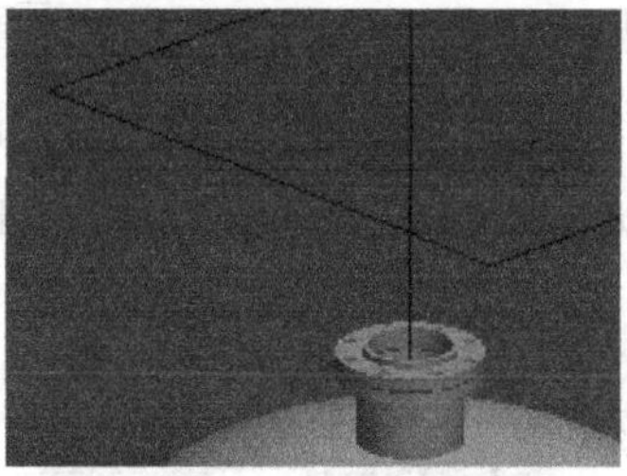

图 18.2.53　添加其他法兰盘

（3）添加 90° 弯管接头。

① 选择弯管接头。选择下拉菜单 插入(I) ➡ 管道(I) ➡ 管接头(F)... 命令，选择“插入类型”菜单管理器中的 Corner (拐角) 命令，系统弹出“打开”对话框，选择弯管接头 90deg-elbow-d141-r190.prt，单击 打开 按钮。

② 选取参考对象。在模型中选取图 18.2.54 所示的管道交点处的边线为插入对象，在活动元件窗口中选取图 18.2.55 所示的 ER3-01 与 ER3-02 两个坐标系为匹配对象；选择“重定义管接头”菜单管理器中的 Done (完成) 命令，完成管接头的添加，结果如图 18.2.56 所示。

（4）添加其他 90° 弯管接头。详细操作参照上一步进行，结果如图 18.2.57 所示。

步骤 04 生成实体管道。在管道系统树中右击 PIPE-LINE-04 节点，在弹出的快捷菜单中选择 实体 ➡ 创建 命令，此时模型中显示图 18.2.58 所示的实体管道。

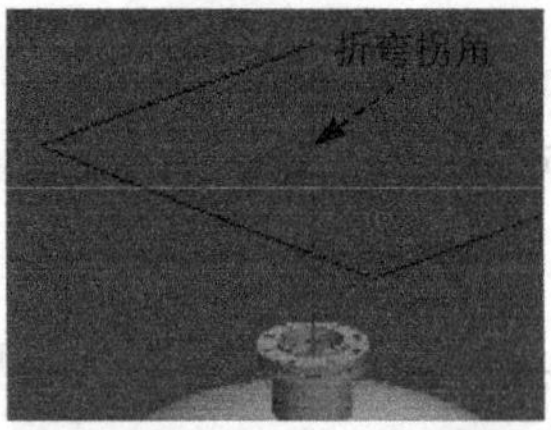

图 18.2.54　选取插入对象

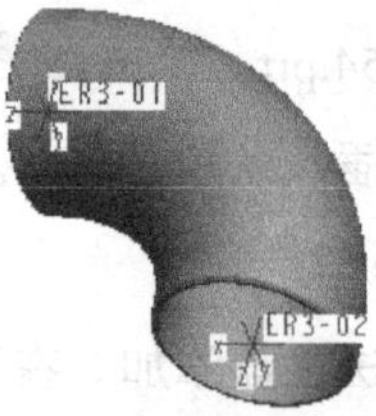

图 18.2.55　选取匹配对象

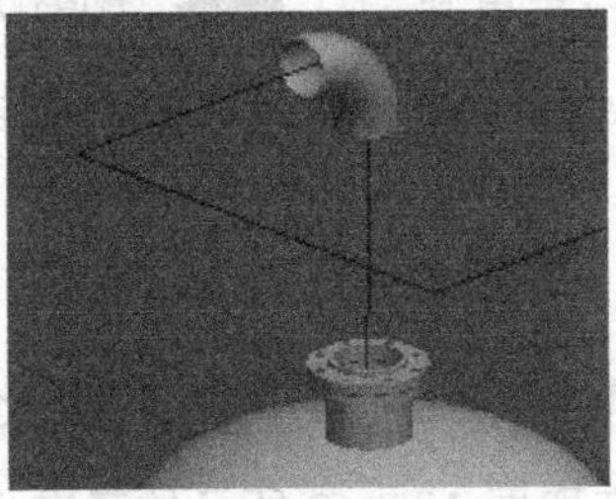

图 18.2.56 添加 90° 弯管接头

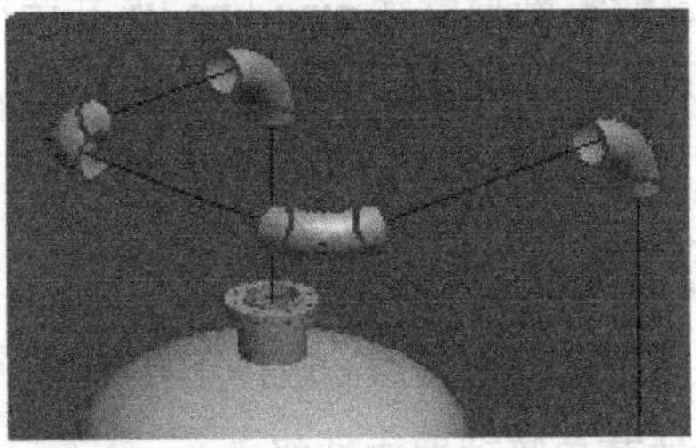

图 18.2.57 添加其他 90° 弯管接头

任务 05 创建管道线路 pipe-line-05

步骤 01 添加三通管接头

（1）选择三通管接头。在 管道 功能选项卡的 管接头 区域中单击“管接头”按钮，选择“插入类型”菜单管理器中的 Straight Brk（直断破）命令，系统弹出“打开”对话框，选择三通管接头 straight-tee-168.prt，单击 打开 按钮。

（2）选取参考对象。在系统弹出的“选取点”菜单管理器中选择 Create Pnt（创建点）命令，在模型中选取图 18.2.59 所示的管道线路；在“点尺寸模式”菜单管理器中选择 Length Ratio（长度比例）命令，在 输入曲线长度比例(0.0 <= 比例<= 1.0) 的提示下，输入 0.6，单击✓按钮，然后在活动元件窗口中选取图 18.2.60 所示的参考点；在“重定义管接头”菜单管理器中选择 Orientation（方向） ➡ Flip（反向）命令，在菜单管理器中选择 Done（完成）命令（共选择两次），结束三通管的添加，如图 18.2.61 所示。

图 18.2.58 生成实体管道

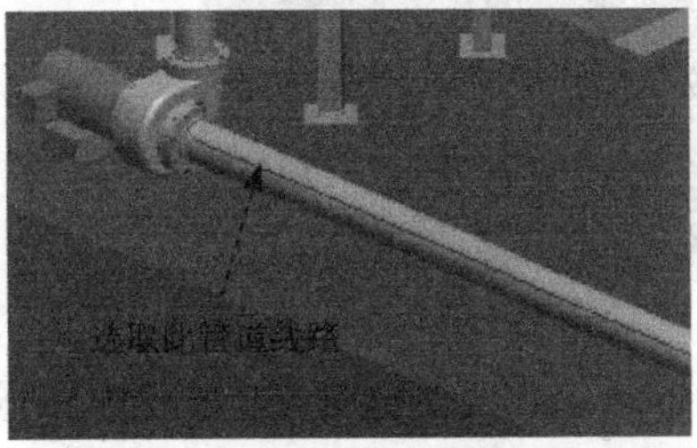

图 18.2.59 选取管道线路

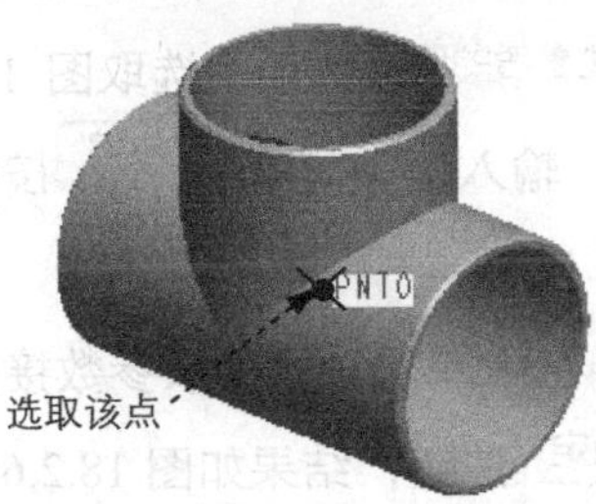

图 18.2.60 选取参考点

图 18.2.61 添加三通管

步骤 02 新建管线 pipe-line-05 并选择线材库。选择下拉菜单 插入(I) ➡ 管道(I) ➡ 管线(L) 命令，在系统弹出的文本框中输入管线名称“pipe-line-05”，然后单击✓按钮，在系统弹出的菜单管理器中选择 LINE-STOCK-02 选项。

步骤 03 创建管道路径。

（1）布置管道起点。选择下拉菜单 插入(I) ➡ 管道(I) ➡ 设置起点(S) 命令，在系统弹出的菜单管理器中选择 Entry Port（入口端）命令，然后选取图 18.2.62 所示的基准坐标系为管道布置起点。

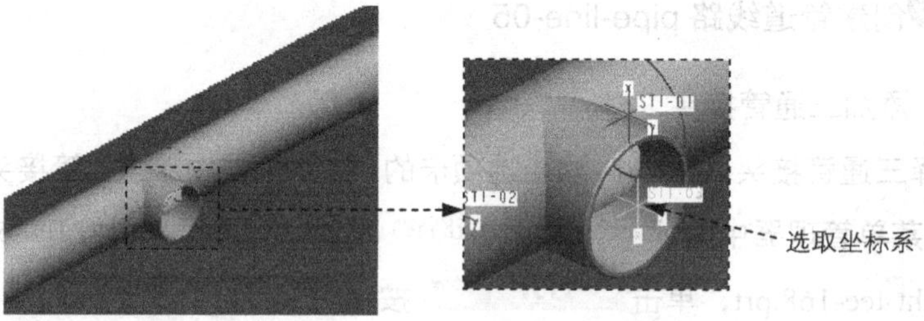

图 18.2.62　选取坐标系

（2）定义延伸管道 1。选择下拉菜单 插入(I) ➡ 管道(I) ➡ 延伸(E) 命令，系统弹出“延伸”对话框，在该对话框的 至坐标 下拉列表中选择 沿坐标系轴 选项；在 尺寸选项 区域 长度 下拉列表中选择 距参考的偏移 选项，选取图 18.2.63 所示的面为参考；单击 尺寸选项 区域下方的文本框，输入值-150，单击 确定 按钮，结果如图 18.2.64 所示。

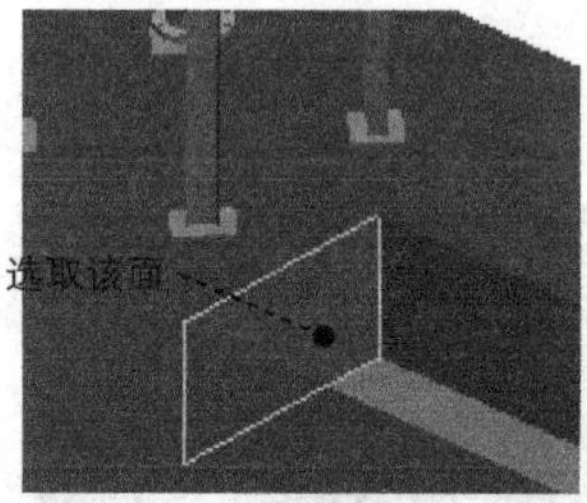

图 18.2.63　选取参考面

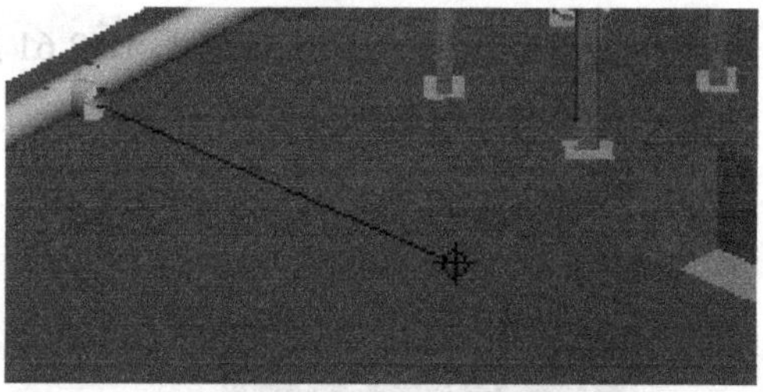

图 18.2.64　延伸管道 1

（3）定义延伸管道 2。选择下拉菜单 插入(I) ➡ 管道(I) ➡ 延伸(E) 命令，系统弹出“延伸”对话框，在该对话框的 至坐标 下拉列表中选择 沿坐标系轴 选项；选中 ◉ Y 轴 单选项，在 尺寸选项 区域 长度 下拉列表中选择 距参考的偏移 选项，选取图 18.2.65 所示的坐标系为偏移参考；单击 尺寸选项 区域下方的文本框，输入值 0，单击 应用 按钮，结果如图 18.2.66 所示。

（4）定义其余延伸管道。在“延伸”对话框中选中 ◉ X 轴 单选项，其余参数接受系统默认设置，单击 应用 按钮，选中 ◉ Z 轴 单选项，单击 确定 按钮，结果如图 18.2.67 所示。

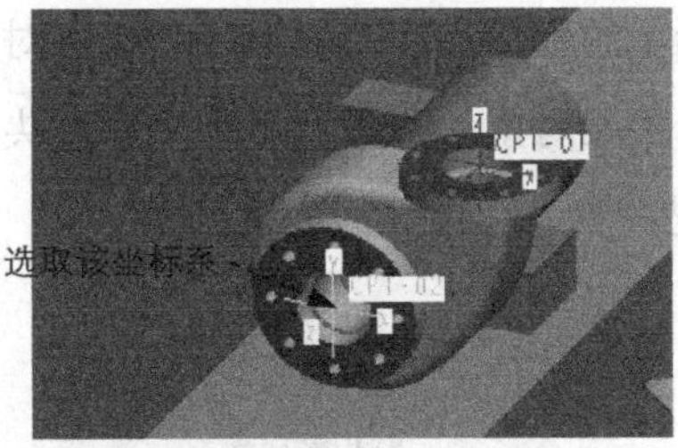

图 18.2.65 选取坐标系

图 18.2.66 定义延伸管道 2

步骤 04 添加管道元件。

(1) 添加法兰盘。

① 选择法兰盘。选择下拉菜单 插入(I) → 管道(I) → 管接头(F)... 命令，选择“插入类型”菜单管理器中的 End (终止) 命令，系统弹出“打开”对话框，选择元件 weld-flange-279d4.prt，单击 打开 按钮。

② 选取插入点和匹配点。选取图 18.2.68 所示的点为插入位置点，在活动元件窗口中依次选取坐标系与点。

图 18.2.67 定义其余延伸管道

图 18.2.68 选取位置点

③ 完成法兰的添加。在系统弹出的“重定义管接头”菜单管理器中选择 Done (完成) 命令，结束法兰盘的添加，如图 18.2.69 所示。

(2) 添加 90° 弯管接头。

① 选择弯管接头。选择下拉菜单 插入(I) → 管道(I) → 管接头(F)... 命令，选择“插入类型”菜单管理器中的 Corner (拐角) 命令，系统弹出“打开”对话框，选择弯管接头 90deg-elbow-d168-r228.prt，单击 打开 按钮。

图 18.2.69 添加法兰盘 1

② 选择参考对象。在模型中选取图 18.2.70 所示的管道交点处的边线为插入对象，在活动元件窗口中选取图 18.2.71 所示的两个坐标系为匹配对象；选择“重定义管接头”菜单管理器中的 Done (完成) 命令，完成管接头的添加，结果如图 18.2.72 所示。

图 18.2.70　选取插入对象

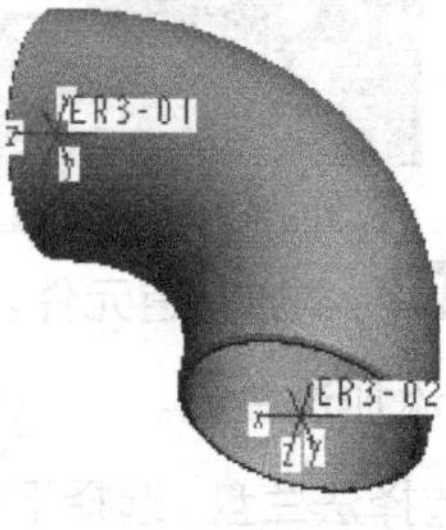

图 18.2.71　选取匹配对象

（3）添加其他 90° 弯管接头。详细操作参照上一步进行，结果如图 18.2.73 所示。

图 18.2.72　添加 90° 弯管接头

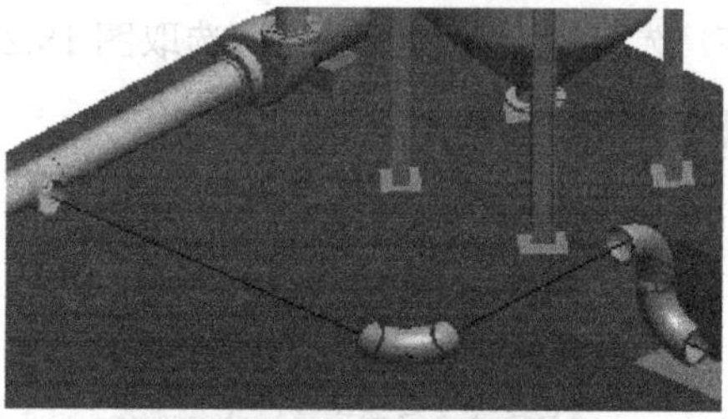
图 18.2.73　添加其他 90° 弯管接头

（4）添加阀配件。

① 选择阀配件。选择下拉菜单 插入(I) ➡ 管道(I) ➡ 管接头(F)... 命令，选择“插入类型”菜单管理器中的 Straight Brk (直断破) 命令，系统弹出“打开”对话框，选择阀配件 balloon-valves-001.prt，单击 打开 按钮。

② 选取参考点。在系统弹出的“选取点”菜单管理器中选择 Create Pnt (创建点) 命令，在模型中选取图 18.2.74 所示的管道线路；在“点尺寸模式”菜单管理器中选择 Length Ratio (长度比例) 命令，在 输入曲线长度比例(0.0 <= 比例<= 1.0) 的提示下，输入 0.5，单击 ✔ 按钮，然后在活动元件窗口中选取图 18.2.75 所示的参考点；在“重定义管接头”菜单管理器中选择 Orientation (方向) ➡ Twist (扭转) ➡ Enter Value (输入值)，在 输入角度 的提示下，输入角度值 270，单击 ✔ 按钮，在菜单管理器中选择 Done (完成) 命令（共选择三次），完成阀配件的添加，如图 18.2.76 所示。

（4）添加法兰盘 2。

① 选择法兰盘。选择下拉菜单 插入(I) ➡ 管道(I) ➡ 管接头(F)... 命令，选择“插

入类型”菜单管理器中的 Straight Brk (直断破) 命令，系统弹出“打开”对话框，选择法兰 weld-flange-279d4.prt，单击 打开 按钮。

图 18.2.74 选取管道线路

图 18.2.75 选取参考点

图 18.2.76 添加阀配件

② 选取参考点。在系统弹出的“选取点”菜单管理器中选择 Create Pnt (创建点) 命令，在模型中选取图 18.2.74 所示的管道线路；在“点尺寸模式”菜单管理器中选择 Offset (偏移) 命令，选取图 18.2.77 所示的面为参考，在 输入值 的提示下，输入距离值为 0，单击 ✓ 按钮，然后在活动元件窗口中选取图 18.2.78 所示的参考点；在“重定义管接头”菜单管理器中选择 Orientation (方向) ➡ Flip (反向) 命令，在菜单管理器中选择 Done (完成) 命令（共选择两次），完成法兰盘的添加，如图 18.2.79 所示。

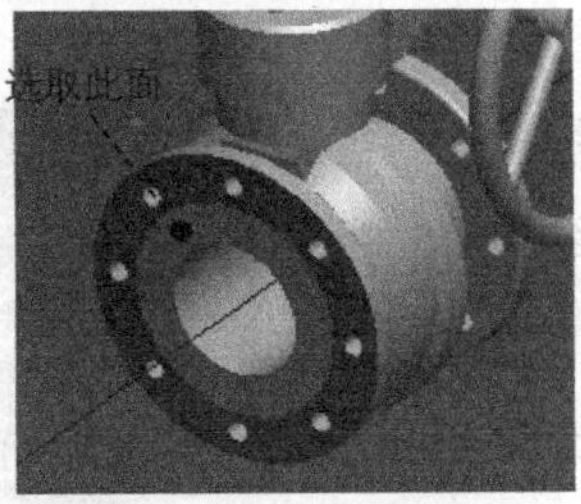

图 18.2.77 选取参考面

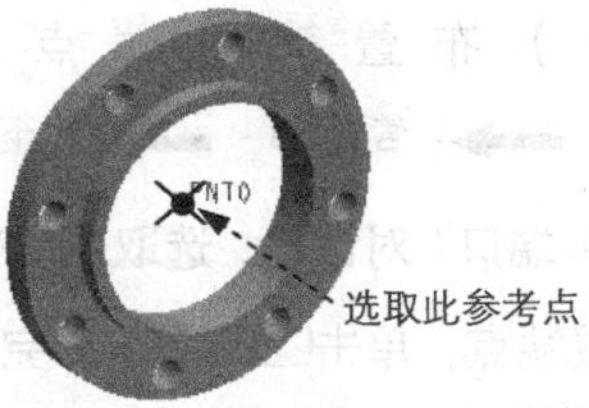

图 18.2.78 选取参考点

（6）添加法兰盘 3。详细操作参照上一步进行，结果如图 18.2.80 所示。

图 18.2.79 添加法兰盘 2

图 18.2.80 添加法兰盘 3

步骤 05 生成实体管道。在管道系统树中右击 PIPE-LINE-05 节点，在弹出的快捷菜单中选择 实体 ➡ 创建 命令，此时模型中显示图 18.2.81 所示的实体管道。

任务 06 创建管道线路 pipe-line-06

步骤 01 新建管线 pipe-line-06 并选择线材库。选择下拉菜单 插入(I) → 管道(I) → 管线(L) 命令，在系统弹出的文本框中输入管线名称“pipe-line-06”，单击✓按钮，在系统弹出的菜单管理器中选择 LINE-STOCK-03 选项。

步骤 02 创建管道路径。

（1）布置管道起点。选择下拉菜单 插入(I) → 管道(I) → 设置起点(S) 命令，在系统弹出的菜单管理器中选择 Entry Port (入口端) 命令，然后选取图 18.2.82 所示的基准坐标系 1 为管道布置起点。

图 18.2.81 生成管道实体

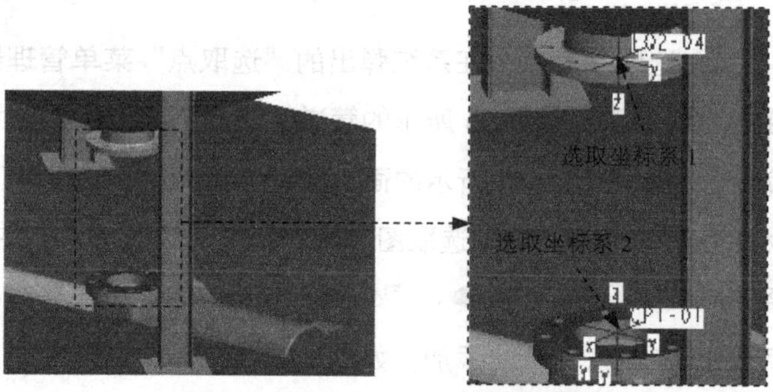

图 18.2.82 选取坐标系

（2）布置管道端点。选择下拉菜单 插入(I) → 管道(I) → 至点/端口(T) 命令，系统弹出“到点/端口”对话框，选取图 18.2.82 所示的坐标系 2 为管道布置端点，单击✓按钮，完成后如图 18.2.83 所示。

图 18.2.83 创建管道路径

步骤 03 添加管道元件。

（1）添加法兰盘 1。

① 选择法兰盘。选择下拉菜单 插入(I) → 管道(I) → 管接头(F)... 命令，选择“插入类型”菜单管理器中的 End (终止) 命令，系统弹出“打开”对话框，选择法兰 weld-flange-254.prt，单击 打开 按钮。

② 选取插入点和匹配点。选取图 18.2.84 所示的点为插入位置点，然后在活动元件窗口中依次选取坐标系与点。

③ 完成法兰盘添加。在系统弹出的“重定义管接头”菜单管理器中选择 Done (完成) 命令，完成法兰盘 1 的添加，如图 18.2.85 所示。

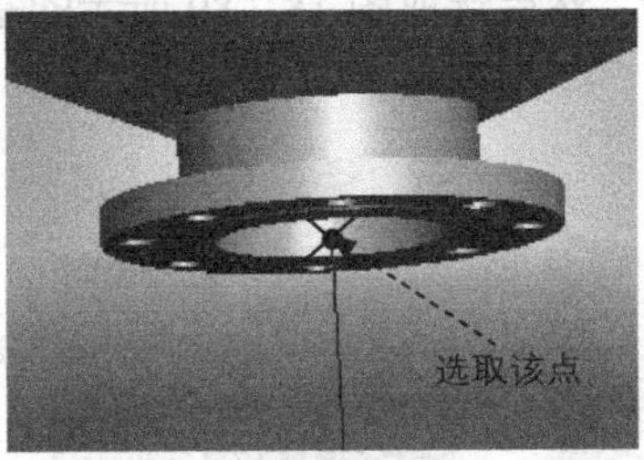

图 18.2.84 选取位置点

图 18.2.85 添加法兰盘 1

（2）添加法兰盘 2。

① 选择法兰盘。选择下拉菜单 插入(I) → 管道(I) → 管接头(F)... 命令，选择“插入类型”菜单管理器中的 End (终止) 命令，系统弹出“打开”对话框，选择法兰 weld-flange-254.prt，单击 打开 按钮。

② 选取插入点和匹配点。选取图 18.2.86 所示的点为插入位置点，然后在活动元件窗口中依次选取坐标系与点。

③ 完成法兰盘的添加。在系统弹出的“重定义管接头”菜单管理器中选择 Done (完成) 命令，结束法兰盘 2 的添加，如图 18.2.87 所示。

图 18.2.86 选取位置点

图 18.2.87 添加法兰盘 2

步骤 04 生成实体管道。在管道系统树中右击 PIPE-LINE-06 节点，在弹出的快捷菜单中选择 实体 → 创建 命令，此时模型中显示图 18.2.88 所示的实体管道。

任务 07 创建管道线路 pipe-line-07

步骤 01 新建管线 pipe-line-07 并选择线材库。选择下拉菜单 插入(I) → 管道(I) → 管线(L) 命令，在系统弹出的文本框中输入管线名称“pipe-line-07”，单击 ✓ 按钮，在系统弹出的菜单管理器中选择 LINE-STOCK-03 选项。

步骤 02 创建管道路径。

（1）布置管道起点。选择下拉菜单 插入(I) → 管道(I) → 设置起点(S) 命令，在系统弹出的“菜单管理器”中选择 Entry Port（入口端）命令，然后选取图 18.2.89 所示的基准坐标系为管道布置起点。

图 18.2.88 生成实体管道

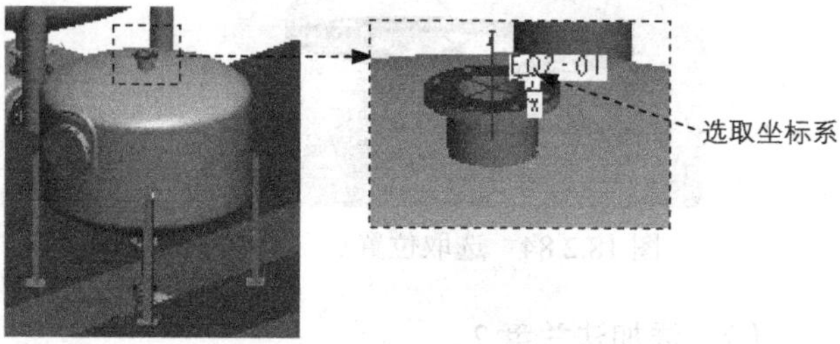

图 18.2.89 选取坐标系

（2）定义延伸管道 1。选择下拉菜单 插入(I) ➡ 管道(I) ➡ 延伸(E) 命令，系统弹出“延伸”对话框，在该对话框的 至坐标 下拉列表中选择 沿坐标系轴 选项；在 尺寸选项 区域 长度 下拉列表中选择 长度 选项，单击 尺寸选项 区域下方的文本框，输入值 550，单击 确定 按钮，结果如图 18.2.90 所示。

（3）定义延伸管道 2。选择下拉菜单 插入(I) ➡ 管道(I) ➡ 延伸(E) 命令，系统弹出“延伸”对话框，在该对话框的 至坐标 下拉列表中选择 沿坐标系轴 选项；选中 ◉ X 轴 单选项，在 尺寸选项 区域 长度 下拉列表中选择 长度 选项，单击 尺寸选项 区域下方的文本框，输入值 1300，单击 确定 按钮，结果如图 18.2.91 所示。

图 18.2.90 延伸管道 1

图 18.2.91 延伸管道 2

（4）定义延伸管道 3。选择下拉菜单 插入(I) ➡ 管道(I) ➡ 延伸(E) 命令，系统弹出“延伸”对话框，在该对话框的 至坐标 下拉列表中选择 沿坐标系轴 选项；选中 ◉ Z 轴 单选项，在 尺寸选项 区域 长度 下拉列表中选择 距参考的偏移 选项，选取图 18.2.92 所示的面为偏移参考；单击 尺寸选项 区域下方的文本框，输入值-150，单击 应用 按钮，结果如图 18.2.92 所示。

（5）定义延伸管道 4。在“延伸”对话框中选中 ◉ Y 轴 单选项，在 尺寸选项 区域 长度 下拉列表中选择 距参考的偏移 选项，选取图 18.2.93 所示的坐标系为偏移参考；单击 尺寸选项 区域下方的文本框，输入值 0，单击 应用 按钮，结果如图 18.2.94 所示。

图 18.2.92 延伸管道 3

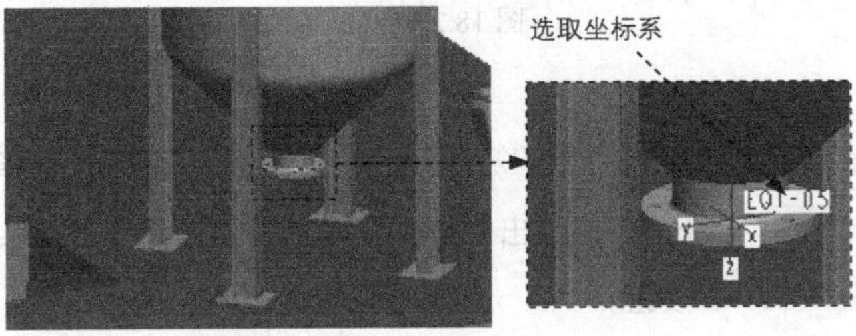

图 18.2.93 选取坐标系

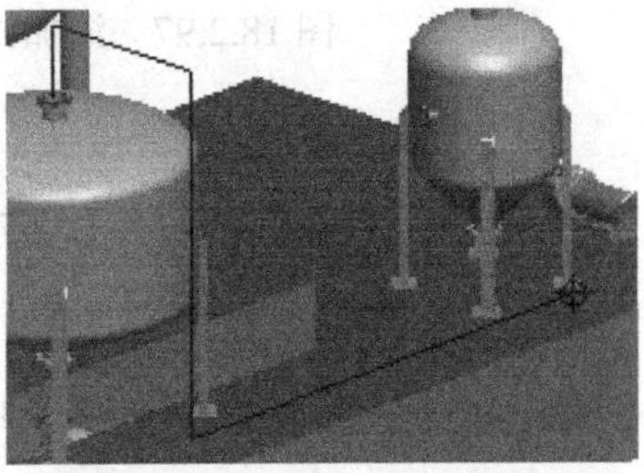

图 18.2.94 延伸管道 4

（6）定义其余延伸管道。在“延伸”对话框中选中 X 轴 单选项，其余参数接受系统默认设置，单击 应用 按钮，选中 Z 轴 单选项，单击 确定 按钮，如图 18.2.95 所示。

步骤 03 添加管道元件。

（1）添加法兰盘 1。

① 选择法兰盘。选择下拉菜单 插入(I) ➡ 管道(I) ➡ 管接头(F)... 命令，选择“插入类型”菜单管理器中的 End (终止) 命令，系统弹出“打开”对话框，选择法兰 weld-flange-254.prt，单击 打开 按钮。

② 选取插入点和匹配点。选取图 18.2.96 所示的点为插入位置点，在活动元件窗口中依次选取坐标系与点。

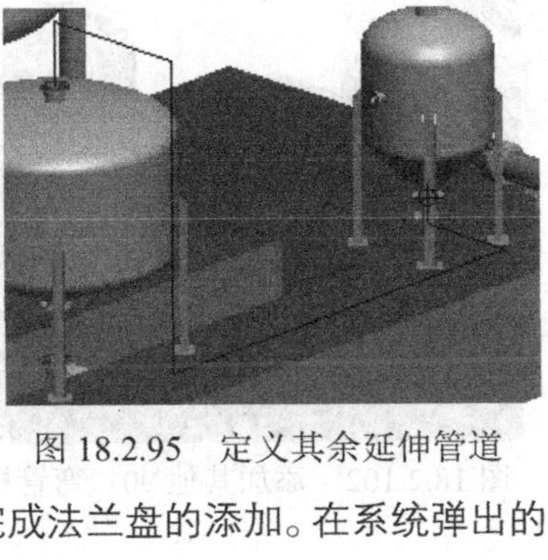

图 18.2.95 定义其余延伸管道

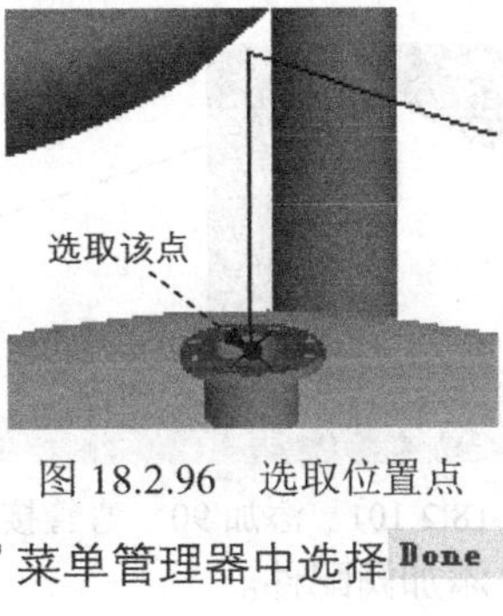

图 18.2.96 选取位置点

③ 完成法兰盘的添加。在系统弹出的“重定义管接头”菜单管理器中选择 Done (完成) 命

令，完成法兰盘的添加，如图 18.2.97 所示。

（2）添加法兰盘 2。详细操作参照上一步进行，结果如图 18.2.98 所示。

图 18.2.97 添加法兰盘 1

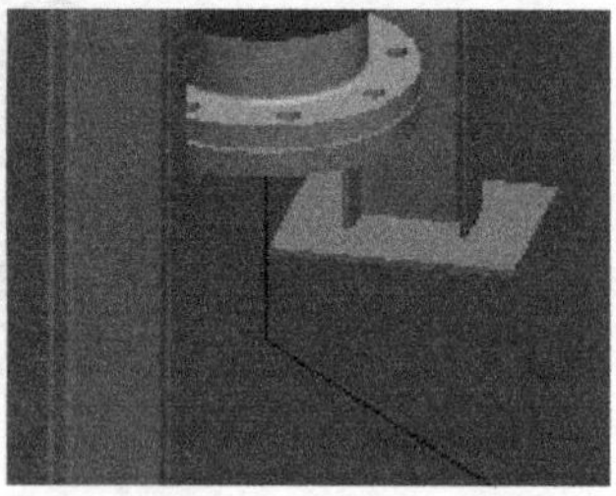

图 18.2.98 添加法兰盘 2

（3）添加 90° 弯管接头。

① 选择弯管接头。选择下拉菜单 插入(I) ➡ 管道(I) ➡ 管接头(F)... 命令，选择“插入类型”菜单管理器中的 Corner (拐角) 命令，系统弹出“打开”对话框，选择弯管接头 90deg-elbow-d141-r190.prt，单击 打开 按钮。

② 选择参考对象。在模型中选取图 18.2.99 所示的管道交点处的边线为插入对象，然后在活动元件窗口中选取图 18.2.100 所示的两个坐标系为匹配对象；选择“重定义管接头”菜单管理器中的 Done (完成) 命令，完成管接头的添加，结果如图 18.2.101 所示。

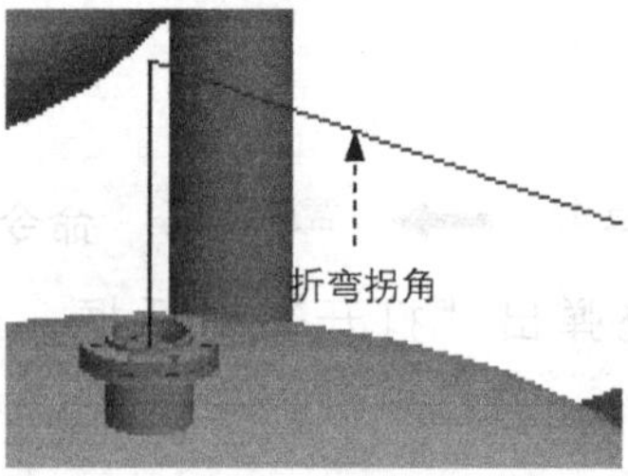

图 18.2.99 选取插入对象

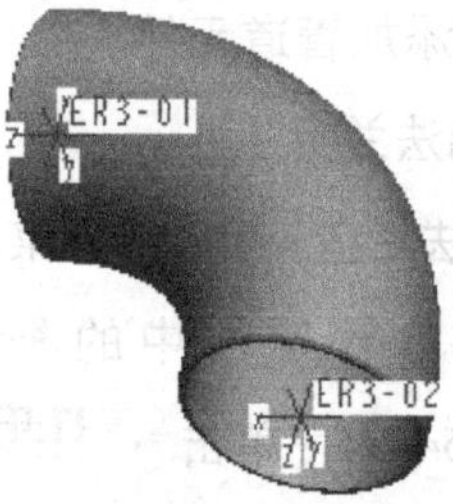

图 18.2.100 选取匹配对象

（4）添加其他 90° 弯管接头。详细操作参照上一步进行，结果如图 18.2.102 所示。

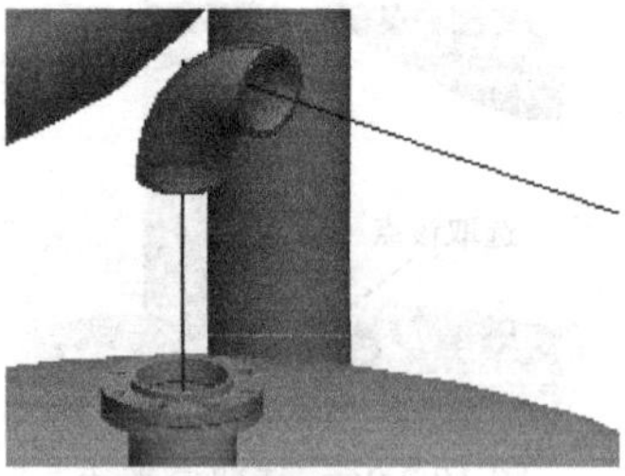

图 18.2.101 添加 90° 弯管接头

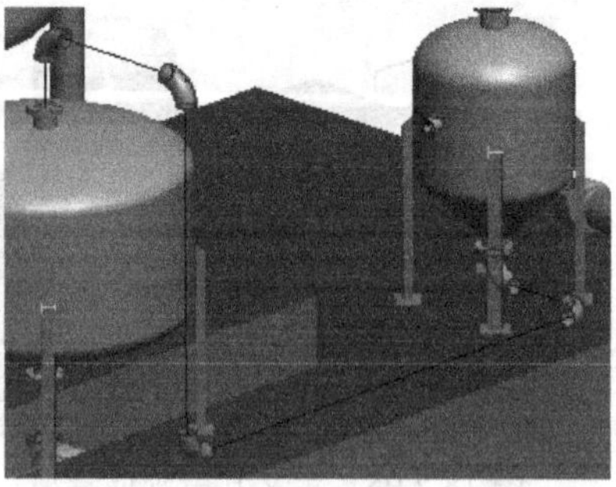

图 18.2.102 添加其他 90° 弯管接头

（5）添加阀配件。

① 选择下拉菜单 插入(I) → 管道(I) → 管接头(F)... 命令，选择“插入类型”菜单管理器中的 Straight Brk (直断破) 命令，系统弹出“打开”对话框，选择元件 balloon-valves-002.prt，单击 打开 按钮。

② 在系统弹出的“选取点”菜单管理器中选择 Create Pnt (创建点) 命令，在模型中选取图 18.2.103 所示的管道线路；在“点尺寸模式”菜单管理器中选择 Length Ratio (长度比例) 命令，在 输入曲线长度比例(0.0 <= 比例<= 1.0) 的提示下，输入值 0.35，单击 ✓ 按钮，然后在活动元件窗口中选取图 18.2.104 所示的参考点；在“重定义管接头”菜单管理器中选择 Orientation (方向) → Twist (扭转) → Enter Value (输入值) 命令，在 输入角度 的提示下，输入角度值 270，单击 ✓ 按钮，在菜单管理器中选择 Done (完成) 命令（共选择三次），完成阀配件的添加，如图 18.2.105 所示。

图 18.2.103 选取管道线路

图 18.2.104 选取参考点

图 18.2.105 添加阀配件

（6）添加法兰盘 3。

① 选择法兰盘。选择下拉菜单 插入(I) → 管道(I) → 管接头(F)... 命令，选择“插入类型”菜单管理器中的 Straight Brk (直断破) 命令，系统弹出“打开”对话框，选择法兰 weld-flange-254.prt，单击 打开 按钮。

② 选择参考对象。在系统弹出的“选取点”菜单管理器中选择 Create Pnt (创建点) 命令，在模型中选取图 18.2.103 所示的管道线路；在“点尺寸模式”菜单管理器中选择 Offset (偏移) 命令，选取图 18.2.106 所示的面为参考，在 输入值 的提示下，输入距离值为 0，单击 ✓ 按钮，然后在活动元件窗口中选取图 18.2.107 所示的参考点；在“重定义管接头”菜单管理器中选择 Orientation (方向) → Flip (反向) 命令，在菜单管理器中选择 Done (完成) 命令（共选择两次），完成法兰盘的添加，如图 18.2.108 所示。

图 18.2.106 选取参考面

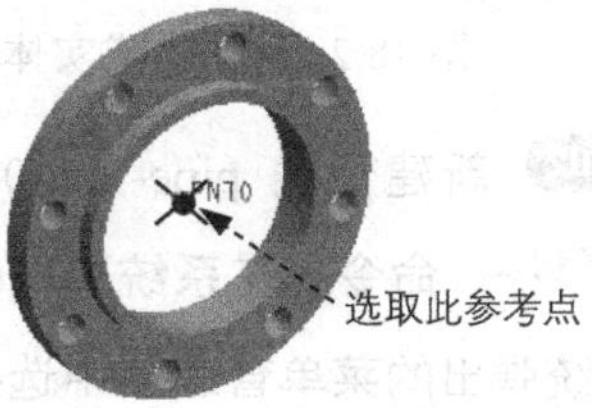

图 18.2.107 选取参考点

（7）添加法兰盘 4。详细操作参照上一步进行，结果如图 18.2.109 所示。

图 18.2.108　添加法兰盘 3

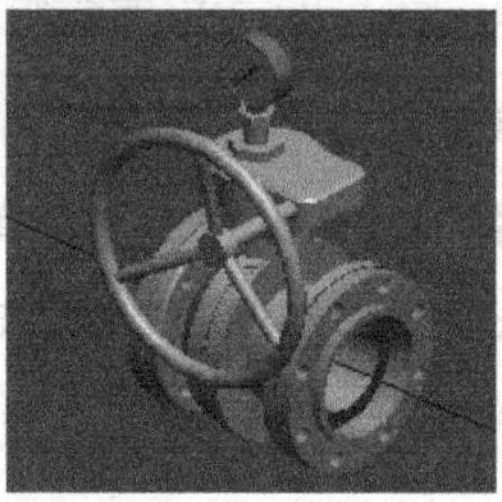

图 18.2.109　添加法兰盘 4

步骤 04 生成实体管道。在管道系统树中右击 PIPE-LINE-07 节点，在弹出的快捷菜单中选择 实体 ➡ 创建 命令，此时模型中显示图 18.2.110 所示的实体管道。

任务 08 创建管道线路 pipe-line-08

步骤 01 添加三通管接头

（1）选择三通管接头。在 管道 功能选项卡的 管接头 区域中单击“插入管接头”按钮，选择“插入类型”菜单管理器中的 Straight Brk（直断破）命令，系统弹出“打开”对话框，选择三通管接头 tee-141-60.prt，单击 打开 按钮。

（2）选择参考对象。在系统弹出的“选取点”菜单管理器中选择 Create Pnt（创建点）命令，在模型中选取图 18.2.111 所示的管道线路；在“点尺寸模式”菜单管理器中选择 Length Ratio（长度比例）命令，在 输入曲线长度比例(0.0 <= 比例<= 1.0) 的提示下，输入值 0.45，单击 ✓ 按钮，然后在活动元件窗口中依次选取 ST2-01 坐标系、ST2-01 坐标系与 PNT0 参考点。在菜单管理器中选择 Done（完成）命令，结束三通管的添加，如图 18.2.112 所示。

图 18.2.110　生成实体管道

图 18.2.111　选取管道线路

步骤 02 新建管线 pipe-line-08 并选择线材库。选择下拉菜单 插入(I) ➡ 管道(I) ➡ 管线(L) 命令，在系统弹出的文本框中输入管线名称“pipe-line-08”，然后单击 ✓ 按钮，在系统弹出的菜单管理器中选择 LINE-STOCK-04 选项。

步骤 03 创建管道路径。

（1）布置管道起点。选择下拉菜单 插入(I) → 管道(I) → 设置起点(S) 命令，在系统弹出的“菜单管理器”中选择 Entry Port (入口端) 命令，然后选取图 18.2.113 所示的基准坐标系为管道布置起点。

图 18.2.112 添加三通管

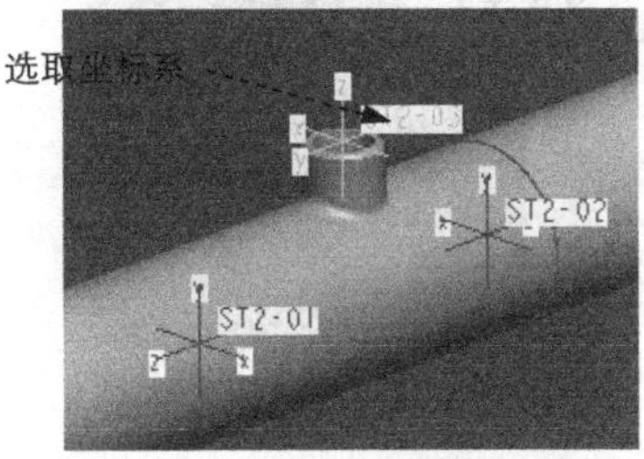

图 18.2.113 选取坐标系

（2）定义延伸管道 1。选择下拉菜单 插入(I) → 管道(I) → 延伸(E) 命令，系统弹出“延伸”对话框，在该对话框的 至坐标 下拉列表中选择 沿坐标系轴 选项；在 尺寸选项 区域 长度 下拉列表中选择 距参考的偏移 选项，选取图 18.2.114 所示的坐标系为参考；单击 尺寸选项 区域下方的文本框，输入值 0，单击 应用 按钮。

（3）定义其余延伸管道。在“延伸”对话框中选中 ◉ X 轴 单选项，其余参数接受系统默认设置，单击 应用 按钮，选中 ◉ Y 轴 单选项，单击 确定 按钮，结果如图 18.2.115 所示。

步骤 04 添加管道元件。

（1）添加法兰盘 1。

① 选择法兰盘。选择下拉菜单 插入(I) → 管道(I) → 管接头(F)... 命令，选择“插入类型”菜单管理器中的 End (终止) 命令，系统弹出“打开”对话框，选择法兰 weld-flange-152d4.prt，单击 打开 按钮。

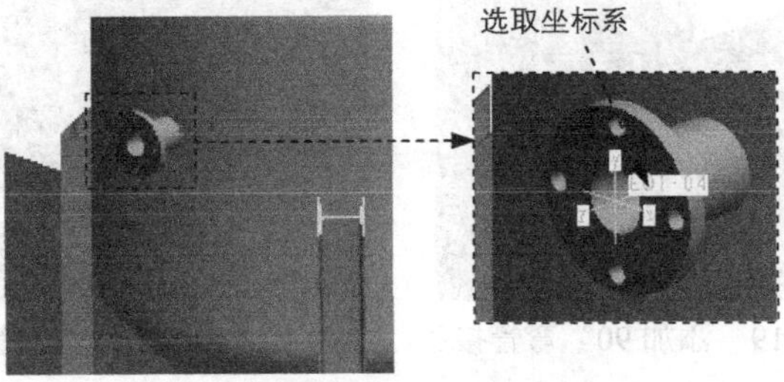

图 18.2.114 选取坐标系

图 18.2.115 延伸管道

② 选择插入点和匹配点。选取图 18.2.116 所示的点为插入位置点，然后在活动元件窗口

中依次选取坐标系与点。

③ 完成法兰盘的添加。在系统弹出的“重定义管接头”菜单管理器中选择 Done (完成) 命令，完成法兰盘的添加，如图 18.2.117 所示。

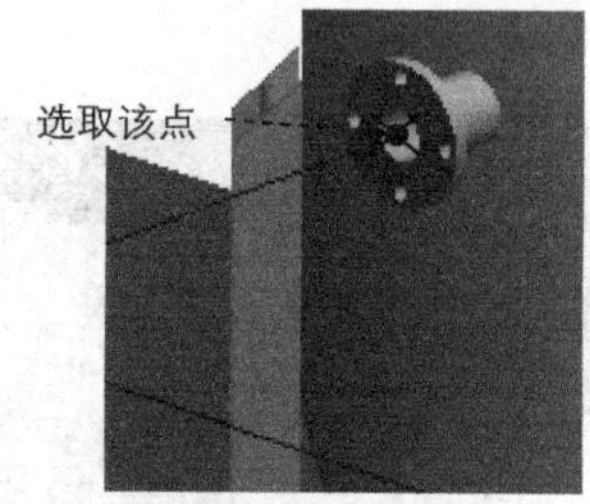

图 18.2.116 选取位置点

图 18.2.117 添加法兰盘 1

(2) 添加 90° 弯管接头。

① 选择弯管接头。选择下拉菜单 插入(I) ➡ 管道(I) ➡ 管接头(F)... 命令，选择“插入类型”菜单管理器中的 Corner (拐角) 命令，系统弹出“打开”对话框，选择弯管接头 90deg-elbow-d60-r76.prt，单击 打开 按钮。

② 在模型中选取图 18.2.118 所示的管道交点处的边线为插入对象，然后在活动元件窗口中选取 ER401 与 ER402 坐标系为匹配对象；选择“重定义管接头”菜单管理器中的 Done (完成) 命令，完成管接头的添加。

(3) 添加其他 90° 弯管接头。详细操作参照上一步进行，结果如图 18.2.119 所示。

步骤 05 生成实体管道。在管道系统树中右击 PIPE-LINE-08 节点，在弹出的快捷菜单中选择 实体 ➡ 创建 命令，此时模型中显示图 18.2.120 所示的实体管道。

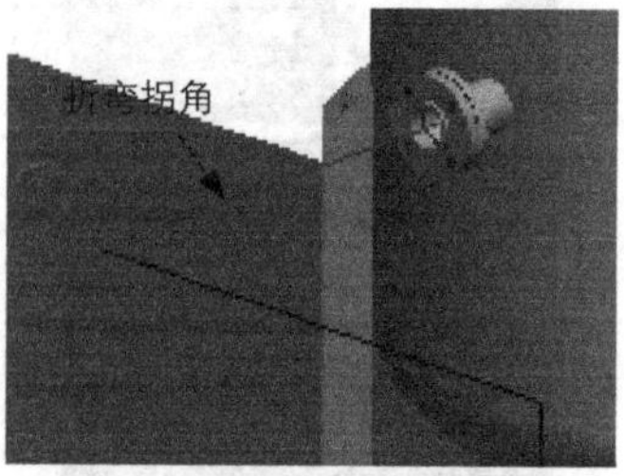

图 18.2.118 选取插入对象

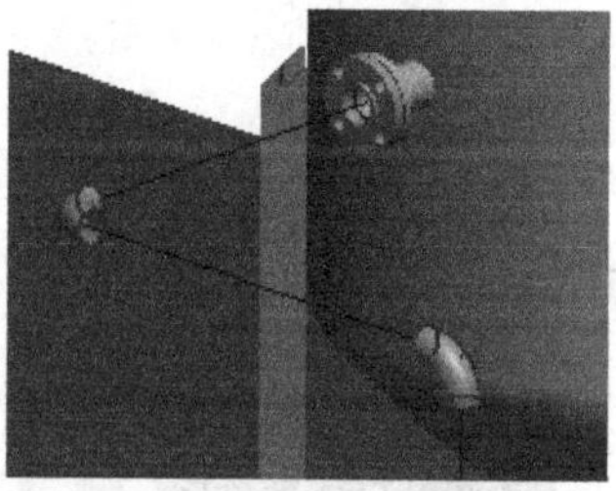

图 18.2.119 添加 90° 弯管接头

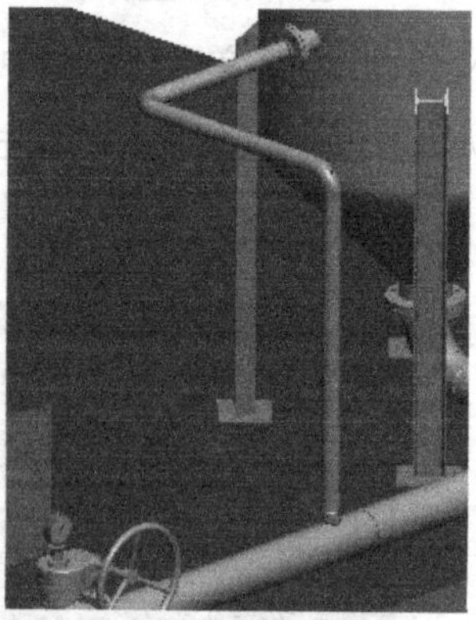

图 18.2.120 生成实体管道

任务 09 创建管道线路 pipe-line-09

步骤 01 新建管线 pipe-line-09 并选择线材库。选择下拉菜单 插入(I) ➡ 管道(I)

➡ 管线(L) 命令，在系统弹出的文本框中输入管线名称“pipe-line-09”，单击✓按钮，在系统弹出的菜单管理器中选择 LINE-STOCK-02 选项。

步骤 02 创建管道路径。

（1）布置管道起点。选择下拉菜单 插入(I) ➡ 管道(I) ➡ 设置起点(S) 命令，在系统弹出的“菜单管理器”中选择 Entry Port (入口端) 命令，然后选取图 18.2.121 所示的基准坐标系为管道布置起点。

（2）定义延伸管道 1。选择下拉菜单 插入(I) ➡ 管道(I) ➡ 延伸(E) 命令，系统弹出“延伸”对话框，在该对话框中的 至坐标 下拉列表中选择 沿坐标系轴 选项；在 尺寸选项 区域 长度 下拉列表中选择 长度 选项，单击 尺寸选项 区域下方的文本框，输入值 720，单击 应用 按钮。

（3）定义延伸管道 2。选中 ◉ Y 轴 单选项，在 尺寸选项 区域 长度 下拉列表中选择 距参考的偏移 选项，选取图 18.2.122 所示的平面为偏移参考；单击 尺寸选项 区域下方的文本框，输入值-150，单击 应用 按钮。

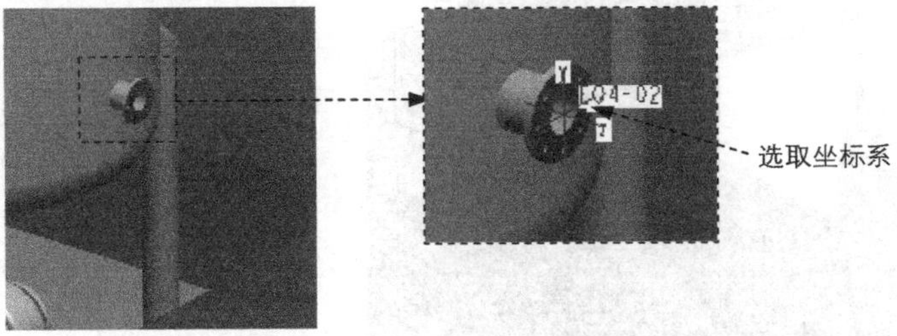

图 18.2.121 选取坐标系

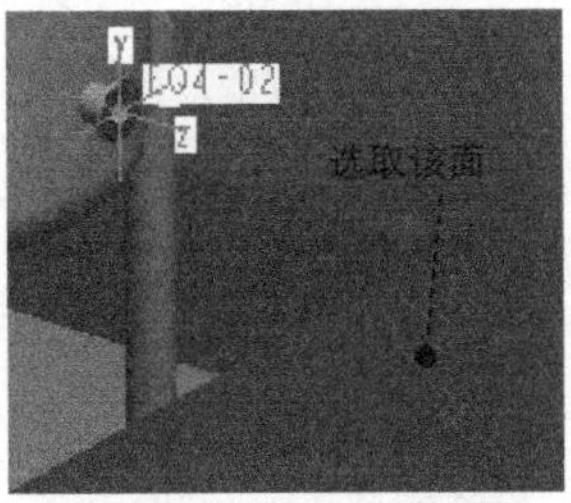

图 18.2.122 选取参考平面

（4）定义延伸管道 3。选中 ◉ X 轴 单选项，在 尺寸选项 区域 长度 下拉列表中选择 长度 选项，单击 尺寸选项 区域下方的文本框，输入值-1500，单击 应用 按钮。

（5）定义延伸管道 4。选中 ◉ Z 轴 单选项，在 尺寸选项 区域 长度 下拉列表中选择 长度 选项，单击 尺寸选项 区域下方的文本框，输入值 3100，单击 应用 按钮。

（6）定义延伸管道 5。选中 ◉ X 轴 单选项，在 尺寸选项 区域 长度 下拉列表中选择 长度 选项，单击 尺寸选项 区域下方的文本框，输入值 5800，单击 应用 按钮。

（7）定义延伸管道 6。选中 ◉ Y 轴 单选项，在 尺寸选项 区域 长度 下拉列表中选择 长度 选项，单击 尺寸选项 区域下方的文本框，输入值 2560，单击 应用 按钮。

（8）定义延伸管道 7。选中 ◉ Z 轴 单选项，在 尺寸选项 区域 长度 下拉列表中选择 距参考的偏移 选项，选取图 18.2.123 所示的坐标系为偏移参考；单击 尺寸选项 区域下方的文本框，输入值 0，单击 应用 按钮，

（9）定义延伸管道 8。选中 ◉ X 轴 单选项，单击 尺寸选项 区域下方的文本框，输入值 0，单击 应用 按钮，

（10）定义延伸管道 9。选中 ◉ Y 轴 单选项，在 尺寸选项 区域 长度 下拉列表中选择 距参考的偏移 选项，选取图 18.2.124 所示的坐标系为偏移参考；单击 尺寸选项 区域下方的文本框，输入值 0，单击 应用 按钮，

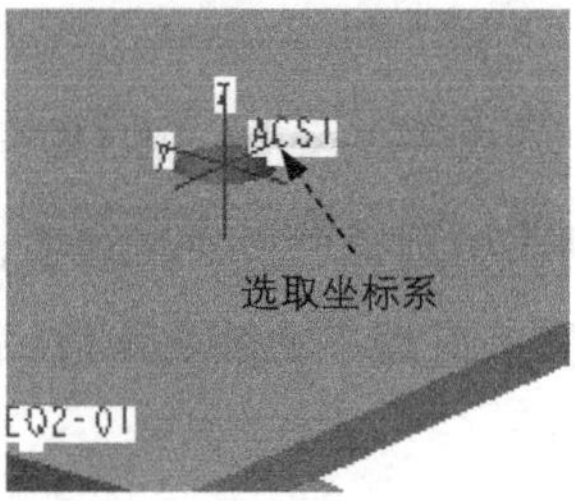

图 18.2.123 选取坐标系

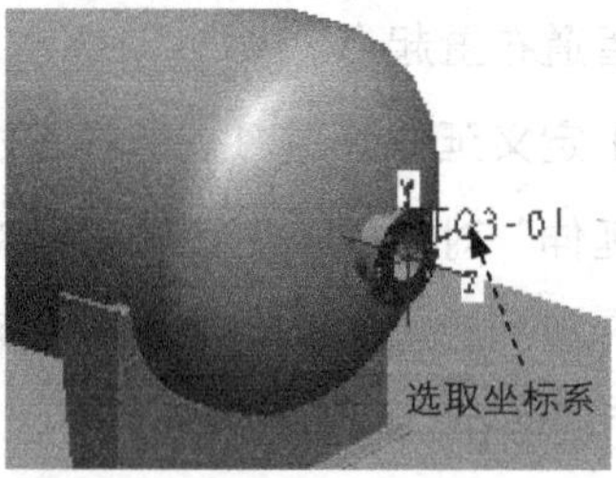

图 18.2.124 选取坐标系

（11）定义延伸管道 10。选中 ◉ Z 轴 单选项，单击 尺寸选项 区域下方的文本框，输入值 0，单击 确定 按钮，结果如图 18.2.125 所示。

图 18.2.125 管道路径

步骤 03 添加管道元件。

（1）添加法兰盘。

① 选择法兰盘。选择下拉菜单 插入(I) ➡ 管道(I) ➡ 管接头(F)... 命令，选择“插入类型”菜单管理器中的 End (终止) 命令，系统弹出“打开”对话框，选择元件 weld-flange-279d4.prt，单击 打开 按钮。

② 选择插入点和匹配点。选取图 18.2.126 所示的点为插入位置点，然后在活动元件窗口中依次选取坐标系与点。

③ 完成法兰盘添加。在系统弹出的“重定义管接头”菜单管理器中选择 Done (完成) 命

令，结束法兰盘的添加，如图 18.2.127 所示。

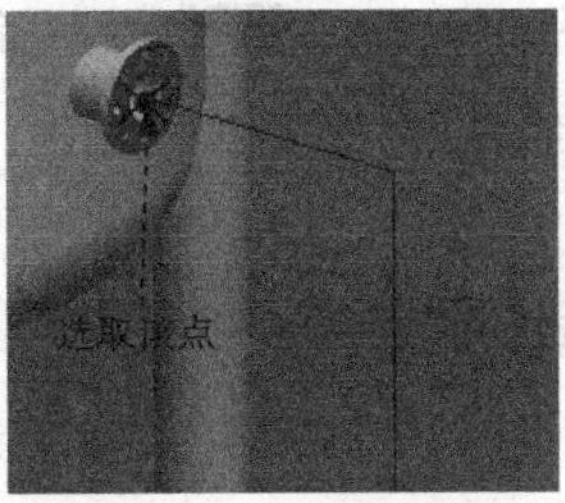

图 18.2.126 定义插入点

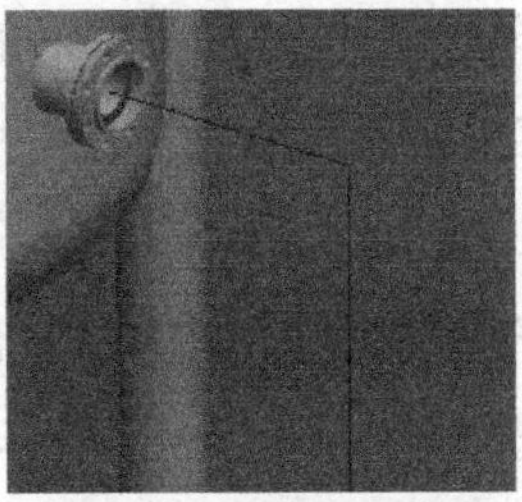

图 18.2.127 添加法兰盘 1

(2) 添加其他法兰盘。详细操作参照上一步进行，结果如图 18.2.128 所示。

(3) 添加 90° 弯管接头。

① 选择弯管接头。选择下拉菜单 插入(I) → 管道(I) → 管接头(F)... 命令，选择“插入类型”菜单管理器中的 Corner (拐角) 命令，系统弹出“打开”对话框，选择元件 90deg-elbow-d168-r228.prt，单击 打开 按钮。

② 选择参考对象。在模型中选取图 18.2.129 所示的管道交点处的边线为插入对象，然后在活动元件窗口中选取两个坐标系为匹配对象；选择“重定义管接头”菜单管理器中的 Done (完成) 命令，完成管接头的添加。

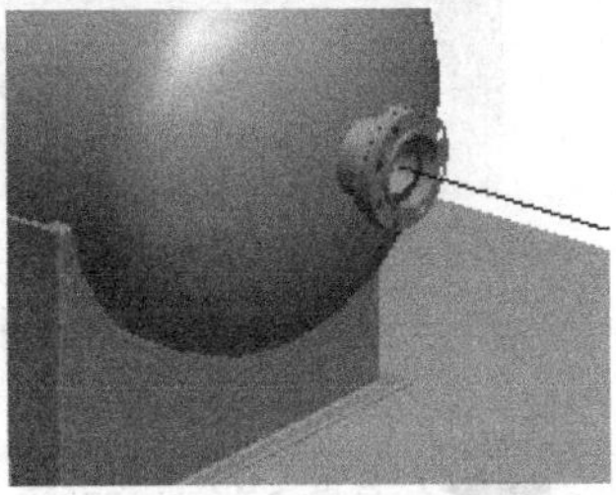

图 18.2.128 添加法兰盘 2

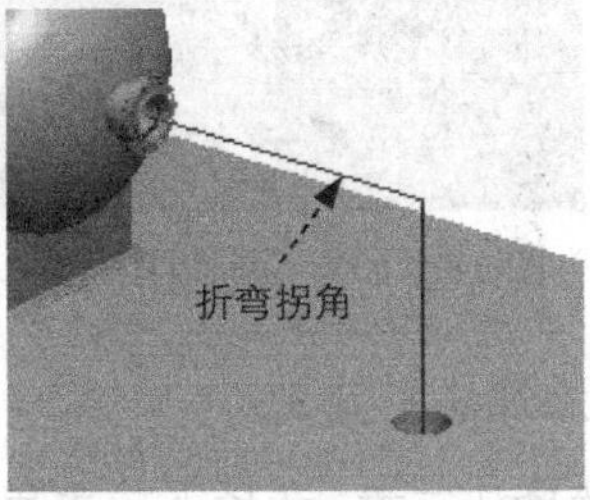

图 18.2.129 选取插入对象

(4) 添加其他 90° 弯管接头。详细操作参照上一步，结果如图 18.2.130 所示(共 9 个)。

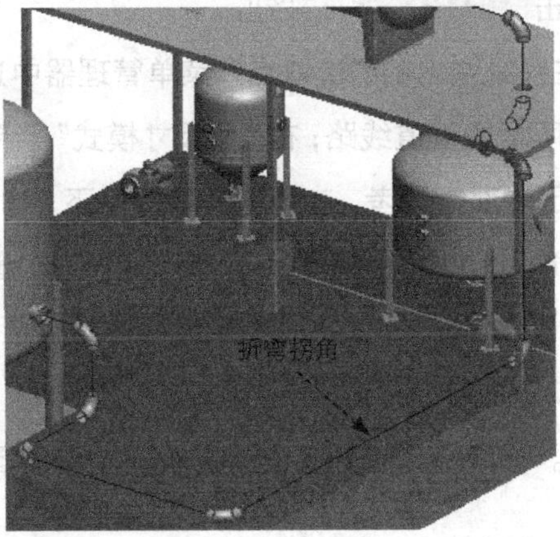

图 18.2.130 添加 90° 弯管接头

（5）添加阀配件。

① 选择阀配件。选择下拉菜单 插入(I) ➡ 管道(I) ➡ 管接头(F)... 命令，选择“插入类型”菜单管理器中的 Straight Brk (直断破) 命令，系统弹出“打开”对话框，选择阀配件 fisher-valve.prt，单击 打开 按钮。

② 选择参考对象。在系统弹出的“选取点”菜单管理器中选择 Create Pnt (创建点) 命令，在模型中选取图 18.2.130 所示的管道线路；在“点尺寸模式”菜单管理器中选择 Actual Len (准确长度) 命令，在 输入曲线长度参数(0.0 <=参数<= 5800.0000) 的提示下，输入值 3300，单击✓按钮，然后在活动元件窗口中选取 PNT0 参考点；在“重定义管接头”菜单管理器中选择 Orientation (方向) ➡ Twist (扭转) ➡ Enter Value (输入值) 命令，在 输入角度 的提示下，输入角度值 180，单击✓按钮，在菜单管理器中选择 **Done (完成)** 命令（共选择三次），结束阀配件的添加，如图 18.2.131 所示。

（6）添加其他阀配件。结果如图 18.2.132 所示（具体操作可参照视频）。

图 18.2.131　添加阀配件 1

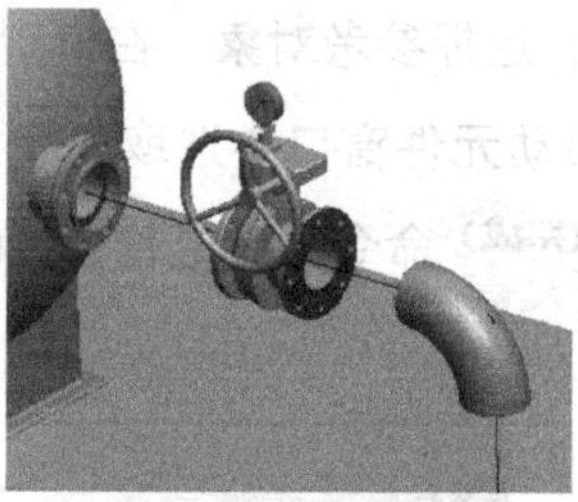

图 18.2.132　添加阀配件 2

（7）添加法兰盘 3。

① 选择法兰盘。选择下拉菜单 插入(I) ➡ 管道(I) ➡ 管接头(F)... 命令，选择“插入类型”菜单管理器中的 Straight Brk (直断破) 命令，系统弹出“打开”对话框，选择元件 weld-flange-279d4.prt，单击 打开 按钮。

② 选择参考对象。在系统弹出的“选取点”菜单管理器中选择 Create Pnt (创建点) 命令，在模型中选取图 18.2.130 所示的管道线路；在“点尺寸模式”菜单管理器中选择 Offset (偏移) 命令，选取图 18.2.133 所示的面为参考，在 输入值 的提示下，输入距离值为 0，单击✓按钮，然后在活动元件窗口中选取 PNT0 参考点；在“重定义管接头”菜单管理器中选择 Orientation (方向) ➡ Flip (反向) 命令，在菜单管理器中选择 **Done (完成)** 命令（共选择两次），完成法兰盘的添加，如图 18.2.134 所示。

（8）添加其余法兰盘。详细操作参照上一步进行，结果如图 18.2.135 所示。

图 18.2.133 选取参考面

图 18.2.134 添加法兰盘 3

步骤 04 生成实体管道。在管道系统树中右击 PIPE-LINE-09 节点，在弹出的快捷菜单中选择 实体 → 创建 命令，此时模型中显示图 18.2.136 所示的实体管道。

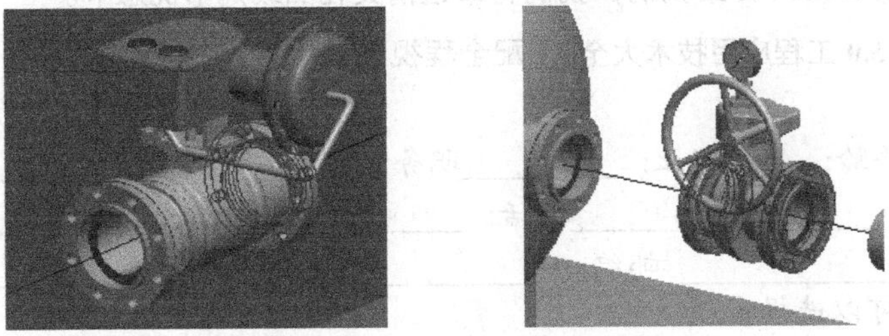

图 18.2.135 添加其余法兰盘

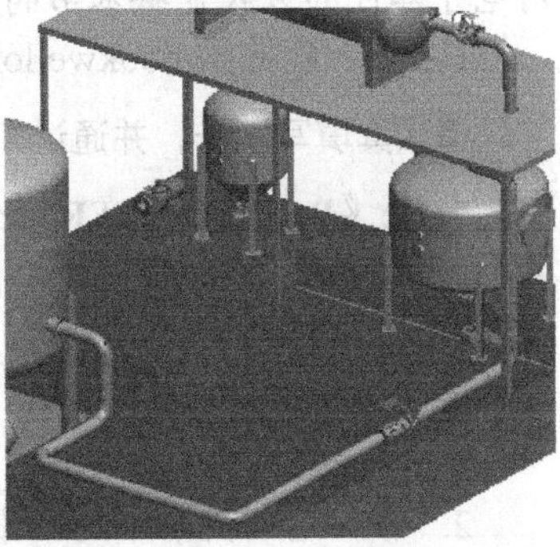

图 18.2.136 生成管道实体

说明 后面的详细操作过程请参见随书光盘中 video\ch18.02\reference\文件下的语音视频讲解文件 管道线路 pipe-line-10.exe。

读者意见反馈卡

尊敬的读者：

感谢您购买电子工业出版社出版的图书！

我们一直致力于CAD、CAPP、PDM、CAM和CAE等相关技术的跟踪，希望能将更多优秀作者的宝贵经验与技巧介绍给您。当然，我们的工作离不开您的支持。如果您在看完本书之后，有好的意见和建议，或是有一些感兴趣的技术话题，都可以直接与我联系。

策划编辑：管晓伟

注：本书的随书光盘中含有该“读者意见反馈卡”的电子文档，您可将填写后的文件采用电子邮件的方式发给本书的责任编辑或主编。

E-mail：狄栋梁 bookwellok @163.com ；管晓伟 guanphei@163.com。

请认真填写本卡，并通过邮寄或E-mail传给我们，我们将奉送精美礼品或购书优惠卡。

书名：《Pro/ENGINEER野火版5.0工程应用技术大全》（配全程视频教程）

1. 读者个人资料：

姓名：__________性别：___年龄：____职业：_________职务：________ 学历：______

专业：________单位名称：_____________________电话：____________手机：________

邮寄地址：____________________________ 邮编：__________ E-mail：____________

2. 影响您购买本书的因素（可以选择多项）：

□内容	□作者	□价格
□朋友推荐	□出版社品牌	□书评广告
□工作单位（就读学校）指定	□内容提要、前言或目录	□封面封底
□购买了本书所属丛书中的其他图书		□其他

3. 您对本书的总体感觉：

□很好 □一般 □不好

4. 您认为本书的语言文字水平：

□很好 □一般 □不好

5. 您认为本书的版式编排：

□很好 □一般 □不好

6. 您认为ProENGINEER其他哪些方面的内容是您所迫切需要的？

____

7. 其他哪些CAD/CAM/CAE方面的图书是您所需要的？

____

8. 认为我们的图书在叙述方式、内容选择等方面还有哪些需要改进的？

____

如若邮寄，请填好本卡后寄至：

北京市万寿路173信箱1017室，电子工业出版社工业技术分社 管晓伟（收）

邮编：100036 联系电话：（010）88254460 传真：（010）88254397

读者可以加入专业QQ群273433049来进行互动学习和技术交流。